Biologia Unidade e Diversidade da Vida

Volume 2

Tradução da 12ª edição norte-americana

CARBON FREE

A Cengage Learning Edições aderiu ao Programa Carbon Free, que pela utilização de metodologias aprovadas pela ONU e ferramentas de Análise de Ciclo de Vida calculou as emissões de gases de efeito estufa referentes à produção desta obra (expressas em CO2 equivalente). Com base no resultado, será realizado um plantio de árvores, que visa compensar essas emissões e minimizar o impacto ambiental da atuação da empresa no meio ambiente.

Dados Internacionais de Catalogação na Publicação (CIP)
(Câmara Brasileira do Livro, SP, Brasil)

Biologia : unidade e diversidade da vida, volume 2 / Starr ...[et al.]. ; tradução All Tasks ; revisão técnica Gustavo Augusto Schmidt de Melo Filho]. -- São Paulo : Cengage Learning, 2012.

Título original: Biology : the unity and diversity of life
Outros autores : Taggart, Evers, Starr.
ISBN 978-85-221-1090-2

1. Biologia (Ensino médio) I. Starr, Ceci. II. Taggart, Ralph. III. Evers, Christine. IV. Starr, Lisa. V. Melo Filho, Gustavo Augusto Schmidt de.

11-12814 CDD-574.07

Índice para catálogo sistemático:

1. Biologia : Ensino médio 574.07

Biologia

Unidade e Diversidade da Vida

Starr Taggart Evers Starr

Volume 2

Tradução: All Tasks

Tradução da 12ª edição norte-americana

Gustavo Augusto Schmidt de Melo Filho

É bacharel e possui licenciatura plena em Ciências Biológicas pela Universidade Estadual Paulista (Unesp), mestrado em Ciências Biológicas na área de Zoologia (Unesp), doutorado em Ciências Biológicas na área de Zoologia – Instituto de Biociências (USP) e pós-doutorado nas áreas de Taxonomia e Zoogeografia pelo Museu de Zoologia da Universidade de São Paulo (MZUSP). Atualmente é professor adjunto e pesquisador no curso de Ciências Biológicas da Universidade Presbiteriana Mackenzie.

CENGAGE Learning™

Austrália Brasil Japão Coreia México Cingapura Espanha Reino Unido Estados Unidos

CENGAGE Learning™

Biologia: Unidade e diversidade da vida

Volume 2

Tradução da 12ª edição norte-americana

Cecie Starr, Ralph Taggart, Christine Evers, Lisa Starr

Gerente editorial: Patricia La Rosa

Supervisora editorial: Noelma Brocanelli

Supervisora de produção gráfica: Fabiana Alencar Albuquerque

Editora de desenvolvimento: Viviane Akemi Uemura

Título Original: The unity and diversity of life-Twelfth Edition

(ISBN 10: 0-495-55796-X; ISBN 13: 978-0-495-55796-8)

Tradução: All Tasks

Revisão técnica: Gustavo Augusto Schmidt de Melo Filho

Colaboradores da revisão técnica: Esther Ricci Camargo, Marina Granado e Sá e Cristiane Pasqualoto

Copidesque: Miriam dos Santos

Revisão: Cristiane M. Morinaga e Olívia Yumi Duarte

Índice Remissivo: Casa Editorial Maluhy & Co.

Diagramação: Triall Composição Editorial Ltda.

Capa: MSDE/Manu Santos Design

Pesquisa iconográfica: Edison Rizzato e Vivian Rosa

ISBN 13: 978-85-221-1090-2
ISBN 10: 85-221-1090-5

Cengage Learning
Condomínio E-Business Park
Rua Werner Siemens, 111 – Prédio 20 – Espaço 4
Lapa de Baixo – CEP 05069-900 – São Paulo –SP
Tel.: (11) 3665-9900 – Fax: 3665-9901
SAC: 0800 11 19 39

Para suas soluções de curso e aprendizado, visite
www.cengage.com.br

Impresso no Brasil
Printed in Brazil
1 2 3 13 12 11

SUMÁRIO

1 Origem da Vida e Evolução Inicial *2*

Questões de impacto Procurando Vida em Lugares Estranhos *2*

1.1 No início... *4*
- Origem do universo e nosso Sistema Solar *4*
- Condições da Terra no início *4*
- Origem dos blocos de construção da vida *5*

1.2 Como as células surgiram? *6*
- Origem das proteínas e do metabolismo *6*
- Origem da membrana plasmática *6*
- Origem do material genético *7*

1.3 Evolução da vida inicial *8*
- Era de ouro dos procariotos *8*
- Surgimento dos eucariotos *9*

1.4 De onde vieram as organelas? *10*
- Origem do núcleo, RE e complexo de Golgi *10*
- Evolução da mitocôndria e dos cloroplastos *10*
- Evidências de endossimbiose *11*

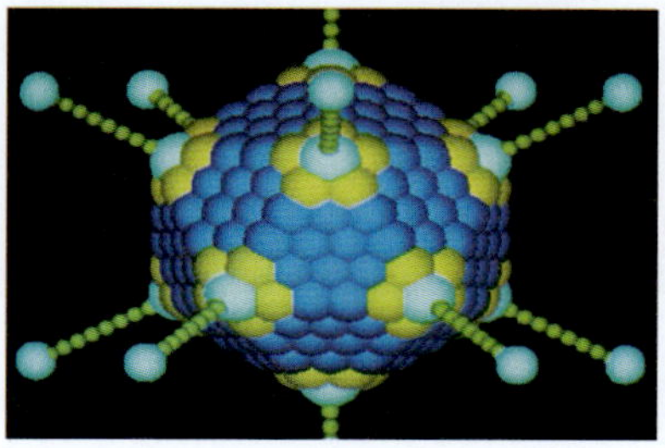

1.5 Linha do tempo da origem da vida e evolução *12*

1.6 Sobre a astrobiologia *14*

2 Vírus e Procariotos *18*

Questões de impacto Efeitos da AIDS *18*

2.1 Características virais e diversidade *20*
- Descoberta viral *20*
- Exemplos de vírus *20*
- Impactos de vírus *21*
- Origens virais e evolução *21*

2.2 Replicação viral *22*
- Passos na replicação *22*
- Replicação de bacteriófagos *22*
- Replicação do herpes, um vírus de DNA envelopado *22*
- Replicação do HIV, um retrovírus *22*

2.3 Viroides e príons *24*

2.4 Procariotos – duradouros, abundantes e diversos *25*
- História evolucionária e classificação *25*
- Abundância e diversidade metabólica *25*

2.5 Estrutura e função procariótica *26*
- Estrutura e tamanho da célula *26*
- Reprodução e transferências de genes *26*

2.6 Bactérias *28*
- Amantes do calor *28*
- Cianobactérias *28*
- Proteobactérias metabolicamente diversas *28*
- Heterótrofos gram-positivos *28*
- Espiroquetas e clamídias *29*

2.7 Arqueas *30*
- Terceiro domínio *30*
- Aqui, ali, em todo lugar *30*

2.8 Evolução e doenças infecciosas *32*

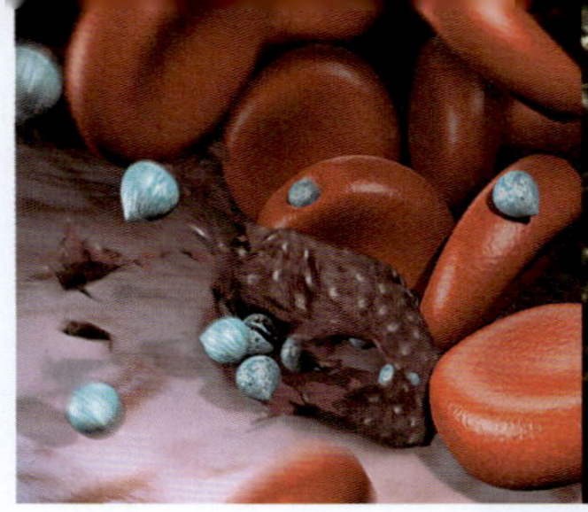

3 Protistas — Os Eucariotos Mais Simples *36*

QUESTÕES DE IMPACTO Ameaça da Malária *36*

3.1 Muitas linhagens protistas *38*
Classificação e filogenia *38*
Organização protista e nutrição *38*
Ciclos da vida protista *39*

3.2 Protozoários flagelados *40*
Flagelados anaeróbicos *40*
Tripanossomos e outros cinetoplastídeos *41*
Euglenoides *41*

3.3 Foraminíferos e radiolários *42*
Foraminíferos com teca calcária *42*
Radiolários de teca silicosa *42*

3.4 Ciliados (alveolados) *43*

3.5 Dinoflagelados *44*

3.6 Apicomplexos parasitas *45*

3.7 Estramenópilas *46*
Diatomáceas *46*
Algas marrons multicelulares *46*
Oomicetos *47*

3.8 Destruidores de plantas *47*

3.9 Algas verdes *48*
Clorófitas *48*
Algas carófitas *49*

3.10 Algas vermelhas vão mais a fundo *50*

3.11 Células ameboides *51*

4 Plantas Terrestres *54*

QUESTÕES DE IMPACTO Princípios e Fins *54*

4.1 Evolução em uma época de mudanças globais *56*

4.2 Tendências evolutivas entre plantas *58*
Da dominância de haploides a diploides *58*
Raízes, caules e folhas *58*
Pólen e sementes *59*

4.3 Briófitas *60*
Hepáticas *60*
Antóceros *60*
Musgos *60*

4.4 Plantas vasculares sem sementes *62*
Licófitas *62*
Psilotum e equisetáceas *62*
Samambaias - sem sementes, mas com muita diversidade *63*

4.5 Tesouros antigos de carbono *64*

4.6 Plantas com sementes *65*
A ascensão das plantas com sementes *65*
Usos humanos de plantas com sementes *65*

4.7 Gimnospermas - plantas com sementes nuas *66*
Coníferas *66*
Gimnospermas menos conhecidas *66*
Um ciclo de vida representativo *67*

4.8 Angiospermas - plantas com flores *68*
Chaves para o sucesso de angiospermas *68*
Diversidade de plantas com flores *68*

4.9 Foco no ciclo de vida de uma planta com flor *70*

4.10 A planta mais nutritiva do mundo *71*

5 Fungos *74*

QUESTÕES DE IMPACTO Fungos Aéreos *74*

5.1 Características e classificação dos fungos *76*
Características e ecologia *76*
Visão geral dos ciclos de vida dos fungos *76*
Classificação e filogenia *76*

5.2 Fungos flagelados *77*

5.3 Zigomicetos e parentes *78*
Zigomicetos típicos *78*
Microsporídios - parasitas intracelulares *79*
Glomeromicetos - simbiontes das plantas *79*

5.4 Ascomicetos *80*
Reprodução sexuada *80*
Reprodução assexuada *81*
Utilizações humanas dos ascomicetos *81*

5.5 Basidiomicetos *82*

5.6 Simbiontes fúngicos *84*
Liquens *84*
Endófitos fúngicos *84*
Micorrizas - fungos de raízes *85*

5.7 Fungos prejudiciais *85*

6 Evolução Animal - Invertebrados *88*

Questões de impacto Genes Antigos, Novos Medicamentos *88*

6.1 Características dos animais e planos corporais *90*
O que é um animal? *90*
Variação nos planos corporais animais *90*

6.2 Origens animais e radiação adaptativa *92*
Tornar-se pluricelular *92*
Uma grande radiação adaptativa *92*
Relações e classificação *92*

6.3 O animal vivo mais simples *94*

6.4 Esponjas (Filo Porifera) - filtradores sésseis *94*
Características e ecologia *94*
Reprodução e dispersão das esponjas *95*
Autorreconhecimento das esponjas *95*

6.5 Cnidários (Filo Cnidaria) - tecidos verdadeiros *96*
Características gerais *96*
Diversidade e ciclos de vida *96*

6.6 Platelmintos - órgãos e sistemas simples *98*
Estrutura de um platelminto de vida livre *98*
Trematódeos e cestódeos - os parasitas *98*

6.7 Anelídeos - vermes segmentados *100*
Poliquetos marinhos *100*
Sanguessugas - sugadores de sangue e tecidos *100*
Minhoca - um oligoqueto *100*

6.8 Moluscos - animais com manto *102*
Características gerais *102*
Diversidade dos moluscos *102*

6.9 Cefalópodes - rápidos e inteligentes *104*

6.10 Rotíferos e tardígrados - pequenos e resistentes *105*

6.11 Nematoides - vermes não segmentados que trocam de cutícula *106*

6.12 Artrópodes - animais com patas articuladas *107*
Principais adaptações dos artrópodes *107*

6.13 Quelicerados - as aranhas e seus parentes *108*

6.14 Crustáceos majoritariamente marinhos *109*

6.15 Miriápodes - muitas pernas *110*

6.16 Insetos *110*
Características dos insetos *110*
Origens dos insetos *111*

6.17 Diversidade e importância dos insetos *112*
Amostragem da diversidade dos insetos *112*
Serviços ecológicos *112*
Concorrentes por plantações *112*
Vetores de doenças *112*

6.18 Equinodermos - pele espinhosa *114*
Divisão protostômios-deuterostômios *114*
Características e plano corporal dos equinodermos *114*
Diversidade de equinodermos *115*

7 Evolução Animal - Os Cordados *118*

Questões de impacto Transições Escritas na Pedra *118*

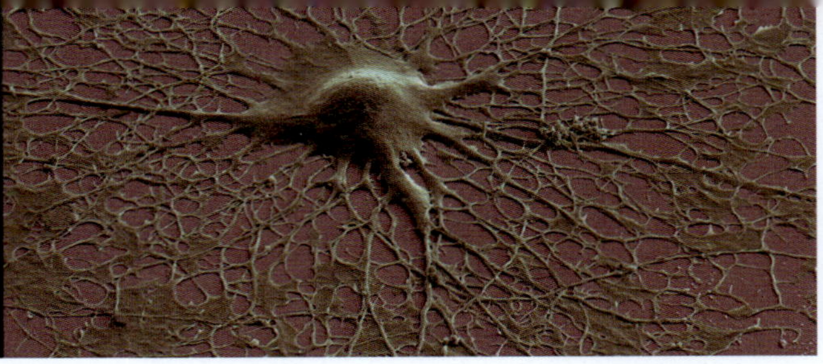

7.1 A herança dos cordados *120*
Características dos cordados *120*
Cordados invertebrados *120*
Uma caixa craniana, mas sem coluna vertebral *121*

7.2 Características e tendências dos vertebrados *122*
Um esqueleto interno e um cérebro grande *122*
Sistemas circulatório e respiratório *123*
Outros sistemas de órgãos *123*

7.3 Lampreias sem mandíbulas *124*

7.4 Peixes com mandíbulas *124*
Peixes cartilaginosos *125*
Peixes ósseos *125*

7.5 Anfíbios – primeiros tetrápodes na terra *126*
Adaptando-se à vida na terra *126*
Anfíbios atuais *126*

7.6 Desaparecimento gradual *127*

7.7 Surgimento dos amniotos *128*

7.8 Adeus, dinossauros *129*

7.9 Diversidade dos répteis modernos *130*
Características gerais *130*
Grupos importantes *130*

7.10 Pássaros – possuidores de penas *132*
De dinossauros para pássaros *132*
Características gerais *132*
Diversidade e comportamento dos pássaros *133*

7.11 O surgimento dos mamíferos *134*
Características dos mamíferos *134*
Evolução dos mamíferos *134*

7.12 Diversidade dos mamíferos modernos *136*
Monotremados que botam ovos *136*
Marsupiais com bolsas *136*
Mamíferos placentários *136*

7.13 Dos primeiros primatas aos hominídeos *138*
Visão geral das principais tendências *138*
Origens e primeiras divergências *139*

7.14 Aparecimento dos primeiros seres humanos *140*
Primeiros hominídeos *140*
Primeiros humanos *141*

7.15 Aparecimento dos seres humanos modernos *142*
Ramificações da linhagem humana *142*
Onde os seres humanos modernos se originaram? *142*
Saindo de casa *143*

8 Controle Neural *146*

QUESTÕES DE IMPACTO Em Busca do Êxtase *146*

8.1 Evolução de sistemas nervosos *148*
Rede nervosa dos cnidários *148*
Sistemas nervosos com encéfalo bilateral *148*
Sistema nervoso dos vertebrados *149*

8.2 Neurônios – os grandes comunicadores *150*

8.3 Potenciais de membrana *151*
Potencial em repouso *151*
Potenciais de ação *151*

8.4 Detalhes dos potenciais de ação *152*
Aproximação do limiar *152*
Um pico de tudo ou nada *152*
Direção de propagação *153*

8.5 Como os neurônios enviam mensagens para outras células *154*
Sinapses químicas *154*
Integração sináptica *155*
Limpeza da fenda *155*

8.6 Uma variedade de sinais *156*
Descoberta e diversidade de neurotransmissores *156*
Neuropeptídios *156*

8.7 Drogas interrompem a sinalização *157*

8.8 Sistema nervoso periférico *158*
Axônios agrupados como nervos *158*
Subdivisões funcionais *158*

8.9 Medula espinhal *160*
Uma estrada de informações *160*
Vias de reflexo *160*

8.10 Cérebro dos vertebrados *162*
Cérebro posterior e mesencéfalo *162*
Cérebro anterior *162*
Proteção na barreira hematoencefálica *162*
Cérebro humano *163*

8.11 Encéfalo humano *164*
Funções do córtex cerebral *164*
Conexões com o sistema límbico *165*
Formação de memórias *165*

8.12 Cérebro dividido *166*

8.13 Neuróglias – a equipe de apoio dos neurônios *167*
Tipos de neuróglia *167*
Sobre tumores cerebrais *167*

9 Percepção Sensorial *170*

Questões de impacto Um Grande Problema *170*

9.1 Visão geral das vias sensoriais *172*
Diversidade de receptores sensoriais *172*
Do sentido à sensação *173*

9.2 Sensações somáticas e viscerais *174*
Córtex somatossensorial *174*
Receptores próximos à superfície do corpo *174*
Sensação muscular *174*
Sensação de dor *174*

9.3 Percebendo o mundo químico *176*
Olfato *176*
Paladar *176*

9.4 Senso de equilíbrio *177*

9.5 Audição *178*
Propriedades do som *178*
Ouvido nos vertebrados *178*

9.6 Poluição sonora *180*

9.7 Visão *180*
Requisitos para visão *180*

9.8 Olhar atento ao olho humano *182*
Anatomia do olho *182*
Mecanismos de focalização *183*

9.9 Da retina para o córtex visual *184*
Estrutura da retina *184*
Como os fotorreceptores funcionam *185*
Processamento visual *185*

9.10 Transtornos visuais *186*

10 Controle Endócrino *190*

Questões de impacto Hormônios na Balança *190*

10.1 Introdução ao sistema endócrino dos vertebrados *192*
Sinalização intracelular em animais *192*
Visão geral do sistema endócrino *192*
Interações endócrino-nervosas *192*

10.2 Natureza da ação hormonal *194*
Da recepção do sinal à resposta *194*
Função e diversidade de receptores *194*

10.3 Hipotálamo e hipófise *196*
Função da hipófise posterior *196*
Função da hipófise anterior (adeno-hipófise) *197*

10.4 Função e desordens do hormônio do crescimento *198*

10.5 Fontes e efeitos de outros hormônios nos vertebrados *199*

10.6 Glândulas tireoide e paratireoides *200*
Glândula tireoide *200*
Glândulas paratireoides *201*

10.7 Girinos torcidos *201*

10.8 Hormônios pancreáticos *202*

10.9 Desordens de açúcar no sangue *203*

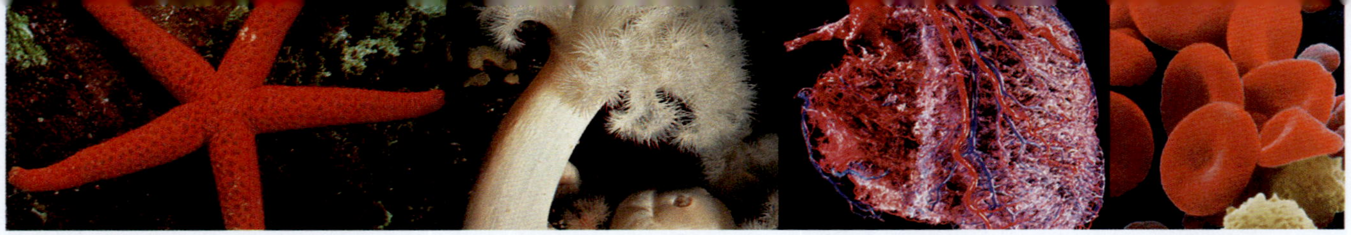

10.10 Glândulas adrenais *204*
Controle hormonal do córtex adrenal *204*
Controle nervoso da medula adrenal *204*

10.11 Excesso ou falta de cortisol *205*
Estresse crônico e cortisol elevado *205*
Baixo nível de cortisol *205*

10.12 Outras glândulas endócrinas *206*
Gônadas *206*
Glândula pineal *206*
Timo *206*

10.13 Olhar comparativo sobre alguns invertebrados *207*
Evolução da diversidade hormonal *207*
Hormônios de muda *207*

11 Suporte Estrutural e Movimento *211*

Questões de impacto Aumentando os Músculos *211*

11.1 Esqueletos de invertebrados *213*
Esqueletos hidrostáticos *213*
Exoesqueletos *213*
Endoesqueletos *214*

11.2 Endoesqueleto dos vertebrados *215*
Características do esqueleto dos vertebrados *215*
Esqueleto humano *215*

11.3 Estrutura e função dos ossos *217*
Anatomia dos ossos *217*
Formação e remodelagem do osso *217*
Sobre a osteoporose *218*

11.4 Articulações esqueléticas - onde os ossos se encontram *219*

11.5 Essas articulações doloridas *220*

11.6 Sistema musculoesquelético *221*

11.7 Como o músculo esquelético contrai? *223*
Estrutura fina do músculo esquelético *223*
Modelo de filamento deslizante *224*

11.8 Do sinal à resposta: olhar atento na contração *225*
Controle nervoso da contração *225*
Papéis da troponina e tropomiosina *225*

11.9 Energia para contração *226*

11.10 Propriedades dos músculos inteiros *227*
Unidades motoras e tensão muscular *227*
Fadiga, exercício e envelhecimento *227*

11.11 Interrupção da contração muscular *228*

12 Circulação *231*

Questões de impacto E Então meu Coração Parou *231*

12.1 Natureza da circulação sanguínea *233*
Da estrutura à função *233*
Evolução da circulação nos vertebrados *233*

12.2 Características do sangue *235*
Funções do sangue *235*
Volume e composição do sangue *235*

12.3 Hemostasia *237*

12.4 Tipagem sanguínea *237*
Tipagem sanguínea ABO *237*
Tipagem sanguínea Rh *238*

12.5 Sistema cardiovascular humano *239*

12.6 Coração humano *241*
Estrutura e função do coração *241*
Como o músculo cardíaco se contrai? *241*

12.7 Pressão, transporte e distribuição do fluxo *243*
Transporte rápido nas artérias *243*
Distribuição do fluxo nas arteríolas *243*
Controle da pressão sanguínea *244*

12.8 Difusão nos capilares, depois de volta para o coração *245*
Função dos capilares *245*
Pressão venosa *246*

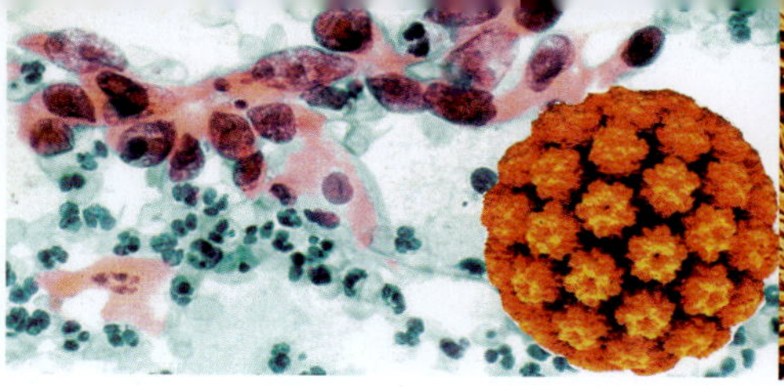

12.9 Sangue e desordens cardiovasculares *247*

12.10 Interações com o sistema linfático *249*
Sistema vascular linfático *249*
Órgãos e tecidos linfoides *250*

13 Imunidade *253*

QUESTÕES DE IMPACTO Último Desejo de Frankie *253*

13.1 Respostas integradas contra ameaças *255*
Evolução das defesas do corpo *255*
Três linhas de defesa *255*
Defensores *256*

13.2 Barreiras de superfície *257*

13.3 Lembre-se de usar o fio dental *258*

13.4 Respostas imunológicas inatas *259*

13.5 Visão geral da imunidade adaptativa *261*
Produzindo respostas às ameaças específicas *261*
Primeiro passo - o alerta do antígeno *261*
Dois braços da imunidade adaptativa *262*
Interceptando e eliminando o antígeno *262*

13.6 Anticorpos e outros receptores de antígeno *263*
Estrutura e função do anticorpo *263*
Fabricação de receptores de antígeno *264*

13.7 Resposta imunológica mediada por anticorpo *265*
Uma resposta mediada por anticorpo *265*

13.8 Resposta mediada por célula *267*

13.9 Alergias *268*

13.10 Vacinas *269*

13.11 A imunidade deu errado *270*
Distúrbios autoimunológicos *270*
Imunodeficiência *270*

13.12 AIDS revisitada - imunidade perdida *271*

14 Respiração *276*

QUESTÕES DE IMPACTO Virou Fumaça *276*

14.1 Natureza da respiração *278*
Base da troca de gases *278*
Fatores que afetam as taxas de difusão *278*

14.2 Precisando de oxigênio *279*

14.3 Respiração dos invertebrados *280*
Troca gasosa tegumentar *280*
Brânquias dos invertebrados *280*
Gastrópodes pulmonados *280*
Tubos traqueais e pulmões foliáceos *280*

14.4 Respiração dos vertebrados *282*
Brânquias dos peixes *282*
Evolução dos pulmões duplos *282*

14.5 Sistema respiratório humano *284*
Muitas funções do sistema *284*
Das vias aéreas aos alvéolos *285*

14.6 Reversões cíclicas nos gradientes de pressão do ar *286*
Ciclo respiratório *286*
Volumes respiratórios *286*
Controle da respiração *287*

14.7 Troca e transporte de gases *288*
Membrana respiratória *288*
Transporte de oxigênio *288*
Transporte de dióxido de carbono *288*
A ameaça do monóxido de carbono *289*

14.8 Doenças e desordens respiratórias *290*

14.9 Do alto da montanha ao fundo do mar *292*
Respiração em altitudes elevadas *292*
Mergulhadores de mar profundo *292*

15 Digestão e Nutrição Humana *296*

QUESTÕES DE IMPACTO Hormônios e Fome *296*

15.1 A natureza dos sistemas digestórios *298*
Sistemas completos e incompletos *298*

Adaptações alimentares *299*

15.2 Visão geral do sistema digestório humano *300*

15.3 Comida na boca *301*

15.4 Quebra de alimentos no estômago e intestino delgado *302*
Digestão no estômago *302*
Digestão no intestino delgado *303*
Controles sobre a digestão *303*

15.5 Absorção no intestino delgado *304*
Da estrutura à função *304*
Como os materiais são absorvidos? *304*

15.6 O intestino grosso *306*
Estrutura e função do intestino grosso *306*
Distúrbios do intestino grosso *306*

15.7 Metabolismo de compostos ogânicos absorvidos *307*

15.8 Requisitos nutricionais humanos *308*
Recomendações dietéticas do USDA *308*
Carboidratos ricos em energia *308*
Gordura boa, gordura ruim *308*
Proteínas construtoras do corpo *309*
Sobre dietas pobres em carboidratos/ricas em proteínas *309*

15.9 Vitaminas, minerais e fitoquímicos *310*

15.10 Perguntas de peso, respostas perturbadoras *312*

16 Manutenção do Ambiente Interno *316*

Questões de impacto A Verdade em um Tubo de Ensaio *316*

16.1 Manutenção do fluido extracelular *318*

16.2 Como os invertebrados mantêm o equilíbrio de fluidos? *318*

16.3 Regulagem de fluidos nos vertebrados *320*
Equilíbrio de fluidos em peixes e anfíbios *320*
Equilíbrio de fluidos em répteis, aves e mamíferos *320*

16.4 Sistema urinário humano *322*
Componentes do sistema urinário *322*
Néfrons - as unidades funcionais do rim *323*

16.5 Como a urina se forma *324*
Filtração glomerular *324*
Reabsorção tubular *324*
Secreção tubular *325*
Concentração da urina *325*

16.6 Regulação da entrada de água e formação de urina *326*
Regulação da sede *326*
Efeitos do hormônio antidiurético *326*
Efeitos da aldosterona *326*
Desordens hormonais e equilíbrio de fluidos *327*

16.7 Equilíbrio ácido-base *327*

16.8 Quando os rins falham *328*

16.9 Perdas e ganhos de calor *329*
Como a temperatura central pode mudar *329*
Endotermos, ectotermos e heterotermos *329*

16.10 Regulagem de temperatura nos mamíferos *330*
Respostas ao estresse por calor *330*
Respostas ao estresse por frio *330*

17 Sistemas Reprodutores dos Animais *334*

Questões de impacto Machos ou Fêmeas? Corpo ou Genes? *334*

17.1 Modos de reprodução animal *336*
Reprodução assexuada em animais *336*
Custos e benefícios da reprodução sexuada *336*
Variações na reprodução sexuada *336*

17.2 Sistema reprodutor dos machos humanos *338*

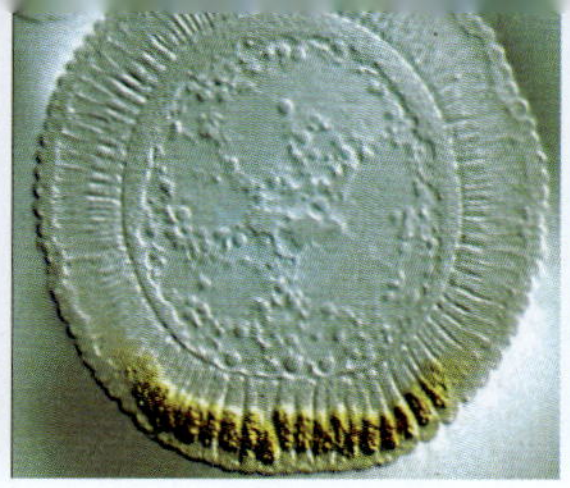
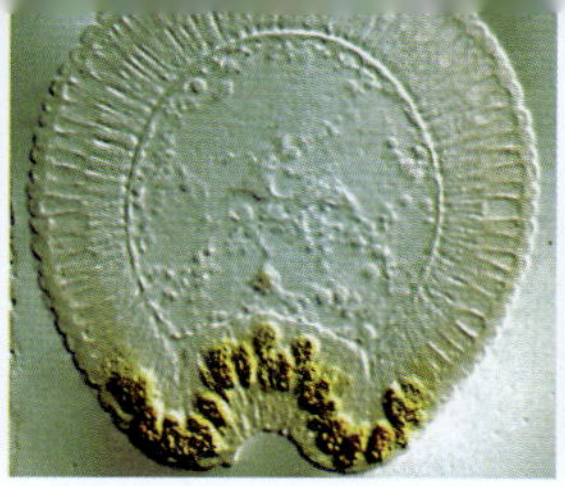
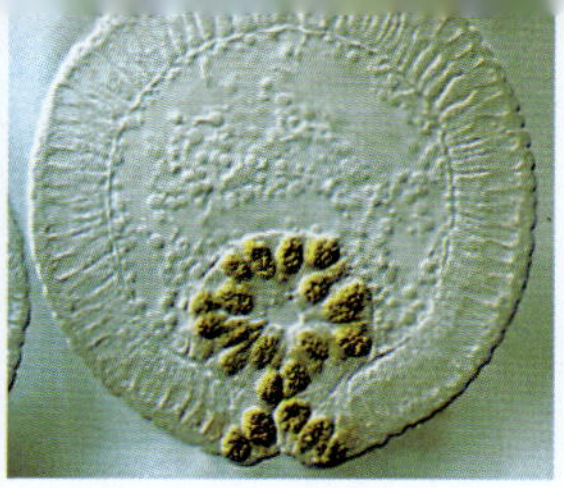

Gônadas masculinas *338*

Dutos reprodutores e glândulas acessórias *339*

Problemas testiculares e de próstata *339*

17.3 Formação dos espermatozoides *340*

Das células germinativas ao espermatozoide maduro *340*

Controle hormonal sobre a formação de espermatozoides *341*

17.4 Sistema reprodutor das fêmeas humanas *342*

Componentes do sistema *342*

Visão geral do ciclo menstrual *343*

17.5 Problemas femininos *343*

17.6 Preparações para gravidez *344*

Ciclo ovariano *344*

Eventos correlacionados no ovário e no útero *345*

17.7 FSH e gêmeos *346*

17.8 Quando os gametas se encontram *346*

Relação sexual *346*

Fertilização *347*

17.9 Evitando ou buscando a gravidez *348*

Opções para controle da natalidade *348*

Sobre o aborto *349*

Tecnologia reprodutiva assistida *349*

17.10 Doenças sexualmente transmissíveis *350*

Consequências de infecções *350*

Principais agentes das doenças sexualmente transmissíveis *350*

18 Desenvolvimento dos Animais *354*

Questões de impacto Nascimentos Espantosos *354*

18.1 Estágios de reprodução e desenvolvimento *356*

18.2 Ordens de marcha iniciais *358*

Informações no citoplasma *358*

A clivagem divide o citoplasma materno *358*

Variações nos padrões de clivagem *359*

Estrutura da blástula *359*

18.3 De blástula a gástrula *360*

18.4 Tecidos e órgãos especializados se formam *361*

Diferenciação celular *361*

Morfogênese e formação de padrões *361*

18.5 Uma visão evolucionária do desenvolvimento *362*

Modelo geral para o desenvolvimento animal *362*

Restrições e modificações no desenvolvimento *362*

18.6 Visão geral do desenvolvimento humano *363*

18.7 Desenvolvimento humano inicial *364*

Clivagem e implantação *364*

Membranas extraembrionárias *364*

Produção inicial de hormônios *365*

18.8 Surgimento do plano corporal dos vertebrados *366*

18.9 Função da placenta *367*

18.10 Surgimento de características distintamente humanas *368*

18.11 A mãe como provedora e protetora *370*

18.12 Nascimento e lactação *372*

Dar à luz *372*

Nutrição do recém-nascido *372*

Apêndice I. Sistema de Classificação *375*

Apêndice II. Respostas das questões *381*

Glossário *385*

Crédito das imagens *401*

Índice remissivo *407*

Prefácio

Durante a elaboração desta revisão, convidamos para uma reunião educadores que lecionam biologia introdutória para alunos do ensino médio para discutirmos os objetivos de seus cursos. O objetivo principal de quase todos os professores foi algo como: "Fornecer aos alunos as ferramentas para fazer escolhas informadas, familiarizando-os com o funcionamento da ciência". Os alunos que utilizarem este livro não se tornarão biólogos. Ainda assim, para o resto de suas vidas eles terão de tomar decisões que exigem um conhecimento básico de biologia e do processo científico.

Nosso livro fornece a esses futuros tomadores de decisões uma introdução acessível à biologia. Pesquisas recentes com fotos enfatizam o conceito de que a ciência é um esforço contínuo realizado por uma comunidade diversa de pessoas. Os tópicos de pesquisa não incluem apenas as descobertas dos pesquisadores, mas também como foram feitas, como o conhecimento mudou com o passar do tempo e o que permanece desconhecido. O papel da evolução é um tema unificador, pois está em todos os aspectos da biologia.

Como autores, sentimos que o conhecimento é originário principalmente da realização de conexões, então procuramos manter um equilíbrio entre acessibilidade e nível de detalhes. Logo, revisamos cada página para fazer que o texto desta edição seja claro e o mais direto possível. Também simplificamos muitas figuras e adicionamos tabelas que resumem os pontos principais.

MUDANÇAS NESTA EDIÇÃO

Questões de impacto Para tornar os assuntos relacionados a *Questões de impacto* mais convidativas, atualizamos o tema, tornamos o texto mais conciso e melhoramos sua integração aos capítulos. Muitos textos novos foram adicionados a esta edição.

Conceitos-chave Resumos introdutórios dos *Conceitos-chave* abordados no capítulo agora são apresentados com gráficos extraídos de seções importantes.

Para pensar Cada seção agora inclui um boxe *Para pensar*. Nele, colocamos uma pergunta que retoma o conteúdo crítico da seção, além de fornecer respostas à pergunta em formato de tópicos.

Questões *Questões* com respostas que permitem ao aluno verificar seu entendimento sobre uma figura enquanto lê o capítulo.

Exercício de análise de dados Para fixar ainda mais as habilidades analíticas do aluno e proporcionar uma percepção sobre as pesquisas contemporâneas, cada capítulo apresenta um *Exercício de análise de dados*. O exercício traz um texto breve, geralmente sobre um experimento científico, e uma tabela, quadro ou gráfico para ilustrar dados experimentais. O aluno deve usar as informações contidas no texto e no gráfico para responder à série de perguntas.

Alterações específicas Cada capítulo foi amplamente revisado quanto à clareza; esta edição tem novas fotos e figuras novas e atualizadas. Um resumo das alterações está a seguir.

- *Capítulo 1, Origem da Vida e Evolução Inicial* — Informações atualizadas sobre a origem dos agentes do metabolismo. Nova discussão sobre ribozimas como prova para o mundo do RNA.
- *Capítulo 2, Vírus e Procariotos* — Texto de abertura sobre HIV transferido para esta parte, com a discussão sobre replicação do HIV. Novo desenho da estrutura viral. Nova seção descrevendo a descoberta de viroides e príons.
- *Capítulo 3, Protistas – Os Eucariotos Mais Simples* — Novo texto de abertura sobre malária. Novas figuras mostrando características dos protistas, como eles se relacionam com outros grupos.
- *Capítulo 4, Plantas Terrestres* — Tendências evolucionárias revisadas. Maior cobertura sobre as hepáticas e plantas aquáticas.
- *Capítulo 5, Fungos* — Novo texto de abertura sobre esporos transportados pelo ar. Mais informações sobre utilizações fúngicas e patógenos.
- *Capítulo 6, Evolução Animal — Invertebrados* — Nova tabela de resumo das características animais. Cobertura das relações entre invertebrados atualizada.
- *Capítulo 7, Evolução Animal – Os Cordados* — Nova seção sobre lampreias. Evolução humana atualizada.
- *Capítulo 8, Controle Neural* — Reflexos integrados à cobertura da medula espinhal. Seção sobre o cérebro amplamente revisada.
- *Capítulo 9, Percepção Sensorial* — Nova arte sobre o aparato vestibular, formação de imagens nos olhos e acomodação. Melhor cobertura sobre os distúrbios e doenças nos olhos.
- *Capítulo 10, Controle Endócrino* — Nova seção sobre distúrbios pituitários. Tabelas que resumem as fontes hormonais agora em seções apropriadas, em vez do final do capítulo.
- *Capítulo 11, Suporte Estrutural e Movimento* — Cobertura aprimorada das juntas e problemas nas juntas.
- *Capítulo 12, Circulação* — Texto de abertura atualizado. Nova seção sobre hemostasia. Diagrama de células sanguíneas simplificado. Seção sobre tipificação sanguínea revisada quanto à clareza.
- *Capítulo 13, Imunidade* — Novo texto sobre vacina HPV; novos textos voltados para doenças periodontais-cardiovasculares e alergias; seções sobre vacinas e AIDS atualizadas.
- *Capítulo 14, Respiração* — Melhor cobertura da respiração dos invertebrados e manobra de Heimlich.
- *Capítulo 15, Digestão e Nutrição Humana* — Seções sobre informações nutricionais e pesquisas sobre obesidade atualizadas.

- *Capítulo 16, Manutenção do Ambiente Interno* — Nova figura de distribuição de fluidos no corpo humano. Melhor cobertura sobre os distúrbios e doenças nos rins.
- *Capítulo 17, Sistemas Reprodutores dos Animais* — Novo texto sobre condições intersexuais. Cobertura da anatomia reprodutiva, produção de gametas, relação sexual e fertilização.
- *Capítulo 18, Desenvolvimento dos Animais* — Informações mais eficientes sobre os princípios de desenvolvimento animal.

AGRADECIMENTOS

Não conseguimos expressar em tão singela lista os nossos agradecimentos à equipe que, com tamanha dedicação, tornou este livro realidade. Os profissionais relacionados na página a seguir ajudaram a moldar nosso pensamento. Marty Zahn e Wenda Ribeiro merecem reconhecimento especial por seus comentários incisivos em todos os capítulos, assim como Michael Plotkin por seu grande e excelente retorno. Grace Davidson organizou nossos esforços tranquila e incansavelmente, solucionou os pontos falhos e conformou todas as partes deste livro. A tenacidade do iconógrafo Paul Forkner nos ajudou a alcançar objetivo de ilustração. Na Cengage Learning, Yolanda Cossio e Peggy Williams nos apoiaram firmemente. Contamos também com a colaboração de Andy Marinkovich, de Amanda Jellerichs, que organizou reuniões com vários professores; de Kristina Razmara, que auxiliou nas questões de tecnologia; de Samantha Arvin, que contribui no âmbito organizacional, e de Elizabeth Momb, que gerenciou todos os materiais impressos.

Cecie Starr, Christine Evers e Lisa Starr

Junho de 2008

AOS ALUNOS

O que é a vida? A pergunta é básica, porém difícil. Nesta obra, os autores partem de exemplos para fundamentar conceitos. Esses conceitos, quando unidos e compreendidos, permitem ao estudante pensar em respostas. A obra *Biologia, Unidade e Diversidade da Vida* se destaca em relação às demais publicações do gênero. A linguagem é clara e objetiva. O conteúdo é ricamente ilustrado, com figuras de excelente qualidade e contextualizado com exemplos interessantes. A obra não apenas apresenta um panorama geral da Biologia moderna, mas se preocupa em explicar o modo como a Biologia funciona enquanto ciência e a forma como os conhecimentos são produzidos nessa área. Assim, o texto não traz apenas conhecimentos, mas convida o estudante brasileiro a pensar sobre o maravilhoso mundo da vida.

Dr. Gustavo A. Schmidt de Melo Filho

Setembro de 2011

COLABORADORES DESTA EDIÇÃO: TESTES E REVISÕES

Marc C. Albrecht
University of Nebraska at Kearney

Ellen Baker
Santa Monica College

Sarah Follis Barlow
Middle Tennessee State University

Michael C. Bell
Richland College

Lois Brewer Borek
Georgia State University

Robert S. Boyd
Auburn University

Uriel Angel Buitrago-Suarez
Harper College

Matthew Rex Burnham
Jones County Junior College

P.V. Cherian
Saginaw Valley State University

Warren Coffeen
Linn Benton

Luigia Collo
Universita' Degli Studi Di Brescia

David T. Corey
Midlands Technical College

David F. Cox
Lincoln Land Community College

Kathryn Stephenson Craven
Armstrong Atlantic State University

Sondra Dubowsky
Allen County Community College

Peter Ekechukwu
Horry-Georgetown Technical College

Daniel J. Fairbanks
Brigham Young University

Mitchell A. Freymiller
University of Wisconsin — Eau Claire

Raul Galvan
South Texas College

Nabarun Ghosh
West Texas A&M University

Julian Granirer
URS Corporation

Stephanie G. Harvey
Georgia Southwestern State University

James A. Hewlett
Finger Lakes Community College

James Holden
Tidewater Community College — Portsmouth

Helen James
Smithsonian Institution

David Leonard
Hawaii Department of Land and Natural Resources

Steve Mackie
Pima West Campus

Cindy Malone
California State University — Northridge

Kathleen A. Marrs
Indiana University — Purdue University Indianapolis

Emilio Merlo-Pich
GlaxoSmithKline

Michael Plotkin
Mt. San Jacinto College

Michael D. Quillen
Maysville Community and Technical College

Wenda Ribeiro
Thomas Nelson Community College

Margaret G. Richey
Centre College

Jennifer Curran Roberts
Lewis University

Frank A. Romano, III
Jacksonville State University

Cameron Russell
Tidewater Community College — Portsmouth

Robin V. Searles-Adenegan
Morgan State University

Bruce Shmaefsky
Kingwood College

Bruce Stallsmith
University of Alabama — Huntsville

Linda Smith Staton
Pollissippi State Technical Community College

Peter Svensson
West Valley College

Lisa Weasel
Portland State University

Diana C. Wheat
Linn-Benton Community College

Claudia M. Williams
Campbell University

Martin Zahn
Thomas Nelson Community College

1 Origem da Vida e Evolução Inicial

QUESTÕES DE IMPACTO Procurando Vida em Lugares Estranhos

Na década de 1960, o microbiólogo Thomas Brock começou a procurar sinais de vida em fontes termais e piscinas no *Yellowstone National Park* (Estados Unidos) (Figura 1.1). Ele encontrou células microscopicamente pequenas, incluindo *Thermus aquaticus*, procarioto que vive em águas extremamente quentes, da ordem de 80 °C.

O trabalho de Brock apresentou dois resultados inesperados. Primeiro, conduziu pesquisadores a caminhos que induziram à descoberta de um grande domínio de vida – Arquea. Depois, conduziu a uma maneira mais rápida de copiar DNA e obter maiores quantidades deste. O *T. aquaticus* possui uma DNA polimerase resistente ao calor que permite a cópia de seu DNA em altas temperaturas, que desnaturariam a maioria das enzimas. Pesquisadores agora usam uma versão sintética de DNA polimerase do *T. aquaticus* na reação em cadeia da polimerase – PCR. Assim, os biotecnólogos usam PCR para fazer muitas cópias de uma parte específica de DNA.

Estimulados pela descoberta de Brock, cientistas começaram a explorar ambientes inóspitos a procura de novas formas de vida. Eles descobriram espécies que resistiam a extraordinários níveis de temperatura, pH, salinidade e pressão. Por exemplo, alguns procariotos são adaptados à vida em água superaquecida próxima a fluxos hidrotermais no fundo do mar. Uma destas espécies pode se desenvolver a 121 °C! Outros procariotos adaptaram-se à vida no gelo glacial que nunca derrete. Outros ainda vivem em fontes ácidas, onde o pH se aproxima de zero, ou em lagos altamente alcalinos.

A vida também floresce bem abaixo da superfície da Terra. O *Bacillus infernus* vive a 75 °C em rochas a três quilômetros abaixo da superfície do solo na Virgínia, EUA. O nome da espécie significa "bactéria do inferno". Outras espécies de procariotos foram descobertas a uma profundidade similar em rochas na África do Sul e nas minas canadenses.

Algumas células eucarióticas também sobrevivem em condições extremas. Células de algas podem deixar o gelo glacial com a coloração vermelha ou podem crescer em fontes ácidas quentes. As células fotossintetizantes chamadas diatomáceas habitam lagos salgados que fazem a maioria das formas de vida encolher e morrer. Protistas flagelados chamados euglenoides nadam nas águas do lago *Berkeley Pit*. Esse lago contaminado com metal acídico em Montana é um dos locais mais tóxicos dos Estados Unidos.

Por que citar esses exemplos dramáticos? Simplesmente para comprovar: a vida pode se adaptar a qualquer meio ambiente que possuir fontes de carbono e energia.

Este capítulo é sua introdução a uma parte da linha do tempo, começando com a formação da Terra até as origens químicas da vida. O que expusemos até aqui servirá de base para as próximas unidades.

A Ciência não pode provar como a vida surgiu, mas pode testar hipóteses sobre o que pode ter acontecido. Como você vai aprender, a vida é uma continuação da história física e química do universo e do planeta Terra.

Figura 1.1 Uma poça termal no Parque Nacional de Yellowstone. A micrografia mostra uma das espécies bacterianas residentes – a *Thermus aquaticus*. Pesquisadores fazem uso de suas enzimas resistentes ao calor.

Conceitos-chave

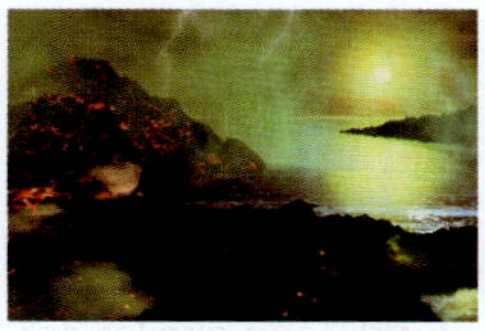

Origem dos compostos orgânicos
Quando a Terra se formou, há mais de 4 bilhões de anos, as condições eram muito severas para suportar a vida. Com o decorrer do tempo, a crosta resfriou e os mares se formaram. Compostos orgânicos atualmente encontrados em células vivas podem ter se formado nos mares ou chegado com meteoritos. **Seção 1.1**

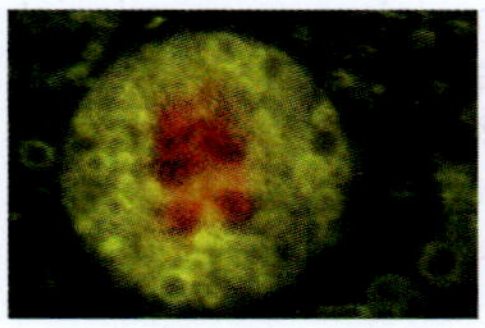

Origem das células
Em todas as células viventes, as proteínas catalisam reações metabólicas, uma membrana plasmática envolve a célula e o DNA é a molécula da hereditariedade. Experimentos em laboratório fornecem perspectivas sobre como os componentes e processos celulares podem ter evoluído. **Seção 1.2**

Evolução inicial
As primeiras células eram procarióticas. Os eucariotos surgiram depois que a evolução da via não cíclica de fotossíntese em alguns procariotos colocou oxigênio no ar. Mitocôndrias e cloroplastos são descendentes de bactérias que viviam em outras células, talvez numa relação simbiótica. **Seções 1.3-1.5**

Vida extraterrestre
Os astrobiólogos estudam a origem e a evolução da vida na Terra e em outros lugares do Universo. **Seção 1.6**

Neste capítulo

- Neste capítulo, você usará seu conhecimento sobre elementos e compostos orgânicos, com uma ênfase especial nos ácidos nucleicos e na síntese de proteína.
- Você irá considerar as origens dos procariotos e dos eucariotos e suas características, como a membrana celular, o núcleo e outras organelas. Você irá relembrar os mecanismos da fotossíntese.
- Revisar a linha do tempo da história da Terra, o conhecimento de como os fósseis são formados e de como os relógios moleculares funcionam será produtivo.

Qual sua opinião? A abundância da vida em ambientes extremos da Terra sugere que pode haver vida abaixo da superfície de Marte. Uma forma de descobrir é colher uma amostra do solo de Marte e trazer para a Terra para estudo. Este plano traz riscos? Conheça a opinião de seus colegas e apresente seus argumentos a eles.

1.1 No início...

- O conhecimento da química e física modernas é a base para hipóteses científicas sobre eventos iniciais na história da Terra.

Origem do universo e nosso Sistema Solar

De acordo com o **modelo do *Big Bang***, o universo começou em um instante, quando toda a matéria e energia de repente foram distribuídas a partir de um único ponto. Evidências de que todas as galáxias (grupos de estrelas) conhecidas estão se movendo de uma para outra apoiam este modelo. É como se o universo estivesse inchando como uma bexiga. Medindo o movimento das galáxias e depois trabalhando em sentido reverso, cientistas estimaram que o *Big Bang* ocorreu, e que a expansão começou, de 13 a 15 bilhões de anos atrás.

O modelo do *Big Bang* propõe que elementos simples como o hidrogênio e o hélio se formaram em minutos após o nascimento do universo. Então, depois de milhões de anos, a gravidade reuniu esses gases e eles se condensaram na forma de estrelas (Figura 1.2). Reações nucleares dentro dessas estrelas produziram elementos mais pesados. A grande abundância de hélio e hidrogênio no universo, com a raridade relativa de elementos mais pesados, é consistente com previsões do modelo do *Big Bang*.

Explosões de estrelas gigantes mais antigas espalharam materiais dos quais as galáxias são formadas. Conforme uma das hipóteses, nossa galáxia começou como uma nuvem de fragmentos com trilhões de quilômetros de extensão. Alguns desses fragmentos serviram como material para as estrelas da galáxia. Observações de estrelas e medidas do tamanho e da luminosidade do Sol sugerem que ele surgiu há aproximadamente 5 bilhões de anos.

Primeiro, uma nuvem de poeira e fragmentos cercaram o Sol (Figura 1.3*a*). A formação do planeta começou quando rochas orbitando o Sol (asteroides) colidiram, formando objetos rochosos maiores. Quanto mais pesados esses objetos pré-planetários ficavam, mais gravidade eles exerciam e mais material concentravam. Finalmente, há aproximadamente 4,6 bilhões de anos, esse processo organizou a Terra e outros planetas do nosso Sistema Solar.

Condições da Terra no início

A formação dos planetas não retirou todos os fragmentos da órbita ao redor do Sol, então a Terra inicial recebia uma quantidade constante de meteoritos em sua superfície ainda derretida. Mais rochas derretidas e gases saíam de vulcões. Gases liberados por esses vulcões foram a principal fonte da atmosfera inicial.

Como era a atmosfera terrestre inicial? Estudos de erupções vulcânicas, meteoritos, rochas antigas e outros planetas nos dão pistas. Tais estudos sugerem que o ar era formado de vapor-d'água, dióxido de carbono (CO_2), hidrogênio (H_2) e nitrogênio gasoso (N_2). Entretanto, a atmosfera terrestre inicial era provavelmente desprovida do gás oxigênio, já que o registro geológico mostra que ferro em rochas só se combinou com oxigênio, para formar ferrugem, muito depois na história da Terra.

Se o oxigênio livre tivesse sido abundante, então os compostos orgânicos necessários à vida poderiam não ter sido formados e perpetuados. Se o gás oxigênio estivesse presente, ele poderia ter reagido e desativado compostos orgânicos tão rápido quanto se formaram.

Inicialmente, qualquer quantidade de água que caísse na superfície derretida da Terra evaporaria imediatamente. Conforme a superfície resfriava, as rochas se formavam. Depois, chuvas levaram os sais minerais contidos nessas rochas, e o sal foi para os primeiros mares. Foi nesses mares que a vida começou (Figura 1.3*b*).

Figura 1.2 Um local de formação contínua de estrelas: colunas de poeira e gases na *Eagle Nebula* fotografadas pelo telescópio espacial Hubble em 1995. O telescópio recebeu seu nome em homenagem ao astrônomo Edwin Hubble. Sua descoberta de que o universo está se expandindo forneceu a evidência mais recente em apoio ao modelo do *Big Bang*.

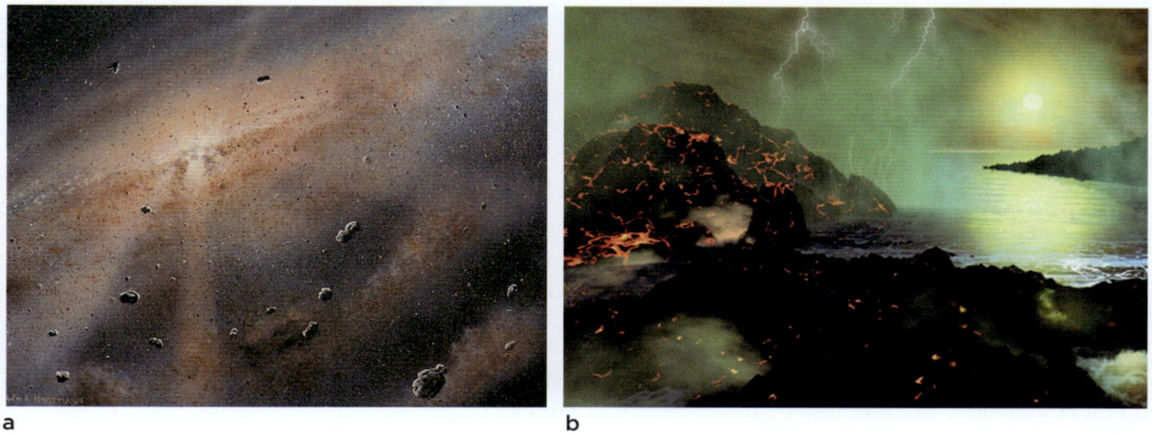

Figura 1.3 (a) Como as nuvens de poeira, gases, rocha e gelo ao redor do Sol inicial seriam. (b) Uma representação artística da Terra no início.

Origem dos blocos de construção da vida

Até o início dos anos 1800, os químicos achavam que moléculas orgânicas possuíam uma "força vital" especial e poderiam ser produzidas apenas dentro de organismos viventes. Então, em 1825, um químico alemão sintetizou ureia, uma molécula que está presente na urina. Depois, outro químico sintetizou alanina, um aminoácido. Essas reações sintéticas provaram que mecanismos não viventes poderiam produzir essas moléculas.

Os aminoácidos e outros blocos de construção de vida poderiam ter se formado espontaneamente no início da Terra? Nos anos 1950, um aluno formado chamado Stanley Miller fez uma experiência para testar essas hipóteses. Ele colocou gases, que se pensava estarem presentes na atmosfera inicial da Terra, em uma câmara de reação (Figura 1.4). Ele manteve a mistura em movimento e a bombardeou com faíscas para simular relâmpagos. Em menos de uma semana, aminoácidos, açúcares e outros compostos orgânicos estavam presentes na mistura.

Desde a experiência de Miller, pesquisadores repensaram suas ideias sobre quais gases estavam presentes na atmosfera inicial da Terra. Miller e outros repetiram seu experimento usando gases diferentes e adicionando diversos ingredientes à mistura. Aminoácidos se formam facilmente em algumas condições. Adenina, uma base nucleotídica, também se formou espontaneamente.

Cientistas continuam a debater sobre como eram as condições no início da Terra. Nós nunca seremos capazes de afirmar com certeza que blocos de construção da vida se formaram espontaneamente neste planeta. Podemos apenas constatar que tal cenário é plausível, considerando o que sabemos sobre química.

Outra hipótese é que compostos orgânicos simples, que serviram como blocos de construção para a primeira forma viva, se formaram no espaço. Essa hipótese é apoiada pela presença de aminoácidos em nuvens interestelares e em meteoritos ricos em carbono que chegaram à Terra.

Independentemente de os primeiros compostos orgânicos terem se formado na Terra ou chegado com os meteoritos, a questão permanece. Onde e como subunidades orgânicas pequenas se transformaram em proteínas, fosfolipídeos e carboidratos complexos? Tais polímeros não se formam a partir de baixas concentrações de subunidades. O que poderia ter concentrado as subunidades? Consideramos algumas respostas possíveis para essas questões na próxima seção.

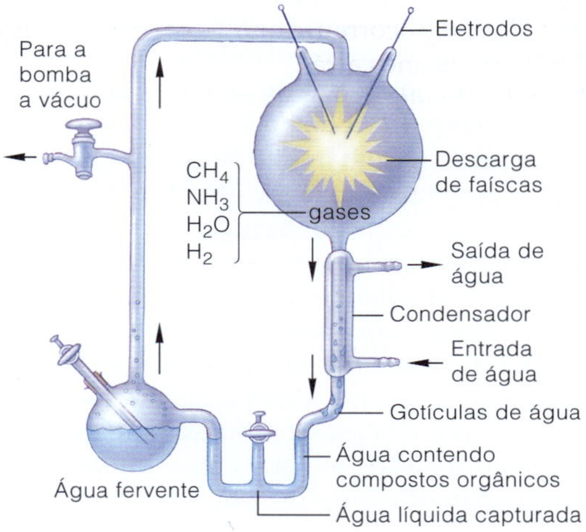

Figura 1.4 Diagrama do aparato que Stanley Miller usou para testar se compostos orgânicos poderiam ter se formado espontaneamente no início da Terra. Miller circulou vapor-d'água, gás hidrogênio (H_2), metano (CH_4), bem com amônia (NH_3), em uma câmara de vidro para simular a primeira atmosfera. Faíscas fornecidas por um eletrodo simularam relâmpagos.

Para pensar

Qual a hipótese mais apoiada pelos cientistas para as origens do universo, do nosso planeta e dos blocos de construção da vida?

- O universo começou em um instante, com uma grande explosão, há aproximadamente 13 ou 15 bilhões de anos. Ele ainda está se expandindo.
- A Terra se formou a partir de materiais que orbitavam o Sol. A atmosfera inicial da Terra surgiu com gases liberados por vulcões. Na atmosfera havia muito pouco oxigênio.
- Moléculas orgânicas pequenas, que servem como blocos de construção para seres viventes, podem ser formadas por mecanismos não viventes. Aminoácidos se formam em câmaras de reação projetadas para simular o início da Terra e estão presentes em alguns meteoritos.

1.2 Como as células surgiram?

- Nós nunca saberemos com certeza como as primeiras células surgiram, mas podemos investigar os estágios que possivelmente levaram à vida.

Origem das proteínas e do metabolismo

O metabolismo e a replicação genética se simplificam assim: um grupo de moléculas interage e faz cópias de si mesmo, várias vezes, usando outras moléculas como "alimento" para essas reações.

Hoje, proteínas chamadas enzimas são os "operários" do metabolismo. Uma hipótese é que as primeiras proteínas se reuniram em zonas entremarés, ricas em argila (Figura 1.5*a*). Partículas de argila carregam uma leve carga negativa, então, aminoácidos carregados positivamente, dissolvidos em água do mar, tenderão a aderir a elas. Se a argila ficasse exposta durante a maré baixa, a evaporação teria concentrado ainda mais aminoácidos. A energia do sol pode ter feito com que os aminoácidos se unissem. Algumas experiências apoiam essa hipótese de molde em argila. Quando expostos às condições projetadas para simular zonas entremarés, os aminoácidos se unem, formando cadeias semelhantes a proteínas.

Outra hipótese é que vias metabólicas simples evoluíram ao redor das **aberturas hidrotermais** oceânicas. Superaquecida, a água rica em minerais sai dessas fissuras do fundo do mar sob alta pressão. Sulfetos de ferro, sulfetos de hidrogênio e outros minerais foram liberados com a água e formaram depósitos próximos às aberturas (Figura 1.5*b*). Talvez esses minerais tenham promovido a formação de compostos orgânicos, a partir do dióxido de carbono e outras moléculas dissolvidas na água. Cofatores de sulfeto de ferro agem dessa forma, auxiliando enzimas encontradas em células modernas.

Pesquisadores fizeram simulações para imitar condições em rochas em aberturas hidrotermais. Essas rochas são cobertas com câmaras minúsculas no tamanho aproximado das células (Figura 1.5*c*). Sulfeto de ferro nas paredes dessas câmaras experimentais se comportou como um cofator. Ele doou hidrogênio e elétrons para dissolver dióxido de carbono, formando moléculas orgânicas que ficaram concentradas dentro das câmaras.

Origem da membrana plasmática

Todas as células modernas possuem uma membrana plasmática composta por lipídeos e proteínas. Não sabemos se os primeiros agentes do metabolismo estavam envoltos em uma membrana. Uma hipótese é que uma membrana realmente se tornou o limite externo das protocélulas. Definimos uma **protocélula** como qualquer bolsa de moléculas envolta em membrana que captura e consome energia, concentra materiais, realiza metabolismo e se replica.

Formações espontâneas de estruturas semelhantes a bolsas em condições experimentais demonstram como as protocélulas podem ter se formado. Em simulações de zonas entremarés banhadas pelo sol, os aminoácidos formaram cadeias longas. Quando umedecidas, as cadeias se reuniam como estruturas semelhantes a vesículas com líquido em seu interior (Figura 1.6*a*).

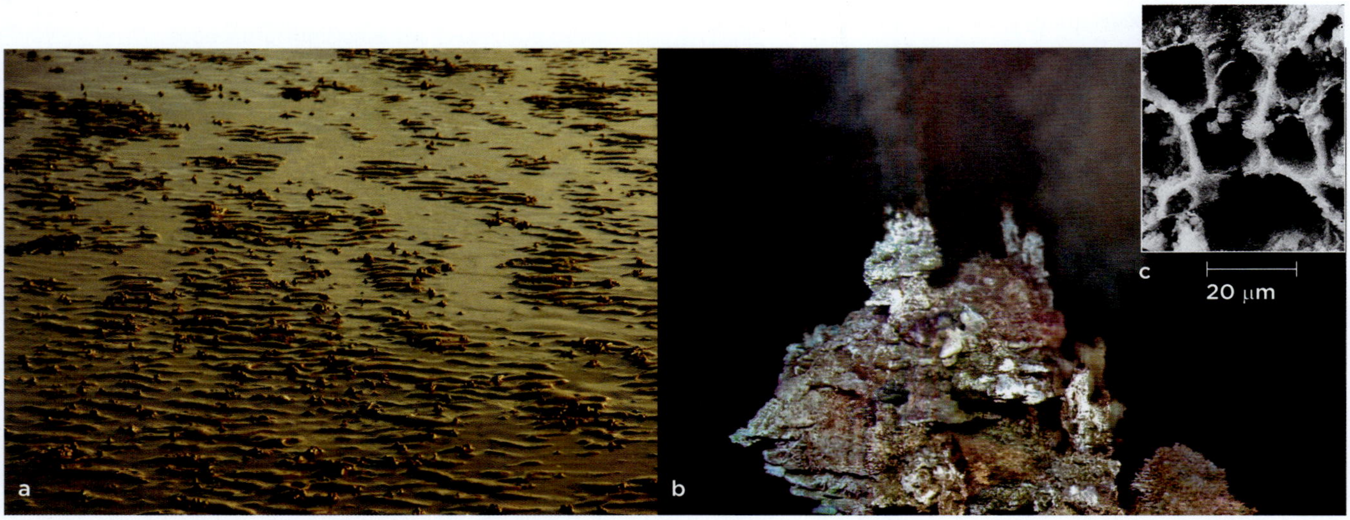

Figura 1.5 Onde os primeiros compostos orgânicos complexos se formaram? Dois candidatos são: (**a**) modelos de argila em zonas entremarés e (**b**) rochas de sulfeto de ferro nas aberturas hidrotermais no fundo dos oceanos. (**c**) Simulações em laboratório das condições próximas às aberturas produzem rochas compostas por câmaras do tamanho de células. De acordo com uma das hipóteses, essas câmaras poderiam ter servido como ambientes protegidos, nos quais compostos orgânicos se acumulavam e reações ocorriam. Cofatores de sulfeto de ferro em células vivas podem ser um legado desses eventos.

Figura 1.6 Modelos formados em laboratório para protocélulas que podem ter precedido a emergência de células. (**a**) Vesículas seletivamente permeáveis, com uma membrana externa de proteínas, se formaram pelo aquecimento de aminoácidos, depois, hidratação das cadeias de proteínas resultantes. (**b**) Argila coberta com RNA (manchada em *vermelho*) envolta em uma membrana simples composta de ácidos graxos e álcoois (*verde*). A argila, rica em minerais, promove a formação dessas formas vesiculares e catalisa a formação de fitas de RNA a partir de nucleotídeos livres. (**c**) Uma hipótese para os passos que levaram as substâncias químicas sem vida às células vivas.

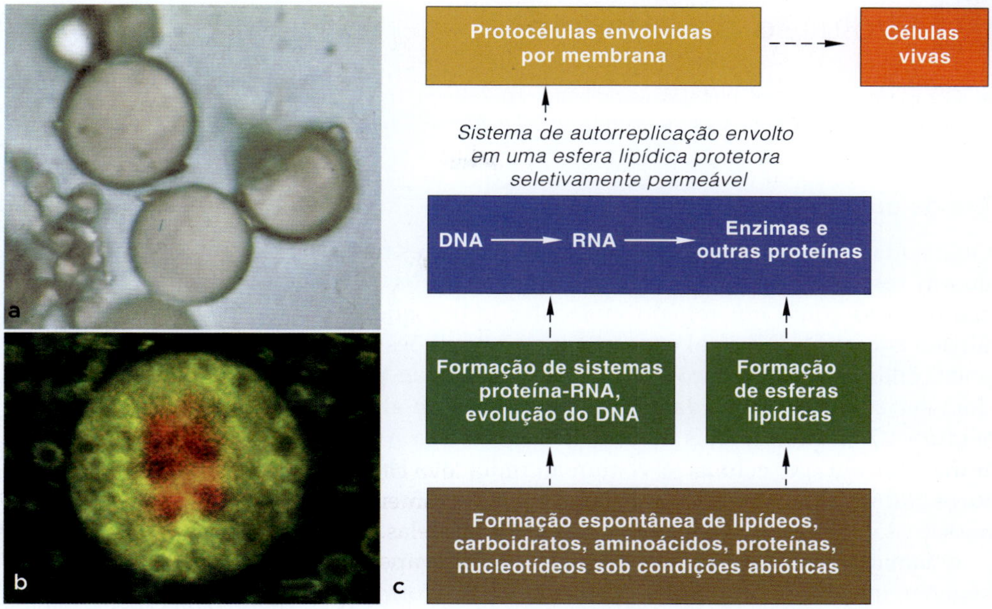

Uma mistura de ácidos graxos e álcoois se unirá em bolsas ao redor de partículas de argila (Figura 1.6*b*). Por fim, lembre-se de que quando fosfolipídeos e água se misturam, forma-se uma bicamada de lipídeos. Essa bicamada é a base estrutural de todas as membranas das células.

Origem do material genético

Em todas as células modernas, o DNA é o material genético. As células transmitem cópias de seus DNAs aos descendentes, que usam instruções codificadas nesse DNA para "construir" proteínas. Algumas dessas proteínas participam da síntese do novo DNA, que é passado junto às células descendentes, e assim por diante. A síntese de proteína depende do DNA, que por sua vez é construído por proteínas. Como esse ciclo começou?

Na década de 1960, Francis Crick e Leslie Orgel estudaram esse dilema, sugerindo que o RNA pode ter sido a primeira molécula informacional. Desde então, evidências para um **mundo de RNA** inicial – um tempo em que o RNA armazenava informações genéticas e funcionava como uma enzima na síntese de proteína – foram acumuladas.

Alguns RNAs ainda servem como enzimas em células viventes. Um RNAr em ribossomos cataliza a formação de ligações peptídicas durante a síntese de proteína.

Sabemos que os RNAs ribossômicos dos eucariotos se assemelham aos dos procariotos; os ribossomos não mudaram muito através do tempo evolucionário. Isso sugere que a função catalítica do RNA evoluiu logo no início da história da vida.

A descoberta de outros RNAs catalíticos, conhecidos como **ribozimas**, também apoia a hipótese do mundo de RNA. Ribozimas naturais cortam e unem RNAs como parte do processamento de transcrição. No laboratório, pesquisadores sinterizaram ribozimas autorreplicantes que se copiam unindo-se em nucleotídeos livres. Se essas ribozimas poderiam ter se formado espontaneamente no início da Terra, não se sabe.

Outra pergunta é em relação ao fim desse "mundo de RNA". Se os sistemas genéticos iniciais autorreplicantes eram baseados em RNA, por que todas as células modernas usam DNA? A estrutura do DNA pode ter a resposta. Comparado ao RNA de fita simples, o DNA de fita dupla é menos suscetível a quebras. Uma mudança de RNA para DNA teria tornado os genomas maiores e mais estáveis possíveis.

Outra hipótese: a mudança de RNA para DNA poderia ter protegido alguns sistemas replicantes iniciais de vírus que se inseriram no RNA. Esses vírus não poderiam atacar um genoma com base em DNA sem desenvolver enzimas novas. Até essa evolução viral acontecer, sistemas baseados em DNA estariam em vantagem.

Para pensar

As características celulares poderiam ter sua origem nos processos abióticos?

- Todas as células viventes que executam reações metabólicas estão contidas em uma membrana plasmática e podem se replicar.
- Concentração de moléculas em partículas de argila ou em pequenas câmaras rochosas próximas às aberturas hidrotermais podem ter ajudado a iniciar reações metabólicas.
- Estruturas semelhantes a vesículas com membranas externas se formam espontaneamente quando algumas moléculas orgânicas se misturam à água.
- Um sistema de herança baseado em RNA pode ter precedido os sistemas baseados em DNA.

1.3 Evolução da vida inicial

- Comparações fósseis e moleculares entre organismos "modernos" nos informam sobre a história inicial da vida.

Era de ouro dos procariotos

Qual a idade da vida na Terra? Métodos diferentes fornecem respostas diferentes. A utilização de mutações acumuladas como um relógio molecular indica que o último ancestral universal comum viveu 4,3 bilhões de anos. Filamentos microscópicos da Austrália, que podem ser células fósseis, datam de 3,5 bilhões de anos (Figura 1.7*a*). Microfósseis de outra localidade na Austrália indicam que células já viviam ao redor das aberturas hidrotermais no fundo do mar há 3,2 bilhões de anos.

O tamanho e a estrutura das primeiras células fósseis sugerem que elas eram procarióticas. Além disso, comparações de sequência de genes entre organismos vivos colocam os procariotos próximos à base da árvore da vida. Havia pouco oxigênio no ar ou nos mares há 3 bilhões de anos atrás; assim, os primeiros procariotos devem ter sido anaeróbicos. Eles provavelmente usavam dióxido de carbono dissolvido como fonte de carbono, e íons minerais como fonte de energia.

Os procariotos modernos pertencem a dois domínios – Arquea e Bacteria. Com base nas diferenças genéticas entre os membros viventes desses grupos, os pesquisadores estimam que eles se ramificaram a partir de um ancestral comum há cerca de 3,5 bilhões de anos.

Depois dessa divergência evolutiva, uma linhagem bacteriana evoluiu para um novo modo de nutrição: a fotossíntese. Como o processo da fotossíntese surgiu? De acordo com uma hipótese, algumas bactérias antigas tinham um pigmento que detectava energia sob a forma de calor. Esse pigmento as ajudou a localizar aberturas hidrotermais ricas em minerais, das quais elas dependiam. Mais tarde, mutações permitiram que o pigmento capturasse a energia da luz, em vez de detectar calor. Aberturas hidrotermais emitem pouca energia, que os primeiros fotossintetizadores usavam para sintetizar seu metabolismo anaeróbico. Ainda mais tarde, descendentes das células fotossintéticas, habitantes das aberturas, colonizaram águas banhadas pelo Sol. Aqui, elas passaram a depender da fotossíntese e se ramificaram em muitas linhagens.

Quais dados apoiam essa hipótese? Algumas bactérias modernas realizam fotossíntese usando a luz das aberturas hidrotermais. Como a maioria das bactérias fotossintetizantes, esses habitantes das aberturas formam ATP (Adenosina Trifosfato) pela via cíclica. Essa via não produz oxigênio.

A via não cíclica da fotossíntese, que produz oxigênio, evoluiu em uma única linhagem bacteriana: as cianobactérias (Figura 1.7*b*,*c*), que compõem um ramo relativamente recente na árvore genealógica bacteriana; assim, a fotossíntese não cíclica presumidamente surgiu através de mutações que modificaram a via cíclica.

Quando a era Proterozoica começou, 2,5 bilhões de anos atrás, as cianobactérias e outras bactérias fotossintéticas estavam crescendo como tapetes densos nos mares. Esses "tapetes" capturavam minerais e sedimentos.

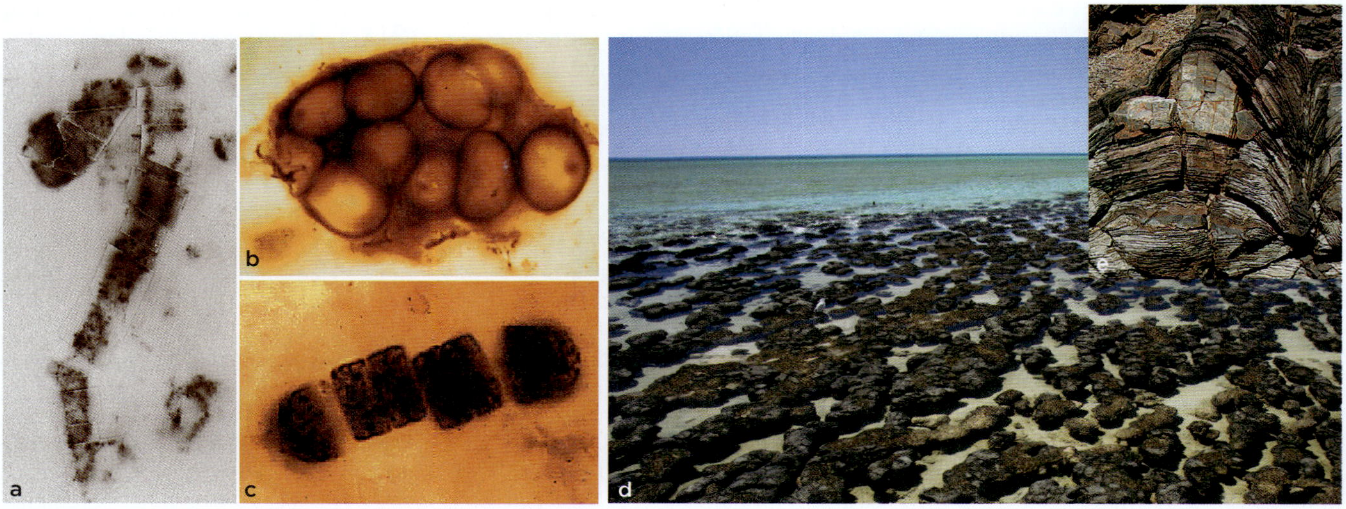

Figura 1.7 Fósseis de células procarióticas. (**a**) Uma fita do que pode ser células procarióticas data de 3,5 bilhões de anos. (**b**,**c**) Fósseis de dois tipos de cianobactérias que viveram há 850 milhões de anos em *Bitter Springs*, Austrália. (**d**) Representação artística de estromatólitos em um mar antigo. (**e**) Seção cruzada de um estromatólito fossilizado mostra camadas de material. Cada camada se formou quando um tapete de células procarióticas viventes capturava sedimentos. Células descendentes cresceram sobre a camada sedimentar, capturando mais sedimentos, formando a próxima camada.

Figura 1.8 Fósseis de alguns eucariotos iniciais. (**a**) Uma das espécies eucarióticas mais antigas conhecidas, a *Grypania spiralis*, que viveu cerca de 2 bilhões de anos atrás. Essas colônias fósseis são grandes o suficiente para serem visíveis ao olho nu. (**b**) *Tawuia* provavelmente era uma das primeiras algas. (**c**) Fósseis de uma alga vermelha, a *Bangiomorpha pubescens*. Essa espécie multicelular viveu há 1,2 bilhão de anos. As células eram especializadas: algumas formavam um adesivo que ancorava o corpo, outras produziam esporos sexuais.

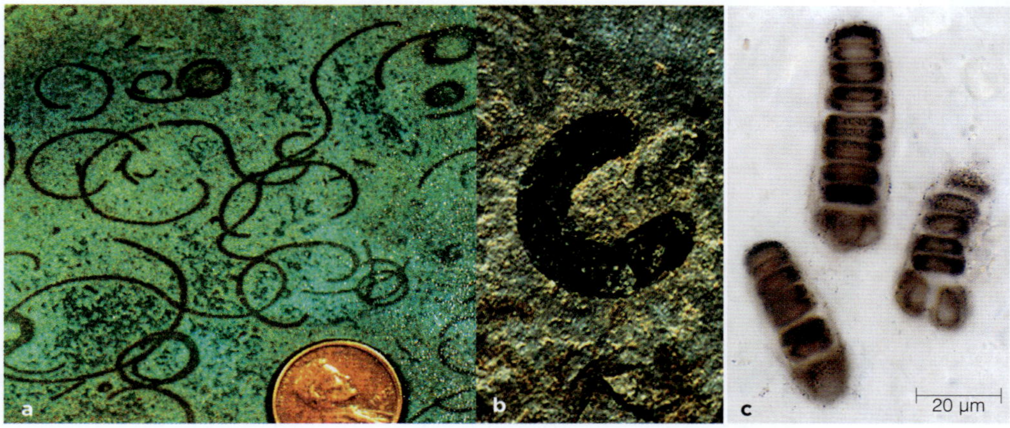

Durante muitos anos, o crescimento contínuo de células e deposição de minerais formaram grandes estruturas arredondadas em camadas chamadas **estromatólitos** (Figura 1.7*d*,*e*). Essas estruturas ainda se formam em alguns mares rasos atualmente. A abundância de estromatólitos aumentou durante a era Proterozoica. Populações de cianobactérias aumentaram, assim como seu produto residual: o gás oxigênio. O oxigênio começou a se acumular nas águas e no ar da Terra.

Uma atmosfera rica em oxigênio teve três consequências importantes:

Primeiro, o oxigênio evita a automontagem de compostos orgânicos complexos, assim a vida não poderia se criar espontaneamente a partir de materiais abióticos.

Segundo, a respiração aeróbica evoluiu e se tornou a principal via liberadora de energia. Essa via requer oxigênio e produz ATP. Comparada a outras vias liberadoras de energia, a respiração aeróbica é muito mais eficiente. Posteriormente ela atendeu as altas necessidades por energia dos eucariotos multicelulares.

Terceiro, como o oxigênio enriqueceu a atmosfera, uma camada de ozônio se formou. Essa camada evita que grande parte da radiação UV do Sol alcance a superfície terrestre. A radiação UV pode danificar o DNA. Sem uma camada de ozônio para protegê-lo, a vida não poderia ter se desenvolvido nos ambientes terrestres.

Surgimento dos eucariotos

Na era Proterozoica, precursores de células eucarióticas se dividiram a partir de linhagens de arqueas. Rochas com 2,8 bilhões de anos de idade apresentam traços de lipídeos como aqueles produzidos pelos eucariotos "modernos". Os fósseis eucarióticos mais antigos descobertos até agora datam de 2,1 bilhões de anos (Figura 1.8*a*,*b*).

Como você deve saber, organelas são as características definidoras das células eucarióticas. Qual foi sua origem? A próxima seção apresenta algumas hipóteses. Outra pergunta: Onde os primeiros eucariotos se encaixam nas árvores evolucionárias? As primeiras espécies que podemos atribuir a um grupo moderno é a *Bangiomorpha pubescens*, uma alga vermelha que viveu cerca de 1,2 bilhão de anos atrás (Figura 1.8*c*). Essa alga multicelular possui estruturas especializadas. Algumas das células ajudam a fixá-la. Outras produziam dois tipos de esporos sexuais. Aparentemente, a *B. pubescens* foi um dos primeiros organismos que se reproduziu sexuadamente.

Depois de dominar os oceanos do mundo por bilhões de anos, os estromatólitos começam a diminuir há cerca de 750 milhões de anos. O surgimento dos concorrentes, algas, e mudanças na composição mineral da água do mar provavelmente teve seu papel nessa diminuição. Organismos recém-evoluídos, que se alimentavam de bactérias, também podem ter contribuído para a redução dos estromatólitos.

Até agora, os fósseis animais mais antigos conhecidos datam de 570 milhões de anos. Esses primeiros animais tinham menos de um milímetro. Eles compartilhavam os oceanos com bactérias, arqueas, fungos e protistas, incluindo a linhagem de algas verdes, que mais tarde daria origem às plantas terrestres.

A diversidade animal cresceu muito durante uma notável radiação adaptativa na era Cambriana, 543 milhões de anos atrás. Quando esse período finalmente terminou, todas as principais linhagens animais, incluindo os vertebrados (animais com coluna vertebral), estavam representadas nos mares.

Para pensar

Como era a forma de vida inicial e como ela mudou o planeta?

- A vida surgiu há 3-4 bilhões de anos; era provavelmente anaeróbica e procariótica.
- Uma divergência inicial separava ancestrais das bactérias modernas da linhagem que levaria às arqueas e às células eucarióticas.
- As primeiras células fotossintetizantes eram bactérias que usavam a via cíclica. Mais tarde, a via não cíclica (ou acíclica) produtora de oxigênio evoluiu para cianobactérias.
- O acúmulo de oxigênio no ar e nos mares interrompeu a formação espontânea de moléculas de vida, formou uma camada de ozônio protetora e impulsionou a evolução de organismos que realizavam com eficiência a via de respiração aeróbica.

1.4 De onde vieram as organelas?

- As células eucarióticas exibem um ancestral composto, com componentes diferentes derivados de diferentes ancestrais procarióticos.

Origem do núcleo, RE e complexo de Golgi

O DNA de um organismo procariótico se localiza em uma região do citoplasma, mas o DNA de qualquer célula eucariótica reside dentro de um núcleo. A fronteira externa do núcleo, o envelope nuclear, é contínuo à membrana do retículo endoplasmático (RE). Como as membranas celulares internas eucarióticas surgiram? Alguns procariotos podem nos dar pistas. Sua membrana plasmática se dobra no citoplasma e inclui enzimas embutidas, proteínas de transporte e outras estruturas com papéis nas reações metabólicas (Figura 1.9*a*). Invaginações similares podem ter evoluído no ancestral de células eucarióticas e se tornado mais elaboradas com o decorrer do tempo.

Quais vantagens a invaginação da membrana poderia oferecer? Os dobramentos aumentam a área de superfície da membrana, assim há mais espaço para qualquer processo metabólico embutido nela. Membranas internas permitem especialização e uma divisão de trabalho. Uma membrana plasmática procariótica típica precisa realizar todas as funções da membrana. Com o aumento da superfície de contato, diferentes partes da membrana podem se tornar estrutural e funcionalmente especializadas. Outra vantagem é que as invaginações criam regiões localizadas nas quais uma célula pode concentrar uma substância específica.

Desdobramentos da membrana que se estenderam ao redor do DNA podem ter evoluído em um envelope nuclear (Figura 1.9*b*). Por essa hipótese, o envelope nuclear foi favorecido, pois manteve os genes seguros do DNA estranho. Bactérias modernas absorvem DNA de seus arredores e recebem injeções de DNA dos vírus. Uma alternativa é que o envelope nuclear evoluiu depois que duas células procarióticas se fundiram. Essa membrana pode ter mantido os genomas incompatíveis de duas células separadas.

Evolução da mitocôndria e dos cloroplastos

No início da história da vida, as células se tornaram alimento umas das outras. Algumas células engolfavam e digeriam outras células. Parasitas celulares entravam em seus hospedeiros e se alimentavam deles. Em alguns casos, a presa engolfada ou os parasitas sobreviviam dentro do predador ou hospedeiro. Dentro dessa célula maior, elas se protegiam e tinham um amplo suprimento de nutrientes proveniente do citoplasma de seu hospedeiro. Como seu hospedeiro, elas continuavam a se dividir e reproduzir.

Essas interações são a premissa da hipótese de **endossimbiose**, desenvolvida por Lynn Margulis e outros. (*Endo* significa dentro; *simbiose* significa viver junto.) Os simbiontes vivem suas vidas dentro de um hospedeiro e a interação beneficia um deles ou ambos.

Mais provavelmente, as mitocôndrias evoluíram depois que uma bactéria aeróbica entrou e sobreviveu em uma célula hospedeira. A célula hospedeira pode ter sido um eucarioto primário ou uma arquea. Se fosse uma arquea, então uma membrana nuclear pode ter evoluído depois que as duas células se fundiram. A membrana teria impedido que as enzimas e os genes bacterianos interferissem na expressão dos genes da hospedeira arquea.

Em todo caso, o hospedeiro começou a consumir ATP produzido por seu simbionte aeróbico, enquanto o simbionte começou a obter matéria-prima do hospedeiro. Ao longo do tempo, genes sofreram mutações. Porém, nesse caso, se um gene perder sua função em um parceiro, um gene do outro pode absorver a falha. Posteriormente, o hospedeiro e o simbionte se tornaram incapazes de viver independentemente.

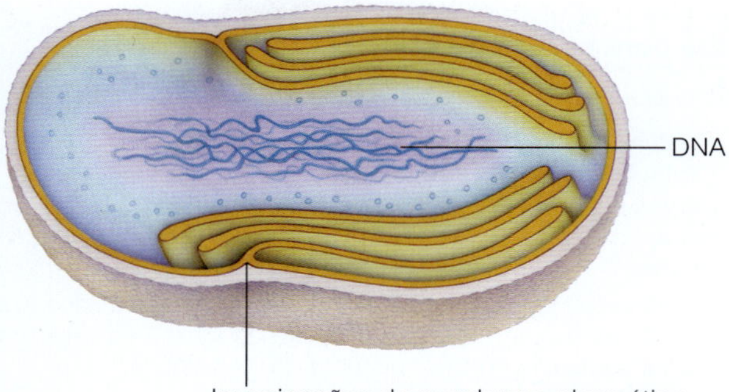

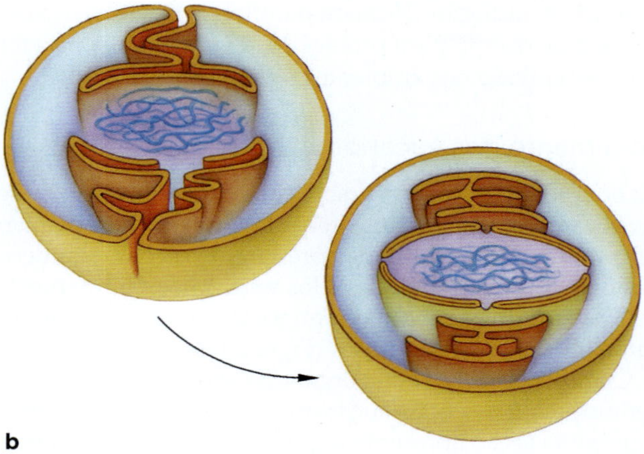

Figura 1.9 (**a**) Esquema de uma bactéria do solo, a *Nitrobacter*. Neste procarioto, o fluido citoplasmático banha permanentemente a membrana plasmática. (**b**) Modelo para a origem do envelope nuclear e do retículo endoplasmático. Nos ancestrais procarióticos de células eucarióticas, invaginações da membrana plasmática podem ter evoluído nessas organelas.

Evidências de endossimbiose

Uma descoberta ocasional feita pelo microbiólogo Kwang Jeon apoia a hipótese de que bactérias podem evoluir em organelas. Em 1966, Jeon estava estudando a *Amoeba proteus*, uma espécie de protista unicelular. Por acidente, uma de suas culturas foi infectada por uma bactéria em forma de bastão. Algumas amebas infectadas morreram imediatamente. Outras sobreviveram, mas o crescimento desacelerou. Intrigado, Jeon guardou essas culturas infectadas para ver o que aconteceria. Cinco anos mais tarde, as amebas descendentes, que eram hospedeiras de muitas células bacterianas, ainda assim pareciam saudáveis. Quando essas amebas receberam drogas exterminadoras de bactérias, que geralmente não são prejudiciais às amebas, estas morreram.

Experimentos demonstraram que as amebas tinham passado a depender das bactérias que estavam vivendo dentro delas. Quando amebas em culturas não infectadas tinham seus núcleos retirados e recebiam um núcleo de uma ameba infectada, elas morriam. Faltava alguma coisa. Quando as bactérias eram incluídas no transplante nuclear, as células receptoras sobreviviam. Estudos posteriores mostraram que as amebas infectadas tinham perdido a capacidade de produzir uma enzima essencial. Elas dependiam dos invasores bacterianos para produzi-la! As células bacterianas tinham se tornado endossimbiontes vitais.

As mitocôndrias nas células viventes assemelham-se a bactérias, em tamanho e estrutura. A membrana interna de uma mitocôndria é como uma membrana plasmática bacteriana. Como um cromossomo bacteriano, o DNA mitocondrial é circular e apresenta algumas regiões não codificadoras entre genes e alguns ou nenhum íntron. Uma mitocôndria não replica seu DNA ou se divide ao mesmo tempo que a célula.

Os cloroplastos também se originam por endossimbiose? De acordo com um cenário, um eucarioto predador primário engolfou células fotossintéticas. Essas células continuaram a funcionar, absorvendo nutrientes do citoplasma hospedeiro. As células liberaram oxigênio e açúcares em seus hospedeiros que respiravam aerobicamente e que se beneficiaram com isso.

Em apoio a essa hipótese, genes e estruturas de cloroplastos modernos se assemelham aos das cianobactérias. Além disso, o cloroplasto não replica seu DNA ou sofre divisão ao mesmo tempo que a célula.

Protistas de água doce, chamados glaucófitas, oferecem mais pistas. *Glauco* significa verde-claro e o nome se refere à cor das organelas fotossintéticas dos protistas, que se assemelham às cianobactérias (Figura 1.10*a,b*). Como as cianobactérias, essas organelas são envolvidas por uma parede celular.

Entretanto, quando as células eucarióticas primitivas surgiram, elas já tinham um núcleo, sistema de endomembranas, mitocôndrias e – em algumas linhagens – cloroplastos. Essas células foram os primeiros protistas. Com o decorrer do tempo, seus descendentes originaram as linhagens de protistas modernos, bem como plantas, fungos e animais. A próxima seção fornece um cronograma desses eventos evolucionários cruciais.

Para pensar

Como o núcleo e outras organelas eucarióticas podem ter evoluído?

- Um núcleo e outras organelas são características que definem as células eucarióticas.
- O núcleo e o RE podem ter surgido através da modificação de invaginações da membrana plasmática.
- Mitocôndrias e cloroplastos descendem de bactérias que eram presas ou parasitas das primeiras células eucarióticas.

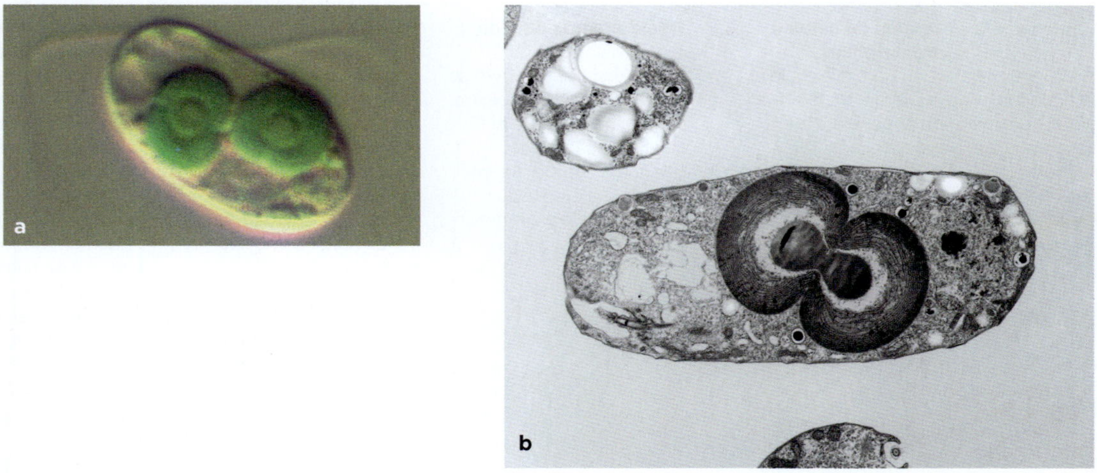

Figura 1.10 Exemplos das muitas pistas para interações endossimbióticas antigas. (**a,b**) *Cyanophora paradoxa*, uma glaucófita. Suas mitocôndrias se assemelham às bactérias aeróbicas em tamanho e estrutura. Suas estruturas fotossintéticas se assemelham às cianobactérias. Apresentam até uma parede similar em composição à parede que cerca uma célula cianobacteriana.

1.5 Linha do tempo da origem da vida e evolução

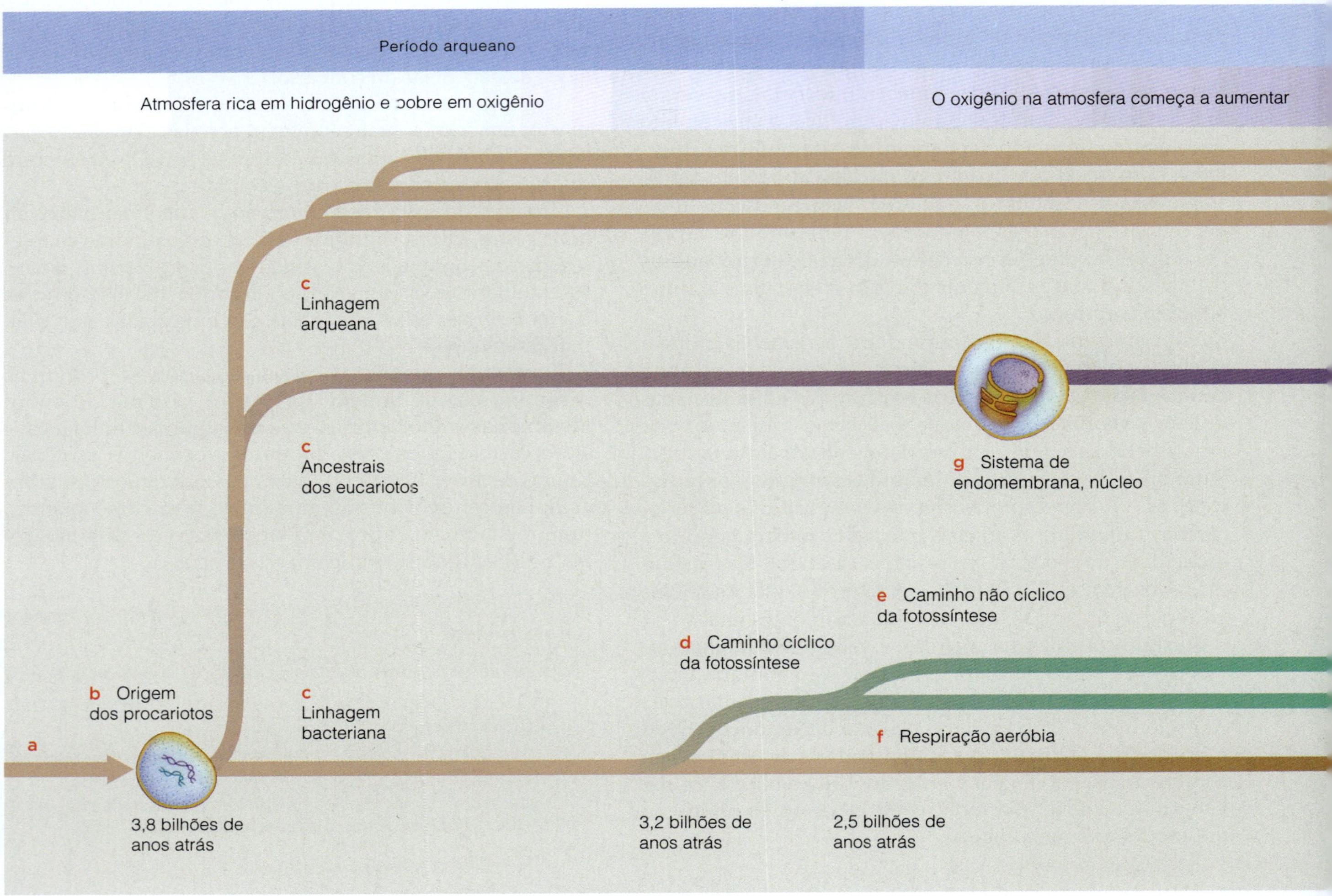

Evolução química e molecular
a Entre 5 e 3,8 bilhões de anos atrás, lipídeos, proteínas, ácidos nucleicos e carboidratos complexos se formaram a partir de compostos orgânicos simples presentes no início da Terra.

Origem de células procarióticas
b As primeiras células evoluíram há 3,8 bilhões de anos. Elas eram procarióticas: não tinham núcleo ou outras organelas. O oxigênio era escasso; as primeiras células produziam ATP por vias anaeróbicas.

Três domínios de vida
c A primeira grande divergência deu origem às bactérias e a um ancestral comum de arqueas e células eucarióticas. Não muito tempo depois, as arqueas e células eucarióticas dividiram as vias.

Fotossíntese, respiração aeróbica evolui
d A via cíclica de fotossíntese evoluiu em uma linhagem bacteriana.
e Fotossíntese não cíclica evoluiu em uma ramificação dessa linhagem (cianobactérias) e o oxigênio começa a acumular.
f Respiração aeróbica evoluiu independentemente em alguns grupos bacterianos e arqueas.

Origem do sistema de endomembrana, núcleo
g O tamanho das células e a quantidade de informações genéticas continuaram a expandir em ancestrais do que se tornariam as células eucarióticas. O sistema de endomembrana, incluindo o envelope nuclear, surgiu através da modificação de membranas celulares entre 3 e 2 bilhões de anos atrás.

Figura 1.11 Marcos na história da vida, com base nas hipóteses mais aceitas. Enquanto você lê a próxima unidade sobre a diversidade da vida passada e presente, consulte essa visualização geral. Ela pode servir como simples lembrete das conexões evolucionárias entre todos os grupos de organismos. Linha do tempo sem escala.

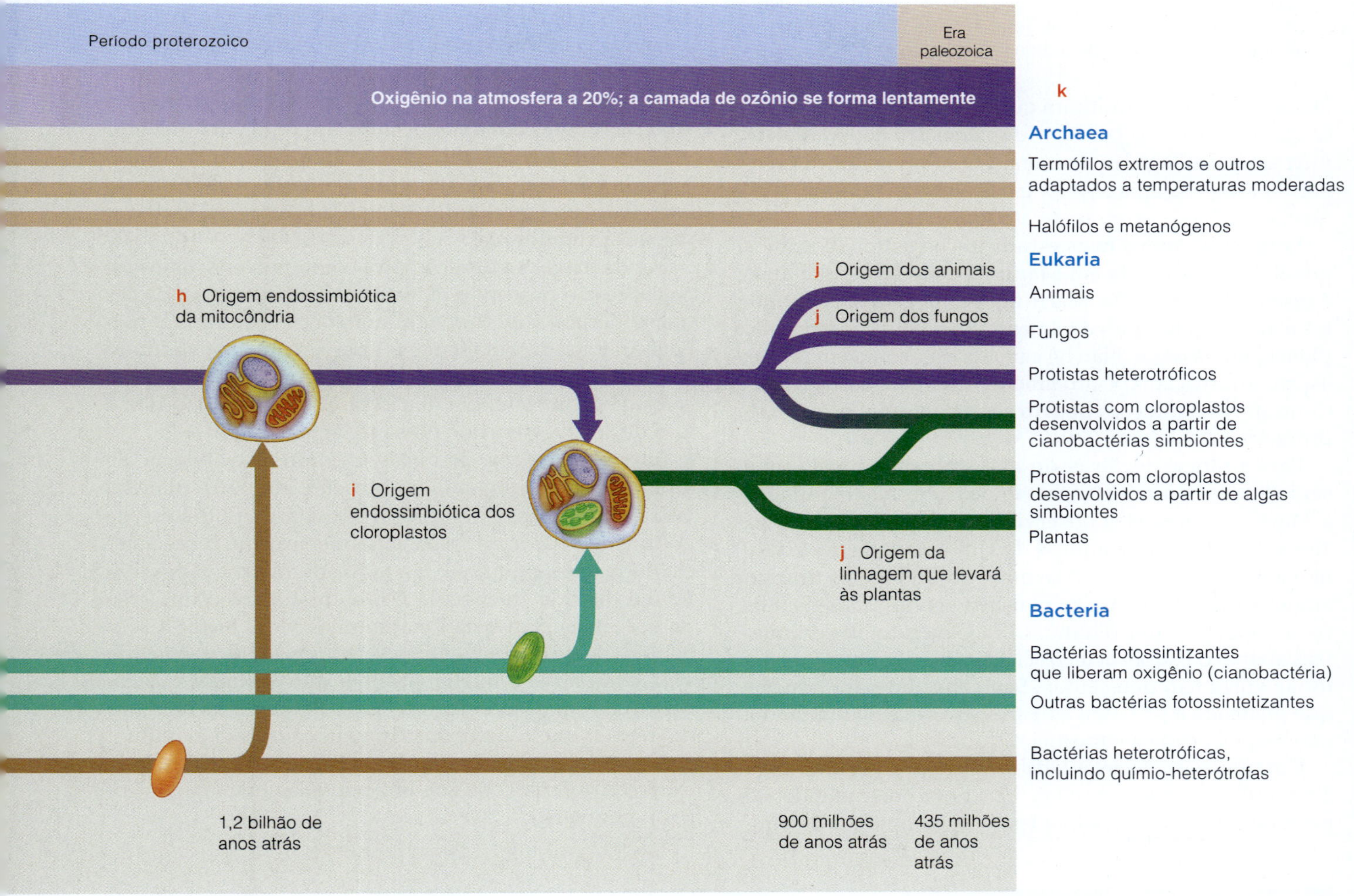

Origem endossimbiótica de mitocôndrias
h Aproximadamente 1,2 bilhão de anos antes, uma bactéria aeróbica entrou em uma célula eucariótica anaeróbica. Com o passar das gerações, as duas espécies estabeleceram um relacionamento simbiótico. Descendentes da célula bacteriana se tornaram mitocôndrias.

Origem endossimbiótica de cloroplastos
i Há 1,5 bilhão de anos atrás, uma cianobactéria entrou em um protista. Com o passar das gerações, os descendentes bacterianos evoluíram em cloroplastos. Mais tarde, alguns protistas fotossintéticos evoluiriam em cloroplastos dentro de outros hospedeiros protistas.

Plantas, fungos e animais evoluem
j Há 900 milhões de anos, representantes de todas as linhagens principais – incluindo fungos, animais e as algas que originariam as plantas – tinham evoluído nos mares.

Linhagens que permaneceram até agora
k Atualmente, organismos vivem em quase todas as regiões de águas, crosta e atmosfera terrestre. Eles estão relacionados por descendentes e compartilham determinadas características. No entanto, cada linhagem encontrou diferentes pressões seletivas, e características únicas evoluíram em cada uma.

Resolva: De qual linhagem procariótica as mitocôndrias descendem: bactérias ou arqueas?

Resposta: Bactérias

1.6 Sobre a astrobiologia

- Estudar as condições em outros planetas fornece pistas sobre como a vida surgiu na Terra. Da mesma forma, o que aprendemos sobre a vida na Terra informa nossas ideias sobre a possibilidade de vida em outros lugares.

Quais condições permitiram que a vida surgisse na Terra? O que é necessário para a vida persistir? Poderia haver vida em outro lugar no universo? O campo multidisciplinar da **astrobiologia** aborda essas e outras questões profundas.

Entre os assuntos mais estudados na astrobiologia é a possibilidade de vida em Marte. Lembre-se de que água é essencial para a vida. Marte apresenta gelo em seus polos e água líquida provavelmente fluía pela superfície do planeta no passado. Não há camada de ozônio em Marte; assim, a radiação UV atualmente esteriliza a superfície. Contudo, as condições podem ser de alguma forma mais propícias no solo profundo.

Para praticar técnicas de amostragem no solo, que serão usadas durante futuras expedições não tripuladas a Marte, os cientistas observaram *habitats* extremos na Terra. Em 2004, uma equipe da Universidade do Arizona visitou o Deserto de Atacama, no Chile. Eles tiraram amostras de áreas que se pensava serem secas demais para suportar vida (Figura 1.12). Cavando 30 centímetros abaixo da superfície, os cientistas encontraram bactérias antes não detectadas. Seu conselho para aqueles que planejam a próxima amostragem em solo marciano: não raspe apenas a superfície.

Uma missão não tripulada a Marte programada para 2013 utilizará esse conselho. Um novo instrumento irá perfurar amostras no solo e testá-las para traços de aminoácidos, nucleotídeos e outras moléculas biológicas que poderiam indicar vida.

Além de Marte, os astrobiólogos estão ansiosos para explorar Europa, uma das luas de Júpiter. A superfície de Europa é coberta de gelo e surpreendentemente fria, mas a energia geotérmica pode estar derretendo o gelo em locais profundos. A Nasa está planejando uma missão não tripulada à Europa em 20 ou 30 anos. A meta é perfurar a superfície congelada, depois usar um robô para explorar oceanos subjacentes. Um robô protótipo já foi construído e usado para explorar um poço profundo no México. O robô mapeou esse local e coletou amostras de bactérias de suas profundezas.

Ainda mais longe, telescópios comuns e telescópios espaciais estão buscando planetas distantes com condições que poderiam suportar vida. A meta é encontrar um planeta com massa semelhante à Terra em órbita ao redor do Sol. Um candidato provável, chamado Gliese 581, fica a cerca de 20 anos-luz de distância. Seu tamanho, órbita e tipo de Sol sugerem que possa ter água líquida.

Suponha que os cientistas encontrem evidência de vida microbiana passada ou presente em outro planeta. Isso importa? Essa descoberta suportaria a hipótese de que a vida pode surgir espontaneamente como consequência de reações químicas. Ela também tornaria a possibilidade de vida inteligente em outro lugar no universo parecer mais provável. Quanto mais vida, maior a probabilidade de que a evolução tenha produzido formas de vida complexas e inteligentes em outros lugares. Além disso, com as descobertas de que o Sol não gira ao redor da Terra e que toda forma de vida complexa evoluiu a partir de formas mais simples, a descoberta de vida extraterrestre faria com que nós reavaliássemos nosso lugar no universo.

Figura 1.12 Deserto do Atacama, no Chile, que serve como modelo e solo de teste para cientistas interessados em solo marciano. Jay Quade, um cientista da Universidade do Arizona, pode ser visto à distância à direita. Ele era parte de uma equipe que detectou bactérias no solo subterrâneo em uma parte do deserto que se pensava ser muito seca para suportar vida.

QUESTÕES DE IMPACTO REVISITADAS | Procurando Vida em Lugares Estranhos

Às vezes, quando os pesquisadores procuram por vida, eles não têm muita certeza do que encontrarão. Considere os nanóbios: bolhas e filamentos encontrados em camadas rochosas profundas e mostrados aqui. Os nanóbios possuem DNA e parecem crescer, mas medem apenas um décimo do tamanho de uma célula bacteriana. Alguns pesquisadores acham que os nanóbios estão vivos. Outros acham que os nanóbios são pequenos demais para manter a dinâmica necessária para a vida e foram formados por processos não biológicos. Talvez os nanóbios sejam algo como protocélulas simples que precederam a vida.

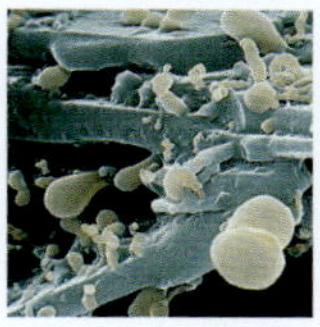

Resumo

Seção 1.1 De acordo com o **modelo do *Big Bang***, o universo se formou há 13 a 15 milhões de anos e ainda está se expandindo (Tabela 1.1). A Terra se formou há mais de 4 bilhões de anos a partir de fragmentos rochosos orbitando o Sol. Sua atmosfera inicial consistia principalmente em gases vulcânicos e tinha pouquíssimo oxigênio.

Simulações em laboratório fornecem evidência indireta de que compostos orgânicos, como aminoácidos e nucleotídeos, se uniram espontaneamente sob condições como aquelas que se pensou prevalecer no início do planeta. Alternativamente, os blocos de construção da vida podem ter se formado no espaço e alcançado a Terra acoplados em meteoritos.

Seção 1.2 Proteínas que aceleram reações metabólicas podem ter se formado primeiro quando aminoácidos pararam na argila, depois se uniram sob o calor do Sol ou reagentes podem ter começado a interagir dentro de minúsculos orifícios nas rochas próximas às **aberturas hidrotermais** no mar, que emitiam água escaldante rica em minerais.

Estruturas semelhantes a membranas se formam quando proteínas e lipídeos são misturados com água. Elas servem de modelo para protocélulas, que podem ter precedido as células.

Um **mundo de RNA**, um tempo em que o RNA era o material genético, pode ter precedido os sistemas baseados em DNA. O RNA ainda é parte dos ribossomos que realizam a síntese de proteína em todos os organismos. Descoberta de **ribozimas**, os RNAs que agem como enzimas, dão apoio à hipótese do mundo de RNA. Comparado ao DNA, o RNA se quebra facilmente. Uma troca do RNA para o DNA teria tornado o genoma mais estável devido à dupla hélice do DNA. Também pode ter oferecido uma defesa contra vírus que atacavam células baseadas em RNA.

Seção 1.3 Fósseis e sequenciamento de genes sugerem que a primeira forma de vida evoluiu de 3 a 4 bilhões de anos atrás. Era procariótica e, como os níveis de oxigênio eram baixos, provavelmente anaeróbica. Nessa fase inicial, uma divergência separou os ancestrais de bactérias do ancestral comum de arqueas e eucariotos.

A fotossíntese evoluiu em uma linhagem de bactérias. A primeira a evoluir foi a via cíclica. Essa via fotossintética foi modificada nas cianobactérias, então se tornou não cíclica, e o oxigênio foi liberado como subproduto.

Tapetes de bactérias fotossintéticas dominaram os mares por bilhões de anos. Com o passar das gerações, esses tapetes se tornaram camadas com sedimentos e formaram estromatólitos, estruturas em forma arredondada que mais tarde foram fossilizadas. O oxigênio liberado por muitas cianobactérias acumulou-se e mudou a atmosfera da Terra. Os níveis de oxigênio aumentados favoreceram a evolução da respiração aeróbica.

Os protistas foram as primeiras células eucarióticas, e seus fósseis datam de pouco mais de 2 bilhões de anos. No início da era Cambriana, 570 milhões de anos atrás, todas as principais linhagens eucarióticas viviam nos mares.

Seção 1.4 Membranas internas de células eucarióticas, como uma membrana nuclear e o retículo endoplasmático, podem ter evoluído pela modificação de invaginações da membrana plasmática. Mitocôndrias e cloroplastos provavelmente evoluíram por **endossimbiose**. Por esse processo evolucionário, uma célula entra e vive dentro de outra. Depois, com o passar de muitas gerações, hospedeiro e células hospedadas começam a depender uns dos outros como processos metabólicos essenciais.

Seção 1.5 Evidências de muitas fontes nos permitem reconstruir a ordem de eventos e fazer um cronograma hipotético para a história da vida.

Seção 1.6 **Astrobiologia** é um campo de estudo que se preocupa com as origens, evolução e persistência da vida na Terra, enquanto relaciona a vida no universo. Astrobiólogos estudam a vida em *habitats* extremos na Terra como modelo para o que pode sobreviver em outros planetas. Em nosso próprio Sistema Solar, Marte e Europa (uma Lua de Júpiter) têm água e são considerados possíveis berços de vida. Planetas distantes com condições semelhantes à Terra também podem ter vida.

Tabela 1.1 Principais eventos na história da vida

Evento	Tempo estimado
O universo se forma	13 a 15 bilhões de anos atrás
Nosso Sol se forma	5 bilhões de anos atrás
A Terra se forma	4,6 bilhões de anos atrás
Primeiras células procarióticas	3,2 a 4,3 bilhões de anos atrás
Primeiras células eucarióticas	2,8 a 2 bilhões de anos atrás

Exercício de análise de dados

Estudos em rochas antigas e fósseis podem revelar mudanças que ocorreram durante a existência da Terra. A Figura 1.13 mostra como os impactos de asteroides e a composição da atmosfera podem ter mudado com o decorrer do tempo. Use essa figura e informações no capítulo para responder as seguintes perguntas.

1. O que aconteceu primeiro: um declínio nos impactos dos asteroides ou um aumento no nível atmosférico de oxigênio?

2. Como os níveis modernos de dióxido de carbono e oxigênio se comparam àqueles da época em que as primeiras células surgiram?

3. Atualmente, o que é mais abundante: oxigênio ou dióxido de carbono?

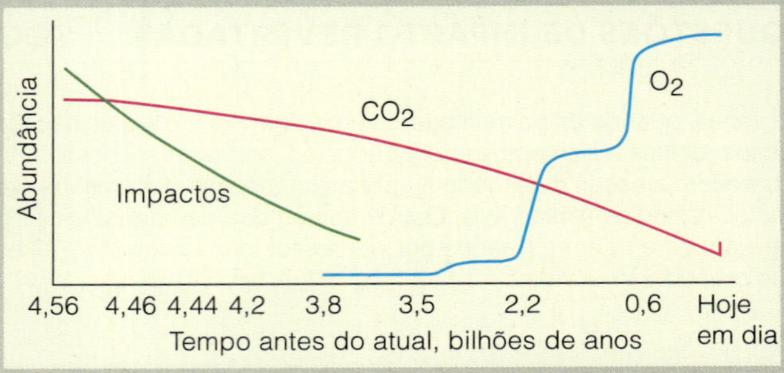

Figura 1.13 Como os impactos dos asteroides (*verde*), a concentração de dióxido de carbono atmosférico (*rosa*) e a concentração de oxigênio (*azul*) mudaram com o tempo geológico.

Questões

Respostas no Apêndice II

1. De acordo com o modelo do *Big Bang*, ______.
   a. a Terra se formou há cerca de 14 bilhões de anos
   b. o universo continua a se expandir
   c. carbono e oxigênio foram os primeiros elementos a se formar
   d. todas as anteriores

2. Uma abundância de ________ na atmosfera teria evitado a formação espontânea de compostos orgânicos.

3. O experimento de Stanley Miller demonstrou ____________.
   a. a idade da Terra
   b. que aminoácidos podem se formar espontaneamente
   c. que o oxigênio é necessário à vida
   d. todas as anteriores

4. A prevalência de cofatores de sulfeto de ferro em organismos vivos pode ser prova de que a vida surgiu __________.
   a. no espaço
   b. em zonas intermareais
   c. próximo às aberturas no fundo do mar
   d. na atmosfera superior

5. De acordo com uma hipótese, partículas de argila carregadas negativamente desempenharam um papel no início da _______.
   a formação de proteína
   b. replicação de DNA
   c. fotossíntese
   d. diminuição de oxigênio

6. Um RNA que age como uma enzima é um(a) ____________.

7. Determinados pigmentos que evoluíram e foram posteriormente utilizados na fotossíntese podem ter inicialmente ajudado as células a detectar __________________.
   a. calor nas aberturas hidrotermais
   b. rochas ricas em sulfeto de ferro
   c. argilas ricas em minerais
   d. predadores em potencial

8. A evolução de _____________ resultou em um aumento nos níveis de oxigênio atmosférico.
   a. reprodução sexuada
   b. respiração aeróbica
   c. a via não cíclica de fotossíntese
   d. a via cíclica de fotossíntese

9. Mitocôndrias são provavelmente descendentes de ________.
   a. arqueas
   b. bactérias aeróbicas
   c. cianobactérias
   d. bactérias anaeróbicas

10. Invaginações da membrana plasmática no citoplasma de alguns procariotos podem ter evoluído em _______________.
    a. envelope nuclear
    b. membranas do RE
    c. parede celular primária
    d. a e b

11. Pelo processo de ____________, uma célula vive dentro da outra e as duas se tornam interdependentes.

12. Um __________ é uma estrutura de forma arredondada formada por tapetes de células fotossintéticas e sedimentos.

13. Os primeiros eucariotos eram ______________________.
    a. fungos
    b. plantas
    c. protistas
    d. animais

14. Marte e Europa, a Lua de Júpiter, são considerados candidatos possíveis à vida, pois em ambos __________________.
    a. há uma camada de ozônio
    b. há gelo e pode ter água
    c. apresentam quase a mesma temperatura da Terra
    d. todas as anteriores

15. Organize cronologicamente os eventos evolucionários, com 1 sendo o primeiro e 6 o mais recente.

___ 1	a. emergência da via não cíclica de fotossíntese
___ 2	b. origem das mitocôndrias
___ 3	c. origem das protocélulas
___ 4	d. emergência da via cíclica de fotossíntese
___ 5	e. origem dos cloroplastos
___ 6	f. *Big Bang*

Raciocínio crítico

1. Pesquisadores que procuram fósseis das primeiras formas de vida deparam com muitos obstáculos. Por exemplo, algumas rochas sedimentares datam de mais de 3 bilhões de anos. Pesquise sobre placas tectônicas e explique por que existem tão poucas amostras remanescentes dessas primeiras rochas.

2. Craig Venter e Claire Fraser estão trabalhando para criar um "organismo mínimo". Eles começaram seus estudos com o *Mycoplasma genitalium*, uma bactéria que é constituída por apenas 517 genes. Ao desabilitar esses genes, um por vez, eles descobriram que 265 a 350 deles codificam proteínas essenciais. Os cientistas estão sintetizando os genes essenciais e inserindo-os, um por um, em uma célula produzida por engenharia genética, consistindo apenas de uma membrana plasmática e de um citoplasma. Eles querem ver como esses genes atuam e se eles são capazes de constituir uma célula viva, uma nova forma de vida. Quais propriedades essa célula teria que exibir para que você concluísse que ela está viva?

Um fóssil de Archaeopterysc. Durante o Período Eoceno, cerca de 50 milhões de anos atrás, sedimentos que tinham sido gradualmente depositados em camadas no fundo de um grande lago se tornaram a tumba deste pássaro. Nessa mesma formação, restos fossilizados de sicômoro, tifa, palma e outras plantas sugerem que o clima era quente e úmido quando o pássaro viveu.

2 Vírus e Procariotos

QUESTÕES DE IMPACTO Efeitos da AIDS

Quando Chedo Gowero (Figura 2.1) tinha 13 anos, seus pais haviam morrido de AIDS. Ela havia deixado a escola e trabalhava para sustentar a si e a seu irmão de 10 anos. Infelizmente, histórias como a de Chedo são comuns no Zimbábue (África), um país no qual um quinto da população está com AIDS.

AIDS é a abreviação em inglês de Síndrome da Imunodeficiência Adquirida (*Acquired Immune Deficiency Syndrome*), e o vírus que a causa é chamado HIV, ou Vírus da Imunodeficiência Humana (*Human Immune Deficiency Vírus*). No mundo inteiro, mais de 20 milhões de pessoas morreram em consequência da AIDS, e cerca de 40 milhões estão infectadas com o HIV. Com raras exceções, todos os infectados com o vírus da AIDS desenvolverão a doença. Em países desenvolvidos, medicamentos antivirais podem ajudar a desacelerar a progressão da doença. Entretanto, em países menos desenvolvidos, apenas uma minúscula porcentagem da população tem acesso a tais medicamentos.

Nas regiões mais atingidas, incluindo a África subsaariana, a AIDS está desfazendo o tecido cultural. Órfãos frequentemente abandonam a escola, arriscando o futuro da nação, e alguns recorrem à prostituição ou cometem crimes para sobreviver. As pessoas enfraquecidas pela AIDS não conseguem plantar nem cuidar de suas safras; então a falta de alimentos – um problema crônico em regiões subsaarianas – está piorando.

O vírus que causa todo esse sofrimento foi isolado pela primeira vez no início dos anos 1980. Desde então, pesquisadores descobriram que há duas categorias, HIV-1 e HIV-2. HIV-1 é o causador mais comum de AIDS. O sequenciamento do genoma do HIV revelou que ele é muito parecido com o vírus da imunodeficiência símia (*Simian Immunodeficiency Virus* (SIV)). O SIV infecta os chimpanzés selvagens na África; portanto, o primeiro humano infectado provavelmente foi alguém que entrou em contato com um macaco infectado com SIV. Sabemos que o HIV está presente nos humanos desde, pelo menos, 1959. Recentemente, cientistas detectaram o HIV-1 em sangue armazenado coletado de um homem africano em 1959.

Atualmente a maioria das pessoas com o HIV contraiu o vírus através de sexo com um parceiro infectado. Sexo anal, vaginal e oral podem permitir a entrada de HIV no organismo. Uma barreira de látex, como o preservativo, ajuda a minimizar a probabilidade de contágios. Mães infectadas podem transmitir o HIV aos filhos durante o parto ou por meio do leite. A exposição ao sangue infectado com HIV ao compartilhar agulhas ou através de transfusão também ocasiona a infecção.

Uma vez dentro do corpo humano, o HIV infecta leucócitos que desempenham um papel crucial nas respostas imunológicas (um processo que discutiremos no Capítulo 13). O vírus assume o processo metabólico da célula e o utiliza para formar mais partículas virais. Eventualmente, o leucócito infectado morre. A morte de leucócitos, como resultado da infecção com HIV, destrói a capacidade de o organismo se defender. Como resultado, outros vírus e organismos causadores de doença dominam, causando os sintomas da AIDS e os problemas que levam à morte.

Apesar de esforços internacionais, cientistas ainda não criaram uma vacina que possa prevenir a AIDS. Medicamentos que desaceleram a replicação viral ajudam pessoas infectadas com HIV a se manter saudáveis, mas o vírus permanece em seu corpo. Portanto, os medicamentos, que frequentemente apresentam efeitos colaterais desagradáveis, devem ser tomados por toda a vida.

HIV e outros patógenos que ameaçam a saúde humana são o foco principal deste capítulo, mas eles são apenas parte do conteúdo do capítulo. A maioria dos vírus e bactérias não nos traz danos. Alguns, como as bactérias que vivem em nosso intestino e sintetizam vitaminas essenciais, nos beneficiam diretamente. Outros nos beneficiam indiretamente. Por exemplo, bactérias eliminam oxigênio no ar e ajudam plantas a crescer ao enriquecer o solo com nitrogênio. Alguns vírus podem matar bactérias danosas ao organismo.

Figura 2.1 Chedo Gowero é uma das 11 milhões de crianças órfãs da AIDS. O HIV, o retrovírus que causa a doença (*à esquerda*), infectou os humanos pela primeira vez na África, e continua devastando esse continente.

Conceitos-chave

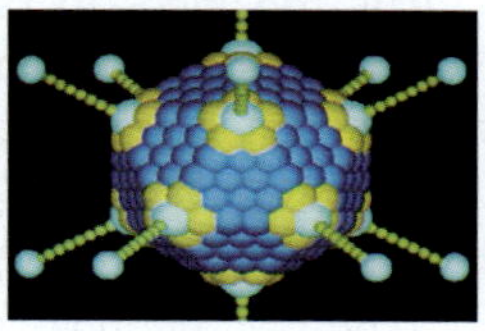

Vírus e outras partículas infecciosas não celulares

Vírus são partículas não celulares constituídas de proteína e ácido nucleico. Eles se replicam ao assumir o processo metabólico de uma célula hospedeira. Viroides são sequências curtas de RNA infeccioso. Príons são formas alteradas de proteínas normais. **Seções 2.1-2.3**

Características de células procarióticas

Procariotos são organismos unicelulares que não possuem um núcleo ou as diferentes organelas membranosas citoplasmáticas encontradas na maioria das células eucarióticas. Coletivamente, mostram grande diversidade metabólica. Eles se dividem rapidamente e trocam DNA por diversos mecanismos. **Seções 2.4, 2.5**

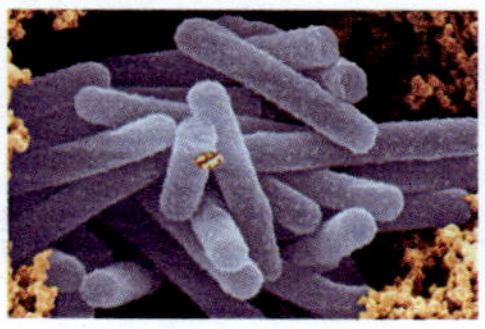

Bactérias

Bactérias são as células procarióticas mais abundantes na Terra. Elas realizam funções importantes, como degradação de impurezas, adição de oxigênio ao ar e fornecimento de nutrientes essenciais às plantas. Quase todos os procariotos causadores de doença são bactérias. **Seção 2.6**

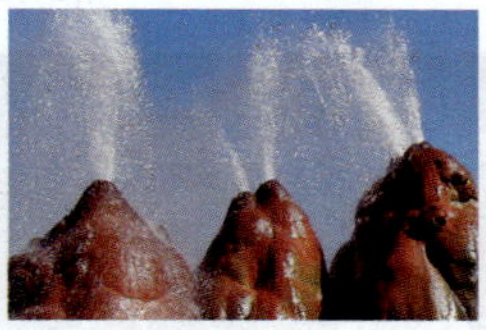

Arqueas

Arquea é o grupo procariótico mais recentemente descoberto e menos estudado. Alguns mostram uma capacidade notável de sobrevivência em *habitats* extremos, mas outros vivem em lugares mais comuns. Desempenham papéis importantes nos ecossistemas. **Seção 2.7**

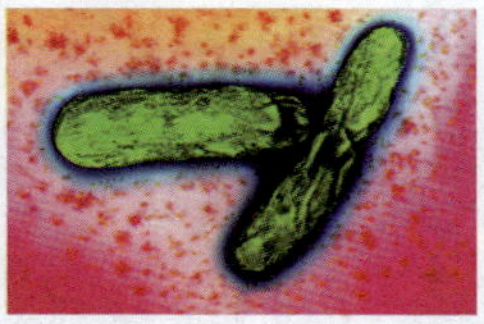

Evolução e doenças

Uma variedade imensa de patógenos, ou agentes causadores de doenças, infecta hospedeiros humanos. Patógenos e seus hospedeiros coevoluem; cada um atua como um agente seletivo sobre o outro. **Seção 2.8**

Neste capítulo

- Neste capítulo, expandimos o conceito de procariotos. Consideramos a classificação dessas células e os métodos utilizados para determinar a relação existente. Discutimos seu papel na história inicial da Terra e pensamos novamente em como elas executam a fotossíntese. Você lerá sobre as hipóteses de que a vida surgiu perto de fluxos hidrotermais e que cloroplastos e mitocôndrias evoluíram a partir das bactérias.
- Estrutura proteica e síntese proteica são discutidas no contexto de agentes causadores de doenças.
- Estrutura de cromossomos e compreensão da função do DNA são debatidas, assim como as ferramentas da biotecnologia.
- A discussão da doença fornecerá exemplos de seleção direcional e coevolução.

Qual sua opinião? Medicamentos antivirais prolongam a vida de pessoas infectadas com HIV, mas são patenteados e caros. Medicamentos genéricos baratos violam essas patentes. É bom ignorar patentes? Ou isso desestimularia futuras pesquisas de medicamentos? Conheça a opinião de seus colegas e apresente seus argumentos a eles.

2.1 Características virais e diversidade

- Um vírus consiste em ácido nucleico e proteína. É menor que qualquer célula e não apresenta processos metabólicos próprios.

Descoberta viral

No final do século XIX, pesquisadores que estudavam plantas de tabaco descobriram um novo agente causador de doenças, ou **patógeno**. Era tão pequeno que atravessava as peneiras que filtravam bactérias e não podia ser visto com um microscópio óptico. Os cientistas chamaram essa entidade infecciosa inédita de vírus, um termo que significa "*veneno*" em latim.

Hoje, definimos **vírus** como uma partícula infecciosa não celular que não pode se replicar por conta própria. O vírus é revestido por uma capa de proteína que envolve o material genético, que pode ser DNA ou RNA. Alguns vírus também apresentam um envelope lipídico que cobre sua camada celular. Os vírus não possuem ribossomos ou processos metabólicos próprios. Para se replicar, o vírus deve inserir seu material genético em uma célula de um organismo específico, que chamamos de seu hospedeiro. Uma infecção viral é como uma invasão celular: genes virais assumem o metabolismo da célula hospedeira e a direcionam para sintetizar proteínas virais e ácidos nucleicos. Esses componentes, então, modificam-se em partículas virais. A Tabela 2.1 resume as características virais.

Exemplos de vírus

A estrutura dos vírus varia, mas uma capa viral sempre consiste em moléculas de proteína organizadas em um padrão repetido. Por exemplo, o vírus mosaico do tabaco, o primeiro descoberto, tem forma de bastão, com proteínas da capa organizadas em uma hélice em volta de um filamento de RNA (Figura 2.2*a*). Além do tabaco, esse vírus infecta tomates, pimentas, petúnias e outras plantas. As plantas infectadas ficam fracas, com manchas amarelas ou verde-claras nas folhas. Da mesma forma, manchas marrons em folhas de orquídeas frequentemente são sintomas de infecção viral (Figura 2.3*a*). Nas tulipas, uma infecção viral pode produzir manchas coloridas nas flores (Figura 2.3*b*).

Tabela 2.1 Características de um vírus
1. Não celular; sem citoplasma, ribossomo ou outros componentes celulares típicos.
2. O material genético pode ser DNA ou RNA.
3. Só pode se replicar dentro de uma célula hospedeira viva.
4. Pequeno (aproximadamente 25 a 300 nanômetros); quase todos são visíveis apenas em um microscópio eletrônico.

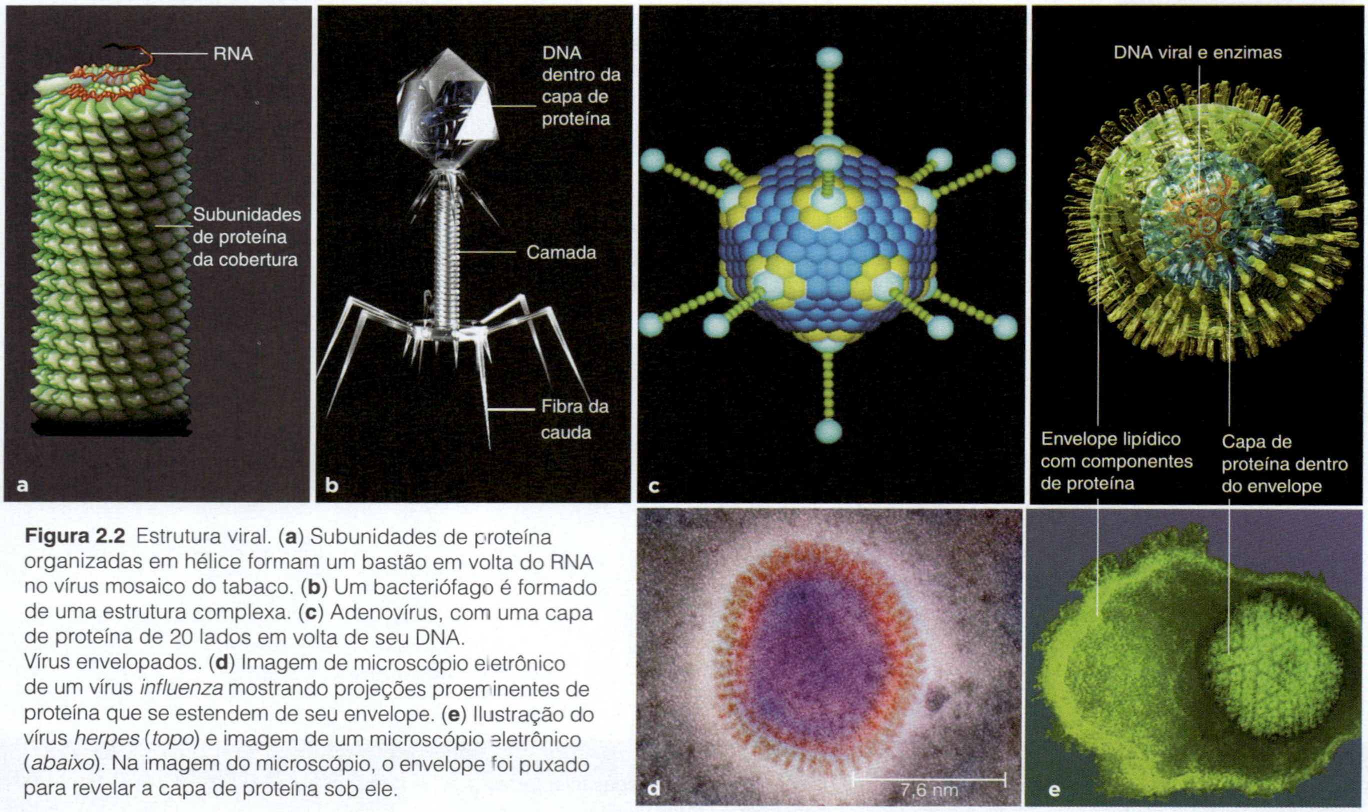

Figura 2.2 Estrutura viral. (**a**) Subunidades de proteína organizadas em hélice formam um bastão em volta do RNA no vírus mosaico do tabaco. (**b**) Um bacteriófago é formado de uma estrutura complexa. (**c**) Adenovírus, com uma capa de proteína de 20 lados em volta de seu DNA. Vírus envelopados. (**d**) Imagem de microscópio eletrônico de um vírus *influenza* mostrando projeções proeminentes de proteína que se estendem de seu envelope. (**e**) Ilustração do vírus *herpes* (*topo*) e imagem de um microscópio eletrônico (*abaixo*). Na imagem do microscópio, o envelope foi puxado para revelar a capa de proteína sob ele.

Células vegetais apresentam uma parede espessa; portanto, vírus de plantas normalmente só as infectam depois que insetos ou a sua poda criam uma ferida que permite sua entrada.

Bacteriófagos são vírus que infectam bactérias ou arqueas. Um grupo bastante estudado de bacteriófagos é formado de uma estrutura complexa (Figura 2.2*b*). Seu DNA está na "cabeça" com 20 superfícies triangulares, um formato de capa comum para vírus. Acoplada à cabeça há uma "cauda" semelhante a uma haste com fibras que ajudam o vírus a se anexar a seu hospedeiro. Estudos desses bacteriófagos ajudaram a revelar a função do DNA como material genético.

Adenovírus são vírus nus (não envelopados) que infectam animais. Sua capa proteica de 20 lados apresenta uma projeção de proteína em cada canto (Figura 2.2*c*). Infecções oculares humanas e doenças do trato respiratório superior frequentemente são causadas por adenovírus. Outros vírus nus causam hepatite, poliomelite, resfriados comuns e verrugas.

Mais frequentemente, vírus de animais têm um envelope feito de membrana derivada da célula hospedeira, na qual o vírus se desenvolveu. Por exemplo, os vírus *influenza*, que podem causar gripe em humanos e animais, são vírus de RNA que apresentam projeções proteicas irradiadas de seu envelope (Figura 2.2*d*). Outros vírus de RNA envelopados causam AIDS, raiva, rubéola, bronquite, caxumba, sarampo, febre amarela e encefalite do Nilo ocidental. Vírus de DNA envelopados também causam doenças. Por exemplo, os herpesvírus são vírus de DNA com uma capa de 20 lados sob seu envelope (Figura 2.2*e*). Diversos *"herpesvírus"* causam catapora, herpes labial, herpes genital ou mononucleose. Um vírus de DNA envelopado também causa a doença fatal chamada varíola.

Impactos de vírus

Vírus causam muitos problemas à saúde humana. Frequentemente são difíceis de tratar porque se reproduzem dentro das células, onde os medicamentos não conseguem alcançar. Há muitos remédios que matam bactérias, mas pouquíssimos que eliminam vírus. A melhor defesa contra vírus é uma vacina que coloca o sistema imunológico em alerta para um vírus específico e, assim, evita infecção. Entretanto, existem muitos vírus para os quais ainda não há uma vacina.

Vírus podem ter efeitos econômicos devastadores quando infectam plantações ou animais domésticos. Por exemplo, febre aftosa é uma doença viral altamente contagiosa de gado, ovelhas, porcos e cabras. É comum na Ásia, África, Oriente Médio e América do Sul. Um surto na Inglaterra em 2001 forçou o sacrifício de centenas de milhares de animais. Os Estados Unidos não têm um caso de febre aftosa desde 1929, mas importações de carne e viajantes que visitaram fazendas estrangeiras têm o potencial de reintroduzir o vírus. No Brasil, a febre aftosa é uma zoonose de grande importância. Desde 1950 vem sendo combatida com êxito crescente.

Alguns vírus nos beneficiam indiretamente, através de efeitos sobre outras espécies. Vírus infectam organismos

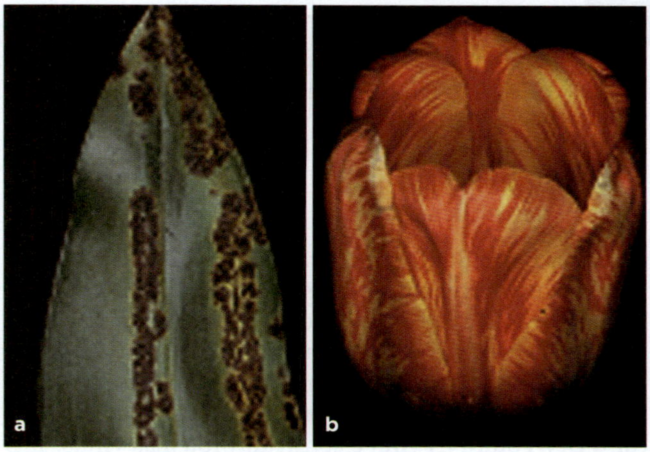

Figura 2.3 Efeitos de vírus em plantas. (**a**) O vírus da mancha em orquídeas causa manchas marrons nas folhas. (**b**) Outro vírus causa manchas coloridas nas pétalas desta tulipa.

nos três domínios da vida. Geralmente, uma infecção viral diminui a capacidade de um hospedeiro de sobreviver e se reproduzir. Nós nos beneficiamos quando vírus atacam insetos que comem nossas plantas ou bactérias que causam doenças humanas. Por exemplo, as carnes podem ser tratadas com um aerossol que contém bacteriófagos para matar bactérias que estragam ou envenenam alimentos.

Origens virais e evolução

Como os vírus se originaram e como estão relacionados a organismos celulares? Há três hipóteses principais. A primeira é que vírus são descendentes de células que eram parasitas dentro de outras células. Com o tempo, a maioria das funções dessas células parasitas foi delegada ao hospedeiro, deixando o vírus incapaz de sobreviver por conta própria. Uma segunda hipótese é que vírus são elementos genéticos que fugiram das células. O fato de que alguns genes virais têm contrapartes em organismos celulares embasa essas duas hipóteses.

A terceira hipótese é a de que os vírus representam um ramo evolucionário separado, que surgiram independentemente das moléculas em replicação que precederam as células. Essa hipótese explicaria por que a maioria das proteínas virais é diferente de qualquer uma encontrada em organismos celulares.

Para pensar

O que são vírus e como nos afetam?

- Vírus são partículas infecciosas não celulares que se multiplicam apenas dentro de células vivas. Alguns vírus infectam humanos e nos prejudicam causando doenças. Outros nos beneficiam ao controlar organismos ou pestes causadores de doenças.
- Vírus podem ter evoluído de organismos celulares ou como parte de seu genoma. Alternativamente, vírus podem representar um ramo evolucionário separado.

2.2 Replicação viral

- Todos os vírus se replicam apenas dentro de células hospedeiras, mas os detalhes do processo variam entre grupos virais.

Passos na replicação

Os ciclos de multiplicação viral são variados, mas quase todos atravessam os cinco passos listados na Tabela 2.2. O vírus se acopla a uma célula hospedeira adequada, a uma proteína específica ou proteínas na membrana plasmática do hospedeiro. O vírus, ou somente seu material genético, entra na célula. Genes virais orientam a célula para replicar o DNA ou RNA viral e construir proteínas virais. Tais componentes se rearranjam para formar novas partículas virais. Os novos vírus surgem da célula hospedeira infectada ou são liberados quando os hospedeiros se rompem. Alguns exemplos ilustrarão o processo.

Replicação de bacteriófagos

Há duas rotas de multiplicação de bacteriófagos (Figura 2.4). Na **rota lítica**, o vírus se acopla à célula hospedeira e injeta DNA dentro dela. Os genes virais orientam o hospedeiro para formar DNA viral e proteínas, que se montam como partículas virais. Logo a célula cheia de vírus faz uma "lise". Aqui, lise se refere à desintegração da membrana plasmática ou da parede bacteriana, ou ambas, de uma célula hospedeira, o que permite o vazamento do citoplasma – e de novas partículas virais. Sob a direção de genes virais, o hospedeiro forma uma enzima viral que inicia a "lise" e causa sua própria morte.

Na **rota lisogênica**, um vírus entra em um estado latente que estende o ciclo de multiplicação. Genes virais são integrados ao cromossomo hospedeiro. O DNA viral é copiado com o DNA de seu hospedeiro e transmitido a todos os descendentes da célula hospedeira. Como bombas-relógio em miniatura, o DNA viral dentro desses descendentes aguarda um sinal para entrar na rota lítica.

Tabela 2.2 Passos na maioria dos ciclos de multiplicação viral
1. Acoplamento Proteínas em partículas virais reconhecem quimicamente e aderem a receptores específicos na superfície da célula hospedeira.
2. Penetração A partícula viral ou seu material genético atravessa a membrana plasmática de uma célula hospedeira e entra no citoplasma.
3. Replicação e síntese O DNA ou RNA viral orienta o hospedeiro para formar ácidos nucleicos virais e proteínas virais.
4. Montagem Componentes virais se montam como novas partículas virais.
5. Liberação As novas partículas virais são liberadas da célula.

Alguns bacteriófagos só conseguem se replicar pela rota lítica. Eles matam rapidamente e não são transmitidos de uma geração bacteriana para outra. Outros embarcam na rota lítica ou lisogênica, dependendo das condições na célula hospedeira.

Replicação do herpes, um vírus de DNA envelopado

Como alguns bacteriófagos, os vírus da família dos "herpesvírus" podem entrar em estado latente. Por exemplo, a maioria das pessoas é infectada pelo vírus Herpes simplex tipo 1 (HSV-1). Depois de uma infecção inicial, o vírus permanece latente em suas células nervosas até que a exposição ao Sol ou estresse o despertam novamente. Feridas dolorosas nos lábios, ou perto deles, são um sinal de que o vírus está se replicando. Uma cepa de herpes relacionada, HSV-2, causa o herpes genital.

Herpesvírus são vírus de DNA envelopados. A infecção ocorre quando o vírus se acopla à membrana plasmática de uma célula hospedeira. A membrana e o envelope viral se fundem, colocando o DNA viral e a proteína dentro do citoplasma do hospedeiro. O DNA viral entra no núcleo e direciona a síntese do novo DNA viral e de proteínas. Cada nova partícula viral se rearranja, depois recebe um pouco da membrana nuclear interna da célula hospedeira como seu envelope. Novas partículas virais saem da célula por exocitose.

Replicação do HIV, um retrovírus

O HIV é um retrovírus, um vírus envelopado com RNA como seu material genético. Ele se liga a receptores em determinados leucócitos. O envelope viral se funde com a membrana plasmática da célula hospedeira, depois proteína viral e RNA entram na célula (Figura 2.5*a*).

Para o HIV tomar conta da célula hospedeira, o RNA viral deve ser utilizado para formar DNA viral. O vírus apresenta uma enzima, a **transcriptase reversa**, que catalisa a produção do DNA (Figura 2.5*b*). Depois que o DNA viral se forma, é integrado ao cromossomo de um hospedeiro com a ajuda de outra enzima viral (Figura 2.5*c*).

Uma vez integrados ao cromossomo do hospedeiro, genes virais orientam a produção de RNA viral e proteínas (Figura 2.5*d*,*e*). RNA e proteínas virais se montam em novas partículas virais. As partículas brotam da célula hospedeira em um envelope derivado da membrana plasmática desta (Figura 2.5*f*).

Medicamentos desenvolvidos para combater o HIV são focados em passos na replicação viral. Alguns interferem na ligação do HIV a uma célula hospedeira. Outros, como o AZT, desaceleram a transcrição reversa do RNA. Inibidores da enzima integrase evitam que o DNA viral se integre em um cromossomo humano. Inibidores de protease evitam o processamento de polipeptídeos recém-traduzidos em proteínas virais maduras.

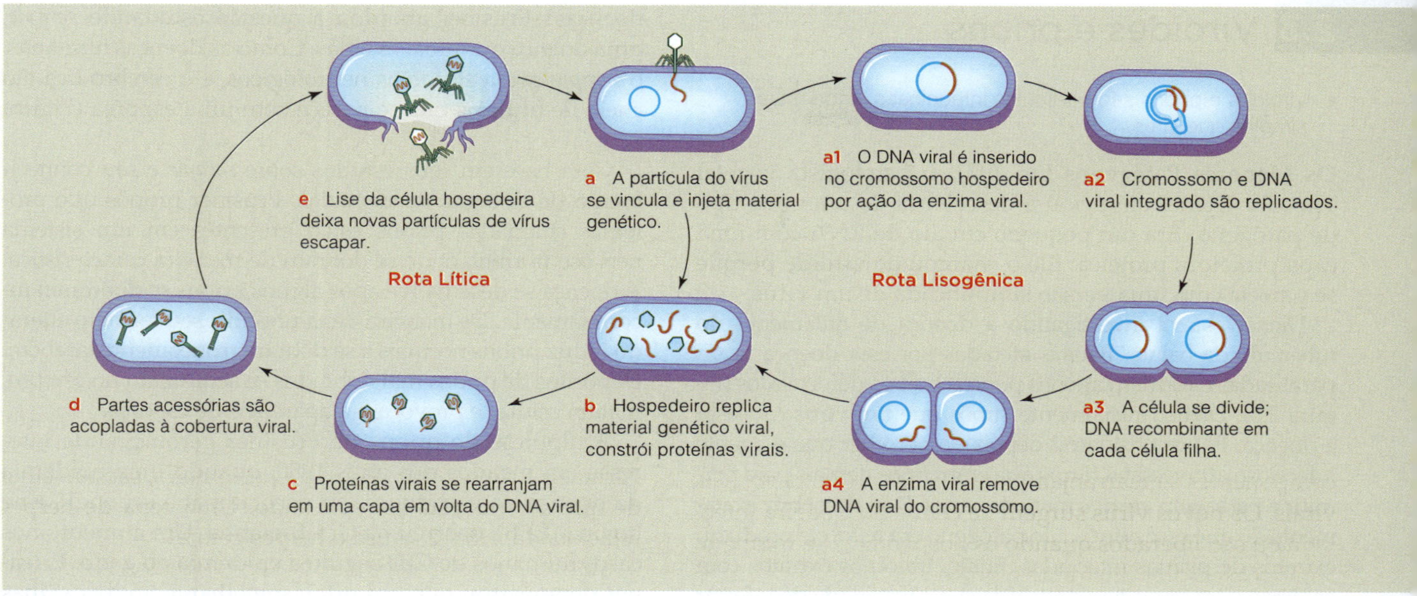

Figura 2.4 Rotas no ciclo de multiplicação de um bacteriófago.

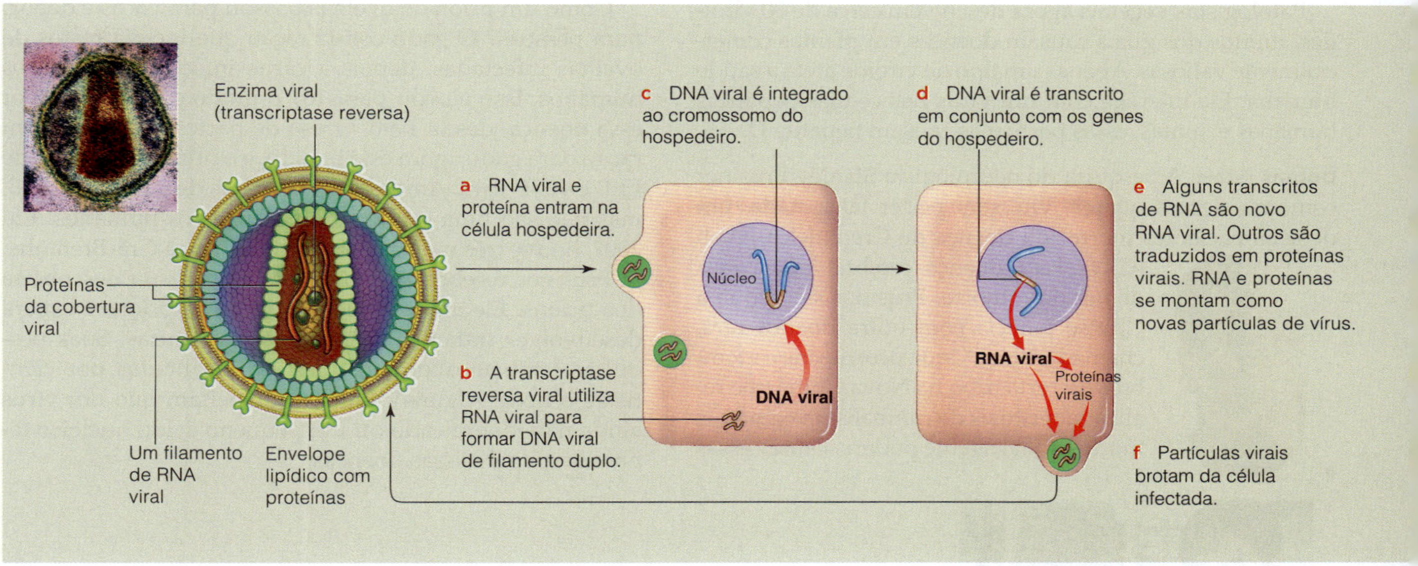

Figura 2.5 Ciclo de multiplicação do HIV, o retrovírus que causa a AIDS.

Medicamentos reduzem o número de partículas de HIV; portanto, uma pessoa continua saudável. Menos HIV nos fluidos corporais também significa redução no risco de transmissão do vírus a outras pessoas. No entanto, nenhum medicamento elimina o vírus; todos têm efeitos colaterais desagradáveis e devem ser tomados por toda a vida. Além disso, como você aprenderá em breve, o HIV pode se tornar resistente a medicamentos.

Para pensar

Como os vírus se replicam?

- Um vírus se liga a uma célula de seu hospedeiro específico, e o vírus ou seu material genético entra na célula hospedeira. Genes virais orientam a produção de componentes virais, que se rearranjam como novas partículas virais.

2.3 Viroides e príons

- Viroides e príons são partículas infecciosas ainda mais simples que vírus.

Os Menores Patógenos Em 1971, o patologista vegetal Theodor Diener anunciou a descoberta de um novo tipo de patógeno. Era um pequeno círculo de RNA com uma capa protetora proteica. Ele o chamou de **viroide** porque se parecia com uma versão simplificada de um vírus.

Diener estava investigando a doença de afilamento do tubérculo da batata. Batatas afetadas por essa doença ficam paralisadas e formam apenas poucos bulbos deformados (Figura 2.6). Diener inicialmente supôs que um vírus causasse a doença. Ele reconsiderou depois de perceber que o agente infeccioso atravessava filtros que eram finos demais para permitir a passagem até dos menores vírus. Para descobrir exatamente do que esse minúsculo patógeno era feito, ele produziu extratos de plantas infectadas. Então, tratou os extratos com enzimas para ver o que destruiria sua capacidade de infectar plantas. Extratos tratados com enzimas que digeriam DNA ou proteína ainda infectavam as plantas. Apenas enzimas que digeriam RNA deixavam os extratos inofensivos.

Patologistas vegetais agora descrevem cerca de 30 viroides, muitos dos quais causam doenças em plantas comercialmente valiosas. Apenas um tipo de viroide afeta a saúde humana. Ele interage com um vírus nas células hepáticas humanas e, juntas, essas partículas causam hepatite D.

Dobras fatais A pesquisa do neurologista Stanley Prusiner começou depois que ele viu, sem poder fazer nada, um de seus pacientes morrer da doença de Creutzfeldt-Jakob (CJD). Essa doença cerebral rara causa demência e morte. Prusiner sabia que a CJD se parecia com outra doença rara, chamada "kuru", que ocorria entre membros de certa tribo na Nova Guiné que realizavam rituais de canibalismo com seus mortos. Qual agente poderia causar essas doenças? Prusiner abordou a questão estudando *scrapie*, uma doença que afeta ovelhas. Como as doenças humanas, o *scrapie* causa sintomas neurológicos, e o cérebro fica tão cheio de buracos que se parece com uma esponja (Figura 2.7).

Com base em seus estudos sobre *scrapie* e seu conhecimento de doenças relacionadas, Prusiner propôs que proteínas chamadas príons estão presentes em um sistema nervoso normal, onde se dobram de maneira característica. A doença se desenvolve após alguns príons se dobrarem incorretamente. De maneira desconhecida, seu formato alterado induz príons normais a se dobrar erroneamente também. Depósitos de príons mal dobrados se acumulam no cérebro, matam células e provocam a aparência de esponja.

A hipótese de príons de Prusiner gerou grande interesse em meados dos anos 1980, quando uma epidemia da doença da vaca louca, ou encefalopatia espongiforme bovina (EEB), ocorreu na Grã-Bretanha. Um aumento nos casos humanos de CJD seguiu a epidemia no gado. Prusiner demonstrou que um príon semelhante ao de ovelhas infectadas com *scrapie* podia ser isolado de vacas com EEB e de humanos afetados pela nova variante da doença de Creutzfeldt-Jakob (vCJD).

Como um príon de ovelhas passou para vacas e depois para pessoas? O gado comia ração que incluía restos de ovelhas infectadas, depois a carne infectada adoecia os humanos. Isso elevou para 161 o número de mortes por essa doença, desde 1990. O uso de partes de animais em ração para gado agora está banido, e o número de casos de EEB e vCJD caiu. Ainda há ocorrências de gado com EEB, mas não são uma grande ameaça para os humanos. Em 2007, houve três mortes por vCJD, todas na Grã-Bretanha.

Prusiner recebeu o Prêmio Nobel por sua descoberta dos príons. Ele ainda estuda doenças de príons e espera desenvolver tratamentos preventivos e curas. Suas pesquisas também abordam questões levantadas por cientistas céticos. Alguns cientistas suspeitam que um vírus ainda não identificado ou um pequeno ácido nucleico tenha um papel nessas doenças.

a

b

Figura 2.6 (**a**) Uma batata produzida por uma planta infectada pelo viroide de afilamento do tubérculo da batata. (**b**) Yan Zhao e Rosemarie Hammond estudam plantas infectadas por esses viroides. Eles esperam descobrir como ele entra no núcleo de uma célula vegetal infectada.

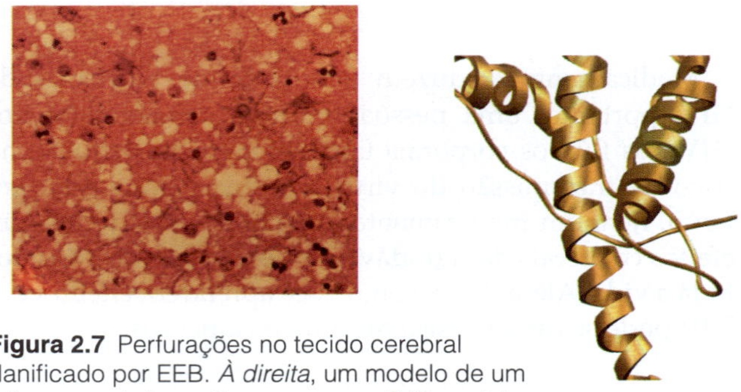

Figura 2.7 Perfurações no tecido cerebral danificado por EEB. *À direita*, um modelo de um príon normal. A versão que causa vCJD se dobra incorretamente em um formato tridimensional diferente e estimula versões normais a fazer o mesmo.

2.4 Procariotos - duradouros, abundantes e diversos

- Procariotos evoluíram antes dos eucariotos. Eles ainda persistem em números enormes e mostram grande diversidade metabólica.

História evolucionária e classificação

As primeiras células, lembre-se, não tinham núcleo; foram os primeiros **procariotos** (*pro-* significa antes, *karyon* recebe o significado de núcleo). Procariotos modernos também não têm núcleo e são estruturalmente simples. Lembre-se de que a simplicidade estrutural não quer dizer inferioridade. Procariotos e eucariotos coexistem há mais de um bilhão de anos e os procariotos ainda prosperam. Alguns vivem e se alimentam de seus vizinhos eucarióticos maiores e mais complexos. Do ponto de vista evolucionário, procariotos e eucariotos são bem-sucedidos.

Tradicionalmente, células procarióticas foram classificadas pela taxonomia numérica. Uma célula procariótica não identificada é comparada com um grupo conhecido com base no formato, propriedades da parede celular, metabolismo e outros traços. Quanto mais traços a célula compartilha com o grupo conhecido, mais próxima é sua relação.

Esses métodos favoreceram estudos de procariotos que cresciam rapidamente em laboratório. Tais células podiam ser coradas, examinadas em microscópio e cultivadas em nutrientes diferentes para caracterizar seus traços metabólicos. Entretanto, a maioria dos procariotos não pode ser cultivada.

O sequenciamento automatizado de genes e outros métodos de bioquímica comparativa revolucionaram o processo de classificação procariótica. Eles permitem que pesquisadores coletem amostras de células da natureza e, depois, comparem os genes com aqueles de espécies conhecidas. Essas comparações revelaram evidências de uma divergência que ocorreu pouco depois de a vida começar. Uma ramificação levou a Bacteria. A outra originou Archaea e os ancestrais dos eucariotos:

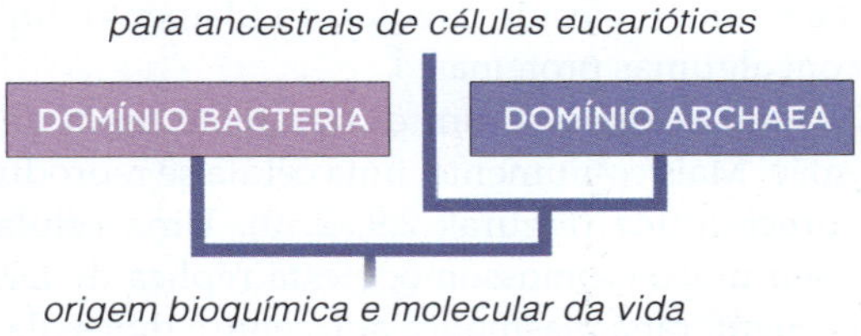

Apesar de novas técnicas, relativamente poucas espécies procarióticas foram nomeadas. Há 1,4 milhão de eucariotos nomeados, mas menos de 5 mil procariotos nomeados. A análise do DNA de amostras de solo e água sugere que possa haver milhões de espécies procarióticas.

Além de descobrir espécies, microbiologistas identificam **cepas**, subgrupos dentro de uma espécie que podem ser caracterizados por algum traço ou traços identificáveis. Por exemplo, a maioria das bactérias *Escherichia coli* é inofensiva. Entretanto, uma cepa, *E. coli* O157:H7, forma uma toxina que causa intoxicação alimentar fatal.

Tabela 2.3 Modos nutricionais procarióticos

Modo de Nutrição	Fonte de Carbono	Fonte de Energia
Fotoautotrófico	CO_2	Luz
Quimioautotrófico	CO_2	Substâncias inorgânicas
Foto-heterotrófico	Compostos orgânicos	Luz
Químio-heterotrófico	Compostos orgânicos	Compostos orgânicos

Abundância e diversidade metabólica

Em termos de sucesso reprodutivo, os procariotos são incomparáveis. Biólogos da Universidade da Georgia, EUA, já estimaram que 5×10^{30} (5000.000.000.000.000.000.000.000 .000.000) células bacterianas estavam vivas naquele momento na Terra.

A diversidade metabólica é importante no sucesso dos procariotos. Há quatro modos de nutrição e, como um grupo, os procariotos utilizam-se de todos (Tabela 2.3).

Fotoautótrofos são fotossintetizantes; utilizam a energia luminosa para construir compostos orgânicos a partir de dióxido de carbono e água. Este grupo inclui quase todas as plantas e alguns protistas, bem como muitos procariotos.

Quimioautótrofos obtêm energia ao remover elétrons de moléculas inorgânicas, como sulfetos ou amônia. Eles utilizam essa energia para construir compostos orgânicos a partir de dióxido de carbono e água. Todos são procariotos.

Foto-heterótrofos são procariotos que utilizam energia luminosa e obtêm carbono através da decomposição de compostos orgânicos no ambiente. Este modo nutricional ocorre apenas nos procariotos.

Químio-heterótrofos obtêm carbono e energia através da decomposição de compostos orgânicos. Muitos procariotos estão neste grupo, assim como alguns protistas e todos os animais e fungos. Alguns químio-heterótrofos se alimentam de organismos vivos e outros são **sapróbios**: organismos que decompõem impurezas ou restos e têm um papel importante como decompositores.

Para pensar

Por que biólogos consideram linhagens procarióticas bem-sucedidas?

- Apesar de sua simplicidade estrutural, células procarióticas persistem há bilhões de anos. Procariotos originaram os eucariotos no início da história da vida e os grupos continuam coexistindo.
- Procariotos são os organismos mais abundantes da Terra. A diversidade metabólica do grupo contribuiu bastante para seu sucesso.

2.5 Estrutura e função procariótica

- Células procarióticas têm muitas características estruturais que as adaptam a seu ambiente.

Estrutura e tamanho da célula

Procariotos modernos são bactérias e arqueas, organismos unicelulares que não mantêm seu DNA em um núcleo. Em vez disso, seu único cromossomo procariótico fica em uma região do citoplasma conhecida como **nucleoide** (Figura 2.8 e Tabela 2.4).

Todas as células procarióticas possuem ribossomos e algumas apresentam dobras da membrana plasmática. Entretanto, nenhuma apresenta um sistema de endomembranas como o dos eucariotos.

Não é possível ver a célula procariótica típica com um microscópio óptico. Ela é muito menor que uma célula eucariótica, aproximadamente do tamanho de uma mitocôndria. Na verdade, há evidências de que algumas bactérias foram ancestrais das mitocôndrias.

Procariotos frequentemente podem ser descritos por seus formatos. Um coco é esférico, um bacilo se assemelha à forma de bastão, e um espirilo é uma espiral (Figura 2.8*a*).

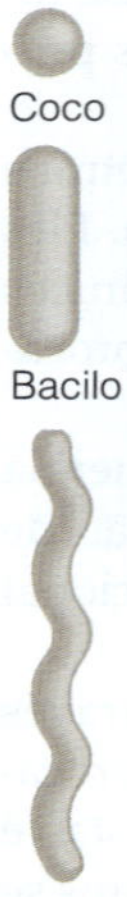

Tabela 2.4 Características de células procarióticas
1. Sem núcleo; cromossomo no nucleoide
2. Geralmente um único cromossomo (uma molécula de DNA circular); muitas espécies também contêm plasmídeos (moléculas circulares duplas de DNA)
3. Parede celular presente na maioria das espécies
4. Ribossomos distribuídos no citoplasma

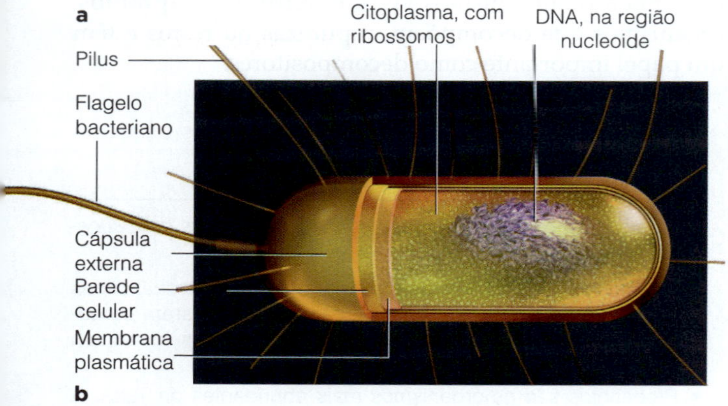

Figura 2.8 (**a**) Os três formatos mais comuns entre células procarióticas: esferas, bastões e espirais. (**b**) Plano corporal de uma célula procariótica típica.

Figura 2.9 Uma célula de *Escherichia coli* no processo de divisão por fissão procariótica.
Resolva: O que são as muitas estruturas finas, semelhantes a fios, que se estendem desta célula? *Resposta: pili*

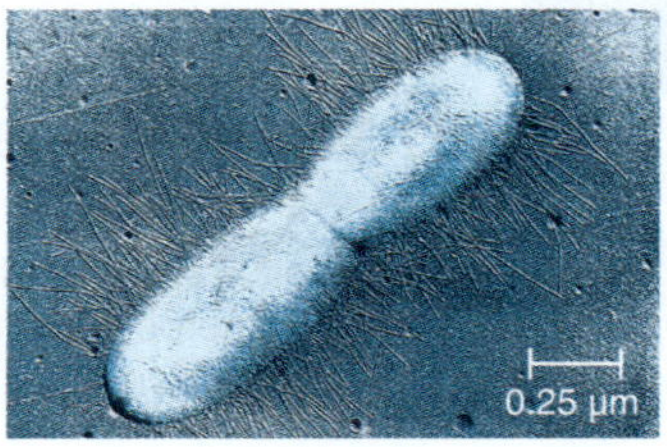

Quase todos os procariotos têm uma **parede celular** semirrígida e porosa em volta da membrana plasmática. A parede celular bacteriana normalmente consiste em peptidoglicano, uma glicoproteína. Paredes celulares arqueanas são feitas de outras proteínas.

Muitos procariotos têm uma camada de secreção ou uma cápsula fora da parede celular. A secreção ajuda a célula a aderir a superfícies. Uma cápsula é mais resistente e ajuda algumas bactérias a fugir da defesa imunológica de seus hospedeiros.

Muitas células procarióticas têm um ou mais **flagelos**. Diferentemente de flagelos eucarióticos, flagelos procarióticos não contêm microtúbulos nem se dobram de lado a lado. Em vez disso, giram como um propulsor.

Filamentos semelhantes a pelos chamados de **pili** (singular: pilus) frequentemente se estendem da superfície celular. Alguns pili ajudam uma célula a aderir a uma superfície. Outras células deslizam de um lugar para outro utilizando seus pili como ganchos de fixação. O pilus se estende para uma superfície, gruda nela e, depois, encurta, puxando a célula para frente. Outros pili retráteis ajudam a aproximar as células antes da troca de material genético, como descrito abaixo.

Reprodução e transferências de genes

Procariotos têm potencial reprodutivo impressionante. Alguns tipos podem se dividir a cada 20 minutos. Uma célula vira duas, duas se tornam quatro, quatro passam para oito, e assim por diante. Uma célula quase duplica de tamanho antes de se dividir. Depois da divisão, cada célula descendente é constituída de um **cromossomo procariótico** – uma molécula circular, de filamento duplo de DNA com algumas proteínas.

Em algumas espécies, um descendente brota de uma célula-mãe. Mais comumente, uma célula se reproduz por **fissão procariótica** (Figuras 2.9, 2.10). Uma célula-mãe replica seu único cromossomo, e esta réplica de DNA se acopla à membrana plasmática adjacente à molécula-mãe. A adição de mais membrana separa as duas moléculas de DNA. Eventualmente, a membrana e a parede celular se estendem pela parte intermediária da célula e dividem a célula-mãe em duas.

Além de herdar o DNA "verticalmente" de uma célula-mãe, procariotos se envolvem em **transferências genéticas horizontais**: eles pegam genes das mesmas células ou de outras espécies.

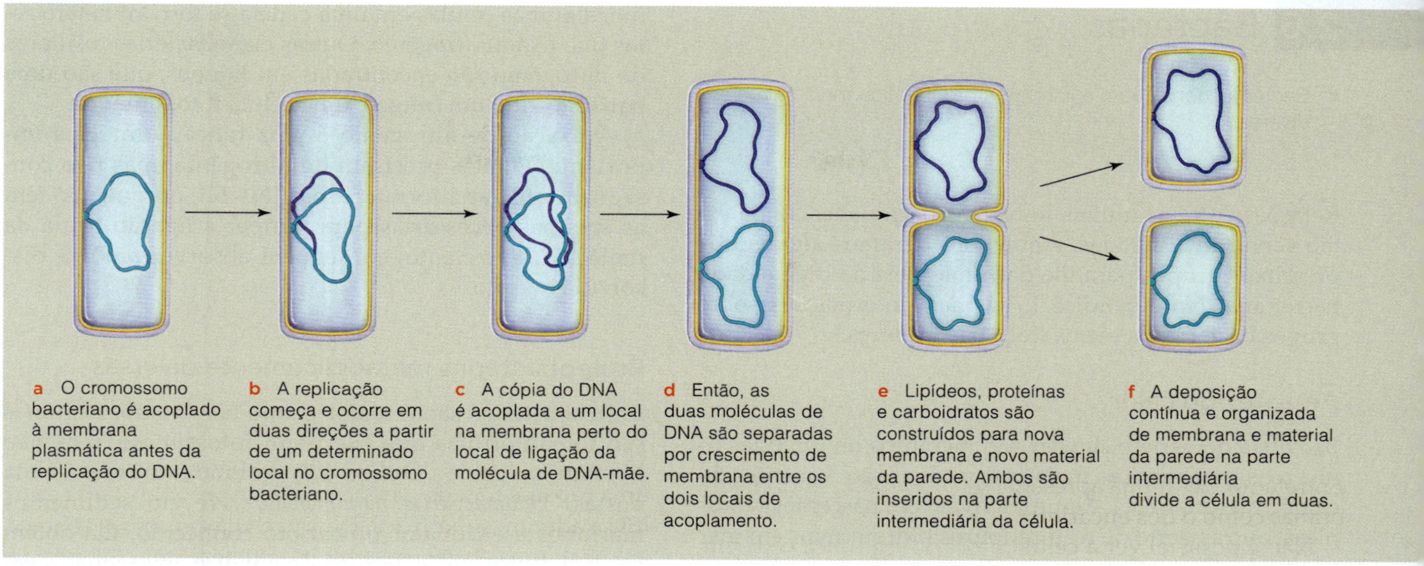

b A replicação começa e ocorre em duas direções a partir de um determinado local no cromossomo bacteriano.
c A cópia do DNA é acoplada a um local na membrana perto do local de ligação da molécula de DNA-mãe.
d Então, as duas moléculas de DNA são separadas por crescimento de membrana entre os dois locais de acoplamento.

f A deposição contínua e organizada de membrana e material da parede na parte intermediária divide a célula em duas.

Figura 2.10 Fissão procariótica, modo reprodutivo de bactérias e arqueas.

Um mecanismo de transferência genética horizontal, a **conjugação**, envolve a transferência de um plasmídeo entre células procarióticas (Figura 2.11). Um **plasmídeo** é um pequeno círculo de DNA separado do cromossomo bacteriano, geralmente capaz de se reproduzir independentemente.

Durante a conjugação, um pilus sexual especial une duas células. Então, outra célula coloca uma cópia do plasmídeo e, talvez, alguns genes cromossômicos dentro da outra. Bactérias e arqueas têm plasmídeos e podem realizar conjugação. Membros dos dois grupos às vezes trocam genes através desse processo.

Bacteriófagos também movem genes horizontalmente entre procariotos, um processo chamado **transdução**. O vírus coleta DNA de uma célula que infecta e transfere esse DNA para seu próximo hospedeiro.

Procariotos também adquirem DNA ao coletá-lo do ambiente, um processo chamado **transformação**. Por exemplo, Frederick Griffith tornou bactérias inofensivas em mortais ao misturá-las com células mortas de uma cepa danosa. As bactérias inofensivas pegaram DNA que as transformou.

Como esperado, a transferência genética horizontal pode complicar tentativas de reconstruir a história evolucionária de procariotos ao comparar sequências de genes. Uma história de transferências genéticas também dificulta a definição de fronteiras entre espécies de procariotos modernas.

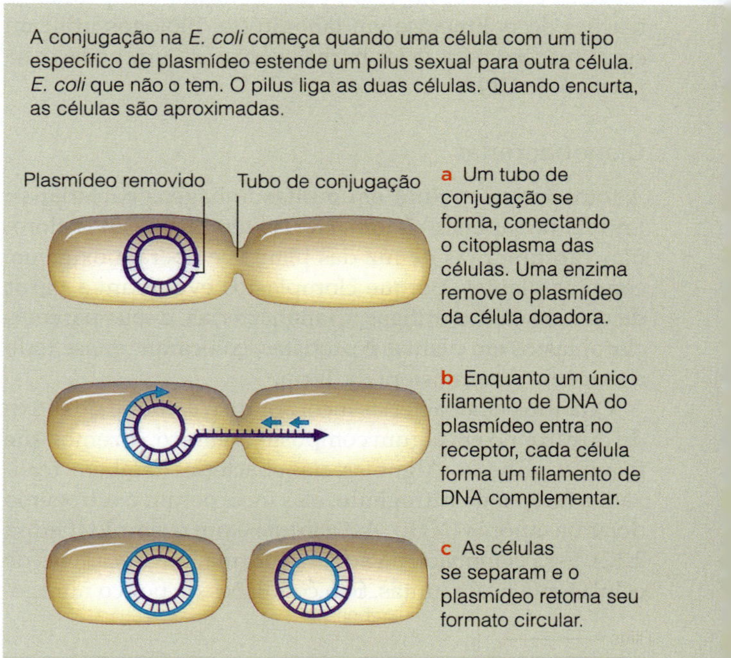

A conjugação na *E. coli* começa quando uma célula com um tipo específico de plasmídeo estende um pilus sexual para outra célula. *E. coli* que não o tem. O pilus liga as duas células. Quando encurta, as células são aproximadas.
Plasmídeo removido
Tubo de conjugação
a Um tubo de conjugação se forma, conectando o citoplasma das células. Uma enzima remove o plasmídeo da célula doadora.
b Enquanto um único filamento de DNA do plasmídeo entra no receptor, cada célula forma um filamento de DNA complementar.
c As células se separam e o plasmídeo retoma seu formato circular.

Figura 2.11 Conjugação. (**a–c**) Passos na conjugação. Para melhor observação, o tamanho do plasmídeo foi bastante exagerado e o cromossomo bacteriano não é mostrado. A conjugação exige a existência de duas células. É um mecanismo de transferência genética, e não um modo de reprodução.

Para pensar

Como é um procarioto típico?

- O procarioto típico é uma célula constituída por ribossomos, mas sem núcleo. Ele pode aderir a uma superfície ou se mover. Ele se replica dividindo-se em dois e pode trocar genes com outros procariotos.

2.6 Bactérias

- Bactérias constituem a linhagem procariótica mais antiga e diversa.

Relações entre as muitas linhagens bacterianas ainda estão sendo investigadas. Aqui, consideramos alguns dos principais grupos para lhe dar uma ideia da diversidade bacteriana. No Apêndice I, há mais informações sobre grupos bacterianos e seus traços definidores.

Amantes do calor

Bactérias do gênero *Aquifex* são membros de uma das linhagens procarióticas mais antigas. Elas são "amantes do calor", ou termófilas. Algumas vivem em nascentes vulcânicas, outras perto de respiradouros hidrotermais em mar profundo. Suas raízes antigas são tomadas como evidência à hipótese de que a vida surgiu primeiro perto desses respiradouros. A *Thermus aquaticus* é outra habitante de fontes termais. A enzima DNA polimerase isolada dessas espécies é estável no calor, e foi utilizada nas primeiras reações de polimerase em laboratório. Biólogos utilizam essas reações para fazer muitas cópias de um pedaço específico do DNA.

Cianobactérias

A fotossíntese evoluiu em muitas linhagens bacterianas. Entretanto, apenas **cianobactérias** têm as mesmas clorofilas capturadoras de luz das plantas e liberam oxigênio, como as plantas, porque cloroplastos evoluíram a partir de cianobactérias antigas. Cianobactérias, e seus parentes cloroplastos em plantas e protistas, colocaram quase todo o oxigênio na atmosfera da Terra.

Quando cianobactérias incorporam o carbono do dióxido de carbono em algum composto orgânico, dizemos que fixam o carbono. Algumas cianobactérias também realizam a **fixação de nitrogênio**: elas incorporam o nitrogênio do ar na amônia (NH_3). A *Anabaena* é um exemplo (Figura 2.12). Essa cianobactéria aquática forma longas cadeias de células que ficam juntas. Sob condições de pouco nitrogênio, algumas células em uma cadeia se tornam heterocistos que fixam nitrogênio. Outras cianobactérias fixadoras de nitrogênio são encontradas em liquens, que são uma parceria entre um fungo e uma célula fotossintética.

A fixação de nitrogênio é uma função ecológica importante. Plantas precisam de nitrogênio, mas não conseguem utilizar a forma gasosa (N≡N), porque não têm as enzimas necessárias para romper a ligação tripla da molécula. Entretanto, conseguem absorver amônia dissolvida no solo.

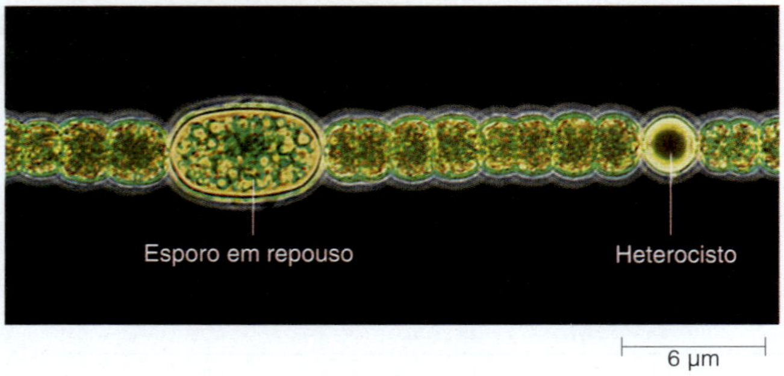

Figura 2.12 Uma cadeia de cianobactérias aquáticas (*Anabaena*), com um esporo em repouso e um heterocisto que pode fixar nitrogênio.

Proteobactérias metabolicamente diversas

Proteobactérias são o maior grupo bacteriano. Algumas são fotoautótrofas que executam fotossíntese, mas não liberam oxigênio. Outras são quimioautótrofas. Uma destas, *Thiomargarita namibiensis*, vive em sedimentos marinhos e é o maior procarioto conhecido. Ela obtém energia removendo elétrons do enxofre armazenado em um vacúolo que forma a maior parte de seu volume.

Algumas outras proteobactérias são quimio-heterótrofas que vivem nos corpos de plantas ou animais. A *Rhizobium* vive dentro de raízes de plantas e fixa nitrogênio. Ela ajuda a planta e recebe abrigo e açúcares em retorno. A *Escherichia coli* (Figuras 2.9 e 2.11) vive no intestino de mamíferos. O mesmo ocorre com a *Helicobacter pylori* (Figura 2.13*a*), a causa mais comum de úlcera de estômago, e a *Vibrio cholerae*, que causa a cólera. As rickéttsias são proteobactérias que causam tifo e febre maculosa. Rickéttsias também são os parentes vivos mais próximos dos procariotos que evoluíram em mitocôndrias.

Algumas proteobactérias quimioautotróficas de vida livre exibem comportamento complexo. Por exemplo, bactérias magnetotáticas contêm partículas de magnetita, um mineral que contém ferro, e podem detectar o campo magnético da Terra (Figura 2.13*b*). As bactérias são aquáticas e utilizam essas informações para navegar em águas mais profundas.

Mixobactérias são proteobactérias que deslizam como um grupo coeso e se alimentam de outras bactérias do solo. Quando a comida fica escassa, centenas de milhares de células formam um corpo frutífero pluricelular. No *Chondromyces crocatus*, o corpo frutífero é uma estrutura elaborada e ramificada com alguns décimos de milímetros de altura, com cápsulas nas pontas (Figura 2.13*c*). Cada cápsula contém milhares de células em repouso. O vento dispersa as cápsulas para novos *habitats*.

Heterótrofos gram-positivos

Bactérias gram-positivas são linhagens com células de paredes grossas tingidas de roxo quando preparadas para microscopia por corante Gram. Bactérias de paredes finas como cianobactérias e proteobactérias são tingidas de rosa por esse processo e são descritas como gram-negativas.

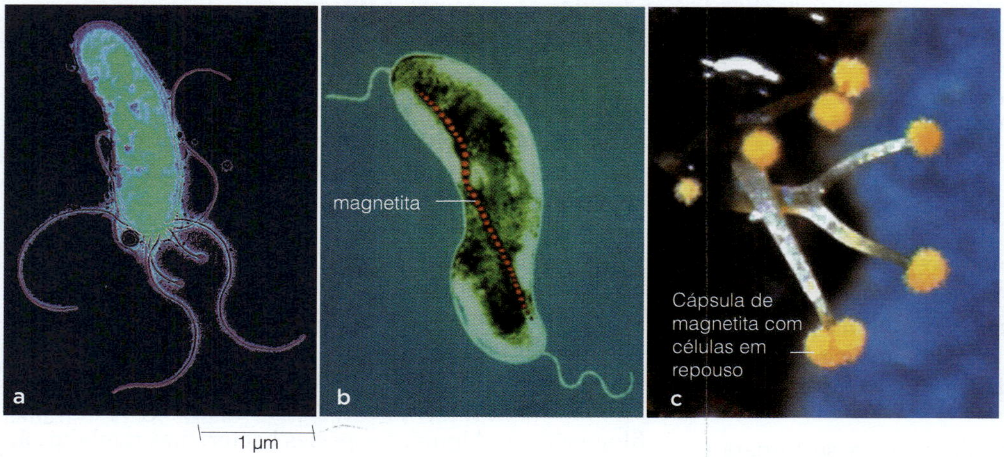

Figura 2.13 Proteobactérias. (**a**) *Helicobacter pylori*, a causa da maioria das úlceras de estômago. (**b**) Uma bactéria magnetotática com uma cadeia de partículas de magnetita. (**c**) Corpo frutífero pluricelular da mixobactéria *Chondromyces crocatus*. Uma cápsula contém milhares de células em repouso.

A maioria das bactérias gram-positivas é químio-heterótrofa. A *Lactobacillus* executa as reações de fermentação que produzem iogurte e outros alimentos. A *L. acidophilus* (Figura 2.14*a*) vive na pele, no intestino e na vagina. O lactato que produz reduz o pH de seus arredores, o que ajuda a manter o controle sobre bactérias patogênicas.

As espécies gram-positivas *Clostridium* e *Bacillus* formam **endósporos** quando as condições são desfavoráveis. Um endósporo possui uma capa dura e contém um cromossomo bacteriano e um pouco de citoplasma (Figura 2.14*b*). Ele resiste ao calor, à fervura, à irradiação, aos ácidos e desinfetantes. Quando as condições melhoram, o endósporo germina, liberando uma célula.

Toxinas feitas por algumas bactérias formadoras de endósporos podem ser fatais. Inale endósporos de *Bacillus anthracis* e você pode contrair antraz, uma desordem na qual a toxina bacteriana interfere na respiração. Endósporos de *Clostridium tetani* que germinam em feridas causam tétano, no qual toxinas travam os músculos em contração contínua. A *C. botulinum* pode crescer em alimentos enlatados e forma uma toxina que, quando ingerida, causa uma intoxicação alimentar paralisante conhecida como botulismo.

Espiroquetas e clamídias

Espiroquetas se parecem com uma mola esticada (Figura 2.15). Algumas vivem livremente; outras vivem dentro de um organismo hospedeiro. Uma espiroqueta causa a doença de Lyme, que danifica o coração, sistema nervoso e as articulações. Carrapatos são o vetor para essa doença. Em microbiologia, um **vetor** é um organismo que leva um patógeno entre hospedeiros.

Clamídias são parasitas intracelulares de animais. Todo ano, a *C. trachomatis* provoca quase 1 milhão de casos de doenças sexualmente transmitidas nos Estados Unidos.

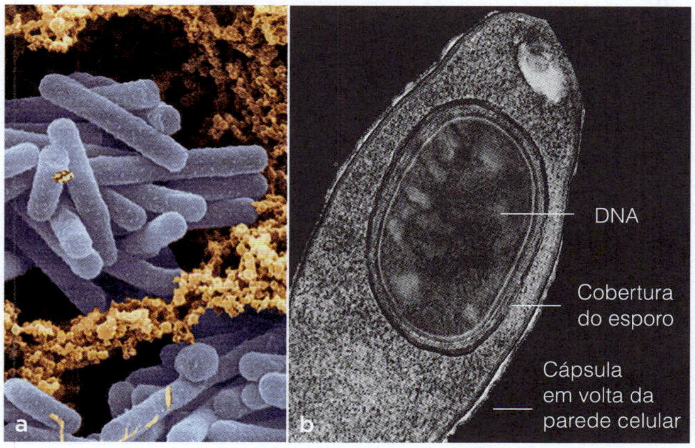

Figura 2.14 Bactérias gram-positivas. (**a**) Células de *Lactobacillus* no iogurte. (**b**) Um endósporo se formando dentro de uma célula de *Clostridium tetani*.

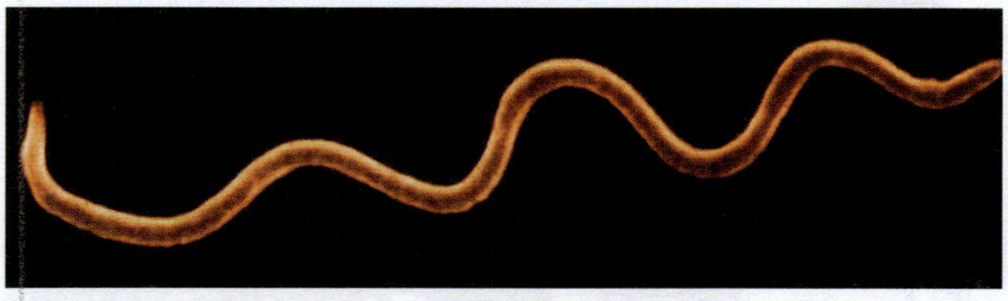

Figura 2.15 *Borrelia burgdorferi*, uma espiroqueta que causa a doença de Lyme. Ela migra de um hospedeiro para outro dentro de carrapatos.

Para pensar

O que são bactérias?

- Bactérias são os procariotos mais abundantes. A maioria é inofensiva ou nos beneficia liberando oxigênio, fixando nitrogênio ou fazendo ciclo de nutrientes. Uma pequena minoria dos químio-heterótrofos bacterianos causa doença nos humanos.

2.7 Arqueas

- Arqueas, a linhagem procariótica mais recentemente descoberta, são os parentes procarióticos mais próximos dos eucariotos.

Terceiro domínio

Todos os procariotos foram colocados um dia no mesmo reino, e é fácil ver o porquê. Arqueas e bactérias são parecidas no tamanho e no formato. Nenhuma possui um núcleo. Ambas possuem um cromossomo circular, com genes organizados como unidades funcionais chamadas óperons.

As características peculiares de arqueas se tornaram aparentes nos anos 1970. O biólogo molecular Carl Woese começou a comparar os RNAs ribossômicos de procariotos para descobrir como se relacionam entre si. Genes para o RNAr são essenciais para a síntese proteica. Entretanto, algumas sequências nesses genes podem sofrer alguma mutação sem perda de função. Quanto mais duas linhagens percorrem estradas evolucionárias separadas, mais seus genes para RNAr serão diferentes.

Woese descobriu que alguns procariotos caíam em um grupo diferente. Suas sequências genéticas de RNAr os posicionavam entre bactérias e eucariotos. Com base nessa evidência, Woese propôs um sistema de classificação de três domínios.

Atualmente o sistema de três domínios é amplamente aceito, e evidências que o embasam são cada vez maiores. Conforme observado anteriormente, arqueas e bactérias têm componentes diferentes na parede celular. Seus fosfolipídeos na membrana são imagens espelhadas um do outro e sintetizados de formas diferentes. Como as células eucarióticas, arqueas enrolam seu DNA em volta de proteínas chamadas histonas. Bactérias não sintetizam histonas ou organizam estruturalmente seu DNA no mesmo nível.

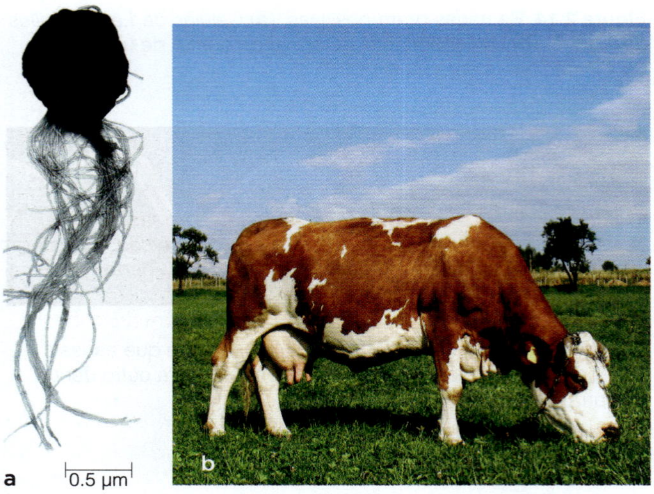

Figura 2.16 Arqueas metanogênicas.
(**a**) Pesquisadores isolaram vários tipos de arqueas metanogênicas do intestino de vacas.
(**b**) O *Methanococcus jannaschii*, com dois feixes e muitos flagelos, cresce em água aquecida a 85 °C perto de respiradouros hidrotérmicos.

Woese compara a descoberta de arqueas com a descoberta de um novo continente, que ele e outros agora exploram. Os exploradores já identificaram vários grandes subgrupos.

Aqui, ali, em todo lugar

Em sua fisiologia, a maioria das arqueas é de **metanógenos** (produtores de metano), **halófilos extremos** (amantes do sal) e **termófilos extremos** (amantes do calor). Essas três designações informais não são agrupamentos filogenéticos. Algumas espécies bacterianas também são metanógenos, halófilos extremos e termófilos extremos. Arqueas e bactérias frequentemente coexistem e trocam genes.

Algumas arqueas produtoras de metano vivem no intestino de pulgas, gado e outros animais (Figura 2.16*a*). Outros vivem em pântanos, gelo antártico, mares ou rochas abaixo da superfície da Terra (Figura 2.16*b*). Metanógenos são estritamente anaeróbicos; no oxigênio livre, eles morrem. Eles são quimioautótrofos que formam ATP, retirando elétrons de gás hidrogênio ou acetato. Gás metano (CH_4) se forma como um produto dessas reações.

Por sua atividade metabólica, metanógenos produzem 2 bilhões de toneladas de metano anualmente. A liberação desse gás, que contém carbono no ar, representa um grande impacto sobre o ciclo de carbono global. As emissões de metano contribuem para o aquecimento global.

Arqueas halofílicas extremas vivem no Mar Morto, no Grande Lago Salgado, lagos de evaporação de água salgada e outros *habitats* altamente salgados (Figura 2.17*a*). A maioria forma ATP por reações aeróbicas, mas muda para fotossíntese quando há pouco oxigênio. Apresentam um pigmento púrpura peculiar, chamado bacteriorrodopsina, embutido em sua membrana plasmática. Quando excitada pela luz, essa proteína bombeia prótons (H^+) para fora da célula. Esse H^+ flui de volta através de ATP sintases e, assim, orienta a formação de ATP.

Algumas arqueas termofílicas extremas vivem ao lado de respiradouros hidrotérmicos, onde as temperaturas podem superar 110 °C. Pesquisadores encontraram o *Nanoarchaeum equitans* enquanto exploravam respiradouros hidrotermais perto da Islândia. Com apenas 400 nanômetros de comprimento, o *N. equitans* está entre as menores células conhecidas. É um parasita e seu hospedeiro é uma arquea um pouco maior (Figura 2.17*b*).

Outras arqueas termófilas prosperam em fontes termais ricas em mineral (Figura 2.17*c,d*). Espécies de *Sulfolobus* crescem em água bem oxigenada a 80 °C a um pH 3 (ácido). As células podem atuar como quimioautótrofas que metabolizam enxofre ou mudam para um modo heterotrófico e se alimentam de compostos de carbono.

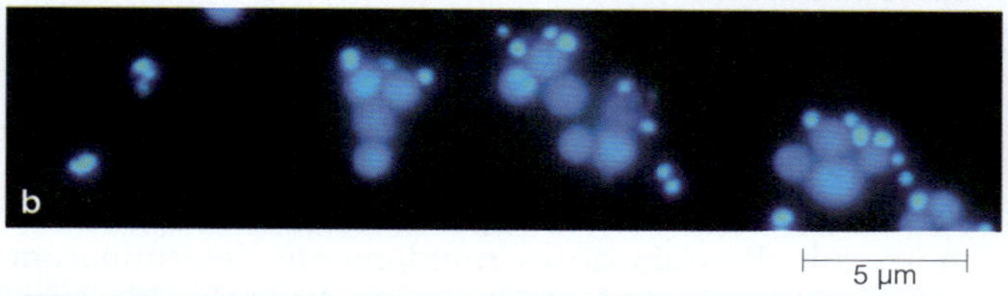

Figura 2.17 Vida em ambientes extremos. (**a**) Em lagos de evaporação salgados no Grande Lago Salgado em Utah, arqueas halofílicas extremas e algas vermelhas tingem a água de rosa. (**b**) Parasitas *Nanoarchaeum equitans* (esferas *azuis* menores) crescem como um parasita em outra arquea, o *Ignicoccus* (esferas maiores). Ambos foram isolados de água a 100 °C perto de um respiradouro hidrotermal. (**c**) Lipídeos de membrana típicos de arqueas foram descobertos na "Três Budas", uma fonte termal em Gerlach, Nevada. (**d**) As fontes e piscinas termais de Yellowstone são lares de termófilos extremos bacterianos e arqueas.

Arqueas são comuns nos mares, e não apenas em respiradouros hidrotermais. Pode haver tantas arqueas na água profunda quanto bactérias na água perto da superfície do oceano. Arqueas também ocorrem em solo e na água doce, praticamente em qualquer lugar onde bactérias possam viver. Algumas arqueas prosperam no intestino, na vagina e na boca dos humanos. Em contraste com as bactérias, pouco se acredita que algumas arqueas sejam patógenos humanos, embora algumas que vivem na boca possam contribuir para a gengivite.

Para pensar

O que são arqueas?

- Arqueas são as células procarióticas mais parecidas com eucariotos. Muitas vivem em *habitats* muito quentes ou muito salgados, mas há arqueas em praticamente qualquer lugar. Diferentemente de bactérias, quase nenhuma causa doenças humanas.

2.8 Evolução e doenças infecciosas

- Vírus, bactérias e outros patógenos evoluem por seleção natural, assim como seus hospedeiros.

A Natureza da Doença Uma infecção ocorre quando algum patógeno rompe as barreiras superficiais do corpo, entra no ambiente interno e se multiplica. A **doença** acontece quando as defesas do corpo não podem ser mobilizadas com rapidez suficiente para evitar que as atividades de um patógeno interfiram nas funções corporais normais. Doenças infecciosas são espalhadas por contato com quantidades minúsculas de muco, sangue ou outro fluido corporal que possa conter um patógeno. Em 2004, a Organização Mundial da Saúde (OMS) estimou que 19,5% das mortes eram causadas por doenças infecciosas. A Tabela 2.5 lista as causas de morte mais comuns nessa categoria.

Em uma epidemia, uma doença se espalha rapidamente em uma população, depois cede. Doenças esporádicas como coqueluche ocorrem com irregularidade e afetam poucas pessoas. Doenças endêmicas aparecem mais ou menos continuamente, mas não se espalham muito em grandes populações. A tuberculose é assim. O mesmo acontece com impetigo, uma infecção bacteriana altamente contagiosa que tipicamente se espalha em uma creche, ou uma localidade semelhantemente limitada.

Em uma pandemia, uma doença irrompe e se espalha no mundo inteiro. A AIDS é uma pandemia sem um fim à vista. Um surto em 2002 e 2003 de SARS (Síndrome Respiratória Aguda Grave) foi uma pandemia breve (Figura 2.18). Ela começou na China e os viajantes rapidamente a levaram para países no mundo inteiro. Antes de quarentenas (isolamento dos infectados) ordenadas pelo governo conterem sua dispersão, cerca de 8 mil pessoas ficaram doentes e aproximadamente 10% delas morreram. Pesquisadores rapidamente determinaram que um coronavírus, anteriormente desconhecido, causa a SARS. Outros coronavírus causam infecções respiratórias menos temidas, como resfriados.

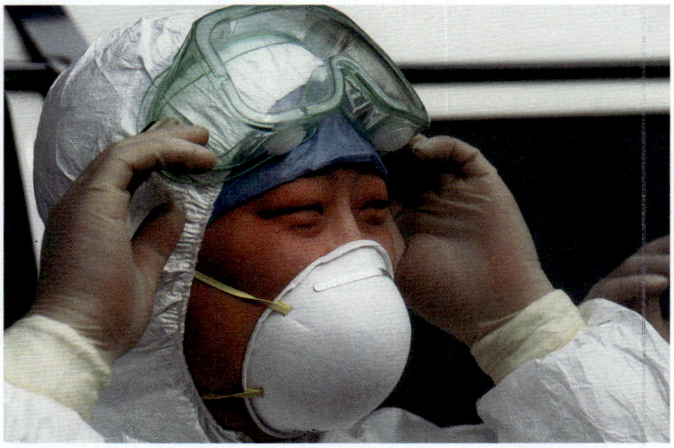

Figura 2.18 Um funcionário de saúde na China usa roupa protetora durante a pandemia de SARS. O vírus da SARS é um coronavírus, como alguns vírus que causam resfriados comuns. Médicos e enfermeiros que cuidavam de pacientes com SARS foram alguns dos mortos pela pandemia de SARS.

Tabela 2.5 Mortes por doenças infecciosas*

Doença	Tipo de Patógeno	Mortes ao ano
Infecções respiratórias agudas	Bactérias, vírus	4 milhões
AIDS	Vírus (HIV)	2,7 milhões
Diarreias	Bactérias, vírus, protistas	1,8 milhão
Tuberculose	Bactérias	1,6 milhão
Malária	Protistas	1,3 milhão
Sarampo	Vírus	600 mil
Coqueluche	Bactérias	294 mil
Tétano	Bactérias	204 mil
Meningite	Bactérias, vírus	173 mil
Sífilis	Bactérias	157 mil

* Mortes no mundo inteiro, com base no Relatório Mundial de Saúde para 2004.

Não houve casos relatados de SARS desde 2003. O patógeno desapareceu de vez? Só o tempo dirá. Doenças às vezes desaparecem por anos, depois reaparecem sem nos avisar.

Perspectiva Evolucionária Considere uma doença em termos da perspectiva da sobrevivência de um patógeno. Um patógeno fica por perto desde que tenha acesso a fontes externas de energia e matérias-primas. Para um organismo microscópico ou um vírus, um humano é excelente fonte de recursos. Com recursos abundantes, um patógeno pode atingir tamanhos impressionantes de população. Evolucionariamente falando, os patógenos que deixam mais descendentes ganham.

Duas barreiras evitam que patógenos evoluam para uma posição de dominância total. Primeiro, qualquer espécie que tenha uma história de ser atacada por um patógeno específico coevoluiu com ele e possui defesas embutidas contra ele. Segundo, se um patógeno mata seu hospedeiro rápido demais, pode desaparecer com ele. Ter um efeito menos que fatal pode beneficiar um patógeno. Pense em um hospedeiro infectado como uma fábrica que faz e distribui mais patógenos. Matar o hospedeiro fecharia essa instalação. Quanto mais o indivíduo infectado sobrevive, mais cópias do patógeno são feitas e dispersas.

Figura 2.19 Qual é o mais mortal? (**a**) O vírus Ebola liquida vasos sanguíneos e mata até 90% dos infectados. Até o momento, os surtos foram infrequentes e restritos a pequenas áreas na África. (**b**) O *Mycobacterium tuberculosis* causa tuberculose (TB). Sem tratamento, a bacteria (bacilo de Koch) mata cerca de 50% dos infectados e infecta aproximadamente 300 milhões de pessoas no mundo inteiro.

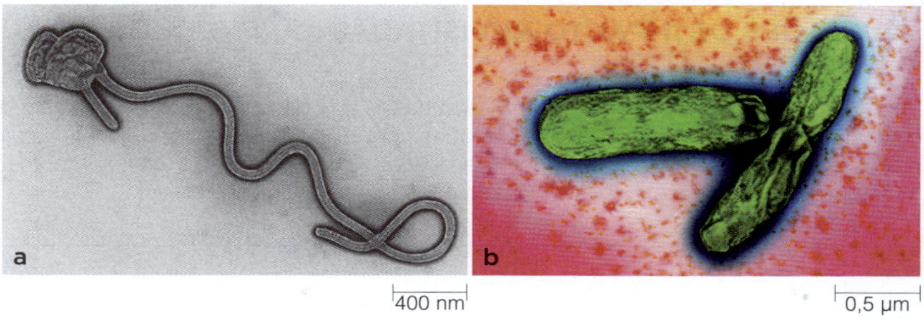

Patógenos mais frequentemente matam hospedeiros enfraquecidos pela idade ou pela presença de outros patógenos. A morte também pode ocorrer depois que um patógeno infecta um novo hospedeiro que não evoluiu nenhuma defesa contra ele.

Doenças Emergentes À medida que as populações humanas aumentaram, as pessoas se mudaram para cada vez mais perto de selvas e outros *habitats* anteriormente considerados marginais. Nessas regiões remotas, comem os animais locais e, às vezes, encontram patógenos que não coevoluíram com humanos. Como mencionado anteriormente, o HIV descendeu do SIV, um vírus que infecta chimpanzés africanos. Esses primatas evoluíram com o SIV e não são mortos por ele.

O contato próximo com animais selvagens provavelmente iniciou a epidemia de SARS. Morcegos-de-ferradura chineses (*Rhinolophus*) são um reservatório natural para um vírus com uma sequência quase idêntica à da SARS. Os morcegos e outros animais selvagens são capturados e vendidos vivos para alimentação em mercados asiáticos.

Na África, morcegos servem de reservatório para o altamente mortal vírus Ebola (Figura 2.19*a*). Ele frequentemente mata de 50% a 90% dos infectados. Os primeiros sintomas são febre alta e dores semelhantes às da gripe. Em poucos dias, vômito e diarreia começam. Vasos sanguíneos são destruídos. O sangue penetra nos tecidos ao redor e vaza por todos os orifícios do corpo. O contato com fluidos corporais de pessoas infectadas pode espalhar a doença. Compreensivelmente, no início do surto de Ebola, agências governamentais em todo o mundo foram notificadas. Em 2007, surtos independentes em Uganda e no Congo infectaram centenas de pessoas e mataram mais de 100.

Autoridades mundiais em saúde atualmente estão vigiando de perto a cepa H5N1 da gripe aviária. Os primeiros humanos infectados por essa cepa estavam em Hong Kong em 1997. Desde então, infecções humanas foram relatadas em outras partes da Ásia, África, do Pacífico, da Europa e do Oriente Médio. Metade dos infectados morre.

Até o momento, parece haver pouca ou nenhuma transmissão de H5N1 entre humanos. Quase todas as pessoas foram infectadas por contato direto com aves ou suas fezes infectadas. O vírus se espalhou rapidamente entre as aves e deve eventualmente afetar o mundo inteiro. Com muitas aves infectadas, certamente os casos de transferência do vírus das aves para os humanos aumentarão. Entretanto, uma preocupação ainda maior é o risco de uma mutação permitir transferência entre humanos. Uma pandemia de gripe em 1918, que infectou um terço da população mundial e matou 50 milhões de pessoas, foi causada por uma cepa que é parente distante da gripe aviária.

Ameaça da Resistência a Medicamentos O uso de antibióticos para tratar qualquer doença infecciosa resulta em seleção direcional. Em uma população de patógenos, aqueles menos afetados pelo medicamento estão em uma vantagem seletiva. Indivíduos resistentes a medicamentos sobrevivem e têm descendentes, enquanto outros susceptíveis aos remédios morrem. Como resultado, a frequência de indivíduos resistentes a medicamentos aumenta ao longo de gerações — que, para a maioria dos patógenos, são curtas.

Por exemplo, o *Streptococcus pneumoniae* é comumente transmitido entre crianças em creches. Pode causar pneumonia, meningite e infecção crônica de ouvido. Cepas resistentes à penicilina de *S. pneumoniae* apareceram pela primeira vez em 1967. Hoje, cerca de metade das cepas conhecidas é resistente.

Cepas de bactérias resistentes à penicilina surgem por mutações ou transferências genéticas horizontais. No caso do *S. pneumoniae*, comparações genéticas mostraram que os genes que conferem resistência a antibióticos foram transferidos para uma célula de *S. pneumoniae* por uma espécie relacionada, *S. mitis*.

Vírus não são células, mas têm genes que podem sofrer mutação e, assim, também podem evoluir por seleção natural. Por exemplo, muitas cepas de HIV agora são resistentes a um ou mais medicamentos antivirais projetados para combatê-las.

É um Mundo Pequeno Como se sabe, o HIV infectou humanos na África pela primeira vez, depois se espalhou para o mundo. A SARS surgiu na Ásia e se tornou uma ameaça global em meses.

Depois da pandemia de SARS, um sistema internacional de alertas foi montado para ajudar a evitar que pessoas sabidamente infectadas por patógenos potencialmente fatais espalhassem a doença. Entretanto, em 2007, um jovem americano chamado Andrew Speaker ganhou manchetes ao embarcar em sua lua-de-mel infectado com uma cepa resistente a medicamentos de *Mycobacterium tuberculosis* (Figura 2.19*b*), a bactéria que causa tuberculose. Speaker pegou voos comerciais para vários países e, depois, entrou novamente nos Estados Unidos. Felizmente, ele não infectou nenhum dos outros viajantes. O que fez foi demonstrar como será difícil conter a difusão de patógenos perigosos em uma era de viagens aéreas globais e migrações humanas constantes.

QUESTÕES DE IMPACTO REVISITADAS | Os efeitos da AIDS

Em países em desenvolvimento, estima-se que 80% das pessoas soropositivas não saibam que estão infectadas. Nos Estados Unidos, a estimativa é de que ¼ das pessoas infectadas com HIV nunca fizeram exames. Fazer exames é o primeiro passo para o tratamento que promove a saúde e aumenta a expectativa de vida. Quanto antes o tratamento começar, maiores as chances de ter boa saúde. Se você acha que pode ter se exposto ao HIV, faça o teste o mais rápido possível.

Resumo

Seção 2.1 Um **vírus** é uma partícula infecciosa não celular com uma cobertura de proteína envolvendo um DNA ou RNA. Um vírus não pode se reproduzir por conta própria. Ele infecta uma célula hospedeira e assume os processos de replicação e síntese proteica do hospedeiro. Um vírus infecta apenas um tipo de hospedeiro específico. Por exemplo, um **bacteriófago** infecta apenas bactérias. Alguns vírus causam doenças; eles agem como **patógenos** em humanos. Outros que infectam algumas espécies não humanas nos beneficiam.

Seção 2.2 Quase todos os ciclos de multiplicação viral apresentam cinco passos. O vírus se acopla a uma célula hospedeira. Todo o vírus, ou somente seu material genético, entra na célula hospedeira. Genes virais e enzimas orientam os mecanismos do hospedeiro a replicar material genético viral e sintetizar proteínas virais. Partículas virais são montadas e liberadas.

Bacteriófagos podem se multiplicar por uma **rota lítica (ciclo lítico)**, na qual as novas partículas virais são feitas rapidamente e liberadas por lise, ou por uma **rota lisogênica (ciclo lisogênico)**, na qual o DNA viral se torna parte do cromossomo hospedeiro.

Herpesvírus são uma família de vírus envelopados que podem permanecer inativos em células e periodicamente reativados. O HIV é um retrovírus de RNA envelopado. Uma enzima viral, **transcriptase reversa**, utiliza o RNA como um gabarito para formar DNA.

Seção 2.3 Viroides e príons são agentes infecciosos muito pequenos. **Viroides** são RNA em forma de círculo sem uma cobertura de proteína. Muitos causam doenças em plantas. **Príons** são proteínas que ocorrem naturalmente no sistema nervoso dos vertebrados, mas podem causar doenças fatais quando se dobram incorretamente.

Seções 2.4, 2.5 Bactérias e arqueas são os únicos **procariotos**: células simples que não têm um núcleo ou outras organelas que caracterizam células eucarióticas. Muitas espécies procarióticas incluem várias **cepas**, cada uma com algum traço distintivo. Procariotos são pequenos, abundantes e – como um grupo – metabolicamente diversos. Autótrofos, como bactérias fotossintéticas, obtêm carbono do dióxido de carbono. Heterótrofos obtêm carbono ao decompor compostos orgânicos construídos por outros organismos, como quando **sapróbios** se alimentam de resíduos e impurezas.

A maioria dos procariotos apresenta uma **parede celular** em volta de sua membrana plasmática. **Pili** ou **flagelos** se estendem de muitas células. O **cromossomo procariótico** é uma molécula circular de DNA que reside em uma região do citoplasma chamada **nucleoide**. Muitos procariotos têm um ou mais **plasmídeos**, DNA em círculo separado do cromossomo e que carregam alguns genes. Procariotos se reproduzem por **fissão procariótica**: replicação do cromossomo e divisão de uma célula em duas células descendentes geneticamente idênticas.

Três tipos de **transferência genética horizontal** movem genes entre células procarióticas. A **conjugação** transfere um plasmídeo e, talvez, alguns genes cromossômicos para outra célula. A transferência de genes assistida por vírus é a **transdução**. Com a **transformação**, o DNA é coletado do ambiente.

Seções 2.6, 2.7 Bactérias são a linhagem celular e os procariotos mais abundantes. Muitas bactérias são ecologicamente importantes. **Cianobactérias** produzem oxigênio como um derivado da fotossíntese. Outras bactérias realizam a **fixação de nitrogênio**; elas convertem gás nitrogênio em compostos ricos em nitrogênio, que plantas podem absorver. Uma minoria das bactérias é de patógenos humanos. Algumas bactérias sobrevivem em condições desfavoráveis, como **endósporos**, que podem sobreviver à fervura e a outras agressões ambientais. Carrapatos são **vetores** para alguns patógenos bacterianos e levam as bactérias de um hospedeiro para outro.

Arqueas são procarióticos, mas são como células eucarióticas em algumas características. Comparações entre estrutura, função e sequências genéticas os posicionam em um domínio separado, entre eucariotos e bactérias. Pesquisas mostram que arqueas são mais diversas e mais amplamente distribuídas do que se pensava. Elas incluem **metanógenos** (produtores de metano), **halófilos extremos** (amantes do sal) e **termófilos extremos** (amantes do calor).

Seção 2.8 **Doenças** ocorrem quando patógenos tomam conta de um hospedeiro. Hospedeiros coevoluem com patógenos. A seleção favorece as defesas de hospedeiros que lutam contra infecções. A seleção também favorece patógenos que não matam um hospedeiro antes de ele espalhar a infecção. O uso de antibióticos seleciona bactérias resistentes a eles. Genes que transmitem resistência a medicamentos surgem por mutação e podem se espalhar entre bactérias por métodos de transferência genética horizontal.

Doenças podem ser fatais se um indivíduo estiver enfraquecido pela idade ou múltiplos patógenos estiverem presentes ou não tiver defesas coevoluídas. As pessoas não têm defesas contra patógenos emergentes.

Exercício de análise de dados

Um dos aspectos mais tristes da pandemia da AIDS é a transmissão do HIV da mãe para o bebê. Mães não tratadas têm uma chance de 15% a 30% de passar a infecção durante a gravidez. O vírus também é transmitido pela amamentação.

Desde que a pandemia da AIDS começou, houve mais de oito mil casos de transmissão de HIV da mãe para o bebê, somente nos Estados Unidos. Em 1993, médicos americanos começaram a dar medicamentos antirretrovirais a mulheres soropositivas durante a gravidez e a tratar mãe e bebê após o nascimento. Apenas cerca de 10% das mães foram tratadas em 1993, mas em 1999 mais de 80% recebiam os medicamentos.

A Figura 2.20 mostra o número de diagnósticos de AIDS entre crianças nos Estados Unidos. Utilize as informações neste gráfico para responder às seguintes perguntas.

1. Como o número de crianças diagnosticadas com AIDS mudou no final dos anos 1980?

2. Em que ano ocorreu o pico de novos diagnósticos de AIDS em crianças e quantas crianças foram diagnosticadas naquele ano?

3. Como o número de diagnósticos de AIDS mudou à medida que o uso de antirretrovirais em mães e bebês aumentou?

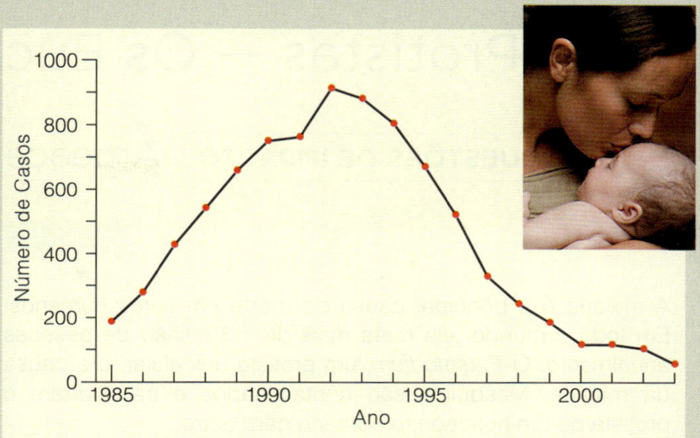

Figura 2.20 Número de novos diagnósticos de AIDS nos Estados Unidos por ano entre crianças expostas ao HIV durante a gravidez, o parto ou pela amamentação.

Questões

Respostas no Apêndice II

1. DNA ou RNA pode ser o material genético de ______.
a. uma bactéria c. um vírus
b. um príon d. uma arquea

2. Um viroide consiste totalmente de ______.
a. DNA c. proteína
b. RNA d. lipídeos

3. Bacteriófagos podem se multiplicar por ______.
a. fissão procariótica c. uma rota lisogênica
b. uma rota lítica d. respostas b e c

4. O material genético do HIV é ______.

5. Apenas ______ são procarióticos(as).
a. arqueas c. príons
b. bactérias d. respostas a e b

6. Bactérias transferem plasmídeos por ______.
a. fissão procariótica c. conjugação
b. transformação d. rota lítica

7. Todas as ______ são fotoautótrofas liberadoras de oxigênio.
a. espiroquetas c. cianobactérias
b. clamídias d. proteobactérias

8. Células de *E. coli* que vivem em seu intestino são ______.
a. espiroquetas c. cianobactérias
b. clamídias d. proteobactérias

9. Todas as ______ são parasitas intracelulares de vertebrados.
a. espiroquetas c. cianobactérias
b. clamídias d. proteobactérias

10. Algumas bactérias gram-positivas (ex.: *Bacillus anthracis*) sobrevivem a condições difíceis formando um ______.
a. pilus c. endósporo
b. heterocisto d. plasmídeo

11. Apenas ______ se reproduzem por fissão procariótica.
a. vírus c. bactérias
b. arqueas d. respostas b e c

12. Um plasmídeo é um círculo de ______.

13. Quais das seguintes doenças infecciosas mata mais pessoas anualmente?
a. Ebola c. sarampo
b. AIDS d. sífilis

14. Um surto mundial de uma doença é uma ______.

15. Una os termos à descrição mais adequada.

__ arquea	a. proteína infecciosa
__ bactérias	b. partícula infecciosa não viva; centro de ácido nucleico, cobertura de proteína
__ vírus	c. une as células
__ plasmídeo	d. procariotos que se parecem mais com eucariotos
__ halófilo extremo	e. células procarióticas mais comuns
__ príon	f. pequeno círculo de DNA bacteriano
__ pilus sexual	g. amante do sal

Raciocínio crítico

1. Como outros organismos, plantas sofrem com doenças virais (Figura 2.3). Lembre-se de que partes de plantas normalmente são protegidas por uma cutícula cerosa e que cada célula vegetal contém uma parede de celulose em volta de sua membrana plasmática. Vírus de plantas frequentemente entram em uma célula vegetal hospedeira por insetos que se alimentam de plantas. Uma vez dentro da célula, o vírus pode causar mudanças em seu plasmodesmos. Explique como a alteração dessas estruturas pode beneficiar o vírus.

2. Ao plantar sementes de feijão, agricultores são avisados para inoculá-los primeiro com um pó que contém células de *Rhizobium* fixadoras de nitrogênio, que infectam as raízes das plantas. Como a presença dessas bactérias poderia beneficiar as plantas?

3. Vírus que não têm um envelope lipídico tendem a continuar infecciosos fora do corpo por mais tempo que vírus envelopados. Vírus "nus" também têm menos probabilidade de ficar inofensivos pelo uso de sabonete e água. Você pode explicar o por quê?

3 Protistas — Os Eucariotos Mais Simples

QUESTÕES DE IMPACTO Ameaça da Malária

A malária é a principal causa de morte em seres humanos. Em todo o mundo, ela mata mais de 1,3 milhão de pessoas anualmente. O *Plasmodium*, um protista unicelular, é a causa da malária. Mosquitos são contaminados e transportam o protista de um hospedeiro humano para outro.

O *Plasmodium* entra no sangue e nas células vivas dos humanos, onde se alimenta e multiplica. A infecção por *Plasmodium* destrói as hemácias que transportam oxigênio, causando fraqueza. As pessoas afetadas apresentam calafrios e febre. Elas frequentemente contraem icterícia – materiais residuais se acumulam em seu corpo, dando-lhe uma coloração amarela. As hemácias infectadas pelo *Plasmodium* que chegam ao cérebro podem causar cegueira, convulsões, coma e morte. Crianças são mais susceptíveis (Figura 3.1).

Malária era comum nos Estados Unidos, especialmente no sul, até que uma campanha agressiva durante os anos 1940 erradicou a doença. Pântanos e poças, onde os mosquitos se procriavam, foram drenados, e o inseticida DDT foi borrifado dentro de milhões de casas. Atualmente, quase todos os casos de malária nos Estados Unidos são de pessoas que contraíram a doença fora do país. Em 2009, o Amazonas e o Pará responderam por 64,6% dos casos da doença. Fora da Região Amazônica, o risco de contágio é pequeno. Entre 2005 e 2009, o número de casos caiu cerca de 50%, o que indica que os esforços para o controle da doença estão dando resultados.

A malária é principalmente uma doença tropical; o *Plasmodium* não sobrevive em baixas temperaturas. Essa doença ainda é comum em partes do México, na América do Sul e América Central, bem como Ásia e Ilhas do Pacífico, mas sua maior ocorrência é na África. Uma criança africana morre de malária a cada 30 segundos.

A malária tem sido uma força seletiva potente entre os seres humanos na África, já que causa um número de mortes muito grande. O alelo responsável pela anemia falciforme também reduz a mortalidade por esta doença.

A seleção natural também age sobre o *Plasmodium*. O protista recentemente se tornou resistente a diversas drogas antimaláricas. Durante um grande período de tempo, ele evoluiu para uma capacidade extraordinária de alterar o comportamento de seus hospedeiros. O *Plasmodium* faz com que os mosquitos que o carregam se alimentem várias vezes à noite, e assim aumenta a probabilidade de picarem mais pessoas. Ao manipular seus hospedeiros, o protista maximiza suas chances de sobrevivência.

Neste capítulo, estudaremos os protistas, um grupo às vezes chamado eucarioto "simples". A maioria dos protistas é estruturalmente menos complexa que os outros eucariotos; ainda assim, são muito bem adaptados. A grande maioria de protistas não causa doenças e muitos nos beneficiam. Entre outras coisas, eles decompõem resíduos, servem de alimento a organismos maiores e absorvem um pouco de dióxido de carbono da água, o que contribui para reduzir o aquecimento global e para manter o pH dos oceanos estável.

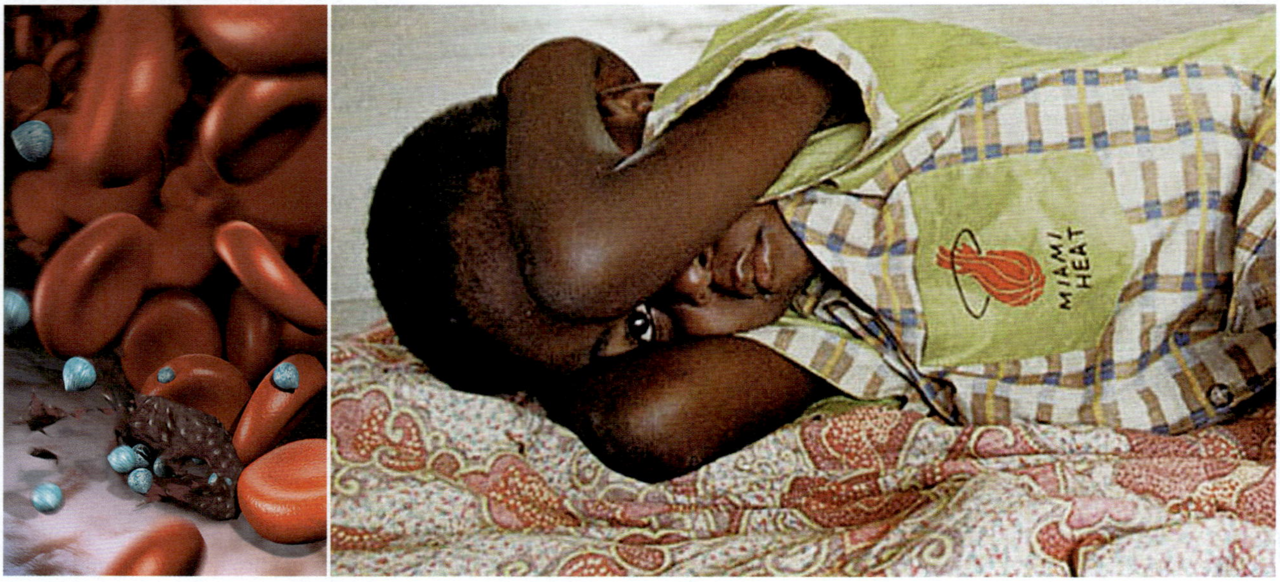

Figura 3.1 Uma criança em Moçambique espera o teste da malária. À *esquerda*, uma reprodução artística do *Plasmodium* emergindo de uma hemácia infectada.

Conceitos-chave

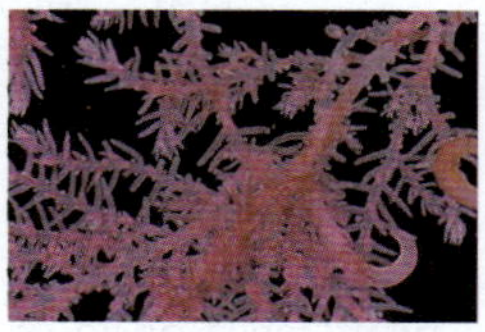

Classificando os protistas

Protistas incluem muitas linhagens de organismos eucarióticos e seus parentes multicelulares mais próximos. O sequenciamento de genes e outros métodos estão esclarecendo como as linhagens de protistas estão relacionadas umas com as outras e com as plantas, os fungos e os animais. **Seção 3.1**

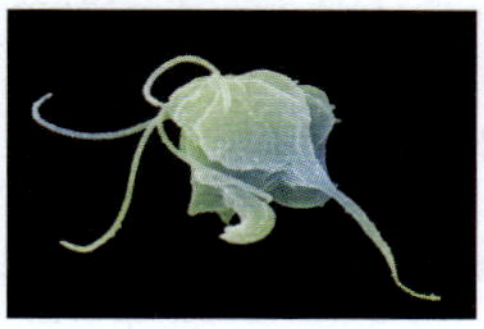

Protozoários flagelados e células com envoltório rígido (teca)

Protozoários flagelados incluem predadores unicelulares e alguns parasitas humanos. Foraminíferos e radiolários são heterotróficos unicelulares. A maioria dos protistas vive nos mares. **Seções 3.2, 3.3**

Alveolados

Protozoários ciliados, dinoflagelados e apicomplexos são fotoautotróficos unicelulares, predadores e parasitas. Eles compartilhavam uma característica, que é uma única camada de bolsas (alvéolos) sob a membrana plasmática. **Seções 3.4-3.6**

Estramenópilas

Diatomáceas e algas marrons são estramenópilas, a maioria das quais fotoautotróficas. Os oomicetos (Oomycetes), muito semelhantes a fungos, incluem muitos patógenos de plantas e também são estramenópilas. **Seções 3.7, 3.8**

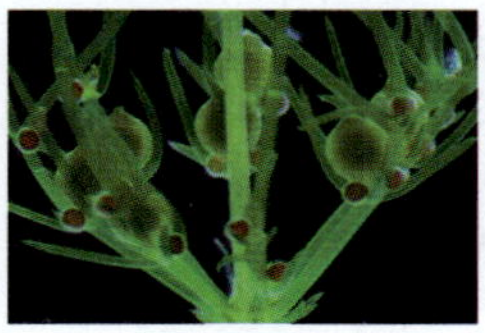

O parente mais próximo das plantas terrestres

Algas vermelhas e algas verdes são células fotossintéticas simples e algas marinhas multicelulares. Uma linhagem de algas verdes multicelulares inclui os parentes mais próximos de plantas terrestres. **Seções 3.9, 3.10**

Parentes de fungos e animais

Uma grande variedade de espécies ameboides, antigamente classificada como membros de linhagens separadas, agora é parte dos amebozoários. Elas são parentes próximos de fungos e animais. **Seção 3.11**

Neste capítulo

- Neste capítulo, examinamos a diversidade dos protistas e seus descendentes e como são classificados. Consideramos novamente como as organelas podem evoluir como resultado da endossimbiose.
- Você verá como as células se adaptam à hipertonicidade e ao uso de vias anaeróbicas em *habitat* com pouco oxigênio. Você também terá um exemplo de bioluminescência.
- Organismos usados nos primeiros estudos da fotossíntese também são abordados, assim como os pigmentos fotossintéticos. Você também irá relembrar os plasmodesmos vegetais e a divisão celular vegetal.
- Variação na motilidade celular é um grande tema neste capítulo. Outro tema é o papel que os protistas desempenham em seu meio ambiente, como proteger oceanos e afetar os níveis de carbono e oxigênio na atmosfera.

Qual sua opinião? O inseticida DDT é altamente eficiente contra mosquitos que transmitem a malária, mas também prejudica a vida selvagem e os seres humanos. Algumas pessoas querem que o DDT seja banido em todo o mundo. Outras acham que com o uso cuidadoso, ele é uma arma importante na luta contra a malária. O DDT deve ser banido em todo o mundo? Conheça a opinião de seus colegas e apresente seus argumentos a eles.

3.1 Muitas linhagens protistas

- Os protistas incluem muitas linhagens da maioria dos eucariotos unicelulares, algumas pouco relacionadas umas com as outras.

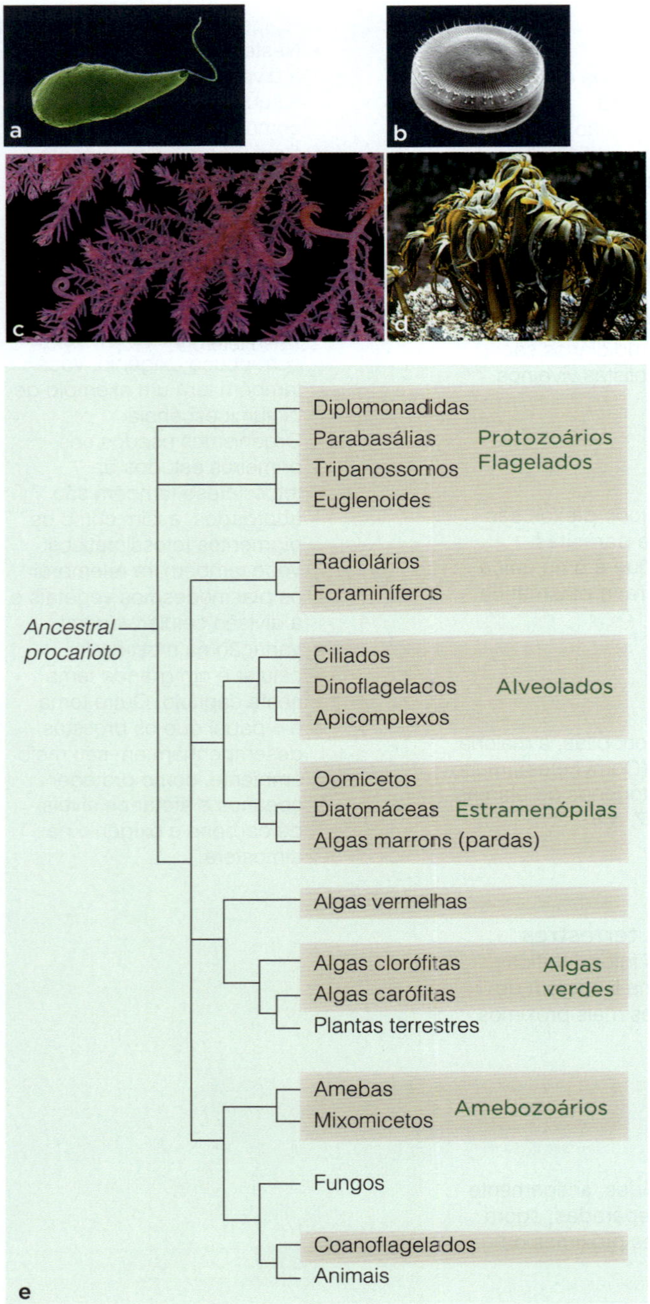

Figura 3.2 Os protistas unicelulares incluem amebas, (**a**) euglenoides e (**b**) diatomáceas. A maioria das algas vermelhas (**c**) e todas as algas pardas (**d**) são multicelulares. (**e**) Uma árvore genealógica eucariótica proposta com grupos protistas tradicionais indicados pelas *caixas coloridas*. Observe que os protistas não estão reunidos em uma única linhagem.
Resolva: As plantas terrestres são mais relacionadas às algas vermelhas ou às algas pardas? *Resposta: algas vermelhas*

Classificação e filogenia

Protistas são organismos eucarióticos que não são fungos, plantas ou animais. Nenhuma característica é singular aos protistas; eles são uma coleção de linhagens, e não um clado ou grupo monofilético.

Pesquisadores começaram a dividir o antigo reino Protista em grupos muito menores. O sequenciamento de genes desempenha um papel crucial nesse trabalho. Ele mostrou que muitos grupos protistas são pouco relacionados uns com os outros. Na verdade, alguns protistas são mais relacionados a plantas, fungos ou animais do que a outros protistas.

A Figura 3.2 mostra exemplos de protistas e onde os membros desse grupo podem atualmente se encaixar na árvore genealógica eucariótica. As caixas bege denotam os grupos protistas discutidos neste livro. Existem muitos outros protistas, mas essa amostragem dos maiores grupos será suficiente para demonstrar a diversidade protista, sua importância ecológica e os efeitos sobre a saúde humana.

Organização protista e nutrição

A maioria das linhagens protistas inclui somente espécies unicelulares (Figura 3.2*a*,*b* e Tabela 3.1). No entanto, existem alguns protistas coloniais, e a multicelularidade evoluiu em diversos grupos (Figura 3.2*c*,*d*). Alguns protistas multicelulares apresentam corpos grandes que consistem em muitos tipos de células diferenciadas.

Muitos protistas são heterótrofos em água ou solo. Eles se alimentam de matéria orgânica em decomposição ou presas de organismos menores, como bactérias. Outros protistas heterótrofos vivem dentro de organismos maiores, incluindo seres humanos. Em alguns casos, os endossimbiontes protistas não prejudicam, ou até mesmo beneficiam, seu hospedeiro. Por exemplo, protozoários flagelados que vivem no intestino do cupim dão a esses insetos a capacidade de digerir madeira. Outros protistas são parasitas e alguns infectam os humanos.

Protistas autotróficos possuem cloroplastos e realizam fotossíntese. Os cloroplastos protistas evoluíram por meio de dois mecanismos um pouco diferentes. As cianobactérias eram engolfadas por uma célula heterotrófica e evoluíram em cloroplastos. Chamamos esse processo de endossimbiose primária. O ancestral comum das algas vermelhas e verdes adquiriu seus cloroplastos através desse processo. Mais tarde, diversos protistas heterotróficos engolfaram as células das algas vermelhas ou verdes. Algumas células de algas sobreviveram e evoluíram em cloroplastos. Esse processo é a **endossimbiose secundária**.

Alguns protistas são apenas eucariotos que funcionam tanto como autotróficos como heterotróficos. Esses versáteis "mixotróficos" trocam os modos nutricionais de acordo com as condições ambientais favoráveis a um deles.

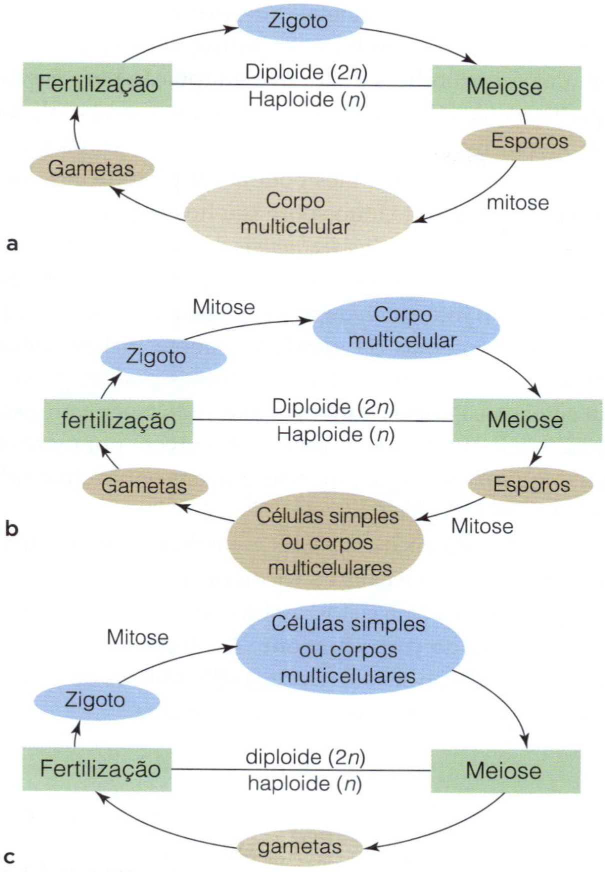

Figura 3.3 Exemplos de ciclos de vida generalizados de protistas. (**a**) Ciclo dominado por haploide, no qual a única célula diploide é o zigoto. (**b**) Alternância de gerações, com formas multicelulares haploide e diploide. (**c**) Ciclo dominado por diploide.

Ciclos da vida protista

Os protistas mostram uma grande diversidade em ciclos de vida, e a maioria pode se reproduzir sexuada ou assexuadamente. Normalmente, as células haploides dominam o ciclo de vida; somente o zigoto é diploide (Figura 3.3*a*). Os parasitas protistas que causam a malária apresentam esse tipo de ciclo. Em outros grupos, há uma **alternância de gerações**, com corpos haploides e diploides multicelulares (Figura 3.3*b*). Algumas algas apresentam esse tipo de ciclo, assim como as plantas terrestres. Os esporos produzidos nesses ciclos muitas vezes são células flageladas, onde há dominânica de células diploides (Figura 3.3*c*). As diatomáceas apresentam esse tipo de ciclo de vida.

Frequentemente, os protistas se reproduzem assexuadamente enquanto as condições favorecem o crescimento. A reprodução sexuada ocorre quando as condições se tornam menos favoráveis. Alguns protistas unicelulares também sobrevivem em ambientes desfavoráveis em um **cisto**, uma estrutura não móvel, com paredes, que fica dormente até que as condições favoreçam o crescimento.

Tabela 3.1 Características de alguns grupos protistas

Grupo protista	Organização	Modo nutricional
Protozoários flagelados		
Diplomonadidas	Célula simples	Heterotróficos; livres ou parasitas de animais
Parabasalídeos	Célula simples	Heterotróficos; livres ou parasitas de animais
Cinetoplastídeos	Célula simples	Heterotróficos; a maioria parasita; alguns livres
Euglenoides	Célula simples	A maioria heterotrófica livre; alguns autotróficos, mixotróficos
Radiolários	Célula simples	Heterotróficos livres
Foraminíferos	Célula simples	Heterotróficos livres
Alveolados		
Ciliados	Célula simples	Heterotróficos; a maioria livre, alguns parasitas de animais
Dinoflagelados	Célula simples	Autotróficos, mixotróficos, livre ou parasitas heterotróficos
Apicomplexos (Esporozoários)	Célula simples	Heterotróficos; todos parasitas de animais
Estramenópilas		
Oomicetos	Célula simples ou multicelulares	Heterotróficos; livres ou parasitas de animais
Diatomáceas	Célula simples	Maioria autotrófica, alguns heterotróficos ou mixotróficos
Algas pardas	Multicelulares	Autotróficos
Algas vermelhas	A maioria multicelular	Autotróficos
Algas verdes	Células simples coloniais ou multicelulares	Autotróficos
Amebozoários		
Amebas	Célula simples	Heterotróficos; a maioria livre, alguns parasitas de animais
Mixomiceto	Unicelular e estágios agregados no ciclo de vida	Heterotróficos

Para pensar

O que são protistas?

- Protistas consituem um grupo de linhagens eucarióticas. A maioria é unicelular, mas existem algumas espécies multicelulares.
- Os protistas podem ser autotróficos ou heterotróficos, e alguns podem alternar entre os modos. A maioria se reproduz tanto sexuada como assexuadamente.

3.2 Protozoários flagelados

- Protozoários flagelados são protistas unicelulares com um ou mais flagelos. Eles são tipicamente heterotróficos e se reproduzem assexuadamente por fissão binária.

Protozoários flagelados são células simples sem paredes com um ou mais flagelos. A maioria deles é heterotrófica, mas alguns realizam fotossíntese. Uma **película**, na verdade uma camada de proteínas elásticas bem abaixo da membrana plasmática, permite a essas células manterem sua forma.

Células haploides dominam o ciclo de vida desses grupos. As células se reproduzem assexuadamente por **fissão binária**: uma célula duplica seu DNA e suas organelas, depois se divide ao meio. O resultado são duas células idênticas.

Flagelados anaeróbicos

Diplomonadidas e parabasalídeos possuem vários flagelos e estão entre os poucos protistas que podem viver em águas com pouco oxigênio (hipóxia). Eles não apresentam mitocôndrias típicas. Em vez disso, apresentam hidrogenossomas, organelas que produzem um pouco de ATP pela via anaeróbica. As hidrogenossomas evoluíram das mitocôndrias e são uma adaptação para *habitats* aquáticos anaeróbicos. Diplomonadidas e parabasalídeos que vivem livres habitam mares e lagos. Outros vivem em corpos de animais. Eles podem ser prejudiciais, úteis ou não ter nenhum efeito sobre seu hospedeiro.

A diplomonadida *Giardia lamblia* causa a giardíase, uma doença comum em seres humanos. O protista se prende ao revestimento intestinal, depois suga os nutrientes (Figura 3.4*a,b*). Os sintomas da giardíase podem incluir cólicas, náusea e diarreia grave. Esses sintomas podem persistir por semanas. Pessoas e animais infectados secretam cistos de *G. lamblia* nas fezes. Os cistos sobrevivem por meses na água. Ingerir essa água, mesmo que em pouca quantidade, pode levar à infecção.

O parabasalídeo *Trichomonas vaginalis* infecta o trato reprodutor humano e causa a tricomoníase (Figura 3.4*c*). O *T. vaginalis* não forma cistos, assim não sobrevive por muito tempo fora do corpo humano. A infecção ocorre geralmente por relação sexual. Dezenas de milhões de pessoas são infectadas, no mundo, por esse parasita.

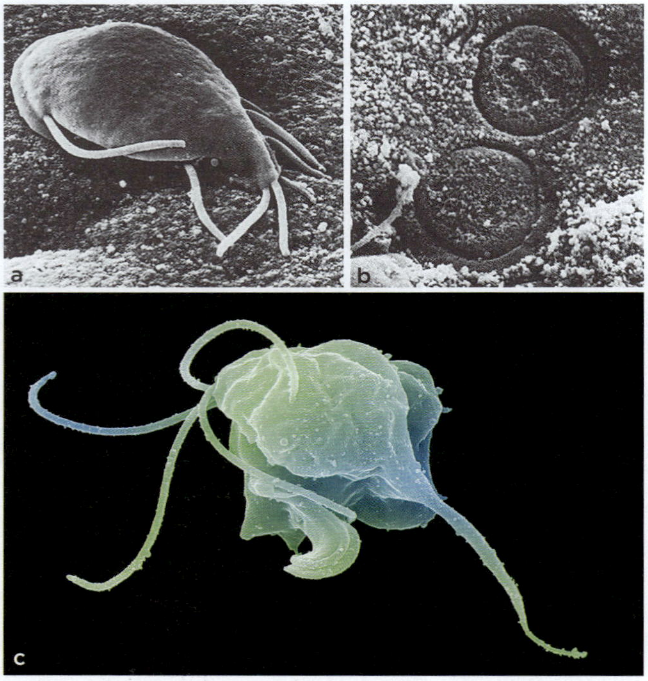

Figura 3.4 (**a**) Micrografias eletrônicas de *Giardia lamblia* e (**b**) um exemplo das impressões que seus discos sugadores deixam no revestimento intestinal. (**c**) Micrografia eletrônica de *Trichomonas vaginalis*, que causa a tricomoníase, doença transmitida sexualmente.

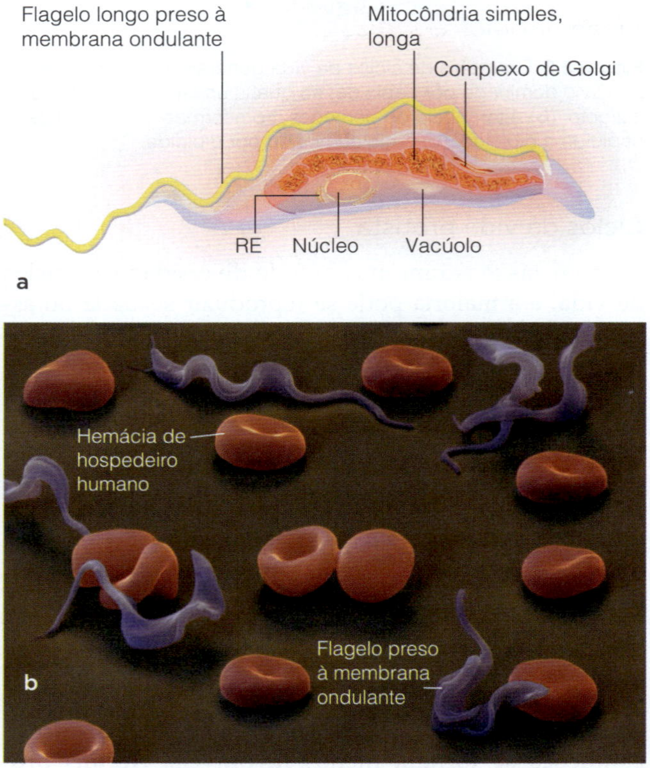

Figura 3.5 (**a**) Esquema e (**b**) micrografia eletrônica da cinetoplastídeo *Trypanosoma brucei*. Uma picada de uma mosca tsé-tsé infectada coloca esse tripanossomo no sangue. Ele vive na porção fluida do sangue (o plasma) e absorve nutrientes.

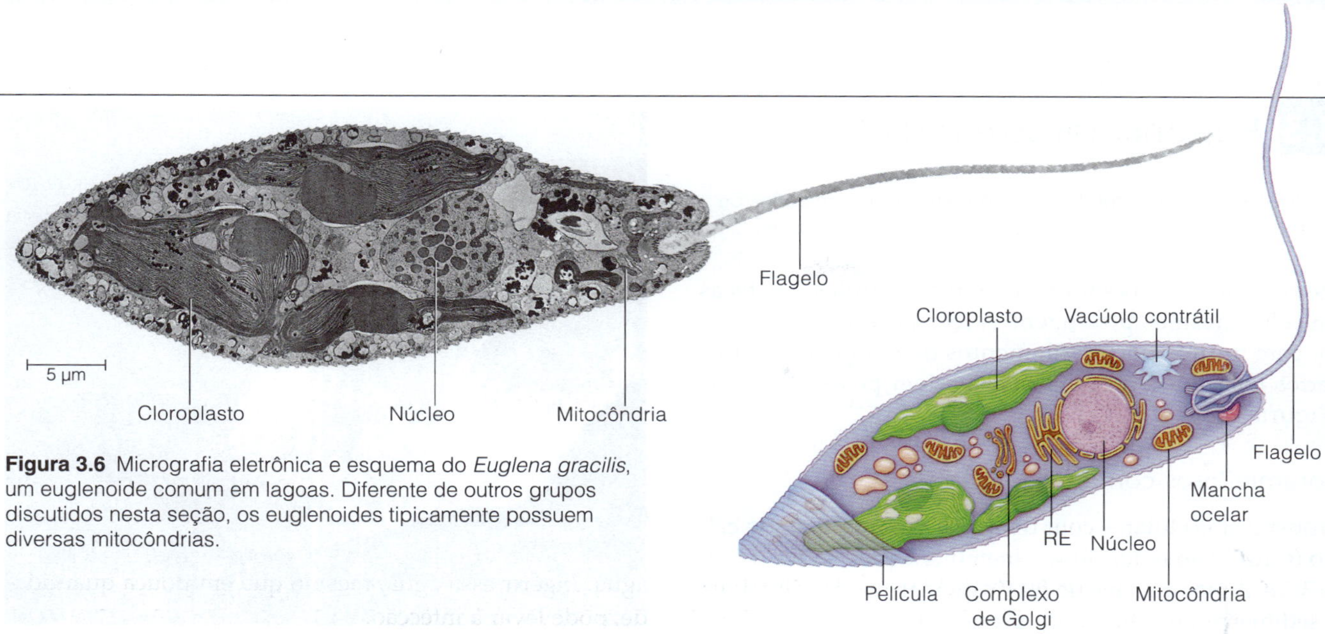

Figura 3.6 Micrografia eletrônica e esquema do *Euglena gracilis*, um euglenoide comum em lagoas. Diferente de outros grupos discutidos nesta seção, os euglenoides tipicamente possuem diversas mitocôndrias.

Nas mulheres, os sintomas incluem dores vaginais, coceira e corrimento amarelado. Os homens infectados tipicamente não apresentam sintomas. Infecções não tratadas danificam o trato urinário, causam infertilidade e aumentam o risco de infecção por HIV. Uma dose de uma droga antiprotozoária oferece cura rápida. Ambos os parceiros devem ser tratados para evitar a reinfecção.

Tripanossomos e outros cinetoplastídeos

Cinetoplastídeos são protozoários flagelados que possuem uma única mitocôndria grande. Dentro da mitocôndria, próximo à base do flagelo, existe um grupo de DNA. Esse é o cinetoplasto que dá nome ao grupo.

Alguns cinetoplastídeos caçam bactérias em água doce e nos mares, mas os **tripanossomos**, o maior subgrupo, são parasitas; eles vivem em plantas e animais. Os tripanossomos são longas células pontudas com uma membrana ondulante (Figura 3.5). Um único flagelo que se prende a essa membrana causa seu característico movimento em ondas.

Insetos picadores agem como vetores para tripanossomos que parasitam os humanos. Mais uma vez, um vetor é um inseto, ou outro animal, que transporta um patógeno entre hospedeiros.

As moscas tsé-tsé espalham o *Trypanosoma brucei*, que causa a tripanossomíase africana, comumente conhecida como doença do sono. Pessoas infectadas ficam sonolentas durante o dia e muitas vezes não dormem à noite. Se não tratada, a infecção é fatal. As moscas tsé-tsé que espalham o *T. brucei* ocorrem somente na África subsaariana.

Insetos sugadores transmitem o *Trypanosoma cruzi*, causador da doença de Chagas. A infecção não tratada pode prejudicar o coração e órgãos digestórios. A doença de Chagas prevalece em partes da América Central e do Sul e ocorre em baixa frequência no sul dos Estados Unidos. Em 2006, os bancos de sangue começaram a testar o sangue doado para verificar a presença de *T. cruzi*.

Euglenoides

Protistas flagelados relacionados aos cinetoplastídeos. A maioria vive em água doce e não é um patógeno humano. Grande parte é de pequenos predadores, alguns são parasitas de organismos maiores e cerca de um terço possui cloroplastos (Figura 3.6). A estrutura dos cloroplastos euglenoides e os pigmentos dentro deles indicam que essas organelas evoluíram de uma alga verde por meio de endossimbiose secundária.

Os euglenoides fotossintéticos podem detectar luz com uma mancha ocelar próxima à base de seu longo flagelo. Eles tipicamente revertem para nutrição heterotrófica se o nível de luz diminuir, ou se as condições para fotossíntese se tornarem desfavoráveis.

Um euglenoide é hipertônico em relação à água doce. Como em outros protistas de água doce, um ou mais **vacúolos contráteis** respondem à tendência da água em se difundir para a célula. O excesso de água é coletado nos vacúolos contráteis, que a expelem para fora.

Para pensar

O que são protozoários flagelados?

- As diplomonadidas e os parabasalídeos se adaptaram à vida em águas com pouco oxigênio. Alguns membros desses grupos comumente infectam humanos e causam doenças.
- Os tripanossomos também incluem patógenos humanos. Eles são transmitidos por insetos. Seus parentes, os euglenoides, não infectam seres humanos. A maioria se alimenta de bactérias, mas alguns possuem cloroplastos que evoluíram das algas verdes.

3.3 Foraminíferos e radiolários

- Células simples heterotróficas com envoltórios calcários ou silicosos que vivem em grandes números nos oceanos.

Esses protistas vivem como células simples em tecas que eles mesmos produzem. A teca parece uma peneira, com muitos poros. Filamentos de citoplasma reforçados com microtúbulos se estendem pelas aberturas (Figura 3.7).

Foraminíferos com teca calcária

Protistas unicelulares com uma teca de carbonato de cálcio ($CaCO_3$) ao redor de sua membrana plasmática (Figura 3.7*a*). A maioria vive no fundo do mar, sondando a água e sedimentos em busca de presas. Outros foraminíferos são parte do **plâncton** marinho, composto por organismos microscópicos que se movimentam ou nadam em mar aberto. Os foraminíferos planctônicos são frequentemente protistas fotossintéticos, tais como diatomáceas ou algas que vivem dentro delas.

Muito tempo atrás, os restos ricos em cálcio de foraminíferos e outros protistas com tecas de carbonato de cálcio começaram a se acumular no fundo do mar. Após grandes períodos, os depósitos se transformaram em calcário e giz (Figura 3.8). As tecas fósseis de foraminíferos nesses depósitos ajudam os geólogos a combinar e identificar as camadas de rocha em diferentes regiões geográficas. O calcário rico em foraminíferos foi usado para construir as pirâmides egípcias e a Esfinge, e ainda são materiais de construção importantes.

Os foraminíferos desempenham um papel crucial no ciclo de carbono. Eles incorporam dióxido de carbono (CO_2) em suas tecas. Depois que os foraminíferos morrem, sua teca dissolve-se, liberando íons de cálcio e carbonato (CO_3^-). O carbonato age como um tampão, evitando que os mares tornem-se ácidos demais.

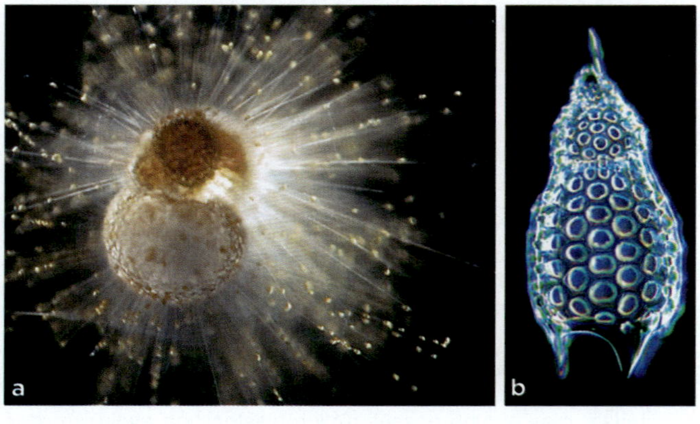

Figura 3.7 (**a**) Foraminíferos viventes estendendo pseudópodes finos pela teca. Os "pontos" *amarelos* são células de algas. (**b**) Teca de sílica de um radiolário.

Figura 3.8 Os penhascos de calcário branco de 90 metros de altura na costa de Dover, Inglaterra, já foram o fundo do mar. O calcário é o resto de foraminíferos e outros organismos com tecas ricas em carbonato de cálcio.

Níveis crescentes de dióxido de carbono atmosférico causados por atividades humanas podem acabar com esse sistema. Quanto mais CO_2 entra no ar, mais se dissolve na água do mar. Alguns modelos sugerem que se muito CO_2 entrar nos mares, o sistema de tamponamento natural será sufocado, permitindo a água do mar ficar ácida. Um oceano ácido impediria que os foraminíferos construíssem tecas, deixando ainda mais CO_2 na atmosfera e na água. O aumento de CO_2 atmosférico é um problema, pois contribui para o aquecimento global.

Radiolários de teca silicosa

Radiolários são protistas heterotróficos com uma teca de sílica semelhante ao vidro sob sua membrana plasmática (Figura 3.7*b*). A maioria é parte do plâncton marinho. Eles habitam desde a superfície da água até cinco mil metros de profundidade. Inúmeros vacúolos em uma zona externa de citoplasma se enchem de ar e mantêm as células flutuantes.

Para pensar

O que são foraminíferos e radiolários?

- Foraminíferos e radiolários são células heterotróficas simples que vivem principalmente na água do mar.
- Os foraminíferos fazem uma teca de carbonato de cálcio e a maioria vive no fundo do mar. Suas atividades ajudam a estabilizar o nível de dióxido de carbono atmosférico e o pH da água do mar.
- Os radiolários possuem uma camada de sílica semelhante ao vidro; a maioria é planctônica.

3.4 Ciliados (alveolados)

- Células ciliadas caçam bactérias, outros protistas e uns aos outros em *habitats* de água doce e nos oceanos.

Três grupos de protistas — ciliados, dinoflagelados e apicomplexos — são os **alveolados**, membros de uma linhagem caracterizada por uma camada de bolsas bem abaixo da membrana plasmática. "*Alveolus*" significa bolsa.

Ciliados, ou protozoários ciliados, são heterotróficos altamente diversos, com aproximadamente 8 mil espécies. Eles existem em qualquer lugar onde haja água, e a maioria é predadora (Figura 3.9). Cerca de um terço vive dentro dos corpos de animais. *Balantidium coli* é o único ciliado que parasita seres humanos. Ele também afeta porcos, e as pessoas geralmente são infectadas quando os cistos de *B. coli*, que são excretados nas fezes de porcos, entram na água potável. A infecção causa náusea e diarreia.

O *Paramecium* é um ciliado de água doce (Figura 3.10). Os cílios cobrem toda sua superfície e batem em sincronia; eles se assemelham a um campo gramado dançando ao vento. Começando em um sulco oral na superfície da célula, os cílios varrem a água carregada de bactérias, algas e outras partículas de alimentos para a citofaringe. Vesículas cheias de enzimas digerem os alimentos. Os vacúolos contráteis levam para fora a água em excesso. Como outros ciliados, o *Paramecium* apresenta organelas chamadas tricocistos sob sua película (Figura 3.10*c*). O tricocisto contém um filamento de proteína que pode ser expelido para ajudar a célula a capturar a presa ou evitar predadores.

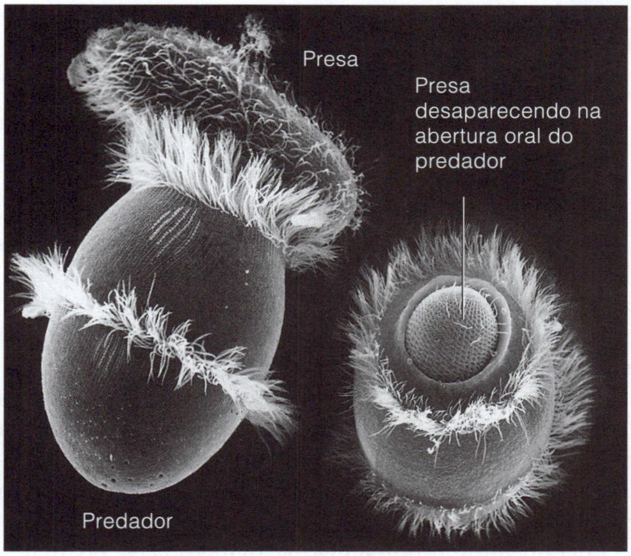

Figura 3.9 *Didinium* (*à esquerda*), um ciliado em forma de barril com tufos de cílios, pegando e engolfando um *Paramecium* (*à direita*), outro ciliado.

Os ciliados se reproduzem assexuadamente por fissão binária e sexuadamente por conjugação. Um ciliado é formado de um macronúcleo que controla as funções metabólicas e um ou mais micronúcleos. Durante a conjugação, as células se emparelham, quatro micronúcleos haploides se formam por meiose e dois são trocados entre as células. Cada célula forma então um novo macronúcleo, combinando um de seus micronúcleos haploides com um micronúcleo de seu parceiro.

Para pensar

O que são ciliados?

- Ciliados são células simples heterotróficas que se movem com o auxílio de cílios. A maioria é de predadores de vida livre, mas alguns vivem dentro de animais.
- Ciliados, junto aos dinoflagelados e apicomplexos, são alveolados. Esse grupo é caracterizado por pequenas bolsas (alvéolos) sob sua membrana plasmática.

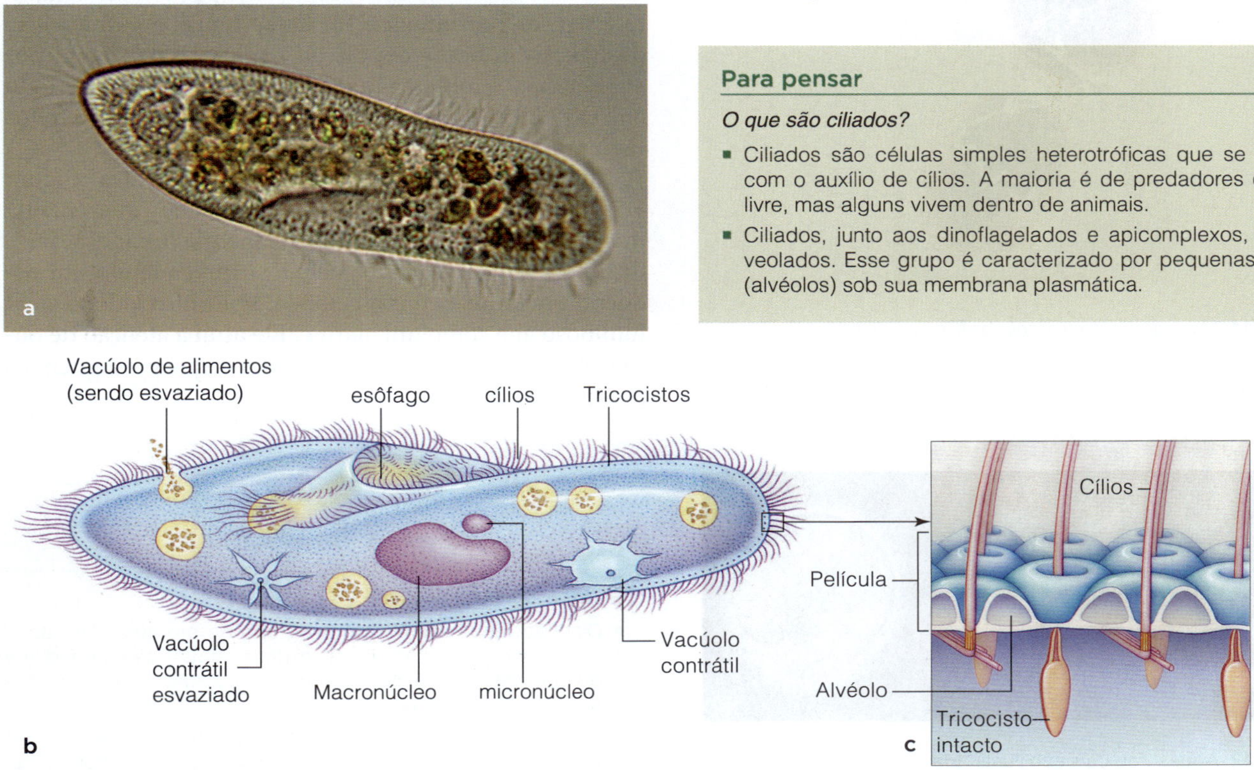

Figura 3.10 (**a**) Micrografia de luz e (**b**) desenho do *Paramecium*, um ciliado típico. A visualização em *close* (**c**) mostra os alvéolos (bolsas) típicos dos alveolados.

3.5 Dinoflagelados

- Dinoflagelados são heterotróficos e autotróficos unicelulares. A maioria vive livremente nos mares. Alguns vivem dentro de corais.

O nome **dinoflagelado** significa "flagelado rodopiante". Esses protistas unicelulares apresentam tipicamente dois flagelos; um se estende da base da célula e outro se enrola no meio da célula como um cinto (Figura 3.11). A ação combinada desses dois flagelos faz com que a célula gire enquanto se movimenta.

Como observado na seção anterior, os dinoflagelados pertencem à linhagem dos alveolados. A maioria deposita celulose nos alvéolos (bolsas) embaixo da membrana plasmática. A celulose se acumula em placas grossas, porém porosas.

Encontramos dinoflagelados planctônicos no mar e em lugares onde a água salgada e a água doce se misturam (estuários). As células são haploides e se reproduzem assexuadamente na maioria das vezes. Condições adversas estimulam a reprodução sexuada; dois dinoflagelados se fundem e formam um cisto que, mais tarde, sofre meiose.

Figura 3.11 Micrografia de *Karenia brevis*, um dinoflagelado que produz uma toxina nervosa.

Figura 3.12 Águas tropicais são iluminadas quando o *Noctiluca scintillans*, um dinoflagelado bioluminescente, é incomodado por algo se movendo pela água.

Cerca de metade dos dinoflagelados é heterotrófica. A maioria desses é predadora, mas alguns são parasitas de peixes e invertebrados aquáticos.

Os cloroplastos da maioria dos dinoflagelados fotossintéticos evoluíram das algas vermelhas por endossimbiose secundária. Algumas espécies dinoflageladas fotossintéticas são endossimbiontes nas células de corais formadores de recifes. Um coral é um animal invertebrado e sua relação com os protistas é reciprocamente benéfica. Os dinoflagelados abastecem o coral hospedeiro com açúcar e oxigênio para respiração aeróbica. O coral fornece aos protistas nutrientes, abrigo e o CO_2 necessário para a fotossíntese.

Dinoflagelados fotossintéticos livres ou outros protistas às vezes sofrem grandes aumentos no tamanho da população, um fenômeno conhecido como **proliferação de algas.** Em *habitats* enriquecidos com nutrientes, a partir de escoamento agrícola, cada litro de água pode conter milhões de células. A proliferação de certas espécies causam "marés vermelhas", durante as quais uma abundância de células tingem a água de vermelho.

A proliferação de algas pode causar doenças aos humanos e matar organismos aquáticos. Bactérias aeróbicas que se alimentam dos restos de algas podem esgotar o oxigênio existente na água, de forma que os animais aquáticos se sufoquem. Algumas toxinas dos dinoflagelados também matam diretamente. *Karenia brevis* produz uma toxina que se liga às proteínas de transporte na membrana plasmática das células nervosas. Comer mariscos contaminados com essa toxina pode causar tontura e náusea por intoxicação. Os sintomas geralmente se desenvolvem horas depois da refeição e persistem por alguns dias. Proliferação de *K. brevis* ocorre quase todo ano no Golfo do México, mas a gravidade e os efeitos variam.

Alguns dinoflagelados são bioluminescentes (Figura 3.12). Como os vaga-lumes, eles possuem uma enzima (luciferase) que converte ATP em energia luminosa. Emitir luz pode proteger uma célula surpreendendo um pequeno predador que iria comê-la. Por outro lado, o sinal luminoso age como um alarme. Ele atrai a atenção de outros organismos, incluindo predadores que perseguem os dinoflagelados.

Para pensar

O que são dinoflagelados?

- Dinoflagelados constituem um grupo de protistas alveolados unicelulares marinhos em sua maioria. Alguns são predadores ou parasitas. Outros são membros fotossintéticos de plâncton ou simbiontes em corais.
- Uma proliferação de algas – uma explosão na população de protistas – pode prejudicar organismos aquáticos e pôr em risco a saúde humana.

3.6 Apicomplexos parasitas

- Como mencionado na introdução do capítulo, a malária é a principal causa de morte em seres humanos. Aqui, consideramos o protista que causa a malária e outros parentes patogênicos.

Os **apicomplexos** são parasitas alveolados que passam parte de sua vida dentro das células de seus hospedeiros. Seu nome se refere a um complexo de microtúbulos na sua extremidade apical (topo), que lhes permite entrar em uma célula hospedeira. São também chamados **esporozoários**.

Os apicomplexos infectam diversos animais, desde vermes e insetos até os seres humanos. Seu ciclo de vida pode envolver mais de uma espécie hospedeira. Por exemplo, a Figura 3.13 mostra o ciclo de vida do *Plasmodium*, o agente da malária. Uma fêmea do mosquito *Anopheles* transmite um estágio infectivo móvel (chamado esporozoíto) a um hospedeiro vertebrado, como um humano (Figura 3.13*a*). Um esporozoíto viaja nos vasos sanguíneos até as células do fígado, onde ele se reproduz assexuadamente (Figura 3.13*b*). Alguns descendentes (merozoítos) entram nas hemácias e células do fígado, onde se dividem assexuadamente (Figura 3.13*c*,*d*). Outros descendentes se desenvolvem em gametas não maduros ou gametócitos (Figura 3.13*e*).

Quando um mosquito pica uma pessoa infectada, os gametócitos são absorvidos com o sangue e amadurecem no estômago do mosquito (Figura 3.13*f*,*g*). Os gametas se fundem e formam zigotos, que se desenvolvem em novos esporozoítos. Estes migram para as glândulas salivares do inseto, onde esperam a transferência para um novo hospedeiro vertebrado.

Os sintomas da malária geralmente começam em uma ou duas semanas após a picada, quando as células infectadas do fígado se rompem e liberam merozoítos e fragmentos celulares no sangue. Depois do episódio inicial, os sintomas podem diminuir. Contudo, a infecção continuada danifica o corpo e posteriormente mata o hospedeiro. Assim, a malária mata mais de 1 milhão de pessoas a cada ano.

Outra doença apicomplexa é a toxoplasmose. Ela é causada pelo *Toxoplasma gondii*. Pessoas saudáveis muitas vezes abrigam o *T. gondii* em seu corpo sem sintomas da doença. No entanto, em pessoas imunossuprimidas, como aquelas com AIDS, uma infecção pode ser fatal. Uma infecção com o *T. gondii* durante a gravidez pode também causar defeitos congênitos neurológicos ao feto.

A ingestão de cistos em carne malpassada é a principal causa da toxoplasmose. O *T. gondii* infecta gado, ovelhas, porcos e aves. Os gatos também podem ser portadores do *T. gondii*. Um gato infectado excreta cistos nas fezes (Figura 3.14). Por esse motivo, mulheres grávidas e pessoas com o sistema imunológico deficiente são aconselhadas a evitar contato com gatos. Quando gatos passam algum tempo fora de casa, eles podem ser expostos aos cistos do *T. gondii* e, portanto, há maior probabilidade de serem infectados. Manter o gato dentro de casa e alimentá-lo somente com comida preparada comercialmente minimiza o risco de infecção. Apesar de os gatos serem vetores em potencial, a grande maioria das pessoas que possuem gatos não apresenta toxoplasmose.

Figura 3.14 Uma fonte potencial da doença toxoplasmose. Exposição dos cistos nas fezes de gato leva à infecção humana pelo parasita apicomplexo *Toxoplasma gondii*.

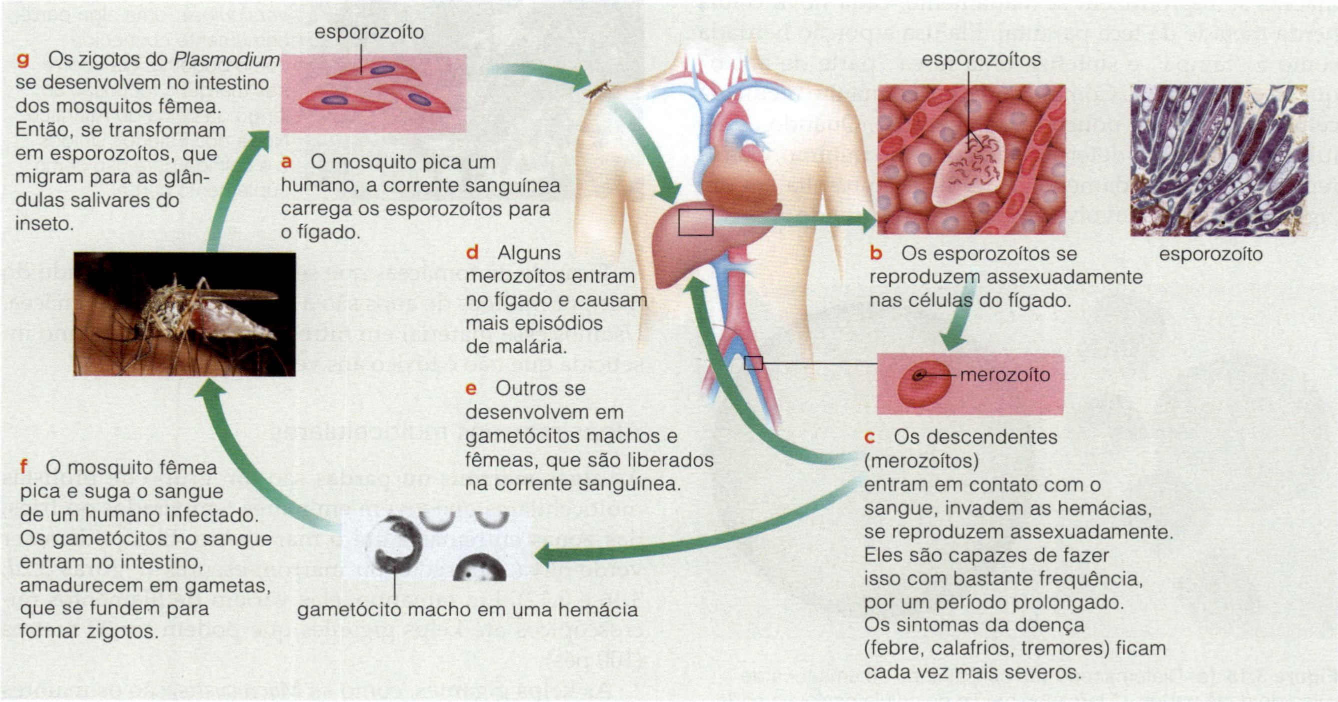

esporozoíto
g Os zigotos do Plasmodium se desenvolvem no intestino dos mosquitos fêmea. Então, se transformam em esporozoítos, que migram para as glândulas salivares do inseto.
a O mosquito pica um humano, a corrente sanguínea carrega os esporozoítos para o fígado.
esporozoítos
esporozoíto
b Os esporozoítos se reproduzem assexuadamente nas células do fígado.
d Alguns merozoítos entram no fígado e causam mais episódios de malária.
e Outros se desenvolvem em gametócitos machos e fêmeas, que são liberados na corrente sanguínea.
merozoíto
c Os descendentes (merozoítos) entram em contato com o sangue, invadem as hemácias, se reproduzem assexuadamente. Eles são capazes de fazer isso com bastante frequência, por um período prolongado. Os sintomas da doença (febre, calafrios, tremores) ficam cada vez mais severos.
f O mosquito fêmea pica e suga o sangue de um humano infectado. Os gametócitos no sangue entram no intestino, amadurecem em gametas, que se fundem para formar zigotos.
gametócito macho em uma hemácia

Figura 3.13 Ciclo de vida de uma das quatro espécies de *Plasmodium* que causa a malária.

3.7 Estramenópilas

- "Bolores" filamentosos incolores, células fotossintéticas simples e grandes algas marinhas pertencem à linhagem das estramenópilas.

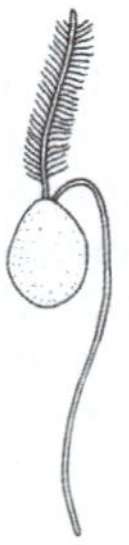

Voltamo-nos agora para outra grande linhagem de protistas conhecida como **estramenópilas**. O nome significa "cabelo de palha" e se refere a uma célula com um flagelo "felpudo" (*à esquerda*) que ocorre durante o ciclo de vida de muitos membros desse grupo. No entanto, as estramenópilas são definidas principalmente pelos resultados das comparações de sequência de genes, em vez de qualquer característica visível.

Diatomáceas

Diatomáceas são protistas unicelulares ou coloniais que apresentam uma teca de sílica dividida em duas partes (Figuras 3.2*b* e 3.15). A maioria é fotossintética. Seus cloroplastos e os de outras estramenópilas fotossintéticas são tingidos de marrom por um pigmento acessório chamado fucoxantina. Elas evoluíram das algas vermelhas por endossimbiose secundária.

As diatomáceas vivem em mares, água doce e solos úmidos. Em mares temperados, elas são um dos componentes principais do fitoplâncton, a porção fotossintética do plâncton. As diatomáceas são responsáveis por 25 a 35% de todo o carbono absorvido por organismos fotossintéticos.

A teca de uma diatomácea apresenta duas partes, como uma caixa de chapéu ou placas de petri, onde uma tampa maior se encaixa sobre a parte menor. Quando as diatomáceas se reproduzem sexuadamente, cada nova célula herda metade da teca parental. Ela usa a porção herdada como a "tampa" e sintetiza uma nova "parte de baixo" que se encaixe nela. Como resultado, o tamanho médio da célula diminui um pouco a cada geração. Quando as células alcançam um determinado tamanho mínimo, elas se reproduzem sexuadamente. A fertilização resulta em um zigoto, que se desenvolve em uma célula grande.

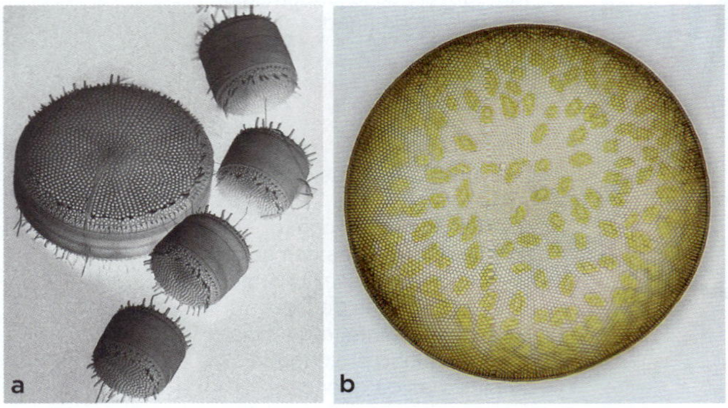

Figura 3.15 (**a**) Diatomáceas são constituídas de uma teca de sílica de duas partes. O tamanho médio da célula diminui a cada divisão assexuada. (**b**) Cloroplastos tingidos com fucoxantina dessa diatomácea são visíveis pela teca de sílica.

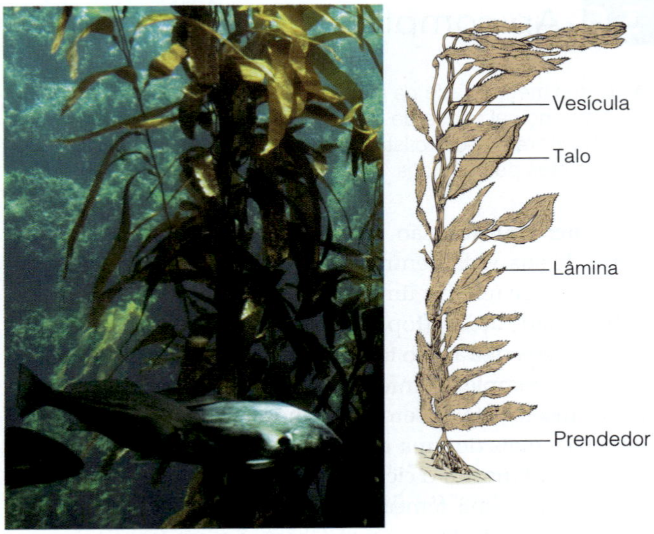

Figura 3.16 Foto e diagrama do corpo contendo esporos (esporófita) de uma alga gigante denominada "kelp" (*Macrocystis pyrifera*). O talo apresenta lâminas semelhantes a folhas. Um prendedor (rizoide) ancora a kelp. Vesículas cheias de gás (pneumatocistos) fazem com que os talos e as lâminas boiem. Os esporos se formam por meiose nos talos. Eles se dividem e formam pequenos corpos formadores de gametas. A fusão de gametas produz um zigoto que se desenvolve em uma nova esporófita.

Figura 3.17 *Fucus versiculosis*, uma alga parda comumente conhecida como bodelha. Ela ocorre nas margens rochosas ao longo da costa do Atlântico Norte dos Estados Unidos e é colhida para uso como suplemento herbal.

Tecas de diatomáceas que se acumularam no fundo do mar por milhões de anos são a fonte da terra diatomácea. Usamos esse material em filtros e limpadores, e como inseticida que não é tóxico aos vertebrados.

Algas marrons multicelulares

As **algas marrons ou pardas** são um grupo de protistas multicelulares que vivem em mares temperados ou frios, das zonas entremarés até o mar aberto. Elas podem ser verde-oliva, douradas ou marrom-escuras (Figuras 3.2*d*, 3.16 e 3.17). Em tamanho, elas variam de filamentos microscópicos até kelps gigantes que podem ter 30 metros (100 pés).

As kelps gigantes, como as *Macrocystis*, são os maiores protistas. O ciclo de vida mostra uma alternância de gerações, com corpos haploides e diploides multicelulares (Figura 3.3*b*). A kelp esporófita está no estágio maior e mais longo no ciclo de vida (Figura 3.16).

Kelps são de grande importância ecológica. Kelps gigantes formam estruturas semelhantes às florestas nas águas costeiras do Nordeste do Pacífico. Como árvores em uma floresta, as kelps abrigam uma variedade de outros organismos. O Mar do Sargasso no Oceano Atlântico Norte é assim chamado pela sua abundância de *Sargassum*. Essa kelp forma vastos tapetes flutuantes de até 9 metros de espessura. Os tapetes servem de *habitat* para peixes, tartarugas marinhas e invertebrados.

Algumas algas pardas são usadas comercialmente. Alginas provenientes da kelp participam da composição de muitos alimentos, bebidas, cosméticos e outros produtos. As algas pardas também são colhidas para uso como alimentos, suplementos herbais e fertilizante.

Oomicetos

Os oomicetos, erradamente chamados de "fungos aquáticos", são seres heterotróficos. Eles formam uma rede de filamentos que absorve nutrientes. Eles já foram classificados como fungos, que exibem um padrão de crescimento semelhante. Diferente dos fungos, os oomicetos apresentam paredes celulares feitas de celulose, não quitina, e seus filamentos são compostos de células diploides, em vez de células haploides.

A maioria dos oomicetos decompõe matéria orgânica em *habitats* aquáticos, mas alguns são parasitas aquáticos. Por exemplo, o *Saprolegnia* frequentemente infecta peixes em aquários, fazendas de peixes e viveiros (Figura 3.18). Outros oomicetos vivem em locais úmidos na terra ou em tecidos vegetais. Alguns que infectam plantas são patógenos importantes, conforme será explicado na próxima seção.

Figura 3.18 O oomiceto *Saprolegnia* cresce como filamentos em um peixe infectado.

Para pensar

O que são estramenópilas?

- Estramenópilas incluem diatomáceas unicelulares e algas pardas multicelulares, ambas produtoras importantes.
- Oomicetos também pertencem a esse grupo.

3.8 Destruidores de plantas

- Os oomicetos incluem patógenos vegetais econômica e ecologicamente importantes. Eles infectam uma grande variedade de plantas, bem como árvores de florestas.

Em meados de 1800, uma erupção de uma doença chamada "requeima" destruiu as plantações de batata na Irlanda. A fome resultante, doenças relacionadas e emigração reduziram a população da Irlanda em cerca de um terço. O patógeno que causou a falência da colheita, o *Phytophthora infestans*, é um oomiceto. O nome do seu gênero, *Phytophthora*, significa "destruidor de plantas", e o grupo é digno desse nome. Em todo o mundo, espécies *Phytophthora* causam perdas estimadas em 5 bilhões de dólares em colheitas todo ano. Além das batatas, eles crescem e destroem pepinos, abóboras, vagens, tomates e outros legumes.

Phytophthora atualmente também está assolando algumas florestas da América do Norte. Em 1995, carvalhos no norte da Califórnia começaram a exsudar seiva, perder folhas e morrer (Figura 3.19). A doença que as afligia se tornou conhecida como a morte súbita dos carvalhos e o *P. ramorum*, um patógeno antes desconhecido na América do Norte, foi identificado como sua causa. Desde então, cientistas encontraram *P. ramorum* infectando uma grande variedade de árvores e arbustos, incluindo rododendros, bordos, pinheiros, faias e sequoias. Além da Califórnia, o patógeno agora foi detectado no Oregon, Washington e na província canadense da Colúmbia Britânica. Uma vez infectada, a árvore não pode ser curada.

Conter o *P. ramorum* é provavelmente difícil. Em uma floresta, esporos se espalham de árvore em árvore pela chuva e pelo vento. Esporos latentes podem sobreviver em água e solo, assim, riachos e botas de viajantes podem dispersá-los por longas distâncias. O transporte de plantas de cativeiro aumenta a ameaça. Sabemos que pelo menos uma remessa de plantas infectadas chegou à Costa Leste, embora tenha sido rapidamente detectada e destruída. Até agora, os estudos das florestas de carvalho no leste não indicaram mais nenhum sinal da doença.

Figura 3.19 Efeitos de *Phytophthora ramorum*. (**a**) Árvores mortas e quase mortas perto de Big Sur, Califórnia, onde a *P. ramorum* é epidêmica. Morte da coroa de uma árvore e feridas abertas que vertem seiva (**b**) são sintomas iniciais de infecção.

3.9 Algas verdes

- As algas verdes são os protistas mais semelhantes às plantas terrestres. O grupo inclui espécies unicelulares e multicelulares.

"Algas verdes" é o nome informal para aproximadamente sete mil espécies fotossintéticas que variam em tamanho, de células microscópicas a formas filamentosas ou ramificadas multicelulares com mais de um metro de comprimento.

A maioria das algas verdes é **clorófita**, um grande grupo que pode ser monofilético. As outras pertencem a uma das diversas linhagens coletivamente chamadas de **algas carófitas**. Pensa-se que uma dessas linhagens é o grupo-irmão das plantas terrestres.

Todas as algas verdes se assemelham a plantas terrestres, pois armazenam açúcares como amido e depositam fibras de celulose em sua parede celular. Também como as plantas terrestres, elas apresentam cloroplastos que evoluíram por endossimbiose primária a partir das cianobactérias. Esses cloroplastos são constituídos de uma membrana dupla, e contêm clorofilas dos tipos *a* e *b*.

Clorófitas

Algas clorófitas incluem células simples que vivem no solo, no gelo ou participam com os fungos na formação de liquens. No entanto, a maioria das clorófitas unicelulares é encontrada em água doce. Melvin Calvin usou uma delas, a *Chlorella*, para estudar as reações independentemente da luz da fotossíntese. Hoje, a *Chlorella* é cultivada comercialmente e vendida como alimento saudável.

As *Chlamydomonas* são uma espécie unicelular comum em lagoas (Figura 3.20). Células haploides flageladas (chamadas esporos) se reproduzem assexuadamente, enquanto houver nutrientes e luz suficientes (Figura 3.20*a*). Quando as condições não favorecem o crescimento, os gametas se desenvolvem e se fundem, formando um zigoto com uma parede protetora espessa (Figura 3.20*b–f*). Quando as condições se tornam favoráveis, o zigoto sofre meiose e então germina, liberando a próxima geração de esporos haploides flagelados (Figura 3.20*g*).

A *Volvox* é uma espécie colonial de água doce. Centenas de milhares de células flageladas que se assemelham às das *Chlamydomonas* são reunidas por fitas citoplasmáticas finas para formar uma colônia espiral e esférica (Figura 3.21*a*). Colônias-filhas se formam dentro da esfera parental, que mais tarde se rompe e as libera.

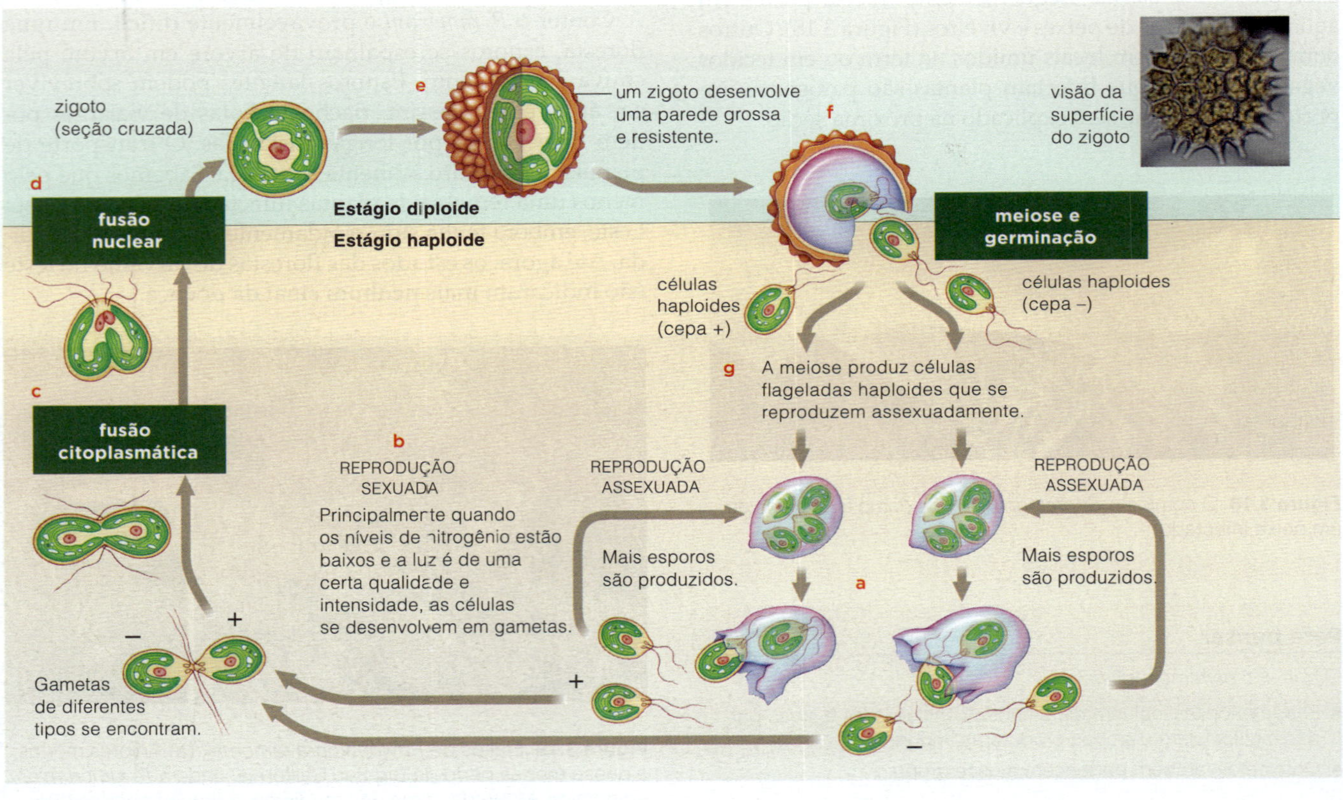

Figura 3.20 Ciclo de vida de *Chlamydomonas*, uma alga verde unicelular de água doce.

Figura 3.21 Algas clorófitas. (a) Uma colônia de *Volvox*, com células flageladas reunidas por tiras finas de citoplasma. Ela rompeu-se e está liberando novas colônias. (b) *Codium fragilis*, com ramos esponjosos que podem chegar a 1 metro de comprimento.

Outras clorófitas de água doce formam longos filamentos. Theodor Engelmann usou uma dessas, a *Cladophora*, em seus estudos sobre fotossíntese.

Algumas clorófitas são "algas" comuns. Folhas finas de *Ulva* se agarram às rochas costeiras. As folhas crescem e ficam maiores que um braço, mas medem geralmente menos de 40 mícrons de espessura. A *Ulva*, comumente conhecida como alface-do-mar, é um alimento popular na Escócia.

A *Codium fragilis* é uma espécie marinha verde-escura ramificada, com um nome comum nem um pouco atraente — Dedos de Defunto (Figura 3.21*b*). Nativa do Pacífico, ela foi introduzida nas águas próximas à Connecticut nos anos 1950 e agora prevalece ao longo da costa do Atlântico.

Algas carófitas

Além das similaridades discutidas anteriormente entre algas verdes e plantas terrestres, as algas carófitas e as plantas terrestres compartilham outras características únicas. Como resultado, os botânicos atualmente consideram esses grupos como um clado.

A maioria das carófitas vive em água doce. Por exemplo, as desmidiáceas são um grupo unicelular de água doce. Outras carófitas, como a *Spirogyra*, formam longos filamentos não ramificados. Ainda há outras que formam discos multicelulares.

Comparações genéticas indicam que as algas da Ordem Charales, ou musgos pétreos, são as algas carófitas mais relacionadas às plantas terrestres. Como as plantas, elas possuem plasmodesmos e dividem seu citoplasma com a formação de placas. A *Chara*, nativa da Flórida, é um exemplo. Seu gametófito haploide cresce como filamentos ramificados em lagos e lagoas (Figura 3.22).

Figura 3.22 Algas carófitas. *Chara*, um musgo pétreo. Gametas, e depois zigotos, se formam em capas protetoras de células nos "ramos".

Para pensar

O que são algas verdes?

- Algas verdes são protistas fotossintéticos unicelulares ou multicelulares. Como as plantas terrestres, elas possuem celulose nas paredes celulares, armazenam açúcares como amido e têm cloroplastos descendentes das cianobactérias.
- A maioria das algas verdes é clorófita. O pequeno grupo conhecido como "algas carófitas" forma um clado com as plantas terrestres. Assim, as plantas são classificadas em dois grandes clados (grupos de espécies com um ancestral comum). Um deles inclui as plantas terrestres e as algas verdes com estruturas mais complexas, conhecidas como carófitas. O outro clado, o das **clorófitas**, abrange todas as algas verdes restantes.

3.10 Algas vermelhas vão mais a fundo

- Pigmentos acessórios vermelhos permitem que as algas vermelhas sobrevivam a grandes profundidades em relação às outras algas.

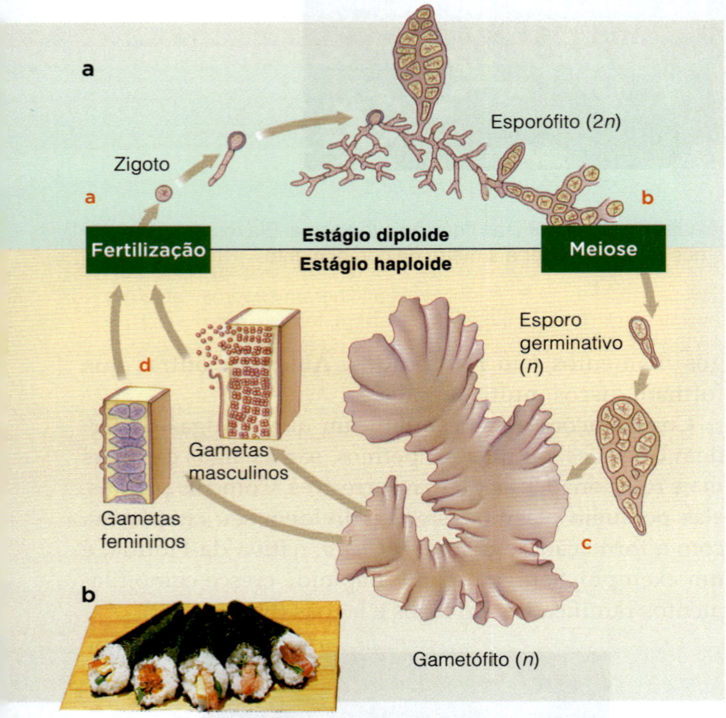

Figura 3.23 Ciclo de vida de uma alga vermelha (*Porphyra*) (**a**) Por séculos, os pescadores japoneses cultivaram e colheram uma alga vermelha no início do outono. No resto do ano, elas parecem desaparecer. Kathleen Drew-Baker examinou folhas de alga parda no laboratório. Ela viu gametas se formando em pacotes perto das margens das folhas. Ela também estudou gametas em uma placa de petri. Depois que os zigotos se formam, indivíduos se desenvolvem em filamentos pequenos e ramificados em partes da teca na placa. Foi assim que a alga passou a maior parte do ano! Em alguns anos, os pesquisadores trabalharam com o ciclo de vida da *P. tenera*, uma espécie usada para temperos ou como invólucro de sushi (**b**) Em 1960, o cultivo de *P. tenera* tinha se tornado uma indústria de um bilhão de dólares.
Resolva: As células nas folhas de Porphyra, que são usadas para enrolar sushi, são haploides ou diploides? Resposta: haploide

Das mais de quatro mil espécies de **algas vermelhas**, quase todas vivem em correntes marinhas quentes e mares tropicais limpos. De todos os protistas fotossintéticos, algumas espécies de algas vermelhas vivem a grandes profundidades. Algumas formam uma crosta quando secretam carbonato de cálcio. Seus resíduos se tornam parte da estrutura de alguns recifes de corais.

Os cloroplastos das algas vermelhas contêm clorofila *a* e pigmentos chamados ficobilinas, que absorvem luzes azul-esverdeada e verde e refletem luz vermelha. As luzes azul-esverdeada e verde penetram mais fundo na água do que outros comprimentos de onda; assim, ter a capacidade de absorver essa luz permite que as algas vermelhas vivam em profundidades maiores. Algas vermelhas de água rasa tendem a ter pouca ficobilina e a parecer verdes. Habitantes das profundezas são quase negras.

As algas vermelhas e as algas verdes compartilham um ancestral comum que tinha cloroplastos derivados das cianobactérias. Cloroplastos de algas verdes perderam a capacidade de produzir ficobilinas, mas os das algas vermelhas conseguiram mantê-las. Mais tarde, as algas vermelhas unicelulares evoluíram para plastídios de apicomplexos e cloroplastos de determinados dinoflagelados.

Algumas espécies unicelulares de algas vermelhas persistem, mas a maioria é multicelular. Elas geralmente crescem como folhas ou em um padrão ramificado (Figura 3.23). Ciclos de vida variam e são frequentemente complexos, com fases tanto assexuada como sexuada. Não há estágio flagelado.

As algas vermelhas têm muitos usos comerciais. O ágar é um polissacarídeo extraído das paredes celulares de algumas algas vermelhas. Ele mantém alguns alimentos cozidos e cosméticos úmidos, ajuda as geleias a engrossar e é usado nas cápsulas de remédios. A carragena, outro polissacarídeo de algas vermelhas, é adicionada ao leite de soja, laticínios e no fluido borrifado nos aviões para evitar a formação de gelo. A *Porphyra* é atualmente cultivada em todo o mundo como alimento (Figura 3.23*b*). Mais de 130 mil toneladas são colhidas anualmente.

Para pensar

O que são algas vermelhas?

- São em sua maioria algas marinhas multicelulares que vivem em águas límpidas e quentes.
- Os pigmentos chamados ficobilinas conferem às algas vermelhas sua cor avermelhada e permite que elas vivam em profundidades maiores.

3.11 Células ameboides

- As amebas e seus parentes, os mixomicetos, são heterotróficos que mudam de forma.

Amoebozoa é um dos grupos monofiléticos, que atualmente está sendo retirado do antigo reino Protista. Alguns membros desse grupo possuem parede celular, teca ou película; quase todos sofrem mudanças dinâmicas no formato. Uma "bolha" celular compacta pode rapidamente formar pseudópodes, se movimentar e capturar alimentos.

As **amebas** vivem como células simples. A Figura 3.24*a* mostra a *Amoeba proteus*. Como outras amebas, ela é uma predadora em *habitats* de água doce. Outras amebas vivem no intestino dos seres humanos e outros animais. A cada ano, cerca de 50 milhões de pessoas são afetadas pela disenteria amebiana depois de beber água contaminada com cistos de *Entamoeba histolytica*.

Mixomicetos são "amebas sociais". Os mixomicetos "plasmodiais" passam a maior parte de seu ciclo de vida como um plasmódio. Essa massa multinucleada surge de uma célula diploide que sofre mitose muitas vezes sem divisão citoplasmática. O plasmódio migra pelo chão da floresta alimentando-se de micróbios e matéria orgânica (Figura 3.24*b*). Quando os suprimentos desaparecem, o plasmódio se desenvolve em corpos frutificados com esporos (Figura 3.24*c*).

Os mixomicetos celulares, como o *Dictyostelium discoideum*, passam a maior parte de sua existência como células ameboides individuais – similares às amebas (Figura 3.25). Cada célula se alimenta de bactérias e se reproduz por mitose. Quando o alimento acaba, milhares de células se reúnem. Muitas vezes, elas formam uma "bola" que migra em resposta à luz e ao calor. Quando essa bola chega a um ponto adequado, ela se torna um corpo frutificante. Forma-se uma haste que se expande e os esporos não móveis se formam na sua ponta. A germinação de um esporo libera uma célula ameboide diploide que começa o ciclo novamente.

Dictyostelium e outros amebozoários fornecem pistas sobre como as vias de sinalização de organismos multicelulares evoluíram. O comportamento coordenado – uma capacidade de responder a estímulos como uma unidade – é uma marca de multicelularidade. Exige comunicação célula a célula, que pode ter se originado em ancestrais ameboides unicelulares. No *Dictyostelium*, um nucleotídeo chamado AMP cíclico é o sinal que induz células ameboides solitárias a se reunir. Ele também aciona mudanças na expressão do gene. As mudanças fazem com que algumas células se diferenciem em componentes de uma haste ou em esporos. O AMP cíclico também funciona em vias (rotas) de sinalização de organismos multicelulares. De forma intrigante, comparações moleculares sugerem que animais e fungos descendem de um ancestral semelhante a um amebozoário.

Figura 3.24 (**a**) *Amoeba proteus*, uma ameba livre de água doce. (**b**) Plasmódio *physarum* vazando por um tronco apodrecido. (**c**) Corpos frutificantes de *Physarum*, que liberam esporos haploides móveis. Quando dois esporos se fundem, formam uma célula diploide. A célula sofre ciclos repetidos de mitose sem divisão citoplasmática, que forma um novo plasmódio.

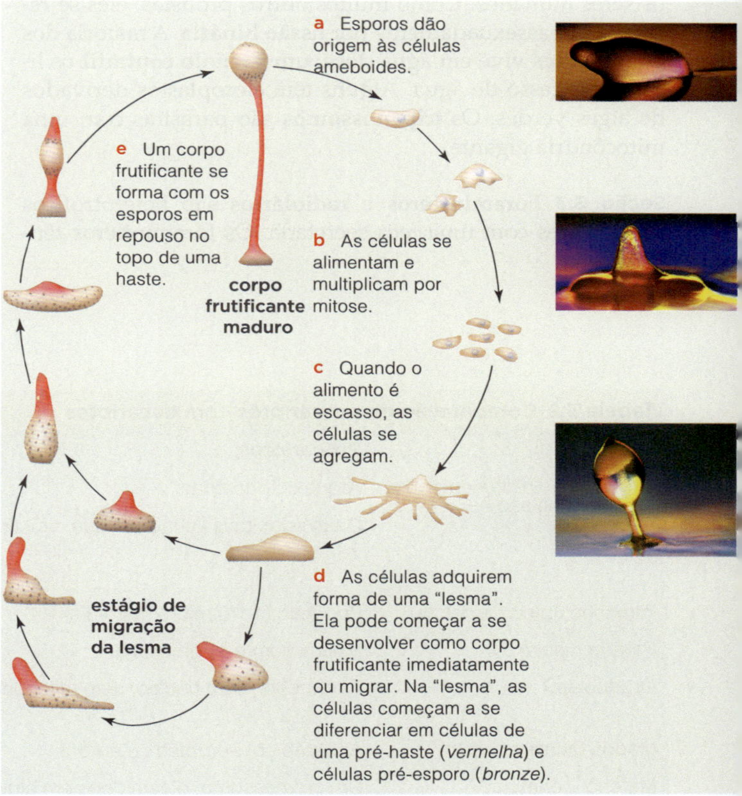

a Esporos dão origem às células ameboides.
b As células se alimentam e multiplicam por mitose.
c Quando o alimento é escasso, as células se agregam.
d As células adquirem forma de uma "lesma". Ela pode começar a se desenvolver como corpo frutificante imediatamente ou migrar. Na "lesma", as células começam a se diferenciar em células de uma pré-haste (*vermelha*) e células pré-esporo (*bronze*).
e Um corpo frutificante se forma com os esporos em repouso no topo de uma haste.
corpo frutificante maduro
estágio de migração da lesma

Figura 3.25 Ciclo de vida de *Dictyostelium discoideum*, um mixomiceto celular. Durante a agregação, as células excretam e respondem ao AMP cíclico.

QUESTÕES DE IMPACTO REVISITADAS | Ameaça da malária

A luta contra a malária continua em muitas frentes. Cientistas estão trabalhando para sintetizar uma vacina e procurando novas drogas que interrompam o ciclo de vida do *Plasmodium*. Pessoas contaminadas em áreas infectadas estão sendo rastreadas para ser tratadas. As áreas de reprodução do mosquito estão sendo eliminadas. Picadas são evitadas pelo uso de redes tratadas com inseticidas ao redor das camas e pelo borrifamento de inseticidas, incluindo DDT, dentro das casas.

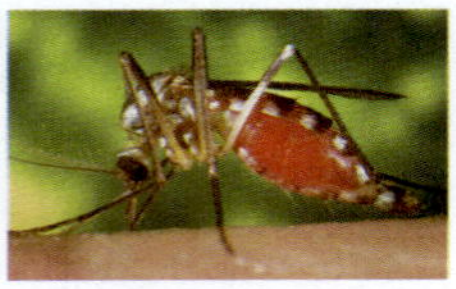

Resumo

Este capítulo descreve os protistas, que são os eucariotos mais simples. A Tabela 3.2 resume suas semelhanças e diferenças.

Seção 3.1 **Protistas** constituem principalmente um grupo de linhagens eucarióticas unicelulares, algumas pouco relacionadas umas com as outras; assim, não forma um clado monofilético. O estágio dominante do ciclo de vida pode ser haploide ou diploide. Alguns mostram uma **alternância de gerações**, com estágios multicelulares haploides e diploides. Alguns protistas sobrevivem em condições adversas formando **cistos**.

Seção 3.2 **Protozoários flagelados** são unicelulares e a maioria é heterotrófica. Diplomonadidas e parabasalídeos não apresentam mitocôndrias, mas organelas que produzem ATP por vias anaeróbicas. Ambos incluem espécies que infectam os seres humanos. Como muitos outros protistas, eles se reproduzem assexuadamente por **fissão binária**. A maioria dos **euglenoides** vive em água doce; um **vacúolo contrátil** os livra do excesso de água. Alguns têm cloroplastos derivados de algas verdes. Os **tripanossomos** são parasitas com uma mitocôndria gigante.

Seção 3.3 **Foraminíferos** e **radiolários** são heterotróficos unicelulares com uma teca secretada. Os foraminíferos tendem a viver no fundo do mar e os **radiolários** compõem o **plâncton**.

Seções 3.4–3.6 Pequenas bolsas (alvéolos) sob a membrana plasmática caracterizam os **alveolados**. **Ciliados** apresentam muitos cílios e são heterotróficos aquáticos. **Dinoflagelados** são heterotróficos e autotróficos aquáticos com uma cobertura de celulose. Em água rica em nutrientes, protistas fotossintéticos sofrem explosões populacionais conhecidas como **proliferação de algas**. **Apicomplexos** são parasitas intracelulares de animais.

Seções 3.7, 3.8 **Estramenópilas** são assim chamadas devido a um flagelo com filamentos felpudos, mas nem todos exibem essa característica. **Oomicetos** são heterotróficos que crescem como uma rede de filamentos absortivos. Alguns são patógenos de plantas.
Diatomáceas são células fotossintéticas simples com uma teca de sílica de duas partes. Como as algas pardas, as diatomáceas contêm o pigmento fucoxantina. Todas as **algas pardas** são multicelulares. Elas incluem fitas pequenas e kelps gigantes, que são os maiores protistas.

Seção 3.9 Algas verdes são autotróficas unicelulares ou multicelulares; a maioria é aquática. Grande parte delas é **clorófita**. **Algas carófitas** incluem os parentes mais próximos das plantas.

Tabela 3.2 Comparação de procariotos com eucariotos

	Procariotos	Eucariotos
Organismos representados:	Arqueas, bactérias	Protistas, plantas, fungos e animais
Ancestrais:	Duas principais linhagens que evoluíram	Espécies procarióticas igualmente antigas com uma divisão de trabalho entre células especializadas; tipos complexos possuem tecidos e sistemas de órgãos
Tamanho típico da célula:	Pequena (1–10 micrômetros)	Grande (10–100 micrômetros)
Parede celular:	Muitos com parede celular	Celulose ou quitina; nenhuma em células animais
Organelas:	Raramente; sem núcleo; sem mitocôndrias	Tipicamente profusa; núcleo presente; mitocôndrias na sua maioria
Modos de metabolismo:	Anaeróbico, aeróbico ou ambos	Modos aeróbicos predominam
Material genético:	Um cromossomo; plasmídeos em alguns	Cromossomos de DNA e muitas proteínas associadas em um núcleo
Modo de divisão celular:	Fissão procariótica, na maioria; algumas reproduzem por brotamento	Divisão nuclear (mitose, meiose ou ambas) associada a um dos vários modos de divisão citoplasmática, incluindo fissão binária

Exercício de análise de dados

Os parasitas às vezes alteram o comportamento de seu hospedeiro de modo que aumenta suas chances de transmissão para outro hospedeiro. Por exemplo, o *Toxoplasma gondii*, o causador da toxoplasmose, infecta ratos e os torna menos precavidos contra os gatos. Dr. Jacob Koella e seus associados inferiram que o *Plasmodium* pode se beneficiar tornando seu hospedeiro humano mais atraente aos mosquitos famintos, quando os gametócitos estiverem disponíveis no sangue do hospedeiro. Por algum motivo ainda não explicado, provavelmente pelo cheiro, humanos infectados teriam maior capacidade de atrair os mosquitos. Lembre-se de que os gametócitos são o estágio que pode ser absorvido pelo mosquito, e amadurecem em gametas dentro de seus estômagos (Figura 3.13). Para testar sua hipótese, os pesquisadores registraram a resposta de mosquitos ao odor de crianças *infectadas e não infectadas pelo Plasmodium* no curso de 12 experimentos em 12 dias separados. A Figura 3.26 mostra seus resultados.

1. Em média, que grupo de crianças foi mais atraente aos mosquitos?
2. Que grupo de crianças atraiu, em média, menos mosquitos?
3. Qual porcentagem do número total de mosquitos foi atraída para o grupo mais atraente?
4. Os dados apoiaram a hipótese do Dr. Koella?

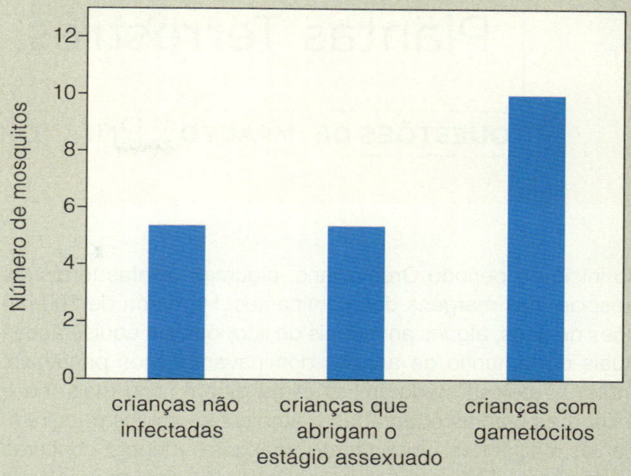

Figura 3. 26 Número de mosquitos (entre 100) atraídos pelas crianças infectadas, crianças que abrigam o estágio assexuado do *Plasmodium* e crianças com gametócitos no sangue. As barras mostram o número médio de mosquitos atraídos por aquela categoria de crianças no curso de 12 experimentos separados.

Seção 3.10 A maioria das **algas vermelhas** é multicelular. Elas podem sobreviver em águas mais profundas que as fotoautotróficas, porque seus cloroplastos apresentam ficobilinas.

Seção 3.11 **Amebozoários** incluem **amebas** e **mixomicetos** heterotróficos livres. Os mixomicetos plasmodiais se alimentam como uma massa citoplasmática multinucleada. Células ameboides de mixomicetos se reúnem quando os alimentos são escassos e formam corpos frutificados que dispersam esporos latentes.

Questões

Respostas no Apêndice II

1. Verdadeiro ou falso? Alguns protistas estão mais relacionados às plantas do que outros protistas.
2. Diplomonadidas e parabasalídeos frequentemente vivem em *habitats* anaeróbicos e não possuem ________________ usado na respiração aeróbica.
3. Radiolários e diatomáceas têm uma teca de ______________.
4. Qual dos seguintes você poderia encontrar em água do mar?
   a. um apicomplexo c. um dinoflagelado
   b. um mixomiceto celular d. um euglenoide
5. Diatomáceas estão mais relacionadas às (aos) ____________.
   a. dinoflagelados c. algas verdes
   b. oomicetos d. algas vermelhas
6. Cloroplastos de algas verdes evoluíram a partir de ________.
7. Algas verdes estão mais relacionadas às algas ____________.
8. O ciclo de vida de uma kelp, com seus estágios multicelulares haploides e diploides, é um exemplo de ________________.
9. Ciliados ______________________ pela conjugação.
   a. trocam genes c. emitem luz
   b. detêm predadores d. infectam células
10. Qual espécie não causa doença aos humanos?
    a. *Toxoplasma gondii* c. *Dictyostelium discoideum*
    b. *Entamoeba histolytica* d. *Trichomonas vaginalis*
11. ______________ é produzido(a) a partir das algas vermelhas.
    a. Terra diatomácea c. Carragena
    b. Algina d. b e c
12. Ligue cada termo à sua descrição mais apropriada.

___diplomonadida	a. explosão populacional protista
___apicomplexo	b. produtor de teca de sílica
___proliferação de algas	c. massa móvel multinucleada
___diatomácea	d. sem mitocôndrias, anaeróbica
___alga parda	e. parente mais próximo das plantas terrestres
___algas vermelhas	f. multicelular, com fucoxantina
___algas verdes	g. agente de malária
___mixomiceto	h. habitante das profundezas com ficobilinas

Raciocínio crítico

1. Após ter lido sobre parasitas flagelados em água e solo úmido, e ciente de que o Brasil é um país em desenvolvimento onde o saneamento básico ainda é inadequado, qual atitude você considera segura para consumir a água? Quais métodos de preparação de alimentos os tornariam seguros para comer?
2. O deflúvio (escoamento superficial da água) de terras altamente fertilizadas promove proliferações de algas que podem resultar em eliminação massiva de espécies aquáticas, pássaros e outras formas de vida selvagem. Quais atitudes você pode tomar para ajudar a minimizar essa poluição?

4 Plantas Terrestres

QUESTÕES DE IMPACTO Princípios e Fins

No início do período Ordoviciano, algumas plantas terrestres cresciam nas margens dos continentes. Há cerca de 300 milhões de anos, alguns ancestrais de licopódios e equisetáceas atuais do tamanho de árvores dominavam vastos pantanais. Então, as coisas mudaram. O clima global ficou mais frio e seco, e as plantas adaptadas a ambientes úmidos decaíram. Plantas mais fortes – cicadáceas, ginkgos e, depois, coníferas – dominaram. Elas eram as gimnospermas e tinham uma nova característica: seus embriões protegidos dentro de sementes.

Mais tarde, um ramo da linhagem das gimnospermas originou plantas com flores, causando outra mudança. As plantas com flores se espalharam e logo se tornaram dominantes na maioria das regiões (Figura 4.1*a*). Entretanto, coníferas como pinheiros ainda retinham sua vantagem competitiva em alguns ambientes como as florestas de alta latitude do Hemisfério Norte.

As coisas mudaram de novo. Há aproximadamente 11 mil anos, os seres humanos começaram a cultivar plantas. Esse avanço ajudou populações humanas a crescer. Com o tempo, campos agrícolas, casas e eventualmente cidades substituíram muitas florestas. Muitas florestas remanecentes foram desmatadas para fornecer madeira e outros produtos. O desflorestamento – a remoção das árvores de grandes áreas – foi iniciado (Figura 4.1*b*).

Nos Estados Unidos atualmente existe mais floresta do que havia há um século, mas há regiões em desflorestamento. Apenas 4% da floresta original de sequoias no litoral da Califórnia resiste. No Maine, uma área do tamanho de Delaware foi desmatada nos últimos 15 anos. O desmatamento pode levar algumas espécies de plantas à extinção. No mundo inteiro, cerca de 350 das 650 espécies existentes de coníferas estão ameaçadas de extinção. Segundo o jornal *O Estado de São Paulo*[1], O Brasil foi o País que mais perdeu áreas de florestas entre 2000 e 2005, de acordo com estudo divulgado pela PNAS, publicação oficial da Academia Nacional de Ciências dos Estados Unidos. Ainda segundo o jornal, a cobertura vegetal mundial diminuiu 3,1% entre 2000 e 2005. Foram cerca 1,01 milhão de km² desmatados, o que sugere crescimento do desmatamento na ordem de 0,6% ao ano. O estudo foi baseado em observações, por satélite, de pesquisadores das Universidades de Dakota do Sul e do Estado de Nova York.

Com essa perspectiva sobre mudança, veremos as origens e adaptações de plantas terrestres. Com poucas exceções, elas são autótrofas. O processo metabólico produz compostos orgânicos ao absorver energia do Sol, dióxido de carbono do ar e água e minerais dissolvidos do solo. Pela rota não cíclica da fotossíntese, elas dividem moléculas de água e liberam oxigênio. Sua produção de oxigênio e coleta de carbono sustentam a atmosfera. Pense nisto: cada átomo de carbono em uma sequoia que mede centenas de metros de altura e pesa milhares de toneladas foi tirado do ar.

Além de seus efeitos sobre a atmosfera, os 295 mil tipos de plantas alimentam e abrigam animais terrestres. Sem elas, nós, humanos, e outros animais terrestres nunca teríamos chegado a esse estágio evolucionário.

a

Figura 4.1 Os tempos mudam. (**a**) Plantas com flores surgiram na época dos dinossauros e substituíram outras plantas em muitos *habitats*. (**b**) Desmatamento de florestas de coníferas Estados Unidos.

1 Disponível em: <http://www.estadao.com.br/noticias/vidae,brasil-e-o-lider-em-desmatamento-mundial-aponta-levantamento,543636,0.htm>. Acesso em: 25 jul. 2011.

Conceitos-chave

Marcos na evolução de plantas

As plantas mais antigas conhecidas datam de 475 milhões de anos. Desde então, mudanças ambientais causaram divergências, radiações adaptativas e extinções. Adaptações estruturais e funcionais de linhagens são respostas a algumas das mudanças. **Seções 4.1, 4.2**

Linhagens vegetais que divergiram primeiro

Três linhagens de plantas (musgos, antóceros e hepáticas) são comumente chamadas de briófitas, embora não sejam um grupo natural. O estágio produtor de gametas domina seu ciclo de vida, e gametófitos masculinos chegam aos gametófitos femininos ao nadar através de gotas ou películas de água. **Seção 4.3**

Plantas vasculares sem sementes

Licófitas, *Psilotum*, equisetáceas e samambaias são formadas por tecidos vasculares, mas não produzem sementes. Uma grande estrutura produtora de esporos que tem tecidos vasculares internos domina o ciclo de vida. Como é o caso das briófitas, em que gametófitos masculinos nadam através de água para chegar aos gametófitos femininos. **Seções 4.4, 4.5**

Plantas vasculares com sementes

Gimnospermas e, posteriormente, angiospermas se ramificaram em ambientes mais altos e secos. Ambas produzem pólen e sementes. Quase todas as plantas de cultivo são plantas com sementes. Nas angiospermas, flores e frutos aumentaram ainda mais o sucesso reprodutivo.

Seções 4.6–4.10

Neste capítulo

- Este capítulo aborda a história da evolução de plantas com base em algas verdes.
- Apresentaremos os efeitos de movimentos continentais e mudanças no decorrer do tempo geológico.
- O capítulo menciona o papel de materiais da parede celular e a importância de aminoácidos na dieta humana.
- Entender métodos de classificação lhe ajudará a compreender como as plantas são agrupadas agora.

Qual sua opinião? A demanda de papel é um fator de desflorestamento. Entretanto, os custos de processamento encarecem o papel reciclado. Você está disposto a pagar mais por jornais, revistas e livros impressos em papel reciclado? Conheça a opinião de seus colegas e apresente seus argumentos a eles.

4.1 Evolução em uma época de mudanças globais

- Mudanças nas condições atmosféricas e na posição dos continentes afetaram a história evolucionária das plantas terrestres.

Tradicionalmente, algas vermelhas e algas verdes eram agrupadas com os protistas. Entretanto, agora reconhecemos uma das linhagens de algas carófitas como o grupo-irmão de plantas terrestres. Assim, muitos botânicos agora consideram todos os membros do clado mostrados abaixo como estando no reino vegetal.

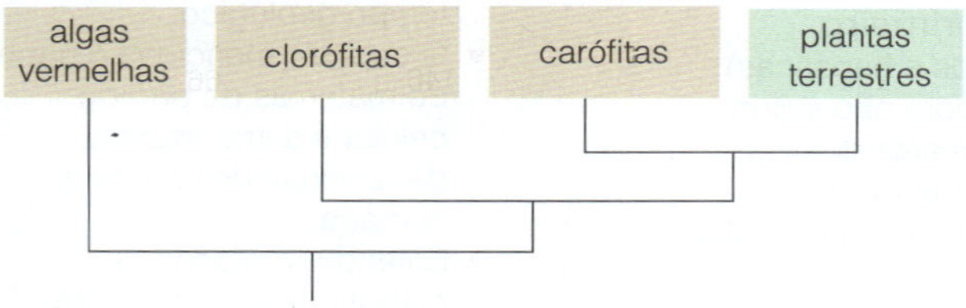

Neste esquema de classificação, o clado de plantas terrestres é chamado de **embriófitos** ou plantas portadoras de embriões.

A evidência fóssil mais antiga de plantas terrestres data de aproximadamente 475 milhões de anos. Naquela época, números enormes de células fotossintéticas haviam surgido e desaparecido, e espécies produtoras de oxigênio tinham alterado a composição da atmosfera. Bem acima da Terra, a energia do Sol havia convertido uma parte do oxigênio em uma camada densa de ozônio, que filtrava a radiação ultravioleta. Antes de a camada protetora de ozônio entrar em ação, altas doses de radiação ultravioleta teriam destruído o DNA de qualquer organismo que se aventurasse em terra.

As três linhagens comumente conhecidas como briófitas foram as primeiras a se ramificar de algas ancestrais (Figura 4.2 e 4.3). Briófitas atuais incluem musgos e os menos familiares hepáticas e antóceros (Tabela 4.1). Qual evoluiu primeiro? O debate continua, mas comparações genéticas entre esses grupos sugerem que os antóceros são a linhagem mais antiga de plantas terrestres. Tais comparações também indicam que uma derivação da linhagem de antóceros evoluiu nas primeiras plantas vasculares sem sementes.

Há cerca de 430 milhões de anos, uma planta vascular sem semente chamada *Cooksonia* crescia em baixadas úmidas do supercontinente Gondwana. Ela media poucos centímetros de altura e tinha um padrão de ramificação simples, sem folhas ou raízes (Figura 4.4*a*).

Tabela 4.1 Diversidade das plantas terrestres atuais

Briófitas	
Hepáticas	9 mil espécies
Musgos	15 mil espécies
Antóceros	100 espécies
Plantas vasculares sem sementes	
Licófitas	1.100 espécies
Psilotum	7 espécies
Equisetáceas	25 espécies
Samambaias	12 mil espécies
Gimnospermas	
Cicadáceas	130 espécies
Ginkgos	1 espécie
Coníferas	600 espécies
Gnetófitas	70 espécies
Angiospermas (plantas com flores)	
Grupos basais (ex.: magnoliídeas)	9.200 espécies
Monocotiledôneas	80 mil espécies
Dicotiledôneas	> 180 mil espécies

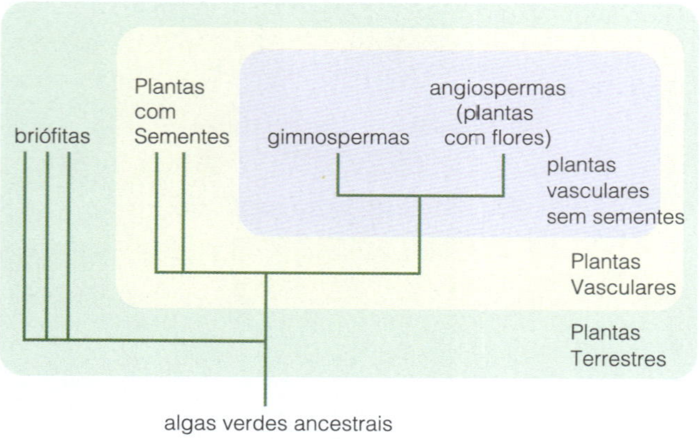

a

briófita (musgo)

planta vascular sem sementes (samambaia)

gimnosperma (conífera)

angiosperma (monocotiledônea)

b

Figura 4.2 (**a**) Árvore evolutiva para plantas terrestres. Briófitas e plantas vasculares sem sementes não são grupos monofiléticos. (**b**) Exemplos de plantas terrestres.

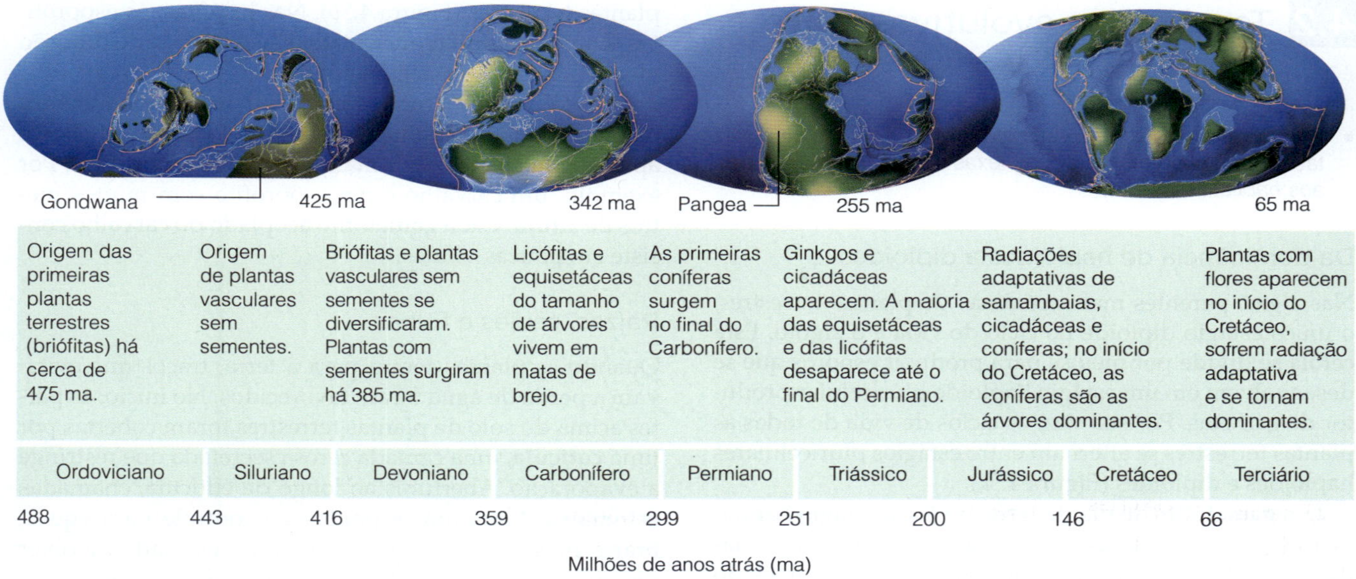

Gondwana
425 ma
342 ma
Pangea
255 ma
65 ma
Origem das primeiras plantas terrestres (briófitas) há cerca de 475 ma.
Origem de plantas vasculares sem sementes.
Briófitas e plantas vasculares sem sementes se diversificaram. Plantas com sementes surgiram há 385 ma.
Licófitas e equisetáceas do tamanho de árvores vivem em matas de brejo.
As primeiras coníferas surgem no final do Carbonífero.
Ginkgos e cicadáceas aparecem. A maioria das equisetáceas e das licófitas desaparece até o final do Permiano.
Radiações adaptativas de samambaias, cicadáceas e coníferas; no início do Cretáceo, as coníferas são as árvores dominantes.
Plantas com flores aparecem no início do Cretáceo, sofrem radiação adaptativa e se tornam dominantes.
Ordoviciano
Siluriano
Devoniano
Carbonífero
Permiano
Triássico
Jurássico
Cretáceo
Terciário
488
443
416
359
299
251
200
146
66
Milhões de anos atrás (ma)

Figura 4.3 Linha do tempo de grandes eventos na evolução das plantas. Esses eventos ocorreram em uma época de mudanças globais acentuadas. À medida que os continentes mudavam, os climas dominantes também se alteravam.

Esporos se formaram nas pontas de ramos. A *Psilophyton*, uma planta sem sementes mais alta com uma estrutura de ramificação mais complexa, apareceu há cerca de 60 milhões de anos (Figura 4.4*b*). A *Cooksonia* e a *Psilophyton* são conhecidas apenas por fósseis; agora, estão extintas.

Durante o período Carbonífero, outras plantas vasculares sem sementes, incluindo parentes de licopódios e equisetáceas atuais, cresceram e ficaram do tamanho de árvores. Plantas vasculares atuais sem sementes incluem licopódios e *Selaginella*, equisetáceas e samambaias.

As sementes fósseis mais antigas datam de 385 milhões de anos, durante o Devoniano. Gimnospermas, uma grande linhagem portadora de sementes, diversificaram-se durante o Carbonífero. Durante o Permiano, a formação do supercontinente Pangea causou uma mudança global em direção a um clima mais seco. O clima seco contribuiu para o fim das plantas vasculares sem sementes do tamanho de árvores e favoreceu uma linhagem de gimnospermas recém-evoluída: as coníferas tolerantes a seca. Coníferas atuais incluem pinheiros e diversos tipos de abetos.

Durante o Triássico e Jurássico, à medida que os dinossauros surgiram e se diversificaram, as samambaias, cicadáceas e coníferas sofreram radiação adaptativa. Ao final do Jurássico, as coníferas eram as árvores dominantes.

As plantas com flores, ou angiospermas, surgiram de um ancestral de gimnosperma no final do Jurássico ou início do Cretáceo. Em menos de 40 milhões de anos, elas substituiriam coníferas e seus parentes na maioria dos *habitats*.

As modificações na estrutura, na função e no modo reprodutivo que ocorreram, à medida que diferentes grupos de plantas evoluíram, são o foco da próxima seção.

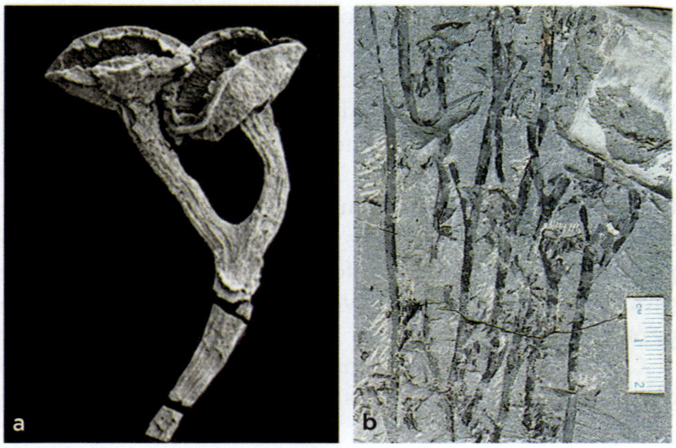

Figura 4.4 Fósseis das primeiras plantas vasculares sem sementes. (**a**) Talos de *Cooksonia* sempre se dividiram em dois ramos iguais. Ela media alguns centímetros de altura. (**b**) A *Psilophyton* mostra um padrão de crescimento mais complexo. Ela se ramificou desigualmente com um ramo principal e ramos menores na lateral.

Para pensar

Quais eventos influenciaram a evolução das plantas?

- Plantas terrestres que evoluíram de uma linhagem de algas carófitas após a formação de uma camada de ozônio possibilitaram a vida na Terra.
- Briófitas incluem três linhagens de plantas terrestres que divergiram cedo. Linhagens de plantas sem sementes não vasculares evoluíram em seguida. As primeiras plantas com sementes foram as gimnospermas e as angiospermas (plantas com flores) ramificadas delas.
- Movimentos continentais que fizeram o clima global ficar mais seco favoreceram grupos mais bem adaptados à seca, como as plantas com sementes.

4.2 Tendências evolutivas entre plantas

- Com o tempo, as estruturas produtoras de esporos de plantas ficaram maiores, mais complexas e mais bem adaptadas aos *habitats* secos.

Da dominância de haploides a diploides

Nas algas, parentes mais próximas de plantas terrestres, o único estágio diploide no ciclo de vida é o zigoto. Esta célula se divide por meiose para produzir esporos que se desenvolvem em um estágio haploide pluricelular produtor de gametas. Por sua vez, os ciclos de vida de todas as plantas terrestres se alternam entre estágios pluricelulares haploides e diploides (Figura 4.5*a*).

Um **gametófito** de planta terrestre é um estágio haploide que produz gametas por mitose. A oosfera é fecundada enquanto ainda anexada ao gametófito. A mitose do zigoto produz o embrião pluricelular pelo qual as plantas terrestres são conhecidas. O desenvolvimento futuro produz o **esporófito** maduro: um estágio diploide que forma esporos por meiose. Um esporo de planta terrestre é uma célula não móvel haploide que se divide por mitose para formar um gametófito.

Biólogos descrevem o ciclo de vida de plantas terrestres como uma alternância de gerações. Esse tipo de ciclo de vida tem vantagens sobre a formação de esporos por divisão meiótica do zigoto. A formação de um esporófito pluricelular aumenta o número de células que sofrem meiose e produzem esporos. Além disso, um **esporângio** pluricelular, ou estrutura formadora de esporos, pode proteger esporos em desenvolvimento e facilitar sua dispersão.

O tamanho relativo, a complexidade e a longevidade dos estágios de esporófitos e gametófitos variam entre plantas terrestres (Figura 4.5*b*). Nas briófitas, os esporófitos são pequenos e representam a fase de vida de duração menor em relação aos gametófitos.

Esporófitos tornaram-se cada vez mais proeminentes nas linhagens de evolução posterior. Plantas com flores apresentam os maiores e mais complexos esporófitos. Por exemplo, um carvalho é um esporófito com muitos metros de altura. Cada gametófito acoplado do carvalho consiste em poucas células.

Raízes, caules e folhas

Quando as plantas foram para a terra, traços que evitavam a perda de água foram favorecidos. No início, as partes acima do solo de plantas terrestres foram cobertas por uma **cutícula**, uma camada cerosa secretada que restringe a evaporação. Aberturas ao longo da cutícula, chamadas **estômatos**, tornaram-se pontos de controle para equilibrar a preservação de água com a necessidade de obter dióxido de carbono para a fotossíntese (Figura 4.6).

As primeiras plantas terrestres tinham estruturas que as mantinham no lugar, mas raízes verdadeiras evoluíram mais tarde. Raízes ancoravam as plantas e também coletavam água com íons minerais dissolvidos no solo. Simbiontes fúngicos dentro, ou nas raízes, auxiliavam nessas tarefas, e ainda ajudam.

Mover substâncias coletadas pelas raízes para outras regiões do corpo exigia **tecidos vasculares**, um sistema de tubulações internas (Figura 4.7). **Xilema** é o tecido vascular que distribui água e íons minerais. **Floema** é o tecido vascular que distribui açúcares feitos em células fotossintéticas. Das 295 mil espécies de plantas atuais, mais de 90% possuem xilema e floema. Essas plantas são membros da linhagem de plantas vasculares.

O que tornou as plantas vasculares bem-sucedidas? Primeiro, seus tecidos vasculares são reforçados com **lignina**,

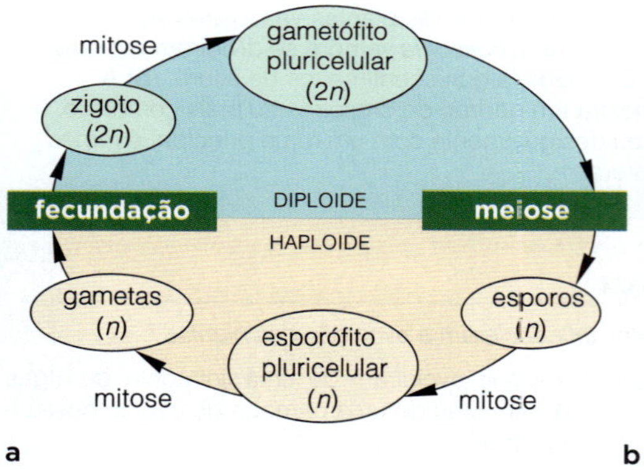

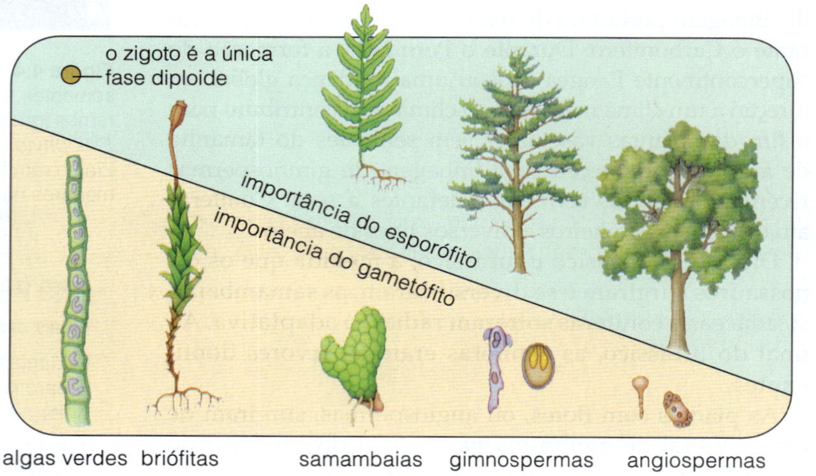

Figura 4.5 (**a**) Ciclo de vida geral para plantas terrestres. (**b**) Uma tendência evolutiva nos ciclos de vida de plantas. Algas e briófitas investem a maior parte da energia na formação de gametófitos. Grupos em *habitats* sazonalmente secos investem mais energia na formação de esporófitos, que retêm, nutrem e protegem a nova geração em tempos difíceis.

Resolva: Um pinheiro é uma gimnosperma. Qual é a maior e mais proeminente fase em seu ciclo de vida: o esporófito ou o gametófito?

Resposta: esporófito

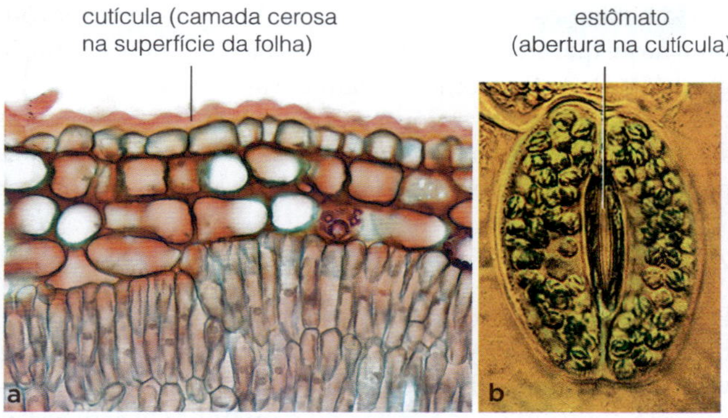

Figura 4.6 Adaptações que conservam a água. (**a**) Imagem em microscópio óptico mostrando a cutícula cerosa secretada (em *rosa*) na superfície superior de uma folha de oleandro. (**b**) Imagem em microscópio óptico de um estômato, uma abertura na cutícula. Ele pode ser aberto para permitir a troca de gases ou fechado para conservar água.

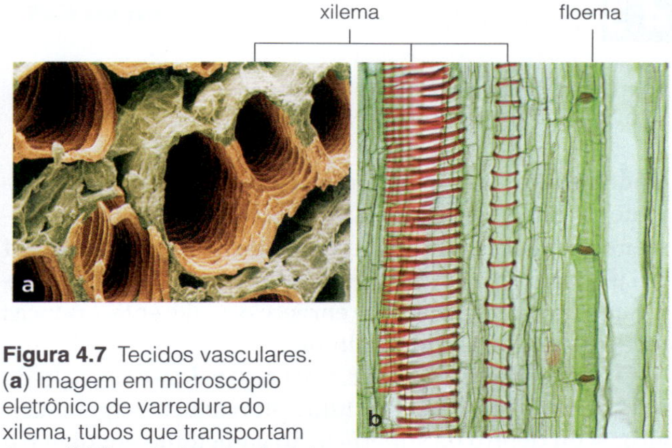

Figura 4.7 Tecidos vasculares. (**a**) Imagem em microscópio eletrônico de varredura do xilema, tubos que transportam água. (**b**) Secção longitudinal do caule de abóbora com lignina do xilema corada em *vermelho*.

um composto orgânico que oferece suporte estrutural (Seção 4.12). Tecidos vasculares com lignina não apenas distribuíram materiais, como também ajudaram as plantas a ficar na vertical, permitindo que se ramificassem.

Serem altas e ramificadas proporcionou às primeiras plantas vasculares uma vantagem na dispersão de esporos. Nas linhagens vasculares mais bem-sucedidas também evoluíram folhas, o que aumentou a área superficial de uma planta para interceptação de luz solar e para troca de gases.

Pólen e sementes

Traços reprodutivos também proporcionaram para algumas plantas vasculares uma vantagem competitiva. Todas as briófitas e algumas plantas vasculares, como samambaias, se dispersam ao liberar esporos (Figura 4.8*a*). Apenas as plantas vasculares portadoras de sementes liberam grãos de pólen e sementes.

Um **grão de pólen** é um gametófito imaturo que originará o gametófito masculino. Depois que os grãos de pólen são liberados, viajam até os óvulos na mesma ou em outra planta com a ajuda de correntes de ar ou de animais, mais frequentemente insetos. A capacidade de produzir pólen proporcionou às plantas com sementes uma vantagem em ambientes secos. Plantas que não produzem pólen necessitam de água para permitir que seus anterozoides nadem até as oosferas. O pólen permitiu que as plantas com sementes se reproduzissem mesmo quando a água era escassa.

Sementes também ajudaram as plantas a sobreviver a tempos secos. Uma **semente** é um embrião e algum tecido nutritivo envolvido em uma camada impermeável (tegumento externo). Muitas sementes dispõem de características que facilitam sua dispersão para longe da planta-mãe.

Gimnospermas e angiospermas são duas linhagens de plantas portadoras de sementes. Cicadáceas, coníferas e ginkgos estão dentre as gimnospermas. Angiospermas, ou plantas com flores, ramificaram-se de uma linhagem de gimnospermas e, sozinhas, formam flores e frutos (Figura 4.8*b*). A grande maioria das plantas atuais é angiosperma.

Figura 4.8 Mecanismos de dispersão. (**a**) Samambaias se dispersam ao liberar esporos que se formam em agrupamentos no lado inferior das folhas. (**b**) Plantas com sementes (espermatófitas) liberam sementes, que contêm embriões. Em plantas com flores (angiospermas), como a papaia, as sementes se formam dentro do tecido floral que se desenvolve em um fruto.

Para pensar

Que adaptações contribuíram para a diversificação das plantas?

- Os ciclos de vida das plantas mudaram de um ciclo dominado por gametófitos em briófitas para um ciclo dominado por esporófitos em outras plantas.
- A vida na Terra favoreceu características que preservavam a água, como a cutícula. Em plantas vasculares, um sistema de tecido vascular – xilema e floema – distribui material através de folhas, caules e raízes de esporófitos.
- Briófitas e plantas vasculares sem sementes (pteridófitas) liberam esporos. Apenas espermatófitas liberam embriões dentro de sementes protetoras. Durante muito tempo as espermatófitas foram divididas em dois grandes grupos: Gimnospermas (plantas com sementes nuas, sem flores) e Angiospermas (plantas com flor). Nas angiospermas as sementes se formam dentro do tecido floral que posteriormente se desenvolve em um fruto. Atualmente os cientistas estão abandonando essa divisão clássica, considerada artificial.

4.3 Briófitas

- Três filos de plantas terrestres – hepáticas, antóceros e musgos – têm um ciclo de vida dominado por gametófitos.

Briófitas não são um grupo monofilético, e sim um conjunto de três filos de plantas terrestres que evoluíram primeiro: hepáticas, antóceros e musgos. A maioria das 24 mil espécies vive em lugares constantemente úmidos. Nenhuma produz lignina, que enrijece o caule; então, poucas medem mais de 20 cm de altura.

O gametófito é a maior e mais notável fase do ciclo de vida de uma briófita. Estruturas pluricelulares (gametângio) na ou dentro da superfície do gametófito envolvem e protegem os gametas em desenvolvimento. Os gametas masculinos (anterozoides) são flagelados e nadam até os gametas femininos (oosferas). Insetos e aracnídeos podem ajudar a transferência de anterozoides onde a água não forma um caminho contínuo.

Esporófitos não são ramificados e permanecem acoplados ao gametófito mesmo quando maduros. Eles produzem esporos dispersos pelo vento, os quais suportam a seca, tornando as briófitas colonizadoras importantes em lugares rochosos.

Hepáticas

Na maioria das aproximadamente 9 mil espécies de hepáticas, o gametófito é formado por uma parte semelhante a uma fita (um talo) que se prende ao solo ou a uma superfície por **rizoides** semelhantes a uma raiz. Rizoides também coletam e armazenam água, mas não a distribuem como as raízes de plantas vasculares.

A hepática *Marchantia* é comum em solo úmido. Ela pode se reproduzir assexuadamente ao produzir gemas – pequenos agrupamentos de células – em uma espécie de cálice (conceptáculo) no gametófito (Figura 4.9*a*,*b*). Ela também pode se reproduzir sexuadamente. Neste gênero, um gametófito produz oosferas ou anterozoides.

Gametângios se formam no topo de uma haste que cresce a partir do talo (Figura 4.9*c*,*d*). Anterozoides nadam até as oosferas e um zigoto se forma. O zigoto se desenvolve em um esporófito que se pendura no lado inferior do gametófito.

Antóceros

Possuem um esporófito pontudo, semelhante a um chifre, que pode medir vários centímetros de altura (*à direita*). A base do esporófito está embutida nos tecidos do gametófito, e esporos se formam em um esporângio vertical, ou cápsula. Quando os esporos amadurecem, a ponta da cápsula se divide, liberando-os.

O esporófito cresce continuamente de sua base, portanto pode formar e liberar esporos ao longo de um extenso período. O esporófito apresenta cloroplastos e, em alguns casos, pode sobreviver até depois da morte do gametófito. Esses traços e algumas semelhanças genéticas sugerem que antóceros possam ser parentes próximos de plantas vasculares.

O gametófito semelhante a uma fita contém cianobactérias fixadoras de nitrogênio em poros em sua superfície. As bactérias fornecem à planta compostos de nitrogênio e recebem abrigo em troca.

Musgos

O esporófito do musgo consiste em um esporângio (cápsula) em um talo embutido em tecido do gametófito (Figura 4.10*a*). Esporos haploides se formam na cápsula por meiose (Figura 4.10*b*). Um esporo germina e se desenvolve em um gametófito; os sexos normalmente são separados (Figura 4.10*c*). Anterozoides se formam em um gametângio masculino, ou anterídio, e a oosfera, em um gametângio feminino, ou arquegônio (Figura 4.10*d*,*e*). Depois da fecundação, o zigoto se desenvolve em um esporófito (Figura 4.10*f*,*g*). Musgos frequentemente se reproduzem assexuadamente por fragmentação. Uma parte do gametófito se solta e cresce em uma nova planta.

Os musgos são o grupo mais diverso de briófitas, com aproximadamente 15 mil espécies. Entre elas, cerca de 350

Figura 4.9 (**a**, **b**) A *Marchantia*, uma hepática, reproduz-se assexuadamente ao formar gemas na superfície do gametófito. (**c**, **d**) A *Marchantia* também se reproduz sexuadamente. Os sexos são separados e estruturas produtoras de gametas se formam no topo de hastes.

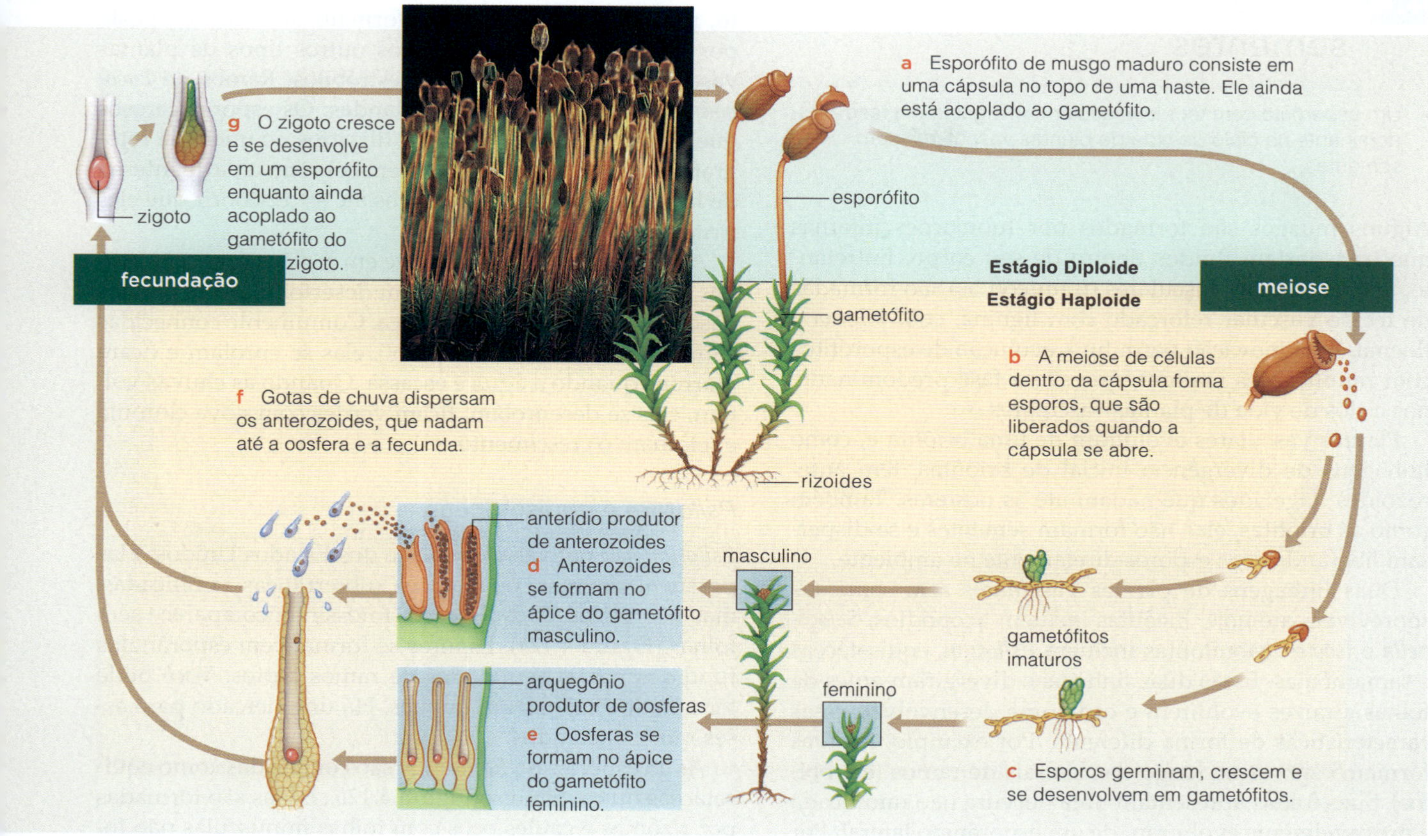
a Esporófito de musgo maduro consiste em uma cápsula no topo de uma haste. Ele ainda está acoplado ao gametófito.
esporófito
gametófito
rizoides
Estágio Diploide
Estágio Haploide
meiose
b A meiose de células dentro da cápsula forma esporos, que são liberados quando a cápsula se abre.
gametófitos imaturos
c Esporos germinam, crescem e se desenvolvem em gametófitos.
masculino
feminino
anterídio produtor de anterozoides
d Anterozoides se formam no ápice do gametófito masculino.
arquegônio produtor de oosferas
e Oosferas se formam no ápice do gametófito feminino.
f Gotas de chuva dispersam os anterozoides, que nadam até a oosfera e a fecunda.
fecundação
zigoto
g O zigoto cresce e se desenvolve em um esporófito enquanto ainda acoplado ao gametófito do zigoto.

Figura 4.10 Ciclo de vida de um musgo (*Polytrichum*). O esporófito não fotossintético permanece acoplado e dependente do gametófito.

espécies de esfagnos (*Sphagnum*) têm grande importância ecológica e comercial.

O *Sphagnum* é a planta dominante em lamaçais que cobrem vastas áreas na Europa, no Norte da Ásia e na América do Norte. Seus resíduos se acumulam como turfa, que é coletado como combustível (Figura 4.11) e utilizado em misturas para plantação.

O solo em um lamaçal com turfa pode ser ácido como vinagre. Apenas plantas tolerantes a ácido vivem com os musgos. A maioria das bactérias e dos fungos não cresce bem nesse *habitat* ácido, portanto a decomposição é vagarosa. Restos humanos bem preservados de mais de mil anos foram encontrados em lamaçais de turfas europeus. A alta acidez evitou a decomposição dos corpos. O *Sphagnum* precisa de muita umidade para se desenvolver. No Brasil, as espécies de musgo ficam normalmente restritas às áreas úmidas e sombreadas de florestas.

Figura 4.11 (**a**) Lamaçal de turfa na Irlanda. Esta família está cortando blocos de turfa e os empilhando para secar e serem utilizados como fonte de combustível doméstico. A maior parte da turfa agora é coletada comercialmente e queimada para gerar eletricidade. (**b**) Esfagno (*Sphagnum*). É possível ver claramente os esporófitos (as estruturas protegidas nas hastes).

Para pensar

O que são briófitas?

- Briófita é o nome comum para três filos de plantas: hepáticas, antóceros e musgos.
- Gametófitos haploides de pouco crescimento dominam o ciclo de vida das briófitas e os esporos são a forma de dispersão.

4.4 Plantas vasculares sem sementes

- Um esporófito com tecido vascular com lignina é a fase dominante no ciclo de vida de plantas vasculares sem sementes.

Alguns musgos são formados por tubulações internas que transportam fluidos dentro de seu corpo. Entretanto, apenas plantas vasculares (traqueófitas) são formadas de tecido vascular reforçado com lignina, com xilema e floema. Essa inovação permitiu a evolução de esporófitos com ramificações maiores, que são a fase predominante nos ciclos de vida de plantas vasculares.

Plantas vasculares evoluíram de uma briófita e, como linhagens de divergência inicial de briófitas, têm anterozoides flagelados que nadam até as oosferas. Também como as briófitas, elas não formam sementes e se dispersam liberando seus esporos diretamente no ambiente.

Duas linhagens de plantas vasculares sem sementes sobrevivem até hoje. Licófitas incluem licopódios, *Selaginella* e *Isoetes*. Monilófitas incluem *Psilotum*, equisetáceas e samambaias. Essas duas linhagens divergiram antes de folhas e raízes evoluírem e cada uma desenvolveu essas características de forma diferente. Por exemplo, licófitas formam esporos ao longo das laterais de ramos (estróbilos). Suas folhas apresentam uma nervura não ramificada e provavelmente evoluíram de um esporângio lateral. Por sua vez, monilófitas apresentam esporos nas pontas de ramos (estróbilos). Suas folhas, que apresentam nervuras ramificadas, provavelmente evoluíram de uma rede de ramificações de caules.

Licófitas

A maioria das 1.200 licófitas atuais é de licopódios. As espécies de *Lycopodium* são comuns nas florestas da América do Norte, onde são conhecidas como *Lycopodium clavatum*. Esporos de *Lycopodium* se formam dentro de um **estróbilo**, uma estrutura macia em formato de cone composta por folhas modificadas. Muitos outros tipos de plantas vasculares também possuem estróbilos. Ramos de *Lycopodium* são vendidos em guirlandas. Os esporos cerosos queimam facilmente e foram utilizados no início da fotografia com *flash*. Esporos também cobriam a parte interna de luvas de látex e preservativos até se descobrir que eles irritavam a pele.

A maioria das *Selaginella* vive em regiões tropicais úmidas, mas alguns sobrevivem em desertos e são as plantas vasculares mais tolerantes à seca. Comumente conhecidas como "plantas da ressurreição", elas se enrolam e ficam marrons quando a água é escassa. Quando as chuvas voltam, elas se desenrolam, ficam verdes com nova clorofila e retomam o crescimento.

Psilotum e equisetáceas

Psilotum são nativas do sudeste dos Estados Unidos. Elas possuem **rizomas**, ou porções subterrâneas ramificadas, mas não raízes. O caule aéreo fotossintético aparece sem folhas (Figura 4.12*a*). Esporos se formam em esporângios fundidos nas extremidades de ramos curtos. Você pode ter notado *Psilotum* em buquês. Há um mercado para esses ramos incomuns.

As 25 espécies de *Equisetum* são conhecidas como equisetáceas ou cavalinhas (Figura 4.12*b,c*). Elas são formadas por rizomas e caules ocos com folhas minúsculas não fotossintéticas localizadas na região dos nós. A fotossíntese ocorre nos caules e em ramos semelhantes às folhas. Depósitos de sílica no caule suportam a planta e proporcionam aos caules uma textura de lixa. Antes das esponjas de aço estarem amplamente disponíveis, as pessoas utilizavam caules de *Equisetum* como esponjas para esfregar panela.

Dependendo da espécie, estróbilos se formam nas extremidades de caules fotossintéticos ou em caules reprodutivos especializados sem clorofila. Cada esporo origina um gametófito não muito maior que uma cabeça de alfinete.

Figura 4.12 Plantas vasculares sem sementes. (**a**) *Psilotum* com esporângios nas pontas de ramos laterais curtos
Equisetáceas (*Equisetum*): (**b**) Caule fotossintético e (**c**) estróbilo portador de esporos na extremidade de um caule não fotossintético.

Figura 4.13 Ciclo de vida do feto-de-botão (*Woodwardia*).
(**a**) Depois de nadar, o anterozoide chega à oosfera e a fecundação resulta em um zigoto diploide. O zigoto é o início de um esporófito com um rizoma e muitas folhas.
(**b**) Muitos soros se formam no lado inferior das folhas. Cada soro é um agrupamento de esporângios no qual esporos se formam por meio da meiose.
(**c**) Depois que os esporos são liberados, germinam e se desenvolvem em gametófitos pequenos que são semelhantes ao formato de coração.

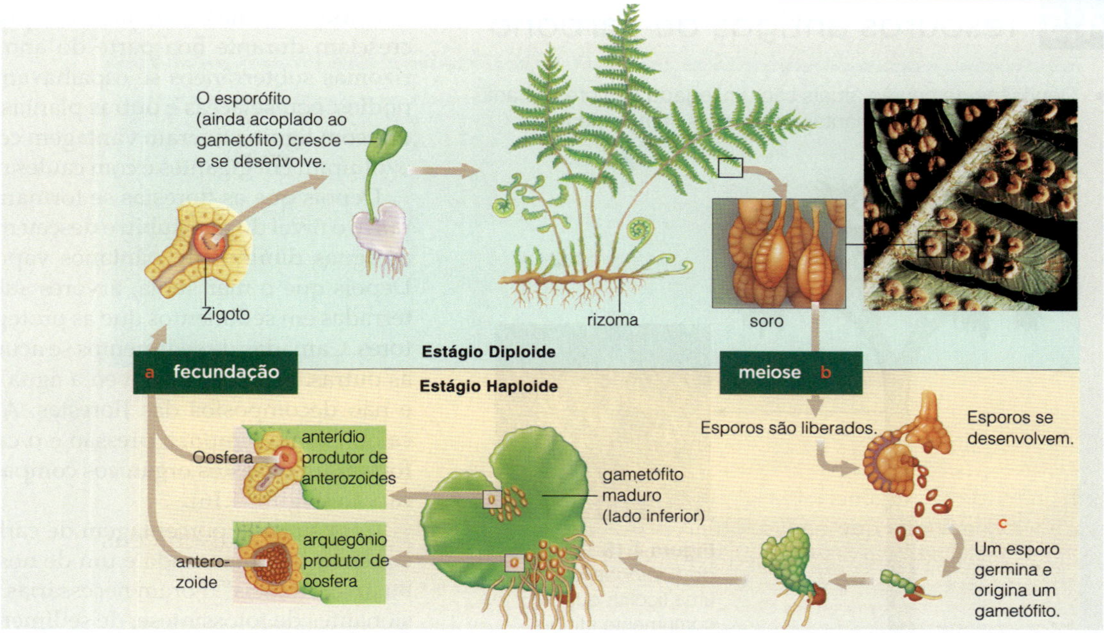

Samambaias - sem sementes, mas com muita diversidade

Com aproximadamente 12 mil espécies, as samambaias são as plantas vasculares sem sementes mais diversificadas. Apenas 380 espécies não vivem nos trópicos. Os esporófitos da maioria das samambaias são formados por folhas e raízes que crescem dos rizomas (Figura 4.13). As folhas de samambaia, também conhecidas como frondes, frequentemente começam em uma espiral firme conhecida como báculo, antes de se desenrolar.

Soros são agrupamentos de esporângios na superfície inferior das frondes de samambaias. Os soros se abrem e os esporos haploides saem. Depois da germinação, um esporo se desenvolve em um gametófito tipicamente bissexual e com poucos milímetros de comprimento (Figura 4.13*c*).

Esporófitos de samambaia variam muito em estrutura e tamanho (Figura 4.14). Algumas samambaias *Salvinia natans* têm frondes de apenas 1 mm de comprimento, mas fetos arbóreos podem medir 25 m de altura. As folhas de samambaias podem ser como espadas ou divididas em folíolos. Muitas samambaias tropicais são **epífitas**. Tais plantas se acoplam e crescem no tronco ou ramo de outra planta, mas não extraem nutrientes dela.

Figura 4.14 Amostragem da diversidade das samambaias.
(**a**) *Azolla pinnata*. A planta inteira mede a largura de um dedo. Câmaras nas folhas abrigam cianobactérias fixadoras de nitrogênio. Fazendeiros no sudeste da Ásia cultivam esta espécie em campos de arroz como uma alternativa natural a fertilizantes químicos. (**b**) Asplênio (*Asplenium nidus*), uma das epífitas.
(**c**) Florestas de fetos arbóreos (*Cyathea*) na Nova Zelândia.

Para pensar

O que são plantas vasculares sem sementes?

- Licopódios e parentes pertencem a uma linhagem vascular sem sementes. Samambaias, equisetáceas e *Psilotum* pertencem a outra.
- Um esporófito com tecidos vasculares (xilema e floema) domina seu ciclo de vida, e esporos são a forma de dispersão.

4.5 Tesouros antigos de carbono

- Depósitos de carvão atuais são um legado de florestas antigas dominadas por plantas vasculares sem sementes.

Quando os climas eram amenos, plantas do Carbonífero cresciam durante boa parte do ano. Bosques densos de rizomas subterrâneos se espalhavam rapidamente. Licopódios, equisetáceas e outras plantas com tecidos reforçados com lignina tiveram vantagem competitiva e algumas evoluíram em gigantes e com caules maciços (Figura 4.15).

Depois que as florestas se formaram, os climas mudaram e o nível do mar subiu e desceu muitas vezes. Quando as águas diminuíam, pântanos vaporosos prosperavam. Depois que o mar subia, árvores submersas ficavam enterradas em sedimentos que as protegiam dos decompositores. Camadas de sedimentos se acumularam umas sobre as outras. Seu peso removeu a água dos restos saturados e não decompostos das florestas. A compactação gerou calor. Com o tempo, a pressão e o calor crescentes transformaram os restos orgânicos compactados em jazidas de carvão (Figura 4.16).

Com sua alta porcentagem de carbono, o carvão é rico em energia armazenada e um de nossos primeiros "combustíveis fósseis". Foram necessárias quantidades impressionantes de fotossíntese, de sedimento e de compactação para formar cada grande jazida de carvão no solo. Precisamos de poucos séculos para esgotar boa parte dos depósitos de carvão conhecidos no mundo. Frequentemente se ouve sobre taxas de produção anuais para carvão ou outro combustível fóssil.

Quanto realmente produzimos a cada ano? Não produzimos nada. Simplesmente o extraímos do solo. O carvão é uma fonte não renovável de energia.

Figura 4.15 Pintura do *Lepidodendron*, uma licófita que comumente atingia 40 m de altura. A foto é um pormenor de um caule fossilizado com um padrão que mostra os lugares onde as folhas se acoplavam.

Figura 4.16 Reconstrução de uma floresta do Carbonífero. À *direita*, foto de parte de uma jazida de carvão.

4.6 Plantas com sementes

- As plantas com sementes são chamadas de espermatófitas. Sementes e pólen permitiram que gimnospermas e angiospermas sobrevivessem e prosperassem em *habitats* mais secos.

A ascensão das plantas com sementes

As primeiras plantas com sementes evoluíram no final do período Devoniano, entre 416 milhões e 359 milhões de anos atrás. Uma linhagem originou as cicadáceas e a outra, as gimnospermas. O período que muitas pessoas chamam de Idade dos Dinossauros, os botânicos chamam de Idade das Cicadáceas. No início do Cretáceo (compreendido entre 145 milhões e 65 milhões de anos atrás), angiospermas (plantas com flores) se ramificaram de uma ancestral gimnosperma.

Modificações na produção de esporos contribuíram para o sucesso de plantas com sementes. Todas as plantas terrestres produzem esporos por meiose. Em algumas briófitas e plantas não vasculares, um tipo de esporo se forma. Ele se desenvolve em um gametófito que produz tanto a oosfera quanto as células anterozoides. Em outras briófitas e plantas não vasculares – e em todas as plantas com sementes – dois tipos de esporos se formam. Os **micrósporos** se desenvolvem nos gametófitos masculinos. Os **megásporos** se desenvolvem nos gametófitos femininos.

Somente em plantas com sementes (espermatófitas), o gametófito masculino que se desenvolve de um micrósporo é um grão de pólen. Um grão de pólen consiste em algumas células, uma das quais produz as células espermáticas. A evolução do pólen colocou as plantas com sementes em vantagem em *habitats* secos. O pólen pode percorrer longas distâncias com o vento ou no corpo de insetos. Assim, uma película de água não era mais necessária para a reprodução.

Outro traço peculiar das plantas com semente é o **óvulo**, um esporângio especializado envolto dentro de uma camada protetora de células chamada tegumento. É importante destacar que, nas plantas, o óvulo não é sinônimo de gameta feminino, como ocorre nos animais. O óvulo, nas plantas, é uma estrutura que possui os elementos que vão originar os gametas femininos, chamados oosferas. Portanto, dentro de um óvulo, megásporos se formam por meiose e se desenvolvem em gametófitos femininos.

Após a fecundação, um embrião se forma dentro do óvulo. Assim, a semente é um óvulo maduro, contendo um embrião protegido. Uma camada da semente, derivada de tecidos do óvulo, envolve o embrião. Essa camada, rica em nutrientes armazenados, fornece energia para o crescimento do embrião.

Usos humanos de plantas com sementes

Muitas plantas com sementes recebem ajuda humana em sua dispersão. Há cerca de 10 mil anos, já havíamos utilizado algumas plantas com sementes como fontes de alimento. Agora, reconhecemos aproximadamente 3 mil plantas como comestíveis e cultivamos cerca de 150 como alimento (Figura 4.17). Utilizamos outras, mais notavelmente as coníferas, como fontes de madeira. Outras plantas com sementes fornecem medicamentos, como quando extratos de teixo desaceleram o crescimento de cânceres. Pessoas cultivam linhaça, algodão e cânhamo para uso em tecidos, carpetes e cordas. Frequentemente, tingem esses produtos com pigmentos extraídos de outras plantas com sementes. Humanos podem contribuir para o desaparecimento de muitas plantas com sementes, porém as que nos ajudam continuam prosperando.

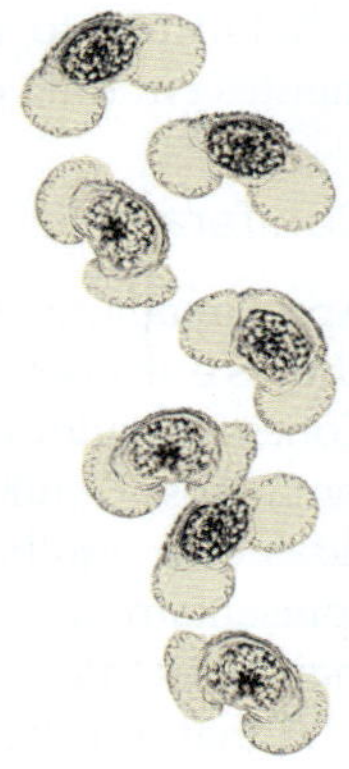

grãos de pólen de pinheiro

Para pensar

Que fatores contribuíram para o sucesso de plantas com sementes?

- Plantas com semente liberam grãos de pólen, que permitem a fertilização mesmo na ausência de água ambiental. Elas formam embriões protegidos em sementes. Uma semente é um óvulo maduro contendo um esporófito embrião e tecidos nutritivos.
- Humanos dependem muito de plantas com sementes cultivadas, e contribuíram para a ampla dispersão das espécies que os favorecem.

Figura 4.17 Tesouros comestíveis de plantas com flores. (**a**) Algumas das quase 100 variedades de maçã (*Malus domestica*) cultivadas nos Estados Unidos. (**b**) Colheita mecanizada de trigo, *Triticum*. (**c**) Colheita manual de brotos de plantas de chá (*Camellia sinensis*) na Indonésia. Folhas de plantas em encostas em regiões úmidas e frias têm o melhor sabor. (**d**) No Havaí, um campo de cana-de-açúcar, *Saccharum officinarum*. Fazemos açúcar e xarope ao ferver seiva extraída de seus caules.

4.7 Gimnospermas - plantas com sementes nuas

Gimnospermas são um dos dois grupos atuais de plantas com sementes. Coníferas, mencionadas na introdução do capítulo, são as gimnospermas mais conhecidas.

Gimnospermas são plantas vasculares com sementes que produzem sementes na superfície de óvulos. Diz-se que as sementes são "nuas" porque, diferentemente das de angiospermas, não estão dentro de um fruto (*Gymnos* significa "nu" e *sperma* assume o significado de "semente"). Entretanto, muitas gimnospermas envolvem suas sementes em uma cobertura carnosa ou como papel.

Coníferas

Aproximadamente 600 espécies de **coníferas** são árvores lenhosas e arbustos. Sementes se formam em cones femininos. Cones masculinos liberam pólen, que o vento leva aos cones femininos. Coníferas tipicamente apresentam folhas parecidas com agulhas ou escamas. As folhas frequentemente apresentam uma cutícula grossa e as coníferas tendem a ser mais resistentes à seca e ao frio do que as plantas com flores.

A maioria das coníferas elimina algumas folhas constantemente, mas permanece sempre verde. Algumas espécies decíduas eliminam todas as folhas de uma só vez sazonalmente. As árvores mais altas (sequoias) e as mais antigas (*Pinus longaeva*) são coníferas.

Gimnospermas menos conhecidas

Cicadáceas e ginkgos eram mais diversificados no tempo dos dinossauros. Elas são as únicas plantas atuais com semente com anterozoides móveis. Os anterozoides surgem dos grãos de pólen e nadam em fluido produzido pelo óvulo da planta. Há aproximadamente 130 espécies de **cicadáceas**, principalmente em trópicos secos e subtrópicos. As cicadáceas se parecem com palmeiras ou samambaias, mas não são parentes próximos delas (Figura 4.18*a*). As "palmeiras asiáticas" comumente utilizadas em paisagismo e como plantas domésticas na verdade são cicadáceas.

A única espécie de **gingko** viva é o *Ginkgo biloba*, a árvore-avenca (Figura 4.18 *b–d*). É uma das poucas gimnospermas decíduas. O *G. biloba* é nativo da China, mas suas belas folhas em formato de leque e a resistência a insetos, doenças e poluição do ar a torna uma árvore popular nas ruas de áreas urbanas. Normalmente, apenas árvores masculinas são plantadas porque as sementes produzidas pelas femininas liberam um odor forte e desagradável quando apodrecem. Alguns estudos indicam que suplementos alimentares feitos com folhas de ginkgo podem desacelerar a perda de memória em pessoas com o mal de Alzheimer.

Gnetófitas incluem árvores tropicais, lianas e arbustos do deserto. Extratos dos troncos de *Ephedra* (Figura 4.18*e*) são vendidos como estimulante natural e auxílio na perda de peso. Tais suplementos podem ser perigosos – algumas pessoas morreram ao usá-los.

A *Welwitschia*, uma gnetófita de aparência estranha, vive apenas no deserto da Namíbia, na África. Ela tem uma raiz principal e um tronco lenhoso com estróbilos. Duas folhas como tiras chegam aos 5 m de comprimento. Essas folhas se dividem no sentido do comprimento repetidamente enquanto a planta amadurece (Figura 4.18*f*).

Figura 4.18 Exemplos de gimnospermas. (**a**) *Pinus longaeva* no topo de uma montanha em Sierra Nevada. (**b**) sementes carnosas, (**c**) folhas, e (**d**) folhagem de outono. Duas gnetófitas: (**e**) *Ephedra viridis;* (**f**) *Welwitschia mirabilis*, com folhas em tiras e estróbilos com sementes.

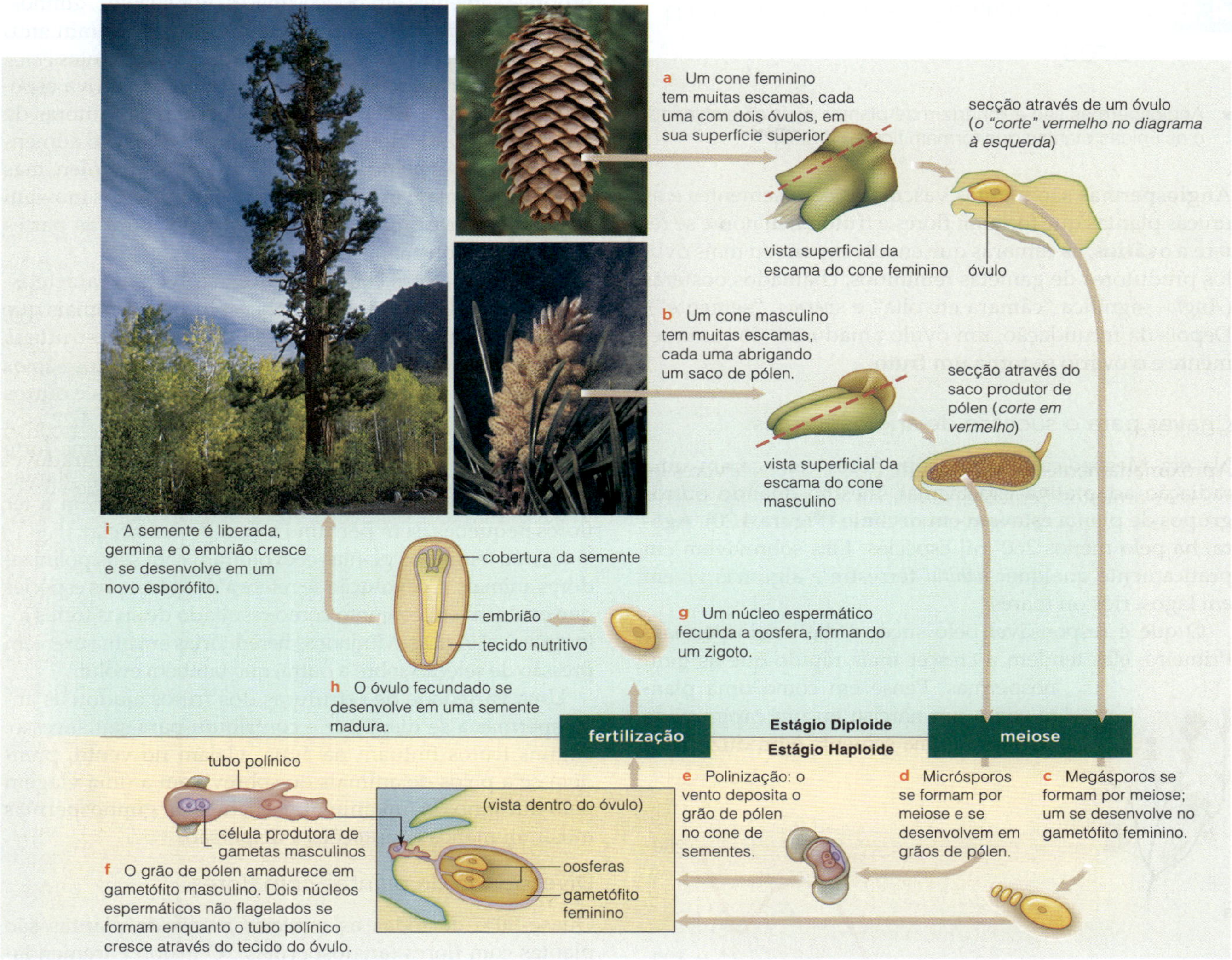

Figura 4.19 Ciclo de vida de uma conífera, *Pinus ponderosa*.

Um ciclo de vida representativo

Um pinheiro é um esporófito e seu ciclo de vida é típico de coníferas (Figura 4.19). As coníferas possuem cones (estróbilos) femininos e masculinos em um mesmo indivíduo. Óvulos se formam nas superfícies superiores de escamas em cones femininos. Um gametófito feminino produtor de oosferas se desenvolve em cada óvulo. Nos cones masculinos, os micrósporos se tornam grãos de pólen alados.

Milhões de minúsculos grãos de pólen são liberados e viajam com os ventos. A polinização ocorre quando o pólen chega a um óvulo. O grão de pólen germina e algumas células do gametófito masculino começam a crescer, formando o tubo polínico (Figura 4.19*f*). Depois de cerca de um ano, o tubo polínico chega à oosfera e o núcleo de uma célula espermática do tubo se funde com o núcleo da oosfera, formando um zigoto diploide (2*n*). O zigoto se desenvolve em um esporófito embrião, que, com os tecidos formados a partir do óvulo, torna-se uma semente.

Para pensar

O que são gimnospermas?

- Gimnospermas incluem coníferas, gingkos e algumas plantas não lenhosas.
- Essas plantas vasculares liberam pólen e sementes, que se formam em estróbilos ou, no caso das coníferas, em cones lenhosos.

4.8 Angiospermas - plantas com flores

- Angiospermas são a linhagem de plantas mais diversificada e as únicas plantas que formam flores e frutos.

Angiospermas são plantas vasculares com sementes e as únicas plantas que formam flores e frutos. Seu nome se refere a **ovários**, as câmaras que envolvem um ou mais óvulos produtores de gametas femininos, chamados oosferas (*Angio*– significa "câmara envolta" e *sperma*, "semente"). Depois da fecundação, um óvulo amadurece em uma semente e o ovário se torna um **fruto**.

Chaves para o sucesso de angiospermas

Na era Mesozoica, plantas com flores começaram uma radiação adaptativa espetacular, mesmo quando outros grupos de planta estavam em declínio (Figura 4.20). Agora, há pelo menos 260 mil espécies. Elas sobrevivem em praticamente qualquer *habitat* terrestre e algumas vivem em lagos, rios ou mares.

O que é responsável pelo sucesso das angiospermas? Primeiro, elas tendem a crescer mais rápido que as gimnospermas. Pense em como uma planta como um narciso ou um capim pode crescer de uma semente e produzir suas próprias sementes em poucos meses. Por sua vez, gimnospermas tendem a ser plantas lenhosas que demoram anos para amadurecer e produzir suas primeiras sementes.

a

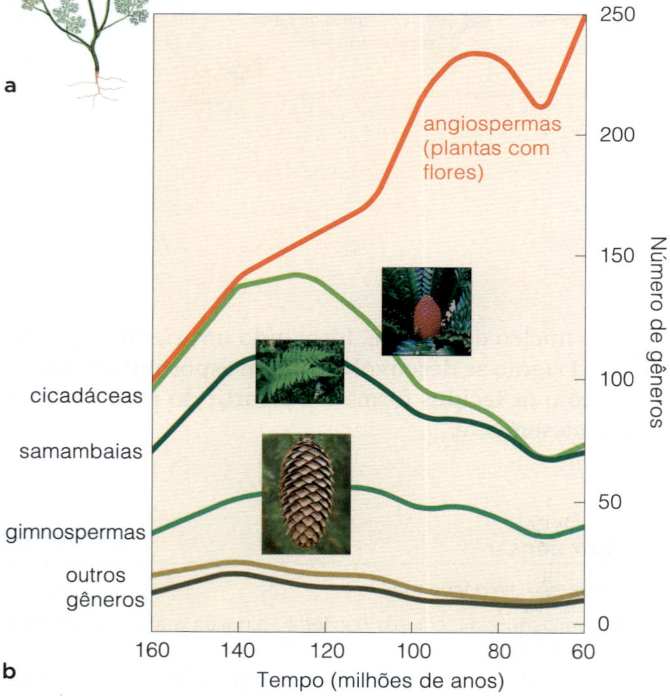

b

Figura 4.20 (**a**) *Archaefructus sinensis*, uma das primeiras plantas com flores conhecidas. Ela provavelmente cresceu em lagos rasos. (**b**) Diversidade de plantas vasculares na era Mesozoica. Coníferas e outras gimnospermas começaram a declinar antes mesmo de plantas com flores iniciarem sua principal radiação adaptativa.

Outro fator foi a **flor**, uma estrutura reprodutiva especializada (Figura 4.21). Depois que plantas produtoras de pólen evoluíram, alguns insetos começaram a se alimentar de pólen. As plantas cederam um pouco de pólen, mas ganharam vantagem reprodutiva. Como? Insetos moviam pólen das partes masculinas de uma flor para as partes femininas de outra.

Algumas plantas com flores desenvolveram características que atraíram **polinizadores** específicos, animais que movem pólen de uma espécie de planta para estruturas reprodutoras femininas da mesma espécie. Insetos são os polinizadores mais comuns, mas aves, morcegos e outros vertebrados também atuam nesse papel (Figura 4.22 *a-c*). Grandes flores coloridas, néctar açucarado ou uma forte fragrância ajudam a atrair os polinizadores para plantas específicas. Plantas polinizadas pelo vento tendem a ter flores pequenas, sem perfume e com pouco néctar.

Com o tempo, as plantas coevoluíram com seus polinizadores animais. **Coevolução** se refere a duas ou mais espécies que evoluem em conjunto como resultado de suas fortes interações ecológicas. Mudanças hereditárias em uma exercem pressão de seleção sobre a outra, que também evolui.

Uma variedade de estruturas dos frutos ajudou as angiospermas a se dispersar e contribuiu para seu sucesso. Alguns frutos flutuam na água, viajam no vento, prendem-se a pelos de animais ou sobrevivem a uma viagem pelo intestino de um animal. Sementes de gimnospermas mostram menos adaptações à dispersão.

Diversidade de plantas com flores

Quase 90% de todas as espécies atuais de plantas são plantas com flores (angiospermas). O grupo é tremendamente diversificado, até mesmo no tamanho. As espécies vão de *Wolffia sp* (*Lemnaceae*) de 1 mm de comprimento até árvores de *Eucalyptus* de 100 m de altura. Algumas são parasitas que retiram nutrientes de outras plantas (Figura 4.22*f*). Plantas carnívoras e outras em *habitats* pobres em

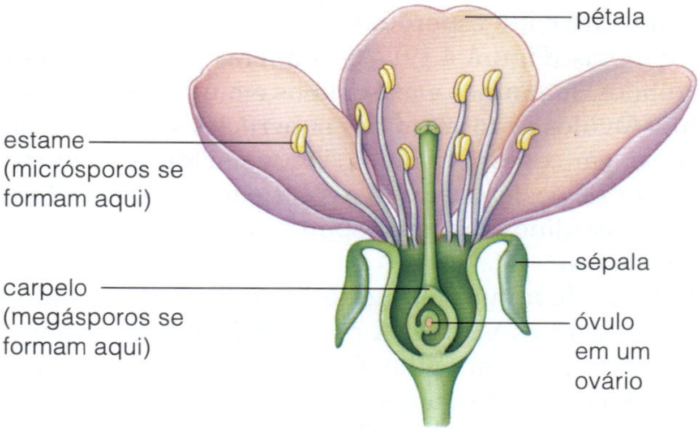

Figura 4.21 Estrutura de uma flor moderna típica. Elas são formadas por partes masculinas e femininas (estames e carpelos) e partes acessórias (pétalas e sépalas).

Figura 4.22 (**a**, **b**) Flores são ramos modificados. Suas cores, suas fragrâncias e seus formatos são adaptações que atraem polinizadores, principalmente insetos. (**c**) Este beija-flor polinizador tem um bico longo que se encaixa no longo e delicado tubo de néctar da flor
(**d**) Uma ninfeia (*Nymphaea*), membro de uma das primeiras linhagens, com pétalas em espiral.
(**e**) Violetas (*Viola*) estão entre as eudicotiledôneas familiares.
(**f**) *Arceuthobium* é uma eudicotiledônea altamente especializada com quantidade reduzida de clorofila e que é parasita de coníferas. Flores incolores produzem gotas de néctar que atraem insetos. É conhecida popularmente como espigo-de-cedro ou espigo-do-cedro.
(**g**) Diagrama de árvore evolutiva para plantas com flores.

nitrogênio atraem, prendem e dissolvem insetos e, depois, absorvem os nutrientes.

Plantas com flores já foram divididas em apenas dois grupos com base em seu número de cotilédones, ou folhas de sementes, que se formam nos embriões. Plantas com um cotilédone foram chamadas de monocotiledôneas; as com dois, dicotiledôneas. Porém, ao que parece, as monocotiledôneas se ramificaram de uma linhagem mais antiga de dicotiledôneas.

Pesquisadores recentemente identificaram as linhagens mais antigas das plantas com flores. Há três, representadas por seus descendentes atuais: ninfeias, anis estrelado e *Amborella* (Figura 4.22*g*).

Divergências genéticas originaram outros grupos que se tornaram dominantes: magnoliídeas, eudicotiledôneas (dicotiledôneas verdadeiras) e monocotiledôneas. Entre as cerca de 9.200 magnoliídeas há magnólias e abacateiros. O grupo mais diversificado, eudicotiledôneas, tem cerca de 170 mil espécies. Ele inclui a maioria das plantas herbáceas (não lenhosas) como alfaces, repolhos, narcisos, margaridas e cactos. A maioria dos arbustos ou árvores com flores, como rosas, bordos, carvalhos, olmos e árvores frutíferas, é eudicotiledônea. Entre as 80 mil espécies nomeadas de monocotiledôneas há palmeiras, lírios, capins e orquídeas. Cana-de-açúcar e gramíneas cereais – especialmente arroz, trigo, milho, aveia e cevada – são as monocotiledôneas cultivadas mais importantes. Para uma classificação mais detalhada das plantas, consulte o Apêndice I.

Para pensar

Quais são as características das angiospermas?

- Angiospermas são plantas com sementes nas quais as sementes se desenvolvem dentro dos ovários de flores. Após a polinização, o ovário se torna um fruto.
- Angiospermas são as plantas mais bem-sucedidas. Ciclos de vida curtos, coevolução com insetos polinizadores e diversas estruturas dos frutos aumentaram seu sucesso.

4.9 Foco no ciclo de vida de uma planta com flor

- Plantas com flores formam frutos e fornecem aos seus embriões o endosperma, um tecido nutritivo.

A Figura 4.23 mostra o ciclo de vida de uma planta com flor. O gametófito feminino se forma no ovário de uma flor. O pólen se forma dentro de estames. Depois da polinização, um tubo polínico fornece duas células espermáticas ao ovário e a fecundação dupla ocorre. Uma célula espermática fecunda a oosfera. A outra fecunda uma célula com dois núcleos, formando uma célula triploide que se divide e se torna o **endosperma**, um tecido rico em nutrientes próprio das sementes de angiospermas. O endosperma nutre o embrião em desenvolvimento.

O tecido do ovário amadurece em um fruto que envolve a semente. Os frutos ajudam a dispersar as sementes ao atraír os animais por serem adocicados, ou ao se prender a pelos ou penas, ou ainda ao se espalhar pela ação do vento.

Para pensar

O que é peculiar no ciclo de vida das plantas com flores?

- Plantas com flores formam oosferas em ovários e pólen em estames.
- A semente contém endosperma e é envolvida dentro de um fruto.

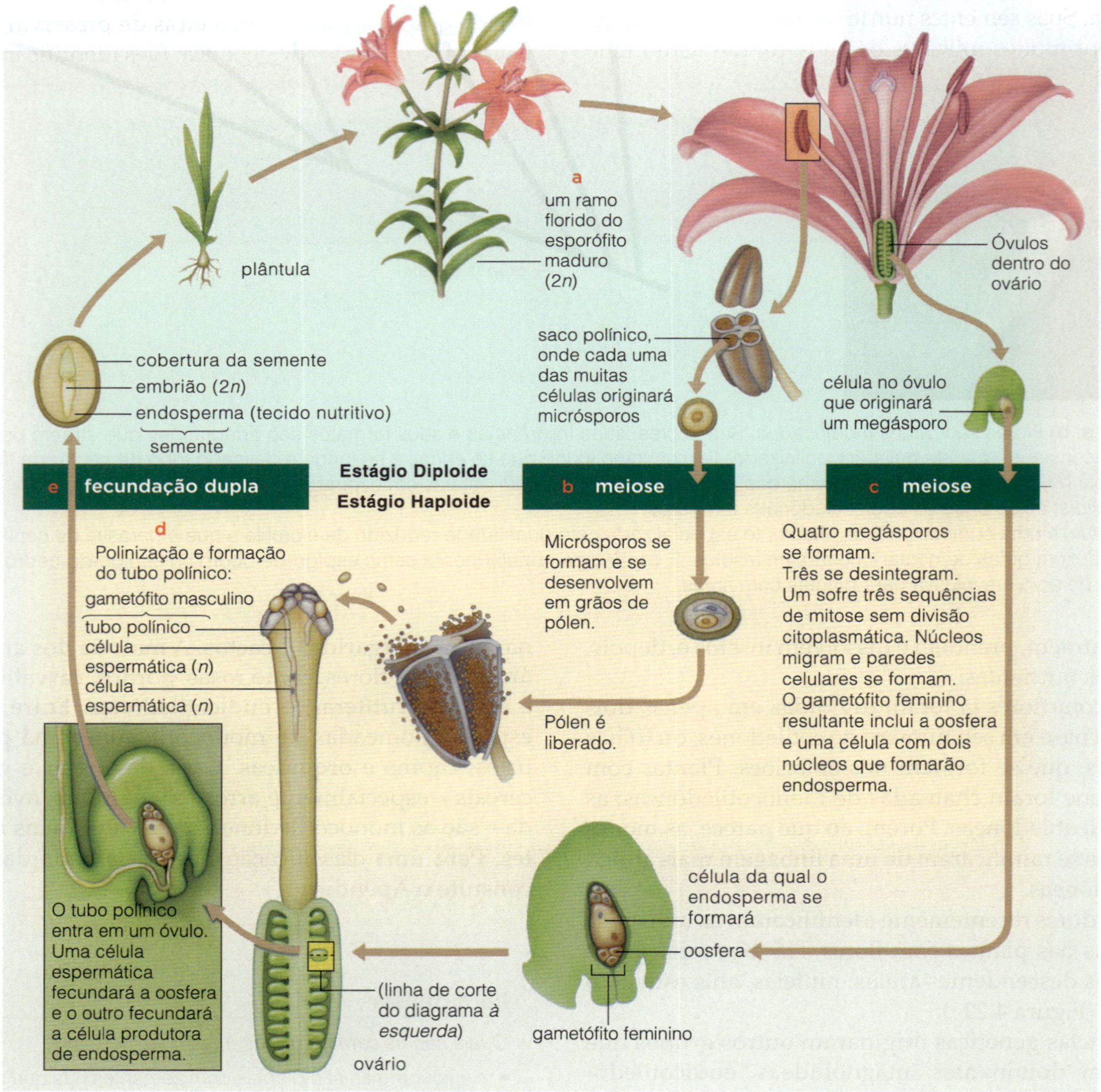

Figura 4.23 Ciclo de vida de um lírio (*Lilium*), uma das monocotiledôneas.
(**a**) O esporófito domina este ciclo de vida. (**b**) Pólen se forma nos sacos polínicos. (**c**) Oosferas se desenvolvem no óvulo dentro de um ovário. (**d**) A polinização ocorre e um tubo polínico cresce dentro do óvulo, liberando duas células espermáticas.
(**e**) A fecundação dupla ocorre nos ciclos de vida de todas as plantas com flores. Uma célula espermática fecunda a oosfera haploide. A outra fecunda uma célula diploide. A célula triploide resultante se divide repetidamente e forma o endosperma, um tecido que nutrirá o embrião.

4.10 A planta mais nutritiva do mundo

- Botânicos utilizam o conhecimento de biologia vegetal e genética para encontrar novas maneiras de alimentar um mundo faminto.

Alejandro Bonifacio cresceu na pobreza no interior da Bolívia. Quando era criança, falava um idioma que antecede os Incas. Aprendeu espanhol antes de entrar na faculdade. Ali, ele se formou em agronomia e se tornou cultivador de plantas para o departamento de agricultura da Bolívia.

Seu interesse em pesquisa é a *Chenopodium quinoa*, uma planta originada nos Andes. Quinoa (pronuncia-se quí-noa) é uma eudicotiledônea, um parente distante do espinafre e da beterraba. Suas sementes nutritivas não são grãos de cereal, mas, por muitos milhares de anos, foi um item muito utilizado nas dietas latino-americanas. Em conjunto com o milho e com as batatas, a quinoa ajudou a alimentar a grande civilização Inca.

As sementes de quinoa contêm 16% de proteína, em média. Algumas variedades contêm mais. Sementes de trigo contêm cerca de 10% de proteína, e de arroz, 8%. O mais importante é que a quinoa tem todos os aminoácidos de que os humanos precisam, enquanto proteínas do trigo e do arroz são deficientes do aminoácido lisina. A quinoa também tem mais ferro que a maioria dos grãos de cereal e uma boa quantidade de cálcio, fósforo e muita vitamina B.

Além disso, é fácil cultivar plantas de quinoa. Elas são altamente resistentes à seca, congelamento e solos salgados. Quinoa é o único alimento que pode ser cultivado nos desertos de sal que prevalecem em boa parte da Bolívia.

Mais ao norte, antes de Bonifacio receber sua bolsa de estudos para a faculdade, Daniel Fairbanks se tornou botânico na Brigham Young University. Fairbanks também viu o potencial da quinoa para alimentar milhões no Peru e na Bolívia. Muitas famílias nesses países são agricultores de subsistência. A deficiência de proteína é comum. Ela causa problemas de pele, perda e fadiga muscular e prejudica o crescimento e o desenvolvimento.

Em 1991, Bonifacio e Fairbanks se encontraram em uma conferência sobre plantações andinas e ficaram amigos. Mais tarde, Bonifacio recebeu uma bolsa para estudar nos Estados Unidos e Fairbanks se tornou seu orientador. Bonifacio recebeu seu doutoramento (PhD) e aprendeu seu terceiro idioma – inglês. Os dois agora são codiretores de um programa de pesquisa internacional com uma abordagem holística para o aprimoramento da produção de quinoa para agricultores pobres. Eles coletam variedades de quinoa e buscam maneiras de preservar, melhorar e utilizar a diversidade genética. Eles identificam os traços de variedades da quinoa e pesquisam a melhor forma de preservar sementes para estudos futuros. Além disso, estão desenvolvendo um mapa genético da quinoa.

Hoje, mais de 20 cientistas participam desse programa. Eles pesquisam o impacto econômico de novas variedades e tecnologias agrícolas. Investigam substitutos para pesticidas químicos para controlar pragas de quinoa.

Milhares de famílias bolivianas agora cultivam mais alimento, graças às novas variedades de quinoa. Crianças que morreriam ou ficariam doentes por causa da deficiência de proteína, agora frequentam a escola. Em uma carta recente, Fairbanks nos contou que aprendeu mais com Bonifacio do que Bonifacio aprendeu com ele. Ele anexou uma foto de seu colega em um campo de pesquisa, posando perto de uma de suas novas variedades de quinoa, para que pudéssemos associar o nome à pessoa (Figura 4.24).

Figura 4.24 Alejandro Bonifacio verifica plantas de quinoa geneticamente aprimoradas.

QUESTÕES DE IMPACTO REVISITADAS | Princípios e Fins

O Prêmio Nobel da Paz de 2004 foi concedido a Wangari Maathai, do Quênia, fundadora do Movimento do Cinturão Verde. Maathai adverte que a destruição ambiental pode ameaçar a paz, e observa que pequenas ações positivas de muitos indivíduos podem ter um grande efeito coletivo. A seu pedido, membros – a maioria mulheres do campo – plantaram mais de 25 milhões de árvores.

Resumo

Seções 4.1, 4.2 As plantas terrestres, ou **embriófitas**, evoluíram das caráfitas, um tipo de alga verde. Quase todas são autótrofas. Os grupos listados na Figura 4.25 refletem essas tendências: Um **gametófito** domina os ciclos de vida das briófitas. Um **esporófito** domina em todos os outros grupos. Características que contribuíram para o sucesso na terra incluem um **esporângio** que protege esporos, **cutícula** e **estômatos** que minimizam a perda de água, **xilema** e **floema** (dois tipos de **tecidos vasculares**), e **lignina** nas paredes celulares. Nas plantas com sementes, **grãos de pólen** permitiram a reprodução sem água e embriões foram protegidos em **sementes**.

Seção 4.3 Musgos, hepáticas e antóceros são **briófitas**. Eles são não vasculares (sem xilema ou floema). Anterozoides nadam através da água até as oosferas. O esporófito se forma em cima e é nutrido pelo gametófito. **Rizoides** fixam o gametófito ao solo ou a outra superfície.

Seções 4.4, 4.5 Licopódios e *Selaginella* são uma linhagem de plantas vasculares sem sementes. Equisetáceas, *Psilotum* e samambaias são outra. Em ambas, o ciclo de vida é dominado pelo esporófito. Raízes e a parte aérea crescem a partir de **rizomas**. Estruturas portadoras de esporos incluem os **estróbilos** de equisetáceas e os **soros** de samambaias. Muitas samambaias vivem como **epífitas**, ou seja, crescem sobre outra planta. Os anterozoides nadam através da água para alcançar as oosferas. Restos compactados e ricos em energia de pântanos do Carbonífero dominados por licófitas gigantes se tornaram **carvão**.

Seção 4.6 Gimnospermas e angiospermas são plantas vasculares portadoras de sementes. Plantas com sementes produzem **micrósporos** que se tornam grãos de pólen, que são gametófitos masculinos produtores de células espermáticas. Essas plantas formam **megásporos** que se desenvolvem em gametófitos femininos produtores de oosferas dentro de **óvulos**. Uma semente é um óvulo maduro. Ela inclui tecido nutritivo e uma cobertura dura que protege o embrião dentro da semente de condições adversas.

Seção 4.7 **Gimnospermas** incluem **coníferas**, **cicadáceas**, **ginkgos** e **gnetófitas**. Muitas são bem adaptadas a climas secos. Seus óvulos se formam em estróbilos ou, no caso de coníferas, em cones lenhosos.

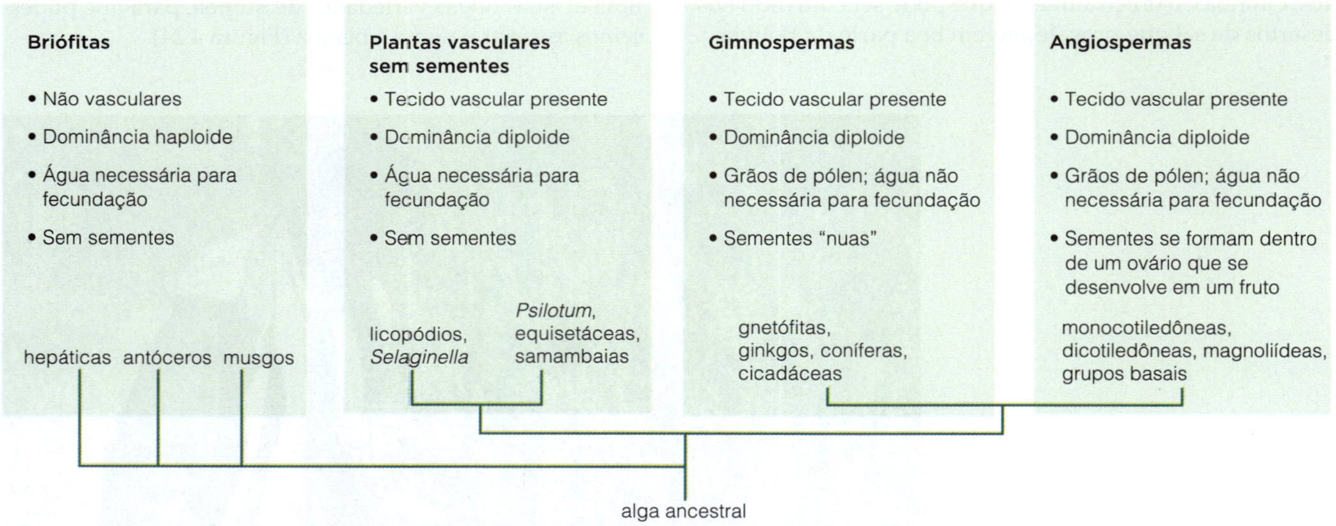

Briófitas
• Não vasculares
• Dominância haploide
• Água necessária para fecundação
• Sem sementes
hepáticas antóceros musgos
Plantas vasculares sem sementes
• Tecido vascular presente
• Dominância diploide
• Água necessária para fecundação
• Sem sementes
licopódios, Selaginella
Psilotum, equisetáceas, samambaias
Gimnospermas
• Tecido vascular presente
• Dominância diploide
• Grãos de pólen; água não necessária para fecundação
• Sementes "nuas"
gnetófitas, ginkgos, coníferas, cicadáceas
Angiospermas
• Tecido vascular presente
• Dominância diploide
• Grãos de pólen; água não necessária para fecundação
• Sementes se formam dentro de um ovário que se desenvolve em um fruto
monocotiledôneas, dicotiledôneas, magnoliídeas, grupos basais
alga ancestral

Figura 4.25 Resumo de tendências evolutivas das plantas. Todos os grupos demonstrados têm representantes vivos.

Exercício de análise de dados

A Organização das Nações Unidas para Agricultura e Alimentação (FAO) reconhece a importância de florestas para populações humanas e acompanha a abundância de florestas. A Figura 4.26 mostra dados da FAO sobre a quantidade de floresta em todo o mundo em 1990, 2000 e 2005.

1. Quantos hectares de terra florestada havia no planeta em 2005?
2. Em que região(ões) a quantidade de terra florestada aumentou entre 1990 e 2005?
3. Quantos hectares de floresta o mundo perdeu entre 1990 e 2005?
4. Em 2002, a China embarcou em uma campanha ambiciosa para adicionar 76 milhões de hectares de árvores em um período de dez anos. Você vê alguma indicação de que esta campanha tem obtido sucesso?

	Área Florestada (em milhões de hectares)		
Região	**1990**	**2000**	**2005**
África	699	656	635
Ásia	574	567	572
América Central	28	24	22
Europa	989	988	1001
América do Norte	678	678	677
Oceania	233	208	206
América do Sul	891	853	832
Total mundial	4.077	3.988	3.952

Figura 4.26 Mudanças na área florestada por região de 1990 a 2005. Um hectare equivale a 2,47 acres. O relatório completo sobre as florestas do mundo está disponível em <www.fao.org/forestry/en/>. Acesso em: 25 jul. 2011.

Seções 4.8-4.10 **Angiospermas** são as plantas mais diversas. Elas possuem **flores** e **coevoluíram** com **polinizadores** animais. Óvulos envolvidos no ovário floral amadurecem em **frutos**. A fecundação dupla produz **endosperma** nas sementes.

Questões

Respostas no Apêndice I

1. As primeiras plantas terrestres foram ________________.
   a. gnetófitas
   b. gimnospermas
   c. briófitas
   d. licófitas
2. Lignina não é encontrada em caules de ________________.
   a. musgos
   b. samambaias
   c. monocotiledôneas
   d. respostas a e b
3. Uma cutícula cerosa ajuda plantas terrestres a ________.
   a. preservar água
   b. coletar dióxido de carbono
   c. reproduzir
   d. ficar em pé
4. Verdadeiro ou falso? Samambaias produzem sementes dentro de estróbilos.
5. ____________ fixam musgos ao solo e absorvem água.
   a. rizoides
   b. rizomas
   c. raízes
   d. microfilas
6. Briófitas sozinhas têm um ________________ relativamente grande e um ________ acoplado e dependente.
   a. esporófito; gametófito
   b. gametófito; esporófito
7. Licopódios, equisetáceas e samambaias são plantas _______.
   a. aquáticas pluricelulares
   b. não vasculares com sementes
   c. vasculares sem sementes
   d. vasculares com sementes
8. O carvão consiste principalmente em restos comprimidos de ________ que dominaram os pântanos do Carbonífero.
   a. plantas vasculares sem sementes
   b. coníferas
   c. plantas com flores
   d. antóceros
9. O anterozoide de ________ nada até as oosferas.
   a. musgos
   b. samambaias
   c. coníferas
   d respostas a e b
10. Uma semente é um ________________.
    a. gametófito feminino
    b. óvulo maduro
    c. tubo polínico maduro
    d. micrósporo imaturo
11. Verdadeiro ou falso? Apenas plantas com sementes produzem pólen.
12. Que linhagem de angiosperma inclui mais espécies?
    a. magnoliídeas
    b. eudicotiledôneas
    c. monocotiledôneas
    d. ninfeias
13. Una os termos adequadamente.

___ briófita	a. sementes, mas não frutos
___ planta vascular sem sementes	b. tem flores e frutos
___ gimnosperma	c. xilema e floema, mas não óvulos
___ angiosperma	d. gametófito domina

14. Una os termos adequadamente.

___ óvulo	a. estrutura produtora de gameta
___ cutícula	b. estrutura produtora de esporo
___ gametófito	c. onde oosferas se formam
___ esporófito	d. caule subterrâneo
___ fruto	e. ovário maduro
___ endosperma	f. tecido nutritivo na semente
___ rizoma	g. onde esporos de samambaia se formam
___ soro	h. camada cerosa

Raciocínio crítico

1. Os primeiros botânicos admiravam as samambaias, mas seu ciclo de vida os deixava perplexos. No século XVIII, aprenderam a propagar samambaias ao colher o que pareciam minúsculas "sementes" parecidas com poeira no lado inferior das folhas. Apesar de muitas tentativas, os cientistas não conseguiram encontrar a fonte do pólen, que presumiam, deveria estimular essas "sementes" a se desenvolver. Imagine que você poderia escrever para um desses botânicos. Componha uma nota que esclareceria a confusão.
2. O estágio dominante na maioria das plantas é o diploide. Uma das hipóteses é que a dominância diploide foi favorecida porque permitiu um maior nível de diversidade genética. Suponha que uma mutação recessiva surja; ela é levemente desvantajosa agora, mas será útil no futuro. Explique por que tal mutação teria mais probabilidade de persistir em uma planta com estágio diploide dominante do que em uma com estágio haploide dominante.

5 Fungos

QUESTÕES DE IMPACTO Fungos Aéreos

Os fungos não são conhecidos por sua mobilidade. Você provavelmente não pensa nos cogumelos e seus parentes como viajantes do mundo, mas eles se movem. Os fungos produzem esporos microscópicos que podem aderir a fendas em partículas minúsculas. Quando essas partículas são carregadas pelo vento, os esporos são transportados juntos. Alguns esporos fúngicos viajam distâncias surpreendentes dessa maneira, carregados pelo vento que gira sobre a Terra.

Tempestades de areia nos desertos da África e da Ásia, por exemplo, lançam partículas carregadas de fungos na atmosfera. Todo ano, centenas de milhões de toneladas de poeira sopram da África pelo Atlântico, trazendo esporos de *Aspergillus sydowii* com elas (Figura 5.1). Quando esses esporos aterrissam nas águas do Caribe, eles podem germinar e infectar os leques submarinos (um tipo de coral). O transporte transatlântico da poeira africana mais que dobrou desde os anos 1970 como resultado da seca na região de Sahel. Pesquisadores suspeitam que passageiros fúngicos nessa poeira podem ter contribuído para reduzir os corais caribenhos durante o mesmo período.

O transporte de esporos fúngicos pelo ar também pode afetar a saúde humana. Em dias em que o vento transporta muita poeira africana para as nações do Caribe, o número de esporos fúngicos em amostras de ar aumenta, assim como o número de internações hospitalares por asma. Os fungos que causam alergias, problemas respiratórios e doenças dermatológicas foram encontrados na poeira africana.

No sudoeste dos Estados Unidos, tempestades de poeira colocam esporos de *Coccidioides immitis* no ar. Os esporos podem causar o aparecimento de febre do vale (coccidioidomicose). A maioria das pessoas apresenta apenas sintomas secundários ou nenhum sintoma. Contudo, pessoas com sistema imunológico enfraquecido e mulheres grávidas podem ser gravemente afetadas.

A chuva constante de esporos fúngicos é apenas um aspecto da biologia dos fungos. Como você verá neste capítulo, a maioria dos fungos vive nos solos e são decompositores, e não patógenos. Eles desempenham um importante papel ecológico – decompõem resíduos e restos orgânicos e disponibilizam nutrientes para as plantas. Outros fungos fazem associações com células fotossintéticas, formando liquens. Os fungos servem de alimento a muitos animais. Os seres humanos os valorizam por suas propriedades medicinais e como alimento. Fungos unicelulares nos ajudam a fazer pão e cerveja, e inúmeros cogumelos acabam em nossas pizzas, saladas e nossos molhos.

Figura 5.1 Cientista da U.S. Geological Survey (USGS) Ginger Garrison e um colega analisando amostras de poeira em Cabo Verde, uma ilha na costa oeste da África. Na foto inserida, um fungo *(Aspergillus sydowii)* que atravessa o Atlântico, na poeira africana, transportado pelo ar e causa doença em alguns corais caribenhos.

Conceitos-chave

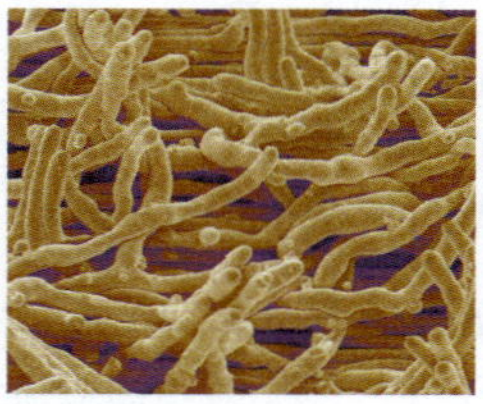

Características e classificação

Os fungos são heterotróficos unicelulares e multicelulares. Secretam enzimas digestivas sobre a matéria orgânica, depois absorvem os nutrientes liberados. Eles se reproduzem sexuada e assexuadamente, produzindo esporos. Os zigomicetos (zigomicota), basidiomicetos e ascomicetos são os principais grupos. **Seção 5.1**

Principais grupos

Nos zigomicetos, que incluem muitos mofos, o zigoto unicelular produz esporos por meiose. Muitos ascomicetos e basidiomicetos produzem estruturas complexas que contêm esporos, como os cogumelos. A meiose nas células dessas estruturas produz esporos. **Seções 5.2-5.5**

Vivendo junto

Muitos fungos vivem sobre, dentro ou com outras espécies. Alguns vivem dentro de folhas, caules ou raízes da planta. Outros formam liquens vivendo com algas ou cianobactérias. **Seção 5.6**

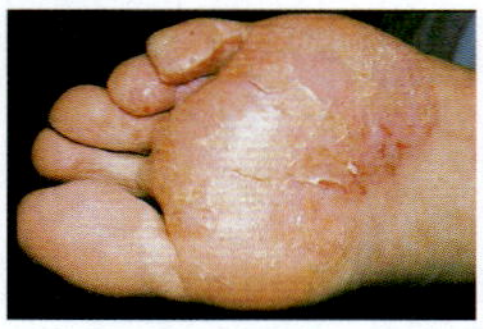

Patógenos fúngicos

Uma minoria dentre os fungos é parasita e algumas dessas espécies causam doenças em seres humanos. Os fungos também produzem toxinas que podem ser mortais quando ingeridas. **Seção 5.7**

Neste capítulo

- Muitos fungos desempenham papéis importantes no ciclo de nutrientes. Outros são patógenos que causam doenças. Usamos as reações de fermentação de outros para produzir alimentos e bebidas.
- Neste capítulo, aprenderemos sobre paredes celulares fúngicas e a estrutura da quitina. O conhecimento a respeito do flagelo eucariótico também será abordado, bem como a lignina nas plantas, que também é relevante.
- Você aprenderá como os fungos interagem com muitos outros organismos, incluindo as cianobactérias, algas verdes e plantas terrestres.

Qual sua opinião? Borrifar esporos de fungos que afetam as plantas pode ajudar a reduzir colheitas ilícitas, como as de papoulas para extração de ópio usado para fazer heroína. Os riscos ecológicos e à saúde sobrepõem os benefícios? Conheça a opinião de seus colegas e apresente seus argumentos a eles.

5.1 Características e classificação dos fungos

- Os fungos são heterotróficos que obtêm nutrientes por digestão extracelular e se dispersam produzindo esporos.

Características e ecologia

Fungos são heterotróficos, produtores de esporos e possuem quitina, um polissacarídeo que contém nitrogênio em sua parede celular.

Alguns fungos vivem como células simples; eles são comumente chamados leveduras. No entanto, a maioria é multicelular. Mofos e cogumelos são os exemplos mais familiares de fungos multicelulares (Figura 5.2*a*,*b*).

Um fungo multicelular cresce como uma rede de filamentos ramificados coletivamente chamados de **micélio**. Cada filamento é uma **hifa**, que consiste em células organizadas de extremidade a extremidade (Figura 5.2*c*). Dependendo do grupo fúngico, pode haver ou não septos entre células de uma hifa.

Todos os fungos se alimentam absorvendo nutrientes de seu meio ambiente. À medida que as células crescem na, ou sobre a, matéria orgânica, as células secretam enzimas digestivas e absorvem produtos da decomposição. Esse modo nutricional é conhecido como digestão e absorção extracelular. A maioria dos fungos é de sapróbios livres: organismos que se alimentam e decompõem resíduos e restos orgânicos. Nesse papel, eles ajudam a manter o ciclo de nutrientes nos ecossistemas. Outros fungos vivem em outros organismos. Alguns são parasitas, outros beneficiam seu hospedeiro, outros ainda não causam efeito.

Os fungos fazem associações reciprocamente benéficas com muitos organismos, especialmente com plantas. Na verdade, a maioria das plantas obtém benefícios com fungos crescendo dentro de si ou em suas raízes. Os fungos também se associam às células fotossintéticas, formando o que chamamos de liquens. Outros fungos vivem no estômago de alguns herbívoros. Os fungos ajudam o seu hospedeiro a digerir material vegetal.

Os fungos parasitam uma gama variada de organismos, que vai de algas a plantas, insetos e mamíferos. Eles podem ser patógenos de plantas cultivadas, e um pequeno número ameaça a saúde humana.

Visão geral dos ciclos de vida dos fungos

Nos fungos, como em alguns protistas, o estágio diploide é a parte menos destacada do ciclo de vida. Dependendo do grupo fúngico, um estágio haploide ou um estágio dicariótico domina o ciclo. "Dicariótico" significa que uma célula contém dois núcleos geneticamente diferentes (n+n).

Os fungos se dispersam produzindo esporos. Um esporo fúngico é uma célula ou agrupamento de células, muitas vezes com uma parede espessa que lhe permite sobreviver sob condições severas. Com exceção de um grupo, os esporos fúngicos não são móveis; eles não podem se mover de um lugar para outro. Os esporos podem se formar por mitose (esporos assexuados) ou por meiose (esporos sexuados). Cientistas tradicionalmente classificaram os fungos amplamente com base nas estruturas distintivas, nas quais eles produzem seus esporos sexuais.

Classificação e filogenia

Comparações de sequências de genes mostram que os fungos são mais relacionados aos animais do que às plantas:

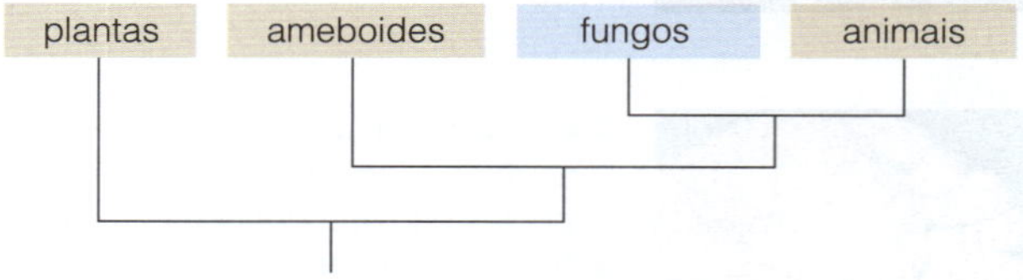

Os quitrídeos, zigomicetos e glomeromicetos são pequenos grupos que não são monofiléticos (Tabela 5.1). Eles não possuem um estágio dicariótico, e cada hifa é um filamento tubular com algumas ou nenhuma parede cruzada ou septos.

Figura 5.2 Fungos multicelulares (**a**) Mofo verde (*Penicillium digitatum*) crescendo em uma toranja. (**b**) Cogumelo "Scarlet hood" (*Hygrophorus*) em uma floresta da Virginia. Mofos e cogumelos são dois exemplos de micélio, um corpo multicelular composto de hifas individuais (**c**). O material flui facilmente entre as células de uma hifa.

Tabela 5.1 Principais grupos de fungos

Grupos sem estágio dicariótico, poucas ou nenhuma parede cruzada (septos) entre as células de hifas:

Quitrídeos

Mil espécies. Produzem esporos assexuada e sexuadamente. Esporos e gametas flagelados. Vivem em água do mar, água doce, solo úmido e em outros organismos.

Zigomicetos

1.100 espécies. Produzem esporos assexuada e sexuadamente. Vivem no solo e em outros organismos. Algumas espécies são patógenos humanos.

Glomeromicetos

150 espécies. Não se sabe se se reproduzem sexuadamente. Todos vivem nas raízes das plantas sem prejudicar a planta.

Grupos com micélio dicariótico que possuem paredes cruzadas regulares entre células de hifas:

Ascomicetos

Mais de 32 mil espécies. Produzem esporos assexuada e sexuadamente. Vivem no solo e em outros organismos. Alguns são patógenos humanos. Muitos se associam a células fotossintéticas e formam liquens.

Basidiomicetos

Mais de 26 mil espécies. Formam esporos assexuada e sexuadamente. Incluem espécies com as maiores e mais complexas estruturas que contêm esporos. Vivem no solo e em outros organismos.

As relações entre esses grupos e sua conexão com os dois principais grupos de fungos ainda estão sendo investigadas.

Os dois maiores grupos fúngicos monofiléticos são os ascomicetos e os basidiomicetos. Membros de ambos produzem um micélio dicariótico e as células de suas hifas são separadas por septo.

O que torna os ascomicetos e os basidiomicetos bem-sucedidos? Uma coisa: ter um micélio dicariótico aumentou a diversidade genética de seus esporos produzidos sexuadamente. Além disso, hifas com septos apresentam vantagens em *habitats* secos. Sem o septo, uma lesão em uma célula de uma hifa pode fazer com que a hifa inteira seque e morra.

Para pensar

Quais são as características dos fungos?

- Fungos são heterotróficos que absorvem nutrientes de seu meio ambiente. Eles vivem como células simples ou como um micélio multicelular, e se dispersam produzindo esporos.

5.2 Fungos flagelados

- Os quitrídeos são os únicos fungos atuais com ciclo de vida que inclui células flageladas.

Os **quitrídeos** são um grupo antigo de fungos. Seus esporos e gametas flagelados nadam em lagoas, mares, solo úmido e no corpo de alguns animais. O flagelo dos quitrídeos apresenta o mesmo tipo de estrutura vista em outros eucariotos. Esse fato sugere que o ancestral comum de todos os eucariotos atuais era flagelado. Comparações genéticas sugerem que se tratava de um tipo de protista.

A maioria dos quitrídeos se alimenta de resíduos e restos, ajudando, assim, a reciclar materiais. Alguns tipos nadam no sistema digestório de ovelhas, gados e outros herbívoros e os auxilia na digestão da celulose. Outros são parasitas.

O quitrídeo *Batrachochytrium dendrobatidis* é um parasita dos anfíbios (Figura 5.3). Foi descoberto no final dos anos 1990 quando cientistas investigavam um declínio repentino na população de sapos na Austrália e América do Sul. Desde então, o *B. dendrobatidis* tem sido detectado em sapos selvagens na América do Norte, América do Sul, Europa, África e Ásia.

O transporte de anfíbios para venda como animais de estimação provavelmente ajudou a espalhar esse parasita. A primeira infecção asiática foi registrada no final de 2006 em Tóquio, Japão, por um colecionador que tinha comprado sapos importados. Desde então, infecções também foram detectadas em sapos selvagens no Japão.

A dispersão mundial de *B. dendrobatidis* é causa de grande preocupação entre os ecologistas. Os sapos ajudam a controlar populações de insetos e também servem de alimento para muitos outros animais. A infecção por quitrídeos pode levar espécies já ameaçadas por outras razões à extinção.

Figura 5.3 Sapos e fungo. (**a**) O sapo arlequim, uma das muitas espécies infectadas pelo quitrídeo *B. dendrobatidis*. (**b**) Secção transversal da pele de um sapo infectado por quitrídeos. As setas indicam as estruturas que contêm os esporos fúngicos. Esporos de *B. dendrobatidis* podem sobreviver em água por até sete semanas antes de infectarem um novo hospedeiro.

5.3 Zigomicetos e parentes

- Os zigomicetos formam um micélio haploide ramificado no material orgânico e dentro de plantas e animais vivos.

Zigomicetos típicos

Somente os zigomicetos produzem um zigósporo durante a reprodução sexuada. A maioria de seu ciclo de vida é gasta como um micélio haploide sem ou com poucos septos entre as células. Não há hifas dicarióticas. A maioria desses fungos é sapróbia, mas alguns parasitam animais, protistas e outros fungos. Outros se associam às raízes das plantas de maneira reciprocamente benéfica.

O *Rhizopus stolonifer*, o bolor negro do pão, é um zigomiceto com ciclo de vida típico (Figura 5.4). Ele se reproduz tanto sexuada como assexuadamente. Existem duas linhagens geneticamente diferentes: positiva (+) e negativa (–). A reprodução assexuada ocorre quando as hifas de duas linhagens se encontram. Depois do contato, uma estrutura chamada gametângio se forma na ponta de cada hifa. A fusão citoplasmática de gametângios é seguida pela fusão de seus núcleos. O resultado é um zigósporo diploide com uma parede protetora espessa (Figura 5.4*e*). A meiose ocorre à medida que o zigósporo germina. Uma hifa emerge com uma bolsa com esporos haploides em sua ponta. Depois que esses esporos são liberados, eles germinam e cada um dá origem a um micélio haploide. Esse micélio cresce rapidamente e forma esporos por mitose nas pontas da hifa crescida.

Além de estragar o pão, a espécie *Rhizopus* transforma frutas e legumes pós-colheita em papa. O *Rhizopus oryzae* pode infectar pessoas com sistema imunológico enfraquecido. As hifas desses fungos proliferam nos vasos sanguíneos e causam a zigomicose, doença muitas vezes fatal. "Micose" é um termo genérico para qualquer infecção causada por um fungo.

O *Pilobolus*, outro zigomiceto, é comum no esterco do cavalo (Figura 5.5). Os esporos atravessam o intestino do cavalo e acabam nas fezes. Os esporos germinam e produzem um micélio que produz hifas especializadas portadoras de esporos. Na ponta de cada uma dessas hifas há uma bolsa com parede escura contendo esporos.

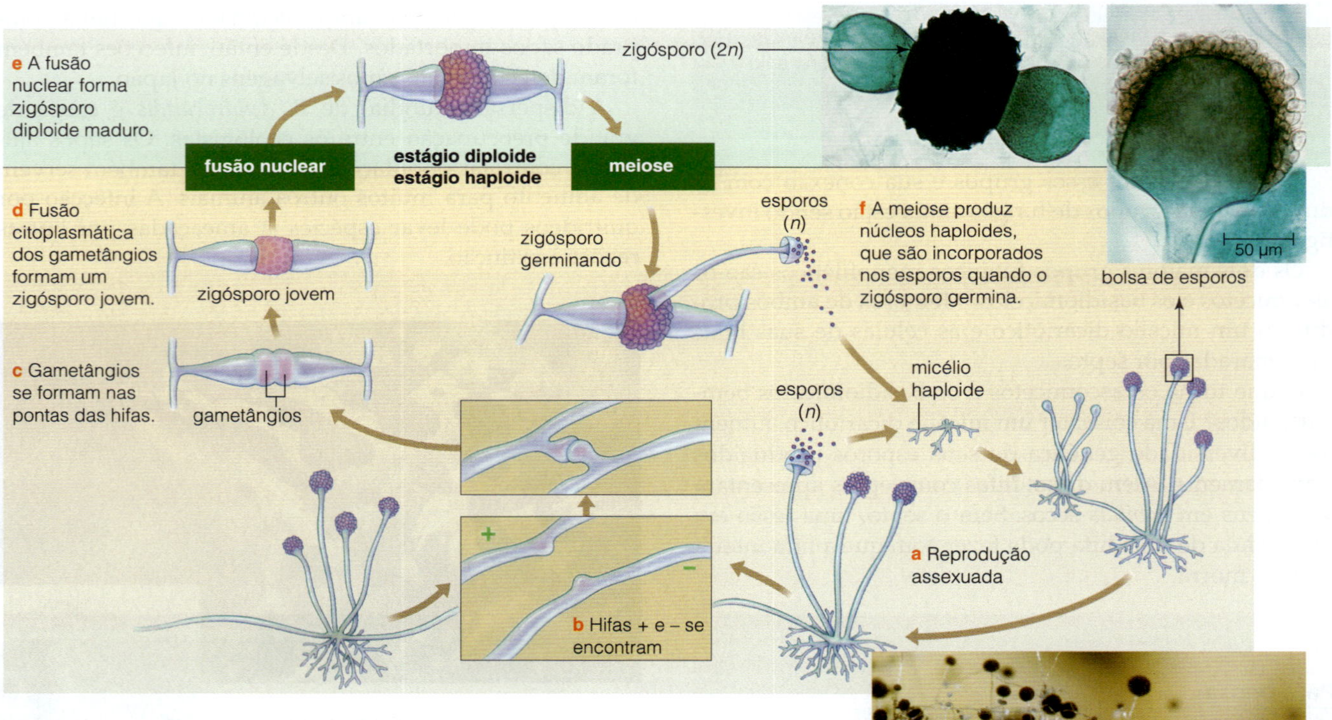

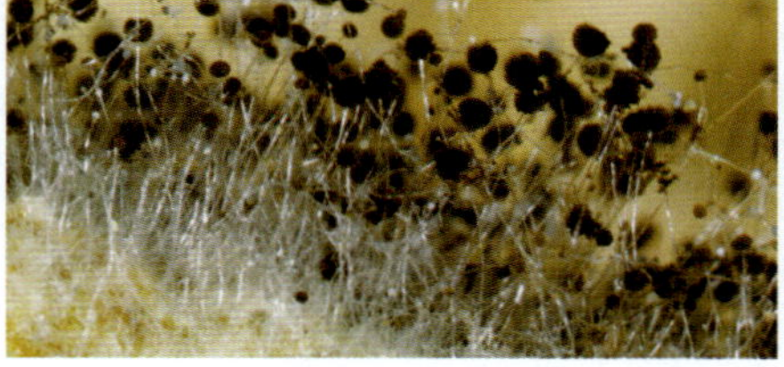

Figura 5.4 Ciclo de vida de *Rhizopus stolonifer*, um mofo negro de pão. (**a**) Um micélio haploide se reproduz assexuadamente, produzindo esporos haploides nas pontas de hifas especializadas. (**b–f**) A reprodução sexuada ocorre quando as hifas de duas linhagens compatíveis (+ e –) se encontram. A fusão citoplasmática de células que se formam nas pontas de hifas é seguida por fusão nuclear, que forma um zigósporo diploide com uma parede espessa. Os núcleos dentro do zigósporo sofrem meiose e são incorporados aos esporos. A germinação desses esporos dá origem a um novo micélio haploide.

Figura 5.5 Estruturas contendo esporos de *Pilobolus*. O nome significa "lançador de chapéu". Os "chapéus" escuros são bolsas de esporos.

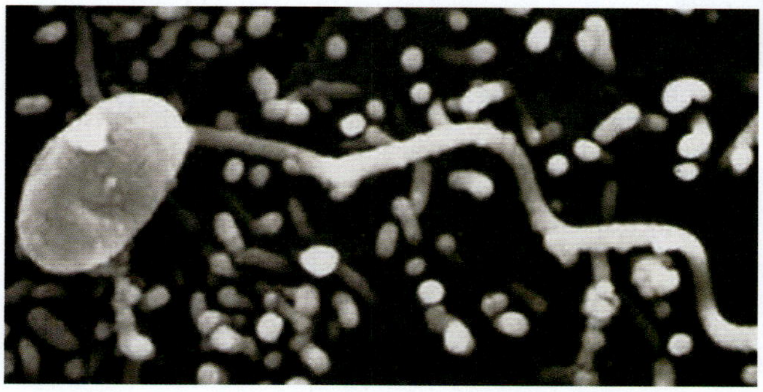

Figura 5.6 Micrografia eletrônica por varredura de um esporo microsporídio, com seu tubo polar expelido.

Abaixo dessa bolsa, o talo infla para fora; ele fica inchado com um vacúolo central cheio de fluido. Durante o dia, o talo flexiona-se de forma que a bolsa de esporos fique em direção ao Sol. A pressão do fluido acumula dentro do vacúolo central, até que a vesícula se rompe. A explosão poderosa pode expelir as bolsas de esporos até 2 metros – que é impressionante, uma vez que o talo mede menos de 10 milímetros de altura.

Microsporídios - parasitas intracelulares

Microsporídios são parasitas intracelulares de quase todos os animais. Por muito tempo foram considerados protistas, mas comparações genéticas indicam que eles são relacionados ao zigomicetos. Alguns biólogos os colocam dentro desse grupo; outros os consideram em um filo separado. Como alguns protistas parasitas, os microsporídios não possuem mitocôndrias. Eles contam com a célula hospedeira para obter ATP.

Um esporo microsporídio é formado por um tubo polar longo que fica guardado, enrolado no citoplasma. Quando o esporo entra em contato com uma célula hospedeira apropriada, o tubo se desenrola e entra naquela célula (Figura 5.6). O conteúdo infeccioso do esporo então flui pelo tubo para o hospedeiro.

Pelo menos 14 espécies de microsporídios infectam os seres humanos. A infecção por *Enterocytozoon bieneusi* é a mais comum. Os esporos podem entrar no corpo humano pela comida ou bebida, ou ainda pela inalação. Pessoas com Aids ou outras condições imunossupressoras estão sob maior risco de desenvolver a doença causada por microsporídios. Os parasitas frequentemente se fixam dentro do intestino, onde causam diarreia, cólicas abdominais e náusea. Os microsporídios também podem viver dentro das células da pele, dos olhos, dos rins e do cérebro. Se não tratada, uma dessas infecções pode ser fatal.

Figura 5.7 Hifa de um glomeromiceto ramificando-se dentro de uma célula vegetal.

Glomeromicetos - simbiontes das plantas

Os **glomeromicetos** eram colocados entre os zigomicetos, mas atualmente são considerados um grupo separado. Não se sabe se eles se reproduzem sexuadamente. Todos se associam às raízes das plantas. Uma hifa cresce na raiz e se ramifica dentro da parede da célula da raiz. (Figura 5.7). Ter um fungo parceiro não prejudica a célula da raiz; o fungo compartilha nutrientes do solo com seu hospedeiro. Discutiremos as associações entre fungos e plantas novamente na Seção 5.6.

Para pensar

O que são zigomicetos e seus parentes?

- Os zigomicetos formam um esporo diploide com parede espessa quando se reproduzem sexuadamente. Alguns estragam alimentos ou causam doenças. Os microsporídios são um subgrupo que vive dentro das células animais.
- Glomeromicetos, um grupo relacionado, se associa e beneficia plantas.

5.4 Ascomicetos

- Os ascomicetos são o grupo fúngico mais diversificado. Eles apresentam formas unicelulares e multicelulares.

Fungos com asco, ou ascomicetos, incluem mais de 32 mil espécies nomeadas. Eles incluem leveduras unicelulares e espécies multicelulares. As hifas são formadas por paredes septadas em intervalos regulares e frequentemente se entrelaçam como corpos produtores de esporos elaborados.

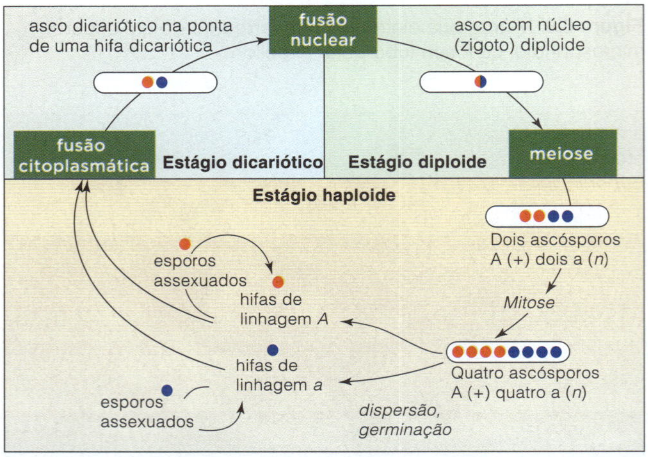

Figura 5.8 Um micélio haploide que produz esporos por mitose domina o ciclo de vida do *Neurospora*. A reprodução assexuada ocorre quando as hifas de diferentes linhagens se encontram. A fusão citoplasmática produz hifas dicarióticas que, com hifas haploides, formam o ascocarpo. A fusão nuclear ocorre nos ascos, células em forma de bolsa dentro do ascocarpo. O zigoto resultante sofre meiose, formando quatro esporos haploides. Os esporos haploides se dividem por mitose, produzindo oito ascósporos.

As hifas septadas evoluíram no ancestral comum dos ascomicetos e basidiomicetos. As paredes septadas contribuíram para o sucesso de ambos os grupos. Hifas fortalecidas com paredes septadas podem formar corpos produtores de esporos maiores. Paredes septadas também dividem o citoplasma; assim, danos em uma parte da hifa não fazem com que ela inteira seque e morra. Esse é um dos motivos por que os ascomicetos e basidiomicetos são geralmente mais prevalecentes que os zigomicetos em ambientes secos.

A maioria dos fungos que se associa a células fotossintéticas são fungos com asco, assim como muitos fungos patógenos de plantas. A espécie matadora de corais *Aspergillus* mostrada na Figura 5.1 e o mofo mostrado na Figura 5.2*a* são ascomicetos. Os ascomicetos são o grupo que causa doenças em humanos com mais frequência — um assunto que abordaremos na seção final deste capítulo.

Reprodução sexuada

Nem todos os ascomicetos se reproduzem sexuadamente. Naqueles que o fazem, os esporos tipicamente se formam dentro de uma célula vesicular chamada asco. A Figura 5.8 mostra o ciclo da vida do *Neurospora crassa* (mofo vermelho do pão). Essa espécie é frequentemente usada em pesquisa genética, pois ela pode ser cultivada em laboratório, e os resultados de cruzamentos genéticos são facilmente observáveis. A reprodução sexuada começa quando as hifas de dois tipos compatíveis se encontram e formam hifas dicarióticas (n+n). A fusão nuclear, seguida por meiose, ocorre nos ascos que se formam nas pontas das hifas.

Fungos com ascos multicelulares frequentemente produzem ascos em um corpo de frutificação ou ascocarpo (Figura 5.9). É tipicamente feito de hifas haploides e dicarióticas entrelaçadas.

Figura 5.9 Ascocarpos. (**a**) *Sarcoscypha coccinea*, fungo do copo escarlate. O formato de xícara é um ascocarpo. Ascos, cada um contendo oito ascósporos, se formam em sua superfície interna. (**b**) Cogumelos morel, os ascocarpos comestíveis de *Morchella esculenta*. (**c**) Uma cesta de trufas. Esses ascocarpos se formam sob o solo e os esporos ficam dentro deles. As trufas são um alimento *gourmet* altamente valioso.

Reprodução assexuada

A maioria das leveduras são ascomicetos unicelulares. Por exemplo, a *Candida* é um ascomiceto que causa "infecções por levedura" na boca e na vagina. As leveduras muitas vezes podem se reproduzir assexuadamente por brotamento (Figura 5.10*a*). Ascomicetos multicelulares também se reproduzem assexuadamente. Eles produzem esporos haploides chamados conídios ou conidiósporos nas pontas de hifas especializadas. A Figura 5.10*b* mostra um exemplo.

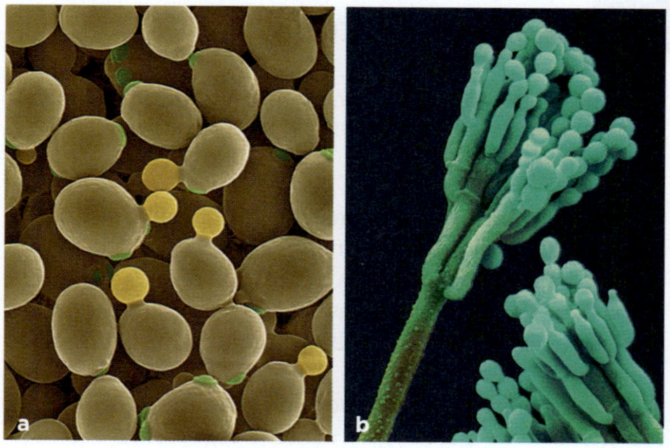

Figura 5.10 Reprodução assexuada em ascomiceto. (**a**) Células da levedura *Candida albicans*. Observe as pequenas células brotando das maiores. (**b**) Conídios (esporos sexuais) de *Eupenicillium*. "Conidia" significa poeira.

Utilizações humanas dos ascomicetos

Colocamos os ascomicetos em uma grande variedade de utilizações. Como já mencionado, o *Neurospora* é usado em estudos genéticos.

Cogumelos morel (Figura 5.9*b*) e trufas (Figura 5.9*c*) estão entre os ascocarpos comestíveis. A trufa se forma no subsolo. Quando os esporos amadurecem, o fungo exala um odor semelhante a um porco no cio. As porcas que sentem o cheiro dispersam os esporos da trufa ao escavar o solo em busca de um pretendente aparentemente subterrâneo. Os cães também podem ser treinados para farejar trufas.

Procurar trufas pode valer a pena. Em 2006, uma única trufa italiana de 1,5 quilo foi vendida por US$ 160.000.

As reações de fermentação nos ascomicetos nos ajudam a fazer comidas e bebidas. Um pacote de fermento biológico contém esporos de *Saccharomyces cerevisiae*. Quando a massa do pão é colocada para crescer em um local quente, os esporos germinam e liberam células que se reproduzem por brotamento. O dióxido de carbono, um subproduto das reações de fermentação nessas células, faz com que a massa se expanda. A fermentação por *S. cerevisiae* também ajuda a produzir cerveja e vinho. Uma espécie de *Aspergillus* fermenta grãos de soja e trigo para o molho de soja. Outra produz o ácido cítrico que é usado como conservante e para dar sabor a refrigerantes. A *Penicillium roquefortii* acrescenta algumas faixas azuis picantes em queijos como Roquefort e Gorgonzola.

Alguns ascomicetos são fontes de drogas. De forma mais conhecida, a fonte inicial do antibiótico penicilina era o fungo do solo, o *Penicillium chrysogenum*. Outro antibiótico, a cefalosporina, foi isolado pela primeira vez a partir do *Cephalosporium*. Estatinas provenientes do *Aspergillus* ajudam a reduzir os níveis de colesterol, e a ciclosporina, do *Trichoderma*, ajuda a prevenir a rejeição a órgãos transplantados.

Os ascomicetos que infectam plantas ou animais podem ser usados como herbicidas ou pesticidas naturais. Por exemplo, o *Arthrobotrys* é um fungo com asco predatório. Ele produz hifas especiais com laços que prendem e capturam nematoides (Figura 5.11). Depois de se alimentar de um verme, o fungo produz esporos assexuados. Pesquisadores esperam controlar a população de nematoides, que danifica colheitas, espalhando os esporos de *Arthrobotrys* nos campos agrícolas.

Figura 5.11 Um fungo predador (*Arthrobotrys*) que captura e se alimenta de nematoides. Anéis que se formam nas hifas contraem e capturam os vermes, depois as hifas juntam os vermes e os digerem.

Para pensar

O que são ascomicetos?

- Os ascomicetos são o maior grupo fúngico. Alguns são células simples, mas na maioria um micélio haploide domina o ciclo de vida. Os ascomicetos que se reproduzem sexuadamente formam esporos dentro de um asco. Leveduras se reproduzem assexuadamente por brotamento, e espécies multicelulares, pela formação de conídios.
- Usamos os ascomicetos como fontes de alimentos e bebidas, como fármacos e como agentes de controle de pragas.

5.5 Basidiomicetos

- Os basidiomicetos produzem os maiores e mais elaborados corpos de frutificação; alguns cogumelos familiares são exemplos.

Os **basidiomicetos** são, na maioria, multicelulares. A fase dicariótica (n+n) é predominante em seu ciclo de vida e eles formam esporos sexuais dentro das células em forma de bastão. Tipicamente, essas células se desenvolvem em um corpo de frutificação ou basidioma, composto de hifas dicarióticas entrelaçadas.

Como exemplo, *champignons* de mercados e de pizzas são geralmente partes que contêm esporos de *Agaricus bisporus*. As hifas haploides de *A. bisporus* crescem sob o solo. Quando as hifas de duas linhagens de combinação se encontram e se fundem, o resultado é um micélio dicariótico (Figura 5.12*a,b*). Esse micélio cresce pelo solo e forma cogumelos quando as condições favorecem a reprodução sexuada. Abaixo do "chapéu" de cada cogumelo estão as lâminas de tecido (lamelas) radiadas com células em forma de bastão. Os dois núcleos dessas células dicarióticas se fundem e formam um zigoto diploide (Figura 5.12*c,d*). O zigoto sofre meiose, formando quatro esporos haploides. Esses esporos são dispersos pelo vento, germinam e começam um novo ciclo (Figura 5.12*e,f*).

Os basidiomicetos desempenham papel importante como decompositores de plantas; eles são os únicos fungos capazes de decompor a lignina, que enrijece o caule de muitas plantas. Alguns fungos florestais são gigantes antigos. Por exemplo, em uma floresta no Oregon, o micélio de um cogumelo do mel (*Armillaria ostoyae*) se estende por mais de 800 hectares de terra. De acordo com uma estimativa, esse fungo tem 2.400 anos de idade. Essa espécie ajuda a decompor troncos e tocos, mas também ataca árvores vivas e pode matá-las.

Manchas e "ferrugens" também são patógenos das plantas. Diferente da maioria dos basidiomicetos, eles não produzem um corpo de frutificação grande. A ferrugem do trigo é um exemplo (Figura 5.13*a*). Produzidos assexuadamente, os esporos de cor ferrugem espalham a infecção rapidamente entre as plantas, reduzindo o produto da colheita em até 70%.

Outros basidiomicetos incluem "puffballs", orelhas-de-pau, fungos coraloides e cogumelos "chanterelle" (Figura 5.13). Os cogumelos "chanterelle" são comestí-

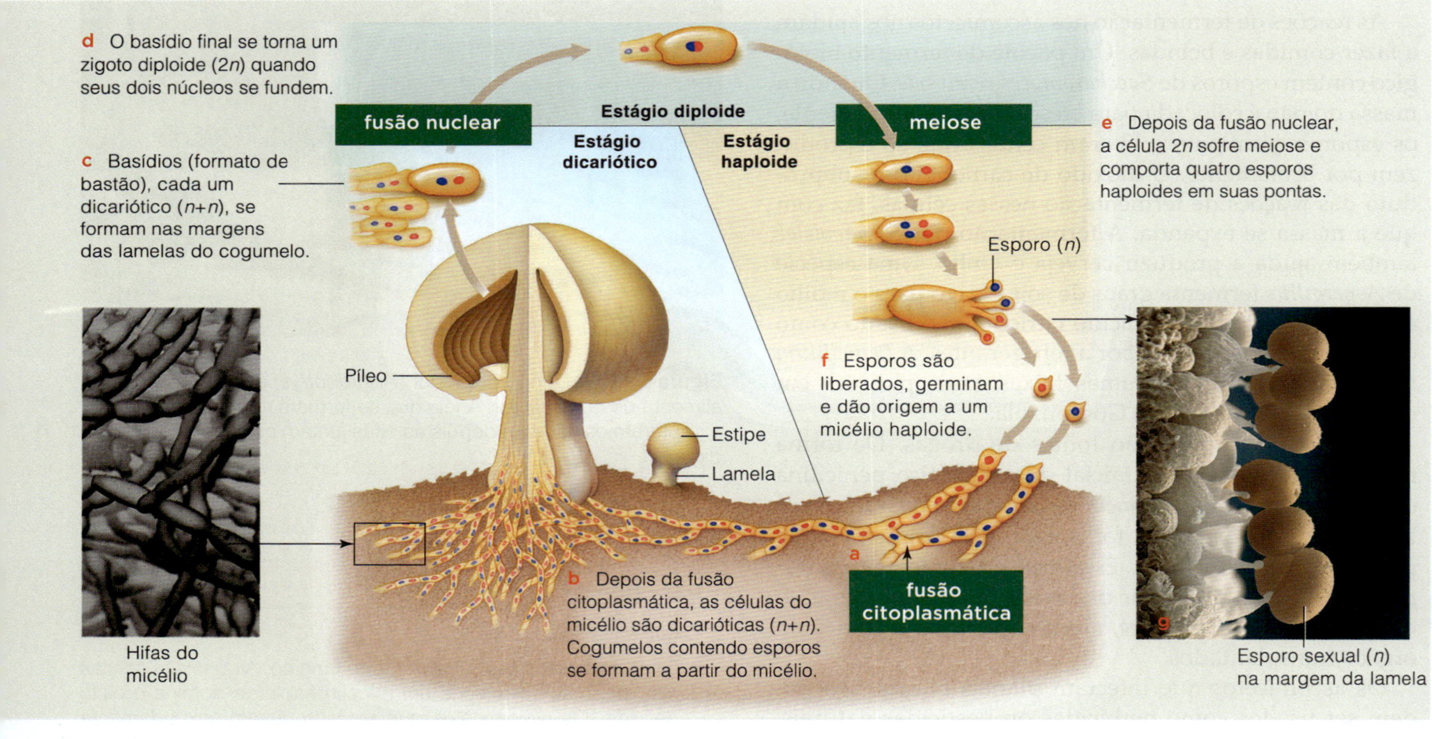

Figura 5.12 Ciclo de vida típico de um basidiomiceto com duas linhagens de hifas. (**a**) Células haploides de hifa de duas linhagens compatíveis se encontram. Seus citoplasmas se fundem; os núcleos não. (**b**) As divisões celulares mitóticas formam um micélio no qual cada célula é formada por dois núcleos. Sob condições favoráveis, muitas hifas do micélio se entrelaçam e formam um cogumelo. (**c**, **d**) Estruturas em forma de bastão (basídios) se desenvolvem nas lamelas do cogumelo. A célula terminal do "bastão" se torna diploide quando dois núcleos se fundem. (**e**) A meiose resulta em quatro esporos haploides, que migram para quatro extensões citoplasmáticas na ponta do basídio. (**f**) Os esporos saem das lamelas. (**g**) Cada um pode germinar e dar origem a um novo micélio.

Resolva: O que são os pontos azuis e vermelhos nesta figura?

Resposta: Núcleos geneticamente diferentes

veis, mas algumas espécies com aparência semelhante são venenosas. Outros cogumelos selvagens comestíveis possuem semelhanças venenosas. Por exemplo, a maioria dos "puffballs" pode ser comida enquanto são jovens e brancos. Porém, quando o *Amanita phalloides*, o "chapéu" mortal, emerge do solo, pode parecer um "puffball" para o olho não treinado. Somente mais tarde é desenvolvido o píleo distintivo (Figura 5.13*d*). Comer uma espécie *Amanita* pode causar náusea e cólicas abdominais, seguidas de falência hepática, renal e morte.

Figura 5.13 Diversidade de basidiomicetos. (**a**) *Puccinia graminis*, ferrugem no caule do trigo. Esporos transportados pelo vento espalham a doença. O ciclo de vida é complicado e exige duas espécies de plantas diferentes como hospedeiras.
Exemplos de basidiomas. (**b**) Um "puffball" não maduro (*Calvatia*). Esporos se formam dentro dele. Quando maduro, ele fica marrom e os esporos escapam por uma abertura no topo ou em uma fenda no revestimento. Os "puffballs" maiores podem ter mais de um metro de diâmetro. (**c**) A orelha-de-pau sulfurosa (*Laetiporus*) é um patógeno. Suas hifas crescem em uma árvore hospedeira e digerem tecidos internos.
(**d**) Cicuta verde (*Amanita phalloides*). O estipe, o píleo e os esporos são tóxicos. Mesmo com tratamento, cerca de um terço dos envenenamentos é fatal. Espécies de *Amanita* causam em todo mundo cerca de 90% dos envenenamentos por cogumelos.

Para pensar

O que são basidiomicetos?

- Basidiomicetos são fungos nos quais um micélio dicariótico domina o ciclo de vida.
- Eles são importantes decompositores de madeira e são formados pelos maiores e mais complexos corpos de frutificação de todos os fungos.

5.6 Simbiontes fúngicos

- Os fungos formam associações com plantas e com espécies fotossintéticas unicelulares.

Liquens

A maioria dos **liquens** é uma interação simbiótica entre um ascomiceto e uma alga verde ou cianobactéria. Alguns basidiomicetos também formam liquens.

O líquen se forma depois que a ponta de uma hifa fúngica se liga a uma célula fotossintética apropriada. Ambas as células perdem sua parede e se dividem. O resultado é um corpo multicelular que pode ser achatado, ereto, em forma de folha ou suspenso. Alguns liquens apresentam uma organização em camadas (Figura 5.14).

O fungo compõe a maior parte da massa do líquen. Tecidos fúngicos abrigam uma espécie fotossintética, que compartilha nutrientes com o fungo. O líquen é um caso de mutualismo? **Mutualismo** é uma interação simbiótica que beneficia ambas as espécies. Contudo, por outro lado, o fungo pode estar explorando uma espécie fotossintética que mantém presa dentro de seus tecidos. O grau em que cada espécie se beneficia pode variar entre as espécies. Os liquens se reproduzem assexuadamente por fragmentação. O fungo parceiro também pode liberar esporos. Para sobreviver, um fungo recém-germinado deve fazer contato com o parceiro fotossintético adequado.

Os liquens podem colonizar lugares que são hostis demais para a maioria dos organismos. Por exemplo, quando uma geleira recua, os liquens colonizam o leito rochoso recém-exposto. Ao liberar ácidos e barrar a água que congela e degela, eles decompõem a rocha. Quando as condições do solo melhoram, as plantas se estabelecem e formam raízes. Há milhões de anos atrás, os liquens podem ter precedido as plantas na Terra.

Atualmente, alguns liquens estão ameaçados pela poluição do ar. Eles absorvem poluentes e não conseguem decompô-los.

Endófitos fúngicos

Fungos endófitos são, em sua maioria, ascomicetos que residem nas folhas e nos caules de grande parte das plantas. Geralmente, a interação nem ajuda nem prejudica a planta. Alguns hospedeiros se beneficiam quando o fungo produz substâncias químicas que detêm os herbívoros.

Figura 5.14 (**a**) Líquen em forma de folha em uma bétula. (**b**) Liquens incrustados no granito. (**c**) Organização de um líquen estratificado; como seria em uma secção transversal.

Por exemplo, um fungo que vive dentro da *Festuca* (um tipo de grama) produz alcaloides que podem intoxicar os herbívoros. Uma vez afetado, o animal evitará a grama. Outros fungos endófitos protegem o parceiro dos patógenos, incluindo outros fungos ou oomicetos, tais como *Phytophthora*.

Micorrizas – fungos de raízes

Muitos fungos do solo, incluindo as trufas, vivem nas raízes das árvores em uma associação conhecida como micorriza. Em alguns casos, as hifas formam uma rede densa ao redor das raízes, mas não penetram nelas. Os basidiomicetos frequentemente participam da micorriza com raízes de árvores em florestas temperadas. A maioria dos cogumelos de floresta são estruturas reprodutivas desses fungos. Em outros casos, as hifas do fungo penetram nas células da raiz, como mostrado na Figura 5.7. Cerca de 80% das plantas vasculares formam essa associação com um glomeromiceto.

Hifas de ambos os tipos de micorrizas crescem pelo solo e aumentam funcionalmente a área superficial de absorção de seu parceiro. As hifas fúngicas são finas. Elas crescem melhor entre as partículas do solo do que até mesmo as raízes das menores plantas. O fungo concentra nutrientes e os compartilha com a planta. A planta cede açúcares ao fungo. É uma troca benéfica; muitas plantas não se desenvolvem muito bem sem as micorrizas (Figura 5.15).

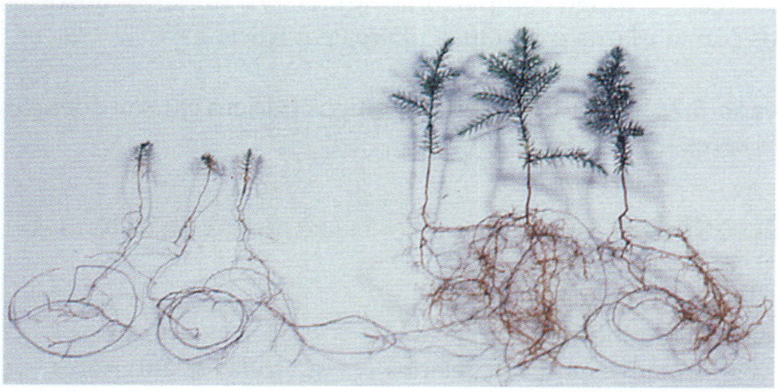

Figura 5.15 Efeitos da presença ou ausência de micorrizas na planta crescida em solo esterilizado, pobre em fósforo. As mudas de junípero *à esquerda* formaram o grupo de controle; eles cresceram sem o fungo. Nas amostras de seis meses, *à direita*, o grupo experimental cresceu com um fungo parceiro.

Para pensar

Que tipos de relações simbióticas os fungos formam?

- O líquen consiste em um fungo e células fotossintéticas.
- Os fungos também formam associações mutuamente benéficas com as plantas; o fungo pode viver em caules, folhas ou raízes.

5.7 Fungos prejudiciais

- Embora a maioria dos fungos seja inofensiva e ecologicamente benéfica, uma pequena minoria pode prejudicar a saúde humana.

Os fungos frequentemente infectam a pele humana. Muitas vezes, o fungo causa descamação, vermelhidão e coceira, mas não é um risco sério à saúde de uma pessoa saudável.

Por exemplo, uma variedade de fungos se fixa na pele fina entre os dedos do pé, causando o que é comumente chamado "pé-de-atleta" (Figura 5.16*a*). Essas infecções geralmente podem ser curadas com medicamentos comuns. Para evitar o pé-de-atleta, não ande descalço em banheiros públicos ou outros locais onde pessoas infectadas podem ter andado e deixado esporos fúngicos. Além disso, mantenha seus pés secos; os fungos da pele crescem melhor em locais continuamente úmidos.

Os ascomicetos do gênero *Candida* muitas vezes ocorrem naturalmente na vagina, mas o crescimento excessivo pode causar vaginite fúngica ou uma infecção por levedura. Os sintomas geralmente incluem coceira ou sensação de queimação e corrimento vaginal espesso, inodoro e esbranquiçado. Relações sexuais são muitas vezes dolorosas. A eliminação das populações normais de bactérias existentes na vagina por meio de duchas ou pelo uso de antibióticos aumenta o risco de vaginite fúngica, assim como o uso de anticoncepcionais orais.

A histoplasmose é uma doença fúngica comum no meio-oeste e centro-sul dos Estados Unidos, ocorrendo também na América do Sul, incluindo o Brasil. Ela ocorre onde o solo contém esporos de *Histoplasma capsulatum*. A maioria das pessoas que inalam esses esporos não apresenta sintomas, ou apenas um rápido ataque de tosse, mas sem efeito contínuo. Contudo, em alguns indivíduos – geralmente idosos ou pessoas imunodeprimidas – o fungo pode se espalhar pelos pulmões, pelo sangue e nos órgãos, causando resultados fatais.

Da mesma forma, solos no sudoeste norte-americano contêm esporos de *Coccidioides*, que podem causar a coccidioidomicose ou febre do vale. Essa doença também ocorre no México, na Argentina e no Brasil. Como a histoplasmose, essa enfermidade pode ser fatal em idosos ou pessoas com sistema imunológico deficiente.

Como exemplo final de efeitos fúngicos sobre a saúde humana, considere o *Claviceps purpurea*. Não se trata de um patógeno humano, mas um parasita do centeio e outros grãos de cereal (Figura 5.16*b*). Os alcaloides produzidos pelo fungo podem estragar a farinha e causar um tipo de envenenamento chamado ergotismo. Os sintomas incluem vômito, alucinações visuais e auditivas, além de convulsões. O ergotismo severo pode ser fatal.

O ergotismo pode ter desempenhado um papel no episódio da caça às bruxas no início das colônias norte-americanas, como em Salem, Massachusetts. Sintomas reportados pelos "enfeitiçados", como tremores e alucinações auditivas, estão entre aqueles causados pelo ergotismo.

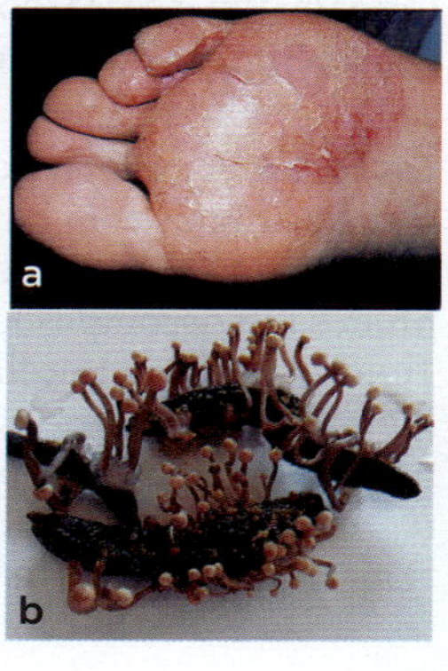

Figura 5.16 (**a**) Um caso de pé-de-atleta, causado por *Epidermophyton floccosum*. (**b**) Esporos de *Claviceps purpurea*, em uma planta de centeio infectada. Alcaloides provenientes desse fungo causam o ergotismo.

QUESTÕES DE IMPACTO REVISITADAS | Fungos Aéreos

O *Fusarium*, um ascomiceto, pode voar alto. David Schmale, da Virginia Tech, (*à esquerda*), coletou os esporos de mais de uma dúzia de espécies de *Fusarium* no ar. Muitos infectam plantas e alguns causam doenças humanas. Em 2006, os esporos de *Fusarium* entraram na solução de lentes de contato e causaram infecções em todo o mundo.

Resumo

Seção 5.1 Todos os fungos são heterotróficos que secretam enzimas digestivas sobre a matéria orgânica e absorvem os nutrientes liberados. A maioria é formada por sapróbios que se alimentam de restos orgânicos. Outros fungos são inofensivos ou simbiontes benéficos. Outros são parasitas. Os fungos são evolutivamente mais relacionados aos animais do que às plantas. Eles incluem leveduras unicelulares e espécies multicelulares. Em espécies multicelulares, os esporos germinam e dão origem a filamentos chamados **hifas**. Os filamentos tipicamente crescem como uma malha extensa chamada **micélio**.

Seções 5.2, 5.3 **Quitrídeos** são um grupo antigo de fungos, e os únicos fungos com esporos e gametas flagelados. Os quitrídeos que infectam os anfíbios são motivo de preocupação em todo o mundo.

Os **zigomicetos** incluem os mofos comuns. As hifas são tubos contínuos com poucas ou sem paredes septadas. Um zigósporo diploide com parede espessa se forma durante a reprodução sexuada. A meiose das células dentro do zigósporo produz esporos haploides que germinam e produzem um micélio também haploide. Os micélios também produzem esporos assexuados.

Os **microsporídios** são zigomicetos que vivem dentro de células animais. Como outros desse tipo, eles podem causar doenças em humanos. Os **glomeromicetos**, parentes próximos dos zigomicetos, vivem dentro das raízes das plantas.

Seção 5.4 Os ascomicetos são o grupo fúngico mais diversificado. Eles incluem leveduras unicelulares e espécies multicelulares que são formadas por hifas com paredes septadas. Muitos ascomicetos produzem esporos assexuados ou conídios. Os esporos sexuais são produzidos nos ascos. Em espécies multicelulares, essas estruturas em forma de bolsa formam um ascocarpo que consiste em hifas dicarióticas. Muitos fungos com asco são economicamente importantes.

Seção 5.5 A maioria dos basidiomicetos multicelulares é formada por hifas com paredes septadas. Esse grupo produz os maiores e mais complexos corpos de frutificação (basidiomas). Muitos são decompositores importantes em *habitats* florestais. Tipicamente, um micélio dicariótico domina o ciclo de vida. Ele cresce por mitose e, em algumas espécies, se estende por um vasto volume de solo. Quando as condições favorecem a reprodução, um basidioma, também formado por hifas dicarióticas, se desenvolve. O cogumelo é um exemplo. Esporos haploides se formam por meiose nas pontas das células em forma de bastão (basídios).

Seção 5.6 Muitos fungos são simbiontes, passando todo ou parte de seu ciclo de vida em outra espécie. Os **fungos endófitos** vivem em muitos caules e folhas sem prejudicar a planta hospedeira. Alguns protegem os hospedeiros dos herbívoros ou dos patógenos das plantas. Esse é um exemplo de mutualismo, uma interação reciprocamente benéfica.

O **líquen** é um organismo composto que consiste em um simbionte fúngico e um ou mais organismos autotróficos, como as algas verdes ou cianobactérias. O fungo forma a maior parte do líquen e obtém um suprimento de nutrientes de seu parceiro fotossintético.

Uma **micorriza** (fungo de raiz) é uma interação simbiótica entre um fungo e uma planta. As hifas fúngicas cercam ou penetram nas raízes e complementam sua área superficial de absorção. O fungo compartilha alguns íons minerais absorvidos com a planta e obtém açúcares em troca.

Seção 5.7 Vários fungos patogênicos podem causar doenças em seres humanos.

Questões

Respostas no Apêndice I

1. Todos os fungos________.
a. são multicelulares
b. formam esporos flagelados
c. são heterotróficos
d. todas as anteriores

2. Fungos sapróbios retiram nutrientes de ________.
a. matéria orgânica não vivente
b. plantas vivas
c. animais vivos
d. fotossíntese

3. Em _______, uma hifa é formada por nenhuma ou poucas paredes septadas.
a. todos os fungos
b. zigomicetos
c. ascomicetos
d. basidiomicetos

4. Uma fatia de pão branco contém os restos de muitas células de levedura, um tipo de ________.
a. quitrídeo
b. zigomiceto
c. ascomiceto
d. basidiomiceto

5. Em muitos _______, um amplo micélio dicariótico é a fase mais longa do ciclo de vida.
a. quitrídeos
b. zigomicetos
c. ascomicetos
d. basidiomicetos

6. O cogumelo é ________.
a. a parte de um quitrídio que absorve os alimentos
b. a única parte do corpo fúngico não composto de hifas
c. uma estrutura reprodutora que libera esporos sexuais
d. produzido por meiose em um zigósporo

Exercício de análise de dados

O basidiomiceto *Armillaria ostoyae* infecta árvores vivas e age como um parasita, retirando nutrientes delas. Se a árvore morrer, o fungo continua a se alimentar de seus restos. Hifas fúngicas crescem a partir das raízes de árvores infectadas e raízes de troncos mortos. Se essas hifas entrarem em contato com as raízes de uma árvore saudável, elas podem invadi-la e causar uma nova infecção.

Patologistas na floresta canadense hipotetizaram que a remoção de tocos depois do corte poderia ajudar a evitar as mortes das árvores. Para testar essa hipótese, eles realizaram um experimento. Em metade de uma floresta eles removeram os tocos depois do corte. Em uma área de controle, eles deixaram os tocos. A Figura 5.17 mostra seus resultados.

1. Qual espécie de árvore foi mais susceptível à *A. ostoyae* nas florestas de controle? Qual foi a menos afetada pelo fungo?
2. Para as espécies mais afetadas, que porcentagem de mortes foi causada pelo *A. ostoyae* na floresta controle e na floresta experimental?
3. Observando os resultados gerais, os dados apoiam a hipótese? A remoção de tocos reduz os efeitos do *A. ostoyae*?

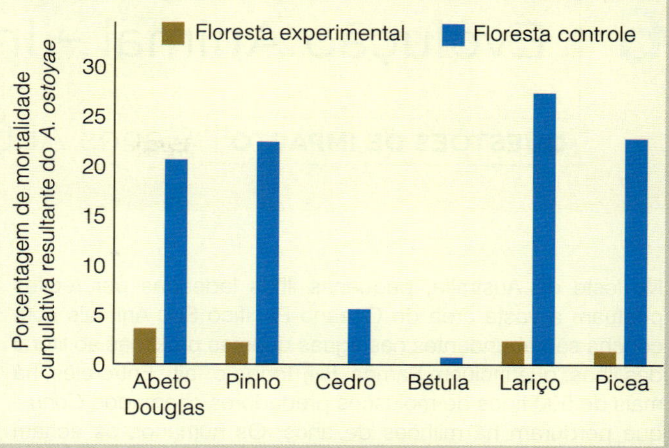

Figura 5.17 Resultados de um estudo de longo prazo sobre como práticas de corte afetam a morte de árvores causada pelo fungo *A. ostoyae*. Na floresta experimental, árvores inteiras – incluindo tocos – foram removidas (barras *marrons*). A porção controlada da floresta foi cortada de forma convencional, com tocos deixados (barras *azuis*).

7. Esporos liberados das lamelas do cogumelo são __________.
   a. bastões c. haploides
   b. dicarióticos d. a e c
8. O antibiótico penicilina foi isolado a partir de um ________.
   a. quitrídeo c. ascomiceto
   b. zigomiceto d. basidiomiceto
9. Algumas algas verdes em associação com um fungo formam um(a) ______________________.
   a. líquen c. hifa
   b. micorriza d. zigósporo
10. Uma interação interespecífica em longo prazo que beneficia ambos os participantes é uma _______.
11. Todos os glomeromicetos ________.
    a. causam doenças humanas c. são basidiomicetos
    b. se associam às raízes d. são parte de um líquen
12. Verdadeiro ou falso? Somente ascomicetos formam micorrizas.
13. Histoplasmose é um exemplo de um(a) ______.
    a. endófito c. micorriza
    b. líquen d. micose
14. Ascomicetos unicelulares conhecidos como leveduras podem se reproduzir assexuadamente por _______.
    a. formação de zigósporo c. brotamento
    b. conjugação d. fragmentação
15. Ligue os termos corretamente.

_____ quitrídeo	a. forma esporos em um asco
_____ ascomiceto	b. produz esporos flagelados
_____ líquen	c. vive em células animais
_____ basidiomiceto	d. é capaz de digerir lignina
_____ fungo zigósporo	e. forma esporos diploides com parede espessa
_____ micorriza	f. fungo e células fotossintéticas
_____ microsporídio	g. fungo e raiz de plantas

Raciocínio crítico

1. Determinados cogumelos venenosos são de cores brilhantes e distintivas, de modo que os animais comedores de cogumelos sabem como reconhecê-los. Uma vez afetado, o animal evita essas espécies. Outros cogumelos tóxicos são comuns, assim como os comestíveis, mas é percebido um odor forte incomum. Alguns cientistas acham que os odores fortes ajudam na defesa contra animais comedores de cogumelos ativos à noite. Explique esse raciocínio.
2. Há chances de que um fungo dermatofítico (que vive na pele) já tenha se fixado em você ou em alguém que você conhece. *Trichophyton*, *Microsporum* e *Epidermophyton* são os principais culpados. Eles causam doenças conhecidas como tinhas, e os profissionais da saúde se referem a cada tipo de acordo com os tecidos do corpo infectados. Como mostrado na Tabela 5.2, os dermatófitos vivem em quase todas as superfícies do corpo. Eles se alimentam de camadas externas mortas de pele secretando enzimas que dissolvem a queratina, a principal proteína da pele, e outros componentes cutâneos. As áreas afetadas normalmente ficam elevadas, vermelhas e coçam.

   As doenças dermatófitas são persistentes. Pomadas e cremes podem não alcançar as camadas mais profundas de pele infectada. Existem menos drogas antifúngicas do que drogas antibacterianas, e as antifúngicas muitas vezes provocam efeitos colaterais ruins. Reflita sobre as relações evolutivas entre bactérias, fungos e seres humanos. Por que é mais difícil combater fungos do que bactérias?

Tabela 5.2 Doenças dermatófitas comuns

Doença	Partes do Corpo Infectadas
Tinea corporis (dermatofitose)	Tronco, membros
Tinea pedis (pé-de-atleta)	Pé, dedos
Tinea capitis	Couro cabeludo, sobrancelhas, cílios
Tinea cruris (micose da virilha)	Virilha, área perianal
Tinea barbae	Áreas com barba
Tinea unguium	Unhas dos pés e das mãos

6 Evolução Animal - Invertebrados

QUESTÕES DE IMPACTO Genes Antigos, Novos Medicamentos

No leste da Austrália, pequenas ilhas ladeadas por recifes pontuam a vasta área do Oceano Pacífico Sul. Animais com concha são abundantes nas águas quentes próximas ao litoral das ilhas, que incluem Samoa, Fiji, Tonga e Taiti. Entre eles, há mais de 500 tipos de moluscos predadores chamados *Conus*, que perduram há milhões de anos. Os humanos os acham deliciosos e bonitos (Figura 6.1).

Os *Conus* fascinam biólogos por diferentes motivos. Eles são caçadores furtivos, ficam às ocultas frequentemente enterrados em sedimento, utilizando-se da água para sentir o odor de presas como peixes ou outros invertebrados. Quando as presas vêm, o molusco lança um arpão repleto de conotoxinas. Esse veneno pode paralisar um peixe pequeno em segundos ao interromper os sinais que fluem através de seu sistema nervoso. Ele ocasionalmente mata até animais maiores. Pessoas afetadas por esse molusco morreram – a paralisia de músculos peitorais interrompia a respiração.

Cada espécie de *Conus* faz uma mistura exclusiva de 100 a 300 conotoxinas que afeta diferentes proteínas de membrana. A ampla gama de efeitos específicos torna as toxinas desses moluscos possíveis fontes de novos medicamentos. Por exemplo, uma conotoxina impede que as células liberem moléculas de sinalização que contribuem para a noção de dor. A ziconotide, uma versão sintética dessa toxina, alivia dor crônica grave. O medicamento não viciante é mil vezes mais potente que a morfina.

Ao estudar o *C. geographicus* (Figura 6.1), pesquisadores da Universidade de Utah descobriram que um gene envolvido na síntese de conotoxina tem raízes antigas. No *Conus*, o gene codifica a enzima gama-glutamil carboxilase (GGC). O gene também ocorre em moscas-das-frutas e humanos, o que significa que existe há pelo menos 500 milhões de anos. Ele deve ter surgido em um ancestral comum de lesmas, insetos e vertebrados. Quando esses grupos se separaram, o gene sofreu mutação independentemente em cada linhagem e seu produto divergiu na função. A GGC ajuda a reparar vasos sanguíneos em humanos. Ainda não descobrimos suas consequências nas moscas-das-frutas.

Esse exemplo apoia o princípio de organização no estudo da vida. Olhe para o passado e você descobrirá que todos os organismos estão relacionados entre si. Em cada ponto do ramo na árvore genealógica animal, mutações originaram mudanças na bioquímica, nos planos corporais ou no comportamento. As mutações foram a origem de traços peculiares que ajudam a definir cada linhagem.

Este capítulo descreve os traços peculiares das principais linhagens de invertebrados. Dos aproximadamente 2 milhões de animais nomeados, apenas cerca de 50 mil são vertebrados – animais com coluna vertebral. A grande maioria dos animais, incluindo esses moluscos, é de invertebrados. Não presuma que invertebrados sejam "primitivos". Os invertebrados surgiram muito antes dos vertebrados e sua longevidade comprova que estão muito bem-adaptados a seu ambiente.

Figura 6.1 (**a**) O molusco *Conus geographicus* engolfando um peixe pequeno. A estrutura semelhante a um tubo estendido na vertical, nesta foto, é um sifão. Ele pode detectar pequenas quantidades de substâncias químicas na água, como quando peixes pequenos e outras presas nadam dentro do seu alcance. Esse molusco empalou sua presa, um peixe, com um dispositivo semelhante a um arpão. O molusco, então, bombeou conotoxinas paralisantes dentro de sua presa. (**b**) Uma pequena amostragem dos diferentes padrões de conchas do *Conus*.

Conceitos-chave

Introdução aos animais

Animais são heterótrofos pluricelulares que se movimentam ativamente durante todo ou parte do ciclo de vida. Os primeiros animais eram pequenos e estruturalmente simples. Seus descendentes evoluíram para uma estrutura mais complexa, com maior integração entre partes especializadas. **Seções 6.1, 6.2**

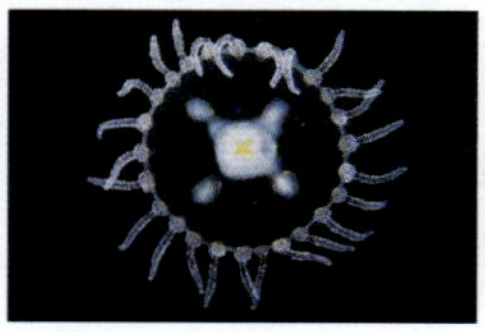

Invertebrados estruturalmente simples

Placozoas e esponjas não possuem simetria corporal nem tecidos. Os cnidários radialmente simétricos como águas-vivas apresentam duas camadas de tecido e células especiais utilizadas na alimentação e na defesa. **Seções 6.3–6.5**

Principais linhagens de invertebrados

Uma das principais linhagens de animais com tecidos inclui platelmintos, anelídeos, moluscos, nematódeos e artrópodes. Todos são simétricos bilateralmente. Os artrópodes, que incluem os insetos, são os mais diversificados entre todos os grupos de animais. **Seções 6.6–6.17**

A caminho dos vertebrados

Equinodermos estão no mesmo ramo da árvore genealógica dos vertebrados. Eles são invertebrados com ancestrais bilaterais, mas os adultos hoje têm um plano corporal radial pentâmero. **Seção 6.18**

Neste capítulo

- Este capítulo utiliza sua compreensão de níveis de organização. Traços (caracteres) adaptativos e exaptação (um tipo especial de adaptação).
- Discutimos estudos genômicos comparativos, genes homeóticos e padrões de desenvolvimento. Você aprenderá sobre como proteínas de membrana desempenharam um papel na evolução de animais pluricelulares.
- Pode ser desejável recordar a escala de tempo geológico, para colocar os eventos em perspectiva.
- Aqui, você aprenderá um pouco sobre os vetores animais de doenças causadas por bactérias e protistas. Você também saberá sobre a interação entre dinoflagelados e corais.

Qual sua opinião? Invertebrados marinhos são ecologicamente importantes e uma fonte de alimento humano. Alguns produzem substâncias químicas utilizadas como medicamentos. O arrasto de fundo, que é um tipo de pesca, destrói o *habitat* dos invertebrados. Ele deveria ser banido? Conheça a opinião de seus colegas e apresente seus argumentos a eles.

6.1 Características dos animais e planos corporais

- Todos os animais são heterótrofos pluricelulares e a grande maioria são invertebrados.

O que é um animal?

Animais são heterótrofos pluricelulares que se movimentam durante todo ou parte do ciclo de vida. Suas células corporais não apresentam parede e são tipicamente diploides. A Tabela 6.1 introduz os filos animais. O Apêndice I fornece mais detalhes sobre a taxonomia.

Este capítulo discorre sobre a diversidade dos invertebrados.

Variação nos planos corporais animais

Organização Todos os animais são pluricelulares. Como a Tabela 6.1 mostra, as linhagens animais mais antigas, como esponjas, são organizadas como agregações de células. Há diferentes tipos de célula que realizam tarefas diferentes. Todos os animais demonstram essa divisão interna de trabalho.

Posteriormente, no ancestral comum da maioria dos animais, as células se tornaram organizadas em tecidos. Um tecido consiste em células de um tipo em particular, organizadas em um padrão específico. A formação de tecido começa em um embrião. No início, os embriões animais tinham duas camadas de tecido: ectoderme externa e uma endoderme interna. Águas-vivas ainda têm essa organização. Depois, uma terceira camada embrionária evoluiu; chamada mesoderme, ela fica entre as camadas interna e externa (Figura 6.2). A evolução da mesoderme permitiu um aumento na complexidade. A maioria dos grupos animais é formada por muitos órgãos derivados da mesoderme.

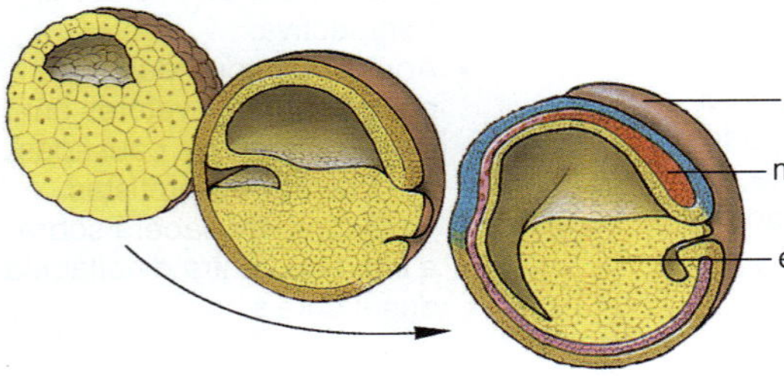

Figura 6.2 Como um embrião animal de três camadas se forma. A maioria dos animais tem esse tipo de embrião.

Simetria corporal Os animais estruturalmente mais simples, como esponjas, são assimétricos – não é possível dividir seu corpo em metades espelhadas. Águas-vivas e seus parentes, as hidras, apresentam **simetria radial**; partes do corpo são repetidas em volta de um eixo central, como os raios de uma roda (Figura 6.3*a*). A maioria dos animais apresenta **simetria bilateral**; muitas partes são pareadas, com uma de cada lado do corpo (Figura 6.3*b*). A maioria dos animais bilaterais passou por **cefalização**; células nervosas ficaram concentradas na extremidade anterior. Em algumas linhagens, essa concentração de células evoluiu para um cérebro.

Intestino e cavidade corporal A maioria dos animais possui um **intestino**: um saco ou tubo digestório que se abre na superfície corporal.

Tabela 6.1 Grupos animais pesquisados nos capítulos 6 e 7

Filo Animal	Grupos Representantes	Espécies Vivas	Organização	Simetria Corporal	Digestão	Circulação
Placozoa	Placozoas (*Trichoplax*)	1	Células conectadas	Nenhuma	Extracelular	Difusão
Porifera	Esponjas barril, esponjas incrustadas	8.000	Células conectadas	Nenhuma	Intracelular	Difusão
Cnidaria	Anêmonas-do-mar, águas-vivas, corais	11.000	2 camadas de tecido	Radial	Intestino incompleto, em forma de saco	Difusão
Platyhelminthes	Planárias, cestódeos, fascíolas	15.000	3 camadas de tecido, órgãos	Bilateral	Intestino incompleto, geralmente ramificado	Difusão
Annelida	Poliquetas, minhocas, sanguessugas	15.000	3 camadas de tecido, órgãos	Bilateral	Intestino completo	Sistema fechado
Mollusca	Lesmas, caracóis, moluscos, polvos	110.000	3 camadas de tecido, órgãos	Bilateral	Intestino completo	Aberta na maioria, fechada em alguns
Rotifera	Rotíferos	2.150	3 camadas de tecido, órgãos	Bilateral	Intestino completo	Difusão
Tardigrada	Tardígrados	950	3 camadas de tecido, órgãos	Bilateral	Intestino completo	Difusão
Nematoda	Lombrigas, tênias	20.000	3 camadas de tecido, órgãos	Bilateral	Intestino completo	Difusão
Arthropoda	Aranhas, caranguejos, milípedes, insetos	1.113.000	3 camadas de tecido, órgãos	Bilateral	Intestino completo	Sistema aberto
Echinodermata	Estrelas-do-mar, ouriços-do-mar	6.000	3 camadas de tecido, órgãos	Larvas bilaterais; adultos radiais	Intestino completo	Sistema aberto
Chordata	Cordatos invertebrados	2.100	3 camadas de tecido, órgãos	Bilateral	Intestino completo	Sistema fechado
	Vertebrados (peixes, anfíbios, répteis, aves, mamíferos)	4.500	3 camadas de tecido, órgãos	Bilateral	Intestino completo	Sistema fechado

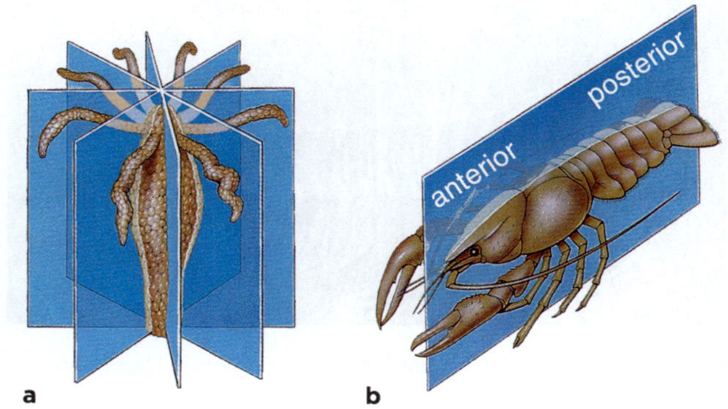

Figura 6.3 (**a**) Simetria corporal radial da *Hydra*, um cnidário. (**b**) Simetria bilateral de uma lagosta, um artrópode. A extremidade anterior é a cabeça; a posterior é a cauda.

Um intestino em forma de saco é um sistema digestório incompleto; o alimento entra e as impurezas saem através da mesma abertura corporal. Um intestino tubular é um sistema digestório completo, com uma boca em uma extremidade e um ânus na outra.

Um sistema digestório completo apresenta vantagens. Partes do tubo se tornaram especializadas para receber alimento, digeri-lo, absorver nutrientes ou compactar os dejetos. Diferentemente do sistema incompleto, um intestino completo pode executar todas essas tarefas simultaneamente.

O intestino de um platelminto é envolto por uma massa mais ou menos sólida de tecidos e órgãos (Figura 6.4*a*). Entretanto, na maioria dos animais, uma cavidade corporal repleta de fluido cerca o intestino (Figura 6.4*b,c*). Se esta cavidade apresenta um revestimento de tecido derivado da mesoderme, ele é chamado **celoma** (Figura 6.4*c*). Uma cavidade revestida incompletamente por tecido mesodérmico é um **pseudoceloma**, que significa "falso celoma".

Um celoma ou pseudoceloma repleto de fluido forneceu três vantagens. Primeiro, os materiais podiam se difundir através do fluido até as células corporais. Segundo, os músculos podiam redistribuir o fluido para alterar o formato corporal e ajudar na locomoção. Por fim, os órgãos não estavam confinados por uma massa de tecido; então, podiam aumentar e se mover mais livremente.

As duas principais linhagens de animais bilaterais diferem em como seu sistema digestório e celoma se formam. Nos **protostômios**, a primeira abertura que aparece no embrião (blastóporo) se torna a boca, e a segunda se transforma em ânus. Nos **deuterostômios**, a primeira abertura (blastóporo) se desenvolve no ânus e a segunda se torna a boca.

Circulação Em pequenos animais, gases e nutrientes podem se difundir pelo corpo. Entretanto, a difusão sozinha não pode mover substâncias com rapidez suficiente para manter um animal grande vivo. Na maioria dos animais, um sistema circulatório acelera a distribuição de materiais. Em um sistema circulatório fechado, um coração ou corações bombeiam sangue através de um sistema contínuo de vasos. Os materiais se difundem dos vasos para as células. Em um sistema circulatório aberto, o sangue sai dos vasos e troca materiais diretamente com tecidos antes de retornar ao coração. Um sistema fechado permite um fluxo sanguíneo mais rápido que o aberto.

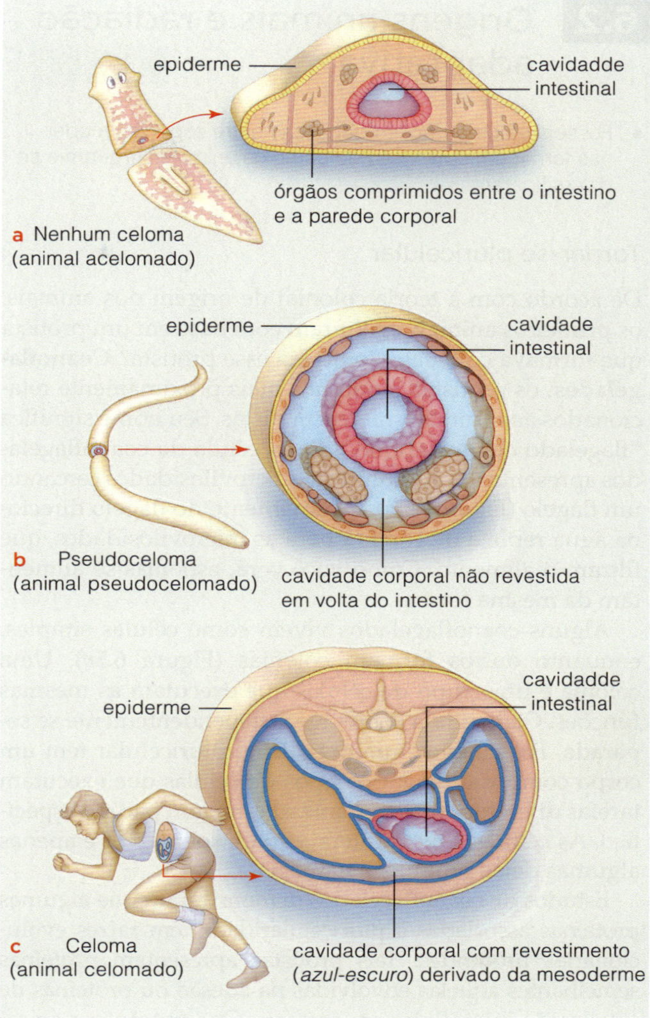

Figura 6.4 (**a**) Um platelminto é acelomado – não apresenta cavidade corporal. (**b**) Um asquelminto apresenta uma cavidade parcialmente revestida (um pseudoceloma). (**c**) Todos os vertebrados, e muitos invertebrados, são celomados. O peritônio, um tecido derivado da mesoderme (e mostrado aqui em *azul-escuro*), reveste o celoma dos vertebrados.

Segmentação Muitos animais bilaterais são segmentados; unidades semelhantes são repetidas ao longo do comprimento do corpo. Como você verá, a repetição abriu o caminho para a especialização. Quando muitos segmentos realizam a mesma tarefa, alguns podem mudar e assumir novas funções.

Para pensar

Que traços caracterizam os animais?

- Animais são heterótrofos pluricelulares, que normalmente ingerem alimentos. Suas células corporais diploides e sem paredes normalmente são organizadas como tecidos, mas os planos corporais variam.

6.2 Origens animais e radiação adaptativa

- Fósseis e comparações genéticas entre espécies modernas fornecem uma visão de como os animais surgiram e se diversificaram.

Tornar-se pluricelular

De acordo com a teoria colonial de origem dos animais, os primeiros animais evoluíram com base em um protista que formava colônias. Como era esse protista? **Coanoflagelados**, os protistas modernos mais proximamente relacionados aos animais, oferecem pistas. Seu nome significa "flagelado com colarinho". Cada célula de coanoflagelados apresenta um colarinho de microvilosidades cercando um flagelo (Figura 6.5*a*). O movimento do flagelo direciona água repleta de comida para as microvilosidades, que filtram o alimento. Como você verá, esponjas se alimentam da mesma forma.

Alguns coanoflagelados vivem como células simples, enquanto outros formam colônias (Figura 6.5*b*). Uma colônia é um grupo de células que executam as mesmas funções. Cada célula sobrevive independentemente se separada. Por sua vez, um organismo pluricelular tem um corpo composto de vários tipos de células que executam tarefas diferentes e são organizadas em um padrão específico. As células devem interagir para sobreviver e apenas algumas delas produzem gametas.

Estudos de coanoflagelados demonstraram que algumas proteínas associadas à pluricelularidade têm raízes evolucionárias profundas. Tais protistas apresentam proteínas semelhantes àquelas envolvidas na adesão ou proteínas de sinalização intercelular em animais. Que função essas proteínas apresentam em protistas unicelulares? Proteínas de adesão podem ajudar as células a se unir durante a reprodução sexuada. Proteínas como essas utilizadas nas rotas de sinalização dos animais podem ajudar os protistas a detectar moléculas associadas a alimento ou patógenos. Frequentemente, traços que evoluíram como adaptações em um contexto mudam com o tempo e, mais tarde, em um contexto um tanto ou totalmente diferente, esses traços tornam-se adaptativos em grupos descendentes.

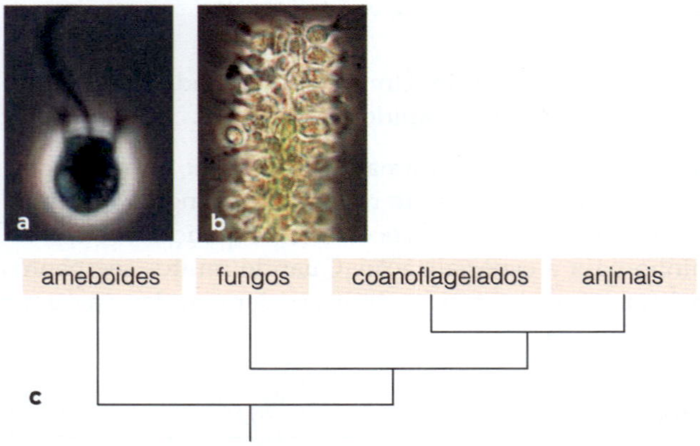

Figura 6.5 (**a**) Coanoflagelados de vida livre. Um colarinho de microvilosidades envolve seu flagelo. (**b**) Colônia de coanoflagelados. Alguns pesquisadores a veem como um modelo para a origem dos animais. (**c**) Relações entre animais, coanoflagelados e grupos relacionados. Os ameboides e os coanoflagelados são protistas.

Figura 6.6 Animal fóssil. Trilobita: surgiu durante o Cambriano.

Uma grande radiação adaptativa

Não sabemos exatamente quando os primeiros animais evoluíram. Eles certamente eram pequenos e tinham corpo mole e, assim, provavelmente não deixavam fósseis conspícuos. Sabemos que há cerca de 570 milhões de anos, uma coleção diversificada de organismos pluricelulares, incluindo alguns dos primeiros animais, vivia nos mares. Esses animais são chamados Ediacaranos porque seus fósseis foram descobertos pela primeira vez nas montanhas Ediacara, na Austrália. Eles incluem espécies pluricelulares que vão de bolhas minúsculas a formas semelhantes a frondes que mediam mais de um metro de altura. A maioria das linhagens Ediacaranas não tem nenhum descendente vivo. Entretanto, os primeiros representantes de alguns grupos animais modernos podem ter estado entre eles (Figura 6.6).

Animais sofreram radiação adaptativa dramática durante o Cambriano (542 a 488 milhões de anos atrás). Ao final desse período, todas as principais linhagens animais estavam presentes nos oceanos. O que causou essa explosão de diversidade no Cambriano? O aumento nos níveis de oxigênio e as mudanças no clima global podem ter desempenhado um papel. Além disso, os supercontinentes estavam se separando. O movimento de massas de terra isolou populações, aumentando, assim, as oportunidades para a especiação alopátrica. Fatores biológicos também estimularam a especiação. Quando os primeiros predadores surgiram, mutações que produziram partes duras protetoras teriam sido favorecidas. A evolução de novos genes que regulam os planos corporais também pode ter acelerado esse processo. Mutações nesses genes teriam permitido mudanças adaptativas na forma corporal em resposta à predação ou à alteração nas condições do *habitat*.

Relações e classificação

Animais tradicionalmente têm sido classificados com base em sua morfologia (forma corporal) e padrões de desenvolvimento. Mais recentemente, comparações entre sequências de genes foram utilizadas para investigar relações evolutivas. Resultados dos dois métodos às vezes são diferentes. A Figura 6.7 compara o esquema de classificação tradicional com um novo, baseado em comparações genéticas. Em ambos, os animais são colocados em uma série de grupos, representados aqui por caixas de cores diferentes. Entretanto, animais com um embrião de três camadas (caixas rosa) são subdivididos de forma diferente em dois esquemas de classificação.

O esquema de classificação tradicional (Figura 6.7*a*) coloca grande ênfase na posse de uma cavidade corporal e nas características dessa cavidade. Animais que apresentam um embrião de três camadas são classificados em três grupos.

Animais acelomados não apresentam cavidade corporal. Animais celomados apresentam uma cavidade totalmente revestida com tecido derivado da mesoderme. Animais pseudocelomados apresentam uma cavidade corporal parcialmente revestida com tecido mesodérmico. Neste esquema, nemátodos e rotíferos são agrupados juntos porque ambos têm um pseudoceloma. Animais celomados também são divididos em protostômios e deuterostômios com base nos aspectos de seu desenvolvimento.

O esquema mais recente (Figura 6.7*b*) coloca todos os animais com embrião de três camadas no grupo protostômio ou deuterostômio. Dentro dos protostômios, há duas linhagens. Ecdysozoa inclui animais que **trocam**, ou liberam periodicamente, uma cobertura corporal à medida que crescem.

Lophotrochozoa não fazem essa troca e têm seus próprios traços peculiares. Este novo esquema coloca nemátodos e rotíferos, ambos pseudocelomados, em linhagens separadas.

Qual é o correto? Críticos do esquema mais recente argumentam que é improvável um celoma ter evoluído independentemente em duas linhagens. Entretanto, um ancestral comum de todos os animais com embrião de três camadas pode ter tido um celoma. Por esse cenário, platelmintos perderam o celoma e nemátodos e rotíferos modificaram o seu. Traços são frequentemente modificados ou perdidos com o tempo.

Organizamos este capítulo em torno das relações mostradas na Figura 6.7*b*, sabendo que novas informações podem modificá-las.

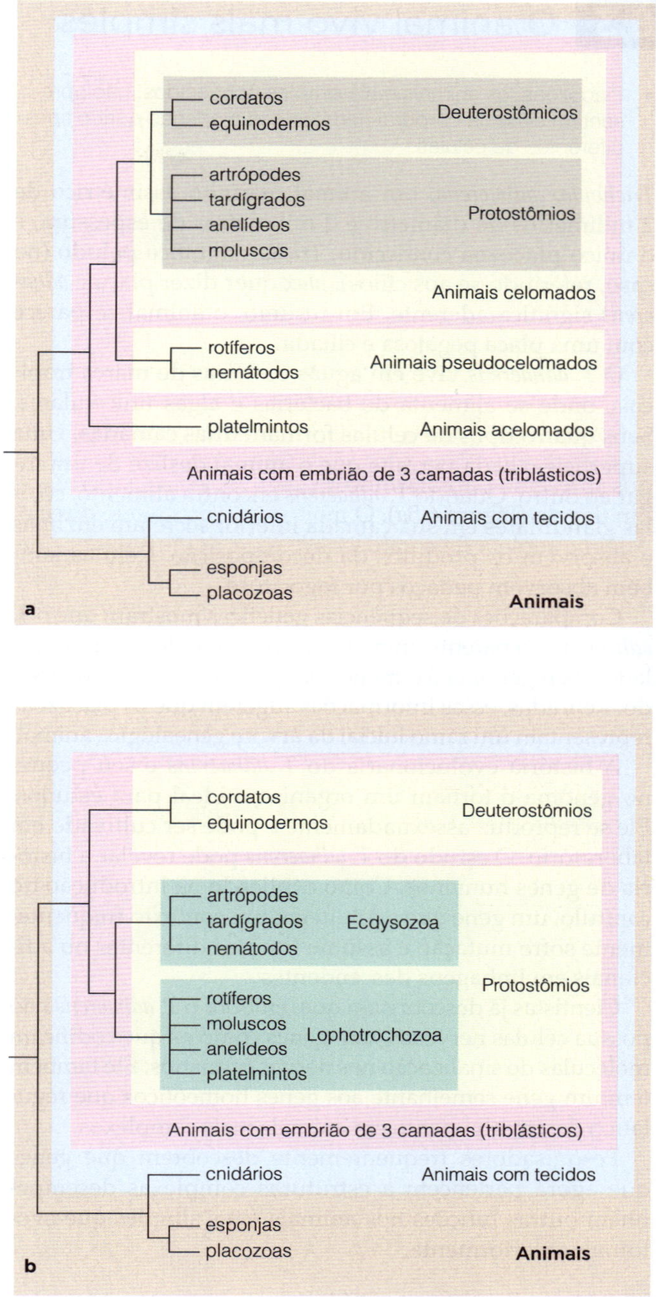

Figura 6.7 Propostas de árvores evolutivas para os animais. As caixas coloridas mostram subagrupamentos. (**a**) Classificação tradicional com base principalmente na morfologia. (**b**) Uma árvore proposta mais recentemente com base em comparações de genes e proteínas. As duas árvores diferem em como se dividem os animais com um embrião de três camadas. À medida que mais genomas forem sequenciados, cientistas conseguirão distinguir mais as verdadeiras relações.
Resolva: Que grupo de animais acelomados é considerado protostômio no novo esquema de classificação (b)?

Resposta: Platelmintos

Para pensar

O que sabemos sobre a origem dos animais e sua diversificação?

- Animais provavelmente evoluíram de um protista semelhante a um coanoflagelado. A maioria dos grupos modernos surgiu em uma radiação adaptativa durante o Cambriano. Continuaremos a investigar como os grupos são relacionados entre si.

6.3 O animal vivo mais simples

- Placozoas, os animais mais simples conhecidos, não apresentam simetria corporal nem tecidos e apenas quatro tipos diferentes de células.

Trichoplax adhaerens, um animal marinho assimétrico de 2 milímetros de diâmetro e 2 milímetros de espessura, é o único **placozoa** conhecido. *Tricho–* significa peludo (no caso, referindo-se aos cílios), *plax* quer dizer placa e *adhaerens* significa aderente. Em resumo, o animal se parece com uma placa pegajosa e ciliada.

O *T. adhaerens* vive em águas costeiras de mares tropicais, onde se alimenta de bactérias e algas unicelulares. Seus quatro tipos de células formam duas camadas. Uma superfície ciliada permite que o animal deslize de um lugar ao outro. Quando *T. adhaerens* encontra alimento, células glandulares em sua camada inferior secretam enzimas e absorvem os produtos da decomposição. Células também absorvem pedaços por fagocitose.

Comparações de sequências genéticas mostram que o *T. adhaerens* é o parente animal mais próximo dos coanoflagelados. Seu genoma é o menor de qualquer animal conhecido. Reunidas, essas informações sugerem que os placozoas representam um ramo inicial da árvore genealógica animal.

A história evolucionária do *T. adhaerens* e seu pequeno genoma o tornam um organismo ideal para estudos. Ele se reproduz assexuadamente e pode ser cultivado em laboratório. O estudo do *T. adhaerens* pode revelar a história de genes humanos. Como explicado na introdução do capítulo, um gene que evoluiu em um contexto frequentemente sofre mutação e assume funções diferentes ou adicionais em linhagens descendentes.

Cientistas já descobriram que, embora o *T. adhaerens* não possua células nervosas, tem genes como os que codificam moléculas de sinalização nos nervos humanos. Ele também tem um gene semelhante aos genes homeóticos que regulam o desenvolvimento em animais mais complexos.

Pesquisadores frequentemente descobrem que genes que agora pertencem a estruturas complexas desempenham outras funções nos animais mais simples que evoluíram anteriormente.

6.4 Esponjas (Filo Porifera) - filtradores sésseis

Esponjas são simples, porém muito bem-sucedidas. Elas sobrevivem nos mares desde os tempos Pré-cambrianos.

Características e ecologia

Esponjas (filo Porifera) são animais aquáticos sem simetria, tecidos ou órgãos. Elas se parecem com uma colônia de coanoflagelados, mas com mais tipos de células e uma divisão mais elaborada. A maioria das esponjas vive em mares tropicais, mas algumas espécies ocorrem em mares árticos ou em água doce. As esponjas se acoplam ao fundo do mar ou outras superfícies. Algumas são suficientemente grandes para nos sentarmos nelas; outras caberiam na ponta do dedo. Os formatos vão de esparramados e planos a lóbulos, compactos ou semelhantes a tubos (Figura 6.8).

O nome do filo, Porifera, significa "portador de poros" e uma esponja típica tem muitos poros e uma ou mais aberturas grandes. Células achatadas e não flageladas cobrem a superfície externa da esponja (pinacócitos); células flageladas com colarinho (coanócitos) revestem a interna, e uma matriz semelhante à gelatina (mesoílo) fica entre as camadas de células (Figura 6.9).

A maioria das esponjas se alimenta filtrando bactérias da água. Como nos coanoflagelados, o movimento dos flagelos orienta o movimento de água repleta de alimento. A água entra na esponja através dos muitos poros na parede corporal e sai através de uma ou mais aberturas maiores. À medida que a água passa pelas células com colarinho (coanócitos) na superfície interna da esponja, vilosidades dessas células prendem o alimento e o engolfam por fagocitose. A digestão é intracelular. Células semelhantes a amebas, chamadas amebócitos, se movem pela matriz gelatinosa. Elas recebem vesículas cheias de alimento dos coanócitos e, depois, distribuem a comida para outras células no corpo.

Esponjas não conseguem fugir de predadores, mas possuem outras defesas. Em muitas espécies, células dentro do mesoílo secretam proteínas fibrosas (rede de espongina) e fragmentos duros chamados espículas (calcárias ou silicosas) (Figura 6.8*b*). Esses materiais fazem com que seja difícil para a maioria dos predadores comer as esponjas. Além disso, algumas esponjas secretam substâncias químicas que repelem predadores. Ademais, tais substâncias químicas podem ajudar a eliminar concorrentes por espaço em habitação.

As próprias esponjas podem servir de *habitat* para vermes marinhos, artrópodes, equinodermos e outros invertebrados. Algumas esponjas recebem açúcares de algas unicelulares ou bactérias fotossintéticas que vivem em seus tecidos. Células bacterianas podem compor até 40% da massa corporal dessas esponjas.

Esponjas são coletadas para uso humano, para banho, desde os tempos antigos. Atualmente, cerca de US$ 40 milhões de doláres em esponjas são coletados todos os

Figura 6.8 (**a**) Esponja em formato de vaso. (**b**) Estrutura da "cesta de flores de Vênus" (*Euplectella*). Nesta esponja marinha, espículas de sílica fundidas formam uma rede rígida. Uma camada fina de células achatadas cobre sua superfície externa. Um tufo de espículas ancora a esponja à superfície.

anos. Doenças e colheita excessiva causaram declínios na população das espécies mais procuradas, portanto muitas esponjas de banho agora são cultivadas em fazendas subaquáticas.

Reprodução e dispersão das esponjas

Uma esponja típica é **hermafrodita**: um indivíduo que produz ovos e espermatozoides. Uma esponja libera seus espermatozoides na água, mas retém seus ovos. Depois da fertilização, um zigoto se forma e se desenvolve em uma larva ciliada. Uma **larva** é um estágio sexualmente imaturo e de vida livre no ciclo de vida de um animal. Larvas de esponjas saem do corpo paterno, nadam brevemente, assentam-se e se desenvolvem em adultos.

Muitas esponjas também podem se reproduzir assexuadamente. Novos indivíduos brotam de outros existentes ou fragmentos se soltam e se tornam novas esponjas. Algumas esponjas de água doce podem sobreviver a condições desfavoráveis produzindo gêmulas: minúsculos agrupamentos de células envolvidas em uma cobertura endurecida. Gêmulas sobrevivem ao congelamento, ao calor excessivo e ao ressecamento. Quando as condições melhoram, as gêmulas se tornam novas esponjas.

Autorreconhecimento das esponjas

Esponjas mostram adesão celular e autorreconhecimento. Em algumas espécies, células individuais se reúnem para formar uma esponja depois de serem separadas. As células separadas não se unem aleatoriamente. Se células de esponjas diferentes são misturadas, elas próprias se classificam. Em animais mais complexos, tal capacidade de autorreconhecimento serve de base para respostas imunológicas a patógenos.

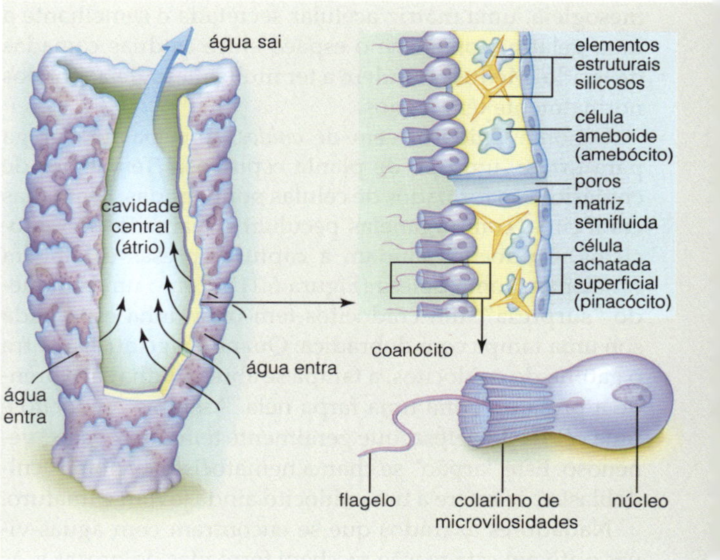

Figura 6.9 Plano corporal de uma esponja simples. Pinacócitos cobrem a superfície externa e revestem poros. Coanócitos revestem canais internos e câmaras. Microvilosidades dessas células atuam como uma peneira que separa alimento da água. Células ameboides na matriz distribuem nutrientes e secretam elementos estruturais.

Para pensar

O que são esponjas?

- Esponjas tipicamente são animais marinhos sem simetria corporal nem tecidos. Larvas nadam brevemente, mas os adultos ficam presos. Elas trazem água para o corpo e filtram alimentos. Toxinas e materiais corporais fibrosos ou pontudos detêm predadores.

6.5 Cnidários (Filo Cnidaria) – tecidos verdadeiros

- Cnidários são animais radiais com duas camadas de tecido (diblásticos). Eles apresentam uma longa história; seus fósseis datam dos tempos Pré-cambrianos.

Características gerais

Cnidários (filo Cnidaria) incluem cerca de 10 mil espécies de animais radialmente simétricos, como corais, anêmonas-do-mar e águas-vivas. Quase todos são marinhos. Há dois formatos corporais de cnidários – medusa e pólipo (Figura 6.10*a,b*). Em ambos, uma boca com anel de tentáculos se abre para uma cavidade gastrovascular semelhante a um saco que serve na digestão e troca de gases.

Medusas como águas-vivas apresentam formato de um sino ou guarda-chuva, com uma boca na superfície inferior. A maioria nada ou deriva. Pólipos como anêmonas do mar são tubulares e uma extremidade normalmente se acopla ao substrato. Medusas e pólipos consistem em dois tecidos. A epiderme externa se desenvolve a partir da ectoderme, e a gastroderme interna, da endoderme. A mesogleia, uma matriz acelular secretada e semelhante a uma gelatina, preenche o espaço entre as duas camadas de tecido. Medusas tendem a ter muita mesogleia; pólipos normalmente têm menos.

O nome Cnidaria vem de *cnidos*, uma palavra grega para urtiga, um tipo de planta espinhosa. Tentáculos de cnidários são formados de células pontiagudas, chamadas cnidócitos, com organelas peculiares chamadas **nematocistos**. Cnidócitos ajudam a capturar presas e também funcionam como defesa (Figura 6.11). Como um brinquedo "surpresa", um cnidócitos tem uma linha espiralada sob uma tampa com dobradiça. Quando algo atrita contra o gatilho do cnidócitos, a tampa se abre. A linha sai e prende a presa ou enfia uma farpa nela. Assim, o cnidócito é uma célula de defesa, que geralmente tem um "arpão" venenoso. Este "arpão" se chama nematocisto. O nome "cnidoblasto" se refere a um cnidócito ainda jovem e imaturo.

Nadadores azarados que se encontram com águas-vivas e ativam esta reação recebem ferroadas dolorosas e, às vezes, mortais. Mais frequentemente, tentáculos cobertos

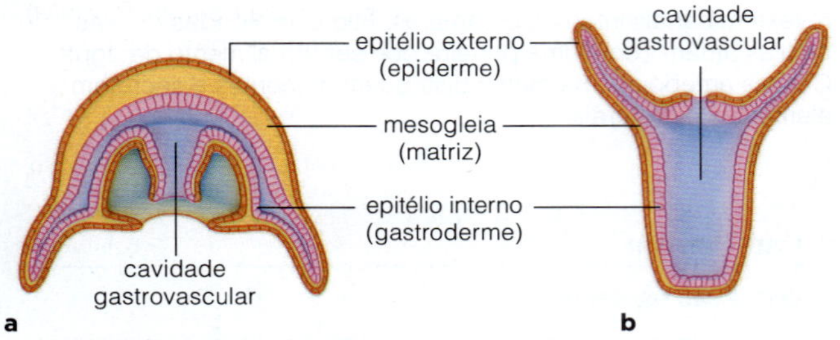

Figura 6.10 Dois planos corporais de cnidários: (**a**) medusa e (**b**) pólipo, vistos em corte. Ambos são semelhantes a sacos, com duas camadas finas de tecido – uma epiderme externa e uma gastroderme interna. Mesogleia semelhante a uma gelatina secretada fica entre as duas.

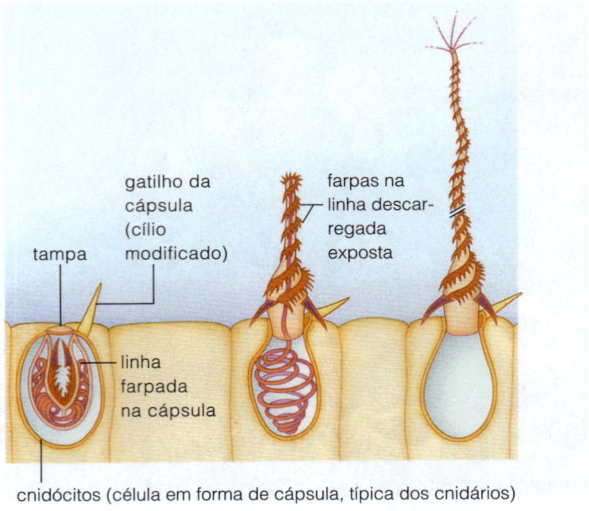

Figura 6.11 Exemplo de ação de um cnidócito. A estimulação mecânica faz a linha enrolada dentro da cápsula sair e penetrar a presa com um "arpão" envenenado chamado nematocisto.

por nematocistos prendem invertebrados ou peixes minúsculos. O alimento é empurrado pela boca para a cavidade gastrovascular. Células glandulares da gastroderme secretam enzimas que digerem a presa.

Células nervosas em interconexão se estendem pelos tecidos, formando uma **rede de nervos**, um sistema nervoso simples (sistema nervoso difuso). Partes corporais se movem quando células nervosas sinalizam células contráteis. Tais contrações redistribuem a mesogleia, como um balão cheio de água muda de formato quando você o aperta. Uma cavidade cheia de fluido ou massa celular na qual células contráteis exercem força é chamada **esqueleto hidrostático**.

Diversidade e ciclos de vida

Dividimos os cnidários em quatro classes: Hydrozoa (hidrozoários), Anthozoa (antozoários), Cubozoa (cubozoários) e Cyphozoa (cifozoários). *Obelia* é um pequeno hidrozoário marinho com um ciclo de vida que inclui os estágios de pólipo, medusa e larva (Figura 6.12). A larva dos cnidários, chamada plânula, é ciliada. Ela se desenvolve em um pólipo que se reproduz assexuadamente por brotamento. Medusas produtoras de gametas (Gonozooides) se desenvolvem em pontas de pólipos especializados. Cada medusa mede menos de 1 centímetro de diâmetro.

Hydra, outro hidrozoário, vive em água doce. O pólipo predador mede até 20 milímetros de altura. Não há estágio de medusa e a reprodução normalmente ocorre assexuadamente por brotamento.

O estágio de medusa nos antozoários como corais e anêmonas do mar também é ausente. (Figura 6.13*a,b*). Gametas se formam em pólipos. Recifes de corais são colônias de pólipos que se envolvem em um esqueleto de carbonato de cálcio secretado. Em uma relação mutuamente benéfica, dinoflagelados fotossintéticos vivem dentro dos tecidos dos pólipos. Os protistas recebem abrigo e dióxido de carbono do coral, que recebe açúcares e oxi-

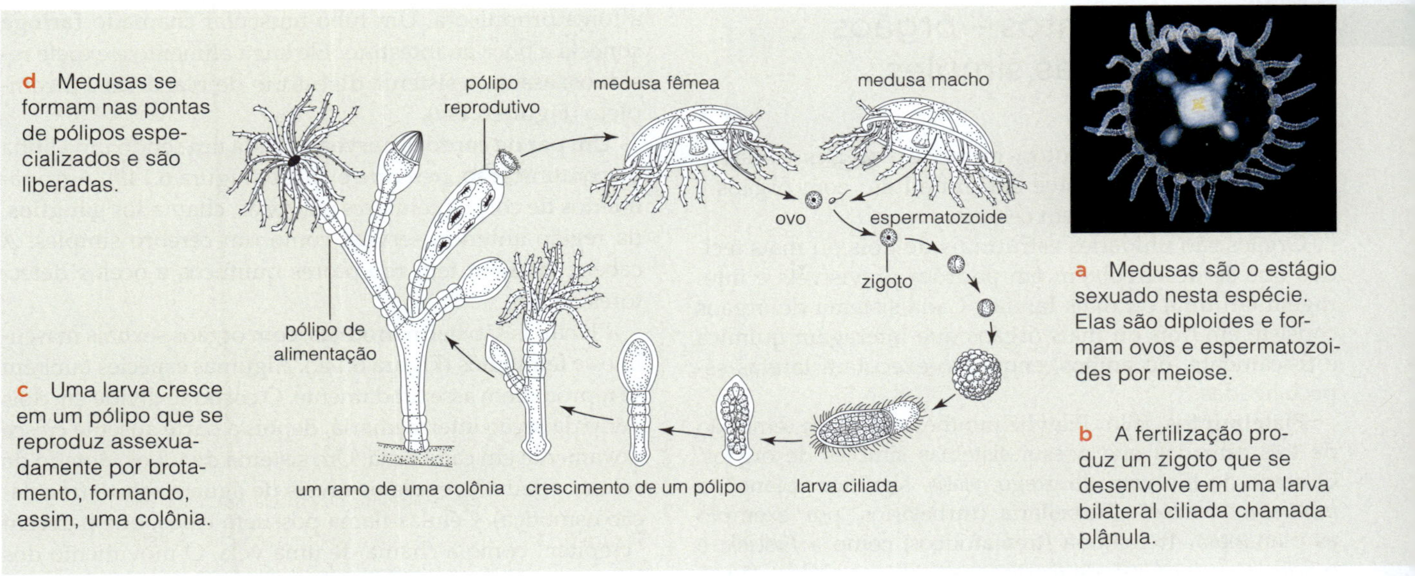
d Medusas se formam nas pontas de pólipos especializados e são liberadas.
pólipo reprodutivo
medusa fêmea
medusa macho
ovo
espermatozoide
zigoto
pólipo de alimentação
c Uma larva cresce em um pólipo que se reproduz assexuadamente por brotamento, formando, assim, uma colônia.
um ramo de uma colônia
crescimento de um pólipo
larva ciliada
a Medusas são o estágio sexuado nesta espécie. Elas são diploides e formam ovos e espermatozoides por meiose.
b A fertilização produz um zigoto que se desenvolve em uma larva bilateral ciliada chamada plânula.

Figura 6.12 Ciclo de vida da *Obelia*, um hidrozoário.

Figura 6.13 Diversidade dos cnidários. (**a**) Anêmona-do-mar e (**b**) pólipos de um coral construtor de recife, ambos antozoários. (**c**) A vespa-do-mar, *Chironex*, é um cubozoário que produz uma toxina que pode matar uma pessoa. (**d**) Uma caravela-do-mar (*Physalia*) é uma colônia de cifozoários. A boia azul-arroxeada cheia de ar é um pólipo modificado que mantém a colônia na superfície da água.

gênio em retorno. Se um coral construtor de recife perde seus simbiontes protistas, um evento chamado "branqueamento de corais", ele pode morrer.

Vespas-do-mar, mais conhecidas por sua picada potencialmente mortal, estão entre os cubozoários (Figura 6.13*c*). Elas têm ocelos surpreendentemente complexos em volta do aro de seu sino. O pólipo é minúsculo e se desenvolve em uma medusa, em vez de produzir e liberar medusas.

Cifozoários às vezes são chamados de "águas-vivas verdadeiras". Eles incluem a maior parte das espécies que aparecem comumente nas praias. Alguns cifozoários são coletados e ressecados como alimento, especialmente na Ásia. Uma caravela-do-mar (*Physalia*) é um ser colonial. Sob um pólipo flutuador, há muitos pólipos especializados (Figura 6.13*d*). Os tentáculos desses pólipos podem se estender por vários metros.

Para pensar

O que são cnidários?

- Cnidários são animais radiais como águas-vivas, corais e anêmonas-do-mar, com células exclusivas denominadas cnidócitos, geralmente providas de estruturas chamadas nematocistos. Medusas e pólipos são as duas formas estruturais comuns. Uma rede de nervos, compondo um sistema nervoso difuso, e um esqueleto hidrostático permitem o movimento.

6.6 Platelmintos – órgãos e sistemas simples

O embrião de platelmintos, formado por três camadas (triblástico), se desenvolve em um adulto com órgãos e sistemas simples, mas sem celoma.

Órgãos são unidades estruturais de dois ou mais tecidos que se desenvolvem em padrões previsíveis e interagem em uma ou mais tarefas. Cada sistema de órgãos consiste em dois ou mais órgãos que interagem química e fisicamente, ou ambos, enquanto executam tarefas especializadas.

Platelmintos (filo Platyhelminthes) formam embrião de três camadas que possui sistemas simples de órgãos. O nome do filo vem do grego; *platy–* significa "plano", e *helminth*, "verme". Turbellaria (turbelários, por exemplo as planárias), Trematoda (trematódeos, como a *Fasciola* e o *Schistosoma*) e Cestoda (cestódeos, como as tênias) são as classes principais. A maioria dos turbelários é marinha, mas alguns vivem em água doce, e poucos vivem em lugares úmidos na terra. Fascíolas e tênias são parasitas de animais.

Platelmintos são bilaterais e cefalizados. Embora não tenham celoma, apresentam genes que se parecem com os que regulam o desenvolvimento de celoma em outros animais.

Tênias possuem segmentos distintos e turbelários, embora não segmentados, e são formadas por órgãos internamente repetidos. De acordo com uma hipótese, ainda não provada, o ancestral de todos os platelmintos era segmentado e celomado, e esses traços foram perdidos à medida que as linhagens evoluíam.

Estrutura de um platelminto de vida livre

Planárias são turbelários de vida livre que deslizam em lagos e correntezas. Cílios na superfície do corpo fornecem a força propulsora. Um tubo muscular chamado **faringe** conecta a boca ao intestino. Ele suga alimento e expele resíduos; assim, o sistema digestório de planárias é incompleto (Figura 6.14*a*).

Um par de **cordões nervosos**, cada um sendo uma linha de comunicação, percorre o corpo (Figura 6.14*b*). Agrupamentos de corpos celulares nervosos, chamados **gânglios**, na região anterior, servem como um cérebro simples. A cabeça também tem receptores químicos e ocelos detectores de luz.

Planárias são hermafroditas, com órgãos sexuais masculinos e femininos (Figura 6.14*c*). Algumas espécies também se reproduzem assexuadamente. O corpo se divide em dois perto da seção intermediária, depois a parte ausente cresce novamente em cada uma. Um sistema de tubos, dotado de células "flama", regula os níveis de água e soluto (regulação osmótica). Células-flama possuem cílios, que parecem "crepitar" como a chama de uma vela. O movimento dos cílios leva qualquer excesso de água e também resíduos nitrogenados para dentro dos tubos, os quais se abrem para a superfície corporal em poros na epiderme (Figura 6.14*d*). A célula-flama, com função excretora e osmorreguladora, é também denominada protonefrídio.

Trematódeos e cestódeos – os parasitas

São parasitas de muitos animais. Frequentemente, nos estágios imaturos passam tempo em um ou mais hospedeiros intermediários; depois a reprodução ocorre em um hospedeiro definitivo. Por exemplo, a Figura 6.15 mostra o ciclo de vida de um *Schistosoma*. Caracóis aquáticos, de água doce, servem de hospedeiros intermediários, mas a reprodução só pode ocorrer dentro de um mamífero, como um humano. O *Schistosoma* provoca a esquistossomose. A *Fasciola* geralmente ataca o fígado de carneiros, mas também pode infectar o homem.

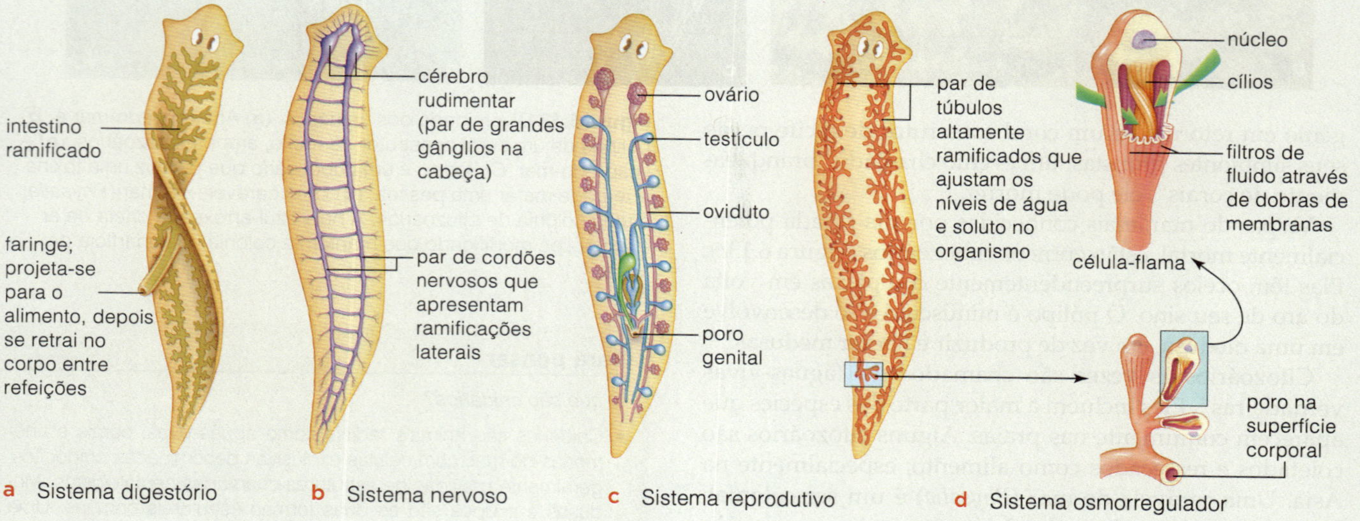

Figura 6.14 Sistemas de órgãos de uma planária, um exemplo de platelminto. A repetição de órgãos ao longo do corpo sugere que um ancestral era segmentado.

Ancestrais de tênias provavelmente possuíam tubo digestório e boca. Entretanto, dentro do intestino vertebrado, um *habitat* rico em alimentos pré-digeridos, esses recursos eram desnecessários e – ao longo de muitas gerações – foram perdidos.

Espécies modernas se prendem na parede intestinal com um escólex, uma estrutura com ganchos ou ventosas na extremidade da cabeça. Nutrientes chegam às células por difusão pela parede corporal da tênia.

O corpo de uma tênia consiste em **proglotes**. Ela cresce à medida que essas unidades corporais repetidas se formam e brotam da região atrás do escólex. A tênia pode se autofertilizar, porque cada proglote é hermafrodita. O espermatozoide de uma proglote pode fertilizar ovos em outra. Proglotes mais antigas (mais distantes do escólex) contêm ovos fertilizados. As proglotes mais velhas se rompem e saem do corpo do hospedeiro nas fezes. Ovos fertilizados podem sobreviver meses no solo antes de chegar a um hospedeiro intermediário.

Algumas tênias são parasitas de humanos. Larvas entram no organismo quando uma pessoa come carne mal cozida que contenha uma forma larval chamada cisticerco. A Figura 6.16 mostra o ciclo de vida da *Taenia saginata*.

Para pensar

O que são platelmintos?

- Platelmintos se desenvolvem de um embrião triblástico, são bilaterais e possuem órgãos. Alguns são de vida livre; outros são parasitas.

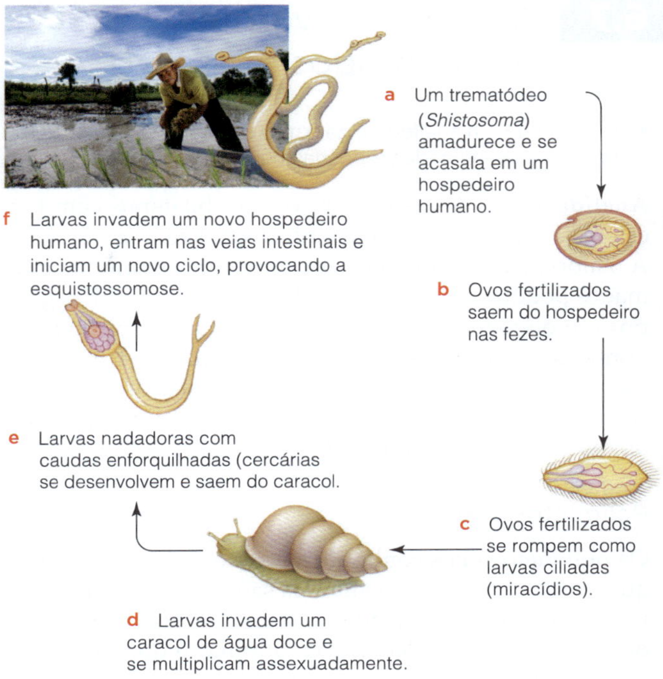

a Um trematódeo (*Shistosoma*) amadurece e se acasala em um hospedeiro humano.
b Ovos fertilizados saem do hospedeiro nas fezes.
c Ovos fertilizados se rompem como larvas ciliadas (miracídios).
d Larvas invadem um caracol de água doce e se multiplicam assexuadamente.
e Larvas nadadoras com caudas enforquilhadas (cercárias se desenvolvem e saem do caracol.
f Larvas invadem um novo hospedeiro humano, entram nas veias intestinais e iniciam um novo ciclo, provocando a esquistossomose.

Figura 6.15 Ciclo de vida da *Schistosoma japonicum*, um parasita humano, encontrada principalmente na China, Indonésia e Filipinas. Os sintomas iniciais da doença resultante, a esquistossomose, não são óbvios. Mais tarde, efeitos colaterais de respostas imunológicas a ovos de fascíolas danificam órgãos internos. Estima-se que milhões de pessoas no mundo inteiro estejam infectadas atualmente por esse tipo de verme parasita. No Brasil e na África ocorre o *S. mansoni*, e a esquistossomose é comum em áreas rurais.

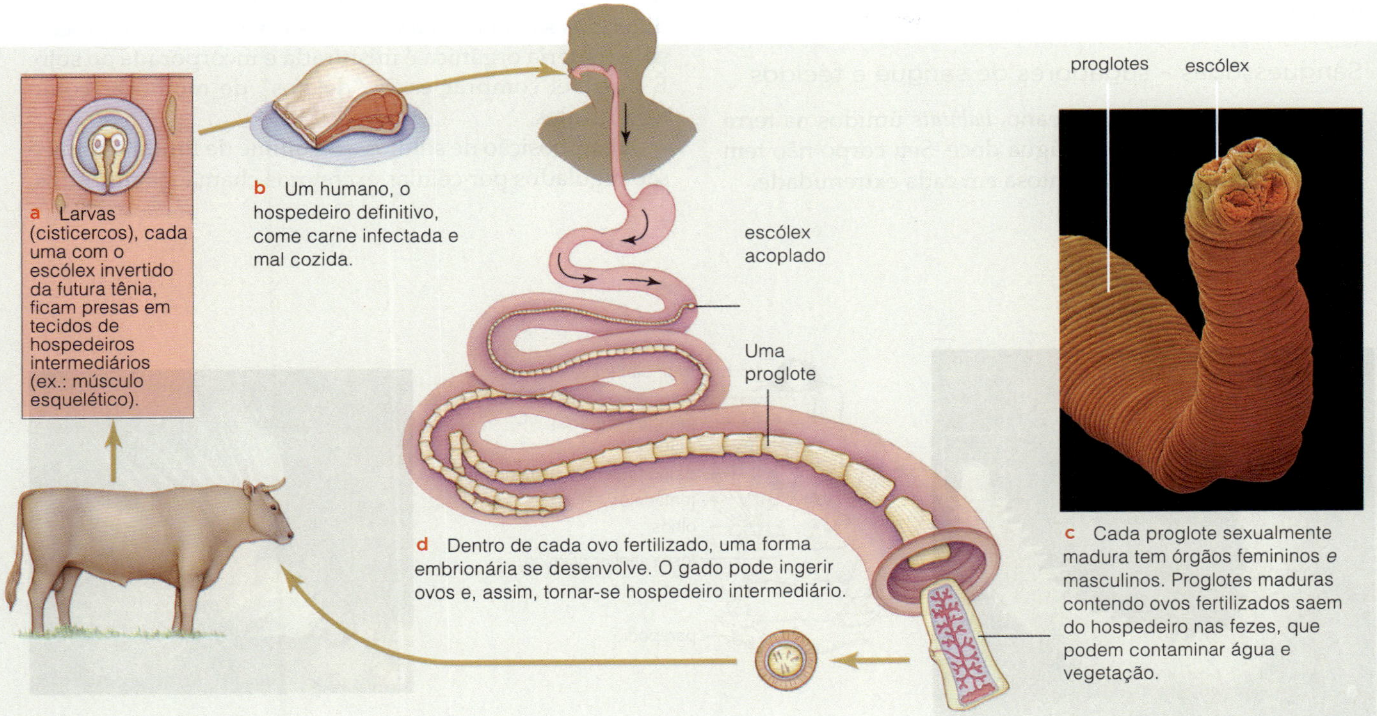

a Larvas (cisticercos), cada uma com o escólex invertido da futura tênia, ficam presas em tecidos de hospedeiros intermediários (ex.: músculo esquelético).

Figura 6.16 Ciclo de vida de uma *Taenia saginata* (tênia de bovinos). Vermes adultos podem chegar a sete metros de comprimento. A foto mostra a tênia do porco, *T. solium*.

6.7 Anelídeos – vermes segmentados

- O corpo de um anelídeo é celomado e segmentado; consiste em muitas unidades repetidas chamadas metâmeros.

Anelídeos (filo Annelida) são vermes bilaterais com um celoma e um corpo segmentado, por dentro e por fora. A maioria das 12 mil espécies é de vermes marinhos chamados poliquetas (Classe Polychaeta). Os outros dois grupos são oligoquetos (Classe Oligochaeta, que incluem as minhocas) e sanguessugas (Classe Hirudinea). Exceto nas sanguessugas, quase todos os segmentos têm quetos, ou cerdas reforçadas com quitina. Daí o nome poliquetas e oligoquetos (*poly*–, muitos; *oligo*–, poucos).

Poliquetos marinhos

Os poliquetos mais conhecidos são do gênero *Nereis* (Figura 6.17*a*). Frequentemente eles são vendidos como isca para pesca em água salgada. As mandíbulas desses predadores ativos são fortalecidas por quitina, as quais utilizam para capturar outros vertebrados de corpo mole. Cada segmento corporal é formado por um par de apêndices semelhantes a pás – chamados parapódios, que ajudam o verme a invadir sedimentos e perseguir presas.

Outros poliquetos apresentam modificações no plano corporal básico. Os *Spirographis spallanzani* e os *Sabellidae* vivem dentro de um tubo feito de muco secretado e grãos de areia. A extremidade da cabeça se projeta a partir do tubo e seus tentáculos elaborados capturam alimentos que passem perto (Figura 6.17*b*).

Sanguessugas – sugadores de sangue e tecidos

Sanguessugas vivem no oceano, *habitats* úmidos na terra e – mais comumente – em água doce. Seu corpo não tem cerdas e conta com uma ventosa em cada extremidade.

Muitas sanguessugas são escavadoras e predadoras de pequenos invertebrados, inclusive de outros anelídeos. Outras se acoplam a um vertebrado, perfuram sua pele e sugam o sangue. Sua saliva tem uma proteína que evita a coagulação do sangue enquanto a sanguessuga se alimenta. Por esse motivo, médicos que reimplantam um dedo ou uma orelha frequentemente aplicam sanguessugas na parte costurada, ativando a circulação. Enquanto se alimentam, as sanguessugas evitam que coágulos indesejados se formem dentro dos vasos sanguíneos da parte implantada.

Minhoca – um oligoqueto

Oligoquetos incluem vermes marinhos e de água doce, mas as minhocas que vivem na terra são as mais familiares. Consideraremos seu corpo detalhadamente como nosso exemplo de estrutura de anelídeo (Figura 6.18).

O corpo de uma minhoca é segmentado por dentro e por fora. A camada externa é uma cutícula de proteínas secretadas. Sulcos visíveis em sua superfície correspondem a partições internas. Um celoma repleto de fluido percorre o corpo. Ele é dividido em câmaras celômicas, uma por segmento.

Gases são trocados na superfície corporal (respiração cutânea), e um sistema circulatório fechado ajuda a distribuir oxigênio. Vasos sanguíneos contráteis ("corações"), na parte anterior do verme, fornecem a potência de bombeamento que movimenta o sangue.

Um sistema digestório completo também se estende por todas as câmaras celômicas. Uma minhoca ingere solo, digerindo os resíduos orgânicos nele. As partes não digeridas são eliminadas através do ânus. Nesse processo, a matéria orgânica é misturada e incorporada ao solo. É possível comprar esses "dejetos" de minhocas como fertilizantes.

A composição de solutos e o volume de fluido celômico são regulados por células excretoras chamadas **nefrídios**,

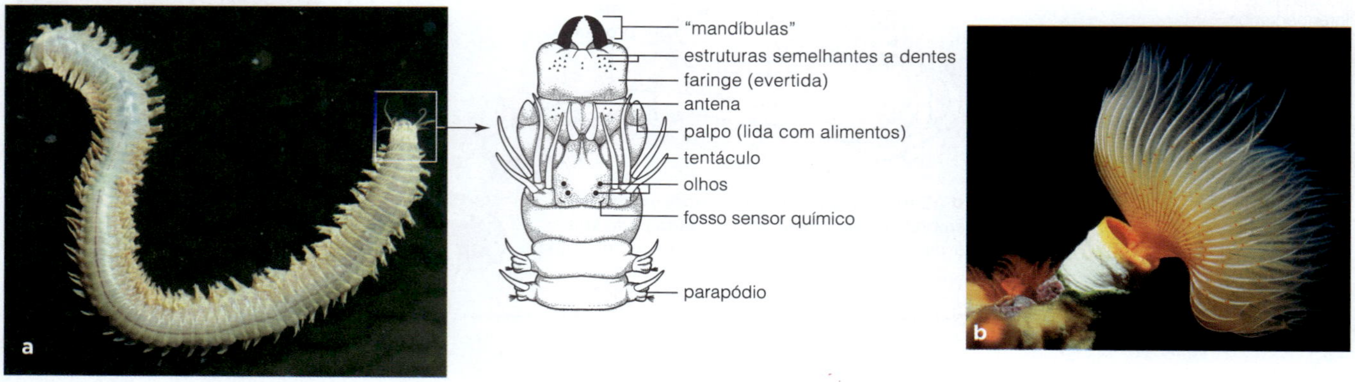

Figura 6.17 Poliquetos. (**a**) O *Nereis vexillosa* invade sedimentos em planícies marinhas utilizando seus parapódios. É um predador ativo com mandíbulas duras. (**b**) A *Eudistylia* vive em um tubo e filtra alimentos da água com seus tentáculos.

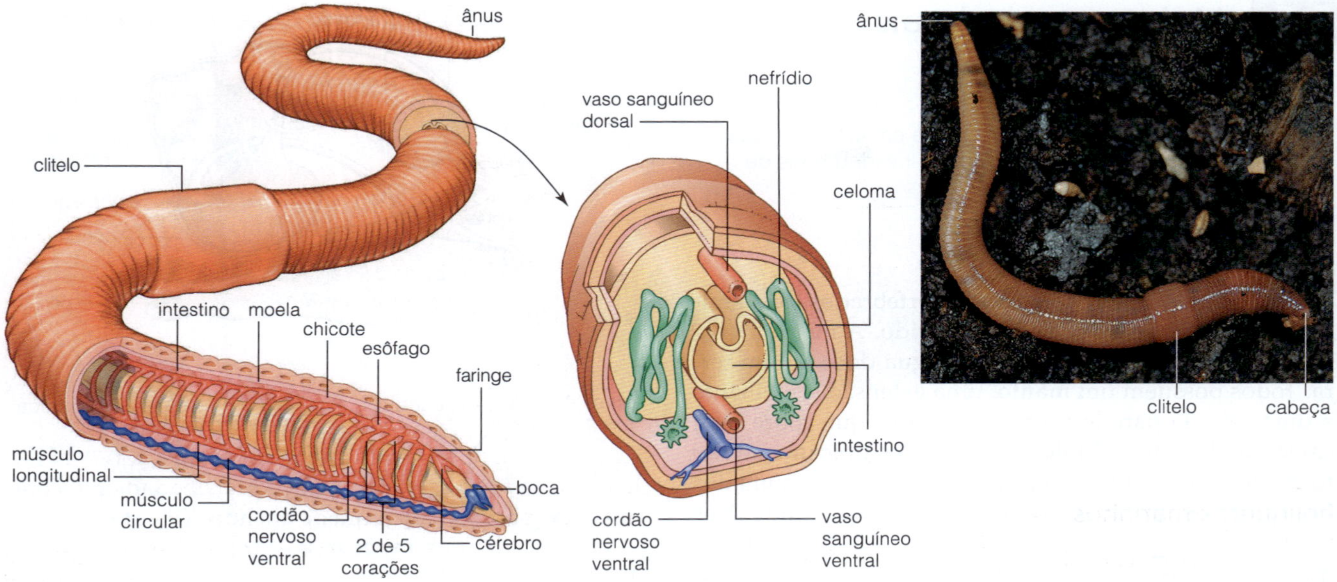

Figura 6.18 Plano corporal da minhoca. Cada segmento contém uma câmara celômica cheia de órgãos. Um intestino, cordão nervoso ventral e vasos sanguíneos dorsal e ventral percorrem todas as câmaras celômicas.

que ocorrem em quase todos os segmentos. Cada nefrídio coleta fluido celômico, ajusta sua composição e, depois, expulsa resíduos nitrogenados através de um poro no segmento seguinte.

Uma minhoca tem um "cérebro" rudimentar, um par de gânglios unidos que coordena as atividades. O cérebro envia sinais via par de cordões nervosos. Em resposta aos comandos nervosos, os músculos se contraem de forma a exercer pressão sobre o fluido dentro das câmaras celômicas. Esse fluido é um esqueleto hidrostático.

Dois conjuntos de músculos – músculos longitudinais paralelos ao longo eixo do corpo e circulares que envolvem o corpo – trabalham em oposição. Quando os músculos longitudinais de um segmento se contraem, o segmento fica mais curto e grosso. Quando os músculos circulares se contraem, um segmento fica mais longo e fino. Juntos, esses dois conjuntos de músculos redistribuem fluidos, fazendo segmentos corporais mudarem de formato de modo que impulsionam o verme (Figura 6.19).

Minhocas são hermafroditas, realizando fecundação cruzada. Uma região secretória, o clitelo, produz muco que une dois vermes enquanto eles trocam espermatozoides. Mais tarde, o clitelo secreta um envoltório sedoso que envolve os ovos fertilizados.

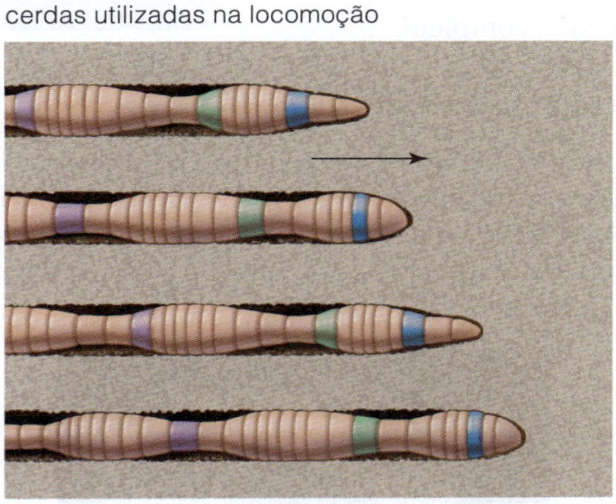

Figura 6.19 Como as minhocas se movimentam pelo solo. Cerdas nas laterais do corpo se estendem e retraem enquanto contrações musculares atuam no fluido celômico dentro de cada segmento. As cerdas são estendidas quando o diâmetro de um segmento está mais largo (quando o músculo circular está relaxado e o longitudinal está contraído). Elas retraem enquanto o segmento fica mais longo e fino. A extremidade frontal de um verme é empurrada para a frente, então, cerdas a ancoram e a parte posterior do corpo é puxada atrás dela.

Para pensar

O que são anelídeos?

- Anelídeos são vermes marinhos, minhocas e sanguessugas bilaterais, segmentados e celomados. Eles são formados por sistemas digestório, nervoso, excretor e circulatório.

6.8 Moluscos - animais com manto

- A capacidade de secretar uma concha protetora deu aos moluscos uma vantagem sobre outros invertebrados de corpo mole.

Características gerais

Moluscos (filo Mollusca) são invertebrados bilateralmente simétricos com celoma reduzido. A maioria vive nos mares, mas alguns vivem em água doce ou em terra. Todos possuem um **manto**, uma extensão semelhante a uma saia da parede corporal superior que cobre uma cavidade de manto. Moluscos aquáticos tipicamente são formados por um ou mais órgãos respiratórios chamados **brânquias** dentro de sua cavidade repleta de fluido. Nos moluscos, as brânquias são chamadas ctenídios ou brânquias ctenidais. Cílios na superfície das brânquias fazem a água fluir através da cavidade. Em moluscos com concha, esta é feita de um material duro, rico em cálcio, semelhante a um osso, secretado pelo manto. Muitos moluscos se alimentam utilizando uma **rádula** – um órgão raspador, endurecido com quitina (*direita*). O sistema digestório dos moluscos é completo.

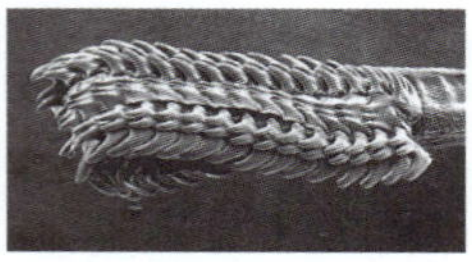

Diversidade dos moluscos

Com mais de 100 mil espécies vivas, os moluscos só perdem para os artrópodes em nível de diversidade. Há quatro classes principais: Polyplacophora (poliplacóforos), Gastropoda (gastrópodes), Bivalvia (bivalves) e Cephalopoda (cefalópodes) (Figura 6.20).

Figura 6.20 Grupos de moluscos. (**a**) Uma lesma aquática, um gastrópode, utiliza seu grande "pé" para rastejar no vidro de um aquário. (**b**) Uma lula, um cefalópode.

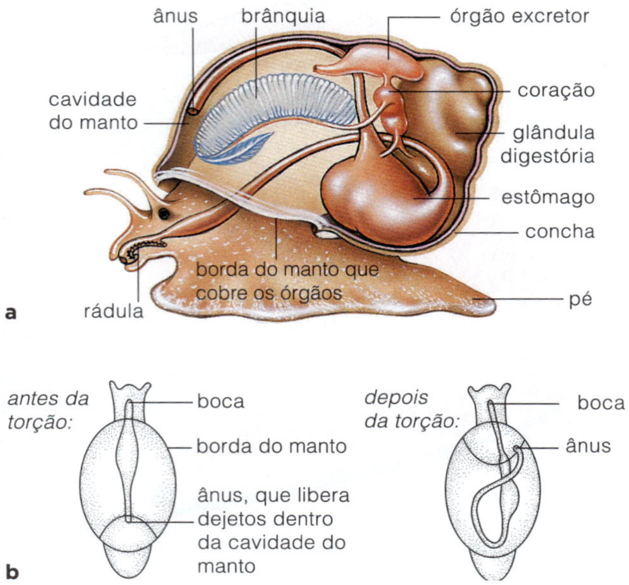

Figura 6.21 Plano corporal dos gastrópodes. (**a**) Plano corporal de uma lesma aquática. (**b**) A torção, um processo de desenvolvimento peculiar a gastrópodes, torce o corpo com relação à base.

Poliplacóforos provavelmente são os mais parecidos com moluscos ancestrais. Todos são marinhos e apresentam uma concha dorsal feita de oito placas.

Poliplacóforos se prendem a rochas e raspam algas com sua rádula. Eles não apresentam cabeça distinta e não se movem rapidamente. Quando incomodado, um poliplacóforo simplesmente resiste usando sua concha para proteção.

Com cerca de 60 mil espécies de lesmas e caracóis, os gastrópodes são os moluscos mais diversos. Seu nome significa "pé na região gástrica". A maioria das espécies desliza sobre o amplo pé muscular que compõe a maior parte da massa corporal inferior (Figuras 6.20*a* e 6.21*a*). Uma concha de gastrópode, quando presente, é única e espiralada.

Gastrópodes apresentam cabeça distinta que normalmente conta com olhos e tentáculos sensoriais. Em muitas espécies aquáticas, uma parte do manto forma um sifão inalante, um tubo através do qual a água entra na cavidade do manto. *Conus*, discutido na introdução do capítulo, utilizam o sifão para farejar suas presas. *Conus* são predadores e sua rádula é modificada como um arpão, mas a maioria dos gastrópodes é herbívora.

Durante o desenvolvimento, os gastrópodes passam por uma reorganização peculiar de partes do corpo chamada **torção**. A massa corporal se torce, colocando as partes antes posteriores, incluindo o ânus, acima da cabeça (Figura 6.21*b*). Gastrópodes incluem os únicos moluscos territoriais. Em lesmas e caracóis terrestres (Figura 6.22 *a*,*b*), um pulmão substitui a brânquia. Glândulas no pé secretam continuamente muco que protege o animal enquanto se move em superfícies secas e abrasivas. A maioria dos moluscos tem sexos separados, mas os terrestres tendem a ser hermafroditas. Diferentemente de outros moluscos, que

Figura 6.22 Variações no plano corporal dos gastrópodes. Caracóis (**a**) e lesmas (**b**) terrestres são adaptados à vida em um *habitat* seco. Eles possuem um pulmão no lugar de brânquias. O trilho que deixam para trás depois de passarem por uma superfície é muco secretado por seu grande pé. (**c**) Um nudibrânquio *Flabellina iodinea*. Esses nudibrânquios se alimentam de cnidários e armazenam cnidócitos não descarregados dentro das brânquias, que possuem coloração vermelho vivo.

produzem uma larva nadadora, os embriões desses grupos se desenvolvem diretamente em adultos.

Lesmas e nudibrânquios não apresentam concha. Eles sofrem um processo chamado distorção: como outros moluscos, giram o corpo no início do desenvolvimento (torção). Mais tarde, giram partes corporais novamente, portanto seu ânus termina atrás (distorção). Não seria mais simples simplesmente pular a torção? Talvez, mas a evolução ocorre por pequenas mudanças que resultam de mutações aleatórias; não acontece propositadamente.

Sem uma concha, lesmas e nudibrânquios devem se defender de outras formas. Alguns formam e secretam substâncias com gosto ruim. Alguns nudibrânquios comem cnidários, como águas-vivas, e armazenam cnidócitos não descarregados que servem de defesa. Por exemplo, extensões franjadas na parte anterior de um nudibrânquio *Flabellina iodinea* funcionam na troca gasosa e contêm nematocistos (Figura 6.22*c*).

Bivalves incluem muitos dos moluscos comestíveis, incluindo mexilhões, ostras, mariscos e vieiras. Todos os bivalves apresentam uma concha articulada em duas partes. Cada parte se chama "valva", de onde se originou o nome bivalve. Músculos adutores poderosos unem as valvas (Figura 6.23). A contração desses músculos fecha as duas valvas, envolvendo o corpo e protegendo-o de predadores ou ressecamento. Algumas vieiras podem "nadar" ao abrir e fechar repetidamente sua concha. Enquanto a concha se fecha, a força da água expelida faz a vieira ir para trás. Os bivalves têm uma cabeça muito reduzida, mas possuem ocelos agrupados em volta da borda do manto.

Bivalves são formados de um pé triangular grande comumente utilizado em fixação. Por exemplo, um marisco se fixa abaixo da areia e estende seus sifões na água acima. Como outros bivalves, não possui uma rádula. Ele se alimenta ao puxar água para dentro da cavidade do manto e prender partículas de alimento no muco em suas brânquias. Assim, nos bivalves, as brânquias têm função alimentar, além de servir como órgãos respiratórios. Como o aporte de oxigênio é grande e o metabolismo é baixo,

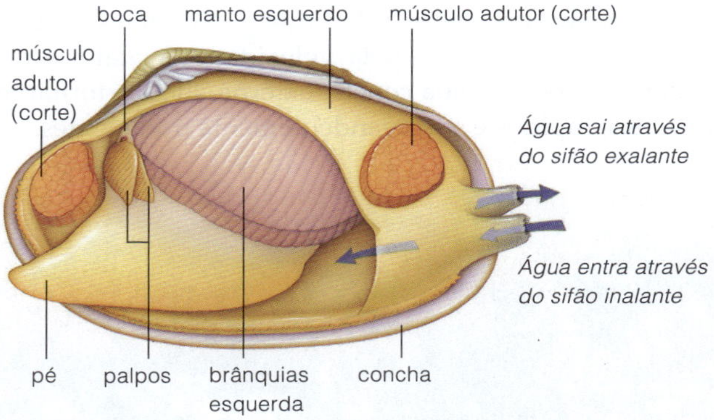

Figura 6.23 Plano corporal de um marisco (bivalve).

os bivalves não possuem pigmentos respiratórios na hemolinfa.

O movimento de cílios direciona o muco repleto de partículas para a boca. Um par de palpos labiais classifica partículas e leva o alimento para a boca.

Os **cefalópodes** são o quarto grupo principal. Todos são marinhos e incluem lulas (Figura 6.20*b*), polvos e seus parentes. Comparados com outros moluscos, cefalópodes são mais rápidos, inteligentes e geralmente maiores. Eles são os únicos moluscos com um sistema circulatório fechado. Veremos este grupo mais detalhadamente na próxima seção.

A maioria dos moluscos é aquática, mas alguns gastrópodes se adaptaram à vida na terra. Além de gastrópodes, moluscos incluem poliplacóforos, bivalves e cefalópodes.

Para pensar

O que são moluscos?

- Moluscos são invertebrados com plano corporal bilateral, celoma reduzido e um manto que cobre seus órgãos internos. Na maioria das espécies, o manto secreta uma concha endurecida protetora.

6.9 Cefalópodes - rápidos e inteligentes

- *Cefalópode* significa "pé na cabeça". Os tentáculos acoplados à cabeça são modificações evolucionárias do pé. Eles cercam a boca, que tem um bico quitinoso.

Há 500 milhões de anos, durante o Ordoviciano, cefalópodes eram os principais predadores de mares abertos (Figura 6.24*a*). Todos viviam dentro de uma concha que era formada de múltiplas câmaras. Com exceção de algumas espécies de náutilos, seus descendentes modernos apresentam uma concha altamente reduzida ou não apresentam concha (Figura 6.24*b–c*).

Por que as conchas foram reduzidas? Peixes com mandíbulas iniciaram uma radiação adaptativa há aproximadamente 400 milhões de anos. Peixes que caçavam cefalópodes ou competiam com eles por presas se tornaram mais ágeis e maiores. No que parece ter sido uma corrida de longo prazo pela velocidade, a maioria dos cefalópodes perdeu sua concha externa. Eles se tornaram eficientes, rápidos e surpreendentemente inteligentes.

Para os cefalópodes, a propulsão a jato se tornou a regra do jogo. Eles se moviam mais rapidamente ao disparar um jato de água de sua cavidade do manto, através de um sifão em forma de funil. Todos os cefalópodes hoje fazem o mesmo. O cérebro controla a atividade do sifão e rege a direção na qual o corpo se move.

A maior velocidade foi acompanhada por olhos cada vez mais complexos. Cefalópodes, como os vertebrados, possuem um olho com uma lente que foca a luz de entrada. A velocidade também exigiu mudanças nos sistemas respiratório e circulatório. De todos os grupos de moluscos, apenas cefalópodes têm um sistema circulatório fechado. O sangue bombeado pelo coração principal irriga os tecidos de todo o corpo. Dois corações acessórios mantêm o sangue se movendo rapidamente em direção às brânquias, onde são realizadas as trocas gasosas.

Cefalópodes incluem os invertebrados mais rápidos (lulas), grandes (lula gigante) e inteligentes (polvos). De todos os invertebrados, os polvos possuem maior cérebro em relação ao tamanho do corpo e mostram o comportamento mais complexo. Polvos em cativeiro aprendem facilmente a navegar por labirintos ou abrir a tampa de um jarro que contém presas saborosas.

Figura 6.24 (**a**) Imagem artística de um mar do Ordoviciano mostra cefalópodes chamados nautiloides com suas conchas em formato de cone. Alguns mediam 5 metros de comprimento. Comiam trilobitas, um grupo de artrópodes já extinto. (**b**) *Nautilus pompilius*, um descendente vivo dos nautiloides do Ordoviciano. (**c**) Plano corporal de uma sépia. (**d**) Um polvo.

6.10 Rotíferos e tardígrados – pequenos e resistentes

- Rotíferos e tardígrados estão entre os menores animais. Suas posições na árvore evolutiva animal ainda estão em dúvida.

As 2.150 espécies de **rotíferos** (filo Rotifera) vivem em ambientes aquáticos e em *habitats* terrestres úmidos. A maioria mede menos de 1 milímetro de comprimento. O nome do grupo em latim quer dizer "portador de roda", que se refere aos cílios em constante movimento na cabeça, agrupados numa estrutura chamada corona, que levam comida para a boca e se parecem com rodas girando (Figura 6.25). Há órgãos excretores (protonefrídios) e um sistema digestório completo, mas nenhum órgão circulatório ou respiratório.

Órgãos digestórios e excretores estão localizados dentro de um pseudoceloma. Tradicionalmente, rotíferos e nematoides eram agrupados juntos como pseudocelomados, formando um grupo artificial denominado Aschelminthes. Entretanto, comparações genéticas sugerem que rotíferos estejam mais proximamente relacionados com anelídeos e moluscos.

Alguns rotíferos se colam a uma superfície qualquer através de estruturas posteriores denominadas "dedos", mas a maioria nada ou rasteja. Algumas espécies são formadas apenas por fêmeas. Novos indivíduos se desenvolvem com base em ovos não fertilizados – um processo chamado partenogênese. Outras espécies produzem machos sazonalmente ou têm os dois sexos.

Tardígrados (filo Tardigrada) são animais minúsculos que frequentemente vivem ao lado de rotíferos em lagos temporários e musgos úmidos. Eles se movimentam sobre quatro pares de patas curtas (Figura 6.26). "Tardigrada" significa "caminhante lento".

Cerca de 950 tardígrados foram nomeados. A maioria suga sumos de plantas ou algas. Alguns, incluindo o da Figura 6.26*a*, são predadores. Eles se alimentam de helmintos, rotíferos e de outros tardígrados. O sistema digestório é completo e há órgãos excretores, mas nenhum órgão circulatório ou respiratório. O celoma é reduzido.

Como nematoides e insetos, os tardígrados apresentam uma cobertura corporal externa que trocam (eliminam periodicamente) enquanto crescem. Animais que possuem essa característica pertencem ao grupo Ecdysozoa. Dados de sequenciamento genético sugerem que tardígrados pertencem a Ecdysozoa, mas as relações dentro deste grupo são mal compreendidas.

Tardígrados e rotíferos vivendo em *habitats* que frequentemente ressecam completamente adquiriram uma habilidade notável. Eles podem sobreviver a períodos de seca entrando em um tipo de animação suspensa, chamada criptobiose. À medida que o *habitat* seca, açúcar substitui a água em seus tecidos, e o metabolismo desacelera para um ritmo quase inexistente. Em tardígrados, o conteúdo de água do corpo pode cair para 1% do normal.

Tardígrados dormentes podem suportar frio e calor extraordinários. Eles sobrevivem por dias a -200 °C e minutos a 151 °C. Além disso, um tardígrado pode permanecer dormente por anos e, depois, reviver, poucas horas depois de ser colocado na água. Por todos esses motivos, frequentemente se diz que tardígrados são os animais mais resistentes.

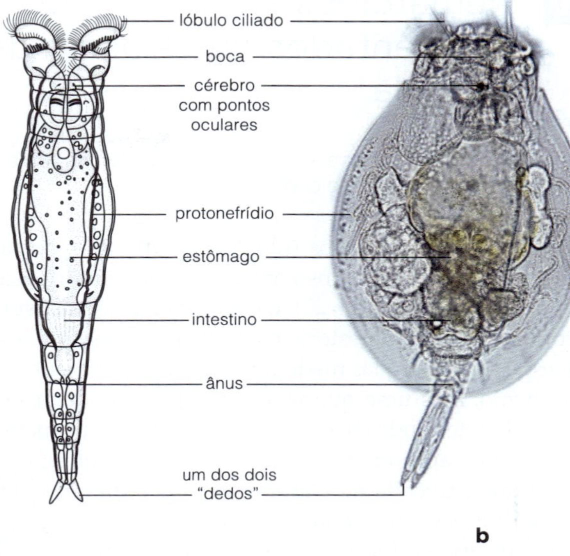

Figura 6.25 (**a**) Plano corporal de um rotífero bdeloideo. (**b**) Imagem de microscópio do *Euchlanis*, que secreta uma cobertura transparente em torno de seu corpo.

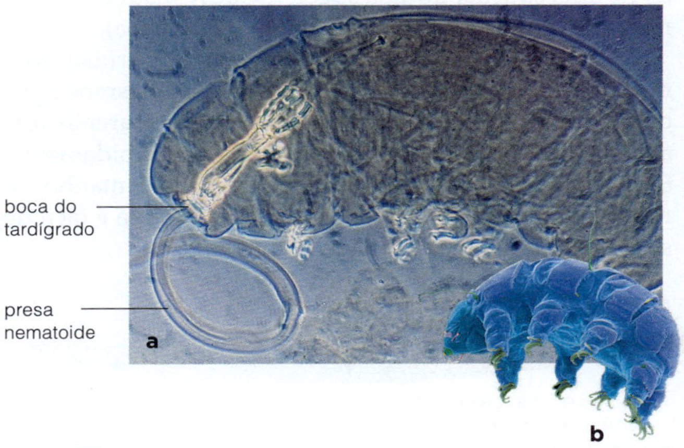

Figura 6.26 Tardígrados. (**a**) Imagem de microscópio óptico de um tardígrado devorando um nematoide. (**b**) Imagem colorizada de um microscópio de varredura de elétrons de um tardígrado. Ele rasteja sobre quatro pares de patas. Garras nas pontas das patas ajudam o animal a se prender a superfícies, como filamentos de musgo umedecido.

Para pensar

O que são rotíferos e tardígrados?

- Rotíferos e tardígrados são animais bilaterais minúsculos. A maioria vive em *habitats* úmidos ou água doce. Alguns se adaptaram a um ambiente seco, adquirindo a capacidade de entrar em estado dormente.
- Rotíferos possuem um pseudoceloma, mas comparações genéticas sugerem que são mais próximos de anelídeos e moluscos. Tardígrados têm um celoma e trocam de tegumento; provavelmente são parentes de nematoides e insetos.

6.11 Nematoides – vermes não segmentados que trocam de cutícula

- Nematoides estão entre os animais mais abundantes. Uma pá cheia de solo rico pode conter milhões deles.

Nematoides, ou nematódeos (filo Nematoda), são vermes bilaterais e não segmentados com um corpo cilíndrico coberto por cutícula (Figura 6.27). Uma faringe muscular suga alimento e o sistema digestório é completo. Quase todas as 22 mil espécies nomeadas medem menos de 5 milímetros de comprimento, mas uma que vive como parasita dentro de baleias cachalotes pode chegar a 13 metros de comprimento.

Nematoides apresentam uma cutícula flexível rica em colágeno que é trocada repetidamente à medida que o animal cresce. Os helmintos eram tradicionalmente agrupados com rotíferos e pseudocelomados, formando um grupo denominado Aschelminthes. Entretanto, muitos nematoides pequenos não são formados de uma cavidade corporal. Além disso, semelhanças genéticas e o traço compartilhado de uma cutícula trocada sugerem que nematoides sejam mais próximos aos artrópodes (grupo Ecdysozoa).

O nematoide *Caenorhabditis elegans* em experimentos é muito utilizado genéticos. Ele apresenta os mesmos tipos de tecido dos animais complexos, mas é transparente, tem apenas 959 células corporais e se reproduz rapidamente. Seu genoma mede cerca de dois terços do tamanho do nosso. Com tais traços, o destino de cada célula é fácil de se monitorar durante o desenvolvimento.

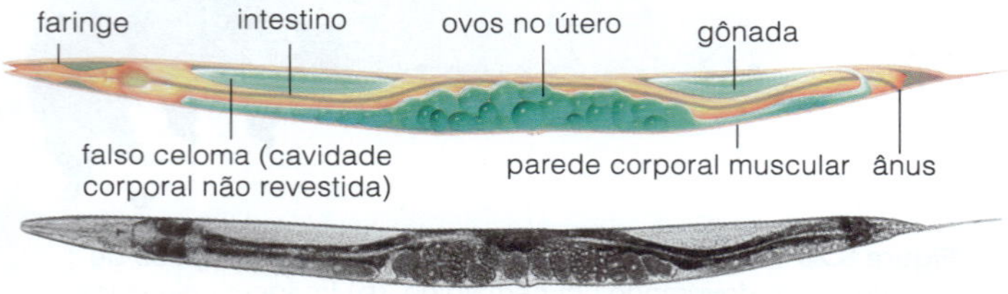

Figura 6.27 Plano corporal e imagem de microscópio do *Caenorhabditis elegans*, um nematoide de vida livre. Sexos são separados, e este é uma fêmea.

A maioria dos nematoides se alimenta de matéria orgânica no solo ou na água, mas alguns são parasitas dentro de plantas ou animais.

Alguns helmintos parasitas prejudicam a saúde humana. Por exemplo, comer carne de porco ou animais selvagens mal cozida pode levar a uma infecção por *Trichinella spiralis*. A doença resultante, triquinose, pode ser fatal. O nematoide sai dos intestinos, vai para o sangue e os músculos, onde forma cistos (Figura 6.28*a*).

O *Ascaris lumbricoides*, um grande nematoide, atualmente infecta mais de 1 bilhão de pessoas, principalmente na Ásia e América Latina (Figura 6.28*b*). Pessoas ficam infectadas quando ingerem seus ovos, que sobrevivem no solo e passam para as mãos e os alimentos. Quando muitos adultos ocupam um hospedeiro, eles podem obstruir o trato digestório.

Ancilostomídeos, também, infectam mais de 1 bilhão de pessoas. Larvas no solo perfuram a pele humana e migram pelos vasos sanguíneos até os pulmões. Elas sobem até a traqueia e entram no trato digestório. Uma vez dentro do intestino delgado, ancilostomídeos se acoplam à parede intestinal e sugam sangue.

Wuchereria bancrofti (filária) e alguns outros nematoides causam filariose linfática. Infecções repetidas ferem os vasos linfáticos, portanto a linfa se acumula dentro de pernas e pés (Figura 6.28*c*). A elefantíase, o nome comum dessa doença, refere-se às pernas inchadas por fluidos, parecidas com a de um elefante. Mosquitos levam larvas desse nematoide para novos hospedeiros.

Oxiúros (*Enterobius vermicularis*) comumente infectam crianças. Vermes fêmeas com menos de 1 milímetro de comprimento saem do reto à noite e depositam ovos perto do ânus.

A migração causa coceira, e coçar coloca os ovos sob as unhas. Dali, eles entram em alimentos e brinquedos. Engolir ovos causa uma nova infecção.

Para pensar

O que são nematoides?

- Nematoides são vermes não segmentados e pseudocelomados com uma cutícula secretada que é substituída. A maioria dos nematoides é decompositora, mas alguns são parasitas de humanos.

Figura 6.28 (**a**) Larvas de *Trichinella spiralis* no tecido muscular de um animal hospedeiro. (**b**) Nematoides vivos (*Ascaris lumbricoides*). Esses parasitas intestinais causam dor de estômago, vômito e apendicite. (**c**) Um caso de elefantíase resultante de uma infecção pelo helminto *Wuchereria bancrofti*.

6.12 Artrópodes – animais com patas articuladas

- Há mais de 1 milhão de espécies de animais com patas articuladas que chamamos de artrópodes.

Artrópodes (filo Arthropoda) são bilaterais, com celoma reduzido. Eles possuem esqueleto externo (exoesqueleto) rígido e articulado, sistema digestório completo, sistema circulatório aberto e órgãos respiratórios e excretores. Se utilizarmos o número de espécies como medida do sucesso, os artrópodes são os animais mais bem-sucedidos. Uma linhagem importante, os trilobitas, está extinta (Figura 6.6). Os subgrupos atuais são quelicerados, crustáceos, miriápodes e insetos.

A Tabela 6.2 fornece exemplos de cada grupo. Analisaremos esses grupos nas próximas seções. Aqui, começamos pensando nas cinco principais adaptações que continuam contribuindo para seu grande sucesso evolucionário.

Principais adaptações dos artrópodes

Exoesqueleto endurecido Artrópodes secretam uma cutícula de quitina, proteínas e ceras. Seu **exoesqueleto** é um esqueleto externo rígido. Ele ajuda na defesa contra predadores, e os músculos internos que se ligam a ele movem as partes do corpo. Entre os artrópodes terrestres, o exoesqueleto ajuda a conservar água e sustentar o peso do animal.

O exoesqueleto endurecido não restringe o crescimento, porque – como os nematoides – os artrópodes trocam sua cutícula, permitindo "pulsos" de crescimento. Hormônios regulam a substituição, causando a formação de uma nova cutícula sob a antiga, que é eliminada.

Apêndices articulados Se a cutícula de um artrópode fosse uniformemente dura e grossa, como gesso, ela impediria o movimento. Porém, as cutículas de artrópodes são finas nas juntas: as regiões nas quais duas partes duras do corpo se articulam. Partes do corpo se movem nas articulações; "artrópode" significa "pata articulada" (Figura 6.29*a*). Tais patas frequentemente foram modificadas para tarefas especializadas.

Segmentos altamente modificados Nos primeiros artrópodes, os segmentos corporais (metâmeros) eram distintos e todos os apêndices do corpo eram semelhantes. Em muitos de seus descendentes, segmentos foram fundidos em unidades estruturais denominadas tagmas. Assim, cabeça, tórax (seção intermediária) e abdome (seção posterior) são diferentes tagmas.Apêndices foram modificados para tarefas especiais. Por exemplo, entre os insetos, extensões finas da parede de alguns segmentos evoluíram para asas (Figura 6.29*b*).

Especializações sensoriais A maioria dos artrópodes possui um ou mais pares de olhos. Em insetos e crustáceos, os olhos são compostos de muitas unidades denominadas omatídeos. Com exceção dos quelicerados, a maioria dos artrópodes também tem pares de **antenas**, que podem detectar toque (mecanorrecepção) e substâncias químicas (quimiorrecepção) transportadas pela água ou pelo ar.

Figura 6.29 (**a**) Pernas articuladas de um caranguejo. (**b**) Uma asa acoplada ao tórax de uma mosca. (**c**) Larva de uma borboleta monarca, um estágio especializado que se alimenta de folhas de plantas

Tabela 6.2 Subgrupos de artrópodes vivos

Grupo	Representantes	Espécies nomeadas
Quelicerados	Caranguejos-ferradura	4
	Aracnídeos (escorpiões, aranhas, carrapatos, ácaros)	70.000
Crustáceos	Caranguejos, camarões, lagostas, cirrípedes, tatuzinho	42.000
Miriápodes	Milípedes e centopeias	2.800
Insetos	Besouros, formigas, borboletas, moscas	> 1 milhão

Estágios de desenvolvimento especializado O plano corporal de muitos artrópodes muda durante o ciclo de vida. Indivíduos frequentemente sofrem **metamorfose**: tecidos são remodelados quando jovens se tornam adultos. Cada estágio é especializado para uma tarefa diferente. Por exemplo, lagartas sem asas devoradoras de plantas se transformam em borboletas aladas que se dispersam e encontram parceiros (Figura 6.29*c*). Ter corpos tão diferentes também evita competição entre adultos e jovens pelos mesmos recursos.

Para pensar

O que são artrópodes?

- Arthropoda é o filo animal mais diversificado. Exoesqueleto articulado, plano corporal segmentado com segmentos especializados, especializações sensoriais e ciclo de vida que frequentemente inclui metamorfose contribuíram para o sucesso dos artrópodes.
- Trilobita é um grupo extinto de artrópodes. Grupos atuais de artrópodes incluem quelicerados (caranguejos-ferradura, aranhas, carrapatos), crustáceos (caranguejos), miriápodes (centopeias) e insetos.

6.13 Quelicerados - as aranhas e seus parentes

- Quelicerados incluem a linhagem de artrópodes mais antiga (caranguejos-ferradura) e outros artrópodes sem antenas.

Quelicerados incluem caranguejos-ferradura, escorpiões, aranhas, carrapatos e ácaros (Figura 6.30). O corpo tem um cefalotórax (cabeça e tórax fundidos) e abdome. Há quatro pares de patas. A cabeça tem olhos, mas não antenas. Perto da boca há pares de apêndices de alimentação, que são chamados quelíceras e pedipalpos.

Caranguejos-ferradura vivem nos mares, comem mariscos e vermes e possuem um escudo duro sobre o cefalotórax, chamado carapaça (Figura 6.30*a*). Um segmento semelhante a uma espinha (telson) atua como leme quando nadam. Ovos de caranguejos-ferradura, na primavera, são depositados no litoral e são alimentos essenciais para algumas aves migratórias.

Todos os quelicerados terrestres, incluindo aranhas, escorpiões, carrapatos e ácaros, são aracnídeos. Escorpiões e aranhas são predadores que dominam a presa com veneno. Escorpiões injetam veneno através de um ferrão no telson (Figura 6.30*b*). Aranhas injetam veneno com uma picada das quelíceras. Suas quelíceras, semelhantes a presas, têm glândulas de veneno (Figuras 6.30*c*, *d* e 6.31). Das 38 mil espécies de aranhas, cerca de 30 produzem veneno que pode fazer mal a humanos. A maioria das aranhas nos ajuda indiretamente ao se alimentar de insetos.

O abdome das aranhas tem fiandeiras pareadas que ejetam seda para teias e ninhos. Um sistema circulatório aberto permite que o sangue se misture com fluidos dos tecidos. Túbulos de Malpighi levam dos tecidos o excesso de água e resíduos ricos em nitrogênio para o intestino, que faz o descarte. Nesse processo a água é economizada, pois a urina sai seca e misturada com as fezes. Em muitas espécies, a troca de gases ocorre em "pulmões foliáceos" semelhantes às folhas.

Todos os carrapatos sugam sangue de vertebrados (Figura 6.30*e*). Alguns, como o carrapato-estrela, podem transmitir bactérias que causam, por exemplo, a febre maculosa. As 45 mil espécies de ácaros incluem parasitas, predadores e detritívoros. A maioria mede menos de 1 milímetro de comprimento.

Figura 6.30 Quelicerados. (**a**) Um caranguejo-ferradura (*Limulus*). Todos os caranguejos-ferradura são marinhos. Eles são os parentes vivos mais próximos das extintas trilobitas. Membros do subgrupo aracnídeo: (**b**) Um escorpião. Picadas de escorpião podem ser fatais para os humanos. (**c**) Uma aranha papa-mosca. Ela não faz teia e salta sobre sua presa. (**d**) Uma aranha viúva-negra tecedora de teia (*Latrodectus*) tem um veneno que pode ser fatal para os humanos. Apenas as fêmeas são perigosas. Elas apresentam uma marca vermelha em forma de ampulheta no abdome. (**e**) Carrapato inchado depois de uma refeição de sangue.

Para pensar

O que são quelicerados?

- Quelicerados são artrópodes que não apresentam antenas. Caranguejos-ferradura são uma pequena linhagem marinha. Os aracnídeos mais diversificados vivem majoritariamente na terra.

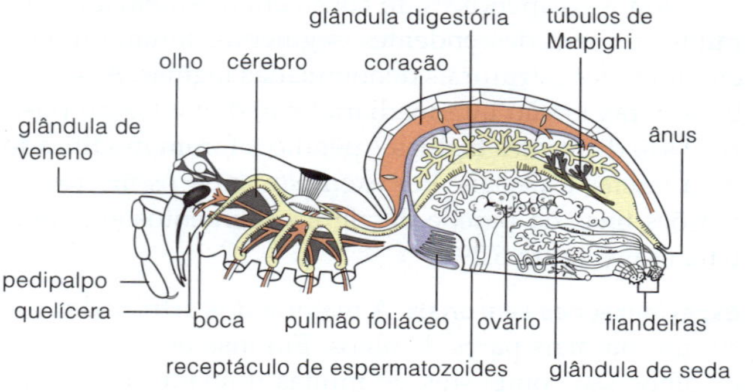

Figura 6.31 Plano corporal de uma aranha.

6.14 Crustáceos majoritariamente marinhos

- Crustacea é um grupo de artrópodes principalmente aquático. A maioria dos crustáceos vive nos mares.

Os **crustáceos** formam um grupo de artrópodes majoritariamente marinhos com dois pares de antenas. Alguns vivem em água doce. Outros, como os isópodes (Figura 6.32*a*), vivem na terra.

Pequenos crustáceos atingem grandes números nos mares e são uma fonte importante de alimento para animais maiores. O zooplâncton marinho é predominantemente formado por microcrustáceos, como os copépodos. A maioria dos copépodos forma o zooplâncton marinho, mas outros vivem em água doce (Figura 6.32*b*). Alguns copépodos parasitas de peixes ou baleias podem ser grandes – alguns chegam ao tamanho do antebraço humano. Outro grupo de crustáceos marinhos são os eufausiáceos (krill). O corpo do krill é semelhante ao de um camarão, com poucos centímetros de comprimento. Eles nadam em águas oceânicas superficiais, sendo um importante alimento para os animais dos mares antárticos.

Os cirripédios formam um grupo de crustáceos bastante modificado. Suas larvas nadam, mas os adultos são sésseis e envoltos em placas calcificadas e vivem presos a píeres, rochas e até baleias. Eles filtram alimentos da água com patas emplumadas. Quando adultos, não conseguem se movimentar, o que poderia dificultar o acasalamento. Porém, os cirripédios tendem a se assentar em grupos, e a maioria é hermafrodita. Um indivíduo estende um pênis, frequentemente várias vezes mais longo que seu corpo, até os vizinhos, transferindo espermatozoides. A fecundação é cruzada.

Lagostas, lagostins, caranguejos e camarões pertencem ao principal subgrupo de crustáceos, os decápodes. Eles possuem cinco pares de patas ambulatórias (Figura 6.33). Em algumas lagostas, lagostins e caranguejos, o primeiro par de patas foi modificado em um par de garras mais fortes (quelípodes).

Como todos os artrópodes, caranguejos realizam mudas quando crescem (Figura 6.34). Alguns caranguejos crescem bastante. Com pernas que podem chegar a mais de 1 metro de comprimento, esses caranguejos são os maiores artrópodes vivos.

Para pensar

O que são crustáceos?

- Crustáceos são artrópodes majoritariamente marinhos que apresentam dois pares de antenas. Eles são ecologicamente importantes como fonte de alimento e incluem os maiores artrópodes vivos.

Figura 6.32 Representantes de crustáceos. (**a**) Um isópode (também conhecido como tatuzinho). (**b**) Uma copépodo fêmea de vida livre (*Macrocyclops albidus*) dos Grandes Lagos mede cerca de 1 milímetro de comprimento.

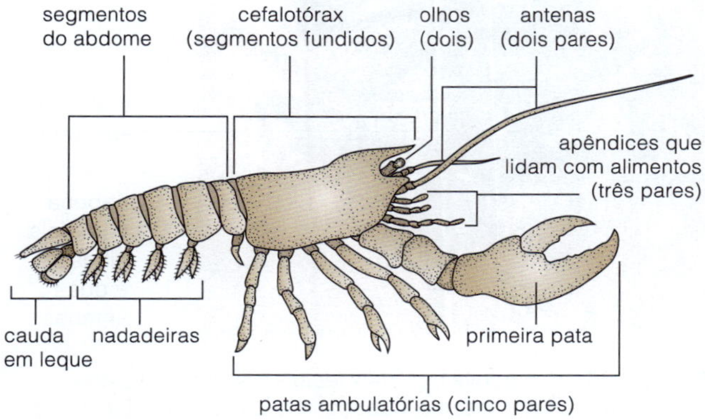

Figura 6.33 Plano corporal de uma lagosta (*Homarus americanus*).

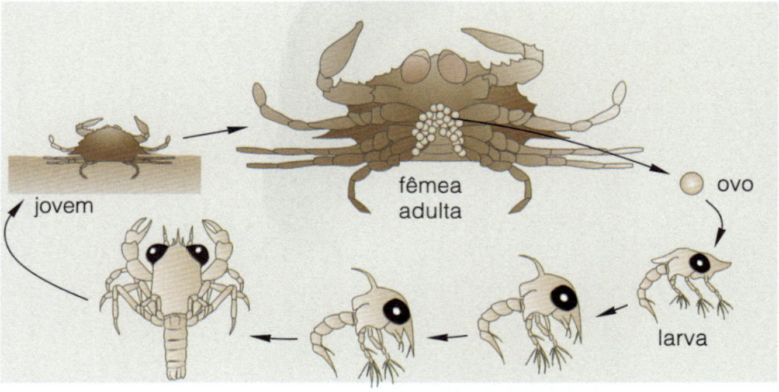

Figura 6.34 Ciclo de vida do caranguejo. Os estágios larval e juvenil realizam mudas repetidamente e aumentam de tamanho antes de se tornarem adultos maduros. Adultos continuam fazendo mudas. Uma fêmea carrega os ovos fertilizados sob o abdome até eles amadurecerem.

6.15 Miriápodes - muitas pernas

- Centopeias e milípedes utilizam suas patas para caminhar na terra, caçar presas ou escavar.

Miriápode significa "muitos pés" e descreve adequadamente as centopeias e milípedes. Ambos são formados por um corpo longo com muitos segmentos semelhantes (Figura 6.35). A cabeça tem um par de antenas e dois olhos simples. Miriápodes vivem na terra, movimentam-se à noite e se escondem sob rochas e folhas durante o dia.

Centopeias, também chamadas de lacraias, apresentam um corpo rebaixado e achatado com um único par de patas por segmento, para um total de 30 a 50 pares. Elas são predadoras que se movem rapidamente. Seu primeiro par de patas foi modificado como presas que injetam veneno paralisante. A maioria das centopeias é predadora de insetos, mas algumas espécies tropicais grandes comem pequenos vertebrados.

Milípedes (piolho-de-cobra) são animais que se movem mais lentamente e se alimentam de vegetação em decomposição. Seu corpo é arredondado e tem dois pares de patas na maioria dos segmentos, com cerca de 250 pares no total (Figura 6.35).

Para pensar

O que são miriápodes?

- Miriápodes são artrópodes que vivem na terra; possuem duas antenas e uma abundância de segmentos corporais. Centopeias são predadores, e milípedes são detritívoros.

Figura 6.35 Um milípede.

6.16 Insetos

- Artrópodes são o filo animal mais bem-sucedido, e insetos são os artrópodes mais abundantes.

Características dos insetos

Com mais de 1 milhão de espécies, insetos são o grupo artrópode mais diversificado. Eles também são impressionantemente abundantes. De acordo com algumas estimativas, só as formigas compõem 10% da biomassa animal (peso total de todos os animais vivos) no mundo.

Insetos apresentam um plano corporal em três partes (tagmas), com cabeça, tórax e abdome (Figura 6.36). A cabeça tem um par de antenas e dois olhos compostos. Tais olhos consistem em muitas unidades individuais (omatídeos), cada uma com uma lente. Perto da boca há mandíbulas e outros apêndices de alimentação. Insetos se alimentam de muitas formas e suas peças bucais são adaptadas ao tipo de alimento. (Figura 6.37).

Três pares de patas se estendem do tórax do inseto. Em alguns grupos, o tórax também tem um ou dois pares de asas. Insetos são os únicos invertebrados alados. Alguns insetos passam algum tempo na água, mas o grupo é predominantemente terrestre. Um sistema respiratório composto por tubos traqueais leva ar de aberturas na superfície corporal a tecidos dentro do corpo. Como todos os outros artrópodes, insetos têm um sistema circulatório aberto. O sangue não possui pigmentos respiratórios e não carrega oxigênio, uma vez que as trocas gasosas são realizadas pelos tubos traqueais.

Figura 6.36 Um percevejo (*Cimex lectularius*) ilustra o plano corporal básico dos insetos: cabeça, tórax e abdome. Ele mede 7 milímetros de comprimento e se alimenta de sangue humano.

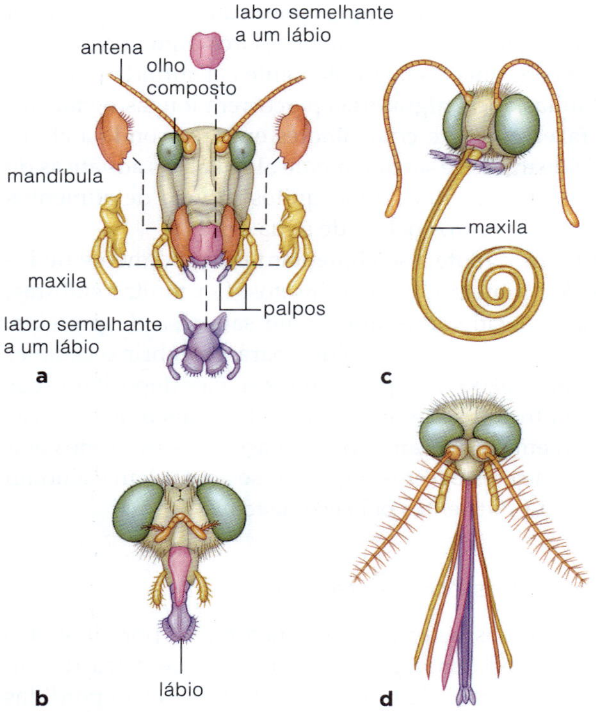

Figura 6.37 Exemplos de apêndices de insetos. Partes da cabeça de (**a**) gafanhotos, que mastigam partes de plantas fibrosas; (**b**) moscas, que absorvem nutrientes com peças bucais em forma de esponja; (**c**) borboletas, que sugam néctar de plantas com flores; e (**d**) mosquitos, cujas peças bucais perfuram a pele e sugam sangue de mamíferos.

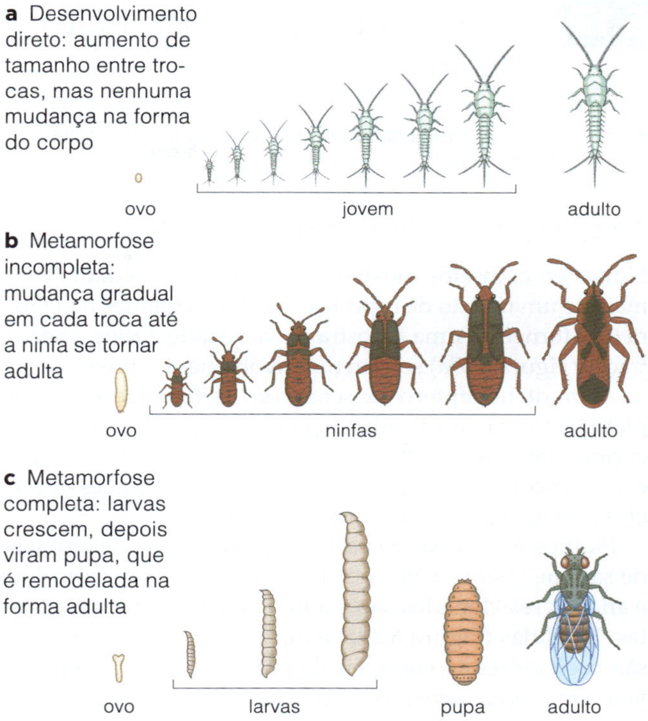

Figura 6.38 Desenvolvimento dos insetos. (**a**) Traças mostram desenvolvimento direto. Os jovens podem simplesmente mudar de tamanho com cada troca. (**b**) Hemípteros, incluindo percevejos, cigarras e o "barbeiro", sofrem metamorfose ***incompleta***. Pequenas mudanças ocorrem em cada troca. (**c**) Moscas-das-frutas, borboletas e besouros mostram metamorfose ***completa***. Uma larva se desenvolve em uma pupa, que é remodelada em um adulto.

Insetos possuem um sistema digestório completo dividido em intestino anterior, intestino intermediário, onde o alimento é digerido, e intestino posterior, onde a água é reabsorvida. Como nas aranhas e outros artrópodes terrestres, os túbulos de Malpighi dentro do abdome funcionam na excreção. Excretas nitrogenadas produzidas pela digestão de proteínas se difundem do sangue para esses tubos e são levadas ao intestino. Ali, enzimas convertem os dejetos em cristais de ácido úrico, para serem excretados. A água é reabsorvida. Os túbulos de Malpighi ajudam os insetos a eliminar resíduos metabólicos tóxicos sem perder água.

O abdome de um inseto também contém órgãos sexuais (gônadas). Sexos são separados. Dependendo do grupo, um ovo fertilizado eclode em uma pequena versão do adulto ou então eclode em um jovem que mais tarde sofrerá **metamorfose**. Durante a metamorfose, tecidos da forma jovem são reorganizados (Figura 6.38). A metamorfose incompleta significa que as mudanças na forma corporal ocorrem em pequena escala. Nesse caso os jovens, chamados ninfas, mudam pouco quando passam para a forma adulta. A metamorfose completa é mais dramática. Neste caso, o jovem, chamado larva, cresce sofrendo mudança no plano corporal. Então, ela se transforma em uma pupa, que sofre um remodelamento dos tecidos (metamorfose), que produz o adulto.

Origens dos insetos

Até recentemente, pensava-se que insetos eram parentes próximos de miriápodes. Ambos os grupos apresentam um par de antenas e patas unirremes. Então – como já vimos tantas vezes – novas informações fizeram os cientistas repensar as conexões. Uma hipótese atual sustenta que os insetos sejam mais proximamente relacionados aos crustáceos.

Especificamente, acredita-se que os insetos sejam descendentes de crustáceos de água doce, com a traça (Figura 6.38*a*) como uma linhagem inicial de insetos. Se esta hipótese estiver correta, os insetos são os crustáceos da terra.

Para pensar

O que são insetos?

- Insetos são os animais mais diversificados e abundantes. Eles são formados por um plano corporal em três partes. A cabeça tem olhos compostos, um par de antenas e boca com partes especializadas. O tórax apresenta três pares de patas e, em algumas linhagens, asas.
- Insetos são adaptados à vida na terra. Um sistema de tubos traqueais fornece ar aos tecidos. Túbulos de Malpighi em seu abdome permitem que eles expilam dejetos enquanto minimizam a perda de água.
- De acordo com a hipótese mais recente, insetos evoluíram de uma linhagem de crustáceos.

6.17 Diversidade e importância dos insetos

- Seria difícil superestimar a importância dos insetos, para o bem ou para o mal.

Amostragem da diversidade dos insetos

Novamente, insetos mostram tremenda diversidade, com mais de um milhão de espécies. Os representantes na Figura 6.39 fornecem uma amostra da variedade. Deles, apenas traças (Figura 6.39*a*) sofrem desenvolvimento direto.

Além de hemípteros, insetos com metamorfose incompleta incluem tesourinhas, piolhos, cigarras, libélulas, cupins, gafanhotos e baratas. Tesourinhas são detritívoros com corpo achatado (Figura 6.39*b*). Como traças, às vezes, elas acabam em nossos porões e garagens.

Piolhos não possuem asas e sugam sangue de animais de sangue quente. Cigarras (Figura 6.39*c*) e as cigarrinhas e afídeos relacionados são alados e sugam seiva das plantas. Libélulas (Figura 6.39*d*) e outros insetos relacionados são predadores aéreos ágeis de outros insetos. Cupins vivem em grandes grupos ou colônias. Eles têm simbiontes procarióticos e protistas em seu intestino que lhes permitem digerir madeira (Figura 6.39*e*). Eles são indesejáveis quando devoram construções ou deques, mas são decompositores importantes. Gafanhotos não conseguem comer madeira, mas mastigam partes de plantas rígidas e não lenhosas (Figura 6.39*f*).

As quatro linhagens de insetos mais bem-sucedidas apresentam asas e sofrem metamorfose completa. Há aproximadamente 150 mil espécies de moscas, ou dípteros (Figura 6.39*g*), e um número parecido de besouros, ou coleópteros (Figura 6.39*h,i*). A vespa na Figura 6.39*j* é uma de cerca de 130 mil himenópteros. Este grupo também inclui abelhas e formigas. Lepidópteros – mariposas e borboletas (Figura 6.39*k*) – contam com aproximadamente 120 mil espécies. Como comparação, considere que há cerca de 4.500 espécies de mamíferos.

Serviços ecológicos

As plantas com flores coevoluíram com insetos polinizadores. A vasta maioria dessas plantas é polinizada por membros de um dos quatro grupos de insetos mais bem-sucedidos. Os outros grupos contêm poucos ou nenhum polinizador. De acordo com uma hipótese, as interações próximas entre grupos de insetos polinizadores e plantas com flores contribuíram para um aumento na taxa de especiação em ambos.

Hoje, declínios na população de insetos polinizadores são uma questão preocupante. O desenvolvimento humano em áreas naturais, uso de pesticidas e a disseminação de doenças recém-introduzidas estão reduzindo as populações de insetos que polinizam plantas nativas e culturas agrícolas.

Insetos também são importantes como alimento para a vida selvagem. A maioria dos pássaros alimenta suas ninhadas com uma dieta amplamente constituída por insetos. Muitas aves migratórias percorrem longas distâncias para fazer ninhos e criar filhotes em áreas onde a abundância de insetos é sazonalmente alta. Larvas aquáticas de insetos como libélulas e mosquitos servem de alimentos para trutas e outros peixes de água doce.

Anfíbios e répteis se alimentam principalmente de insetos. Até humanos comem insetos. Em muitas culturas, eles são considerados uma fonte saborosa de proteína. Moscas e besouros são rápidos para descobrir o cadáver de um animal ou uma pilha de fezes. Eles depositam seus ovos dentro ou sobre este material orgânico, e as larvas que surgem o devoram. Por suas ações, esses insetos evitam que dejetos e restos orgânicos se acumulem e ajudam a distribuir nutrientes pelo ecossistema.

Concorrentes por plantações

Insetos são nossos principais concorrentes por alimentos e outros produtos vegetais. Estima-se que cerca de um quarto a um terço de todas as plantações sejam perdidas para insetos. Considere a mosca-da-fruta do Mediterrâneo (Figura 6.39*h*). A mosca rajada, como é conhecida, deposita ovos em frutas cítricas e outras, e também em muitos vegetais. Os danos causados a plantas e frutas pelas larvas da mosca rajada podem reduzir a safra pela metade. Moscas rajadas não são nativas da América. Nos Estados Unidos há um programa de inspeção em andamento em produtos importados, mas algumas moscas ainda escapam. Os esforços de erradicação de pragas podem custar centenas de milhões de dólares. Mesmo assim, esse valor provavelmente não é nada. Por exemplo, se a mosca rajada se tornasse permanentemente estabelecida na América, as perdas seriam de bilhões de dólares.

Vetores de doenças

Qual é o animal mais mortal? Pode ser o mosquito. Como você já aprendeu, algumas espécies de mosquitos transmitem malária, que mata mais de 1 milhão de pessoas todos os anos. Mosquitos também são vetores de vírus e helmintos que causam doenças. Outros insetos que picam podem espalhar outros patógenos. Moscas picadoras transmitem a doença do sono africana, e barbeiros espalham a doença de Chagas.

Pulgas que mordem ratos e, depois, humanos podem transmitir a peste bubônica. Piolhos podem transmitir tifo. Até onde sabemos, percevejos como o da Figura 6.36 não causam doenças. Entretanto, uma grande infestação de percevejos pode causar fraqueza como resultado da perda de sangue, especialmente em crianças.

Figura 6.39 Amostragem da diversidade de insetos. (**a**) Uma traça, o único grupo de insetos com desenvolvimento direto. Insetos com metamorfose incompleta: (**b**) Tesourinha europeia, uma praga residencial comum. Pinças curvadas na extremidade da cauda indicam que é um macho. Nas fêmeas, as pinças são retas. (**c**) Uma cigarra. Cigarras machos estão entre os insetos mais barulhentos. Eles têm órgãos especializados em produção de som que utilizam para atrair as fêmeas. (**d**) Uma libélula, um dos insetos que tem larvas aquáticas. (**e**) Cupins soldados estéreis com cabeças que jorram cola, prontos para defender sua colônia. (**f**) Um gafanhoto.

Membros dos quatro grupos mais diversificados. Todos são alados e sofrem metamorfose completa. (**g**) Mosca-da-fruta do Mediterrâneo (díptera). Larvas desse inseto destroem frutas cítricas e outras plantações. (**h**) Joaninha com asa preta e vermelha (coleóptero). (**i**) Coleóptero *Lucanus* da Nova Guiné. Machos, como este, apresentam mandíbulas enormes. As fêmeas apresentam mandíbulas menores. (**j**) *Dolichovespula maculata*, uma vespa, é himenóptera. Esta é uma fêmea fértil, ou rainha. Ela vive em um ninho parecido com papel com muitas de suas crias. (**k**) Uma borboleta papilonídea, uma bela lepidóptera, fotografada, atuando como polinizadora.

Para pensar

Quais são os efeitos dos insetos?

- Há muitos grupos de insetos. Os quatro grupos mais diversificados incluem membros polinizadores de plantas com flores. Como tal, insetos nos ajudam a fornecer plantas alimentícias. Insetos também desempenham papéis ecológicos importantes, como alimento para animais e como agentes de descarte de resíduos.
- Um pequeno número de espécies de insetos compete conosco por plantações ou carrega patógenos.

6.18 Equinodermos - pele espinhosa

- Equinodermos começam a vida como larvas bilaterais e se desenvolvem em adultos radiais com pele espinhosa.

Divisão protostômios-deuterostômios

Na Seção 6.1, introduzimos as duas principais linhagens de animais, protostômios e deuterostômios. Até o momento, todos os animais com embrião de três camadas que discutimos – de platelmintos a artrópodes – foram protostômios. Esta seção inicia nossa análise das linhagens de deuterostômios. Equinodermos é o maior grupo de deuterostômios invertebrados. Discutiremos os outros deuterostômios invertebrados, e os vertebrados (também deuterostômios), no próximo capítulo.

Características e plano corporal dos equinodermos

Equinodermos (filo Echinodermata) incluem cerca de 6 mil invertebrados marinhos. Seu nome significa "pele espinhosa" e se refere aos espinhos e placas de carbonato de cálcio embutidos em sua pele. Adultos são formados de um plano corporal radial, com cinco partes (ou múltiplos de cinco) em volta de um eixo central. As larvas, no entanto, são bilaterais, o que sugere que o ancestral dos equinodermos era um animal bilateral.

Estrelas-do-mar são os equinodermos mais conhecidos e as utilizaremos como exemplo do plano corporal dos equinodermos (Figura 6.40). Estrelas-do-mar não possuem cérebro, mas sim um sistema nervoso descentralizado. Pontos ocelares nas pontas dos braços detectam luz e movimento.

Uma estrela-do-mar típica é uma predadora ativa que se movimenta em pés tubulares minúsculos e cheios de fluido. Pés tubulares são partes de um **sistema ambulacral** peculiar aos equinodermos. A Figura 6.40*a* mostra o sistema de canais cheios de fluido em cada braço de uma estrela-do-mar. Canais laterais fornecem fluido celômico para as ampolas musculares que funcionam como bulbo de um conta-gotas de remédios (Figura 6.40*b*). A contração de uma ampola força fluido para dentro do pé tubular acoplado, estendendo-o. Uma estrela-do-mar desliza suavemente à medida que a contração e o relaxamento coordenados das ampolas redistribuem fluidos entre centenas de pés tubulares.

Estrelas-do-mar frequentemente se alimentam de moluscos bivalves ou de corais. Elas podem expor o estômago pela boca e penetrá-lo na concha do bivalve. O estômago secreta ácido e enzimas que matam o molusco e começam a digeri-lo.

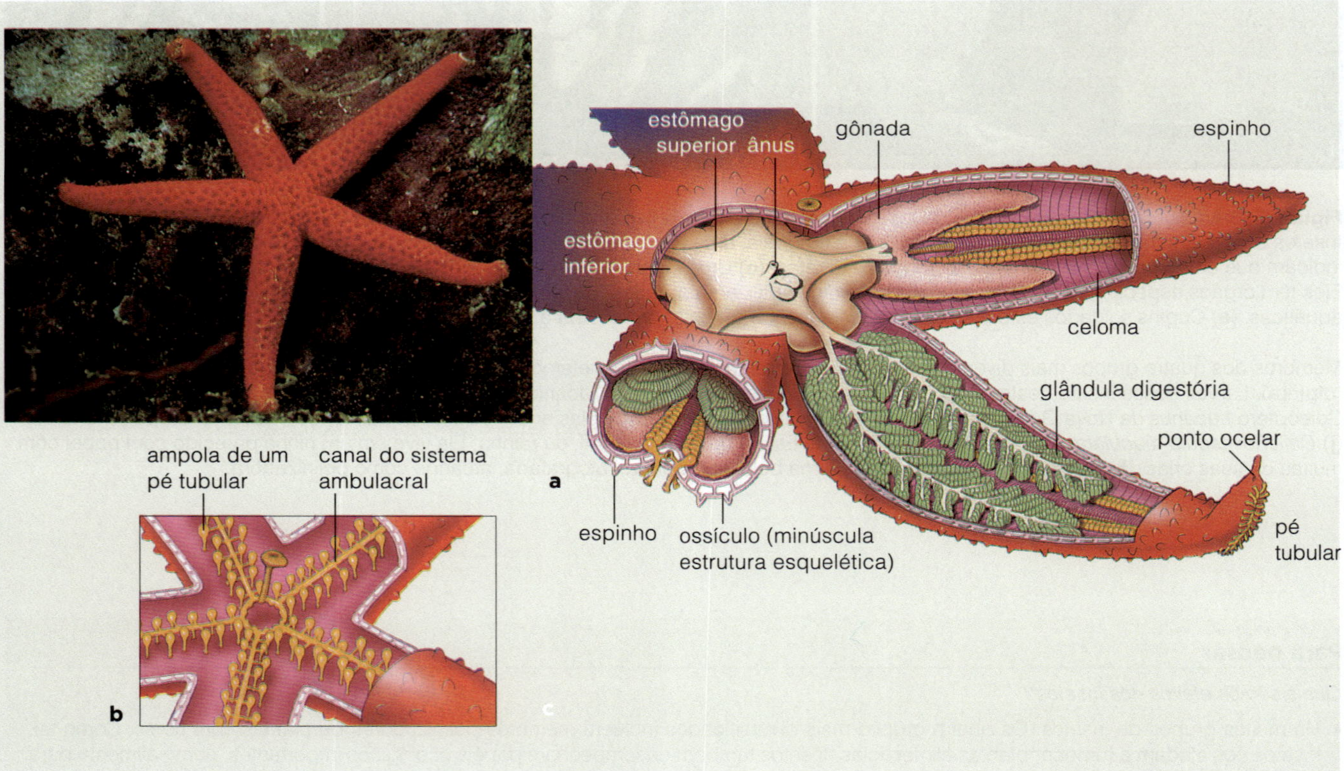

Figura 6.40 Plano corporal de uma estrela-do-mar. (**a**) Os principais componentes do corpo central e dos braços radiais, com um *close* em seus pequenos pés tubulares. (**b**) Organização do sistema ambulacral. Em combinação com muitos pés tubulares, é a base da locomoção.

Alimentos parcialmente digeridos são levados para o estômago, e a digestão é concluída com a ajuda de glândulas digestórias nos braços.

A troca de gases ocorre por difusão nos pés tubulares e em projeções cutâneas minúsculas na superfície corporal. Não há órgãos excretores especializados.

Sexos são separados. Gônadas masculinas ou femininas estão nos braços. Ovos e espermatozoides são liberados na água. A fertilização produz um embrião que se desenvolve em uma larva bilateral ciliada. A larva nada e se desenvolve na forma adulta, que não nada.

Estrelas-do-mar e outros equinodermos apresentam uma capacidade notável de regenerar partes do corpo perdidas. Se uma estrela-do-mar é cortada em pedaços, qualquer parte com um pouco do disco central pode crescer novamente.

Diversidade de equinodermos

Ofiúros são os equinodermos mais diversos e abundantes (Figura 6.41*a*). Eles são menos conhecidos que as estrelas-do-mar porque geralmente vivem em águas mais profundas. Eles têm um disco central e braços altamente flexíveis que se movimentam como uma cobra. A maioria dos ofiúros é detritívora.

Nos ouriços-do-mar, placas de carbonato de cálcio formam uma cobertura dura e arredondada da qual os espinhos se projetam (Figura 6.41*b*). Os espinhos fornecem proteção e são utilizados no movimento. Alguns ouriços-do-mar se alimentam de algas (raspadores). Outros são detritívoros ou predadores de invertebrados. Ovas (ovos) de ouriços-do-mar são usadas em alguns sushis. A colheita excessiva para mercados na Ásia ameaça as espécies que produzem as ovas mais cobiçadas.

Nos pepinos-do-mar, as partes endurecidas foram reduzidas a placas microscópicas embutidas em um corpo macio. Algumas espécies como a da Figura 6.41*c* filtram alimentos da água salgada. Outros apresentam o corpo como o de um verme. Alimentam-se ao comer sedimentos e digerir qualquer material orgânico.

Sem espinhos nem placas pontudas, pepinos-do-mar têm uma defesa alternativa. Quando ameaçados, expelem uma massa pegajosa de órgãos internos pelo ânus. Essa massa possui proteínas colantes e pode conter veneno. Se esta manobra tem sucesso ao distrair o predador, o pepino-do-mar foge e as partes ausentes regeneram.

Figura 6.41 (**a**) Ofiúro. Seus braços delgados (raios) fazem movimentos rápidos como os de uma cobra. (**b**) "Floresta" subaquática de ouriços-do-mar, que podem se movimentar sobre espinhos e alguns pés tubulares. (**c**) Pepino-do-mar, com fileiras de pés tubulares em seu corpo mole.

Para pensar

O que são equinodermos?

- Equinodermos são deuterostômios invertebrados com corpo radial quando adultos. Eles não possuem cérebro e contam com um sistema ambulacral exclusivo que funciona na locomoção.

QUESTÕES DE IMPACTO REVISITADAS | Genes antigos, novos medicamentos

Invertebrados marinhos são componentes importantes de ecossistemas, uma fonte de alimento e um "baú de tesouros" de moléculas com potencial para uso em aplicações industriais ou como medicamentos. Diversas espécies de *Conus*, esponjas, corais, caranguejos e pepinos-do-mar produzem compostos que parecem promissores como medicamentos. Entretanto, quando iniciamos a exploração deste potencial, a biodiversidade marinha começou a entrar em declínio, como resultado da destruição do *habitat* e da pesca excessiva.

Resumo

Seção 6.1 **Animais** são heterótrofos pluricelulares com células sem paredes. Alguns animais não apresentam simetria corporal ou possuem **simetria radial**. A maioria tem **simetria bilateral** e demonstra **cefalização**, uma concentração de células nervosas e estruturas sensoriais na extremidade da cabeça. A maioria digere alimentos em um **intestino**. O intestino pode estar cercado por tecidos ou dentro de uma cavidade repleta de fluidos. A cavidade pode ser um **celoma** totalmente revestido ou um **pseudoceloma** parcialmente revestido.
Dois principais ramos de animais bilaterais, protostômios e deuterostômios, são formados de um celoma e um intestino completo. Nos **protostômios**, a primeira abertura no embrião se torna a boca. Nos **deuterostômios**, o ânus se forma primeiro.

Seções 6.2, 6.3 Animais mais provavelmente evoluíram de uma colônia semelhante aos **coanoflagelados**, um tipo de protista. **Placozoas** são os animais atuais mais simples estruturalmente. Os fósseis animais mais antigos, chamados Ediacaranos, datam de cerca de 600 milhões de anos. Uma grande radiação adaptativa durante o Cambriano originou as linhagens mais modernas. Relações entre grupos de animais ainda estão sendo investigadas. Por exemplo, estudos genéticos recentes sugerem que todos os invertebrados que **trocam** de tegumento (muda) sejam altamente relacionados.

Seção 6.4 **Esponjas** são assimétricas e não são formadas de tecidos ou órgãos. Elas filtram alimento da água e são **hermafroditas**: cada uma produz ovos e espermatozoides. Adultos são fixos, mas formas imaturas, chamadas **larvas**, nadam.

Seção 6.5 **Cnidários**, como águas-vivas, corais e anêmonas-do-mar, são radialmente simétricos. Eles produzem **cnidócitos**, que utilizam para pegar presas e se defender. Eles apresentam dois tecidos (diblásticos) com uma camada semelhante à gelatina que funciona como **esqueleto hidrostático** entre eles. Uma **rede de nervos** controla os movimentos. Uma cavidade gastrovascular funciona na respiração e na digestão.

Seção 6.6 **Platelmintos**, como planárias, são protostômios bilaterais e os animais mais simples a ter sistemas de órgãos. **Cordões nervosos** se conectam a **gânglios** na cabeça que servem de centro de controle. O intestino incompleto é semelhante a um saco, e a **faringe** recebe alimento e expele dejetos. Tênias são platelmintos parasitas com um corpo feito de unidades chamadas **proglotes**. Fascíolas também são parasitas.

Seção 6.7 **Anelídeos** são vermes segmentados (como minhocas e poliquetas). Sistemas circulatório, digestório, osmorregulador e nervoso se estendem por todas as câmaras celômicas. **Nefrídios** regulam a composição de fluidos corporais.

Seções 6.8, 6.9 **Moluscos** apresentam um tecido chamado **manto**. A maioria tem **brânquias** respiratórias (ctenídios) na cavidade do manto e se alimentam utilizando uma **rádula** que raspa o alimento. Exemplos são **poliplacóforos**; **gastrópodes** (como lesmas) que sofrem **torção**; **bivalves** (como mariscos) e **cefalópodes**.

Seção 6.10 **Rotíferos** e **tardígrados** são animais minúsculos de *habitats* úmidos ou aquáticos. Rotíferos são formados por uma cabeça ciliada e um pseudoceloma. Tardígrados apresentam um celoma reduzido e realizam mudas. Ambos os grupos podem sobreviver a longos períodos de condições adversas.

Seção 6.11 Os **nematódeos** apresentam corpo não segmentado, uma cutícula que é trocada (muda), intestino completo e um falso celoma. Alguns são parasitas de humanos.

Seções 6.12–6.17 **Artrópodes**, o maior filo de animais, têm um **exoesqueleto**, ou esqueleto externo, articulado. A maioria apresenta um par de antenas sensoriais (crustáceos possuem dois pares e quelicerados não possuem antenas). **Túbulos de Malpighi** excretam as substâncias nitrogenadas em grupos terrestres.
Quelicerados incluem os caranguejos-ferradura marinhos e os aracnídeos (aranhas, escorpiões, carrapatos e ácaros). Os **crustáceos**, majoritariamente marinhos, incluem isópodes, caranguejos, lagostas, cirripédios, krill e copépodos. **Miriápodes** são centopeias predadoras e milípedes detritívoros. Insetos, os artrópodes mais bem-sucedidos, incluem os únicos invertebrados alados. A maioria dos insetos sofre **metamorfose**, uma alteração na forma corporal entre os estágios larval e adulto. Insetos polinizam plantas e servem de alimento, mas alguns devoram plantações ou transmitem doenças.

Exercício de análise de dados

Caranguejos-ferradura do Atlântico, *Limulus polyphemus*, são ecologicamente importantes há muito tempo. Há mais de um milhão de anos, seus ovos alimentaram aves costeiras migratórias. Mais recentemente, as pessoas começaram a coletar caranguejos-ferradura para uso como isca. Ainda mais recentemente, as pessoas começaram a usar o sangue de caranguejos-ferradura para testar medicamentos injetáveis para toxinas bacterianas potencialmente mortais. Para manter as populações de caranguejos-ferradura estáveis, o sangue é extraído de animais capturados, que depois são devolvidos à vida selvagem. Preocupações com a sobrevivência dos animais após o sangramento levou os pesquisadores a fazer um experimento. Eles compararam a sobrevivência de animais capturados e mantidos em um tanque com a de animais capturados, com sangramento e mantidos em um tanque semelhante. A Figura 6.42 mostra os resultados.

1. Em que ensaio morreram mais caranguejos do grupo controle? Em qual morreram mais caranguejos sangrados?
2. Olhando os resultados gerais, como a mortalidade dos dois grupos foi diferente?
3. Com base nos resultados, você concluiria que o sangramento prejudica os caranguejos-ferradura mais do que somente a captura?

	Controle de Animais		Animais Sangrando	
Ensaio	Número de caranguejos	Número de mortos	Número de caranguejos	Número de mortos
1	10	0	10	0
2	10	0	10	3
3	30	0	30	0
4	30	0	30	0
5	30	1	30	6
6	30	0	30	0
7	30	0	30	2
8	30	0	30	5
Total	200	1	200	16

Figura 6.42 Mortalidade de jovens caranguejos-ferradura machos mantidos em tanques durante duas semanas após a captura. O sangue foi tirado de metade dos animais no dia da captura. Os animais de controle foram tratados, mas não com sangramento. O procedimento foi repetido 8 vezes com grupos diferentes de caranguejos-ferradura.

Seção 6.18 **Equinodermos**, como estrelas-do-mar, são membros invertebrados da linhagem de deuterostômios. Eles têm pele com espinhos, espículas ou placas de carbonato de cálcio. Um **sistema ambulacral** com pés tubulares ajuda a maioria a deslizar. Adultos são radiais, mas a ancestralidade bilateral é evidente nos estágios larvais e outras características.

Questões

Respostas no Apêndice II

1. Verdadeiro ou falso? As células animais não têm paredes.

2. Uma cavidade corporal totalmente revestida com tecido derivado da mesoderme é uma ___.

3. O grupo protista moderno mais proximamente relacionado aos animais é ___.

4. Um(a) ___ filtra alimentos da água e não possui tecidos ou órgãos.
a. esponja — c. cnidário
b. nematoide — d. platelminto

5. Apenas cnidários apresentam ___.
a. nematocistos — c. um esqueleto hidrostático
b. um manto — d. túbulos de Malpighi

6. Fascíolas são mais proximamente relacionadas a ___.
a. tênias — c. artrópodes
b. nematoides — d. equinodermos

7. Nefrídios têm o mesmo papel funcional de ___.
a. gêmulas de esponjas — c. células-flama de planárias
b. mandíbulas de insetos — d. pés tubulares de equinodermos

8. Que filo de invertebrados inclui mais espécies?
a. moluscos — c. artrópodes
b. nematoides — d. platelmintos

9. Uma rádula é utilizada para ___.
a. detectar luz — c. produzir seda
b. raspar alimento — d. eliminar excesso de água

10. Cirripédios são ___ com placas calcárias semelhante a uma concha.
a. gastrópodes — c. crustáceos
b. cefalópodes — d. copépodos

11. Os ___ incluem os únicos invertebrados alados.
a. cnidários — c. artrópodes
b. equinodermos — d. placozoas

12. ___ têm um celoma e são radiais quando adultos.

13. Una os organismos com suas descrições.

___ coanoflagelados	a. intestino completo, pseudoceloma
___ placozoa	b. grupo irmão dos animais
___ esponjas	c. sistemas de órgãos mais simples
___ cnidários	d. nenhum tecido, filtra alimentos
___ platelmintos	e. exoesqueleto articulado
___ nematoides	f. manto sobre massa corporal
___ anelídeos	g. vermes segmentados
___ artrópodes	h. pés tubulares, pele espinhosa
___ moluscos	i. produtores de nematocistos
___ equinodermos	j. animal mais simples conhecido

Raciocínio crítico

1. Muitas espécies diferentes de nematoides, platelmintos e anelídeos são parasitas de mamíferos. Não há esses parasitas entre esponjas, cnidários, moluscos e equinodermos. Proponha uma explicação plausível para essa diferença.

2. Uma exterminação massiva de lagostas no estuário de Long Island Sound foi atribuída a pesticidas utilizadas para controlar os mosquitos que carregam o vírus do Nilo Ocidental. Por que uma substância química desenvolvida para matar insetos também pode prejudicar lagostas?

7 Evolução Animal – Os Cordados

QUESTÕES DE IMPACTO Transições Escritas na Pedra

No tempo do Charles Darwin, todos os grupos importantes de organismos tinham sido identificados. Uma objeção à aceitação da teoria da evolução por seleção natural de Darwin era a falta aparente de formas transitivas entre grupos. Se novas espécies evoluem de outras mais velhas, então onde estavam os "elos perdidos", espécies com características intermediárias entre dois grupos?

Na verdade, trabalhadores de uma pedreira de calcário na Alemanha já tinham desenterrado a indicação de um desses elos. O fóssil do tamanho de um pombo se assemelhava a um dinossauro pequeno, possuía dentes, três longos dedos, em forma de garras, em um par de membros anteriores e um rabo ósseo longo. Mais tarde, escavadores encontraram outro espécime. Ainda mais tarde, alguém notou penas. Se eles fossem pássaros fossilizados, então por que eles possuíam dentes e um rabo ósseo? Se fossem dinossauros, o que eles estavam fazendo com penas? O espécime foi chamado de *Archaeopteryx*, que quer dizer animal alado antigo (Figura 7.1*a*).

Até agora, um total de oito fósseis de *Archaeopteryx* foram escavados, todos no calcário alemão. A datação radiométrica revelou que o *Archaeopteryx* viveu há mais ou menos 150 milhões de anos, no final do período jurássico. O que é agora calcário já foram sedimentos em uma lagoa rasa próxima à orla do supercontinente Pangea. Quando corpos de organismos caíram nesta lagoa, sedimentos finos logo os cobriram. Com o passar do tempo, os sedimentos se comprimiram e endureceram. Eles se tornaram uma tumba rochosa para mais de 600 espécies, inclusive invertebrados marinhos, dinossauros e o *Archaeopteryx*.

Nenhum humano testemunhou as transições que levaram à diversidade animal moderna. Porém, os fósseis são evidência física de mudanças, e a datação radiométrica atribui os fósseis aos lugares na linha do tempo. O estudo da estrutura, bioquímica e o sequenciamento de genes de organismos vivos fornecem informações sobre ramificações evolutivas.

A teoria da evolução por seleção natural fornece a melhor explicação para as semelhanças e diferenças genéticas observadas entre espécies e para as formas transitivas que observamos nos registros fósseis. Os evolucionistas frequentemente discutem como interpretar dados e qual dos mecanismos conhecidos pode melhor explicar a história da vida. Ao mesmo tempo, eles procuram avidamente por novas evidências para sustentar ou contestar hipóteses. Como você verá, fósseis e outras evidências formam a fundação para este capítulo de evolução vertebrada, incluindo a história de nossas próprias origens.

Figura 7.1 Colocando o *Archaeopteryx* na linha do tempo. (**a**) Um dos *fósseis de Archaeopteryx* da Alemanha. Ele mostra claramente as penas, um rabo ósseo longo e dentes. Nenhum pássaro moderno possui rabo ósseo ou dentes. (**b**) Pintura baseada em fósseis de plantas e animais que viveram em uma floresta jurássica. Em primeiro plano, dois *Archaeopteryx* planando. Atrás deles, um *Apatosaurus* enorme (um herbívoro) é perseguido pelo *Saurophaganax*. No fundo, o *Camptosaurus* (*esquerda*) e o *Stegosaurus* (*direita*).

Conceitos-chave

Características dos cordados

Um conjunto singular de quatro características identifica os cordados: uma haste de sustentação (notocorda); um cordão nervoso dorsal oco; uma faringe com fendas branquiais na parede; e uma cauda que se estende além do ânus. Certos invertebrados e todos os vertebrados pertencem a este grupo. **Seção 7.1**

Tendências entre os vertebrados

Em linhagens de vertebrados, uma coluna vertebral substituiu a notocorda. Mandíbulas e nadadeiras evoluíram na água. Nadadeiras carnosas com suportes esqueléticos evoluíram em membros que permitiram a alguns vertebrados caminhar pela terra. Na terra, pulmões substituíram as brânquias e a circulação mudou. **Seção 7.2**

Transição da água para a terra

Os vertebrados evoluíam nos mares, onde peixes cartilaginosos e ósseos ainda vivem. De todos os vertebrados, os peixes ósseos modernos são os mais diversificados. Um grupo originou os tetrápodes aquáticos, cujos descendentes se mudaram para a terra firme. **Seção 7.3-7.6**

Os amniotos

Amniotos – répteis, pássaros e mamíferos – têm pele impermeável e botam ovos, possuem rins altamente eficientes e outras características que os adaptam a uma vida tipicamente terrestre. Os répteis e pássaros pertencem a uma linhagem de amniotos, e os mamíferos à outra linhagem. **Seção 7.7-7.11**

Primeiros humanos e seus antepassados

As mudanças no clima e recursos disponíveis foram forças seletivas que moldaram a anatomia e o comportamento dos primeiros seres humanos e seus antepassados primatas. A flexibilidade comportamental e cultural ajudou os humanos a se dispersar da África pelo mundo. **Seção 7.12-7.14**

Neste capítulo

- Este capítulo discorre sobre a história da linhagem dos deuterostômios.
- Certifique-se de entender os processos de duplicações genéticas, evolução convergente, adaptação, especiação alopátrica e radiação adaptativa. Eles aparecem repetidamente. O conhecimento sobre cladística também será importante.
- Você verá de que modo os fatores físicos como asteroides – que atingiram a Terra – e placas tectônicas influenciaram a evolução e a distribuição dos animais. Você poderá descobrir que é útil consultar uma linha do tempo geológico.
- Abordaremos a história do declínio dos anfíbios. Ao considerarmos as estruturas corporais dos vertebrados, compararemos o endoesqueleto vertebrado com o exoesqueleto dos artrópodes.

Qual sua opinião? Alguns colecionadores particulares adquiriram fósseis vertebrados raros e valiosos. O comércio particular levanta os custos de aquisição de museus e incentiva o roubo de leitos fósseis protegidos. A venda particular de fósseis vertebrados importantes é pouco ética? Conheça a opinião de seus colegas e apresente seus argumentos a eles.

7.1 A herança dos cordados

- Os cordados são a linhagem mais diversificada dos deuterostômios. Alguns são invertebrados, mas a maioria é de vertebrados.

Características dos cordados

O capítulo anterior finalizou com os equinodermos, um filo de deuterostômios invertebrados. A maioria dos deuterostômios é de **cordados** (filo Chordata). Os embriões de cordados têm quatro características distintivas: (1) Uma haste dura, mas flexível, de tecido conjuntivo, uma **notocorda**, que se estende pelo comprimento do corpo e o sustenta. (2) Um cordão nervoso dorsal oco paralelo à notocorda. (3) Fendas branquiais que se abrem na parede da faringe (região da garganta). (4) Uma cauda muscular que se estende além do ânus. Dependendo do grupo cordado, algumas, todas ou nenhuma dessas características persistem no adulto.

Os cordados são bilaterais e celomados. Eles mostram cefalização (estruturas sensórias estão concentradas na extremidade anterior, na cabeça) e segmentação (estruturas pareadas como músculos se repetem de qualquer um dos lados do eixo do longo corpo). Eles possuem sistema digestório completo e sistema circulatório fechado.

A maior parte dos 50 mil ou mais cordados são **vertebrados** (subfilo Vertebrata), animais que possuem uma coluna vertebral (Tabela 7.1). Grande parte deste capítulo descreve suas características e sua evolução. Aqui começamos a nossa pesquisa com tunicados e anfioxos, dois grupos de cordados invertebrados marinhos. Nós também daremos uma olhada rápida nos agnatos, outro grupo intermediário.

Cordados invertebrados

Os **anfioxos** (subfilo Cephalochordata) são cordados invertebrados, em forma de peixe, medindo de 3 a 7 centímetros de comprimento (Figura 7.2). Eles retêm todas as características dos cordados como adultos. Um cordão nervoso dorsal se estende pela cabeça. Um único ocelo no fim do cordão nervoso detecta a luz, mas a cabeça não apresenta cérebro, caixa craniana ou órgãos sensoriais em pares, como os peixes.

O anfioxo se dobra lateralmente entre os sedimentos se enterrando até a boca, depois filtra os alimentos dissolvidos na água. O movimento dos cílios faz com que a água flua pela boca, pela faringe, e depois saia do corpo pelas fendas branquiais. Os cílios também levam partículas de alimento presas em muco da faringe para o intestino.

Como os vertebrados, os anfioxos têm músculos segmentados. As unidades contráteis musculares correm paralelamente ao longo eixo do corpo. A força que os músculos direcionam contra a notocorda produz um movimento de dobramento lateral, para ambos os lados, permitindo aos anfioxos escavar e nadar distâncias pequenas.

Tabela 7.1 Grupos de cordados modernos

Grupo	Espécies Nomeadas
Cordados invertebrados:	
Anfioxos	30
Tunicados	2.150
Craniados:	
Agnatos (peixes sem mandíbulas)	60
Vertebrados:	
Lampreias (peixes sem mandíbulas)	41
Peixes com mandíbulas:	
Peixes cartilaginosos	1.160
Peixes ósseos	26.000
Anfíbios	4.900
Répteis	8.200
Pássaros	8.600
Mamíferos	4.500

Para detalhes da classificação de cordados, veja o Apêndice I.

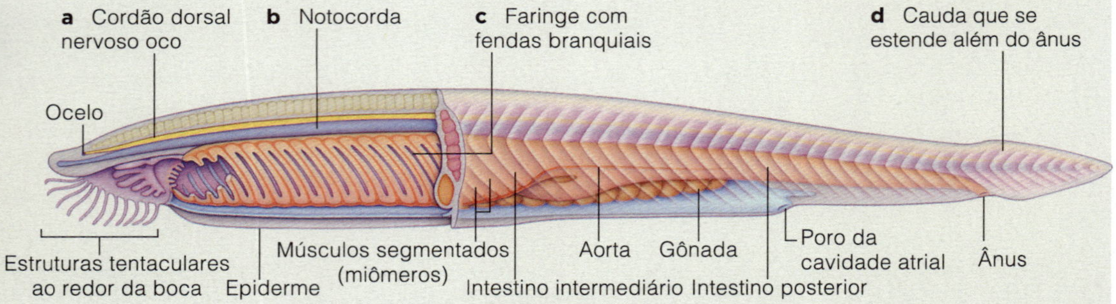

Figura 7.2 Fotografia e estrutura corporal de um anfioxo, um pequeno filtrador. Como outros cordados, tem um cordão dorsal nervoso oco (**a**), uma notocorda de sustentação (**b**), uma faringe com fendas branquiais (**c**) e uma cauda que se estende depois do ânus (**d**).

Os **tunicados** (subfilo Urochordata) são invertebrados cujas larvas têm características cordatas típicas, mas os adultos retêm só a faringe com fendas branquiais (Figura 7.3). As larvas nadam rapidamente, depois sofrem metamorfose. A cauda se quebra e outras partes são reorganizadas na forma de corpo adulto.

Uma cobertura ou "túnica" rica em carboidrato secretado envolve o corpo adulto e designa ao grupo seu nome comum. A maioria dos tunicados é de ascídias que vivem presas a uma superfície marinha. Quando incomodados, eles esguicham água. Outros tunicados, conhecidos como salpas, se movimentam ou nadam no mar aberto. Ambos os grupos filtram alimento da água. A água flui por uma abertura oral e passa pelas brânquias, onde o alimento se prende ao muco e é enviado ao intestino. A água sai por outra abertura do corpo.

Até recentemente, os anfioxos eram considerados os parentes invertebrados mais próximos dos vertebrados. Um anfioxo adulto certamente parece mais um peixe do que um tunicado adulto, mas essas semelhanças superficiais são às vezes enganosas. Novos estudos sobre os processos de desenvolvimento e sequências de gene indicam que os tunicados são os parentes vivos mais próximos dos vertebrados.

Mantenha em mente que nem tunicados nem anfioxos são antepassados dos vertebrados. Estes grupos compartilham um ancestral comum recente, mas cada um tem características distintas que os colocam em um ramo separado da árvore genealógica animal.

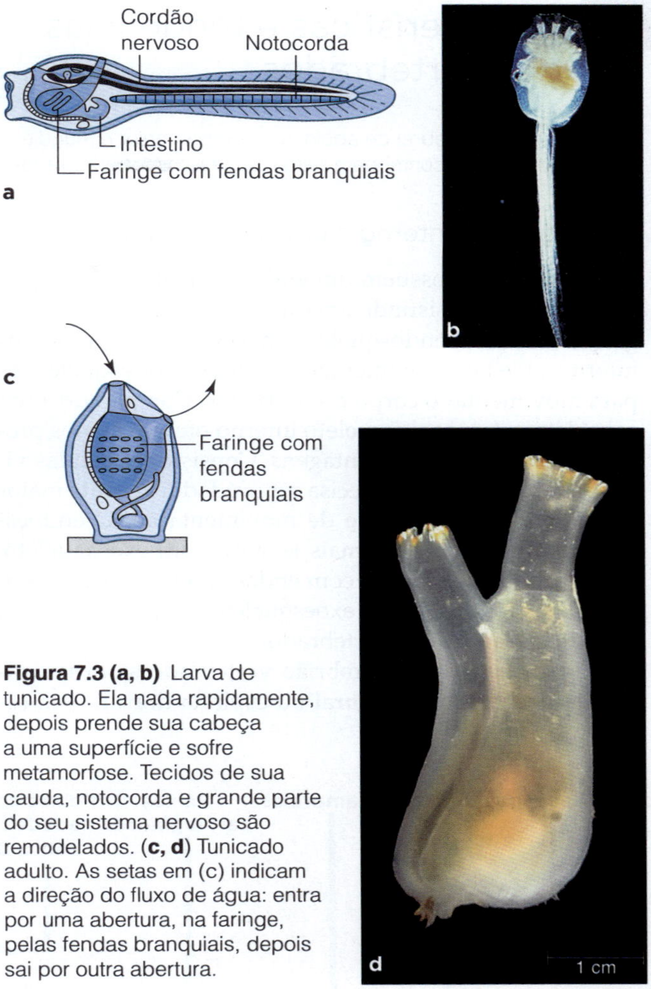

Figura 7.3 (a, b) Larva de tunicado. Ela nada rapidamente, depois prende sua cabeça a uma superfície e sofre metamorfose. Tecidos de sua cauda, notocorda e grande parte do seu sistema nervoso são remodelados. (**c, d**) Tunicado adulto. As setas em (c) indicam a direção do fluxo de água: entra por uma abertura, na faringe, pelas fendas branquiais, depois sai por outra abertura.

Uma caixa craniana, mas sem coluna vertebral

Peixes, anfíbios, répteis, pássaros e mamíferos são **craniados**. Um crânio – uma caixa craniana de cartilagem ou osso – envolve e protege seu cérebro, e eles têm olhos pareados e outras estruturas sensoriais na cabeça.

Os agnatos são os únicos cordados modernos que possuem um crânio, mas não apresentam coluna vertebral. Como os anfioxos, esses peixes moles sem mandíbula têm uma notocorda que suporta o corpo. Como outros craniados, um congro tem ouvidos pareados que detectam vibrações e um par de olhos. Porém, seus olhos não possuem lentes, assim, sua visão é ruim. Os tentáculos sensoriais próximos à boca respondem ao toque e dissolvem substâncias químicas. Eles ajudam o congro a encontrar alimentos – invertebrados moles e peixes mortos ou agonizantes. Não há nadadeiras. O congro se move por movimentos em zigue-zague, semelhantes ao dos anfioxos.

Os agnatos são às vezes chamados de enguias-do-lodo porque, quando ameaçados, eles podem secretar um galão de muco enlodado. Secretar lodo é uma defesa útil para um animal de corpo mole e intimida a maioria dos predadores. Porém, não afastou os seres humanos da pesca de agnatos. A maior parte do que é vendido como "pele de enguia" é na verdade pele de congro.

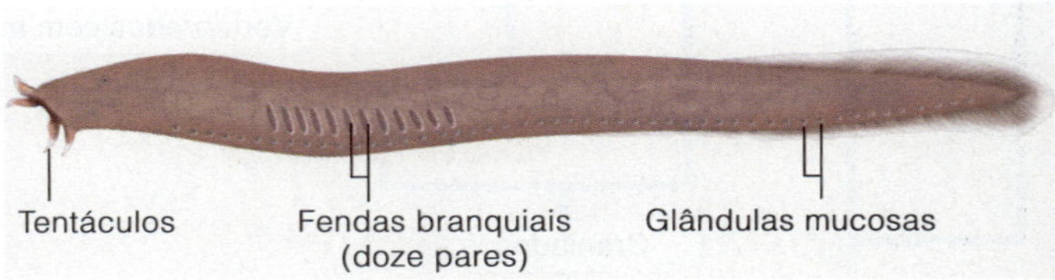

Para pensar

Quais características definem os cordados?

- Nós definimos cordados com base em características observadas em seus embriões. Somente em um grupo de cordados invertebrados, os anfioxos, essas características persistem em adultos. Os tunicados são o outro grupo de cordados invertebrados.
- Os agnatos são os únicos craniados que não são vertebrados.

7.2 Características e tendências dos vertebrados

- Uma coluna vertebral de apoio, um cérebro maior e mandíbulas endurecidas contribuem para o sucesso dos vertebrados.

Um esqueleto interno e um cérebro grande

Os vertebrados possuem um **endoesqueleto** – um esqueleto interno – consistindo em cartilagem e (na maioria dos grupos) osso. O endosqueleto envolve e protege órgãos internos. Ele também interage com músculos esqueléticos para movimentar o corpo e suas partes. Comparado a um esqueleto externo, o esqueleto interno oferece menos proteção, mas tem outras vantagens. Consiste em células vivas; então cresce e não precisa ser mudado. Permite maior flexibilidade e velocidade de movimentação. O endoesqueleto é relativamente mais leve que um exoesqueleto. Isso permite que animais com endoesqueleto sejam maiores que os que possuem exoesqueleto. Todos os animais terrestres grandes são vertebrados.

A notocorda de um embrião vertebrado se desenvolve em uma **coluna vertebral** ou espinha dorsal. Essa estrutura flexível, porém robusta, é constituída de muitos elementos esqueléticos individuais chamados **vértebras**. Elas envolvem e protegem a medula espinhal que se desenvolve a partir do cordão nervoso embrionário. A extremidade anterior desse cordão nervoso se desenvolve em um cérebro, que é protegido por um crânio.

Os cérebros dos vertebrados são maiores e mais complexos que os dos cordados invertebrados. Olhos pareados transmitem informações para o cérebro, assim como os ouvidos. Nos peixes, os pares de ouvidos ajudam a manter o equilíbrio e detectam ondas de pressão na água. Quando os vertebrados se mudaram para a terra, os ouvidos foram modificados para detectar ondas de pressão no ar.

Com exceção dos peixes chamados lampreias, todos os vertebrados modernos possuem mandíbulas (Figura 7.4*a*). **Mandíbulas** são elementos esqueléticos articulados usados na alimentação. Os vertebrados mais antigos eram peixes sem mandíbula (Figura 7.4*b*). Os peixes com mandíbulas chamados placodermos apareceram durante o período Siluriano. Eles tinham placas ósseas na cabeça e no corpo. Suas mandíbulas eram extensões de partes duras que sustentavam estruturalmente as fendas branquiais (Figura 7.5).

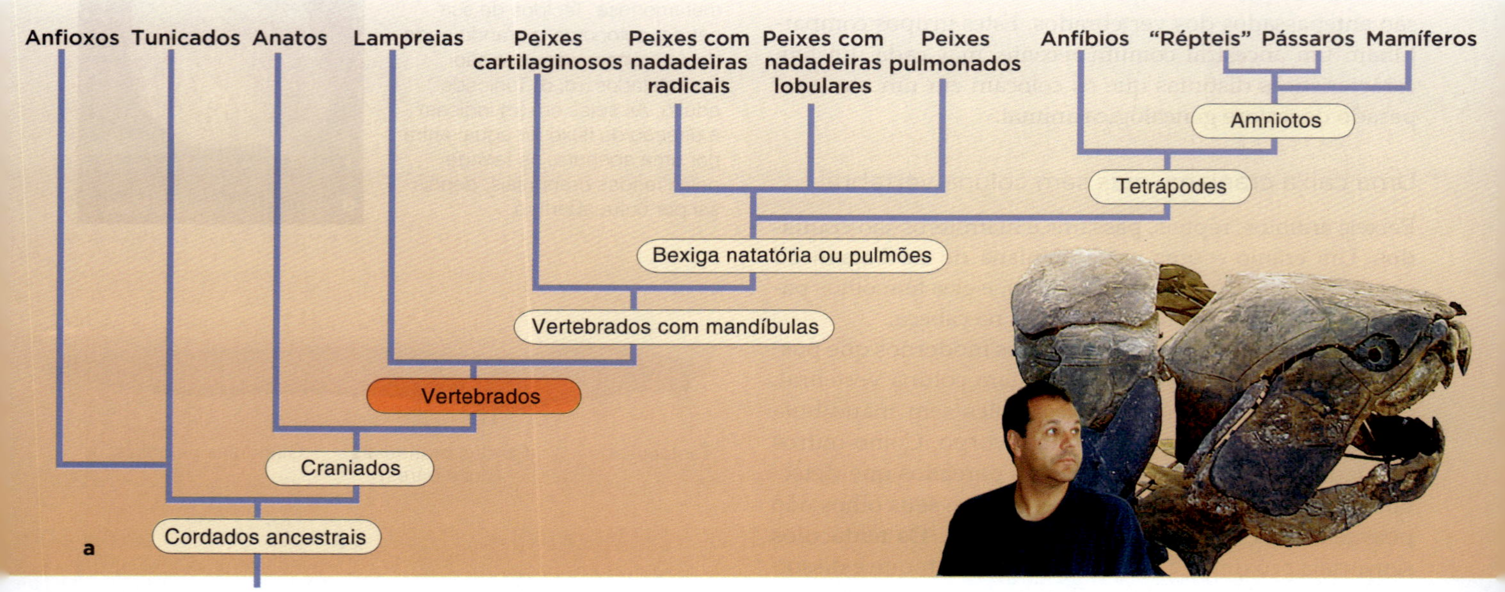

Ordoviciano	Siluriano	Devoniano	Carbonífero	Permiano	Triássico	Jurássico	Cretáceo	Terciário
Origem dos primeiros peixes sem mandíbula.	Peixes com mandíbula, incluindo os placodermos e tubarões, evoluem.	Radiação adaptativa de peixes e os primeiros anfíbios se mudam para a terra.	Diversificação de peixes e anfíbios. Peixes com armaduras são extintos.	Os répteis surgem e começam a se diversificar. Os primeiros anfíbios diminuem.	Dinossauros e répteis marinhos evoluem.	Pássaros, mamíferos e anfíbios modernos surgem. Os dinossauros dominam.	Pico da diversidade dos dinossauros; depois extinção no final do período.	Radiação adaptativa de mamíferos.
488	443	416	359	299	251	200	146	66

b

Figura 7.4 A árvore genealógica dos cordados. (**a**) Compare o tamanho do ser humano ao *Dunkleosteus*, um placodermo extinto. (**b**) Linha do tempo para eventos ocorridos na evolução dos vertebrados. Os números indicam milhões de anos atrás. Os períodos não servem como escala.

Resolva: Quais tetrápodes não são também amniotos?

Resposta: Anfíbios

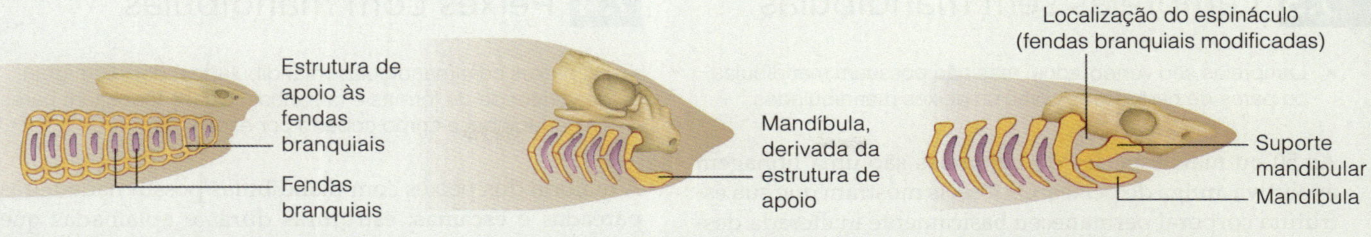

a Nos primeiros peixes sem mandíbulas, os elementos de apoio reforçaram uma série de fendas branquiais em ambos os lados do corpo.

b Nos primeiros peixes com mandíbula (ex.: placodermos), os primeiros elementos foram modificados e serviram como mandíbulas. Cartilagem reforçada nos cantos da boca.

c Tubarões e outros peixes atuais com mandíbulas possuem suportes resistentes.

A evolução das mandíbulas iniciou uma corrida armamentista entre predadores e presas. Peixes com cérebro maior, que poderiam planejar melhor a perseguição ou fuga, tiveram vantagem, assim como aqueles que eram rápidos. Os peixes evoluíram as nadadeiras, apêndices do corpo que os ajudam a nadar. As nadadeiras são assim conhecidas:

No período Devoniano, os peixes sofreram grande radiação adaptativa. Os grupos com armadura pesada foram extintos e uma linhagem de peixes com ossos nas nadadeiras pélvica e peitoral surgiram. Essa linhagem originou os anfíbios, os primeiros animais com pares de membros, e os vertebrados começaram a se mudar para a terra.

Sistemas circulatório e respiratório

Em anfioxos e tunicados, ocorrem trocas de gás nas fendas branquiais, mas a maioria dos gases só se difunde através da parede corporal. As brânquias em pares evoluíram nos primeiros vertebrados. **Brânquias** são órgãos respiratórios com dobras úmidas e finas que são ricamente supridas por vasos sanguíneos. As brânquias maximizam a troca de gases e, portanto, permitem níveis mais altos de atividade do que somente a difusão. A força do coração batendo direciona o fluxo de sangue pelos vasos das brânquias.

As brânquias se tornaram mais eficientes em peixes maiores e mais ativos. Porém, as brânquias não funcionam fora da água. Em peixes ancestrais dos vertebrados terrestres, dois pequenos divertículos no lado da parede do intestino evoluíram em **pulmões**: bolsas úmidas internas que servem na troca de gases.

Os vertebrados possuem sistema circulatório fechado. Esse sistema permite um fluxo sanguíneo mais rápido que em sistemas abertos. Os sistemas circulatórios dos vertebrados evoluíram de acordo com o sistema respiratório. Nos peixes, um coração com duas câmaras bombeia sangue por um circuito: do coração, para as brânquias, pelo corpo e de volta para o coração. Na maioria dos vertebrados terrestres, o coração é dividido em quatro câmaras e bombeia sangue por dois circuitos separados. Um circuito carrega sangue pobre em oxigênio do coração para os pulmões e retorna sangue enriquecido com oxigênio para o coração. O outro circuito então bombeia esse sangue para tecidos do corpo. Juntos, pulmões e sistema circulatório de dois circuitos melhoram a taxa de troca de gases e, assim, sustentam um nível alto de atividade.

Outros sistemas de órgãos

Os vertebrados possuem um par de **rins**, órgãos que filtram sangue e ajustam o volume e a composição do fluido extracelular. Na terra, rins altamente eficientes que ajudam a conservar água provaram ser uma vantagem.

Os vertebrados se reproduzem sexuadamente e os sexos são normalmente separados. Os peixes e anfíbios tipicamente liberam ovos e espermatozoides na água. Os répteis, pássaros e mamíferos possuem órgãos que permitem que a fertilização ocorra dentro da fêmea e ovos que resistem à perda de água.

Os vertebrados contam com um sistema imunológico bem desenvolvido. Os leucócitos especializados permitem que esse sistema reconheça, se recorde e responda rapidamente aos patógenos.

Para pensar

O que são vertebrados?

- Vertebrados são cordados com um esqueleto interno que inclui uma coluna vertebral. A maioria tem mandíbulas. Comparados aos cordados invertebrados, os vertebrados são dotados de um cérebro maior e mais complexo.
- Nadadeiras em pares em uma linhagem de peixes foram os antecessores evolucionários dos membros nos vertebrados terrestres. A mudança para a terra também envolveu a modificação dos sistemas circulatório e respiratório, rins mais eficientes e fertilização interna.

7.3 Lampreias sem mandíbulas

- Lampreias são vertebrados, mas não possuem mandíbulas ou pares de nadadeiras como os peixes mandibulados.

As 50 ou mais espécies de lampreias são uma linhagem evolutiva antiga de peixes. Os fósseis mostram que sua estrutura corporal permaneceu basicamente inalterada desde o período Devoniano. Como os agnatos, as lampreias não são dotadas de mandíbulas ou nadadeiras, mas elas contam com uma coluna vertebral feita de cartilagem.

As lampreias estão entre os poucos peixes que sofrem metamorfose. As lampreias em sua forma larval vivem em água doce e, como os anfioxos, escavam sedimentos e filtram alimento da água. Depois de vários anos, os tecidos corporais são remodelados na forma adulta. Aproximadamente metade das espécies de lampreia permanece na água doce e não se alimenta como adulto. A outra metade é formada por parasitas. Algumas destas permanecem na água doce; outras migram para o mar.

A Figura 7.6 mostra a boca distintiva de uma lampreia parasita adulta. Ela tem um disco oral com dentes duros feitos de proteína queratina. Uma lampreia parasita usa seu disco oral para prender outro peixe. Uma vez preso, ela secreta enzimas e usa uma língua coberta de dentes para raspar pedaços dos tecidos do hospedeiro. O peixe hospedeiro frequentemente morre com a perda de sangue ou de uma infecção resultante.

No início dos anos 1800, lampreias do mar invadiram os Grandes Lagos da América do Norte. Elas provavelmente entraram no Rio Hudson e passaram pelos canais recém-construídos. Em 1946, as lampreias tinham se estabelecido em todos os Grandes Lagos. Sua chegada causou a extinção local de muitas espécies de peixes nativos. Atualmente, tentativas de reduzir a população de lampreias custam milhões de dólares a cada ano e, até agora, teve pouco sucesso.

Figura 7.6 Lampreia parasita adulta com oito fendas branquiais em cada lado do corpo e um disco oral impressionante. A lampreia se prende a outro peixe e se alimenta de seus tecidos.

Para pensar

O que são lampreias?

- Lampreias são uma linhagem de peixes sem mandíbula que sofre metamorfose. Quando adultas, aproximadamente metade delas é parasita, ecologicamente importante, de outros peixes.

7.4 Peixes com mandíbulas

- Os peixes com mandíbulas (mandibulados) possuem grande variedade de formas e tamanhos. Quase todos têm pares de nadadeiras e corpo coberto por escamas.

A maioria dos peixes com mandíbulas possui nadadeiras pareadas e **escamas**: estruturas duras e aplainadas que crescem e frequentemente cobrem a pele. As escamas e um esqueleto interno tornam o corpo do peixe mais denso que a água e, assim, propenso a afundar. Os peixes que são nadadores altamente ativos são dotados de nadadeiras com um formato que os ajudam a subir, como as asas ajudam a erguer um avião. A água resiste aos movimentos feitos nela; assim, nadadores velozes tipicamente apresentam um corpo hidrodinâmico que reduz a resistência da água.

Existem dois grupos de peixes mandibulados: peixes cartilaginosos e peixes ósseos.

Figura 7.7 Peixes cartilaginosos. (**a**) Raia-jamanta. Duas projeções carnosas na cabeça desenrolam e afunilam o plâncton para sua boca. (**b**) Tubarões de Galápagos. Observe as fendas branquiais tanto na raia como no tubarão. (**c**) A boca cavernosa de um tubarão-baleia. O tubarão tem o comprimento de um ônibus. Como a raia-jamanta, um tubarão-baleia é principalmente um ceifador de plâncton.

Figura 7.8 Peixes ósseos com nadadeiras radiais. (**a**) Estrutura corporal de uma perca. (**b**) Cavalo-marinho. (**c**) Peixe de coral. (**d**) Peixe-agulha.

Figura 7.9 Um peixe pulmonado australiano; um peixe ósseo. Em águas pobres em oxigênio, ele enche seus pulmões subindo à superfície e inalando o ar.

Peixes cartilaginosos

Peixes cartilaginosos (Chondrichthyes) incluem cerca de 850 espécies da maioria dos tubarões marinhos e raias. São compostos por esqueleto de cartilagem e de cinco a sete fendas branquiais (Figura 7.7). Seus dentes são escamas modificadas endurecidas com osso e dentina. Os dentes crescem em fileiras e são continuamente substituídos.

As raias apresentam um corpo achatado com grandes nadadeiras peitorais. As raias-jamanta filtram plâncton da água e algumas chegam a medir 6 metros de largura (Figura 7.7*a*). Raias-lixa vivem no fundo do mar, se alimentando de pequenos invertebrados. Seu rabo farpado possui uma glândula de veneno.

Os tubarões incluem predadores que nadam em águas oceânicas (Figura 7.7*b*), comedores de plâncton (Figura 7.7*c*) e habitantes do fundo do mar, que se alimentam de invertebrados e/ou de carniça.

Peixes ósseos

Em **peixes ósseos** (Osteichthyes), o tecido ósseo substitui a cartilagem em grande parte do esqueleto. Diferentemente da maioria dos peixes cartilaginosos, os peixes ósseos apresentam uma cobertura, ou opérculo, que protege suas brânquias. Os peixes ósseos normalmente também possuem uma **bexiga natatória**: um dispositivo de flutuação cheio de gás. Ao ajustar o volume de gás dentro dessa bexiga natatória, o peixe ósseo consegue ficar suspenso na água em diferentes profundidades.

Os três subgrupos de peixes ósseos são peixes com nadadeiras radiais (Actinopterygii, também conhecidos como teleósteos), com nadadeiras lobulares (Sarcopterygii) e peixes pulmonados (Dipnoicos).

Os peixes com nadadeiras radiais (Figura 7.8) têm os suportes de nadadeiras finos e flexíveis. Com 21 mil espécies, eles são os peixes mais diversificados. Os teleósteos, o maior grupo com nadadeiras radiais, incluem os peixes na Figura 7.8 *a–c*, bem como a maioria dos peixes que comemos.

Peixes pulmonados (Figura 7.9) são peixes ósseos que possuem brânquias e bolsas semelhantes a pulmões – bolsas modificadas da parede do intestino. Eles enchem as bolsas indo à superfície e tragando o ar; então, o oxigênio se difunde das bolsas para o sangue.

Os celacantos (*Latimeria*) são o único grupo moderno de peixes com nadadeiras lobulares. As duas populações que conhecemos podem ser espécies separadas. Suas nadadeiras ventrais são extensões da parede do corpo e possuem elementos esqueléticos internos. Os peixes com nadadeiras lobulares são os peixes mais relacionados aos anfíbios.

Para pensar

Quais são as características dos peixes com mandíbulas?

- Os peixes com mandíbulas são peixes cartilaginosos e peixes ósseos. Ambos os grupos são tipicamente dotados de escamas. A linhagem com nadadeiras radiais de peixes ósseos é o grupo mais diversificado de vertebrados. Os peixes com nadadeiras lobulares são os peixes mais próximos aos anfíbios.

7.5 Anfíbios – primeiros tetrápodes na terra

- Os anfíbios passam parte de sua vida na terra, mas a maioria ainda volta para a água para procriar.

Adaptando-se à vida na terra

Os **anfíbios** são vertebrados que habitam a terra, que precisam de água para procriar e possuem um coração dividido em três câmaras. Sua linhagem se ramificou dos peixes com nadadeiras lobulares durante o período Devoniano. Fósseis mostram como o esqueleto foi modificado à medida que os peixes adaptados à natação evoluíram em quadrúpedes, ou **tetrápodes** (Figura 7.10). Os ossos das nadadeiras pélvica e peitoral dos peixes são homólogos aos ossos dos membros dos anfíbios.

A transição para a terra não foi simplesmente uma questão de mudanças esqueléticas. A divisão do coração em três câmaras permitiu o fluxo em dois circuitos, um para o corpo e um para os pulmões. Mudanças no ouvido interno melhoraram a detecção de sons. Os olhos foram protegidos por pálpebras para não secarem.

Qual foi a vantagem seletiva de viver na terra? A capacidade de sobreviver fora da água teria sido favorecida em lugares sazonalmente secos. Além disso, na terra, indivíduos escaparam dos predadores aquáticos e tiveram novas fontes de alimento – como os insetos, que também evoluíram durante o período Devoniano.

Anfíbios atuais

Os três subgrupos de anfíbios atuais são as salamandras, os caecilianos, as rãs e os sapos. Todos são carnívoros quando adultos. Os anfíbios liberam ovos e espermatozoides na água. Suas larvas aquáticas têm brânquias e se alimentam e crescem até que mudanças hormonais fazem com que sofram metamorfose, tornando-se adultos. A maioria das espécies perde suas brânquias e desenvolve pulmões durante essa transição. Porém, algumas salamandras retêm as brânquias quando adultas. Outras as perdem e trocam gases através da pele.

As 535 espécies de salamandras e tritões vivem principalmente na América do Norte, Europa e Ásia. No formato do corpo, elas são o grupo moderno mais parecido com os primeiros tetrápodes. Os membros anteriores e

Figura 7.11 Salamandra com manchas vermelhas, com membros posteriores e anteriores do mesmo tamanho.

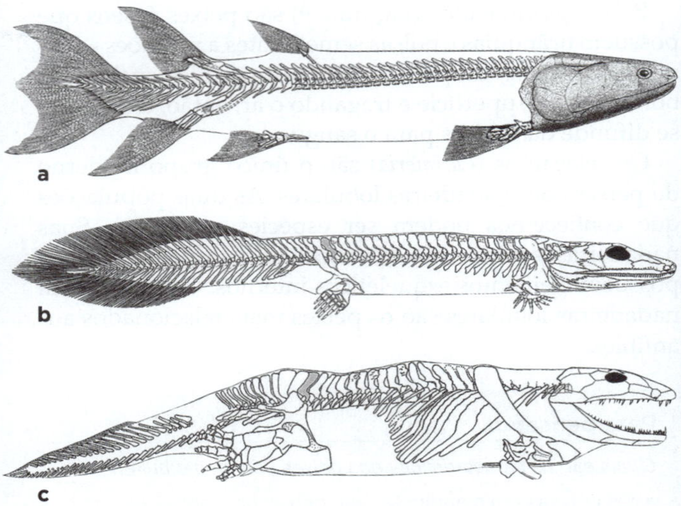

Figura 7.10 Esqueleto de um peixe do período Devoniano com nadadeira lobular (**a**) e dois primeiros anfíbios, *Acanthostega* (**b**) e *Ichthyostega* (**c**). A figura (**d**) mostra como era o *Acanthostega* (*primeiro plano*) e o *Ichthyostega* (*ao fundo*).

Figura 7.12 **(a)** Sapo adulto mostrando o poder de seus membros traseiros bem desenvolvidos. **(b)** Uma larva do sapo ou girino.

posteriores apresentam tamanhos semelhantes e possuem uma cauda longa (Figura 7.11). Quando as salamandras andam, seu corpo flexiona-se de lado a lado, como o corpo de um peixe nadando. Seus ancestrais que se aventuraram pela primeira vez na terra provavelmente se moviam de modo semelhante.

Os caecilianos, no Brasil chamados de "cobras-cegas", são parentes próximos das salamandras que se adaptaram ao estilo de vida de entocamento. Eles incluem mais ou menos 165 espécies cegas sem membros. A maioria dos caecilianos cava a terra e usa seus sentidos de tato e olfato para procurar a presa invertebrada.

As rãs e os sapos pertencem à linhagem de anfíbio mais diversificada; existem mais de 5 mil espécies modernas. Membros posteriores musculares e compridos permitem aos adultos sem cauda nadar, pular e dar saltos que podem ser espetaculares, dado o tamanho de seu corpo (Figura 7.12*a*). As pernas anteriores são muito menores e ajudam a absorver o choque das aterrissagens.

As larvas de salamandras e de caecilianos apresentam formato corporal semelhante ao de um adulto, com exceção da presença de brânquias. Em contraste, as larvas de rãs e sapos são notadamente diferentes dos adultos. As larvas possuem brânquias e uma cauda, mas nenhum membro. Elas são conhecidas comumente como girinos (Figura 7.12*b*).

Para pensar

O que são anfíbios?

- Os anfíbios são vertebrados com um coração dividido em três câmaras. Eles começam a vida na água como larvas com brânquias, depois sofrem metamorfose. Os adultos tipicamente possuem pulmões e são carnívoros.

7.6 Desaparecimento gradual

- Anfíbios dependem do acesso à água de lagos para se reproduzir e apresentam uma pele fina e desprotegida. Essas características os tornam vulneráveis à perda do *habitat*, doenças e à poluição.

Não há dúvidas de que os anfíbios estão em apuros. De aproximadamente 5.500 espécies conhecidas, as populações de pelo menos 200 estão se reduzindo drasticamente. Os declínios alarmantes têm sido mais bem documentados na América do Norte e Europa, mas as mudanças estão acontecendo em todo o mundo.

Nesse momento, seis espécies de sapos, quatro espécies de rãs e onze espécies de salamandras estão consideradas ameaçadas ou em risco de extinção nos Estados Unidos e Porto Rico. Uma delas, a do sapo de pernas vermelhas, da Califórnia (*Rana Aurora)*, inspirou a célebre história de Mark Twain, "A Célebre Rã Saltadora do Condado de Cavaleras". Essa espécie é a maior rã nativa do oeste dos Estados Unidos.

Os pesquisadores correlacionam o declínio ao encolhimento ou à deterioração dos *habitats*. Criadores e fazendeiros comumente aterram solos rebaixados que já coletaram chuvas sazonais e formaram charcos da água parada. Quase todos os anfíbios precisam depositar seus ovos e espermatozoides na água e suas larvas devem se desenvolver na água.

Também contribuindo para o declínio estão as introduções de novas espécies em *habitats* de anfíbios, mudanças no clima, aumentos na radiação ultravioleta e a expansão de certos patógenos e parasitas. Ocorrem também as infecções de anfíbios por quitrídeos, e a Figura 7.13 fornece um exemplo dos efeitos de uma fascíola parasita (platelminto). A poluição química dos *habitats* aquáticos também prejudica os anfíbios.

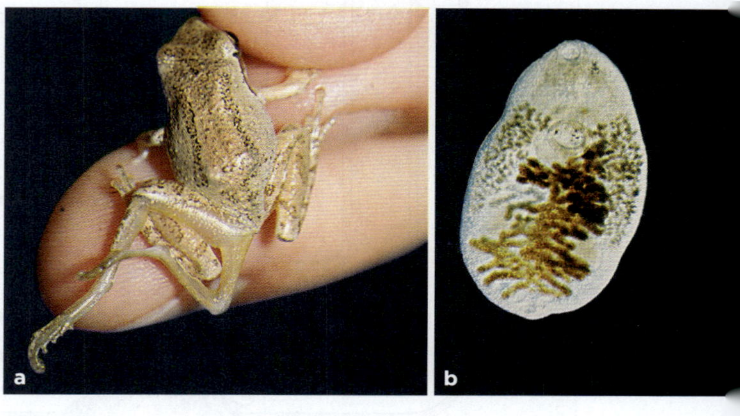

Figura 7.13 (**a**) Exemplo de deformidades em um sapo. (**b**) Uma fascíola parasita (*Ribeiroia*). Ela se aloja nos membros em desenvolvimento dos girinos do sapo e, física ou quimicamente, altera as células individuais. Os girinos infectados criam pernas extras ou nenhuma. Onde as populações de *Ribeiroia* são mais densas, o número de girinos que completa a metamorfose com êxito é baixa. O enriquecimento da água com nutrientes por fertilizantes e a contaminação por praguicidas torna os sapos mais susceptíveis à infecção.

7.7 Surgimento dos amniotos

- Os amniotos levaram o termo "à prova d'água" a outro nível com sua pele e seus ovos, tornando-os bem adaptados a *habitats* secos.

No final do período Carbonífero, uma linhagem de anfíbios deu origem aos répteis primitivos, os primeiros amniotos. Os **amniotos** produzem ovos com quatro membranas, que permitem aos embriões se desenvolver longe da água (Figuras 7.14*a,b* e 7.19). Os amniotos possuem pele impermeável e um par de rins eficientes. Quase todos fertilizam ovos no corpo da fêmea (fertilização interna). Essas características os adaptam à vida na terra.

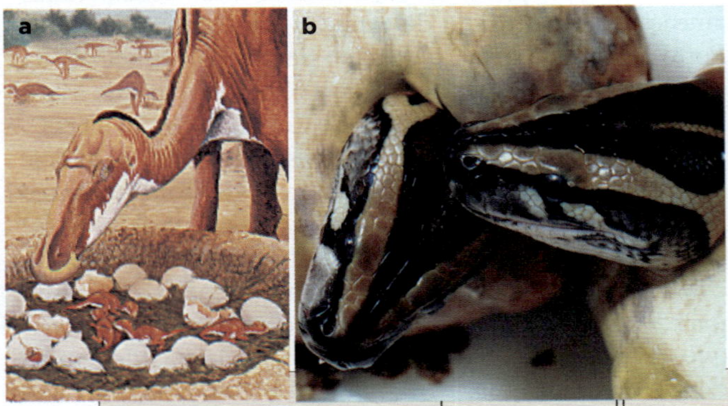

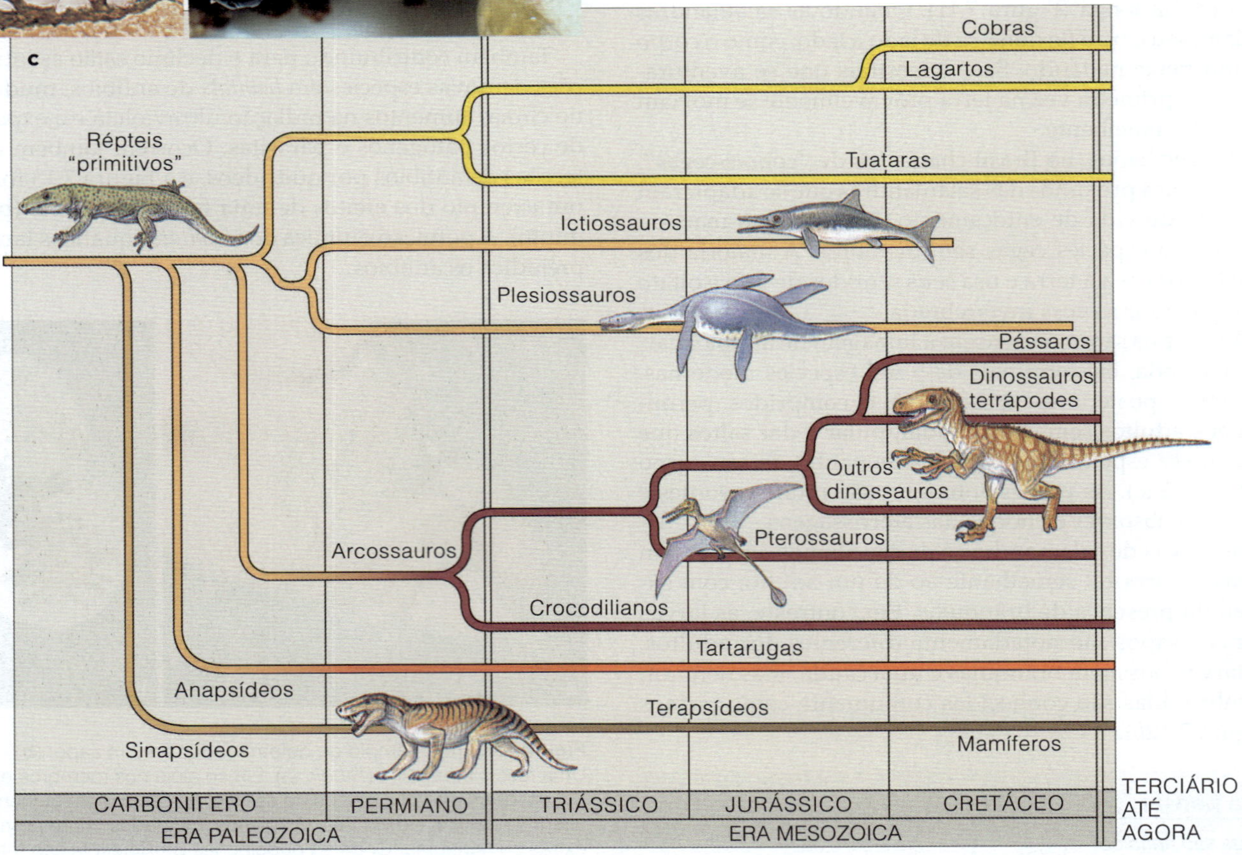

Figura 7.14 Ovos e filogenia de amniotos. (**a**) Figura de um ninho de um dinossauro bico-de-pato (*Maiasaura*) que viveu há mais ou menos 80 milhões de anos onde atualmente se situa Montana. Como os crocodilianos e pássaros modernos, esse dinossauro protegia seus ovos em um ninho e podia cuidar da cria. (**b**) Duas cobras emergindo de ovos amniotos. (**c**) Árvore genealógica dos amniotos. Serpentes, lagartos, tuataras, pássaros, crocodilianos, tartarugas e mamíferos são grupos amniotos modernos.

Uma das primeiras ramificações da linhagem dos amniotos levou aos sinapsídeos: mamíferos e espécies semelhantes aos mamíferos extintos (Figura 7.16*c*). Um subgrupo de sinapsídeos atualmente extinto, os terapsídeos, incluía os antepassados dos mamíferos, como também o *Lystrosaurus*, um herbívoro com presas.

Três outros ramos da linhagem dos amniotos sobreviveram. Um ramo levou às tartarugas, outro aos lagartos e serpentes e o terceiro aos crocodilianos e pássaros. Como você pode ver, a divisão tradicional de pássaros e "répteis" em classes separadas não reflete a filogenia; os répteis não constituem um único grupo (clado). Não obstante, o termo réptil persiste como uma maneira para se referir a amniotos que não apresentam características definidoras de pássaros ou mamíferos. É assim que os definimos neste livro.

Os répteis mais antigos tinham um corpo parecido com o de um lagarto. Com mandíbulas bem musculosas e dentes afiados, eles podiam perseguir e matar sua presa com mais força que os anfíbios. As escamas impermeáveis, ricas em proteína queratina, cobriam o corpo e adaptavam os répteis a *habitats* mais secos, mas essas escamas também evitavam a troca de gases através da pele. Comparados aos anfíbios, os primeiros répteis tinham pulmões maiores e mais eficientes. Eles também tinham cérebros maiores que lhes permitiam um comportamento mais complexo.

Figura 7.15 *Temnodontosaurus.* Esse ictiossauro perseguia lulas grandes, amonites e outras presas nos mares quentes e rasos no início do período Jurássico. Fósseis que medem 9 metros de comprimento foram encontrados na Inglaterra e Alemanha.

Biólogos definem os **dinossauros** por determinadas características do esqueleto, como a configuração da pélvis e dos quadris. Os dinossauros evoluíram no final do período Triássico. As primeiras espécies eram do tamanho de um peru e corriam em duas pernas. Zonas adaptáveis se abriram para essa linhagem quando teve início o período Jurássico, depois que fragmentos de um asteroide ou cometa atingiram o que hoje é França, Quebec, Manitoba e Dakota do Norte. Quase todos os animais que sobreviveram a esse choque do asteroide eram pequenos, tinham taxas metabólicas altas e conseguiam tolerar grandes mudanças na temperatura.

Grupos de dinossauros sobreviventes, como aqueles mostrados na Figura 7.1, se tornaram os "répteis dominantes". Por 125 milhões de anos, eles dominaram a terra ao mesmo tempo que outros grupos, incluindo os ictiossauros, viviam nos mares (Figura 7.15). Muitos tipos de dinossauros foram perdidos em uma extinção em massa que resultou no fim do período Jurássico. Outros foram extintos durante o Cretáceo.

Quando o Cretáceo terminou, outro choque de asteroide eliminou muitos grupos. Dinossauros com penas, ancestrais dos pássaros, sobreviveram, como fizeram os antepassados dos répteis modernos: crocodilianos, tartarugas, tuataras, serpentes e lagartos.

Em resumo, um ou mais asteroides estão envolvidos nas extinções K-T. Onde eles bateram e exatamente o que aconteceu a seguir permanece uma pergunta em aberto.

Para pensar

O que são amniotos?

- Amniotos são animais cujos embriões se desenvolvem dentro de um ovo impermeável. Eles também apresentam pele impermeável e rins altamente eficientes que reduzem a perda da água.
- Os dinossauros são amniotos extintos e os pássaros são seus descendentes. Os répteis e mamíferos são outros amniotos modernos.

7.8 Adeus, dinossauros

- Os efeitos de um impacto causado por um asteroide sobre a vida na Terra são ilustrados intensamente pela história do fim dos dinossauros.

Depois de analisar metodicamente a composição elementar dos solos, mapas de campos gravitacionais e outras evidências em todo o mundo, Walter Alvarez e Luis Alvarez desenvolveram uma hipótese: um golpe direto de um asteroide enorme causou o evento extintivo Cretáceo-Terciário (K-T). Isso veio a ser conhecido como a **hipótese do impacto do asteroide K-T.**

Mais tarde, os pesquisadores descobriram uma cratera enorme criada por impacto no fundo do mar no Golfo do México. Conhecida como Cratera de Chicxulub, ela mede 9,6 quilômetros de profundidade e mais ou menos 300 quilômetros de largura. De acordo com uma estimativa, para fazer uma cratera tão grande, o choque teria que lançar cerca de 200 mil quilômetros cúbicos de gases e escombros densos na atmosfera.

Esse impacto causou o evento de extinção K-T? Muitos pesquisadores acham que sim. Porém, Gerta Keller e outros disseram que a Cratera de Chicxulub havia sido formada 300 mil anos antes da extinção K-T. Eles hipotetizaram que uma série de impactos de asteroides aconteceu e que a cratera formada pelo choque da divisa dos períodos K-T ainda será descoberta.

Os pesquisadores também debatem o mecanismo pelo qual um impacto de asteroide poderia ter causado as extinções conhecidas. Eles estão tentando explicar os registros fósseis, que mostram quais espécies de plantas e animais terrestres foram extintas.

Um cenário alternativo foi proposto depois que o cometa Shoemaker-Levy 9 atingiu Júpiter em 1994. Fragmentos foram lançados na atmosfera daquele planeta e causaram intenso aquecimento. Esse evento levou Jay Melosh e seus colegas a propor que o choque de um asteroide enorme aumentou a temperatura atmosférica da Terra em milhares de graus. Em uma hora terrível, o mundo explodiu em chamas. Quaisquer animais em local aberto – incluindo quase todos os dinossauros – foram "grelhados" vivos.

Nem todo ser vivo desapareceu. Serpentes, lagartos, crocodilianos e tartarugas sobreviveram, assim como os pássaros e mamíferos. Os proponentes da hipótese de Melosh argumentam que espécies menores podem ter escapado da chuva de fogo entocando-se sob a terra. Muitas das espécies de invertebrados que viviam no fundo do oceano também desapareceram. Como elas poderiam ter sido "grelhadas" no fundo das águas? Em resumo, um ou mais asteroides estão envolvidos nas extinções K-T. Onde eles bateram e exatamente o que aconteceu a seguir permanece uma pergunta em aberto.

7.9 Diversidade dos répteis modernos

- Os répteis apresentam o corpo coberto por escamas. A maioria possui quatro membros com aproximadamente o mesmo tamanho, mas as cobras não possuem membros.

Características gerais

"Réptil" deriva da palavra latina *repto*, que significa rastejar. Alguns répteis rastejam. Outros nadam ou correm ou se arrastam. Os répteis modernos incluem aproximadamente 8.160 espécies. A Figura 7.16 mostra uma estrutura corporal típica.

Como os peixes, os répteis possuem escamas. Porém, as escamas dos répteis se desenvolvem a partir da camada externa da pele (epiderme), enquanto as escamas dos peixes surgem de uma camada mais profunda (derme).

Como os anfíbios e peixes, os répteis possuem uma **cloaca**, uma abertura que expele resíduos digestórios e urinários e funciona na reprodução. Todos os répteis machos, exceto as tuataras, são dotados de um pênis e fertilizam ovos no interior do corpo da fêmea. Na maioria dos grupos, as fêmeas botam ovos que se desenvolvem em terra. Em alguns lagartos e serpentes, os ovos são mantidos no corpo da fêmea e a cria já nasce com o corpo semelhante ao do adulto.

Também como os anfíbios e peixes, todos os répteis modernos são **ectotérmicos**; sua temperatura corporal é determinada pela temperatura de seu ambiente. Répteis em regiões temperadas passam a estação fria inativos, entocados na terra, ou no caso de algumas tartarugas de água doce, embaixo da lama no fundo de um lago.

Grupos importantes

Tartarugas A característica singular das 300 ou mais espécies de tartarugas e cágados é um casco coberto por escamas ósseas que se conectam à coluna vertebral (Figura 7.17*a,b*). As tartarugas não possuem dentes e um "bico" feito de queratina cobre suas mandíbulas. Algumas se alimentam de plantas e outras são predadoras.

Muitas tartarugas marinhas estão sob risco. As adultas retornam as mesmas praias tropicais onde nasceram para acasalar e botar seus ovos. A crescente presença humana nessas praias ameaça essas espécies.

Lagartos Com 4.710 espécies, os lagartos são os répteis mais diversificados. O menor deles cabe em uma moeda de dez centavos (*à esquerda*). O maior, o dragão de Komodo, pode chegar a 3 metros de comprimento. É um predador de emboscada que imobiliza a presa com seus dentes em forma de prego. Sua saliva contém bactérias patogênicas mortais. Os camaleões são lagartos que pegam a presa com a língua pegajosa, que pode ser mais longa que seu corpo. Iguanas são lagartos herbívoros.

Os lagartos possuem defesas interessantes para evitar se tornar uma presa. Alguns tentam correr mais que o predador ou surpreendê-lo (Figura 7.17*c,d*). Muitos podem separar-se da cauda. A cauda destacada ziguezagueia brevemente, o que pode distrair o predador.

Tuataras As duas espécies de tuatara que vivem em pequenas ilhas próximas à costa da Nova Zelândia são tudo que resta de uma linhagem que prosperou durante o Triássico. Tuatara significa "bicos nas costas" no idioma nativo do povo Maori da Nova Zelândia. Esse nome se refere a uma crista espinhosa (Figura 7.17*e*). Tuataras são répteis, mas andam como salamandras e têm estruturas cerebrais semelhantes às dos anfíbios. Possuem também um terceiro olho que se desenvolve debaixo da pele da testa. Ele fica coberto por escamas em adultos e sua função, se tiver alguma, não está clara.

Cobras Durante o Cretáceo, as cobras evoluíram a partir de lagartos longos com pernas curtas. Algumas das 2.995 cobras modernas ainda apresentam sobras ósseas de membros posteriores, mas a maioria não possui membros. Todas são carnívoras. Muitas têm mandíbulas flexíveis que ajudam a engolir a presa inteira. Todas as cobras são dotadas de dentes; nem todas têm presas. Cascavéis e outros tipos que possuem presas mordem e subjugam a presa com veneno produzido em glândulas salivares modificadas (Figura 7.17*f*).

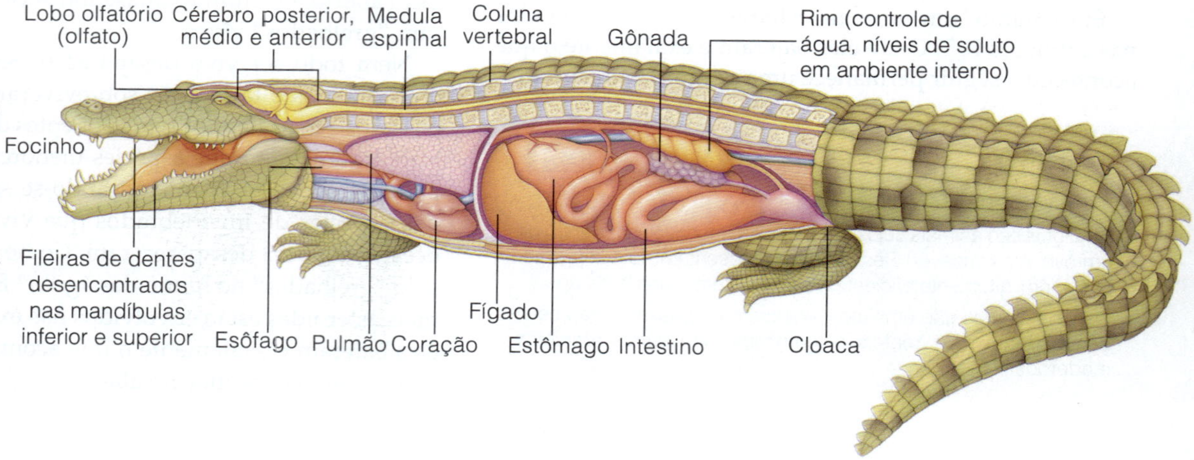

Figura 7.16 Estrutura corporal de um crocodilo. O coração é formado de quatro câmaras, assim o sangue flui por dois circuitos completamente separados. Isso evita que o sangue pobre em oxigênio que retorna do corpo se misture ao sangue rico em oxigênio dos pulmões.

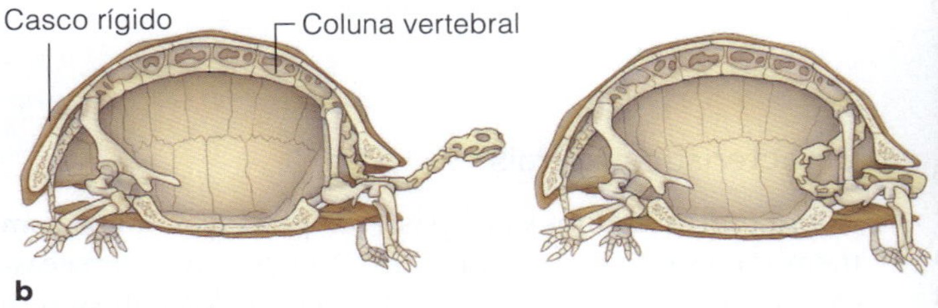

Figura 7.17 (**a**) Tartaruga de Galápagos. (**b**) Casco e esqueleto de tartaruga. A maioria das tartarugas consegue puxar a cabeça para dentro do casco quando ameaçada, porém o casco é reduzido em algumas tartarugas marinhas. (**c**) Um lagarto parado e (**d**) um lagarto confrontando uma ameaça. (**e**) Tuatara (*Sphenodon*). (**f**) Cascavel. (**g**) Jacaré-de-óculos Caiman, um crocodiliano, mostrando seus dentes em forma de prego. Os dentes superiores e inferiores não se alinham como nos mamíferos.

Crocodilianos Quase uma dúzia de espécies de crocodilos, jacarés e caimãs são os parentes vivos mais próximos dos pássaros. Todos são predadores na água ou próximo à água. Eles possuem mandíbulas poderosas, um focinho longo e dentes afiados (Figuras 7.16 e 7.17*g*). Eles apertam a presa, arrastam para a água, despedaçam e então engolem os pedaços.

Os crocodilianos são os únicos répteis dotados de um coração com quatro câmaras, como os mamíferos e os pássaros. Esse coração evita que o sangue pobre em oxigênio dos tecidos se misture com o sangue rico em oxigênio dos pulmões.

Os crocodilianos são os parentes vivos mais próximos dos pássaros e, como os pássaros, exibem comportamento parental complexo. Por exemplo, eles constroem e guardam o ninho, depois alimentam e cuidam da cria.

Para pensar

Como são os répteis modernos?

- Os répteis variam em tamanho, de lagartos minúsculos até crocodilianos gigantes. Alguns são aquáticos, mas a maioria vive na terra. Todos botam ovos na terra. Existem herbívoros, mas a maioria é carnívora.

7.10 Pássaros - possuidores de penas

- Em um grupo de dinossauros, as escamas foram modificadas e se transformaram em penas. Os pássaros são descendentes modernos desse grupo.

De dinossauros para pássaros

Os **pássaros** são os únicos animais vivos cuja pele é revestida por penas. As penas são escamas modificadas dos répteis. O *Sinosauropteryx prima*, um dinossauro carnívoro pequeno que viveu no final do Jurássico, era coberto por penas finas e felpudas. Penas semelhantes dão aos pássaros jovens uma aparência fofa (Figura 7.18*a*). Penas felpudas não permitem o voo, mas fornecem isolamento.

O *Archaeopteryx*, descrito e mostrado na introdução do capítulo, era como os pássaros modernos, pois era revestido tanto de penas curtas como felpudas. Porém, esse primeiro pássaro tinha dentes e uma cauda óssea longa.

O *Confuciusornis sanctus* é o pássaro conhecido mais antigo, com um bico semelhante ao dos pássaros modernos. Sua cauda era pequena com penas longas. Ainda assim, como no seu ancestral dinossauro, ele possuía dedos em forma de garras penetrantes nas pontas dianteiras de suas asas.

Figura 7.18 O dinossauro emplumado *Sinosauropteryx prima* era coberto com penas felpudas como as de um pintinho moderno (**a**). Um dos primeiros pássaros, o *Confuciusornis sanctus*, possuía uma cauda pequena com penas longas, asas com dedos e garras penetrantes, além de um bico sem dentes, semelhante ao de um pássaro moderno como este cardeal (**b**).

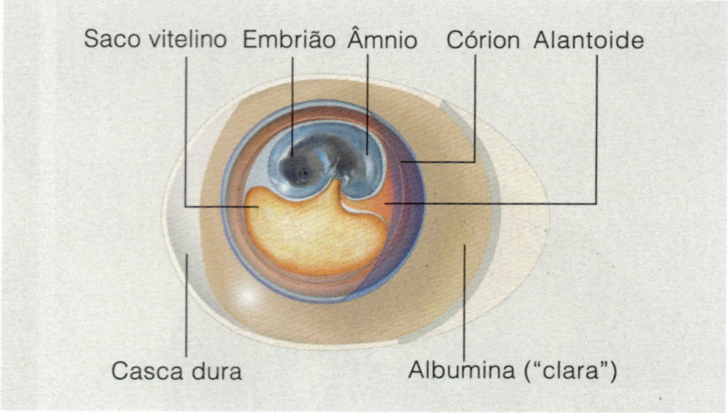

Figure 7.19 Ovo de pássaro, um tipo de ovo amnioto com quatro membranas envolvendo o embrião. O córion ajuda na troca de gases; o âmnio secreta fluido que mantém o embrião úmido; o alantoide armazena resíduos; e o saco vitelino mantém a gema que nutre o embrião em desenvolvimento.

Características gerais

Como outros amniotos, os pássaros produzem ovos com membranas internas (Figura 7.19). Nos pássaros, uma casca endurecida com cálcio envolve o ovo. A fertilização é interna. Os machos não possuem pênis; o espermatozoide é transferido da cloaca do macho para a da fêmea.

Os pássaros não possuem dentes. Em vez disso, ossos da mandíbula cobertos por camadas de queratina formam um bico duro. A forma do bico varia, com tipos diferentes de bicos adequados para dietas diferentes.

Os pássaros são **endotérmicos**, que significa "aquecido por dentro". Os mecanismos fisiológicos permitem aos endotérmicos manter sua temperatura corporal. As penas felpudas do pássaro desaceleram a perda de calor metabólico. As penas também agem como uma cobertura corporal contra a perda de água, desempenham um papel nos acasalamentos e permitem o voo.

As penas são apenas uma das adaptações que auxiliam os pássaros a voar. Os pássaros também possuem um esqueleto leve, músculos de voo poderosos e sistemas respiratório e circulatório altamente eficientes.

A asa é um membro anterior modificado, com penas que se estendem além delas, aumentando sua área de superfície (Figura 7.20*a*). As penas dão à asa uma forma que ajuda a erguer o pássaro enquanto o ar passa por elas.

As cavidades aéreas dentro dos ossos mantêm o peso corporal baixo e facilitam o transporte aéreo do pássaro. Os músculos de voo conectam um osso peitoral aumentado, ou esterno, aos ossos do membro superior (Figura 7.20*b*).

O voo exige muita energia, que é fornecida pela respiração aeróbica. Para garantir um suprimento de oxigênio adequado, os pássaros têm um sistema único de bolsas aéreas que mantêm o ar fluindo continuamente por seus pulmões. Um coração com quatro câmaras bombeia sangue por dois circuitos completamente separados.

O voo também requer muita coordenação. Grande parte do cérebro do pássaro controla o movimento. Os pássaros também são dotados de excelente visão, inclusive visualização de cores.

Diversidade e comportamento dos pássaros

As aproximadamente 9 mil espécies de pássaros nomeadas variam em tamanho, proporções, coloração e capacidade de voo. Um colibri pesa 1,6 grama. O avestruz, um corredor que não voa, pesa 150 quilogramas.

Mais da metade de todas as espécies de pássaros pertence ao subgrupo dos passeriformes. Entre eles estão os familiares pardais, gaios, estorninhos, andorinhas, tentilhões, pintarroxos, pássaros canoros, papa-figos e cardeais (Figura 7.18*b*).

Vemos uma das formas mais impressionantes de comportamento entre os pássaros que migram com a variação das estações. A migração é um movimento recorrente de uma região para outra em resposta a algum ritmo ambiental. A mudança sazonal na duração do dia é uma sugestão para os mecanismos internos de contagem de tempo chamados "relógios biológicos". Esse relógio aciona mudanças fisiológicas e comportamentais que induzem os pássaros migratórios a voar entre os períodos de procriação e inverno. Muitos tipos de pássaros migram para longas distâncias. Eles usam o Sol, as estrelas e o campo magnético da Terra como dicas direcionais. As andorinhas do Ártico fazem as migrações mais longas. Eles passam os verões no Ártico e os invernos na Antártica.

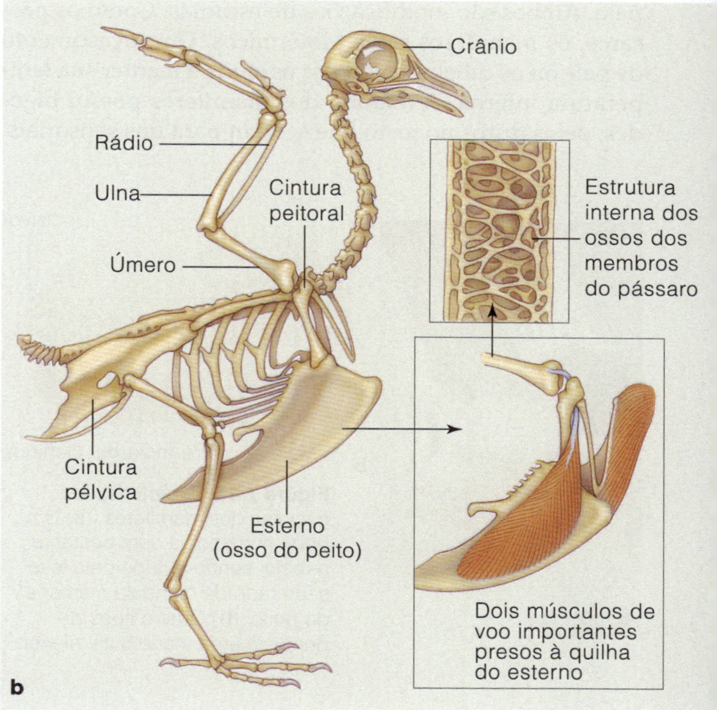

Figura 7.20 Adaptações para o voo. (**a**) Alguns pássaros, como este albatroz de Laysan, possuem asas que lhes permite planar por longas distâncias. Com asas com mais de 2 metros, este pássaro tem menos de 10 quilogramas. Ele se sente tão em casa no ar que dorme enquanto voa. (**b**) O esqueleto do pássaro é composto de ossos leves com sacos aéreos internos. A asa é um membro anterior modificado. Os poderosos músculos de voo se prendem a um grande osso peitoral ou esterno.

Para pensar

O que são pássaros?

- Os pássaros são os únicos animais vivos com penas. Eles evoluíram dos dinossauros e são dotados de um corpo adaptado para voar. Os ossos são leves; as bolsas aéreas aumentam a eficiência da respiração; e um coração dividido em quatro câmaras mantém o sangue se movimentando rapidamente.

7.11 O surgimento dos mamíferos

- Os mamíferos sobreviveram enquanto os dinossauros dominavam a terra, depois se irradiaram quando aqueles se extinguiram.

Características dos mamíferos

Os **mamíferos** são animais nos quais as fêmeas nutrem sua prole com leite secretado de suas glândulas mamárias (Figura 7.21*a*). O nome do grupo é derivado do latim *mamma*, que significa peito. O leite é uma fonte de alimento rico em nutrientes que também contém proteínas do sistema imunológico que ajudam a proteger a descendência contra doenças.

Os mamíferos são os únicos animais que têm cabelo ou pelo. Ambos são modificações de escamas. Como os pássaros, os mamíferos são endotérmicos. Um revestimento de pele ou os cabelos na cabeça os ajuda a manter sua temperatura interna. A maioria dos mamíferos possui bigodes, pelos duros no rosto que servem para fins sensoriais.

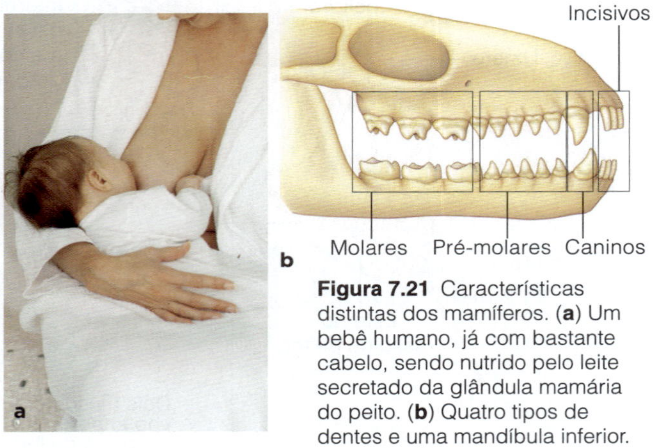

Figura 7.21 Características distintas dos mamíferos. (**a**) Um bebê humano, já com bastante cabelo, sendo nutrido pelo leite secretado da glândula mamária do peito. (**b**) Quatro tipos de dentes e uma mandíbula inferior.

Os mamíferos são os únicos animais que suam, embora nem todos os mamíferos possam fazer isso.

Somente os mamíferos possuem quatro tipos diferentes de dentes (Figura 7.21*b*). Em outros vertebrados, os dentes de um indivíduo podem variar um pouco em tamanho, mas eles são todos do mesmo formato. Os mamíferos têm incisivos que podem ser usados para roer, caninos que rasgam os alimentos e pré-molares e molares que moem e esmagam comidas duras. Nem todos os mamíferos têm todos os quatro tipos de dentes, mas a maioria tem alguma combinação. Com diversos tipos diferentes de dentes, os mamíferos podem comer uma variedade maior de alimentos do que a maioria dos outros vertebrados.

Como os pássaros e crocodilianos, os mamíferos possuem um coração com quatro câmaras que bombeia o sangue por dois circuitos completamente separados. A troca de gases acontece em um par de pulmões bem desenvolvido.

Evolução dos mamíferos

Como observado anteriormente (Figura 7.14), os mamíferos pertencem ao ramo sinapsídeo da linhagem amnioto. Os primeiros mamíferos apareceram quando os dinossauros estavam se tornando dominantes. Os **monotremados** (mamíferos que botam ovos) e os **marsupiais** (mamíferos com bolsas), ambos, evoluíram durante o Jurássico. **Mamíferos placentários** evoluíram um pouco mais tarde, no Cretáceo. Os mamíferos placentários são chamados assim devido a sua **placenta**, um órgão que permite que materiais passem entre a mãe e o embrião em desenvolvimento dentro de seu corpo. Os embriões placentários crescem mais rápido que os outros mamíferos. A prole também é formada mais completamente e, desse modo, são menos vulneráveis à depredação.

Movimentos continentais afetaram a evolução e a dispersão de grupos de mamíferos. Como os monotremados e marsupiais evoluíram enquanto o Pangea estava intacto, eles se dispersaram pelo supercontinente (Figura 7.22*a*). Os mamíferos placentários evoluíram depois que o Pangea começou a se dividir (Figura 7.22*b*). Como

a Há cerca de 50 milhões de anos, durante o Jurássico, os primeiros monotremados e marsupiais evoluíram e migraram pelo supercontinente Pangea.

b Entre 130 e 85 milhões de anos atrás, durante o Cretáceo, os mamíferos placentários surgiram e começaram a se espalhar. Os monotremados e marsupiais que viviam na massa de terra do sul evoluíram em isolamento dos mamíferos placentários.

c Começando há cerca de 65 milhões de anos, os mamíferos se expandiram em variedade e diversidade. Os marsupiais e os primeiros mamíferos placentários tiraram o lugar dos monotremados na América do Sul.

d Há cerca de 5 milhões de anos, no período Plioceno, mamíferos placentários avançados invadiram a América do Sul. Eles levaram a maioria dos marsupiais e as primeiras espécies de placentários à extinção.

Figura 7.22 Efeitos da corrente continental na evolução e distribuição de linhagens mamíferas.

Figure 7.23 *Indricotherium*, a "girafa rinoceronte". Com 15 toneladas e 5,5 metros (18 pés) de altura até o ombro, é o maior mamífero da terra que nós conhecemos. Ele viveu na Ásia durante o Oligoceno e é um parente do rinoceronte.

mamífero que põe ovos

mamífero placentário

Figura 7.24 Exemplo de evolução convergente. (**a**) Tamanduá espinhoso da Austrália, uma das três únicas espécies modernas de monotremados. (**b**) Tamanduá gigante da América do Sul. Compare os focinhos.

resultado, os mamíferos monotremados e marsupiais em massas terrestres que logo se dividiram de Pangea viveram por milhões de anos na ausência de mamíferos placentários. Por exemplo, a separação da Austrália de Pangea aconteceu logo no início; assim, não há mamíferos placentários nativos.

A Austrália permanece como um continente separado, mas o movimento continental reuniu outras massas de terra. Quando os mamíferos placentários entraram em regiões onde eram antes desconhecidos, as populações nativas de monotremados e marsupiais recuaram. Os recém-chegados frequentemente passam os nativos para trás e, em muitos casos, levam essas espécies à extinção local (Figura 7.22*c*,*d*).

Depois que os dinossauros desapareceram no fim do Cretáceo, os mamíferos sofreram grande radiação adaptativa. A Figura 7.23 dão exemplos de algumas das diversidades resultantes.

Membros de diferentes linhagens de mamíferos se adaptaram a *habitats* similares em diferentes continentes. Por exemplo, o tamanduá espinhoso da Austrália, o tamanduá gigante da América do Sul e o orictéropo da África, todos caçam formigas usando seu longo focinho (Figura 7.24). Os focinhos semelhantes são um exemplo de convergência morfológica.

Para pensar

O que são mamíferos?

- Os mamíferos são animais que nutrem os filhotes com leite e têm cabelo ou pelo. Seus quatro tipos de dentes permitem que eles comam muitos tipos diferentes de alimentos. Os mamíferos se originaram no Jurássico, depois sofreram uma radiação adaptativa após a extinção dos dinossauros. Movimentos continentais influenciaram a distribuição dos mamíferos.

7.12 Diversidade dos mamíferos modernos

- Os mamíferos se estabeleceram com êxito em todos os continentes e nos mares. Como são as espécies existentes?

Figura 7.25 Ornitorrinco fêmea, um monotremado, com dois filhotes que saíram dos ovos de casca borrachuda. Ela tem uma cauda parecida com a de um castor, bico de pato e pés palmados. Receptores sensoriais no bico ajudam o ornitorrinco a encontrar a presa debaixo da água. Os ornitorrincos escavam margens usando as garras expostas quando retraem o tecido em seus pés. Tanto machos como fêmeas possuem esporas em seus pés posteriores. As esporas do macho têm veneno, tornando-o o único mamífero venenoso.

Figura 7.26 Marsupiais. (**a**) Um coala, *Phascolarctos cinereus*, da Austrália. Ele come apenas eucalipto e está ameaçado em decorrência da destruição de florestas nativas. (**b**) Um diabo-da-tasmânia jovem mostra seus dentes em uma exibição defensiva. É o único carnívoro marsupial sobrevivente na natureza. (**c**) Gambá fêmea com seus quatro descendentes geneticamente idênticos. Eles se formam quando um único embrião se divide no início do desenvolvimento.

Monotremados que botam ovos

Ainda existem três espécies de monotremados. Dois são tamanduás espinhosos, e um destes é mostrado na Figura 7.24*a*. A terceira espécie é o ornitorrinco (Figura 7.25).

Todos os monotremados botam e incubam ovos que apresentam uma casca dura, assim como os dos répteis. A prole nasce em um estado relativamente pouco desenvolvido – minúscula, sem pelos e cega. Os filhotes se agarram à mãe ou são mantidos em uma dobra da pele em sua barriga. O leite escoa de aberturas na pele da mãe; os monotremados não têm mamilos.

Marsupiais com bolsas

A maior parte das 240 espécies modernas de marsupiais vive na Austrália e ilhas próximas. Os grupos incluem cangurus, o coala (Figura 7.26*a*) e os diabos-da-tasmânia (Figura 7.26*b*). O gambá (Figura 7.26*c*) é o único marsupial nativo da América do Norte.

Os marsupiais jovens se desenvolvem brevemente no corpo da sua mãe, nutridos por gema de ovo e por nutrientes que se difundem dos tecidos maternos. Eles nascem em um estágio de desenvolvimento inicial e rastejam junto ao corpo da mãe até uma bolsa permanente em sua superfície ventral. Eles se prendem a um mamilo na bolsa, são amamentados e crescem.

Mamíferos placentários

Comparados a outros mamíferos, os mamíferos placentários se desenvolvem em um estágio muito mais avançado dentro do corpo da mãe. Um órgão chamado placenta permite que os materiais passem entre a corrente sanguínea materna e embrionária (Figura 7.27*a*). A placenta transfere os nutrientes mais eficientemente que a difusão, permitindo que o embrião cresça mais rápido. Depois do nascimento, o filhote suga o leite dos mamilos na superfície ventral da mãe.

Os mamíferos placentários são atualmente os mamíferos dominantes na maioria dos *habitats* terrestres e os únicos que vivem nos mares. As Figuras 7.27*b–h* mostram algumas das mais de 4 mil espécies. O Apêndice I lista os grupos mais importantes.

Quase metade das espécies de mamífero é roedora e, destas, mais ou menos metade é de ratos. O próximo grupo mais diversificado é o dos morcegos, com aproximadamente 375 espécies. Os morcegos são os únicos mamíferos que voam. Embora alguns possam se assemelhar a ratos voadores, os morcegos são mais relacionados a carnívoros como lobos e raposas do que a roedores.

Para pensar

Como são os mamíferos viventes?

- A maioria dos mamíferos viventes atualmente é de mamíferos placentários. Destes, os roedores e morcegos são os grupos mais diversificados.

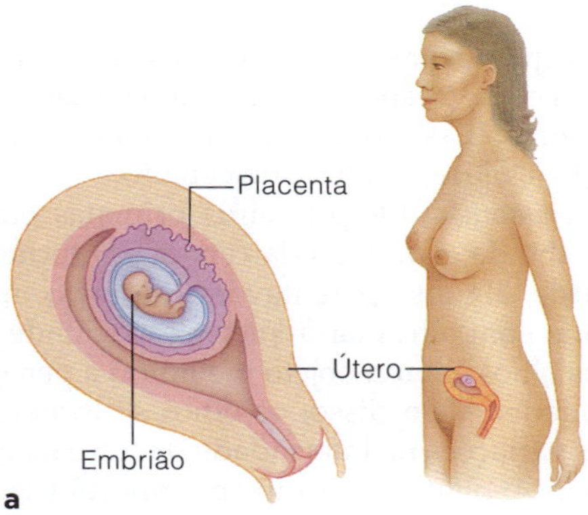

Figura 7.27 Mamíferos placentários. (**a**) Localização da placenta em uma fêmea humana grávida. (**b**) Baleia-azul. Com 200 toneladas, uma adulta é o maior animal vivo. (**c**) Um peixe-boi da Flórida come plantas nas águas mornas na costa e nos rios. (**d**) Um camelo atravessa desertos quentes. (**e**) Lontras procuram presas nas águas frias e descansam no gelo. (**f**) Esquilo voador, na verdade um planador. Os únicos mamíferos voadores são os morcegos; (**g**) Morcego nariz-de-porco de Kitti. (**h**) Raposa vermelha em abeto azul. A pelagem espessa isolante a protege do frio do inverno.

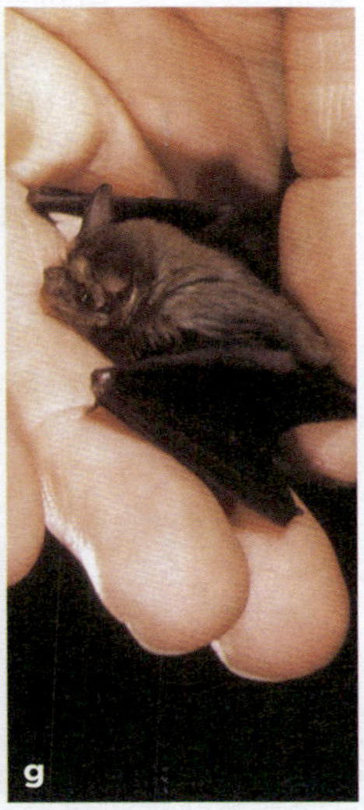

7.13 Dos primeiros primatas aos hominídeos

- Os primatas são o subgrupo de mamíferos ao qual os seres humanos e nossos parentes mais próximos pertencem.

Os **primatas** incluem 260 espécies de prossímios, macacos e seres humanos (Figura 7.28). Os prossímios ("anterior aos macacos") evoluíram primeiro. Os prossímios modernos incluem tarsioides e lêmures na África, Ásia e Madagascar. Os antropoides incluem macacos e seres humanos; todos estão extensamente distribuídos. Os hominoides incluem macacos e seres humanos. Nossos parentes vivos mais próximos são os chimpanzés e bonobos (anteriormente chamados chimpanzés pigmeus). Os seres humanos e espécies semelhantes extintas são **hominídeos**. A Tabela 7.2 resume os subgrupos de primatas.

Tabela 7.2	Classificação dos primatas
Prossímios	Lêmures, tarsioides
Antropoides	Macacos do Novo Mundo (ex.: macaco-aranha)
	Macacos do Velho Mundo (ex.: babuínos, macaques)
	Hominoides:
	Hilobatídeos (gibões, siamangos) Pongídeos (orangotangos, gorilas, chimpanzés, bonobos) Hominídeos (seres humanos, espécies semelhantes extintas)

Visão geral das principais tendências

Cinco tendências que levaram às características exclusivamente humanas começaram nas primeiras espécies que habitavam as árvores. Elas aconteceram por meio de modificações nos olhos, ossos, dentes e no cérebro.

Visão diurna aprimorada. Os primeiros primatas eram dotados de um olho de cada lado da cabeça em formato de rato. Mais tarde, alguns aparentavam um rosto mais vertical e achatado com olhos na frente. A capacidade de enfocar ambos os olhos em um objeto melhorou a percepção de profundidade. Além disso, os olhos se tornaram mais sensíveis às variações na intensidade da luz e da cor. Durante essa época, o olfato diminuiu em importância.

Postura vertical. Os seres humanos são **bípedes**: seu esqueleto e seus músculos são adaptados para postura e caminhada vertical. Por exemplo, a coluna vertebral em S mantém a cabeça e o torso centrados acima dos pés e os braços são menores que as pernas. Por outro lado, os prossímios e macacos se movimentam sobre quatro membros, todos com mais ou menos o mesmo comprimento. Os gorilas caminham em dois membros enquanto se apoiam nas juntas dos braços mais longos (Figura 7.28*c*,*e*).

Como podemos determinar se um fóssil primata era bípede? A posição do forame magno, uma abertura no crânio, é um indício. Essa abertura permite ao cérebro se conectar com a coluna vertebral. Nos animais que caminham de quatro, o forame magno está localizado atrás do crânio. Em animais que caminham verticalmente, está próximo ao centro da base do crânio (Figura 7.29).

Melhor pegada. Os primeiros mamíferos separavam os dedões do pé para sustentar seu peso enquanto caminhavam ou corriam em quatro membros. Em antigos primatas habitantes de árvores, as mãos foram modificadas.

Figura 7.28 Primatas. (**a**) Tarsioide, um prossímio escalador e saltador. (**b**) Macaco-aranha, um escalador ágil. (**c**) Gorila, usando seus antebraços para sustentar seu peso enquanto anda sobre duas pernas. Comparações da estrutura esquelética de (**d**) um macaco, (**e**) um gorila e (**f**) um ser humano. Os esqueletos não estão na mesma escala.

a Abertura na parte de trás do crânio; a coluna vertebral é normalmente paralela ao solo.

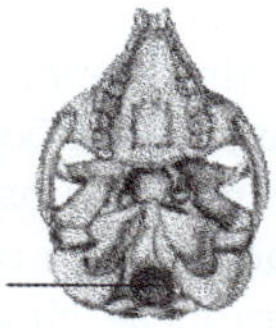

b Abertura próxima ao centro da base do crânio; a coluna vertebral é normalmente perpendicular ao solo.

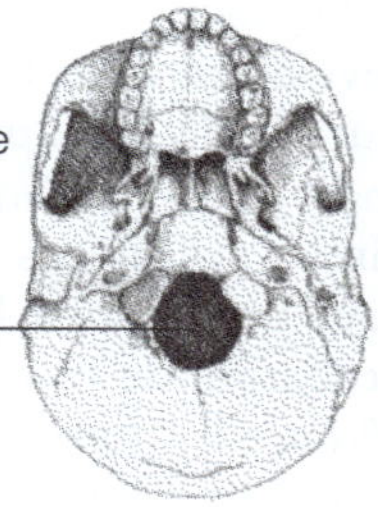

Figura 7.29 Uma abertura na cabeça, o forame magno, em (**a**) um quadrúpede e (**b**) um bípede. A posição dessa abertura nos ajuda a determinar se uma espécie fóssil era bípede.

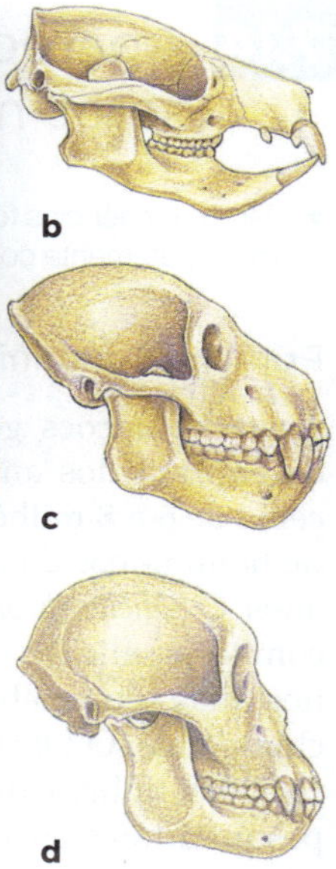

Figura 7.30 (**a**) Musaranho do sudeste asiático (*Tupaia*), um parente próximo dos primatas modernos. Comparações do crânio: (**b**) *Plesiadapis*, um primata primitivo semelhante ao musaranho. (**c**) O *Aegyptopithecus* do tamanho de um macaco, um dos antropoides do Oligoceno. (**d**) *Proconsul africanus*. Este hominoide primitivo era do tamanho de uma criança de 4 anos de idade.

Os dedos passaram a se dobrar (movimento preênsil), e o polegar passou a tocar a ponta de todos os dedos (movimentos opostos). Oportunamente, as mãos ficaram livres das funções de suportar cargas e se modificaram de maneira a permitir uma pegada poderosa ou precisa:

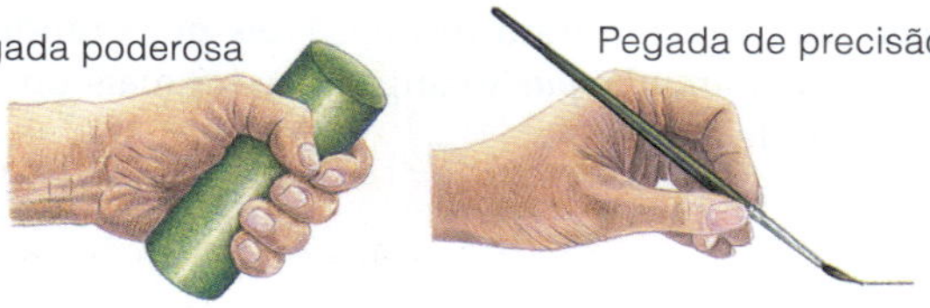

A capacidade de posicionar as mãos de forma versátil deu aos antepassados dos seres humanos a habilidade de fazer e usar ferramentas. Movimentos preensores e opostos refinados levaram ao desenvolvimento de tecnologias e cultura.

Mandíbulas e dentes modificados. Modificações nas mandíbulas estão correlacionadas à mudança no hábito de comer insetos, passando para frutas e folhas em uma dieta mista, ou onívora. Mandíbulas retangulares e dentes caninos longos evoluíram em macacos. Uma mandíbula arqueada e menor, dentes com tamanho mais uniforme evoluíram nos primeiros hominídeos.

Cérebro, comportamento e cultura. A caixa craniana e o cérebro aumentaram em tamanho e complexidade. À medida que o tamanho do cérebro aumentava, assim também ocorria com a duração da gravidez e a extensão dos cuidados maternos. Comparado aos primeiros primatas, grupos posteriores tinham menos descendentes e investiam mais neles.

Os primeiros primatas eram solitários. Mais tarde, alguns começaram a viver em grupos pequenos. Interações sociais e características culturais começaram a afetar o sucesso reprodutivo. A **cultura** é a soma de todos os padrões comportamentais aprendidos e transmitidos entre os membros de um grupo e entre gerações.

Origens e primeiras divergências

Os primeiros primatas surgiram nas florestas tropicais da África Oriental há mais ou menos 65,5 milhões de anos. As primeiras espécies eram semelhantes a musaranhos modernos (Figura 7.30*a,b*). Eles vasculhavam galhos baixos durante a noite em busca de insetos e sementes. Apresentavam um focinho longo e olhos localizados nas laterais da cabeça.

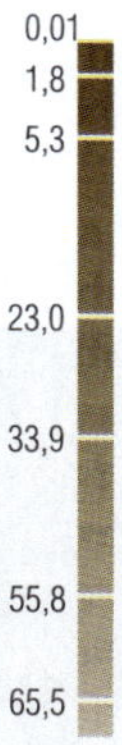

Sabemos com base nos fósseis que os prossímios evoluíram no Eoceno. Mudanças esqueléticas os adaptaram à vida nas copas das árvores. Eles possuíam um focinho mais curto e olhos frontais. Seu cérebro era maior que o dos primeiros primatas. Escaladores e saltadores precisavam estimar o peso do corpo, a distância, a velocidade do vento e os destinos apropriados. Os ajustes precisavam ser rápidos para um corpo em movimento muito acima do chão.

Há 36 milhões de anos, surgiram os antropoides habitantes das árvores (Figura 7.30*c*). Entre 23 e 18 milhões de anos atrás, nas florestas tropicais, eles deram origem aos primeiros hominoides (Hominoidea), originando os primeiros macacos (Figura 7.30*d*).

Os hominoides se dispersaram pela África, Ásia e Europa à medida que o clima mudava em virtude das mudanças nas massas de terra. Durante esse tempo, a África ficou mais fria e seca. As florestas tropicais, com sua abundância de frutas moles e folhas comestíveis, foram substituídas por bosques abertos e, mais tarde, pradarias. O alimento ficou mais seco, mais duro e mais difícil de encontrar. Os hominoides que evoluíram em florestas úmidas se mudaram para novas zonas adaptáveis ou foram extintos. A maioria das espécies foi extinta, mas não o ancestral compartilhado entre macacos e humanos. Há 6 milhões de anos, os hominídeos emergiram.

Para pensar

Que tendências formaram a linhagem de primatas ancestrais dos seres humanos?

- Os primeiros primatas eram animais com focinhos longos que andavam pouco acima do chão. As espécies mais antigas eram de escaladores com esqueleto e cérebro que melhor os adaptavam a este novo estilo de vida.

7.14 Aparecimento dos primeiros seres humanos

- Temos evidências fósseis de muitos hominídeos, mas não sabemos exatamente como eles se relacionam uns com os outros.

Primeiros hominídeos

As comparações genéticas indicam que os hominídeos divergiram dos antepassados similares aos macacos há cerca de 6 a 8 milhões de anos. Os fósseis que podem ser de hominídeos datam de aproximadamente 6 milhões de anos. O *Sahelanthropus tchadensis* tinha um rosto achatado, com testa saliente, como um hominídeo, e caninos pequenos, mas seu cérebro era do tamanho do cérebro de um chimpanzé. O *Orrorin tugenensis* e o *Ardipithecus ramidus* também tinham dentes como os de homídeos. Alguns pesquisadores suspeitam que essas espécies ficavam de pé; outros discordam. Mais fósseis terão de ser descobertos para esclarecer esse cenário.

Um hominídeo indiscutivelmente bípede, o *Australopithecus afarensis*, se estabeleceu na África há mais ou menos 3,9 milhões de anos. Esqueletos notavelmente completos revelaram que ele andava habitualmente na vertical (Figura 7.31). Há aproximadamente 3,7 milhões anos, dois indivíduos *A. afarensis* caminhavam por uma camada de cinzas vulcânicas recém-depositadas. Logo depois disso, caiu uma chuva leve e transformou as cinzas que eles acabaram de pisar em pedra, preservando suas pegadas (Figura 7.31*b*).

O *A. afarensis* foi um "**australopiteco**", ("macacos meridionais"). Esse grupo informal incluía o *Australopithecus* e espécies de *Paranthropus*. As espécies de *Australopithecus* eram delicadas; tinham mandíbula estreita e dentes pequenos. Uma ou mais espécies provavelmente são ancestrais dos humanos modernos. Em contraste, o *Paranthropus* apresentava uma estrutura mais pesada e compacta, um rosto mais largo e molares maiores. Os músculos da mandíbula se prendiam a uma crista óssea pronunciada no topo do crânio. Molares grandes e músculos mandibulares fortes indicam que vegetais fibrosos e difíceis de mastigar eram responsáveis por grande parte da dieta. O *Paranthropus* extinguiu-se há mais ou menos 1,2 milhão de anos.

Figura 7.31 Chimpanzés e outros macacos têm um dedão do pé grande e largo (**a**). Os primeiros hominídios não tinham. Como sabemos? (**b**) Em Laetoli, na Tanzânia, Mary Leakey descobriu pegadas feitas na cinza vulcânica macia e úmida há 3,7 milhões de anos. O arco, o dedão do pé e as marcas de calcanhar dessas pegadas são sinais de hominídeos bípedes.

Primeiros humanos

O que os fragmentos fossilizados dos primeiros hominídeos nos dizem sobre as origens humanas? Os registros ainda são muito incompletos para nos certificarmos sobre como todas as diferentes formas estão relacionadas, que dirá o que pode ter sido nossos ancestrais. Além disso, exatamente quais características devemos usar para definir **seres humanos** – membros do gênero *Homo*?

Bem, que tal utilizarmos cérebros? Nosso cérebro é a base das habilidades analíticas incomparáveis, habilidades verbais, comportamentos sociais complexos e inovações tecnológicas. Como um hominídeo primário deu o salto evolucionário para se transformar em humano?

Comparar os cérebros de primatas modernos pode nos dar indícios. Nós sabemos que os genes para algumas proteínas do cérebro sofreram duplicação repetida à medida que a linhagem de primatas evoluía. Estudos adicionais sobre como essas proteínas funcionam podem fornecer mais perspectivas sobre como nossas características mentais exclusivamente humanas surgiram.

Até então, ficamos a especular as evidências de características físicas entre fósseis diversos. Elas incluem um esqueleto que permitia o bipedalismo, um rosto menor, crânio maior e dentes pequenos com mais esmalte. Essas características emergiram durante o Mioceno recente e podem ser observadas no *Homo habilis*. O nome desse humano primário significa "habilidoso" (Figura 7.32).

Figura 7.32 Pintura de um bando de *Homo habilis* em um bosque da África Oriental. Dois australopitecos são mostrados ao longe *à esquerda*.

A maior parte das primeiras formas conhecidas de *Homo* vem do Vale do Rift na África Oriental. Os dentes dos fósseis indicam que esses primeiros humanos comiam nozes de casca dura, sementes secas, frutas moles, folhas e insetos. O *H. habilis* pode ter enriquecido sua dieta vasculhando carcaças deixadas por carnívoros como dentes-de-sabre, mas ele não tinha dentes adaptados para uma dieta rica em carne.

Nossos parentes próximos, os chimpanzés e bonobos, usam varas e outros objetos naturais como ferramentas. Eles quebram nozes com pedras e usam varas para cavar ninhos de cupins e capturar insetos. Os primeiros hominídeos provavelmente faziam o mesmo.

Há 2,5 milhões de anos, alguns hominídeos começaram a modificar pedras de modo a criar ferramentas melhores. Pedaços de pedra vulcânica lascada em uma extremidade afiada foram encontrados com ossos de animais, que provam que eles eram raspados com essas ferramentas.

As camadas da Garganta de Olduvai na Tanzânia documentam refinamentos nas habilidades para confeccionar ferramentas. Nas camadas que datam de aproximadamente 1,8 milhão de anos atrás foram encontradas pedras asperamente lascadas. As camadas mais recentes contêm ferramentas mais complexas, como cutelos.

A Gargata de Olduvai também conta com fósseis de hominídeos. Quando foram descobertos, esses fósseis foram classificados como *Homo erectus*. Esse nome significa "homem ereto". Hoje, alguns pesquisadores reservam esse nome para fósseis da Ásia.

Eles preferem chamar os fósseis africanos de *H. ergaster*. Em nossas discussões, adotaremos uma abordagem tradicional usando "*H. erectus*" em referência às populações africanas e para populações descendentes que, por gerações, passaram pela Europa e Ásia.

O *H. erectus* adulto media, em média, 1,5 metro de altura e era dotado de um cérebro maior que o do *H. habilis*. Habilidades de caça aprimoradas podem ter ajudado o *H. erectus* a conseguir o alimento necessário para manter um corpo e cérebro grandes. Além disso, o *H. erectus* fazia fogueiras; assim, alimentos cozidos provavelmente incrementavam sua dieta amaciando alimentos duros antes não comestíveis.

Para pensar

Como eram os atualmente extintos hominídeos?

- Os australopitecos e alguns hominídeos que os precederam caminhavam na vertical. O *Homo habilis*, a espécie humana conhecida mais antiga, também caminhava ereto. O *Homo erectus* tinha um cérebro maior e dispersou-se pela África.

7.15 Aparecimento dos seres humanos modernos

- Os humanos modernos evoluíram primeiro na África e em um período relativamente recente se espalharam pelo mundo.

Ramificações da linhagem humana

Há 1,7 milhão de anos, populações de *Homo erectus* tinham se estabelecido em lugares distantes da África, como na ilha de Java e Europa Oriental. Ao mesmo tempo, populações africanas continuaram a prosperar. Durante milhares de gerações, grupos separados geograficamente se adaptaram às condições locais. Algumas populações se tornaram tão diferentes do *H. erectus* ancestral que nós as chamamos de novas espécies: o *Homo neanderthalensis* (Neandertais), *H. floresiensis* e *H. sapiens*, os humanos completamente modernos (Figura 7.33).

Sabemos que foi a partir de um fóssil achado na Etiópia que o *Homo sapiens* evoluiu há 195 mil anos. Comparado ao *H. erectus*, o *H. sapiens* tinha dentes, ossos faciais e mandíbulas menores. O *H. sapiens* também era dotado de um crânio mais alto e mais redondo, um cérebro maior e uma capacidade para a língua falada.

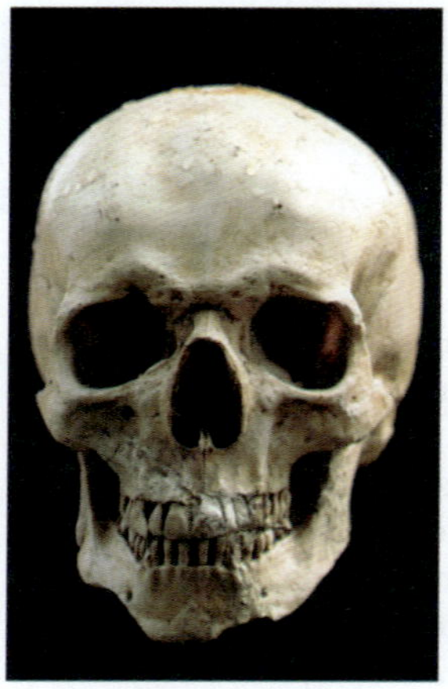

Figura 7.33 Espécie recente de *Homo*. *H. sapiens* (humano moderno).

De 200 mil a 30 mil anos atrás, os Neandertais viveram na África, no Oriente Médio, Europa e Ásia. Eles eram robustos o suficiente para suportar climas mais frios. Um corpo mais compacto apresenta uma relação menor entre a área de superfície e o volume do que um corpo magro; então ele perde calor mais lentamente.

Os Neandertais tinham um cérebro grande. Eles tinham uma língua falada? Não sabemos. Eles desapareceram quando o *H. sapiens* entrou nas mesmas regiões. Este último pode ter levado os Neandertais à extinção por guerras ou competição por recursos. Membros das duas espécies podem ter ocasionalmente acasalado, mas comparações entre DNA de humanos modernos e DNA de restos Neandertais indicam que estes não contribuíram para o patrimônio genético do *Homo sapiens* moderno.

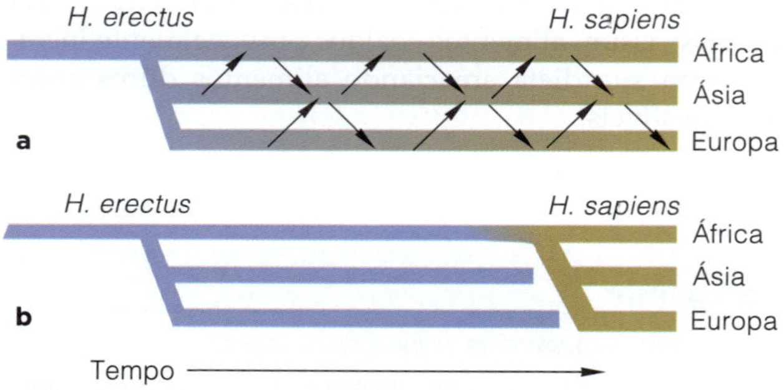

Figura 7.34 Dois modelos para a origem de *H. sapiens*. (**a**) Modelo multirregional. *H. sapiens* evolui lentamente a partir do *H. erectus* em muitas regiões. As setas representam o fluxo genético contínuo entre populações. (**b**) Modelo de substituição. *H. sapiens* evolui rapidamente de uma população de *H. erectus* na África, depois se dispersa e substitui as populações de *H. erectus* em todas as regiões.

Em 2003, fósseis humanos com 18 mil anos de idade foram descobertos na ilha Indonésia de Flores. Como o *H. erectus*, eles tinham uma testa ampla, com ossos pesados e um cérebro relativamente pequeno para seu tamanho corporal. Os adultos mediam um metro de altura. Os cientistas que acharam os fósseis os atribuíram a uma nova espécie, a *H. floresiensis*. Nem todos se convenceram. Alguns acham que os fósseis pertencem a indivíduos *H. sapiens* que tiveram uma doença ou um distúrbio.

Onde os seres humanos modernos se originaram?

Os Neandertais evoluíram das populações de *H. erectus* na Europa e Ásia Ocidental. O *H. floresiensis* evoluiu do *H. erectus* na Indonésia. Onde o *H. sapiens* surgiu? Dois modelos importantes concordam que o *H. sapiens* evoluiu a partir do *H. erectus*, mas difere sobre onde e com que velocidade. Ambos tentam explicar a distribuição de fósseis de *H. erectus* e *H. sapiens*, como também diferenças genéticas entre os humanos modernos que vivem em regiões diferentes.

Modelo multirregional Pelo **modelo multirregional**, populações de *H. erectus* na África e outras regiões evoluíram em populações de *H. sapiens* gradualmente, durante mais de um milhão de anos. O fluxo genético entre populações manteve as espécies através da transição para humanos completamente modernos (Figura 7.34*a*).

De acordo com esse modelo, algumas variações genéticas agora observadas entre africanos, asiáticos e europeus modernos começaram a se acumular logo depois que seus antepassados se ramificaram a partir de uma população ancestral de *H. erectus*. O modelo se baseia na interpretação de fósseis. Por exemplo, diz-se que rostos de fósseis de *H. erectus* da China parecem mais com os asiáticos modernos que os de *H. erectus* que viveram na África. A ideia é que grande parte das variações observadas entre *H. sapiens* modernos evoluiu há muito tempo, em *H. erectus*.

Modelo de substituição De acordo com o **modelo de substituição,** mais amplamente aceito, o *H. sapiens* surgiu de uma única população de *H. erectus* na África subsaariana nos últimos 200 mil anos. Mais tarde, bandos de *H. sapiens* entraram em regiões já ocupadas por populações de *H. erectus* e os levaram à extinção (Figura 7.34*b*). Se esse modelo estiver correto, então as variações regionais observadas entre populações modernas de *H. sapiens* surgiram mais recentemente. Esse modelo enfatiza o grau enorme de semelhança genética entre os humanos viventes.

Os fósseis sustentam o modelo de substituição. Os fósseis de *H. sapiens* datam de 195 mil anos atrás na África Oriental e 100 mil anos atrás no Oriente Médio.

Na Austrália, o mais antigo desses fósseis data de 60 mil anos atrás e, na Europa, eles datam de 40 mil anos atrás. Comparações globais de marcadores em DNA mitocondrial e nos cromossomos X e Y colocam os africanos modernos próximos à raiz da árvore genealógica. Eles também revelam que o ancestral comum mais recente de todos os humanos atualmente vivos viveu na África há aproximadamente 60 mil anos.

Saindo de casa

Mudanças em longo prazo no clima global levaram bandos humanos para longe da África (Figura 7.35). Há mais ou menos 120 mil anos, o interior da África estava ficando mais frio e seco. À medida que os padrões e quantidades de chuva mudavam, também mudava a distribuição de rebanhos de animais de pastagem e dos humanos que os caçavam. Alguns caçadores podem ter viajado da África Oriental para o norte em Israel, onde fósseis de 100 mil anos de idade foram encontrados dentro de uma caverna. Essas populações aparentemente se extinguiram. A erupção do Monte Toba há 73 mil anos na Indonésia pode ter matado esses homens e outros viajantes antigos. A enorme erupção lançou 10 mil vezes mais cinzas que a erupção do Monte Santa Helena em 1981 no Estado de Washington. A nuvem de fragmentos resultante teve um impacto devastador no clima global.

Ondas posteriores de viajantes tiveram mais sorte, como alguns indivíduos que saíram de grupos estabelecidos e se aventuraram no novo território. Gerações sucessivas continuaram pela costa da África, depois Austrália e Eurásia. No hemisfério norte, durante a última glaciação, grande parte da água da Terra foi bloqueada por vastas geleiras, que reduziram o nível do mar em centenas de metros. A terra antes submersa foi drenada entre algumas regiões. Há aproximadamente 15 mil anos, um pequeno grupo de humanos cruzou essa ponte de terra da Sibéria para a América do Norte.

Desertos e montanhas influenciaram as rotas de dispersão (Figura 7.35*b*). Até cerca de 100 mil anos atrás, caia chuva suficiente na África Setentrional para sustentar plantas e rebanhos de animais. Há 45 mil anos, areias quentes se estenderam por mais de 3.200 quilômetros. Os humanos, cujos ancestrais haviam passado por essa região, não tinham mais a opção de recuar para as pradarias da África Central. O deserto recém-aumentado bloqueou o caminho.

Sem a opção de retorno à África, alguns grupos foram para o leste na Ásia Central, onde os Himalaias e outros picos do Indukush forçaram alguns a desviar para o norte, na China Ocidental, e outros para o sul, na Índia. Descendentes de humanos que posteriormente se mudaram para a Ásia chegaram à Sibéria, depois viajaram para a América do Norte. Os colonos da Ásia Central foram para o oeste pelas pradarias frias. Alguns cruzaram montanhas nos Bálcãs e continuaram até a Europa.

A cada passo de sua jornada, os humanos enfrentavam e superavam obstáculos extraordinários. Durante esse tempo, eles inventaram meios culturais para sobreviver em ambientes inóspitos. As habilidades singulares para linguagem e para modificar o *habitat* serviram a esses grupos. A evolução cultural é contínua. Caçadores e coletores persistem em algumas partes do mundo, enquanto outros vivem na idade da "alta tecnologia". Essa coexistência de grupos tão diversos é um tributo à grande flexibilidade comportamental da espécie humana.

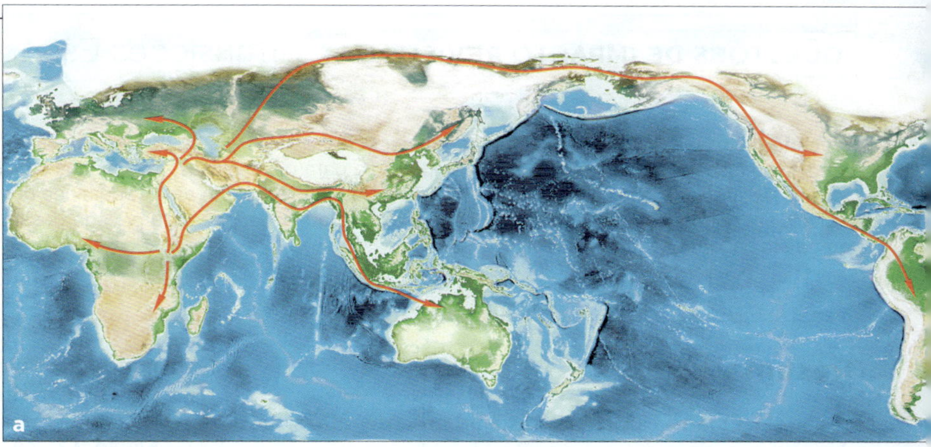

Figura 7.35 (**a**) Algumas rotas de dispersão para pequenos grupos de *Homo sapiens*. Este mapa mostra as geleiras e os desertos que prevaleciam há mais ou menos 60 mil anos. Baseia-se em indícios de rochas sedimentares e perfurações no gelo. Os momentos em que os humanos modernos apareceram nessas regiões se baseiam em estudos de fósseis de marcadores genéticos em DNA mitocondrial e cromossomos Y de 10 mil indivíduos em todo o mundo:

África há 195 mil anos
Israel 100 mil
Austrália 60 mil
China 50 mil
Europa 40 mil
América do Norte 11 mil

(**b**) Mudanças de clima global causaram expansão e contração de desertos na África e no Oriente Médio. As mudanças resultantes nas fontes de alimento podem ter incentivado migrações de grupos pequenos para fora da África. Localização das geleiras, dos desertos e das montanhas altas influenciaram as rotas de migração.

Para pensar

O que os fósseis e estudos de DNA nos dizem sobre a evolução dos humanos modernos?

- Os fósseis e as evidências genéticas indicam que os humanos modernos, o *H. sapiens*, evoluíram de uma população de *H. erectus* na África.
- Os humanos modernos se dispersaram pela África durante um tempo em que mudanças em longo prazo no clima influenciaram suas opções.

QUESTÕES DE IMPACTO REVISITADAS | Transições Escritas na Pedra

A venda de fósseis vertebrados é um grande negócio para as lojas de pedras, casas de leilão e *sites* da *web*. A maioria desses fósseis não é particularmente importante para os cientistas, mas alguns são. Por exemplo, um dos poucos *fósseis de Archaeopteryx* existentes é mantido reservadamente. Ele mostra detalhes dos pés do pássaro que não são visíveis em outros fósseis. Alguns cientistas discutem que a propriedade privada desses fósseis contraria a pesquisa e põe em risco um legado insubstituível.

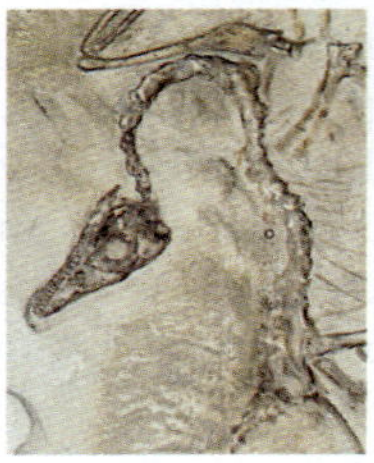

Resumo

Seção 7.1 Quatro características ajudam a definir os **cordados**: uma notocorda, um cordão dorsal nervoso oco, uma faringe com fendas branquiais e uma cauda que se estende além do ânus. Todas as características se formam em embriões e podem ou não persistir em adultos. Os cordados invertebrados incluem **tunicados** e **anfioxos**, ambos filtradores marinhos. Os **craniados** são cordados com uma caixa craniana feita de cartilagem ou osso. Quanto à estrutura, um peixe sem mandíbula, chamado congro, é o craniado moderno mais simples. A maioria dos craniados é de **vertebrados**.

Seção 7.2 Os vertebrados são dotados de um **endoesqueleto** com uma **coluna vertebral** (espinha dorsal) de **vértebras** cartilaginosas ou ósseas. As **mandíbulas** e **nadadeiras** em pares evoluíram nos primeiros peixes. Em linhagens que se movem pela terra, as **brânquias** foram substituídas por **pulmões**, os **rins** se tornaram melhores na conservação de água e o sistema circulatório se tornou mais eficiente.

Seção 7.3, 7.4 As lampreias são peixes sem mandíbula com uma coluna vertebral. Os peixes sem mandíbula incluem os **peixes cartilaginosos** e os **peixes ósseos**. Ambos apresentam **escamas** na pele. Uma **bexiga natatória** ajuda os peixes ósseos a regular sua força ascensional.

Seção 7.5, 7.6 **Tetrápodes**, ou quadrúpedes, evoluíram dos peixes ósseos com nadadeiras lobulares. Os **anfíbios** são tetrápodes que vivem na terra, mas tipicamente retornam à água para se reproduzir. Muitos anfíbios agora enfrentam a extinção.

Seção 7.7, 7.8 **Amniotos**, os primeiros vertebrados capazes de completar seu ciclo de vida em terra firme, têm pele e rins adaptados ao ambiente terrestre que reduzem a perda de água. **Répteis** (incluindo os dinossauros extintos) e pássaros são uma linhagem de amniotos; os mamíferos modernos são outra. A **hipótese do asteroide K-T** propõe que um choque de asteroide levou os dinossauros à extinção.

Seção 7.9 Répteis são **ectotérmicos** (animais de sangue frio) com escamas. Os ovos são colocados em terra e a fertilização é normalmente interna. Uma **cloaca** funciona na excreção e reprodução. Os lagartos e as serpentes são os grupos mais diversificados. Os crocodilianos são os parentes mais próximos dos pássaros.

Seção 7.10 **Pássaros** são **endotérmicos** (animais de sangue quente) e os únicos animais vivos com penas. A estrutura corporal da maioria foi altamente modificada para voar.

Seção 7.11, 7.12 **Mamíferos** alimentam os filhotes com leite secretado por glândulas mamárias, possuem pelos e têm mais de um tipo de dente. As três linhagens de mamíferos são: a que bota ovos (**monotremados**), mamíferos com bolsa (**marsupiais**) e **mamíferos placentários**, o grupo mais diversificado. A **placenta** é um órgão que facilita a troca de substâncias entre o sangue embrionário e o materno.

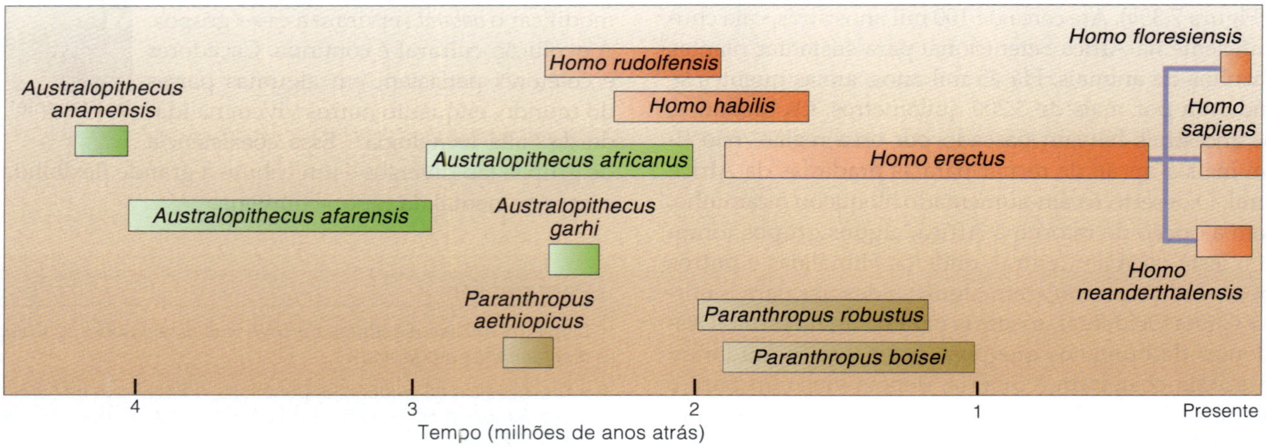

Figura 7.36 Datas estimadas para a origem e extinção de três gêneros hominídeos. As linhas roxas mostram uma visão de como a espécie humana se relaciona com as outras. O número de espécies, quais fósseis pertencem a cada espécie e como as espécies se relacionam ainda é assunto de debate.

Exercício de análise de dados

Conforme mencionado na Seção 7.13, uma tendência na evolução de primatas envolveu mudanças nas características da história de vida, como duração da infância e o tempo que leva para se alcançar a maioridade.

A Figura 7.37 compara cinco linhagens de primatas, do mais antigo ao mais recente. Ela mostra os períodos de vida e os anos que permanecem na infância, quando cuidados maternos contínuos são necessários. Mostra o tempo que permanecem no estágio intermediário entre o infantil e o adulto, quando os indivíduos não mais dependem de sua mãe para obter cuidados, no entanto, ainda não começaram a procriar. Mostra a duração do tempo reprodutivo e a duração do tempo vivido depois de anos reprodutivos.

1. Qual o período de vida médio de um lêmure?
2. Qual grupo alcança maioridade mais depressa?
3. Que grupo apresenta o período reprodutivo mais longo?
4. Quais grupos sobrevivem após os anos reprodutivos?

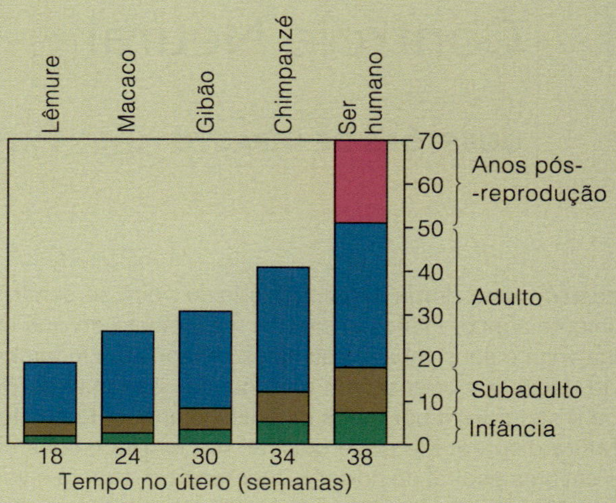

Figura 7.37 Tendência a períodos de vida mais longos e maior dependência dos descendentes para cinco linhagens de primatas.

Seção 7.13–7.15 **Primatas** incluem prossímios como tarsioides e antropoides como macacos e **hominídeos** – seres humanos e formas semelhantes extintas. Os primeiros primatas eram semelhantes aos musaranhos. **Bipedalismo**, visão diurna aprimorada, movimentos de mãos refinados, dentes pequenos, cérebros grandes, complexidade social, cuidados parentais estendidos e, mais tarde, **cultura** se desenvolveram em algumas linhagens.

A linhagem humana (*Homo*) surgiu há 2 milhões de anos (Figura 7.36). Pelo **modelo multirregional**, o *H. sapiens* evoluiu em muitas regiões separadas. O **modelo de substituição** postula que o *H. sapiens* evoluiu na África, depois se dispersou. Este é o modelo mais aceito atualmente.

Questões

Respostas no Apêndice II

1. Liste as quatro características distintivas dos cordados.
2. Qual dessas características é mantida por um anfioxo adulto?
3. As mandíbulas dos vertebrados evoluíram a partir de _____.
   a. suportes branquiais
   b. costelas
   c. escamas
   d. dentes
4. Lampreias e tubarões, ambos possuem _____________.
   a. mandíbulas
   b. um esqueleto ósseo
   c. um crânio
   d. uma bexiga natatória
   e. um coração dividido em quatro câmaras
   f. pulmões
5. Que grupo de peixes ósseos originou os tetrápodes?
6. Os répteis e pássaros pertencem a uma linhagem importante de amniotos, os (as) _______ pertencem a outra.
   a. tubarões
   b. sapos e rãs
   c. mamíferos
   d. salamandras
7. Os répteis são adaptados para vida em terra por apresentar _________.
   a. pele dura
   b. fertilização interna
   c. rins eficientes
   d. ovos amniotos
   e. a e c
   f. todas as anteriores
8. Os parentes modernos mais próximos dos pássaros são ______.
   a. crocodilianos
   b. prossímios
   c. tuataras
   d. lagartos
9. Só os pássaros possuem _________.
   a. uma cloaca
   b. um coração com quatro câmaras
   c. penas
   d. ovos amniotos
10. Um australopiteco é um ________.
   a. craniado
   b. vertebrado
   c. amnioto
   d. hominoide
   e. mamífero placentário
   f. todas as anteriores
11. Ligue os organismos à descrição apropriada.

___ Anfioxos	a. mamíferos com bolsas
___ Peixes	b. cordados invertebrados
___ Anfíbios	c. amniotos emplumados
___ Répteis	d. mamíferos que botam ovos
___ Pássaros	e. seres humanos e parentes próximos
___ Monotremados	f. amniotos de sangue frio
___ Marsupiais	g. primeiros tetrápodes terrestres
___ Hominídeos	h. vertebrados mais diversificados

Raciocínio crítico

1. Em 1798, um espécime de ornitorrinco empalhado foi entregue ao Museu Britânico. Os relatórios de que ele botava ovos geraram a confusão. Para os biólogos modernos, um ornitorrinco é claramente um mamífero. Possuem pelos e as fêmeas produzem leite. Os filhotes apresentam dentes típicos de mamíferos, que são substituídos quando o animal amadurece. Você acha que os biólogos modernos podem aceitar mais facilmente que um mamífero possa apresentar algumas características aparentemente reptilianas? Explique.
2. O volume craniano do primeiro *H. sapiens* era em média de 1.200 centímetros cúbicos. Ele agora é de 1.400 centímetros cúbicos. De acordo com uma hipótese, as fêmeas escolhiam os companheiros mais inteligentes e a vantagem era uma prole com genes que afetavam favoravelmente a inteligência. Que tipos de dados um pesquisador poderia reunir para testar essa hipótese de seleção sexual?

8 Controle Neural

QUESTÕES DE IMPACTO Em Busca do Êxtase

O ecstasy, uma droga ilegal, pode fazer você se sentir socialmente aceito, menos ansioso e mais ciente do que está a sua volta e sensível aos estímulos sensoriais. Ele também pode deixá-lo morrendo em um hospital, espumando pela boca e sangrando por todos os orifícios enquanto sua temperatura dispara. Ele pode colocar sua família e seus amigos em uma espiral de horror e descrença enquanto o veem parar de respirar. A vida de Lorna Spinks terminou assim quando ela tinha 19 anos (Figura 8.1).

Seus pais angustiados divulgaram essas fotos porque queriam que outras pessoas soubessem o que sua filha não sabia: o ecstasy pode matar.

Ecstasy é uma droga psicoativa – ela altera a função cerebral. O ingrediente ativo, MDMA (3,4-metilenodioximetanfetamina), é um tipo de anfetamina ou "acelerador". Um de seus efeitos é fazer os neurônios liberarem serotonina em excesso, saturando os receptores nas células-alvo, que não conseguem interromper a superestimulação.

A abundância de serotonina promove sensações de energia, empatia e euforia. Entretanto, o estímulo em grau muito elevado leva à respiração rápida, à dilatação dos olhos, à formação restrita de urina e ao disparo do coração (taquicardia). A pressão sanguínea aumenta e a temperatura interna do corpo pode ficar fora de controle. Spinks teve tontura, ficou ruborizada e incoerente após tomar apenas dois comprimidos de ecstasy. Ela morreu porque o aumento na temperatura corporal fez com que seus sistemas se desligassem, levando à falência dos órgãos.

Ataques de pânico e psicose temporária são os efeitos de curto prazo mais comuns. Não sabemos muito sobre os efeitos de longo prazo da droga.

Sabemos que o uso de ecstasy consome o estoque de serotonina do cérebro e que a falta dessa substância pode durar algum tempo. Nos animais, múltiplas doses de MDMA alteram a estrutura e o número de neurônios secretores de serotonina. Essa é uma questão preocupante porque baixos níveis de serotonina nos humanos estão associados à incapacidade de concentração, perda de memória e depressão.

Usuários humanos de MDMA apresentam perda de memória e, quanto mais longo o uso da droga é feito por uma pessoa, maior o efeito sobre a memória. Felizmente, pelo menos a curto prazo, a capacidade de memória parece ser restaurada quando o uso de ecstasy é interrompido. No entanto, frequentemente, muitos meses são necessários para desfazer os desequilíbrios neurais.

Pense nisto. O sistema nervoso evoluiu como uma forma de sentir e reagir rapidamente a mudanças nas condições dentro e fora do corpo. Visão e paladar, fome e paixão, medo e raiva – a conscientização da estimulação começa com um fluxo de informações ao longo de vias de comunicação do sistema nervoso. Mesmo antes de você nascer, células excitáveis chamadas neurônios começaram a se organizar em tecidos recém-formados e a se comunicar entre si. Durante toda a sua vida, em momentos de perigo ou reflexão, empolgação ou sono, sua comunicação continuou e continuará enquanto você viver.

Cada um de nós tem um sistema nervoso complexo, um legado de milhões de anos de evolução. Sua arquitetura e suas funções nos dão uma capacidade inigualável de aprender e compartilhar experiências com os outros. Talvez a consequência mais triste do abuso de drogas seja a negação implícita desse legado – a negação de si mesmo quando escolhemos não avaliar como as drogas podem danificar nosso cérebro, ou quando paramos de nos importar.

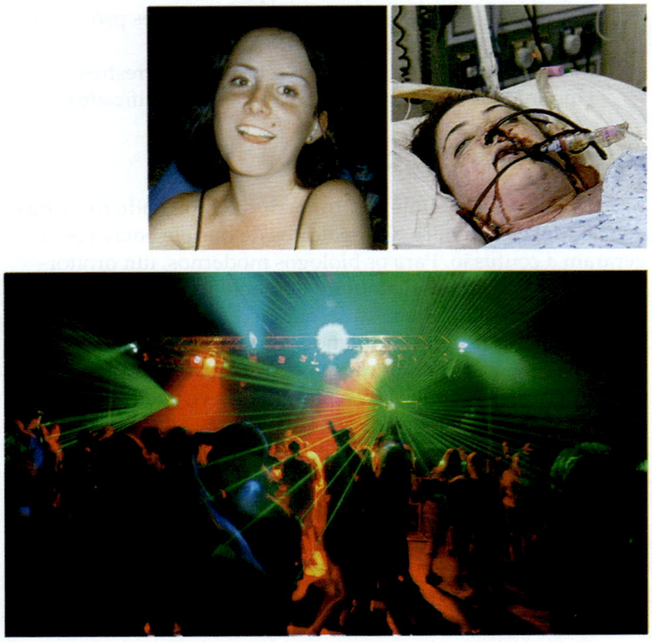

Figura 8.1 Fotos de Lorna Spinks viva (*à esquerda*), e minutos depois de morrer (*à direita*). Ela morreu em decorrência do uso de dois comprimidos de ecstasy. Se você suspeitar que alguém está passando mal em decorrência do efeito de ecstasy ou qualquer outra droga, procure ajuda médica rapidamente e seja honesto sobre a causa do problema. Uma ação médica imediata e esclarecida pode salvar uma vida.

Conceitos-chave

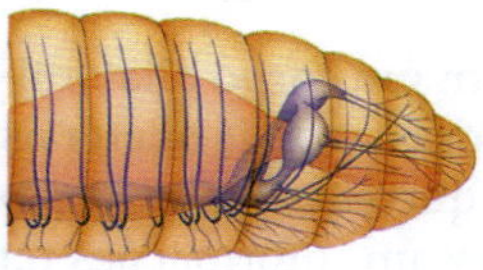

Como o tecido nervoso animal é organizado

Em animais com simetria radial, neurônios se interconectam como uma rede de nervos. A maioria dos animais é bilateralmente simétrica com um sistema nervoso que tem concentração de neurônios na extremidade anterior e um ou mais cordões nervosos percorrendo o corpo. **Seção 8.1**

Como os neurônios funcionam

Mensagens são transportadas ao longo da membrana plasmática de um neurônio, das zonas de entrada para as de saída. Substâncias químicas liberadas na zona de saída de um neurônio podem estimular ou inibir a atividade em uma célula adjacente. Drogas psicoativas interferem no fluxo de informações entre as células. **Seções 8.2-8.7**

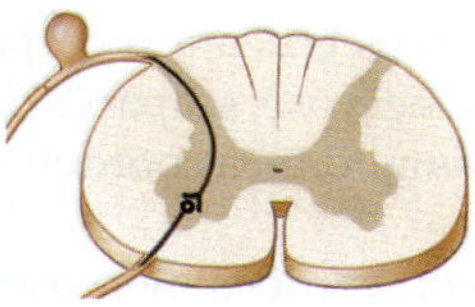

Sistema nervoso dos vertebrados

A parte central do sistema nervoso consiste em cérebro e medula espinhal. O sistema nervoso periférico inclui muitos pares de nervos que conectam o cérebro e a medula espinhal ao restante do corpo. A medula espinhal e os nervos periféricos interagem nos reflexos espinhais. **Seções 8.8, 8.9**

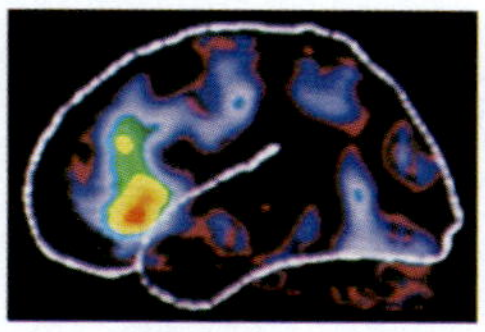

Sobre o cérebro

O cérebro se desenvolve a partir da parte anterior do cordão nervoso embrionário. Um cérebro humano inclui tecidos evolucionariamente antigos e regiões mais novas que oferecem a capacidade de raciocínio analítico e linguagem. Neuróglias compõem a maior parte do cérebro. **Seções 8.10-8.13**

Neste capítulo

- Neste capítulo, você encontrará muitos exemplos de processos celulares. Sinais nervosos envolvem proteínas receptoras e mecanismos de transporte. Eles dependem de gradientes iônicos, um tipo de energia potencial.
- Você irá considerar tendências na evolução animal e em traços de cordados, enfatizando o sistema nervoso.
- O capítulo também abordará tumores cerebrais, abuso de álcool e pesquisas com células-tronco.
- Você verá exemplos de tomografia computadorizada, uma técnica que utiliza radioisótopos.

Qual sua opinião? As pessoas flagradas usando drogas ilegais deveriam entrar em programas obrigatórios de reabilitação como uma alternativa à cadeia? Ou a ameaça de cadeia faz alguns pensarem duas vezes antes de experimentar drogas possivelmente perigosas? Conheça a opinião de seus colegas e apresente seus argumentos a eles.

8.1 Evolução de sistemas nervosos

- A interação entre neurônios proporciona aos animais uma capacidade de reagir a estímulos do ambiente e dentro do corpo.

De todos os organismos pluricelulares, os animais reagem mais rapidamente a estímulos externos. As atividades dos neurônios são a chave para essas reações rápidas. Um **neurônio** é uma célula que pode transmitir sinais elétricos em sua membrana plasmática e se comunicar com outras células através de mensagens químicas específicas. Células chamadas **neuróglias** mantêm funcional e estruturalmente os neurônios na maioria dos animais.

Um animal típico apresenta três tipos de neurônios. **Neurônios sensoriais** detectam estímulos internos ou externos e sinalizam aos interneurônios ou neurônios motores. **Interneurônios** processam as informações recebidas e, depois, enviam sinais para neurônios motores. **Neurônios motores**, por sua vez, sinalizam e controlam músculos e glândulas.

Rede nervosa dos cnidários

Cnidários como hidras e águas-vivas são os animais mais primitivos com neurônios. Esses animais radiais e aquáticos possuem uma rede nervosa que permite que reajam a presença de alimento ou ameaças vindas de todas as direções (Figura 8.2*a*). Uma **rede nervosa** é uma malha de neurônios interconectados. Informações podem fluir em qualquer direção entre células da rede nervosa e não há um órgão centralizado controlador que funcione como um cérebro. Ao fazer as células na parede corporal se contraírem, a rede nervosa pode alterar o tamanho da boca do animal e o formato do corpo ou mudar a posição dos tentáculos.

Sistemas nervosos com encéfalo bilateral

A maioria dos animais é formada com um corpo bilateralmente simétrico. A evolução de planos corporais bilaterais foi acompanhada pela **cefalização**, que é a concentração de neurônios que detectam e processam informações na extremidade anterior do corpo (cabeça).

Planárias e outros platelmintos são os animais mais simples com um sistema nervoso bilateral e cefalizado. A extremidade da cabeça de uma planária tem um par de **gânglios** (Figura 8.2*b*), que são agrupamentos de corpos celulares neurais, funcionando como centro de integração. Os gânglios de uma planária recebem sinais dos ocelos e de células receptoras (quimiorreceptoras e mecanorreceptoras) na cabeça. Os gânglios também se conectam a um par de cordões nervosos que percorrem o corpo. Os cordões não possuem gânglios e os nervos cruzam o corpo entre os cordões, dando ao sistema nervoso a aparência de uma escada. As conexões cruzadas ajudam a coordenar atividades dos dois lados do corpo.

Anelídeos e artrópodes possuem cordões nervosos ventrais pareados que se conectam a um cérebro simples

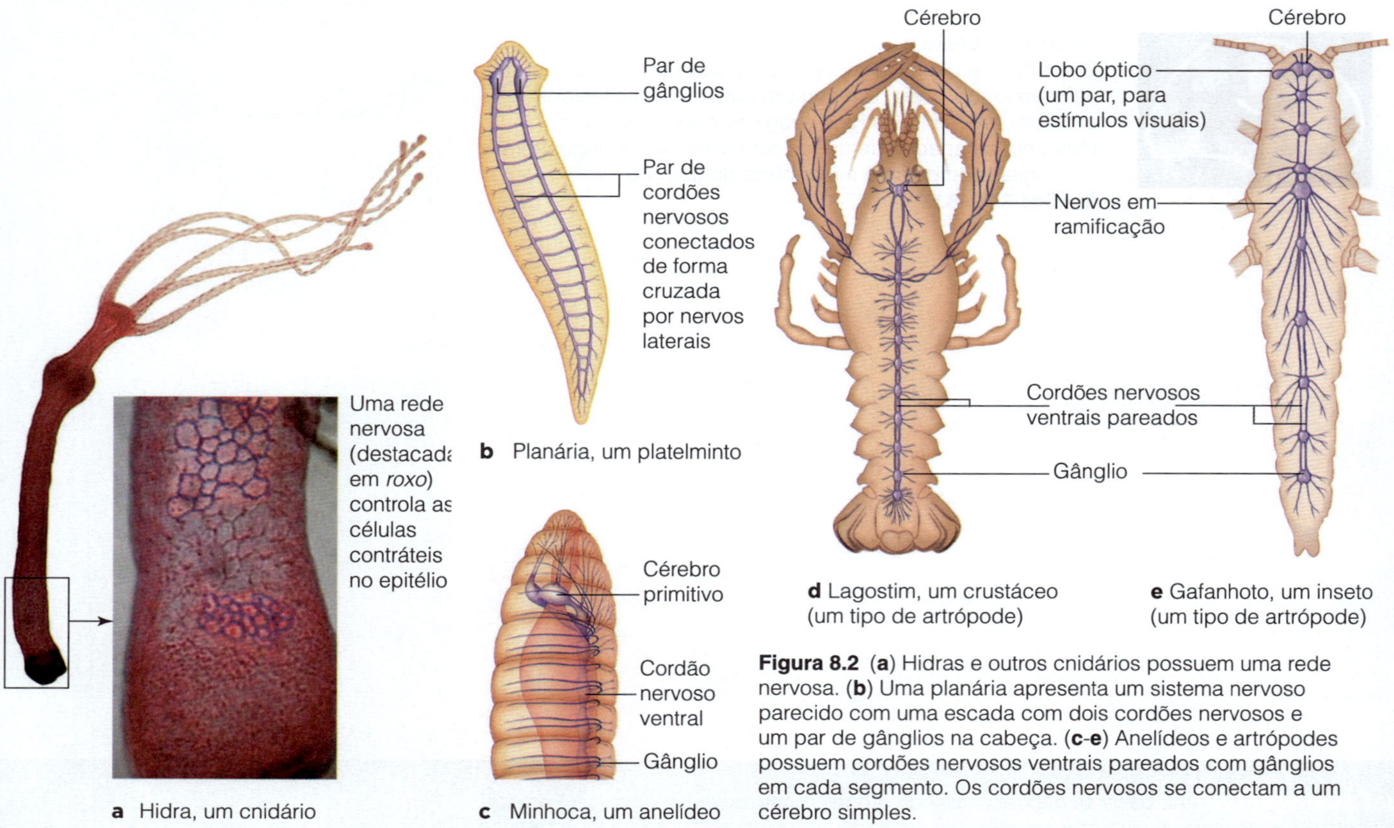

Figura 8.2 (**a**) Hidras e outros cnidários possuem uma rede nervosa. (**b**) Uma planária apresenta um sistema nervoso parecido com uma escada com dois cordões nervosos e um par de gânglios na cabeça. (**c**-**e**) Anelídeos e artrópodes possuem cordões nervosos ventrais pareados com gânglios em cada segmento. Os cordões nervosos se conectam a um cérebro simples.

(Figura 8.2*c-e*). Além disso, um par de gânglios em cada segmento do corpo oferece controle local sobre os músculos daquele segmento.

Cordados possuem um único cordão nervoso dorsal. Nos vertebrados, a região anterior desse cordão evoluiu para um cérebro. Cérebros de maior tamanho deram a alguns animais uma vantagem competitiva para encontrar recursos e reagir ao perigo. Além disso, em vertebrados que migraram para a terra, alguns centros cerebrais foram modificados e se expandiram de forma a ajudar os animais a se movimentar melhor e a reagir a estímulos em seu novo ambiente.

Sistema nervoso dos vertebrados

O sistema nervoso dos vertebrados é formado por duas divisões funcionais (Figura 8.3). A maioria dos interneurônios está localizada na parte central do **sistema nervoso** – cérebro e medula espinhal. Nervos que se estendem ao longo do corpo compõem o **sistema nervoso periférico**. Esses nervos também são classificados como autônomos ou somáticos, com base nos órgãos com os quais estão associados.

A Figura 8.4 mostra a localização do cérebro humano, da medula espinhal e de alguns nervos periféricos. Como você aprenderá, cada nervo contém longas extensões de neurônios sensoriais, neurônios motores ou ambos. Essas extensões são chamadas **axônios**. Os **axônios aferentes** transmitem sinais sensoriais para a parte central do sistema nervoso; **axônios eferentes** transportam comandos de resposta no sentido inverso. Por exemplo, você tem um nervo ciático em cada perna, que transmitem rapidamente sinais de receptores sensoriais nos músculos das pernas, nas articulações e na pele em direção à medula espinhal. Ao mesmo tempo, transportam sinais da medula espinhal para os músculos da perna.

Nas seções a seguir, você irá considerar os tipos de mensagens que fluem nessas linhas de comunicação.

Para pensar

Quais são as características do sistema nervoso dos animais?

- A maioria dos animais possui três tipos de neurônios em interação – neurônios sensoriais, interneurônios e neurônios motores.
- Os animais mais simples com neurônios são os cnidários. Seus neurônios são organizados como uma rede nervosa.
- A maioria dos animais é bilateralmente simétrica e possui um sistema nervoso com concentração de células nervosas na extremidade da cabeça.
- Invertebrados bilaterais normalmente apresentam um par de cordões nervosos ventrais. Por sua vez, os cordados têm um cordão nervoso dorsal.
- Cnidários não apresentam um órgão de processamento de informações central. Platelmintos têm um par de gânglios que realiza essa função. Outros invertebrados possuem cérebros maiores e mais complexos.
- O sistema nervoso dos vertebrados inclui um cérebro bem desenvolvido, uma medula espinhal e nervos periféricos.

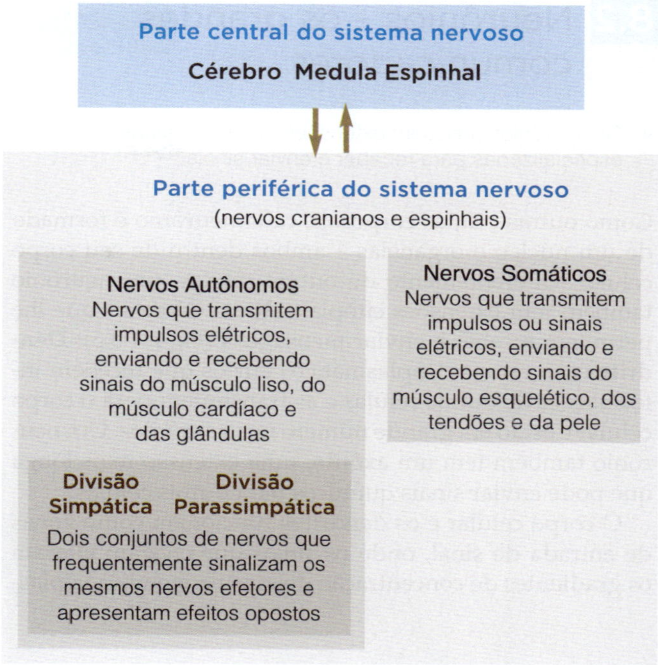

Figura 8.3 Divisões funcionais dos sistemas nervosos dos vertebrados. A medula espinhal e o cérebro são sua parte central. O sistema nervoso periférico inclui nervos espinhais, nervos cranianos e seus ramos, que se estendem para o restante do corpo. Nervos periféricos transmitem e recebem sinais do sistema nervoso central. A Seção 8.8 explica as divisões funcionais do sistema periférico.

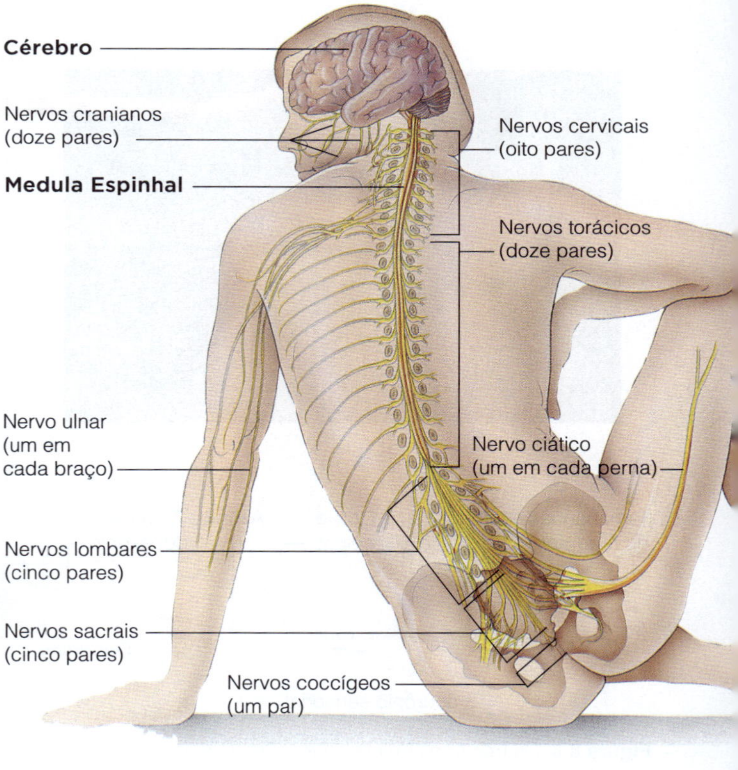

Figura 8.4 Alguns dos principais nervos do sistema nervoso humano.

8.2 Neurônios – os grandes comunicadores

- Os neurônios possuem extensões citoplasmáticas especializadas para receber e enviar sinais.

Como outras células corporais, cada neurônio é formado de um núcleo e organelas – ambos dentro de seu corpo celular. Diferentemente de outras células, um neurônio também tem extensões citoplasmáticas especiais que lhe permitem receber e enviar mensagens (Figura 8.5). **Dendritos** são ramos citoplasmáticos curtos que recebem informações de outras células e as transmitem para o corpo celular e estão em grande número nos neurônios. Um neurônio também tem um **axônio**, uma extensão mais longa que pode enviar sinais químicos para outras células.

O corpo celular e os dendritos funcionam como zonas de entrada de sinal, onde os sinais que chegam alteram os gradientes de concentração de íons na membrana plasmática. A perturbação de íons resultante se espalha para uma zona de comunicação, que se conecta com o axônio. Daqui, a perturbação é conduzida ao longo do axônio até os terminais do axônio. Quando chega a essas zonas de saída, a perturbação causa a liberação de moléculas de sinalização.

Informações normalmente fluem de neurônios sensoriais para interneurônios até neurônios motores (Figura 8.6). Os três tipos de neurônios diferem no tipo e na organização de suas extensões citoplasmáticas. Um típico neurônio sensorial não possui dendritos. Uma extremidade de seu axônio tem terminações receptoras que podem detectar um estímulo específico (Figura 8.6*a*). Terminais de axônios na outra extremidade enviam sinais químicos, e o corpo celular fica entre eles. Um interneurônio possui muitos dendritos receptores de sinal e um axônio (Figura 8.6*b*). Nos vertebrados, quase todos os interneurônios ficam no sistema nervoso central e alguns apresentam muitos milhares de dendritos. Um neurônio motor também possui vários dendritos e um axônio (Figura 8.6*c*).

Para pensar

Como diferentes partes dos três tipos de neurônio funcionam na comunicação?

- Neurônios sensoriais têm um axônio com uma extremidade que reage a um estímulo específico e outra que envia sinais a outras células.
- Interneurônios e neurônios motores têm muitos dendritos receptores de sinais e um axônio remetente de sinais.

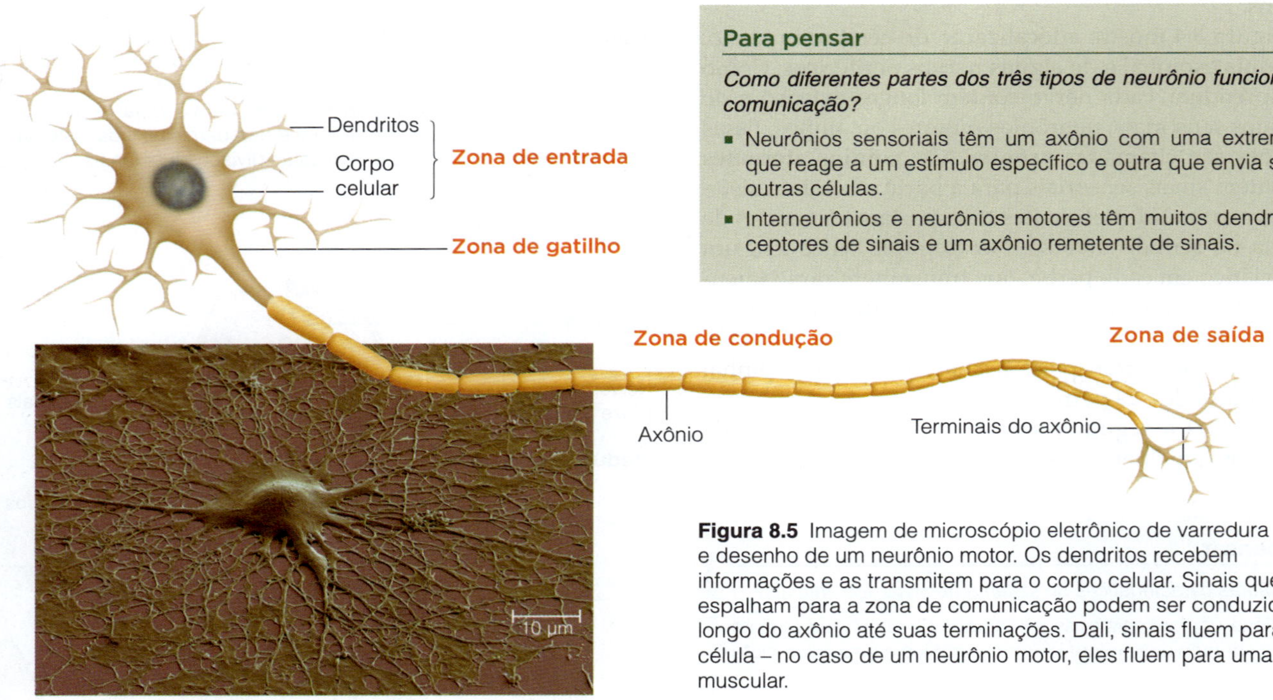

Figura 8.5 Imagem de microscópio eletrônico de varredura e desenho de um neurônio motor. Os dendritos recebem informações e as transmitem para o corpo celular. Sinais que se espalham para a zona de comunicação podem ser conduzidos ao longo do axônio até suas terminações. Dali, sinais fluem para outra célula – no caso de um neurônio motor, eles fluem para uma célula muscular.

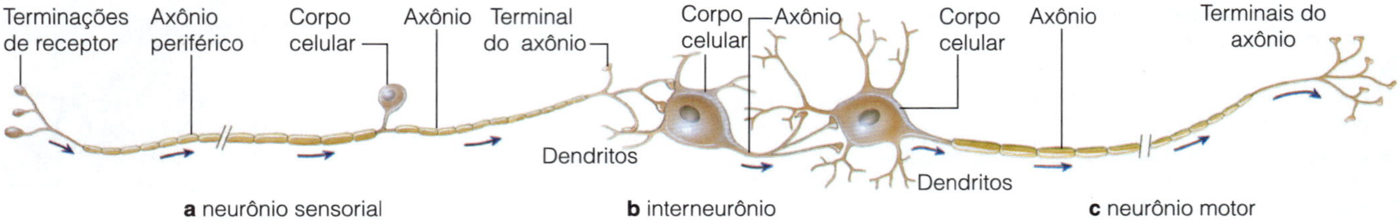

Figura 8.6 Os três tipos de neurônios. Setas indicam a direção do fluxo de informações. (**a**) Neurônios sensoriais detectam estímulos e sinalizam outras células. (**b**) Interneurônios transmitem sinais entre neurônios. (**c**) Neurônios motores sinalizam efetores – células musculares ou glandulares.

8.3 Potenciais de membrana

- As propriedades da membrana dos neurônios afetam o movimento de íons.

Potencial em repouso

Todas as células apresentam um gradiente elétrico em sua membrana plasmática. O fluido citoplasmático perto dessa membrana é composto por mais íons carregados negativamente e proteínas do que o fluido intersticial fora da célula. Como em uma bateria, essas cargas separadas possuem energia de potencial. Chamamos a diferença de voltagem em uma membrana celular de "**potencial de membrana**", e o medimos em milésimos de volt, ou milivolts (mV). Um neurônio não estimulado apresenta um **potencial de membrana em repouso** de cerca de –70 mV.

Distribuições dos três tipos de íons são importantes na geração do potencial de repouso. Primeiro, o citoplasma de um neurônio inclui muitas proteínas carregadas negativamente que não estão presentes no fluido intersticial. Sendo de tamanho grande e carregadas, essas proteínas não podem se difundir na bicamada lipídica da membrana celular.

Os outros dois íons importantes são íons potássio carregados positivamente (K^+) e íons sódio carregados positivamente (Na^+). Esses íons entram e saem do neurônio com a ajuda de proteínas de transporte.

Bombas de sódio-potássio (Figura 8.7*a*) utilizam energia de uma molécula de ATP para transportar dois íons K^+ para dentro da célula e três íons Na^+ para fora. Como a bomba move mais cargas positivas para fora do que para dentro da célula, sua ação aumenta a diferença de carga na membrana do neurônio. A ação da bomba também contribui para gradientes de concentração para sódio e potássio nessa membrana.

Quase todo o sódio bombeado para fora do neurônio fica no meio externo – desde que a célula esteja em repouso. Por sua vez, alguns íons potássio fluem para níveis abaixo de seu gradiente de concentração (fora da célula) através de proteínas de canal (Figura 8.7*b*). A passagem de potássio (K^+) para fora aumenta o número de íons negativos não balanceados na célula.

Em resumo, o citoplasma de um neurônio em repouso apresenta proteínas carregadas negativamente que o fluido intersticial não apresenta. Ele também tem menos íons sódio (Na^+) e mais íons potássio (K^+). Podemos mostrar as concentrações relativas dos íons pertinentes desta forma, com a esfera verde representando proteínas carregadas negativamente:

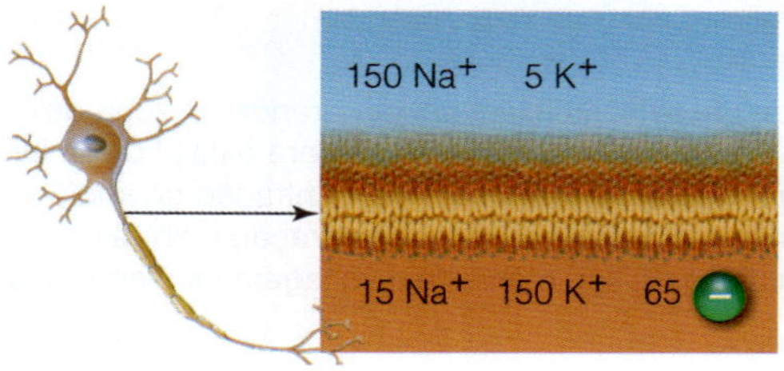

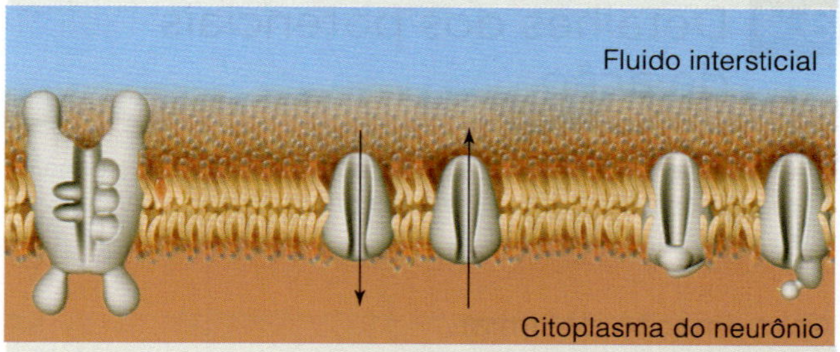

a Bombas de sódio-potássio (Na^+/K^+ – ATPase) transportam ativamente 3 Na^+ para fora de um neurônio para cada 2 K^+ que bombeiam para dentro.

b Transportadores passivos permitem que íons K^+ saiam através da membrana plasmática, para níveis abaixo de seu gradiente de concentração.

c Em um neurônio em repouso, portões de canais sensíveis a voltagem são fechados (*esquerda*). Durante potenciais de ação, os portões se abrem (*direita*), permitindo que Na^+ ou K^+ flua entre eles.

Figura 8.7 Ícones para canais de proteínas e bombas que cobrem a membrana plasmática de um neurônio. (**a**) Bombas de sódio-potássio (bombas Na^+/K^+) e (**b**) canais de potássio abertos (K^+) contribuem para o potencial de repouso. (**c**) Canais regulados por voltagem são necessários para potenciais de ação.

Potenciais de ação

Diz-se que neurônios e células musculares são "excitáveis" porque, quando estimulados adequadamente, passam por um **potencial de ação** – uma reversão repentina no gradiente elétrico da membrana plasmática. Canais com portões que se abrem em uma voltagem específica, ou potencial de membrana, são essenciais para os potenciais de ação.

Os neurônios têm esses canais de voltagem na membrana nas zonas de gatilho e nas zonas de condução (Figura 8.7*c*). Alguns desses canais de voltagem deixam íons potássio se difundir pela membrana por seu interior. Outros deixam íons sódio se movimentar. Os canais regulados por voltagem são fechados em um neurônio em repouso, mas se abrem durante um potencial de ação.

Com esse pequeno histórico sobre proteínas de membrana e gradientes de ação, você está pronto para ver como um potencial de ação surge na zona de gatilho de um neurônio e se propaga, sem diminuir, até uma zona de saída.

Para pensar

Como gradientes na membrana de um neurônio contribuem para a função deste?

- O interior de um neurônio em repouso é mais negativo que o fluido fora da célula. A presença de proteínas carregadas negativamente e a atividade de proteínas de transporte contribuem para essa diferença de cargas, ou potencial de membrana em repouso.
- Um neurônio em repouso também tem gradientes de concentração para sódio e potássio em sua membrana, com mais sódio fora e mais potássio dentro.
- Quando adequadamente estimulado, um neurônio passa por um potencial de ação. Canais regulados por voltagem ("canais de voltagem") se abrem e o potencial de membrana se reverte brevemente.

8.4 Detalhes dos potenciais de ação

- O movimento de íons de sódio e potássio através de canais regulados provoca uma reversão breve do potencial de membrana.

Aproximação do limiar

Uma pequena alteração nos gradientes de concentração de íons na membrana plasmática do neurônio pode mudar o potencial de membrana. Chamamos a mudança resultante de **potencial local graduado**. "Local" significa que ele apenas se espalha por cerca de 1 milímetro. "Graduado" quer dizer que a mudança de potencial pode variar de amplitude. Um potencial local ocorre quando íons entram em uma região do citoplasma do neurônio e alteram o potencial de membrana naquela região. Por exemplo, a entrada de um pouco de sódio pode mudar o potencial de membrana em uma região de –70 mV para –66 mV.

O estímulo da zona de entrada de um neurônio pode causar um potencial local graduado. Se o estímulo for suficientemente intenso ou duradouro, os íons se difundem da zona de entrada para a zona de gatilho adjacente. A membrana aqui inclui os canais de sódio com portões sensíveis a voltagem (Figura 8.8*a*). Quando a diferença de carga na membrana aumenta até um nível específico, o **potencial de limiar**, os canais de sódio regulados na zona de gatilho abrem e iniciam um potencial de ação.

A abertura desses canais regulados por voltagem permite que o sódio baixe até seus gradientes elétricos e de concentração no neurônio (Figura 8.8*b*). Em um exemplo de retroalimentação positiva (feedback positivo), canais de sódio regulados se abrem de forma acelerada depois que o limiar é atingido. À medida que o sódio começa a entrar, ele torna o citoplasma do neurônio mais positivo, portanto, mais canais de sódio se abrem. Agora o estímulo que levou o neurônio ao limiar se torna menos importante. O sódio que entra no neurônio – não a difusão de íons da zona de entrada – orienta o ciclo de retroalimentação (feedback):

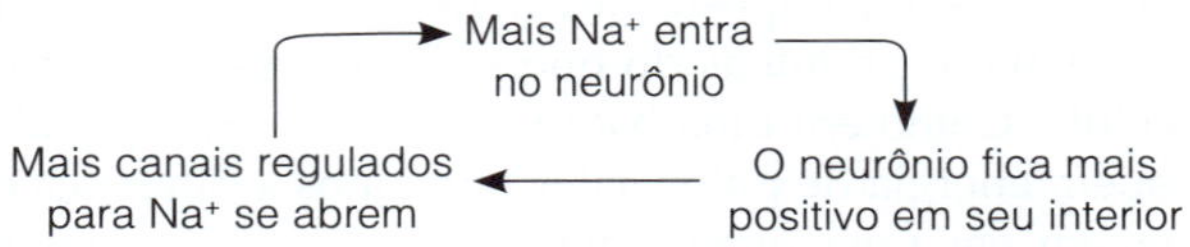

Um pico de tudo ou nada

Pesquisadores podem estudar alterações nos potenciais de membrana inserindo um eletrodo em um axônio e outro no fluido fora dele (Figura 8.9). Eles conectam esses eletrodos a um dispositivo que mostra o potencial de membrana. A Figura 8.10 mostra como se obtém um registro antes, durante e depois de um potencial de ação. Quando o nível de limiar é atingido, o potencial de membrana sempre sobe para o mesmo nível de um pico de potencial de ação. Assim, um potencial de ação é um evento de tudo ou nada.

A reversão de carga durante um potencial de ação dura apenas milissegundos. Acima de certa voltagem, portões nos canais de sódio se fecham. De forma quase simultânea, portões nos canais de potássio (K^+) se abrem (Figura 8.8*c*). A saída resultante de potássio carregado positivamente torna o citoplasma, mais uma vez, mais negativo que o fluido intersticial. A difusão de íons restaura rapidamente os gradientes de íons Na^+ e K^+, para corresponder aos níveis estabelecidos, através da ação de bombas de sódio-potássio (Figura 8.8*d*).

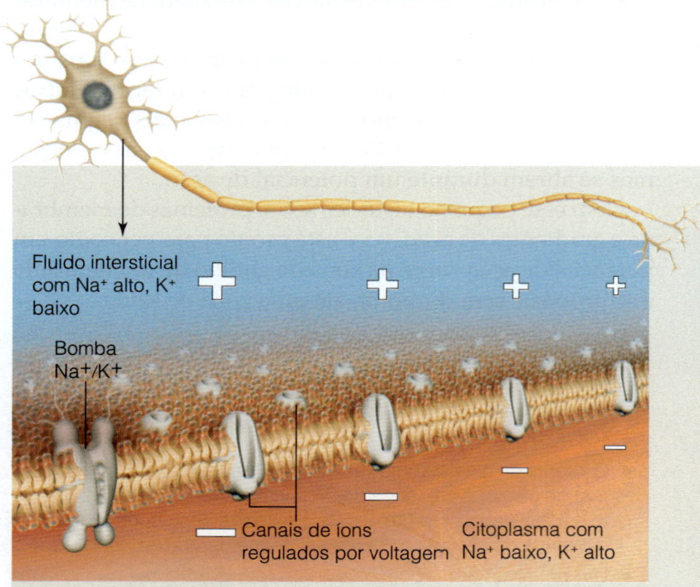

a *Close* da zona de gatilho de um neurônio. Uma bomba de sódio-potássio e alguns canais de íons regulados por voltagem são mostrados. Nesse ponto, a membrana está em repouso e os canais regulados por voltagem estão fechados. A carga do citoplasma é negativa em relação ao fluido intersticial.

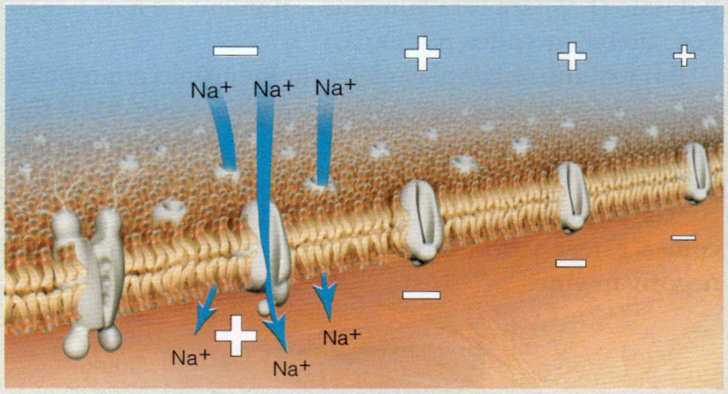

b A chegada de um sinal suficientemente grande na zona de gatilho aumenta o potencial de membrana para o nível de limiar. Canais de sódio regulados abrem e a concentração de sódio (Na^+) abaixa para seu gradiente de concentração e entra no citoplasma. O influxo de sódio reverte a voltagem na membrana.

Figura 8.8 Propagação de um potencial de ação em parte do axônio de um neurônio motor.

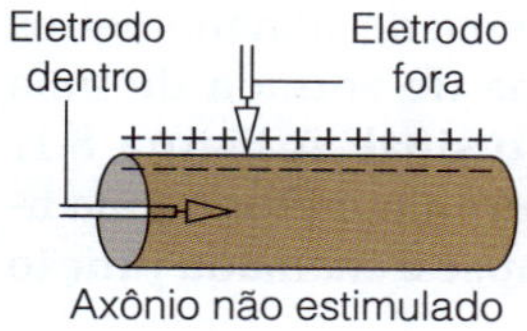

Figura 8.9 Como potenciais de membrana podem ser investigados. Eletrodos colocados dentro e fora de um axônio permitem que pesquisadores meçam o potencial de membrana. A Figura 8.10 mostra o registro que esse método produz quando um neurônio é estimulado suficientemente para produzir um potencial de ação.

a O potencial de membrana em repouso é de −70 mV.

b A estimulação causa um influxo de íons positivos e um aumento no potencial de membrana.

c Quando o potencial excede o limiar (−60 mV), os portões de sódio (Na^+) começam a se abrir e Na^+ entra. Isso faz mais portões se abrirem, e assim por diante. A voltagem dispara.

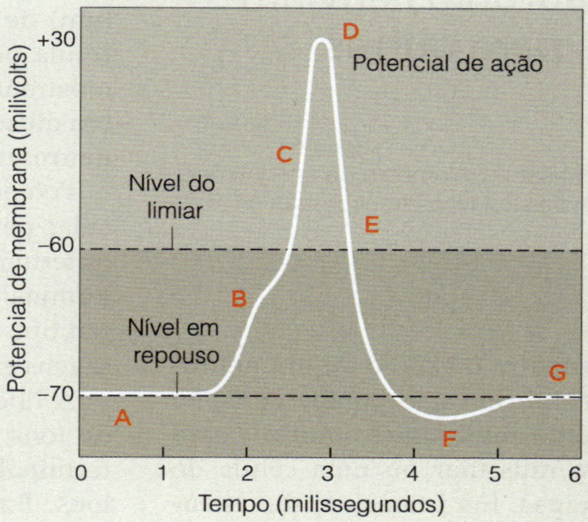

d Cada potencial de ação tem pico em +33 mV; nem mais, nem menos. Nesse ponto, portões de Na^+ se fecharam e portões de potássio (K^+) se abriram.

e O fluxo de K^+ para fora do neurônio faz o potencial cair.

f Tanto K^+ sai, que o potencial cai para abaixo do potencial em repouso.

g A ação da bomba Na^+/K^+ restaura o potencial em repouso.

Figura 8.10 Como o potencial de membrana muda durante um potencial de ação.
Resolva: Quanto tempo dura o aumento no potencial? *Resposta: Cerca de 2 milissegundos.*

Direção de propagação

Cada potencial de ação se autopropaga. Uma parte do sódio que entra em uma região de um axônio se difunde para uma região adjacente, levando tal região ao limiar e abrindo portões de sódio. Enquanto esses portões se abrem em uma região após a outra, o potencial de ação se move em direção aos terminais de axônios sem perder a força.

Quando os portões de sódio se fecham, outro potencial de ação não pode ocorrer imediatamente. O breve período refratário limita a velocidade máxima de sinais e faz com que eles se movimentem em um sentido, em direção aos terminais do axônio. A difusão de íons de uma região que sofre potencial de ação só pode abrir canais regulados que ainda não foram abertos.

Para pensar

O que acontece durante um potencial de ação?

- Um potencial de ação começa na zona de gatilho do neurônio. Um forte estímulo diminui a diferença de voltagem na membrana. Isso faz com que canais de sódio regulados se abram e a diferença de voltagem reverta.
- Um potencial de ação percorre um axônio enquanto trechos de membrana sofrem reversões no potencial de membrana.
- Em cada trecho da membrana, um potencial de ação termina quando íons de potássio fluem para fora do neurônio e a diferença de voltagem na membrana é restaurada.
- Os potenciais de ação se movem em um sentido, na direção dos terminais de axônio, porque canais de sódio regulados são desativados brevemente depois de um potencial de ação.

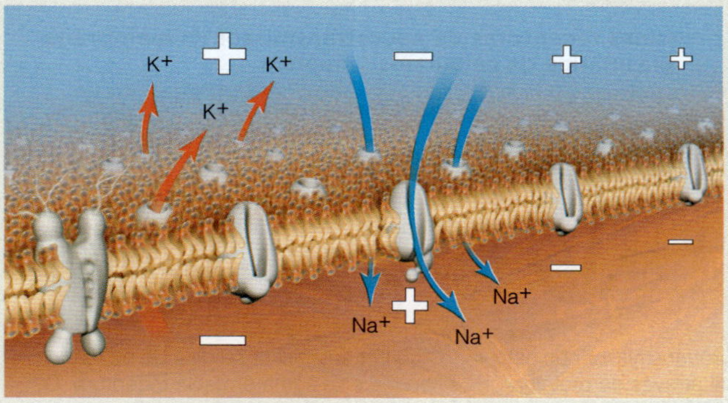

c A reversão de carga faz os canais regulados de Na^+ fecharem e os canais regulados de K^+ abrirem. O eflúvio de K^+ restaura a diferença de voltagem na membrana. O potencial de ação é propagado ao longo do axônio enquanto cargas positivas que se espalham de uma região levam a seguinte ao limiar.

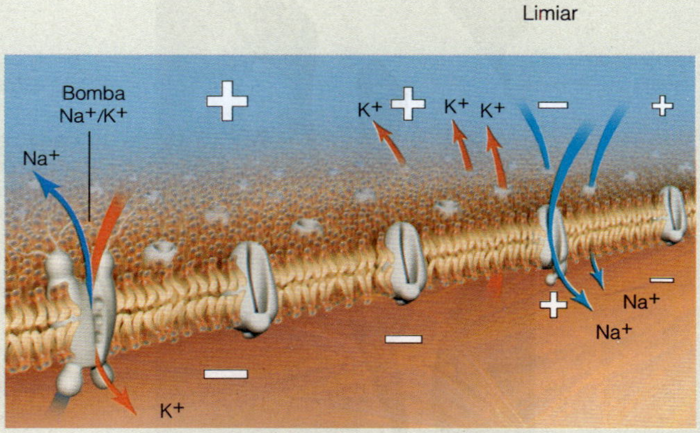

d Depois de um potencial de ação, canais regulados de Na^+ são brevemente desativados, portanto, o potencial de ação se move em um só sentido, na direção dos terminais de axônios. Gradientes de Na^+ e K^+ interrompidos pelos potenciais de ação são restaurados pela difusão de íons que foram colocados no local pela atividade de bombas de sódio-potássio.

8.5 Como os neurônios enviam mensagens para outras células

- Potenciais de ação não passam diretamente de um neurônio para outra célula; substâncias químicas transportam os sinais entre as células.

Sinapses químicas

Um potencial de ação percorre o axônio de um neurônio até os terminais de axônio em suas pontas. A região onde um terminal de axônio envia sinais químicos para um neurônio, uma fibra muscular ou uma célula de glândula é chamada **sinapse**. Em uma sinapse, o neurônio que envia sinal é chamado célula pré-sináptica. Um espaço cheio de fluido com cerca de 20 nanômetros (nm) de largura o separa da zona de entrada de uma célula pós-sináptica que recebe o sinal. A Figura 8.11 mostra uma sinapse entre um neurônio motor e uma fibra muscular esquelética. Tal sinapse é chamada **junção neuromuscular**.

Potenciais de ação chegam a uma junção neuromuscular percorrendo o axônio de um neurônio motor até os terminais de outro axônio (Figura 8.11*a,b*). Dentro dos terminais do axônio há vesículas com **neurotransmissor**, um tipo de molécula de sinalização que transmite mensagens entre células pré e pós-sinápticas.

A liberação do neurotransmissor exige um influxo de íons cálcio (Ca^{2+}). A membrana plasmática de um terminal de axônio tem canais regulados para esses íons. Em um neurônio em repouso, esses canais são fechados e bombas de cálcio transportam ativamente

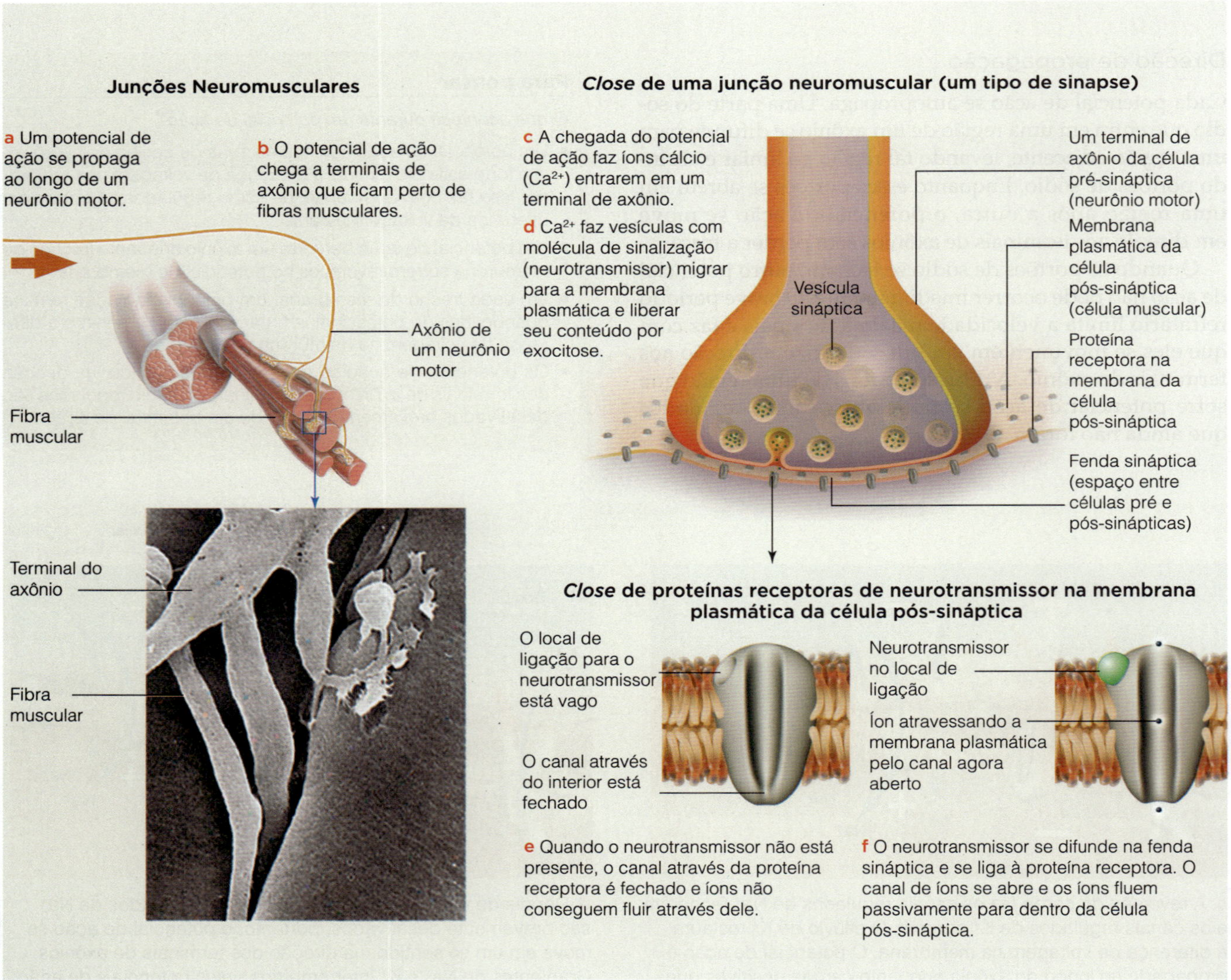

Junções Neuromusculares
a Um potencial de ação se propaga ao longo de um neurônio motor.
b O potencial de ação chega a terminais de axônio que ficam perto de fibras musculares.
Axônio de um neurônio motor
Fibra muscular
Terminal do axônio
Fibra muscular
Close de uma junção neuromuscular (um tipo de sinapse)
c A chegada do potencial de ação faz íons cálcio (Ca2+) entrarem em um terminal de axônio.
d Ca2+ faz vesículas com molécula de sinalização (neurotransmissor) migrar para a membrana plasmática e liberar seu conteúdo por exocitose.
Vesícula sináptica
Um terminal de axônio da célula pré-sináptica (neurônio motor)
Membrana plasmática da célula pós-sináptica (célula muscular)
Proteína receptora na membrana da célula pós-sináptica
Fenda sináptica (espaço entre células pré e pós-sinápticas)
Close de proteínas receptoras de neurotransmissor na membrana plasmática da célula pós-sináptica
O local de ligação para o neurotransmissor está vago
O canal através do interior está fechado
Neurotransmissor no local de ligação
Íon atravessando a membrana plasmática pelo canal agora aberto
e Quando o neurotransmissor não está presente, o canal através da proteína receptora é fechado e íons não conseguem fluir através dele.
f O neurotransmissor se difunde na fenda sináptica e se liga à proteína receptora. O canal de íons se abre e os íons fluem passivamente para dentro da célula pós-sináptica.

Figura 8.11 Como informações são transmitidas em uma junção neuromuscular, uma sinapse entre um neurônio motor e uma fibra muscular esquelética. A imagem de microscópio mostra várias dessas junções.

cálcio para fora da célula. Como resultado, há menos íons cálcio no citoplasma do neurônio que no fluido intersticial. A chegada de um potencial de ação abre canais regulados por cálcio, que flui para dentro do terminal de axônio. O aumento resultante da concentração de cálcio causa a exocitose; vesículas cheias de neurotransmissores vão para a membrana plasmática e se fundem a ela. Isso libera o neurotransmissor na fenda sináptica. Em uma junção neuromuscular, o neurotransmissor liberado pelo neurônio motor é a acetilcolina (ACh).

A membrana plasmática de uma célula pós-sináptica tem receptores que ligam o neurotransmissor. Quando a ACh se liga a receptores na membrana de uma fibra muscular esquelética, canais para íons sódio se abrem (Figura 8.11*f*). Íons sódio atravessam passivamente esses canais e entram na célula muscular.

Como um neurônio, uma fibra muscular é excitável – pode sofrer um potencial de ação. O aumento no sódio causado pela ligação de ACh leva a membrana da fibra em direção ao limiar. Quando o limiar é atingido, potenciais de ação estimulam a contração muscular.

Alguns neurotransmissores se ligam a mais de um tipo de célula pós-sináptica, causando um resultado diferente em cada uma. Por exemplo, ACh estimula a contração no músculo esquelético, mas desacelera a contração no músculo cardíaco.

Integração sináptica

Tipicamente, um neurônio ou célula efetora recebe mensagens de muitos neurônios ao mesmo tempo. Alguns interneurônios no cérebro estão na extremidade receptora de sinapses com 10 mil neurônios! Um sinal que chega pode ser excitatório e aproximar o potencial de membrana ao do limiar. Ele também pode ser inibitório e afastar o potencial do limiar.

Como uma célula pós-sináptica reage a todas essas informações? Através da **integração sináptica**, um neurônio soma todos os sinais inibitórios e excitatórios que chegam a sua zona de entrada. Os sinais sinápticos que chegam podem potencializar, amortecer ou inibir os efeitos dos outros. A Figura 8.12 ilustra como um sinal excitatório e um inibitório de diferentes tamanhos que chegam a uma sinapse, ao mesmo tempo, são integrados.

Sinais concorrentes fazem o potencial de membrana na zona de entrada da célula pós-sináptica aumentar e cair. Quando os sinais excitatórios superam os inibitórios, íons se difundem da zona de impulso para a zona de gatilho e levam a célula pós-sináptica ao limiar. Canais de sódio regulados se abrem e um potencial de ação ocorre conforme descrito na seção anterior.

Neurônios também integram sinais que chegam em rápida sucessão de uma única célula pré-sináptica. Um estímulo contínuo pode acionar uma série de potenciais de ação em uma célula pré-sináptica, o que bombardeará uma célula pós-sináptica com ondas de neurotransmissores.

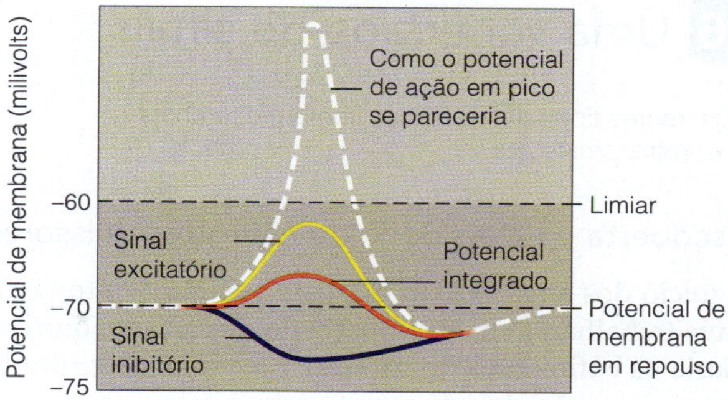

Figura 8.12 Integração sináptica. Sinais excitatórios e inibitórios chegam à zona de entrada de um neurônio pós-sináptico ao mesmo tempo. As linhas do gráfico mostram a resposta de uma célula pós-sináptica a um sinal excitatório (*amarelo*), a um sinal inibitório (*roxo*) e a ambos ao mesmo tempo (*vermelho*). Neste exemplo, a soma dos dois sinais não levou a um potencial de ação (forma de onda *branca*).

Limpeza da fenda

Depois que as moléculas de sinalização exercem sua função, devem ser removidas das fendas sinápticas para abrir caminho para novos sinais. Algumas se difundem para longe. Bombas de membrana movem outras de volta para células pré-sinápticas ou neurogliais. Enzimas secretadas decompõem tipos específicos, como quando a enzima acetilcolinesterase decompõe ACh. Quando o neurotransmissor se acumula em uma fenda sináptica, interrompe as rotas de sinalização. É assim que gases como sarin exercem seus efeitos mortais, afetando o sistema nervoso. Depois de serem inalados, eles se vinculam à acetilcolinesterase e, assim, inibem a decomposição de ACh. Esta se acumula, causando paralisia dos músculos esqueléticos, confusão, dores de cabeça e, quando a dosagem é suficientemente alta, morte.

Para pensar

Como informações passam entre células em uma sinapse?

- Potenciais de ação vão até a zona de saída de um neurônio. Ali, estimulam a liberação de neurotransmissores – sinais químicos que afetam outra célula.
- Neurotransmissores são moléculas de sinalização secretadas em uma fenda sináptica da zona de saída de um neurônio. Eles podem ter efeitos excitatórios ou inibitórios em uma célula pós-sináptica.
- A integração sináptica é a soma de sinais excitatórios e inibitórios que chegam à zona de entrada de uma célula pós-sináptica ao mesmo tempo.
- Para que uma sinapse funcione adequadamente, o neurotransmissor deve ser eliminado da fenda sináptica depois que o sinal químico serviu a seu propósito.

8.6 Uma variedade de sinais

- Diferentes tipos de neurônios liberam diferentes neurotransmissores.

Descoberta e diversidade de neurotransmissores

No início dos anos 1920, o cientista austríaco Otto Loewi estava trabalhando na descoberta do mecanismo que controlaria os batimentos do coração. Ele removeu cirurgicamente o coração de um sapo – com o nervo que ajusta sua frequência ainda acoplado – e o colocou em uma solução salina. O coração continuou batendo e, quando Loewi estimulou o nervo, o batimento cardíaco desacelerou um pouco. Loewi suspeitou que a estimulação do nervo causava a liberação de um sinal químico. Para testar essa hipótese, colocou dois corações de sapo em uma câmara cheia de solução salina e estimulou o nervo conectado a um deles. Os dois corações começaram a bater mais lentamente. Como esperado, o nervo havia liberado uma substância química que não apenas afetou o coração acoplado, mas também se difundiu através do líquido e desacelerou o batimento do segundo coração.

Tabela 8.1 Principais neurotransmissores e seus efeitos

Neurotransmissor	Exemplos de Efeitos
Acetilcolina (ACh)	Induz a contração dos músculos esqueléticos, desacelera a frequência de contração do músculo cardíaco, afeta o humor e a memória
Epinefrina e norepinefrina	Aceleram a frequência cardíaca; dilatam as pupilas e as vias aéreas para os pulmões; desaceleram as contrações intestinais; aumentam a ansiedade
Dopamina	Diminui os efeitos excitatórios de outros neurotransmissores; desempenha papéis na memória, no aprendizado e na coordenação motora fina
Serotonina	Melhora o humor; papel na memória
GABA	Inibe a liberação de outros neurotransmissores

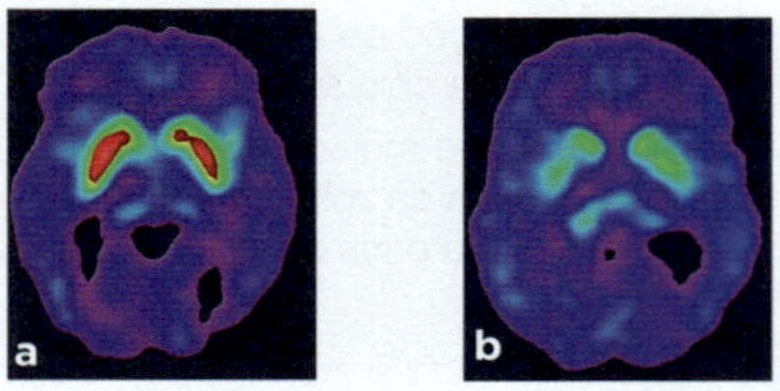

Figura 8.13 A batalha contra o mal de Parkinson. Essa desordem neurológica afeta o ex-campeão dos pesos-pesados Muhammad Ali, o ator Michael J. Fox e cerca de 500 mil outras pessoas nos Estados Unidos. (**a**) Uma tomografia normal e (**b**) uma de uma pessoa afetada. *Vermelho* e *amarelo* indicam alta atividade metabólica nos neurônios secretores de dopamina.

Loewi havia descoberto uma das respostas à ação da ACh, o neurotransmissor sobre o qual você leu na seção anterior. ACh atua sobre o músculo esquelético, o músculo liso, o coração, muitas glândulas e o cérebro. Na miastenia grave, uma doença autoimune, o corpo erroneamente ataca seus receptores para ACh no músculo esquelético. Primeiro caem as pálpebras, depois outros músculos enfraquecem.

Interneurônios no cérebro também utilizam ACh como molécula de sinalização. Um baixo nível de ACh no cérebro contribui para a perda de memória, presente no mal de Alzheimer. As pessoas atingidas normalmente podem se lembrar de fatos antigos, como o endereço da infância, mas apresentam problema para se lembrar de eventos recentes.

Há muitos outros neurotransmissores (Tabela 8.1). A norepinefrina e a epinefrina (comumente conhecida como adrenalina) preparam o corpo para reagir ao estresse ou ao excitamento. Elas são feitas do aminoácido tirosina. O mesmo acontece com a dopamina, um neurotransmissor que influencia o aprendizado – com base em recompensa – e a coordenação motora fina. O mal de Parkinson envolve dano ou morte de neurônios secretores de dopamina em uma região do cérebro que rege a coordenação motora (Figura 8.13). Tremores nas mãos frequentemente são o primeiro sintoma. Mais tarde, a sensação de equilíbrio pode ser afetada e qualquer movimento pode ser difícil.

O neurotransmissor serotonina afeta a memória e o humor. O medicamento fluoxetina (Prozac) reduz a depressão ao aumentar os níveis de serotonina. O GABA (ácido gama-aminobutírico) inibe a liberação de neurotransmissores por outros neurônios. Diazepam (Valium) e Alprazolam (Xanax) são medicamentos que reduzem a ansiedade ao aumentar os efeitos do GABA.

Neuropeptídios

Alguns neurônios também formam neuropeptídios que servem de **neuromoduladores**, moléculas que influenciam os efeitos de neurotransmissores. Um neuromodulador, a substância P, aumenta a percepção de dor. Neuromoduladores chamados encefalinas e endorfinas são analgésicos naturais. Eles são secretados em resposta a atividade extenuante ou ferimentos e inibem a liberação da substância P. Endorfinas também são liberadas quando as pessoas riem, atingem o orgasmo ou recebem um abraço confortante ou uma massagem relaxante.

Para pensar

Que tipos de moléculas de sinalização os neurônios formam?

- Neurônios formam neurotransmissores que sinalizam outros neurônios ou células efetoras. Alguns neurônios também formam neuromoduladores que podem influenciar os efeitos de um neurotransmissor sobre outras células.

8.7 Drogas interrompem a sinalização

- Drogas psicoativas exercem seus efeitos interferindo na ação de neurotransmissores.

As pessoas tomam drogas psicoativas, legais e ilegais, para aliviar a dor, o estresse ou sentir prazer. Muitas drogas resultam em "habituação", e os usuários frequentemente desenvolvem tolerância; são necessárias doses maiores ou mais frequentes da droga para obter o efeito desejado.

A habituação e a tolerância podem levar ao vício, e essa droga assume um papel bioquímico vital. A Tabela 8.2 lista os principais sinais de advertência do vício. Três ou mais sinais podem ser causa de preocupação.

Todas as principais drogas viciantes estimulam a liberação de dopamina, um neurotransmissor com um papel no aprendizado com base em recompensa. Em praticamente todos os animais com sistema nervoso, a liberação de dopamina fornece uma retroalimentação (feedback positivo) agradável quando o animal apresenta comportamento que aumenta a sobrevivência ou reprodução. Essa resposta é adaptativa; ela ajuda os animais a repetir os comportamentos que os beneficiam. Quando drogas causam a liberação de dopamina, utilizam essa rota antiga de aprendizado. Usuários de droga inadvertidamente se ensinam que a droga é essencial para o seu bem-estar.

Estimulantes Fazem os usuários se sentir alertas, mas também ansiosos, e podem interferir na coordenação motora fina. A nicotina é um estimulante que bloqueia receptores de ACh no cérebro. A cafeína no café, no chá e em muitos refrigerantes também é estimulante e bloqueia receptores de adenosina, que atua como molécula de sinalização para suprimir a atividade celular cerebral.

A cocaína, um estimulante poderoso, que pode ser inalada ou fumada, faz com que os usuários se sintam animados e excitados, depois tornando-se deprimidos e exaustos. Ela interrompe a absorção de dopamina, serotonina e norepinefrina pelas fendas sinápticas. Quando a norepinefrina não é depurada, a pressão sanguínea dispara. Overdoses podem causar derrames ou ataques cardíacos que podem resultar em morte. O uso intenso de cocaína remodela o cérebro de forma que apenas a cocaína pode causar uma sensação de prazer (Figura 8.14).

Anfetaminas reduzem o apetite e energizam os usuários ao aumentar a secreção de serotonina, norepinefrina e dopamina no cérebro. Diversos tipos de anfetamina são ingeridos, fumados ou injetados. Os usuários precisam dela cada vez mais para ter um "barato" ou simplesmente se sentir bem. O uso a longo prazo encolhe áreas do cérebro envolvidas na memória e nas emoções.

Depressores Depressores como álcool (álcool etílico) e barbitúricos desaceleram as reações motoras ao inibir a produção de ACh. O álcool estimula a liberação de endorfinas e GABA, portanto, usuários tipicamente vivenciam uma breve euforia seguida de depressão. A combinação de álcool com barbitúricos pode ser fatal. O abuso de álcool danifica o cérebro, o fígado e outros órgãos. Alcoólatras privados da droga sofrem de tremores, tonturas, náusea e alucinações (abstinência).

Analgésicos Analgésicos imitam os supressores de dor naturais do corpo – endorfinas e encefalinas. Os analgésicos narcóticos, como morfina, codeína, heroína, fentanil e oxicodona, suprimem a dor. Eles causam um surto de euforia e são altamente viciantes. Cetamina e PCP (fenciclidina) pertencem a uma classe diferente de analgésicos. Eles dão aos usuários uma experiência extracorporal e amortecem as extremidades ao desacelerar a depuração das sinapses. O uso de uma dessas drogas pode levar a tonturas, à insuficiência renal e ao colapso por aumento da temperatura corpórea. PCP pode induzir uma psicose violenta e agitada que, às vezes, dura mais de uma semana.

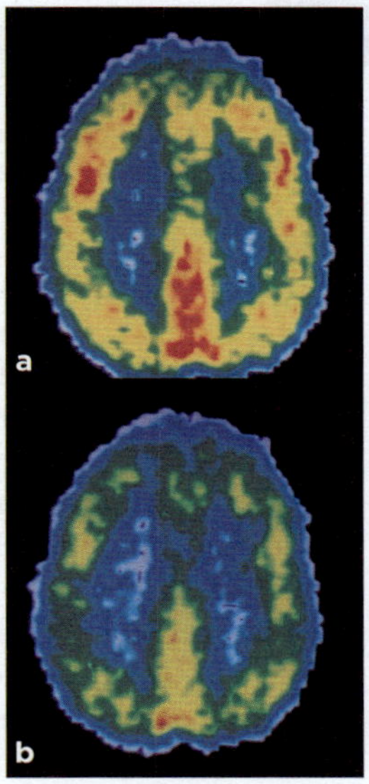

Figura 8.14 Tomografias revelando (**a**) atividade cerebral normal e (**b**) efeito a longo prazo da cocaína. *Vermelho* mostra áreas com mais atividade, e *amarelo*, *verde* e *azul* mostram atividade sucessivamente reduzida.

Alucinógenos Alucinógenos distorcem a percepção sensorial e causam um estado semelhante a um sonho. LSD (ácido lisérgico dietilamida) se parece com a serotonina e se liga a receptores dela. A tolerância se desenvolve, mas o LSD não é viciante. Entretanto, os usuários podem se ferir, e até morrer, porque não percebem nem reagem a perigos, como carros vindo em sua direção. *Flashbacks*, ou breves distorções de percepções, podem ocorrer anos depois do último consumo de LSD.

Maconha faz parte das plantas do gênero *Cannabis*. Fumar muita maconha pode causar alucinações. Mais frequentemente, os usuários ficam relaxados e sonolentos, além de descoordenados e desatentos. O ingrediente ativo, THC (delta-9-tetrahidrocanabinol), altera os níveis de dopamina, serotonina, norepinefrina e GABA. O uso crônico pode prejudicar a memória de curto prazo e a capacidade de tomar decisões.

Tabela 8.2 Sinais de advertência de vício em drogas

1. Tolerância; tomar quantidades crescentes da droga para obter o mesmo efeito.
2. Habituação (Adaptação/Aclimatação); usar a droga continuamente para manter a autopercepção do funcionamento normal do organismo.
3. Incapacidade de parar ou interromper o uso de drogas, mesmo se o desejo de fazer isso persiste.
4. Dissimulação; não querer que outros saibam sobre o uso da droga.
5. Ações extremas ou perigosas para conseguir usar a droga, como roubar, pedir receitas a mais de um médico ou arriscar o emprego ao usar drogas no trabalho.
6. Deterioração de relações profissionais e pessoais.
7. Raiva e defesa se alguém sugere que possa haver um problema.
8. O uso de droga prevalecer sobre atividades anteriormente favoritas.

8.8 Sistema nervoso periférico

- Nervos periféricos percorrem seu corpo, transmitindo e recebendo informações do sistema nervoso central.

Axônios agrupados como nervos

Nos humanos, o sistema nervoso periférico inclui 31 pares de nervos espinhais que se conectam à medula espinhal e 12 pares de nervos cranianos que se conectam diretamente ao cérebro. Cada nervo periférico consiste em axônios de muitos neurônios agrupados dentro de uma camada de tecido conjuntivo (Figura 8.15*a*). Todos os nervos espinhais incluem axônios de neurônios sensoriais e motores. Nervos cranianos podem incluir axônios de neurônios motores, axônios de neurônios sensoriais ou axônios de neurônios sensoriais e motores. Interneurônios, lembre-se, não fazem parte do sistema nervoso periférico.

As células neurogliais, chamadas células de Schwann, consistem numa camada de proteção, enrolada como um "rocambole" em volta dos axônios da maioria dos nervos periféricos (Figura 8.15*b*). As células de Schwann formam coletivamente uma camada ou **bainha de mielina** isolante que faz com que os potenciais de ação fluam mais rapidamente. Íons não podem atravessar uma membrana neural revestida. Como resultado, perturbações iônicas associadas com potencial de ação se espalham através do citoplasma de um axônio até atingirem um nó, um pequeno vão entre as células de Schwann. Em cada nó, a membrana contém diversos canais regulados por sódio, cada um com seu "portão". Quando esses portões se abrem, a diferença de voltagem é revertida abruptamente. Ao pular de nó para nó em longos axônios, um sinal pode se mover até 120 metros por segundo. Nos axônios sem mielina, a velocidade máxima é de cerca de 10 metros por segundo.

Subdivisões funcionais

Subdividimos o **sistema nervoso periférico** (SNP) em sistema nervoso somático e sistema nervoso autônomo.

Sistemas somático e autônomo A parte sensorial do **sistema nervoso somático** conduz informações sobre condições externas de neurônios sensoriais para o sistema nervoso central. A parte motora do sistema somático transporta comandos do cérebro e da medula espinhal para os músculos esqueléticos. É a única parte do sistema nervoso normalmente sob controle voluntário. O **sistema nervoso autônomo** se ocupa de transmitir e receber sinais dos órgãos internos e glândulas.

Divisões simpática e parassimpática Os nervos do sistema autônomo estão divididos em duas categorias: simpática e parassimpática. Ambos atendem à maioria dos órgãos e trabalham de forma antagonista, o que significa que sinais de um tipo se opõem aos sinais do outro (Figura 8.16). **Neurônios simpáticos** são mais ativos em momentos de estresse, excitação e perigo. Seus terminais de axônios liberam norepinefrina. **Neurônios parassimpáticos** são mais ativos em momentos de relaxamento. A liberação de ACh por seus terminais de axônio promove tarefas de limpeza, como digestão e formação de urina.

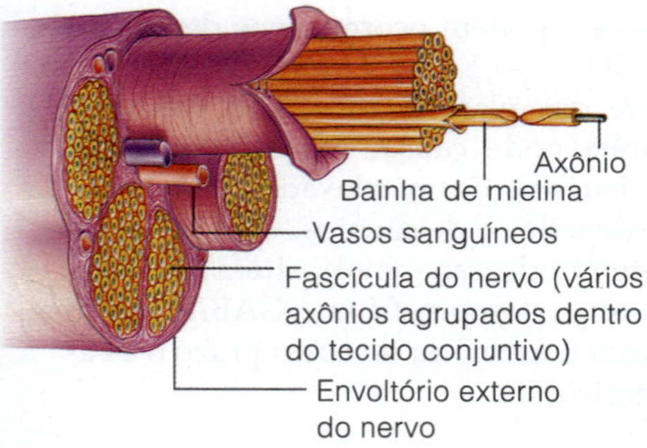

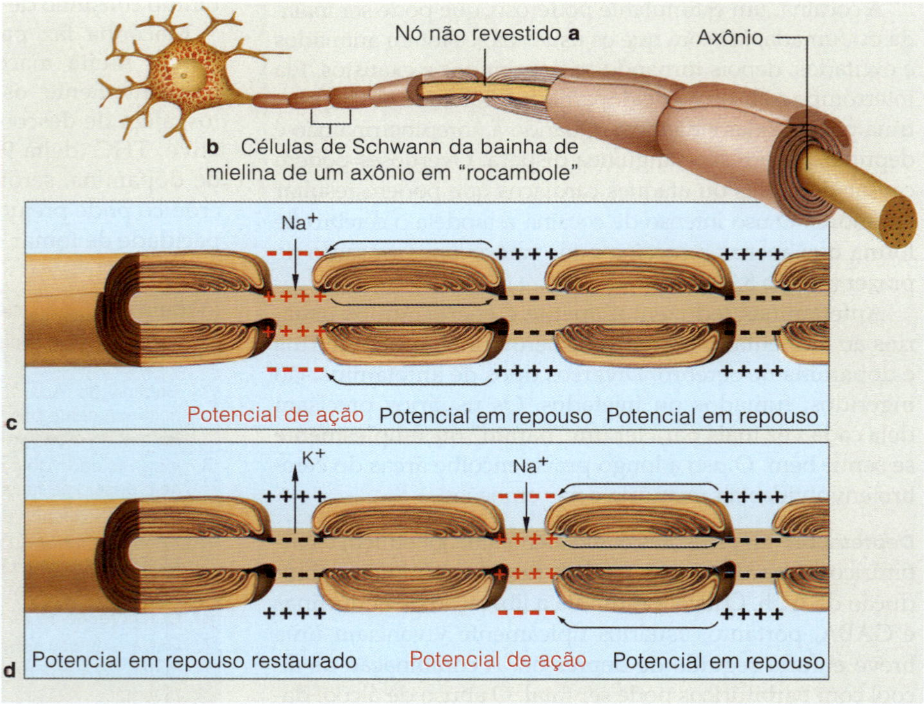

Figura 8.15 (**a**) Estrutura de um tipo de nervo. (**b–d**) Nos axônios com bainha de mielina, íons fluem pela membrana neural nos nós, ou pequenos vãos entre as células que compõem a camada. Muitos canais regulados para íons de sódio são expostos a fluido extracelular nos nós. Quando a excitação causada por um potencial de ação atinge um nó, os portões abrem e o sódio entra, iniciando um novo potencial de ação. A excitação se espalha rapidamente para o próximo nó, onde ativa um novo potencial de ação, e assim por diante até a zona de saída.

Figura 8.16 (**a**) Nervos simpáticos e (**b**) parassimpáticos do sistema autônomo. Cada metade do corpo contém nervos do mesmo tipo. Gânglios contendo os corpos celulares de neurônios simpáticos ficam perto da medula espinhal. Gânglios dos neurônios autônomos ficam no órgão que controlam, ou próximos a ele.
Resolva: Que nervo parassimpático possui ramos que enviam sinais para o coração, o estômago e os rins?
Resposta: Nervo vago

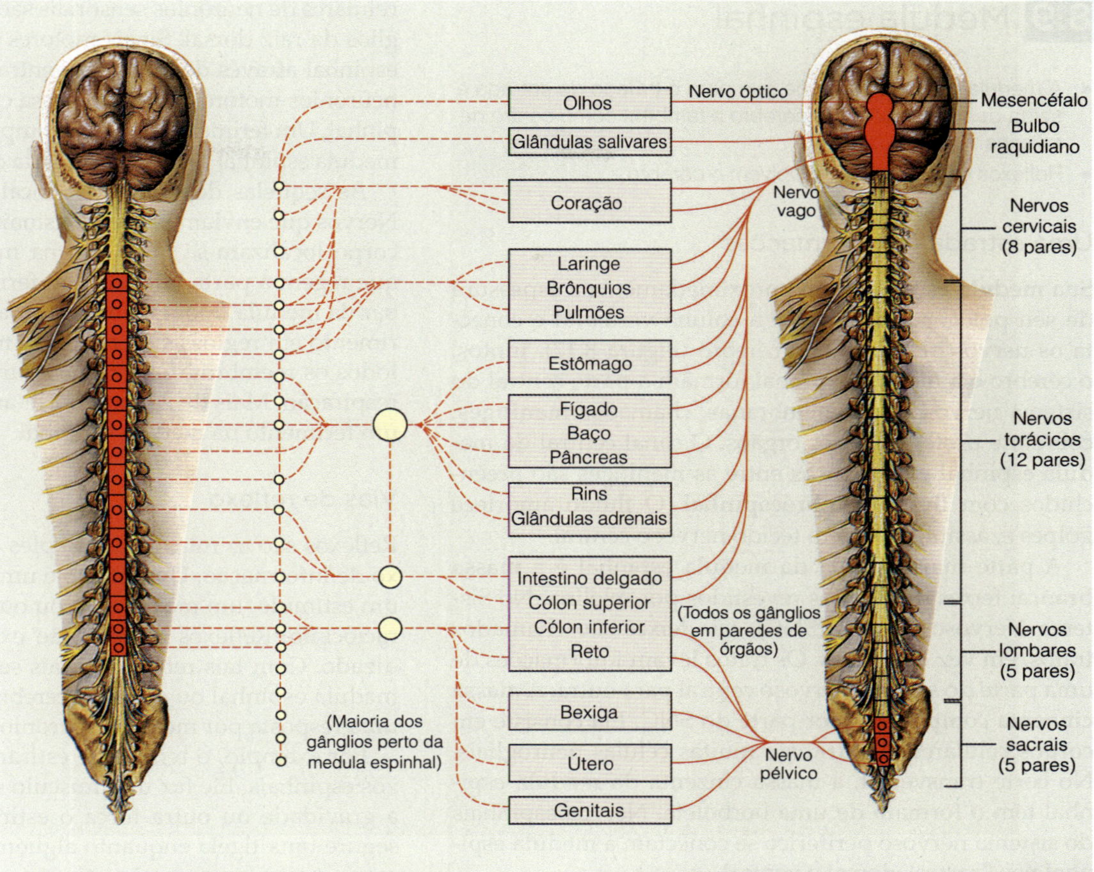

a Eflúvio simpático da medula espinhal

Algumas respostas ao eflúvio simpático:

- A frequência cardíaca aumenta.
- Pupilas dos olhos dilatam (aumentam, deixando mais luz entrar).
- Secreções glandulares diminuem das vias aéreas para os pulmões.
- Secreções de glândulas salivares engrossam.
- Movimentos estomacais e intestinais desaceleram.
- Esfíncteres se contraem.

b Eflúvio parassimpático da medula espinhal e do cérebro

Algumas respostas ao eflúvio parassimpático:

- A frequência cardíaca diminui.
- As pupilas dos olhos contraem (mantêm mais luz para fora).
- Secreções glandulares aumentam das vias aéreas para os pulmões.
- Secreções de glândulas salivares ficam mais aguadas.
- Movimentos estomacais e intestinais aumentam.
- Esfíncteres relaxam.

O que acontece quando algo o apavora ou o assusta? O impulso parassimpático cai. Os sinais simpáticos aumentam. Quando não opostos, sinais simpáticos aumentam (havendo potencialização) sua frequência cardíaca e pressão sanguínea, fazem você suar mais e respirar mais rapidamente e induzem as glândulas renais a secretar epinefrina. Os sinais o colocam em um estado de excitação intensa, portanto, você está preparado para lutar ou fugir rapidamente. Daí o termo **reação "lutar ou fugir"**.

Sinais simpáticos e parassimpáticos opostos regem a maioria dos órgãos. Por exemplo, ambos atuam nas células de músculos lisos na parede do intestino. Enquanto neurônios parassimpáticos liberam norepinefrina nas sinapses com essas células, neurônios simpáticos liberam ACh em outras sinapses com as mesmas células musculares. Um sinal comunica ao intestino para desacelerar as contrações; o outro convoca mais atividade. O resultado é ajustado finamente através da integração sináptica.

Para pensar

O que é o sistema nervoso periférico?

- O sistema nervoso periférico inclui nervos que conectam o corpo ao sistema nervoso central. Um nervo consiste em axônios agrupados de muitos neurônios. Tipicamente, cada axônio é envolto em uma bainha de mielina que aumenta a velocidade da transmissão do potencial de ação.
- Neurônios da parte somática do sistema periférico controlam o músculo esquelético e transmitem informações sobre o ambiente externo para o sistema nervoso central.
- O sistema autônomo transmite e recebe informações dos músculos liso e cardíaco e das glândulas. Sinais de suas duas divisões – simpática e parassimpática – ocasionam efeitos opostos sobre os efetores.

8.9 Medula espinhal

- A medula espinhal serve de rota para o tráfego de entrada e saída de informações do cérebro e também como centro de reflexos.
- Reflexos espinhais não envolvem o cérebro.

Uma estrada de informações

Sua **medula espinhal** tem aproximadamente a espessura de seu polegar. Ela percorre a coluna vertebral e conecta os nervos periféricos ao cérebro (Figura 8.17). Juntos, o cérebro e a medula espinhal formam a parte central do sistema nervoso. Três membranas, chamadas **meninges**, cobrem e protegem esses órgãos. O canal central da medula espinhal e os espaços entre as meninges são preenchidos com **fluido cerebroespinhal**. O fluido amortece golpes e, assim, protege o tecido nervoso central.

A parte mais externa da medula espinhal é a **massa branca**: feixes de axônios revestidos por mielina. No Sistema Nervoso Central (SNC), tais feixes são chamados tratos, em vez de nervos. Os tratos levam informações de uma parte do sistema nervoso central para outra. A **massa cinzenta** compõe a maior parte do SNC. Ela consiste em corpos celulares, dendritos e muitas células neurogliais. No corte transversal, a massa cinzenta da medula espinhal tem o formato de uma borboleta. Nervos espinhais do sistema nervoso periférico se conectam à medula espinhal nas "raízes" dorsal e ventral.

Lembre-se, todos os nervos espinhais possuem componentes sensoriais e motores. Informações sensoriais percorrem a medula espinhal por uma raiz dorsal. Corpos celulares de neurônios sensoriais são encontrados nos gânglios da raiz dorsal. Sinais motores se afastam da medula espinhal através de uma raiz ventral. Corpos celulares de neurônios motores estão na massa cinzenta da medula espinhal. Um ferimento que interrompe o fluxo de sinais pela medula espinhal pode causar perda de sensação e paralisia.

As sequelas dependem do local do dano na medula. Nervos que enviam e recebem sinais da parte superior do corpo localizam-se mais alto na medula do que nervos que regem a parte inferior. Um ferimento na região lombar da medula frequentemente paralisa as pernas. Um ferimento em regiões superiores da medula pode paralisar todos os membros, bem como os músculos utilizados na respiração. Mais de 250 mil norte-americanos vivem com um ferimento na medula espinhal.

Vias de reflexo

Reflexos são as rotas mais simples e mais antigas de fluxo de informação. Um **reflexo** é uma reação automática a um estímulo, um movimento ou outra ação que não exija raciocínio. Reflexos básicos não exigem nenhum aprendizado. Com tais reflexos, sinais sensoriais fluem para a medula espinhal ou o tronco cerebral, que, então, solicita uma resposta por meio de neurônios motores.

Por exemplo, o reflexo de estiramento é um dos reflexos espinhais. Ele faz um músculo se contrair depois que a gravidade ou outra força o estira. Suponha que você segure uma tigela enquanto alguém coloca frutas nela. A carga maior faz sua mão cair um pouco, o que alonga o músculo bíceps em seu braço. O estiramento do músculo faz os fusos musculares entre as fibras musculares se alongarem. Fusos musculares são órgãos sensoriais que

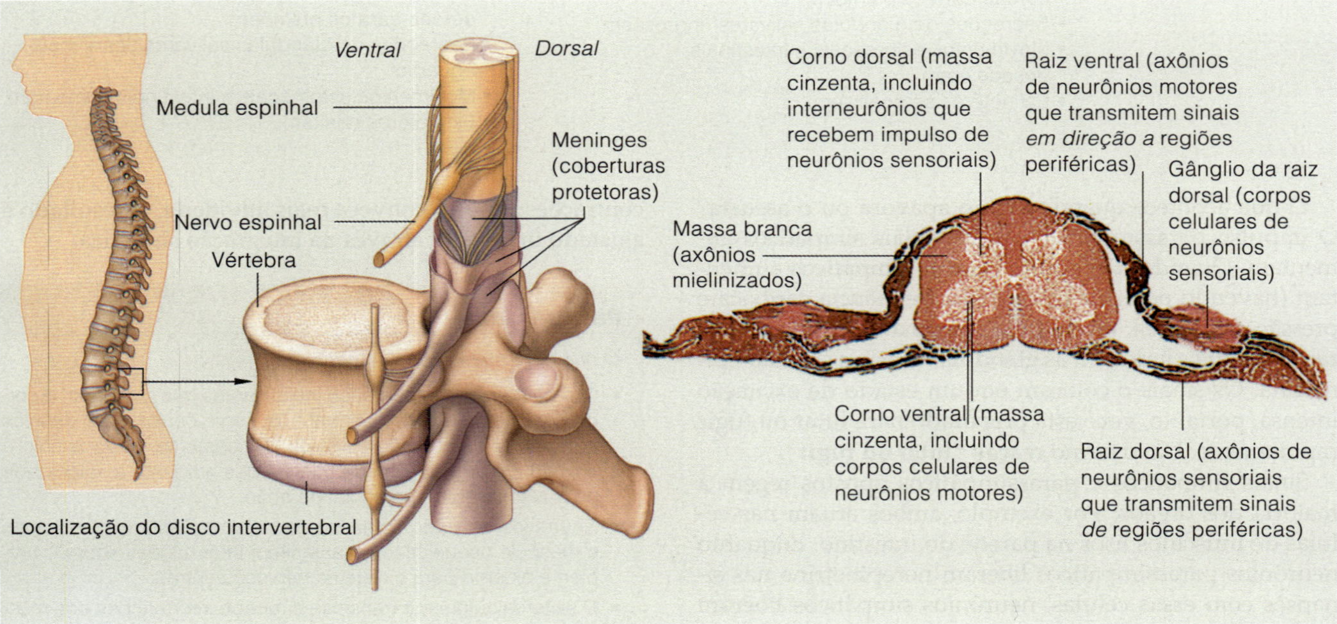

Figura 8.17 Localização e organização da medula espinhal.

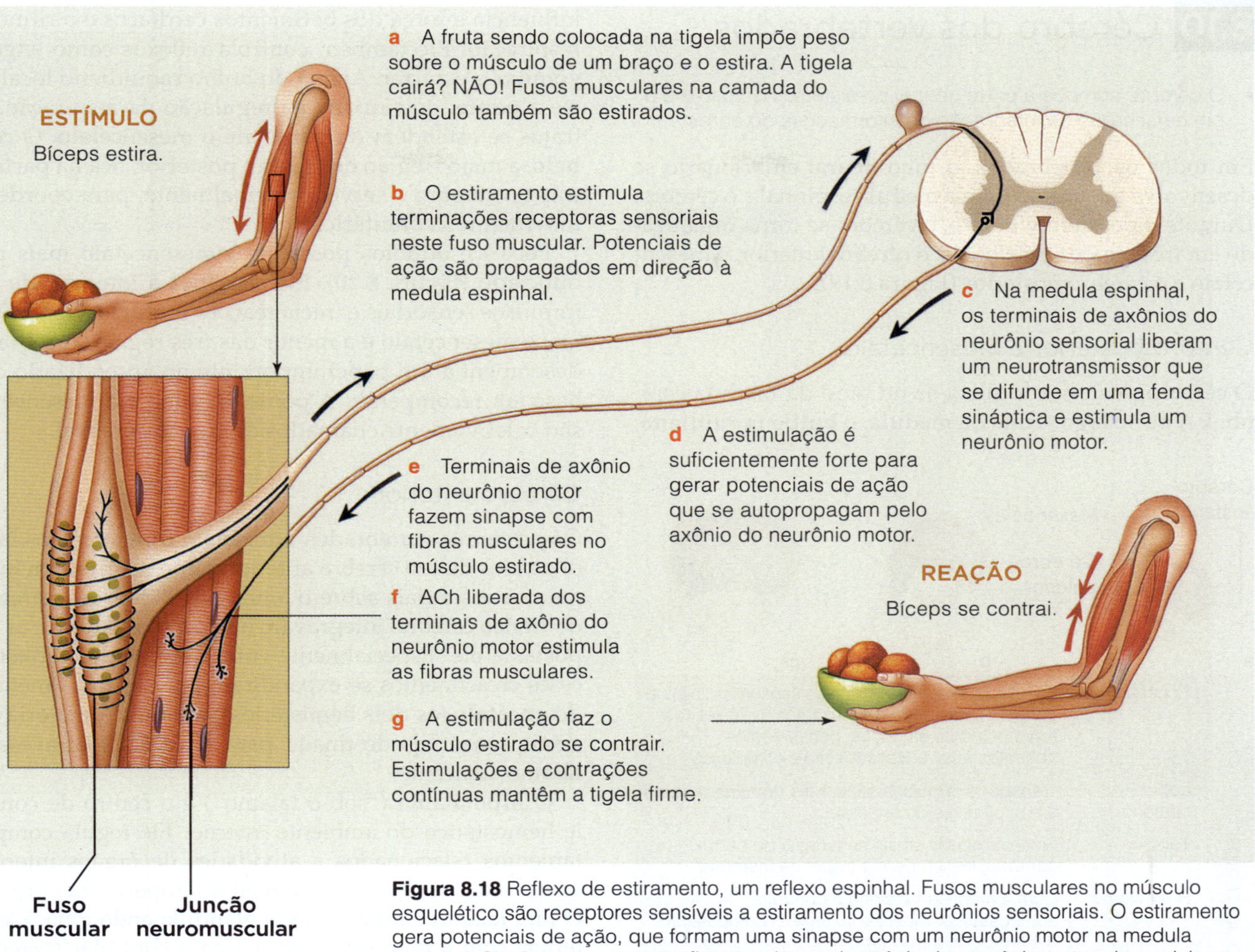

ESTÍMULO
Bíceps estira.
a A fruta sendo colocada na tigela impõe peso sobre o músculo de um braço e o estira. A tigela cairá? NÃO! Fusos musculares na camada do músculo também são estirados.
b O estiramento estimula terminações receptoras sensoriais neste fuso muscular. Potenciais de ação são propagados em direção à medula espinhal.
c Na medula espinhal, os terminais de axônios do neurônio sensorial liberam um neurotransmissor que se difunde em uma fenda sináptica e estimula um neurônio motor.
d A estimulação é suficientemente forte para gerar potenciais de ação que se autopropagam pelo axônio do neurônio motor.
e Terminais de axônio do neurônio motor fazem sinapse com fibras musculares no músculo estirado.
f ACh liberada dos terminais de axônio do neurônio motor estimula as fibras musculares.
g A estimulação faz o músculo estirado se contrair. Estimulações e contrações contínuas mantêm a tigela firme.
REAÇÃO
Bíceps se contrai.
Fuso muscular
Junção neuromuscular

Figura 8.18 Reflexo de estiramento, um reflexo espinhal. Fusos musculares no músculo esquelético são receptores sensíveis a estiramento dos neurônios sensoriais. O estiramento gera potenciais de ação, que formam uma sinapse com um neurônio motor na medula espinhal. Sinais para contração fluem ao longo do axônio do neurônio motor, da medula espinhal de volta ao músculo estirado. O músculo se contrai, estabilizando o braço.

abrigam terminações receptoras de neurônios sensoriais (Figura 8.18). Quanto mais o músculo bíceps se estira, maior a frequência de potenciais de ação ao longo de axônios dos neurônios do fuso muscular. Dentro da medula espinhal, esses axônios fazem sinapse com neurônios motores que controlam o músculo estirado. Sinais dos neurônios sensoriais causam potenciais de ação nos neurônios motores, que liberam ACh na junção neuromuscular. Em resposta a esse sinal, o bíceps se contrai e estabiliza o braço contra a carga adicionada.

O reflexo patelar é outro reflexo de estiramento. Um golpe logo abaixo do joelho estira o músculo da coxa. O estiramento é detectado pelos fusos musculares nesse músculo, que enviam sinais para a medula espinhal, onde neurônios motores ficam excitados. Como resultado, sinais fluem da medula espinhal de volta à perna, que estira em resposta.

Outro reflexo espinhal, o reflexo de retirada, permite ação rápida quando você toca algo quente. Toque uma superfície quente e sinais vão para a medula espinhal. Diferentemente do reflexo de estiramento, a reação de retirada envolve um interneurônio da medula espinhal. Um neurônio sensor detector de calor envia sinais para o interneurônio espinhal, que, então, transmite o sinal para os neurônios motores. Antes que você perceba, seu bíceps se contraiu, afastando sua mão do calor possivelmente danoso.

Para pensar

Quais são as funções da medula espinhal?

- Tratos da medula espinhal transmitem informações entre os nervos periféricos e o cérebro. Os axônios envolvidos nessas rotas compõem a maior parte da massa branca da medula. Corpos celulares, dendritos e neuróglias compõem a massa cinzenta.
- A medula espinhal também desempenha um papel em alguns reflexos simples, reações automáticas que ocorrem sem pensamento consciente ou aprendizado. Sinais de neurônios sensoriais entram na medula através da raiz dorsal de nervos espinhais. Comandos para reações saem pela raiz ventral desses nervos.

8.10 Cérebro dos vertebrados

- O cérebro compõe a parte central do sistema nervoso e é o principal órgão de integração de informações do corpo.

Em todos os vertebrados, o tubo neural embrionário se desenvolve evoluindo para a medula espinhal e o cérebro. Durante o desenvolvimento, o cérebro se torna organizado em três regiões funcionais: o cérebro anterior, o mesencéfalo e o cérebro posterior (Figura 8.19).

Cérebro posterior e mesencéfalo

O cérebro posterior localiza-se no topo da medula espinhal. A parte logo acima da medula, o **bulbo raquidiano**, influencia a força dos batimentos cardíacos e o ritmo da respiração. Ele também controla reflexos como engolir, vomitar e espirrar. Acima do bulbo raquidiano localiza-se a **ponte**, que auxilia na regulação da respiração. Os tratos se estendem da ponte até o mesencéfalo. O **cerebelo**, a maior região do cérebro posterior, fica na parte de trás do cérebro e serve, principalmente, para coordenar movimentos voluntários.

Peixes e anfíbios possuem o mesencéfalo mais pronunciado (Figura 8.20). Ele classifica a intensidade dos impulsos sensoriais e inicia reações motoras. Nos primatas, o mesencéfalo é a menor das três regiões cerebrais e desempenha um papel importante no aprendizado com base em recompensa. A ponte, o bulbo e o mesencéfalo são coletivamente chamados de **tronco cerebral**.

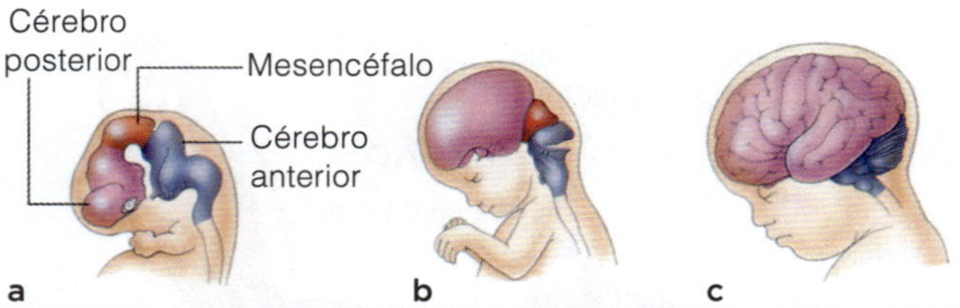

CÉREBRO ANTERIOR	Encéfalo	Localiza e processa impulsos sensoriais; inicia e controla a atividade de músculos esqueléticos; rege memória, emoções, pensamentos abstratos nos vertebrados mais complexos
	Lobo olfatório	Transporta impulsos sensoriais do nariz para as áreas olfativas do encéfalo
	Tálamo	Envia e recebe sinais sensoriais do córtex cerebral; desempenha papel na memória
	Hipotálamo	Com a hipófise funciona o controle homeostático. Ajusta o volume, a composição e a temperatura do ambiente interno; rege comportamentos relacionados a órgãos (ex.: sexo, sede e fome) e à expressão de emoções
	Sistema límbico	Rege emoções; desempenha papéis na memória
	Hipófise	Com o hipotálamo, fornece controle endócrino do metabolismo, crescimento, desenvolvimento
	Glândula pineal	Ajuda a controlar alguns ritmos circadianos; também desempenha papel na reprodução dos mamíferos
MESENCÉFALO	Raiz do mesencéfalo (teto)	Nos peixes e anfíbios, coordena impulsos sensoriais (como a partir de lobos ópticos) com reações motoras. Nos mamíferos, é reduzido e transporta principalmente impulsos sensoriais para o cérebro anterior
CÉREBRO POSTERIOR	Ponte	Tratos fazem a ponte entre encéfalo e cerebelo e também conectam a medula espinhal ao cérebro anterior. Com o bulbo raquidiano, controla a frequência e a profundidade da respiração
	Cerebelo	Coordena a atividade motora, para mover membros e manter a postura, e a orientação espacial
	Medula	Tratos transportam sinais entre a medula óssea e a ponte; o bulbo raquidiano funciona nos reflexos que afetam a frequência cardíaca, o diâmetro de vasos sanguíneos e a frequência respiratória. Também envolvida em vômito, tosse e outras funções vitais

Figura 8.19 Tubo neural até o cérebro. O tubo neural humano em (**a**) 7 semanas de desenvolvimento embrionário. O cérebro em (**b**) 9 semanas e (**c**) no nascimento. A tabela lista e descreve os principais componentes nas três regiões do cérebro de vertebrados adultos.

Cérebro anterior

Os primeiros vertebrados utilizavam fortemente os lobos olfatórios de seu cérebro anterior; odores forneciam informações essenciais sobre o ambiente. Extensões pareadas do tronco cerebral integravam o impulso olfatório e as respostas a ele. Especialmente entre vertebrados terrestres, esses crescimentos se expandiram para as duas metades do **encéfalo**, os dois hemisférios cerebrais. A maioria dos sinais sensoriais destinada para o encéfalo atravessa o **tálamo** adjacente.

O **hipotálamo** ("sob o tálamo") é o centro de controle hemostático do ambiente interno. Ele regula comportamentos relacionados a atividades de órgãos internos, como sede, sexo e fome, e rege a temperatura corporal. O hipotálamo também é uma glândula endócrina. Ele interage com a hipófise adjacente para controlar secreções hormonais. Outra glândula endócrina, a glândula pineal, localiza-se no fundo do cérebro anterior. Também no cérebro anterior há um grupo de estruturas que chamamos coletivamente de sistema límbico. Discutiremos o papel do sistema humano na próxima seção.

Proteção na barreira hematoencefálica

O lúmen do tubo neural – o espaço dentro dele – persiste em adultos vertebrados como um sistema de cavidades e canais cheios de fluido cerebroespinhal. Esse fluido claro se forma quando água e pequenas moléculas são filtradas para fora do sangue e dentro de cavidades cerebrais chamadas ventrículos.

O fluido, então, sai e banha o cérebro e a medula espinhal. Ele retorna para a corrente sanguínea entrando nas veias. Uma **barreira hematoencefálica** protege a medula

Figura 8.20 (a) Principais regiões cerebrais de cinco vertebrados; vistas dorsais. Os desenhos não estão em escala. (b) A metade direita de um cérebro humano em corte sagital, mostrando as localizações das principais estruturas e regiões. Meninges em volta do cérebro foram removidas para esta fotografia.

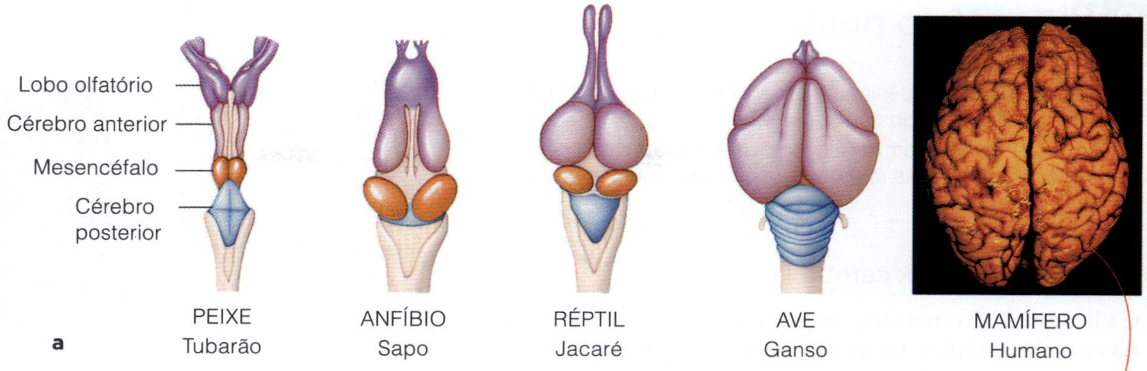

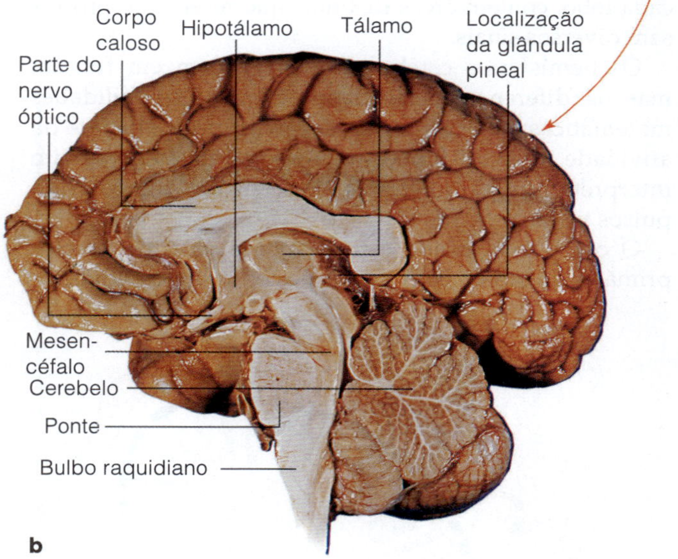

espinhal e o cérebro de substâncias danosas. A barreira é formada pelas paredes de capilares sanguíneos que servem o cérebro.

Na maioria das partes do cérebro, junções firmes formam uma vedação entre células adjacentes da parede capilar, portanto, substâncias solúveis em água devem atravessar as células para chegar ao cérebro. Proteínas de transporte na membrana plasmática dessas células permitem que nutrientes essenciais a atravessem. Oxigênio e CO_2 se difundem pela barreira, mas a maior parte da ureia residual não consegue atravessá-la.

Nenhuma outra parte de fluido extracelular apresenta concentrações de soluto mantidas dentro de limites tão estreitos. Até mudanças causadas pela alimentação e por esforço são limitadas. Por quê? Hormônios e outras substâncias químicas no cérebro afetam a função neural. Além disso, mudanças na concentração iônica podem alterar o limiar para potenciais de ação.

A barreira hematoencefálica não é perfeita; algumas toxinas como nicotina, álcool, cafeína e mercúrio passam por ela. Além disso, uma inflamação ou um golpe traumático na cabeça podem danificá-la e comprometer a função neural.

Cérebro humano

O cérebro humano médio tem 1.330 gramas (1,3 kg). Ele contém cerca de 100 bilhões de interneurônios, e neuróglias compõem mais da metade de seu volume.

O mesencéfalo humano é relativamente menor que o de outros vertebrados. Um cerebelo humano é do tamanho de um punho cerrado e tem mais interneurônios do que todas as outras regiões cerebrais combinadas. Como em outros vertebrados, o cerebelo desempenha um papel na noção de equilíbrio, mas recebeu funções adicionais à medida que os humanos evoluíram. Ele afeta o aprendizado de habilidades motoras e algumas mentais, como a linguagem.

Uma fissura profunda divide o encéfalo do cérebro anterior em duas metades, os hemisférios cerebrais (Figura 8.20). Cada metade lida principalmente com impulsos do lado oposto do corpo. Por exemplo, sinais sobre pressão no braço direito vão para o hemisfério esquerdo. A atividade dos hemisférios é coordenada por sinais que fluem nas duas direções pelo **corpo caloso**, uma faixa grossa de tratos nervosos. A próxima seção se concentra no córtex cerebral, as camadas externas finas do encéfalo.

Para pensar

Quais são as divisões estruturais e funcionais do cérebro dos vertebrados?

- Reconhecemos três regiões: o cérebro anterior, o mesencéfalo e o cérebro posterior, com base no tecido embrionário a partir do qual se desenvolvem. O tronco cerebral, que inclui partes do cérebro posterior e do mesencéfalo, é a região mais evolucionariamente antiga do tecido cerebral. Ela está envolvida em comportamentos de reflexos.
- O cérebro anterior inclui o encéfalo, que evoluiu como uma expansão do lobo olfatório e agora é o principal centro de processamento nos humanos. Ele também inclui o hipotálamo, que desempenha papéis importantes na sede, na regulação de temperatura e em outras reações relacionadas à homeostase.

8.11 Encéfalo humano

- Nossa capacidade de linguagem e pensamento consciente surge da atividade do córtex cerebral.
- O córtex interage com outras regiões do cérebro na moldagem de nossas reações emocionais e memórias.

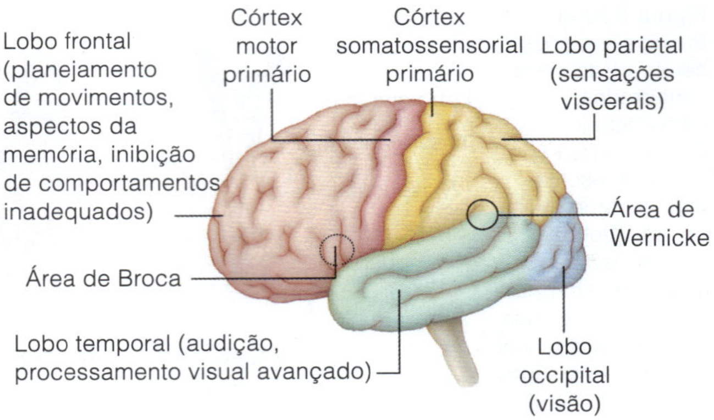

Figura 8.21 Lobos do cérebro, com centros primários receptores e integradores do córtex cerebral humano.

Funções do córtex cerebral

Cada metade do encéfalo, ou hemisfério cerebral, é dividida em lobos frontal, temporal, occipital e parietal (Figura 8.21). O **córtex cerebral**, a massa cinzenta mais externa em cada lobo, contém áreas distintas que recebem e processam diversos sinais.

Os hemisférios cerebrais se sobrepõem em função, mas há diferenças. Mais frequentemente, habilidades matemáticas e de linguagem surgem principalmente da atividade no hemisfério esquerdo. O hemisfério direito interpreta música, julga relações espaciais e avalia impulsos visuais.

O corpo é mapeado espacialmente no córtex motor primário de cada lobo frontal, que controla e coordena os movimentos de músculos esqueléticos no lado oposto do corpo. Uma boa parte do córtex motor é dedicada a músculos dos dedos, do polegar e da língua, que podem fazer movimentos finos. A Figura 8.22 mostra as proporções do córtex motor dedicadas ao controle de diferentes partes do corpo.

O córtex pré-motor de cada lobo frontal regula movimentos complexos e habilidades motoras aprendidas. Balance um taco de golfe, toque piano ou digite no teclado, e o córtex pré-motor coordenará a atividade de muitos grupos musculares diferentes.

A área de Broca no lobo frontal nos ajuda a traduzir pensamentos em palavras. Ela controla os músculos da língua, da garganta e dos lábios e confere aos humanos nossa capacidade de falar frases complexas. Na maioria das pessoas, a área de Broca fica no hemisfério esquerdo. Danos à área de Broca frequentemente danificam a fala normal, embora uma pessoa afetada ainda possa entender a linguagem.

O córtex somatossensorial primário fica na frente do lobo parietal. Tal qual o córtex motor, ele é organizado como um mapa que corresponde a partes do corpo. Ele recebe impulsos sensoriais da pele e das articulações, e uma parte desempenha papel na percepção de sabor.

As percepções de som e odor surgem em áreas sensoriais de cada lobo temporal. A área de Wernicke, nesse lobo, funciona na compreensão da linguagem falada e escrita, incluindo braille, um sistema de escrita para cegos.

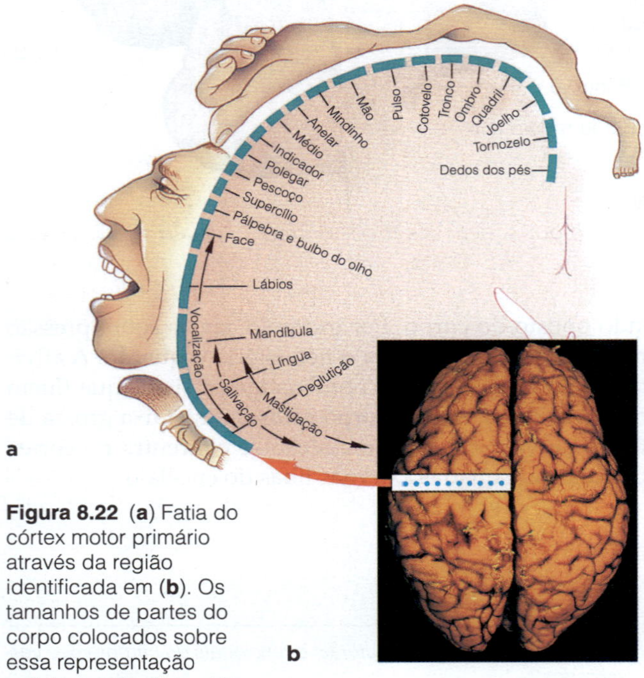

Figura 8.22 (**a**) Fatia do córtex motor primário através da região identificada em (**b**). Os tamanhos de partes do corpo colocados sobre essa representação artística estão distorcidos para indicar quais têm o controle mais preciso.

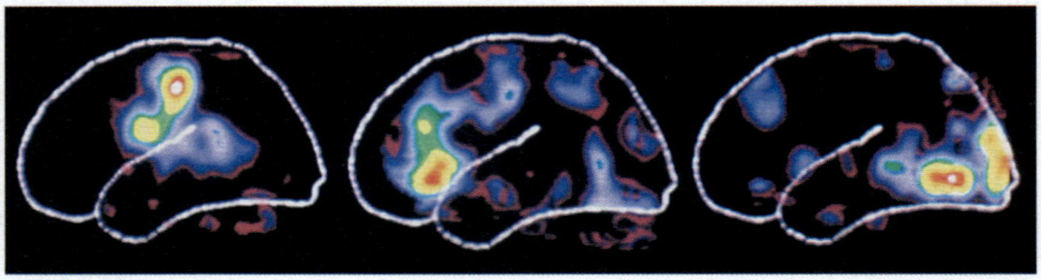

Atividade do córtex motor ao falar | Atividade do córtex pré-frontal ao gerar palavras | Atividade do córtex visual ao ver palavras escritas

Figura 8.23 Três tomografias que identificam que áreas do cérebro estavam ativas quando uma pessoa realizou três tipos de tarefas. *Amarelo* e *laranja* indicam alta atividade.

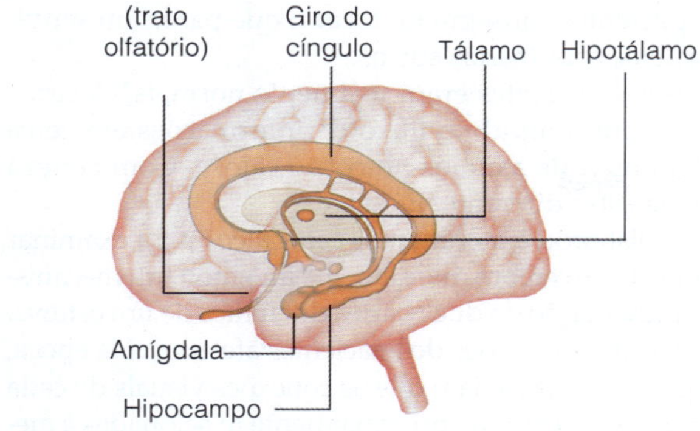

Figura 8.24 Componentes do sistema límbico.

Um córtex primário visual na parte posterior de cada lobo occipital recebe impulsos sensoriais dos dois olhos. Áreas de associação estão espalhadas pelo córtex, mas não nas áreas primárias motoras e sensoriais. Cada uma integra diversos impulsos (Figura 8.23). Por exemplo, uma área de associação visual em volta do córtex visual primário compara o que vemos com as memórias visuais.

Conexões com o sistema límbico

O **sistema límbico** envolve o tronco cerebral superior. Ele rege emoções, auxilia na memória e correlaciona atividades de órgãos com comportamento autogratificante, como alimentação e sexo. É por isso que o sistema límbico é conhecido como nosso cérebro emocional-visceral. "Reações instintivas" realizadas pelo sistema límbico frequentemente podem ser inibidas pelo córtex cerebral.

O hipotálamo, o hipocampo, a amígdala e o giro do cíngulo fazem parte do sistema límbico (Figura 8.24). O hipotálamo é o principal centro de controle para reações homeostáticas e correlaciona emoções com atividades viscerais. O hipocampo ajuda a armazenar memórias e acessar memórias de ameaças anteriores. A amígdala em forma de amêndoa ajuda a interpretar pistas sociais e contribui para a noção de si mesmo. Ela é altamente ativa durante episódios de medo e ansiedade, e frequentemente é superativa em pessoas que apresentam transtornos de pânico.

O giro do cíngulo desempenha um papel na atenção e na emoção. Ele frequentemente é menor e menos ativo do que o normal em pessoas com esquizofrenia. Evolucionariamente, o sistema límbico está relacionado aos lobos olfatórios. O impulso olfatório faz os sinais fluírem para o hipocampo, a amígdala e o hipotálamo e também para o córtex olfatório. Esse é um motivo pelo qual odores específicos podem trazer lembranças emocionalmente significativas. Informações sobre sabor também vão para o sistema límbico e podem ativar reações emocionais.

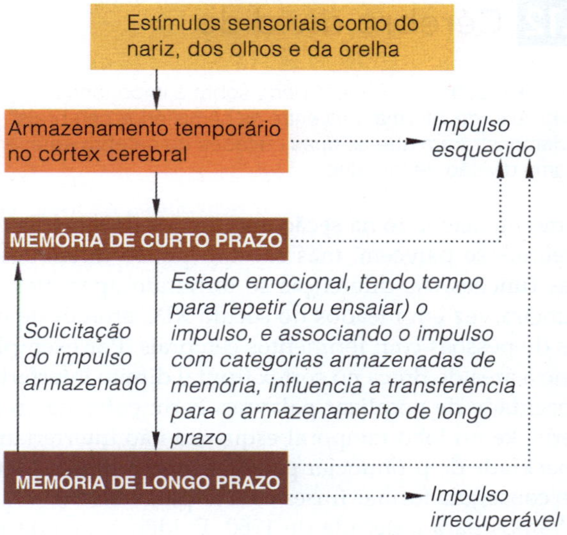

Figura 8.25 Estágios no processamento de memória.

Formação de memórias

O córtex cerebral recebe informações continuamente, mas apenas uma parte delas torna-se memória, que é formada em estágios. A memória de curto prazo dura de segundos a horas. Este estágio retém alguns trechos de informação, alguns números, palavras de uma frase etc. Na memória de longo prazo, trechos maiores de informação são armazenados mais ou menos permanentemente (Figura 8.25).

Diferentes tipos de memórias são armazenados e lembrados por diferentes mecanismos. A repetição de tarefas motoras pode criar memórias de habilidade, que são altamente persistentes. Quando você aprende a andar de bicicleta, dirigir um carro, driblar uma bola ou tocar acordeom, raramente esquece. Memórias de habilidade envolvem o cerebelo, que controla a atividade motora.

A memória declarativa armazena fatos e impressões de eventos, como quando ela o ajuda a lembrar do cheiro de um limão ou que uma moeda de 25 centavos vale mais que uma de cinco. Ela começa quando o córtex sensorial sinaliza a amígdala, uma guardiã do hipocampo. Uma memória será retida apenas se os sinais se repetirem no córtex sensorial, no hipocampo e no tálamo.

Emoções influenciam a retenção de memória. Por exemplo, a epinefrina liberada em momentos de estresse ajuda a transpor memórias de curto prazo no armazenamento de longo prazo.

Para pensar

Quais são as funções do córtex cerebral?

- O córtex cerebral controla atividades voluntárias, percepção sensorial, pensamento abstrato, linguagem e fala. Ele recebe informações e processa uma parte delas em memórias. Também supervisiona o sistema límbico, o centro de reações emocionais do cérebro.

8.12 Cérebro dividido

- Investigações de Roger Sperry sobre a importância do fluxo de informações entre os hemisférios cerebrais demonstraram que as duas metades do cérebro apresentam uma divisão de trabalho.

Como mencionado na seção anterior, os dois hemisférios cerebrais se parecem, mas são um pouco diferentes em suas funções. As diferenças se tornaram aparentes pela primeira vez em meados do século XIX, através de estudos de pessoas com ferimentos cerebrais. Por exemplo, o dano à área de Broca no córtex frontal direito interferia na capacidade de vocalizar palavras. Ferimentos na área de Wernicke no lobo temporal esquerdo não interferiam na capacidade de pronunciar palavras, mas a pessoa afetada não conseguia formar frases com as palavras.

Vamos para a década de 1960. Evidências ainda mais avançadas da importância do hemisfério esquerdo continuaram aparecendo. Pesquisadores começaram a se perguntar qual o papel, se houvesse, do hemisfério direito em funções avançadas de pessoas destras típicas. Roger Sperry e seus colegas decidiram descobrir.

Sperry ficou interessado em pacientes com "cérebro dividido". Essas pessoas haviam sofrido cirurgia para remoção de seu corpo caloso, uma faixa grossa de nervos que conecta os dois hemisférios cerebrais. Na época, essa era uma forma experimental de tratar epilepsia grave. Surtos epilépticos são como tempestades elétricas no cérebro. Cirurgiões cortavam o corpo caloso de um paciente para evitar o fluxo de sinais elétricos problemáticos de um hemisfério para o outro. Depois de uma breve recuperação, os pacientes conseguiam levar o que pareciam ser vidas normais, com menos surtos.

Mas esses pacientes eram realmente normais? A cirurgia havia interrompido o fluxo de informações em cerca de 200 milhões de axônios no corpo caloso. Com certeza algo devia estar diferente. E estava.

Sperry elaborou experimentos específicos para examinar a experiência de cérebro dividido. Ele inventou um mecanismo de apresentação de duas partes diferentes de um estímulo visual às duas metades dos pacientes afetados. Na época, os pesquisadores já sabiam que as conexões visuais de cada hemisfério do cérebro são principalmente relacionadas à metade oposta do campo visual, como na Figura 8.26.

Sperry projetava uma palavra – digamos, COWBOY – em uma tela de forma que COW ficasse na metade esquerda do campo visual e BOY, na direita (Figura 8.27).

Os sujeitos deste experimento relataram ver a palavra BOY. O hemisfério esquerdo, que controla a linguagem, reconheceu a palavra. Entretanto, quando lhe foi pedido para escrever a palavra com a mão esquerda – que estava escondida –, o sujeito escreveu COW. O hemisfério direito "sabia" a outra metade da palavra (COW) e havia orientado a reação motora da mão esquerda. Entretanto, o hemisfério direito não podia dizer ao hemisfério esquerdo o que estava acontecendo por causa do corpo caloso cortado. O sujeito sabia que uma palavra estava sendo escrita, mas não podia dizer qual era!

"A cirurgia", relatou Sperry, "deixou essas pessoas com duas mentes separadas, duas esferas de consciência". Sperry concluiu que os dois hemisférios contribuem para a percepção normal ao compartilhar informações que moldam a experiência que chamamos consciência.

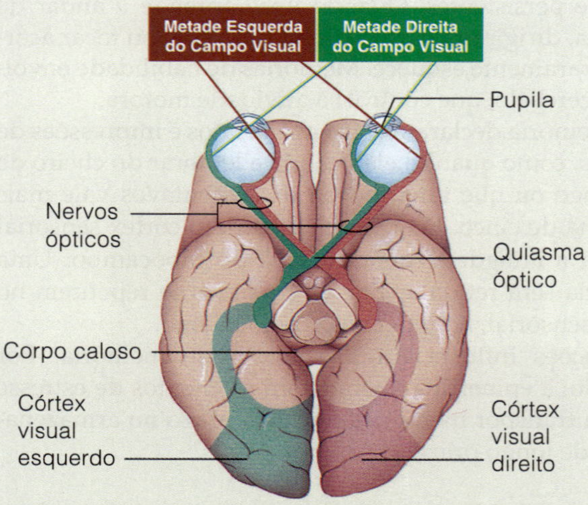

a Rota pela qual impulsos sensoriais sobre estímulos visuais chegam ao córtex visual do cérebro humano.

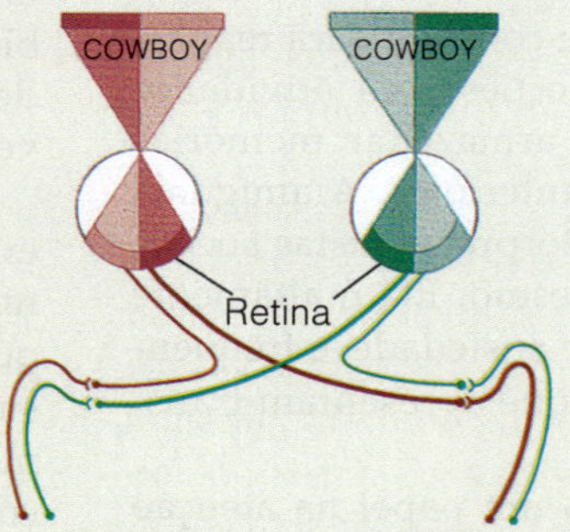

b Cada olho coleta informações visuais na retina, uma camada fina de fotorreceptores densamente agrupados na parte posterior do bulbo do olho.

Luz da metade *esquerda* do campo visual atinge receptores no lado direito das duas retinas. Partes dos dois nervos ópticos transportam sinais dos receptores para o hemisfério cerebral direito.

Luz da metade *direita* do campo visual atinge receptores no lado esquerdo das duas retinas. Partes dos nervos ópticos levam sinais deles para o hemisfério esquerdo.

Figura 8.26 Informações visuais e o cérebro.

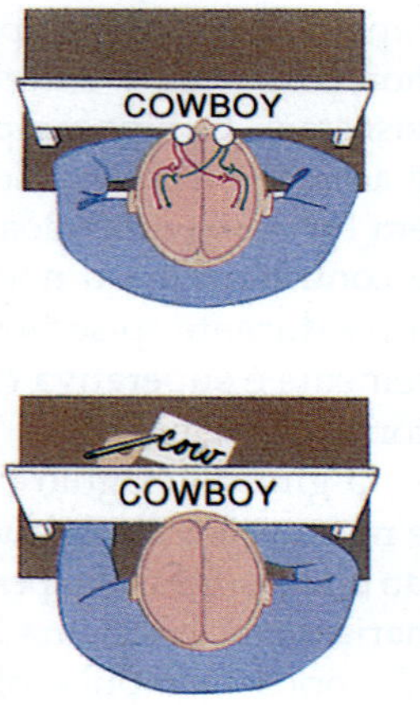

Figura 8.27 Um exemplo da resposta de um paciente com cérebro dividido a estímulos visuais. Conforme descrito no texto, esse tipo de experimento demonstrou a importância do corpo caloso na coordenação de atividades entre os dois hemisférios cerebrais.

8.13 Neuróglias – a equipe de apoio dos neurônios

- Embora nos concentremos nos neurônios, as células neurogliais compõem a maior parte do cérebro e também desempenham papéis importantes.

Tipos de neuróglia

Células neurogliais, ou neuróglias, superam os neurônios em um cérebro humano na proporção de aproximadamente 10 para 1. Neuróglias atuam como uma estrutura que mantém os neurônios no lugar – *glia* significa "cola" em latim. Enquanto um sistema nervoso se desenvolve, novos neurônios migram ao longo de estradas de neuróglias para chegar a seu destino final.

Um cérebro adulto possui quatro tipos principais de células neurogliais: oligodendrócitos, micróglias, astrócitos e células ependimárias. Os oligodendrócitos formam bainhas de mielina que isolam axônios na parte central do sistema nervoso. Como mencionado anteriormente, células de Schwann são neuróglias que realizam essa mesma função para os nervos periféricos. A esclerose múltipla (EM) é uma desordem autoimune na qual glóbulos brancos atacam e destroem incorretamente as bainhas de mielina dos oligodendrócitos. A mielina é substituída por tecido cicatricial e a capacidade de condução dos axônios afetados para de funcionar. Alguns genes aumentam a probabilidade de EM, mas uma infecção viral pode ativá-la. Quando ela começa, o fluxo de informações é interrompido. Tontura, dormência, fraqueza muscular, fadiga, problemas visuais e outros sintomas comumente se seguem. A EM afeta pelo menos 300 mil pessoas nos Estados Unidos.

Micróglias são, como o nome sugere, as menores células neurogliais. Elas continuamente analisam o cérebro. Se o tecido cerebral for ferido ou infectado, micróglias se tornam células móveis e ativas que engolfam células mortas ou velhas e detritos. Elas também produzem sinais químicos que alertam o sistema imunológico para a ameaça.

Astrócitos em forma de estrela são as células mais abundantes no cérebro. Eles desempenham diversos papéis. Envolvem-se ao redor de vasos sanguíneos que alimentam o cérebro e estimulam a formação da barreira hematoencefálica, coletam neurotransmissores liberados pelos neurônios, auxiliam na defesa imunológica, formam lactato que alimenta atividades dos neurônios e sintetizam fator de crescimento dos nervos. Um fator de crescimento é uma molécula secretada por uma célula que causa a divisão ou a diferenciação de outra célula.

Neurônios não se dividem – são interrompidos na fase G1 do ciclo celular (mitose). Entretanto, o fator de crescimento dos nervos faz um neurônio formar novas sinapses com seus vizinhos.

Células ependimárias são neuróglias que revestem as cavidades (ventrículos) repletas de fluido do cérebro e o canal central da medula espinhal. Algumas células ependimárias são ciliadas e a ação de seus cílios mantém o fluido cerebroespinhal, que flui em uma direção consistente através do sistema de cavidades e canais.

Sobre tumores cerebrais

Neurônios não se dividem, portanto, não originam tumores. Entretanto, às vezes, as células neurogliais se dividem incontrolavelmente e o resultado é um glioma. Esse é o tipo mais comum de tumor cerebral primário – que surge de células no cérebro. Tumores cerebrais também surgem da divisão descontrolada de células nas meninges, ou como resultado de metástase – chegada de células cancerosas vindas de outras partes do corpo.

Homens são mais propensos a tumores cerebrais do que mulheres. A exposição à radiação ionizante, como raios X, ou a produtos carcinogênicos químicos aumenta o risco. E quanto às ondas de rádio de telefones celulares? Nenhum estudo demonstrou que o uso de um telefone celular cause câncer cerebral. Entretanto, telefones celulares são uma invenção relativamente recente e tumores cerebrais podem levar anos para se desenvolver. Por precaução, alguns médicos recomendam o uso de um fone de orelha, que mantém a parte emissora de ondas do telefone longe do cérebro.

Para pensar

Quais são as funções das neuróglias?

- Células neurogliais compõem a maior parte do cérebro. Elas fornecem uma estrutura para neurônios, isolam axônios de neurônios, auxiliam os neurônios metabolicamente e protegem o cérebro contra ferimentos e doenças.
- Diferentemente de neurônios, neuróglias continuam se dividindo e se multiplicando em adultos. Assim, neuróglias podem ser uma fonte de tumores cerebrais.

QUESTÕES DE IMPACTO REVISITADAS | Em busca do Êxtase

Agora que você sabe um pouco mais sobre como um cérebro funciona, separe um tempo para reconsiderar os efeitos do MDMA, o ingrediente ativo do ecstasy. O MDMA danifica e, possivelmente, mata interneurônios cerebrais que produzem o neurotransmissor serotonina. Lembre-se, neurônios não se dividem, portanto, os danificados não são substituídos. O MDMA também prejudica a barreira hematoencefálica, portanto, permite que moléculas maiores que o normal entrem no cérebro por até 10 semanas depois do uso.

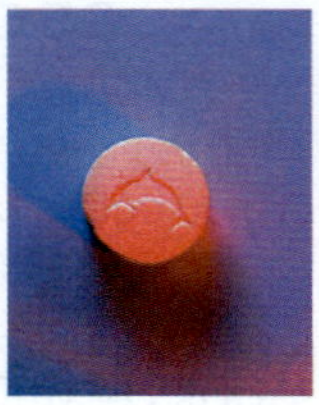

Resumo

Seção 8.1 **Neurônios** são células excitáveis eletricamente que sinalizam outras células através de mensagens químicas. **Neurônios sensoriais** detectam estímulos. **Interneurônios** transmitem sinais entre neurônios. **Neurônios motores** sinalizam efetores (músculos e glândulas). **Neuróglias** apoiam os neurônios.

Animais radialmente simétricos possuem uma **rede de nervos**. A maioria dos animais possui um sistema nervoso bilateral com **cefalização;** eles apresentam **gânglios** (agrupamentos de corpos celulares de neurônios) em pares ou um cérebro na extremidade da cabeça.

A **parte central do sistema nervoso** dos vertebrados é composta por cérebro e medula espinhal. A parte periférica do sistema nervoso inclui todos os nervos que percorrem o corpo.

Seções 8.2-8.4 Os **dendritos** de um neurônio recebem sinais e seu **axônio** transmite sinais. Os neurônios mantêm um **potencial de membrana em repouso**, uma leve diferença de voltagem em sua membrana plasmática. Um **potencial de ação** é uma breve reversão do potencial de membrana. Ele ocorre apenas se o potencial de membrana aumenta até o **potencial de limiar**.

Um potencial de ação ocorre quando a abertura de canais de sódio regulados por voltagem permite que o sódio rebaixe seu gradiente de concentração no neurônio. Então, a abertura de canais de potássio regulados por voltagem permite que íons potássio saiam do neurônio.

Todos os potenciais de ação têm o mesmo tamanho e viajam em uma só direção, para longe do corpo celular e em direção aos terminais do axônio.

Seções 8.5-8.7 Neurônios enviam sinais químicos para células em **sinapses.** Uma sinapse entre um neurônio motor e uma fibra muscular é uma **junção neuromuscular**. A chegada de um potencial de ação nos terminais de axônio de uma célula pré-sináptica ativa a liberação de **neurotransmissor,** um tipo de sinal químico. O neurotransmissor se difunde para receptores em uma célula pós-sináptica e se liga a eles. A reação de uma célula pós-sináptica é determinada pela **integração sináptica** de todas as mensagens que chegam ao mesmo tempo.

Neuromoduladores são substâncias químicas secretadas por neurônios que podem alterar os efeitos de neurotransmissores.

Drogas psicoativas interrompem a sinalização com base em neurotransmissores. Algumas causam **vício em drogas,** uma dependência da droga que interfere no funcionamento normal.

Seção 8.8 Nervos são feixes de axônios que transportam sinais por todo o corpo. **Bainhas de mielina** envolvem a maioria dos axônios e aumentam as taxas de condução de sinais. A parte periférica do sistema nervoso é funcionalmente dividida em **sistema nervoso somático**, que controla os músculos esqueléticos, e **divisão autônoma do sistema nervoso**, que controla órgãos internos e glândulas.

Sinais de **neurônios simpáticos** da divisão autônoma do sistema nervoso aumentam em tempos de estresse ou perigo. Os sinais causam uma **reação "lutar ou fugir"**. Durante momentos menos estressantes, os sinais dos **neurônios parassimpáticos** dominam. Órgãos recebem sinais dos dois tipos de neurônios.

Seção 8.9 Como o cérebro, a **medula espinhal** consiste em **massa branca** (com axônios mielinizados) e **massa cinzenta** (com corpos celulares, dendritos e neuróglias). A medula espinhal e o cérebro estão envoltos por **meninges** membranosas e amortecidos por **fluido cerebroespinhal**. Reflexos espinhais envolvem nervos periféricos e a medula espinhal. Um **reflexo** é uma reação autônoma à estimulação; ele não exige pensamento consciente.

Seções 8.10-8.12 O tubo neural de um embrião vertebrado se desenvolve em medula espinhal e cérebro. O **tronco cerebral** é o tecido cerebral mais evolucionariamente velho. Ele inclui a **ponte** e o **bulbo raquidiano**, que controla reflexos envolvidos na respiração e em outras tarefas essenciais.

O **cerebelo** atua na coordenação motora. O **tálamo** e o **hipotálamo** funcionam na homeostase. Uma **barreira hematoencefálica** protege o cérebro de muitas substâncias químicas danosas. O **córtex cerebral**, a região cerebral evoluída mais recentemente, rege funções complexas. Ele apresenta áreas específicas que recebem tipos diferentes de impulsos sensoriais ou controlam movimentos voluntários. O córtex cerebral interage com o **sistema límbico** em emoções e memória. A atividade das duas metades do **encéfalo** é coordenada através do **corpo caloso** que as conecta.

Seção 8.13 Células neurogliais compõem a maior parte do cérebro. Diferentemente dos neurônios, elas continuam se dividindo em adultos.

Exercício de análise de dados

Estudos em animais frequentemente são utilizados para avaliar os efeitos da exposição pré-natal a drogas ilícitas. Por exemplo, Jack Lipton utilizou ratos para estudar o efeito comportamental da exposição pré-natal ao MDMA, o ingrediente ativo do ecstasy. Ele injetou MDMA ou solução salinas em ratas quando elas estavam com 14 a 20 dias de gestação. Esse é o período no qual os cérebros de suas crias estavam se formando. Quando essas crias tinham 21 dias, Lipton testou sua capacidade de se ajustar a um novo ambiente. Ele colocou cada filhote em uma nova gaiola e utilizou um sistema de feixes fotográficos para registrar quanto cada rato se movimentava antes de se acomodar. A Figura 8.28 mostra seus resultados.

1. Que ratos se movimentaram mais (causaram mais lacunas dos feixes fotográficos) durante os primeiros 5 minutos em uma nova gaiola: os expostos a MDMA antes de nascer ou os controles?
2. Quantas interrupções no feixe fotográfico os ratos expostos a MDMA fizeram durante seu segundo período de 5 minutos na nova gaiola?
3. Que ratos se movimentaram mais durante os últimos 5 minutos do estudo?
4. Este estudo embasa a hipótese de que o MDMA afeta o cérebro em desenvolvimento de um rato?

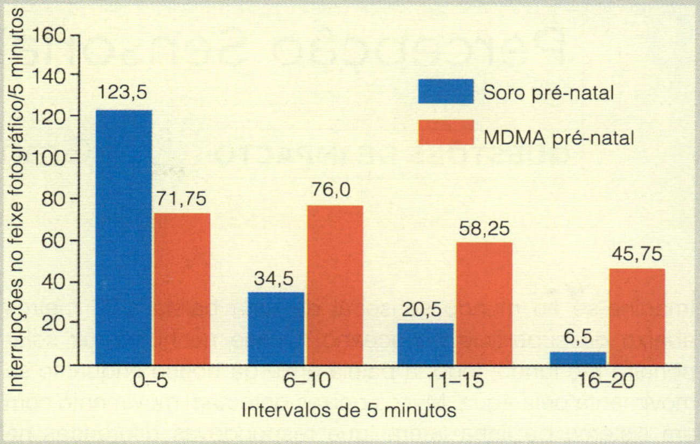

Figura 8.28 Efeito da exposição pré-natal a MDMA em níveis de atividade de ratos com 21 dias de idade colocados em uma nova gaiola. Os movimentos foram detectados quando o rato interrompia um feixe fotográfico. Ratos foram monitorados em intervalos de 5 minutos por um total de 20 minutos. Barras *azuis* são os resultados para ratos cujas mães receberam soluções salinas, e *vermelhas* são ratos cujas mães receberam MDMA.

Questões

Respostas no Apêndice III

1. ______ transportam mensagens do cérebro e da medula espinhal para músculos e glândulas.
a. Neurônios motores
b. Interneurônios c. Neurônios sensoriais

2. Quando um neurônio está em repouso, _____.
a. está em potencial de limiar
b. canais regulados de sódio se abrem
c. a bomba de sódio-potássio está operando
d. respostas a e c

3. Potenciais de ação ocorrem quando ________.
a. um neurônio recebe estimulação adequada
b. cada vez mais portões de sódio se abrem
c. bombas de sódio-potássio entram em ação
d. respostas a e b

4. Verdadeiro ou falso? Potenciais de ação variam de tamanho.

5. Neurotransmissores são liberados por ______.
a. terminais do axônio c. dendritos
b. corpo celular d. bainha de mielina

6. Que substância química é liberada pelos terminais de axônio de um neurônio motor em uma junção neuromuscular?
a. ACh b. serotonina c. dopamina d. epinefrina

7. Qual neurotransmissor é importante no aprendizado com base em recompensa e no vício em drogas?
a. ACh c. dopamina
b. serotonina d. epinefrina

8. Músculos esqueléticos são controlados por ______.
a. sinais simpáticos c. nervos somáticos
b. sinais parassimpáticos d. respostas a e b

9. Quando você está sentado quieto no sofá lendo, a produção de neurônios _____ prevalece.
a. simpáticos b. parassimpáticos

10. Corpos celulares dos neurônios sensoriais que fornecem sinais à medula espinhal estão em _______.
a. massa branca b. massa cinzenta c. gânglios da raiz dorsal

11. Quais dos seguintes itens não estão no cérebro?
a. células de Schwann b. astrócitos c. micróglias

12. Verdadeiro ou falso? Neurônios não se dividem nos adultos.

13. Una cada item a sua descrição.

_____ fuso muscular	a. início do cérebro, medula espinhal
_____ neurotransmissor	b. conecta os hemisférios
_____ sistema límbico	c. protege o cérebro e a medula espinhal de algumas toxinas
_____ corpo caloso	d. tipo de molécula de sinalização
_____ córtex cerebral	e. equipe de apoio dos neurônios
_____ tubo neural	f. receptor sensível a estiramento
_____ neuróglias	g. papéis na emoção, memória
_____ massa branca	h. integração mais complexa
_____ barreira hematoencefálica	i. axônios mielinizados de neurônios

Raciocínio crítico

1. Nos humanos, os axônios de alguns neurônios motores medem mais de um metro de extensão, da base da medula espinhal ao dedão do pé. Quais são os desafios funcionais envolvidos no desenvolvimento e na manutenção de extensões celulares tão impressionantes?

2. Alguns sobreviventes de eventos desastrosos desenvolvem transtorno de estresse pós-traumático (TEPT). Os sintomas incluem pesadelos sobre a experiência e sensação repentina de o evento estar ocorrendo novamente. Estudos de imagens do cérebro de pessoas com TEPT demonstraram que seu hipocampo estava encolhido e sua amígdala, anormalmente ativa. Dadas essas alterações, que outras funções cerebrais podem ser interrompidas no TEPT?

3. Em recém-nascidos humanos, especialmente nos prematuros, a barreira hematoencefálica ainda não está totalmente desenvolvida. Por que esse é um motivo para prestar muita atenção na alimentação dos bebês?

9 Percepção Sensorial

QUESTÕES DE IMPACTO Um Grande Problema

Imagine-se no mundo sensorial de uma baleia, 200 metros abaixo da superfície do oceano. Quase nenhuma luz solar penetra tão fundo; logo, a baleia enxerga pouco enquanto se movimenta pela água. Muitos peixes detectam movimento com um sistema de linha lateral que responde às diferenças na pressão da água. Os peixes também usam substâncias químicas dissolvidas como pistas para navegação. Porém, a baleia é um mamífero, não possui nenhuma linha lateral e o olfato é muito ruim. Como ela sabe onde está indo?

Todas as baleias usam sinais acústicos. A água é um meio ideal para transmitir ondas de som, que se movem cinco vezes mais rápido na água que no ar. Diferentemente dos seres humanos, as baleias não possuem um par de orelhas que coletam as ondas de som, pois essa estrutura iria prejudicar seu formato hidrodinâmico; porém, elas possuem ouvidos. Algumas baleias não têm, nem mesmo, um canal auditivo se comunicando com o ouvido médio, localizado internamente na cabeça. Outras possuem canais auditivos empacotados com cera. Então como as baleias ouvem? Suas mandíbulas captam vibrações que viajam pela água. As vibrações são transmitidas a partir das mandíbulas por uma camada de gordura até um par de ouvidos médios sensíveis à pressão.

As baleias usam sons para se comunicar, localizar alimentos e encontrar seu caminho pela água. Baleias assassinas e algumas outras espécies de baleias que possuem dentes (família dos golfinhos) usam a ecolocalização. A baleia emite sons em tons altos e depois escuta o eco nos objetos, inclusive na presa. Seus ouvidos são especialmente sensíveis para sons de altas frequências. As baleias sem dentes (baleias de baleen), incluindo a baleia-jubarte, produzem sons muito baixos que podem viajar por uma bacia oceânica inteira. Seus ouvidos são adaptados para descobrir esses sons.

O oceano está ficando muito mais barulhento e as maravilhosas adaptações acústicas das baleias agora as colocam em risco. Por exemplo, em 2001 algumas baleias encalharam próximas a uma área onde a Marinha dos Estados Unidos estava testando um sistema de sonar (Figura 9.1). Esse sistema emite sons baixos de baixa frequência e usa seus ecos para localizar submarinos. Os seres humanos não conseguem ouvir os sons do sonar, mas as baleias conseguem.

Como revelado posteriormente por autópsias, as baleias encalhadas tinham sangue nos ouvidos e na gordura acústica. Aparentemente, os sons intensos emitidos pelo sonar as fez subir à superfície com medo. A mudança rápida de pressão danificou tecidos internos.

Infelizmente os testes com sonar continuam. Além disso, o barulho causado pelo transporte comercial pode ser um problema pior ainda para as baleias. Os grandes navios-tanque geram sons de baixa frequência que assustam as baleias ou suprimem pistas acústicas. Realisticamente, o transporte global de óleo e outros recursos que as nações industriais exigem não irá parar. Se as pesquisas mostrarem que as baleias estão em risco, tais nações estarão dispostas a projetar e implantar navios-tanque mais novos e mais caros que façam menos ruído?

Neste capítulo, nós abordamos os sistemas sensoriais. Usando esses sistemas de órgãos, os animais detectam estímulos dentro e fora de seu corpo e percebem toques, sons, visões, odores e outras sensações. Como você aprenderá, os animais diferem no tipo e número de receptores sensoriais que provam o ambiente e, desse modo, também diferem em sua percepção daquele ambiente.

Figura 9.1 As baleias usam sinais acústicos para se comunicar, encontrar alimentos e se localizar. Durante testes militares de sistemas de sonar as baleias podem se assustar com sons intensos e, ao subir rapidamente para a superfície, ter seus tecidos internos danificados devido à mudança rápida de pressão.

Conceitos-chave

Como as vias sensoriais funcionam

Os receptores sensoriais detectam estímulos específicos. Animais diferentes possuem receptores para estímulos diferentes. As informações provenientes dos receptores sensoriais são codificadas em número e frequência de potenciais de ação enviados para o cérebro pelas vias nervosas particulares. **Seção 9.1**

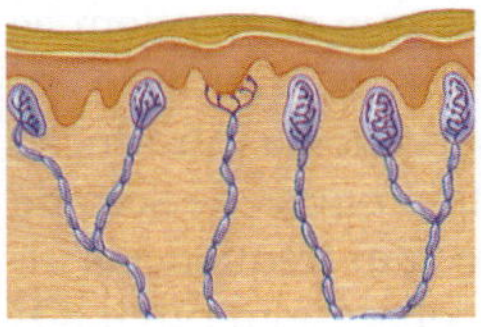

Sentidos somáticos e viscerais

As sensações somáticas, como toque, são facilmente localizadas e surgem dos receptores na pele, nos músculos ou nas articulações próximas. Sensações viscerais, como uma sensação de enchimento em seu estômago, são definidas com menos facilidade. Elas surgem a partir de receptores nas paredes dos órgãos internos. **Seção 9.2**

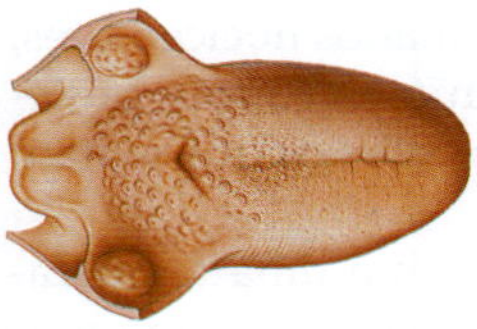

Sentidos químicos

O olfato e o paladar exigem quimiorreceptores que ligam as moléculas de substâncias específicas dissolvidas no fluido em seu entorno. **Seção 9.3**

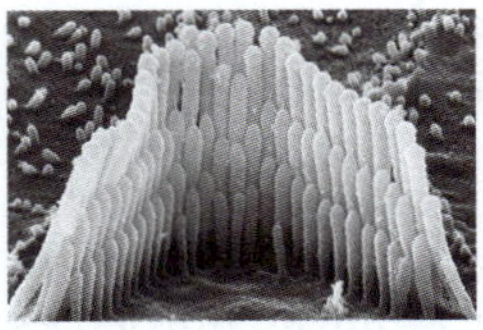

Equilíbrio e audição

Os órgãos no ouvido funcionam em favor do equilíbrio e da audição. O aparelho vestibular do ouvido interno detecta a posição do corpo e movimento. O ouvido médio e externo coletam e ampliam ondas de som. Os mecanorreceptores no ouvido interno enviam sinais sobre os sons para o cérebro. **Seções 9.4-9.6**

Visão

A maioria dos organismos é dotada de pigmentos sensíveis à luz, mas a visão exige olhos. Os vertebrados possuem um olho que opera como uma câmera de filmagem. Sua retina, que tem fotorreceptores, é análoga ao filme. Uma via sensorial começa na retina e termina no córtex visual. **Seções 9.7-9.10**

Neste capítulo

- Neste capítulo, você verá exemplos de potenciais de ação e aprenderá mais sobre neuromoduladores, a extensão do reflexo e o sistema límbico e córtex cerebral.
- Nossas discussões sobre a evolução dos órgãos sensoriais se referirão à convergência morfológica, evolução dos vertebrados e evolução dos primatas em particular.
- Ao discutir a visão, abordaremos sobre os pigmentos e os efeitos da deficiência de vitamina A.
- Você também aprenderá sobre como as amebas patogênicas e os nematódeos podem prejudicar a visão.

Qual sua opinião? As atividades marítimas, como transporte, causam um distúrbio sob a água. Você apoiaria a proibição às atividades que geram níveis de ruído excessivos? Conheça a opinião de seus colegas e apresente seus argumentos a eles.

9.1 Visão geral das vias sensoriais

- Os receptores sensoriais dos animais determinam quais características do ambiente podem ser detectadas e terem resposta.

Os neurônios sensoriais de um animal detectam estímulos específicos, ou formas de energia, no ambiente interno ou externo. A excitação das terminações do receptor de um neurônio sensorial provoca potenciais de ação que são transportados ao longo da membrana plasmática.

Figura 9.2 Exemplos de receptores sensoriais. (a) Mecanorreceptores dentro do ouvido interno de um morcego permitem ao animal detectar ondas de pressão em tom alto ou ondas ultrassônicas. (b) Termorreceptores em fossas sensoriais acima e abaixo da boca da cobra píton permitem que ela detecte o calor do corpo, ou a energia infravermelha, da presa.

Diversidade de receptores sensoriais

Todos os animais dotados de neurônios possuem neurônios sensoriais. Porém, os tipos de estímulos que esses neurônios detectam variam entre os grupos de animais. Podemos classificar os neurônios sensoriais com base nos tipos de estímulos aos quais eles respondem.

Mecanorreceptores são terminações sensoriais que respondem à energia mecânica. Alguns detectam a posição ou aceleração de um corpo. Por exemplo, uma água-viva é capaz de se orientar porque possui estruturas denominadas estatocistos. Estes são formados por células ciliadas, em cujo interior existe uma pequena massa calcária, chamada estatólito, que muda de posição conforme o animal se move. Essas mudanças ativam potenciais de ação.

Outros mecanorreceptores disparam potenciais de ação em resposta ao toque ou ao estiramento de uma parte do corpo. Por exemplo, o reflexo de estiramento humano só é possível devido à presença de mecanorreceptores no local.

Ainda há outros mecanorreceptores que respondem às vibrações provocadas por ondas de pressão. A audição envolve esse tipo de receptor. Como observado na introdução do capítulo, diferentes animais detectam ondas de som de frequências diferentes. As baleias detectam frequências ultrabaixas que os seres humanos não conseguem ouvir. Os morcegos emitem e respondem a sons muito altos para serem percebidos pelos seres humanos (Figura 9.2*a*).

Os **receptores da dor**, também chamados nociceptores, detectam danos aos tecidos. Eles têm uma função protetora e muitas vezes se envolvem em reflexos que evitam maiores danos.

Alguns **termorreceptores** respondem a uma temperatura específica; outros disparam em resposta a uma mudança de temperatura. Pítons e algumas outras serpentes são dotadas de termorreceptores concentrados em fossas sensoriais em sua cabeça (Figura 9.2*b*). Esses receptores ajudam a serpente a detectar a presa de sangue quente.

Quimiorreceptores detectam solutos específicos dissolvidos em um fluido. Quase todos os animais possuem quimiorreceptores que os ajudam a localizar nutrientes químicos e evitam a ingestão de venenos. Os quimiorreceptores também funcionam no olfato.

Osmorreceptores detectam uma mudança na concentração de solutos em um fluido do corpo, como o sangue.

Figura 9.3 Uma calêndula do pântano parece amarela para os seres humanos (a), mas, ao fotografá-la com filme sensível, a UV, uma área escura se revela em torno das partes reprodutoras (b). Esse padrão é provocado pelo pigmento que absorve UV e é visível aos insetos polinizadores.

Os **fotorreceptores** detectam a energia da luz. Os seres humanos detectam somente a luz visível, mas insetos e alguns outros animais, incluindo roedores, também respondem à luz ultravioleta. As flores muitas vezes possuem pigmentos que absorvem UV organizados em padrões que são invisíveis para nós, mas óbvios para seus insetos polinizadores (Figura 9.3).

Do sentido à sensação

Em animais dotados de cérebro, o processamento de sinais ocasiona a **sensação**, isto é, a consciência de um estímulo. A sensação é diferente da percepção, que se refere a uma compreensão consciente do significado de uma sensação.

Receptores sensoriais na pele, nos músculos esqueléticos ou próximos às articulações promovem sensações somáticas. Sensações de toque e calor são exemplos. Sensações viscerais, como a sensação de que sua bexiga ou seu estômago estão cheios, surgem a partir de receptores em órgãos internos. Receptores sensoriais restritos a órgãos sensoriais específicos, como olhos ou ouvidos, funcionam em sentidos especiais – visão, olfato, equilíbrio, audição e paladar.

Por exemplo, receptores de estiramento nos músculos dos braços e das pernas de um ginasta mantêm o cérebro informado sobre as mudanças no comprimento dos músculos (Figura 9.4*a*). O cérebro do ginasta integra essa entrada sensorial com sinais provenientes dos olhos e dos órgãos de equilíbrio no ouvido interno, então envia comandos que fazem com que os músculos ajustem o seu comprimento e ajudem a manter o equilíbrio e a postura.

A excitação de um receptor sensorial produz potenciais de ação que, lembre-se, são sempre da mesma intensidade. O cérebro obtém informações adicionais sobre estímulos observando quais vias nervosas carregam os potenciais de ação, a frequência dos potenciais de ação viajando em cada axônio na via e o número de axônios recrutados pelo estímulo.

Primeiro, o cérebro do animal é pré-conectado ou geneticamente programado para interpretar potenciais de ação em determinadas vias. É por isso que você pode "ver estrelas" depois que o olho é atingido até mesmo em um quarto escuro. Os fotorreceptores no olho que são mecanicamente pertubados enviam sinais ao longo de um dos dois nervos ópticos para o cérebro. O cérebro interpreta todos os sinais de um nervo óptico como "luz".

Segundo, um sinal forte faz com que os receptores disparem potenciais de ação com mais frequência e com maior duração que um sinal fraco. Os mesmos receptores são estimulados por um sussurro e por um grito. Seu cérebro interpreta a diferença por variações na frequência de sinais (Figura 9.4*b*).

Terceiro, um estímulo mais forte recruta mais receptores sensoriais comparado a um estímulo fraco. Um toque leve no braço ativa menor quantidade de receptores que um tapa ou soco.

A duração do estímulo também afeta a resposta. Na **adaptação sensorial**, os neurônios sensoriais deixam de disparar apesar da excitação continuada. Coloque uma meia e você a sentirá brevemente contra sua pele, mas você logo perde a consciência sobre isso. Os mecanorreceptores na pele se adaptam a esse estímulo, permitindo a você enfocar outras coisas.

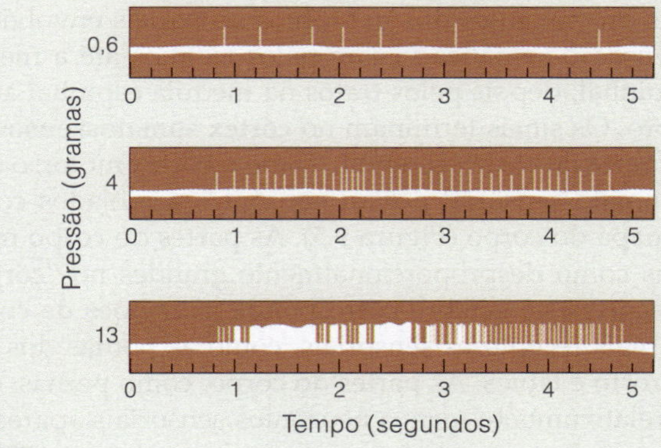

Figura 9.4 (**a**) Um jovem ginasta se beneficia do fluxo de informações proveniente dos eixos musculares e outros receptores sensoriais para seu cérebro. (**b**) Gravações de potenciais de ação a partir de um receptor de pressão com terminações em uma mão humana. Os gráficos desenham as variações na força do estímulo. Uma haste fina foi apertada contra a pele com quantidades variadas de pressão. Barras verticais acima de cada linha horizontal registram os potenciais de ação individual. A frequência dos potenciais de ação sobe a cada aumento de força do estímulo.

Para pensar

Como os animais detectam e processam estímulos sensoriais?

- Os neurônios sensoriais sofrem potenciais de ação em resposta a estímulos específicos. Os diferentes tipos de receptores sensoriais respondem a diferentes tipos de estímulos.
- Nos animais com um cérebro, a entrada de estímulos nos neurônios sensoriais pode ocasionar sensações.
- Os potenciais de ação são sempre da mesma intensidade, mas quais axônios estão respondendo, quantos estão respondendo e a frequência dos potenciais de ação fornecem ao cérebro informações sobre o local e a força de estímulo.

9.2 Sensações somáticas e viscerais

- Sinais de receptores na pele, nas articulações, nos músculos e nos órgãos internos fluem pela medula espinhal até o cérebro.

Os neurônios sensoriais responsáveis por sensações somáticas estão localizados na pele, nos músculos, nos tendões e nas articulações. As **sensações somáticas** são facilmente localizadas em uma parte específica do corpo. Por outro lado, as **sensações viscerais**, que surgem de neurônios nas paredes de órgãos internos moles, são frequentemente difíceis de definir. É fácil determinar exatamente onde alguém está tocando em você, mas menos fácil é dizer exatamente onde você sente uma dor de estômago.

Córtex somatossensorial

Sinais provenientes dos neurônios sensoriais envolvidos na sensação somática viajam pelos axônios até a medula espinhal, depois pelos tratos na medula espinhal até o cérebro. Os sinais terminam no **córtex somatossensorial**, uma parte do córtex cerebral. Como o córtex motor, o córtex somatossensorial possui neurônios arranjados como um mapa do corpo (Figura 9.5). As partes do corpo mostradas como desproporcionalmente grandes no "corpo" mapeado neste cérebro corresponde às regiões de corpo com mais receptores sensoriais, como as pontas dos dedos, rosto e lábios. As partes do corpo, como pernas, que têm relativamente menos neurônios sensoriais aparecem desproporcionalmente pequenas.

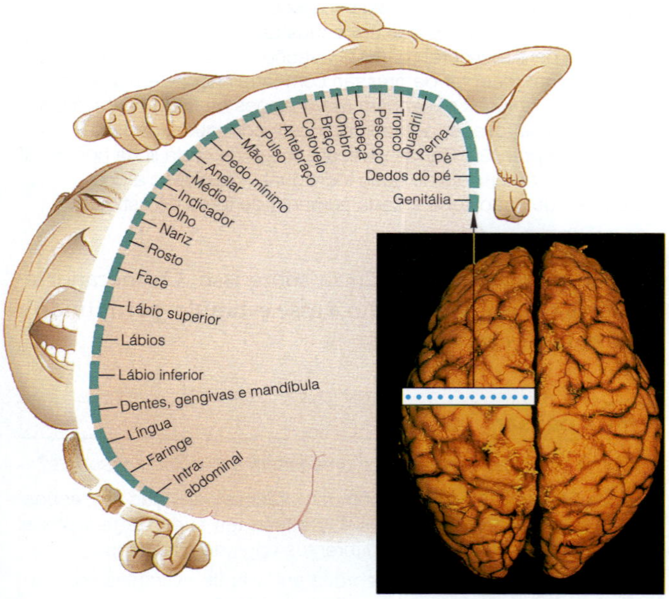

Figura 9.5 Um mapa mostrando onde as diferentes regiões do corpo estão representadas no córtex somatossensorial primário do ser humano. Esta região do cérebro é uma tira estreita do córtex cerebral que vai do topo da cabeça até logo acima de cada ouvido.

Receptores próximos à superfície do corpo

Como exemplo dos tipos de receptores que se reportam ao córtex somatossensorial, considere os que existem na pele humana (Figura 9.6). Terminações nervosas livres que se enrolam ao redor das raízes dos cabelos na derme detectam até a mais leve pressão. Outras terminações nervosas detectam as mudanças de temperatura ou danos nos tecidos. Terminações nervosas livres também ocorrem em músculos esqueléticos, tendões, articulações e paredes de órgãos internos. Aqui, eles dão origem a sensações que variam de coceira até uma dor fraca ou aguda.

Outros receptores da pele são cercados por uma cápsula e são denominados de acordo com os cientistas que os descreveram pela primeira vez. Corpúsculos de Meissner e corpúsculos Pacinianos são os principais receptores que detectam toque e pressão em regiões de pele sem pelos, como pontas dos dedos, palmas das mãos e solas dos pés. Os pequenos corpúsculos de Meissner se localizam na derme superior e detectam toques leves. Os pacinianos são maiores e respondem à pressão mais forte. Eles ficam mais fundos na derme e também ocorrem nas articulações próximas e na parede de alguns órgãos. Camadas concêntricas de tecido conjuntivo se enrolam ao redor de suas terminações sensoriais.

A pressão ou temperatura específica podem fazer com que outros receptores encapsulados respondam. As terminações de Ruffini se adaptam mais lentamente que os corpúsculos de Meissner e Pacinianos. Se você segurar uma pedra na sua mão, as terminações de Ruffini informam ao seu cérebro que a pedra ainda está lá mesmo depois que outros receptores se adaptaram e pararam de responder. As terminações de Ruffini também disparam quando a temperatura excede 45 °C. O bulbo de Krause, também um receptor encapsulado, responde ao toque e ao frio. É encontrado na pele e em determinadas membranas mucosas.

Sensação muscular

Lembra daqueles receptores de estiramento nas fibras do eixo muscular? Quanto maior o estiramento muscular, maior a frequência dos disparos desses receptores. Em linha com os receptores nos tendões e nas articulações móveis próximos, eles informam ao cérebro sobre as posições dos membros do corpo.

Sensação de dor

A **dor** é a percepção de um dano ao tecido. Dor somática é uma resposta aos sinais a partir de receptores de dor na pele, nos músculos esqueléticos, nas articulações e nos tendões. A dor visceral é associada a órgãos dentro das cavidades do corpo. Ocorre como resposta a um espasmo do músculo liso, fluxo inadequado de sangue para um órgão interno, estiramento em excesso de um órgão oco e outras condições anormais.

Células do corpo feridas ou tensionadas liberam substâncias químicas que estimulam os receptores de dor pró-

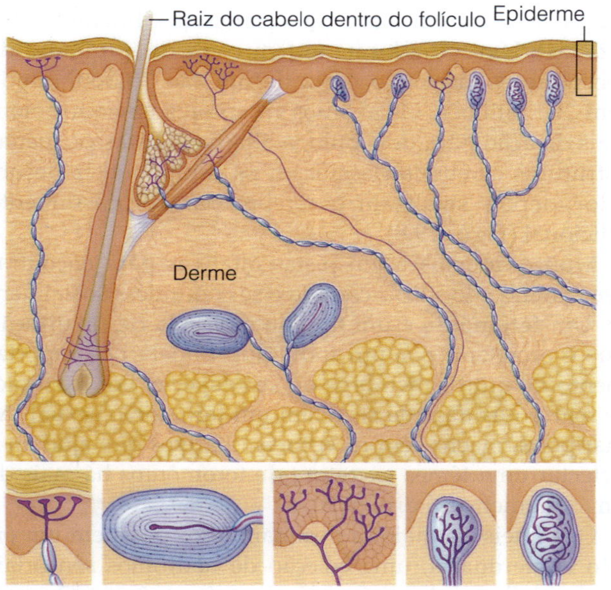

Figura 9.6 Receptores sensoriais na pele humana.

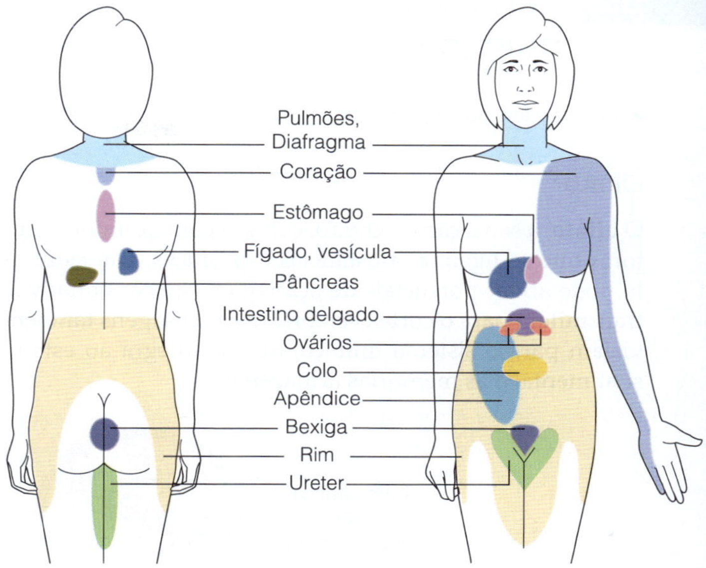

Figura 9.7 Locais de dor referidos. As regiões coloridas indicam a área que o cérebro interpreta como afetada quando órgãos internos específicos são realmente afetados.

ximos. Sinais provenientes dos receptores de dor, então, viajam pelos axônios dos neurônios sensoriais até a medula espinhal.

Aqui, os axônios sensoriais fazem sinapse com os interneurônios espinhais, que estabelecem sinais de dor para o cérebro. Os sinais prosseguem pelo cérebro até o córtex cerebral, onde são avaliados e as respostas apropriadas são colocadas em movimento.

Diversas substâncias afetam a transmissão de sinais na sinapse entre um neurônio sensorial e um interneurônio espinhal. Por exemplo, a substância P (um neuromodulador) torna os interneurônios mais suscetíveis ao envio de sinais para o córtex sensorial. Em contraste, os opiáceos naturais – endorfinas e encefalinas – prejudicam o fluxo de sinais ao longo da via da dor.

Os atenuadores da dor ou analgésicos interferem nos fluxos da via da dor. Por exemplo, a aspirina reduz a dor diminuindo a velocidade da produção de prostaglandinas. Essas moléculas de sinalização local, que são liberadas por tecidos danificados, aumentam a sensibilidade dos receptores de dor. Como outro exemplo, os opioides sintéticos, como a morfina, imitam a atividade das endorfinas.

A droga ziconotide é uma substância química detectada pela primeira vez no veneno de um conídio (esporo existente em fungos). Quando injetada na medula espinhal, a ziconotide bloqueia os canais de cálcio nas terminações do axônio dos neurônios receptores da dor. Como o fluxo de íons de cálcio é necessário para a liberação do neurotransmissor, evitá-lo impede que os sinais cheguem aos interneurônios espinhais que normalmente transportam sinais de dor para o cérebro.

Às vezes, o cérebro interpreta erroneamente os sinais sobre um problema visceral como se eles estivessem vindo da pele ou das articulações. O resultado é denominado **dor referida**. O exemplo clássico é a dor que irradia do tórax através do ombro e pelo braço durante um ataque cardíaco (Figura 9.7). O tecido no coração, e não no braço, é afetado, então por que o braço dói?

A resposta está na construção do sistema nervoso. Cada nível da medula espinhal recebe entradas sensoriais da pele, bem como de alguns órgãos. A pele confronta estímulos mais dolorosos que os órgãos, então seus sinais fluem mais frequentemente pela via até o cérebro. O cérebro às vezes atribui os sinais que chegam pela via à sua fonte mais comum – a pele –, ainda que se originem em outro lugar.

Para pensar

Como surgem as sensações somáticas e viscerais?

- As sensações somáticas são sinais de receptores sensoriais na pele, no músculo esquelético e nas articulações que viajam pelos axônios dos neurônios até a medula espinhal, depois para o córtex somatossensorial.
- As sensações viscerais começam com a excitação dos neurônios sensoriais nas paredes dos órgãos dentro do corpo. Esses sinais são restabelecidos para a medula espinhal e depois para o cérebro.
- A dor é a sensação associada ao tecido danificado. Como os sinais da dor se originam mais frequentemente em fontes somáticas, o cérebro às vezes interpreta erroneamente a dor visceral como se fosse causada por um problema na pele ou na articulação.

9.3 Percebendo o mundo químico

- Tanto o olfato como o paladar começam nos quimiorreceptores.

Olfato

O **olfato**, a sensação de cheiro, começa com quimiorreceptores que se ligam a substâncias específicas. Um estímulo pode ativar potenciais de ação que os nervos olfativos transmitem para o córtex cerebral. As mensagens também viajam para o sistema límbico, que as integra ao estado sentimental e às memórias armazenadas.

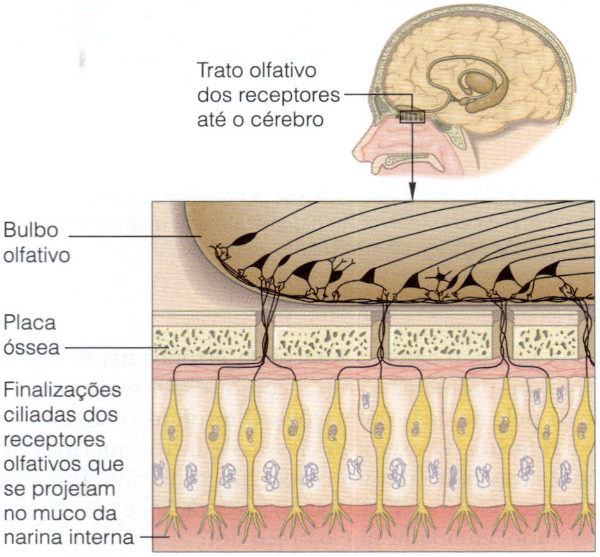

Figura 9.8 Caminho das terminações sensoriais dos receptores olfativos dentro do nariz humano até o córtex cerebral e o sistema límbico. Os axônios destes receptores sensoriais passam através do orifício em uma placa óssea entre o revestimento das cavidades nasais e o cérebro.

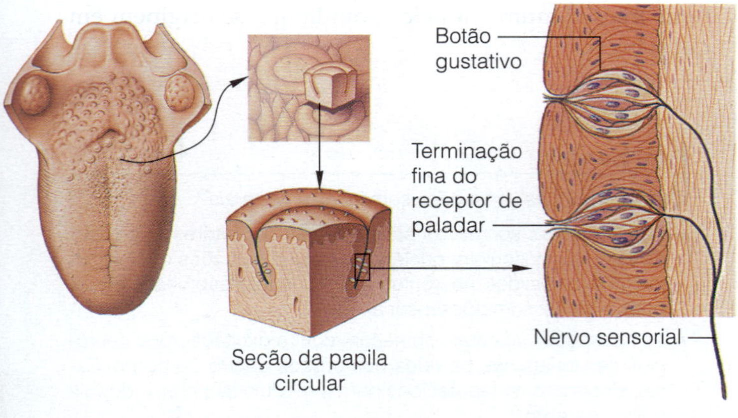

Figura 9.9 Receptores do paladar na língua humana. Os botões gustativos são agrupamentos de células receptoras e células de apoio dentro de papilas epiteliais especiais. Um tipo, a papila circular, é mostrado aqui na seção. A língua tem mais ou menos 5 mil botões gustativos, cada um incluindo até 150 células receptoras do paladar.

Os **receptores olfativos** detectam substâncias químicas solúveis em água ou voláteis (facilmente vaporizadas). Um nariz humano tem cerca de 5 milhões de receptores olfativos; o nariz de um cão "Bloodhound" tem 200 milhões. Os axônios receptores enviam potenciais de ação para dois bulbos olfativos. Estas pequenas estruturas cerebrais classificam os componentes de um odor, depois sinalizam o cérebro para processamento adicional (Figura 9.8).

Muitos animais usam pistas olfativas para encontrar seu caminho, localizar comida e se comunicar socialmente. Um **feromônio** é um tipo de molécula de sinalização que é secretada por um indivíduo e afeta o comportamento de outros membros de sua espécie. Por exemplo, as mariposas da seda secretam um feromônio sexual. As mariposas macho têm receptores olfativos que ajudam a detectar uma fêmea excretora de feromônios há mais de um quilômetro de distância.

Os répteis e a maioria dos mamíferos possuem um **órgão vomeronasal**, uma coleção de neurônios sensoriais na cavidade nasal que é sensível aos feromônios. Os seres humanos e nossos parentes primatas próximos possuem uma versão reduzida desse órgão. Se os seres humanos produzem e respondem aos feromônios, permanece um assunto de debate.

Paladar

Os **receptores do paladar** também são quimiorreceptores que detectam substâncias químicas dissolvidas em fluido, mas têm estrutura e localização diferentes dos receptores olfativos. Os receptores do paladar ajudam os animais a localizar comida e evitar venenos. Um polvo "sente o gosto" através dos receptores nas ventosas em seus tentáculos; uma mosca "sente o gosto" usando os receptores em suas antenas e pés. Em seres humanos, muitos botões gustativos estão embutidos na superfície da língua (Figura 9.9). Esses órgãos sensoriais estão localizados em estruturas epiteliais especializadas ou papilas, que parecem protuberâncias ou pontos vermelhos na superfície da língua.

Você percebe muitos sabores, mas todos são uma combinação das cinco sensações principais: *doce* (produzida por glicose e outros açúcares simples), *azedo* (ácidos), *salgado* (cloreto de sódio ou outros sais), *amargo* (toxinas das plantas, inclusive alcaloides) e *umami* (produzido por aminoácidos como glutamato que, como no queijo e carne maturados, apresenta um gosto saboroso). O aditivo alimentar MSG (glutamato monossódico) pode realçar o sabor estimulando os receptores do paladar que contribuem para a sensação de umami.

Para pensar

Como o olfato e o paladar são semelhantes?

- O olfato e o paladar começam com a excitação de quimiorreceptores pela ligação de moléculas dissolvidas específicas.

9.4 Senso de equilíbrio

- Os órgãos dentro do seu ouvido interno são essenciais para a manutenção da postura e do equilíbrio.
- Receptores sensoriais somáticos também contribuem para o equilíbrio.

Os **órgãos de equilíbrio** são partes de sistemas sensoriais que monitoram as posições e os movimentos do corpo. Cada ouvido de um vertebrado inclui esses órgãos dentro de uma estrutura sensorial cheia de fluido chamada **aparato vestibular**. Os órgãos estão localizados em três canais semicirculares e em duas bolsas, o sáculo e o utrículo (Figura 9.10*a*).

Os órgãos do aparato vestibular possuem **células ciliadas**, um tipo de mecanorreceptor com cílios modificados em uma extremidade. A pressão do fluido dentro dos canais e bolsas faz os cílios se curvarem. A energia mecânica dessa curvatura deforma a membrana plasmática da célula ciliada apenas o suficiente para deixar que os íons se movimentem por ela e estimulem um potencial de ação. Um nervo vestibular transporta a entrada sensorial para o cérebro. Como você verá, outras células ciliadas funcionam na audição.

O três canais semicirculares são orientados em ângulos retos uns aos outros, assim a rotação da cabeça em qualquer combinação de direções – para frente/para trás, para cima/para baixo ou para esquerda/direita – movimenta o fluido dentro deles. Um órgão de equilíbrio se localiza na base protuberante de cada canal. Os cílios de suas células ciliadas são embutidos em uma massa gelatinosa (Figura 9.10*b*). Quando o fluido se movimenta no canal, empurra a massa e gera a pressão necessária para iniciar potenciais de ação.

O cérebro recebe sinais dos canais semicirculares em ambos os lados da cabeça. Comparando o número e a frequência de potenciais de ação que vêm de cada lado da cabeça, o cérebro recebe informação do equilíbrio dinâmico: o movimento angular e a rotação da cabeça. Entre outras coisas, essa sensação permite que você mantenha seus olhos focados em um objeto mesmo que você gire ou movimente a cabeça.

Os órgãos no sáculo e no utrículo agem no equilíbrio estático. Esses órgãos ajudam o cérebro a acompanhar a posição da cabeça e a rapidez com que ela está se movendo em uma linha reta. Eles também ajudam a manter o equilíbrio da cabeça e manter a postura.

Dentro do sáculo e utrículo há uma massa gelatinosa densa com estatólitos de calcita (forma estavél do mineral carbonato de cálcio) que se localiza acima dos mecanorreceptores (células ciliadas). Quando você balança a cabeça, ou começa ou para de se mover, a massa tem sua direção alterada, as células ciliadas se curvam e alteram a taxa de potenciais de ação.

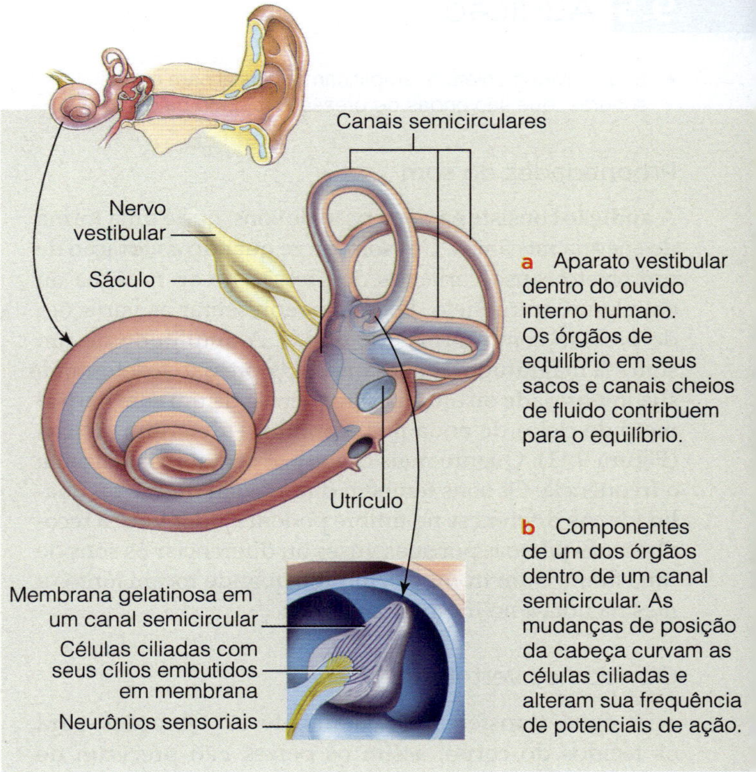

Canais semicirculares
Nervo vestibular
Sáculo
Utrículo
Membrana gelatinosa em um canal semicircular
Células ciliadas com seus cílios embutidos em membrana
Neurônios sensoriais
a Aparato vestibular dentro do ouvido interno humano. Os órgãos de equilíbrio em seus sacos e canais cheios de fluido contribuem para o equilíbrio.
b Componentes de um dos órgãos dentro de um canal semicircular. As mudanças de posição da cabeça curvam as células ciliadas e alteram sua frequência de potenciais de ação.

Figura 9.10 Órgãos de equilíbrio no ouvido interno.

O cérebro também leva em conta informações captadas pelos olhos e receptores epiteliais, músculos e articulações. A integração dos sinais fornece conhecimento sobre a posição e movimento do corpo no espaço, conforme mostrado na figura da patinadora Sarah Hughes (*à esquerda*).

Um derrame, uma infecção no ouvido interno ou partículas soltas nos canais semicirculares podem causar vertigem, uma sensação de que o mundo está se movimentando ou girando ao seu redor. A vertigem também surge a partir de entradas sensoriais conflitantes, como quando você fica de pé a uma certa altura e olha para baixo. O aparato vestibular reporta que você está imóvel, mas seus olhos reportam que seu corpo está flutuando no espaço.

Sinais descombinados podem causar enjoos. Em uma estrada sinuosa, os passageiros de um carro experimentam mudanças na aceleração e direção que informam "movimento" para seu aparato vestibular. Ao mesmo tempo, os sinais de seus olhos sobre os objetos dentro do carro informam ao seu cérebro que o corpo está em repouso. Dirigir o carro pode minimizar o enjoo de viagem, pois o motorista foca a visão fora do carro, como na paisagem passando, assim os sinais visuais são consistentes com os sinais vestibulares.

Para pensar

O que nos proporciona a sensação de equilíbrio?

- Mecanorreceptores no aparato vestibular cheio de fluido no ouvido interno detectam a posição do corpo no espaço e quando nós iniciamos ou paramos de nos mover.

9.5 Audição

- Seus ouvidos coletam, amplificam e classificam ondas sonoras, que são ondas de pressão viajando pelo ar.

Propriedades do som

A **audição** consiste na percepção de sons, que é uma forma de energia mecânica. Um som surge quando a vibração de um objeto causa variações de pressão no ar, na água ou em algum outro meio. Podemos representar as variações de pressão como formas de ondas. A amplitude de um som – a magnitude de suas ondas de pressão – determina sua intensidade ou altura. A frequência de um som – o número de ciclos de onda por segundos – determina o tom (Figura 9.11). Quanto mais ciclos por segundos, mais alta a frequência. Os sons também diferem em timbre ou qualidade. As diferenças no timbre podem ajudar você a reconhecer as pessoas por suas vozes ou diferenciar os sons de uma flauta e um trompete, mesmo quando tocam juntos a mesma nota e no mesmo volume.

Ouvido nos vertebrados

A água transfere imediatamente as vibrações para os tecidos do corpo, assim os peixes não precisam de ouvidos para detectar os sons. Quando os vertebrados migraram da água para a terra, sua capacidade de coletar e ampliar vibrações evoluiu em resposta a um novo desafio ambiental: a transferência de ondas sonoras do ar para os tecidos do corpo, que é ineficiente. A estrutura do ouvido humano ajuda a aumentar a eficiência da transferência.

Como a Figura 9.12*a* indica, o **ouvido externo** dos seres humanos e da maioria dos outros mamíferos é adaptado para coletar sons a partir do ar. A orelha (ouvido externo), uma parte de cartilagem coberta com pele que se projeta da lateral da cabeça, coleta as ondas sonoras e as direciona ao canal auditivo. O canal transporta os sons para o ouvido médio.

O **ouvido médio** amplifica e transmite as ondas sonoras para o ouvido interno. A **membrana timpânica** evoluiu primeiro nos primeiros répteis como uma depressão rasa em cada lado da cabeça, e as ondas de pressão fazem com que essa fina membrana vibre. Atrás da membrana timpânica existe uma cavidade cheia de ar e três pequenos ossos conhecidos como martelo, bigorna e estribo (Figura 9.12*b*). Esses ossos transmitem a força das ondas sonoras da membrana timpânica para a superfície menor da janela do vestíbulo. Essa membrana flexível é o limite entre o ouvido médio e o ouvido interno.

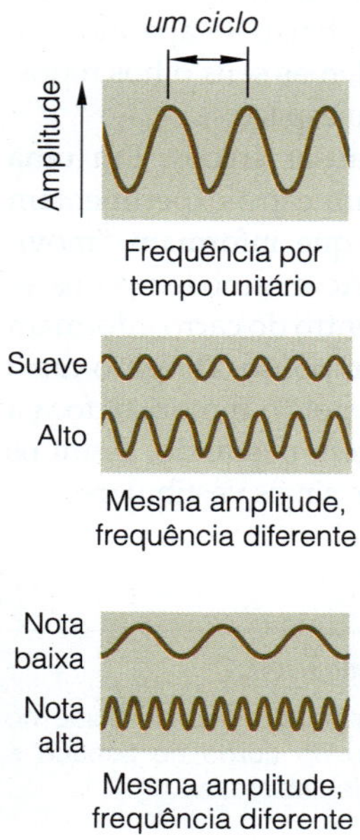

Figura 9.11 Propriedades das ondas sonoras

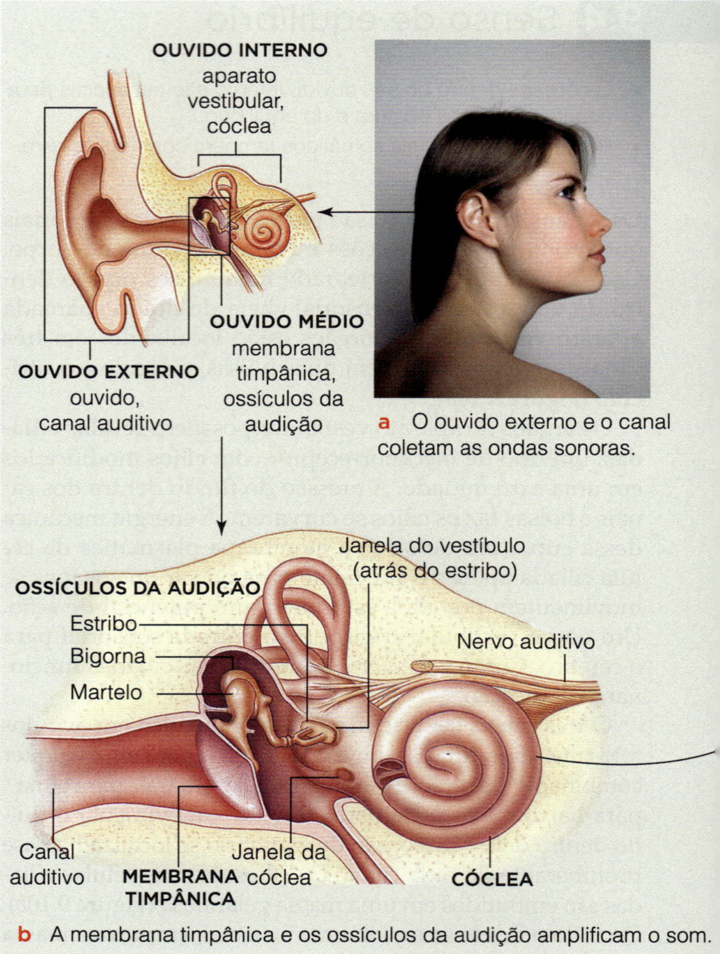

Figura 9.12 Como os seres humanos ouvem.

O **ouvido interno**, lembre-se, possui um aparato vestibular que funciona no sentido de equilíbrio (Seção 9.4). Também há uma **cóclea**, que em seres humanos tem o tamanho de uma ervilha, que consiste numa estrutura cheia de fluido que se assemelha à concha de um caracol (a palavra grego *koklias* significa caracol).

Se você pudesse esticar a cóclea e olhar dentro dela, notaria dois compartimentos cheios de fluido (Figura 9.12*c*). Um compartimento se curva em forma de U. Seus dois braços são conhecidos como tubo vestibular e tubo timpânico. O outro compartimento, o tubo coclear, está entre os braços do "U".

Quando as ondas sonoras realizam a vibração dos três ossículos da audição, o estribo empurra a janela do vestíbulo. A janela do vestíbulo flexiona-se internamente, criando uma onda de pressão de fluido que viaja pelo fluido dos dutos vestibular e timpânico até que alcance a janela da cóclea, que se curva externamente em resposta.

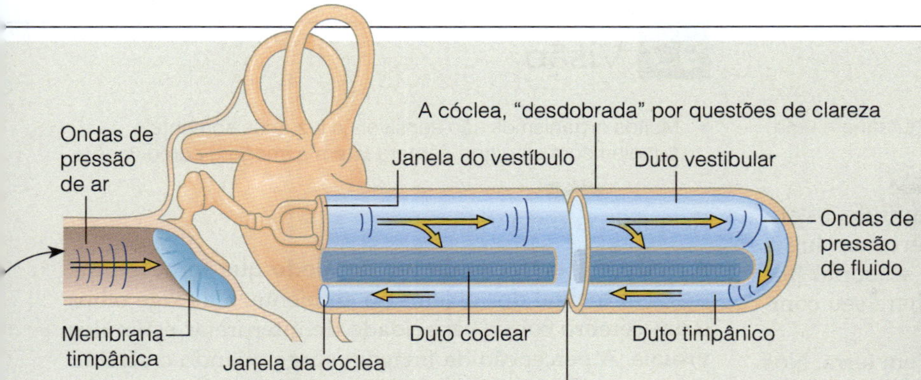

c As ondas de pressão são transferidas para o fluido dentro dos dutos da cóclea (aqui mostrada desdobrada).

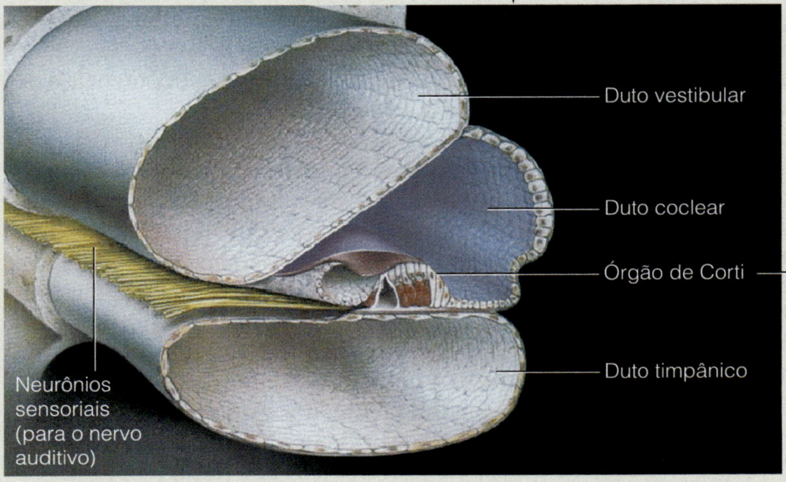

d As ondas de pressão são detectadas pelo órgão de Corti no duto coclear.

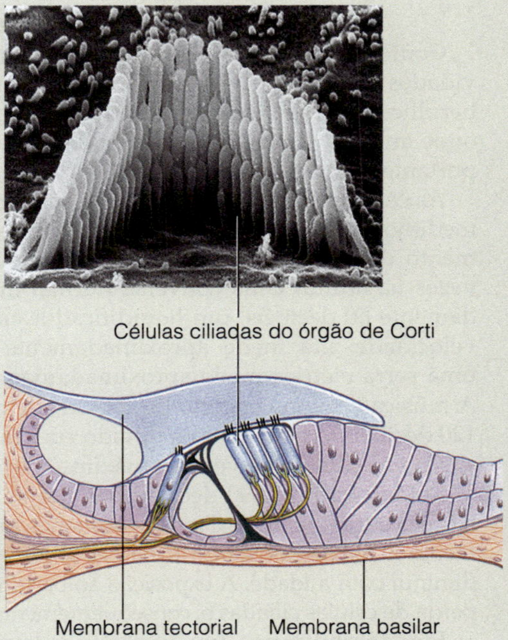

e O movimento da membrana basilar (o piso do duto coclear) curva as células ciliadas contra a membrana tectorial do órgão de Corti. Essa curvatura leva as células ciliadas a disparar. Os potenciais de ação viajam pelo nervo auditivo até o cérebro.

À medida que o fluido se movimenta para frente e para trás entre as janelas redonda e oval, as ondas de pressão fazem com que a parede inferior do tubo coclear comece a vibrar para cima e para baixo. Essa parede inferior é a membrana basilar (Figura 9.12*d*,*e*). Em cima da membrana está o **órgão de Corti**, um órgão acústico com arranjos de células ciliadas. Célula ciliada é um mecanorreceptor com um tufo de cílios modificados em uma extremidade. Os cílios se projetam para uma membrana tectorial que se espalha sob forma drapeada por cima deles. O movimento da membrana basilar empurra os cílios contra a membrana tectorial e, quando os cílios se curvam, as células ciliadas sofrem potenciais de ação, que então viajam pelo nervo auditivo até o cérebro.

O número de células ciliadas que disparam e a frequência de seus sinais informam ao cérebro a altura do som. Quanto mais alto o som, maior o número de potenciais de ação que fluem pelo nervo auditivo até o cérebro.

O cérebro pode determinar o tom de um som avaliando que parte da membrana basilar está vibrando em maior intensidade. A membrana basilar não é uniforme em seu comprimento, mas sim dura e estreita próxima à janela do vestíbulo e mais larga e mais flexível quanto mais fundo no caracol. Sons em tons altos fazem com que a parte dura, estreita e mais próxima da membrana basilar vibre mais. Sons em tons baixos provocam vibrações principalmente na parte larga e flexível, perto da ponta da membrana. Mais vibrações fazem com que mais células ciliadas disparem naquela região.

Perda de audição ou surdez ocorre quando as ondas sonoras não alcançam o ouvido interno, como quando uma membrana timpânica se rompe ou os ossículos da audição não se movem corretamente. Pode também acontecer por causa de danos ao nervo auditivo ou perda de células ciliadas. Algumas drogas antibióticas podem matar as células ciliadas, assim como o barulho alto, um tópico que consideraremos na próxima seção.

Para pensar

Como os vertebrados ouvem?

- Os ouvidos dos seres humanos coletam ondas de pressão do ambiente e as convertem em ondas de pressão no fluido dentro do ouvido interno. As ondas de pressão nesse fluido estimulam as células ciliadas, as quais são receptores auditivos que enviam potenciais de ação pelos nervos auditivos até o cérebro.

9.6 Poluição sonora

- O barulho excessivo causado pela atividade humana é uma ameaça aos seres humanos e aos animais.

Conforme detalhado na introdução do capítulo, as atividades humanas fazem dos oceanos da Terra um lugar barulhento. Esse barulho altera o mundo sensorial por onde animais marinhos se movimentam, altera seu comportamento e arrisca sua saúde.

As coisas não são muito mais silenciosas em terra. Nós medimos a intensidade de um som em decibéis. Um aumento de 10 nessa escala significa um aumento de dez vezes na altura. Uma conversa normal mede aproximadamente 60 decibéis, um liquidificador em operação em velocidade alta mede aproximadamente 90 decibéis e uma serra elétrica mede aproximadamente 100 decibéis. A música em um concerto de rock mede mais ou menos 120 decibéis. Assim é o som ouvido em um *iPod* ou dispositivo semelhante no volume máximo.

Ruído superior a 90 decibéis danifica as células ciliadas na cóclea (Figura 9.13). Os seres humanos têm aproximadamente 30 mil dessas células ao nascer, sendo que esse número diminui com a idade. A exposição ao barulho alto acelera a perda de células ciliadas e, consequentemente, da audição.

Em seres humanos, um nível alto de barulho ambiental também prejudica a concentração e interfere nos padrões do sono. Ele aumenta a ansiedade e o risco de pressão alta e outros problemas cardiovasculares.

Os animais terrestres também são afetados pelo barulho crescente. Os sons altos podem afastar animais da comida ou animais jovens. Também podem distraí-los, tornando-os vulneráveis aos predadores. Nos pássaros que confiam fortemente em sinais auditivos durante o namoro, o ruído artificial pode interferir na capacidade de encontrar e garantir um companheiro. Pesquisadores canadenses relataram recentemente os efeitos de compressores ruidosos usados para extrair óleo e gás nos furnariídeos, um tipo de pássaro cantor. Pássaros que compartilham seu *habitat* com a maquinaria ruidosa têm 15% menos descendentes do que aqueles em *habitats* florestais em condições normais.

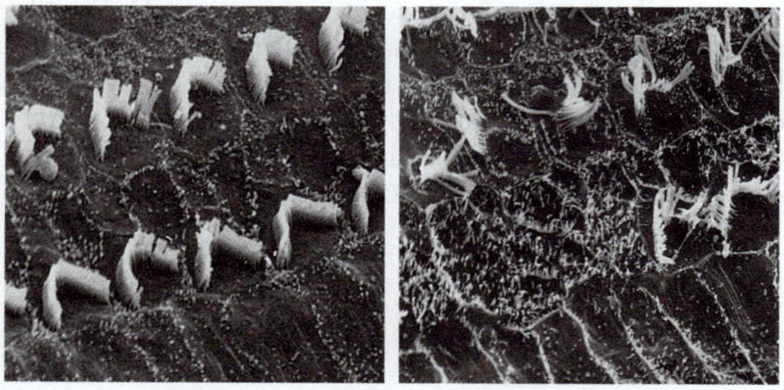

Figura 9.13 Resultados de uma experiência sobre o efeito de som intenso no ouvido interno. *À esquerda*, a partir do ouvido de uma cobaia, duas fileiras de células ciliadas que normalmente se projetam na membrana tectorial no órgão de Corti. *À direita*, células ciliadas dentro do mesmo órgão depois de vinte e quatro horas de exposição a níveis de ruído comparáveis à música extremamente alta.

9.7 Visão

- Muitos organismos são sensíveis à luz, mas somente aqueles com olho tipo câmera veem a imagem como você.

Requisitos para visão

A **visão** é a detecção da luz de modo que fornece uma imagem mental dos objetos no ambiente. Ela exige olhos e um cérebro com a capacidade de interpretar estímulos visuais. A percepção da imagem surge quando o cérebro integra os sinais relativos à forma, brilho, posições e movimento dos estímulos visuais.

Os **olhos** são órgãos sensoriais que possuem fotorreceptores. As moléculas de pigmento presentes nos fotorreceptores absorvem a energia da luz. Essa energia é convertida em energia de excitação que gera potenciais de ação enviados para o cérebro.

Muitos invertebrados, como as minhocas, não possuem olhos, mas possuem fotorreceptores dispersos sob a epiderme ou agrupados em algumas de suas partes. Elas usam a luz para orientar o corpo, detectar sombras ou ajustar relógios biológicos, mas não têm uma visão verdadeira. A detecção de detalhes visuais exige a presença de muitos fotorreceptores, porém muitos invertebrados não possuem olhos com grande quantidade desses receptores. A qualidade da imagem formada pelo olho melhora com uma **lente**, um corpo transparente que curva raios de luz a partir de um ponto no campo visual de forma que os raios convirjam nos fotorreceptores. Os raios de luz curvam nos limites entre substâncias de diferentes densidades.

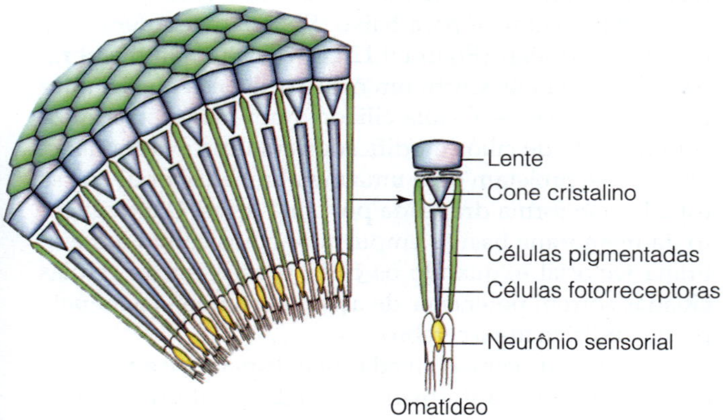

Figura 9.14 O olho composto de uma mosca com muitas unidades idênticas densamente agrupadas chamadas omatídeos. Cada unidade tem uma lente que focaliza a luz nas células fotorreceptoras. Embora a imagem de mosaico produzido por esse olho seja embaçada, o olho é muito bom na detecção de movimentos.

Figura 9.16 Nas corujas, os olhos são direcionados para a frente e os fotorreceptores se concentram próximo ao topo do globo ocular. Esses pássaros observam a presa principalmente de cima. Quando no chão, elas precisam girar a cabeça quase totalmente para baixo para ver algo acima de sua cabeça.

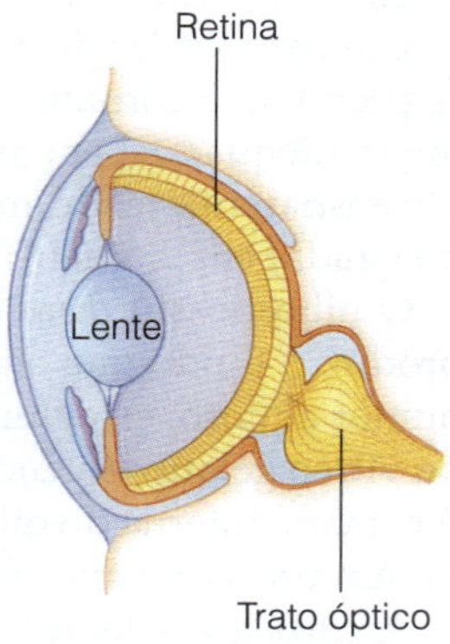

Figura 9.15 O polvo tem um olho tipo câmera, com uma lente única que focaliza a luz em uma retina. A retina é uma camada densa de células fotorreceptoras. Os axônios desses neurônios sensoriais se combinam para formar um trato óptico que leva informações para o cérebro.

Os insetos têm **olhos compostos**, formados por unidades chamadas omatídeos (Figura 9.14). O cérebro constrói imagens baseadas na intensidade da luz detectada pelas diferentes unidades. Olhos compostos não fornecem uma visão muito nítida, mas são altamente sensíveis ao movimento.

Os moluscos cefalópodes, como lulas e polvos, têm olhos mais complexos do que qualquer invertebrado (Figura 9.15). Seus **olhos tipo câmera** têm uma abertura ajustável que permite que a luz entre em uma câmara escura. Cada lente única do olho foca a luz na **retina**, um tecido com muitos fotorreceptores. A retina de um olho tipo câmera é análoga a um filme sensível usado em uma câmera tradicional. Sinais provenientes dos fotorreceptores em cada olho viajam por um dos dois tratos ópticos até o cérebro. Comparado aos olhos compostos, os olhos tipo câmera produzem uma imagem mais nitidamente definida e detalhada.

Os vertebrados também têm olhos tipo câmera, e como eles são parentes muito distantes dos moluscos cefalópodes, presume-se que os olhos tipo câmera evoluíram independentemente nas duas linhagens. Esse é um exemplo de convergência morfológica.

Muitos animais apresentam olhos posicionados dos lados da cabeça, o que maximiza a área visível. Os predadores, inclusive as corujas, tendem a ter dois olhos voltados para frente (Figura 9.16). Os dois olhos que estudam a mesma área fornecem ao cérebro informações sobrepostas que aprimoram a percepção de profundidade. O cérebro pode então comparar informações a partir dos olhos para determinar o quão longe estão os objetos.

Os primatas têm boa percepção de profundidade. Os primatas evoluíram de um antepassado musaranho que tinha olhos em ambos os lados da cabeça. A percepção de profundidade, realçada a partir de olhos direcionados para frente, pode ter fornecido uma vantagem quando os primeiros primatas começaram a viver e se mover pelas copas das árvores.

Para pensar

Como os sistemas visuais dos animais diferem?

- Alguns animais, como as minhocas, têm fotorreceptores que detectam luz, mas não formam qualquer tipo de imagem.
- Outros animais, inclusive os insetos, têm olhos compostos. Um olho composto apresenta muitas unidades individuais, cada uma com sua própria lente. Ele produz uma imagem de mosaico embaçada, mas altamente sensível ao movimento.
- Um olho tipo câmera com abertura ajustável e uma lente que foca luz em uma retina rica em fotorreceptores fornece uma imagem ricamente detalhada. Olhos tipo câmera evoluíram independentemente em moluscos cefalópodes e vertebrados.

9.8 Olhar atento ao olho humano

- O olho humano é uma estrutura com diversas camadas com uma córnea que curva a luz, uma lente de foco e uma retina rica em fotorreceptores. O olho é cercado por estruturas protetoras.

Anatomia do olho

Cada globo ocular se localiza dentro de uma cavidade protetora óssea, em forma circular, chamada órbita. Os músculos esqueléticos que vão da parte de trás do olho até os ossos da órbita movimentam o globo ocular para cima e para baixo ou para os lados.

Pálpebras, cílios e lágrimas, todos ajudam a proteger os tecidos delicados do olho. Piscar periodicamente é um reflexo que espalha um filme de lágrimas sobre a superfície exposta do globo ocular. Lágrimas são secretadas por glândulas nas pálpebras e consistem em água, lipídeos, sais e proteínas. Entre as proteínas estão enzimas que decompõem as paredes das células bacterianas e assim ajudam a prevenir infecções nos olhos.

Uma membrana mucosa protetora, a **túnica conjuntiva**, reveste a superfície interna das pálpebras e se dobra cobrindo a maior parte da superfície externa do olho. A conjuntivite é uma inflamação dessa membrana que pode ser viral ou bacteriana.

O globo ocular é esférico e apresenta uma estrutura composta por três camadas (Figura 9.17). A porção frontal de cada olho é coberta por uma **córnea transparente** feita de proteínas. Uma **esclera** densa, branca e fibrosa cobre o resto da superfície externa do olho.

A camada mediana do olho inclui a coroide, a íris e o corpo ciliar. A **coroide**, rica em vasos sanguíneos, é escurecida pelo pigmento castanho melanina. Essa camada escura evita a reflexão da luz dentro do globo ocular. Presa à coroide e suspensa atrás da córnea, está a **íris** muscular, que também contém melanina. Se seus olhos são azuis, castanhos ou verdes, isso depende da quantidade de melanina em sua íris.

A luz entra no interior do olho pela **pupila**, uma abertura no centro da íris. Músculos da íris podem ajustar o diâmetro da pupila em resposta às condições de iluminação. Luzes brilhantes fazem com que o músculo da íris que cercam a pupila contraiam, causando assim a contração da pupila (encolhimento). Sob pouca luz, o músculo radial em forma de degraus contrai e a pupila dilata (alargamento).

Um corpo ciliar de músculo, fibras e células secretoras se prendem à coroide. O corpo ciliar mantém a lente no lugar adequado, bem atrás da pupila. A lente estendível e transparente mede mais ou menos 1 centímetro (1/2 polegada) em diâmetro.

O olho possui duas câmaras internas. O corpo ciliar produz o fluido que enche a câmara anterior. Chamado humor aquoso, este fluido banha a íris e a lente. Um corpo vítreo gelatinoso enche a câmara maior atrás da lente. A camada interna do olho, a retina, fica atrás dessa câmara. A retina contém os fotorreceptores detectores de luz.

A córnea e a lente curvam a luz incidente de forma que os raios vão convergir atrás do olho, na retina. A imagem formada na retina fica de cabeça para baixo e é a imagem espelhada do mundo real (Figura 9.18). O cérebro faz os ajustes necessários para que você perceba a direção correta quando você visualiza um objeto.

Parede do globo ocular (três camadas)

Camada externa	*Esclera.* Protege o globo ocular *Córnea.* Focaliza a luz
Camada mediana	*Pupila.* Serve de entrada para a luz *Íris.* Ajusta o diâmetro da pupila *Corpo ciliar.* Seus músculos controlam o formato da lente; suas fibras finas mantêm as lentes no lugar *Coroide.* Seus vasos sanguíneos apoiam nutricialmente as células da parede; seus pigmentos interrompem o espalhamento da luz *Início do nervo óptico.* Carrega sinais para o cérebro
Camada interna	*Retina.* Absorve, converte a energia da luz

Interior do globo ocular

Lente	Focaliza a luz nos fotorreceptores
Humor aquoso	Transmite a luz, mantém a pressão do fluido
Corpo vítreo	Transmite a luz, apoia a lente e o globo ocular

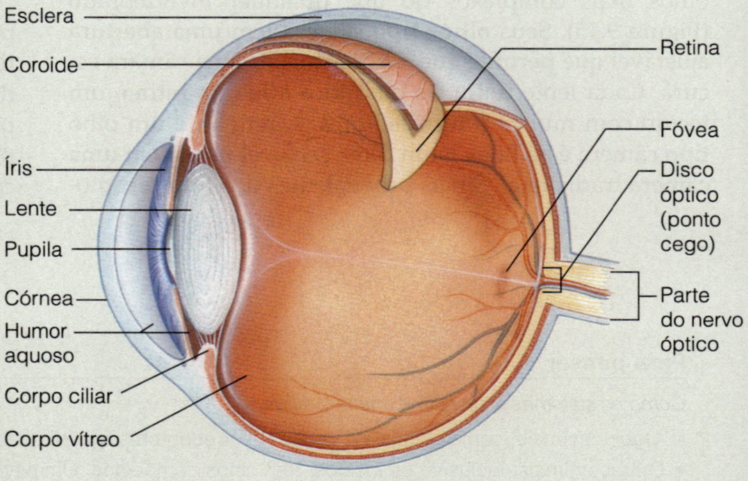

Figura 9.17 Componentes e estrutura do olho humano.

Figura 9.18 Padrão de excitação da retina no olho humano. A córnea curvada e transparente muda a trajetória dos raios de luz que entram no olho. Como resultado, os raios de luz que chegam à retina produzem um padrão que é invertido: de cabeça para baixo e da esquerda para a direita.

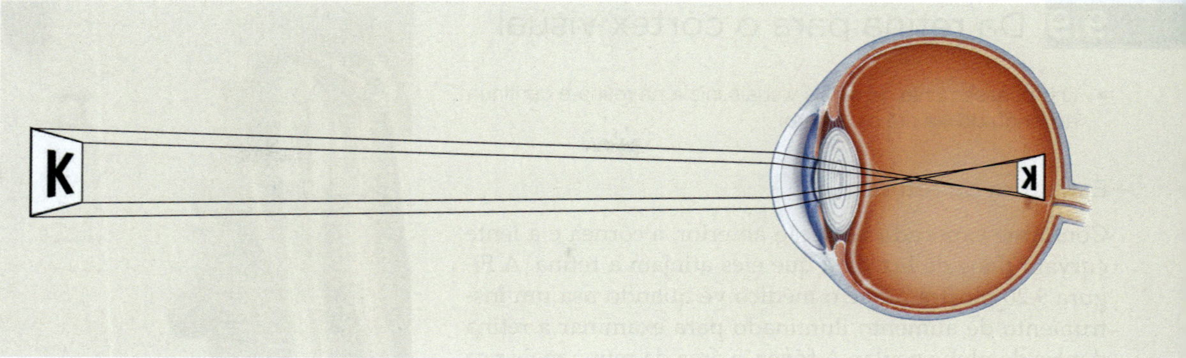

Mecanismos de focalização

Com a **acomodação visual**, a forma ou posição de uma lente se ajusta de modo que os raios de luz atinjam exatamente a retina, nem à frente nem atrás. Sem esses ajustes, somente objetos em uma distância fixa iriam estimular os fotorreceptores da retina em um padrão de foco. Os objetos mais próximos ou mais distantes pareceriam embaçados.

Os peixes e répteis possuem olhos com uma lente que pode ser movimentada para a frente ou para trás, mas seu formato é constante. Estender ou diminuir a distância entre a lente e a retina mantém a luz focada na retina.

Em pássaros e mamíferos, a lente é elástica; se puxarmos a lente, ela muda de forma. Um **músculo ciliar** (parte do corpo ciliar) em formato de anel cerca a lente e se prende a ela por pequenas fibras. A contração desse músculo ajusta a forma da lente. Quando o músculo ciliar relaxa, as fibras são esticadas, a lente fica sob tensão e então achata (Figura 9.19*a*). Quando o músculo ciliar contrai, as fibras presas à lente afrouxam, permitindo que a lente fique mais arredondada (Figura 9.19*b*).

A curvatura da lente determina a curvatura dos raios de luz e, portanto, o lugar onde eles atingirão o olho. Uma lente plana focará luz a partir de um objeto distante sobre a retina. Porém, a lente deve ser mais redonda para focar a luz a partir de objetos próximos. Quando você lê um livro, o músculo ciliar contrai, e as fibras que conectam esse músculo à lente afrouxam. A tensão diminuída na lente permite que ela encolha o suficiente para focar a luz proveniente da página sobre sua retina. Olhe à distância e o músculo ciliar em torno da lente relaxa, permitindo que a lente achate. A visualização ininterrupta de um objeto próximo, como a tela de um computador ou um livro, mantém o músculo ciliar contraído. Para reduzir o cansaço visual, faça pausas e focalize objetos mais distantes.

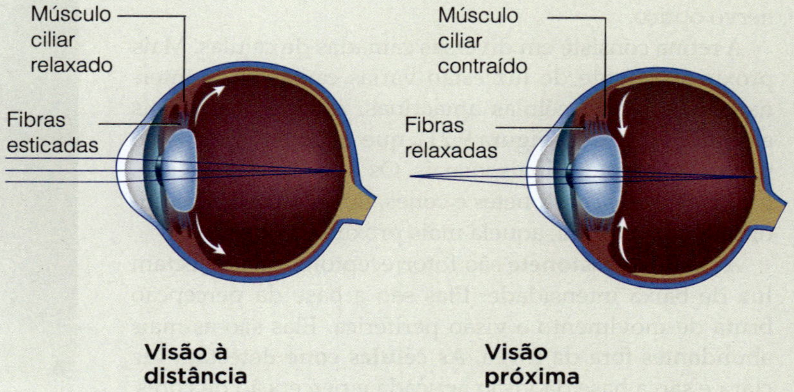

a O músculo ciliar relaxado puxa as fibras esticadas; a lente é esticada em um formato mais achatados que enfoca a luz a partir de um objeto distante da retina.

b O músculo ciliar contraído permite que as fibras afrouxem; a lente encolhe e foca a luz a partir de um objeto próximo à reta.

Figura 9.19 Como o olho varia seu foco. A lente é cercada por músculos ciliares. Fibras elásticas prendem o músculo à lente. O formato da lente é ajustada pela contração ou relaxamento do músculo ciliar, aumentando ou diminuindo a tensão nas fibras e, deste modo, mudando o formato da lente.
Achatado que enfoca a luz a partir de um objeto distante na retina.

Resolva: Quanto mais espessa a lente, mais ela curva a luz. A lente curva mais a luz com a visão à distância ou a visão próxima?

Resposta: Visão próxima.

Para pensar

Como é a estrutura do olho humano em relação a sua função?

- O olho consiste em tecidos delicados que são cercados por uma órbita óssea e constantemente banhada em lágrimas, que combatem infecções.
- A córnea curva os raios de luz, que então penetram o interior do olho através da pupila. O diâmetro da pupila pode ser regulado dependendo da quantidade de luz disponível.
- Atrás da pupila, a lente foca a luz na retina, que consiste na camada contendo fotorreceptores mais interna do olho. As contrações do músculo podem alterar a forma da lente para focalizar luz a partir de objetos próximos ou distantes.

9.9 Da retina para o córtex visual

- O processamento de sinais visuais inicia na retina e continua ao longo da via até o cérebro.

Estrutura da retina

Conforme explicado na seção anterior, a córnea e a lente curvam raios de luz para que eles atinjam a retina. A Figura 9.20 mostra o que o médico vê quando usa um instrumento de aumento iluminado para examinar a retina dentro do globo ocular. A **fóvea**, a área da retina mais rica em fotorreceptores, aparece como um ponto avermelhado em uma área relativamente livre de vasos sanguíneos. Com visão normal, a maior parte dos raios de luz é focada na fóvea. Também visível nesta fotografia está o início do nervo óptico.

A retina consiste em diversas camadas de células. Mais próximas à fonte de luz estão várias camadas de interneurônios, como células amácrinas, células horizontais e células bipolares (Figura 9.21), que estão envolvidas no processamento de sinais visuais. Os dois tipos de células fotorreceptoras, bastonetes e cones, ficam na camada retínica mais profunda, aquela mais próxima à coroide.

As **células bastonete** são fotorreceptores que detectam luz de baixa intensidade. Elas são a base da percepção bruta de movimento e visão periférica. Elas são as mais abundantes fora da fóvea. As **células cone** detectam luz clara e são a base da visão aguçada e percepção de cores. A fóvea tem maior densidade de células cone.

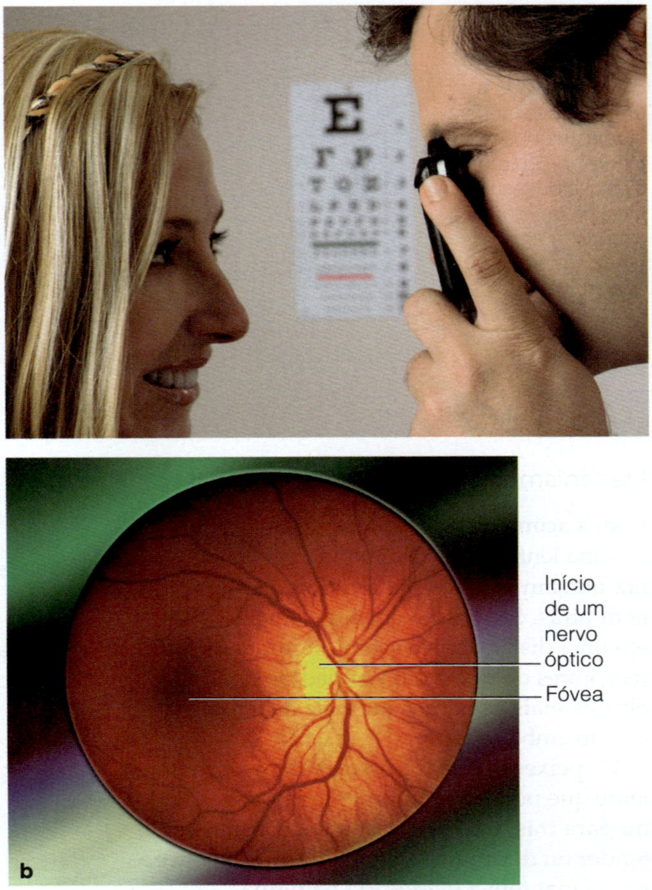

Figura 9.20 (**a**) Examinando a retina. (**b**) Visualização da retina, mostrando a fóvea e o início do nervo óptico.

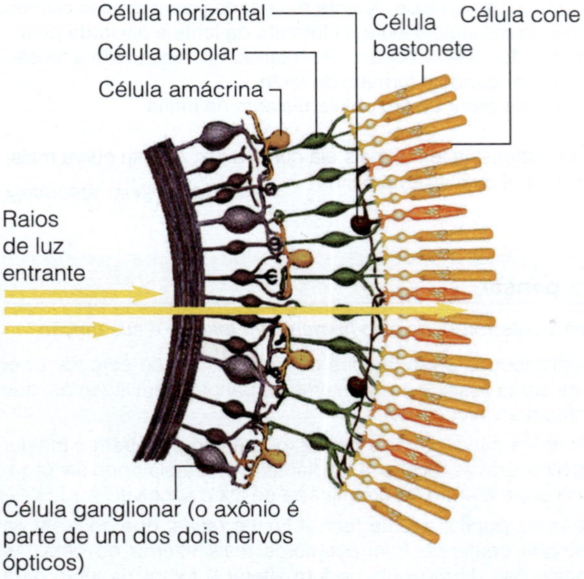

Figura 9.21 Organização da retina. Os bastonetes e cones sensíveis à luz ficam embaixo e enviam sinais para os interneurônios envolvidos no processamento visual.

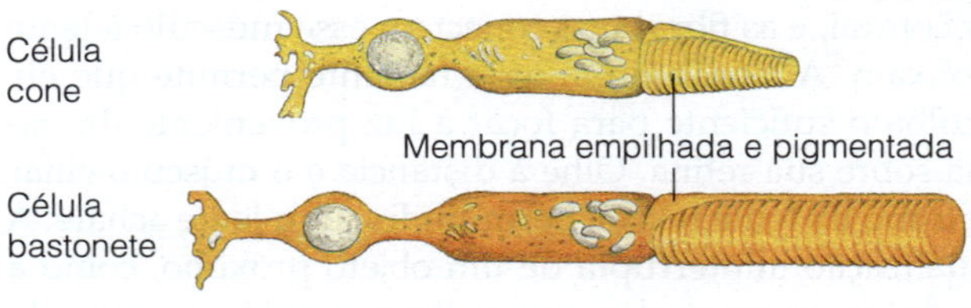

Figura 9.22 Existem três tipos de cones. Cada um responde a um comprimento de onda de luz diferente.

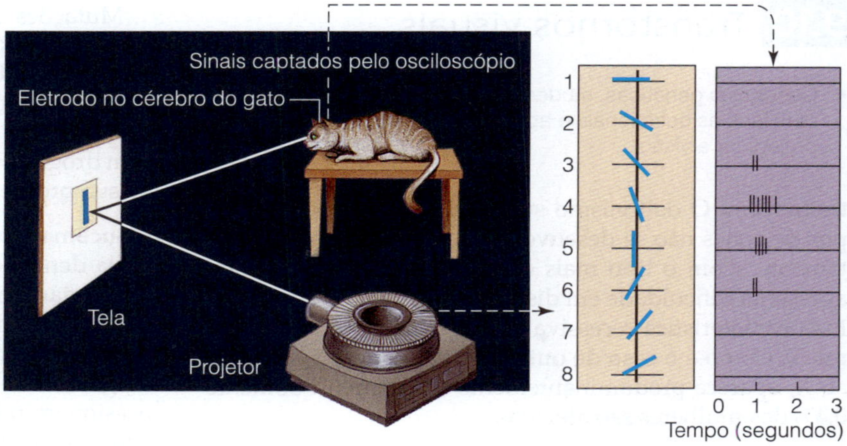

Figura 9.23 Uma experiência na resposta de células do córtex visual. David Hubel e Torsten Wiesel implantaram um elétrodo no cérebro de um gato. Eles colocaram o gato na frente de uma tela onde diferentes padrões de luz eram projetados; aqui, uma barra de contornos rígidos. Luz ou sombra que atingem parte da tela excitavam ou inibiam os sinais enviados a um único neurônio no córtex visual. Virando a barra em ângulos diferentes, como mostrado na *caixa mais clara*, foram produzidas mudanças na atividade do neurônio, como mostrado na *caixa roxa*. Uma imagem da barra vertical produziu o sinal mais forte (*numerado em 5 no desenho*). Quando a imagem da barra foi ligeiramente inclinada, os sinais foram menos frequentes. Quando a barra foi inclinada além de um determinado ângulo, os sinais pararam.

Como os fotorreceptores funcionam

Pilhas de discos membranosos preenchem grande parte do interior de uma célula bastonete (Figura 9.22). Cada disco membranoso possui moléculas de rodopsina, que consiste em uma proteína (opsina) e pigmento retínico, sintetizado da vitamina A, que absorve a luz.

Enquanto os bastonetes estão no escuro, eles sofrem potenciais de ação e liberam um neurotransmissor inibitório em suas sinapses com células bipolares. A exposição à luz azul-esverdeada faz com que a rodopsina mude de forma e suspenda a liberação do neurotransmissor inibitório. Com essa inibição suspensa, as células bipolares estão livres para sinalizar outros interneurônios na retina. Eventualmente, essa sinalização fará com que os potenciais de ação viajem pelo nervo óptico até o cérebro.

Os seres humanos têm três tipos de células cone – vermelha, verde e azul –, cada uma com um tipo ligeiramente diferente de opsina. As diferenças nas opsinas afetam o comprimento de onda de luz que um cone absorve. Como nos bastonetes, a absorção de fótons pelos cones leva indiretamente aos potenciais de ação em outras células.

Processamento visual

Os interneurônios que conectam os fotorreceptores recebem, processam e iniciam a integração dos sinais visuais. Entradas de centenas de bastonetes e cones convergem em cada célula bipolar. Informações também fluem lateralmente entre as células amácrinas e células horizontais da retina. Eventualmente, todos os sinais irão convergir em aproximadamente um milhão de células ganglionares. Estes são os neurônios de produção; seus axônios são o início do nervo óptico.

A região por onde o nervo óptico sai do olho é conhecida como **ponto cego**, porque não há presença de fotorreceptores. Você normalmente não nota seus pontos cegos, pois os campos visuais de seus olhos se sobrepõem. A porção do campo visual que é perdida por causa do ponto cego em um olho é vista pelo outro olho.

Neurônios diferentes dentro do córtex visual do cérebro respondem a padrões visuais diferentes. A Figura 9.23 mostra uma experiência que demonstrou esse mecanismo.

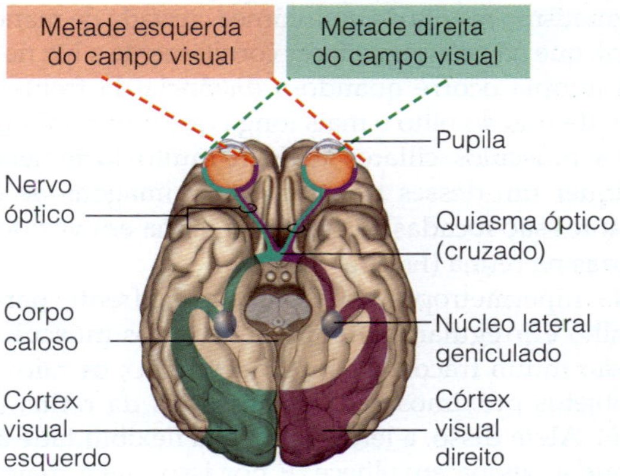

Figura 9.24 Fluxo de informações proveniente da retina para centros de processamento no cérebro. Sinais de ambos os olhos chegam aos dois hemisférios do cérebro. Os sinais provenientes da metade esquerda do campo visual acabam no córtex visual direito do cérebro. Sinais provenientes da metade direita do campo visual acabam no córtex esquerdo.

Os sinais do campo visual direito de cada olho viajam para o hemisfério esquerdo. Os sinais provenientes do campo visual esquerdo vão para o hemisfério direito (Figura 9.24). Cada nervo óptico termina em uma região do cérebro (núcleo lateral geniculado) que processa sinais. Daqui, os sinais viajam para o córtex visual onde o processo de integração final produz sensações visuais.

Para pensar

Como funciona a retina?

- A camada mais profunda da retina, mais próxima à coroide, contém fotorreceptores: células bastonete que funcionam sob luz reduzida e células cone que permitem visualizar cores fortes.
- Os interneurônios que se sobrepõem aos fotorreceptores recebem seus sinais.
- O processamento de sinais começa no cérebro e é completado no córtex visual.

9.10 Transtornos visuais

- Condições genéticas, mudanças relacionadas à idade, deficiências nutricionais e agentes infecciosos podem prejudicar a visão.

Daltonismo O daltonismo surge quando um ou mais tipos de cones não se desenvolvem ou funcionam incorretamente. Com o tipo mais comum, uma pessoa afetada apresenta dificuldade em distinguir vermelhos de verdes. Essa característica recessiva está associada ao cromossomo X. Como é o caso de outras características associadas ao X, aparece predominantemente em homens. Somente 0,4% das mulheres são afetadas.

Falta de foco Milhões de pessoas apresentam transtornos em que os raios de luz não convergem como deveriam. O astigmatismo resulta de uma córnea curvada de maneira desigual, que não consegue focar corretamente a luz na lente.

A miopia ocorre quando a distância da frente para a parte de trás do olho é mais longa que o normal ou quando os músculos ciliares reagem muito fortemente. Em qualquer um desses transtornos, as imagens de objetos distantes são focadas na frente da retina em vez de serem focadas na retina (Figura 9.25*a*).

Na hipermetropia, a distância da frente para atrás do olho é irregularmente pequena ou os músculos ciliares são muito fracos. De qualquer modo, os raios de luz de objetos próximos são focados atrás da retina (Figura 9.25*b*). Além disso, a lente perde sua flexibilidade à medida que a pessoa envelhece. É por isso que a maioria das pessoas acima dos 40 anos de idade apresenta sua visão relativamente prejudicada.

Óculos, lentes de contato ou cirurgia podem corrigir qualquer problema de foco. No mundo, milhões de pessoas passam por cirurgia a laser (LASIK) anualmente. Tipicamente, a LASIK elimina a necessidade do uso de óculos durante a maioria das atividades, embora adultos mais velhos normalmente continuem a usar óculos para leitura.

Degeneração macular Muitas pessoas apresentam degeneração macular relacionada à idade (DMRI). A mácula é a região rica em cones que cerca e inclui a fóvea. A destruição dos fotorreceptores na mácula torna o centro do campo visual mais desfocado (embaçado) do que o campo periférico (Figura 9.26b).

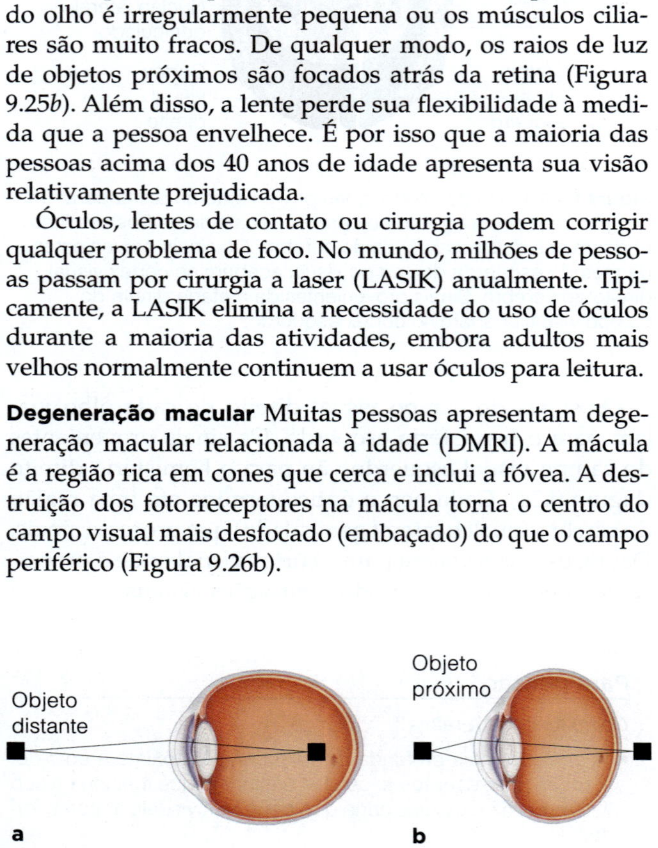

Figura 9.25 Problemas de foco. (**a**) Na miopia, os raios de luz de objetos distantes convergem na frente da retina. (**b**) Na hipermetropia, os raios de luz de objetos próximos ainda não convergiram quando chegam à retina.

Mutações em determinados genes podem aumentar o risco de DMRI, assim como o tabagismo, a obesidade e a pressão alta. Uma dieta rica em legumes parece proteger a pessoa contra o problema. Danos causados por DMRI normalmente não podem ser revertidos, mas tratamentos com drogas e terapia a laser podem diminuir a velocidade de sua progressão.

Glaucoma Com o glaucoma, muito humor aquoso acumula dentro do globo ocular. O aumento da pressão do fluido danifica os vasos sanguíneos e as células ganglionares. Isso também pode interferir na visão periférica e no processamento visual. Embora seja frequente a associação do glaucoma crônico à idade avançada, as condições que ocasionam o transtorno começam a se desenvolver bem antes que os sintomas apareçam. Quando os médicos detectam a pressão aumentada do fluido, antes que o dano se agrave, eles podem administrar o transtorno com medicamentos, cirurgia ou ambos.

Catarata A catarata é uma turvação da lente. Desenvolve-se tipicamente devagar. A lente nublada reduz a quantidade e o foco de luz que chegam à retina. Os primeiros sintomas são visão noturna ruim e visão borrada (Figura 9.26*c*). A visão é perdida depois que a lente se torna completamente opaca. A exposição excessiva à radiação ultravioleta, o uso de esteroides e algumas doenças como diabetes podem promover o início e desenvolvimento da catarata. Um implante artificial pode substituir a lente nublada. Milhões de pessoas são submetidas à cirurgia de catarata todo ano. Mesmo assim, em todo o mundo, aproximadamente 16 milhões de pessoas estão cegas atualmente como resultado da catarata.

Cegueira nutricional Todo ano, cerca de meio milhão de crianças em todo o mundo ficam cegas porque não têm vitamina A suficiente em sua dieta. Entre outras coisas, o corpo precisa dessa vitamina para produzir pigmento retínico tanto nos bastonetes como nos cones. Já houve esforços para criar geneticamente arroz contendo vitamina A, como uma solução parcial para a deficiência da vitamina. Esta pode ser obtida com uma dieta balanceada que inclui carne, ovos, laranja e legumes amarelos.

Agentes infecciosos A bactéria *Chlamydia trachomatis* causa o tracoma. A bactéria infecta a túnica conjuntiva, a membrana que reveste as pálpebras e cobre a esclera (a parte branca do olho). Infecções repetidas provocam cicatrizes corneanas e levam à cegueira. Aproximadamente 6 milhões de pessoas ficam cegas por tracoma na África, Ásia, no Oriente Médio, na América Latina e nas ilhas do Pacífico. É a causa principal de cegueira infecciosa.

Nematódeos Causam a oncocercose, o segundo tipo mais comum de cegueira infecciosa. É também chamada de "cegueira dos rios", porque as moscas transmissoras são mais comuns nos rios africanos.

Outras doenças bacterianas e doenças virais, incluindo a sífilis, também podem causar cegueira, assim como a infecção por certos tipos de células fúngicas ameboides. Essas amebas apareceram em lotes de algumas soluções de lentes de contato.

a Visão normal

b Visão com degeneração macular

c Visão com catarata

Figura 9.26 Fotografias que simulam como a visão normal (**a**) se compara à visão de uma pessoa com degeneração macular relacionada à idade (**b**) ou catarata (**c**). A degeneração macular obscurece o centro do campo visual. A catarata diminui a quantidade de luz que alcança a retina e a difunde, assim, a imagem resultante parece embaçada.

Resumo

Seção 9.1 Os tipos de receptores sensoriais que um animal possui determinam os tipos de estímulos que ele detecta e responde. A excitação de um receptor sensorial provoca potenciais de ação. Os **mecanorreceptores** respondem à energia mecânica como o toque. Os **receptores de dor** respondem a danos ao tecido. Os **termorreceptores** são sensíveis à temperatura. Os **quimiorreceptores** disparam em resposta a substâncias químicas dissolvidas. Os **osmorreceptores** sentem e respondem à concentração de água. Os **fotorreceptores** respondem à luz.

O cérebro avalia potenciais de ação dos receptores sensoriais com base em quais nervos do corpo as transmitem, bem como sua frequência e o número de axônios que disparam em qualquer intervalo determinado. A excitação continuada de um receptor pode levar a uma resposta diminuída (**adaptação sensorial**). As **sensações somáticas** surgem de receptores sensoriais localizados na pele ou músculos ou articulações próximas. As **sensações viscerais** surgem de receptores próximos aos órgãos nas cavidades do corpo. Os receptores de sentidos especiais – paladar, olfato, audição, equilíbrio e visão – estão em órgãos sensoriais específicos.

Seção 9.2 Sinais provenientes das terminações nervosas livres, receptores encapsulados e receptores de estiramento na pele, músculos esqueléticos e articulações chegam ao **córtex somatossensorial**. Os interneurônios nesta parte do córtex cerebral são dispostos como um mapa da superfície do corpo.

A **dor** é a percepção de dano ao tecido. Em vertebrados, uma variedade de neuromoduladores realça ou diminui sinais da dor. Na **dor referida**, o cérebro atribui erroneamente os sinais enviados de um órgão interno para a pele ou músculos.

Seção 9.3 Os sentidos do paladar e olfato envolvem quimiorreceptores e vias para o córtex cerebral e sistema límbico. Em seres humanos, os **receptores do paladar** estão concentrados em botões gustativos na língua e nas paredes da boca. Os **receptores do olfato** revestem as passagens nasais. Os **feromônios** são sinais químicos que atuam em indivíduos da mesma espécie. Um órgão vomeronasal funciona na detecção de feromônios em muitos vertebrados.

Seção 9.4 **Órgãos de equilíbrio** interagem com a gravidade, aceleração e outras forças que afetam as posições do corpo e movimentos. O **aparelho vestibular** é um sistema de bolsas e canais cheios de fluido no ouvido interno. A sensação de equilíbrio dinâmico surge quando os movimentos do corpo provocam mudanças no fluido, que faz com que os cílios das **células ciliadas** se curvem. O equilíbrio estático depende de sinais das células ciliadas que estão sob uma massa gelatinosa pesada. Uma mudança na posição da cabeça ou uma parada ou início súbito muda a direção da massa, curva as células ciliadas e as faz elas disparar.

QUESTÕES DE IMPACTO REVISITADAS | Um Grande Dilema

Os sistemas sensoriais dos animais evoluíram durante as incontáveis gerações em um mundo sem atividade humana. Agora, nós alteramos drasticamente a paisagem sensorial para muitos animais. O mundo se tornou mais barulhento e mais iluminado. Nossos sistemas de comunicação enchem o ar com ondas de rádio. Como essas mudanças afetam as espécies com as quais compartilhamos o planeta? Quais os danos que essas mudanças provocam? Não sabemos as respostas para essas perguntas.

Seções 9.5, 9.6 **Audição** é a percepção do som, que é uma forma de energia mecânica. A ondas sonoras são ondas de pressão. Nós percebemos variações na amplitude das ondas como diferenças de altura. Percebemos as variações na frequência da onda como diferenças no tom.

Os ouvidos humanos possuem três regiões funcionais. A parte externa coberta de pele do **ouvido externo (orelha)** coleta ondas sonoras. O **ouvido médio** contém a **membrana timpânica** e um conjunto de ossículos que ampliam as ondas sonoras e as transmitem ao ouvido interno. O **ouvido interno** é onde as ondas de pressão produzem potenciais de ação dentro de uma **cóclea**. Essa estrutura encaracolada com tubos cheios de fluido mantém os mecanorreceptores responsáveis pela audição em seu **órgão de Corti**.

As ondas de pressão que viajam pelo fluido dentro da cóclea curva as células ciliadas do órgão de Corti. O cérebro mede a altura de um som pelo número de sinais que ele produz. Ele determina o tom do som de acordo com a parte da cóclea a partir da qual os sinais chegam.

A perda de audição pode ser causada por problemas nervosos, células ciliadas danificadas ou falha dos sinais ao chegar no ouvido interno. A exposição ao barulho alto pode danificar as células ciliadas. O barulho também prejudica a saúde humana e o comportamento animal.

Seção 9.7 A maioria dos organismos é capaz de responder à luz, mas a **visão** exige olhos e centros cerebrais capazes de processar as informações visuais. Um **olho** é um órgão sensorial que contém um arranjo denso de fotorreceptores.

Os insetos têm um **olho composto**, com muitas unidades individuais. Cada unidade tem uma **lente**, uma estrutura que curva os raios de luz que atingem os fotorreceptores. Como as lulas e os polvos, os seres humanos têm **olhos tipo câmera**, com uma abertura ajustável que deixa a luz entrar e uma lente única que foca a luz em uma retina rica em fotorreceptores. Em animais com olhos frontais, o cérebro consegue sobrepor informações sobre a área visualizada. Isso permite uma percepção de profundidade mais precisa.

Seções 9.8-9.10 O olho humano é protegido por pálpebras revestidas pela **túnica conjuntiva**. Essa membrana também cobre a **esclera** ou o branco do olho. A **córnea** clara e curvada na frente do olho curva a luz que entra. A luz entra no olho pela **pupila**, uma abertura ajustável no centro da íris muscular. A luz que entra no olho atinge a retina. A retina se localiza em uma **coroide** pigmentada que absorve luz.

Com a **acomodação visual**, o **músculo ciliar** ajusta a forma da lente de forma que a luz de um objeto próximo ou distante atinja os fotorreceptores da retina. Os seres humanos têm dois tipos de fotorreceptores. As **células bastonete** detectam luz reduzida e são importantes na visão noturna e visão periférica. As **células cone** detectam a luz e as cores brilhantes; elas fornecem uma imagem aguçada. A maior concentração de cones está na porção da retina chamada **fóvea**. Os bastonetes e cones interagem com outras células na retina que começam a processar as informações visuais antes de enviá-las ao cérebro. Os sinais visuais viajam para o córtex cerebral por dois nervos ópticos. Não existe nenhum fotorreceptor no **ponto cego** do olho, a área onde o nervo óptico começa. Anormalidades no formato do olho, na lente e nas células da retina podem prejudicar a visão.

Questões

Respostas no Apêndice II

1. Um estímulo é uma forma de energia específica no ambiente externo que é detectado por ______.
a. um neurônio sensorial
b. um interneurônio
c. um neurônio motor
d. todas as anteriores

2. ______ é definida como uma diminuição na resposta a um estímulo contínuo.
a. percepção
b. acomodação visual
c. adaptação sensorial
d. sensação somática

3. O que é uma sensação somática?
a. paladar
b. olfato
c. toque
d. audição
e. a até c
f. todas as anteriores

4. Os quimiorreceptores desempenham um papel no(a) ______.
a. paladar
b. olfato
c. toque
d. audição
e. a e b
f. todas as anteriores

5. No(a) ___________, os interneurônios são organizados como mapas que correspondem a diferentes partes da superfície do corpo.
a. córtex somatossensorial
b. retina
c. membrana basilar
d. todas as anteriores

6. Os mecanorreceptores nos(a) ______ enviam sinais para o cérebro sobre a posição relativa do corpo à gravidade.
a. olhos b. ouvidos c. língua d. nariz

7. O ouvido médio funciona na ______.
a. detecção de mudanças na posição do corpo
b. ampliação e transmissão de ondas sonoras
c. classificação de ondas sonoras por frequência

8. O órgão de Corti responde à(ao)(s) ______.
a. som b. luz c. calor d. feromônios

Exercício de análise de dados

A exposição frequente ao barulho de um tom em particular pode causar a perda de células ciliadas na parte enrolada da cóclea que responde àquele tom. Muitos trabalhadores estão sob risco de perda de audição específica para a frequência, pois trabalham com, ou próximo a, maquinário barulhento. Tomar precauções, como usar protetores auriculares para reduzir a exposição ao som, é importante. A perda da audição induzida pelo barulho pode ser evitada, mas uma vez que acontece, é irreversível. As células ciliares mortas ou danificadas não são substituídas.

A Figura 9.27 mostra os níveis limite de decibéis nos quais os sons de frequências diferentes podem ser detectados por um carpinteiro de 25 anos de idade, um carpinteiro de 50 anos de idade e um de 50 anos de idade que não foi exposto a ruídos no trabalho. As frequências de som são dadas em hertz (ciclos por segundos). Quanto mais ciclos por segundos, mais alto o tom.

1. Que frequência sonora foi mais facilmente detectada pelas três pessoas?
2. O quão alto um som de 1.000 hertz precisa ser para que o carpinteiro de 50 anos de idade possa detectá-lo?
3. Qual das três pessoas tiveram a melhor audição no alcance de 4.000 a 6.000 hertz? Qual teve a pior?

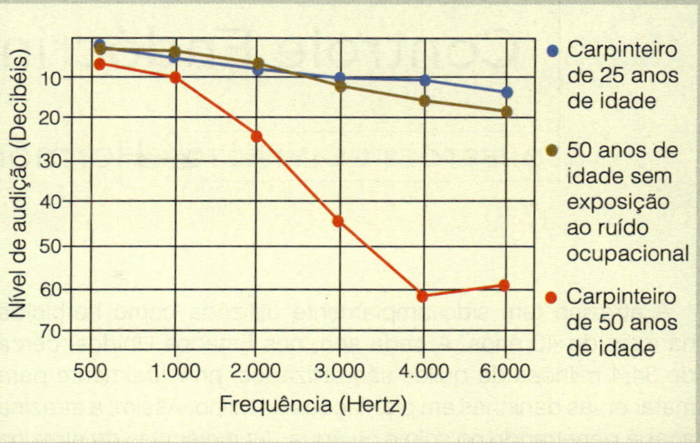

Figura 9.27 Efeitos da idade e exposição ao ruído ocupacional. O gráfico mostra o limite das capacidades de audição (em decibéis) para sons de frequências diferentes (dadas em hertz) em um carpinteiro de 25 anos de idade (*azul*), um carpinteiro de 50 anos de idade (*vermelho*) e um de 50 anos de idade que não teve nenhuma exposição ao ruído ocupacional (*marrom*).

4. Baseado nesses dados, você concluiria que a redução da audição no carpinteiro de 50 anos de idade foi causada pela idade ou pela exposição ao barulho relacionado ao trabalho?

9. A visão das cores começa com sinais de _____.
a. bastonetes b. cones c. células ciliadas d. ponto cego

10. Quando você visualiza um objeto próximo, sua lente fica _____.
a. mais arredondada c. mais achatada
b. mais nublada d. mais transparente

11. A luz clara faz com que o(a) ______ encolha.
a. lente b. pupila c. fóvea d. ponto cego

12. Rotule as partes do olho humano neste diagrama:

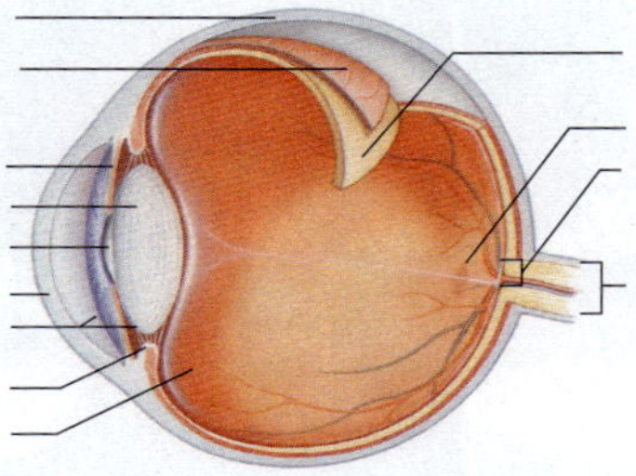

13. Ligue cada estrutura com sua descrição.

____ fóvea	a. sensível a vibrações
____ cóclea	b. funciona no equilíbrio
____ lente	c. tipo de células fotorreceptoras
____ célula ciliada	d. possui a maioria das células cone
____ célula bastonete	e. contém quimiorreceptores
____ botão gustativo	f. enfoca raios de luz
____ aparelho vestibular	g. classifica ondas sonoras
____ terminação nervosa livre	h. ajuda o cérebro a avaliar calor, pressão e dor

Raciocínio crítico

1. Laura adora comer brócolis e couve-de-bruxelas. Lionel não suporta. Todo mundo apresenta os mesmos cinco tipos de receptores do paladar, então, o que está acontecendo? Lionel só está sendo intolerante? Talvez não. O número e a distribuição de receptores que respondem a substâncias amargas variam entre indivíduos de uma população – e estudos agora indicam que algumas dessas variações são hereditárias.

Pessoas com o maior número de receptores para substâncias amargas consideram muitas frutas e legumes altamente impalatáveis. Esses superpaladares compõem aproximadamente 25% da população em geral. Eles tendem a ser mais magros que a média, mas apresentam maior probabilidade de desenvolver pólipos e câncer. Como os botões gustativos altamente sensíveis do Lionel o colocam em risco aumentado de câncer?

2. Os órgãos de equilíbrio dinâmico, equilíbrio estático ou ambos são ativados durante um passeio de montanha-russa?

3. A força do campo magnético da Terra e seu ângulo relativo à superfície variam com a latitude. Diversas espécies sentem essas diferenças e as usam como pistas para avaliar sua localização e direção de movimento. As experiências comportamentais mostraram que as tartarugas do mar, salamandras e lagostas espinhosas usam informações do campo magnético da Terra durante suas migrações. As baleias e alguns roedores escavadores também parecem ter uma sensação magnética. Evidências sobre seres humanos são contraditórias. Sugira uma experiência para testar se os seres humanos conseguem detectar um campo magnético.

4. Depois de um dano na perna, a dor faz uma pessoa evitar pôr peso demais na perna afetada. Um inseto ferido não demonstra essa resposta de proteção e não produz substâncias químicas analgésicas naturais. Essa evidência é suficiente para concluir que os insetos não apresentam uma sensação de dor?

10 Controle Endócrino

QUESTÕES DE IMPACTO Hormônios na Balança

A atrazina tem sido amplamente utilizada como herbicida há mais de 40 anos. A cada ano, nos Estados Unidos, cerca de 34,4 milhões de quilos são utilizados, principalmente para matar ervas daninhas em plantações de milho. Assim, a atrazina acaba penetrando no solo e na água. As moléculas de atrazina se decompõem em menos de um ano, mas ainda aparecem em lagos, poços, lençóis freáticos e chuva. Seus efeitos são negativos? Tyrone Hayes, um biólogo da Universidade da Califórnia, acha que sim. Seus estudos sugerem que a atrazina é um desregulador endócrino: um composto sintético que altera a ação de hormônios naturais e afeta adversamente a saúde e o desenvolvimento (Figura 10.1).

Hayes estudou os efeitos da atrazina em rãs albinas (*Xenopus laevis*) e em rãs leopardo (*Rana pipiens*). Ele descobriu que a exposição de girinos machos à atrazina em laboratório fazia alguns animais desenvolverem órgãos reprodutores masculinos e femininos. Esse efeito ocorreu mesmo com doses de atrazina muito abaixo das permitidas em água potável.

A atrazina tem efeitos semelhantes na vida selvagem? Para descobrir, Hayes coletou rãs leopardo de lagos e canais no Meio-Oeste dos EUA. Rãs machos de cada lago contaminado apresentavam órgãos sexuais anormais. No lago com mais atrazina, 92% dos machos tinham tecido ovariano.

Outros cientistas também relataram que a atrazina causa ou contribui para deformidades nas rãs. A Environmental Protection Agency (Agência de Proteção Ambiental) achou os dados intrigantes. Entre outras tarefas, essa agência regula aplicações de substâncias químicas na agricultura. Ela solicitou mais estudos dos efeitos da atrazina sobre anfíbios e está orientando os fazendeiros a minimizar o uso de atrazina em seus campos.

Diversos desreguladores hormonais infiltram em *habitats* aquáticos. Por exemplo, os estrogênios nas pílulas anticoncepcionais são excretados na urina e não podem ser removidos por tratamentos padrão de águas residenciais. Em correntezas ou rios, a água contaminada com estrogênio faz peixes machos desenvolverem traços femininos.

Um excesso de substâncias químicas semelhantes ao estrogênio pode reduzir a produção de espermatozoides. Estrogênio é um hormônio sexual. Homens e mulheres o produzem e também possuem receptores para esse hormônio, embora as mulheres o produzam muito mais. Nos machos, o estrogênio se fixa em receptores das células-alvo em órgãos reprodutivos e ajuda os espermatozoides a amadurecer. Outras substâncias químicas sintéticas, incluindo clordecona e DDT, ligam-se a receptores de estrogênio, bloqueando, assim, as ações deste, incluindo seu papel na maturação de espermatozoides. Ambas as substâncias químicas agora estão banidas em vários países, inclusive no Brasil.

Este capítulo se concentra nos hormônios – suas origens, seus alvos, seus efeitos e suas interações. Todos os vertebrados possuem glândulas secretoras de hormônios e sistemas semelhantes. Lembre-se disso quando pensar em desreguladores endócrinos. O que você aprender neste capítulo o ajudará a avaliar os custos e benefícios de substâncias químicas sintéticas que afetam a ação dos hormônios.

Figura 10.1 Benefícios e custos de aplicações de herbicidas. À *esquerda*, a atrazina pode manter milharais quase sem ervas daninhas; não há necessidade de cultivo constante, que causa a erosão do solo. Tyrone Hayes (*à direita*) suspeita que a substância química atrapalhe os sinais hormonais de anfíbios.

Conceitos-chave

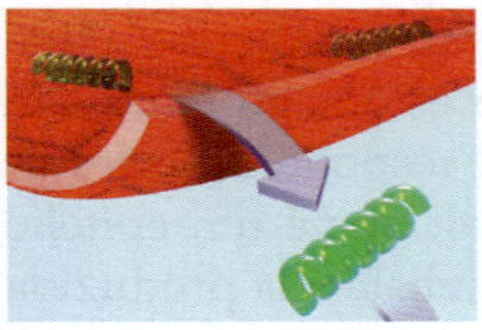

Mecanismos de sinalização

Hormônios e outras moléculas de sinalização funcionam como uma rede de comunicação entre células corporais. Um hormônio viaja pelo sangue e atua em cada célula que possui receptores para ele. O receptor pode estar na superfície de uma célula-alvo ou dentro dela. **Seção 10.1, 10.2**

Um grande centro de integração

Nos vertebrados, o hipotálamo e a hipófise estão conectados estrutural e funcionalmente. Juntos, eles coordenam as atividades de muitas outras glândulas. Hormônios da hipófise afetam o crescimento, as funções reprodutivas e a composição de fluidos extracelulares. **Seção 10.3, 10.4**

Outras fontes de hormônios

Alças de feedback negativo para o hipotálamo e a hipófise controlam secreções de muitas glândulas. Estímulos do sistema nervoso e concentrações internas de solutos também influenciam a secreção de hormônios. **Seção 10.5-10.12**

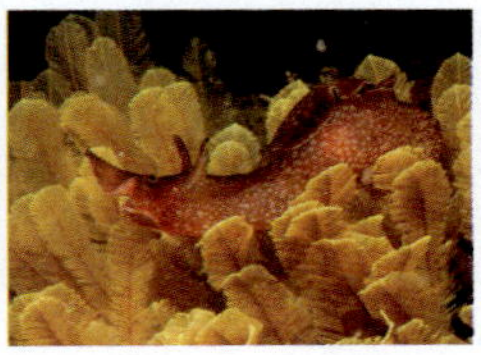

Hormônios de invertebrados

Hormônios controlam a muda e outros eventos nos ciclos de vida de invertebrados. Hormônios e receptores de vertebrados evoluíram a partir de linhagens ancestrais de invertebrados. **Seção 10.13**

Neste capítulo

- Este capítulo tratará da história de sinalização celular. Você verá muitos exemplos de mecanismos de feedback. Também visitaremos junções comunicantes e epitélio glandular.
- Os sistemas nervoso e endócrino trabalham em conjunto. Você verá potenciais de ação, sinapses, neurônios simpáticos, anatomia do cérebro e processamento visual.
- Você verá como os hormônios afetam a muda.

Qual sua opinião? Algumas substâncias químicas agrícolas amplamente utilizadas podem desregular ou até mesmo interromper a ação dos hormônios em espécies não pretendidas. Substâncias químicas potencialmente danosas deveriam ser mantidas no mercado enquanto pesquisadores as investigam? Conheça a opinião de seus colegas e apresente seus argumentos a eles.

10.1 Introdução ao sistema endócrino dos vertebrados

- Em todos os animais, as células se comunicam através de diversos sinais químicos de curto e longo alcance.

Sinalização intracelular em animais

Em todos os animais, as células se comunicam constantemente em resposta a mudanças nos ambientes interno e externo. A recepção de tais sinais pode influenciar a atividade metabólica, divisão ou expressão genética de uma célula.

Junções comunicantes permitem a comunicação direta do citoplasma de uma célula para o de uma célula adjacente. Outra comunicação célula a célula envolve moléculas de sinalização secretadas no fluido intersticial (o fluido entre as células). Tais moléculas exercem efeitos apenas quando se ligam a um receptor ou dentro de outra célula. Nós chamamos uma célula com receptores que se ligam e reagem a uma molécula de sinalização específica como "alvo" de tal molécula.

Algumas moléculas de sinalização secretadas se difundem em uma curta distância através do fluido intersticial e se ligam a células vizinhas. Por exemplo, neurônios secretam moléculas de sinalização chamadas **neurotransmissores** na fenda sináptica, espaço que as separa de uma célula-alvo. O neurotransmissor se difunde na curta distância pela fenda e se liga ao alvo.

Apenas neurônios liberam neurotransmissores, mas muitas células secretam **moléculas de sinalização locais** que afetam suas vizinhas. Prostaglandinas são um tipo de sinal local que, quando liberadas por células feridas, ativam receptores de dor e aumentam o fluxo de sangue no local. O maior fluxo sanguíneo fornece mais proteínas e leucócitos combatentes de infecções à região ferida.

Hormônios animais são moléculas de comunicação de mais longo alcance. Depois de serem secretados no fluido intersticial, entram na corrente sanguínea e são distribuídos por todo o corpo. Em comparação com neurotransmissores ou moléculas de sinalização locais, hormônios duram mais, viajam mais longe e exercem seus efeitos em mais células.

Alguns animais produzem sinais de comunicação intercelular chamados **feromônios**, que se difundem pela água ou pelo ar e se ligam a células-alvo em outros indivíduos da mesma espécie. Feromônios ajudam a integrar o comportamento social, porém o foco deste capítulo são os hormônios.

Visão geral do sistema endócrino

A palavra "hormônio" data do início do século XX. Os fisiologistas W. Bayliss e E. Starling estavam tentando determinar o que ativa a secreção de sucos pancreáticos quando o alimento percorre o intestino de um cão. Como eles sabiam, ácido se mistura à comida no estômago. A chegada da mistura ácida dentro do intestino delgado ativa secreções pancreáticas que reduzem a acidez. O sistema nervoso estava estimulando esta reação pancreática ou havia outro mecanismo de sinalização em funcionamento?

Para encontrar uma resposta, Bayliss e Starling bloquearam os nervos – mas não os vasos sanguíneos – para o intestino delgado de uma cobaia animal. O pâncreas ainda reagia quando alimentos ácidos do estômago entravam no intestino delgado. O pâncreas até respondia a extratos de células do revestimento intestinal, que é um epitélio glandular. Aparentemente, alguma substância produzida por células glandulares sinalizou para o pâncreas iniciar suas secreções.

Tal substância agora é chamada de secretina. A identificação de seu modo de ação apoiava uma hipótese que já existia há séculos: o sangue transporta secreções internas que influenciam as atividades dos órgãos do corpo.

Starling cunhou o termo "hormônio" para secreções glandulares (a palavra grega *hormon* significa "colocar em movimento"). Mais tarde, pesquisadores identificaram muitos outros hormônios e suas origens. Glândulas e outras fontes de hormônio são chamadas coletivamente de **sistema endócrino**. A Figura 10.2 analisa as principais origens de hormônios no sistema endócrino humano.

Interações endócrino-nervosas

O sistema endócrino e o sistema nervoso estão bastante ligados. Neurônios e células endócrinas derivam da camada da ectoderme de um embrião. Ambos respondem ao hipotálamo, um centro de comando no cérebro. A maioria dos órgãos recebe e reage a estímulos nervosos e hormonais.

Hormônios influenciam o desenvolvimento do cérebro, antes e depois do nascimento. Hormônios também podem afetar processos nervosos como ciclos de dormir/despertar, emoções, humor e memória. De maneira inversa, o sistema nervoso afeta a secreção de hormônios. Por exemplo, em uma situação estressante, sinais nervosos pedem maior secreção de alguns hormônios e menor de outros.

Para pensar

Como as células do corpo de um animal se comunicam entre si?

- Células animais se comunicam através de junções comunicantes e pela liberação de moléculas que se ligam a receptores dentro das células ou em outras células.
- Neurotransmissores e moléculas de sinalização locais se dispersam por difusão e afetam apenas as células vizinhas. Hormônios entram no sangue e são distribuídos por todo o corpo, portanto os efeitos são de alcance mais amplo.

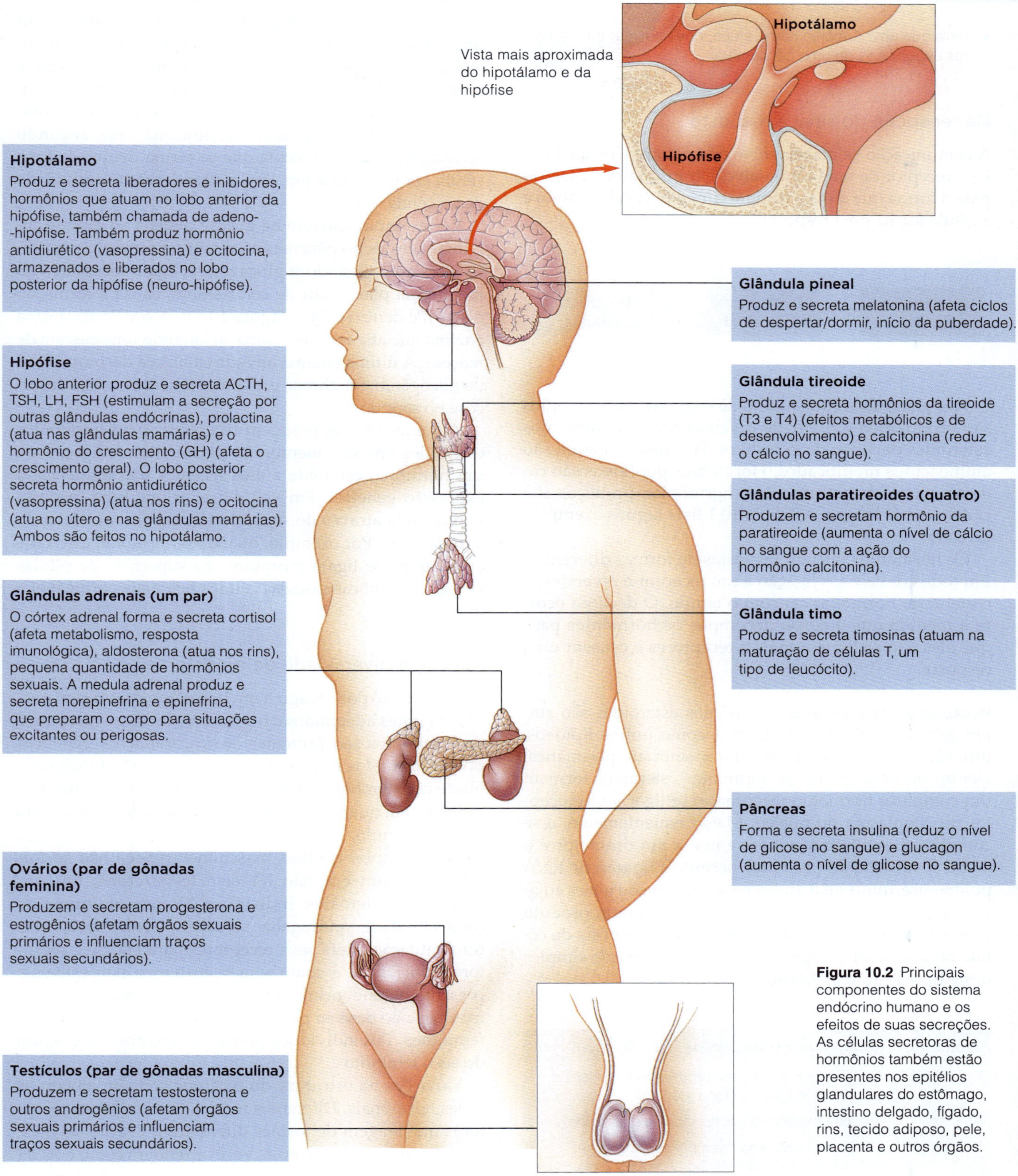

Vista mais aproximada do hipotálamo e da hipófise
Hipotálamo
Hipófise
Hipotálamo
Produz e secreta liberadores e inibidores, hormônios que atuam no lobo anterior da hipófise, também chamada de adeno-hipófise. Também produz hormônio antidiurético (vasopressina) e ocitocina, armazenados e liberados no lobo posterior da hipófise (neuro-hipófise).
Hipófise
O lobo anterior produz e secreta ACTH, TSH, LH, FSH (estimulam a secreção por outras glândulas endócrinas), prolactina (atua nas glândulas mamárias) e o hormônio do crescimento (GH) (afeta o crescimento geral). O lobo posterior secreta hormônio antidiurético (vasopressina) (atua nos rins) e ocitocina (atua no útero e nas glândulas mamárias). Ambos são feitos no hipotálamo.
Glândulas adrenais (um par)
O córtex adrenal forma e secreta cortisol (afeta metabolismo, resposta imunológica), aldosterona (atua nos rins), pequena quantidade de hormônios sexuais. A medula adrenal produz e secreta norepinefrina e epinefrina, que preparam o corpo para situações excitantes ou perigosas.
Ovários (par de gônadas feminina)
Produzem e secretam progesterona e estrogênios (afetam órgãos sexuais primários e influenciam traços sexuais secundários).
Testículos (par de gônadas masculina)
Produzem e secretam testosterona e outros androgênios (afetam órgãos sexuais primários e influenciam traços sexuais secundários).
Glândula pineal
Produz e secreta melatonina (afeta ciclos de despertar/dormir, início da puberdade).
Glândula tireoide
Produz e secreta hormônios da tireoide (T3 e T4) (efeitos metabólicos e de desenvolvimento) e calcitonina (reduz o cálcio no sangue).
Glândulas paratireoides (quatro)
Produzem e secretam hormônio da paratireoide (aumenta o nível de cálcio no sangue com a ação do hormônio calcitonina).
Glândula timo
Produz e secreta timosinas (atuam na maturação de células T, um tipo de leucócito).
Pâncreas
Forma e secreta insulina (reduz o nível de glicose no sangue) e glucagon (aumenta o nível de glicose no sangue).

Figura 10.2 Principais componentes do sistema endócrino humano e os efeitos de suas secreções. As células secretoras de hormônios também estão presentes nos epitélios glandulares do estômago, intestino delgado, fígado, rins, tecido adiposo, pele, placenta e outros órgãos.

10.2 Natureza da ação hormonal

- Para que um hormônio tenha efeito, deve se ligar a receptores específicos de uma célula-alvo.

Da recepção do sinal à resposta

A comunicação celular envolve três passos. Um sinal ativa o receptor de uma célula-alvo, é transduzido (alterado para a forma que afeta o comportamento da célula-alvo) e a célula forma uma resposta:

Recepção de sinal → **Transdução de sinal** → **Resposta celular**

Nas glândulas, com auxílio de enzimas, os hormônios são produzidos a partir de diversas fontes. Hormônios esteroides derivam do colesterol. Hormônios amina são aminoácidos modificados. Hormônios peptídeos são cadeias curtas de aminoácidos; hormônios proteicos são cadeias mais longas. A Tabela 10.1 lista alguns exemplos de cada.

Os hormônios iniciam respostas de formas diferentes. Em todos os casos, a ligação a um receptor é reversível e o efeito do hormônio cai com o tempo. O declínio ocorre à medida que o corpo decompõe os hormônios para que eles não se liguem mais a receptores e causem uma resposta.

Receptores intracelulares Hormônios esteroides são sintetizados a partir do colesterol e, como outros lipídeos, difundem-se facilmente em uma membrana plasmática. Dentro de uma célula, os hormônios esteroides formam um complexo hormônio-receptor ao se ligar a um receptor no citoplasma ou núcleo. Mais frequentemente, esse complexo hormônio-receptor se une a um promotor e o ativa. A ativação do promotor permite a ligação de RNA polimerase, que, então, transcreve um gene ou genes adjacentes. A transcrição e a tradução produzem um produto proteico, como uma enzima, que executa a resposta da célula-alvo ao sinal. A Figura 10.3*a* é uma ilustração simples deste tipo de ação de hormônios esteroides.

Tabela 10.1	Categorias e exemplos de hormônios
Esteroides	Testosterona e outros androgênios, estrogênios, progesterona, aldosterona, cortisol
Aminas	Melatonina, epinefrina, hormônios da tireoide
Peptídeos	Glucagon, ocitocina, hormônio antidiurético, calcitonina, hormônio da paratireoide
Proteínas	Hormônio do crescimento, insulina, prolactina, hormônio estimulante de folículos, hormônio luteinizante

Receptores na membrana plasmática A maioria dos hormônios amina e todos os hormônios peptídicos ou proteicos são grandes e polares demais para se difundir em uma membrana. Eles se ligam a receptores que estão localizados na superfície da membrana plasmática de uma célula-alvo. Frequentemente, essa ligação ativa uma enzima que converte ATP em AMPc (adenosina monofosfato cíclica). A AMP cíclica, então, funciona como **segundo mensageiro**: uma molécula que se forma dentro de uma célula em resposta a um sinal externo e afeta a atividade dessa célula.

Por exemplo, quando há glicose demais no sangue, algumas células no pâncreas secretam o hormônio peptídico glucagon. Quando o glucagon se liga a receptores na membrana plasmática de células-alvo, causa a formação de AMPc dentro delas. (Figura 10.3*b*). A AMPc ativa uma enzima que ativa outra enzima, acionando uma cascata de reações. A última enzima ativada catalisa a decomposição de glicogênio em glicose e, assim, aumenta o nível de glicose no sangue.

Algumas células possuem receptores para hormônios esteroides em sua membrana plasmática. A ligação de um hormônio esteroide a esse receptor não influencia a expressão genética. Em vez disso, aciona uma resposta mais rápida através do segundo mensageiro ou afetando a membrana. Por exemplo, quando o hormônio esteroide aldosterona se liga a receptores na superfície de células renais, a membrana dessas células fica mais permeável a íons sódio.

Função e diversidade de receptores

Uma célula só pode reagir a um hormônio para o qual possa receptores adequados e funcionais. Todos os receptores de hormônios são proteínas, assim, mutações genéticas podem torná-los menos eficientes ou até não funcionais. Neste caso, embora o hormônio se ligue ao receptor com mutação em quantidades normais, o hormônio terá efeito inferior ou nulo.

Por exemplo, genitais masculinos típicos não se formarão em um embrião XY sem testosterona, um dos hormônios esteroides. Indivíduos XY com síndrome de insensibilidade andrógena secretam testosterona, mas uma mutação altera seus receptores para ela. Sem receptores funcionais, é como se a testosterona não estivesse presente. Como resultado, o embrião forma testículos, mas eles não descem para o escroto e os genitais parecem femininos. Tais indivíduos podem ser criados como sendo do sexo feminino.

Variações na estrutura do receptor também afetam as ações hormonais. Diferentes tecidos têm proteínas receptoras que reagem de formas diferentes à ligação do mesmo hormônio. Por exemplo, você aprenderá como o ADH (hormônio antidiurético) do lobo posterior da hipófise atua nas células renais e ajuda a manter concentrações de soluto no ambiente interno.

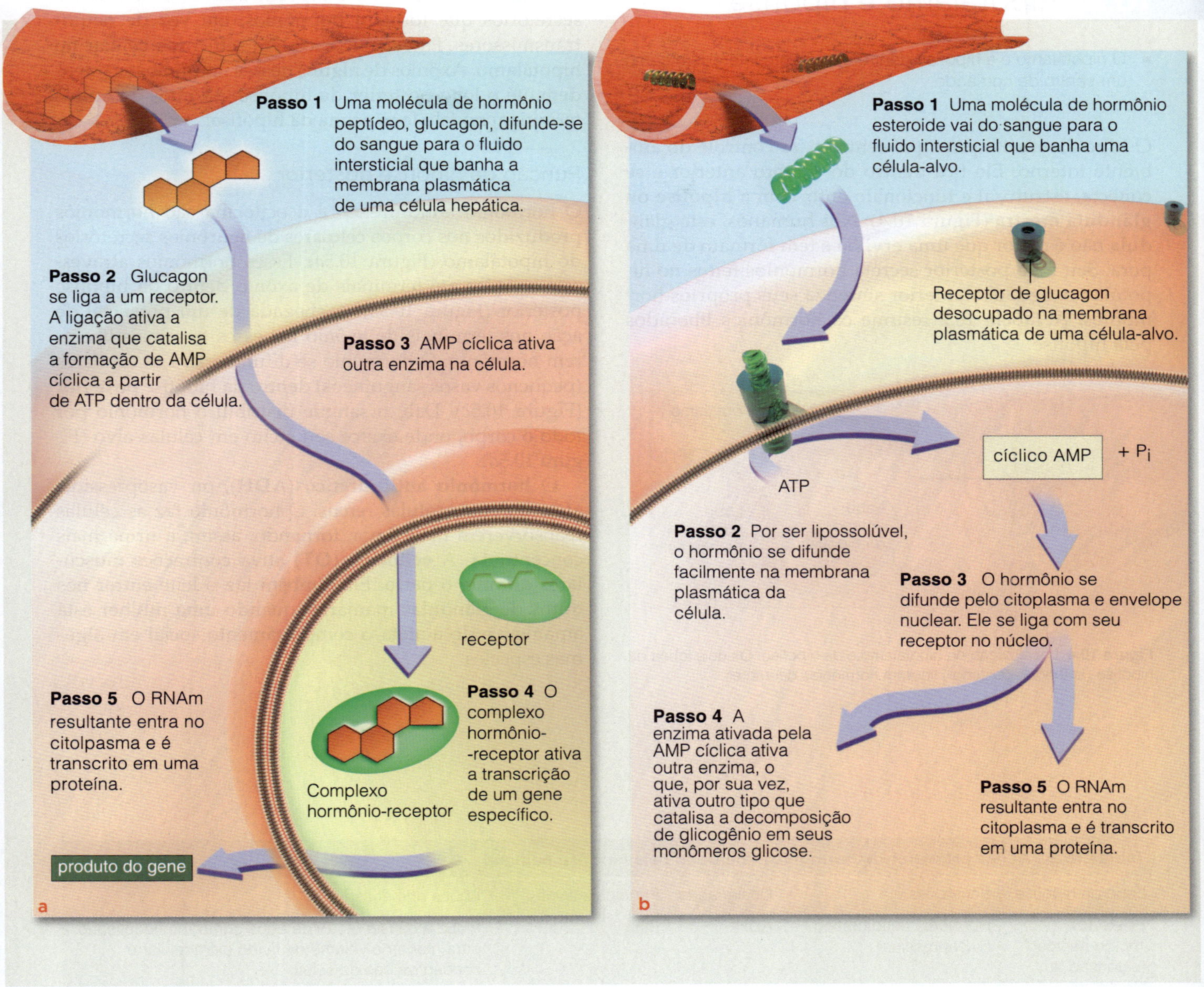

Passo 1 Uma molécula de hormônio peptídeo, glucagon, difunde-se do sangue para o fluido intersticial que banha a membrana plasmática de uma célula hepática.
Passo 2 Glucagon se liga a um receptor. A ligação ativa a enzima que catalisa a formação de AMP cíclica a partir de ATP dentro da célula.
Passo 3 AMP cíclica ativa outra enzima na célula.
receptor
Passo 4 O complexo hormônio--receptor ativa a transcrição de um gene específico.
Complexo hormônio-receptor
Passo 5 O RNAm resultante entra no citolpasma e é transcrito em uma proteína.
produto do gene
a
Passo 1 Uma molécula de hormônio esteroide vai do sangue para o fluido intersticial que banha uma célula-alvo.
Receptor de glucagon desocupado na membrana plasmática de uma célula-alvo.
ATP
cíclico AMP
+ Pi
Passo 2 Por ser lipossolúvel, o hormônio se difunde facilmente na membrana plasmática da célula.
Passo 3 O hormônio se difunde pelo citoplasma e envelope nuclear. Ele se liga com seu receptor no núcleo.
Passo 4 A enzima ativada pela AMP cíclica ativa outra enzima, o que, por sua vez, ativa outro tipo que catalisa a decomposição de glicogênio em seus monômeros glicose.
Passo 5 O RNAm resultante entra no citoplasma e é transcrito em uma proteína.
b

Figura 10.3 (**a**) Ação típica de hormônio esteroide dentro de uma célula-alvo. (**b**) Ação típica de hormônio peptídeo na membrana plasmática. AMP cíclica, que serve de segundo mensageiro, transmite um sinal de um receptor da membrana plasmática para dentro da célula.

Resposta: No citoplasma

Resolva: Onde o segundo mensageiro se forma depois que um glucagon se liga a uma célula?

Para pensar

Como hormônios exercem seus efeitos em células-alvo?

- Hormônios exercem seus efeitos ao se ligar a receptores proteicos, dentro de uma célula ou na membrana plasmática.
- A maioria de hormônios esteroides se liga a um receptor dentro do núcleo e altera a expressão de genes específicos.
- Hormônios peptídeos e proteicos normalmente se ligam a um receptor na membrana plasmática. Eles ativam a formação de um segundo mensageiro, uma molécula que transmite um sinal para a célula.
- Variações na estrutura do receptor afetam como uma célula reage a um hormônio.

10.3 Hipotálamo e hipófise

- O hipotálamo e a hipófise dentro do cérebro interagem como um centro de comando.

O **hipotálamo** é o principal centro para controle do ambiente interno. Ele fica dentro do cérebro anterior e se conecta, estrutural e funcionalmente, com a **hipófise ou glândula mestra** (Figura 10.4). Nos humanos, esta glândula não é maior que uma ervilha e tem formato de uma pera. Seu lobo posterior secreta hormônios feitos no hipotálamo. Seu lobo anterior sintetiza seus próprios hormônios. A Tabela 10.2 resume os hormônios liberados pela hipófise.

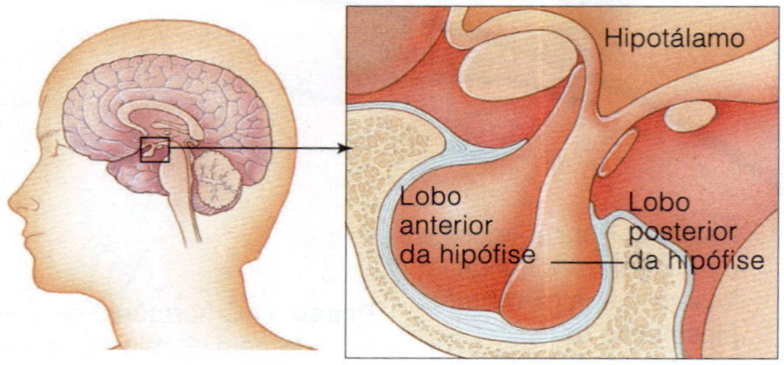

Figura 10.4 Localização do hipotálamo e da hipófise. Os dois lobos da hipófise (anterior e posterior) liberam hormônios diferentes.

O hipotálamo sinaliza a hipófise através de neurônios secretórios que formam hormônios, em vez de neurotransmissores. Esses neurônios têm seu corpo celular no hipotálamo. Axônios de alguns desses neurônios se estendem até o lobo posterior da hipófise. Axônios de outros terminam no talo logo acima da hipófise.

Função da hipófise posterior

O hormônio antidiurético e a ocitocina são hormônios produzidos nos corpos celulares de neurônios secretórios do hipotálamo (Figura 10.5*a*). Esses hormônios atravessam axônios até terminais de axônio dentro da hipófise posterior (Figura 10.5*b*). A chegada de um potencial de ação nos terminais de axônio faz esses terminais liberarem hormônio. O hormônio se difunde para os capilares (pequenos vasos sanguíneos) dentro da hipófise posterior (Figura 10.5*c*). Dali, o sangue distribui o hormônio por todo o corpo, onde exerce seu efeito em células-alvo (Figura 10.5*d*).

O **hormônio antidiurético** (**ADH**), ou vasopressina, afeta algumas células renais. O hormônio faz as células reabsorverem mais água, tornando, assim, a urina mais concentrada. A **ocitocina** (**OT**) ativa contrações musculares durante o parto. Ela também faz o leite entrar nos dutos de glândulas mamárias quando uma mulher está amamentando e afeta o comportamento social em algumas espécies.

Tabela 10.2 Ações primárias de hormônios liberados pela hipófise humana

Lobo da hipófise	Secreções	Designação	Principais alvos	Ações primárias
Posterior Tecido nervoso (extensão do hipotálamo) neuro-hipófise	Hormônio antidiurético (vasopressina)	ADH	Rins	Induz a conservação de água conforme necessário para manter o volume de fluido extracelular e concentrações de soluto
	Ocitocina	OT	Glândulas mamárias Útero	Induz a entrada de leite nos dutos secretórios Induz contrações uterinas durante o parto
Anterior Tecido glandular, majoritariamente adeno-hipófise	Hormônio adrenocorticotrófico	ACTH	Glândulas adrenais	Estimula a liberação de cortisol, um hormônio esteroide adrenal
	Hormônio estimulante da tireoide	TSH	Glândula tireoide	Estimula a liberação de hormônios da tireoide
	Hormônio folicu-lestimulante	FSH	Ovários, testículos	Nas mulheres, estimula a secreção de estrogênio, maturação dos óvulos; nos homens, ajuda a estimular a formação de espermatozoides
	Hormônio luteinizante	LH	Ovários, testículos	Nas mulheres, estimula a secreção de progesterona, a ovulação e a formação de corpo lúteo; nos homens, estimula a secreção de testosterona, liberação de espermatozoides
	Prolactina	PRL	Glândulas mamárias	Estimula e sustenta a produção de leite
	Hormônio do crescimento (somatotropina)	GH	Maioria das células	Promove o crescimento nos jovens; induz a síntese proteica, divisão celular; papéis no metabolismo de glicose e proteínas nos adultos

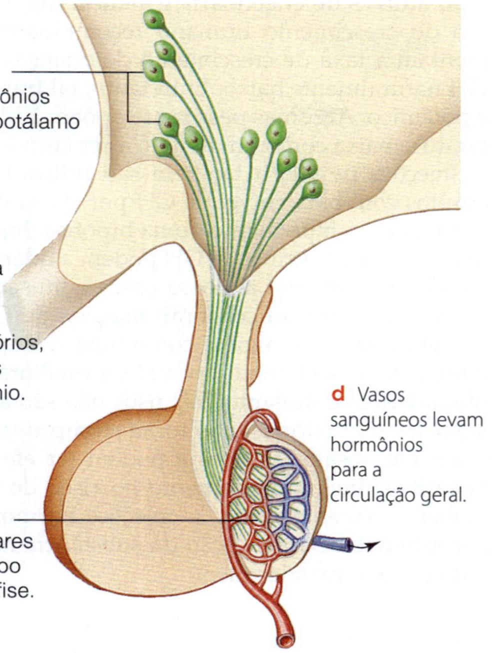

Figura 10.5 Interações entre o lobo posterior da hipófise e o hipotálamo.

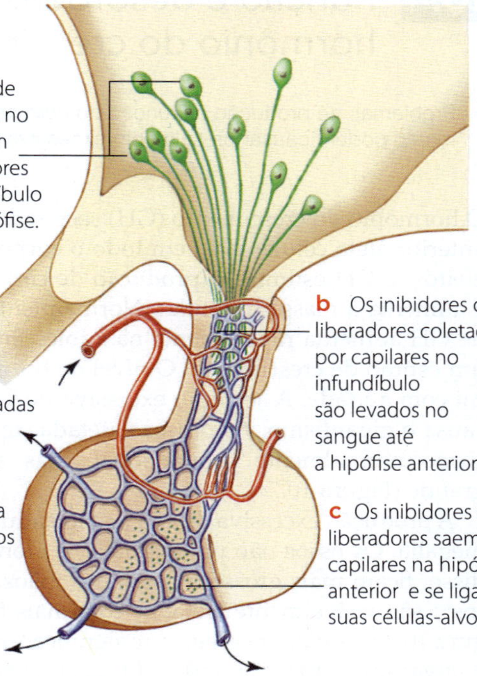

Figura 10.6 Interações entre o lobo anterior da hipófise e o hipotálamo.

Função da hipófise anterior (adeno-hipófise)

A hipófise anterior produz seus próprios hormônios, mas hormônios do hipotálamo controlam sua secreção. A maioria dos hormônios do hipotálamo que atuam na hipófise anterior tem a função de **liberadores hormonais**; eles estimulam a secreção de hormônios pelas células-alvo. **Inibidores hormonais** do hipotálamo atuam para redução nas secreções de hormônios nas células-alvo.

Liberadores e inibidores do hipotálamo são secretados no pedículo hipofisário, que conecta o hipotálamo à hipófise (Figura 10.6*a*). Eles se difundem no sangue e são levados para o lobo anterior da hipófise (Figura 10.6*b*). Ali, saem dos capilares e se ligam a células-alvo (Figura 10.6*c*). Quando estimulada por um liberador, a célula-alvo libera um hormônio da **hipófise anterior** no sangue (Figura 10.6*d*).

As células-alvo de alguns hormônios da hipófise anterior estão dentro de outras glândulas:

O **hormônio adrenocorticotrófico** (**ACTH**) estimula a liberação de hormônios pelas glândulas adrenais.

O **hormônio estimulante da tireoide** (**TSH**) regula a secreção de hormônio de T3 e T4 pela glândula tireoide.

O **hormônio foliculestimulante** (**FSH**) e o **hormônio luteinizante** (**LH**) afetam a secreção de hormônio sexual e a produção de gametas pelas gônadas – os testículos de um homem ou os ovários de uma mulher.

A **prolactina** (**PRL**) tem como alvo as glândulas mamárias, que são glândulas exócrinas. Ela estimula e sustenta a produção de leite após o parto.

O **hormônio do crescimento** (**GH**) tem alvos na maioria dos tecidos. Ele ativa a secreção de sinais que promovem o crescimento de ossos e tecidos moles nos jovens. Ele também influencia o metabolismo nos adultos.

Controles de feedback da secreção de hormônios

O hipotálamo e a hipófise estão envolvidos em muitos controles de retroalimentação. Com mecanismos de feedback positivo, um estímulo causa uma resposta, como uma secreção hormonal, que aumenta a intensidade do estímulo. Por exemplo, as contrações de músculos durante o parto causam a secreção de ocitocina, que causa mais contrações, e assim por diante.

Mecanismos de feedback negativo são mais comuns. Neste caso, um estímulo causa uma resposta que reduz o estímulo. Vários exemplos de mecanismos de feedback negativo que envolvem o hipotálamo e a hipófise são descritos posteriormente neste capítulo.

Para pensar

Como o hipotálamo e a hipófise interagem?

- Alguns neurônios secretórios do hipotálamo produzem hormônios (ADH, OT) que atravessam axônios e vão até a hipófise posterior, que os libera.
- Outros neurônios do hipotálamo produzem liberadores e inibidores levados pelo sangue até a hipófise anterior. Tais hormônios regulam a secreção dos hormônios da hipófise anterior (ACTH, TSH, LH, FSH, PRL e GH).

10.4 Função e desordens do hormônio do crescimento

- Problemas de produção ou função do hormônio do crescimento podem causar crescimento excessivo ou reduzido.

O hormônio do crescimento (GH) secretado pela hipófise anterior afeta células-alvo em todo o corpo. Entre outros efeitos, o GH estimula a produção de cartilagem e osso, e aumenta a massa muscular. Normalmente, a produção de GH aumenta rapidamente na adolescência, causando um estirão de crescimento. O nível de hormônio, depois, cai com a idade. A secreção excessiva de GH na infância causa o gigantismo. As pessoas afetadas apresentam um corpo normalmente proporcional, mas anormalmente grande (Figura 10.7*a*).

A produção excessiva de GH na vida adulta causa acromegalia. Os ossos não podem mais se alongar e, em vez disso, ficam mais grossos. Ossos das mãos, dos pés e do rosto são visivelmente afetados com mais frequência (Figura 10.7*b*). A palavra grega *acro* significa "extremidades", e *megas* quer dizer "grande". O gigantismo e a acromegalia normalmente surgem como resultado de um tumor benigno (não canceroso) na hipófise.

O nanismo hipofisário ocorre quando o corpo produz pouquíssimo GH ou os receptores não respondem adequadamente a ele durante a infância. Os indivíduos com essa deficiência são pequenos, mas normalmente proporcionais (Figura 10.7*c*). O nanismo hipofisário pode ser herdado ou resultar de um tumor ou lesão na hipófise.

O hormônio do crescimento humano agora pode ser feito através de engenharia genética. Injeções de hormônio do crescimento humano recombinante (GHrh) aumentam a taxa de crescimento de crianças com nível de GH naturalmente baixo. Entretanto, tal tratamento é caro e polêmico. Algumas pessoas se opõem à ideia de tratar a estatura baixa como um defeito a ser curado.

Injeções de GHrh também são utilizadas para tratar adultos com baixo nível de GH por causa de tumores ou ferimento no hipotálamo ou na hipófise. Injeções que restauram o nível normal de GH podem ajudar os indivíduos com lesão a manter a massa óssea e muscular enquanto reduzem a gordura corporal. Injeções de GHrh também são utilizadas por alguns como uma maneira de desacelerar o envelhecimento normal ou melhorar o desempenho atlético. Entretanto, tais usos não são aprovados por agências regulatórias, não foram comprovados como eficazes em ensaios clínicos e podem ter efeitos colaterais negativos, incluindo aumento no risco de hipertensão e diabetes. Recentemente, as injeções hormonais têm sido substituídas pela aplicação da substância na pele, dissolvida em gel transdérmico.

Para pensar

Quais são os efeitos de excesso ou falta de hormônio do crescimento?

- O excesso de hormônio do crescimento causa crescimento ósseo mais rápido do que o normal. Quando o excesso ocorre durante a infância, o resultado é gigantismo. Nos adultos, o resultado é acromegalia.
- Uma deficiência de GH durante a infância pode causar nanismo.

Figura 10.7 Exemplos de efeitos da interrupção da função do hormônio do crescimento. (**a**) Com 1,98 m de altura, este garoto de 12 anos com gigantismo hipofisário é mais alto que sua mãe. (**b**) Uma mulher antes e depois de ser afetada pela acromegalia. Observe como seu queixo se alongou (**c**) Dr. Hiralal Maheshwari, *à direita*, com dois homens de uma cidadezinha no Paquistão onde uma forma hereditária de nanismo é comum. Os homens da cidade medem em média 1,30 m de altura. O doutor Maheshwari descobriu que eles produzem menos que a quantidade típica de GH porque sua hipófise não reage ao liberador hipotalâmico que normalmente estimula a secreção de GH.

10.5 Fontes e efeitos de outros hormônios nos vertebrados

- Uma célula no corpo de um vertebrado pode ser alvo para diversos hormônios de glândulas endócrinas e células secretórias.

As próximas seções deste capítulo descrevem efeitos dos principais hormônios de vertebrados liberados por glândulas endócrinas diferentes da hipófise. A Tabela 10.3 fornece um panorama dessas informações.

Além das principais glândulas endócrinas, os vertebrados têm glândulas secretoras de hormônio em alguns órgãos. Conforme observado anteriormente, células do intestino delgado formam secretina, que atua no pâncreas. Partes do sistema digestório também secretam outros hormônios que afetam o apetite e a digestão. Além disso, o tecido adiposo (gordura) produz leptina, um hormônio que atua no cérebro e suprime o apetite.

Quando o nível de oxigênio no sangue cai, os rins secretam eritropoietina, um hormônio que estimula a maturação e a produção de hemácias transportadoras de oxigênio. Até o coração produz um hormônio: o peptídeo natriurético atrial. Ele estimula a secreção de água e sal pelos rins.

À medida que você aprender sobre os efeitos de hormônios específicos, lembre-se que as células na maioria dos tecidos têm receptores para mais de um hormônio. A resposta causada por um hormônio pode inibir ou reforçar a de outro. Por exemplo, cada fibra de músculo esquelético tem receptores para glucagon, insulina, cortisol, epinefrina, estrogênio, testosterona, hormônio do crescimento, somatostatina e hormônio da tireoide, além de outros. Assim, os níveis de todos esses hormônios no sangue afetam os músculos.

Para pensar

Quais são as fontes e os efeitos de hormônios dos vertebrados?

- Além da hipófise e do hipotálamo, glândulas e células endócrinas secretam hormônios. Intestino, rins e coração estão entre os órgãos não considerados glândulas, mas que incluem células secretoras de hormônios.
- A maioria das células tem receptores para vários hormônios e o efeito de um hormônio pode ser estimulado ou inibido pelo de outro.

Tabela 10.3 Fontes e ações de hormônios de vertebrados discutidos nas seções 10.6 a 10.12

Origem	Exemplos de Secreção(ões)	Principal(is) Alvo(s)	Ações Primárias
Tireoide	Hormônio da tireoide	Maioria das células	Regula o metabolismo; tem papéis no crescimento e no desenvolvimento
	Calcitonina	Osso	Reduz o nível de cálcio no sangue
Paratireoides	Hormônio da paratireoide	Ossos, rins	Eleva o nível de cálcio no sangue
Ilhotas pancreáticas	Insulina	Fígado, músculo, tecido adiposo	Promove a absorção celular de glicose e, assim, reduz o nível de glicose no sangue
	Glucagon	Fígado	Promove a quebra de glicogênio; aumenta o nível de glicose no sangue
	Somatostatina	Células secretoras de insulina	Inibe a digestão de nutrientes, daí sua absorção pelo intestino
Córtex adrenal	Glicocorticoides (incluindo cortisol)	Maioria das células	Promovem a quebra de glicogênio, gorduras e proteínas como fontes de energia; assim, ajudam a aumentar o nível de glicose no sangue
	Mineralocorticoides (incluindo aldosterona)	Rim	Promovem a reabsorção de sódio (conservação de sódio); ajudam a controlar o equilíbrio de sal-água do corpo
Medula adrenal	Epinefrina (adrenalina)	Fígado, músculo, tecido adiposo	Aumenta o nível de açúcar e ácidos graxos no sangue, aumenta a frequência cardíaca e a força da contração
	Norepinefrina	Músculo liso de vasos sanguíneos	Promove a constrição ou dilatação de alguns vasos sanguíneos; assim, afeta a distribuição de volume do sangue para diferentes partes do corpo
Gônadas			
Testículos (nos machos)	Androgênios (incluindo testosterona)	Geral	Necessários na formação de espermatozoides; formação de genitais; manutenção de traços sexuais; crescimento, desenvolvimento
Ovários (nas fêmeas)	Estrogênios	Geral	Necessários para maturação e liberação de óvulos; preparação do revestimento uterino para a gravidez e sua manutenção na gestação; desenvolvimento genital; manutenção de caracteres sexuais; crescimento, desenvolvimento
	Progesterona	Útero, mamas	Prepara e mantém o revestimento uterino para a gravidez; estimula o desenvolvimento de tecidos mamários
Glândula pineal	Melatonina	Cérebro	Influencia biorritmos diários, atividade sexual sazonal
Timo	Timosinas	Linfócitos T	Efeito regulador sobre os linfócitos T

10.6 Glândulas tireoide e paratireoides

- A tireoide regula a taxa metabólica e as paratireoides adjacentes regulam os níveis de cálcio.

Glândula tireoide

A **glândula tireoide** humana fica na base do pescoço e se acopla à traqueia (Figura 10.8). A glândula secreta dois tipos de moléculas que contêm iodo (tri-iodotironina T3 e tiroxina T4), que chamamos coletivamente de hormônios da tireoide. Os hormônios da tireoide aumentam a atividade metabólica de tecidos em todo o corpo. A glândula tireoide também secreta calcitonina, um hormônio que causa deposição de cálcio nos ossos de crianças em crescimento. Adultos normais produzem pouca calcitonina.

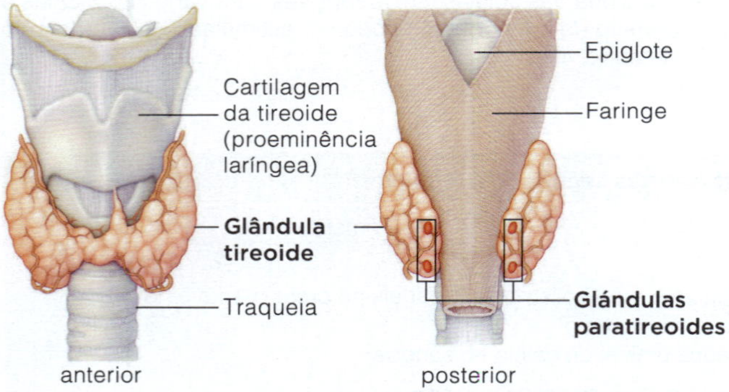

Figura 10.8 Localização das glândulas tireoide e paratireoides humanas.

A hipófise anterior e o hipotálamo regulam a secreção dos hormônios da tireoide através de uma alça de feedback negativo.

A Figura 10.9 mostra o que acontece quando o nível dos hormônios da tireoide caem no sangue. Em resposta a essa queda, o hipotálamo secreta um hormônio liberador (TRH) que atua no lobo anterior da hipófise. O liberador faz a hipófise secretar hormônio estimulante da tireoide (TSH). O TSH, por sua vez, induz a glândula tireoide a liberar os hormônios T3 e T4. Como resultado, o nível de hormônios da tireoide no sangue aumenta novamente até seu ponto de ajuste. Quando esse ponto é atingido, a secreção de TRH e TSH desacelera.

Os hormônios da tireoide incluem átomos de iodo, um nutriente que os humanos obtêm do alimento. Assim, pouco iodo na dieta é uma causa do hipotireoidismo – um baixo nível de hormônio da tireoide. O bócio, ou tireoide aumentada, frequentemente é um sintoma. A tireoide aumenta porque a alça de feedback ilustrado na Figura 10.9 é interrompida e a glândula recebe estimulação constante para aumentar sua produção. O uso de sal iodado é uma forma fácil e barata de garantir o consumo adequado de iodo, mas esse sal não está disponível em todo lugar. No Brasil, o sal é iodado por lei. Recentemente os pesquisadores começaram a desconfiar que o excesso de iodo no sal também pode ser prejudical à saúde.

O hipotireoidismo pode causar problemas de desenvolvimento. Se uma mãe tem falta de iodo durante a gravidez, ou uma criança apresenta um defeito genético que interfira na produção do hormônio da tireoide, o sistema nervoso da criança pode não se formar adequadamente. Um baixo nível de hormônio da tireoide durante a infância também atrapalha o crescimento e a capacidade mental.

O hipotireoidismo às vezes surge em adultos como resultado de uma lesão ou uma desordem imunológica que afeta a tireoide ou a hipófise. Independentemente da

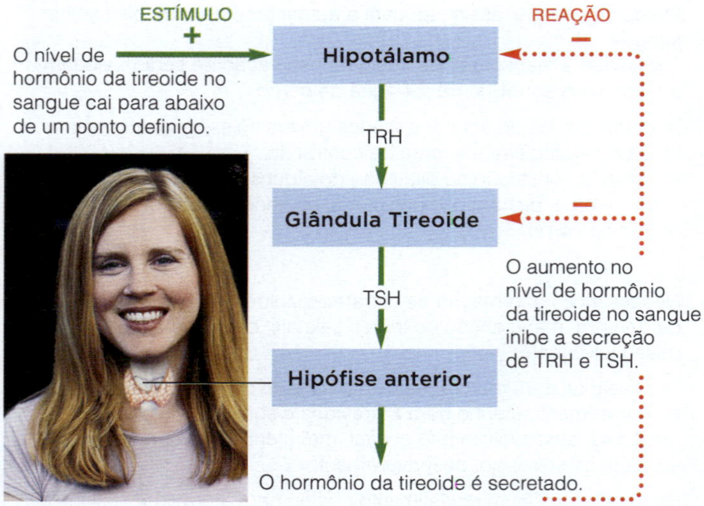

Figura 10.9 Alça de feedback negativo para o hipotálamo e o lobo anterior da hipófise que rege a secreção de hormônio da tireoide.

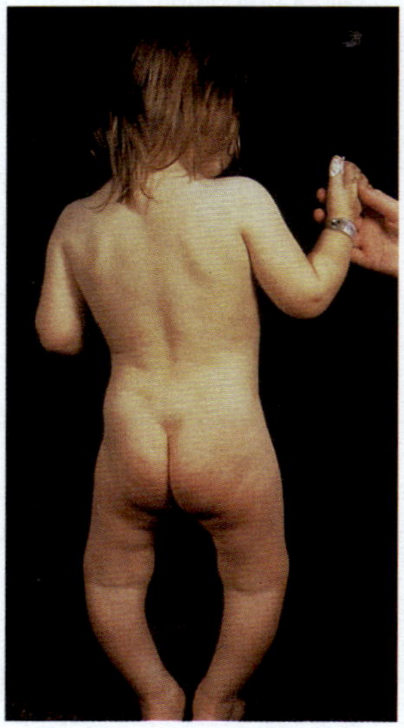

Figura 10.10 Uma criança com raquitismo causado por falta de vitamina D apresenta pernas em arco.

causa, sintomas de insuficiência de hormônio da tireoide frequentemente incluem ganho de peso, preguiça, esquecimento, depressão, dor nas articulações, fraqueza e maior sensibilidade ao frio.

O uso de hormônio da tireoide sintético pode eliminar os sintomas, mas o tratamento deve ser feito durante toda a vida. O bócio também pode ser um sintoma da doença de Graves. Neste caso, um mau funcionamento imunológico faz a tireoide produzir T3 e T4 em excesso. O hipertireoidismo resultante causa insônia, ansiedade, intolerância ao calor, olhos projetados (exoftalmia), perda de peso e tremores. Medicamentos, cirurgia ou radiação podem ser utilizados para reduzir o nível dos hormônios da tireoide no sangue.

Glândulas paratireoides

Quatro **glândulas paratireoides**, cada uma do tamanho de um grão de arroz, estão localizadas na superfície posterior da tireoide (Figura 10.8). As glândulas liberam hormônio da paratireoide (PTH) em resposta a uma queda no nível de cálcio no sangue. Íons cálcio desempenham papéis na sinalização de neurônios, coagulação do sangue, contração muscular e outros processos fisiológicos essenciais.

O PTH tem como alvo células ósseas e renais. Nos ossos, induz células especializadas chamadas osteoclastos a secretar enzimas digestoras de ossos. Cálcio e outros minerais liberados pelo osso entram no sangue. Nos rins, o PTH estimula células tubulares a reabsorver mais cálcio. Ele também estimula a secreção de enzimas que ativam a vitamina D, transformando-a em calcitriol. Calcitriol é um hormônio esteroide que estimula as células no revestimento intestinal a absorver mais cálcio dos alimentos.

Uma desordem nutricional conhecida como raquitismo ocorre em crianças que não consomem vitamina D suficiente. Sem a quantidade adequada de vitamina D, a criança não absorve muito cálcio, portanto a formação de novos ossos desacelera. Ao mesmo tempo, pouco cálcio no sangue ativa a secreção de PTH. À medida que o PTH aumenta, o corpo da criança decompõe os ossos existentes. Pernas em arco e deformidades nos ossos pélvicos são sintomas comuns de raquitismo (Figura 10.10).

Tumores e outras condições que causam secreção excessiva de PTH também enfraquecem os ossos e aumentam o risco de cálculos renais, porque o cálcio liberado pelo osso vai parar no rim. Desordens que reduzem a produção de PTH diminuem o nível de cálcio no sangue. As convulsões e contrações musculares implacáveis resultantes podem ser fatais.

Para pensar

Quais são as funções das glândulas tireoide e paratireoides?

- A glândula tireoide desempenha papéis na regulação do metabolismo e no desenvolvimento. O iodo é necessário para formar os hormônios da tireoide.
- As glândulas paratireoides são os principais reguladores do nível de cálcio no sangue.

10.7 Girinos torcidos

- O prejuízo da função da tireoide em rãs é outra indicação de desreguladores hormonais no meio ambiente.

Um girino é uma larva aquática de uma rã ou de um sapo. Ele sofre um grande remodelamento no formato do corpo – uma metamorfose – quando faz a transição para um adulto. Por exemplo, cria pernas, pulmões substituem as guelras e sua cauda desaparece. Um aumento repentino no hormônio da tireoide T4 ativa essas mudanças. Um girino continua crescendo se seu tecido da tireoide é removido, mas nunca sofrerá metamorfose ou adotará a forma adulta. Alguns poluentes da água podem ser o equivalente químico da remoção da tireoide. Para um estudo, investigadores expuseram embriões de rãs albinas (*Xenopus laevis*) à água coletada de lagos em Minnesota e Vermont. Metade das amostras de água veio de lagos onde as taxas de deformidade eram baixas. A outra metade veio de lugares onde a água tem até 20 tipos de pesticidas dissolvidos e nos quais as taxas de deformidade são altas. Esses locais foram denominados "*hot spots*".

Os embriões criados em água de *hot spots* frequentemente se desenvolveram em girinos com uma espinha curvada e outras anormalidades, como na Figura 10.11. Alguns girinos nunca sofreram metamorfose nem mudaram para a forma adulta. Embriões de controle criados em água de outros lagos se desenvolveram normalmente.

Para descobrir se algo na água interferia no hormônio da tireoide, os pesquisadores adicionaram hormônio da tireoide à água dos *hot spots*. Embriões criados neste ambiente misto se desenvolveram em girinos com menos deformidades ou nenhuma. Este resultado sugeriu que algo na água atrapalhava a ação normal do hormônio da tireoide.

Rãs são altamente sensíveis a perturbações na função da tireoide, portanto, interrupções na tireoide são fáceis de detectar. É por isso que toxicólogos utilizam rãs como cobaias para testar se substâncias químicas são interruptoras da tireoide. Esses cientistas também utilizam rãs para determinar exatamente como substâncias químicas perturbadoras exercem seus efeitos.

Entre as substâncias químicas em estudo há percloratos, amplamente utilizados em explosivos, propulsores e baterias. Percloratos podem interferir no metabolismo do iodo. Uma quantia tão baixa quanto 5 partes por bilhão na água pode impedir o desenvolvimento de membros anteriores de uma rã.

Figura 10.11 Evidência de que poluentes afetam o desenvolvimento de rãs. O girino de *Xenopus laevis*, mais acima nesta série fotográfica, foi criado em água de um lago com poucas rãs deformadas. Girinos abaixo dele se desenvolveram em água coletada de três lagos (*hot spots*) com concentrações cada vez maiores de compostos químicos dissolvidos. Como testes posteriores demonstraram, o suplemento de hormônio da tireoide pode reduzir ou eliminar deformidades de *hot spots*.

10.8 Hormônios pancreáticos

- Dois hormônios pancreáticos com efeitos opostos trabalham em conjunto para regular o nível de açúcar no sangue.

O **pâncreas** é um órgão que fica na cavidade abdominal, atrás do estômago (Figura 10.12), e desempenha funções endócrinas e exócrinas. Suas células exócrinas secretam enzimas digestórias no intestino delgado. Suas células endócrinas estão em agrupamentos chamados ilhotas pancreáticas (Ilhotas de Langerhans). Células alfa das ilhotas pancreáticas secretam o hormônio **glucagon**, que tem como alvo células no fígado e causa a ativação de enzimas que decompõem glicogênio em monômeros de glicose. Por sua ação, o glucagon aumenta o nível de glicose no sangue.

Células beta das ilhotas secretam o hormônio **insulina**. Os principais alvos deste hormônio são células hepáticas, adiposas e do músculo esquelético. A insulina estimula células musculares e adiposas a absorver glicose e formar o glicogênio. Em todas as células-alvo, a insulina ativa enzimas que funcionam na síntese de proteínas e gorduras e inibe as enzimas que catalisam a quebra de proteínas e gorduras. Como resultado de suas ações, a insulina reduz o nível de glicose no sangue.

Como se pode ver, glucagon e insulina produzem efeitos opostos no nível de glicose no sangue. Juntas, suas ações mantêm o nível de glicose no sangue dentro da faixa que células do corpo conseguem tolerar. Quando o nível de glicose no sangue vai para acima de um ponto de ajuste, células alfa secretam menos glucagon e células beta secretam mais insulina (Figura 10.12*a*,*c*). À medida que a glicose é absorvida e armazenada dentro das células, a glicose no sangue cai (Figura 10.12*d*,*e*). Por sua vez, qualquer declínio no nível de glicose no sangue abaixo do ponto de ajuste aumenta a secreção de glucagon e diminui a secreção de insulina (Figura 10.12*f*,*h*). A liberação resultante de glicose pelo fígado faz a glicose no sangue aumentar (Figura 10.12*i*, *j*).

Para pensar

Como as ações de hormônios pancreáticos ajudam a manter o nível de glicose no sangue dentro de uma faixa que as células corporais conseguem tolerar?

- A insulina é secretada em resposta ao alto nível de glicose no sangue e aumenta a absorção e o armazenamento de glicose pelas células.
- O glucagon é secretado em resposta ao baixo nível de glicose no sangue e aumenta a quebra de glicogênio em glicose.

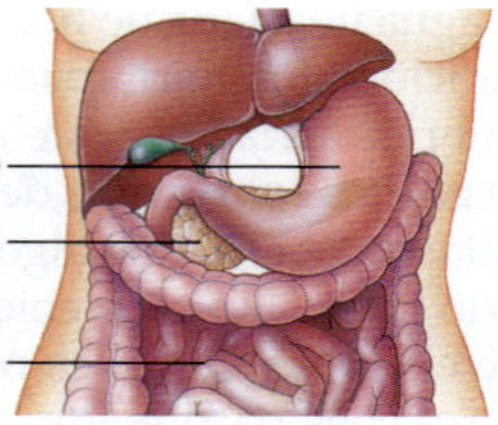

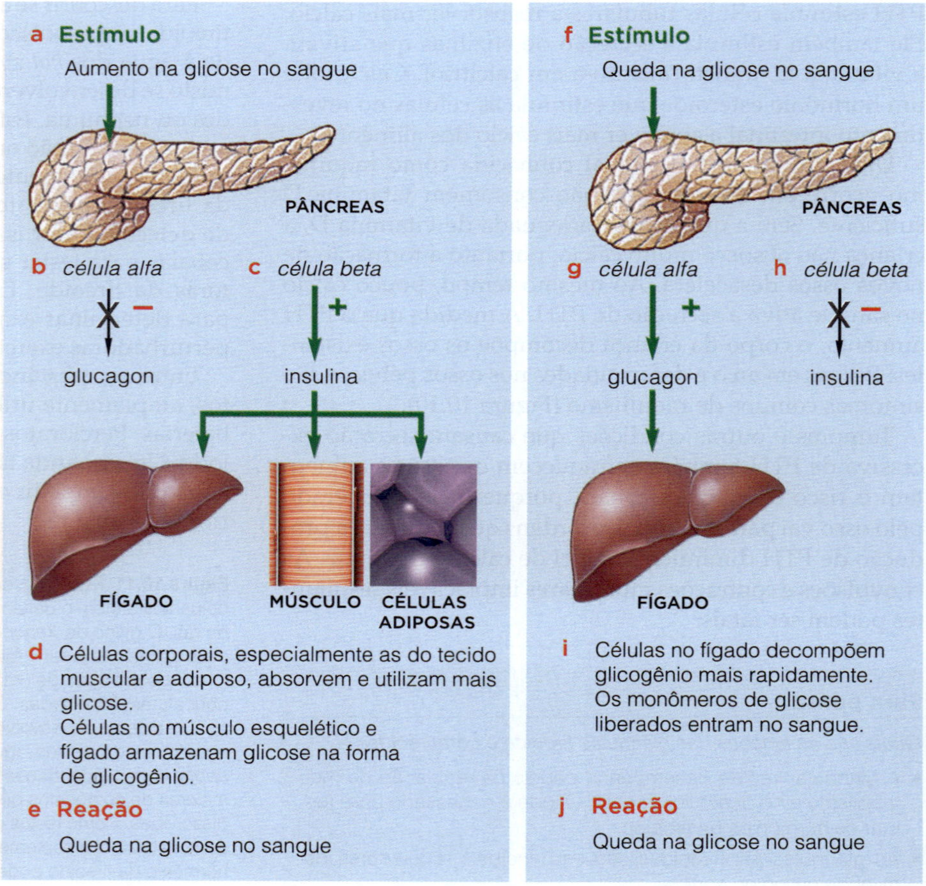

Figura 10.12 *Acima*, localização do pâncreas. *À direita*, como as células que secretam insulina e glucagon reagem a mudanças no nível de glicose no sangue. Insulina e glucagon trabalham de maneira antagônica para regular o nível de glicose, um exemplo da homeostase.
(**a**) *Depois* de uma refeição, a glicose entra no sangue mais rapidamente do que as células conseguem absorver. Seu nível no sangue aumenta. (**b**,**c**) No pâncreas, o aumento impede que as células alfa secretem glucagon e estimula as células beta a secretar insulina. (**d**) Em resposta à insulina, células musculares e adiposas absorvem e armazenam glicose, e células hepáticas sintetizam mais glicogênio. (**e**) O resultado? A insulina *reduz* o nível de glicose no sangue.
(**f**) *Entre* refeições, o nível de glicose no sangue cai. (**g**,**h**) Isso estimula células alfa a secretar glucagon e impede que células beta secretem insulina. (**i**) No fígado, o glucagon faz as células decomporem glicogênio em glicose, que entra no sangue. (**j**) O resultado? O glucagon *aumenta* a quantidade de glicose no sangue.

10.9 Desordens de açúcar no sangue

- A glicose é a principal fonte de energia para as células do cérebro e a única para as hemácias. Ter excesso ou falta de glicose no sangue causa problemas em todo o corpo.

A diabetes melito é uma desordem metabólica na qual as células não absorvem glicose como deveriam. Como resultado, açúcar se acumula no sangue e na urina. Complicações se desenvolvem em todo o corpo (Tabela 10.4). O excesso de açúcar na urina estimula o crescimento de bactérias patogênicas e danifica pequenos vasos sanguíneos nos rins. A diabetes é a causa mais comum de insuficiência renal permanente. A diabetes descontrolada também danifica vasos sanguíneos e nervos em outras partes, especialmente nos braços, nas mãos, nas pernas e nos pés. Os diabéticos são responsáveis por mais de 60% das amputações de membros inferiores.

Diabetes tipo 1 Há dois tipos principais de diabetes melito. O tipo 1 se desenvolve depois que o organismo estabeleceu uma resposta autoimune contra suas células beta secretoras de insulina. Alguns leucócitos identificam incorretamente as células como antígenos (corpos estranhos) e as destroem. Fatores ambientais se somam à predisposição genética para a doença. Os sintomas normalmente começam a aparecer na infância e adolescência, e por isso essa desordem metabólica também é conhecida como diabetes juvenil. Indivíduos com diabetes tipo 1 precisam de injeções de insulina e devem monitorar seu nível de açúcar no sangue diariamente (Figura 10.13).

A diabetes tipo 1 é responsável por apenas 5 a 10% de todos os casos reportados, mas é a mais perigosa no curto prazo. A insulina desestimula o metabolismo de gorduras e proteínas, portanto a falta dela causa quebra excessiva de gordura e proteína. Dois resultados são a perda de peso e o acúmulo de cetonas na urina e no sangue. Cetonas são produtos ácidos normais da quebra de gordura, mas quando se acumulam, o resultado é a cetoacidose. Os níveis alterados de acidez e solutos podem interferir na função cerebral. Casos extremos podem levar ao coma ou à morte.

Diabetes tipo 2 A diabetes tipo 2 é, de longe, a forma mais comum da desordem. Os níveis de insulina são normais ou até altos. Entretanto, células-alvo não reagem ao hormônio como deveriam e os níveis de açúcar no sangue continuam elevados. Os sintomas tipicamente começam a se desenvolver na meia-idade, quando a produção de insulina cai. A genética também é um fator, mas a obesidade aumenta o risco.

Dieta, exercício e medicamentos orais podem controlar a maioria dos casos de diabetes tipo 2. Entretanto, se os níveis de glicose não são reduzidos por esses meios, as células beta pancreáticas recebem estimulação contínua. Eventualmente elas falham e a produção de insulina cai. Quando isso acontece, um diabético tipo 2 pode precisar de injeções de insulina.

No mundo inteiro, os índices de diabetes tipo 2 estão disparando. De acordo com uma estimativa, mais de 150 milhões de pessoas possuem essa desordem metabólica. Dietas ocidentais e estilos de vida sedentários são fatores contribuintes. A prevenção da diabetes e de suas complicações é reconhecida como uma das mais altas prioridades de saúde pública em todo o mundo.

Hipoglicemia Na hipoglicemia, o nível de glicose no sangue vai para um nível suficientemente baixo para interromper funções normais do sangue. Tumores raros em secretores de insulina podem causá-la, mas a maioria dos casos ocorre depois que um diabético "insulinodependente" calcula mal e injeta insulina demais para equilibrar o consumo de alimentos. O resultado é o choque insulínico. O cérebro para à medida que sua fonte de combustível cai. Sintomas comuns são tontura, confusão e dificuldade para falar. O choque insulínico pode ser letal, mas uma injeção de glucagon reverte a condição rapidamente.

Tabela 10.4	Algumas complicações da diabetes
Olhos	Mudanças no formato da córnea e na visão; dano a vasos sanguíneos na retina; cegueira
Pele	Maior suscetibilidade a infecções por bactérias e fungos; trechos de descoloração; engrossamento da pele no dorso das mãos
Digestório	Gengivite; atraso no esvaziamento do estômago que causa azia, náusea e vômito
Rins	Maior risco de doença e insuficiência renal
Coração e vasos sanguíneos	Maior risco de ataque cardíaco, derrame, hipertensão e arterosclerose
Mãos e pés	Prejuízo das sensações de dor; formação de calos, úlceras nos pés; má circulação, especialmente nos pés, às vezes levando à morte do tecido, que só pode ser tratado por amputação

Figura 10.13 Um diabético checa sua glicose no sangue ao colocar uma amostra de sangue no medidor de glicemia. Comparados com os caucasianos, hispânicos e afro-americanos têm cerca de 1,5 vezes mais chance de se tornarem diabéticos. Índios e asiáticos sofrem um risco ainda maior. Uma dieta adequada ajuda a controlar o açúcar no sangue até em diabéticos tipo 1.

10.10 Glândulas adrenais

- Sobre cada rim há uma glândula adrenal com duas partes. Cada parte produz e libera hormônios diferentes.

Há duas **glândulas adrenais**, uma sobre cada rim (em latim, *ad–* significa "perto" e *renal* se refere ao rim). Cada glândula adrenal é do tamanho de uma uva grande. Sua camada externa é o **córtex adrenal** e sua porção interna é a **medula adrenal**. As duas partes da glândula são controladas por diferentes mecanismos e secretam hormônios diferentes.

Controle hormonal do córtex adrenal

O córtex adrenal secreta três hormônios esteroides. Um deles, a **aldosterona (um mineralocorticoide)**, controla a reabsorção de sódio e água nos rins. O córtex adrenal também produz e secreta pequenas quantidades de hormônios sexuais masculinos e femininos, que discutiremos na Seção 10.12. Por ora, nosso foco é no **cortisol (um glicocorticoide)**, um hormônio adrenal com efeitos vastos sobre o metabolismo e a imunidade.

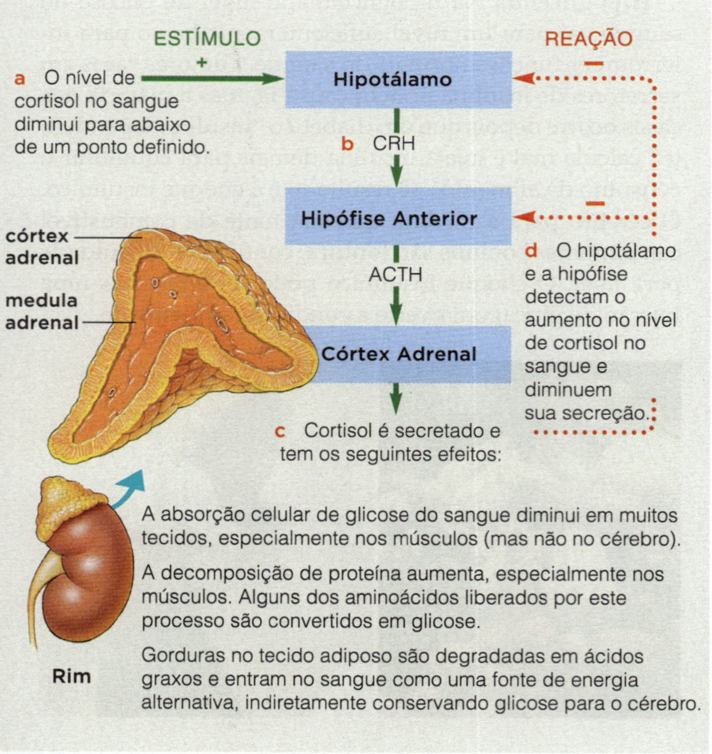

ESTÍMULO
+
a O nível de cortisol no sangue diminui para abaixo de um ponto definido.
Hipotálamo
REAÇÃO
–
b CRH
Hipófise Anterior
–
ACTH
córtex adrenal
medula adrenal
Córtex Adrenal
d O hipotálamo e a hipófise detectam o aumento no nível de cortisol no sangue e diminuem sua secreção.
c Cortisol é secretado e tem os seguintes efeitos:
A absorção celular de glicose do sangue diminui em muitos tecidos, especialmente nos músculos (mas não no cérebro).
A decomposição de proteína aumenta, especialmente nos músculos. Alguns dos aminoácidos liberados por este processo são convertidos em glicose.
Gorduras no tecido adiposo são degradadas em ácidos graxos e entram no sangue como uma fonte de energia alternativa, indiretamente conservando glicose para o cérebro.
Rim

Figura 10.14 Estrutura da glândula adrenal humana. Uma glândula adrenal fica no topo de cada rim. O diagrama mostra a alça de feedback negativo que controla a secreção de cortisol.

Uma alça de feedback negativo controla o nível de cortisol no sangue (Figura 10.14). Uma queda no cortisol ativa a secreção de CRH (hormônio liberador de corticotrofina) pelo hipotálamo. O CRH, então, estimula a secreção de ACTH (hormônio adrenocorticotrófico). Este hormônio da hipófise anterior faz o córtex adrenal liberar cortisol. O nível de cortisol no sangue continua aumentando até chegar a um ponto de ajuste. Então, o hipotálamo e a hipófise anterior diminuem a liberação de CRH e ACTH, e a secreção de cortisol também reduz.

O cortisol apresenta muitos efeitos. Ele induz as células hepáticas a decompor seu estoque de glicogênio e suprime a absorção de glicose por outras células. O cortisol também incita as células adiposas a degradar gorduras e os músculos esqueléticos a degradar proteínas. Os produtos da decomposição de gorduras e proteínas funcionam como fontes alternativas de energia. O cortisol também diminui respostas imunológicas.

Com ferimentos, doenças ou ansiedade, o sistema nervoso cancela o feedback negativo e o nível de cortisol no sangue pode disparar. No curto prazo, esta reação ajuda a levar glicose suficiente para o cérebro quando suprimentos alimentícios provavelmente estão baixos. O cortisol também deprime respostas inflamatórias. Como a próxima seção explica, estresse a longo prazo e elevação do nível de cortisol podem causar problemas de saúde.

Controle nervoso da medula adrenal

A medula adrenal contém neurônios do sistema nervoso simpático. Como outros neurônios simpáticos, os da medula adrenal liberam norepinefrina e epinefrina. Entretanto, neste caso, a norepinefrina e a epinefrina entram no sangue e funcionam como hormônios, em vez de atuarem como neurotransmissores em uma sinapse. A epinefrina e a norepinefrina liberadas no sangue têm o mesmo efeito em um órgão-alvo de uma estimulação direta por um nervo simpático.

Lembre-se que a estimulação simpática desempenha um papel na reação de lutar ou fugir. A epinefrina e a norepinefrina dilatam as pupilas, aumentam a respiração e fazem o coração bater mais rápido. Elas preparam o corpo para lidar com uma situação excitante ou perigosa.

Para pensar

Qual é a função das glândulas adrenais?

- O córtex adrenal secreta aldosterona, cortisol e pequenas quantidades de hormônios sexuais. A aldosterona afeta a concentração de solventes e solutos na urina, e o cortisol afeta o metabolismo e a reação ao estresse.
- A medula adrenal libera epinefrina e norepinefrina, que preparam o corpo para excitação ou perigo.

10.11 Excesso ou falta de cortisol

- Reações de curto prazo ao estresse nos ajudam a funcionar em momentos difíceis, mas o estresse crônico não é saudável.

Estresse crônico e cortisol elevado

Todo verão, um bando de babuínos anúbis (*Papio anubis*) nas planícies do Serengeti, na África Oriental, tem visitantes. Há mais de 20 anos, o neurobiólogo Robert Sapolsky e seus colegas no Quênia estudam como esses babuínos interagem e como a posição social de um babuíno influencia seus níveis hormonais e sua saúde.

Lembre-se: quando o corpo está estressado, comandos do sistema nervoso ativam a secreção de cortisol, epinefrina e norepinefrina. À medida que essas secreções encontram seus alvos, ajudam o corpo a lidar com a ameaça imediata, desviando recursos físicos das tarefas de prazo mais longo. Esta reação ao estresse é altamente adaptativa para explosões curtas de atividade, como quando desvia fluxo de sangue para os músculos de um animal que foge de um predador.

Às vezes, o estresse não acaba. Os babuínos vivem em grandes bandos com uma hierarquia de dominância claramente definida. Os que estão no topo da hierarquia têm acesso inicial a alimentos, cuidados e parceiros sexuais. O que estão no fim devem pedir recursos para um babuíno de mais alto escalão ou enfrentar um ataque (Figura 10.15). Não é de surpreender que babuínos de baixo escalão tendam a apresentar níveis elevados de cortisol.

As reações fisiológicas ao estresse crônico interferem no crescimento, no sistema imunológico, na função sexual e na função cardiovascular. Níveis cronicamente altos de cortisol também afetam células no hipocampo, uma região cerebral central para memória e aprendizado.

Também vemos o impacto de níveis elevados de cortisol a longo prazo em humanos afetados pela síndrome de Cushing, ou hipercortisolismo. Esta desordem metabólica rara pode ser ativada por um tumor na glândula adrenal, excesso de secreção de ACTH pela hipófise anterior (adeno-hipófise) ou uso contínuo do medicamento cortisona. Médicos receitam cortisona para aliviar dor crônica, inflamação ou outros problemas de saúde. O corpo a transforma em cortisol.

Os sintomas do hipercortisolismo incluem um "rosto de lua" inchado e arredondado e maior deposição de gordura em volta do torso. A pressão sanguínea e a glicose no sangue ficam anormalmente altas. As contagens de leucócitos são baixas, portanto, as pessoas afetadas são mais propensas a infecções. Pele fina, menor densidade óssea e perda de massa muscular são comuns. Feridas podem demorar a cicatrizar. Os ciclos menstruais das mulheres são erráticos ou inexistentes. Os homens podem ficar impotentes. Frequentemente, o hipocampo encolhe. Pacientes com nível mais alto de cortisol também apresentam maior redução no volume do hipocampo e menor desempenho da memória.

Figura 10.15 Um babuíno dominante (*direita*) aumentando o nível de estresse – e o de cortisol – de um membro menos dominante de seu bando.

O estresse social relacionado ao *status* pode afetar a saúde humana? Pessoas em baixa posição na hierarquia socioeconômica tendem a ter mais problemas de saúde – obesidade, hipertensão e diabetes – do que as que estão mais acima. Tais diferenças persistem mesmo depois de pesquisadores descobrirem as causas óbvias, como variações na dieta e acesso a atendimento médico. De acordo com uma hipótese, um maior nível de cortisol causado pelo baixo *status* social pode ser um dos elos entre pobreza e má saúde.

Baixo nível de cortisol

A tuberculose e outras doenças infecciosas podem danificar as glândulas adrenais e diminuir ou parar a secreção de cortisol. O resultado é a doença de Addison, ou hipocortisolismo. Em países desenvolvidos, esta desordem hormonal surge mais frequentemente depois de ataques autoimunes às glândulas adrenais. O ex-presidente norte-americano John F. Kennedy tinha essa forma da desordem. Os sintomas incluem fadiga, fraqueza, depressão, perda de peso e escurecimento da pele.

Se os níveis de cortisol ficam baixos demais, o açúcar no sangue e a pressão sanguínea podem cair para níveis que ameaçam a vida. A doença de Addison é tratada com uma forma sintética de cortisona.

Para pensar

Quais são os efeitos de níveis anormais de cortisol?

- Altos níveis de cortisol, produzidos por estresse crônico ou uma desordem endócrina, prejudicam o crescimento, a cicatrização, a função sexual e a memória. A pressão sanguínea e o açúcar no sangue são maiores que o normal.
- Com baixos níveis de cortisol, a pressão sanguínea e o açúcar no sangue caem. Se eles caem demais, o resultado pode ser ameaçador à vida.

10.12 Outras glândulas endócrinas

- Produções das gônadas, glândula pineal e timo mudam quando um indivíduo entra na puberdade.

Gônadas

As **gônadas**, ou órgãos reprodutivos primários, produzem gametas (óvulos ou espermatozoides) e também os hormônios sexuais. As gônadas de vertebrados machos são testículos e o principal hormônio que secretam é a **testosterona**, o hormônio sexual masculino. As gônadas femininas são os ovários, e os principais hormônios secretados são o **estrogênio** e a **progesterona**. A Figura 10.16 mostra a localização das gônadas humanas.

Puberdade é um estágio pós-embrionário de desenvolvimento – quando os órgãos e estruturas reprodutoras amadurecem. Na puberdade, os ovários de uma fêmea mamífera aumentam sua produção de estrogênio, o que faz mamas e outros caracteres sexuais femininos secundários se desenvolver. Estrogênios e progesterona controlam a formação dos óvulos e preparam o útero para a gravidez. Nos machos, um aumento na produção de testosterona ativa o início da formação de espermatozoides e o desenvolvimento de caracteres sexuais secundários.

O hipotálamo e a adeno-hipófise controlam a secreção de hormônios sexuais (Figura 10.17). Nos machos e nas fêmeas, o hipotálamo produz GnRH (hormônio liberador de gonadotrofina). Este liberador faz a hipófise anterior secretar hormônio foliculestimulante (FSH) e hormônio luteinizante (LH). FSH e LH fazem as gônadas secretarem hormônios sexuais.

Os testículos secretam majoritariamente testosterona, mas também produzem um pouco de estrogênio e progesterona. O estrogênio é necessário para a formação de espermatozoides. Da mesma forma, os ovários de uma fêmea produzem majoritariamente estrogênio e progesterona, mas também um pouco de testosterona. A presença de testosterona contribui para a libido – o desejo por sexo.

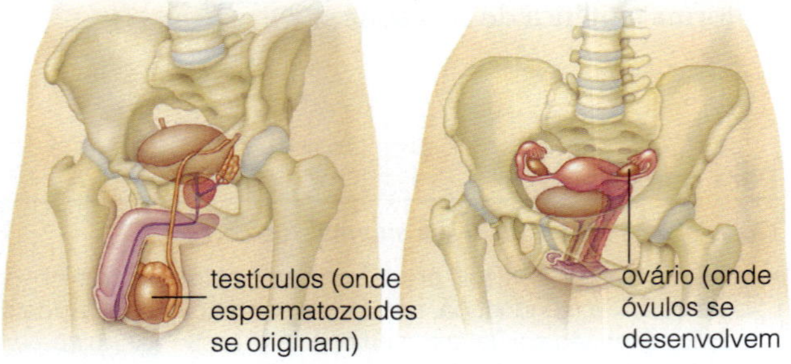

Figura 10.16 Localização das gônadas humanas, que produzem gametas e secretam hormônios sexuais.

Glândula pineal

Entre os dois hemisférios cerebrais dos vertebrados há a **glândula pineal**. Esta pequena glândula em formato de pinha secreta **melatonina**, um hormônio que controla o mecanismo interno de marcação de tempo, o ritmo circadiano ou relógio biológico. A secreção de melatonina cai quando a retina detecta luz e envia sinais do nervo óptico para o cérebro.

A melatonina pode estimular as gônadas humanas. Uma queda na produção deste hormônio começa na puberdade. Sabe-se que algumas desordens da glândula pineal aceleram ou retardam a puberdade.

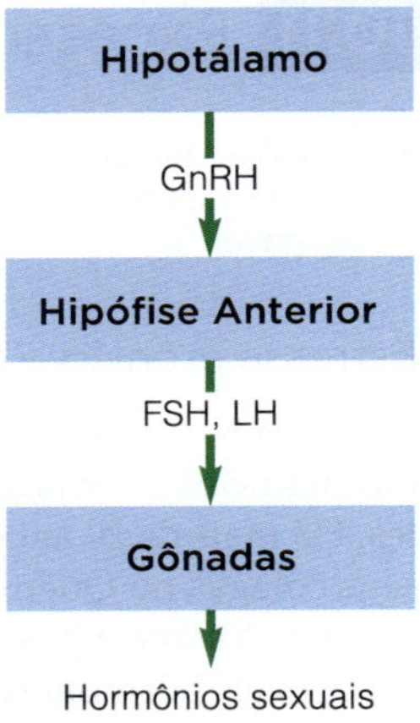

Figura 10.17 Diagrama generalizado mostrando o controle da secreção de hormônios sexuais.

A melatonina também tem como alvos neurônios que podem reduzir a temperatura corporal e nos deixar sonolentos. O nível de melatonina no sangue atinge o pico no meio da noite. A exposição à luz forte aciona um relógio biológico que controla o ato de dormir *versus* o de despertar. Viajantes que passam por muitos fusos horários recebem recomendação para passar algum tempo sob o sol depois de chegar a um destino. Isso os ajuda a reajustar o relógio biológico e amenizar o *jet lag*. No inverno, nos países mais frios, uma desordem afetiva sazonal, também chamada "tristeza de inverno", faz algumas pessoas ficarem deprimidas, comerem mais carboidratos e desejarem dormir. Luz artificial forte pela manhã diminui a atividade da glândula pineal e pode melhorar o humor.

Timo

O **timo** fica abaixo do esterno. Ele secreta timosinas, hormônios que ajudam os leucócitos combatentes de infecções, chamados células T, a amadurecer. O timo cresce até a puberdade, quando fica do tamanho de uma laranja. Então, o aumento nos hormônios sexuais faz com que ele encolha e suas secreções declinem. Entretanto, o timo aumenta a função imunológica até nos adultos.

Para pensar

Quais são os papéis das gônadas, da glândula pineal e do timo?

- Os ovários de uma fêmea ou os testículos de um macho são gônadas que formam hormônios sexuais e gametas.
- A glândula pineal fica dentro do cérebro e produz melatonina, que influencia os ciclos de sono-vigília e o início da puberdade.
- O timo fica no peito e secreta timosinas necessárias para a maturação de leucócitos chamados células T.

10.13 Olhar comparativo sobre alguns invertebrados

- Genes que codificam receptores de hormônios e enzimas envolvidas na síntese de hormônios evoluíram com o tempo.

Evolução da diversidade hormonal

Podemos retroceder as raízes evolucionárias de alguns hormônios e receptores de vertebrados às moléculas de sinalização em invertebrados. Por exemplo, receptores para os hormônios FSH, LH e TSH apresentam estrutura semelhante. Os genes que codificam esses receptores possuem uma sequência semelhante e têm íntrons (DNA não codificador) nos mesmos locais. As formas levemente diferentes de receptor mais provavelmente evoluíram quando um gene foi duplicado e, depois, cópias sofreram mutação com o tempo.

Quando o gene ancestral surgiu? Anêmonas-do-mar não têm um sistema endócrino, mas sim um gene receptor para proteína, assim como o FSH. Isso sugere que o gene receptor ancestral existia há muito tempo em um ancestral comum de anêmonas-do-mar e vertebrados. Receptores de estrogênio também podem ter uma longa história. Nudibrânquios (Figura 10.18), um tipo de molusco, têm receptores semelhantes aos receptores de estrogênio dos vertebrados.

Figura 10.18 A lesma-do-mar (*Aplysia*), um tipo de molusco. Alguns receptores em sua membrana plasmática são semelhantes a receptores dos vertebrados que ligam o hormônio esteroide estrogênio.

Hormônios de muda

Alguns hormônios são exclusivos dos invertebrados. Por exemplo, os artrópodes, que incluem caranguejos e insetos, têm uma cutícula externa endurecida que periodicamente eliminam à medida que crescem. A eliminação da cutícula velha é chamada de muda. Uma cutícula nova e macia se forma sob uma antiga antes de o animal trocar. Embora os detalhes variem entre grupos de artrópodes, a muda geralmente está sob o controle da **ecdisona**, um hormônio esteroide.

A glândula de muda dos artrópodes produz e armazena ecdisona, depois a libera para distribuição por todo o corpo quando as condições favorecem a muda. Neurônios, secretores de hormônios dentro do cérebro, controlam a liberação de ecdisona. Os neurônios reagem a sinais internos e condições ambientais, incluindo luz e temperatura.

A Figura 10.19 é um exemplo dos passos de controle em caranguejos e outros crustáceos. Em resposta a condições sazonais, a secreção de um hormônio inibidor de muda cai e a secreção de ecdisona aumenta. A ecdisona causa alterações na estrutura e na fisiologia do animal. A cutícula existente se separa da epiderme e dos músculos.

Camadas internas da cutícula antiga se quebram. Ao mesmo tempo, células da epiderme secretam a nova cutícula.

Os passos na muda são um pouco diferentes nos insetos, que não têm um hormônio inibidor de muda. Em vez disso, a estimulação do cérebro do inseto aciona uma cascata de sinais que ativam a produção de ecdisona indutora de muda. Substâncias químicas que imitam a ecdisona ou interferem em sua função são utilizadas como inseticidas. Quando tais inseticidas saem dos campos e entram na água, podem afetar reações relacionadas à ecdisona em outros artrópodes, como lagostins, caranguejos e camarões.

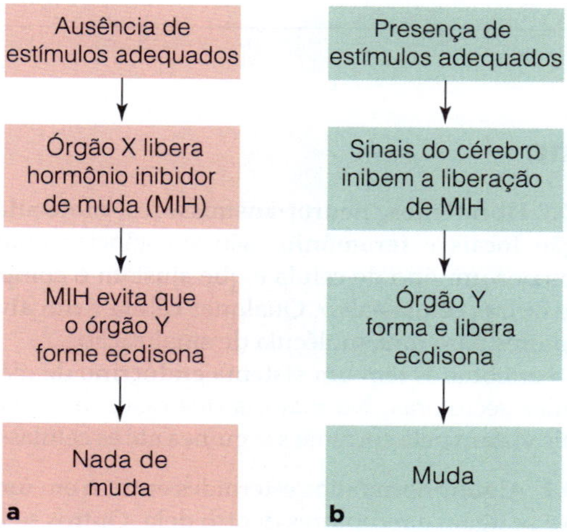

Figura 10.19 Controle hormonal da muda em crustáceos como caranguejos. Dois órgãos secretores de hormônio desempenham um papel. O órgão X fica no pedúnculo ocular. O órgão Y fica na base das antenas do caranguejo.
(**a**) Na ausência de pistas ambientais para muda, secreções do órgão X evitam o processo. (**b**) Quando estimulado por pistas ambientais adequadas, o cérebro envia sinais nervosos que inibem a atividade do órgão X. Com o órgão X suprimido, o órgão Y libera a ecdisona, que estimula a muda.

Para pensar

Que tipos de sistemas hormonais vemos nos invertebrados?

- Podemos rastrear as raízes evolucionárias do sistema endócrino dos vertebrados nos invertebrados. Cnidários como anêmonas-do-mar e moluscos como as lesmas-do-mar têm receptores parecidos com os que se ligam aos hormônios de vertebrados.
- Invertebrados também têm hormônios inexistentes nos vertebrados. Hormônios que controlam a muda em artrópodes são um exemplo.

QUESTÕES DE IMPACTO REVISITADAS | Hormônios na Balança

Testosterona e estrogênio apresentam uma estrutura muito semelhante, e enzimas podem converter um no outro. A enzima aromatase converte testosterona em estrogênio. Quando células humanas cultivadas são expostas ao herbicida atrazina, sua atividade de aromatase aumenta, portanto, mais testosterona é convertida em estrogênio. A atrazina pode ter o mesmo efeito em rãs, o que explicaria a alteração nos órgãos sexuais relatada pela primeira vez por Tyrone Hayes.

Resumo

Seção 10.1 **Hormônios, neurotransmissores, moléculas de sinalização locais** e **feromônios** são substâncias químicas secretadas por um tipo de célula e que ajustam o comportamento de outras células-alvo. Qualquer célula é um alvo, se tem receptores para uma molécula de sinalização.
Todos os vertebrados têm um **sistema endócrino** de glândulas e células secretoras. Na maioria dos casos, as secreções hormonais viajam pela corrente sanguínea até as células-alvo.

Seção 10.2 Alguns hormônios esteroides entram em uma célula-alvo e se ligam a receptores dentro dela. Outros se ligam à membrana plasmática da célula e alteram as propriedades da membrana. Os hormônios peptídeos e proteicos se ligam a receptores na membrana plasmática. A ligação pode levar à formação de um **segundo mensageiro**, que transmite um sinal para dentro da célula.

Seção 10.3, 10.4 O **hipotálamo**, uma região do cérebro anterior, é estrutural e funcionalmente vinculado à **hipófise** como um principal centro de controle homeostático. A hipófise posterior libera dois hormônios feitos por neurônios do hipotálamo. O **hormônio antidiurético** atua nos rins para concentrar urina. A **ocitocina** atua no útero e nos dutos mamários. Outros neurônios hipotalâmicos secretam **liberadores** e **inibidores** que estimulam ou desaceleram a secreção de hormônios da hipófise anterior.

A hipófise anterior produz vários hormônios que regulam outras glândulas. O **hormônio adrenocorticotrófico** atua nas glândulas adrenais. O **hormônio foliculestimulante** e o **hormônio luteinizante** regulam as gônadas. A tireoide é estimulada pelo **hormônio estimulante da tireoide**. Glândulas mamárias são estimuladas pela **prolactina**. A hipófise anterior também produz o **hormônio do crescimento**, que afeta células em todo o corpo e estimula o crescimento dos ossos. Gigantismo, nanismo e acromegalia resultam de mutações que afetam a função do hormônio do crescimento.

Seção 10.5 Além das principais glândulas endócrinas, há células secretoras de hormônio em tecidos e órgãos em todo o corpo. A maioria das células tem receptores que influenciam e recebem influências de muitos hormônios diferentes.

Seção 10.6, 10.7 Um *loop* de retroalimentação para a hipófise anterior e o hipotálamo rege a **glândula tireoide** na base do pescoço. A tireoide afeta a taxa metabólica e o desenvolvimento. O iodo é necessário para a função da tireoide. Quatro **glândulas paratireoides** produzem um hormônio que atua nas células ósseas e renais e aumenta o nível de cálcio no sangue.

Seção 10.8, 10.9 O **pâncreas** na cavidade abdominal tem funções exócrinas e endócrinas. Células beta secretam **insulina** quando o nível de glicose no sangue é alto. A insulina estimula a absorção de glicose por células musculares e hepáticas. Quando a glicose no sangue está baixa, células alfa secretam **glucagon**, o que pede a quebra de glicogênio e a liberação de glicose pelo fígado. Os dois hormônios trabalham em oposição para manter os níveis de glicose no sangue dentro da faixa ideal. A diabetes ocorre quando o corpo não produz insulina ou suas células não reagem a ela.

Seção 10.10, 10.11 Há uma **glândula adrenal** em cada rim. O **córtex adrenal** secreta **aldosterona**, que tem os rins como alvo, e **cortisol**, o hormônio do estresse. A secreção de cortisol é regida por um *loop* de feedback negativo para a hipófise anterior e o hipotálamo. Em momentos de estresse, o sistema nervoso cancela controles de feedback.
Norepinefrina e epinefrina liberadas pelos neurônios da **medula adrenal** influenciam órgãos assim como a estimulação simpática – causam uma reação de lutar ou fugir.

Seção 10.12 As **gônadas** (ovários ou testículos) secretam hormônios sexuais. Ovários secretam majoritariamente **estrogênios** e **progesterona**. Testículos secretam majoritariamente **testosterona**. Hormônios sexuais controlam a formação de gametas e, na **puberdade**, regulam o desenvolvimento de traços sexuais secundários. A luz suprime a secreção de **melatonina** pela **glândula pineal** no cérebro. A melatonina controla os relógios biológicos – mecanismos de contagem de tempo internos. O **timo**, no peito, produz hormônios que ajudam alguns leucócitos (células T) a amadurecer.

Seção 10.13 Algumas proteínas receptoras de hormônios dos vertebrados se parecem com proteínas receptoras em invertebrados. Isso sugere que os receptores evoluíram em um ancestral comum de ambos os grupos. O hormônio esteroide **ecdisona** estimula a muda em artrópodes e não tem contraparte nos vertebrados.

Exercício de análise de dados

A contaminação da água por substâncias químicas agrícolas afeta a função reprodutiva de alguns animais. Há efeitos nos humanos? A epidemiologista Shanna Swann e seus colegas estudaram esperma coletado de homens em quatro cidades nos Estados Unidos (Figura 10.20). Os homens eram parceiros de mulheres que haviam ficado grávidas e visitavam uma clínica pré-natal, portanto, todos eram férteis. Das quatro cidades, Columbia, no Missouri, está localizada no condado com mais áreas rurais. Nova York, em Nova York, fica em uma área sem agricultura.

1. Em quais cidades os pesquisadores registraram as maiores e menores contagens de esperma?
2. Em quais cidades as amostras mostraram a maior e a menor motilidade dos espermatozoides (capacidade de se mover)?
3. Idade, fumo e doenças sexualmente transmissíveis afetam negativamente o esperma. Diferenças em qualquer uma dessas variáveis poderiam explicar as diferenças regionais na contagem de espermatozoides?
4. Esses dados embasam a hipótese de que morar perto de áreas rurais pode afetar negativamente a função reprodutiva masculina?

	Localização da clínica			
	Columbia, Missouri	Los Angeles, Califórnia	Minneapolis, Minnesota	Nova York, Nova York
Idade média	30,7	29,8	32,2	36,1
Porcentagem de não fumantes	79,5	70,5	85,8	81,6
Porcentagem com histórico de DST	11,4	12,9	13,6	15,8
Contagem de espermatozoides (milhão/ml)	58,7	80,8	98,6	102,9
Porcentagem de espermatozoides móveis	48,2	54,5	52,1	56,4

Figura 10.20 Dados de um estudo do esperma coletado de homens parceiros de gestantes que visitavam clínicas de saúde pré-natal em uma das quatro cidades. DST é a sigla de "doença sexualmente transmissível".

Questões

Respostas no Apêndice II

1. ___ são moléculas de sinalização que viajam pelo sangue e afetam células distantes no mesmo indivíduo.
a. Hormônios
b. Neurotransmissores
c. Feromônios
d. Moléculas de sinalização locais
e. respostas a e b
f. respostas a até d

2. Um ___ é sintetizado a partir do colesterol e pode se difundir na membrana plasmática.
a. hormônio esteroide
b. feromônio
c. hormônio peptídeo
d. todas as anteriores

3. Una cada hormônio da hipófise a seu alvo.
___ hormônio antidiurético — a. gônadas (ovários, testículos)
___ ocitocina — b. glândulas mamárias, útero
___ hormônio luteinizante — c. rins
___ hormônio do crescimento — d. maioria das células do corpo

4. Liberadores secretados pelo hipotálamo causam a secreção de hormônios pelo lobo da hipófise ___.
a. anterior
b. posterior

5. Nos adultos, o excesso de ___ pode causar acromegalia.
a. hormônio do crescimento
b. cortisol
c. insulina
d. melatonina

6. Uma dieta com pouco iodo pode causar ___.
a. raquitismo
b. bócio
c. diabetes
d. gigantismo

7. Pouco cálcio no sangue ativa a secreção por ___.
a. glândulas adrenais
b. glândulas paratireoides
c. ovários
d. glândula tireoide

8. ___ reduz o nível de açúcar no sangue; ___ o aumenta.
a. Glucagon; insulina
b. Insulina; glucagon

9. O(A) ___ tem funções endócrinas e exócrinas.
a. hipotálamo
b. pâncreas
c. glândula pineal
d. glândula paratireoide

10. A secreção de ___ suprime respostas imunológicas.
a. melatonina
b. hormônio antidiurético
c. hormônio da tireoide
d. cortisol

11. A exposição à luz forte reduz os níveis de ___ no sangue.
a. glucagon
b. melatonina
c. hormônio da tireoide
d. hormônio da paratireoide

12. Verdadeiro ou falso? Algumas células cardíacas e renais secretam hormônios.

13. Verdadeiro ou falso? Apenas mulheres produzem hormônio foliculestimulante (FSH); apenas homens produzem hormônio luteinizante (LH).

14. Verdadeiro ou falso? Todos os hormônios secretados por artrópodes como caranguejos e insetos também são secretados por vertebrados.

15. Una o termo listado à esquerda com a descrição mais adequada à direita.
___ medula adrenal — a. afetada pela duração do dia
___ glândula tireoide — b. uma molécula de sinalização local
___ hipófise posterior — c. secreta hormônios produzidos no hipotálamo
___ ilhotas pancreáticas — d. fonte de epinefrina
___ glândula pineal — e. secretam insulina, glucagon
___ prostaglandina — f. hormônios exigem iodo

Raciocínio crítico

1. Um grande estudo com enfermeiras sugere que trabalhar no turno da noite pode aumentar o risco de câncer de mama. Mudanças no nível de melatonina podem contribuir para o maior risco. Há evidência de que este hormônio pode desacelerar a taxa de divisão de células cancerosas. Enfermeiras do turno da noite tendem a ter níveis menores de melatonina do que as do turno diurno. Por que este hormônio tem sua secreção especialmente reduzida pelo trabalho noturno?

2. A secreção de hormônio sexual é regida por um *loop* de feedback negativo para o hipotálamo e a hipófise, semelhante aos do hormônio da tireoide ou do cortisol. Por isso, um veterinário pode dizer se uma cadela foi castrada com um exame de sangue. As cadelas que ainda têm seus ovários apresentam menor nível de hormônio luteinizante (LH) no sangue do que as castradas. Explique por que a remoção dos ovários de uma cadela resultaria em nível elevado de LH.

11 Suporte Estrutural e Movimento

QUESTÕES DE IMPACTO Aumentando os Músculos

O hormônio sexual masculino, a testosterona, tem efeitos anabólicos; ele promove a síntese de proteínas e, desse modo, aumenta a massa muscular. Essa é uma razão pela qual os homens, que naturalmente produzem muita testosterona, tendem a ser mais musculosos do que as mulheres, que possuem um nível bem menor deste hormônio em seu organismo (Figura 11.1). É também o motivo pelo qual alguns fisiculturistas e atletas fazem uso de esteroides anabolizantes (derivados sintéticos da testosterona) ou de suplementos que tendem a aumentar os níveis naturais da testosterona.

Por exemplo, no final dos anos 1990, a androstenediona, ou "andro", conseguiu popularidade após um jogador de beisebol, Mark McGwire, dizer que a usou durante sua tentativa bem-sucedida de quebrar o recorde de corrida à base principal na temporada da Major League de Beisebol. A andro se forma naturalmente no corpo como um intermediário na síntese do hormônio sexual testosterona, a partir da molécula de colesterol.

Tomar andro como um suplemento nutricional melhora o desempenho atlético? Os resultados dos poucos estudos controlados são mistos. Além disso, a andro, como todos os esteroides anabolizantes, têm efeitos colaterais. Ele aumenta o nível do hormônio feminino estrogênio no homem, que também pode ser formado a partir da andro. O estrogênio tem efeitos feminilizantes nos homens, incluindo testículos encolhidos, formação de peitos como nas mulheres e queda de cabelo. Também, como todos os esteroides anabolizantes, a andro aumenta o risco de danos ao fígado e ataques cardiovasculares. Em 2004, a U.S. Food and Drug Administration anunciou que, levando em conta esses efeitos colaterais, a venda de andro estava proibida. Até mesmo com toda a publicidade negativa, alguns atletas continuaram a usar esteroides anabolizantes, arriscando tanto sua saúde quanto sua reputação.

Os atletas também usam suplementos nutricionais aprovados como a creatina, que é uma cadeia curta de aminoácidos. O corpo produz um pouco de creatina e obtém mais dos alimentos. Quando os músculos se contraem forte e rapidamente, eles normalmente a transformam em creatina fosforilada, usada como fonte de energia imediata.

A creatina funciona? Em alguns estudos, a creatina melhorou o desempenho durante exercícios curtos de alta intensidade. Porém, o excessivo consumo de creatina pode sobrecarregar os rins, e é muito cedo para saber se suplementos de creatina têm efeitos colaterais a longo prazo. Além disso, as agências reguladoras não verificam a quantidade real de creatina que está presente nos produtos comerciais.

Neste capítulo, estudaremos o sistema esquelético e o muscular. O que você aprender aqui poderá ajudá-lo a avaliar o funcionamento dos sistemas e o quanto eles deveriam ser estimulados na busca de maior desempenho.

Figura 11.1 *À esquerda*, um homem com uma abundância de tecido muscular esquelético, que tem fileiras paralelas de fibras musculares (*acima*).

Conceitos-chave

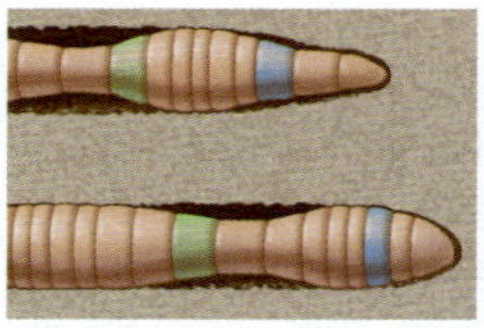

Esqueletos de invertebrados

A força contrátil exercida sobre um esqueleto resulta em movimento. Em muitos invertebrados, uma cavidade corporal cheia de líquido funciona como um esqueleto hidrostático. Outros possuem um esqueleto rígido externo (exoesqueleto). Outros ainda têm um esqueleto interno rígido ou endoesqueleto. **Seção 11.1**

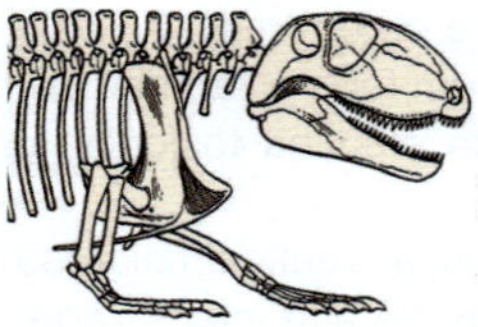

Esqueletos de vertebrados

Os vertebrados possuem um endoesqueleto de cartilagem, de osso ou ambos. Os ossos interagem com os músculos para mover o corpo. Eles também protegem e sustentam os órgãos internos e armazenam minerais. Células sanguíneas se formam em alguns ossos. A articulação é um lugar onde os ossos se encontram. **Seções 11.2–11.5**

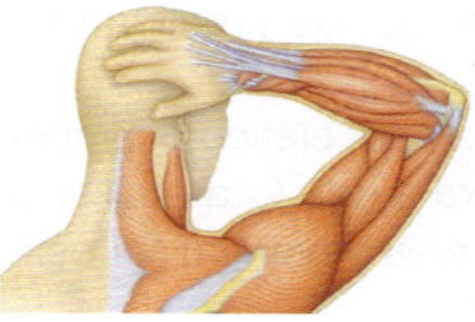

A parceria músculo-osso

Músculos esqueléticos são feixes de fibras musculares que interagem com os ossos e entre si. Alguns provocam movimentos trabalhando em pares ou grupos. Outros revertem ou têm ação oposta à de um músculo associado. Os tendões prendem os músculos esqueléticos aos ossos. **Seção 11.6**

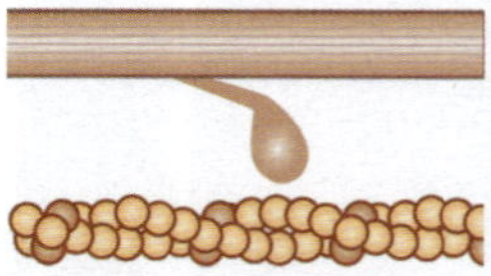

Função do músculo esquelético

Fibras musculares se contraem em resposta a sinais de um neurônio motor. Uma fibra muscular contém muitas miofibrilas, cada uma dividida transversalmente em sarcômeros. Interações feitas com uso de ATP entre filamentos de proteína diminuem os sarcômeros, provocando contração muscular. **Seções 11.7–11.11**

Neste capítulo

- Este capítulo desenvolve algumas das características animais e tendências evolucionárias.
- Você aprenderá sobre o distúrbio da distrofia muscular associada ao cromossomo X e como os endósporos bacterianos podem afetar os músculos.
- Você verá exemplos de transporte ativo e também sobre os filamentos envolvidos no movimento celular.
- O controle nervoso dos músculos e os efeitos de alguns hormônios serão também discutidos.

Qual sua opinião? Diferentemente das drogas médicas, suplementos dietéticos não precisam ter sua eficácia comprovada para ir para o mercado. O FDA (Food and Drug Administration – EUA) e a ANVISA (Agência Nacional de Vigilância Sanitária – Brasil) só proíbem suplementos se estes não forem seguros. As agências deveriam ter mais controle sobre suplementos nutricionais? Conheça a opinião de seus colegas e apresente seus argumentos a eles.

11.1 Esqueletos de invertebrados

- Um esqueleto pode ser interno ou externo.

Quando você pensa em esqueleto, provavelmente imagina uma armação interna de ossos, mas este é apenas um tipo de esqueleto. Em outros animais, o esqueleto pode consistir em um líquido ou partes externas rígidas. O corpo se move quando os músculos interagem com o esqueleto.

Esqueletos hidrostáticos

Cnidários e anelídeos estão entre os animais que possuem **esqueleto hidrostático**: uma câmara ou câmaras fechadas cheias de fluidos sobre as quais os músculos agem. Por exemplo, o corpo da anêmona-do-mar é inflado pela água que flui por sua boca e enche sua cavidade gastrovascular (Figura 11.2). O batimento dos cílios provoca o influxo de água. A contração de um anel muscular em torno da boca prende a água dentro do corpo. Contrações de outros músculos podem redistribuir a água e alterar a forma do corpo. Por analogia, pense como apertar ou puxar um balão cheio de água altera a sua forma.

A anêmona tem músculos circulares e longitudinais que percorrem do topo até a parte inferior. A contração dos músculos circulares e o relaxamento dos longitudinais torna a anêmona mais alta e mais fina. Quando os músculos circulares relaxam e os longitudinais contraem, a anêmona fica menor e mais gorda. O animal pode ainda abrir sua boca, contrair ambos os conjuntos de músculos e retrair seus tentáculos. Essa ação força a maior parte do fluido da cavidade gastrovascular para fora do corpo e o corpo encolhe em uma posição protetora de descanso (Figura 11.2*b*).

Nas minhocas, um celoma dividido em muitos segmentos cheios de fluido é o esqueleto hidrostático. Músculos longitudinais e circulares exercem pressão sobre o fluido do celoma em cada segmento, fazendo com que ele fique longo e estreito ou pequeno e largo. Ondas de contração que percorrem o comprimento do corpo movimentam a minhoca pelo solo (Figura 11.3).

Exoesqueletos

Um **exoesqueleto** é uma cobertura corporal rígida à qual os músculos se prendem. Por exemplo, esqueleto externo dos besouros.

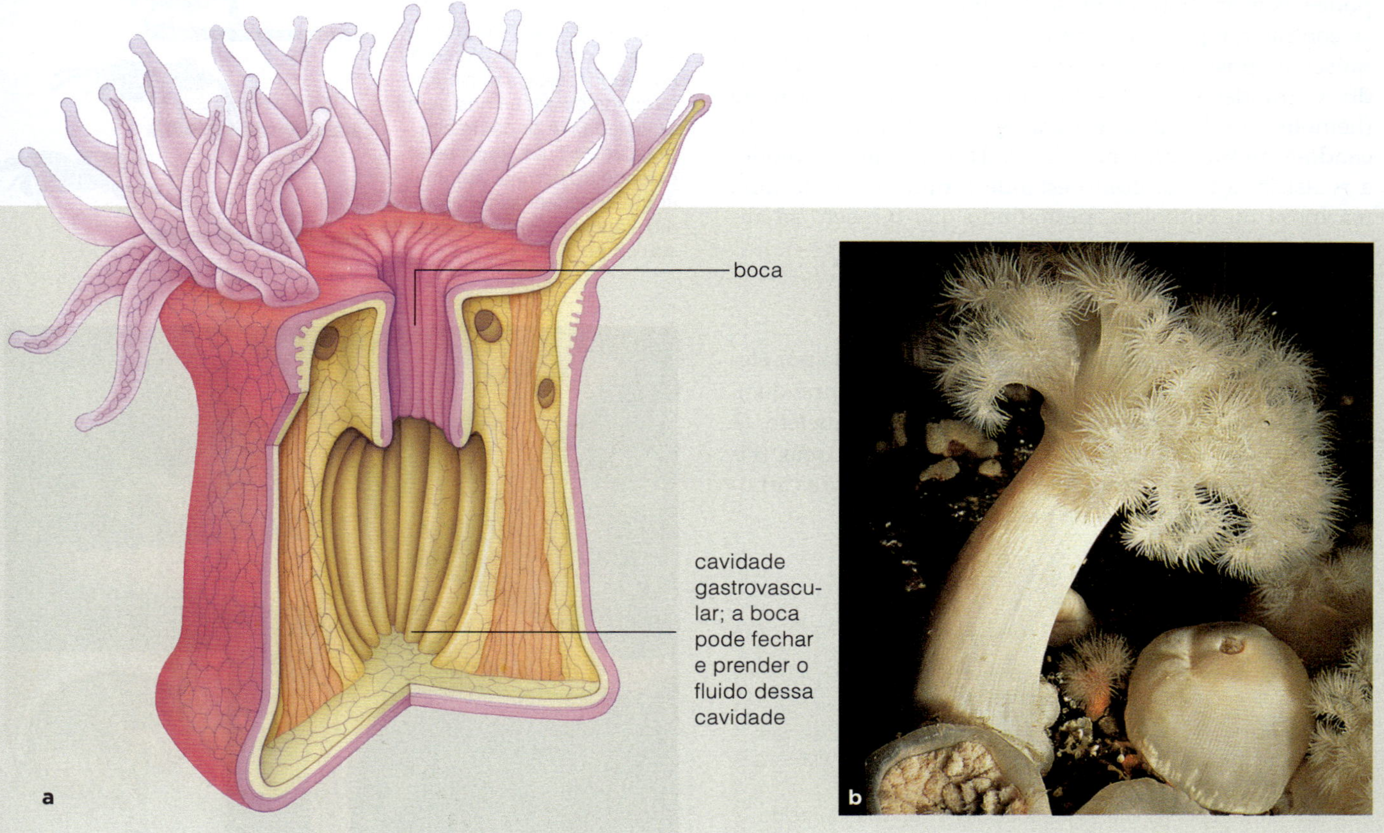

Figura 11.2 Esqueleto hidrostático de uma anêmona-do-mar. (**a**) A água é puxada para dentro da cavidade gastrovascular pela boca. Quando a cavidade está cheia e a boca fechada, os músculos podem agir sobre o fluido preso e alterar a forma do corpo. Existem dois conjuntos de músculos: os músculos circulares circundam o corpo; os longitudinais percorrem o comprimento do corpo. (**b**) Uma anêmona cheia de água (*à esquerda*) e outra que expeliu a água da cavidade gastrovascular e retraiu seus tentáculos (*à direita*).

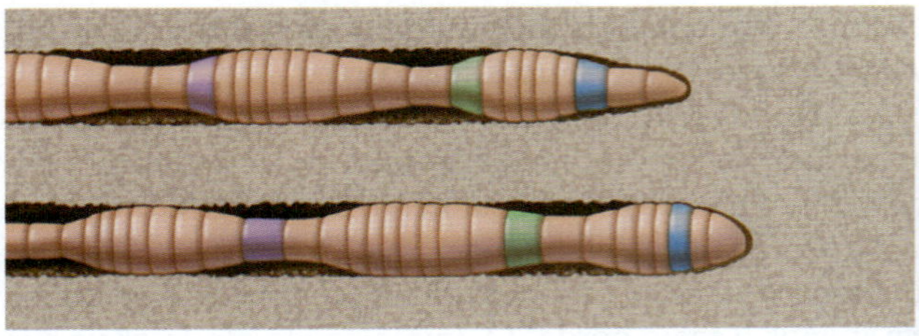

Figura 11.3 Como uma minhoca se movimenta pelo solo. Os músculos agem sobre o fluido do celoma em segmentos individuais do corpo, fazendo com que os segmentos mudem de forma. Um segmento estreita quando o músculo circular ao redor do corpo se contrai e o músculo longitudinal que o percorre relaxa. O segmento se expande quando o músculo circular relaxa e o músculo longitudinal contrai.

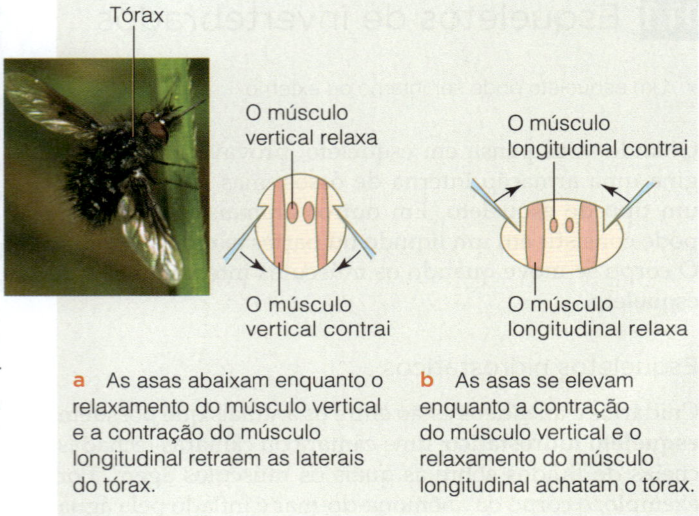

Tórax
O músculo vertical relaxa
O músculo vertical contrai
O músculo longitudinal contrai
O músculo longitudinal relaxa
a As asas abaixam enquanto o relaxamento do músculo vertical e a contração do músculo longitudinal retraem as laterais do tórax.
b As asas se elevam enquanto a contração do músculo vertical e o relaxamento do músculo longitudinal achatam o tórax.

Figura 11.4 Movimento da asa da mosca. As asas se prendem ao tórax em pontos específicos. Quando os músculos dentro do tórax contraem e relaxam, o tórax muda de formato e as asas elevam ou abaixam seu ponto de ligação.

Caranguejos, aranhas, insetos e outros artrópodes têm um exoesqueleto articulado, com músculos internos que se retraem para mover as partes endurecidas. Por exemplo, as asas de uma mosca batem quando os músculos presos ao seu tórax contraem e relaxam alternadamente (Figura 11.4).

A redistribuição do fluido corporal também desempenha um papel importante no movimento de alguns artrópodes. Nas aranhas, os músculos presos ao exoesqueleto se contraem e puxam as pernas, mas não existe nenhum músculo oposto para esticar as pernas novamente. Quando os grandes músculos do tórax se contraem, o sangue (hemolinfa) é bombeado para as patas articuladas, esticando-as hidraulicamente (Figura 11.5). Do mesmo modo, a redistribuição de fluido estende a probóscide de uma mariposa ou borboleta, permitindo que o inseto se alimente de néctar.

Figura 11.5 Visão lateral de uma aranha dando um salto. Quando um músculo grande do tórax contrai, o volume da cavidade torácica diminui, forçando o sangue nas pernas articuladas. A onda de alta pressão do fluido resultante estende as pernas. Algumas aranhas podem saltar 25 vezes a distância do comprimento de seu corpo.

Endoesqueletos

O **endoesqueleto** é uma armação interna formada por elementos endurecidos nos quais os músculos se prendem. Equinodermos e vertebrados possuem endoesqueleto. O esqueleto dos equinodermos, como estrelas-do-mar (Figura 11.6) e ouriços-do-mar, consiste em placas de carbonato de cálcio embutidas na parede do corpo.

Elemento do endoesqueleto

Figura 11.6 Uma estrela-do-mar. O desenho mostra um corte transversal em um dos braços. Placas duras nas parede do corpo formam o endoesqueleto.

Para pensar

Que tipos de esqueletos os invertebrados têm?

- Animais com corpos moles, como anêmonas e minhocas, têm um esqueleto hidrostático constituído por um fluido sobre o qual os músculos de contração agem.
- Todos os artrópodes têm um esqueleto externo endurecido, também chamado exoesqueleto. Alguns cientistas também consideram a concha dos moluscos bivalves como um tipo de exoesqueleto.
- Os equinodermos têm um esqueleto interno também chamado endoesqueleto calcário.

11.2 Endoesqueleto dos vertebrados

- Todos os vertebrados têm um endoesqueleto. Na maioria dos grupos, o endoesqueleto consiste primariamente em ossos.

Características do esqueleto dos vertebrados

Todos os vertebrados (os peixes, répteis, anfíbios, pássaros e mamíferos) têm um endoesqueleto (Figuras 11.7 e 11.8). O esqueleto de tubarões e outros peixes cartilaginosos consistem em cartilagem, um tecido conjuntivo semelhante à borracha. Outros esqueletos de vertebrados incluem um pouco de cartilagem, mas consistem principalmente em tecido ósseo.

O termo "vertebrado" se refere à **coluna vertebral**, uma característica comum a todos os membros deste grupo. A coluna vertebral sustenta o corpo, serve como um ponto de ligação para os músculos e protege a medula espinhal. Segmentos ósseos chamados **vértebras** compõem a coluna vertebral. Os **discos intervertebrais** de cartilagem, entre as vértebras, agem como amortecedores e pontos de flexão.

A coluna vertebral, com os ossos da cabeça e caixa torácica, constituem o **esqueleto axial**. O **esqueleto apendicular** consiste no cíngulo do membro superior (ombro), cíngulo do membro inferior (quadril) e membros (ou nadadeiras ósseas) acoplados a eles.

Você já aprendeu como os esqueletos dos vertebrados evoluíram ao longo do tempo. Por exemplo, as mandíbulas são derivadas dos suportes branquiais dos peixes ancestrais sem mandíbula. Como outro exemplo, os ossos nos membros dos vertebrados terrestres são homólogos aos ossos de sustentação das nadadeiras lobulares de alguns peixes ancestrais.

Esqueleto humano

Para um olhar mais próximo nas características do esqueleto dos vertebrados, pense em um esqueleto humano. O crânio humano é formado por ossos cranianos achatados unidos que cercam e protegem o cérebro (Figura 11.8*a*). O cérebro e a medula espinhal se conectam por uma abertura chamada **forame magno**. Em bípedes, como os seres humanos, essa abertura fica na base do crânio. Os ossos faciais incluem as maçãs do rosto e outros ossos em torno dos olhos, o osso que forma a ponte do nariz e os ossos da mandíbula.

Homens e mulheres têm doze pares de costelas (Figura 11.8*b*). As costelas e o esterno formam uma proteção em torno do coração e dos pulmões.

A coluna vertebral se estende da base do crânio até o cíngulo do membro inferior (Figura 11.8*c*). Em seres humanos, a seleção natural favoreceu a habilidade de caminhar em posição vertical e levou à modificação da coluna vertebral. Visualizada lateralmente, nossa coluna vertebral tem a forma de um S que mantém nossa cabeça e tronco centrados acima de nossos pés.

Manter uma postura vertical requer que as vértebras e discos intervertebrais se empilhem uns sobre os outros, em vez de serem paralelos ao chão, como nos quadrúpedes. O empilhamento coloca pressão adicional sobre os discos e, à medida que as pessoas envelhecem, seus discos muitas vezes saem do lugar ou rompem, causando dor nas costas.

A escápula (omoplata) e a clavícula são ossos da cintura peitoral humana (Figura 11.8*d*). A clavícula fina transfere força dos braços para o esqueleto axial. Quando uma pessoa cai sobre um braço estendido, a força excessiva transferida para a clavícula frequentemente causa uma fratura ou deslocamento.

O braço superior tem um osso, o úmero. O antebraço tem dois ossos, o rádio e a ulna. Os ossos do carpo são os ossos do pulso, os metacarpianos são os ossos da palma e as falanges são os ossos dos dedos.

O cíngulo do membro inferior consiste em dois conjuntos de ossos fundidos, um conjunto em cada lado do corpo. Ele protege os órgãos dentro da cavidade pélvica e sustenta o peso da parte de cima do corpo quando você está na posição vertical (Figura 11.8*e*).

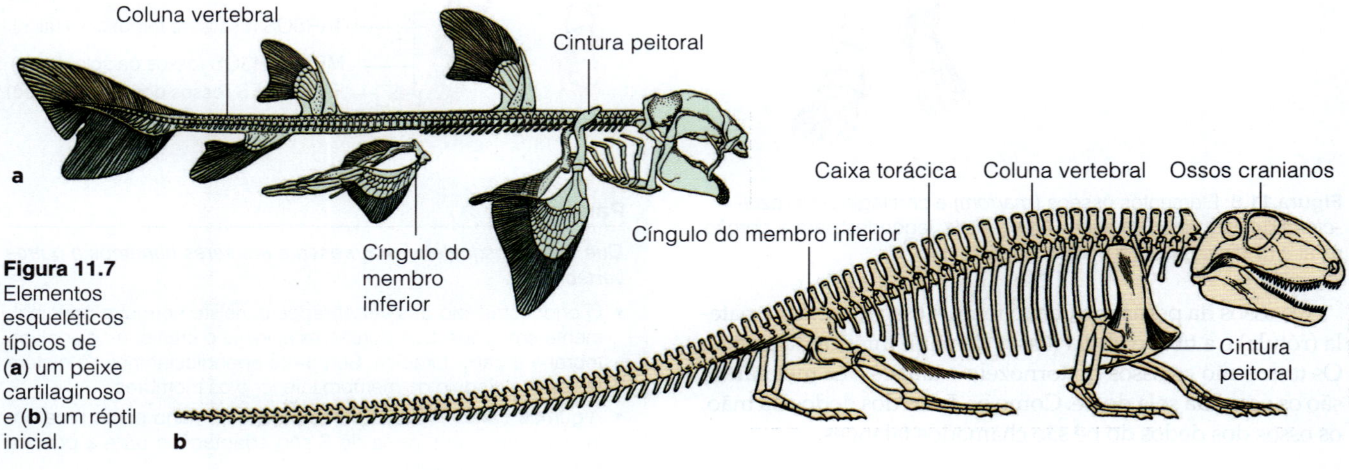

Figura 11.7 Elementos esqueléticos típicos de (**a**) um peixe cartilaginoso e (**b**) um réptil inicial.

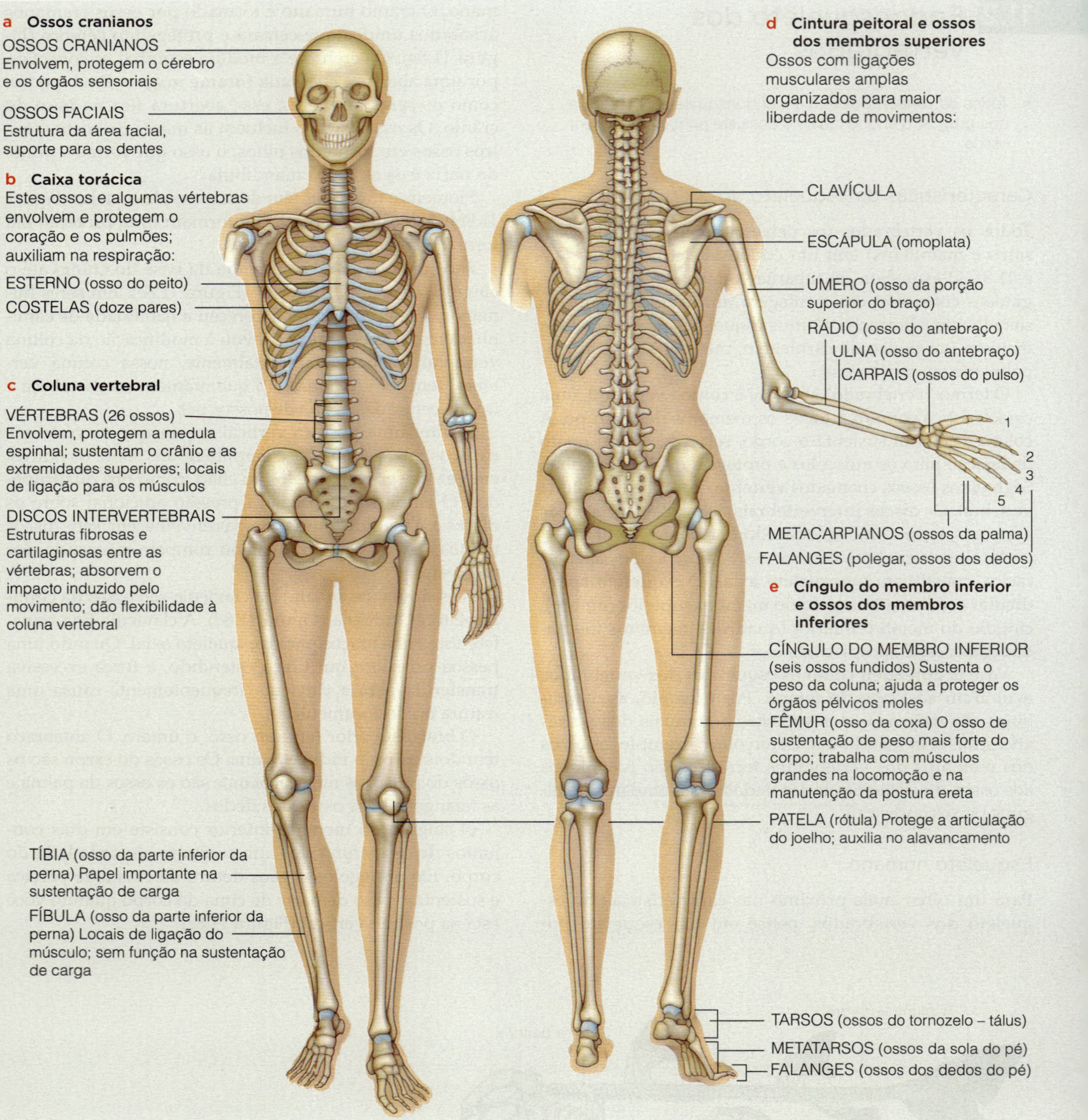
a Ossos cranianos
OSSOS CRANIANOS
Envolvem, protegem o cérebro e os órgãos sensoriais
OSSOS FACIAIS
Estrutura da área facial, suporte para os dentes
b Caixa torácica
Estes ossos e algumas vértebras envolvem e protegem o coração e os pulmões; auxiliam na respiração:
ESTERNO (osso do peito)
COSTELAS (doze pares)
c Coluna vertebral
VÉRTEBRAS (26 ossos)
Envolvem, protegem a medula espinhal; sustentam o crânio e as extremidades superiores; locais de ligação para os músculos
DISCOS INTERVERTEBRAIS
Estruturas fibrosas e cartilaginosas entre as vértebras; absorvem o impacto induzido pelo movimento; dão flexibilidade à coluna vertebral
TÍBIA (osso da parte inferior da perna) Papel importante na sustentação de carga
FÍBULA (osso da parte inferior da perna) Locais de ligação do músculo; sem função na sustentação de carga
d Cintura peitoral e ossos dos membros superiores
Ossos com ligações musculares amplas organizados para maior liberdade de movimentos:
CLAVÍCULA
ESCÁPULA (omoplata)
ÚMERO (osso da porção superior do braço)
RÁDIO (osso do antebraço)
ULNA (osso do antebraço)
CARPAIS (ossos do pulso)
1
2
3
4
5
METACARPIANOS (ossos da palma)
FALANGES (polegar, ossos dos dedos)
e Cíngulo do membro inferior e ossos dos membros inferiores
CÍNGULO DO MEMBRO INFERIOR (seis ossos fundidos) Sustenta o peso da coluna; ajuda a proteger os órgãos pélvicos moles
FÊMUR (osso da coxa) O osso de sustentação de peso mais forte do corpo; trabalha com músculos grandes na locomoção e na manutenção da postura ereta
PATELA (rótula) Protege a articulação do joelho; auxilia no alavancamento
TARSOS (ossos do tornozelo – tálus)
METATARSOS (ossos da sola do pé)
FALANGES (ossos dos dedos do pé)

Figura 11.8 Elementos ósseos (*marrom*) e cartilaginosos (*azul-claro*) do esqueleto humano. *À esquerda*, legendas para a porção axial e (*à direita*) para a porção apendicular.

Os ossos da perna incluem o fêmur (osso da coxa), a patela (rótula) e a tíbia e fíbula (ossos da parte inferior da perna). Os tarsos são os ossos do tornozelo – tálus – e os metatarsos são os ossos da sola do pé. Como os ossos dos dedos da mão, os ossos dos dedos do pé são chamados falanges.

Para pensar

Que tipo de esqueleto está presente em seres humanos e outros vertebrados?

- O endoesqueleto dos vertebrados consiste normal e principalmente em ossos. Sua porção axial inclui o crânio, a coluna vertebral e a caixa torácica. Sua parte apendicular inclui a cintura peitoral, o cíngulo do membro inferior e os membros.
- Algumas características do esqueleto humano como uma coluna vertebral em forma de S são adaptações para a postura vertical e caminhada.

11.3 Estrutura e função dos ossos

- Os ossos consistem em células vivas em uma matriz extracelular secretada. Uma dieta adequada e exercícios ajudam a mantê-los saudáveis.

Anatomia dos ossos

Os 206 ossos do esqueleto humano de um adulto variam em tamanho, desde os ossículos da audição do tamanho de um grão de arroz até o grande fêmur ou osso da coxa, que pesa aproximadamente 1 kg (um quilograma). O fêmur e outros ossos dos braços e das pernas são ossos longos. Outros ossos, tais como as costelas, o esterno e a maioria dos ossos do crânio, são ossos achatados. Ainda há outros ossos, como os do carpo nos pulsos, que são pequenos. A Tabela 11.1 resume as funções dos ossos.

Cada osso é envolto em um tecido conjuntivo denso que é formado de nervos e vasos sanguíneos. O tecido ósseo consiste em células ósseas em uma matriz extracelular. A matriz é formada principalmente por colágeno (proteína) com cálcio e sais de fósforo.

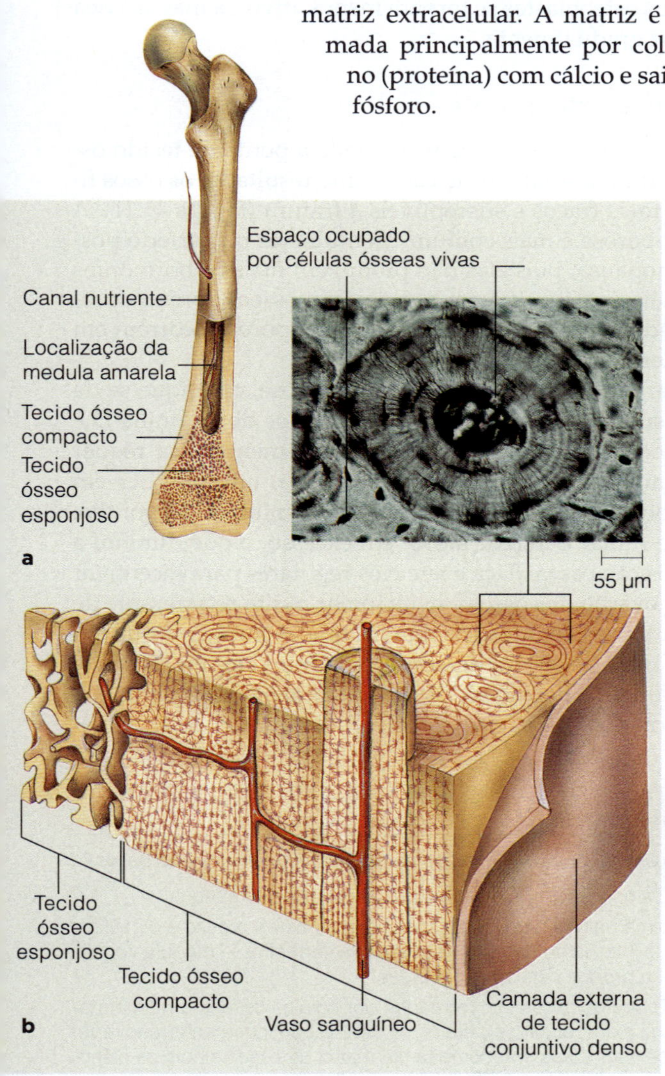

Figura 11.9 (**a**) Estrutura de um fêmur humano e (**b**) uma seção do tecido ósseo esponjoso ou reticulado e compacto ou denso.

Existem três tipos principais de células ósseas. Os **osteoblastos** são os sintetizadores do osso; eles secretam componentes da matriz óssea. Em ossos adultos, os osteoblastos se localizam sob uma bainha de tecido conjuntivo. Os **osteócitos** são osteoblastos maduros que agora são cercados pela matriz óssea endurecida que eles secretaram. Os **osteoclastos** são células que podem decompor a matriz excretando enzimas e ácidos. Essas são as células ósseas mais abundantes nos adultos.

Um osso longo como o fêmur inclui dois tipos de tecido ósseo: osso compacto ou denso e osso esponjoso ou reticulado (Figura 11.9). O osso compacto forma a camada externa e o eixo do fêmur. É composto por muitas unidades funcionais chamadas ósteons, cada uma contendo anéis concêntricos de tecido ósseo com células ósseas nos espaços entre os anéis. Os nervos e vasos sanguíneos percorrem um canal no centro do ósteon. O osso esponjoso preenche o eixo e as extremidades nodosas de ossos longos. É forte, mas leve; os espaços abertos permeiam sua matriz endurecida.

As cavidades dentro de um osso contêm medula óssea. A **medula vermelha** preenche os espaços no osso esponjoso e é um local importante de formação de hemácias. A **medula amarela** preenche a cavidade central do fêmur adulto e da maioria dos outros ossos longos maduros, e consiste principalmente em gordura.

Formação e remodelagem do osso

O primeiro esqueleto que se forma em um embrião de um vertebrado consiste em cartilagem. Permanece cartilaginoso em tubarões e em outros peixes. Em muitos vertebrados, a cartilagem inicial serve de molde para um esqueleto adulto, que é formado principalmente por ossos (Figura 11.10). A maioria dos ossos nesses animais se forma quando os osteoblastos se movem e substituem os moldes de cartilagem. Alguns ossos na cabeça e parte da clavícula não começam como cartilagem; eles se formam quando osteoblastos colonizam membranas de tecido conjuntivo.

Muitos ossos continuam a crescer em tamanho até o início da idade adulta. Mesmo em adultos, o osso permanece como tecido dinâmico que o corpo regenera continuamente. Fraturas microscópicas que resultam a partir de

Tabela 11.1 Funções dos ossos
1. Movimento. Os ossos interagem com o músculo esquelético e mudam ou mantêm as posições do corpo e suas partes.
2. Sustentação. Os ossos sustentam e prendem os músculos.
3. Proteção. Muitos ossos formam câmaras rígidas ou canais que envolvem e protegem órgãos internos moles.
4. Armazenamento mineral. Os ossos são um reservatório para os íons de cálcio e fósforo. Depósitos e retiradas desses íons ajudam a manter suas concentrações nos fluidos corporais.
5. Formação de células sanguíneas. Somente alguns ossos contêm o tecido onde se formam as células sanguíneas.

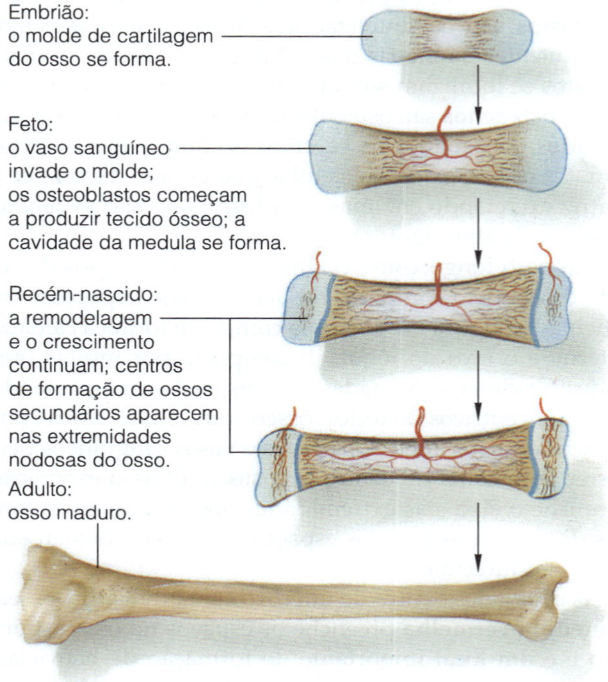
Embrião:
o molde de cartilagem
do osso se forma.
Feto:
o vaso sanguíneo
invade o molde;
os osteoblastos começam
a produzir tecido ósseo; a
cavidade da medula se forma.
Recém-nascido:
a remodelagem
e o crescimento
continuam; centros
de formação de ossos
secundários aparecem
nas extremidades
nodosas do osso.
Adulto:
osso maduro.

Figura 11.10 Formação de um osso longo, começando com a atividade dos osteoblastos em um molde de cartilagem formado anteriormente no embrião. As células que formam o osso são inicialmente ativas na região do eixo, depois nas extremidades. No momento certo, a cartilagem é deixada apenas nas extremidades.

movimentos normais do corpo são reparadas. Em resposta aos sinais hormonais, os osteoclastos dissolvem porções da matriz, liberando íons de minerais armazenados no sangue. Os osteoblastos excretam uma nova matriz, que substitui a matriz decomposta pelos osteoclastos.

Os ossos e os dentes contêm a maior parte do cálcio do corpo. Os hormônios regulam a concentração de cálcio no sangue afetando a absorção de cálcio do intestino e a liberação de cálcio do osso. Quando o nível de cálcio no sangue é muito alto, a glândula tireoide secreta calcitonina. Esse hormônio diminui a velocidade de liberação de cálcio no sangue inibindo a ação do osteoclasto. Quando o sangue possui pouco cálcio, as glândulas paratireoides liberam hormônio paratireoide ou PTH. Esse hormônio estimula a atividade do osteoclasto, além de reduzir a perda de cálcio na urina e ajudar a ativar a vitamina D. A vitamina D estimula as células no revestimento do intestino a absorver cálcio.

Outros hormônios também afetam os ossos. Os hormônios sexuais estrogênio e testosterona estimulam a deposição do osso. O cortisol, que é o hormônio do estresse, diminui.

Até que o indivíduo atinja aproximadamente 24 anos de idade, os osteoblastos excretam mais matriz óssea do que podem decompor, assim a massa óssea aumenta. Os

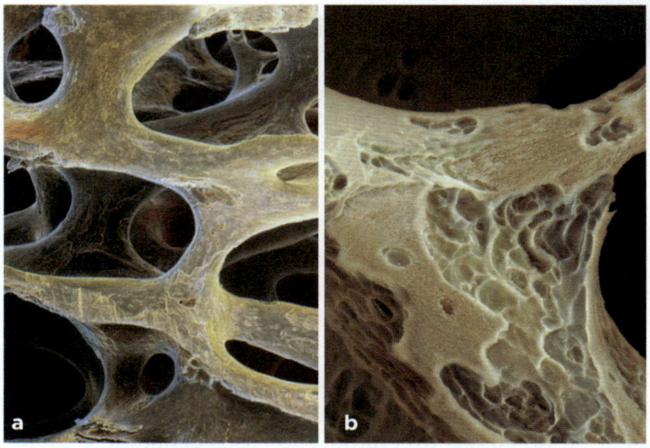
a
b

Figura 11.11 (**a**) Tecido ósseo normal. (**b**) Osso enfraquecido pela osteoporose. O termo osteoporose significa "ossos porosos".

ossos ficam mais densos e fortes. Mais tarde, à medida que os osteoblastos se tornam menos ativos, a massa óssea reduz gradualmente.

Sobre a osteoporose

A osteoporose é um distúrbio onde a perda de tecido ósseo ultrapassa sua formação. Como resultado, os ossos ficam mais fracos e susceptíveis à fratura (Figura 11.11). A osteoporose é mais comum em mulheres no período pós-menopausa, pois elas não produzem mais os hormônios sexuais que incentivam a reposição óssea. Porém, aproximadamente 20% dos casos de osteoporose ocorrem em homens.

Para reduzir seu risco de osteoporose, certifique-se de que sua dieta fornece níveis adequados de vitamina D e cálcio. Uma mulher em período pré-menopausa requer mil miligramas de cálcio diariamente; uma mulher em período pós-menopausa requer 1.500 miligramas por dia. Evite fumar e ingerir álcool em excesso, o que diminui a deposição óssea. Faça exercícios regulares para incentivar a renovação dos ossos e evite tomar muito refrigerante de cola. Vários estudos mostraram que as mulheres que bebem mais de 600 ml desses refrigerantes em um dia apresentam uma densidade óssea ligeiramente mais baixa que a normal.

Para pensar

Quais são as características estruturais e funcionais dos ossos?

- Os ossos têm uma variedade de formas e tamanhos.
- Uma bainha de tecidos conjuntivos envolve o osso e a cavidade interna do osso contém medula vermelha. A medula vermelha produz células sanguíneas.
- Todos os ossos são formados por células ósseas em uma matriz extracelular secretada. O osso é continuamente renovado; os osteoclastos decompõem a matriz do osso velho e os osteoblastos anunciam um novo osso. Diversos hormônios regulam esse processo de síntese e degeneração óssea.

11.4 Articulações esqueléticas – onde os ossos se encontram

- Os ossos interagem uns com os outros nas articulações. Dependendo do tipo, eles permitem pouco ou muito movimento.

Uma **articulação** é uma área de contato ou contato próximo entre os ossos. Existem três tipos de articulações: articulações fibrosas, cartilaginosas e sinoviais (Figura 11.12*a*).

Nas articulações fibrosas, os ossos são mantidos firmemente no lugar por um tecido conjuntivo denso e fibroso. As articulações fibrosas seguram os dentes em seus alvéolos na mandíbula.

Blocos ou discos de cartilagem conectam ossos nas articulações cartilaginosas. A conexão flexível permite só um pouco de movimento. As articulações cartilaginosas conectam vértebras umas às outras e conectam algumas costelas ao esterno.

As articulações sinoviais são o tipo mais comum de articulações. Elas incluem articulações de joelhos, quadris, ombros, pulsos e tornozelos. Nestas articulações, os ossos são separados por uma cavidade pequena e a cartilagem macia reveste suas extremidades, reduzindo o atrito. Cordões de tecido conjuntivo denso chamados **ligamentos** mantêm os ossos no lugar em uma articulação sinovial. Alguns ligamentos formam uma cápsula que envolve a articulação. O revestimento da cápsula excreta um fluido sinovial lubrificante. *Sinovial* significa "semelhante ao ovo" em latim, e descreve a consistência espessa do fluido.

As articulações sinoviais permitem diferentes tipos de movimentos. Por exemplo, as articulações nos ombros e nos quadris são juntas articuladas que permitem uma grande variedade de movimentos rotacionais. Em outras articulações, incluindo algumas nos pulsos e tornozelos, os ossos deslizam uns sobre os outros. As articulações nos cotovelos e joelhos funcionam como uma porta articulada; elas permitem que os ossos se movam para a frente e para trás em apenas um plano.

A Figura 11.12*b* mostra alguns dos ligamentos que mantêm a fíbula e a tíbia unidas na articulação do joelho. O joelho também é estabilizado por uma cartilagem articular chamada menisco.

Para pensar

O que são articulações?

- As articulações são áreas onde os ossos se encontram e interagem.
- No tipo mais comum, as articulações sinoviais, os ossos são separados por um pequeno espaço cheio de fluido e são mantidos juntos por ligamentos de tecido conjuntivo fibroso.

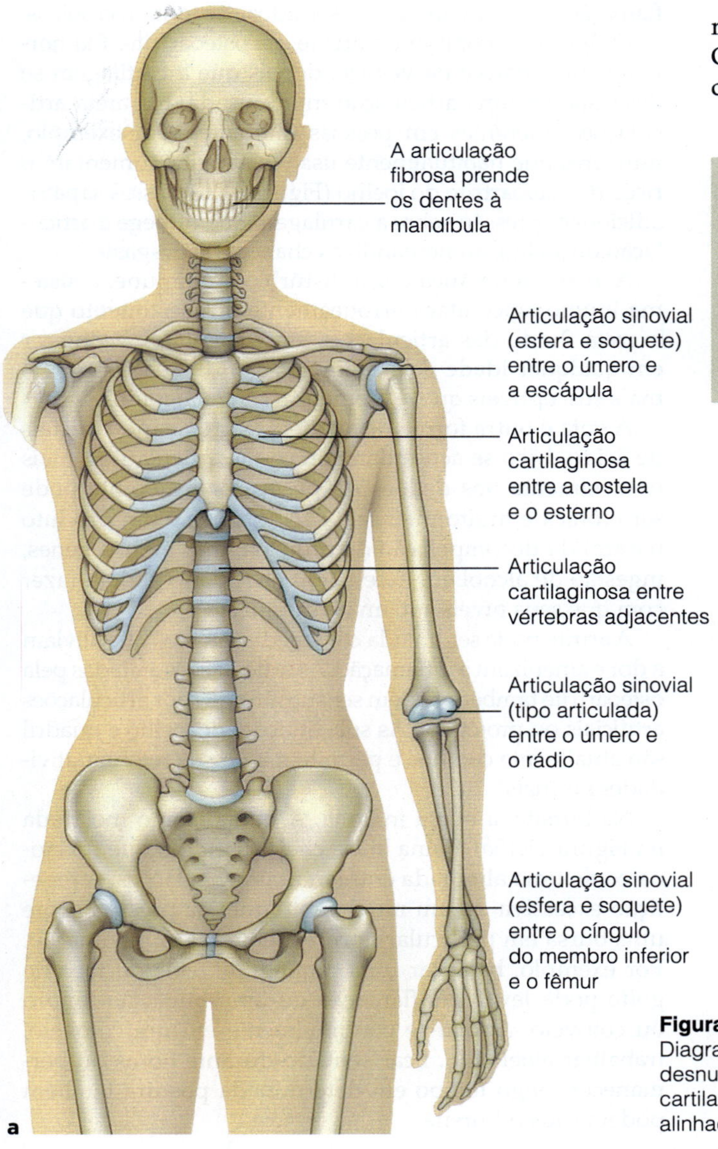

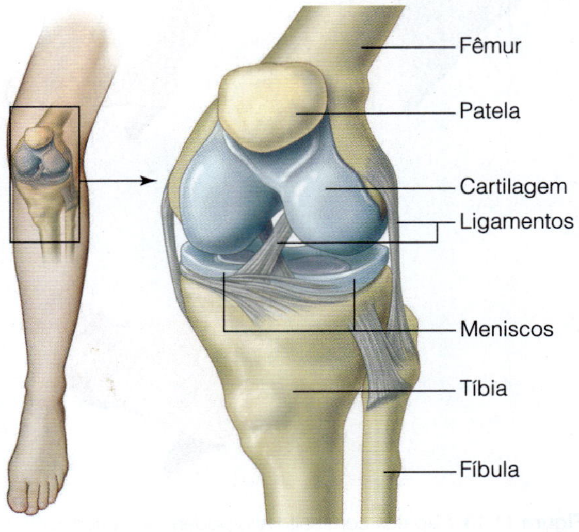

Figura 11.12 (**a**) Exemplos dos três tipos de articulações. (**b**) Diagrama simplificado da estrutura do joelho esquerdo com músculos desnudados. Vários ligamentos prendem o fêmur à tíbia e pedaços de cartilagem chamados meniscos ajudam a manter os ossos corretamente alinhados.

11.5 Essas articulações doloridas

- Exigimos muito das nossas articulações quando praticamos esportes, realizamos tarefas repetitivas ou tropeçamos usando salto alto.

Lesões comuns Um tornozelo torcido é a lesão de articulação mais comum. Acontece quando um ou mais ligamentos que seguram os ossos juntos na articulação do tornozelo esticam demais ou rompem. O tornozelo torcido é normalmente tratado com repouso, aplicação de gelo, compressão com uma bandagem elástica e elevação da área afetada. Depois que o tornozelo melhora, exercícios podem ajudar a fortalecer os músculos que estabilizam a articulação e prevenir deslocamentos futuros.

Uma ruptura dos ligamentos cruzados na articulação do joelho pode exigir cirurgia. Esses pequenos ligamentos se cruzam no centro da articulação. Eles são visíveis na Figura 11.12*b*. Os ligamentos cruzados estabilizam o joelho e, quando são completamente rompidos, os ossos podem se deslocar de forma que o joelho desloque quando a pessoa tenta ficar de pé. Um golpe na parte de baixo da perna, como frequentemente acontece no futebol, pode lesionar um ligamento cruzado, assim como uma queda ou pisada em falso. As mulheres atletas estão sob risco mais alto de ruptura de ligamentos cruzados do que os homens que praticam esportes equivalentes. Por exemplo, jogadoras de futebol rompem esses ligamentos quatro vezes mais que os jogadores de futebol.

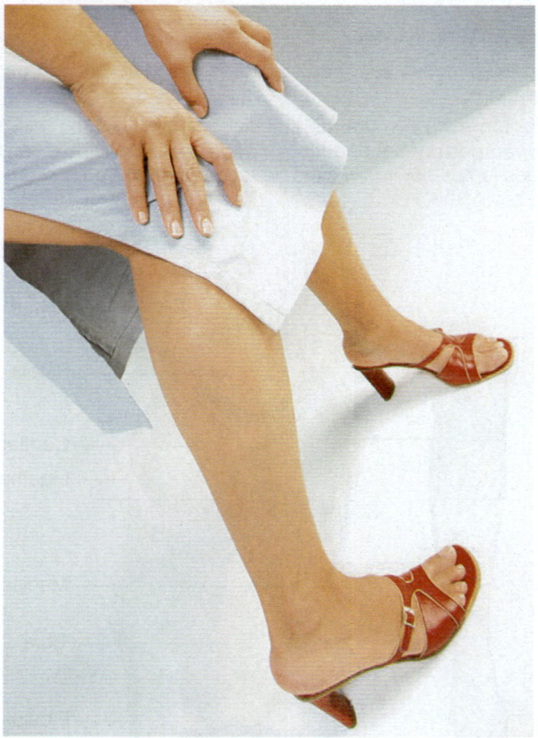

Figura 11.13 Sapatos com salto alto podem posteriormente causar dor nos joelhos. Um estudo realizado por pesquisadores da Tufts University mostrou que sapatos com salto de 7 cm de altura aumentavam a pressão sobre a articulação do joelho em 20% a 25% em relação à caminhada sem sapatos. Saltos largos aumentaram a pressão nos joelhos em comparação com saltos finos, talvez porque as mulheres caminham com mais confiança com eles.

Outra lesão comum no joelho é um menisco rompido. Um menisco é um calço em forma de C feito de cartilagem que reduz o atrito entre os ossos, os protege e assim ajuda a mantê-los no lugar. Cada joelho tem dois meniscos. Uma ruptura menor na extremidade do menisco pode se regenerar sozinha, mas esse é um processo muito lento. Se um pedaço de cartilagem do menisco se rompe, ele pode se deslocar pelo fluido sinovial da articulação e acabar preso em um lugar onde irá interferir na função normal.

Um deslocamento significa que os ossos de uma articulação estão fora do lugar. É normalmente muito doloroso e exige tratamento imediato. Os ossos devem ser colocados de volta em posição adequada e imobilizados por um tempo para permitir a cura.

Artrite e bursite Artrite significa inflamação de uma articulação. Como você aprenderá no Capítulo 13, a inflamação é a resposta normal do corpo ao dano. Porém, na artrite, a inflamação – a dor e o inchaço associados – se tornam crônicos.

O tipo mais comum de artrite é a osteoartrite. Ela normalmente aparece na velhice, depois que a cartilagem se desgasta em uma articulação muito usada. Ela afeta articulações diferentes em pessoas diferentes. Por exemplo, mulheres que habitualmente usam salto alto aumentam o risco de osteoartrite do joelho (Figura 11.13). Esses sapatos adicionam pressão sobre a cartilagem que protege a articulação do joelho, aumentando as chances de desgaste.

A artrite reumática é um distúrbio autoimune; o sistema imunológico ataca erroneamente o revestimento que excreta fluido das articulações sinoviais. Pode acontecer em qualquer idade e as mulheres são duas a três vezes mais susceptíveis que os homens a serem afetados.

A gota é outra forma de artrite. Ocorre quando cristais de ácido úrico se acumulam em certas articulações, mais notavelmente nos dedões do pé. A dor resultante pode ser crônica e muito intensa. O ácido úrico é um produto natural da decomposição de proteína, mas alguns genes, ingestão de álcool em excesso ou obesidade podem fazer com que seus níveis subam no sangue.

A artrite pode ser tratada com medicamentos que aliviam a dor e amenizam a inflamação. As articulações afetadas pela osteoartrite também podem ser substituídas por articulações artificiais ou protéticas. As substituições de joelho e quadril são atualmente comuns e permitem à pessoa retomar atividades normais.

Na bursite, a bursa inflama. A **bursa** (como mostrada na Figura 11.15*b*) é uma bolsa cheia de fluido que funciona como uma almofada entre muitas articulações. A repetição excessiva de um movimento que faz pressão sobre uma bursa em particular normalmente causa inflamação. Por exemplo, balançar uma raquete de tênis ou taco de golfe pode levar à inflamação de uma bursa no ombro ou cotovelo. Apoiar-se continuamente em um cotovelo, trabalhar ajoelhado, ficar sentado durante horas ou permanecer longo tempo em determinada postura também podem causar bursite.

11.6 Sistema musculoesquelético

- Somente músculos esqueléticos prendem e puxam os ossos.

Os músculos esqueléticos consistem em feixes de fibras musculares circundados pelo tecido conjuntivo denso. Uma **fibra muscular** é uma célula longa, cilíndrica com diversos núcleos, e inseridos nestas células estão os filamentos contráteis. É uma célula multinucleada, originada de um grupo de células que se fundiram no embrião em desenvolvimento.

A maioria dos músculos e ossos interage como um sistema de alavanca, onde uma barra é presa a um ponto fixo e se movimenta ao redor. O osso é uma barra rígida próxima a uma articulação (o ponto fixo). A contração do músculo transmite força para o osso e faz com que ele se mova.

Estenda completamente seu braço direito, coloque sua mão esquerda acima do braço estendido e curve lentamente seu cotovelo, como na Figura 11.14*a*. Você consegue sentir a contração do músculo? Ao fazer esse músculo encurtar um pouco, você fez com que o osso preso ao músculo se movesse em uma distância grande. Além de agir no osso, os músculos esqueléticos também podem interagir uns com os outros. Alguns trabalham em pares ou grupos para provocar um movimento. Os músculos só podem puxar os ossos; não podem empurrar. Muitas vezes, dois músculos trabalham em oposição; a ação de um resiste ou inverte a ação de outro. Por exemplo, o bíceps no braço superior se opõe ao tríceps. Esses pareamentos ocorrem na maioria dos músculos dos membros (Figura 11.14).

Tenha em mente que somente o músculo *esquelético* move os ossos. Já o músculo liso é principalmente um componente de órgãos internos moles, como o estômago. O músculo cardíaco é encontrado somente na parede do coração. Capítulos posteriores consideram a estrutura e a função do músculo liso e músculo cardíaco.

O corpo humano tem perto de 700 músculos esqueléticos, alguns próximos à superfície, outros na parede do corpo (Figura 11.15). Um **tendão** de tecido conjuntivo prende os músculos esqueléticos ao osso. Como exemplo, o tendão do calcâneo ou tendão de aquiles prende os músculos da panturrilha ao osso do calcanhar, e é o maior tendão do corpo (Figura 11.15*a*).

Os próximos capítulos explicam os papéis que os músculos esqueléticos desempenham na respiração e na circulação sanguínea. Agora nos voltaremos aos mecanismos que produzem a contração muscular.

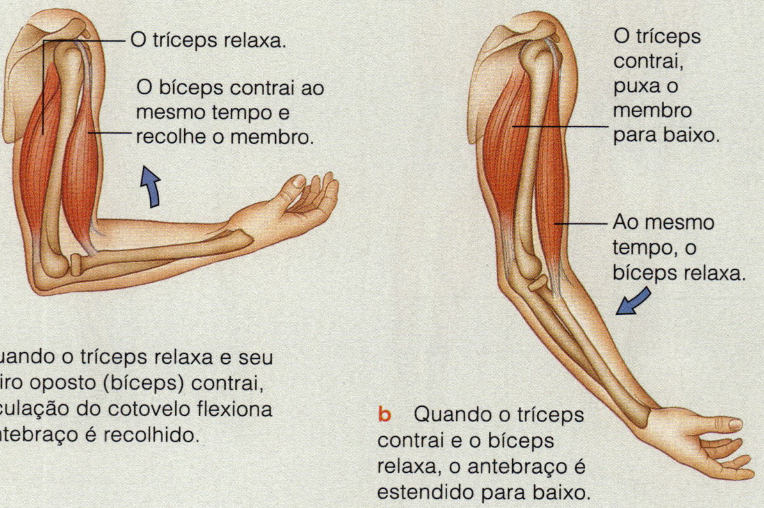

a Quando o tríceps relaxa e seu parceiro oposto (bíceps) contrai, a articulação do cotovelo flexiona e o antebraço é recolhido.

b Quando o tríceps contrai e o bíceps relaxa, o antebraço é estendido para baixo.

Figura 11.14 Dois grupos de músculos opostos em braços humanos.

Para pensar

Como os músculos interagem com os ossos?

- Os tendões prendem os músculos esqueléticos ao osso.
- Quando um músculo contrai, ele puxa no osso preso. Frequentemente, dois músculos presos a um osso realizam ações opostas.

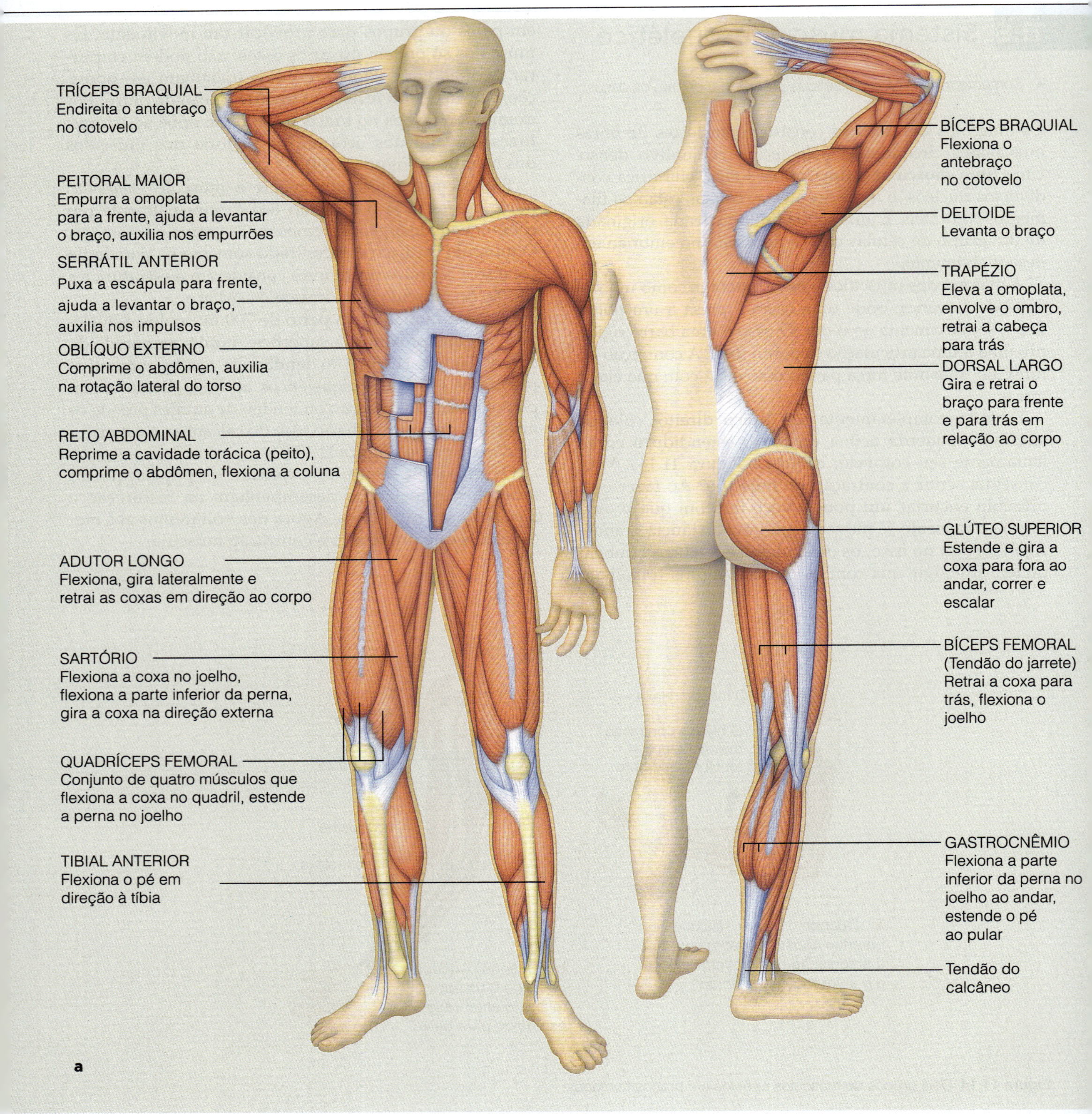

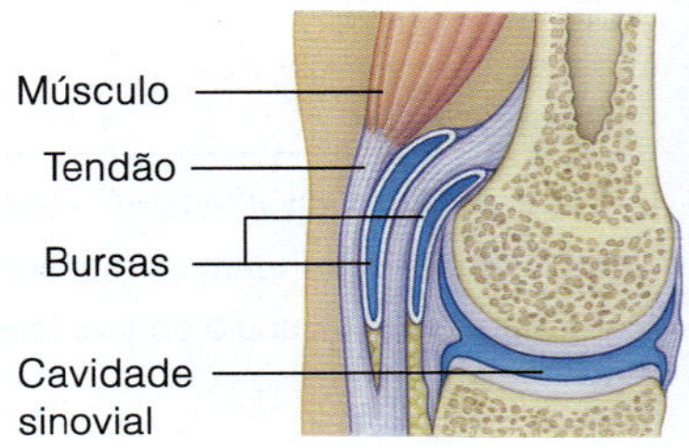

Figura 11.15 (**a**) Músculos do sistema musculoesquelético humano. Estes são os músculos esqueléticos com os quais os entusiastas da ginástica estão familiarizados; muitos outros não são mostrados. Também na legenda, o tendão do calcâneo (tendão de Aquiles), o maior tendão do corpo e o lesionado com maior frequência. Ele prende os músculos na panturrilha ao osso do calcanhar. (**b**) Tendões em uma articulação sinovial. As bursas se formam entre tendões e ossos ou algumas outras estruturas. Essas bolsas cheias de fluido ajudam a reduzir a fricção entre tecidos adjacentes.

11.7 Como o músculo esquelético contrai?

- Movimentos de filamentos de proteína dentro de uma fibra muscular resultam na contração dos músculos, e sua realização se dá graças a moléculas de ATP.

Estrutura fina do músculo esquelético

A função do músculo esquelético é devida a sua organização interna. As fibras musculares longas correm em paralelo ao eixo longo do músculo. As fibras musculares são empacotadas e formam as **miofibrilas**, que são feixes de filamentos contráteis que percorrem o comprimento da fibra (Figura 11.16*a*). Bandas claras e escuras aparecem ao longo de todo o comprimento das miofibrilas, que aparecem manchadas para microscopia, como na Figura 11.16*b*. As faixas dão à fibra muscular uma aparência estriada ou listrada. Essas faixas definem as unidades de contração do músculo chamadas **sarcômeros**. Uma malha de elementos citoesqueléticos chamados faixas Z prendem os sarcômeros adjacentes uns aos outros e assim formam as miofibrilas (Figura 11.16*c*).

O sarcômero tem arranjos paralelos de filamentos finos e espessos (Figura 11.17*a*). Os filamentos finos presos às faixas Z estendem-se para a parte interna, em direção ao centro do sarcômero. Um filamento fino consiste principalmente em duas cadeias de **actina**, que é uma proteína globular envolvida com a contração muscular (Figura 11.16*d*). Duas outras proteínas se associam à actina, mas podemos ignorar seu papel no momento. Os filamentos espessos são centralizados em um sarcômero.

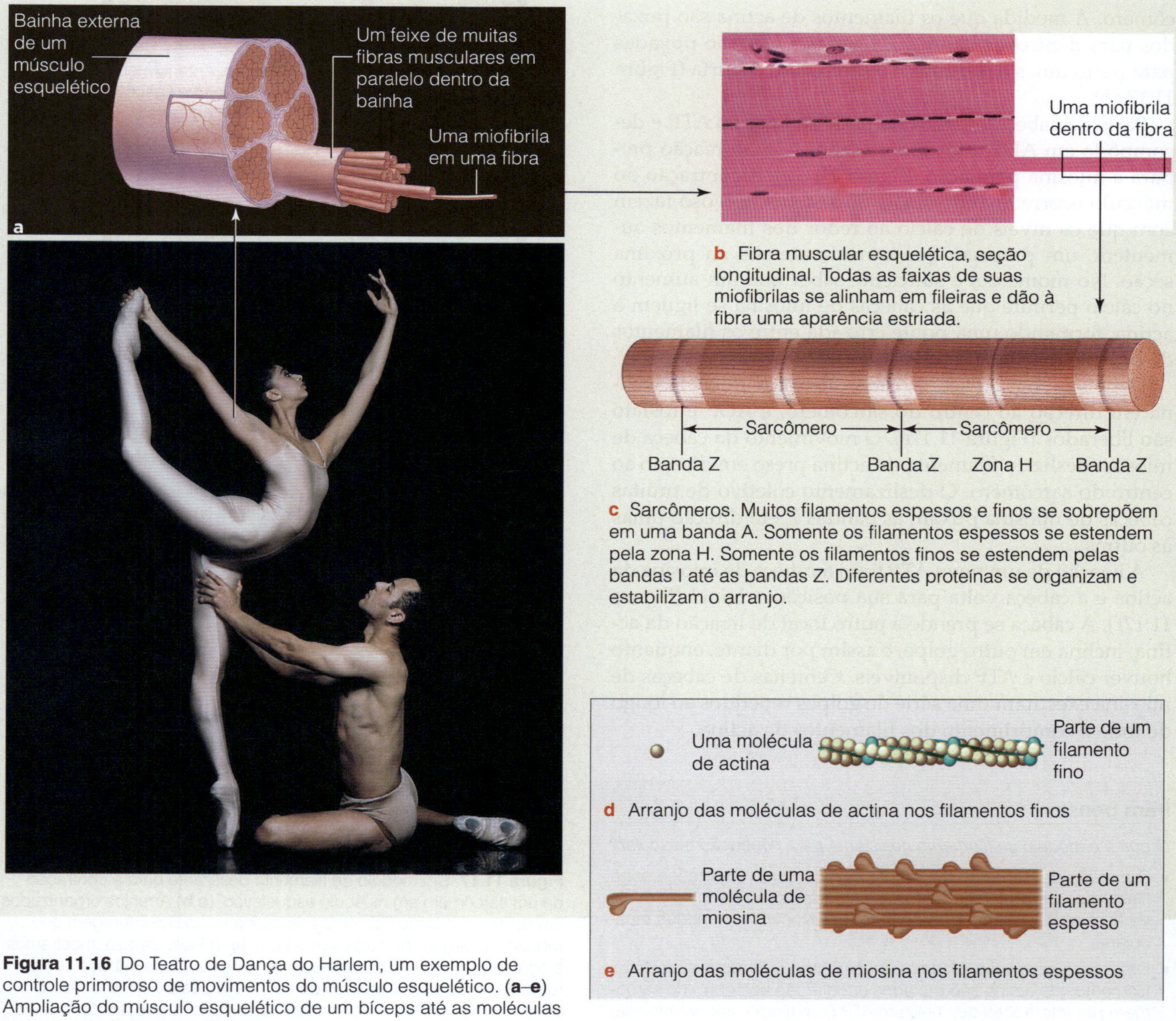

Bainha externa de um músculo esquelético
Um feixe de muitas fibras musculares em paralelo dentro da bainha
Uma miofibrila em uma fibra
a
Uma miofibrila dentro da fibra
b Fibra muscular esquelética, seção longitudinal. Todas as faixas de suas miofibrilas se alinham em fileiras e dão à fibra uma aparência estriada.
Sarcômero
Sarcômero
Banda Z
Banda Z
Zona H
Banda Z
c Sarcômeros. Muitos filamentos espessos e finos se sobrepõem em uma banda A. Somente os filamentos espessos se estendem pela zona H. Somente os filamentos finos se estendem pelas bandas I até as bandas Z. Diferentes proteínas se organizam e estabilizam o arranjo.
Uma molécula de actina
Parte de um filamento fino
d Arranjo das moléculas de actina nos filamentos finos
Parte de uma molécula de miosina
Parte de um filamento espesso
e Arranjo das moléculas de miosina nos filamentos espessos

Figura 11.16 Do Teatro de Dança do Harlem, um exemplo de controle primoroso de movimentos do músculo esquelético. (**a–e**) Ampliação do músculo esquelético de um bíceps até as moléculas com propriedades contráteis.

Cada um consiste em **miosina**, proteína motora com uma cabeça em forma de bastão (Figura 11.16*e*). A cabeça é posicionada a alguns nanômetros de distância de um filamento fino.

Fibras musculares, miofibrilas, filamentos finos e filamentos espessos, todos correm paralelos ao eixo longo de um músculo. Como resultado, todos os sarcômeros em todas as fibras de um músculo trabalham juntos e puxam na mesma direção.

Modelo de filamento deslizante

O **modelo de filamento deslizante** explica como as interações entre filamentos espessos e finos provocam a contração do músculo. De acordo com esse modelo, os filamentos mudam de comprimento. E os filamentos de miosina não mudam de posição, apenas os de actina. Em vez disso, as cabeças de miosina se ligam aos filamentos de actina e os deslizam em direção ao centro de um sarcômero. À medida que os filamentos de actina são puxados para dentro, as bandas Z ligadas a eles são puxadas para perto umas das outras e o sarcômero encurta (Figura 11.17*a,b*).

Parte da cabeça de miosina pode se ligar ao ATP e decompô-lo em ADP e fosfato inorgânico. Essa reação prepara a miosina para ação (Figura 11.17*c*). A contração do músculo ocorre quando sinais do sistema nervoso fazem com que os níveis de cálcio ao redor dos filamentos aumentem, um processo que consideraremos na próxima seção. No momento, é suficiente saber que um aumento no cálcio permite que as cabeças de miosina se liguem à actina, formando uma ponte cruzada entre os filamentos de actina e miosina (Figura 11.17*d*).

Depois de ligar a actina, cada cabeça de miosina inclina em direção ao centro do sarcômero, e ADP e fosfato são liberados (Figura 11.17*e*). O movimento da cabeça de miosina desliza o filamento de actina preso em direção ao centro do sarcômero. O deslizamento coletivo de muitas cabeças de miosina puxam as bandas Z em direção umas às outras.

A ligação de um novo ATP livra a cabeça de miosina da actina e a cabeça volta para sua posição original (Figura 11.17*f*). A cabeça se prende a outro local de ligação da actina, inclina em outro golpe, e assim por diante, enquanto houver cálcio e ATP disponíveis. Centenas de cabeças de miosina executam uma série de golpes repetidos ao longo de todo o comprimento dos filamentos da actina.

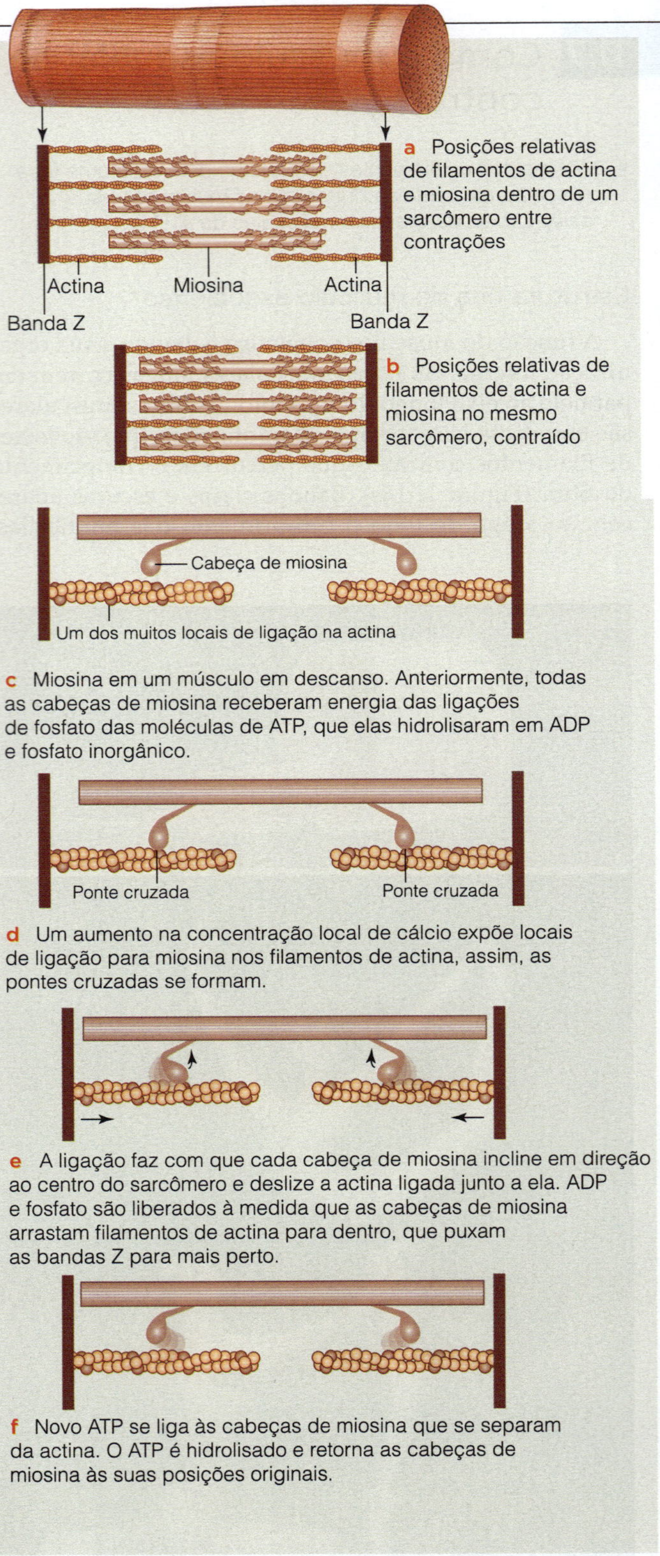

a Posições relativas de filamentos de actina e miosina dentro de um sarcômero entre contrações
Actina
Miosina
Actina
Banda Z
Banda Z
b Posições relativas de filamentos de actina e miosina no mesmo sarcômero, contraído
Cabeça de miosina
Um dos muitos locais de ligação na actina
c Miosina em um músculo em descanso. Anteriormente, todas as cabeças de miosina receberam energia das ligações de fosfato das moléculas de ATP, que elas hidrolisaram em ADP e fosfato inorgânico.
Ponte cruzada
Ponte cruzada
d Um aumento na concentração local de cálcio expõe locais de ligação para miosina nos filamentos de actina, assim, as pontes cruzadas se formam.
e A ligação faz com que cada cabeça de miosina incline em direção ao centro do sarcômero e deslize a actina ligada junto a ela. ADP e fosfato são liberados à medida que as cabeças de miosina arrastam filamentos de actina para dentro, que puxam as bandas Z para mais perto.
f Novo ATP se liga às cabeças de miosina que se separam da actina. O ATP é hidrolisado e retorna as cabeças de miosina às suas posições originais.

Figura 11.17 Um modelo de filamento deslizante para a contração de um sarcômero em músculo esquelético. (**a**,**b**) Arranjos organizados em sobreposição de filamentos de actina e miosina interagem e reduzem a largura de cada sarcômero. (**c**–**f**) Para clareza, mostramos a ação de somente duas cabeças de miosina. Cada cabeça se liga repetidamente a um filamento de actina e o desliza em direção ao centro do sarcômero. A ação coletiva de muitas cabeças de miosina faz com que o sarcômero encurte (contraia).

Para pensar

O que é o modelo de filamento deslizante para contração muscular?

- O modelo de filamento deslizante explica como interações entre filamentos de proteína dentro de unidades contráteis individuais da fibra muscular (seus sarcômeros) provocam contrações musculares.
- De acordo com esse modelo, um sarcômero encurta quando os filamentos de actina são puxados em direção ao centro do sarcômero por interações que utilizam ATP com filamentos de miosina.

11.8 Do sinal à resposta: olhar atento na contração

- Como os neurônios, as células musculares são excitáveis. Os potenciais de ação no músculo acionam a liberação de cálcio, que permite a contração.

Controle nervoso da contração

Uma junção neuromuscular é uma sinapse entre um neurônio motor e uma fibra muscular (Figura 11.18*a*,*b*). Para que um músculo esquelético contraia, um potencial de ação deve primeiro viajar até uma junção neuromuscular e provocar a liberação de acetilcolina (ACh) a partir dos terminais do axônio do neurônio motor. Como um neurônio, uma fibra muscular é excitável e a ligação de ACh aos receptores em sua membrana plasmática causa um potencial de ação. O potencial de ação viaja ao longo da membrana plasmática do músculo, depois desce pelos túbulos T que se estendem a partir dessa membrana. Os túbulos T fornecem o potencial de ação ao **retículo sarcoplasmático**, um tipo especial de retículo endoplasmático liso que se enrola ao redor das miofibrilas e armazena íons de cálcio (Figura 11.18*c*).

A chegada dos potenciais de ação abrem canais dependentes de voltagem no retículo sarcoplasmático, permitindo que os íons de cálcio fluam abaixo de seu gradiente de concentração. Isso aumenta a concentração de cálcio em torno dos filamentos de actina e miosina, permitindo que eles interajam e que a contração do músculo aconteça.

Quando a contração termina, bombas de cálcio transportam os íons de cálcio de volta para o retículo sarcoplasmático. A fibra muscular está pronta para outro sinal.

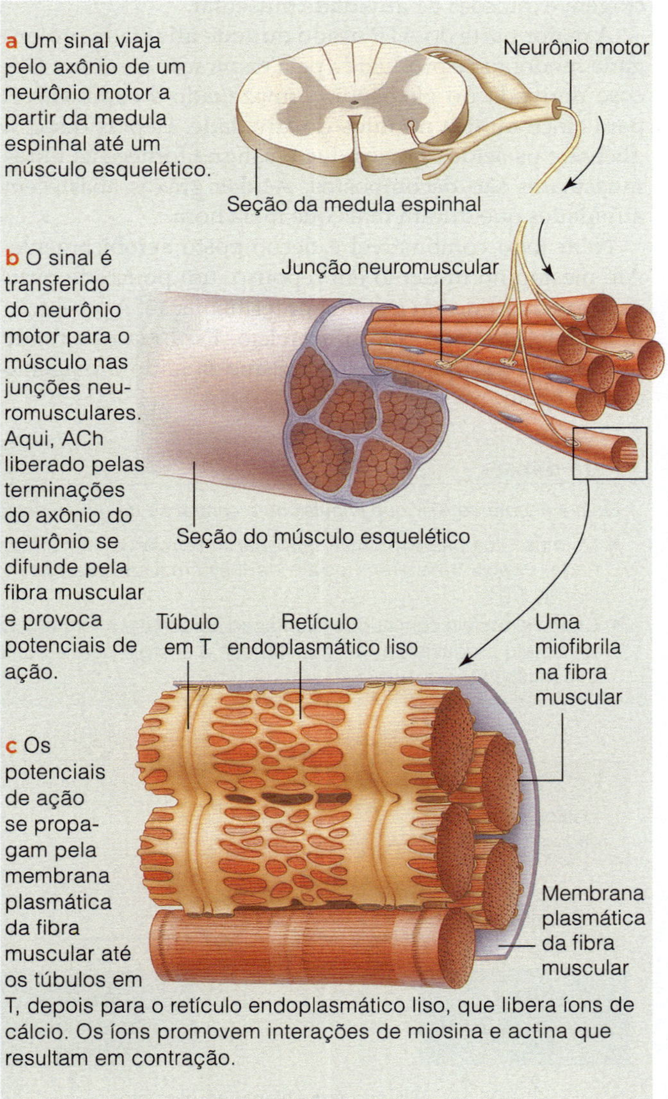

a Um sinal viaja pelo axônio de um neurônio motor a partir da medula espinhal até um músculo esquelético.
Neurônio motor
Seção da medula espinhal
b O sinal é transferido do neurônio motor para o músculo nas junções neuromusculares. Aqui, ACh liberado pelas terminações do axônio do neurônio se difunde pela fibra muscular e provoca potenciais de ação.
Junção neuromuscular
Seção do músculo esquelético
Túbulo em T
Retículo endoplasmático liso
Uma miofibrila na fibra muscular
c Os potenciais de ação se propagam pela membrana plasmática da fibra muscular até os túbulos em T, depois para o retículo endoplasmático liso, que libera íons de cálcio. Os íons promovem interações de miosina e actina que resultam em contração.
Membrana plasmática da fibra muscular

Figura 11.18 Via por onde o sistema nervoso controla a contração dos músculos esqueléticos. A membrana plasmática da fibra muscular inclui muitas miofibrilas individuais. As extensões tubulares da membrana conectam-se a parte do retículo sarcoplasmático, que se enrola ao redor das miofibrilas.

Papéis da troponina e tropomiosina

Como a liberação de cálcio a partir do retículo sarcoplasmático permite que a actina e a miosina interajam? O cálcio afeta duas proteínas, a troponina e a tropomiosina, que regulam a ligação de miosina aos filamentos de actina.

A Figura 11.19*a*,*b* mostra um filamento fino simples em uma fibra muscular em repouso. Sob essas circunstâncias, há pouco cálcio no fluido em torno do filamento fino. A tropomiosina, uma proteína fibrosa, se enrola ao redor da actina e cobre as áreas receptoras da miosina, evitando que esta se ligue. A troponina, uma proteína globular presa à tropomiosina, tem um local que pode ligar de forma reversível os íons de cálcio.

Quando um potencial de ação causa a liberação de cálcio a partir do retículo endoplasmático liso, um pouco do cálcio se liga à troponina (Figura 11.19*c*). Como resultado, a troponina muda de forma e puxa a tropomiosina – na qual está presa – para longe da área de recepção da miosina na actina (Figura 11.19*d*). Com este local de ligação livre, a miosina consegue se ligar à actina e a ação deslizante descrita na seção anterior acontece (Figura 11.19*e*,*f*).

Então, para resumir os eventos de contração muscular, um sinal (ACh) de um neurônio motor causa um potencial de ação em uma fibra muscular, que abre portões de cálcio no retículo endoplasmático liso. Alguns íons de cálcio liberados se ligam à troponina, que puxa a tropomiosina para longe da área de recepção da miosina na actina. Pontes cruzadas se formam, os sarcômeros encurtam e o músculo contrai.

Depois, as bombas de cálcio transportam íons de cálcio de volta ao retículo endoplasmático liso. À medida que o nível de cálcio na fibra muscular declina, a troponina retoma sua forma em repouso, a tropomiosina volta ao local de ligação da miosina e o músculo relaxa.

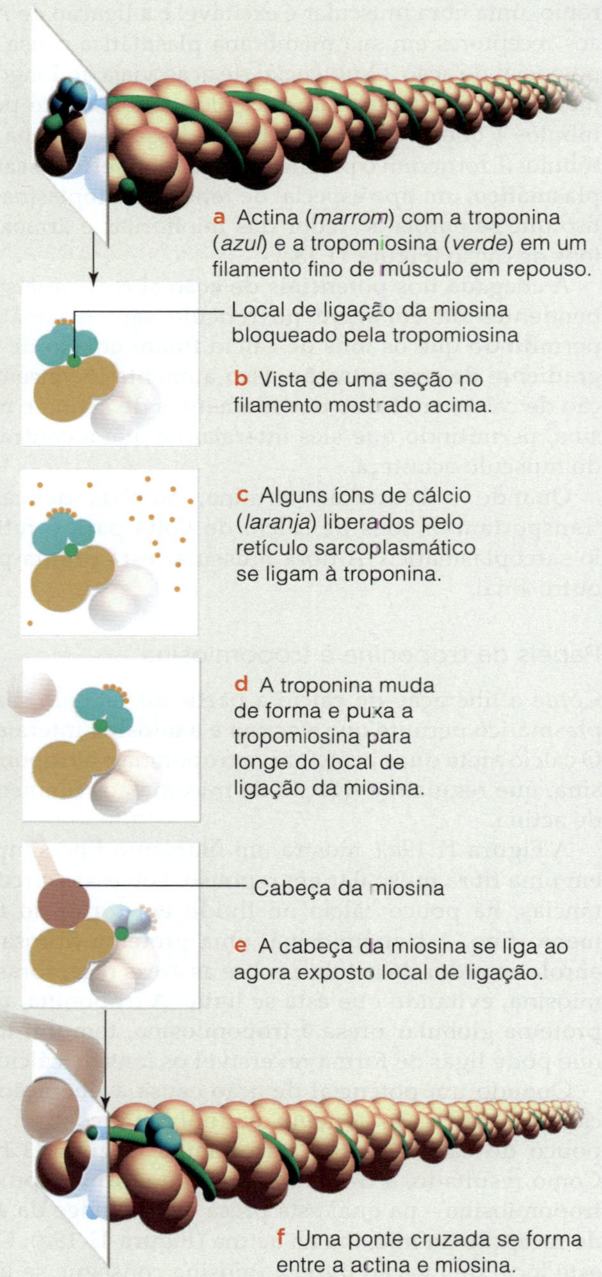

a Actina (*marrom*) com a troponina (*azul*) e a tropomiosina (*verde*) em um filamento fino de músculo em repouso.
Local de ligação da miosina bloqueado pela tropomiosina
b Vista de uma seção no filamento mostrado acima.
c Alguns íons de cálcio (*laranja*) liberados pelo retículo sarcoplasmático se ligam à troponina.
d A troponina muda de forma e puxa a tropomiosina para longe do local de ligação da miosina.
Cabeça da miosina
e A cabeça da miosina se liga ao agora exposto local de ligação.
f Uma ponte cruzada se forma entre a actina e miosina.

Figura 11.19 As interações entre actina, tropomiosina e troponina em uma célula de músculo esquelético.

Para pensar

O que inicia a contração muscular? Qual o papel do cálcio na contração dos músculos?

- Os músculos esqueléticos se contraem em resposta a um sinal de um neurônio motor. A liberação de ACh em uma junção neuromuscular provoca um potencial de ação na célula muscular.
- Um potencial de ação resulta na liberação de íons de cálcio, que afetam proteínas presas à actina. As mudanças resultantes na forma e localização dessas proteínas abrem o local de ligação da miosina na actina, permitindo a formação de pontes cruzadas.

11.9 Energia para contração

- Diversas vias metabólicas podem fornecer o ATP exigido para contração muscular.

A disponibilidade de ATP determina se um músculo pode ou não se contrair e por quanto tempo. ATP é a primeira fonte de energia que um músculo usa, mas as células armazenam pouco ATP. Quando o ATP é consumido, o músculo começa a usar a creatina fosfato (fosfocreatina). As transferências de fosfato a partir da creatina fosfato para ADP podem produzir mais ATP (Figura 11.20) e, desse modo, manter um músculo funcionando até que a produção de ATP de outras vias aumente. É por isso que a ingestão de suplementos de creatina, como descrito na introdução do capítulo, pode realçar os feitos atléticos que exigem explosões de atividade muscular.

A maior parte do ATP usado durante atividade prolongada moderada é produzida pela respiração aeróbica. Glicose derivada do glicogênio armazenado é combustível para cinco ou dez minutos de atividade. Depois disso, a glicose e os ácidos graxos que o sangue fornece às fibras musculares são decompostos. Ácidos graxos abastecem atividades que duram mais que meia hora.

Nem todo combustível é decomposto aerobicamente. Até mesmo no músculo em repouso, um pouco de piruvato é convertido em lactato por fermentação. A produção de lactato aumenta com o exercício. Essa via não rende muito ATP, mas pode operar mesmo quando o oxigênio estiver baixo.

Para pensar

Qual é a fonte de ATP que impulsiona a contração de um músculo?

- Os músculos primeiro usam qualquer molécula de ATP armazenada, depois transferem fosfato da fosfocreatina para ADP, formando ATP.
- Com o exercício contínuo, a respiração aeróbica e a fermentação de lactato produzem o ATP que fornece a energia para a contração muscular.

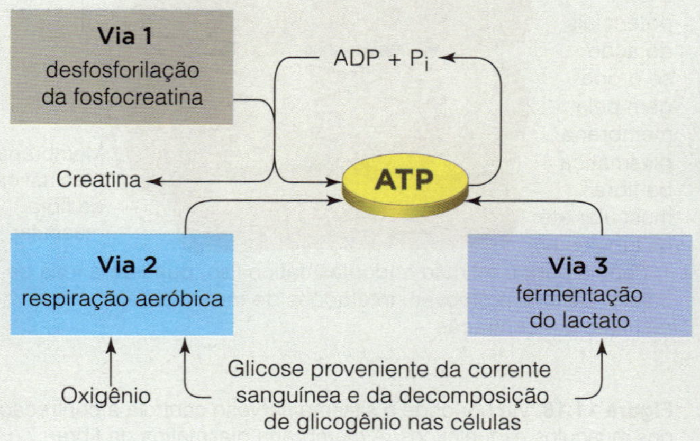

Figura 11.20 Três vias metabólicas pelas quais os músculos obtêm as moléculas de ATP que alimentam a contração.

11.10 Propriedades dos músculos inteiros

- Até agora, nos concentramos em fibras musculares, mas nos corpos, muitas fibras respondem como uma unidade.

Unidades motoras e tensão muscular

Um neurônio motor tem muitas terminações de axônio que fazem sinapse nas diferentes fibras de um músculo. Um neurônio motor e todas as fibras musculares com as quais faz sinapses constituem uma **unidade motora**. Estimule brevemente um neurônio motor e as fibras de sua unidade motora se contraem por alguns milissegundos. Essa contração é chamada **fisgada muscular** (Figura 11.21*a*).

a Um único estímulo breve provoca uma fisgada, uma contração rápida seguida de relaxamento imediato.

b Estímulos repetidos em um período curto de tempo têm um efeito aditivo; eles aumentam a força de contração.

c O estímulo sustentado provoca o tétano muscular, que é uma contração do músculo mantida na intensidade máxima devido a uma estimulação de alta frequência.

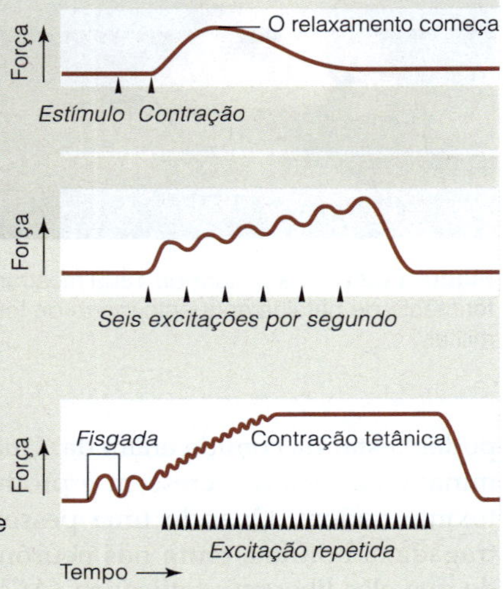

Figura 11.21 Registros de fisgadas em uma fibra muscular quando o neurônio motor em controle é artificialmente estimulado. **Resolva:** Que gráfico permite a você comparar a força gerada por uma fisgada e o tétano?

Resposta: C

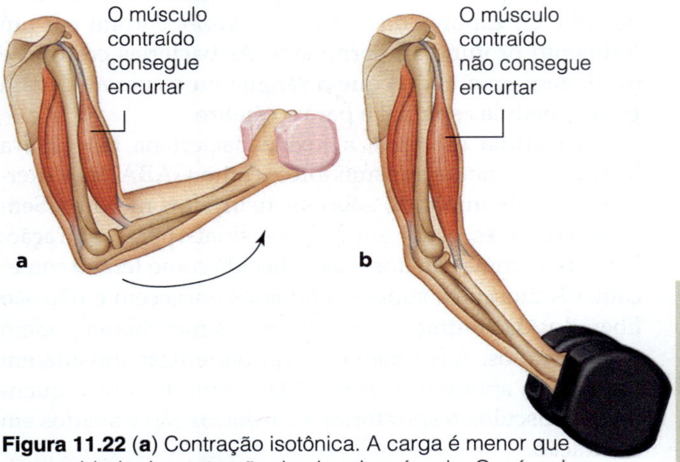

Figura 11.22 (**a**) Contração isotônica. A carga é menor que a capacidade de contração de pico do músculo. O músculo pode contrair, encurtar e erguer a carga. (**b**) Contração isométrica. A carga excede a capacidade de pico do músculo, assim o músculo contrai, mas não consegue encurtar.

Um novo estímulo que ocorre antes que uma resposta termine faz com que as fibras se retraiam novamente. Estimular repetidamente uma unidade motora durante um intervalo pequeno faz com que todas as fisgadas corram juntas em uma contração mantida chamada **tétano muscular** (Figura 11.21*c*). A força gerada pelo tétano é três ou quatro vezes a força de uma única fisgada.

A **tensão muscular** é a força mecânica exercida por um músculo. Quanto mais unidades motoras estimuladas, maior a tensão muscular. A tensão oposta ao músculo é uma carga, seja o peso de um objeto ou o golpe da gravidade no músculo. O músculo estimulado só contrai quando a tensão do músculo excede as forças opostas. Os músculos se contraem isotonicamente e movimentam alguma carga, como quando você ergue um objeto (Figura 11.22*a*). Os músculos que se contraem isometricamente ficam tensos, mas não contraem, como quando você tenta erguer um objeto, mas falha porque é muito pesado (Figura 11.22*b*).

Fadiga, exercício e envelhecimento

Quando a excitação contínua mantém um músculo esquelético em tétano, ocorre a fadiga muscular. A **fadiga muscular** é uma diminuição na capacidade do músculo em gerar força; a tensão muscular recua apesar da excitação contínua, ou seja, é o inverso do tétano muscular. Depois de alguns minutos de descanso, o músculo fadigado irá contrair novamente em resposta ao estímulo.

Nos seres humanos, todas as fibras musculares se formam na vida embrionária e o exercício não estimula a adição de novas fibras. Exercício aeróbico – de baixa intensidade, mas longa duração – tornam os músculos mais resistentes à fadiga. Ele aumenta sua provisão de sangue e o número de mitocôndrias, as organelas que produzem a maior parte de ATP durante a respiração aeróbica.

Exercício intenso e curto, como levantamento de peso, resulta na síntese de actina e miosina, que ajuda o músculo a exercer mais tensão, mas não melhora a resistência.

À medida que a pessoa envelhece, o número e o tamanho das fibras musculares diminuem. Os tendões que prendem o músculo ao osso ficam enrijecidos e mais suscetíveis à ruptura. Pessoas mais velhas podem se exercitar intensamente por períodos longos, mas sua massa muscular não aumenta mais. Mesmo assim, exercícios aeróbicos melhoram a circulação sanguínea e o treinamento de força moderado pode desacelerar a perda de tecido muscular.

Para pensar

Como os músculos inteiros respondem à excitação e ao exercício?

- A excitação breve de um músculo causa uma fisgada; a excitação contínua resulta em uma contração mais forte chamada tétano.
- O exercício não pode adicionar fibras musculares, mas pode aumentar o número de filamentos de proteína e mitocôndrias naquelas existentes.

11.11 Interrupção da contração muscular

- Alguns distúrbios genéticos, doenças ou toxinas podem fazer com que os músculos contraiam pouco ou muito.

Distrofias musculares As distrofias musculares são uma classe de distúrbios genéticos em que os músculos esqueléticos enfraquecem progressivamente. Na distrofia muscular de Duchenne, os sintomas começam a aparecer na infância. A distrofia muscular miotônica é o tipo mais comum em adultos.

A mutação de um gene no cromossomo X causa a distrofia muscular de Duchenne. Esse gene afetado codifica a distrofina, uma proteína encontrada na membrana plasmática das fibras musculares. Uma forma mutante de distrofina permite que material estranho entre na fibra muscular, causando a quebra da fibra (Figura 11.23). A distrofia muscular surge em aproximadamente 1 em 3.500 homens. Como outros distúrbios associados a X, ele raramente causa sintomas em mulheres, que quase sempre apresentam uma versão normal do gene em seu outro cromossomo X. Os meninos afetados normalmente começam a mostrar sinais de debilidade aos 3 anos de idade e precisam de uma cadeira de rodas na adolescência. A maioria morre na faixa dos 20 anos de idade por insuficiência respiratória, que acontece quando os músculos esqueléticos envolvidos na respiração param de funcionar.

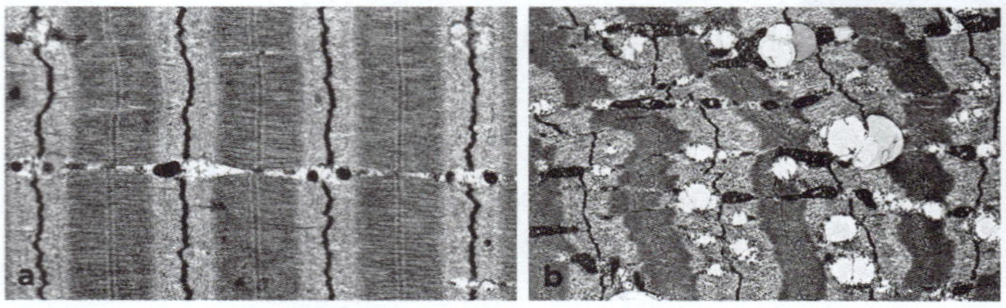

Figura 11.23 Micrografias eletrônicas de (**a**) tecido do músculo esquelético normal e (**b**) tecido do músculo de uma pessoa afetada por distrofia muscular.

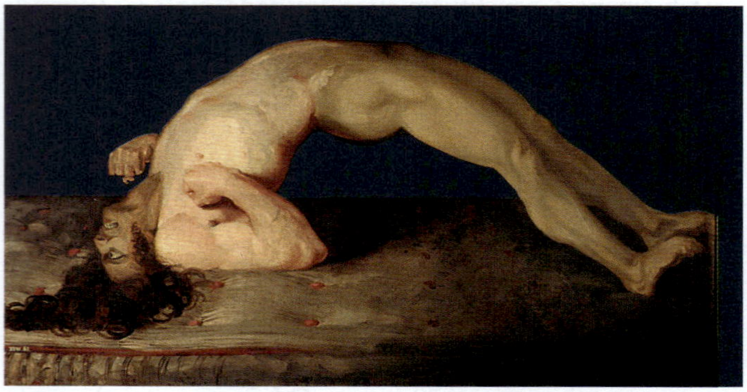

Figura 11.24 Uma pintura de 1809 mostrando uma vítima de um ferimento de batalha enquanto morre de tétano em um hospital militar.

Distúrbios dos neurônios motores Quando os neurônios motores não conseguem sinalizar para os músculos contraírem ou quando a sinalização é prejudicada, os músculos esqueléticos enfraquecem ou ficam paralisados. Por exemplo, o poliovírus pode infectar e matar neurônios motores. As crianças são as mais frequentemente infectadas; aquelas que sobrevivem a uma infecção podem ficar paralíticas ou ter a resposta de um músculo voluntário prejudicada como resultado. As vacinas contra pólio estão disponíveis desde os anos 1950 e a doença está diminuindo. Porém, as infecções continuam a ocorrer em países menos desenvolvidos. Ainda assim, algumas pessoas que tiveram pólio quando crianças desenvolvem a síndrome pós-pólio quando adultas. Fadiga e enfraquecimento progressivo do músculo são os sintomas principais. A esclerose lateral amiotrófica (ELA) também mata os neurônios motores. Às vezes é chamada doença de Lou Gehrig, depois que esse famoso jogador de beisebol teve sua carreira encurtada pela doença no final dos anos 1930. A ELA geralmente causa morte por insuficiência respiratória de três a cinco anos após o diagnóstico, mas algumas pessoas sobrevivem muito mais tempo. Por exemplo, o astrofísico Stephen Hawking foi diagnosticado com ELA em 1963. Embora atualmente confinado a uma cadeira de rodas e incapaz de falar, ele continua a escrever e dar conferências com o auxílio de um sintetizador de voz.

Botulismo e tétano Bactérias do gênero *Clostridium* produzem toxinas que interrompem o fluxo de sinais dos nervos para os músculos. Esporos (endósporos) de *C. Botulinum* podem estar na comida enlatada. Quando os esporos germinam, as bactérias crescem e produzem botulina, uma toxina inodora. Quando uma pessoa ingere comida estragada, a botulina entra nos neurônios motores e impede que eles liberem acetilcolina (ACh). Os músculos não conseguem contrair sem este neurotransmissor. A pessoa afetada pode morrer se os músculos esqueléticos que desempenham papéis na respiração forem paralisados.

Uma bactéria relacionada, a *C. tetani*, vive no intestino do gado, cavalos e outros animais de pastagem e até mesmo em pessoas. Seus endósporos podem durar anos no solo. Os esporos da *C. tetani* às vezes entram em um ferimento profundo e germinam. As bactérias crescem e produzem uma toxina que o sangue ou os nervos levam para a medula espinhal e para o cérebro.

Na medula espinhal, a toxina bacteriana bloqueia a liberação de neurotransmissores, como GABA, que exercem controle inibitório sobre os neurônios motores. Sem esses controles, nada suprime os sinais para contração; logo, os sintomas da doença conhecida como tétano começam. Os músculos superestimulados enrijecem e não são liberados da contração. Os punhos e a mandíbula podem ficar cerrados. A coluna vertebral pode ficar travada em uma curva anormal (Figura 11.24). A morte ocorre quando os músculos respiratórios e cardíacos são travados em contração.

Em todo o mundo, a taxa anual de mortalidade é de mais de 200.000. A maioria é composta de recém-nascidos infectados durante um parto sem higiene.

QUESTÕES DE IMPACTO REVISITADAS | Aumentando os Músculos

Em um artigo publicado em 2004, cientistas na Alemanha reportaram um estudo de uma criança incomum. Ao nascer, o menino já tinha bíceps e músculos da coxa aumentados. A investigação mostrou que ele apresentava uma mutação no gene para miostatina, uma proteína reguladora que diminui a velocidade do crescimento do músculo. Ele aparentemente produzia pouca ou nenhuma miostatina. Mutações genéticas que diminuem os níveis de miostatina podem proporcionar a alguns atletas uma margem natural de aumento da massa muscular. A mãe do menino é corredora.

Resumo

Seções 11.1, 11.2 Quase todos os animais se movimentam aplicando a força da contração muscular aos seus elementos esqueléticos. Um **esqueleto hidrostático** é formado por fluido confinado sobre o qual as contrações musculares atuam. Um **exoesqueleto** consiste em partes endurecidas na superfície do corpo. Um **endoesqueleto** consiste em partes endurecidas dentro do corpo.

Os seres humanos, como outros vertebrados, possuem endoesqueleto. O **esqueleto axial** consiste em ossos cranianos, uma **coluna vertebral** e uma caixa torácica. O **esqueleto apendicular** é formado pelo cíngulo do membro inferior, cintura peitoral e membros pareados. A coluna vertebral consiste em segmentos individuais chamados **vértebras**, com **discos intervertebrais** entre elas. A medula espinhal passa pelo interior da coluna vertebral e se conecta com o cérebro pelo **forame magno**, um orifício na base do crânio. O posicionamento desse orifício e outras características do esqueleto são adaptações à postura ereta nos seres humanos.

Seções 11.3–11.5 Os ossos são órgãos ricos em colágeno, cálcio e fósforo. Além de desempenhar um papel importante na movimentação, eles armazenam minerais e protegem os órgãos. Alguns têm **medula vermelha**, que produz células sanguíneas; a maioria tem **medula amarela**. Em um embrião humano, os ossos se desenvolvem a partir de um molde de cartilagem. Mesmo em adultos, os ossos são regenerados continuamente. Os **osteoblastos** são células que sintetizam o osso, enquanto os **osteoclastos** decompõem o osso. Os **osteócitos** são osteoblastos antigos incluídos em uma matriz de suas secreções.

Articulações são áreas de contato entre os ossos. Um ou mais **ligamentos** mantêm os ossos unidos na maioria das articulações. Cartilagem e **bursas** cheias de fluido amortecem as articulações.

Seção 11.6 Uma **fibra muscular** é uma célula longa e cilíndrica com vários núcleos. Em um músculo esquelético, as fibras musculares são empacotadas dentro de um invólucro de tecido conjuntivo denso que se estende além das fibras. Os **tendões** são extensões desse invólucro. Eles prendem a maioria dos músculos esqueléticos aos ossos.

Quando os músculos esqueléticos contraem, eles transmitem força para os ossos e os movimentam. Alguns músculos trabalham juntos e outros trabalham como pares opostos, ou seja, produzem movimentos antagônicos.

Seção 11.7 A organização interna de um músculo esquelético promove uma contração forte e direcional. Muitas **miofibrilas** compõem uma fibra de músculo esquelético. Uma miofibrila consiste em **sarcômeros**, unidades de contração do músculo, alinhadas em seu comprimento. Cada sarcômero tem arranjos paralelos de filamentos de **actina** e **miosina**. O **modelo de filamentos deslizantes** descreve como o deslizamento ativado por ATP dos filamentos de actina que passam pelos filamentos de miosina encurtam o sarcômero. O encurtamento dos sarcômeros em todas as miofibrilas de todas as fibras musculares de um músculo provoca a contração do músculo.

Seções 11.8, 11.9 Sinais provenientes dos neurônios motores resultam em potenciais de ação nas fibras musculares, que, por sua vez, fazem com que o **retículo endoplasmático liso** libere cálcio armazenado. O fluxo desse cálcio no citoplasma produz proteínas acessórias associadas à mudança dos filamentos finos de tal maneira que as cabeças de actina e miosina possam interagir e provocar a contração do músculo.

As fibras musculares produzem o ATP necessário para contração por uma das três vias: desfosforilação de creatina fosfato, respiração aeróbica e fermentação de lactato.

Seções 11.10, 11.11 Um neurônio motor e todas as fibras musculares que ele controla são uma **unidade motora**. A excitação breve de uma unidade motora provoca uma **fisgada**. A excitação repetida provoca um **tétano muscular (trismo)** ou contração mantida. A **tensão muscular** é a força exercida por um músculo em contração. A **fadiga muscular** é uma redução na tensão muscular apesar de excitação contínua.

Os distúrbios genéticos que afetam a estrutura do músculo prejudicam suas funções, assim como algumas doenças e toxinas que afetam os neurônios motores.

Questões

Respostas no Apêndice II

1. Um esqueleto hidrostático consiste em ______.
   a. um fluido em um espaço envolto
   b. placas endurecidas na superfície de um corpo
   c. partes duras internas
   d. nenhuma das anteriores
2. Os ossos são ______.
   a. reservatórios de minerais
   b. parceiros do músculo esquelético
   c. locais onde as células sanguíneas se formam (somente em alguns ossos)
   d. todas as anteriores

Exercício de análise de dados

Tiffany, mostrada na Figura 11.25, nasceu com fraturas múltiplas nos braços e pernas. Aos 6 anos de idade, ela passou por uma cirurgia para corrigir mais de 200 fraturas nos ossos. Seus ossos frágeis, que se quebram facilmente, são sintomas de *Osteogenesis Imperfecta* (OI), um distúrbio genético causado por uma mutação em um gene para o colágeno. À medida que os ossos se desenvolvem, o colágeno forma um andaime para deposição de tecido ósseo mineralizado. O andaime se forma incorretamente em crianças com OI. A Figura 11.26 também mostra os resultados de um teste experimental de uma nova droga. Crianças tratadas, todas com menos de 2 anos de idade, foram comparadas a crianças afetadas da mesma idade, que não foram tratadas com a droga.

1. Um aumento na área vertebral durante o período de 12 meses de estudo indica crescimento do osso. Quantas crianças tratadas mostraram esse aumento?
2. Quantas crianças sem tratamento mostraram um aumento na área vertebral?
3. Como a taxa de fraturas nos dois grupos se comparam?
4. Os resultados mostrados apoiam a hipótese de que a administração dessa droga em crianças jovens que têm OI diminui a velocidade de decomposição do osso e pode aumentar o crescimento do osso e reduzir fraturas?

Criança tratada	Área vertebral em cm² (Inicial)	Área vertebral em cm² (Final)	Fraturas por ano
1	14,7	16,7	1
2	15,5	16,9	1
3	6,7	16,5	6
4	7,3	11,8	0
5	13,6	14,6	6
6	9,3	15,6	1
7	15,3	15,9	0
8	9,9	13,0	4
9	10,5	13,4	4
Média	11,4	14,9	2,6

Criança controle	Área vertebral em cm² (Inicial)	Área vertebral em cm² (Final)	Fraturas por ano
1	18,2	13,7	4
2	16,5	12,9	7
3	16,4	11,3	8
4	13,5	7,7	5
5	16,2	16,1	8
6	18,9	17,0	6
Média	16,6	13,1	6,3

Figura 11.25 Resultados de um experimento clínico com uma droga para tratamento de *Osteogenesis Imperfecta* (OI), que afeta a criança mostrada *à direita*. Nove crianças com OI receberam a droga. Outras seis não foram tratadas. A área de superfície de determinadas vértebras foi medida antes e depois do tratamento. As fraturas que ocorreram durante os 12 meses do experimento também foram registradas.

3. Os ossos se movem quando os músculos _______ contraem.
a. cardíacos
b. esqueléticos
c. lisos
d. todas as anteriores

4. Um ligamento conecta _______.
a. ossos em uma articulação
b. um músculo em um osso
c. um músculo em um tendão
d. um tendão em um osso

5. O hormônio paratireoide estimula a _______.
a. atividade do osteoclasto
b. deposição óssea
c. formação de hemácias
d. todas as anteriores

6. O(A) ________ se conecta ao cíngulo do membro inferior.
a. rádio
b. esterno
c. fêmur
d. tíbia

7. O(A) ________ é a unidade básica de contração.
a. osteoblasto
b. sarcômero
c. fisgada
d. filamento de miosina

8. Nos sarcômeros, as transferências do grupo fosfato a partir do ATP ativam _______.
a. actina
b. miosina
c. ambas
d. nenhuma

9. Um sarcômero encurta quando ________.
a. filamentos espessos encurtam
b. filamentos finos encurtam
c. tanto os filamentos espessos como os finos encurtam
d. nenhuma das anteriores

10. ATP para contração do músculo pode ser formado por ____.
a. respiração aeróbica
b. fermentação de lactato
c. decomposição de creatina fosfato
d. todas as anteriores

11. Um vírus causa _______.
a. pólio
b. botulismo
c. distrofia muscular

12. Uma unidade motora é ____________.
a. um músculo e o osso que ele move
b. dois músculos que trabalham em oposição
c. a quantidade de encurtamento de um músculo durante a contração
d. um neurônio motor e as fibras musculares que ele controla

13. Ligue as palavras a sua característica.

___ osteoblasto	a. armazena e libera cálcio
___ fisgada do músculo	b. todos nas mãos
___ tensão muscular	c. produção das células sanguíneas
___ articulação	d. reduz na tensão
___ miosina	e. célula formadora de ossos
___ medula vermelha	f. resposta da unidade motora
___ metacarpianos	g. força exercida por pontes cruzadas
___ miofibrilas	h. área de contato entre ossos
___ fadiga muscular	i. fibra muscular
___ forame magno	j. actina
___ retículo endoplasmático liso	k. orifício na cabeça

Raciocínio crítico

1. Comparados à maioria das pessoas, corredores de longas distâncias têm muito mais mitocôndrias nos músculos esqueléticos. Em corredores de explosão (curta distância), as fibras do músculo esquelético têm mais enzimas exigidas para glicólise, mas não tantas mitocôndrias. Sugira por quê.

2. O irmão mais jovem de Zachary, Noah, tinha distrofia muscular de Duchenne e morreu aos 16 anos de idade. Zachary tem agora 26 anos de idade, é saudável e planeja começar uma família. Porém, ele se preocupa que seus filhos possam estar sob alto risco de apresentar distrofia muscular. A família de sua esposa não tem nenhum histórico desse distúrbio genético. Revise a Seção 11.11 e decida se as preocupações de Zachary têm fundamento.

12 Circulação

QUESTÕES DE IMPACTO E Então meu Coração Parou

O coração é o músculo mais durável do corpo. Ele começa a bater durante o primeiro mês de desenvolvimento humano e continua pela vida inteira. Cada batimento cardíaco é movimentado por um sinal elétrico gerado por um marca-passo natural na parede do coração. Em algumas pessoas, esse marca-passo apresenta mal funcionamento. A sinalização elétrica é interrompida, o coração para de bater e o fluxo de sangue para. Isso é chamado de parada cardíaca súbita, que atinge milhares de pessoas todos os anos. Um defeito cardíaco congênito causa a maioria das paradas cardíacas em pessoas com menos de 35 anos. Em pessoas mais velhas, doenças cardíacas normalmente fazem o coração parar de funcionar.

A chance de sobreviver à parada cardíaca súbita aumenta em 50% quando a ressuscitação cardiopulmonar (RCP) é iniciada de quatro a seis minutos depois da parada. Com esta técnica, uma pessoa alterna a respiração boca a boca com compressões no peito que mantêm o sangue da vítima em movimento. A RCP não reinicia o coração, pois isso exige um desfibrilador (um dispositivo que fornece um choque elétrico ao peito), que reajusta o marca-passo natural. Você provavelmente já viu esse procedimento em seriados médicos.

Matt Nader (Figura 12.1*a*) aprendeu sobre a importância da RCP e da desfibrilação quando sofreu uma parada cardíaca súbita enquanto jogava uma partida de futebol americano na escola. Os pais de Nader, que assistiam ao jogo, correram para o campo e começaram a fazer a RCP no filho. Ao mesmo tempo, alguém correu para buscar o desfibrilador externo automático (DEA) da escola. Este aparelho tem o tamanho de um *laptop* (Figura 12.1*b*). Ele fornece comandos de voz simples sobre como colocar eletrodos em uma pessoa com problemas, depois verifica o batimento cardíaco e, se necessário, dá choques no coração.

O DEA reativou o coração de Nader, que testemunhou perante a Câmara Legislativa do Texas sobre sua experiência. Graças, em parte, a seus esforços, o Texas aprovou uma lei que exigia que todas as escolas tivessem DEAs em eventos e treinos esportivos.

Como a maioria das paradas cardíacas não ocorre em um hospital, a presença de uma pessoa disposta a realizar RCP e utilizar um DEA frequentemente significa a diferença entre a vida e a morte. Mesmo assim, estudos demonstram que apenas 15% das vítimas de parada cardíaca súbita recebem RCP antes da chegada de pessoal treinado. O problema é que a maioria das pessoas não sabe como ministrar RCP ou usar um DEA. Aprender isso é algo que todos podemos fazer uns pelos outros.

a

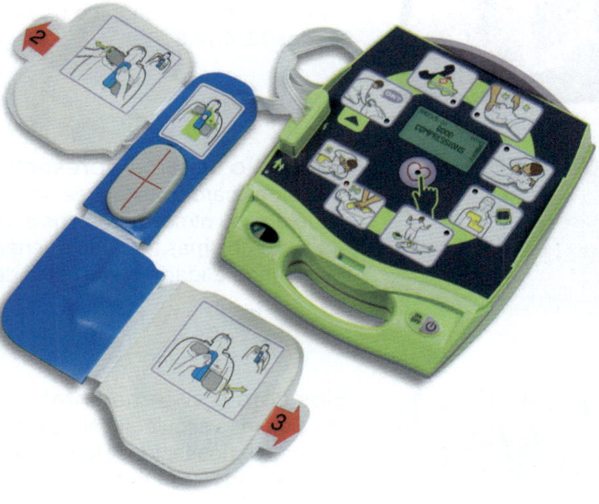
b

Figura 12.1 Sobrevivência a uma parada cardíaca súbita. (**a**) Matt Nader, um talentoso jogador de futebol americano escolar, descobriu que tinha um defeito cardíaco quando seu coração parou durante um jogo. RCP e desfibrilação rápida salvaram sua vida.
(**b**) Um tipo de desfibrilador externo automático. Tais aparelhos são desenvolvidos para ser suficientemente simples para ser usado por alguém treinado. DEAs estão cada vez mais disponíveis em locais públicos, mas só fazem a diferença se alguém os utilizar.

Conceitos-chave

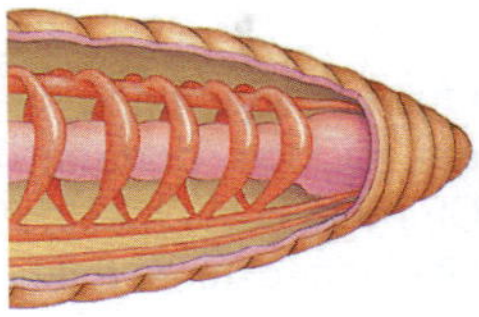

Visão geral dos sistemas circulatórios

Muitos animais apresentam um sistema circulatório aberto ou fechado que transporta substâncias para todos os tecidos corporais. Todos os vertebrados apresentam um sistema circulatório fechado, no qual o sangue sempre fica contido dentro do coração ou dos vasos sanguíneos. **Seção 12.1**

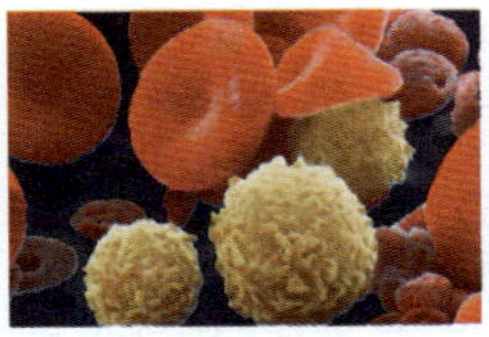

Composição e função do sangue

O sangue dos vertebrados é um tecido conectivo fluido, composto de hemácias, leucócitos, plaquetas e plasma (o meio de transporte). As hemácias funcionam na troca de gases; os leucócitos defendem os tecidos, e as plaquetas funcionam na coagulação. **Seções 12.2-12.4**

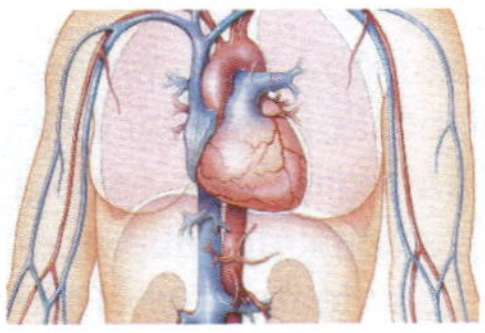

O coração humano e dois circuitos de fluxo sanguíneo

O coração humano, com quatro câmaras, bombeia sangue por dois circuitos separados de vasos sanguíneos. Um circuito se estende por todas as regiões do corpo, e o outro somente pelo tecido pulmonar. Ambos os circuitos retornam ao coração. **Seções 12.5, 12.6**

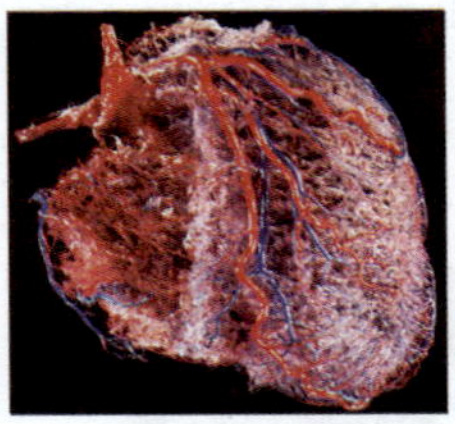

Estrutura e função dos vasos sanguíneos

O coração bombeia sangue ritmicamente sozinho. Ajustes nas arteríolas regulam como o volume de sangue é distribuído entre os tecidos. A troca de gases, resíduos e nutrientes entre o sangue e os tecidos ocorre nos capilares. **Seções 12.7, 12.8**

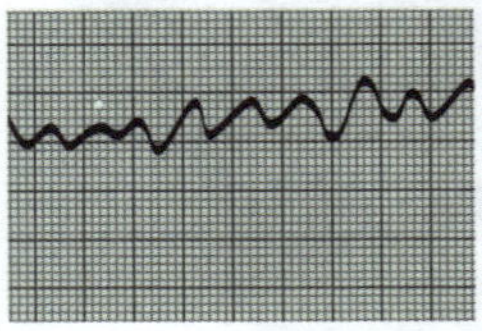

Quando o sistema apresenta problemas

Problemas cardiovasculares incluem vasos sanguíneos entupidos ou ritmos cardíacos anormais. Alguns problemas têm base genética; a maioria está relacionada à idade ou ao estilo de vida. **Seção 12.9**

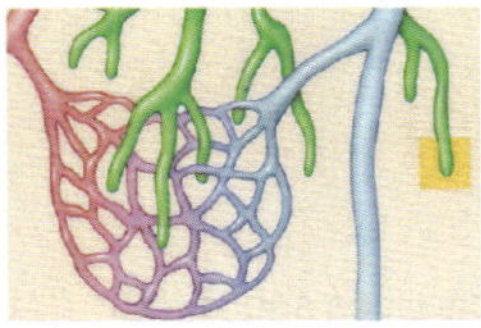

Elos com o sistema linfático

Um sistema vascular linfático fornece o excesso de fluido que coleta nos tecidos para o sangue. Órgãos linfoides eliminam agentes infecciosos e detritos celulares do sangue. **Seção 12.10**

Neste capítulo

- Neste capítulo, você verá exemplos do papel que a difusão desempenha na troca de substâncias. Discorreremos sobre o metabolismo do álcool e como a glicose é armazenada como glicogênio.
- Você aprenderá sobre o sangue como tecido conectivo e como o músculo do coração se contrai. Você também verá como as junções celulares desempenham um papel nessa contração.
- A tipagem sanguínea ABO e as proteínas de membrana serão discutidas, assim como hemoglobina e anemia falciforme, hemofilia e talassemia.
- Você saberá como a diabetes afeta o sistema circulatório, o papel do timo, os efeitos da estimulação autônoma e a importância da homeostase.
- Mudanças evolucionárias no sistema circulatório também receberão mais atenção aqui.

Qual sua opinião? Escolas públicas deveriam exigir que todos os alunos façam um curso de RCP? Um curso como esse vale o emprego de tempo e de recursos no currículo básico? Conheça a opinião de seus colegas e apresente seus argumentos a eles.

12.1 Natureza da circulação sanguínea

- Um sistema circulatório distribui materiais por todo o corpo de alguns invertebrados e todos os vertebrados.

Da estrutura à função

Um **sistema circulatório** move substâncias para dentro e fora de vizinhanças celulares. O **sangue**, seu meio de transporte, tipicamente flui dentro de vasos tubulares sob pressão gerada por um **coração**, que é uma bomba muscular. O sangue faz trocas com o **fluido intersticial** – fluido que preenche espaços entre as células. O fluido intersticial, por sua vez, troca substâncias com as células.

O sangue e o fluido intersticial servem de ambiente interno do corpo. Interações entre sistemas de órgãos mantêm a composição e o volume desse ambiente dentro de faixas que as células conseguem tolerar.

Estruturalmente, há dois tipos principais de sistemas circulatórios. Artrópodes e a maioria dos moluscos têm um **sistema circulatório aberto**. Seu sangue atravessa corações e grandes vasos, mas também se mistura com o fluido intersticial (Figura 12.2*a*). Anelídeos e vertebrados têm um **sistema circulatório fechado**. Seu sangue fica dentro de um coração e vasos sanguíneos o tempo todo (Figuras 12.2*b* e 12.3).

Em um sistema circulatório fechado, o volume de sangue se move continuamente através de vasos grandes e pequenos. O sangue se move mais rapidamente onde está confinado em poucos e grandes vasos e desacelera nos **capilares**, os vasos com menor diâmetro. A desaceleração nos capilares proporciona ao sangue e ao fluido intersticial tempo para trocar substâncias por difusão.

O sangue desacelera nos capilares não porque tais vasos são pequenos, mas sim porque estão em grande quantidade. Seu corpo tem bilhões deles, e sua área transversal coletiva é muito maior que a de vasos maiores. Quando o sangue entra nos capilares, sua velocidade cai, como se um rio estreito (os poucos vasos maiores) jorrasse água em um lago amplo (os muitos capilares). A Figura 12.3*d* ilustra o conceito. A velocidade é retomada nos vasos maiores e menos numerosos, que devolvem sangue ao coração. Da mesma forma, a água ganha velocidade quando flui de um lago amplo para um rio estreito.

Evolução da circulação nos vertebrados

Todos os vertebrados têm sistema circulatório fechado, mas peixes, anfíbios, aves e mamíferos se diferenciam em suas bombas e na tubulação. Tais diferenças evoluíram ao longo de milhões de anos, depois que alguns vertebrados migraram do ambiente aquático para o terrestre.

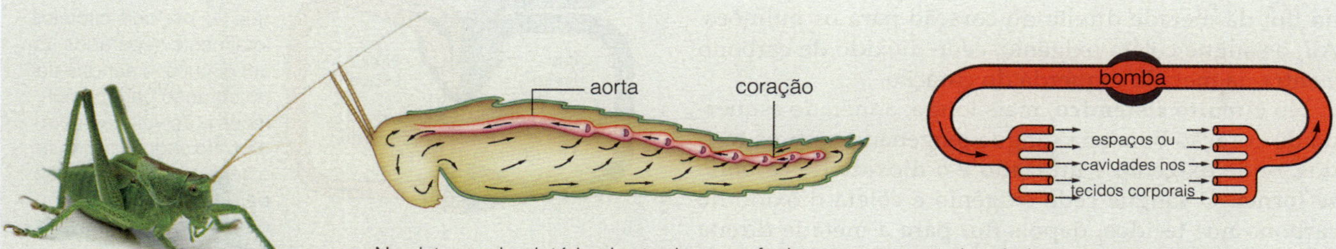

a No sistema circulatório aberto de um gafanhoto, um coração bombeia sangue através de um vaso, um tipo de aorta. Dali, o sangue entra nos espaços entre os tecidos, mistura-se ao fluido intersticial e entra novamente no coração em aberturas na parede do coração.

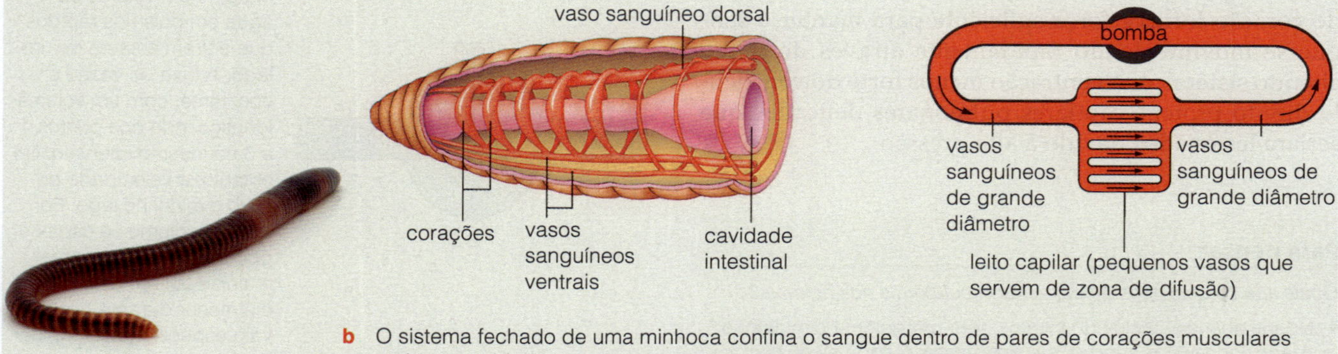

b O sistema fechado de uma minhoca confina o sangue dentro de pares de corações musculares perto da extremidade da cabeça e dentro de muitos vasos sanguíneos.

Figura 12.2 Comparação entre sistemas circulatórios fechado e aberto.

Os primeiros vertebrados, lembre-se, tinham brânquias. Como outras estruturas respiratórias, as brânquias apresentam uma superfície úmida, na qual oxigênio e dióxido de carbono se difundem. Com o tempo, sacos umedecidos internamente chamados pulmões evoluíram e ajudaram na mudança em direção ao ambiente terrestre. Outras modificações facilitaram que o sangue fluísse mais rapidamente em uma volta entre o coração e os pulmões.

Na maioria dos peixes, o sangue flui em um único circuito (Figura 12.3*a*). A força contrátil de um coração de duas câmaras o impulsiona através de um leito capilar dentro de cada brânquia. Dali, o sangue flui para um grande vaso, depois através de leitos capilares em tecidos corporais e órgãos, e de volta ao coração. O sangue não está sob muita pressão de fluidos quando sai dos capilares da brânquia, portanto, se move lentamente pelo circuito único de volta ao coração.

Nos anfíbios, o coração é dividido em três câmaras, com dois átrios se esvaziando em um ventrículo. O sangue oxigenado flui dos pulmões para o coração em um circuito, depois uma contração forte o bombeia pelo restante do corpo em um segundo circuito. Mesmo assim, o sangue oxigenado e o sangue pobre em oxigênio se misturam um pouco no ventrículo (Figura 12.3*b*).

Nas aves e nos mamíferos, o coração é composto por metades esquerda e direita totalmente separadas, cada uma com duas câmaras, e bombeia sangue em dois circuitos separados (Figura 12.3*c*). No **circuito pulmonar**, o sangue pobre em oxigênio e rico em dióxido de carbono flui da metade direita do coração para os pulmões. Ali, o sangue coleta oxigênio, cede dióxido de carbono e entra na metade esquerda do coração.

No **circuito sistêmico**, mais longo, a metade esquerda do coração bombeia sangue oxigenado para os tecidos, onde oxigênio é utilizado e o dióxido de carbono se forma. O sangue cede oxigênio e coleta dióxido de carbono nos tecidos, depois flui para a metade direita do coração.

Com dois circuitos totalmente separados, a pressão sanguínea pode ser regulada independentemente em cada circuito. A forte contração do ventrículo esquerdo do coração fornece força suficiente para manter o sangue se movimentando rapidamente através do longo circuito sistêmico. A contração menos forte do ventrículo direito protege capilares pulmonares delicados que seriam lesionados devido à alta pressão.

Para pensar

Quais são os dois tipos de sistemas circulatórios nos animais?

- Alguns animais, incluindo insetos, têm um sistema circulatório aberto, no qual o sangue sai dos vasos e se mistura com o fluido intersticial.
- Outros animais, incluindo anelídeos e todos os vertebrados, têm um sistema circulatório fechado, onde o sangue sempre flui por vasos e capilares.

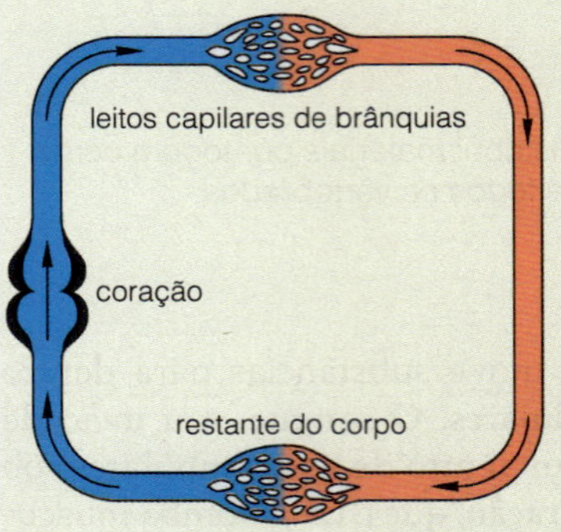

a Nos peixes, o coração tem duas câmaras: um átrio e um ventrículo. O sangue flui por um circuito. Ele coleta oxigênio nos leitos capilares das brânquias e o entrega para os leitos capilares em todos os tecidos corporais. O sangue pobre em oxigênio, então, volta para o coração.

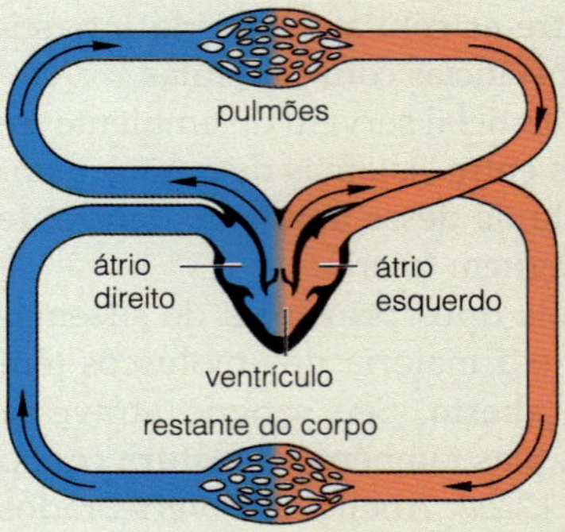

b Nos anfíbios, o coração tem três câmaras: dois átrios e um ventrículo. O sangue flui em dois circuitos parcialmente separados. A força de uma contração bombeia sangue do coração para os pulmões e de volta ao coração. A força de uma segunda contração bombeia sangue do coração para todos os tecidos do corpo e de volta ao coração.

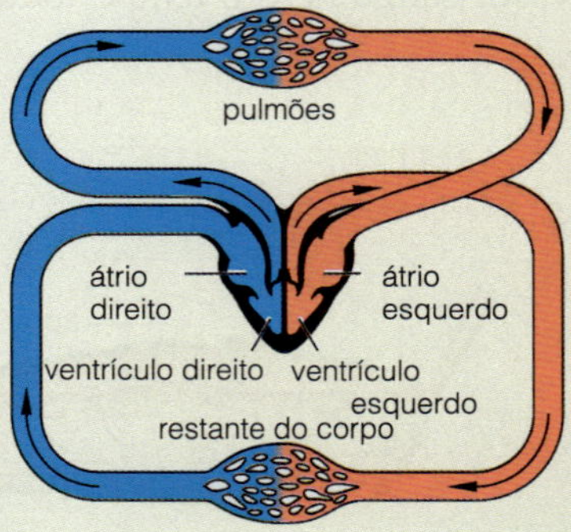

c Nas aves e nos mamíferos, o coração tem quatro câmaras: dois átrios e dois ventrículos. O sangue flui por dois circuitos totalmente separados. Em um circuito, o sangue flui do coração para os pulmões e de volta ao coração. No segundo circuito, o sangue flui do coração para todos os tecidos corporais e de volta ao coração.

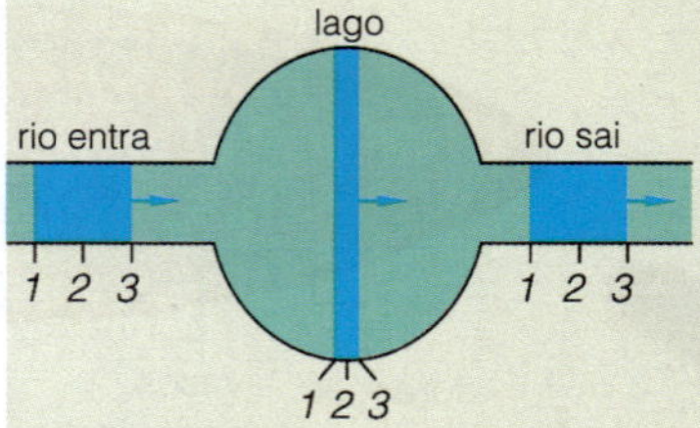

d Por que o fluxo desacelera nos capilares? Imagine um volume de água em dois rios rápidos que entram e saem de um lago. A taxa de vazão é constante, com um volume idêntico indo dos pontos 1 a 3 no mesmo intervalo. No entanto, a velocidade do fluxo diminui no lago. Por quê? O volume se espalha por uma área transversal maior, e flui em uma distância menor durante o intervalo especificado.

Figura 12.3 (**a**–**c**) Comparação entre circuitos de fluxo nos sistemas circulatórios fechados de peixes, anfíbios, aves e mamíferos. *Vermelho* indica sangue oxigenado; *azul*, sangue pobre em oxigênio. (**d**) Analogia ilustrando o motivo para o fluxo de sangue desacelerar nos capilares.

12.2 Características do sangue

- Células que distribuem oxigênio pelo corpo e o defendem de patógenos viajam no plasma fluido da corrente sanguínea de um vertebrado

Funções do sangue

O sangue é o tecido conectivo fluido que leva oxigênio, nutrientes e outros solutos para as células e coleta seus resíduos metabólicos e secreções, incluindo hormônios. O sangue auxilia a estabilizar o pH interno. É uma estrada para células e proteínas que protegem e reparam tecidos. Em aves e mamíferos, ajuda a manter a temperatura corporal dentro de limites toleráveis ao levar o excesso de calor para a pele, que pode ceder calor para os arredores.

Volume e composição do sangue

O tamanho do corpo e as concentrações de água e solutos ditam o volume de sangue. Os humanos têm cerca de 5 litros, o que compõe de 6% a 8% do peso corporal total. Nos vertebrados, o sangue é um fluido viscoso mais espesso do que a água e que flui mais lentamente. A parte fluida do sangue é o **plasma**. Sua parte celular é composta de células sanguíneas e plaquetas que surgem de células-tronco na medula óssea. Uma célula-tronco é uma célula não especializada que possui a capacidade de divisão celular mitótica. Uma parte de suas células-filhas se divide e diferencia em diversos tipos de células especializadas.

Plasma O plasma compõe de 50% a 60% do volume total do sangue (Figura 12.4), sendo composto por 90% de água. Além de ser o meio de transporte para células sanguíneas e plaquetas, atua como solvente para centenas de diferentes proteínas plasmáticas. Algumas proteínas transportam lipídeos e vitaminas lipossolúveis; outras têm um papel na coagulação do sangue ou na imunidade. O plasma também contém açúcares, lipídeos, aminoácidos, vitaminas e hormônios, além de gases oxigênio, dióxido de carbono e nitrogênio.

Hemácias Eritrócitos, ou **hemácias**, transportam oxigênio dos pulmões para células de respiração aeróbica e ajudam na eliminação de resíduos de dióxido de carbono. Em todos os mamíferos, as hemácias perdem seu núcleo, mitocôndria e outras organelas quando amadurecem. Hemácias maduras são discos flexíveis com uma depressão no centro deslizando facilmente por vasos sanguíneos estreitos e o formato achatado facilita a troca de gases.

A maior parte do oxigênio que se difunde em seu sangue se liga à hemoglobina nas hemácias. A hemoglobina armazenada preenche cerca de 98% do interior das hemácias humanas. Ela faz as células e o sangue oxigenado terem uma cor vermelha viva.

Componentes	Quantidades	Principais Funções
Parte do Plasma (50 a 60% do volume total de sangue)		
1. Água	91 a 92% do volume total de plasma	Solvente
2. Proteínas plasmáticas (albuminas, globulinas, fibrinogênio etc.)	7 a 8%	Defesa, coagulação, transporte de lipídeos, controle de volume do fluido extracelular
3. Íons, açúcares, lipídeos, aminoácidos, hormônios, vitaminas, gases dissolvidos etc.	1 a 2%	Nutrição, defesa, respiração, controle de volume de fluido extracelular, comunicação celular etc.
Parte Celular (40 a 50% do volume total de sangue; números por microlitro)		
1. Hemácias	4.600.000–5.400.000	Transporte da entrada e saída de oxigênio e dióxido de carbono.
2. Leucócitos:		
Neutrófilos	3.000–6.750	Fagocitose de ação rápida
Linfócitos	1.000–2.700	Respostas imunológicas
Monócitos (macrófagos)	150–720	Fagocitose
Eosinófilos	100–380	Morte de vermes parasitas
Basófilos	25–90	Secreções anti-inflamatórias
3. Plaquetas	250.000–300.000	Papéis na coagulação do sangue

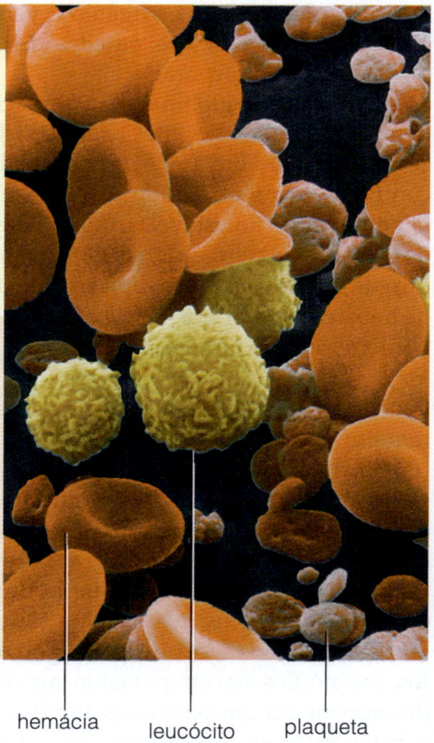

Figura 12.4 Componentes típicos do sangue humano. Todos os números de componentes celulares estão por microlitro (μL). O desenho de um tubo de ensaio mostra o que acontece quando se impede a coagulação de uma amostra de sangue. A amostra se separa em plasma cor de palha, que flutua sobre uma parte celular avermelhada. A imagem do microscópio de varredura de elétrons mostra esses componentes.

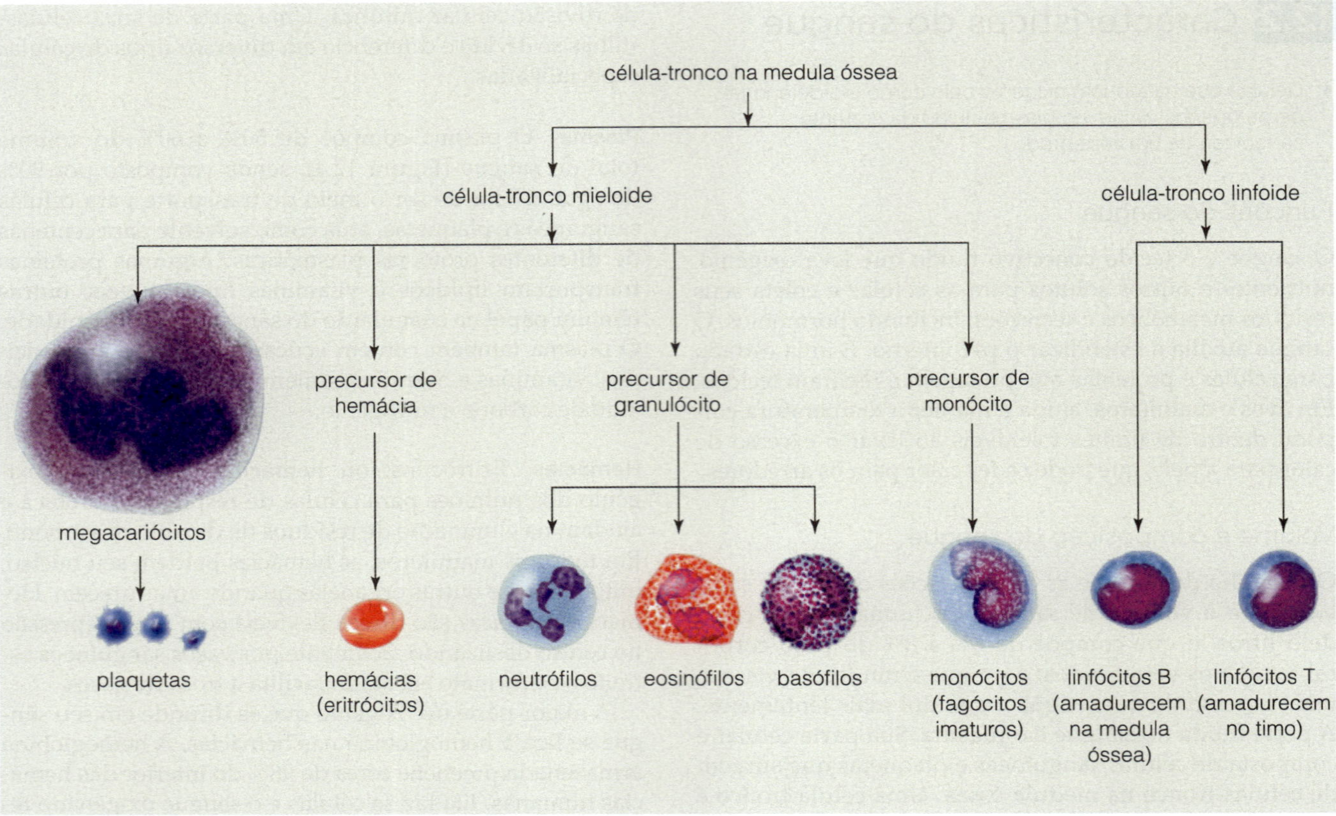

Figura 12.5 Principais componentes do sangue de mamíferos e como se originam.

O sangue pobre em oxigênio é vermelho-escuro, mas parece azul através das paredes dos vasos sanguíneos perto da parede corporal.

Além da hemoglobina, uma hemácia madura tem glicose e enzimas suficientes armazenadas para durar cerca de 120 dias. Em uma pessoa saudável, substituições contínuas mantêm os números de hemácias em um nível relativamente estável. Uma **contagem celular** afere a quantidade de células de um determinado tipo por microlitro de sangue. Homens, tipicamente, têm uma contagem de hemácias maior que a de mulheres em idade fértil, que perdem sangue durante a menstruação.

Leucócitos Leucócitos atuam na defesa. As células diferem em tamanho, formato nuclear e traços de coloração (Figura 12.5), bem como na função.

Neutrófilos, basófilos e eosinófilos se desenvolvem a partir de um tipo de célula precursora. Às vezes, são chamados coletivamente de granulócitos, porque seu citoplasma contém grânulos que podem ser tingidos por corantes específicos. Neutrófilos são os leucócitos mais abundantes; são fagócitos que engolfam bactérias e detritos. Eosinófilos atacam parasitas maiores, como vermes, e desempenham um papel nas alergias. Basófilos secretam substâncias químicas que têm um papel na inflamação.

Monócitos circulam no sangue por alguns dias, depois entram nos tecidos, onde se desenvolvem em células fagocíticas conhecidas como macrófagos. Como você verá no próximo capítulo, macrófagos interagem com linfócitos para causar respostas imunológicas. Há dois tipos de linfócitos: células B e células T. Os linfócitos B amadurecem nos ossos, enquanto os do tipo T amadurecem no timo. Ambos protegem o corpo contra ameaças específicas.

Plaquetas Megacariócitos são de 10 a 15 vezes maiores que outras células sanguíneas que se formam na medula óssea. Eles se decompõem em fragmentos citoplasmáticos envoltos por membranas chamados **plaquetas**. Depois que uma plaqueta é formada, possui vida útil de cinco a nove dias. Quando ativada, libera substâncias necessárias para a coagulação sanguínea.

Para pensar

Quais são os componentes do sangue humano e quais são suas funções?

- O sangue é composto principalmente de plasma, um fluido rico em proteínas que transporta resíduos, gases e nutrientes.
- Células sanguíneas e plaquetas se originam na medula óssea e são transportadas no plasma. Hemácias contêm hemoglobina, que leva oxigênio dos pulmões para os tecidos. Leucócitos auxiliam a defesa do corpo contra patógenos. Plaquetas são fragmentos de células com papel na coagulação.

12.3 Hemostasia

- Proteínas plasmáticas e plaquetas interagem na coagulação.

Os vasos sanguíneos são vulneráveis a rupturas, cortes e ferimentos. A **hemostasia** é um processo em três fases que interrompe a perda de sangue e constrói uma estrutura para reparos. Na fase vascular inicial, o músculo liso na parede do vaso danificado se contrai em um espasmo automático. Na segunda fase, plaquetas se unem no local ferido e liberam substâncias que prolongam o espasmo e atraem mais plaquetas. Na fase de coagulação final, as proteínas plasmáticas convertem sangue em um gel e formam um coágulo. Durante a formação de coágulos, o fibrinogênio, uma proteína plasmática solúvel, é convertido em filamentos insolúveis de fibrina, que forma uma malha prendendo células e plaquetas (Figura 12.6).

A formação de coágulos envolve uma cascata de reações enzimáticas. Fibrinogênio é convertido em fibrina pela enzima trombina, que circula no sangue como o precursor inativo protrombina, que é ativada por uma enzima (fator X) ativada por outra enzima, e assim por diante. O que inicia essa cascata de reações? A exposição de colágeno na parede do vaso danificado.

Se uma mutação afeta qualquer enzima que atua na cascata de reações de coagulação, o sangue pode não coagular adequadamente. Tais mutações causam a desordem genética conhecida como hemofilia.

Estímulo
Um vaso sanguíneo é danificado.

Reação de fase 1
Um espasmo vascular contrai o vaso.

Reação de fase 2
Plaquetas se unem, entupindo o local.

Reação de fase 3
A formação de coágulos começa:
1. Cascata de enzimas resulta na ativação do Fator X.
2. Fator X converte protrombina, no plasma, em trombina.
3. A trombina, converte o fibrinogênio, uma proteína plasmática, em filamentos de fibrina.
4. Fibrina forma uma rede que prende células e plaquetas, formando um coágulo.

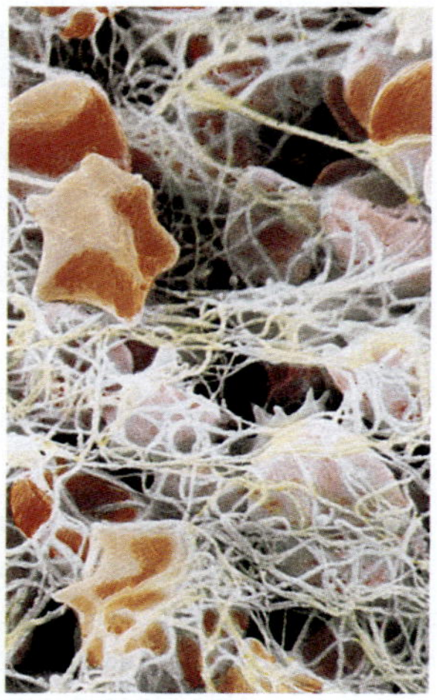

Figura 12.6 Processo em três fases da hemostasia. A imagem do microscópio mostra o resultado da fase final de coagulação – células sanguíneas e plaquetas em uma rede de fibrina.

Para pensar

Como o corpo reage a dano nos vasos sanguíneos e interrompe o sangramento?

- O vaso se contrai, as plaquetas se acumulam e as reações em cascata de enzimas envolvendo componentes proteicos do plasma causam a formação de coágulos.

12.4 Tipagem sanguínea

- Diferenças determinadas geneticamente nas moléculas na superfície das hemácias são a base da tipagem sanguínea.

A membrana plasmática de qualquer célula inclui muitas moléculas que variam entre os indivíduos. O corpo de um indivíduo ignora versões dessas moléculas que ocorrem em suas próprias células, mas moléculas de superfícies celulares não familiares causam respostas defensivas do sistema imunológico. A **aglutinação** é uma reação normal na qual proteínas plasmáticas chamadas anticorpos se ligam a células estranhas, como bactérias, formando agrupamentos que atraem fagócitos.

A aglutinação também pode ocorrer quando há transfusão de hemácias com moléculas superficiais não familiares para o corpo de uma pessoa. O resultado é uma reação à transfusão, na qual o sistema imunológico do receptor ataca as células doadas, fazendo com que se agrupem. Os agrupamentos de células obstruem pequenos vasos sanguíneos e danificam os tecidos. Uma reação à transfusão pode ser fatal.

A tipagem sanguínea – uma análise de moléculas superficiais específicas nas hemácias – pode ajudar a prevenir a mistura do sangue de doadores e receptores incompatíveis. Ela também pode colocar os médicos em alerta para problemas relacionados ao sangue que possam surgir durante algumas gestações.

Tipagem sanguínea ABO

A **tipagem sanguínea ABO** analisa variações em um tipo de glicolipídeo na superfície das hemácias. Pessoas que possuem uma forma da molécula têm sangue tipo A. Já as que têm uma forma diferente têm sangue tipo B. Pessoas com as duas formas da molécula têm sangue tipo AB. Quem não tem nenhuma forma desta molécula tem sangue tipo O. Veja abaixo:

Tipo ABO	Glicolipídeo(s) nas Hemácias	Anticorpos Presentes
A	A	Anti-B
B	B	Anti-A
AB	A e B	Nenhum
O	Nem A nem B	Anti-A, Anti-B

Caso seu sangue for do tipo O, seu sistema imunológico trata as células tipo A e tipo B como estranhas. Você só pode aceitar sangue de pessoas tipo O (Figura 12.7). Entretanto, você pode doar sangue para qualquer um. Se seu sangue for tipo A, seu corpo reconhecerá células tipo B como estranhas. Se você for tipo B, seu sangue reagirá contra células tipo A. Se seu tipo de sangue for AB, seu sistema imunológico trata as células tipo A e tipo B como "próprias", portanto você pode receber sangue de qualquer um, porém só poderá doar para quem for AB.

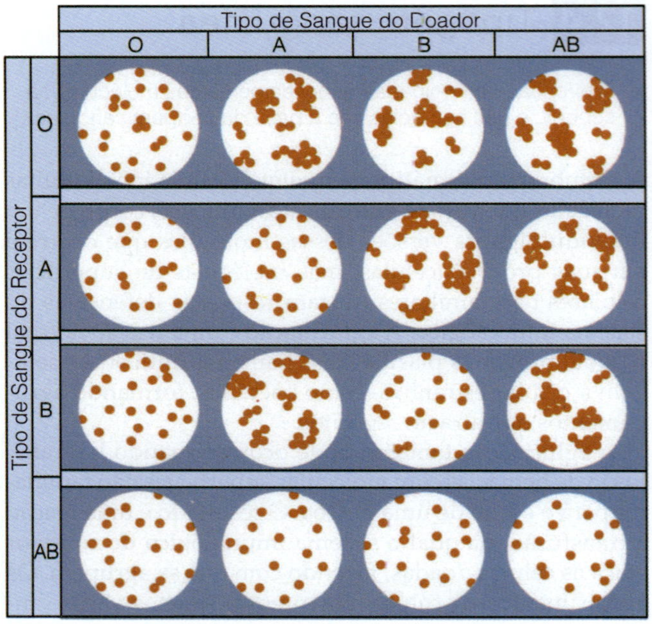

Figura 12.7 Resultados da mistura de sangues deles ou de diferentes tipos ABO. **Resolva:** Quantas combinações incompatíveis são mostradas?

Resposta: Sete.

Tipagem sanguínea Rh

A **tipagem sanguínea Rh** se baseia na presença ou ausência da proteína do fator Rh (identificada pela primeira vez no sangue de macacos *Rhesus*). Se você é tipo Rh^+, suas células apresentam essa proteína. Se for tipo Rh^-, elas não apresentam.

Normalmente, indivíduos Rh^- não apresentam anticorpos contra a proteína Rh. Entretanto, produzirão tais anticorpos se forem expostos a sangue Rh^+. Isso pode acontecer durante algumas gestações. Se um homem apresentar Rh^+ e engravidar uma mulher Rh^-, o feto resultante pode ser Rh^+. Na primeira vez que uma mulher Rh^- carregar um feto Rh^+, não terá anticorpos contra a proteína Rh (Figura 12.8*a*). Entretanto, hemácias fetais podem penetrar em seu sangue durante o parto, fazendo com que forme anticorpos anti-Rh^+. Se a mulher engravidar novamente, tais anticorpos atravessarão a placenta e entrarão no sangue fetal. Se o feto for Rh^+, os anticorpos atacarão suas hemácias e poderão matar o feto (Figura 12.8*b*). Para evitar qualquer problema, uma mãe Rh^- que acabou de ter um bebê Rh^+ deve receber uma injeção de um medicamento que bloqueia a produção de anticorpos que poderiam causar problemas durante futuras gestações.

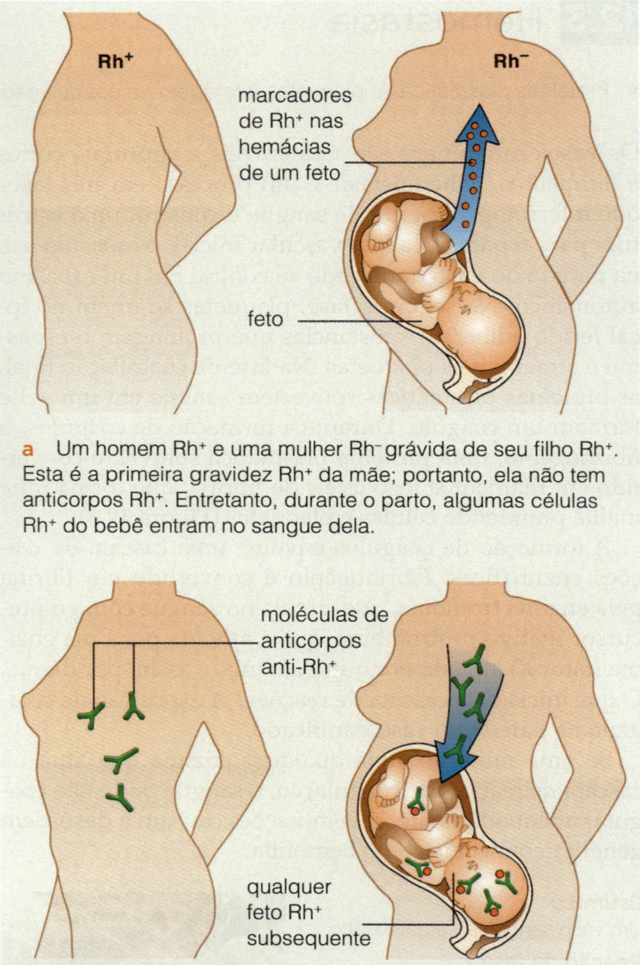

a Um homem Rh^+ e uma mulher Rh^- grávida de seu filho Rh^+. Esta é a primeira gravidez Rh^+ da mãe; portanto, ela não tem anticorpos Rh^+. Entretanto, durante o parto, algumas células Rh^+ do bebê entram no sangue dela.

b O marcador estranho estimula a formação de anticorpos. Se esta mulher engravidar novamente e se seu segundo feto (ou qualquer outro) tiver a proteína Rh^+, seus anticorpos anti-Rh^+ podem atacar as hemácias fetais.

Figura 12.8 Como diferenças de Rh podem complicar a gravidez.

Os tipos sanguíneos ABO não causam uma condição semelhante porque anticorpos maternos para moléculas A e B não atravessam a placenta e, portanto, não atacam as células fetais.

Para pensar

O que é um tipo sanguíneo?

- Tipo sanguíneo se refere ao tipo de moléculas de superfície em hemácias. Genes determinam qual forma dessas moléculas estará presente em um indivíduo em particular.
- Quando sangues de tipos incompatíveis se misturam, o sistema imunológico ataca as moléculas não familiares, com resultados que podem ser fatais.

12.5 Sistema cardiovascular humano

- O termo "cardiovascular" vem do grego *kardia* (coração) e do latim *vasculum* (vaso).

Nos humanos, como em todos os mamíferos, o coração é uma bomba dupla que impulsiona sangue através de dois circuitos cardiovasculares. Cada circuito se estende do coração, passa por artérias, arteríolas, capilares, vênulas e veias, e se reconecta com o coração (Figuras 12.9 e 12.10).

Uma volta curta, o circuito pulmonar, oxigena o sangue (Figura 12.9*a*). Ele vai da metade direita do coração aos leitos capilares nos pulmões. O sangue é oxigenado nos pulmões, depois flui para a metade esquerda do coração.

O circuito sistêmico é uma volta mais longa (Figura 12.9*b*). A metade esquerda do coração bombeia sangue oxigenado para a principal artéria do corpo: a **aorta**. Esse sangue fornece oxigênio a todos os tecidos, e depois o sangue pobre em oxigênio flui de volta à metade direita do coração.

No circuito sistêmico, a maior parte do sangue flui através de um leito capilar, depois retorna ao coração. Entretanto, o sangue que passa pelos capilares no intestino delgado flui depois pela veia porta-hepática para um leito capilar no fígado. Essa organização permite que o sangue colete glicose e outras substâncias absorvidas do intestino e as forneça ao fígado. O fígado armazena uma parte da glicose absorvida como glicogênio. Ele também decompõe algumas toxinas absorvidas, incluindo o álcool.

Como a Figura 12.11 mostra, o sistema cardiovascular distribui nutrientes, gases e outras substâncias que entram no sangue através do sistema digestório e do respiratório. Ele leva dióxido de carbono e outros resíduos metabólicos para os sistemas respiratório e urinário para que sejam descartados. Esses são os principais sistemas que mantêm as condições operacionais do ambiente interno dentro de faixas toleráveis – homeostase.

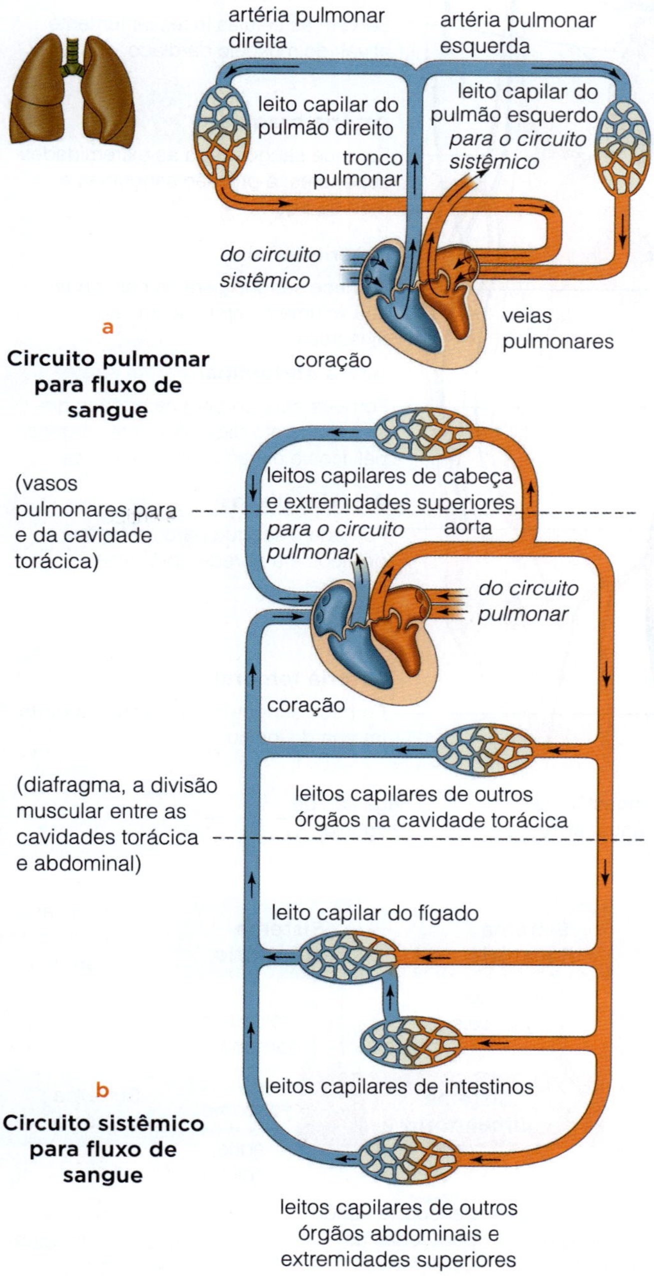

Para pensar

Quais são os dois circuitos do sistema circulatório humano?

- No circuito pulmonar, o sangue pobre em oxigênio flui do coração, atravessa um par de pulmões e depois volta ao coração. Ele coleta oxigênio e cede dióxido de carbono nos pulmões.
- No circuito sistêmico, o sangue oxigenado flui do coração para os leitos capilares de todos os tecidos. Ali, ele cede oxigênio e coleta dióxido de carbono e retorna ao coração.

Figura 12.9 (**a**,**b**) Circuitos pulmonar e sistêmico do sistema cardiovascular humano. Os vasos sanguíneos que levam sangue oxigenado estão mostrados em *vermelho*. Os que contêm sangue pobre em oxigênio estão em cor *azul*.

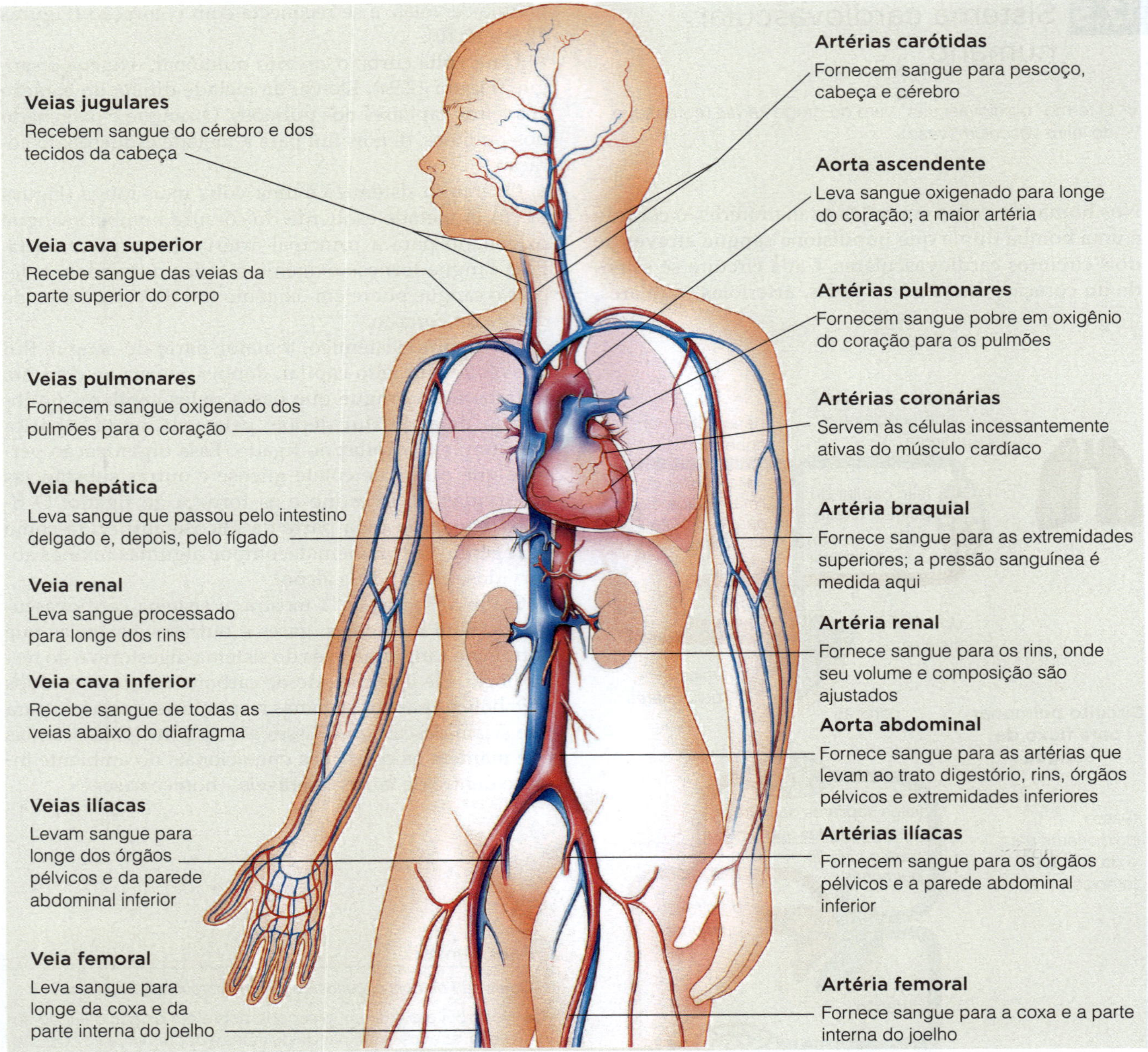

Artérias carótidas
Fornecem sangue para pescoço, cabeça e cérebro
Veias jugulares
Recebem sangue do cérebro e dos tecidos da cabeça
Aorta ascendente
Leva sangue oxigenado para longe do coração; a maior artéria
Veia cava superior
Recebe sangue das veias da parte superior do corpo
Artérias pulmonares
Fornecem sangue pobre em oxigênio do coração para os pulmões
Veias pulmonares
Fornecem sangue oxigenado dos pulmões para o coração
Artérias coronárias
Servem às células incessantemente ativas do músculo cardíaco
Veia hepática
Leva sangue que passou pelo intestino delgado e, depois, pelo fígado
Artéria braquial
Fornece sangue para as extremidades superiores; a pressão sanguínea é medida aqui
Veia renal
Leva sangue processado para longe dos rins
Artéria renal
Fornece sangue para os rins, onde seu volume e composição são ajustados
Veia cava inferior
Recebe sangue de todas as veias abaixo do diafragma
Aorta abdominal
Fornece sangue para as artérias que levam ao trato digestório, rins, órgãos pélvicos e extremidades inferiores
Veias ilíacas
Levam sangue para longe dos órgãos pélvicos e da parede abdominal inferior
Artérias ilíacas
Fornecem sangue para os órgãos pélvicos e a parede abdominal inferior
Veia femoral
Leva sangue para longe da coxa e da parte interna do joelho
Artéria femoral
Fornece sangue para a coxa e a parte interna do joelho

Figura 12.10 Principais vasos sanguíneos do sistema cardiovascular humano. Esta ilustração está simplificada para clareza. Por exemplo, as artérias ou veias listadas para um braço ocorrem em ambos.

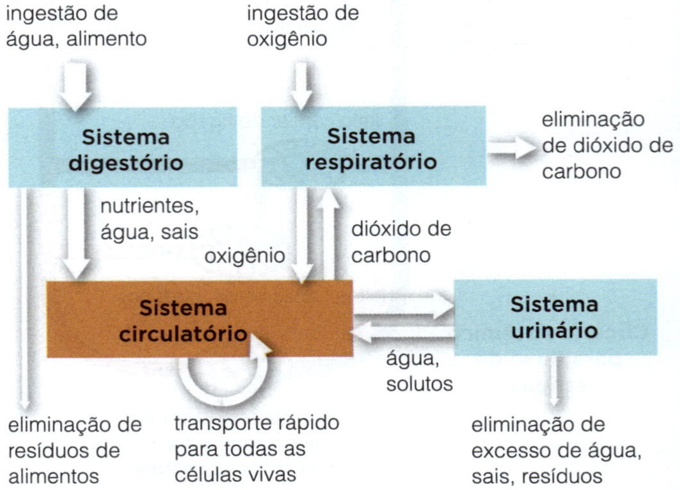

ingestão de água, alimento
ingestão de oxigênio
Sistema digestório
Sistema respiratório
eliminação de dióxido de carbono
nutrientes, água, sais
oxigênio
dióxido de carbono
Sistema circulatório
Sistema urinário
água, solutos
eliminação de resíduos de alimentos
transporte rápido para todas as células vivas
eliminação de excesso de água, sais, resíduos

Figura 12.11 Elos funcionais entre o sistema circulatório e outros sistemas de órgãos com papéis principais na manutenção do ambiente interno.

12.6 Coração humano

- O coração é uma bomba muscular durável, que bate espontaneamente.

Estrutura e função do coração

A durabilidade do coração humano surge de sua estrutura. A parte mais externa é o *pericárdio*, um saco resistente de duas camadas de tecido conectivo (Figura 12.12). Fluido entre as camadas lubrifica o coração durante seus movimentos de contração. A camada interna do pericárdio se acopla à parede do coração, ou *miocárdio*, de músculo cardíaco.

Cada metade do coração tem um **átrio,** uma câmara de entrada para o sangue, e um **ventrículo** que bombeia sangue para fora. O endotélio, um tipo de epitélio, reveste as câmaras cardíacas e todos os vasos sanguíneos.

Para ir de um átrio para um ventrículo, o sangue deve percorrer uma válvula atrioventricular (AV). Para fluir de um ventrículo para uma artéria, ele tem de atravessar uma válvula semilunar. Válvulas cardíacas são como portas em uma só direção. A alta pressão de fluido força a abertura da válvula. Quando a pressão de fluido cai, a válvula fecha e evita que o sangue flua para trás.

No **ciclo cardíaco**, o músculo cardíaco alterna entre *diástole* (relaxamento) e *sístole* (contração). Primeiro, os átrios relaxados se expandem com o sangue (Figura 12.13*a*). A pressão de fluido força a abertura das válvulas AV. Isso permite que o sangue entre nos ventrículos relaxados, que se expandem enquanto os átrios se contraem (Figura 12.13*b*). Quando os ventrículos ficam cheios, eles se contraem. Enquanto isso, a pressão de fluido neles aumenta para tão acima da pressão nas grandes artérias que as duas válvulas semilunares se abrem e o sangue flui para fora (Figura 12.13*c*). Agora esvaziados, os ventrículos relaxam enquanto os átrios enchem novamente (Figura 12.13*d*).

A contração dos ventrículos de parede espessa fornece a força motriz para a circulação do sangue. As contrações dos átrios de parede mais delgada servem apenas para encher os ventrículos.

Como o músculo cardíaco se contrai?

Músculo cardíaco revisitado As Seções 12.7 e 12.8 descrevem a contração dos músculos esqueléticos. O **músculo cardíaco**, encontrado apenas no coração, contrai-se pelo mesmo tipo de mecanismo de filamentos deslizantes orientado por ATP. Comparando-se com os músculos esquelético e liso, o músculo cardíaco possui maior quantidade de mitocôndrias.

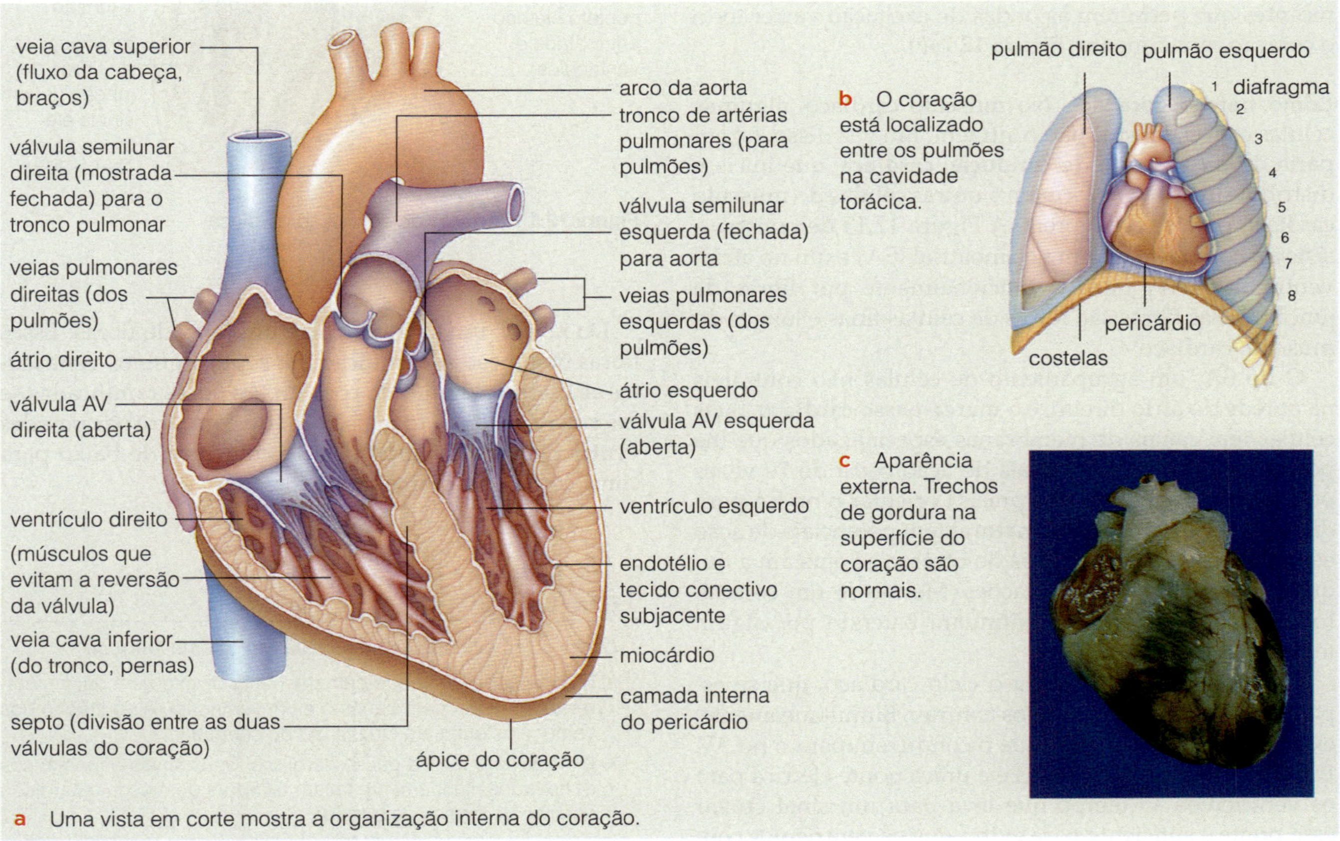

Figura 12.12 O coração humano.

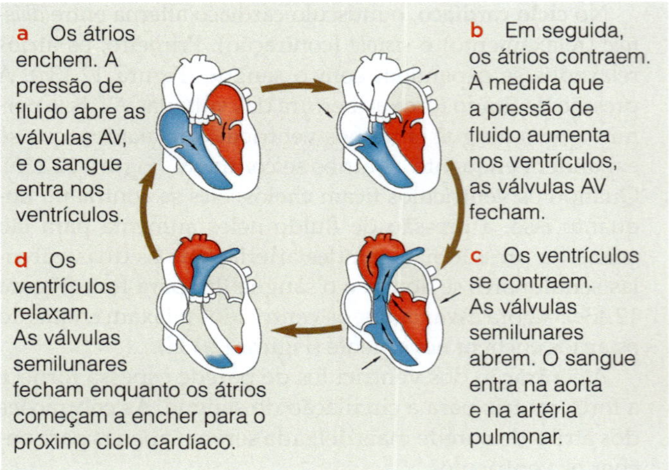

a Os átrios enchem. A pressão de fluido abre as válvulas AV, e o sangue entra nos ventrículos.
b Em seguida, os átrios contraem. À medida que a pressão de fluido aumenta nos ventrículos, as válvulas AV fecham.
c Os ventrículos se contraem. As válvulas semilunares abrem. O sangue entra na aorta e na artéria pulmonar.
d Os ventrículos relaxam. As válvulas semilunares fecham enquanto os átrios começam a encher para o próximo ciclo cardíaco.

Figura 12.13 Ciclo cardíaco. É possível ouvir o ciclo com o estetoscópio como um "*lub-dup*" perto da parede peitoral. Em cada "*lub*", as válvulas AV do coração se fecham enquanto seus ventrículos contraem. Em cada "*dup*", as válvulas semilunares do coração se fecham enquanto seus ventrículos relaxam.

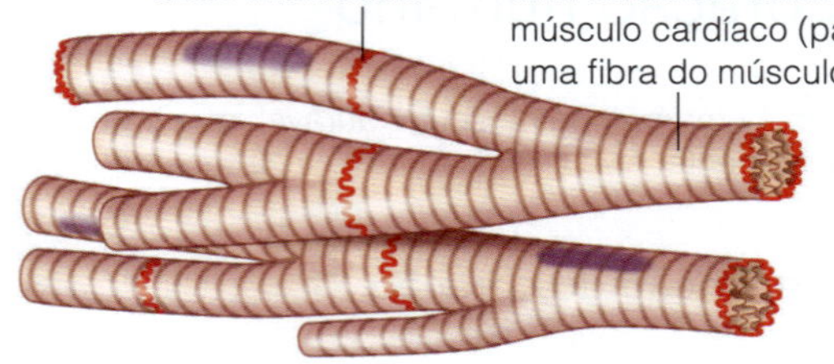

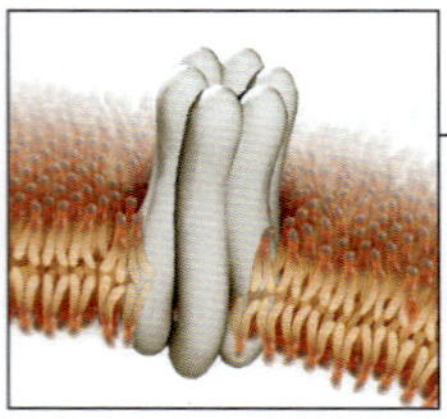

b Parte de uma junção comunicante na membrana plasmática de uma célula do músculo cardíaco. As junções conectam o citoplasma de células adjacentes e permitem que sinais elétricos que estimulam a contração se espalhem rapidamente entre elas.

Figura 12.14 (**a**) Células do músculo cardíaco. Muitas junções aderentes em discos intercalados nas extremidades das células mantêm células adjacentes unidas, apesar da tensão mecânica causada pelos movimentos de contração do coração. (**b**) As laterais das células do músculo cardíaco estão sujeitas a menos tensão mecânica do que as extremidades. As laterais têm uma profusão de junções comunicantes na membrana plasmática.

Sarcômeros organizados no comprimento de cada célula dão ao músculo cardíaco uma aparência estriada. As células se acoplam de ponta a ponta em discos intercalados, regiões com muitas junções aderentes (Figura 12.14*a*). Células vizinhas se comunicam através de junções comunicantes que permitem às ondas de excitação varrer todo o coração rapidamente (Figura 12.14*b*).

Como bate o coração No músculo cardíaco, algumas células especializadas não contraem. Em vez disso, fazem parte de um **sistema de condução cardíaca**, que inicia e distribui sinais que informam a outras células do músculo cardíaco para se contraírem. A Figura 12.15 demonstra o sistema composto de um nó sinoatrial (SA) e um nó atrioventricular (AV) ligados funcionalmente por fibras de junção. Essas fibras são feixes de células finas e longas do músculo cardíaco.

O nó SA, um agrupamento de células não contráteis na parede do átrio direito, é o **marca-passo cardíaco**. Suas células têm canais de membranas especializados que lhe permitem disparar potenciais de ação cerca de 70 vezes por minuto. O cérebro não precisa orientar o nó SA para disparar; esse marca-passo natural tem potenciais de ação espontâneos. Sinais nervosos do cérebro só ajustam a frequência e a força das contrações. Mesmo se um coração for removido do corpo, continuará batendo por algum tempo.

Um sinal do nó SA inicia o ciclo cardíaco, que se espalha pelos átrios, fazendo-os contrair. Simultaneamente, excita as fibras de junção, que o conduzem para o nó AV. Este agrupamento de células é a única ponte elétrica para os ventrículos. O tempo que leva para um sinal cruzar essa ponte é suficiente para evitar que os ventrículos contraiam antes de encher.

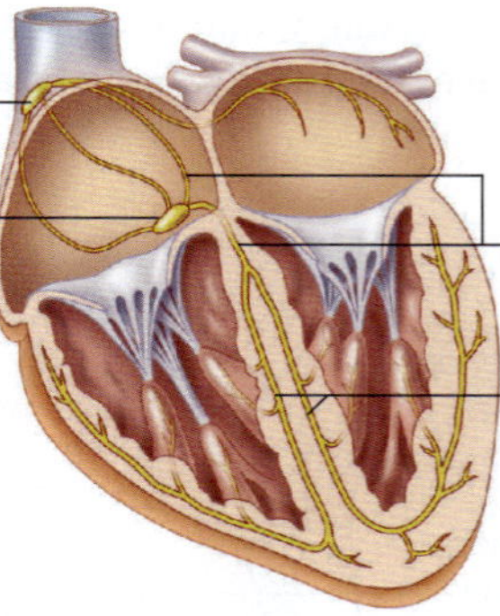

Figura 12.15 Sistema de condução cardíaca.

Do nó AV, um sinal percorre um feixe de fibras. Essas fibras de junção se ramificam no septo, entre os ventrículos esquerdo e direito do coração. As fibras ramificadas se estendem até o ponto mais baixo do coração e nas paredes ventriculares. Os ventrículos se contraem de baixo para cima, com um movimento de torção.

Para pensar

Como o coração humano é estruturado e como funciona?

- O coração, com quatro câmaras, está dividido em duas metades, cada uma com um átrio e um ventrículo. A contração dos ventrículos orienta a circulação do sangue.
- O nó SA é o marca-passo cardíaco. Seus sinais espontâneos e repetidos ritmicamente fazem as fibras do músculo cardíaco contrair de forma coordenada.

12.7 Pressão, transporte e distribuição do fluxo

- A contração dos ventrículos coloca pressão sobre o sangue, forçando-o através de uma série de vasos.

A Figura 12.16 compara as estruturas dos vasos sanguíneos. **Artérias** são vasos de transporte rápido do sangue bombeado para fora dos ventrículos do coração. Elas fornecem sangue para as **arteríolas**: vasos menores nos quais o controle da distribuição de fluxo sanguíneo opera. Arteríolas se ramificam em **capilares**, pequenos vasos de paredes finas nos quais substâncias entram e saem facilmente. **Vênulas** são pequenos vasos localizados entre capilares e veias. **Veias** são grandes vasos que fornecem sangue de volta ao coração e servem de reservatórios do volume de sangue.

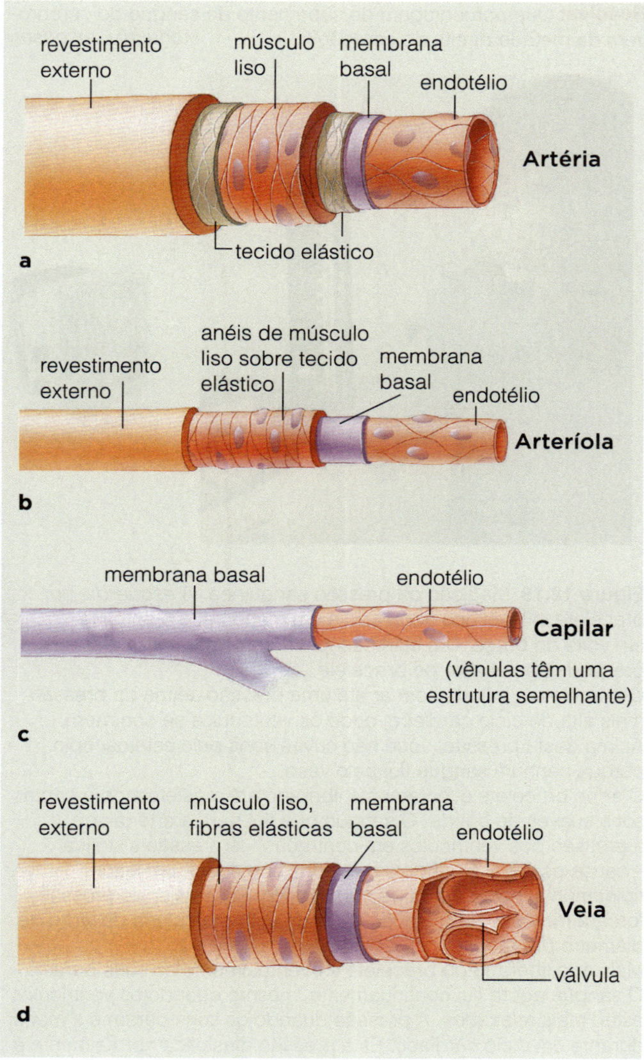

Figura 12.16 Comparação estrutural entre vasos sanguíneos humanos. Os desenhos não estão em escala.

Pressão sanguínea é a pressão exercida pelo sangue nas paredes dos vasos que o envolvem. Contrações ventriculares colocam o sangue sob pressão e, como o ventrículo direito se contrai com menos força que o esquerdo, o sangue que entra no circuito pulmonar está sob menos pressão que o sangue que entra no circuito sistêmico. Nos dois circuitos, a pressão sanguínea é maior nas artérias e cai à medida que o sangue flui pelo circuito (Figura 12.17). A taxa de fluxo entre dois pontos em um circuito depende da diferença de pressão entre eles e da resistência ao fluxo. Quanto maior o diâmetro e liso um vaso é, menos resistência há e mais rapidamente o fluido pode atravessá-lo.

Transporte rápido nas artérias

Com seu grande diâmetro e baixa resistência ao fluxo, as artérias são transportadoras rápidas e eficientes de sangue oxigenado. Elas também são reservatórios de pressão que diminuem diferenças de pressão durante cada ciclo cardíaco. Sua parede muscular espessa e elástica incha sempre que um batimento cardíaco força um grande volume de sangue para dentro delas. Entre contrações, a parede se retrai.

Distribuição do fluxo nas arteríolas

Independentemente de você ser ativo, todo o sangue da metade direita de seu coração flui para os pulmões, e todo o sangue da metade esquerda é distribuído para outros tecidos ao longo do circuito sistêmico. O cérebro recebe um suprimento constante de sangue, mas o fluxo para outros órgãos varia com a atividade. Quando você está em repouso, o fluxo de sangue é distribuído como mostrado na Figura 12.18.

Quando você se exercita, há maior quantidade de sangue fluindo para os músculos esqueléticos em suas pernas e menos sangue flui para os rins e intestino. Como policiais de trânsito, suas arteríolas guiam o fluxo com base em ordens do sistema nervoso autônomo e do sistema

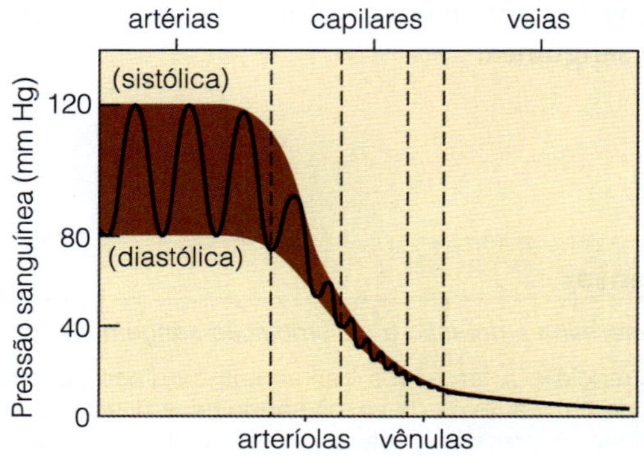

Figura 12.17 Gráfico da pressão de fluido para um volume de sangue enquanto atravessa o circuito sistêmico. A pressão sistólica ocorre quando os ventrículos contraem, e a diastólica, quando estão relaxados.

endócrino. Sinais de ambos atuam sobre anéis de células de músculo liso nas paredes das arteríolas (Figura 12.16*b*). Alguns sinais causam dilatação de um vaso sanguíneo ao fazer as células de músculo liso em sua parede relaxarem. Outros sinais reduzem o diâmetro dos vasos sanguíneos ao fazer o músculo liso em sua parede contrair. Quando as arteríolas que alimentam um órgão em particular dilatam, mais sangue flui para aquele órgão.

Arteríolas também reagem a alterações nas concentrações de substâncias em um tecido. Por exemplo, quando você se exercita, as células de seu músculo esquelético utilizam oxigênio e a concentração de dióxido de carbono em volta delas aumenta. Arteríolas no músculo dilatam em resposta a essas mudanças localizadas. Como resultado, mais sangue oxigenado flui através do tecido e mais produtos residuais metabólicos são transportados. Quando os músculos esqueléticos relaxam, precisam de menos oxigênio. A concentração de oxigênio aumenta localmente e as arteríolas estreitam.

Controle da pressão sanguínea

Geralmente aferimos a pressão sanguínea na artéria braquial em um braço (Figura 12.19). Em cada ciclo cardíaco, a pressão *sistólica* (pico) ocorre quando ventrículos em contração forçam o sangue para dentro das artérias. A pressão *diastólica*, a menor, ocorre quando os ventrículos estão mais relaxados. A pressão sanguínea é medida em milímetros de mercúrio (mm Hg) e registrada como "pressão sistólica sobre diastólica", como em 120/80 mm Hg.

A pressão sanguínea depende do volume total de sangue, da quantidade de sangue que os ventrículos bombeiam para fora (débito cardíaco) e de as arteríolas estarem contraídas ou dilatadas. Receptores na aorta e nas artérias carótidas do pescoço enviam sinais para um centro de controle no bulbo (uma parte do tronco cerebral) quando a pressão sanguínea aumenta ou diminui. Em resposta, esta região do cérebro pede mudanças no débito cardíaco e no diâmetro da arteríola. Esta reação reflexa é um controle de curto prazo sobre a pressão sanguínea. No prazo mais longo, os rins influenciam a pressão sanguínea ao ajustar a perda de fluido e, assim, alterar o volume total de sangue. Quanto maior o volume de sangue, mais alta a pressão sanguínea.

Para pensar

O que determina a pressão e a distribuição sanguíneas?

- A frequência e a força dos batimentos cardíacos e a resistência ao fluxo através de vasos sanguíneos ditam a pressão sanguínea. A pressão é maior em ventrículos que estão em contração e no início das artérias.
- A quantidade de sangue que flui para tecidos específicos varia com o tempo e é alterada por ajustes ao diâmetro das arteríolas.

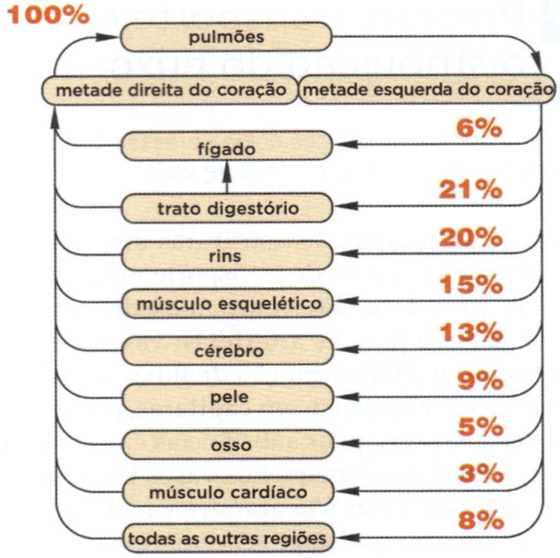

Figura 12.18 Distribuição do débito cardíaco em uma pessoa em repouso. A quantidade de sangue que flui através de um determinado tecido pode ser ajustada ao estreitar e alargar seletivamente arteríolas ao longo do circuito sistêmico.
Resolva: Que porcentagem do suprimento de sangue do cérebro vem da metade direita do coração? *Resposta: Nenhuma*

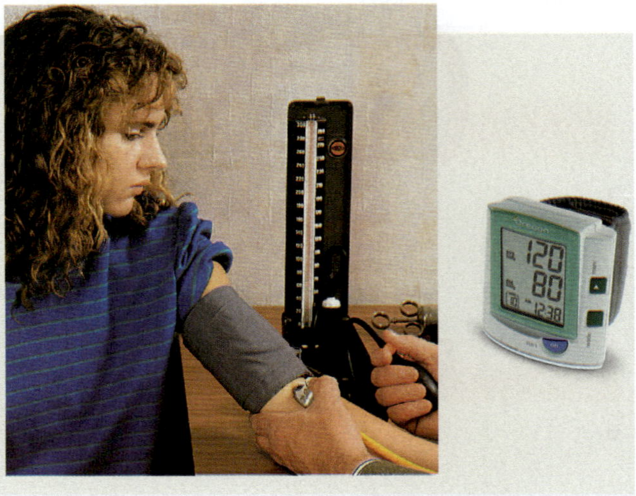

Figura 12.19 Medição da pressão sanguínea. *À esquerda*, um bracelete inflável oco acoplado a um manômetro é enrolado em volta do braço. Um estetoscópio é colocado sobre a artéria braquial, logo abaixo do bracelete.
O bracelete é inflado com ar até uma pressão acima da pressão mais alta do ciclo cardíaco, onde os ventrículos se contraem. Acima desta pressão, você não ouvirá sons pelo estetoscópio, porque nenhum sangue flui pelo vaso.
O ar no bracelete é lentamente liberado até o estetoscópio captar sons suaves de batida. O sangue que flui para a artéria sob a pressão dos ventrículos em contração – a pressão sistólica – causa os sons. Quando esses sons começam, um leitor tipicamente indica cerca de 120 mm Hg. Esse valor de pressão forçará mercúrio (Hg) a subir 120 mm em uma coluna de vidro de diâmetro padrão.
Mais ar é liberado do bracelete e eventualmente os sons param. O sangue agora flui continuamente, mesmo quando os ventrículos estão mais relaxados. A pressão quando os sons param é a menor durante um ciclo cardíaco. Esta pressão diastólica normalmente é de cerca de 80 mm Hg.
À direita, monitores compactos que registram automaticamente a pressão sanguínea sistólica/diastólica estão disponíveis.

12.8 Difusão nos capilares, depois de volta para o coração

- Um leito capilar é uma zona de difusão, onde o sangue troca substâncias com o fluido intersticial que banha as células antes de as veias o levarem de volta ao coração.

Função dos capilares

Um capilar é um cilindro de células do endotélio, com a espessura de uma camada unicelular, envolto em membrana basal. A Figura 12.20 mostra alguns dos 10 a 40 bilhões de capilares que servem o corpo humano. Coletivamente, eles oferecem uma imensa área superficial para troca de substâncias com o fluido intersticial. Em quase todos os tecidos, as células são muito próximas de um ou mais capilares e tal proximidade é essencial. A difusão distribui moléculas e íons tão lentamente que é eficaz apenas em pequenas distâncias.

As hemácias, que medem cerca de 8 micrômetros de diâmetro, têm de se apertar em fila única através dos capilares. Isso coloca as hemácias transportadoras de oxigênio e solutos no plasma em contato direto ou próximo com a superfície de troca – a parede capilar.

Para se mover entre o sangue e o fluido intersticial, uma substância deve atravessar uma parede capilar. Oxigênio, dióxido de carbono e pequenas moléculas lipossolúveis podem se difundir entre células endoteliais de um capilar. Proteínas são grandes demais para se difundir nas membranas plasmáticas, mas algumas penetram em células endoteliais por endocitose, difundem-se pela célula e escapam por exocitose no lado oposto. Além disso, o fluido com pequenos solutos e íons sai dos capilares através de espaços entre células adjacentes.

Em comparação com outros capilares no sangue, os presentes no cérebro são muito menos permeáveis. As células endoteliais do cérebro se aderem tão firmemente umas às outras que o plasma não permeia entre elas. Esta propriedade dos capilares do cérebro é responsável pela barreira hematoencefálica.

À medida que o sangue flui por um leito capilar típico, está sujeito a duas forças opostas. A pressão hidrostática, uma força direcionada para fora, resulta da contração dos ventrículos. A pressão osmótica, uma força voltada para dentro, resulta de diferenças na concentração de soluto entre o sangue e o fluido intersticial.

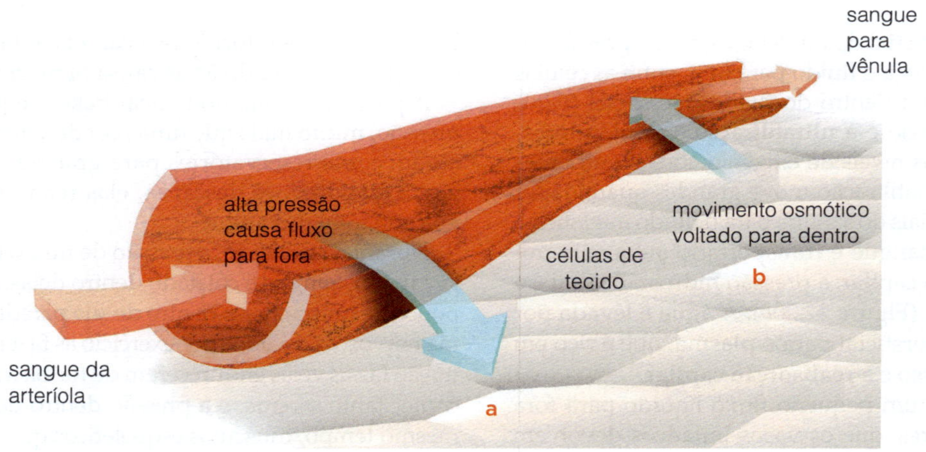

Figura 12.20 Movimento de fluido em um leito capilar. O fluido atravessa uma parede capilar por ultrafiltração e reabsorção. (**a**) Na extremidade da arteríola do capilar, uma diferença entre a pressão sanguínea e a do fluido intersticial força o plasma para fora, exceto algumas proteínas plasmáticas, através de fendas entre células endoteliais da parede capilar. A ultrafiltraçao é o fluxo de fluido para o meio externo através da parede capilar como resultado da pressão hidrostática.
(**b**) A reabsorção é o movimento osmótico de fluido intersticial para dentro do capilar. Ocorre quando a concentração de água entre o fluido intersticial e o plasma é diferente. O plasma, sem suas proteínas dissolvidas, tem maior concentração de soluto e, portanto, menor concentração de água. A reabsorção perto do final de um leito capilar tende a equilibrar a ultrafiltração no início dele. Normalmente, há apenas uma pequena filtração líquida de fluido, que os vasos do sistema linfático retornam para o sangue *(Seção 12.10)*.

Extremidade da arteríola do leito capilar
Pressão voltada para fora:
Pressão hidrostática do sangue no capilar: 35 mm Hg
Osmose devido a proteínas intersticiais: 28 mm Hg
Pressão voltada para dentro:
Pressão hidrostática de fluido intersticial: 0
Osmose em decorrência das proteínas plasmáticas: 3 mm Hg
Pressão de ultrafiltração líquida:
(35 – 0) – (28 – 3) = 10 mm Hg
Ultrafiltração favorecida

Extremidade da vênula do leito capilar
Pressão voltada para fora:
Pressão hidrostática do sangue no capilar: 15 mm Hg
Osmose em decorrência das proteínas intersticiais: 28 mm Hg
Pressão voltada para dentro:
Pressão hidrostática de fluido intersticial: 0
Osmose em decorrência das proteínas plasmáticas: 3 mm Hg
Pressão de reabsorção líquida:
(15 – 0) – (28 – 3) = –10 mm Hg
Reabsorção favorecida

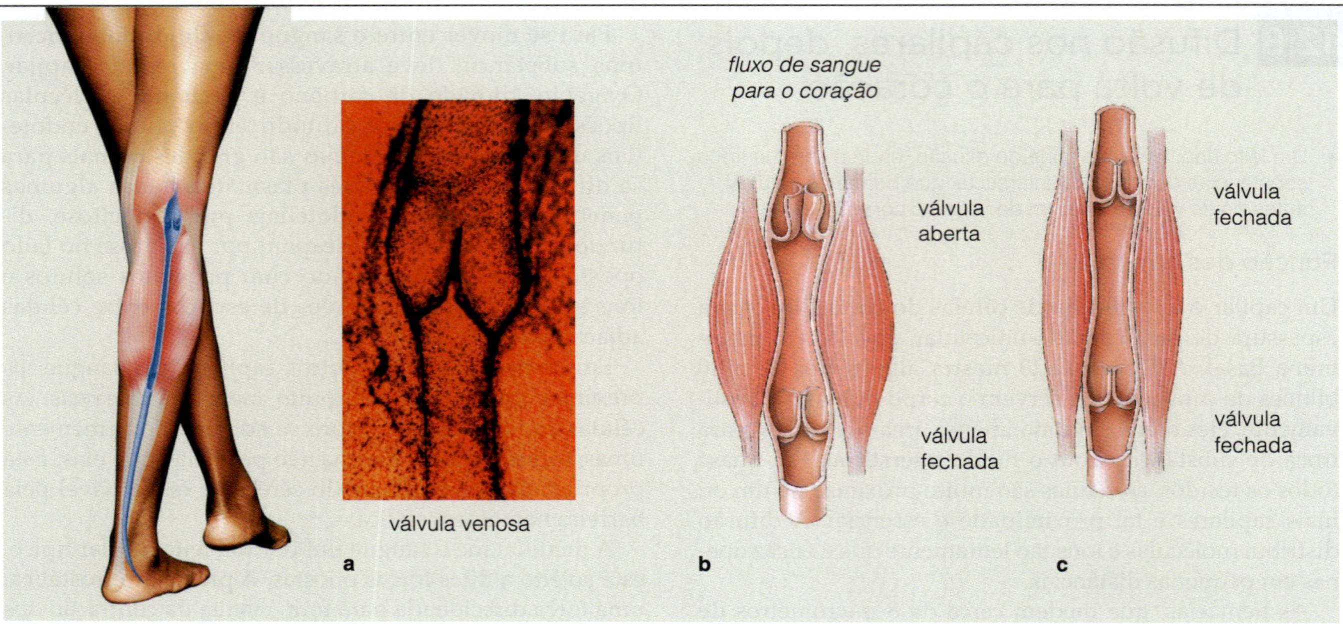

Figura 12.21 Ação da válvula venosa.
(**a**) Válvulas em veias de tamanho médio evitam o fluxo reverso de sangue. Músculos esqueléticos adjacentes ajudam a aumentar a pressão de fluido dentro de uma veia. (**b**) Tais músculos dilatam para dentro de uma veia enquanto se contraem. A pressão dentro da veia aumenta e ajuda a manter o sangue fluindo para a frente. (**c**) Quando os músculos relaxam, a pressão que exerceram sobre as veias aumenta. Válvulas venosas fecham e cortam o fluxo para trás.

Na extremidade arterial de um leito capilar, a pressão hidrostática é alta. Ela força o fluido para fora, entre as células da parede capilar, para dentro do fluido intersticial (Figura 12.20*a*). Este processo é a **ultrafiltração**. O fluido forçado para fora tem altos níveis de oxigênio, íons e nutrientes como a glicose. A ultrafiltração move grandes quantidades de substâncias essenciais do sangue para o fluido intersticial.

À medida que o sangue é transportado até a extremidade venosa do leito capilar, a pressão hidrostática cai e a osmótica predomina (Figura 12.20*b*). Á água é levada por osmose do fluido intersticial para o plasma, que é rico em proteína. Este processo é a **reabsorção capilar**.

Normalmente, há um pequeno fluxo líquido para fora de fluido dos capilares, que os vasos linfáticos devolvem para o sangue. Se a alta pressão sanguínea fizer fluido demais fluir para fora ou algo interferir no seu retorno, o fluido intersticial se acumula nos tecidos. O inchaço resultante é chamado de edema. Infecções por helmintos que danificam vasos linfáticos também causam edema grave.

Pressão venosa

O sangue de vários capilares entra em cada vênula. Esses vasos de parede fina se unem para formar veias, os tubos de transporte de grande diâmetro e baixa resistência que levam sangue para o coração. Muitas veias, especialmente nas pernas, têm válvulas semelhantes a abas que ajudam a evitar o fluxo reverso (Figura 12.21). Essas válvulas fecham automaticamente quando o sangue na veia começa a inverter a direção.

Às vezes, válvulas venosas perdem sua elasticidade e, então, as veias aumentam e incham perto da superfície da pele. Esta perda de elasticidade comumente ocorre nas veias das pernas – tornam-se varizes. A falha das válvulas em veias em volta do ânus causa hemorroidas.

A parede da veia pode ficar bastante proeminente sob pressão, muito mais que uma parede arterial. Assim, veias atuam como reservatórios para grandes volumes de sangue. Quando você descansa, elas retêm cerca de 60% do volume total de sangue.

Durante o exercício, a pressão de fluido nas veias aumenta e menos sangue é coletado dentro delas. As veias têm um pouco de músculo liso dentro de sua parede e sinais do sistema nervoso induzidos por exercício as fazem contrair. A contração faz as veias endurecerem de forma a não conseguirem conter tanto sangue, e a pressão dentro delas aumenta. Ao mesmo tempo, músculos esqueléticos que movem os membros incham e pressionam contra as veias, encaminhando o sangue em direção ao coração (Figura 12.21*b*,*c*).

Respiração profunda induzida por exercício também aumenta a pressão venosa. À medida que o peito expande, órgãos são espremidos e são pressionados contra as veias adjacentes. A pressão ajuda na movimentação de sangue em direção ao coração.

Para pensar

Como capilares e o sistema venoso funcionam?

- Leitos capilares são zonas de difusão onde há troca de substâncias entre o sangue e o fluido intersticial. O fluxo para fora do fluido, através de paredes capilares, também contribui para o equilíbrio de fluido entre o sangue e o fluido intersticial.
- Vênulas fornecem sangue dos capilares para veias. Veias são reservatórios de volume de sangue e a quantidade de sangue nestes vasos varia de acordo com o nível de atividade.

12.9 Sangue e desordens cardiovasculares

- Pressão sanguínea alta e aterosclerose aumentam o risco de ataque cardíaco e derrame.

Desordens nas hemácias Nas anemias, as hemácias estão em pouca quantidade ou comprometidas e, como resultado, o fornecimento de oxigênio e o metabolismo falham. Falta de fôlego, fadiga e arrepios se seguem. Anemias hemorrágicas resultam da perda repentina de sangue, como de uma ferida; anemias crônicas resultam da baixa produção de hemácias ou uma leve, mas persistente, perda de sangue.

Bactérias e protozoários que se replicam em hemácias causam algumas anemias hemolíticas. Os patógenos entram nas hemácias, dividem-se e levam ao rompimento e à morte das células. Uma dieta com pouco ferro causa anemia por deficiência de ferro, na qual hemácias não conseguem formar *heme*, que contém ferro. A anemia falciforme surge de uma mutação que altera a hemoglobina levando à alteração da forma das células.

As beta-talassemias ocorrem quando mutações interrompem ou param a síntese de uma cadeia de globinas da hemoglobina. Poucas hemácias se formam, e as formadas são finas e frágeis. A policitemia é um excesso de hemácias, o que aumenta o fornecimento de oxigênio, mas também torna o sangue mais viscoso e aumenta a pressão sanguínea.

Desordens nos leucócitos O vírus Epstein-Barr pode causar a mononucleose infecciosa. O vírus infecta linfócitos B e o corpo produz grandes quantidades de monócitos em resposta. Os sintomas tipicamente duram semanas e incluem dor de garganta, fadiga, dores musculares e febre baixa.

Leucemias são cânceres que se originam em células da medula óssea, que causa a superprodução de leucócitos, com forma alterada e que não funcionam adequadamente. Linfomas são cânceres que se originam de linfócitos B ou T. A divisão de linfócitos cancerosos produz tumores nos nódulos linfáticos e outras partes do sistema linfático.

Desordens de coagulação Excesso ou falta de coagulação podem causar problemas de saúde. A hemofilia é uma desordem genética na qual a coagulação é prejudicada. Outras desordens fazem coágulos se formarem espontaneamente dentro de um vaso.

Um coágulo que se forma dentro de um vaso e fica no lugar é chamado de trombo, enquanto um coágulo que se solta e é transportado no sangue é um êmbolo. Os dois tipos de coágulo podem bloquear vasos e causar problemas, por exemplo, um derrame.

Aterosclerose Na aterosclerose, o acúmulo de lipídeos na parede arterial estreita o lúmen, ou o espaço dentro do vaso. Como você deve saber, o colesterol tem um papel nesse "endurecimento das artérias". O corpo humano precisa de colesterol para formar membranas celulares, camadas de mielina, sais de bile e hormônios esteroides. O fígado fabrica colesterol suficiente para atender a essas necessidades; no entanto, a maior parte é absorvida dos alimentos no intestino. A genética afeta como os corpos de diferentes pessoas lidam com um excesso de colesterol na dieta.

A maior parte do colesterol dissolvido no sangue está ligada a transportadoras de proteína. Os complexos são conhecidos como lipoproteínas de baixa densidade, ou LDLs, e a maioria das células pode absorvê-los. Uma quantidade menor é ligada em proteínas de alta densidade, ou HDLs. Células no fígado metabolizam HDLs, utilizando-os na formação de bile, que o fígado secreta no intestino e, eventualmente, a bile sai do corpo nas fezes.

Quando o nível de LDL no sangue aumenta, o mesmo ocorre com o risco de aterosclerose. O primeiro sinal de problema é o acúmulo de lipídeos no endotélio de uma artéria (Figura 12.22). Tecido conectivo fibroso se forma em toda a massa. A massa, uma placa aterosclerótica, ressalta no interior do vaso, estreitando seu diâmetro e desacelerando o fluxo sanguíneo.

Uma placa endurecida pode romper uma parede arterial, ativando, assim, a formação de coágulos. Um ataque cardíaco ocorre quando uma artéria do coração está completamente bloqueada, mais comumente por um coágulo. Se o bloqueio não for removido rapidamente, células do músculo cardíaco morrem. Medicamentos que dissolvem coágulos podem restaurar o fluxo de sangue se forem ministrados menos de uma hora depois do início do ataque, portanto alguém que provavelmente esteja sofrendo enfarte deve receber atendimento imediato.

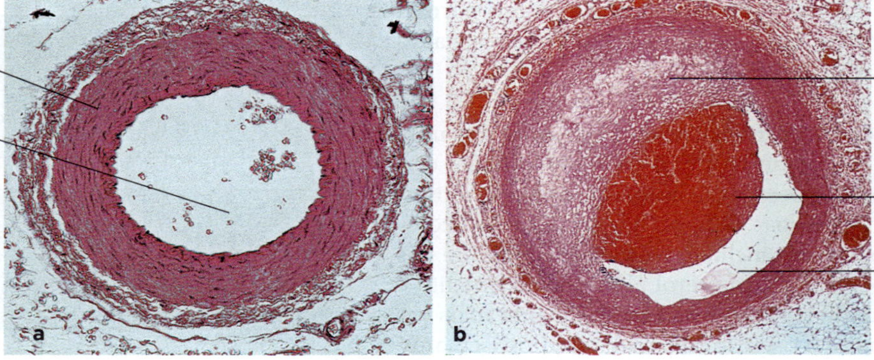

Figura 12.22 Cortes de (**a**) uma artéria normal e (**b**) uma artéria com lúmen estreitado por uma placa aterosclerótica. Um coágulo a entupiu.

Na cirurgia de ponte de safena, os médicos abrem o peito da pessoa e utilizam um vaso sanguíneo de outro lugar do corpo (normalmente uma veia da perna) para desviar sangue em volta da artéria coronária entupida (Figura 12.23). Na angioplastia a laser, feixes de laser vaporizam as placas. Na angioplastia por balão, os médicos inflam um pequeno balão em uma artéria bloqueada para achatar as placas. Um tubo de malha de aço chamado *stent* é, então, inserido para manter o vaso aberto.

Hipertensão – Uma assassina silenciosa A hipertensão se refere à pressão sanguínea cronicamente alta (acima de 140/90). Frequentemente, a causa é desconhecida. A hereditariedade é um fator, e afro-americanos apresentam maior risco. A dieta também tem um papel – em algumas pessoas, o alto consumo de sal causa retenção de líquido que aumenta a pressão sanguínea. A hipertensão é descrita às vezes como uma assassina silenciosa, porque as pessoas frequentemente não sabem que a têm. A hipertensão faz o coração trabalhar mais que o normal, podendo fazê-lo aumentar e funcionar menos eficientemente. A alta pressão sanguínea também aumenta o risco de aterosclerose. Estima-se que centenas de milhares de pessoas, em todo o mundo, morram a cada ano como resultado da hipertensão.

Ritmos e arritmias Como você leu na Seção 12.6, o nó SA controla o batimento rítmico do coração. Eletrocardiogramas, ou ECGs, registram a atividade elétrica durante o ciclo cardíaco (Figura 12.24*a*).

ECGs podem revelar arritmias, que são ritmos cardíacos anormais (Figura 12.24*b–d*). Arritmias nem sempre são perigosas. Por exemplo, atletas de resistência frequentemente têm bradicardia, uma frequência cardíaca em repouso abaixo do normal. Exercícios contínuos tornaram seu coração mais eficiente, e o sistema nervoso ajustou a taxa de disparo do marca-passo cardíaco para baixo. A taquicardia, uma frequência cardíaca mais rápida que o normal, pode ser causada por exercício, estresse ou algum problema cardíaco subjacente.

Na fibrilação atrial, os átrios não se contraem normalmente. Eles vibram, o que aumenta o risco de coágulos sanguíneos e derrame. A fibrilação ventricular é o tipo de arritmia mais perigoso. Ela faz com que os ventrículos palpitem e sua ação de bombeamento falha ou para e então o fluxo sanguíneo é interrompido, levando à perda de consciência e morte. Um choque ministrado por um desfibrilador como os novos DEA, mencionados na introdução do capítulo, pode restaurar o ritmo normal de um coração. Ele faz isso ao reajustar o marca-passo natural do coração, o nó SA.

Fatores de risco Desordens cardiovasculares são uma das principais causas de morte. A cada ano, afetam cerca de 40 milhões de pessoas, e aproximadamente a morte de 1 milhão de pessoas. O fumo lidera a lista de fatores de risco. Outros fatores incluem histórico familiar de tais desordens, hipertensão, colesterol alto, diabetes melito e obesidade. A idade também é um fator. Quanto mais velho você fica, maior o risco de desordens cardiovasculares. A inatividade física também aumenta o risco. Exercícios regulares ajudam a reduzir o risco de desordens cardiovasculares, desde que não sejam particularmente extenuantes. O sexo é outro fator – até aproximadamente os 50 anos, os homens sofrem maior risco.

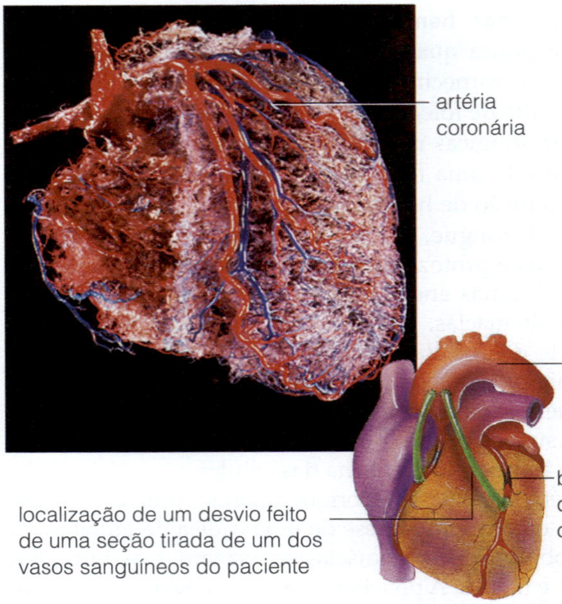

Figura 12.23 A foto mostra artérias coronárias e outros vasos sanguíneos que servem o coração. Resinas foram injetadas dentro deles. Depois, os tecidos cardíacos foram dissolvidos para formar um molde de corrosão preciso e tridimensional. O desenho mostra duas safenas coronárias (em *verde*), que se estendem da aorta e passam por duas partes entupidas das artérias coronárias.

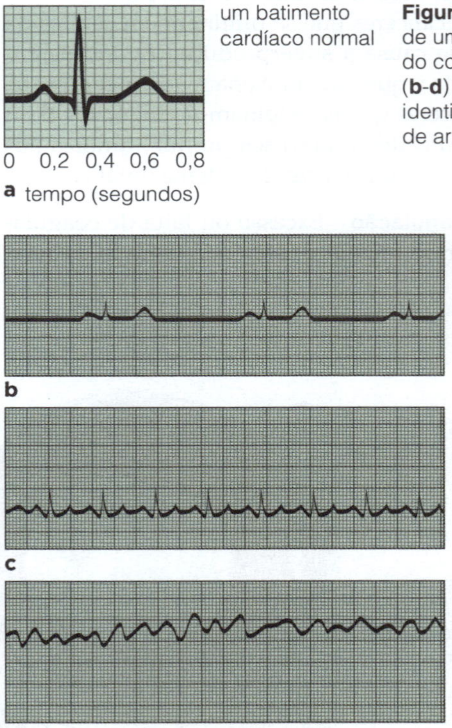

Figura 12.24 (**a**) ECG de um batimento normal do coração humano. (**b-d**) Registros que identificaram três tipos de arritmias.

12.10 Interações com o sistema linfático

- Vasos e órgãos do sistema linfático interagem proximamente com o sistema circulatório.

Sistema vascular linfático

Uma parte do sistema linfático, chamada **sistema vascular linfático**, composta de vasos que coletam água e solutos do fluido intersticial, depois os fornecem para o sistema circulatório. O sistema vascular linfático inclui capilares e vasos linfáticos (Figura 12.25), e o fluido que atravessa esses vasos é denominado **linfa**.

O sistema vascular linfático tem três funções. Primeiro, seus vasos são canais de drenagem para água e proteínas plasmáticas que saíram dos capilares e devem ser devolvidas ao sistema circulatório. Segundo, fornece gorduras absorvidas dos alimentos no intestino delgado para o sangue. Terceiro, transporta detritos celulares, patógenos e células estranhas para nódulos linfáticos, que servem como locais de descarte.

O sistema vascular linfático se estende até os leitos capilares. Dali, o excesso de fluido entra nos capilares linfáticos. Como tais capilares não têm uma entrada óbvia, água e solutos entram nas fendas entre as células.

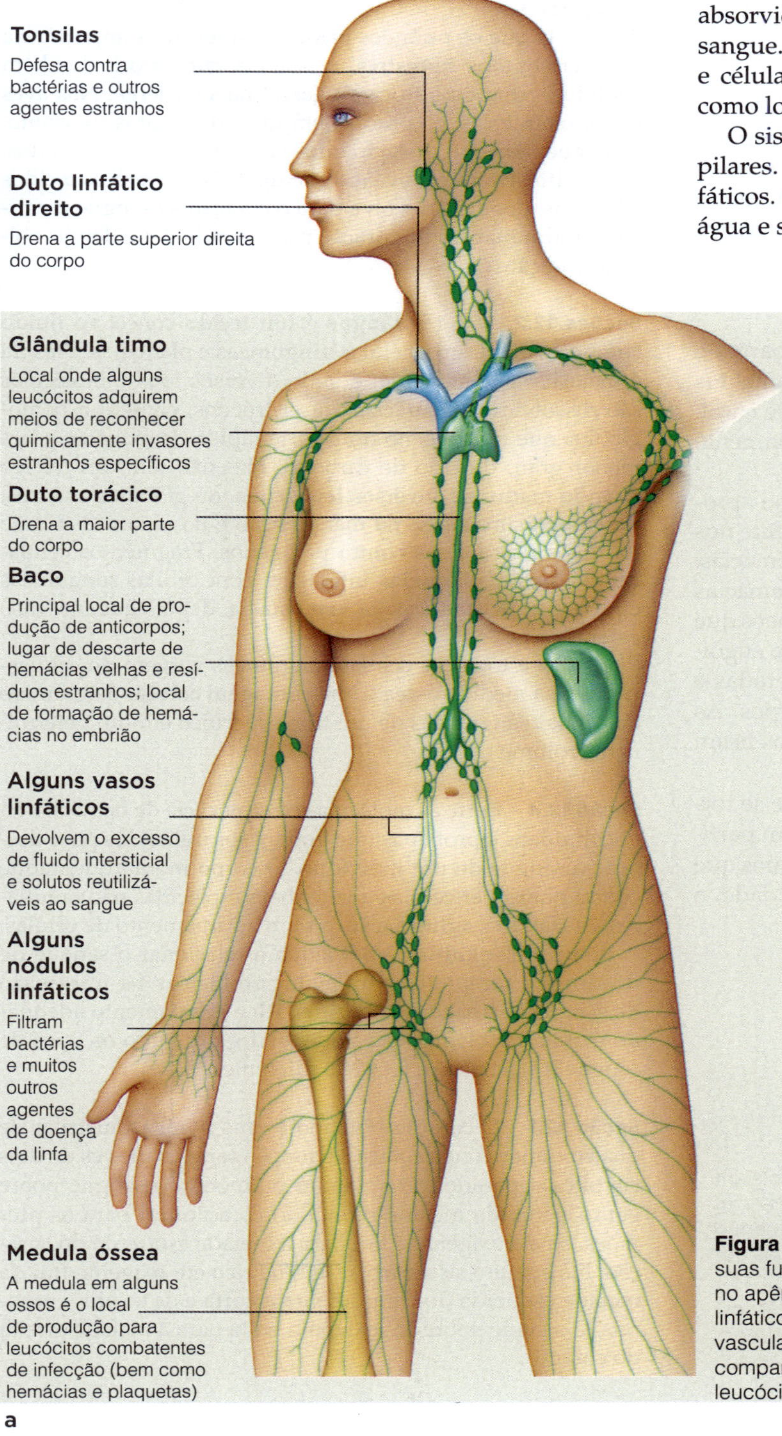

Tonsilas
Defesa contra bactérias e outros agentes estranhos
Duto linfático direito
Drena a parte superior direita do corpo
Glândula timo
Local onde alguns leucócitos adquirem meios de reconhecer quimicamente invasores estranhos específicos
Duto torácico
Drena a maior parte do corpo
Baço
Principal local de produção de anticorpos; lugar de descarte de hemácias velhas e resíduos estranhos; local de formação de hemácias no embrião
Alguns vasos linfáticos
Devolvem o excesso de fluido intersticial e solutos reutilizáveis ao sangue
Alguns nódulos linfáticos
Filtram bactérias e muitos outros agentes de doença da linfa
Medula óssea
A medula em alguns ossos é o local de produção para leucócitos combatentes de infecção (bem como hemácias e plaquetas)
a

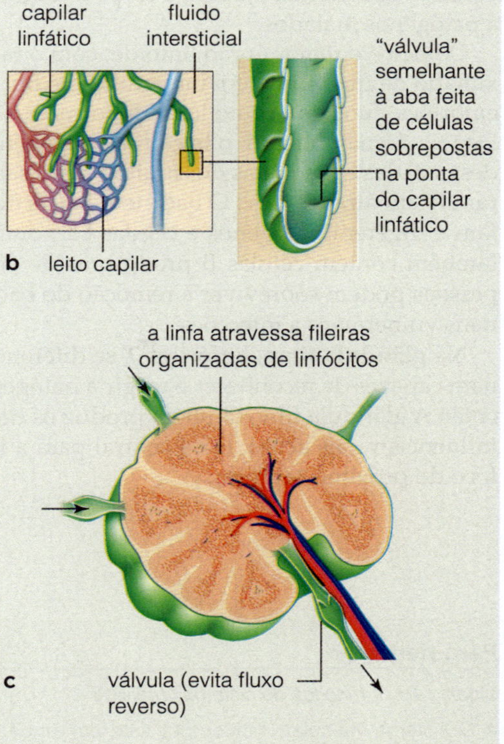

capilar linfático
fluido intersticial
"válvula" semelhante à aba feita de células sobrepostas na ponta do capilar linfático
b
leito capilar
a linfa atravessa fileiras organizadas de linfócitos
c
válvula (evita fluxo reverso)

Figura 12.25 (**a**) Componentes do sistema linfático humano e suas funções. Trechos de tecido linfoide no intestino delgado e no apêndice não estão mostrados. (**b**) Diagrama dos capilares linfáticos no início de uma rede de drenagem, o sistema vascular linfático. (**c**) Vista em corte de um nódulo linfático. Seus compartimentos internos são repletos de fileiras organizadas de leucócitos combatentes de infecções.

Como é possível ver na Figura 12.25*b*, células endoteliais se sobrepõem, formando válvulas semelhantes a abas. Os capilares linfáticos se unem em vasos linfáticos de diâmetro maior, que têm músculo liso em sua parede e válvulas que evitam o fluxo reverso. Finalmente, vasos linfáticos se convergem em dutos coletores, que drenam em veias na parte inferior do pescoço.

Órgãos e tecidos linfoides

A outra parte do sistema linfático desempenha papéis nas reações de defesa do corpo contra ferimentos e ataques. Ela inclui os nódulos linfáticos, tonsilas, adenoides, baço e timo, além de alguns trechos de tecido na parede do intestino delgado e apêndice.

Nódulos linfáticos estão localizados em intervalos ao longo de vasos linfáticos (Figura 12.25*c*). A linfa é filtrada através de pelo menos um nódulo antes de entrar no sangue. Grandes números de linfócitos (tipos B e T) que se formaram na medula óssea assumem estações dentro dos nódulos. Quando identificam patógenos na linfa, acionam o alarme que ativa uma resposta imunológica, como será descrito detalhadamente no próximo capítulo.

Tonsilas são dois trechos de tecido linfoide na parte de trás da garganta, enquanto adenoides são agrupamentos de tecidos semelhantes na parte de trás da cavidade nasal. Tonsilas e adenoides ajudam o corpo a reagir rapidamente a patógenos inalados.

O **baço** é o maior órgão linfoide, com o tamanho aproximado de um punho em um adulto médio. Somente nos embriões, funciona como local de formação de hemácias. Depois do nascimento, o baço filtra patógenos, hemácias desgastadas e plaquetas dos muitos vasos sanguíneos que ramificam através dele. O baço tem leucócitos que engolfam e digerem patógenos e células corporais alteradas e também contém células B produtoras de anticorpos. As pessoas podem sobreviver à remoção do baço, mas ficam mais vulneráveis a infecções.

Na **glândula timo**, linfócitos T se diferenciam e se tornam capazes de reconhecer e reagir a patógenos em particular. A glândula timo também produz os hormônios que influenciam tais ações. Ela é central para a imunidade, o foco do próximo capítulo.

Para pensar

Quais são as funções do sistema linfático?

- O sistema vascular linfático consiste em tubos que coletam e fornecem o excesso de água e solutos do fluido intersticial para o sangue. Ele também leva gorduras absorvidas para o sangue e fornece agentes de doenças para os nódulos linfáticos.
- Os órgãos linfoides do sistema, incluindo nódulos linfáticos, desempenham papéis específicos nas defesas do corpo.

Resumo

Seção 12.1 Um **sistema circulatório** transporta a entrada e saída de substâncias do fluido intersticial mais rapidamente do que a difusão sozinha conseguiria movê-las. O **fluido intersticial** preenche espaços entre células e troca substâncias com as células e com o **sangue**, um meio de transporte fluido. Alguns invertebrados possuem **sistema circulatório aberto**, no qual o sangue passa parte do tempo se misturando com fluidos no tecido. Nos vertebrados, o **sistema circulatório fechado** confina sangue dentro de um **coração**, um tipo de bomba muscular, e vasos sanguíneos, com os menores sendo os **capilares**.

À medida que os pulmões passaram a ter mais importância nos vertebrados terrestres, o sistema circulatório também evoluiu, tornando a troca de gases mais eficiente. Nas aves e nos mamíferos, o coração tem quatro câmaras, portanto, o sangue viaja em dois circuitos completamente separados. O **circuito sistêmico** leva sangue do coração para os tecidos corporais, depois o devolve para o coração. O sangue no **circuito pulmonar** vai do coração para os pulmões e depois volta ao coração.

Seções 12.2, 12.3 O sangue é um tecido conectivo fluido composto de plasma, células sanguíneas e plaquetas. **Plasma** é majoritariamente água, e onde diversos íons e moléculas são dissolvidos. **Hemácias**, ou eritrócitos, contêm a hemoglobina que funciona no transporte rápido de oxigênio e, em menor grau, dióxido de carbono. Eles não têm um núcleo quando maduros. Diversos **leucócitos**, ou glóbulos brancos, desempenham papéis na manutenção e no reparo diário de tecidos e nas defesas contra patógenos. Fragmentos celulares chamados **plaquetas** interagem com células sanguíneas e proteínas plasmáticas na **hemostasia**, depois que um vaso é danificado.

Plaquetas e todas as células sanguíneas surgem de células-tronco na medula óssea. Uma **contagem celular** é o número de células sanguíneas de um tipo específico em um determinado volume.

Seção 12.4 Entre as moléculas na superfície de hemácias há glicolipídeos e proteínas que podem ser utilizados para tipificar o sangue de um indivíduo. O corpo monta um ataque contra quaisquer células que tenham moléculas não familiares, causando a **aglutinação**, ou um agrupamento de células. A **tipagem sanguínea ABO** ajuda a relacionar o sangue de doadores e receptores para evitar problemas na transfusão de sangue. A **tipagem sanguínea Rh** e o tratamento adequado evitam problemas que podem surgir quando os tipos de sangue Rh materno e fetal são diferentes.

Seção 12.5 O coração humano é uma bomba muscular de quatro câmaras cuja contração força o sangue através de dois circuitos separados. No circuito pulmonar, o sangue pobre em oxigênio da metade direita do coração flui para os pulmões, coleta oxigênio e flui para a metade esquerda do coração. No circuito sistêmico, o sangue rico em oxigênio flui da metade esquerda do coração para a **aorta** e os tecidos corporais. O sangue pobre em oxigênio volta para a metade direita do coração.

QUESTÕES DE IMPACTO REVISITADAS | E Então meu Coração Parou

A RCP tradicional alterna sopro dentro da boca de uma pessoa para inflar seus pulmões com compressões no peito. A necessidade do contato boca a boca faz muitas pessoas relutarem em utilizar esse método em estranhos. Um novo método chamado RCC (ressuscitação cardiocerebral) utiliza apenas as compressões peitorais. Este método pode ser tão bom quanto, ou até melhor, do que o RCP tradicional para a maioria das pessoas que sofreu uma parada cardíaca súbita ou um enfarte.

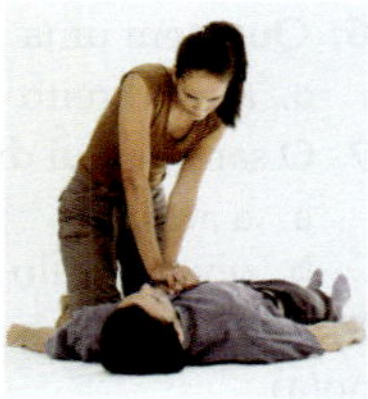

A maior parte do sangue atravessa apenas um sistema capilar, mas o sangue nos capilares intestinais fluirá mais tarde através de capilares hepáticos. O fígado metaboliza ou armazena nutrientes, neutralizando algumas toxinas transportadas pelo sangue.

Seção 12.6 Um coração humano é uma bomba dupla que consiste principalmente em **músculo cardíaco**. Ele é dividido em duas metades, cada uma com duas câmaras: um **átrio** que recebe sangue e um **ventrículo** que o exporta para a circulação. Durante um **ciclo cardíaco**, todas as câmaras cardíacas sofrem relaxamento (diástole) e contração (sístole) rítmicos. Quando um ciclo começa, cada átrio se expande enquanto o sangue o preenche. Os dois ventrículos já estão se enchendo enquanto os átrios se contraem. Quando os ventrículos contraem, forçam o sangue para dentro da aorta e artérias pulmonares. A contração ventricular fornece a força que impulsiona o movimento de sangue através dos vasos sanguíneos. A contração atrial simplesmente enche os ventrículos.
Um **sistema de condução cardíaca** produz e distribui sinal elétrico que faz o coração bater. Ele consiste em um nó SA no átrio direito funcionalmente ligado por fibras condutoras a um nó AV.
O nó SA, o **marca-passo cardíaco**, gera espontaneamente os potenciais de ação que ditam o ritmo das contrações cardíacas. O sistema nervoso não inicia os batimentos cardíacos, só ajusta sua frequência e força. Ondas de excitação percorrem os átrios do coração, até as fibras em seu septo, depois pelas paredes dos ventrículos.

Seção 12.7 A **pressão sanguínea** varia no sistema circulatório. Ela é maior nos ventrículos em contração. Ela cai à medida que o sangue percorre **artérias**, **arteríolas**, **capilares**, **vênulas** e **veias** do circuito sistêmico ou pulmonar. Ela é menor nos átrios relaxados. A velocidade do fluxo depende da força e da frequência dos batimentos cardíacos e da resistência ao fluxo nos vasos sanguíneos. O ajuste do diâmetro das arteríolas que alimentam diferentes partes do corpo redistribui o volume de sangue conforme necessário. Em qualquer intervalo, quando um tecido precisa de mais sangue, as arteríolas que o alimentam se alargam, permitindo maior fluxo de sangue.

Seção 12.8 Substâncias vão entre o sangue e o fluido intersticial nos leitos capilares. A **ultrafiltração** empurra uma pequena quantidade de fluido para fora dos capilares. O fluido retorna pela **reabsorção capilar**. Normalmente, forças voltadas para dentro e para fora são quase balanceadas, mas há um pequeno fluxo líquido para fora de um leito capilar. Vários capilares se drenam em cada vênula. As veias são vasos de transporte que servem de reservatório de volume de sangue, onde o volume de fluxo de volta ao coração é ajustado.

Seção 12.9 Em uma anomalia do tecido sanguíneo, um indivíduo tem hemácias ou leucócitos em excesso, em falta ou anormais. A formação de coágulos sanguíneos dentro de vasos pode causar problemas de saúde. Desordens circulatórias comuns incluem aterosclerose, hipertensão (pressão sanguínea aguda alta), ataques cardíacos, derrames e algumas arritmias. Exercícios regulares, manutenção do peso corporal normal e não fumar participam da redução do risco dessas desordens.

Seção 12.10 Uma parte do fluido que sai dos capilares entra no **sistema vascular linfático**. O fluido, agora chamado **linfa**, é filtrado pelos **nódulos linfáticos**. Os leucócitos atacam quaisquer patógenos, enquanto o baço e o timo são órgãos do sistema linfático. O **baço** filtra o sangue e remove qualquer hemácia velha. A **glândula timo** produz hormônios e é o local no qual os linfócitos T (um tipo de leucócito) amadurecem.

Questões

Respostas no Apêndice II

1. A velocidade do fluxo de sangue ___ quando o sangue entra nos capilares.
   a. aumenta   b. diminui   c. continua a mesma
2. Todos os vertebrados têm ___.
   a. um sistema circulatório aberto
   b. um sistema circulatório fechado
   c. um coração com quatro câmaras
   d. respostas b e c.
3. O que não se encontra no sangue?
   a. plasma
   b. células sanguíneas e plaquetas
   c. gases e substâncias dissolvidas
   d. todos os anteriores são encontrados no sangue.
4. Uma pessoa que tem sangue tipo O ___.
   a. pode receber uma transfusão de sangue de qualquer tipo
   b. pode doar sangue para uma pessoa de qualquer tipo sanguíneo
   c. pode doar sangue apenas para uma pessoa do tipo O
   d. não pode ser doadora de sangue.

5. No sangue, a maior parte do oxigênio é transportada ___.

a. nas hemácias
c. ligada à hemoglobina
b. nos leucócitos
d. respostas a e c

6. Qual tem uma parede mais muscular? ___.

a. átrio direito
b. ventrículo esquerdo

7. O sangue flui diretamente do átrio esquerdo para ___.

a. a aorta
c. o átrio direito
b. o ventrículo esquerdo
d. as artérias pulmonares

8. Todas as células sanguíneas descendem de células-tronco no(a) ___.

a. baço
c. átrio direito
b. ventrículo esquerdo
d. medula óssea

9. A contração de ___ leva o fluxo de sangue para a aorta e as artérias pulmonares.

a. átrios
c. ventrículos
b. arteríolas
d. músculo esquelético

10. A pressão sanguínea é mais alta em ___ e mais baixa em ___.

a. artérias; veias
c. veias; artérias
b. arteríolas; vênulas
d. capilares; arteríolas

11. Em repouso, o maior volume de sangue está em ___.

a. artérias
c. veias
b. capilares
d. arteríolas

12. No início de um leito capilar (mais perto das arteríolas), a ultrafiltração leva ___.

a. proteínas para dentro do capilar
b. fluido intersticial para dentro do capilar
c. proteínas para dentro do fluido intersticial
d. água, íons e pequenos solutos para dentro do fluido intersticial

13. Qual função não é do sistema linfático?

a. filtra patógenos
b. retorna fluido para o sistema circulatório
c. ajuda alguns leucócitos a amadurecer
d. distribui oxigênio para os tecidos

14. Una os componentes com suas funções.

___ leito capilar
___ nódulo linfático
___ sangue
___ ventrículo
___ nó SA
___ veias
___ aorta

a. filtra patógenos
b. marca-passo cardíaco
c. principal reservatório de volume de sangue
d. maior artéria
e. tecido conectivo fluido
f. zona de difusão
g. contrações orientam a circulação sanguínea

Raciocínio crítico

1. As amplamente divulgadas mortes de alguns passageiros de voos levaram a advertências sobre a síndrome da classe econômica. A ideia é que ficar sentado sem se movimentar por longos períodos em voos permite que o sangue se acumule e coágulos se formem nas pernas. Estudos mais recentes sugerem que voos de longa distância causam problemas em cerca de 1% dos passageiros de voos e que o risco é o mesmo independentemente de a pessoa estar na primeira classe ou na classe econômica. Médicos sugerem que os viajantes bebam líquidos em grande quantidade e se levantem e andem periodicamente pela cabine. Dado o que você sabe sobre o fluxo de sangue nas veias, explique por que essas precauções podem reduzir o risco de formação de coágulos.

2. Mitocôndrias ocupam cerca de 40% do volume do músculo cardíaco humano, mas apenas 12% do volume de músculo esquelético. Explique esta diferença.

3. Em algumas pessoas, a válvula entre um átrio e o ventrículo não se fecha adequadamente. Esta condição pode ser diagnosticada ao escutar atentamente o coração. A pessoa ouvirá um som murmurante chamado sopro quando o ventrículo da câmara afetada se contrai. O que causa esse som?

13 Imunidade

QUESTÕES DE IMPACTO Último Desejo de Frankie

Em outubro de 2000, Frankie McCullough tinha descoberto há alguns meses que algo não estava muito bem. Ela não fazia um exame anual há muitos anos; afinal, ela só tinha 31 e sempre foi saudável. Ela nunca tinha duvidado de sua própria invencibilidade até o momento que viu a expressão do rosto do médico mudar enquanto examinava sua cérvice. Frankie tinha câncer cervical.

A cérvice é a parte mais baixa do útero, ou colo do útero. Células epiteliais ou endócrinas da cérvice podem se tornar cancerosas, mas o processo geralmente é lento. As células passam por diversas fases pré-cancerosas que podem ser detectáveis por exame papanicolau de rotina (Figura 13.1). Células pré-cancerosas e em fase inicial podem ser removidas da cérvice antes de se espalhar para outras partes do corpo. Porém, muitas mulheres como Frankie não fazem exames regulares. Aquelas que vão ao consultório ginecológico com dor ou hemorragia podem estar com sintomas de câncer cervical avançado, e, nesse caso, o tratamento oferece apenas aproximadamente 9% de chance de sobrevivência. Milhares de mulheres morrem todos os anos de câncer cervical, geralmente em locais onde os testes ginecológicos rotineiros não são comuns.

O que causa câncer? Pelo menos no caso de câncer cervical, sabemos a resposta para tal pergunta: células cervicais saudáveis são transformadas em células cancerosas por infecção com o papilomavírus humano (HPV), que é um vírus com DNA que infecta a pele e as membranas mucosas. Existem aproximadamente 100 tipos diferentes de HPV; alguns causam verrugas nas mãos, nos pés ou na boca. Aproximadamente 30 outros que infectam a área genital e às vezes provocam verrugas vaginais, mas geralmente não existe nenhum sintoma de infecção. O HPV genital se espalha com muita facilidade por contato sexual. Pelo menos 80% das mulheres são infectadas até os 50 anos de idade.

Uma infecção por HPV genital geralmente se cura sozinha, mas isso nem sempre ocorre. Uma infecção persistente por uma das cerca de 10 cepas é o principal fator de risco do câncer cervical. Os tipos 16 e 18 são particularmente perigosos: um dos dois é encontrado em mais de 70% de todos os cânceres cervicais. Em 2006, a FDA aprovou Gardasil, uma vacina contra quatro tipos de HPV genital, incluindo 16 e 18. A vacina evita o câncer cervical causado por estas cepas de HPV. Apresenta maior eficiência em meninas que não se tornaram sexualmente ativas ainda, porque elas são menos susceptíveis a estar infectadas com qualquer uma das quatro cepas de HPV.

A vacina contra HPV veio muito tarde para Frankie McCullough. Apesar de tratamentos com radiação e quimioterapia, seu câncer cervical se espalhou depressa. Ela morreu em 16 de setembro de 2001 deixando um desejo para outras mulheres jovens: consciência. "Se há uma coisa que eu posso dizer para uma mulher jovem para convencê-la a fazer exames anuais, é não assumir que sua mocidade a protegerá. O câncer não discrimina; atacará ao acaso e a descoberta no início é a resposta". Ela estava certa; quase todas as mulheres com câncer cervical invasivo diagnosticado recentemente não faziam um teste papanicolau há, pelo menos, cinco anos, e muitas delas nunca fizeram um.

Os testes papanicolau, as vacinas contra HPV e todos os outros exames médicos e tratamentos são benefícios diretos de nossa compreensão crescente sobre a interação do corpo humano com seus patógenos, uma interação que chamamos de imunidade.

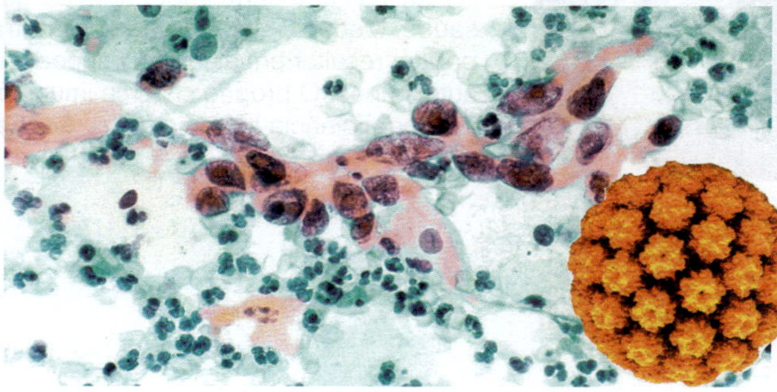

Figura 13.1 HPV e câncer cervical. *À esquerda*, Frankie McCullough (acenando) que morreu de câncer cervical em 2001. *Acima*, um teste de papanicolau revela células de câncer (com núcleos com formas irregulares e aumentados) entre células epiteliais escamosas da cérvice. Células com núcleos múltiplos são indicativas de infecção de HPV. A bola *laranja* é um modelo de um vírus de HPV 16.

Conceitos-chave

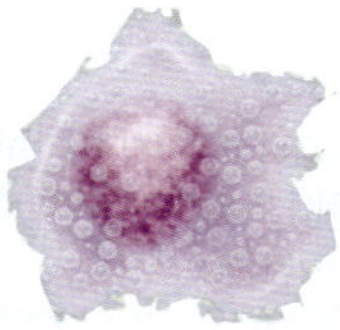

Visão geral das defesas do corpo

O organismo de um animal vertebrado possui três linhas de defesas imunológicas. Barreiras da superfície evitam a invasão por patógenos, sempre presentes; respostas gerais inatas estão presentes no corpo contra a maioria dos patógenos; respostas adaptativas objetivam especificamente os patógenos e as células cancerosas. **Seção 13.1**

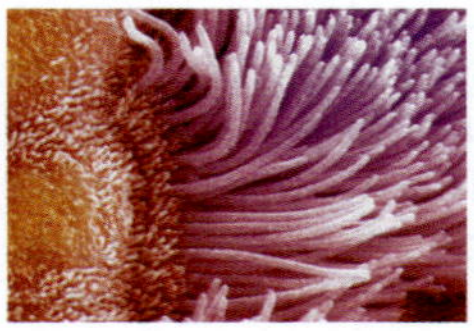

Barreiras de superfície

Pele, membranas mucosas e secreções nas superfícies do corpo funcionam como barreiras que excluem a maioria dos micróbios. **Seções 13.2, 13.3**

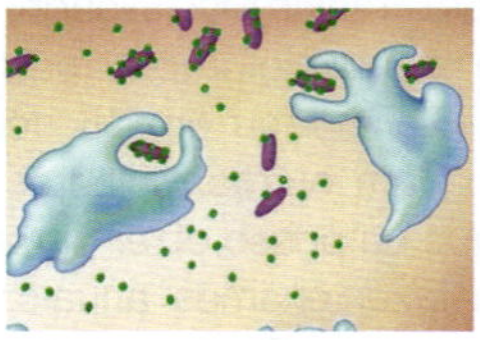

Imunidade inata

Respostas de imunidade inata envolvem um conjunto de defesas gerais e imediatas contra patógenos invasores. A imunidade inata inclui leucócitos fagocíticos, proteínas do plasma, inflamação e febre. **Seção 13.4**

Imunidade adaptativa

Em uma resposta imunológica adaptativa, os leucócitos destroem patógenos específicos ou células alteradas. Alguns formam anticorpos em uma resposta imunológica mediada por anticorpos; outros destroem células do corpo doentes em uma resposta mediada pela célula. **Seções 13.5-13.8**

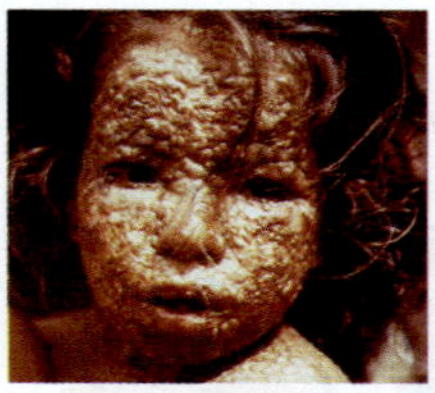

Imunidade em nossas vidas

As vacinas são parte importante de qualquer programa de saúde. Mecanismos imunológicos enfraquecidos ou defeituosos podem resultar em alergias, imunodeficiências ou desordens autoimunes. O próprio sistema imunológico é um alvo do vírus da imunodeficiência humana (HIV). **Seções 13.9-13.12**

Neste capítulo

- Neste capítulo, você aplicará seu conhecimento sobre células procarióticas e vírus, enquanto aprende sobre suas interações com células eucarióticas.
- Você também poderá revisar o que sabe sobre estrutura proteica, o sistema de endomembrana, proteínas de membrana, endocitose e fagocitose, osmose, febre, "*splicing*" alternativo, junções de células e apoptose para entender as defesas imunológicas dos vertebrados.
- Este capítulo traz vários exemplos do que acontece quando há contaminação por patógenos, incluindo o sistema nervoso humano, articulações e o sistema cardiovascular.
- Você verá como os sistemas do corpo, incluindo glândulas exócrinas, pele, sistema circulatório e sistema linfático trabalham juntos para combater infecções.

Qual sua opinião? Testes clínicos de algumas vacinas acontecem em países subdesenvolvidos que têm menos regulamentos que regem testes humanos do que os países desenvolvidos. Os testes clínicos deveriam ser apoiados pelos mesmos padrões éticos, não importando onde eles acontecem? Conheça a opinião de seus colegas e apresente seus argumentos a eles.

13.1 Respostas integradas contra ameaças

- Nos vertebrados, os sistemas imunológicos inato e adaptativo trabalham juntos para combater infecções e lesões.

Evolução das defesas do corpo

Os seres humanos convivem continuamente com uma vasta gama de vírus, bactérias, fungos, vermes parasitários e outros patógenos, mas você não precisa perder o sono por causa disso. Os seres humanos se desenvolveram com esses patógenos; então, você possui um sistema de defesa que protege seu corpo contra eles. A **imunidade**, a capacidade de um organismo resistir e combater infecções, começou bem antes de os eucariotos multicelulares terem evoluído. Mutações nos genes da proteína da membrana introduziram novos padrões nas proteínas, padrões que eram únicos nas células de um determinado tipo. Como a multicelularidade evoluiu, os mecanismos de identificação de padrões próprios ou pertencentes ao corpo de outro ser também evoluíram.

Há 1 bilhão de anos, o reconhecimento não próprio havia se desenvolvido também. O reconhecimento não próprio se refere à capacidade de um organismo de reconhecer qualquer corpo estranho. Células de todos os eucariotos multicelulares modernos suportam um conjunto de receptores que coletivamente podem reconhecer aproximadamente mil exemplos não próprios diferentes, que são chamados padrões moleculares associados a patógenos (PAMPs). Como o nome sugere, PAMPs ocorrem principalmente nos patógenos e incluem alguns componentes de paredes celulares procarióticas, flagelos bacterianos e proteínas pilosas, RNA de fita dupla exclusivos de alguns vírus, e assim por diante. Quando receptores de uma célula se unem a um PAMP, eles ativam um conjunto de respostas de defesa imediata e geral. Nos mamíferos, por exemplo, a ligação desencadeia a ativação do complemento. O **complemento** é um conjunto de proteínas que circulam de forma inativa ao longo do corpo. O complemento ativado pode destruir microrganismos ou sinalizá-los para fagocitose.

Tabela 13.1 Imunidade inata e adaptativa comparada

	Imunidade inata	Imunidade adaptativa
Tempo de resposta	Imediata	Aproximadamente uma semana
Como o antígeno é detectado	Conjunto fixo de receptores para padrões moleculares encontrados em patógenos	Recombinações alternadas de sequências de genes geram bilhões de receptores
Especificidade da resposta	Nenhuma	Antígenos específicos objetivados
Persistência	Nenhuma	Longo prazo

Tabela 13.2 Algumas armas químicas na imunidade

Substância	Funções
Complemento	Dirige a lise celular; aprimoramento das respostas do linfócito
Citocinas	Comunicação entre células e célula-tecido:
Interleucinas	Inflamação, proliferação e diferenciação de células T e B, estímulo de células-tronco da medula óssea, quimiotaxia de neutrófilos, ativação da célula NK, febre
Interferons	Resistência à infecção virótica, ativação da célula NK
TNFs	Inflamação; destruição da célula do tumor
Outras substâncias químicas	
(enzimas, peptídeos, fatores de coagulação, toxinas, hormônios, inibidores da protease)	Atividades antimicrobianas, lise celular, ativação e ligação de complemento, coagulação, sinalização, outras funções diversas

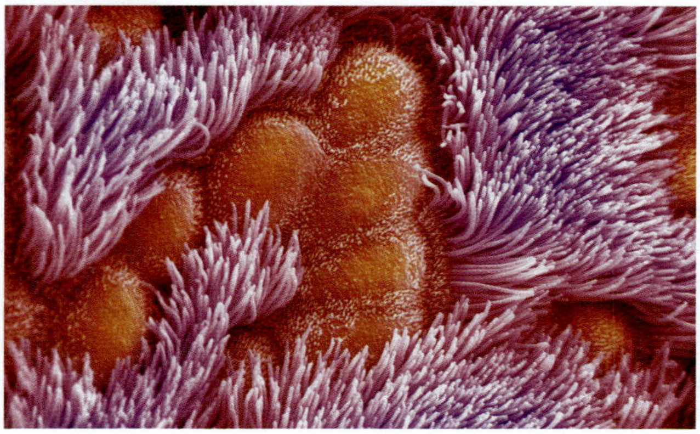

Figura 13.2 Uma barreira física à infecção: o muco e a ação mecânica dos cílios evitam que os patógenos sejam transportados pelas vias aéreas até o pulmão. Bactérias e outras partículas ficam presas no muco secretado pelas células calciformes (*amarelo*). Os cílios (*rosa*) nas outras células varrem o muco para a garganta para descarte.

Os receptores e respostas padrão que eles iniciam são parte da **imunidade inata**, um conjunto de defesas gerais e rápidas contra a infecção. Todos os organismos multicelulares começam a vida com essas defesas, que não mudam durante a vida do indivíduo.

Os vertebrados têm outro conjunto de defesas constituído por células, tecidos e proteínas que interagem. Essa **imunidade adaptativa** ajusta as defesas imunológicas a uma vasta gama de patógenos específicos que um indivíduo pode encontrar durante sua vida. É ativado pelo **antígeno**: um PAMP ou qualquer outra molécula ou partícula reconhecida pelo corpo como não própria (estranha). A maioria dos antígenos é de polissacarídeos, lipídeos e proteínas tipicamente presentes em vírus, bactérias ou outras células estranhas, células de tumores, toxinas e alérgenos.

Três linhas de defesa

Os mecanismos de imunidade adaptativa evoluíram dentro do contexto da imunidade inata. Pensava-se que os dois sistemas funcionavam independentemente um do outro, mas agora sabemos que eles trabalham em conjunto.

Descrevemos os sistemas em conjunto em termos de três linhas de defesa. A primeira linha engloba barreiras físicas, químicas e mecânicas que mantêm os patógenos fora do corpo (Figura 13.2). Imunidade inata, a segunda linha de defesa, começa depois que o tecido é danificado ou depois de um PAMP ser descoberto dentro do corpo. Seus mecanismos de resposta geral livram o corpo de muitos tipos diferentes de invasores antes que suas populações se estabeleçam no ambiente interno.

A ativação da imunidade inata dispara a terceira linha de defesa, a imunidade adaptativa. Leucócitos formam populações enormes que têm por alvo um antígeno específico e que destroem qualquer coisa que os contenha. Algumas células persistem depois que a infecção termina e se o mesmo antígeno retornar, essas células de memória montam uma resposta secundária. A imunidade adaptativa pode ter por alvo específico bilhões de antígenos. A Tabela 13.1 compara imunidade inata e adaptativa.

Defensores

Os leucócitos (Figura 13.3) executam todas as respostas imunológicas. Muitos tipos circulam pelo corpo no sangue e na linfa; outros povoam os nódulos linfáticos, o baço e outros tecidos. Alguns leucócitos são fagocíticos, enquanto todos são excretores. Suas secreções incluem moléculas de sinalização de célula para célula chamadas **citocinas**. Esses peptídeos e proteínas coordenam todos os aspectos de imunidade. As citocinas dos vertebrados incluem interleucinas, interferons e fatores de necrose tumoral (Tabela 13.2).

Os diferentes tipos de leucócitos são especializados em tarefas específicas, como fagocitose. Os **neutrófilos** são os fagócitos mais abundantes em circulação. Os **macrófagos** que patrulham os fluidos no tecido são monócitos maduros que patrulham o sangue. As **células dendríticas** alertam o sistema imunológico adaptativo para a presença de antígenos.

Alguns leucócitos contêm vesículas excretoras: grânulos que contêm citocinas, enzimas, ou toxinas que combatem patógenos. Os **eosinófilos** têm por alvo parasitas que possuem tamanho maior que o da capacidade da fagocitose. Os **basófilos** que circulam no sangue e os **mastócitos** ancorados nos tecidos secretam substâncias contidas em seus grânulos em resposta ao dano ou antígeno. Muitas vezes, associados aos nervos, os mastócitos também respondem aos neuropeptídeos, assim, eles ligam os sistemas nervoso e imunológico.

Os linfócitos são uma categoria especial de leucócitos que são centrais para a imunidade adaptativa. Os **linfócitos B** e **T** (células B e T) têm a capacidade de reconhecer coletivamente bilhões de antígenos específicos. Existem vários tipos de células T, incluindo algumas cujos objetivos são células infectadas ou cancerosas. As ***células natural killer*** (células NK) podem destruir células infectadas ou cancerosas que são indetectáveis por células T citotóxicas.

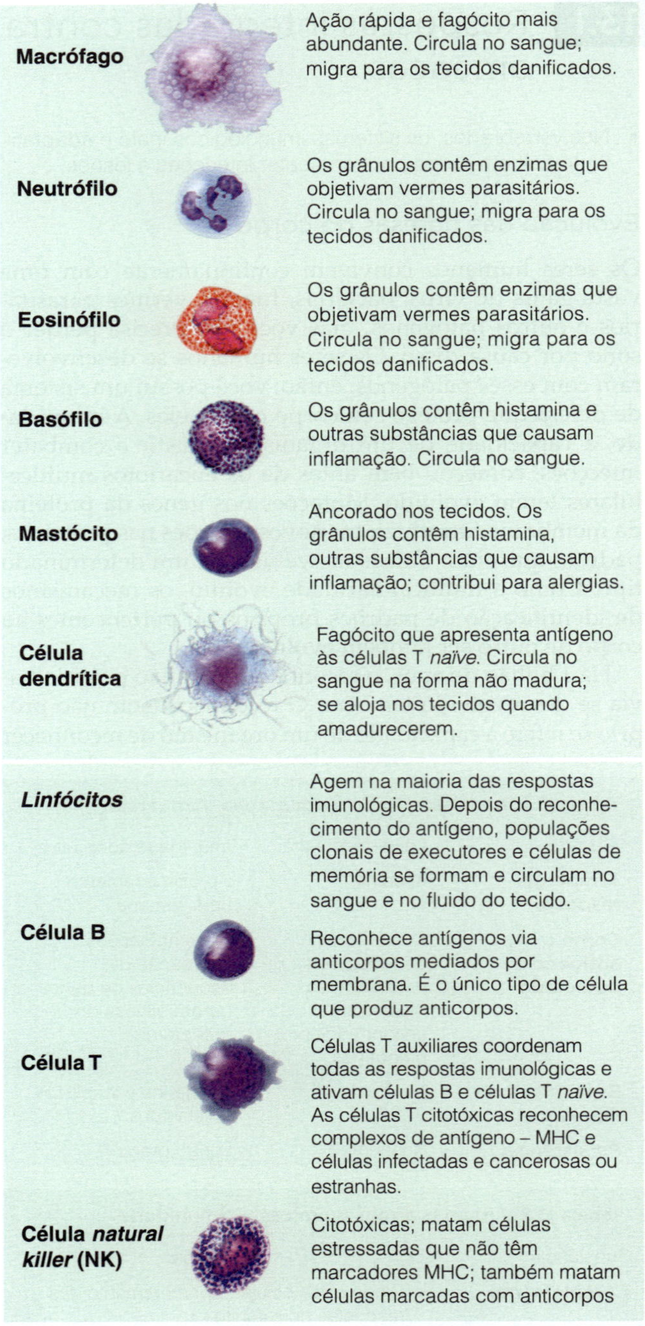

Macrófago
Ação rápida e fagócito mais abundante. Circula no sangue; migra para os tecidos danificados.
Neutrófilo
Os grânulos contêm enzimas que objetivam vermes parasitários. Circula no sangue; migra para os tecidos danificados.
Eosinófilo
Os grânulos contêm enzimas que objetivam vermes parasitários. Circula no sangue; migra para os tecidos danificados.
Basófilo
Os grânulos contêm histamina e outras substâncias que causam inflamação. Circula no sangue.
Mastócito
Ancorado nos tecidos. Os grânulos contêm histamina, outras substâncias que causam inflamação; contribui para alergias.
Célula dendrítica
Fagócito que apresenta antígeno às células T *naïve*. Circula no sangue na forma não madura; se aloja nos tecidos quando amadurecerem.
Linfócitos
Agem na maioria das respostas imunológicas. Depois do reconhecimento do antígeno, populações clonais de executores e células de memória se formam e circulam no sangue e no fluido do tecido.
Célula B
Reconhece antígenos via anticorpos mediados por membrana. É o único tipo de célula que produz anticorpos.
Célula T
Células T auxiliares coordenam todas as respostas imunológicas e ativam células B e células T *naïve*. As células T citotóxicas reconhecem complexos de antígeno – MHC e células infectadas e cancerosas ou estranhas.
Célula *natural killer* (NK)
Citotóxicas; matam células estressadas que não têm marcadores MHC; também matam células marcadas com anticorpos

Figura 13.3 Leucócitos (células sanguíneas brancas). A mancha mostra detalhes, como grânulos citoplasmáticos que contêm enzimas, toxinas e moléculas de sinalização.

Para pensar

O que é imunidade?

- O sistema imunológico inato é um conjunto de defesas gerais contra um número fixo de antígenos, agindo imediatamente para prevenção de infecção.
- A imunidade adaptativa dos vertebrados é um sistema de defesas que pode ter por alvo específico bilhões de antígenos diferentes.
- Os leucócitos são centrais em ambos os sistemas; moléculas de sinalização, como as citocinas, integram suas atividades.

13.2 Barreiras de superfície

- Um patógeno pode causar infecção somente se entrar no ambiente interno penetrando a pele ou outras barreiras de proteção nas superfícies do corpo.

Sua pele está em contato constante com o ambiente externo, sendo contaminada por muitos microrganismos. Ela normalmente apresenta cerca de 200 tipos diferentes de levedura, protozoários e bactérias. Se você tomasse banho hoje, provavelmente existiriam milhares delas em cada polegada quadrada de suas superfícies externas. Se não tomasse, poderia haver bilhões. Elas tendem a florescer nas partes mais quentes e úmidas, como entre os dedos do pé. Populações imensas habitam cavidades e dutos que se abrem na superfície do corpo, incluindo olhos, nariz, boca e aberturas anais e genitais.

Os microrganismos que tipicamente vivem nas superfícies humanas, incluindo os tubos e cavidades internas dos tratos digestório e respiratório, são chamados **flora normal**. Nossas superfícies fornecem a eles um ambiente estável de nutrientes. Em troca, suas populações impedem a colonização (e penetração) de espécies mais agressivas nas superfícies do corpo; ajudam-nos a digerir a comida; e produzem nutrientes dos quais dependemos, incluindo vitamina contendo cobalto (B_{12}), sintetizada somente por bactérias.

A flora normal é útil somente do lado de fora dos tecidos corporais. Considere um tipo de bactéria em forma de bastonete que é um componente importante da flora normal, a *Propionibacterium acnes*. Ela se alimenta de sebo, uma mistura de gorduras, ceras e glicerídeos que lubrificam cabelo e pele. As glândulas sebáceas excretam sebo nos folículos capilares. Durante a puberdade, níveis mais altos de hormônios esteroides ativam as glândulas sebáceas a produzir mais sebo que antes. O sebo em excesso se combina com células cutâneas mortas e então bloqueia as aberturas dos folículos capilares. A *P. acnes* pode sobreviver na superfície da pele, mas prefere ambientes anaeróbicos como o interior dos folículos capilares bloqueados. Lá, eles se multiplicam em números enormes. Secreções de populações de *P. acnes* vazam nos tecidos internos, atraindo neutrófilos que iniciam a inflamação no tecido ao redor dos folículos. As pústulas resultantes são chamadas acne.

A flora normal pode causar doenças graves se invadir os tecidos. O agente bacteriano do tétano, a *Clostridium tetani*, passa pelo nosso intestino com tanta frequência que consideramos essa bactéria um habitante normal. A bactéria responsável pela difteria, a *Corynebacterium diphtheriae*, era flora normal da pele antes do uso difundido da vacina que erradicou a doença. A *Staphylococcus aureus*, um residente da pele humana, das membranas nasais e do intestino, também é uma causa importante de doença bacteriana em humanos (Figura 13.4). A flora normal causa ou piora a pneumonia; úlceras; colite; coqueluche; meningite; abscessos do pulmão e cérebro; e câncer de colo, estômago e intestino.

Tabela 13.3 Barreiras de superfície dos vertebrados

Física	Pele e epitélios intactos que revestem dutos e cavidades como o intestino e órbitas oculares; populações estabelecidas de flora normal.
Mecânica	Muco; ação de varredura dos cílios; ação de lavagem das lágrimas, saliva, micção, diarreia.
Química	Secreções (sebo, outros revestimentos cerosos); baixo pH da urina, sucos gástricos, trato urinário e vaginal; lisozimas.

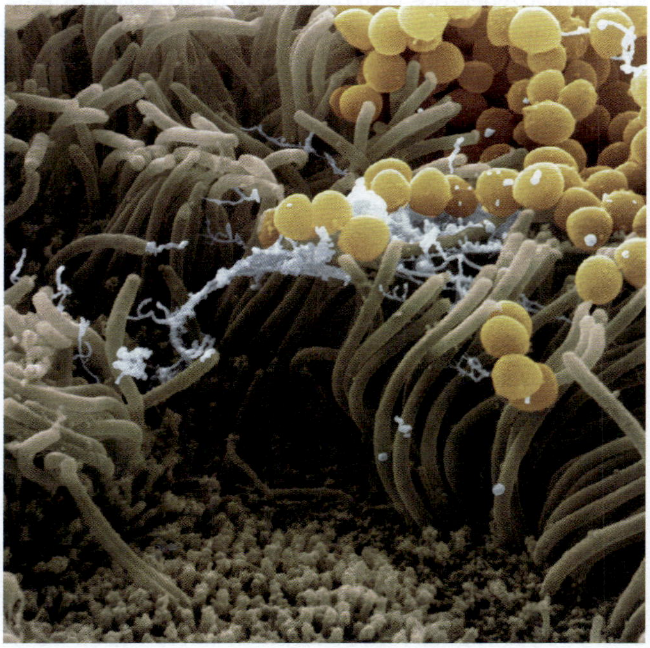

Figura 13.4 Células de *Staphylococcus aureus* (*amarelas*) aderindo aos cílios cobertos de muco nas células epiteliais nasais. A *S. aureus* é um habitante comum da pele e revestimento da boca, do nariz, da garganta e do intestino. Também é a causa principal de doenças bacterianas em seres humanos. Cepas de *S. aureus* resistentes a antibióticos são agora difundidas. Um tipo de *S. aureus* particularmente perigoso (MRSA), que é resistente a todas as penicilinas, é agora endêmico na maioria dos hospitais em todo o mundo. A MRSA é chamada comumente de "*superbug*".

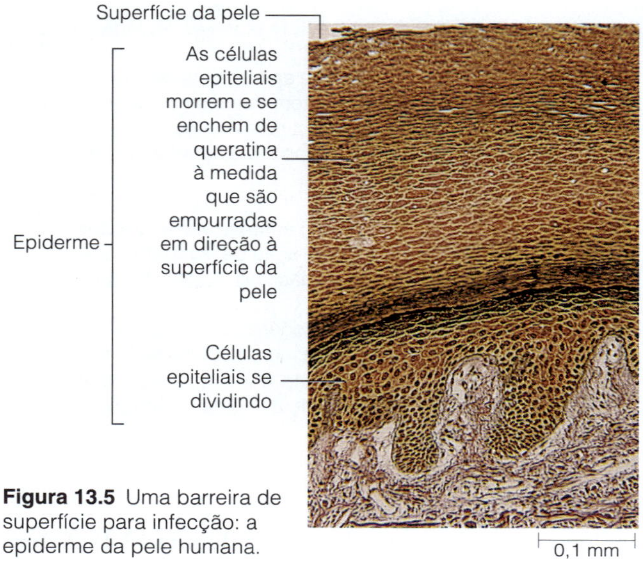

Figura 13.5 Uma barreira de superfície para infecção: a epiderme da pele humana.

Em contraste às superfícies do corpo, o sangue e os fluidos do tecido de pessoas saudáveis são tipicamente livres de microrganismos. Barreiras físicas, químicas e mecânicas mantêm microrganismos fora dos tecidos do corpo (Tabela 13.3). Por exemplo, pele saudável e intacta é uma barreira física efetiva. A pele dos vertebrados tem uma camada externa rígida (Figura 13.5). Microrganismos florescem nessa superfície impermeável e oleosa, mas raramente penetram nela.

O muco pegajoso que cobre as superfícies de muitos revestimentos epiteliais pode reter microrganismos. Os cílios existentes nas células dos revestimentos varrem os microrganismos presos para fora do corpo (Figura 13.4). O muco também contém **lisozima**, uma enzima que corta os polissacarídeos nas paredes da célula bacteriana em pedaços pequenos e depois desfia sua estrutura. A lisozima garante que a bactéria presa no muco não sobreviva o suficiente para romper as paredes dos *sinus* e do trato respiratório inferior.

A flora normal na boca resiste à lisozima na saliva. A maioria dos microrganismos que entram no estômago é morta pelo fluido gástrico, um líquido ácido e potente formado por enzimas que digerem proteínas. A maioria daqueles que sobrevivem e chegam ao intestino delgado é morta por sais biliares. Os mais resistentes que chegam até o intestino grosso têm que competir com aproximadamente 500 espécies residentes. Qualquer microrganismo estranho, que não pertence à flora normal, é tipicamente eliminado por diarreia.

O ácido láctico produzido pelos *Lactobacillus* ajuda a manter o pH vaginal fora do limite de tolerância da maioria dos fungos e outras bactérias. A ação de eliminação da micção (urina) normalmente interrompe a colonização do trato urinário por patógenos.

Para pensar

O que evita que os microrganismos, sempre presentes, entrem no ambiente interno do corpo?

- As barreiras de superfície impedem que os microrganismos que entram em contato ou habitam as superfícies dos vertebrados invadam o ambiente interno.

13.3 Lembre-se de usar o fio dental

- Nove entre dez pacientes com problemas cardiovasculares apresentam doença periodôntica grave. Há uma conexão.

Sua boca é um *habitat* particularmente convidativo para microrganismos, oferecendo nutrientes, calor, umidade e superfícies propícias para colonização. Consequentemente, abriga populações enormes de várias espécies de *Streptococcus*, *Lactobacillus*, *Staphylococcus* e outras bactérias.

Algumas das 400 ou mais espécies de microrganismos que normalmente vivem na boca provocam **placa** dental, um biofilme espesso formado por várias bactérias e arqueas ocasionais, seus produtos extracelulares e glicoproteínas da saliva. A placa adere fortemente aos dentes (Figura 13.6). Algumas bactérias que vivem na boca são fermentadoras. Elas decompõem pedaços de carboidrato que aderem aos dentes e depois excretam ácidos orgânicos que corroem o esmalte do dente e provocam cáries.

Em jovens saudáveis, junções justapostas entre o epitélio da gengiva e os dentes formam uma barreira que mantém os microrganismos bucais fora do ambiente interno. À medida que envelhecemos, o tecido conjuntivo embaixo do epitélio da gengiva torna-se menos espesso e a barreira então torna-se vulnerável. Bolsos fundos se formam entre os dentes e as gengivas, e uma grande quantidade de bactérias anaeróbicas e arqueas se acumula nesses bolsos. Suas secreções nocivas, incluindo enzimas e ácidos destrutivos, causam inflamação dos tecidos circundantes da gengiva – uma condição chamada periodontite.

A *Porphyromonas gingivalis* é uma dessas espécies anaeróbicas. Com todas as outras espécies de bactérias orais associadas à periodontite, a *P. gingivalis* também ocorre na placa aterocleróstica. Ferimentos peridentais consistem numa porta aberta para o sistema circulatório e suas artérias.

A aterosclerose é agora conhecida por ser uma doença inflamatória. Macrófagos e células T são atraídos para depósitos de lipídeos nas paredes do vaso. Suas secreções iniciam a inflamação que atrai mais lipídeos e a lesão cresce à medida que as células imunológicas morrem e se tornam parte dos depósitos. O papel que os microrganismos orais desempenham ainda não está claro, mas uma coisa é certa – eles contribuem para a inflamação que contribui para a piorar a doença da artéria coronária.

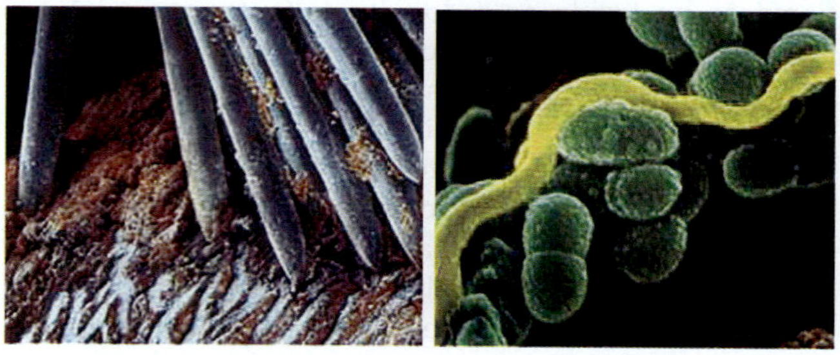

Figura 13.6 Placa. *À esquerda*, micrografia das cerdas de uma escova de dente esfregando a placa em uma superfície do dente. *À direita*, a causa principal da placa, o *Streptococcus mutans*.

13.4 Respostas imunológicas inatas

- Os mecanismos imunológicos inatos protegem inespecificamente os animais contra patógenos que invadem tecidos internos.

O que acontece se um patógeno escapar das defesas de superfície e entrar no ambiente interno do corpo? Todos os animais normalmente nascem com um conjunto de defesas imunológicas de atuação rápida e padronizada capazes de evitar que um patógeno invasor estabeleça uma população no ambiente interno do corpo. Essas defesas imunológicas inatas incluem ação de fagócitos e complemento, inflamação e febre – todos os mecanismos gerais que normalmente não mudam muito durante a vida de um indivíduo.

Fagócitos e complemento Os macrófagos são fagócitos grandes que engolfam e digerem essencialmente tudo, exceto células não danificadas do corpo. Eles patrulham o fluido intersticial e são, muitas vezes, as primeiras células de leucócitos a se deparar com o patógeno invasor. Quando os receptores em um macrófago se ligam ao antígeno, a célula começa a excretar citocinas e estas moléculas de sinalização atraem mais macrófagos, neutrófilos e células dendríticas para o local de invasão.

O antígeno também ativa o complemento (Figura 13.7*a*,*b*). Nos vertebrados, cerca de 30 tipos diferentes de proteína de complemento circulam em forma inativa pelo sangue e fluido intersticial. Algumas são ativadas quando se deparam com o antígeno ou quando um anticorpo se liga ao antígeno (retornaremos a anticorpos na Seção 13.6). As proteínas de complemento ativado são enzimas que digerem outras proteínas de complemento inativas, que, por sua vez, se tornam ativas e digerem outras proteínas de complemento, e assim por diante. Estas reações em cascata produzem rapidamente grandes concentrações de complemento ativado localizadas no local de invasão.

O complemento ativado atrai células fagocíticas. Como cães farejadores, estas células podem seguir gradientes de complemento em um tecido afetado. Algumas proteínas de complemento se prendem diretamente aos patógenos. Os fagócitos têm receptores de complemento; então, um patógeno coberto com complemento é reconhecido e engolfado mais rápido que um patógeno não coberto. Outras proteínas de complemento ativado se unem em complexos que perfuram as paredes celulares bacterianas ou membranas plasmáticas (Figura 13.7*c*–*e*).

As proteínas de complemento ativado também trabalham na imunidade adaptativa, guiando a maturação de células imunológicas e mediando algumas interações entre elas.

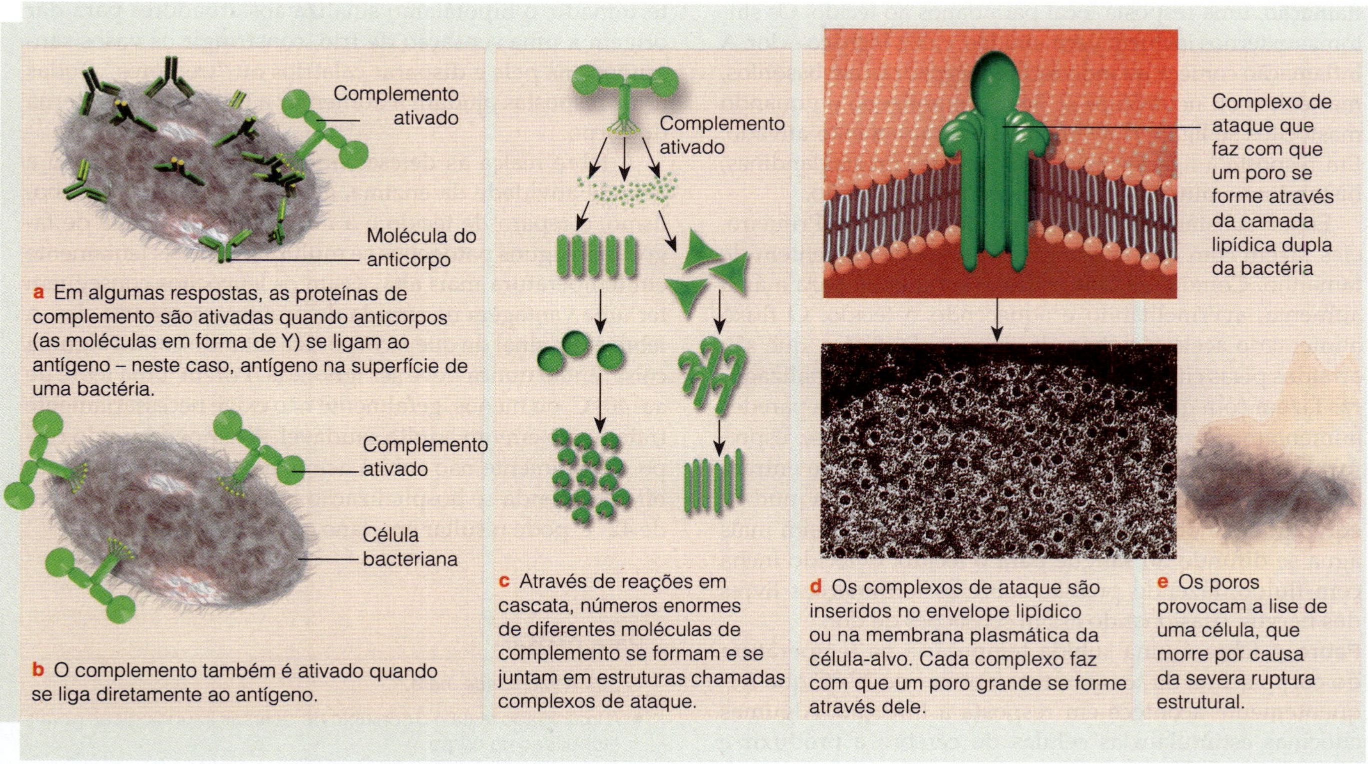

a Em algumas respostas, as proteínas de complemento são ativadas quando anticorpos (as moléculas em forma de Y) se ligam ao antígeno – neste caso, antígeno na superfície de uma bactéria.

b O complemento também é ativado quando se liga diretamente ao antígeno.

c Através de reações em cascata, números enormes de diferentes moléculas de complemento se formam e se juntam em estruturas chamadas complexos de ataque.

d Os complexos de ataque são inseridos no envelope lipídico ou na membrana plasmática da célula-alvo. Cada complexo faz com que um poro grande se forme através dele.

e Os poros provocam a lise de uma célula, que morre por causa da severa ruptura estrutural.

Figura 13.7 Um efeito da ativação de proteína de complemento. A ativação faz com que complexos de poros que induzem à lise se formem. A micrografia mostra orifícios em uma superfície do patógeno que foram feitos por complexos de ataque à membrana.

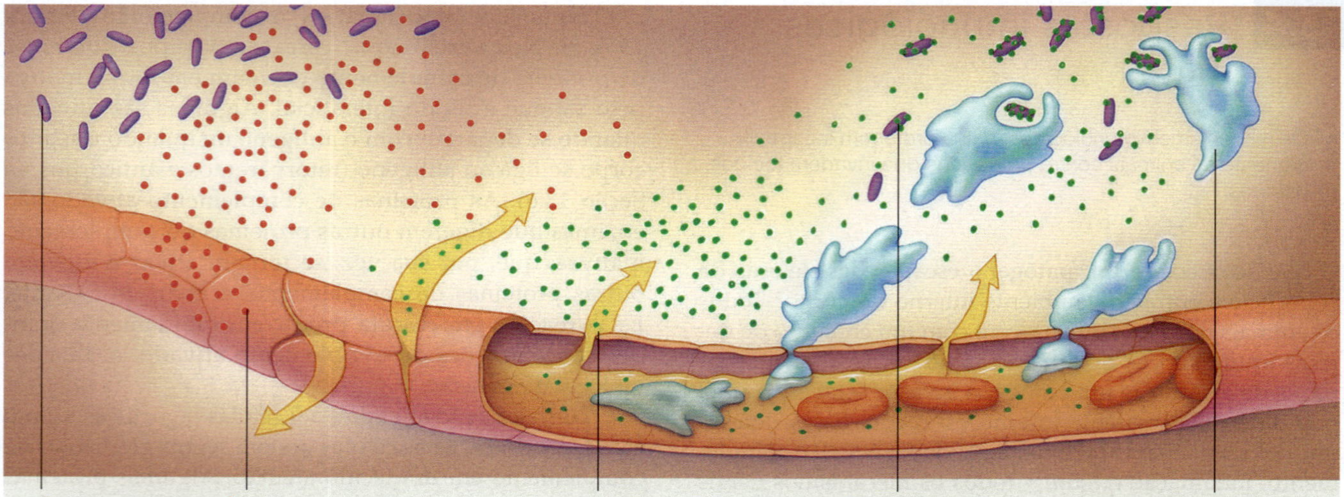

a Bactérias invadem um tecido e liberam toxinas ou produtos metabólicos que danificam o tecido.

b Mastócitos no tecido liberam histamina, que dilata as arteríolas (causando vermelhidão e calor) e aumenta a permeabilidade dos capilares.

c Fluido e proteínas do plasma vazam para os capilares; edema localizado (inchaço do tecido) e dor são o resultado.

d Proteínas de complemento atacam bactérias. Fatores de coagulação também cercam a área inflamada.

e Neutrófilos e macrófagos engolfam invasores e fragmentos. Secreções de macrófagos matam bactérias, atraem mais linfócitos e iniciam a febre.

Figura 13.8 Inflamação em resposta à infecção bacteriana. *Acima*, neste exemplo, leucócitos e proteínas plasmáticas entram em um tecido danificado.

Inflamação Complemento ativado e citocinas ativam a **inflamação**, uma resposta local para danos ao tecido. Os sintomas externos incluem vermelhidão, calor, inchaço e dor. A inflamação começa quando receptores padrão em basófilos, mastócitos ou neutrófilos se ligam ao antígeno ou quando mastócitos se ligam diretamente ao complemento ativado. Em resposta à ligação, as células liberam prostaglandinas, histaminas e outras substâncias no tecido afetado.

Essas substâncias produzem dois efeitos. Primeiro, elas fazem com que as arteríolas próximas aumentem de tamanho. Como resultado, o fluxo sanguíneo para a área aumenta, avermelhando e aquecendo o tecido. O fluxo aumentado acelera a chegada de mais fagócitos, que são atraídos pelas citocinas. Segundo, as moléculas sinalizadoras fazem com que os espaços entre as células nas paredes aumentem. Fagócitos e proteínas plasmáticas se espremem entre as células, saem do vaso sanguíneo e entram no fluido intersticial (Figura 13.8). A transferência muda o equilíbrio osmótico através da parede capilar, assim mais água se difunde do sangue para o tecido. O tecido incha com fluido, fazendo pressão sobre as terminações livres dos nervos, ocasionando assim sensações de dor.

Febre A febre é uma subida temporária na temperatura do corpo acima da temperatura normal de 37 °C que frequentemente acontece em resposta à infecção. Algumas citocinas estimulam as células do cérebro a produzir e liberar prostaglandinas, que atuam no hipotálamo para aumentar a temperatura interna do corpo. Enquanto a temperatura do corpo estiver abaixo do novo ponto determinado, o hipotálamo sinaliza aos atuadores para dar origem a uma sensação de frio, constringir os vasos sanguíneos na pele e disparar calafrios ou "tremores". Todas estas respostas ajudam a aumentar a temperatura interna do corpo.

A febre realça as defesas imunológicas aumentando a taxa de atividade da enzima, acelerando assim o metabolismo, o reparo de tecido e a formação e atividade de fagócitos. Alguns patógenos se multiplicam mais lentamente em temperatura mais alta, assim os leucócitos conseguem ter uma vantagem na corrida de proliferação contra eles. A febre é um sinal de que o corpo está lutando contra alguma coisa, então nunca deve ser ignorada. Porém, uma febre de até 40 °C, ou menos, geralmente não exige necessariamente tratamento em um adulto saudável. A temperatura do corpo normalmente não subirá acima desse valor, mas se subir, recomenda-se hospitalização imediata, pois uma febre de 42 °C pode resultar em dano cerebral ou morte.

Para pensar

O que é imunidade inata?

- A imunidade inata é o conjunto de defesas imunológicas gerais embutidas no corpo.
- Complemento, fagócitos, inflamação e febre eliminam rapidamente os invasores do corpo antes que suas populações se estabeleçam.

13.5 Visão geral da imunidade adaptativa

- A imunidade adaptativa em vertebrados é definida por reconhecimento próprio/não próprio, especificidade, diversidade e memória.

Se os mecanismos imunológicos não libertarem rapidamente o corpo de um patógeno invasor, populações de células patogênicas podem se estabelecer em tecidos do corpo. Nesse momento, os mecanismos imunológicos adaptativos de longa duração começarão a atacar os invasores especificamente.

Produzindo respostas às ameaças específicas

A vida é tão diversa que o número de antígenos diferentes é essencialmente ilimitado. Nenhum sistema pode reconhecer todos eles, mas a imunidade adaptativa dos vertebrados chega perto. Diferentemente da imunidade inata, o sistema imunológico adaptativo muda: ele se "adapta" aos diferentes antígenos que um indivíduo encontra durante sua vida. Linfócitos e fagócitos interagem para dar efeito às quatro características que definem a imunidade adaptativa: reconhecimento próprio/não próprio, especificidade, diversidade e memória.

Reconhecimento próprio *versus* não próprio começa com os padrões moleculares que dão a cada tipo de célula ou vírus uma identidade única. A membrana plasmática de suas células carregam **marcadores MHC** (*à esquerda*), que são proteínas de reconhecimento próprio denominadas de acordo com os genes que as codificam. Suas células T também contêm receptores de antígeno chamados **receptores de célula T** ou **TCRs**. Parte de um TCR reconhece marcadores MHC como próprios; parte também reconhece um antígeno como não próprio (estranho ao corpo).

Marcador MHC

Especificidade significa que as defesas são confeccionadas para alcançar antígenos específicos.

Diversidade se refere aos receptores de antígeno na coleção de células B e T de um corpo. Existem potencialmente bilhões de receptores de antígeno diferentes, assim um indivíduo tem o potencial para contar bilhões de ameaças diferentes.

Memória se refere à capacidade do sistema imunológico adaptativo de "lembrar" de um antígeno. Leva alguns dias para que as células B e T respondam ao primeiro momento em que encontram um antígeno. Se o mesmo antígeno aparece novamente, elas produzem uma resposta mais rápida, mais forte. É por isso que não ficamos tão doentes da segunda vez.

Primeiro passo – o alerta do antígeno

O reconhecimento de um antígeno específico é o primeiro passo da resposta imunológica adaptativa. Uma nova célula B ou T é *naïve*, o que significa que nenhum antígeno se ligou aos seus receptores ainda. Uma vez ligada a um antígeno, ela começa a se dividir por mitose e forma populações enormes.

Os receptores de célula T não reconhecem antígeno, a menos que seja apresentado por uma célula que carrega um antígeno. Macrófagos, células B e células dendríticas fazem a apresentação. Primeiro, eles engolfam algo antigênico. Vesículas contendo a partícula antigênica se formam no citoplasma das células e se fundem aos lisossomos. Enzimas lisossômicas digerem a partícula em pedaços.

Os lisossomos também contêm marcadores MHC que se ligam a alguns dos pedaços de antígeno. Os complexos de antígenos MHC resultantes são exibidos na superfície da célula quando as vesículas se fundem com (e se tornam parte de) a membrana plasmática (Figura 13.9).

Qualquer célula T que contenha um receptor para este antígeno se ligará ao complexo de antígenos MHC. A célula T então começa a liberar citocinas, que sinalizam a todas as outras células B ou T com o mesmo receptor de antígeno para se dividir novamente. Populações enormes de células B e T se formam depois de alguns dias; todas as células reconhecem o mesmo antígeno. A maioria é de **células efetoras**, linfócitos diferenciados que atuam de uma vez. Algumas são **células de memória**, células B e T de vida longa reservadas para futuros encontros com o antígeno.

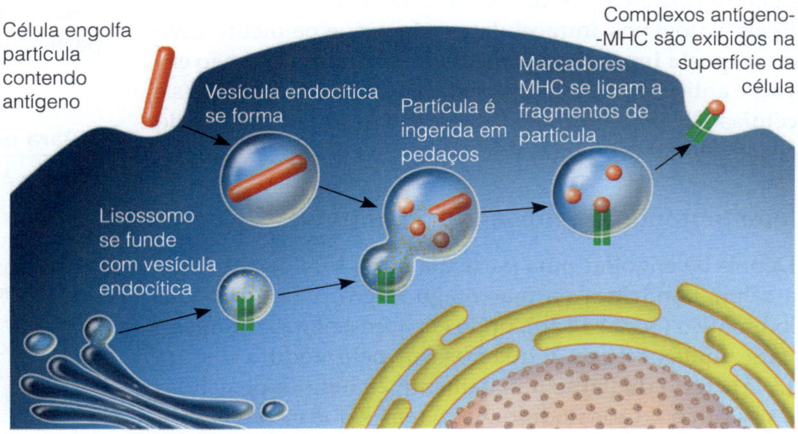
Célula engolfa partícula contendo antígeno
Vesícula endocítica se forma
Partícula é ingerida em pedaços
Marcadores MHC se ligam a fragmentos de partícula
Complexos antígeno-MHC são exibidos na superfície da célula
Lisossomo se funde com vesícula endocítica

Figura 13.9 Processamento do antígeno. Do encontro à exibição, o que acontece quando uma célula B, macrófago ou célula dendrítica engolfa uma partícula antigênica – neste caso, uma bactéria. Essas células engolfam, processam e depois exibem o antígeno ligado aos marcadores MHC. O antígeno exibido é apresentado para as células T.

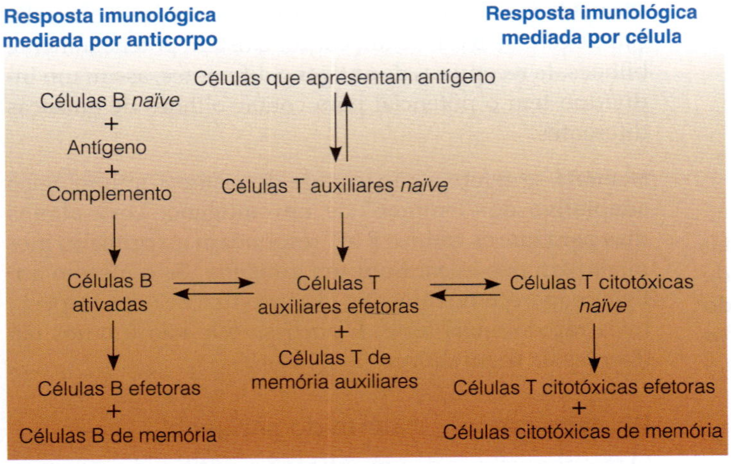

Figura 13.10 Visão geral das interações-chave entre respostas mediadas por anticorpo e mediadas por célula – os dois braços da imunidade adaptativa. Uma célula *naïve* ("virgem") é aquela que ainda não fez contato com seu antígeno específico.

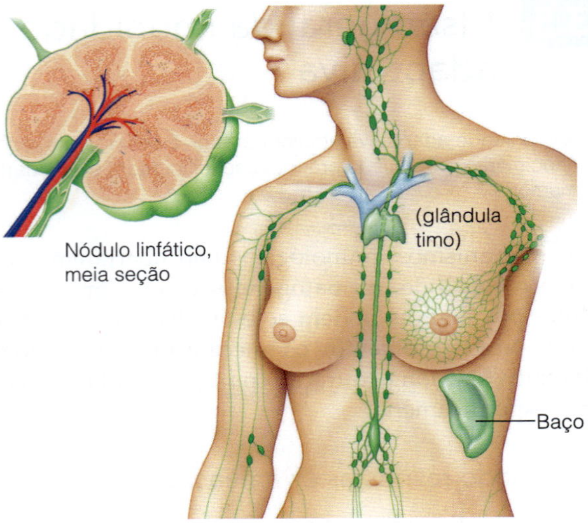

Figura 13.11 Campo de batalha da imunidade adaptativa. Nódulos linfáticos ao longo das vias vasculares linfáticas contêm macrófagos, células dendríticas, células B e células T. O baço filtra as partículas antigênicas do sangue.

Dois braços da imunidade adaptativa

Como um golpe "direita-esquerda" de um pugilista, a imunidade adaptativa tem dois braços separados: as respostas mediadas por anticorpo e as respostas mediadas por células (Figura 13.10). Essas duas respostas trabalham juntas para eliminar ameaças diversas.

Nem todas as ameaças se apresentam da mesma maneira. Por exemplo, bactérias, fungos ou toxinas podem circular no sangue ou no fluido intersticial. Estas células são interceptadas rapidamente por células B e outros fagócitos que interagem na **resposta imunológica mediada por anticorpo**. Nesta resposta, células B produzem anticorpos, que são proteínas capazes de se ligar às partículas que contêm antígeno. Retornaremos a anticorpos na próxima seção.

Alguns tipos de ameaças não são atingidas pelas células B. Por exemplo, os linfócitos B não conseguem detectar células do corpo alteradas por câncer. Como outro exemplo, alguns vírus, bactérias, fungos e protistas podem se esconder e se reproduzir dentro das células do corpo; as células B conseguem detectá-las rapidamente apenas quando elas escapam de uma célula para infectar outras. Esses patógenos intracelulares são principalmente alvo da **resposta imunológica mediada por célula** que não envolve anticorpos. Nesta resposta, as células T citotóxicas e células NK (*natural killer*) detectam e destroem células do corpo alteradas ou infectadas.

Interceptando e eliminando o antígeno

Depois de engolfar uma partícula portadora de antígeno, a célula dendrítica ou macrófago migra para um nódulo linfático (Seção 12.10), onde ela apresentará o antígeno para muitas células T que passam pelo nódulo (Figura 13.11). Todo dia, aproximadamente 25 bilhões de células T passam por cada nódulo. As células T que reconhecem e se ligam ao antígeno apresentado por um fagócito iniciam uma resposta adaptativa.

Partículas portadoras de antígeno no fluido intersticial fluem pelos vasos linfáticos até o nódulo linfático, onde se encontram com arranjos de células B residentes, células dendríticas e macrófagos. Estes fagócitos engolfam, processam e apresentam o antígeno para as células T que estão passando pelo nódulo. Qualquer partícula antigênica que escapa de um nódulo linfático para entrar no sangue é absorvida pelo baço.

Durante uma infecção, os nódulos linfáticos incham porque as células T se acumulam dentro deles. Quando você está doente, pode notar seus nódulos linfáticos inchados, como caroços sob a mandíbula ou em outros lugares.

A maré da batalha vira quando as células efetoras e suas secreções destroem a maioria dos agentes portadores de antígeno. Com menor quantidade de antígenos presentes, menos soldados imunológicos são recrutados. As proteínas de complemento ajudam na eliminação ligando complexos antígeno-anticorpo, formando grandes aglomerações que podem ser rapidamente eliminadas do sangue pelo fígado e baço. As respostas imunológicas baixam depois que as partículas antigênicas são eliminadas do corpo.

Para pensar

O que é o sistema imunológico adaptativo?

- Fagócitos e linfócitos interagem para provocar a imunidade adaptativa dos vertebrados, que possuem quatro características que definem: reconhecimento próprio/não próprio, especificidade, diversidade e memória.
- Os dois braços da imunidade adaptativa trabalham juntos. Respostas mediadas por anticorpo objetivam antígenos no sangue ou no fluido intersticial; respostas mediadas por célula objetivam células alteradas no corpo.

13.6 Anticorpos e outros receptores de antígeno

- Os receptores de antígenos dão aos linfócitos o potencial de reconhecimento de bilhões de antígenos diferentes.

Estrutura e função do anticorpo

Se nós compararmos as células B a assassinos, então cada uma tem uma atribuição genética de liquidar um objetivo em particular – um patógeno extracelular portador de antígeno ou toxina. Os anticorpos são suas armas moleculares. **Anticorpos** são proteínas, receptoras de antígenos, em formato de Y, feitos somente por células B. Cada um pode se ligar ao antígeno que iniciou sua síntese. Muitos anticorpos circulam no sangue e entram no fluido intersticial durante a inflamação, mas eles não matam os patógenos diretamente. Pelo contrário, eles ativam o complemento, facilitam a fagocitose, evitam que patógenos ataquem as células do corpo e neutralizam toxinas.

Uma molécula de anticorpo consiste em quatro polipeptídeos: duas cadeias "leves" e duas cadeias "pesadas" idênticas (Figura 13.12). Cada cadeia tem uma região variável e constante. Quando as cadeias se dobram juntamente como um anticorpo intacto, as regiões variáveis formam dois locais de ligação de antígenos que têm uma distribuição específica de protuberâncias, sulcos e cargas. Esses locais de ligação são a parte receptora de antígeno de um anticorpo: eles podem se ligar somente ao antígeno com uma distribuição complementar de protuberâncias, sulcos e cargas.

Além dos locais de ligação de antígeno, cada anticorpo também tem uma região constante que determina sua identidade ou classe estrutural. Existem cinco classes de anticorpo: IgG, IgA, IgE, IgM e IgD (Ig significa imunoglobulina, que é outro nome para anticorpo). As diferentes classes possuem funções diferentes (Tabela 13.4). A maior parte dos anticorpos que está presente na circulação sanguínea e nos fluidos do tecido são IgG, que ligam patógenos, neutralizam toxinas e ativam complemento. IgG é o único anticorpo que pode cruzar a placenta para proteger o feto antes que seu próprio sistema imunológico esteja ativo. IgA é o anticorpo principal presente no muco e outras secreções das glândulas exócrinas.

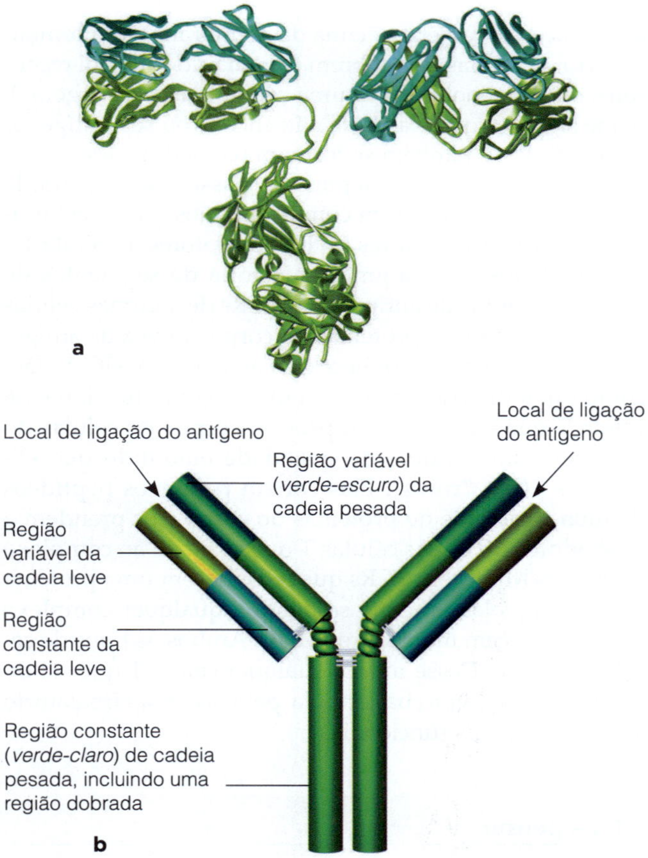

Figura 13.12 Estrutura do anticorpo. (**a**) Uma molécula de anticorpo tem quatro cadeias de polipeptídeos unidas em uma configuração em Y. Neste modelo de fita, as duas cadeias pesadas são mostradas em *verde* e as duas cadeias leves são *azuis*. (**b**) Cada cadeia tem uma região variável e uma região constante.

Tabela 13.4 Classes estruturais de anticorpos

Anticorpos secretados		
IgG		Principal anticorpo no sangue; ativa o complemento, neutraliza toxinas; protege o feto e é secretado no primeiro leite.
IgA		Abundante nas secreções da glândula exócrina (por exemplo: lágrimas, saliva, leite, muco), onde ocorre em forma dimérica (*exibida*). Interfere na ligação de bactérias e vírus nas células do corpo.
Anticorpos ligados por membrana		
IgE		Presos à superfície de basófilos, mastócitos, eosinófilos e algumas células dendríticas. A ligação de IgE ao antígeno induz a célula presa a liberar histaminas e citocinas. Fator em alergias e asma.
IgD	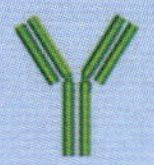	Receptor da célula B.
IgM		Receptor da célula B, como um monômero. Também é secretado como pentâmero (grupo de cinco, *exibido*).

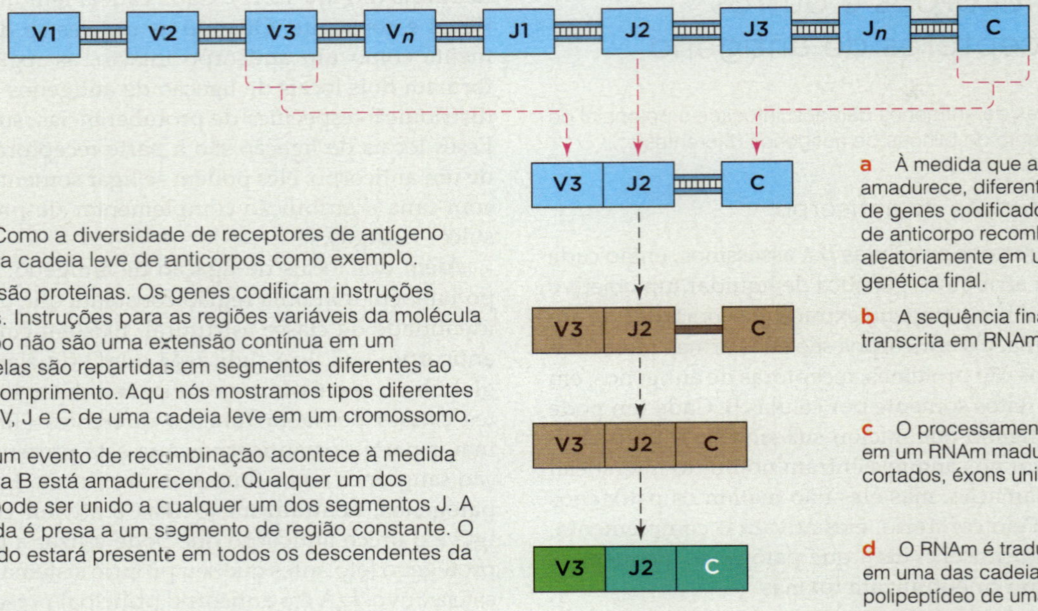

Figura 13.13 Como a diversidade de receptores de antígeno surge, com uma cadeia leve de anticorpos como exemplo.

Os anticorpos são proteínas. Os genes codificam instruções sintetizando-os. Instruções para as regiões variáveis da molécula de um anticorpo não são uma extensão contínua em um cromossomo; elas são repartidas em segmentos diferentes ao longo de seu comprimento. Aqu nós mostramos tipos diferentes de segmentos V, J e C de uma cadeia leve em um cromossomo.

Nesta região, um evento de recombinação acontece à medida que cada célula B está amadurecendo. Qualquer um dos segmentos V pode ser unido a qualquer um dos segmentos J. A sequência unida é presa a um segmento de região constante. O gene combinado estará presente em todos os descendentes da célula B.

a À medida que a célula B amadurece, diferentes segmentos de genes codificadores de anticorpo recombinam aleatoriamente em uma sequência genética final.

b A sequência final é transcrita em RNAm.

c O processamento resulta em um RNAm maduro (íntrons cortados, éxons unidos).

d O RNAm é traduzido em uma das cadeias de polipeptídeo de uma molécula de anticorpo.

Ligado ao antígeno, ele interage com mastócitos, basófilos, macrófagos e células NK para iniciar a inflamação. IgA é excretado como um dímero (dois anticorpos juntos), que o torna estável o suficiente para patrulhar ambientes severos como o interior do trato digestório. Lá, o IgA encontra patógenos antes que eles entrem em contato com as células do corpo. IgE é incorporado na membrana plasmática de mastócitos, basófilos e alguns tipos de células dendríticas. A ligação de antígeno ao IgE ativa a célula presa a liberar histaminas e citocinas. Uma nova célula B se cobre de **receptores de célula B**, que são anticorpos IgM ou IgD mediados por membrana. Os pentâmeros de IgM excretados (polímeros de cinco) se ligam eficientemente ao antígeno e ativam o complemento.

Fabricação de receptores de antígeno

A maioria dos seres humanos pode produzir aproximadamente 2,5 bilhões de receptores de antígeno singulares. Esta diversidade surge porque os genes que codificam os receptores não ocorrem em um trecho contínuo de um cromossomo; em vez disso, eles ocorrem em vários segmentos em cromossomos diferentes e existem várias versões diferentes de cada segmento. Os segmentos são entrançados durante a diferenciação de células B e T, mas a versão de cada segmento, que é entrelaçado no gene do receptor de antígeno de uma célula em particular, é aleatória (Figura 13.13). À medida que uma célula B ou T se diferencia, ela termina com uma das aproximadamente 2,5 bilhões de combinações diferentes de segmentos de gene.

Antes de uma nova célula B deixar a medula óssea, ela já está sintetizando seus receptores de antígeno únicos. A região constante de cada receptor é embutida na camada dupla lipídica da membrana plasmática da célula e os dois braços se projetam acima da membrana. No momento certo, as células B se cobrem com mais de 100 mil receptores de antígeno. É agora uma célula B *naïve* ("virgem"), o que significa que ela ainda não encontrou seu antígeno.

As células T também se formam na medula óssea, mas amadurecem somente depois de passar pela glândula timo. Lá, elas se deparam com hormônios que as estimulam a produzir receptores MHC e receptores de célula T.

Em decorrência da junção aleatória de segmentos de gene de receptor de antígeno, os TCRs de algumas células T novas se ligam às proteínas do corpo em vez de antígeno, e a maioria não reconhece os marcadores MHC. Então, como um indivíduo acaba com um conjunto funcional de célula T que não ataca seu próprio corpo? As células do timo têm um controle de qualidade embutido que elimina os TCRs "ruins". Elas cortam pequenos peptídeos de uma variedade de proteínas do corpo e os prendem a marcadores MHC. As células T que se ligam ao complexo peptídeos MHC têm TCRs que reconhecem uma proteína própria; aquelas que não se ligam a qualquer complexo não reconhecem marcadores MHC. Ambos os tipos de células morrem. Desse modo, qualquer célula T que sai do timo para começar sua jornada pelo sistema circulatório se cobre de TCRs funcionais.

Para pensar

O que são receptores de antígeno?

- O sistema imunológico adaptativo tem o potencial de reconhecer aproximadamente 2,5 bilhões de antígenos diferentes via receptores nas células B e T.
- Os anticorpos são receptores excretados ou mediados por membrana. Eles são produzidos somente por células B.

13.7 Resposta imunológica mediada por anticorpo

- Em uma resposta imunológica mediada por anticorpo, as células B são estimuladas a produzir anticorpos objetivando um antígeno específico.

Uma resposta mediada por anticorpo

Suponha que você corte seu dedo acidentalmente. Sendo oportunistas, algumas células de *Staphylococcus aureus* em sua pele invadem seu ambiente interno. O complemento no fluido intersticial rapidamente se prende a carboidratos nas paredes da célula bacteriana e as reações de ativação de complemento em cascata começam. Dentro de uma hora, bactérias cobertas de complemento presentes nos vasos linfáticos chegam ao nódulo linfático no seu cotovelo. Lá elas passam por um exército de células B *naïve* (virgens).

Enquanto isso acontece, uma das células B *naïve* naquele nódulo linfático produz receptores de antígeno que reconhecem um polissacarídeo nas paredes celulares da *S. aureus*. Esta e todas as outras células B têm receptores que reconhecem uma camada de complemento nas bactérias. A ligação do antígeno e complemento juntos estimula a célula B a engolfar uma das bactérias por endocitose mediada por um receptor. A célula B está agora ativada (Figura 13.14*a*).

Enquanto isso, mais células de *S. aureus* estão excretando produtos metabólicos no fluido intersticial ao redor do corte. As secreções atraem fagócitos. Uma célula dendrítica engolfa várias bactérias, depois migra para o nódulo linfático em seu cotovelo. Quando chega lá, ela já digeriu a bactéria e está exibindo seus fragmentos ligados a marcadores MHC em sua superfície (Figura 13.14*b*).

A cada hora, cerca de 500 células T *naïve* diferentes migram pelos nódulos linfáticos, inspecionando as células dendríticas residentes. Neste caso, uma dessas células T tem TCRs que se ligam aos complexos antígenos MHC *S. aureus* exibidos pela célula dendrítica.

Pelas próximas 24 horas, a célula T e a célula dendrítica interagem. Quando elas se soltam, a célula T retorna ao sistema circulatório e começa a se dividir (Figura 13.14*c*). Uma população enorme de células T geneticamente idênticas se forma; cada célula tem receptores que podem se ligar ao antígeno *S. aureus*. Esses clones se diferenciam em células T auxiliares e células T de memória.

Pela teoria da seleção clonal, a célula T foi "selecionada" porque seus receptores se ligam ao antígeno *S. aureus*. Células T com receptores que não ligam o antígeno não se dividem para formar enormes populações clonais.

a Os receptores de célula B em uma célula B *naïve* se ligam a um antígeno específico na superfície de uma bactéria. A camada de complemento da bactéria ativa a célula B para engolfá-la. Fragmentos da bactéria ligam marcadores MHC e os complexos são exibidos na superfície da agora ativada célula B.

b Uma célula dendrítica engolfa o mesmo tipo de bactéria que a célula B encontrou. Fragmentos digeridos da bactéria se ligam a marcadores MHC e os complexos são exibidos na superfície da célula dendrítica. A célula dendrítica é agora uma célula que apresenta antígeno.

c Os complexos antígenos MHC na célula que apresenta antígeno são reconhecidos por receptores de antígeno em uma célula T *naïve*. A ligação faz com que a célula T se divida e se diferencie em células T efetoras auxiliares e de memória.

d Receptores de antígeno de uma das células T efetoras auxiliares ligam complexos antígeno-MHC na célula B. A ligação faz com que a célula T excrete citocinas.

e As citocinas induzem a célula B a se dividir, ocasionando muitas células B idênticas. As células se diferenciam em células B efetoras e células B de memória.

f As células B efetoras começam a fazer e excretar grandes quantidades de IgA, IgG ou IgE, todos os quais reconhecem o mesmo antígeno que o receptor da célula B original. Os novos anticorpos circulam pelo corpo e se ligam a qualquer bactéria remanescente.

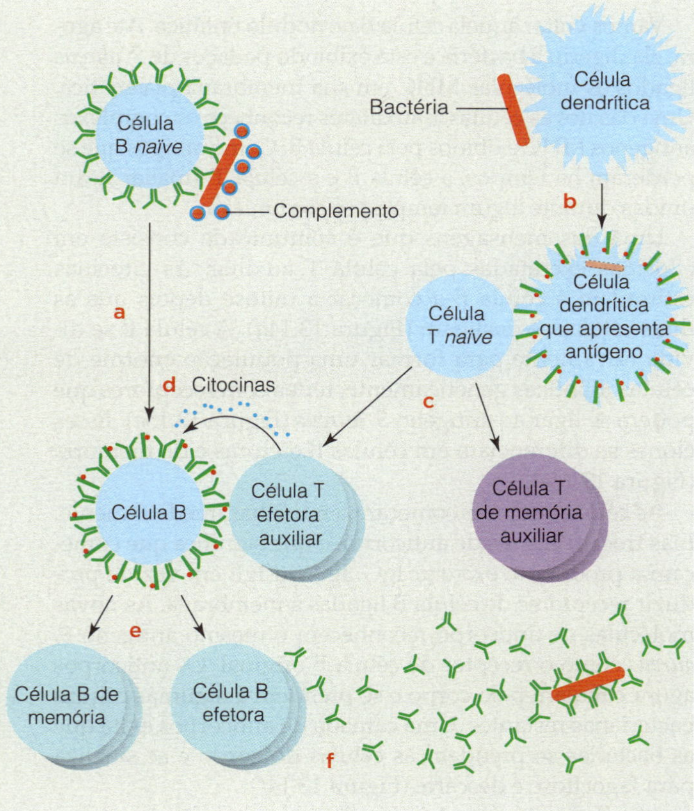

Figura 13.14 Exemplo de uma resposta imunológica mediada por anticorpo.

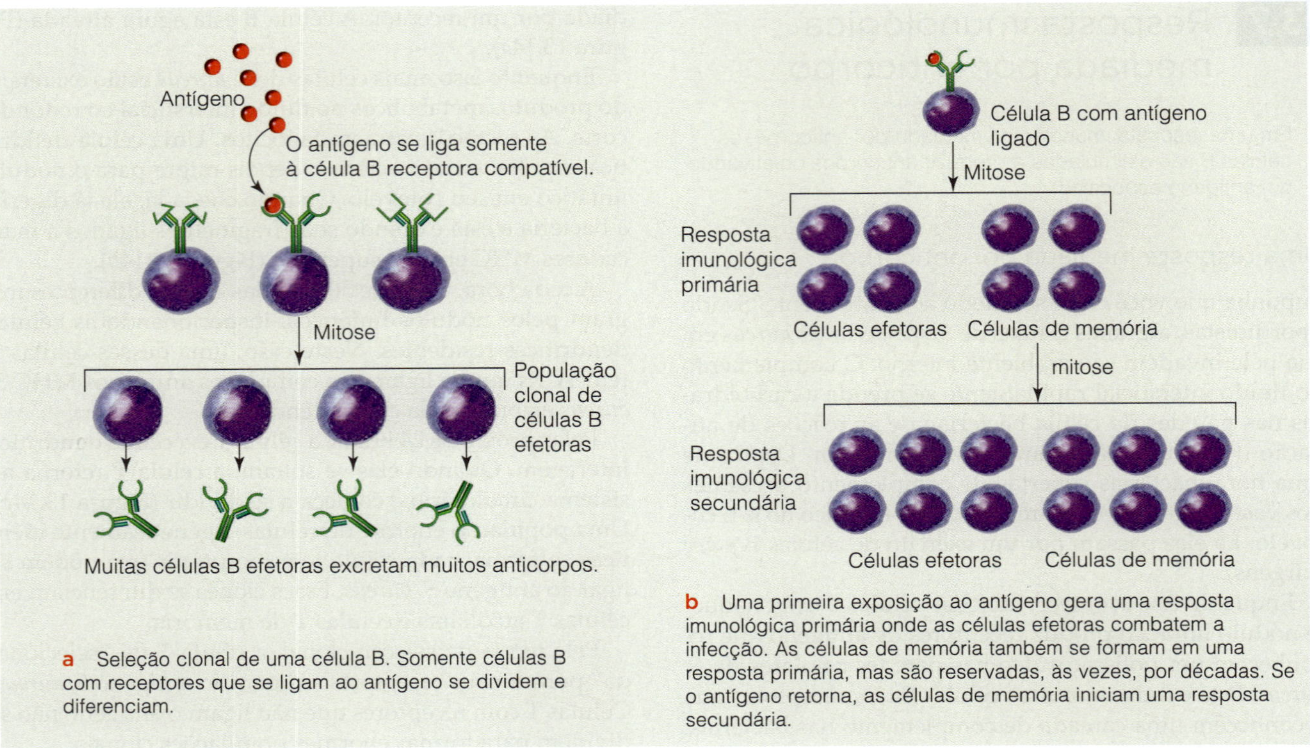

a Seleção clonal de uma célula B. Somente células B com receptores que se ligam ao antígeno se dividem e diferenciam.

b Uma primeira exposição ao antígeno gera uma resposta imunológica primária onde as células efetoras combatem a infecção. As células de memória também se formam em uma resposta primária, mas são reservadas, às vezes, por décadas. Se o antígeno retorna, as células de memória iniciam uma resposta secundária.

Figura 13.15 Maturação da célula B.

Vamos voltar àquela célula B no nódulo linfático. Até agora, ela digeriu a bactéria e está exibindo pedaços de *S. aureus* ligados às moléculas MHC em sua membrana plasmática. Uma das novas células T auxiliares reconhece os complexos antígenos MHC exibidos pela célula B. Como amigos que se perderam há tempos, a célula B e a célula T auxiliar ficam unidas durante algum tempo e se comunicam.

Uma das mensagens que é comunicada consiste em citocinas excretadas pela célula T auxiliar. As citocinas estimulam a célula B a começar a mitose depois que as duas células se desligam (Figura 13.14*d*). A célula B se divide novamente para formar uma população enorme de células idênticas geneticamente, todas com receptores que podem se ligar ao antígeno *S. aureus* (Figura 13.15*a*). Esses clones se diferenciam em células B efetoras e de memória (Figura 13.14*e*).

As células efetoras começam a trabalhar imediatamente. Elas trocam classes de anticorpo, o que significa que começam a produzir e excretar IgG, IgA ou IgE em vez de produzir receptores de célula B ligadas à membrana. As novas moléculas de anticorpo reconhecem o mesmo antígeno *S. aureus* como o receptor de célula B original. Os anticorpos agora circulam pelo corpo e se prendem a algumas células bacterianas restantes. Uma camada de anticorpos evita que as bactérias se prendam às células do corpo e as sinaliza para fagocitose e descarte (Figura 13.14*f*).

As células de memória B e T também se formam, mas estas não agem imediatamente. Elas persistem muito depois que a infecção inicial termina.

Figura 13.16 Níveis de anticorpos em uma resposta imunológica primária e secundária. Uma resposta imunológica secundária é mais rápida e mais forte que a resposta primária que a precedeu.

Se o mesmo antígeno entra no corpo posteriormente, essas células de memória iniciarão uma resposta secundária (Figuras 13.15*b* e 13.16). Na resposta secundária, populações maiores de clones de células efetoras se formam muito mais rapidamente do que na resposta primária, assim, mais anticorpos podem ser produzidos em um tempo mais curto.

Para pensar

O que acontece durante uma resposta imunológica mediada por anticorpos?

- As células que apresentam antígenos, células T e B, interagem em uma resposta imunológica mediada por anticorpo objetivando um antígeno específico.
- Populações de células B se formam; estas fazem e excretam anticorpos que reconhecem e se ligam ao antígeno.

13.8 Resposta mediada por célula

- Em uma resposta imunológica mediada por célula, células T citotóxicas e células NK são estimuladas a matar células infectadas e alteradas.

Se as células B são como assassinos, as células citotóxicas T são especialistas no combate célula a célula. A resposta imunológica mediada por anticorpo objetiva eficientemente os patógenos que circulam no sangue e no fluido intersticial, mas não é tão efetiva contra patógenos escondidos dentro das células. Como parte integrante de uma resposta imunológica mediada por célula, as células citotóxicas T matam células doentes que podem ser perdidas em uma resposta mediada por anticorpo. Essas células tipicamente exibem antígeno: as células cancerosas exibem proteínas corporais alteradas e as células corporais infectadas com patógenos intracelulares exibem polipeptídeos do agente infectante. Ambos os tipos de células são detectadas e mortas por células citotóxicas T.

Uma resposta típica mediada por célula começa no fluido intersticial durante a inflamação quando uma célula dendrítica reconhece, engolfa e digere uma célula corporal doente ou os restos de uma célula dessas (Figura 13.17*a*). A célula dendrítica começa a exibir o antígeno que foi parte da célula doente e migra para o baço ou para um nódulo linfático. Lá, as células dendríticas apresentam seus complexos antígenos MHC para populações enormes de células T auxiliares *naïve* e células T citotóxicas *naïve*. Algumas das células *naïve* apresentam TCRs que reconhecem os complexos na célula dendrítica. Essas células T auxiliares e células T citotóxicas que ligam os complexos antígenos MHC na célula dendrítica são ativadas.

As células T auxiliares ativadas se dividem e diferenciam em populações de células T efetoras e de memória (Figura 13.17*b*). As células efetoras começam imediatamente a excretar citocinas. As células T citotóxicas ativadas reconhecem as citocinas como sinais para se dividir e diferenciar, e populações enormes de células T efetoras e de memória se formam (Figura 13.17*c*,*d*).

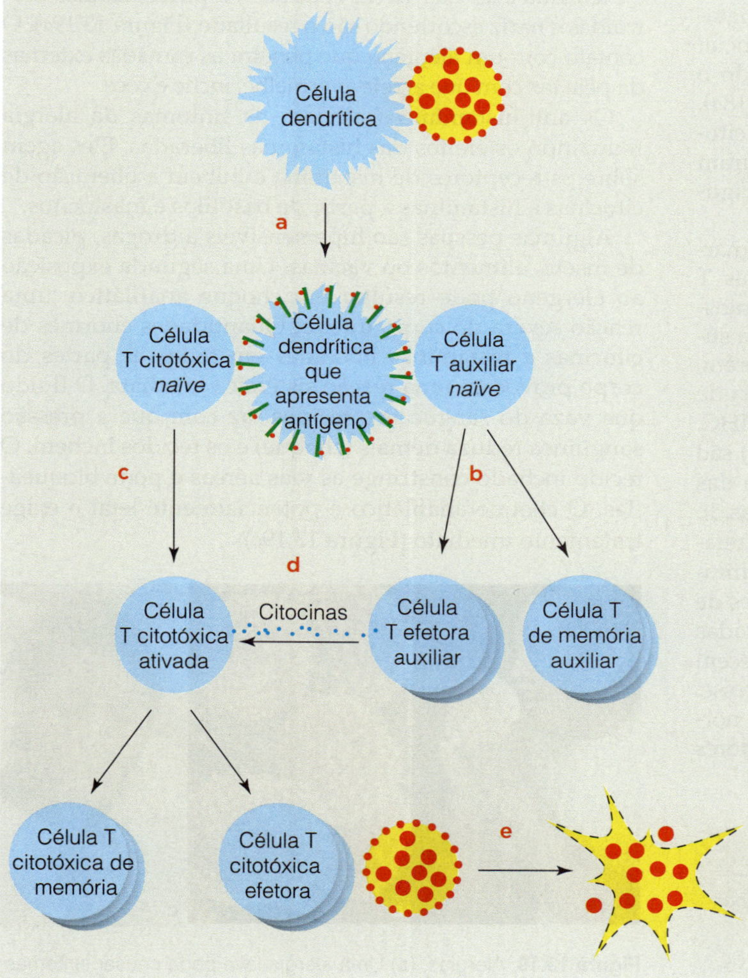

a Uma célula dendrítica engolfa uma célula infectada por vírus. Fragmentos digeridos do vírus se ligam aos marcadores MHC e os complexos são exibidos na superfície da célula dendrítica. A célula dendrítica, agora uma célula que apresenta antígeno, migra para um nódulo linfático.

b Receptores em uma célula T auxiliar *naïve* se liga aos complexos antígenos MHC na célula dendrítica. A interação ativa a célula T auxiliar, que então começa a se dividir. Uma população grande de células descendentes se forma. Cada célula contém receptores de célula T que reconhecem o mesmo antígeno. As células se diferenciam em células efetoras e células de memória.

c Receptores em uma célula T citotóxica se ligam a complexos antígenos MHC na superfície da célula dendrítica. A interação ativa a célula T citotóxica.

d A célula T citotóxica ativada reconhece citocinas excretadas pelas células T efetoras auxiliares como sinais para se dividir. Uma população grande de células descendentes se forma. Cada célula contém receptores de célula T que reconhecem o mesmo antígeno. As células se diferenciam em células efetoras e de memória.

e As células T citotóxicas circulam pelo corpo. Elas reconhecem e matam qualquer célula corporal que exiba os complexos virais antígenos MHC em sua superfície.

Figura 13.17 Exemplo de uma resposta imunológica primária mediada por célula.
Resolva: O que representam os pontos vermelhos grandes?

Resposta: Vírus

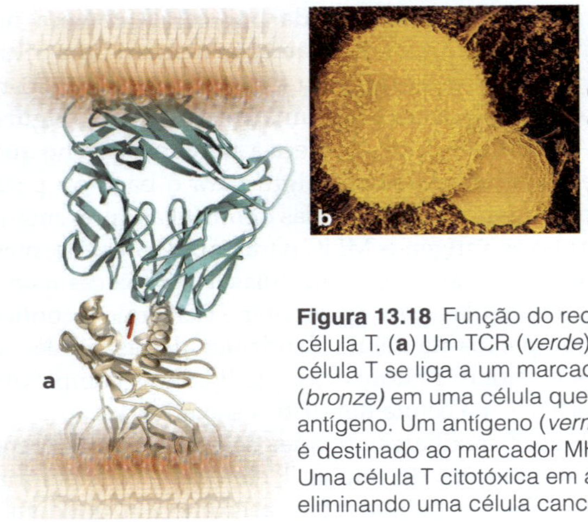

Figura 13.18 Função do receptor de célula T. (**a**) Um TCR (*verde*) em uma célula T se liga a um marcador MHC (*bronze*) em uma célula que apresenta antígeno. Um antígeno (*vermelho*) é destinado ao marcador MHC. (**b**) Uma célula T citotóxica em ação, eliminando uma célula cancerosa.

Todas elas reconhecem e se ligam ao mesmo antígeno – aquele exibido por aquela primeira célula doente. Como em uma resposta mediada por anticorpo, as células de memória que se formam em uma resposta primária mediada por célula montarão uma resposta secundária se o antígeno retornar posteriormente.

As células T citotóxicas começam a trabalhar imediatamente. Elas circulam pelo sangue e pelo fluido intersticial e se ligam a qualquer outra célula do corpo exibindo o antígeno original com marcadores MHC (Figura 13.18*a*). Depois de se ligar a uma célula doente, uma célula T citotóxica libera perforina e proteases. Estas toxinas perfuram a célula doente e a induzem à morte por apoptose (Figuras 13.17*e* e 13.18*b*).

As células T citotóxicas também reconhecem os marcadores MHC de células corporais estranhas (células T citotóxicas são responsáveis pela rejeição de órgãos transplantados). Elas devem reconhecer moléculas MHC na superfície de uma célula do corpo a fim de eliminá-la. Porém, algumas infecções ou câncer podem alterar uma célula de forma que falte parte ou todos os seus marcadores MHC. Células NK ("*natural killers*" ou "assassinas naturais") são cruciais para combater essas células. Diferentemente das células T citotóxicas, as células NK podem matar células do corpo que não têm marcadores MHC. As citocinas excretadas por células T auxiliares (Figura 13.17*d*) também estimulam a divisão de células NK. As populações resultantes de células NK efetoras atacam as células do corpo rotuladas para destruição por anticorpos. Elas também reconhecem certas proteínas exibidas por células do corpo sob estresse. Células do corpo estressadas com marcadores MHC normais não são mortas; somente aquelas com marcadores MHC alterados ou faltantes são destruídas.

Para pensar

O que acontece durante uma resposta imunológica mediada por célula?

- As células que apresentam antígeno, células T e células NK, interagem em uma resposta imunológica mediada por célula objetivando células corporais que foram alteradas por câncer ou infectadas.

13.9 Alergias

- Uma resposta imunológica para uma substância tipicamente inofensiva é denominada alergia. As alergias podem ser incômodas ou potencialmente letais.

Em milhões de pessoas, a exposição a substâncias inofensivas estimula uma resposta imunológica. Qualquer substância ordinariamente inofensiva que ainda provoque essas respostas é um **alérgeno**. A sensibilidade a um alérgeno é chamada **alergia**. Drogas, alimentos, pólen, ácaros de poeira e veneno de abelhas, vespas e outros insetos estão entre os alérgenos mais comuns.

Algumas pessoas são geneticamente predispostas a desenvolver alergias. Infecções, estresse emocional e mudanças na temperatura do ar podem ativar reações. Uma primeira exposição a um alérgeno estimula o sistema imunológico a produzir IgE, que se fixa aos mastócitos e basófilos. Nas exposições posteriores, o antígeno se liga ao IgE. A ligação ativa a célula fixada a excretar histamina e citocinas que iniciam a inflamação. Se esta reação ocorrer no revestimento do trato respiratório, uma quantidade abundante de muco é excretada e as vias aéreas contraem; espirros, fístulas obstruídas e nariz escorrendo são o resultado (Figura 13.19*a*). O contato com um alérgeno que penetra as camadas externas da pele faz com que a pele avermelhe, inche e coce.

Os anti-histamínicos aliviam os sintomas da alergia reduzindo os efeitos das histaminas liberadas. Eles agem sobre os receptores de histamina e inibem a liberação de citocinas e histaminas a partir de basófilos e mastócitos.

Algumas pessoas são hipersensíveis a drogas, picadas de inseto, alimentos ou vacinas. Uma segunda exposição ao alérgeno pode resultar em choque anafilático, uma reação severa do corpo inteiro. Quantidades enormes de citocinas e histaminas liberadas em todas as partes do corpo provocam uma reação sistêmica imediata. O fluido que vaza do sangue nos tecidos faz com que a pressão sanguínea reduza demais (choque) e os tecidos incham. O tecido inchado constringe as vias aéreas e pode bloqueá-las. O choque anafilático é potencialmente letal e exige tratamento imediato (Figura 13.19*c*).

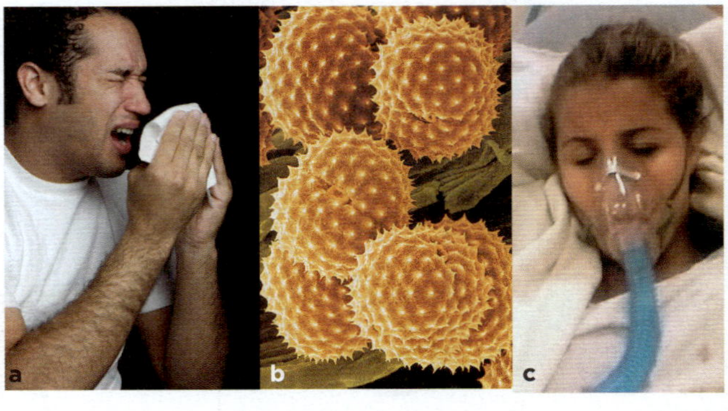

Figura 13.19 Alergias. (**a**) Uma alergia leve pode causar sintomas respiratórios no trato superior. (**b**) Pólen de Ambrosia, um alérgeno comum. (**c**) Choque anafilático é uma reação alérgica severa que exige tratamento imediato.

13.10 Vacinas

- Vacinas são concebidas para promover imunidade a uma doença.

Imunização se refere aos processos concebidos para induzir imunidade. Na imunização ativa, um preparo que contém antígeno – uma **vacina** – é administrado oralmente ou é injetado. A primeira imunização produz uma resposta imunológica primária da mesma maneira que uma infecção faria. Uma segunda imunização, ou reforço, produz uma resposta imunológica secundária à imunidade aprimorada.

Na imunização passiva, a pessoa recebe anticorpos purificados do sangue de outro indivíduo. O tratamento oferece benefício imediato para alguém que foi exposto a um agente potencialmente letal, tal como tétano ou hidrofobia, vírus Ebola ou um veneno ou toxina. Como os anticorpos não foram produzidos pelos linfócitos do receptor, não se formam células de memória; assim, os benefícios duram somente por quanto tempo os anticorpos injetados o fizerem.

A primeira vacina foi o resultado de tentativas desesperadas para sobreviver a epidemias de varíola que varriam repetidamente cidades no mundo inteiro. A varíola é uma doença grave que mata até um terço das pessoas infectadas (Figura 13.20). Antes de 1880, ninguém sabia o que causava as doenças infecciosas ou como se proteger contra sua infecção, mas existiam evidências. No caso da varíola, os sobreviventes raramente contraíam a doença uma segunda vez. Eles estavam imunes ou protegidos contra a infecção.

A ideia de adquirir imunidade contra a varíola era tão atraente que pessoas vinham arriscando suas vidas por dois mil anos. Por exemplo, muitas pessoas perfuravam sua própria pele com objetos cortantes embebidos em pus. Algumas sobreviveram às práticas cruas e se tornaram imunes à varíola, mas muitas outras não.

No final dos anos 1700, era sabido que as ordenhadoras de vacas não contraíam varíola se elas já tivessem se recuperado da varíola bovina (uma doença leve que afeta gado e seres humanos). Em 1796, Edward Jenner, um médico inglês, injetou o líquido de uma ferida de varíola bovina no braço de um menino saudável. Seis semanas mais tarde, Jenner injetou no menino o líquido de uma ferida de varíola bovina. Afortunadamente, o menino não contraiu varíola. A experiência de Jenner mostrou diretamente que o agente da varíola bovina produz imunidade à varíola. Jenner chamou seu procedimento de "vacinação", de acordo com a palavra latina para varíola bovina (*vaccinia*). O uso da vacina de Jenner se espalhou depressa pela Europa, depois pelo resto do mundo. O último caso conhecido de varíola que ocorreu naturalmente foi em 1977 na Somália. A vacina erradicou a doença.

Nós agora sabemos que o vírus da varíola bovina é uma vacina efetiva para a varíola, porque os anticorpos que ele produz também reconhecem antígenos de vírus da varíola. Nosso conhecimento sobre como o sistema imunológico funciona nos permitiu desenvolver muitas outras vacinas que salvam milhões de vidas todos os anos. Essas vacinas são parte importante de programas de saúde pública mundial (Tabela 13.5).

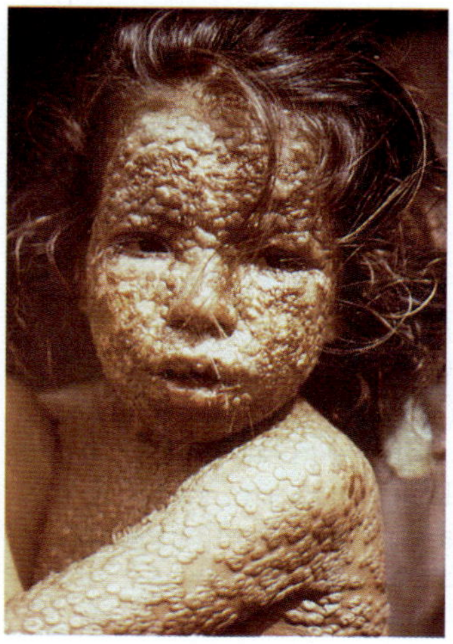

Figura 13.20 Jovem sobrevivente de doença causada pelo vírus da varíola. O uso mundial da vacina erradicou casos de varíola; as vacinações contra a doença terminaram em 1972.

Tabela 13.5 Cronograma de imunização recomendado

Vacina	Idade de vacinação
Hepatite B	Nascimento até 2 meses
Reforços da hepatite B	1–4 meses e 6–18 meses
Rotavírus	2, 4 e 6 meses
DTP: Difteria, tétano e pertussis (coqueluche)	2, 4 e 6 meses
Reforços de DTP	15–18 meses, 4–6 anos e 11–12 anos
HiB (*Haemophilus influenzae*)	2, 4 e 6 meses
Reforço de HiB	12–15 meses
Pneumocócica	2, 4 e 6 meses
Reforço de pneumocócica	12–15 meses
Poliovírus inativo	2 e 4 meses
Reforços de poliovírus inativo	6–18 meses e 4–6 anos
Gripe	Anual, 6 meses–18 anos
MMR (sarampo, caxumba, rubéola)	12–15 meses
Reforço de MMR	4–6 anos
Varicela (catapora)	12–15 meses
Reforço de catapora	4–6 anos
Série de hepatite A	1–2 anos
Séries de HPV	11–12 anos
Meningocócica	11–12 anos

Fonte: Centros de Controle e Prevenção de Doenças (CDC), 2008.

Para pensar

Como funciona a imunização?

- A imunização é a administração de uma vacina portadora de antígeno concebida para produzir imunidade a uma doença específica.

13.11 A imunidade deu errado

- O sistema imunológico de algumas pessoas não funciona corretamente. O resultado é muitas vezes grave ou letal.

Apesar de as redundâncias das funções do sistema imunológico e dos controles de qualidade embutidos, a imunidade nem sempre funciona tão bem quanto deveria. Sua complexidade é parte do problema, porque existem muitos pontos que poderiam dar errado. Problemas autoimunológicos ocorrem quando uma resposta imunológica é mal dirigida contra as células do próprio corpo de uma pessoa. Na imunodeficiência, a resposta imunológica é insuficiente para proteger uma pessoa de doenças.

Distúrbios autoimunológicos

Às vezes, linfócitos e anticorpos não conseguem fazer a distinção entre próprio e não próprio. Quando isso acontece, eles realizam uma **resposta autoimunológica**, ou uma resposta imunológica, que tem como objetivo seus próprios tecidos.

Por exemplo, a autoimunidade acontece na artrite reumatoide, uma doença em que os próprios anticorpos se formam e se unem ao tecido mole das articulações. A inflamação resultante leva à desintegração eventual do osso e da cartilagem nas articulações.

Os anticorpos para proteínas próprias podem se unir a receptores hormonais, como na doença de Graves. Os próprios anticorpos que se ligam a receptores estimulantes na glândula tireoide fazem com que ela produza o hormônio da tireoide em excesso, o que acelera a taxa metabólica total do corpo. Os anticorpos não são parte dos circuitos de resposta que normalmente regulam a produção do hormônio da tireoide. Então, a ligação de anticorpos continua desenfreada, a tireoide continua liberando muito hormônio, fazendo com que a taxa metabólica saia do controle. Os sintomas da doença de Graves incluem perda de peso incontrolável, batimentos cardíacos rápidos e irregulares, insônia, alterações de humor e olhos inchados.

Um distúrbio neurológico, a esclerose múltipla, ocorre quando células T autorreagentes atacam os feixes de mielina dos axônios no sistema nervoso central. Os sintomas variam de fraqueza e perda de equilíbrio à paralisia e cegueira. Os alelos específicos do gene MHC aumentam a suscetibilidade, mas uma infecção bacteriana ou viral pode desencadear o problema.

As respostas imunológicas tendem a ser mais fortes em mulheres do que em homens, e a autoimunidade é muito mais frequente em mulheres. Nós sabemos que os receptores de estrogênio são parte dos controles de expressão dos genes por todo o corpo. As células T têm receptores para estrogênio; então, esses hormônios podem aumentar a ativação da célula T nas doenças autoimunológicas. O corpo das mulheres tem mais estrogênio; então, as interações entre suas células B e T podem ser amplificadas.

Figura 13.21 Um caso de imunodeficiência severa combinada (SCID). Cindy Cutshwall nasceu com uma deficiência no sistema imunológico. Ela carrega um gene mudado para adenosina deaminase (ADA). Sem essa enzima, suas células não conseguem decompor adenosina completamente, então um produto de reação que é tóxico aos leucócitos se acumulou em seu corpo. Febres altas, infecções graves de ouvido e pulmão, diarreia e incapacidade de ganhar peso foram os resultados.
Em 1991, quando Cindy tinha 9 anos de idade, ela e seus pais consentiram uma das primeiras terapias de gene humano. Engenheiros genéticos entrançaram o gene normal ADA no material genético de um vírus inofensivo. O vírus modificado produziu cópias do gene normal em suas células da medula óssea. Algumas células incorporaram o gene em seu DNA e começaram a produzir a enzima que faltava.
Agora com 20 anos, Cindy está bem. Ela ainda precisa de injeções semanais para complementar a produção de ADA. Independentemente disso, ela pode viver uma vida normal. Ela é uma forte defensora da terapia genética.

Imunodeficiência

A função imunológica prejudicada é perigosa e às vezes pode ser letal. Deficiências imunológicas fazem com que indivíduos fiquem vulneráveis a infecções por agentes oportunistas que são tipicamente inofensivos aos que têm saúde boa. Deficiências imunológicas primárias, que estão presentes no nascimento, são o resultado de mutações. Imunodeficiências severas combinadas (SCIDs) são exemplos. Um transtorno genético chamado deficiência de adenosina deaminase (ADA) é um tipo de SCID (Figura 13.21). A deficiência imunológica secundária é a perda da função imunológica depois da exposição a um agente externo, como um vírus. A AIDS (síndrome de imunodeficiência adquirida), descrita na próxima seção, é a deficiência imunológica secundária mais comum.

Para pensar

O que acontece quando o sistema imunológico não funciona como deveria?

- A imunidade mal direcionada ou comprometida, que às vezes ocorre como resultado da mutação ou de fatores ambientais, pode ter resultados graves ou letais.

13.12 AIDS revisitada - imunidade perdida

- A AIDS é um resultado de interações entre o vírus de HIV e o sistema imunológico humano.

A síndrome de imunodeficiência adquirida, ou **AIDS**, é uma constelação de problemas que ocorre como consequência da infecção com HIV, o vírus da imunodeficiência humana (Figura 13.22*a*). Esse vírus incapacita o sistema imunológico, tornando o corpo muito susceptível a infecções e formas raras de câncer. Em todo o mundo, aproximadamente 39,5 milhões de indivíduos atualmente têm AIDS (Tabela 13.6).

Não há nenhum modo de livrar o corpo do vírus HIV, nenhuma cura para os que já estão infectados. Primeiro, uma pessoa infectada parece ter boa saúde, talvez lutando contra "uma gripe". Mas os sintomas finalmente emergem a doença prevista: febre, muitos nódulos linfáticos aumentados, fadiga crônica, perda de peso e suores noturnos. Então, surgem infecções causadas por microrganismos normalmente inofensivos. Infecções de levedura da boca, esôfago e vagina ocorrem frequentemente, assim como uma forma de pneumonia causada pelo fungo *Pneumocystis carinii*. Lesões coloridas estouram. Estas lesões são evidências de sarcoma de Kaposi, um tipo de câncer que é comum entre pacientes de AIDS (Figura 13.22*b*).

HIV Revisitado O HIV é um retrovírus que tem um envelope lipídico. Lembre-se de que esse tipo de envelope é um pedaço pequeno de membrana plasmática que uma partícula de vírus adquire conforme surge a partir de uma célula. As proteínas saem do envelope, espalham-se e revestem sua superfície interna. Bem abaixo do envelope, mais proteínas virais cercam duas fitas de RNA e cópias de transcriptase reversa. Quando uma partícula de vírus infecta uma célula, a transcriptase reversa copia o RNA viral em DNA, que fica integrado ao DNA da célula hospedeira.

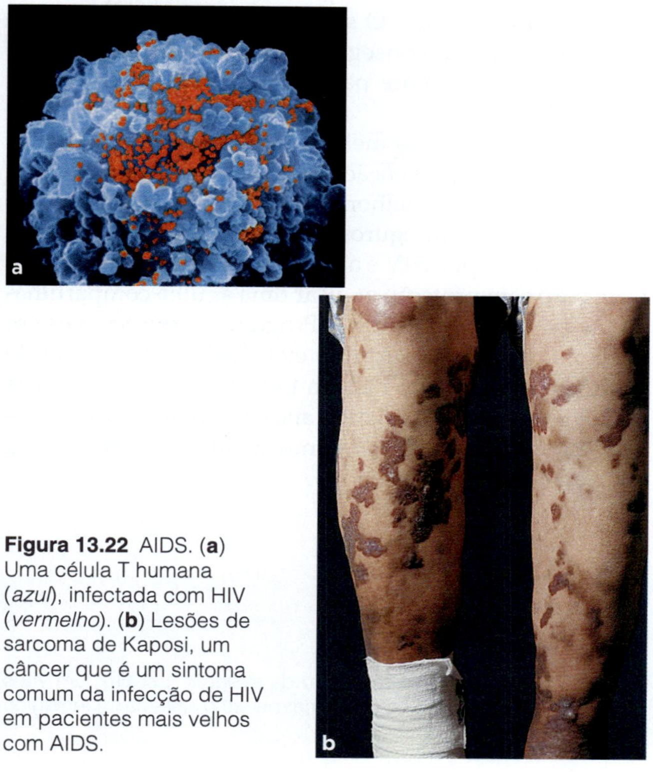

Figura 13.22 AIDS. (**a**) Uma célula T humana (*azul*), infectada com HIV (*vermelho*). (**b**) Lesões de sarcoma de Kaposi, um câncer que é um sintoma comum da infecção de HIV em pacientes mais velhos com AIDS.

Tabela 13.6 HIV global e casos de AIDS

Região	Casos de AIDS	Casos Novos de HIV
África Subsaariana	22.500.000	1.700.000
Sul/Sudoeste Asiático	4.000.000	340.000
Ásia Central/Leste Europeu	1.600.000	150.000
América Latina	1.600.000	100.000
América do Norte	1.300.000	46.000
Leste Asiático	800.000	92.000
Europa Ocidental/Central	760.000	31.000
Oriente Médio/África do Norte	130.000	35.000
Ilhas Caribenhas	230.000	17.000
Austrália/Nova Zelândia	75.000	14.000
Total mundial	33.200.000	2.500.000

Fonte: Joint United Nations Programme HIV/AIDS, dados de 2007.

Uma luta titânica O HIV infecta principalmente os macrófagos, células dendríticas e células T auxiliares. Quando partículas do vírus entram no corpo, as células dendríticas as engolem. As células dendríticas então migram para os nódulos linfáticos, onde apresentam o antígeno do HIV processado às células T *naïve*. Um exército de anticorpos IgG neutralizadores de HIV e células T citotóxicas específicas de HIV se forma.

Acabamos de descrever uma típica resposta imunológica adaptativa. Ela livra o corpo da maioria – mas não de todos – os vírus. Nessa primeira resposta, o HIV infecta algumas células T auxiliares em alguns nódulos linfáticos. Por anos ou até décadas, os anticorpos IgG mantêm o nível de HIV baixo no sangue, e as células T citotóxicas matam as células infectadas pelo HIV.

Os pacientes são contagiosos durante essa fase, embora possam não desenvolver nenhum sintoma de AIDS. Os vírus HIV persistem em algumas de suas células T auxiliares, em alguns nódulos linfáticos. Finalmente, o nível de IgG neutralizador de vírus no sangue diminui e a produção da célula T diminui. A causa da diminuição de IgG ainda é um tópico importante de pesquisa, mas seu efeito é certo. O sistema imunológico adaptativo fica cada vez menos eficiente na luta contra o vírus. O número de partículas do vírus aumenta; até 1 bilhão de vírus HIV são replicados a cada dia. Até 2 bilhões de células T auxiliares são infectadas. Metade dos vírus é destruída e metade das células T auxiliares é substituída a cada dois dias. Os nódulos linfáticos começam a inchar com as células T infectadas.

Finalmente, a batalha termina enquanto o corpo produz menos células T auxiliares substitutas e a capacidade do corpo para a imunidade adaptativa é destruída. O HIV destrói o sistema imunológico e consequentemente infecções e tumores secundários matam o paciente.

Transmissão O HIV é transmitido mais frequentemente por contato sexual sem proteção (camisinha) com um parceiro infectado. O vírus ocorre no sêmen e nas secreções vaginais e pode entrar em um parceiro pelos revestimentos epiteliais do pênis, da vagina, do reto e da boca. O risco de transmissão aumenta pelo tipo de ato sexual; por exemplo, o sexo anal eleva 50 vezes o risco em comparação ao sexo oral.

Mães infectadas podem transmitir HIV para um filho durante a gravidez, trabalho de parto ou amamentação. O HIV também migra em quantias minúsculas de sangue infectado em seringas compartilhadas por usuários de droga intravenosa ou por pacientes em hospitais de países pobres. O HIV não é transmitido por contato casual.

Testes A maioria dos testes de AIDS verifica sangue, saliva ou urina em relação a anticorpos que se ligam aos antígenos de HIV. Esses anticorpos são detectáveis em 99% das pessoas infectadas dentro de três meses da exposição ao vírus. Um teste pode descobrir RNA viral em aproximadamente onze dias depois da exposição. Atualmente, os únicos testes confiáveis são executados em laboratórios clínicos; kits de teste caseiro podem resultar em falsos negativos, que podem fazer com que uma pessoa infectada transmita o vírus sem saber.

Remédios e Vacinas Remédios não curam a AIDS, mas eles podem diminuir a velocidade do seu progresso. Dos vinte ou mais medicamentos para AIDS aprovados pela FDA, a maioria tem por alvo processos únicos da replicação viral. Por exemplo, análogos a nucleotídeos de RNA, como o AZT, são chamados inibidores de transcriptase reversa. Eles interrompem a replicação do HIV ao substituir nucleotídeos normais no processo de síntese de RNA para DNA. Outras drogas, como inibidores de protease, afetam partes diferentes do ciclo de replicação viral.

Um coquetel de "três drogas" de um inibidor de protease mais dois inibidores de transcriptase reversa é atualmente a terapia mais bem-sucedida para tratamento da AIDS, e isso mudou o curso da doença de uma sentença de morte em curto prazo para uma enfermidade em longo prazo, frequentemente manejável.

Os pesquisadores estão usando várias estratégias para desenvolver uma vacina para o HIV. Organizações em todo o mundo estão testando 42 vacinas diferentes para o HIV. A maioria delas consiste em proteínas de HIV isoladas ou peptídeos e muitas fornecem os antígenos em vetores virais. O vírus vivo e enfraquecido do HIV é uma vacina efetiva em chimpanzés, mas o risco de infecção por HIV das próprias vacinas excede muito seus benefícios potenciais em seres humanos. Outros tipos de vacinas para o HIV são notoriamente ineficazes. O anticorpo IgG exerce pressão seletiva sobre o vírus, que tem uma taxa de mutação muito alta, porque se reproduz muito rápido. O sistema imunológico humano simplesmente não consegue produzir anticorpos rapidamente e o suficiente para acompanhar as mutações (Figura 13.23).

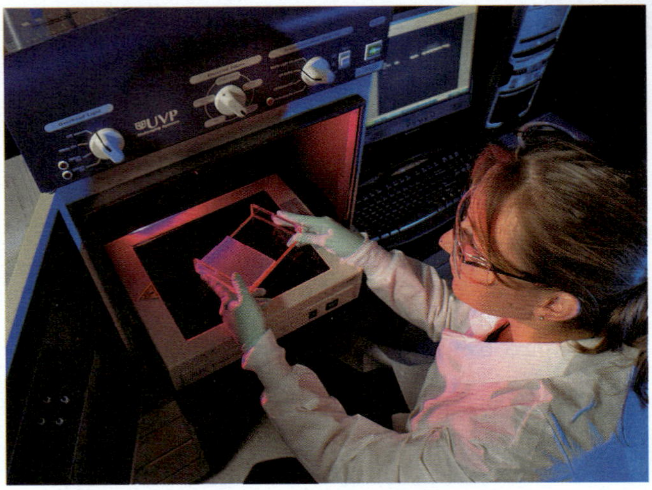

Figura 13.23 Na Filial do Laboratório Internacional do Programa Global contra a AIDS do Centro Nacional para HIV/AIDS, Hepatite Viral, DTS e Prevenção de TB, a pesquisadora Amanda McNulty examina um gel de eletroforese de DNA. Ela está investigando a resistência do HIV à droga em habitantes da África, do Vietnã e do Haiti.

No momento, nossa melhor opção para deter a expansão do HIV é a prevenção, ensinando as pessoas como evitar a infecção. A melhor proteção contra AIDS é evitar comportamentos inseguros. Na maioria das circunstâncias, a infecção por HIV é a consequência de uma escolha: fazer sexo sem proteção ou usar uma agulha compartilhada para drogas intravenosas. Programas educacionais em todo o mundo estão surtindo efeito sobre a expansão do vírus: em muitos (mas não em todos) países, a incidência de novos casos de HIV a cada ano está começando a diminuir. Porém, de modo geral, nossa batalha global contra AIDS não está sendo ganha.

Para pensar

O que é AIDS?

- A AIDS ocorre como resultado da infecção por HIV, um vírus que infecta linfócitos e então incapacita o sistema imunológico humano.

QUESTÕES DE IMPACTO REVISITADAS | Último Desejo de Frankie

A vacina Gardasil HPV consiste em proteínas de capsídeos virais que se juntam em partículas semelhantes a vírus (VLPs). Essas proteínas são produzidas por uma levedura recombinante, a *Saccharomyces cerevisiae*. A levedura carrega genes para uma proteína de capsídeo a partir de cada uma das quatro cepas de HPV; assim, as VLPs não carregam nenhum DNA viral. Desse modo, as VLPs não são infecciosas, mas as proteínas antigênicas que as compõem produzem uma resposta imunológica pelo menos tão forte quanto a infecção com o vírus de HPV.

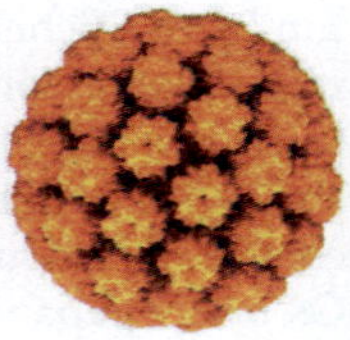

Resumo

Seção 13.1 Três linhas de defesa imunológica protegem os vertebrados contra a infecção. Um patógeno portador de **antígeno** que viola as barreiras de superfície ativa a **imunidade inata**, um conjunto de defesas gerais que normalmente evita que populações de patógenos se estabeleçam no ambiente interno. A **imunidade adaptativa** pode ter por alvo específico bilhões de antígenos diferentes. **Complemento** e moléculas de sinalização, como **citocinas,** coordenam as atividades de células sanguíneas brancas (**células dendríticas**, **macrófagos**, **neutrófilos**, **basófilos**, **mastócitos**, **eosinófilos**, **linfócitos B e T** e **células NK**) na **imunidade**.

Seções 13.2, 13.3 Os vertebrados podem se defender de patógenos como aqueles que causam a **placa** dental nas superfícies do dente com barreiras físicas, mecânicas e químicas (incluindo **lisozima**). A maioria da **flora normal** não causa doenças, a menos que penetre em tecidos internos.

Seção 13.4 Uma resposta imunológica inata inclui respostas rápidas e gerais que podem eliminar invasores antes que uma infecção se estabeleça. O complemento atrai fagócitos e perfura alguns invasores. A **inflamação** começa quando mastócitos no tecido liberam histamina, que aumenta o fluxo de sangue e também torna os capilares mal vedados para os fagócitos e proteínas plasmáticas. A **febre** combate a infecção aumentando a taxa metabólica.

Seção 13.5 A imunidade adaptativa é caracterizada pelo reconhecimento próprio/não próprio, especificidade do alvo, diversidade (a capacidade de interceptar bilhões de patógenos diferentes) e células de memória. Células B e T executam respostas adaptativas.

A **resposta imunológica mediada por anticorpo** e a **resposta imunológica mediada por célula** trabalham juntas para libertar o corpo de um patógeno específico. Macrófagos, células dendríticas e células B engolfam e digerem vírus ou bactérias em pedaços. Os fagócitos então apresentam os pedaços antigênicos em suas superfícies ligadas aos **marcadores MHC** (automarcadores). As células T que reconhecem os complexos via **receptores de célula T (TCRs)** iniciam a formação de muitas **células efetoras** que têm por alvo outras partículas portadoras de antígenos. As **células de memória** que são reservadas para encontros posteriores com o mesmo antígeno também se formam.

Seções 13.6, 13.7 Células B, assistidas por células T e moléculas de sinalização, realizam respostas mediadas por anticorpo. As células B produzem **anticorpos** que se ligam a antígenos específicos. Receptores de antígeno – receptores de célula T e **receptores de célula B** (um tipo de anticorpo) – reconhecem antígenos específicos. Esses receptores são a base da capacidade do sistema imunológico para reconhecer bilhões de antígenos diferentes.

Seção 13.8 Células que apresentam antígeno, células T e células NK interagem em respostas mediadas por célula. Eles objetivam e eliminam células do corpo alteradas por infecção ou câncer.

Seções 13.9-13.11 **Alérgenos** são normalmente substâncias inofensivas que induzem uma resposta imunológica; sensibilidade a um alérgeno é chamada **alergia**. **Imunização** com **vacinas** concebidas para produzir imunidade a doenças específicas salva milhões de vidas todo ano. Em uma **resposta autoimunológica**, células do próprio corpo são inadequadamente reconhecidas como estranhas e atacadas. A imunodeficiência é uma capacidade reduzida de montar uma resposta imunológica.

Seção 13.12 **AIDS** é causada por HIV, um vírus que destrói o sistema imunológico infectando principalmente células T auxiliares. No momento, a AIDS não tem cura.

Questões

Respostas no Apêndice II

1. ______é/são a primeira linha de defesa contra ameaças.
   a. Pele, membranas mucosas
   b. Lágrimas, saliva, fluido gástrico
   c. Fluxo de urina
   d. Bactérias residentes
   e. de a até c
   f. todas as anteriores
2. Proteínas de complemento _______.
   a. formam complexos de poro
   b. promovem inflamação
   c. neutralizam toxinas
   d. a e b
3. ______ ativam respostas imunológicas.
   a. Citocinas
   b. Lisozimas
   c. Imunoglobulinas
   d. Antígenos
   e. Histaminas
   f. Todas as anteriores
4. Cite uma característica que define a imunidade inata.
5. Cite uma característica que define a imunidade adaptativa.
6. Os anticorpos são ______.
   a. receptores de antígeno
   b. produzidas somente por células B
   c. proteínas
   d. todas as anteriores
7. Antígenos de ligação ____ ativam respostas alérgicas.
   a. IgA
   b. IgE
   c. IgG
   d. IgM
   e. IgD

Exercício de análise de dados

Em 2003, Michelle Khan e seus colegas de trabalho publicaram suas descobertas em um estudo de 10 anos no qual foi seguida a incidência de câncer cervical e a condição de HPV em 20.514 mulheres. Todas as mulheres que participaram do estudo não tinham câncer cervical quando o teste começou. Os testes papanicolau foram realizados em intervalos regulares e os pesquisadores usaram um teste de hibridização de sonda de DNA para detectar a presença de tipos específicos de HPV nas células cervicais das mulheres.

Os resultados são mostrados na Figura 13.24 na forma de um gráfico da taxa de incidência de câncer cervical por tipo de HPV. Mulheres que são positivo para HPV são frequentemente infectadas por mais de um tipo; assim, os dados foram classificados em grupos baseados nas condições HPV das mulheres classificadas por tipo: ou positivo para HPV16; ou negativo para HPV16 e positivo para HPV18; ou negativo para HPV16 e 18 e positivo para qualquer outro HPV causador de câncer; ou negativo para todo HPV causador de câncer.

1. Após 110 meses de estudo, que porcentagem de mulheres não infectadas com qualquer tipo de HPV causador de câncer teve câncer cervical? Que porcentagem de mulheres infectadas com HPV16 também teve câncer cervical?
2. Em que grupo as mulheres infectadas tanto com HPV16 como HPV18 se encaixam?
3. É possível estimar, a partir deste gráfico, o risco global de câncer cervical associado à infecção por HPV causador de câncer de qualquer tipo?
4. Estes dados sustentam a conclusão de que a infecção por HPV16 ou HPV18 aumenta o risco de câncer cervical?

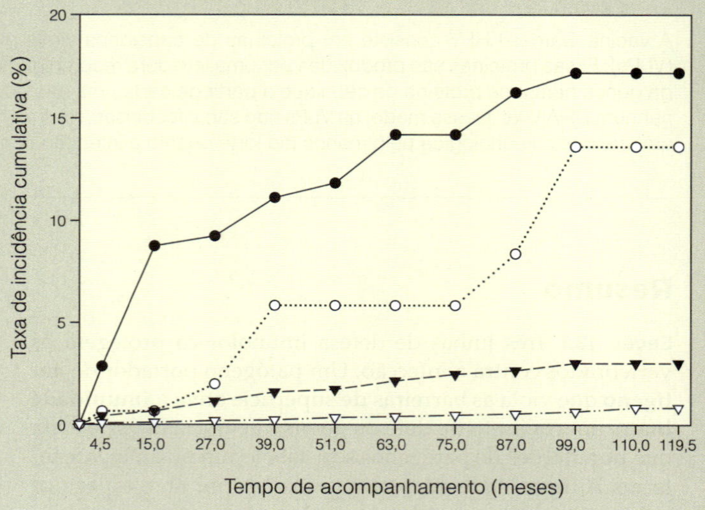

Figura 13.24 Taxa de incidência cumulativa de câncer cervical correlacionado à condição de HPV em 20.514 mulheres com mais de 16 anos de idade.
Os dados foram agrupados como segue: positivo para HPV16 (círculos fechados) ou positivo para HPV18 (círculos abertos) ou então todos os outros tipos de HPV causadores de câncer combinados (triângulos fechados). Triângulos abertos: nenhum tipo de HPV causador de câncer foi detectado.

8. Respostas mediadas por anticorpo trabalham contra ______.

a. patógenos intracelulares
b. patógenos extracelulares
c. células cancerosas
d. a e b
e. b e c
f. a, b e c

9. Respostas mediadas por célula trabalham contra _____.

a. patógenos intracelulares
b. patógenos extracelulares
c. células cancerosas
d. a e b
e. b e c
f. a, b e c

10. _____ são alvos de células T citotóxicas.

a. Partículas de vírus extracelular no sangue
b. Células corporais infectadas por vírus ou células tumorais
c. Fascíolas parasitárias no fígado
d. Células bacterianas em pus
e. Grãos de pólen no muco nasal

11. As alergias ocorrem quando o corpo responde a _______.

a. patógenos
b. substâncias normalmente inofensivas
c. toxinas
d. todas as anteriores

12. Ligue os conceitos de imunidade.

___ choque anafilático	a. neutrófilo
___ secreção de anticorpo	b. célula B efetora
___ fagócito	c. defesa geral
___ memória imunológica	d. resposta imunológica contra o próprio corpo
___ autoimunidade	e. resposta secundária
___ receptor de antígeno	f. receptor de célula
___ inflamação	g. hipersensibilidade a um alérgeno

Raciocínio crítico

1. Conforme descrito na Seção 13.10, Edward Jenner teve sorte. Ele realizou uma experiência potencialmente prejudicial em um menino que conseguiu sobreviver ao procedimento. O que aconteceria se ele tentasse fazer a mesma coisa hoje?

2. Elena desenvolveu catapora quando estava na primeira série. Mais tarde, quando seus filhos tiveram catapora, ela permaneceu saudável embora tivesse sido exposta a incontáveis partículas de vírus diariamente. Explique por quê.

3. Antes de cada estação da gripe, você toma uma injeção contra a doença, uma vacina. Este ano, você pega "gripe" de qualquer maneira. O que aconteceu? Existem pelo menos três explicações.

4. Os anticorpos monoclonais são produzidos pela imunização de um camundongo com um antígeno particular, depois removendo seu baço. Células B individuais produtoras de anticorpos do camundongo específicos para o antígeno são isoladas do baço e fundidas com as células B cancerosas de uma linha celular de mieloma.

As células de mieloma híbridas resultantes – células hibridoma – são clonadas ou cultivadas em cultura de tecido como linhas de células separadas. Cada linha produz e excreta anticorpos que reconhecem o antígeno para o qual o rato foi imunizado. Esses anticorpos monoclonais podem ser purificados e usados para pesquisa ou outros propósitos.

Os anticorpos monoclonais são por vezes usados em imunização passiva. Eles tendem a ser efetivos, mas só em prazo imediato. O IgG produzido pelo sistema imunológico próprio pode durar até aproximadamente seis meses na circulação sanguínea, mas os monoclonais fornecidos na terapia imunológica passiva tipicamente duram menos de uma semana. Por que a diferença?

14 Respiração

QUESTÕES DE IMPACTO Virou Fumaça

A cada dia, milhares de adolescentes se tornam fumantes. A maioria não tem 15 anos de idade. Quando acendem o primeiro cigarro, tossem e engasgam com as substâncias irritantes. A maioria fica tonta e enjoada e desenvolve dores de cabeça. Parece divertido? Dificilmente. Por que, então, eles ignoram os sinais sobre as ameaças ao corpo e se esforçam tanto para serem fumantes? Fazem isso, principalmente, para serem aceitos pelo grupo de amigos. Para muitos adolescentes, uma percepção errônea dos benefícios sociais supera as ameaças aparentemente remotas à saúde (Figura 14.1).

Apesar das percepções dos adolescentes, mudanças que podem tornar a ameaça uma realidade começam imediatamente. Células ciliadas evitam que muitos patógenos e poluentes que entram nas vias aéreas alcancem os pulmões. Tais células podem ficar imobilizadas por horas pela fumaça de um único cigarro. Fumar também mata leucócitos que patrulham e defendem tecidos respiratórios. Patógenos se multiplicam nas vias aéreas indefesas. O resultado são mais resfriados, mais ataques de asma e mais bronquite.

O estimulante altamente viciante da nicotina contrai os vasos sanguíneos, o que aumenta a pressão sanguínea. O coração tem de trabalhar mais para bombear sangue através dos tubos estreitados. A nicotina também causa um aumento do "mau" colesterol (LDL) e uma queda do "bom" colesterol (HDL) no sangue. Ela torna o sangue mais pegajoso, estimulando coágulos que podem bloquear vasos sanguíneos.

A fumaça do tabaco tem mais de 40 carcinogênicos conhecidos, e 80% dos cânceres de pulmão ocorrem em fumantes. Mulheres fumantes são mais suscetíveis a cânceres que os homens. Em média, as mulheres desenvolvem câncer mais cedo e com menor exposição ao tabaco. Menos de 15% das mulheres diagnosticadas com câncer de pulmão sobrevivem por cinco anos. Fumar também aumenta o risco de câncer de mama; mulheres que começaram a fumar na adolescência têm aproximadamente 70% mais chance de ter câncer de mama do que as que nunca fumaram. Portanto, a tendência crescente de mulheres fumantes em países menos desenvolvidos é especialmente perturbadora.

Familiares, colegas e amigos recebem doses não filtradas dos carcinogênicos na fumaça do tabaco. Anualmente, nos Estados Unidos, o câncer de pulmão em decorrência do fumo passivo mata cerca de 3 mil pessoas. Crianças expostas ao fumo passivo também apresentam maior probabilidade de desenvolver infecções crônicas no ouvido médio, asma e outros problemas respiratórios quando crescerem.

Este capítulo fala sobre os sistemas respiratórios. Todos trocam gases com o ambiente externo. Eles também contribuem para a homeostase – mantendo as condições operacionais internas do corpo dentro de faixas que as células possam tolerar. Se você ou alguém que conhece fuma, pode usar este capítulo como um guia sobre o impacto do fumo sobre a saúde. Para ter uma ideia do problema, pesquise o que acontece diariamente com fumantes em salas de emergência de hospitais ou UTIs. Não existe *glamour* ali. Não é legal nem bonito.

Figura 14.1 Aprender a fumar é fácil, em comparação com tentar parar. Em uma pesquisa, dois terços dos fumantes de 16 a 24 anos queriam parar totalmente de fumar. Dos que tentaram, apenas 3% ficaram sem fumar durante um ano.

Conceitos-chave

Princípios da troca de gases

A respiração é a soma de processos que levam oxigênio do ar ou da água no ambiente para todos os tecidos metabolicamente ativos e expulsam dióxido de carbono desses tecidos para fora. Os níveis de oxigênio são mais estáveis no ar do que na água. **Seções 14.1, 14.2**

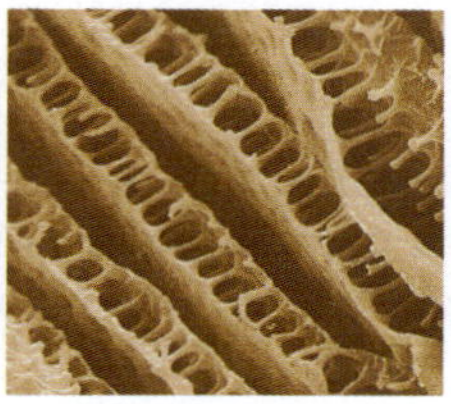

Troca de gases nos invertebrados

A troca de gases ocorre na superfície corporal ou nas brânquias de invertebrados aquáticos. Nos grandes invertebrados em terra, ela ocorre em uma superfície respiratória interna e úmida ou em pontas repletas de fluido de tubos ramificados que se estendem da superfície para tecidos internos. **Seção 14.3**

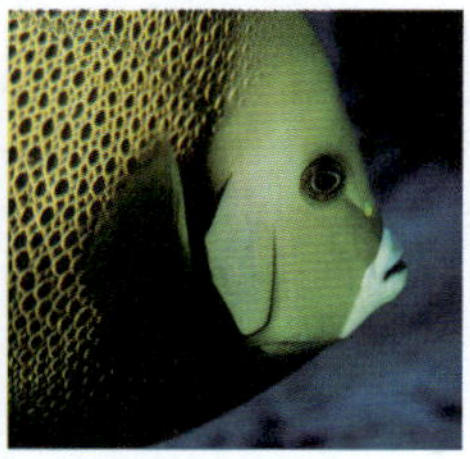

Troca de gases nos vertebrados

Brânquias ou pulmões são órgãos de troca de gases na maioria dos vertebrados. A eficiência da troca de gases é aprimorada por mecanismos que fazem sangue e água fluírem em direções opostas nas brânquias e por contrações musculares que levam ar para dentro e fora dos pulmões. **Seções 14.4–14.7**

Problemas respiratórios

A respiração pode ser interrompida por dano aos centros respiratórios no cérebro, obstruções físicas, doenças infecciosas e inalação de poluentes, incluindo fumaça de cigarro. **Seção 14.8**

Troca de gases em ambientes extremos

Em altitudes elevadas, o corpo humano faz ajustes de curto e longo prazo ao ar mais rarefeito. Mecanismos respiratórios embutidos e comportamentos especializados permitem que tartarugas e mamíferos marinhos fiquem sob a água em grandes profundidades durante longos períodos. **Seção 14.9**

Neste capítulo

- Entender a difusão e a respiração aeróbica o ajudará a compreender a necessidade da troca de gases e o processo pelo qual ocorre. Você também saberá o papel das hemácias e da hemoglobina nelas contida.
- Você aprenderá sobre o papel do tronco cerebral, da divisão autônoma do sistema nervoso e dos quimiorreceptores na regulagem da respiração. Também será visto o papel do sistema respiratório na regulagem da temperatura.
- Você verá como as adaptações de planos corporais de animais e as mudanças evolucionárias que acompanharam a ida dos vertebrados para a terra permitem a respiração em ambientes específicos.
- Efeitos respiratórios de proliferações de algas, tuberculose e uso de maconha também serão discutidos.

Qual sua opinião? O tabaco é uma ameaça à saúde e um produto lucrativo para empresas. À medida que o uso de tabaco declina, os governos deveriam realizar esforços para reduzir o uso de tabaco em todo o mundo? Conheça a opinião de seus colegas e apresente seus argumentos a eles.

14.1 Natureza da respiração

- Todos os animais devem fornecer oxigênio a suas células e eliminar dióxido de carbono do corpo.

Todos os animais movimentam o corpo ou parte dele durante pelo menos um período de seu ciclo de vida. Esse movimento precisa de energia, que normalmente é fornecida por ATP. A forma mais eficiente de fabricar ATP é a respiração aeróbica, uma rota que exige oxigênio e libera dióxido de carbono como derivado. Como um animal fornece a suas células o oxigênio necessário para a respiração aeróbica e se livra dos resíduos de dióxido de carbono? Nos animais com sistemas de órgãos, um sistema respiratório realiza essas tarefas. Nos humanos e em outros vertebrados, o sistema respiratório interage com outros sistemas de órgãos, como mostrado na Figura 14.2.

Base da troca de gases

Respiração é o processo fisiológico pelo qual um animal troca oxigênio e dióxido de carbono com seu ambiente. A respiração depende da tendência de oxigênio gasoso (O_2) e dióxido de carbono (CO_2) se difundirem até seus gradientes de concentração – ou, como dizemos para gases, seus gradientes de pressão – entre os ambientes interno e externo.

Animais aquáticos vivem em um ambiente no qual a disponibilidade de O_2 pode variar bastante de acordo com o lugar e mudar com o tempo. O ar é uma fonte mais estável de oxigênio.

A atmosfera da Terra é 78% nitrogênio, 21% oxigênio, 0,04% dióxido de carbono e 0,06% outros gases. A pressão atmosférica total medida por um barômetro de mercúrio é de 760 milímitros no nível do mar (Figura 14.3). A contribuição do oxigênio para o total, sua **pressão parcial**, é de 21% de 760, ou 160 milímitros Hg. "Hg" é o símbolo do mercúrio.

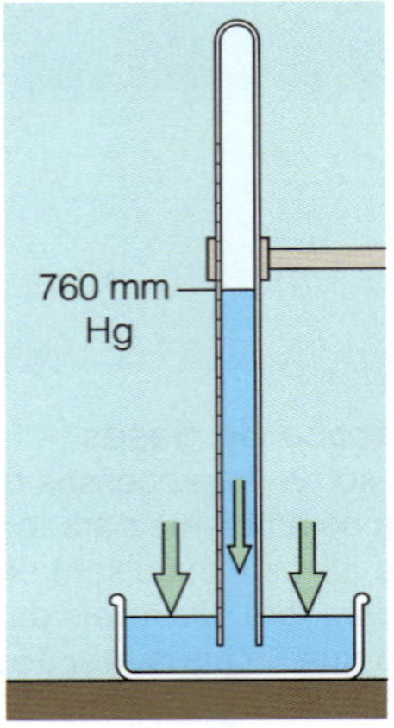

Figura 14.3 Como um barômetro de mercúrio mede a pressão atmosférica. Essa pressão faz o mercúrio (Hg), um líquido viscoso, subir ou descer em um tubo estreito. No nível do mar, ele sobe 760 milímitros da base do tubo. A pressão atmosférica varia com a altitude. No topo do Monte Everest, a pressão atmosférica é de apenas um terço da pressão no nível do mar.

Gases entram e saem do ambiente interno ao atravessar uma **superfície respiratória**: uma camada úmida suficientemente fina para os gases se difundirem. A superfície deve ser úmida porque gases só podem se difundir rapidamente por uma membrana se eles se dissolverem primeiro em fluido.

Fatores que afetam as taxas de difusão

Vários fatores afetam a quantidade de gás que se difunde em uma superfície respiratória. Por exemplo, quanto maior o gradiente de pressão parcial, mais rápida a taxa de difusão.

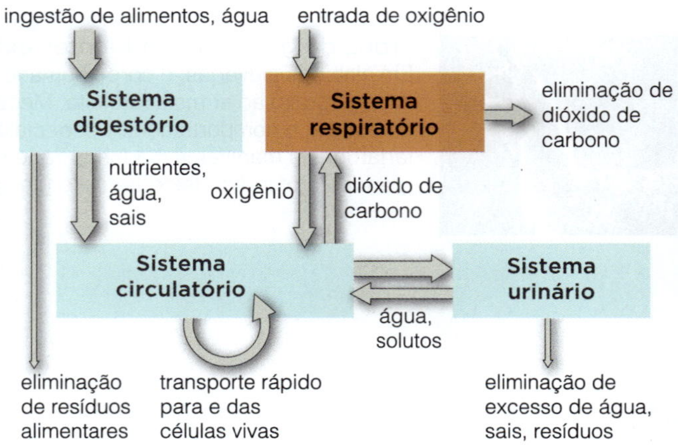

Figura 14.2 A respiração de um cão ajuda a atender a necessidade de oxigênio de suas células. Nos cachorros e em outros vertebrados, o sistema respiratório interage com outros sistemas que contribuem para a homeostase.

Proporção entre superfície e volume Quanto maior a área de superfície respiratória, mais moléculas podem atravessá-la em qualquer intervalo. Lembre-se: à medida que um animal cresce, seu volume aumenta mais rapidamente do que sua área superficial. Se um animal não tem órgãos respiratórios especializados, normalmente tem um corpo pequeno e achatado. Em tais animais, a difusão sozinha fornece oxigênio suficiente para as células, porque nenhuma célula está a mais de poucos milímetros de distância dos gases que estão fora do corpo.

Ventilação Mover água ou ar por uma superfície respiratória mantém o gradiente de pressão na superfície alto e, assim, aumenta a taxa de troca de gases. Por exemplo, sapos e humanos inspiram e expiram, o que ventila seus pulmões. As forças de respiração enchem o ar dos pulmões com CO_2 residual eliminado da superfície respiratória e trazem ar fresco com mais O_2. Peixes e outros animais que vivem na água têm mecanismos que mantêm a água se movendo em sua superfície respiratória.

Proteínas respiratórias Contêm um ou mais íons de metais que se ligam reversivelmente a átomos de oxigênio. Átomos de oxigênio se ligam a essas proteínas quando a pressão parcial do oxigênio é alta e são liberados quando a pressão parcial do oxigênio cai. Ao ligar oxigênio reversivelmente, proteínas respiratórias ajudam a manter um gradiente de pressão parcial elevado para o oxigênio entre as células e o sangue. O gradiente é aumentado porque qualquer oxigênio ligado a uma molécula na solução não contribui para a pressão parcial de O_2 naquela solução.

Hemoglobina, uma proteína respiratória que contém ferro, preenche as hemácias de vertebrados. Ela também circula livremente no sangue de anelídeos e em outros invertebrados, que não têm hemácias. As proteínas respiratórias hemeritrina (com ferro) e hemocianina (com cobre) também auxiliam o transporte de oxigênio em alguns invertebrados. **Mioglobina**, uma proteína respiratória que contém heme, é encontrada no músculo de vertebrados e em alguns invertebrados. Ela ajuda a estabilizar o nível de oxigênio dentro de células musculares.

Para pensar

O que é respiração e que fatores a influenciam?

- A respiração fornece oxigênio para as células e remove o dióxido de carbono residual.
- Gases são trocados por difusão em uma superfície respiratória: uma membrana fina e úmida.
- A área de uma superfície respiratória e os gradientes de pressão parcial nela influenciam a taxa de troca. Ventilação e proteínas respiratórias ajudam a manter os gradientes de pressão parcial elevados e, assim, aumentar a troca de gases.

14.2 Precisando de oxigênio

- O aumento da temperatura da água, a desaceleração de correntes e os poluentes orgânicos reduzem o oxigênio disponível para espécies aquáticas.

Qualquer animal pode tolerar apenas uma faixa limitada de condições ambientais. Para animais aquáticos, o conteúdo de oxigênio dissolvido (OD) da água é um dos fatores mais importantes que afetam sua sobrevivência. Mais oxigênio se dissolve em água gelada de vazão rápida do que em água parada e mais quente. Quando a temperatura da água aumenta ou ela fica estagnada, espécies aquáticas que têm altas necessidades de oxigênio sufocam (Figura 14.4).

À medida que os níveis de oxigênio na água caem, o mesmo ocorre com a biodiversidade. A poluição pode fazer o OD declinar. Um lago enriquecido com solo que contém adubo ou esgoto oferece um impulso nutricional a bactérias aeróbicas que vivem no fundo do lago. As bactérias são decompositoras. À medida que suas populações aumentam, elas utilizam muito oxigênio; portanto, a quantidade disponível para outras espécies cai.

Em lagos e correntezas de água doce, larvas aquáticas de Efemerópteros e Plecopteros são os primeiros invertebrados a desaparecer quando os níveis de oxigênio caem. As larvas desses insetos são predadoras ativas que exigem uma quantidade considerável de oxigênio. Lesmas com brânquias desaparecem também. Tais declínios de invertebrados produzem efeitos em cascata em peixes que se alimentam deles. Alguns peixes são afetados mais diretamente. Truta e salmão são especialmente intolerantes ao baixo nível de oxigênio. Carpas (incluindo carpas chinesas e peixes dourados) estão entre as mais tolerantes ao declínio de oxigênio; sobrevivem até em lagos quentes, ricos em algas ou em aquários minúsculos.

Quando os níveis de oxigênio caem para abaixo de 4 partes por milhão, nenhum peixe consegue sobreviver. Sanguessugas prosperam enquanto a maioria dos invertebrados concorrentes desaparece. Em águas com menor concentração de oxigênio, anelídeos chamados vermes do lodo (*Tubifex*) frequentemente são os únicos animais. Eles são vermelhos devido a grandes quantidades de hemoglobina. Em comparação com a hemoglobina na maioria dos organismos, a do *Tubifex* é melhor na ligação de oxigênio quando os níveis deste estão baixos.

Uma alta afinidade com o oxigênio permite que esses vermes explorem *habitats* com pouco oxigênio, como sedimentos em lagos profundos, onde há alimento abundante e escassez de concorrentes e predadores.

Figura 14.4 Matança de peixes. Quando o nível de oxigênio na água cai, peixes e outros organismos aquáticos podem se sufocar.

14.3 Respiração dos invertebrados

- Invertebrados surgiram na água, mas alguns grupos desenvolveram órgãos respiratórios que os permitem respirar ar.

Troca gasosa tegumentar

Alguns invertebrados não têm órgãos respiratórios (Figura 14.5*a*,*b*). Esponjas, cnidários, platelmintos e minhocas são exemplos. Tais animais vivem em ambientes aquáticos ou terrestres úmidos e utilizam a **troca tegumentar**: a difusão de gases em sua superfície corporal externa (tegumento). Animais que dependem desse método de troca de gases normalmente são pequenos e achatados ou, quando maiores, têm células organizadas em camadas finas. A troca tegumentar também suplementa os efeitos de órgãos respiratórios em muitos invertebrados com brânquias e até alguns vertebrados.

Brânquias dos invertebrados

Brânquias são órgãos respiratórios filamentosos que aumentam a área de superfície disponível para troca de gases em muitos animais aquáticos. Vasos sanguíneos nos filamentos das brânquias coletam oxigênio e o distribuem para todo o corpo. A maioria dos moluscos aquáticos atrai água para dentro de sua cavidade de manto, onde ela flui sobre uma brânquia ctenidal (em forma de cacho de uva). Em alguns nudibrânquios, as brânquias são visíveis na superfície do corpo (Figura 14.5*c*). Muitos crustáceos aquáticos, como lagostas e caranguejos (Decapodes), têm brânquias protegidas pelo exoesqueleto. Essas brânquias evoluíram a partir das patas ambulatórias.

Gastrópodes pulmonados

Lesmas e caracóis terrestres têm pulmão em vez, ou além, de brânquia. **Pulmão** é um órgão respiratório semelhante a um saco. Dentro dele, tubos ramificados fornecem ar para uma superfície respiratória servida por muitos vasos sanguíneos. Em caracóis e lesmas, um poro na lateral do corpo pode ser aberto para permitir a entrada de ar no pulmão e fechado para conservar água (Figura 14.6).

Tubos traqueais e pulmões foliáceos

Os invertebrados terrestres mais bem-sucedidos são os insetos e os aracnídeos, como as aranhas. Eles têm um tegumento duro, recoberto por uma cutícula cerosa, que ajuda a preservar água, mas também bloqueia a troca de gases.

Figura 14.5 Respiração na água. (**a**) Uma água-viva e (**b**) um platelminto marinho não têm órgãos respiratórios. Todas as células nesses animais ficam perto da superfície do corpo, e a troca de gases ocorre por difusão nessa superfície.
(**c**) Brânquia da lesma-do-mar *Aplysia*, um molusco. Ter uma brânquia aumenta a área superficial para troca de gases. Vasos sanguíneos que percorrem a brânquia transportam a ida e vinda de gases nos tecidos corporais.

Figura 14.6 Um *escargot* (*Helix aspersa*) com a abertura que leva a seu pulmão, visível *à esquerda*.

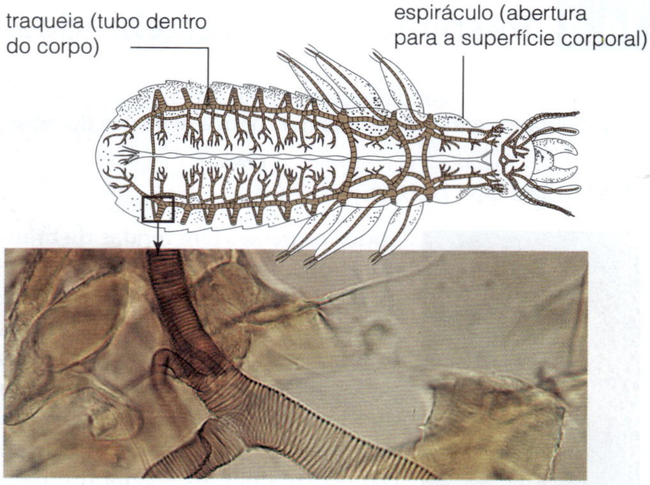

Figura 14.7 Sistema traqueal dos insetos. Anéis de quitina reforçam tubos ramificados cheios de ar nesse sistema respiratório.

Insetos e algumas aranhas têm um **sistema traqueal** que consiste em tubos repetidamente ramificados e cheios de ar, reforçados com quitina.

Tubos traqueais começam nos espiráculos – pequenas aberturas no tegumento (Figura 14.7). Normalmente há um par de espiráculos por segmento: um em cada lado do corpo. Eles podem ser abertos ou fechados para regular a quantidade de oxigênio que entra no corpo. Substâncias que entopem espiráculos são utilizadas como inseticidas. Por exemplo, óleos de horticultura aspergidos em pomares matam afídeos (pulgões) e ácaros ao entupir seus espiráculos.

Nas extremidades dos ramos traqueais mais finos há um pouco de fluido no qual gases se dissolvem. As extremidades dos tubos traqueais dos insetos são adjacentes a células corporais e os gases (oxigênio e dióxido de carbono) se difundem entre esses tubos e os tecidos. Como tubos traqueais terminam perto das células, insetos não precisam de pigmentos respiratórios, como hemoglobina e hemocianina, para transportar gases.

Alguns insetos podem forçar o ar para dentro e para fora dos tubos traqueais. Por exemplo, quando os músculos abdominais de um gafanhoto contraem, os órgãos pressionam os tubos traqueais dobráveis e forçam o ar para fora deles. Quando esses músculos relaxam, a pressão sobre os tubos traqueais diminui, os tubos alargam e o ar entra.

Algumas aranhas têm um ou dois **pulmões foliáceos** além ou em vez de tubos traqueais. Em um pulmão foliáceo, ar e sangue trocam gases em lâminas finas de tecido (Figura 14.8). A hemocianina no sangue de uma aranha fica azul-esverdeada quando passa pelo pulmão foliáceo e coleta oxigênio. Ela cede oxigênio, ficando incolor nos tecidos corporais.

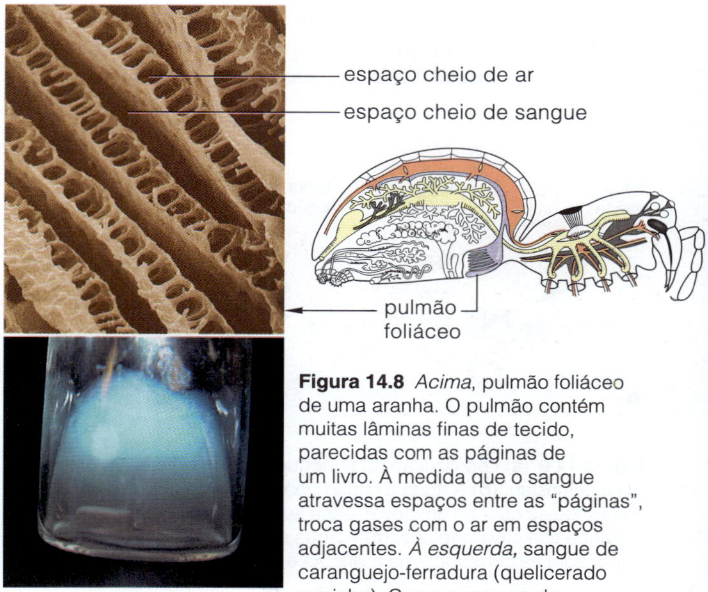

Figura 14.8 *Acima*, pulmão foliáceo de uma aranha. O pulmão contém muitas lâminas finas de tecido, parecidas com as páginas de um livro. À medida que o sangue atravessa espaços entre as "páginas", troca gases com o ar em espaços adjacentes. *À esquerda*, sangue de caranguejo-ferradura (quelicerado marinho). Como o sangue da aranha, ele contém o pigmento respiratório hemocianina, que fica azul-esverdeado quando transporta oxigênio.

Para pensar

Como os invertebrados trocam gases com seu ambiente?

- Alguns invertebrados não têm órgãos respiratórios e trocam gases pela parede corporal. Esse processo também suplementa a ação de brânquias em muitos invertebrados.
- Brânquias são órgãos filamentosos que aumentam a área de superfície para troca de gases em *habitats* aquáticos. Vasos sanguíneos percorrem filamentos das brânquias.
- Alguns caracóis terrestres têm um pulmão em sua cavidade do manto. Artrópodes terrestres têm tubos traqueais ou pulmões foliáceos, órgãos respiratórios que levam ar para dentro do corpo.

14.4 Respiração dos vertebrados

- Peixes utilizam brânquias para extrair oxigênio da água; vertebrados terrestres o obtêm do ar que entra nos pulmões.

Brânquias dos peixes

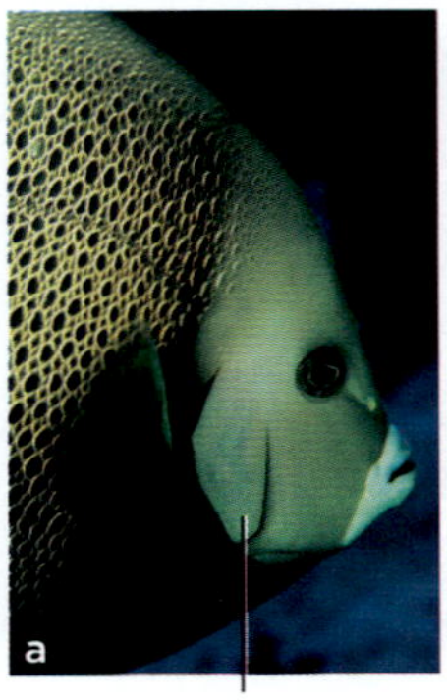

Todos os peixes têm fendas de brânquias que abrem para a faringe (região da garganta). Em lampreias e peixes cartilaginosos, as fendas das brânquias são visíveis por fora, mas peixes teleósteos têm uma cobertura que as esconde (Figura 14.9*a*).

Em todos os peixes, a respiração ocorre quando a água flui para dentro da boca, entra na faringe e sai do corpo através das brânquias. Alguns tubarões nadam constantemente com a boca aberta para a água fluir passivamente pelas brânquias. Entretanto, a maioria dos peixes atrai água ativamente para as brânquias. Um peixe teleósteo suga água para dentro abrindo a boca, fechando as coberturas das brânquias e contraindo os músculos que alargam a cavidade oral (Figura 14.9*b*).

A água é forçada para fora quando o peixe fecha a boca, abre a cobertura e contrai músculos que deixam a cavidade oral menor (Figura 14.9*c*).

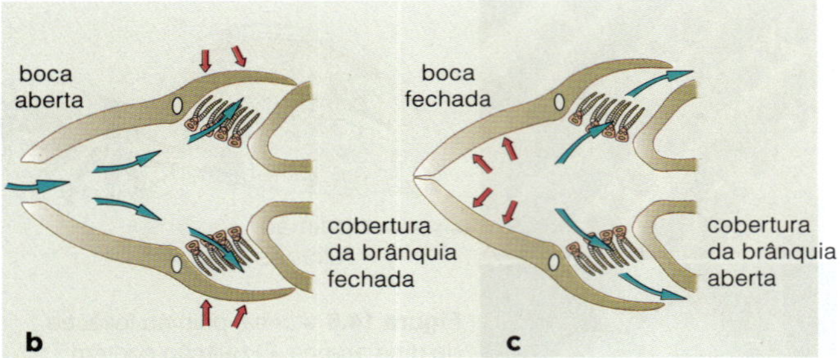

Figura 14.9 (**a**) Localização da cobertura das brânquias em um peixe teleósteo. (**b**) A água é sugada para dentro da boca e sobre as brânquias quando um peixe fecha sua cobertura, abre a boca e expande sua cavidade oral. (**c**) A água sai quando o peixe fecha a boca, abre as coberturas da brânquia e passa água pelas brânquias.

Se você pudesse remover a cobertura das brânquias de um peixe teleósteo, veria que elas próprias consistem em arcos ósseos, cada um com muitos filamentos de acoplados (Figura 14.10*a*,*b*). Cada filamento de brânquia contém muitos leitos capilares onde gases são trocados com o sangue.

O sangue em um capilar de brânquia e água que passam pelos seus filamentos se movem em direções opostas (Figura 14.10*c*). O resultado é uma **troca contracorrente**, na qual dois fluidos trocam substâncias enquanto fluem em direções opostas. O sangue pobre em oxigênio entra em um capilar e passa pela água com um conteúdo crescente de oxigênio. Como esses fluidos vão em direções opostas, seu conteúdo de oxigênio nunca pode ser igual, como ocorreria se fluíssem na mesma direção. Como resultado, o oxigênio se difunde da água para o sangue ao longo do capilar.

Evolução dos pulmões duplos

Os pulmões dos primeiros vertebrados evoluíram de bolsas externas da parede intestinal em alguns peixes teleósteos. Tais pulmões podem ter ajudado esses peixes a sobreviver a curtas viagens em terra. Brânquias teriam sido inúteis no ar: sem água para sustentá-las e mantê-las úmidas, as brânquias colapsariam com o próprio peso e secariam. Os pulmões se tornaram cada vez mais importantes à medida que tetrápodes aquáticos passaram mais tempo em terra.

Larvas de anfíbios têm brânquias externas. Mais frequentemente, à medida que os animais se desenvolvem, essas brânquias desaparecem e são substituídas por pares de pulmões. Anfíbios também trocam alguns gases pela superfície corporal de pele fina. Em todos os anfíbios, a maior parte do dióxido de carbono que se forma durante a respiração aeróbica sai do corpo pela pele.

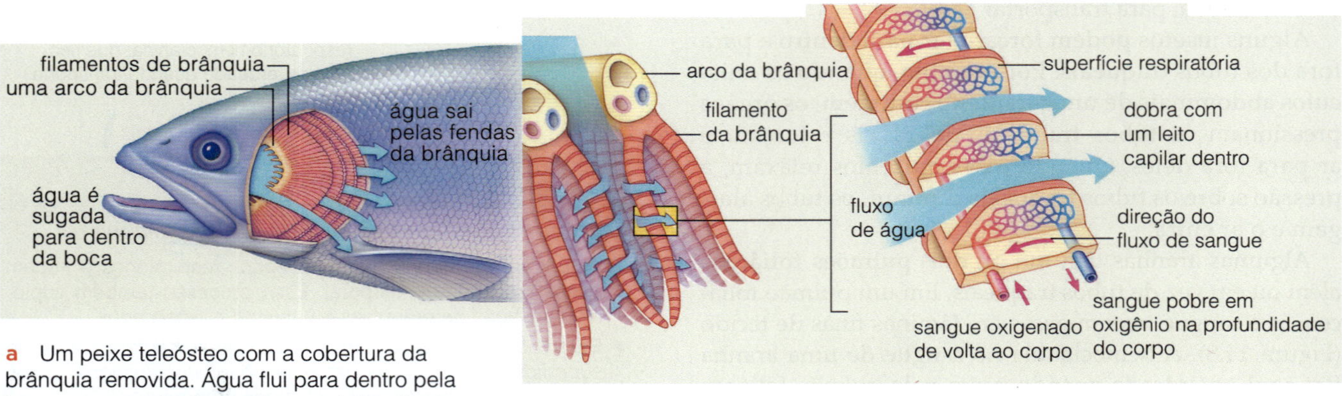

a Um peixe teleósteo com a cobertura da brânquia removida. Água flui para dentro pela boca, passa pelas brânquias e sai através de fendas das brânquias. Cada brânquia tem arcos ósseos aos quais os filamentos se acoplam.

b Dois arcos de brânquia com filamentos

c Fluxo contracorrente de água e sangue

Figura 14.10 Estrutura e função das brânquias de um peixe teleósteo.

a Rebaixar o piso da boca leva ar para dentro através das narinas.

b O fechamento das narinas e o levantamento do piso da boca empurram ar para dentro dos pulmões.

c O levantamento e o abaixamento rítmicos do piso da boca auxiliam na troca de gases.

d A contração de músculos peitorais e o levantamento do piso da boca força ar para fora dos pulmões e o sapo exala.

Figura 14.11 Como um sapo respira.

Sapos têm pares de pulmões. Eles inalam rebaixando o piso da boca, o que atrai ar para dentro pelas narinas. Depois, fecham as narinas e levantam o piso da boca e a garganta, empurrando ar para dentro dos pulmões (Figura 14.11).

Répteis, aves e mamíferos – amniotos – têm pele impermeável e nenhuma brânquia quando adultos. A troca de gases ocorre em seus dois pulmões bem desenvolvidos. A contração dos músculos peitorais atrai ar para as vias aéreas e dentro dos pulmões.

Nos répteis e mamíferos, a troca de gases ocorre em sacos nas extremidades das menores vias aéreas. Nas aves, não há "extremidades mortas" dentro do pulmão. Aves têm pulmões pequenos e inelásticos que não se expandem e contraem quando elas respiram. Em vez disso, sacos de ar acoplados aos pulmões inflam e desinflam. São necessários dois respiros para mover ar por esse sistema (Figura 14.12). Ar rico em oxigênio flui através de tubos minúsculos no pulmão durante inalações e exalações. O revestimento desses tubos é a superfície respiratória. O movimento contínuo de ar por essa superfície aumenta bastante a eficiência de troca de gases.

A seguir, veremos o sistema respiratório humano. Seus princípios operacionais se aplicam à maioria dos vertebrados, embora os pulmões tenham evoluído diferentemente entre eles.

a Inalação 1
Músculos expandem a cavidade peitoral, levando ar para dentro através das narinas. Uma parte do ar que entra pela traqueia vai para os pulmões e outra vai para os sacos de ar posteriores.

b Exalação 1
Os sacos de ar anteriores esvaziam. Ar dos sacos de ar posterior vai para os pulmões.

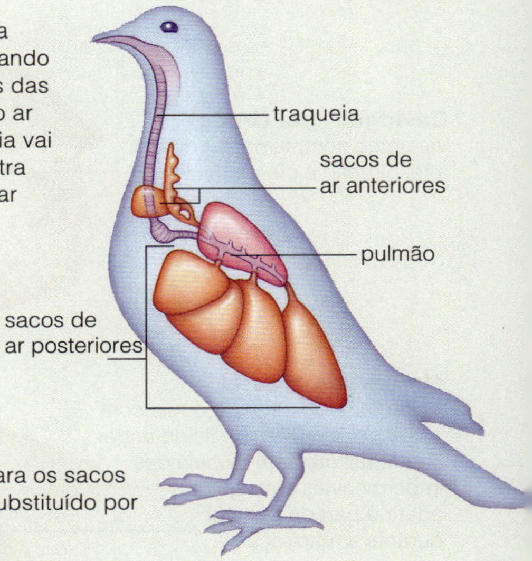

c Inalação 2
Ar nos pulmões vai para os sacos de ar anteriores e é substituído por ar recém-inalado.

d Exalação 2
Ar nos sacos de ar anteriores sai do corpo e ar dos sacos posteriores flui para dentro dos pulmões.

Figura 14.12 Sistema respiratório de uma ave. Sacos aéreos grandes e expansíveis se acoplam a dois pequenos pulmões inelásticos. A contração e a expansão dos músculos peitorais fazem o ar fluir para dentro e para fora deste sistema.
O ar flui através de muitos tubos dentro do pulmão e dos sacos aéreos posteriores. O revestimento dos menores tubos de ar, às vezes chamados de capilares de ar, é o local de troca de gases – a superfície respiratória. É necessário mais de um respiro para que o ar flua pelo sistema, mas o ar flui continuamente através dos pulmões e pela superfície respiratória. Este sistema peculiar de ventilação apoia as altas taxas metabólicas que as aves exigem para voar e outras atividades que exigem energia. *À direita*, esta imagem de microscópio de varredura de elétrons do tecido pulmonar mostra os tubos através dos quais o ar flui para os sacos aéreos. A troca de gases ocorre no revestimento desses tubos.

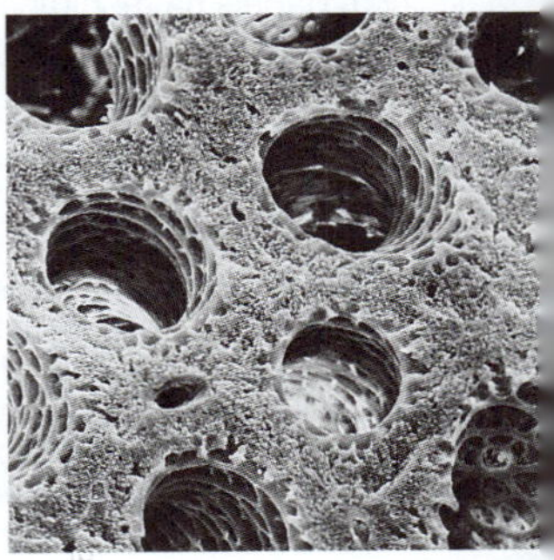

Para pensar

Que tipo de sistema respiratório os vertebrados têm?

- A maioria dos peixes troca gases com a água que flui por suas brânquias. A direção do fluxo de sangue nos capilares das brânquias é oposta à da água. Esse fluxo contracorrente ajuda a troca de gases.
- Anfíbios trocam gases pela pele e (normalmente) na superfície respiratória de pares de pulmões.
- Répteis, aves e mamíferos não trocam nenhum gás pela pele. Eles usam pares de pulmões. Aves têm os pulmões mais eficientes entre os vertebrados. Um sistema de sacos de ar garante que o ar se mova constantemente pelo pulmão de uma ave.

14.5 Sistema respiratório humano

- O sistema respiratório humano funciona na troca de gases, mas também na fala, no olfato e na homeostase.

Muitas funções do sistema

A Figura 14.13 mostra o sistema respiratório humano e lista as funções de suas partes. Ela também mostra músculos esqueléticos que ajudam na respiração. A contração e o relaxamento rítmicos desses músculos fazem o ar entrar e sair dos pulmões.

O sistema respiratório funciona na troca de gases, mas desempenha muitos papéis adicionais. Podemos falar, cantar ou gritar ao controlar as vibrações enquanto o ar passa por nossas pregas vocais. Temos olfato porque moléculas transmitidas pelo ar estimulam receptores olfatórios no nariz. Células que revestem passagens nasais e outras vias aéreas do sistema ajudam a defender o corpo – elas interceptam e neutralizam patógenos transportados pelo ar. O sistema respiratório contribui para o equilíbrio ácido-base do corpo ao se livrar de resíduos de dióxido de carbono. Controles sobre a respiração ajudam até a manter a temperatura corporal, porque a evaporação de água das vias aéreas apresenta um efeito refrigerante.

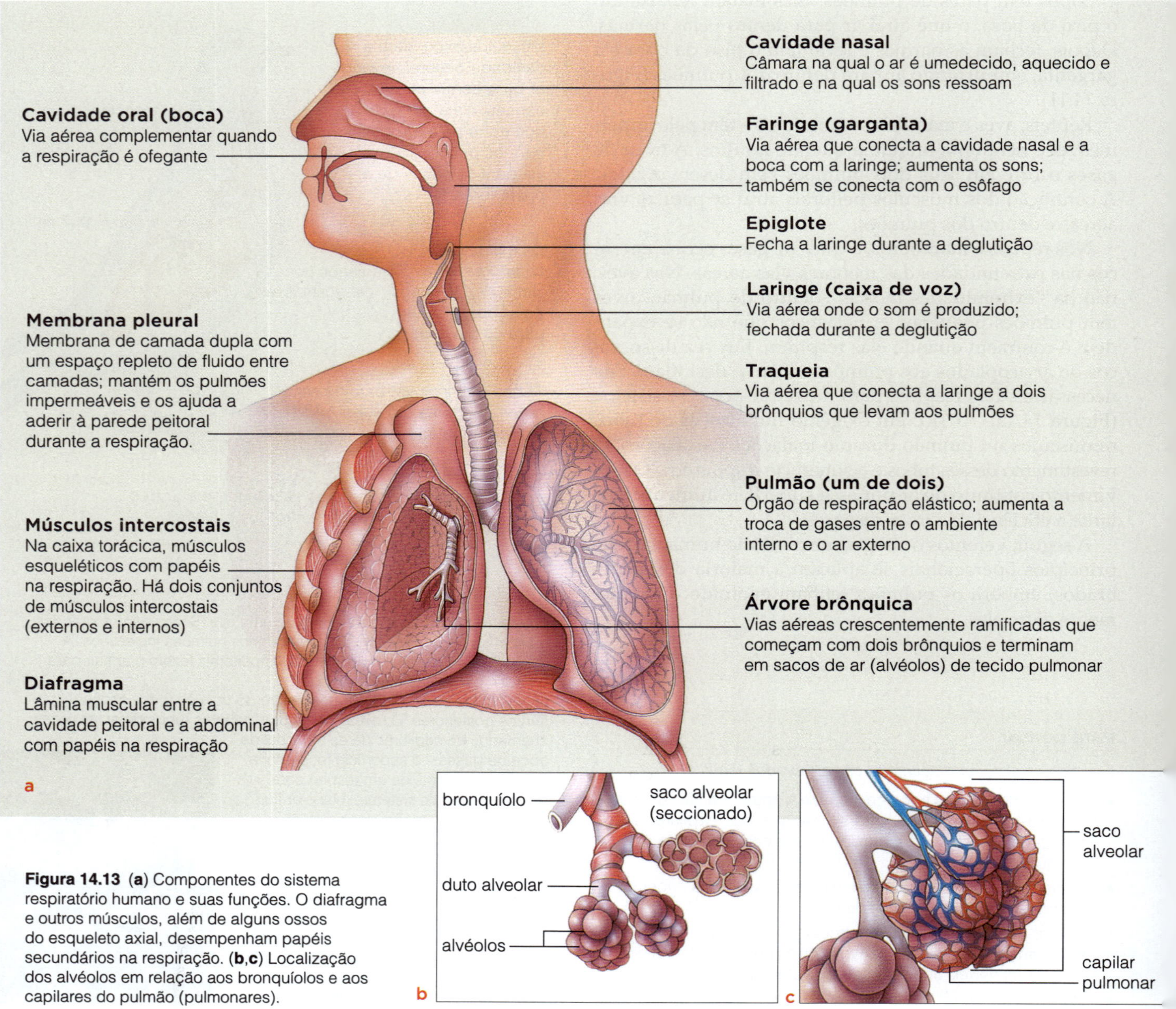

Cavidade nasal
Câmara na qual o ar é umedecido, aquecido e filtrado e na qual os sons ressoam
Cavidade oral (boca)
Via aérea complementar quando a respiração é ofegante
Faringe (garganta)
Via aérea que conecta a cavidade nasal e a boca com a laringe; aumenta os sons; também se conecta com o esôfago
Epiglote
Fecha a laringe durante a deglutição
Laringe (caixa de voz)
Via aérea onde o som é produzido; fechada durante a deglutição
Membrana pleural
Membrana de camada dupla com um espaço repleto de fluido entre camadas; mantém os pulmões impermeáveis e os ajuda a aderir à parede peitoral durante a respiração.
Traqueia
Via aérea que conecta a laringe a dois brônquios que levam aos pulmões
Pulmão (um de dois)
Órgão de respiração elástico; aumenta a troca de gases entre o ambiente interno e o ar externo
Músculos intercostais
Na caixa torácica, músculos esqueléticos com papéis na respiração. Há dois conjuntos de músculos intercostais (externos e internos)
Árvore brônquica
Vias aéreas crescentemente ramificadas que começam com dois brônquios e terminam em sacos de ar (alvéolos) de tecido pulmonar
Diafragma
Lâmina muscular entre a cavidade peitoral e a abdominal com papéis na respiração
a
bronquíolo
saco alveolar (seccionado)
duto alveolar
alvéolos
b
saco alveolar
capilar pulmonar
c

Figura 14.13 (**a**) Componentes do sistema respiratório humano e suas funções. O diafragma e outros músculos, além de alguns ossos do esqueleto axial, desempenham papéis secundários na respiração. (**b**,**c**) Localização dos alvéolos em relação aos bronquíolos e aos capilares do pulmão (pulmonares).

Das vias aéreas aos alvéolos

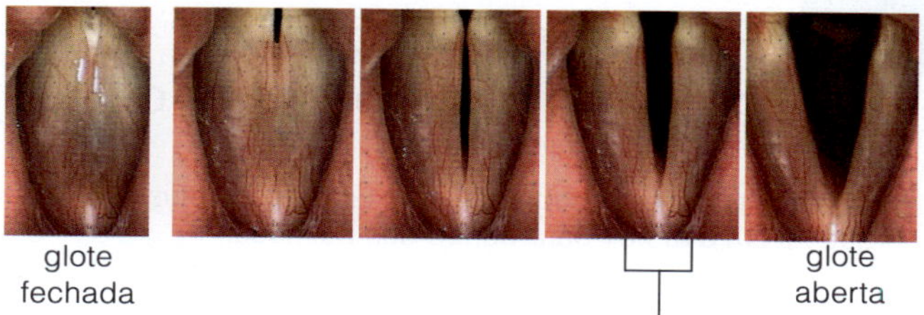

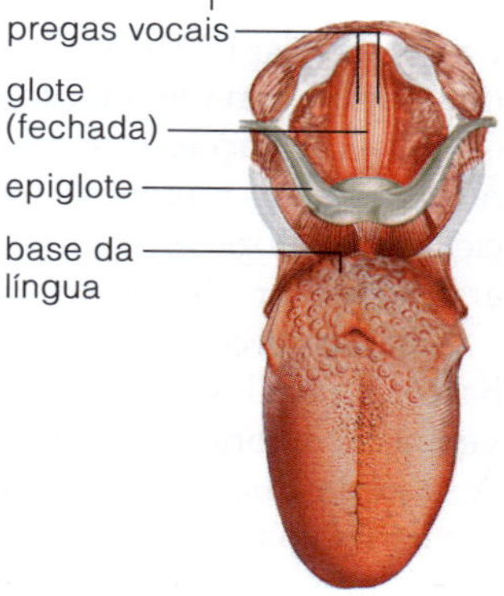

Figura 14.14 Pregas vocais humanas, dentro da laringe. A contração do músculo esquelético nessas pregas muda a largura da glote, o espaço entre elas. A glote se fecha quando você engole. Ela abre durante a respiração silenciosa. Ela se estreita quando você fala, então esse fluxo de ar faz as pregas vibrarem.

Passagens respiratórias Respire fundo. Agora, veja a Figura 14.13 para ter uma ideia de onde o ar viajou em seu sistema respiratório.

Se você é saudável e está quieto, o ar provavelmente entrou pelo nariz, em vez de pela boca. Enquanto o ar atravessa as narinas, pêlos minúsculos filtram qualquer partícula grande. O muco secretado pelas células do revestimento nasal captura a maioria das partículas finas e substâncias químicas transportadas pelo ar. Células ciliadas no revestimento nasal também ajudam a remover qualquer contaminante inalado.

O ar das narinas entra na cavidade nasal, onde é aquecido e umedecido. Ele flui em seguida para a **faringe**, ou garganta. Ele continua para a **laringe**, uma via aérea comumente conhecida como caixa de voz porque um par de pregas vocais se projeta para dentro dela (Figura 14.14). Cada prega vocal é um músculo esquelético com uma cobertura de epitélio secretor de muco. A contração das pregas vocais muda o tamanho da **glote**, o espaço entre elas.

Quando a glote está aberta, ar flui através dela silenciosamente. Quando a contração muscular estreita a glote, o fluxo de ar sai pelo espaço mais estreito, e faz as pregas vocais vibrarem e produzirem sons. A tensão nas pregas e a posição da laringe determinam o tom de voz. Para sentir como isso funciona, coloque um dedo na proeminência laríngea, a cartilagem da laringe que se projeta mais no pescoço. Entoe uma nota grave, depois uma aguda. Você sentirá a vibração de suas pregas vocais e como os músculos da laringe mudam a posição desta. Na laringite, o uso excessivo ou a infecção inflamam as pregas vocais. As pregas inchadas não conseguem vibrar como deveriam, o que dificulta a fala.

Na entrada da laringe fica a **epiglote**. Quando esta aba de tecido aponta para cima, o ar entra na **traqueia**. Quando você engole, a epiglote abaixa, aponta para baixo e cobre a entrada da laringe; portanto, o ar e fluidos entram no esôfago. O esôfago conecta a faringe ao estômago.

A traqueia se ramifica em duas vias aéreas, uma para cada pulmão. Cada via aérea é um **brônquio.** Seu revestimento epitelial tem muitas células ciliadas e secretoras de muco que combatem infecções do trato respiratório. Bactérias e partículas transportadas pelo ar aderem ao muco. Cílios varrem o muco em direção à garganta para expulsão.

Par de pulmões Os pulmões humanos são órgãos em forma de cone na cavidade torácica, um em cada lado do coração. A caixa torácica envolve e protege os pulmões. Uma membrana pleural de duas camadas cobre a superfície externa de cada pulmão e reveste a parede da cavidade torácica interna.

Uma vez dentro do pulmão, o ar atravessa ramificações cada vez mais finas de uma "árvore brônquica". Os ramos são chamados **bronquíolos**. Nas pontas dos bronquíolos mais finos há os **alvéolos** respiratórios, pequenos sacos de ar onde gases são trocados (Figura 14.13*b*,*c*). Cada alvéolo tem uma parede com apenas uma célula de espessura. Coletivamente, os muitos alvéolos fornecem uma superfície extensa para troca de gases. Se todos os 6 milhões de alvéolos em seus pulmões pudessem ser esticados em uma única camada, cobririam metade de uma quadra de tênis!

Ar nos alvéolos troca gases com o sangue que flui pelos capilares pulmonares (em latim *pulmo*, pulmão). Neste ponto, um sistema de órgãos diferente é envolvido. O sistema circulatório transporta oxigênio para tecidos corporais e leva dióxido de carbono para longe deles.

Músculos e respiração Uma camada ampla de músculo liso abaixo dos pulmões, o **diafragma**, divide o celoma em uma cavidade torácica e uma cavidade abdominal. De todos os músculos lisos, só ele pode ser controlado voluntariamente. É possível fazê-lo contrair ao inalar deliberadamente. O diafragma e os **músculos intercostais**, músculos esqueléticos entre as costelas, interagem para alterar o volume da cavidade torácica durante a respiração.

Para pensar

Quais papéis os componentes do sistema respiratório humano desempenham?

- Além da troca de gases, o sistema respiratório humano atua no olfato, na produção de voz, em defesas corporais, no equilíbrio ácido-base e na regulagem de temperatura.
- Ar entra pela boca ou pelo nariz. Ele flui através da faringe (garganta) e laringe (caixa de voz) para uma traqueia que se ramifica em dois brônquios, um para cada pulmão. Dentro de cada pulmão, vias aéreas ramificadas adicionais fornecem ar para os alvéolos, onde gases são trocados com capilares pulmonares.

14.6 Reversões cíclicas nos gradientes de pressão do ar

- Sinais rítmicos do cérebro causam contrações musculares que fazem o ar fluir para centro dos pulmões.

Ciclo respiratório

Um **ciclo respiratório** é constituído por uma inspiração (inalação) e uma expiração (exalação). A inalação sempre é ativa – contrações musculares a impulsionam. Mudanças no volume dos pulmões e na cavidade torácica durante um ciclo respiratório alteram os gradientes de pressão entre o ar dentro e fora do trato respiratório (Figuras 14.15 e 14.16).

Quando você inala, o diafragma achata e se move para baixo. Músculos intercostais externos se contraem e movem a caixa torácica para cima e para fora (Figura 14.15*a*). À medida que a caixa torácica se expande, os pulmões também expandem. A pressão nos alvéolos cai para abaixo da pressão atmosférica e o ar flui até o gradiente de pressão para dentro das vias aéreas.

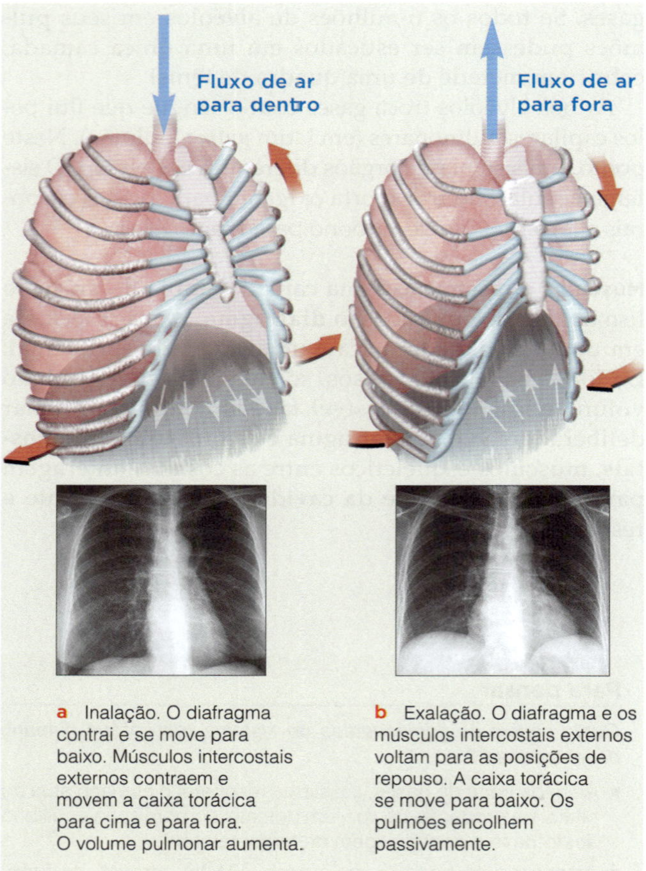

Fluxo de ar para dentro
Fluxo de ar para fora
a Inalação. O diafragma contrai e se move para baixo. Músculos intercostais externos contraem e movem a caixa torácica para cima e para fora. O volume pulmonar aumenta.
b Exalação. O diafragma e os músculos intercostais externos voltam para as posições de repouso. A caixa torácica se move para baixo. Os pulmões encolhem passivamente.

Figura 14.15 Mudanças no tamanho da cavidade torácica durante um único ciclo respiratório. As imagens em raios X revelam como a inalação e a expiração mudam o volume pulmonar.

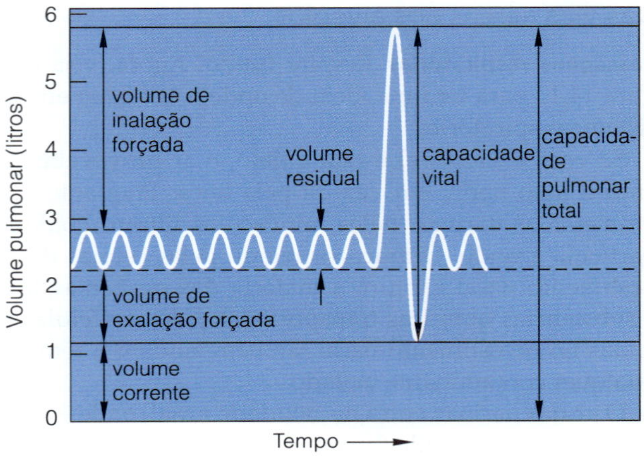

Figura 14.16 Volumes respiratórios. Na respiração normal, o pulmão retém 2,7 litros no final da inalação e 2,2 litros ao final da exalação; o volume corrente de ar que entra e sai é de 0,5 litro. Pulmões nunca desinflam completamente. Quando o ar flui para fora e o volume pulmonar é baixo, a parede das vias aéreas menores colapsa e evita maior perda de ar.

A exalação normalmente é passiva. Quando os músculos que causaram a inalação relaxam, os pulmões encolhem passivamente e o volume pulmonar diminui. Isso comprime os sacos alveolares, aumentando a pressão de ar dentro deles. O ar se move até o gradiente de pressão, para fora dos pulmões (Figura 14.15*b*).

A exalação é ativa apenas quando você se exercita vigorosamente ou tenta conscientemente expelir mais ar. Durante a exalação ativa, músculos intercostais internos se contraem, empurrando a parede torácica para dentro e para baixo. Ao mesmo tempo, os músculos da parede abdominal contraem. A pressão abdominal aumenta e exerce uma força para cima sobre o diafragma. O volume da cavidade torácica diminui mais que o normal e um pouco mais de ar é forçado para fora.

A força para cima sobre o diafragma também é o motivo para a **manobra de Heimlich** funcionar (Figura 14.17). Realizar esse procedimento pode salvar a vida de alguém que está engasgando. Uma pessoa sufocando pode ter alimento preso na traqueia. Ao dar golpes para cima, no abdômen superior da pessoa, quem a ajuda aumenta a pressão intra-abdominal, o que força o diafragma da vítima para cima. A força do ar saindo dos pulmões e indo para a traqueia pode deslocar o alimento, permitindo que a vítima volte a respirar.

Volumes respiratórios

O volume máximo de ar que os pulmões podem reter, o volume pulmonar total, é de, em média, 5,7 litros nos homens e 4,2 litros nas mulheres. Normalmente, os pulmões ficam cheios menos da metade. A **capacidade vital**, o volume máximo que pode entrar e sair em um ciclo, é uma medida da saúde pulmonar.

O **volume corrente** – o volume que entra e sai em um ciclo respiratório normal – é de aproximadamente 0,5 litro (Figura 14.16). Seus pulmões nunca desinflam completamente; assim, o ar dentro deles sempre é uma mistura de ar recém-inalado e "ar velho" que ficou para trás durante a exalação anterior. Mesmo assim, há muito oxigênio para troca.

Controle da respiração

Neurônios no bulbo raquidiano do tronco cerebral servem de centro de controle para a respiração. Quando você repousa, esses neurônios disparam potenciais de ação espontâneos de dez a quatorze vezes por minuto. Nervos levam esses sinais para o diafragma e músculos intercostais, causando as contrações que resultam na inalação. Entre potenciais de ação, os músculos relaxam e você exala.

Os padrões de respiração mudam com o nível da atividade. Quando você é mais ativo, células musculares aumentam sua frequência de respiração aeróbica e produzem mais CO_2. Este CO_2 entra no sangue, onde se combina com água e forma ácido carbônico (Seção 14.7). O ácido se dissocia e os níveis de H^+ aumentam no sangue e no fluido cerebroespinhal.

Quimiorreceptores dentro do bulbo raquidiano e nas paredes da artéria carótida e aorta detectam a mudança. Tais receptores sinalizam o centro respiratório, que pede mudanças no padrão de respiração (Figura 14.18).

Quimiorreceptores nas artérias carótidas também sinalizam o bulbo raquidiano quando a pressão parcial de O_2 no sangue arterial cai para abaixo de um perigoso nível de 60 mm Hg. Normalmente, a pressão parcial de O_2 não cai tanto. Este mecanismo de controle tem valor de sobrevivência apenas a altas altitudes e durante doenças pulmonares graves. Reflexos como engolir ou tossir podem parar brevemente a respiração. Os padrões de respiração também podem ser deliberadamente alterados, como quando você prende a respiração para mergulhar ou interrompe o ritmo normal da respiração para falar. Além disso, comandos dos nervos simpáticos fazem você respirar mais rápido quando está assustado.

Para pensar

O que acontece quando respiramos?

- A inalação sempre é um processo ativo. A contração do diafragma e dos músculos intercostais externos aumenta o volume da cavidade torácica. Isso reduz a pressão de ar nos alvéolos para abaixo da pressão atmosférica; portanto, o ar move para dentro.
- A exalação normalmente é passiva. À medida que os músculos relaxam, a cavidade torácica encolhe, a pressão do ar nos alvéolos aumenta para acima da pressão atmosférica e o ar sai.
- Apenas uma parte do ar nos pulmões é substituída em cada respiração. Os pulmões nunca ficam totalmente vazios de ar.
- O cérebro controla a frequência e a profundidade da respiração.

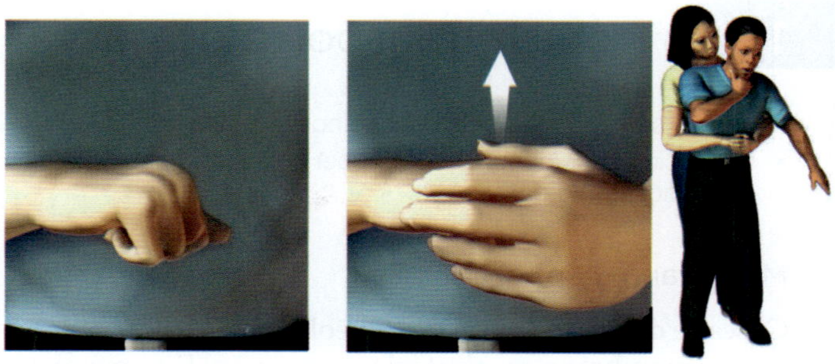

Figura 14.17 Como realizar a manobra de Heimlich em um adulto que está engasgando.
1. Determine se a pessoa está realmente engasgando – uma pessoa com um objeto alojado na traqueia não consegue tossir ou falar.
2. Fique atrás da pessoa e coloque um punho abaixo da caixa torácica, logo acima do umbigo, com o polegar voltado para baixo como em (**a**).
3. Cubra o punho com a outra mão e dê um golpe para dentro e para cima com os dois punhos como em (**b**). Repita até o objeto ser expelido.

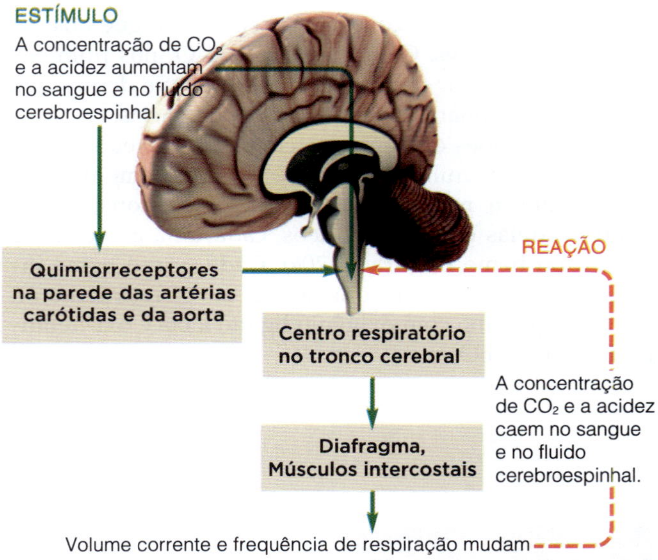

Figura 14.18 Resposta respiratória a maiores níveis de atividade. Um aumento na atividade eleva a produção de CO_2. Ele também torna o sangue e o fluido cerebroespinhal mais ácidos. Quimiorreceptores nos vasos sanguíneos e no bulbo sentem as mudanças e sinalizam o centro respiratório do cérebro, também no tronco cerebral.
Em resposta, o centro respiratório sinaliza o diafragma e os músculos intercostais. Os sinais pedem alterações na frequência e na profundidade da respiração.
O excesso de CO_2 é expelido, o que faz o nível deste gás e a acidez declinarem. Quimiorreceptores sentem o declínio e sinalizam o centro respiratório; portanto, a respiração é ajustada de acordo.

14.7 Troca e transporte de gases

- Gases são trocados pela difusão nos alvéolos.
- Hemácias desempenham um papel no transporte de oxigênio e dióxido de carbono.

Membrana respiratória

Gases se difundem entre um alvéolo e um capilar pulmonar na **membrana respiratória** do pulmão. Esta membrana fina consiste em epitélio alveolar, endotélio capilar e as membranas basais fundidas do alvéolo e do capilar (Figura 14.19). Secreções mantêm o lado alveolar da membrana respiratória úmido para que gases possam se difundir rapidamente nele.

O_2 e CO_2 se difundem passivamente na membrana respiratória. Portanto, a direção líquida de movimento desses gases depende de seus gradientes de pressão parcial na membrana. O fluxo de ar para dentro e fora dos pulmões e o fluxo de sangue através dos capilares pulmonares mantêm os gradientes de pressão parcial de O_2 e CO_2 íngremes.

Transporte de oxigênio

O ar inalado que chega aos alvéolos contém uma grande quantidade de O_2 em comparação com o sangue nos capilares pulmonares. Como resultado, o O_2 nos pulmões tende a se difundir para o plasma do sangue dentro dos capilares pulmonares e depois para as hemácias.

Até 30 trilhões de hemácias circulam em seu sangue. Cada uma tem milhões de moléculas de hemoglobina. Novamente, a molécula de hemoglobina consiste em quatro cadeias de polipeptídeos, cada uma associada a um grupo heme (Figura 14.20*a*). Cada grupo heme inclui um átomo de ferro que se liga reversivelmente ao O_2. Hemoglobina com oxigênio ligado a ela é **oxi-hemoglobina**, ou HbO_2.

Por volta de 98,5% do oxigênio que você inala é ligado a grupos heme de hemoglobina. A quantidade de HbO_2 que se forma em um determinado intervalo depende da pressão parcial de O_2. Quanto maior a pressão parcial de O_2, mais HbO_2 se formará. Heme se liga mal ao O_2. Ela libera O_2 em lugares onde a pressão parcial de O_2 é muito menor que a nos alvéolos. Isso é verdadeiro em tecidos metabolicamente ativos, como as caixas rosa na Figura 14.21 mostram. Outros fatores que estimulam a liberação de O_2 da heme, incluindo alta temperatura, baixo pH e alta pressão parcial de CO_2, também são típicos desses tecidos.

Mioglobina, também uma proteína respiratória que contém heme, ajuda o músculo cardíaco e alguns músculos esqueléticos a armazenar oxigênio. Estruturalmente, mioglobina se parece com globina na hemoglobina, mas se liga mais firmemente ao oxigênio (Figura 14.20*b*). O O_2 que a hemoglobina cede perto de uma célula de músculo cardíaco se difunde para dentro da célula e se liga à mioglobina dentro dela. Quando o fluxo sanguíneo não consegue acompanhar as maiores necessidades de O_2 de uma célula, como durante os períodos de exercício intenso, a mioglobina libera O_2, o que permite à mitocôndria continuar formando ATP.

Transporte de dióxido de carbono

O dióxido de carbono se difunde para os capilares sanguíneos em qualquer tecido onde sua pressão parcial seja mais alta que no sangue. Este é o caso em tecidos metabolicamente ativos, como as caixas azuis na Figura 14.21 mostram.

Dióxido de carbono é transportado para os pulmões em três formas. Cerca de 10% continua dissolvido no plasma. Outros 30% se liga reversivelmente com a hemoglobina e forma carbamino-hemoglobina ($HbCO_2$). Entretanto, a maior parte do CO_2 que se difunde para o plasma – 60% – é transportada como bicarbonato (HCO_3^-).

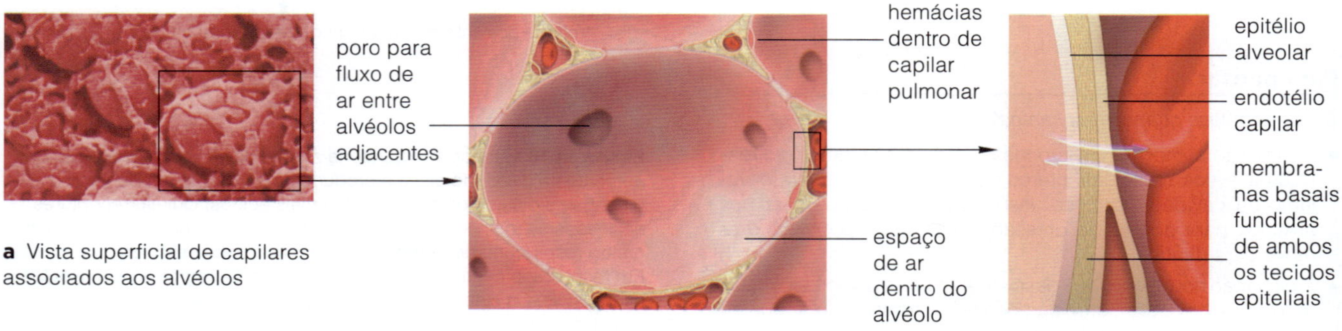

a Vista superficial de capilares associados aos alvéolos

b Vista em corte de um dos alvéolos e capilares pulmonares adjacentes

c Três componentes da membrana respiratória

Figura 14.19 *Zoom* na membrana respiratória em pulmões humanos.

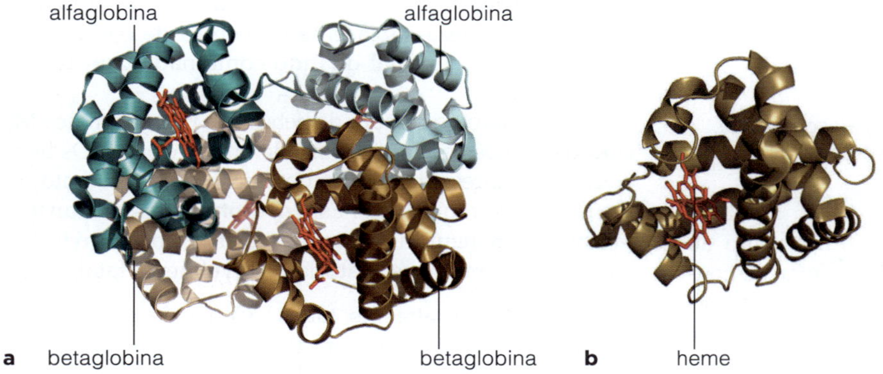

Figura 14.20 (**a**) Estrutura da hemoglobina, proteína transportadora de oxigênio das hemácias. Ela consiste em quatro cadeias de globina, cada uma associada a um grupo heme que contém ferro, em *vermelho*. (**b**) Mioglobina, uma proteína armazenadora de oxigênio em células musculares. Sua única cadeia se associa a um grupo heme. Em comparação com a hemoglobina, a mioglobina apresenta maior afinidade com oxigênio, portanto ajuda a acelerar a transferência de oxigênio do sangue para as células musculares.

Como bicarbonato se forma? Dióxido de carbono se combina primeiro com água, formando ácido carbônico (H_2CO_3). Este composto se separa em bicarbonato e H^+:

$$CO_2 + H_2O \leftrightarrows \underset{\text{ácido carbônico}}{H_2CO_3} \leftrightarrows \underset{\text{bicarbonato}}{HCO_3^-} + H^+$$

Hemácias têm **anidrase carbônica**, uma enzima que catalisa a reação acima. O bicarbonato que se forma nas hemácias se difunde para o plasma, enquanto a maior parte do H^+ se liga à hemoglobina.

Quando hemácias atingem os capilares alveolares – onde a pressão parcial de CO_2 é relativamente baixa –, as reações revertem, formando água e CO_2. O CO_2 se difunde para o ar em um alvéolo e é exalado.

A ameaça do monóxido de carbono

Monóxido de carbono (CO) é um gás incolor e inodoro. Ele está presente na fumaça de cigarros e na combustão de combustíveis fósseis. A hemoglobina tem uma afinidade maior com CO que com O_2. Quando CO se acumula no ar, preenche os lugares de ligação de O_2 na hemoglobina, evitando o transporte de O_2 e causando envenenamento por monóxido de carbono. Náusea, dor de cabeça, confusão, tontura e fraqueza ocorrem enquanto os tecidos ficam privados de oxigênio. O envenenamento acidental por CO mata centenas de pessoas anualmente. Para minimizar seu risco, verifique se aparelhos que queimam combustível foram adequadamente ventilados para o lado externo e instale um detector de monóxido de carbono.

Para pensar

Como gases são transportados no sangue?

- A maior parte do oxigênio no sangue está ligada à hemoglobina, que vincula oxigênio nos alvéolos onde a pressão parcial de oxigênio é alta, e o libera nos tecidos onde a pressão parcial de oxigênio é mais baixa.
- A maior parte do dióxido de carbono é transportada no sangue na forma de bicarbonato, que se forma quase inteiramente por ação de enzimas dentro das hemácias.

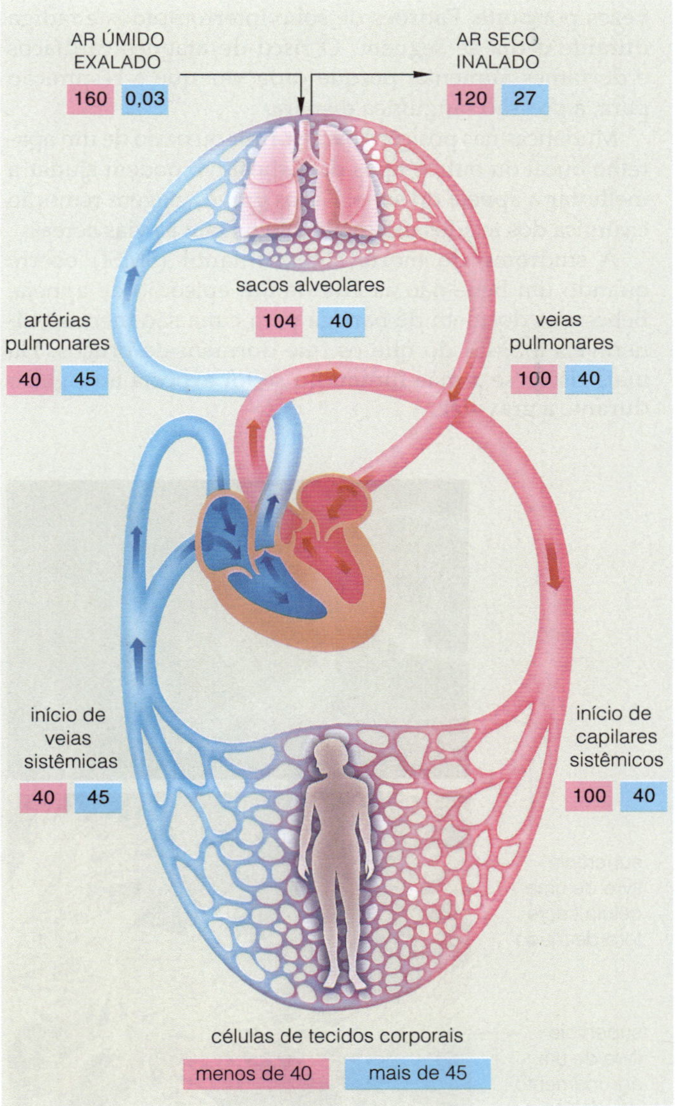

Figura 14.21 Pressões parciais (em mm Hg) para oxigênio (caixas *rosa*) e dióxido de carbono (caixas *azuis*) na atmosfera, no sangue e nos tecidos.

Resolva: Qual é a pressão parcial de oxigênio nas artérias que levam sangue para os leitos capilares sistêmicos?

Resposta: 100 mm Hg

14.8 Doenças e desordens respiratórias

- Desordens genéticas, doenças infecciosas e escolhas de estilo de vida podem aumentar o risco de problemas respiratórios.

Respiração interrompida Um tumor ou outro dano ao bulbo raquidiano do tronco cerebral pode afetar os controles respiratórios. Isso pode causar apneia, uma desordem na qual a respiração para repetidamente e reinicia espontaneamente, especialmente durante o sono. Mais frequentemente, a apneia do sono ocorre quando língua, tonsilas ou outro tecido mole obstrui as vias aéreas superiores. A respiração para por até vários segundos muitas vezes por noite. Padrões de sono interrompidos e fadiga durante o dia se seguem. O risco de ataques cardíacos e derrames aumenta, porque cada vez que a respiração para, a pressão sanguínea dispara.

Mudanças nas posições para dormir ou o uso de um aparelho bucal ou outros tipos de dispositivo podem ajudar a melhorar a apneia do sono. Casos graves exigem remoção cirúrgica dos tecidos moles que bloqueiam as vias aéreas.

A síndrome de morte súbita infantil (SMSI) ocorre quando um bebê não acorda de um episódio de apneia. Bebês que dormem de barriga para cima são menos vulneráveis a SMSI do que os que dormem de bruços. Há mais riscos se a mãe fumou ou se foi exposta ao cigarro durante a gravidez.

Figura 14.22 (**a**) Fumaça de cigarro prestes a entrar nos brônquios que levam aos pulmões. A fumaça irrita células ciliadas e secretoras de muco que revestem as vias aéreas (**b**) e pode exacerbar a bronquite.

Hannah Kinney, da Harvard Medical School, relatou que uma fraqueza subjacente no centro de controle respiratório pode ser fatal quando combinada com tensões ambientais.

Ela comparou o cérebro de bebês que morreram de SMSI com o de bebês que morreram de outras causas. Os bebês com SMSI apresentavam menos receptores de serotonina em seu bulbo raquidiano. Este neurotransmissor transporta sinais entre neurônios. Sinalização fraca pode prejudicar as reações à tensão respiratória possivelmente fatal.

Infecções potencialmente letais Cerca de um terço da população humana está infectada com *Mycobacterium tuberculosis*, a causa da tuberculose. Essas bactérias colonizam os pulmões, mas a infecção nem sempre resulta em doença. Os portadores podem ser identificados por um exame cutâneo de tuberculose. Se não tratados, cerca de 10% deles desenvolverão a doença eventualmente. Eles começam a tossir e podem ter dor no peito. Podem ter problema para respirar e tossem muco com sangue. Antibióticos curam a tuberculose, mas só se tomados diligentemente por, pelo menos, seis meses. Uma infecção ativa e não tratada pode ser fatal.

Os pulmões também são infectados por bactérias, vírus e – menos comumente – fungos, que causam pneumonia. A pneumonia não é uma doença – é um termo geral para inflamação dos pulmões causada por um organismo infeccioso. Tosse, dor no peito, problemas para respirar e febre são sintomas comuns. Raios X podem revelar tecidos infeccionados cheios de fluido e células imunológicas em vez de ar. O tratamento e o resultado dependem do tipo de patógeno.

Bronquite crônica e enfisema Um epitélio produtor de muco está voltado para o lúmen de seus bronquíolos (Figura 14.22). É uma das muitas defesas que o protegem de infecções respiratórias. Irritação crônica do revestimento pode levar à bronquite. Com esta doença respiratória, as células epiteliais ficam irritadas e secretam excesso de muco. O excesso de muco ativa a tosse e fornece um lugar úmido rico em nutrientes para os patógenos crescerem.

Os primeiros ataques de bronquite são tratáveis. Quando o problema continua, os bronquíolos ficam cronicamente inflamados enquanto bactérias, agentes químicos ou ambos atacam o revestimento dessas vias aéreas. As células ciliadas do revestimento morrem e as células secretoras de muco se multiplicam. Uma cicatriz fibrosa se forma.

Com o tempo, a cicatrização estreita ou obstrui as vias aéreas. A respiração fica trabalhosa e difícil.

A bronquite crônica pode levar ao enfisema. Com esta condição, enzimas bacterianas destruidoras de tecidos digerem a parede alveolar fina e estendível. À medida que as paredes se deterioram, tecido fibroso inelástico se acumula em volta delas. Alvéolos alargam e a troca de gases fica menos eficiente. Com o tempo, os pulmões ficam distendidos e inelásticos; portanto, o equilíbrio entre fluxo de ar e de sangue é comprometido. Fica difícil até tomar fôlego.

Milhões de pessoas em todo o mundo têm enfisema, que causa ou contribui para aproximadamente 100 mil mortes todos os anos.

Riscos associados ao tabagismo	Redução nos riscos ao parar
Menor expectativa de vida Não fumantes vivem cerca de 8,3 anos mais do que quem fuma dois maços por dia a partir dos 25 anos.	Redução de riscos cumulativos; depois de 10 a 15 anos, a expectativa de vida de ex-fumantes se aproxima da de não fumantes.
Bronquite crônica, enfisema Fumantes têm risco de quatro a 25 vezes maior de morrer dessas doenças do que não fumantes.	Maior chance de melhorar a função pulmonar e desacelerar a taxa de deterioração.
Câncer dos pulmões O tabagismo é a principal causa.	Depois de 10 a 15 anos, o risco se aproxima do de não fumantes.
Câncer de boca Risco três a 10 vezes maior entre fumantes.	Depois de 10 a 15 anos, o risco é reduzido ao nível do de não fumantes.
Câncer de laringe De 2,9 a 17,7 vezes mais frequente entre fumantes.	Depois de 10 anos, o risco é reduzido ao nível do de não fumantes.
Câncer de esôfago Risco de duas a nove vezes maior de morrer disso.	Risco proporcional à quantidade fumada; parar deve reduzi-lo.
Câncer de pâncreas Risco de duas a cinco vezes maior de morrer disso.	Risco proporcional à quantidade fumada; parar deve reduzi-lo.
Câncer de bexiga Risco de sete a 10 vezes maior para fumantes.	O risco diminui gradualmente ao longo de sete anos para o nível de não fumantes.
Doença cardiovascular O tabagismo é um grande fator contribuinte em ataques cardíacos, derrames e aterosclerose.	O risco de ataque cardíaco declina rapidamente, de derrame cai ainda mais gradualmente e para aterosclerose, nivela.
Impacto nos filhos Mulheres que fumam durante a gravidez têm mais natimortos e o peso dos que nascem vivos fica abaixo da média (o que torna os bebês mais vulneráveis a doenças e morte).	Quando param de fumar antes do quarto mês de gestação, o risco de natimortos e peso menor ao nascer é eliminado.
Imunidade prejudicada Mais reações alérgicas, destruição de leucócitos (macrófagos) no trato respiratório.	Evitável ao não fumar.
Cicatrização óssea Ossos cortados cirurgicamente ou fraturados podem demorar 30% mais para se recuperar em fumantes, talvez porque o tabagismo priva o corpo de vitamina C e reduz a quantidade de oxigênio fornecido aos tecidos. A redução de vitamina C e de oxigênio interfere na formação de fibras de colágeno nos ossos (e em muitos outros tecidos).	Evitável ao não fumar.

Diversas pessoas são predispostas geneticamente a desenvolver enfisema. Elas não têm um gene operável para antitripsina, uma enzima que inibe ataques bacterianos aos alvéolos.

Má alimentação e resfriados persistentes ou recorrentes e outras infecções respiratórias também levam ao enfisema. Poluição do ar e substâncias químicas no local de trabalho podem contribuir para o problema. Entretanto, o fumo é, de longe, o principal fator de risco para o enfisema. A maioria dos afetados está acima dos 50 anos.

Impacto do tabagismo Globalmente, o fumo mata 4 milhões de pessoas por ano. Até 2030, o número poderá aumentar para 10 milhões, com cerca de 70% das mortes ocorrendo em países em desenvolvimento. Os custos médicos diretos do tratamento de desordens induzidas pelo tabagismo drenam bilhões de dólares, por ano, da economia mundial. Como G. H. Brundtland – médico e ex-diretor da Organização Mundial para a Saúde – destaca, o tabaco é o único produto legal que mata metade de seus usuários regulares. Se você é fumante, pode querer refletir sobre essas informações.

Cigarros também fazem mais do que adoecer e matar fumantes. Não fumantes morrem de câncer e doenças causadas pelo fumo passivo. Crianças que respiram fumaça de cigarro em casa apresentam maior risco de desenvolver problemas pulmonares. Fumar durante a gravidez aumenta o risco de aborto e baixo peso ao nascer.

Fumar maconha (*Cannabis*) também apresenta riscos respiratórios significantes. Embora a maconha contenha menos partículas tóxicas, ou "alcatrão", do que o tabaco, normalmente é fumada sem filtro. Além disso, quem fuma maconha tende a inalar mais profundamente do que quem fuma tabaco, prender fumaça quente nos pulmões por períodos mais longos e fumar o cigarro até o fim, onde o alcatrão se acumula. Como resultado, quem fuma maconha por longos períodos apresenta maior risco de problemas respiratórios e tende a sofrer dano pulmonar mais cedo do que quem fuma cigarro. Por outro lado, diferentemente do tabaco, a maconha não demonstrou aumentar o risco de câncer de pulmão.

14.9 Do alto da montanha ao fundo do mar

- Características especializadas de alguns sistemas respiratórios adaptam os organismos a alta altitude ou mergulhos profundos.

Respiração em altitudes elevadas

A pressão atmosférica diminui com a altitude. Acima de 5.500 metros, ou 18 mil pés, é de 380 mm Hg – metade do que é no nível do mar. O oxigênio ainda é 21% da pressão total, portanto há metade do oxigênio do existente no nível do mar.

Lhamas são animais que vivem em altitudes elevadas nos Andes (Figura 14.23). Sua hemoglobina as ajuda a sobreviver em "ar rarefeito", com menor nível de oxigênio. Em comparação com a hemoglobina de humanos e da maioria dos outros mamíferos, a da lhama liga oxigênio mais eficientemente. Além disso, os pulmões e o coração de uma lhama são anormalmente grandes em relação ao tamanho do corpo do animal.

A maioria das pessoas vive em altitudes mais baixas, onde há muito oxigênio. Quando sobem rápido demais para altitudes elevadas, o transporte de oxigênio para as células despenca. Hipoxia, ou deficiência celular de oxigênio, é o resultado. Em uma reação compensatória aguda à hipoxia, o cérebro manda o coração e os músculos respiratórios trabalharem mais. As pessoas respiram mais rápido e profundamente do que o normal – hiperventilam. Como resultado, CO_2 é exalado mais rapidamente do que se forma e o equilíbrio de íons no fluido cerebroespinhal fica confuso.

Figura 14.23 Curva de saturaçãc para a hemoglobina de humanos, lhamas e outros mamíferos.

Resolva: Em que pressão parcial de oxigênio metade dos grupos heme no sangue humano tem oxigênio vinculado?

Resposta: 30 mm Hg

Dificuldade de respiração, coração batendo forte, tontura, náusea e vômito são sintomas da doença de altitude resultante. Em comparação com pessoas em menores elevações, as que vivem em altitudes elevadas têm mais alvéolos e vasos sanguíneos nos pulmões. Seu coração tem ventrículos maiores e bombeia maiores volumes de sangue.

Uma pessoa saudável desacostumada com a vida em altitude pode se ajustar fisiologicamente a esse ambiente. Através da **aclimatação**, o corpo faz ajustes de longo prazo no débito cardíaco e na frequência e magnitude de respiração. A hipoxia também estimula as células renais a secretar mais **eritropoietina**. Este hormônio induz as células-tronco na medula óssea a se dividir repetidamente e as células descendentes a se desenvolver como hemácias. Sob condições típicas, o organismo produz de 2 a 3 milhões de hemácias por segundo para substituir as que morreram. Sob privação extrema de oxigênio, a maior secreção de eritropoietina pode resultar em um aumento de seis vezes na formação de hemácias. Maiores números de hemácias em circulação melhoram a capacidade de fornecimento de oxigênio do sangue.

Entretanto, um aumento na contagem de hemácias induzido pela altitude pode tensionar o coração. Ter mais células engrossa o sangue, portanto o coração precisa trabalhar mais para bombear o sangue através do sistema circulatório. Contrações mais fortes aumentam a pressão sanguínea, colocando a pessoa em risco para problemas de saúde associados à hipertensão crônica.

Mergulhadores de mar profundo

A pressão da água aumenta com a profundidade. Mergulhadores que utilizam tanques de ar comprimido sofrem risco de narcose por nitrogênio, às vezes chamada de "êxtase das profundezas". Quanto mais fundo um mergulhador vai, mas nitrogênio gasoso (N_2) se dissolve no fluido intersticial. O N_2 afeta a bicamada lipídica de membranas celulares. Nos neurônios, este nitrogênio dissolvido pode interromper a sinalização, fazendo um mergulhador se sentir eufórico e sonolento. Quanto mais profundamente os mergulhadores descem, mais enfraquecidos e desorientados ficam.

O retorno à superfície após um mergulho profundo também apresenta seus riscos. Enquanto um mergulhador sobe, a pressão cai e N_2 vai do fluido intersticial para o sangue e é exalado. Se um mergulhador sobe rápido demais, bolhas de N_2 se formam dentro do corpo. A doença de descompressão resultante, também conhecida como "arqueamento", normalmente começa com dor nas articulações. Bolhas de N_2 podem desacelerar o fluxo de sangue para os órgãos. Se bolhas se formam no cérebro ou nos pulmões, o resultado pode ser fatal.

Humanos que treinam para mergulhar sem tanques de oxigênio podem permanecer submergidos por cerca de três minutos; Até o momento, o recorde de mergulho livre dos humanos é de 210 metros. Compare isso com os registros impressionantes de profundidade para espécies listados na Figura 14.24.

Espécie	Profundidade Máxima
Baleia cachalote (*Physeter macrocephalus*)	2.200 metros
Tartaruga gigante (*Dermochelys coriacea*)	1.200 metros
Elefante-marinho (*Mirounga leonina*)	1.620 metros
Foca de Weddell (*Leptonychotes weddelli*)	741 metros
Golfinho comum (*Tursiops truncatus*)	>600 metros
Pinguim-imperador (*Aptenodytes forsteri*)	565 metros

Figura 14.24 (**a**) Duas tartarugas marinhas gigantes do Atlântico voltam para o mar depois de depositar ovos. A casca de couro é adaptada para mergulho profundo; ela se dobra em vez de romper sob pressão extrema. (**b**) Golfinhos comuns. A tabela *à esquerda* lista alguns registros de mergulho.

Que tipos de adaptações possibilitam mergulhos em profundidade?

As tartarugas marinhas gigantes deixam a água apenas para depositar ovos (Figura 14.24*a*). Elas passam o resto do tempo em mar aberto mergulhando atrás de águas-vivas, sua principal presa. À medida que a tartaruga ou outro animal que respira ar mergulha cada vez mais profundamente, o peso de cada vez mais água faz pressão sobre o corpo. Os pulmões cheios de ar colapsariam, mas a maioria desses animais retira o ar dos pulmões e o transfere para dentro de vias aéreas reforçadas com cartilagem, antes de atingirem grandes profundidades. A pressão, que poderia romper o casco duro de uma tartaruga normal, apenas dobra o casco mole e flexível da tartaruga gigante. Fazer um mergulho profundo significa passar longos intervalos sem acesso ao ar. O mergulho mais longo registrado para uma tartaruga gigante durou pouco mais de uma hora. Baleias cachalotes podem ficar submersas por duas horas. Se os pulmões de um animal que mergulha ficam vazios de ar e se ele não tem acesso à superfície, como atende a suas necessidades de oxigênio? De quatro maneiras.

Primeiro, antes de mergulhar, ele respira profundamente. Uma baleia cachalote expira de 80 a 90% do ar nos pulmões com cada exalação – você só exala cerca de 15%. As respirações profundas mantêm a pressão de oxigênio dentro dos alvéolos alta, portanto mais oxigênio se difunde para o sangue.

Segundo, animais que mergulham podem armazenar grandes quantidades de oxigênio no sangue e nos músculos. Eles tendem a ter um grande volume de sangue com relação a seu tamanho corporal, alta contagem de hemácias e quantias consideráveis de mioglobina. O músculo esquelético de um golfinho comum (Figura 14.24*b*) tem aproximadamente 3,5 vezes a quantidade de mioglobina de um músculo esquelético comparável com o de um cão. Um músculo em uma baleia cachalote tem sete vezes mais que o de um cachorro.

Terceiro, mais oxigênio é distribuído para o coração, cérebro e outros órgãos que exigem suprimento ininterrupto de ATP para um mergulho profundo. O volume de sangue e gases dissolvidos é armazenado e distribuído com eficiência com a ajuda de válvulas e redes de vasos sanguíneos em tecidos locais. A taxa metabólica e a frequência cardíaca também diminuem. O mesmo acontece com a absorção de oxigênio e formação de dióxido de carbono.

Quarto, sempre que possível, um animal que mergulha aproveita ao máximo seus estoques de oxigênio ao afundar e deslizar em vez de nadar ativamente. Ele preserva energia ao evitar movimentos desnecessários.

Para pensar

Quais são algumas adaptações que ajudam na respiração em ambientes extremos?

- A hemoglobina com alta afinidade com oxigênio adapta alguns animais à vida em altas altitudes, onde a pressão parcial de oxigênio é baixa.
- Uma contagem alta de hemácias, grande quantidade de mioglobina e outros traços permitem que alguns animais segurem a respiração para mergulhos longos e profundos.

QUESTÕES DE IMPACTO REVISITADAS | Virou Fumaça

O uso de tabaco está caindo nos países desenvolvidos. É proibido fumar em cabines de aviões e aeroportos. Muitas cidades o banem em teatros, restaurantes e outros espaços fechados. A venda de cigarros a menores de idade também é proibida. No entanto, na maioria dos países pobres, o tabagismo é irrestrito e a proporção de fumantes continua aumentando, especialmente entre as mulheres.

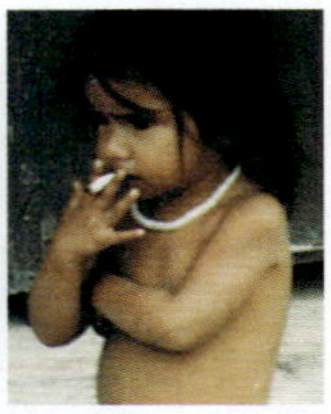

Resumo

Seção 14.1 **Respiração** é o processo fisiológico pelo qual O_2 entra no ambiente interno e CO_2 sai por difusão em uma **superfície respiratória**. Cada gás se rebaixa até seu próprio gradiente de **pressão parcial** para dentro ou fora dos corpos de animais. Restrições impostas pela proporção entre superfície e volume moldam as estruturas respiratórias e os mecanismos de ventilação. **Proteínas respiratórias** como a **hemoglobina** nas hemácias e **mioglobina** no músculo ligam oxigênio e ajudam a manter gradientes que favorecem a troca de gases.

Seção 14.2 O conteúdo de oxigênio da água pode variar e afeta a sobrevivência de espécies aquáticas.

Seção 14.3 Alguns invertebrados não têm órgãos respiratórios especiais e usam a **troca tegumentar**, a difusão de gases pela superfície corporal. Brânquias melhoram a respiração em outros invertebrados aquáticos. Na terra, **pulmões**, **pulmões foliáceos** e **sistemas traqueais** ajudam na troca de gases.

Seção 14.4 Água que flui pelas brânquias dos peixes troca gases com o sangue que flui na direção oposta dentro de capilares de brânquias. Esta **troca contracorrente** é altamente eficiente. A maioria dos anfíbios tem pulmões e também troca gases pela pele. Répteis, aves e mamíferos utilizam pulmões para a troca de gases. Nas aves, sacos de ar conectados aos pulmões mantêm o ar fluindo continuamente através deles.

Seção 14.5 Nos humanos, o ar flui através de duas cavidades nasais e uma boca para a **faringe** (garganta), depois para a **laringe** (caixa de voz). Uma aba de tecido chamada **epiglote** direciona o ar através da **glote**, abertura para a **traqueia**. A traqueia se ramifica em dois **brônquios**, que entram nos pulmões. Nos pulmões, os brônquios levam a **bronquíolos** finamente ramificados que terminam nos **alvéolos**. Gases são trocados nesses sacos de ar de paredes finas. Contrações do **diafragma** em formato de abóbada e dos **músculos intercostais** entre as costelas alteram o volume da cavidade torácica durante a respiração.

Seção 14.6 Cada **ciclo respiratório** consiste em uma inalação e uma exalação. A inalação sempre é um processo ativo. À medida que contrações musculares expandem a cavidade peitoral, a pressão dos pulmões vai para abaixo da pressão atmosférica e o ar flui para dentro dos pulmões. Tais eventos são revertidos durante a exalação, que normalmente é passiva. Se uma pessoa está engasgando, a **manobra de Heimlich** pode ser utilizada para expulsar alimento da traqueia. O **volume corrente** normalmente é bem inferior à **capacidade vital**. O bulbo raquidiano no tronco cerebral ajusta a frequência e a magnitude da respiração.

Seção 14.7 Nos pulmões humanos, a parede alveolar, a parede de um capilar pulmonar e suas membranas basais fundidas formam uma **membrana respiratória** fina entre o ar dentro de um alvéolo e o ambiente interno. O_2 que segue seu gradiente de pressão parcial se difunde pela membrana respiratória, entra no plasma do sangue e finalmente nos hemácias. Hemácias são preenchidas por hemoglobina que liga O_2 onde sua pressão parcial é alta, formando **oxi-hemoglobina**. No tecido metabolicamente ativo, O_2 liberado pela hemoglobina se difunde para fora dos capilares, atravessa o fluido intersticial e entra nas células.
CO_2 se difunde das células para o sangue. A maior parte do CO_2 reage com água dentro de hemácias para formar bicarbonato. A enzima **anidrase carbônica** catalisa esta reação, que é revertida nos pulmões. Ali, CO_2 e vapor de água se formam e são expelidos nas exalações.
Monóxido de carbono (CO) é um poluente gasoso perigoso que se liga à hemoglobina mais fortemente do que o oxigênio.

Seção 14.8 Desordens respiratórias incluem apneia e síndrome da morte súbita infantil (SMSI). Doenças respiratórias incluem tuberculose, pneumonia, bronquite e enfisema. O tabagismo piora ou aumenta o risco de muitos problemas respiratórios. Mundialmente, o fumo continua sendo a principal causa de doenças debilitantes e mortes.

Seção 14.9 A concentração de oxigênio do ar cai com a altitude. Mudanças fisiológicas de curto prazo que ocorrem em resposta à alta altitude são chamadas de **aclimatação**. Elas incluem alterações nos padrões de respiração e um aumento na **eritropoietina**, um hormônio que estimula a formação de hemácias. Mecanismos especializados e comportamento permitem que algumas tartarugas e animais marinhos mergulhem profundamente por longos intervalos.

Exercício de análise de dados

Radônio é um gás incolor e inodoro emitido por muitas rochas e solos. Ele é formado pela decomposição radioativa de urânio e é radioativo. Há algum radônio no ar em praticamente todo lugar, mas inalar rotineiramente muito deste gás aumenta o risco de câncer de pulmão. Radônio também parece aumentar o risco de câncer muito mais em fumantes do que em não fumantes. A Figura 14.25 é uma estimativa de como o radônio nas casas afeta o risco de mortalidade por câncer de pulmão. Observe que esses dados mostram apenas o risco de morte por cânceres induzidos por radônio. Fumantes também sofrem risco de câncer de pulmão causado por tabaco.

1. Se mil fumantes fossem expostos a um nível de radônio de 1,3 pCi/L durante a vida (o nível médio de radônio em ambientes internos), quantos morreriam de câncer de pulmão induzido por radônio?

2. Quão alto o nível de radônio teria de ser para causar aproximadamente o mesmo número de casos de câncer entre mil não fumantes?

3. O risco de morrer em um acidente de carro é de cerca de sete a cada mil. Um fumante em uma casa com nível médio de radônio (1,3 pCi/L) tem mais chance de morrer em um acidente de carro ou de câncer induzido por radônio?

Nível de radônio (pCi/L)	Risco de morte por câncer por exposição prolongada a radônio	
	Nunca fumou	Fumantes atuais
20	36 em mil	260 em mil
10	18 em mil	150 em mil
8	15 em mil	120 em mil
4	7 em mil	62 em mil
2	4 em mil	32 em mil
1,3	2 em mil	20 em mil
0,4	>1 em mil	6 em mil

Figura 14.25 Risco estimado de morte por câncer de pulmão como resultado de exposição prolongada a radônio. Os níveis de radônio são medidos em picoCurie por litro (pCi/L). A *Enviromental Protection Agency*, nos EUA, considera um nível de radônio acima de 4 pCi/litro inseguro. Para informações sobre como testar sua casa para radônio e o que fazer se o nível deste estiver alto, visite o *website* de informações sobre radônio da EPA em www.epa.gov/radon.

Questões

Respostas no Apêndice II

1. O gás mais abundante na atmosfera é ___.
a. nitrogênio
b. dióxido de carbono
c. oxigênio
d. hidrogênio

2. Proteínas respiratórias como a hemoglobina ___.
a. contêm íons metal
b. ocorrem apenas em vertebrados
c. aumentam a eficiência do transporte de oxigênio
d. respostas a e c

3. Nos insetos, a maior parte da troca de gases ocorre em ___.
a. pontas dos tubos traqueais
b. superfície corporal
c. brânquias
d. pares de pulmões

4. O fluxo contracorrente de água e sangue aumenta a eficiência da troca de gases em _____.
a. peixes
b. anfíbios
c. aves
d. todas as anteriores

5. Nos pulmões humanos, a maior parte da troca de gases ocorre em _____.
a. dois brônquios
b. sacos pleurais
c. sacos alveolares
d. respostas b e c

6. Quando você respira silenciosamente, a inalação é ___ e a exalação é _____.
a. passiva; passiva
b. ativa; ativa
c. passiva; ativa
d. ativa; passiva

7. Durante a inalação, _____.
a. a caixa torácica se expande
b. o diafragma relaxa
c. a pressão atmosférica cai
d. respostas a e c

8. Verdadeiro ou falso? Os pulmões humanos retêm algum ar, mesmo depois de uma exalação forçada.

9. A maior parte do oxigênio transportado no sangue ___.
a. está ligada à hemoglobina
b. combina-se com carbono para formar dióxido de carbono
c. está na forma de bicarbonato
d. está dissolvida no plasma

10. Em altas altitudes, ___.
a. o nitrogênio faz bolhas no sangue
b. hemoglobina tem menos sítios de ligação de oxigênio
c. a pressão atmosférica é menor que no nível do mar
d. respostas b e c

11. A mioglobina ajuda os músculos a ___.
a. sintetizar hemoglobina
b. armazenar oxigênio
c. formar bicarbonato
d. respostas b e c

12. Verdadeiro ou falso? A hemoglobina tem afinidade maior com o dióxido de carbono do que com oxigênio.

13. Una as palavras a suas descrições.

___ traqueia	a. músculo da respiração
___ faringe	b. espaço entre as pregas vocais
___ alvéolo	c. entre brônquios e alvéolos
___ hemoglobina	d. caixa de vento
___ brônquio	e. proteína respiratória
___ bronquíolo	f. lugar da troca de gases
___ glote	g. via aérea que leva ao pulmão
___ diafragma	h. garganta

Raciocínio crítico

1. A enzima da hemácia anidrase carbônica contém o metal zinco. Humanos obtêm zinco na alimentação, especialmente de carne vermelha e alguns frutos do mar. Uma deficiência de zinco não reduz o número de hemácias, mas prejudica a função respiratória ao reduzir a produção de dióxido de carbono. Explique por que uma deficiência de zinco tem esse efeito.

2. Veja novamente a Figura 14.21. Observe que o conteúdo de oxigênio e dióxido de carbono do sangue nas veias pulmonares é igual ao do início dos capilares sistêmicos. Observe também que veias sistêmicas e artérias pulmonares têm pressões parciais iguais. Explique o motivo para essas semelhanças.

15 Digestão e Nutrição Humana

QUESTÕES DE IMPACTO Hormônios e Fome

Como outros mamíferos, os seres humanos possuem tecido adiposo com células que armazenam gordura. Este armazém de energia serviu de maneira positiva para os nossos ancestrais hominídeos anteriormente. Eles raramente poderiam ter certeza de onde, e quando, viria sua próxima refeição. Preencher suas células adiposas com gordura quando a comida era abundante os ajudava a sobreviver quando a comida era escassa.

Escassez alimentar não é um problema para a maioria das pessoas dos países desenvolvidos. Ao contrário, nesses países e em muitas nações em desenvolvimento, o problema é a obesidade. Por exemplo, nos Estados Unidos, 60% dos adultos estão acima do peso. "Obesidade" significa que há muita gordura no tecido adiposo, o que gera um aumento no risco de doenças do coração, diabetes e alguns cânceres. Muitas pessoas tentam perder peso, mas é difícil perder o peso extra. Por quê? Porque os hormônios estão envolvidos.

Quando você ingere mais calorias do que gasta, suas células de armazenamento de gordura incham e aumentam a secreção de leptina. Esse hormônio age na região do cérebro que afeta o apetite. Ratos modificados que não produzem leptina comem sem parar, até parecerem balões inflados (Figura 15.1*a*). Injete leptina em um rato obeso modificado e ele comerá menos e emagrecerá.

Porém, a falta de leptina ou de receptores de leptina é extremamente rara em humanos. Tendo mais gordura, pessoas obesas produzem mais leptina que as pessoas magras, mas por razões desconhecidas o corpo de uma pessoa obesa não atende o chamado da leptina para parar de comer.

A grelina, outro hormônio, aumenta o apetite. Algumas células no revestimento do estômago e no cérebro secretam grelina quando o estômago está vazio. As secreções ficam lentas depois de uma grande refeição. Em um estudo sobre os efeitos de grelina, um grupo de voluntários obesos fez uma dieta de baixas calorias e diminuição de gordura por seis meses. Eles perderam peso, mas a concentração de grelina em sua corrente sanguínea subiu dramaticamente – eles estavam mais famintos do que nunca!

Algumas pessoas excessivamente obesas passam por cirurgia de desvio gástrico, que reduz o tamanho do estômago e do intestino delgado. A cirurgia faz as pessoas se sentirem saciadas mais rapidamente; no entanto, também reduz a quantidade de nutrientes que absorvem dos alimentos. Os resultados podem ser dramáticos (Figura 15.1*b*). Portanto, a cirurgia aumenta o risco de deficiência de vitaminas e sais minerais.

A cirurgia de desvio gástrico é mais efetiva do que os métodos padrão de perda de peso. Pacientes pós-desvio estão longe de ganhar peso novamente. Uma razão pode ser que esses pacientes secretam menos grelina após a cirurgia de desvio e se sentem menos famintos.

A discussão sobre a ingestão de alimentos nos leva ao mundo da nutrição, que inclui todos os processos pelo qual um animal ingere e digere alimentos, como ocorre a absorção de nutrientes, os quais são liberados como fontes de energia e blocos construtores para células. Quando todos funcionam bem, a alimentação equilibra o peso, que permanece dentro de um limite saudável.

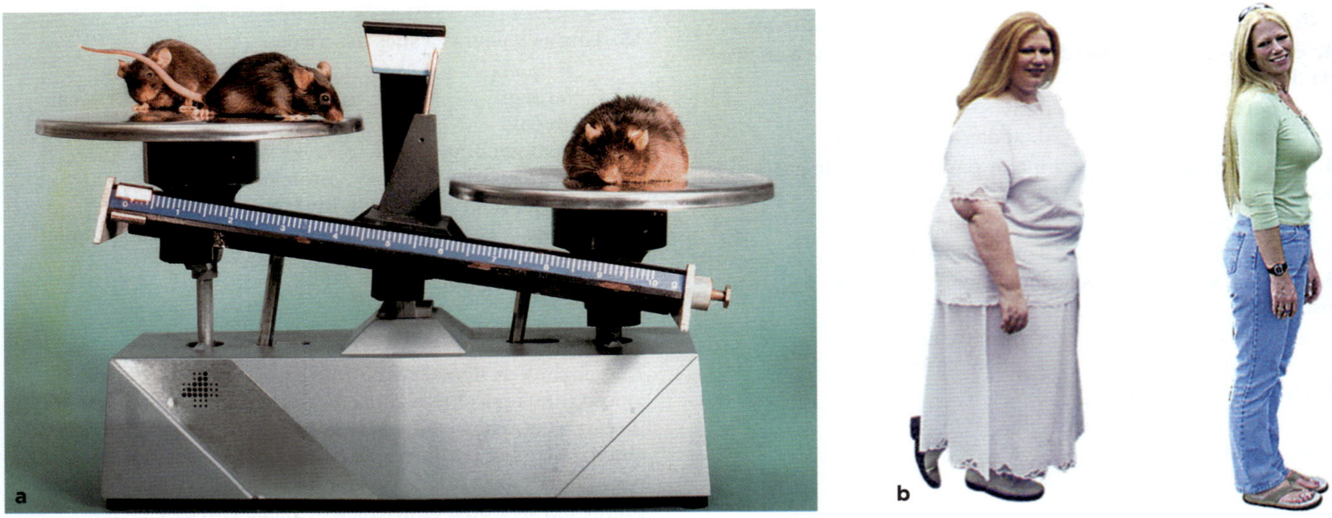

Figura 15.1 Exemplos dos efeitcs hormonais no apetite. (**a**) Dois ratos normais (*à esquerda*) pesam menos que um rato modificado (*à direita*) que não sintetiza leptina. Esse hormônio age no cérebro para suprimir o apetite. Comparado com ratos normais, um rato modificado deficiente de leptina come e pesa muito mais.
(**b**) Uma mulher antes (*à esquerda*) e depois de passar por cirurgia de desvio gástrico (*à direita*). Essa cirurgia reduz a quantidade de comida que uma pessoa pode ingerir e a quantidade de grelina que ela secreta.

Conceitos-chave

Visão geral do sistema digestório

O sistema digestório (ou digestivo) de alguns animais é parecido com bolsas, mas a maioria é um tubo com duas aberturas. Em animais complexos, um sistema digestório interage com outros sistemas de órgãos na distribuição de nutrientes e água, descarte de resíduos e homeostase. **Seção 15.1**

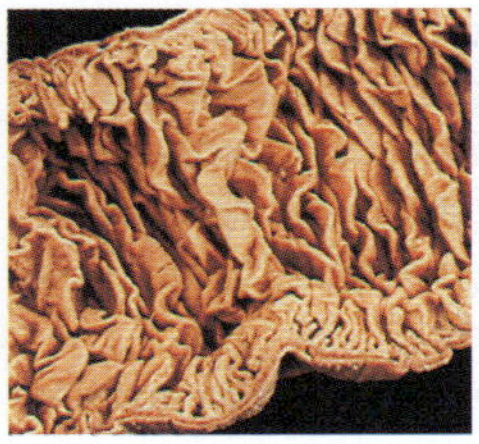

Sistema digestório humano

A digestão humana começa na boca, continua no estômago e se completa no intestino delgado. As secreções das glândulas salivares, do fígado e do pâncreas ajudam a digestão. A maioria dos nutrientes é absorvida no intestino delgado e o intestino grosso concentra os resíduos. **Seções 15.2–15.6**

Metabolismo orgânico e nutrição

Os nutrientes absorvidos do intestino são matérias-primas usadas na síntese dos carboidratos, dos lipídeos, das proteínas e dos ácidos nucleicos. Uma dieta saudável normalmente fornece todos os nutrientes, vitaminas e minerais necessários para sustentar o metabolismo. **Seções 15.7–15.9**

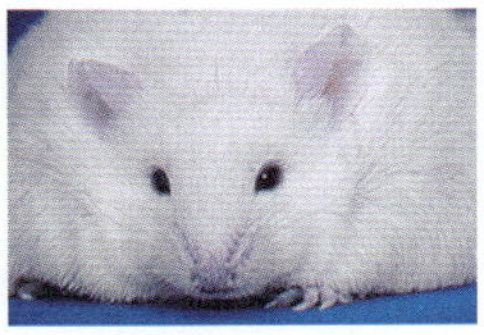

Equilibrando entrada e saída de calorias

Manter o peso corporal exige balancear calorias ingeridas com calorias queimadas no metabolismo e atividades físicas. **Seção 15.10**

Neste capítulo

- Vamos saber sobre a estrutura dos carboidratos, dos lipídeos e das proteínas, e então aprender como seu corpo digere essas moléculas.
- Você também aprenderá como o corpo obtém vitaminas e minerais exigidos para produzir coenzimas, componentes da cadeia de transferência de elétrons, hemoglobina e determinados hormônios.
- Você descobrirá quanto o pH baixo e a ação das enzimas auxiliam a decomposição dos alimentos e como os produtos de digestão passam pelas membranas celulares.
- Características do epitélio e do músculo liso, assim como o paladar e a ação do sistema nervoso autônomo, são discutidos, bem como a anatomia da garganta.
- Você relembrará a variedade dos planos de corpos animais e a maneira pela qual a seleção natural afeta características relacionadas à alimentação.

Qual sua opinião? O consumo excessivo de *fast-foods* pode ser um grande fator da obesidade epidêmica. Os rótulos de *fast-food* deveriam conter advertências ao consumidor, como os rótulos de álcool e cigarro? Conheça a opinião de seus colegas e apresente seus argumentos a eles.

15.1 A natureza dos sistemas digestórios

- Todos os animais são heterotróficos, que ingerem alimento, quebram e absorvem suas subunidades de nutrientes.

O **sistema digestório** de um animal pode ser uma cavidade do corpo ou um tubo, que quebra alimentos mecânica e quimicamente em partículas pequenas, depois em moléculas, que podem ser absorvidas no ambiente interno. O sistema digestório também expele quaisquer resíduos não absorvidos. Junto a outros sistemas do corpo, ele desempenha um papel essencial na homeostase (Figura 15.2).

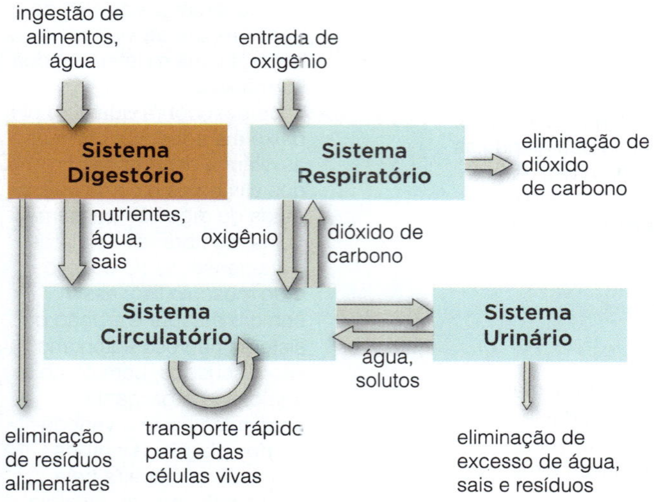

Figura 15.2 Sistemas de órgão com papéis principais na ingestão, processamento e distribuição de nutrientes e água em animais complexos.

Sistemas completos e incompletos

Alguns invertebrados têm um **sistema digestório incompleto**. O alimento entra em seu intestino, parecido como uma bolsa, através de uma abertura na superfície do corpo, enquanto os resíduos saem pela mesma abertura. Em platelmintos, uma cavidade intestinal ramificada semelhante a uma bolsa se abre no início da faringe, um tubo muscular (Figura 15.3*a*). O alimento que entra na bolsa é digerido, seus nutrientes são absorvidos, depois os resíduos são expelidos. Esse movimento de materiais em mão dupla não favorece a especialização das regiões do intestino para tarefas específicas.

A maioria dos grupos de invertebrados e todos os vertebrados têm um **sistema digestório completo**: um intestino tubular com abertura nas duas extremidades. Ao longo do comprimento do tubo estão regiões que se especializam no processamento de alimentos, absorção de nutrientes ou concentração de resíduos. A Figura 15.3*b* mostra o sistema digestório completo de um sapo. A porção tubular consiste na boca, na faringe, no esôfago, no estômago, no intestino delgado, no intestino grosso e no ânus. O fígado, a vesícula biliar e o pâncreas são órgãos acessórios que auxiliam na digestão, secretando enzimas e outros produtos no intestino delgado.

Um sistema digestório completo executa cinco tarefas:

1. *Processamento mecânico e motilidade:* movimentos que quebram, misturam e empurram direcionalmente os alimentos.

2. *Secreção:* libera substâncias, especialmente enzimas digestórias, no lúmen (o espaço dentro do tubo).

3. *Digestão:* quebra de alimentos em partículas, depois em moléculas de nutrientes pequenas o suficiente para serem absorvidas.

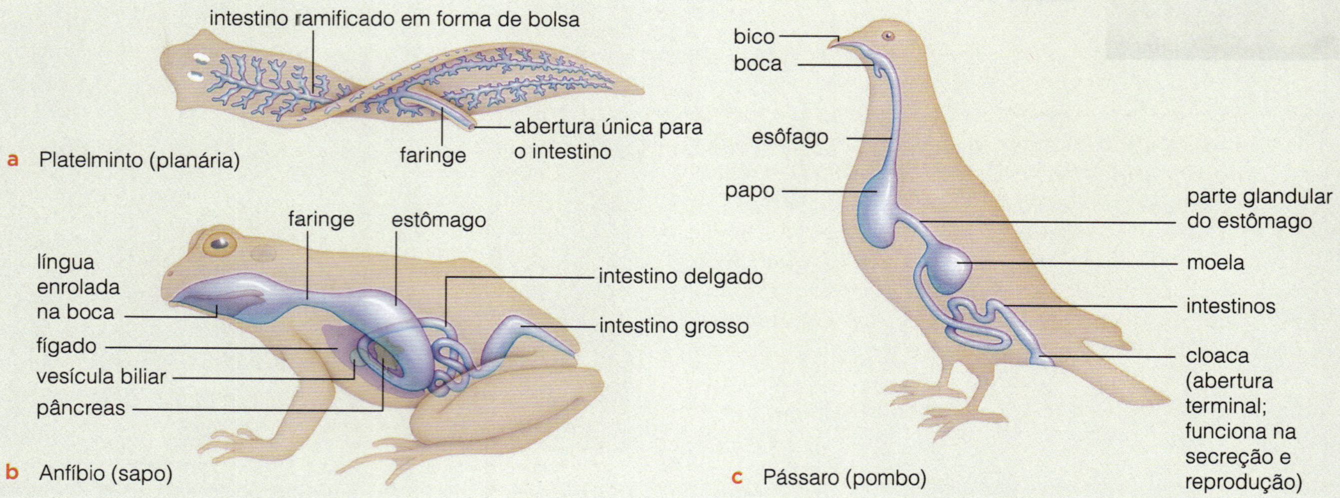

Figura 15.3 (**a**) Sistema digestório incompleto. (**b**,**c**) Dois sistemas digestórios completos.

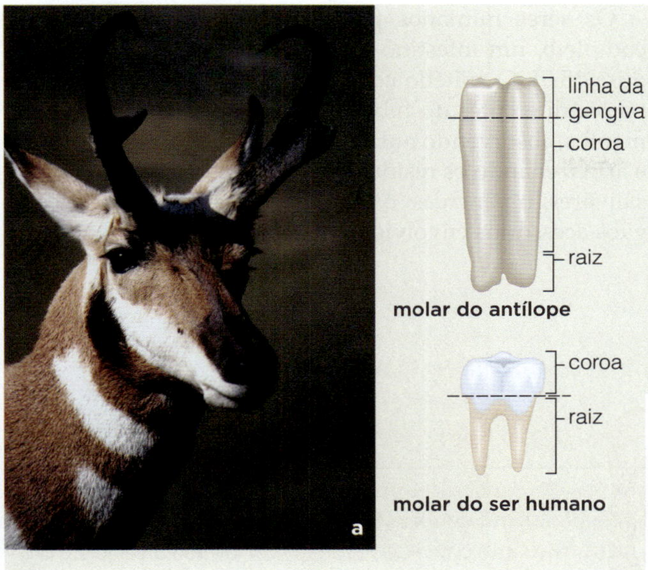

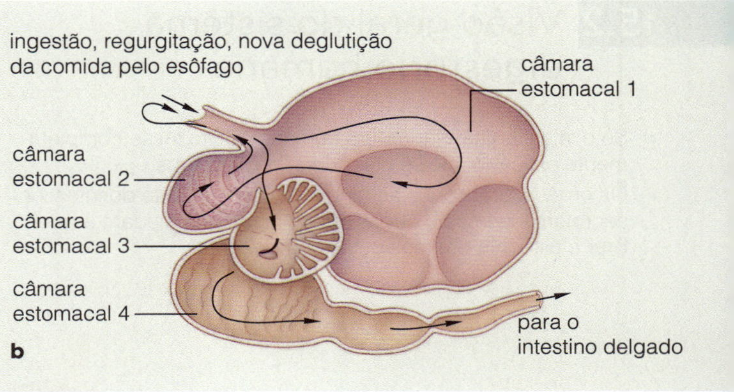

Figura 15.4 (**a**) Molares humanos e do antílope. (**b**) As múltiplas câmaras estomacais de um antílope. Nas duas primeiras, o alimento é misturado ao líquido e exposto a micróbios (procariotos, protistas e fungos) que iniciam a fermentação. Alguns dos micróbios degradam celulose, enquanto outros sintetizam compostos orgânicos, ácidos graxos e vitaminas. Parte do alimento digerido é regurgitada na boca, mastigada, depois engolida. Ele entra na terceira câmara e é digerido novamente antes de entrar na última câmara.

4. *Absorção:* ingestão de nutrientes digeridos e água através da parede do intestino, em líquido extracelular.

5. *Eliminação:* expulsão de resíduos sólidos não digeridos ou não absorvidos.

Adaptações alimentares

Nos pássaros, o tamanho e a forma do bico são características relacionadas ao alimento consumido (dieta). Essas características são modificadas através da seleção natural. Outras características também. Por exemplo, um pombo (Figura 15.3*c*) usa seu bico para pegar pequenas sementes do chão. Como outros pássaros que se alimentam de sementes, um pombo tem um papo grande, região de armazenamento de alimentos parecida com uma bolsa acima do estômago. O pássaro rapidamente enche seu papo com sementes, então voa e as digere depois. Essa estratégia de comer e correr reduz a quantidade de tempo que o pássaro fica no chão, onde está mais vulnerável a predadores.

Os pássaros não possuem dentes. Eles trituram os alimentos dentro de uma moela: uma câmara estomacal revestida com partículas duras de proteína. Comparados a falcões e outros pássaros que se alimentam de carne, os pássaros que se alimentam de sementes possuem moelas maiores em relação ao tamanho de seu corpo. Além disso, consumidores de sementes possuem um trato intestinal relativamente mais longo, porque as sementes exigem mais tempo de processamento do que a carne, que mais fácil de digerir. Em todos os pássaros, os resíduos não digeridos são guardados em uma cloaca antes de serem expelidos.

Os dentes dos mamíferos são adaptações para dietas específicas. Por exemplo, o antílope vasculha a grama e mordisca arbustos. Os molares dos antílopes têm uma coroa achatada que serve como plataforma para moer. A coroa em molares humanos é proporcionalmente muito menor (Figura 15.4*a*). Por quê? Você não roça sua boca contra a terra enquanto come, mas um antílope sim. As partículas abrasivas de terra se misturam ao alimento do animal, então a coroa do molar de um antílope fica muito gasta. Uma coroa aumentada é uma adaptação que evita que os molares se desgastem.

O intestino do antílope também apresenta especializações para uma dieta de plantas. Como gado, cabras e ovelhas, os antílopes são **ruminantes**, mamíferos com cascos que têm câmaras estomacais múltiplas (Figura 15.4*b*). Os micróbios que vivem dentro das duas primeiras câmaras estomacais produzem reações de fermentação que quebram celulose nas paredes das células vegetais. Os sólidos se acumulam na segunda câmara, formando o "bolo alimentar" regurgitado – voltando para a boca para uma segunda rodada de mastigação. O líquido rico em nutrientes se movimenta da segunda câmara até a terceira e a quarta e, finalmente, até o intestino. Esse sistema permite que os ruminantes maximizem a quantidade de nutrientes que extraem das plantas ricas em celulose. A celulose é tão dura e insolúvel que a maioria dos animais não consegue realizar sua digestão.

Para pensar

O que são sistemas digestórios e como eles variam entre os grupos de animais?

- Os sistemas digestórios degradam mecânica e quimicamente o alimento em pequenas moléculas que podem ser absorvidas com água, no ambiente interno. Esses sistemas também expelem os resíduos não digeridos do corpo.
- Os sistemas digestórios podem ser incompletos (cavidades parecidas com bolsas com uma abertura) ou completos (tubo com duas aberturas e especializações regionais no meio).
- Algumas características digestórias, como a forma dos dentes ou o comprimento das diferentes partes do trato digestório, são adaptações que permitem que um animal explore um tipo ou tipos particulares de alimentos.

15.2 Visão geral do sistema digestório humano

- Se o intestino tubular de um humano adulto fosse completamente esticado, ele se estenderia até 9 metros.
- Os órgãos acessórios ao longo do comprimento do intestino secretam enzimas e outras substâncias que ajudam a quebrar o alimento em moléculas componentes.

Os seres humanos possuem um sistema digestório completo, um intestino tubular com duas aberturas (Figura 15.5). O epitélio coberto de muco reveste o tubo, e partes diferentes do tubo se especializam em digerir alimentos, absorvendo nutrientes liberados ou concentrando e armazenando os resíduos não absorvidos. As glândulas salivares, o pâncreas, o fígado e a vesícula biliar são órgãos acessórios envolvidos na secreção de substâncias no

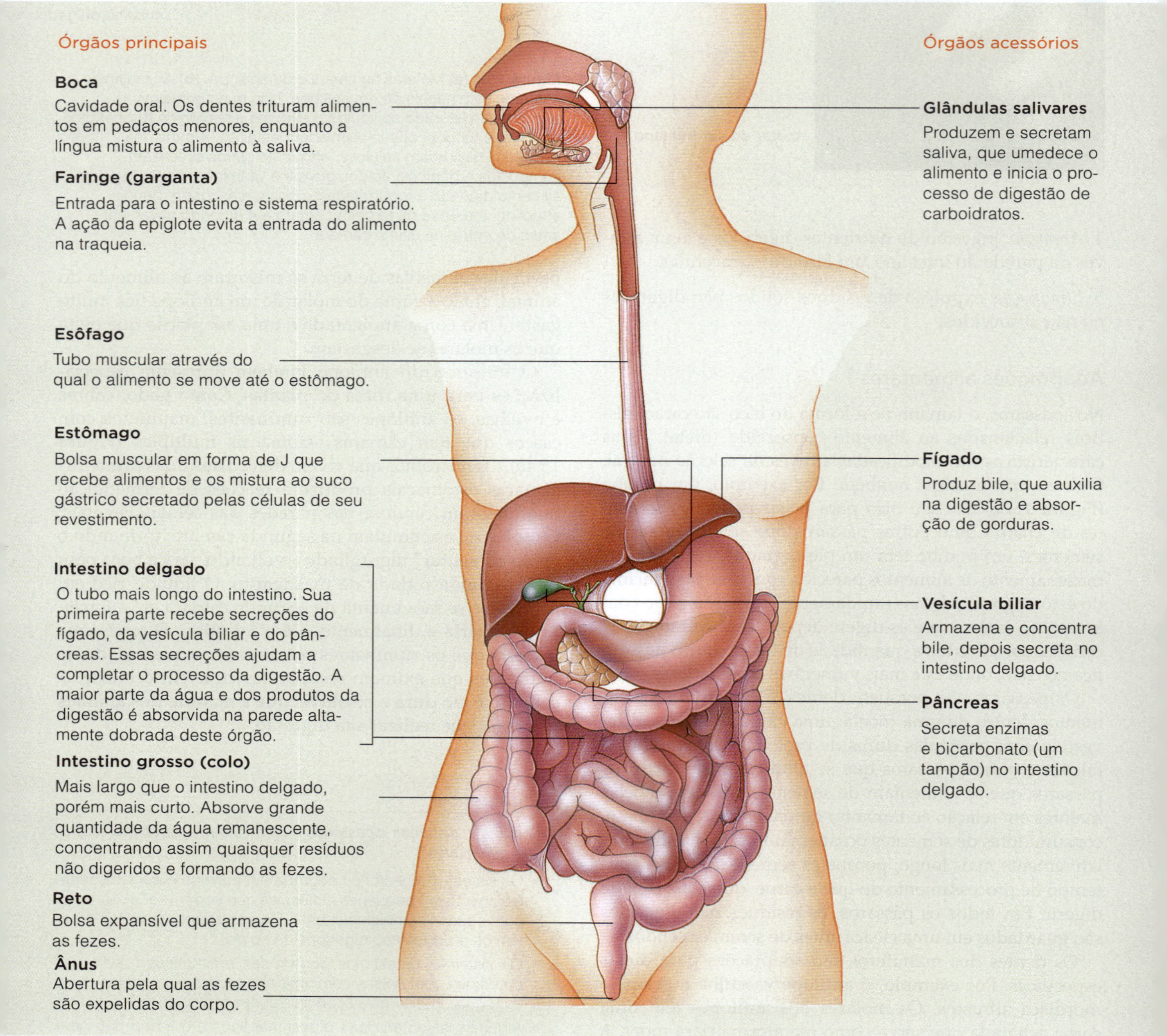

Órgãos principais
Boca
Cavidade oral. Os dentes trituram alimentos em pedaços menores, enquanto a língua mistura o alimento à saliva.
Faringe (garganta)
Entrada para o intestino e sistema respiratório. A ação da epiglote evita a entrada do alimento na traqueia.
Esôfago
Tubo muscular através do qual o alimento se move até o estômago.
Estômago
Bolsa muscular em forma de J que recebe alimentos e os mistura ao suco gástrico secretado pelas células de seu revestimento.
Intestino delgado
O tubo mais longo do intestino. Sua primeira parte recebe secreções do fígado, da vesícula biliar e do pâncreas. Essas secreções ajudam a completar o processo da digestão. A maior parte da água e dos produtos da digestão é absorvida na parede altamente dobrada deste órgão.
Intestino grosso (colo)
Mais largo que o intestino delgado, porém mais curto. Absorve grande quantidade da água remanescente, concentrando assim quaisquer resíduos não digeridos e formando as fezes.
Reto
Bolsa expansível que armazena as fezes.
Ânus
Abertura pela qual as fezes são expelidas do corpo.
Órgãos acessórios
Glândulas salivares
Produzem e secretam saliva, que umedece o alimento e inicia o processo de digestão de carboidratos.
Fígado
Produz bile, que auxilia na digestão e absorção de gorduras.
Vesícula biliar
Armazena e concentra bile, depois secreta no intestino delgado.
Pâncreas
Secreta enzimas e bicarbonato (um tampão) no intestino delgado.

Figura 15.5 Visão geral dos componentes do sistema digestório humano, com uma breve descrição de suas funções primárias na digestão.

tubo. O alimento entra pela boca e viaja pela faringe e pelo esôfago para o intestino. Um intestino humano, ou **trato gastrointestinal**, começa no estômago e se estende dos intestinos até a abertura terminal do tubo.

O alimento é parcialmente processado dentro da boca, ou cavidade oral. A língua é um feixe de músculo esquelético coberto por uma membrana presa ao "piso" da boca. A língua posiciona o alimento para que ele possa ser engolido e os muitos quimiorreceptores nos botões gustativos na superfície da língua contribuem para nosso paladar.

A deglutição empurra o alimento pela faringe. Uma **faringe**, ou garganta humana, é a entrada para os tratos digestório e respiratório. A presença de alimento perto da garganta ativa um reflexo de deglutição. Quando você engole, a epiglote abaixa e as cordas vocais constringem, então, a via entre a faringe e a laringe é bloqueada. Esse reflexo evita que o alimento fique preso em uma via aérea e sufoque você.

Um tubo muscular chamado **esôfago** conecta a faringe ao estômago. O esôfago sofre **peristalse**, contrações musculares rítmicas que impulsionam o alimento ou o líquido por um órgão digestório tubular. O **estômago** é uma bolsa expansível que armazena comida, secreta ácido e enzimas, e mistura tudo.

Entre o esôfago e o estômago existe um **esfíncter**. Como todos os esfíncteres, este anel de músculo liso bloqueia o fluxo de substâncias que passam por ele quando é contraído. Nas pessoas com doença do refluxo gastroesofágico (DRGE), esse esfíncter não fecha corretamente. Como resultado, os fluidos estomacais acídicos retornam e irritam os tecidos esofágicos causando queimação (azia).

O estômago leva ao **intestino delgado**, a parte do intestino onde a maioria dos carboidratos, dos lipídeos e das proteínas é digerida e onde a maior parte dos nutrientes e água liberados é absorvida. As secreções do fígado e do pâncreas ajudam o intestino delgado nessas tarefas.

O **intestino grosso** absorve a maior parte da água e íons restantes, comprimindo os resíduos, que são brevemente armazenados em um tubo expansível, o **reto**, antes de serem expelidos pela abertura terminal do intestino, ou **ânus**.

Para pensar

Que tipo de sistema digestório os seres humanos possuem?

- Os seres humanos possuem um sistema digestório completo com intestino muscular revestido por mucosa.
- Os órgãos acessórios posicionados de modo adjacente ao intestino secretam substâncias em seu interior. Essas substâncias ajudam na digestão ou absorção de alimentos.

Para pensar

Como a boca funciona na digestão?

- A digestão começa quando os dentes quebram o alimento mecanicamente em pequenos pedaços e a amilase salivar quebra quimicamente o amido em dissacarídeos.

15.3 Comida na boca

- Mastigar o alimento dá início ao processo de digestão.

A digestão mecânica começa quando os dentes rasgam e esmagam o alimento. Cada dente é embutido na mandíbula em uma articulação fibrosa e consiste principalmente em **dentina** (Figura 15.6*a*). As células secretoras de dentina residem em uma cavidade pulpar central. Essas células são abastecidas por nervos e vasos sanguíneos que se estendem pela raiz do dente. O **esmalte** – o material mais duro no corpo – cobre a coroa exposta do dente e reduz o desgaste.

Seres humanos adultos têm trinta e dois dentes de quatro tipos (Figura 15.6*b*). Os incisivos em forma de cinzel cortam pedaços do alimento. Os caninos em forma de cone despedaçam carnes. Os pré-molares e molares possuem coroas largas com protuberâncias que servem como plataformas para moer e esmagar comida.

A digestão química começa quando o alimento se mistura à saliva das **glândulas salivares**. A saliva é principalmente composta por água com bicarbonato, enzimas e mucinas. O bicarbonato, um tampão, evita que o pH na boca fique muito ácido. A enzima **amilase salivar** hidrolisa o amido, decompondo-o em dissacarídeos. As proteínas da mucina se combinam com a água e formam muco, que faz os pedaços de alimento se juntarem em aglomerações fáceis de engolir.

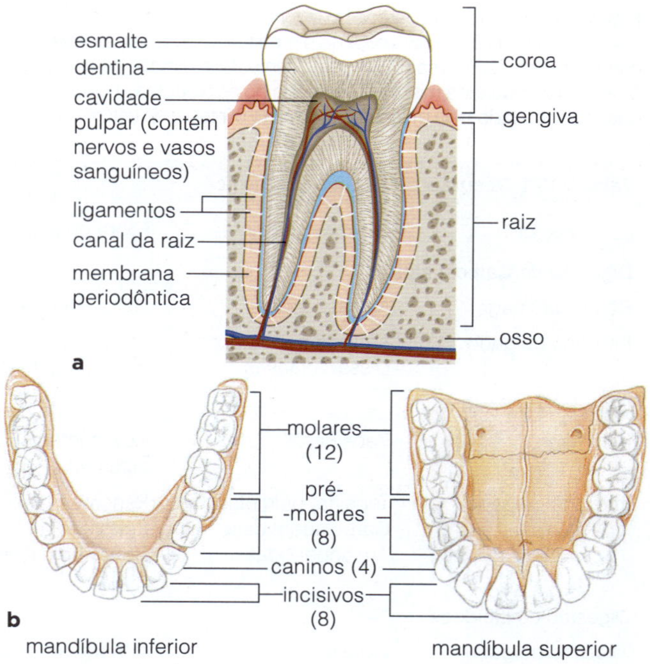

Figura 15.6 Dentes humanos. (**a**) Corte transversal de um dente humano. A coroa é a porção que se estende acima da gengiva; a raiz é embutida na mandíbula. Minúsculos ligamentos prendem o dente na mandíbula. (**b**) Os quatro tipos de dentes em adultos. Molares e pré-molares moem o alimento. Os incisivos e caninos rasgam e arrancam pedaços.

15.4 Quebra de alimentos no estômago e intestino delgado

No estômago e intestino delgado, contrações do músculo liso misturam o alimento às enzimas.

A quebra de carboidratos, mais uma vez, começa na boca. A quebra de proteínas começa no estômago e a digestão de ambos é completada no intestino delgado. Os lipídeos também são digeridos no intestino delgado. A digestão acontece à medida que contrações do músculo liso na parede do intestino misturam alimentos às enzimas (Figura 15.7 e Tabela 15.1).

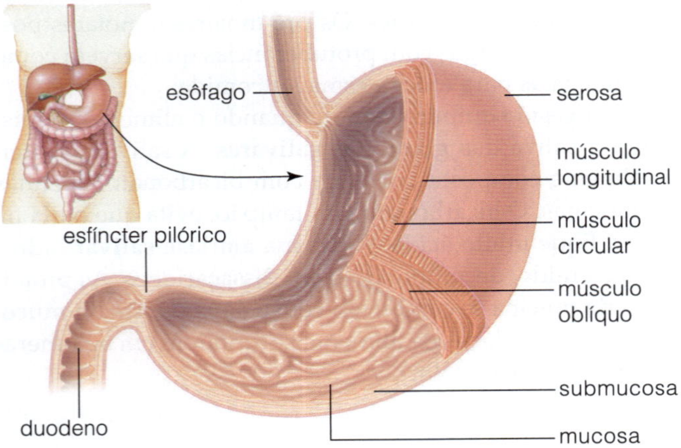

Figura 15.7 Estrutura da parede do estômago. A camada externa, a serosa, é tecido conjuntivo coberto por epitélio. Sob a serosa, três camadas de músculo liso diferem em orientação e direção de contração. Sua ação coordenada mistura o conteúdo do estômago ao fluido gástrico secretado pela mucosa que reveste o interior do estômago.

Digestão no estômago

O estômago é uma bolsa muscular expansível com três funções. Primeiro, o estômago armazena e controla a taxa de transporte para o intestino delgado. Segundo, ele bate e quebra mecanicamente o alimento. Terceiro, secreta substâncias que ajudam na digestão química.

Um epitélio que secreta muco – a **mucosa** – reveste a parede do intestino interno. No estômago, as células da mucosa secretam aproximadamente dois litros de **fluido gástrico** todo dia. Esse fluido inclui muco, ácido clorídrico e enzimas, como pepsinogênios. O ácido reduz o pH a aproximadamente 2. Quando o alimento entra no estômago, células endócrinas existentes no revestimento do estômago secretam o hormônio gastrina no sangue. A gastrina se liga às células secretoras da mucosa, fazendo com que elas aumentem a secreção de ácido e pepsinogênios.

A contração rítmica do músculo liso na parede do estômago mistura fluido gástrico e alimentos em uma massa semilíquida chamada **quimo**. Posteriormente, as contrações impulsionam o quimo pelo esfíncter pilórico que conecta o estômago ao intestino delgado (Figura 15.7).

A acidez do quimo leva as proteínas a se desdobrar, expondo suas ligações peptídicas. O ácido também faz os pepsinogênios se tornarem pepsinas, enzimas que quebram ligações peptídicas. A acidez forte mata a maioria das bactérias, mas o tolerante ao ácido *Helicobacter pylori* às vezes infecta o revestimento do estômago e do intestino superior. Uma infecção crônica por *H. Pylori* pode danificar o revestimento e expor os tecidos subjacentes ao ácido, causando uma úlcera dolorosa. Antibióticos são agora habitualmente usados para tratar essas úlceras.

Tabela 15.1 Resumo da digestão química

Localização	Enzimas presentes	Fonte de enzimas	Substratos de enzimas	Principais produtos da quebra
Digestão de Carboidratos				
Boca, estômago	Amilase salivar	Glândulas salivares	Polissacarídeos	Dissacarídeos
Intestino delgado	Amilase pancreática Dissacaridases	Pâncreas Revestimento intestinal	Polissacarídeos Dissacarídeos	Dissacarídeos **Monossacarídeos*** (como glicose)
Digestão de Proteínas				
Estômago	Pepsinas	Revestimento estomacal	Proteínas	Fragmentos de proteína
Intestino delgado	Tripsina, quimotripsina Carboxipeptidase Aminopeptidase	Pâncreas Pâncreas Revestimento intestinal	Proteínas Fragmentos de proteína **Aminoácidos***	Fragmentos de proteínas Fragmentos de proteína **Aminoácidos***
Digestão de Lipídeos				
Intestino delgado	Ligase	Pâncreas	Triglicerídeos	**Ácidos graxos, monoglicerídeos livres***
Digestão de Ácido Nucleico				
Intestino delgado	Nucleases pancreáticas Nucleases intestinais	Pâncreas Revestimento intestinal	DNA, RNA Nucleotídeos	Nucleotídeos **Bases de nucleotídeos, monossacarídeos***

* Produtos resultantes da quebra, pequenos o suficiente para serem absorvidos no ambiente interno.

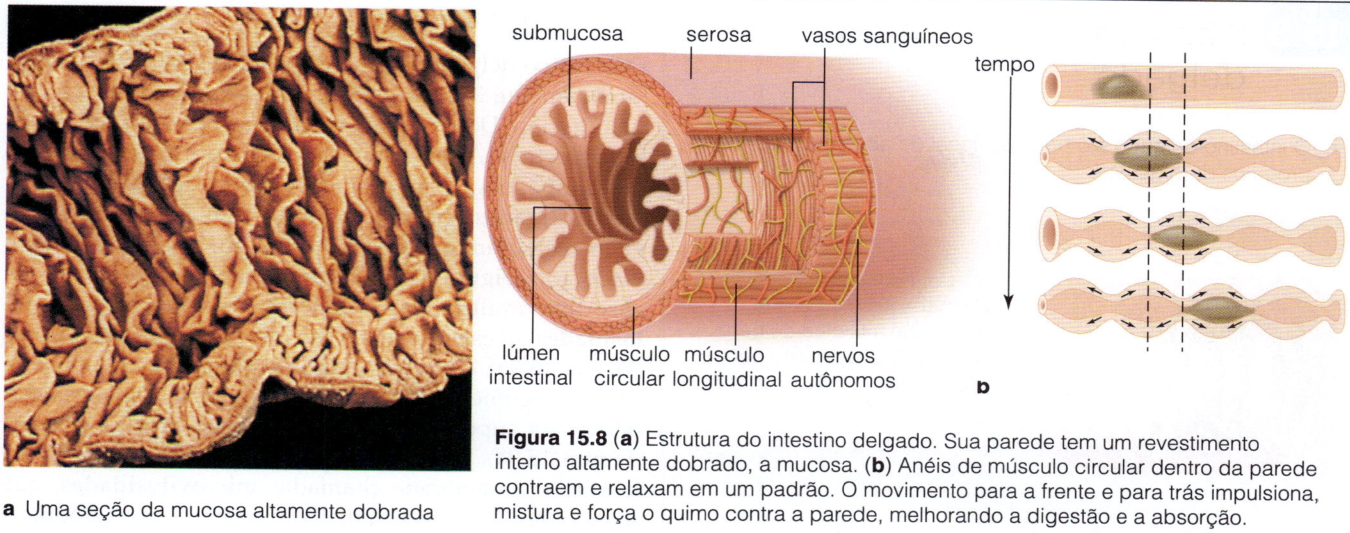

Figura 15.8 (**a**) Estrutura do intestino delgado. Sua parede tem um revestimento interno altamente dobrado, a mucosa. (**b**) Anéis de músculo circular dentro da parede contraem e relaxam em um padrão. O movimento para a frente e para trás impulsiona, mistura e força o quimo contra a parede, melhorando a digestão e a absorção.

Digestão no intestino delgado

O quimo do estômago e várias secreções do pâncreas entram no duodeno, a primeira parte do intestino delgado. As enzimas pancreáticas quebram grandes compostos orgânicos existentes no quimo em monossacarídeos, monoglicerídeos, ácidos graxos, aminoácidos, nucleotídeos e bases de nucleotídeo (Tabela 15.1). O bicarbonato presente no pâncreas tampona os ácidos, protegendo o revestimento intestinal e garantindo que as enzimas intestinais funcionem corretamente.

Além das enzimas, a digestão de gordura requer bile. A **bile** é uma mistura de sais, pigmentos, colesterol e lipídeos. Produzida no fígado, é concentrada e armazenada na **vesícula biliar**. Uma refeição gordurosa estimula a contração da vesícula, forçando a bile por um tubo que leva ao intestino delgado.

Os sais biliares melhoram a digestão de gordura por **emulsificação**, um processo que dispersa quaisquer gotículas de gordura em um fluido. Os triglicerídeos insolúveis em água dos alimentos tendem a se agrupar e formar glóbulos de gordura. O movimento do intestino delgado contradiz essa tendência. Anéis de músculo liso na parede intestinal contraem em um padrão oscilatório (Figura 15.8*b*). Essas contrações misturam o quimo e quebram glóbulos de gordura em pequenas gotículas cobertas por sais biliares. Essa camada de sais biliares mantém as gotículas separadas e as gotas menores apresentam uma área de superfície maior para enzimas que quebram gorduras em ácidos graxos e monoglicerídeos.

Pedras na vesícula, nódulos duros de colesterol e sais biliares, podem se formar na vesícula biliar. A maioria é inofensiva. Se elas bloquearem o tubo biliar ou interferirem na função da vesícula, podem ser removidas cirurgicamente.

Os produtos da quebra de digestão são absorvidos pelo revestimento epitelial do intestino delgado para o ambiente interno. Como cada tipo realiza a movimentação será o foco da próxima seção.

Controles sobre a digestão

O sistema nervoso, sistema endócrino e nervos na parede do intestino controlam a digestão. A chegada do alimento no estômago faz os sinais fluírem nas vias de reflexo para músculos do intestino e das glândulas, enquanto outras vias alertam o cérebro. Em resposta, os músculos do intestino contraem e as glândulas secretam hormônios no sangue (Tabela 15.2). Uma grande refeição estimula contrações mais fortes do que uma refeição pequena. A composição de uma refeição também tem seus efeitos. O esvaziamento do estômago é mais demorado depois de uma refeição rica em gorduras do que uma refeição com pouca gordura.

Sob estresse ou exercícios, os neurônios simpáticos sinalizam aos músculos do intestino para contrair mais lentamente. É por isso que o estresse crônico ou a prática de exercícios imediatamente após uma refeição poder causar problemas digestivos.

Tabela 15.2 Principais controles hormonais da digestão

Hormônio	Fonte	Efeitos no Sistema Digestório
Gastrina	Estômago	Estimula a secreção de ácido estomacal
Colecistocinina (CCK)	Intestino delgado	Estimula a secreção de enzima pancreática e contração da vesícula biliar
Secretina	Intestino delgado	Estimula o pâncreas a secretar bicarbonato e reduzir as contrações do intestino delgado

Para pensar

Onde e como a digestão ocorre?

- A digestão começa na boca e continua no estômago, mas a maior parte ocorre no intestino delgado.
- A atividade das enzimas, acidez e processos mecânicos quebram o alimento em pequenas moléculas orgânicas que podem ser absorvidas.

15.5 Absorção no intestino delgado

- O intestino delgado é o principal local de absorção dos produtos da digestão.

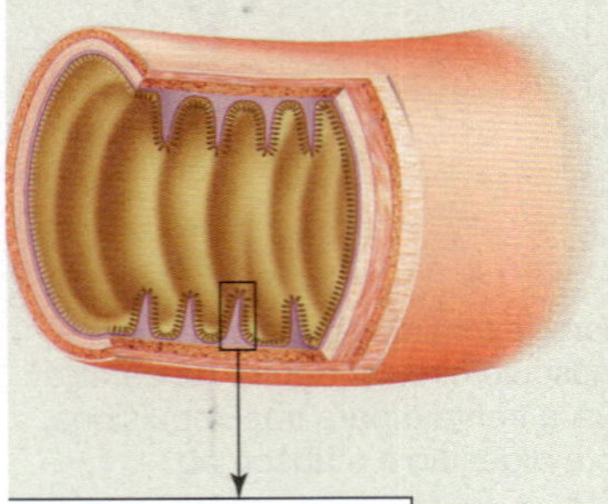

a Uma das muitas dobras permanentes na parede interna do intestino delgado. Cada dobra é coberta por vilosidades.

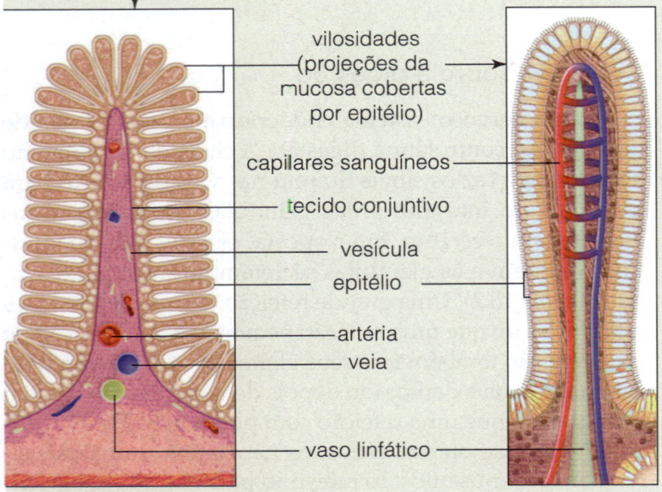

b Na superfície livre de cada dobra mucosa existem muitas estruturas absortivas chamadas vilosidades.

c Uma vilosidade é coberta por células epiteliais especializadas. Também contém capilares sanguíneos e vasos linfáticos.

d Células epiteliais na mucosa intestinal. Os quatro tipos mostrados *abaixo* são amplificações codificadas por cores das células na superfície da vilosidade mostradas em (**c**).

As células ciliares absortivas são as células mais abundantes em uma vilosidade. Sua coroa de microvilosidades se estende no lúmen intestinal. As enzimas do intestino delgado discutidas na seção anterior são construídas em membranas plasmáticas ciliares das células. Outras células da mucosa secretam muco, hormônios ou lisozima (uma enzima que digere paredes de células bacterianas).

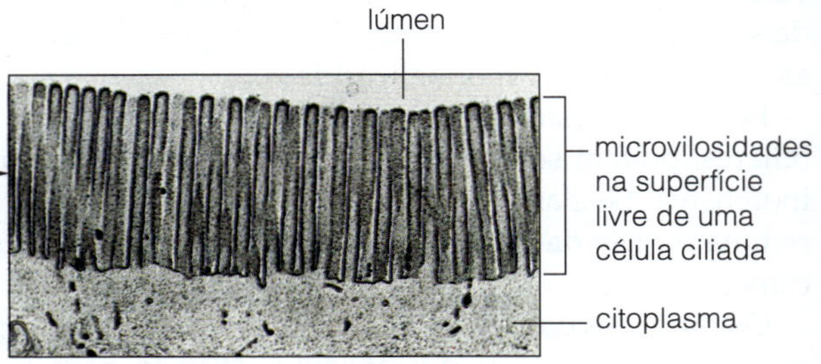

Figura 15.9 O revestimento do intestino delgado.

Da estrutura à função

O intestino delgado é estreito só em seu diâmetro – aproximadamente 2,5 centímetros. É o segmento mais longo do intestino. Desenrolado, estende-se por mais ou menos 5 a 7 metros. Água e nutrientes cruzam o revestimento desse tubo longo para alcançar o ambiente interno.

Três características do revestimento do intestino delgado melhoram a absorção. Primeiro, este revestimento é dobrado (Figura 15.9*a*). Segundo, milhões de estruturas absortivas multicelulares em forma de dedo chamadas **vilosidades** se estendem a partir de cada uma das dobras (Figura 15.9*b*). Cada vilosidade aloja um vaso linfático e vasos sanguíneos (Figura 15.9*c*). Terceiro, a maioria das células na superfície da vilosidade são **células ciliadas** (Figura 15.9*d*). Essas células especializadas possuem extensões de membrana chamadas **microvilosidades**, que se projetam no lúmen. Coletivamente, todas as dobras e projeções fazem a área de superfície da mucosa intestinal ter o tamanho da metade de uma quadra de tênis!

As células ciliadas atuam tanto na digestão como na absorção. Enzimas digestórias na superfície das microvilosidades quebram açúcares, fragmentos de proteína e nucleotídeos, conforme relacionado na Tabela 15.1. Ainda na superfície das microvilosidades, existem muitas proteínas de transporte que atuam na absorção, como será explicado a seguir.

Além das células ciliadas, o revestimento do intestino delgado inclui células secretoras (Figura 15.9*d*). Essas células secretam hormônios, muco e substâncias químicas que eliminam bactérias, como lisozima.

Como os materiais são absorvidos?

Absorção de água e solutos Todos os dias, comer e beber disponibilizam de 1 a 2 litros de fluidos no intestino delgado. Secreções do estômago, glândulas acessórias e revestimento intestinal contribuem com outros 6 a 7 litros. Cerca de 80% da água desse fluido é absorvida pelo revestimento intestinal delgado, por osmose.

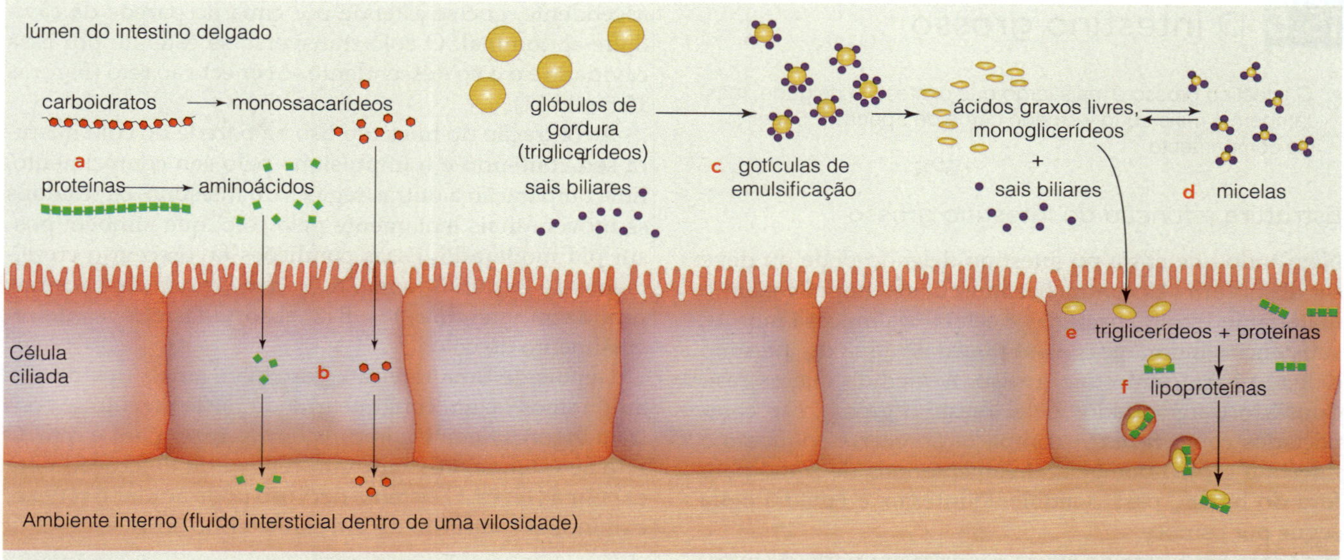

a Enzimas secretadas pelo pâncreas e células da mucosa intestinal completam a digestão de carboidratos em monossacarídeos e proteínas em aminoácidos.

b Monossacarídeos e aminoácidos são transportados ativamente pela membrana plasmática das células ciliadas no revestimento intestinal, depois para fora das mesmas células e para dentro do ambiente interno.

c Movimentos da parede intestinal quebram glóbulos de gordura em pequenas gotículas. Sais biliares cobrem as gotículas para que glóbulos não se formem novamente. Enzimas pancreáticas digerem as gotículas de ácidos graxos e monoglicerídeos.

d Micelas são formadas quando os sais biliares se combinam com produtos da digestão de gordura: monoglicerídeos e ácidos graxos. Esses produtos entram e saem das micelas.

e A concentração de monoglicerídeos e ácidos graxos nas micelas melhoram a difusão dessas substâncias nas células ciliadas. Esses lipídeos se difundem pela bicamada lipídica da membrana plasmática para as células.

f Em uma célula ciliada, os produtos da digestão de gordura formam triglicerídeos, que se associam às proteínas. As lipoproteínas resultantes são então expelidas por exocitose no fluido intersticial dentro da vilosidade.

Figura 15.10 Resumo da digestão e absorção no intestino delgado. **Resolva:** O que representam os pontos roxos nas micelas?

Resposta: Sais biliares

Proteínas de transporte na membrana plasmática das células ciliadas movimentam sais, açúcares e aminoácidos do lúmen intestinal para essas células. Outras proteínas de transporte então movimentam esses solutos das células ciliadas para o fluido intersticial dentro de uma vilosidade (Figura 15.10*b*). Essa movimentação de solutos cria um gradiente osmótico, assim a água se move na mesma direção.

A partir do fluido intersticial, água, sais, açúcares e aminoácidos entram no capilar sanguíneo presente na vilosidade. O sangue então os distribui pelo corpo.

Absorção de gordura Por serem lipossolúveis, os ácidos graxos e monoglicerídeos liberados pela digestão de gordura penetram em uma vilosidade difundindo-se pela bicamada de lipídeos das células ciliadas. Lembre-se de que os sais biliares ajudam na digestão de gorduras cobrindo as gotículas gordurosas (Seção 15.4 e Figura 15.10*c*).

Os sais biliares também se combinam com os produtos da digestão de gordura (ácidos graxos e monoglicerídeos) para formar gotículas minúsculas chamadas micelas (Figura 15.10*d*). Quando uma micela entra em contato com uma célula ciliada, os ácidos graxos e monoglicerídeos da micela se difundem naquela célula (Figura 15.10*e*). Os sais biliares que estavam na micela permanecem no lúmen intestinal, onde se tornarão parte de novas micelas.

Dentro das células ciliadas, monoglicerídeos e ácidos graxos formam triglicerídeos que se juntam às proteínas. As lipoproteínas resultantes se movimentam por exocitose no fluido intersticial dentro de uma vilosidade (Figura 15.10*f*). Então, do fluido intersticial, triglicerídeos entram nos vasos linfáticos. A linfa – e os triglicerídeos – posteriormente serão drenados na circulação sanguínea.

Para pensar

Como as substâncias são absorvidas a partir do intestino delgado?

- Com uma mucosa dobrada, vilosidades e microvilosidades, o intestino delgado tem uma vasta área de superfície para absorver água e nutrientes.
- As substâncias são absorvidas pelas células ciliadas que revestem a superfície livre de cada vilosidade. Os mecanismos de transporte passivo e ativo ajudam a água e os solutos a atravessar; a formação de micelas auxilia o transporte dos produtos lipídicos.

15.6 O intestino grosso

- O intestino grosso é mais largo que o intestino delgado, mas também é mais curto — mede cerca de apenas 1,5 metro de comprimento.

Estrutura e função do intestino grosso

Nem tudo que entra no intestino delgado pode ou deve ser absorvido. As contrações musculares impulsionam o material indigesto, bactérias e células da mucosa mortas, substâncias inorgânicas e um pouco de água do intestino delgado para o intestino grosso. À medida que os resíduos são transportados pelo intestino grosso, são compactados como **fezes**. A compactação ocorre enquanto o intestino grosso bombeia ativamente íons de sódio para fora do lúmen, para o ambiente interno, e então a água segue por osmose.

O ceco em forma de xícara é a primeira parte do intestino grosso (Figura 15.11*a*). Uma bolsa chamada **apêndice** se estende a partir daí. Do ceco, o material entra no colo ascendente, que se estende por cima da parede da cavidade abdominal. O colo transverso se estende por essa cavidade e o colo descendente se conecta ao reto (Figuras 15.5 e 15.11).

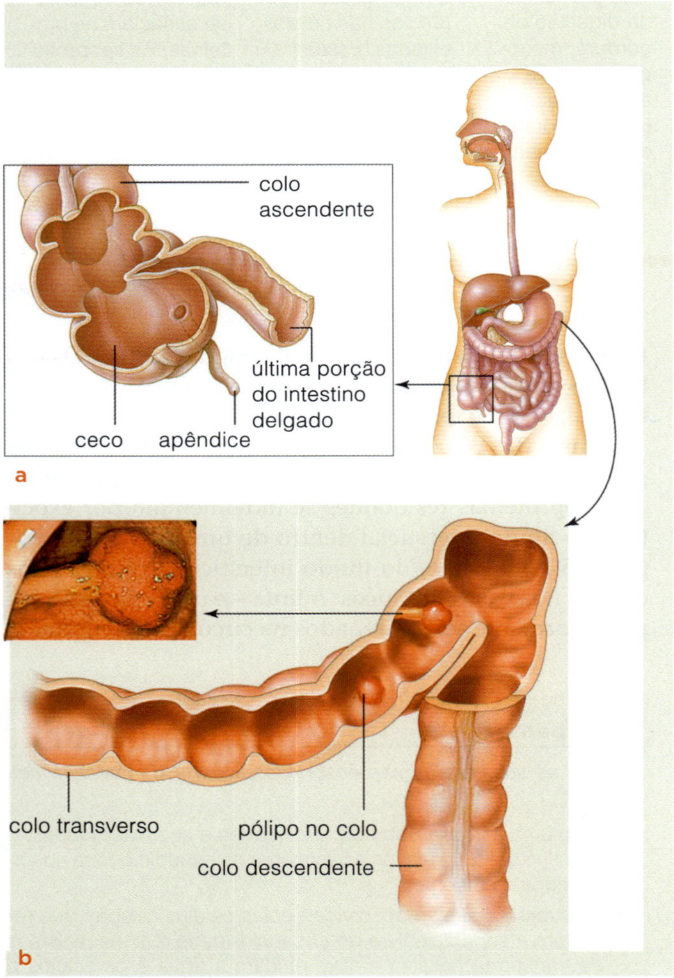

Figura 15.11 (**a**) Localização do ceco e apêndice do intestino grosso. (**b**) Desenho e fotografia de pólipos no colo transverso.

A contração do músculo liso na parede do colo mistura seu conteúdo e o impulsiona pelo seu comprimento. Em comparação a outras regiões do intestino, os resíduos se movem mais lentamente pelo colo, que também possui pH moderado. Essas condições favorecem o crescimento de bactérias, como a *Escherichia coli*. As bactérias produzem vitaminas K e B12, absorvidas através do revestimento do colo.

Depois de uma refeição, gastrina e sinais dos nervos autônomos fazem com que grande parte do colo se contraia vigorosamente e impulsiona as fezes para o reto. O reto se estende, ativando um reflexo de defecação para expelir as fezes. O sistema nervoso pode anular o reflexo, exigindo a contração de um esfíncter no ânus.

Distúrbios do intestino grosso

Adultos saudáveis tipicamente defecam cerca de uma vez por dia, em média. O estresse emocional, uma dieta com poucas fibras, exercícios mínimos, desidratação e alguns medicamentos podem levar à constipação, onde a defecação ocorre menos de três vezes por semana, é difícil e as fezes são escassas, duras e secas. A constipação ocasional normalmente se resolve sozinha. Um problema crônico deve ser discutido com o médico. A diarreia – passagem frequente de fezes aguadas – pode ser resultado de uma infecção bacteriana ou problemas ligados ao sistema nervoso. Se prolongada, pode causar desidratação e prejudicar os níveis de solutos no sangue.

Apendicite – uma inflamação do apêndice – exige tratamento imediato. A remoção do apêndice inflamado evita que ele supure e lance grandes quantidades de bactérias na cavidade abdominal. Essa ruptura pode causar uma infecção potencialmente letal.

Algumas pessoas são geneticamente predispostas a desenvolver pólipos no colo, pequenas protuberâncias na parede do colo (Figura 15.11*b*). A maioria dos pólipos é benigna, mas alguns podem se tornar cancerosos. Se descobertos a tempo, o câncer de colo é altamente curável. Sangue nas fezes e mudanças dramáticas nos hábitos intestinais podem ser sintomas de câncer de colo e devem ser reportados ao médico. Além disso, pessoas acima de 50 anos de idade devem fazer uma colonoscopia, no qual os médicos usam uma câmera para examinar o colo em busca de pólipos ou câncer.

Para pensar

Qual é a função do intestino grosso?

- O intestino grosso completa o processo de absorção, depois concentra, armazena e elimina resíduos.

15.7 Metabolismo de compostos orgânicos absorvidos

- A maioria dos compostos orgânicos absorvidos é decomposta para obtenção de energia, armazenada e usada para construir compostos orgânicos maiores.

A Figura 15.12*a* mostra as rotas principais pelas quais moléculas orgânicas de alimentos são misturadas e remisturadas no corpo. As células vivas reciclam constantemente um pouco de carboidrato, lipídeos e proteínas decompondo-os. Elas usam produtos de decomposição como fontes de energia e blocos de construção. Os sistemas nervoso e endócrino regulam esse movimento.

O **fígado** é um órgão grande que trabalha na digestão, no metabolismo e na homeostase (Figura 15.12*b*). Todo o sangue dos vasos capilares no intestino delgado entra pela veia do portal hepático, que o entrega ao fígado. O sangue flui pelos capilares no fígado antes de retornar ao coração.

O fígado auxilia na proteção do corpo contra substâncias perigosas que foram ingeridas ou se formaram como resultado da digestão. Um exemplo disso é o papel do fígado na desintoxicação do álcool, e como o abuso de álcool pode danificar este órgão essencial. Como outro exemplo, amônia (NH_3) é um produto tóxico da decomposição de aminoácidos. O fígado converte amônia em ureia, um composto muito menos tóxico. A ureia é levada pelo sangue para os rins e é secretada na urina.

A maioria das vitaminas solúveis em gordura do corpo, como as vitaminas A e D, é armazenada no fígado. O fígado também armazena glicose. Depois de uma refeição, o fígado e as células musculares absorvem glicose e a convertem em glicogênio. O excesso de carboidratos e proteínas também é convertido em gorduras, armazenadas principalmente em tecido adiposo.

Entre as refeições, o cérebro inicia a absorção de grande parte da glicose que circula no sangue. O cérebro não pode usar gorduras ou proteínas como fonte de energia. Outras células do corpo mergulham superficialmente em seus estoques de glicogênio e gordura. Células adiposas degradam gorduras em glicerol e ácidos graxos, que entram no sangue. As células do fígado quebram glicogênio e liberam glicose, que também entram em contato com o sangue. As células do corpo absorvem os ácidos graxos e a glicose liberados e os usam para abastecer a produção de ATP.

Para pensar

O que acontece com os compostos absorvidos a partir do intestino?

- Os compostos absorvidos são levados pelo sangue para o fígado, que desintoxica substâncias prejudiciais e armazena vitaminas e glicose. A glicose é armazenada como glicogênio.
- O tecido adiposo absorve carboidratos e proteínas e os converte em gorduras.
- Entre as refeições, o fígado quebra o glicogênio armazenado e libera suas subunidades de glicose no sangue. Isso garante que o cérebro, que só pode usar carboidrato como combustível, sempre tenha uma provisão adequada de energia.

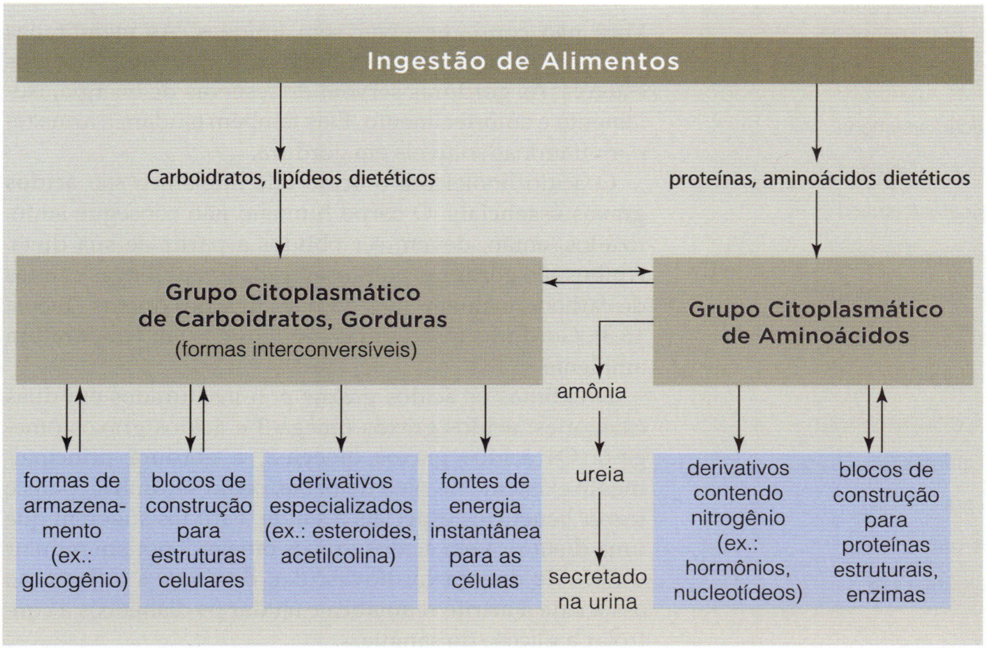

a

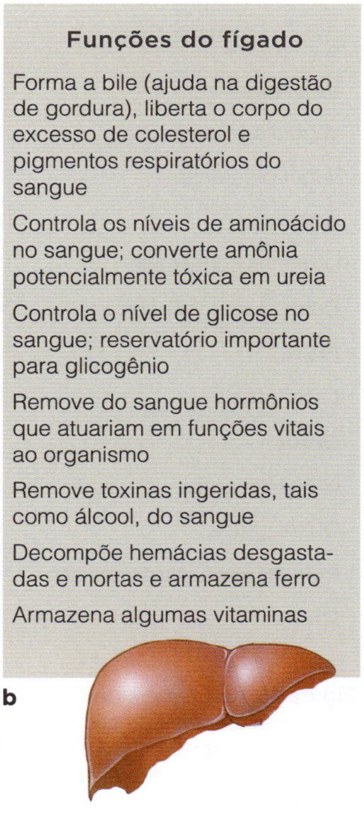

b

Figura 15.12 (**a**) Resumo das principais vias de metabolismo orgânico. As células sintetizam e destroem continuamente carboidratos, gorduras e proteínas. A maior parte da ureia se forma no fígado, um órgão que está no cruzamento do metabolismo orgânico (**b**).

15.8 Requisitos nutricionais humanos

- A alimentação fornece às suas células uma fonte de energia e um suprimento de materiais construtores essenciais.

Recomendações dietéticas do USDA

Cientistas do Departamento de Agricultura e outras agências governamentais dos Estados Unidos pesquisam dietas que podem ajudar a prevenir diabetes, cânceres e outros problemas de saúde. Eles atualizam periodicamente suas diretrizes nutricionais. Em 2005, eles substituíram sua tradicional pirâmide alimentar única por um novo programa baseado na internet que gera recomendações específicas para a idade da pessoa, bem como sexo, altura, peso e nível de atividade (Figura 15.13). Para gerar seu próprio plano alimentar saudável, visite o *site* do USDA: www.mypyramid.gov.

Em contraste total à dieta de um norte-americano típico, as novas diretrizes recomendam reduzir a ingestão de grãos refinados, gorduras saturadas, gordura *trans*, açúcar ou adoçantes calóricos adicionados e sal (não mais que uma colher de chá por dia). Eles também recomendam comer mais legumes e frutas com um alto conteúdo de potássio e fibras, laticínios livres de gordura ou magros e grãos integrais. Aproximadamente 55% da ingestão calórica diária deve ser proveniente de carboidratos.

Diretrizes Nutricionais USDA	
Grupo Alimentar	Quantidade Recomendada
Vegetais	
Vegetais verde-escuros	3 xícaras/semana
Vegetais laranja	2 xícaras/semana
Legumes	3 xícaras/semana
Legumes com amido	3 xícaras/semana
Outros vegetais/legumes	6,5 xícaras/semana
Frutas	2 xícaras/dia
Laticínios	3 xícaras/dia
Grãos	170 gramas /dia
Grãos integrais	85 gramas /dia
Outros grãos	85 gramas /dia
Peixes, aves, carne magra	156 gramas /dia
Óleos	24 gramas/dia

Figura 15.13 Exemplo de diretrizes nutricionais do Departamento da Agricultura dos Estados Unidos (USDA). Essas recomendações são para mulheres entre 10 e 30 anos de idade que façam menos que 30 minutos de exercícios vigorosos diariamente. As porções adicionam até 2.000 quilocalorias diárias.

Carboidratos ricos em energia

Frutas frescas, grãos integrais e legumes – especialmente ervilhas e feijões – fornecem carboidratos complexos em abundância. O corpo quebra o amido existente nesses alimentos em glicose, sua fonte primária de energia. Esses alimentos também fornecem vitaminas e fibras essenciais. A ingestão de alimentos com alto teor de fibras solúveis ajuda a baixar o nível de colesterol e pode reduzir o risco de doenças do coração. Uma dieta rica em fibras insolúveis ajuda a prevenir a constipação.

Alimentos que contêm muitos carboidratos processados, como farinha branca, açúcar refinado e xarope de milho, são às vezes ditos como compostos de "calorias vazias". Essa é uma maneira de dizer que esses alimentos fornecem pouca ou nenhuma quantidade de vitaminas ou fibras.

Gordura boa, gordura ruim

Você não consegue viver sem lipídeos. As membranas celulares incorporam fosfolipídeos e colesterol, um dos esteróis. As gorduras servem de reservas de energia, isolamento e amortecimento. Elas também ajudam a armazenar vitaminas solúveis em gordura.

O ácido linoleico e o ácido alfa-linolênico são **ácidos graxos essenciais**. O corpo humano não consegue sintetizá-los, então, devem ser obtidos a partir de sua dieta. Ambos são gorduras poli-insaturadas; suas longas caudas de carbono incluem duas ou mais ligações duplas (Tabela 15.3). Gorduras insaturadas são líquidas em temperatura ambiente.

Dividimos os ácidos graxos poli-insaturados em duas categorias: ácidos graxos ômega-3 e ácidos graxos ômega-6. Os ácidos graxos ômega-3, a gordura principalmente existente no óleo de peixe, como sardinhas, parece trazer benefícios especiais à saúde. Estudos sugerem que uma dieta rica em ácidos graxos ômega-3 podem reduzir o risco de doença cardiovascular, diminuir a inflamação associada à artrite reumática e ajudar os diabéticos a controlar a glicose do sangue.

O ácido oleico, a gordura principal no azeite de oliva, também pode trazer benefícios à saúde. É monoinsaturado, o que significa que suas caudas de carbono possuem somente uma ligação dupla. Uma dieta na qual o azeite

de oliva substitui gorduras saturadas ajuda a evitar doença coronária.

Os laticínios e carnes são ricos em gorduras saturadas e colesterol. O excesso de consumo desses alimentos aumenta o risco de doenças do coração, derrame e alguns cânceres.

Os ácidos graxos *trans*, ou gorduras *trans*, são fabricados a partir de óleos vegetais. Porém, eles têm uma estrutura molecular que os torna ainda pior para o coração do que as gorduras saturadas.

Proteínas construtoras do corpo

Os aminoácidos são blocos construtores de proteínas. Suas células podem produzir alguns aminoácidos, mas você deve obter oito **aminoácidos essenciais** dos alimentos. Os oito aminoácidos essenciais são a metionina (ou cisteína, seu equivalente metabólico), isoleucina, leucina, lisina, fenilalanina, treonina, triptofano e valina.

A maioria das proteínas na carne é "completa": suas taxas de aminoácidos satisfazem as necessidades nutricionais do ser humano. Quase todas as proteínas das plantas são incompletas, pois elas não têm um ou mais aminoácidos essenciais para os seres humanos. Proteínas de quinoa (*Chenopodium quinoa*) são uma exceção notável.

Para obter os aminoácidos necessários a partir de uma dieta vegetariana, deve-se combinar alimentos vegetais de forma que os aminoácidos faltantes em um componente estejam presentes em outros. Como exemplo, arroz e feijões juntos fornecem todos os aminoácidos necessários, mas só arroz ou só feijão não fornece. Você não precisa comer os dois alimentos complementares na mesma refeição, mas ambos devem ser consumidos dentro de um período de 24 horas.

Sobre dietas pobres em carboidratos/ ricas em proteínas

Muitas pessoas preferem realizar dietas pobres em carboidratos e ricas em proteínas e gorduras para promover a perda de peso rápido. A efetividade em longo prazo e os efeitos saudáveis dessas dietas são bastante controversos. Sabemos que a alta ingestão de proteína aumenta a produção de amônia (Seção 15.7). Enzimas no fígado convertem amônia em ureia, que os rins filtram a partir do sangue e secretam na urina. Além disso, quando um corpo possui gordura em lugar de carboidratos como sua fonte principal de energia, quantidades grandes de resíduos metabólicos acídicos, chamados cetonas, se formam e devem ser filtradas do sangue e secretadas. Desse modo, dietas ricas em gordura e em proteína fazem os rins trabalharem mais, aumentando o risco de problemas renais. Pessoas com função renal prejudicada devem evitar esse tipo de dieta.

Tabela 15.3 Principais tipos de lipídeos alimentares

Ácidos Graxos Poli-insaturados: líquidos em temperatura ambiente; essenciais para a saúde.
- Ácidos graxos ômega-3
  - Ácido alfa-linolênico e seus derivados
  - Fontes: óleos de nozes, óleos vegetais, óleo de peixe
- Ácidos graxos ômega-6
  - Ácido linoleico e seus derivados
  - Fontes: óleos de nozes, óleos vegetais, carne

Ácidos Graxos Monoinsaturados: líquidos em temperatura ambiente. A principal fonte dietética é o azeite de oliva. Benéfica se usada com moderação.

Ácidos Graxos Saturados: sólidos em temperatura ambiente. As principais fontes são carnes e laticínios, óleos de palma e coco. A ingestão excessiva pode aumentar o risco de doenças do coração.

Ácidos Graxos *Trans* (Gorduras Hidrogenadas): sólidos em temperatura ambiente. Produzidos a partir de óleos vegetais e usados em muitos alimentos processados. A ingestão excessiva pode aumentar o risco de doenças do coração.

Para pensar

Quais são os principais tipos de nutrientes que os seres humanos exigem?

- Carboidratos são decompostos em glicose, que é a principal fonte de energia do corpo. Alimentos ricos em carboidratos complexos também fornecem fibras e vitaminas.
- Gorduras são queimadas para obtenção de energia e usadas como materiais de construção. Gorduras poli-insaturadas e monoinsaturadas devem fornecer a maior parte de suas calorias gordurosas. O consumo excessivo de gorduras saturadas e gorduras *trans* aumenta o risco de doenças do coração.
- As proteínas são a fonte de aminoácidos usada na composição das proteínas do seu próprio corpo. A carne fornece todos os aminoácidos essenciais, enquanto a maioria dos alimentos vegetais não possui um ou mais aminoácidos; mas quando combinados corretamente, esses alimentos podem satisfazer todas as necessidades humanas por aminoácidos.

15.9 Vitaminas, minerais e fitoquímicos

- Além dos principais nutrientes, o corpo requer determinadas substâncias orgânicas e inorgânicas para funcionar adequadamente.

Vitaminas são substâncias orgânicas essenciais em quantidades muito pequenas; nenhuma outra substância pode executar suas funções metabólicas. Em um mínimo, as células humanas exigem as treze vitaminas listadas na Tabela 15.4. Cada uma desempenha papéis específicos. Por exemplo, a vitamina B niacina é modificada para produzir NAD, uma coenzima.

Minerais são substâncias inorgânicas essenciais para o crescimento e sobrevivência, porque nenhuma outra substância pode realizar suas funções metabólicas (Tabela 15.5). Como exemplo, todas as suas células usam ferro como componente das cadeias de transferência de elétrons. As hemácias requerem ferro para produzir hemoglobina que transporta oxigênio. Iodo é essencial para o desenvolvimento de um sistema nervoso saudável e é parte integrante do hormônio da tireoide.

Tabela 15.4 Principais vitaminas: fontes, funções e efeitos de deficiências ou excessos*

Vitamina	Fontes Comuns	Principais Funções	Efeitos da Deficiência Crônica	Efeitos do Excesso Extremo
Vitaminas lipossolúveis				
A	Seu precursor vem do betacaroteno das frutas amarelas, vegetais folhosos amarelos ou verdes; também em leite fortificado, gema de ovo, peixe, fígado.	Usada na síntese de pigmentos visuais, ossos, dentes; mantém os epitélios.	Pele seca e escamosa; resistência diminuída às infecções; cegueira noturna; cegueira permanente.	Malformações no feto; perda de cabelos; mudanças na pele; danos hepáticos e aos ossos; dor nos ossos.
D	Forma inativa produzida na pele, ativada no fígado, rins; em peixes gordurosos, gema de ovo, produtos derivado de leite.	Promove o crescimento e mineralização dos ossos; melhora a absorção de cálcio.	Deformidades nos ossos (raquitismo) das crianças; amolecimento dos ossos em adulto.	Crescimento retardado; danos ao rim; depósitos de cálcio nos tecidos moles.
E	Grãos integrais, vegetais verde-escuros, óleos vegetais.	Contraefeitos dos radicais livres; ajuda a manter membranas celulares; bloqueia a decomposição de vitaminas A e C no intestino.	Lise das hemácias; danos aos nervos.	Fraqueza muscular; fadiga; dores de cabeça; náusea.
K	Enterobactérias formam a maior parte dessa vitamina; também em vegetais folhosos verdes, repolho.	Coagulação sanguínea; formação de ATP via transporte de elétrons.	Coagulação sanguínea anormal; sangramento severo (hemorragia).	Anemia; danos ao fígado e icterícia.
Vitaminas hidrossolúveis				
B_1 (tiamina)	Grãos integrais, vegetais folhosos verdes, legumes, carnes magras, ovos.	Formação do tecido conjuntivo; utilização de folato; ação da coenzima.	Retenção de água nos tecidos; sensação de formigamento; alterações coronárias; coordenação ruim.	Nenhum reportado a partir do sangue; possível reação de choque em injeções repetidas.
B_2 (riboflavina)	Grãos integrais, aves, peixe, clara do ovo, leite.	Ação da coenzima (FAD).	Lesões na pele.	Nenhum reportado.
B_3 (niacina)	Vegetais folhosos verdes, batatas, amendoins, aves, peixe, carne de porco, carne de vaca.	Ação da coenzima (NAD+).	Contribui para pelagra (danos à pele, intestino, sistema nervoso etc.).	Pele corada; possíveis danos hepáticos.
B_6	Espinafre, tomates, batatas, carnes.	Coenzima no metabolismo de aminoácidos.	Danos à pele, ao músculo e aos nervos; anemia.	Coordenação prejudicada; dormência nos pés.
Ácido pantotênico	Em muitos alimentos (especialmente em carnes, fermento, gema de ovo).	Coenzima no metabolismo da glicose, síntese de ácidos graxos e esteroides.	Fadiga; formigamento nas mãos; dores de cabeça, náusea.	Nenhum reportado; pode causar diarreia ocasionalmente.
Folato (ácido fólico)	Vegetais verde-escuros, grãos integrais, levedura, carnes magras; enterobactérias produzem um pouco de folato.	Coenzima no metabolismo de ácido nucleico e aminoácidos.	Um tipo de anemia; língua inflamada; diarreia; crescimento prejudicado; transtornos mentais.	Mascara a deficiência de B_{12}.
B_{12}	Aves, peixe, carne vermelha, laticínios (exceto manteiga).	Coenzima no metabolismo de ácido nucleico.	Um tipo de anemia; função nervosa prejudicada	Nenhum reportado.
Biotina	Legumes, gema de ovo; bactérias no colo produzem um pouco.	Coenzima na gordura, formação de glicogênio e no metabolismo de aminoácidos.	Pele escamosa (dermatite); língua ferida; depressão; anemia.	Nenhum reportado.
C (ácido ascórbico)	Frutas e vegetais, especialmente cítricos, bagas, melão, repolho, brócolis, pimentão verde.	Síntese de colágeno; possivelmente inibe os efeitos dos radicais livres; papel estrutural nos ossos, cartilagem e dentes; usado no metabolismo de carboidratos.	Escorbuto; cura de feridas prejudicada; imunidade prejudicada.	Diarreia; outros transtornos digestórios; pode alterar resultados de alguns testes diagnósticos.

* *Diretrizes para ingestão diária adequada estão sendo preparadas pela* Food and Drug Administration.

Pessoas saudáveis podem obter todas as vitaminas e minerais necessários a partir de uma dieta balanceada. Na maioria dos casos, suplementos vitamínicos e minerais só são necessários para vegetarianos rígidos, idosos e pessoas com doenças crônicas ou que fazem uso de remédios que interferem na absorção de nutrientes.

Além das vitaminas e minerais, uma dieta saudável deve incluir uma variedade de **fitoquímicos**, também conhecidos como fitonutrientes. Essas moléculas orgânicas são encontradas em alimentos vegetais e, embora não essenciais, podem reduzir o risco de determinados distúrbios. Por exemplo, comer vegetais folhosos verdes garante a ingestão adequada dos pigmentos vegetais luteína e zeaxantina. Uma dieta pobre nesses fitoquímicos aumenta o risco de degeneração macular, uma das principais causas de cegueira. Como outro exemplo, as isoflavonas em produtos de soja auxiliam na redução do nível de colesterol no sangue e proteger contra doenças do coração.

Mantenha isto em mente: quanto mais cores você vê entre os legumes em seu prato, maior a variedade de fitoquímicos benéficos em sua comida.

Para pensar

Qual o papel das vitaminas, dos minerais e dos fitonutrientes?

- Vitaminas são moléculas orgânicas com um papel essencial no metabolismo.
- Minerais são substâncias inorgânicas com um papel essencial.
- Fitoquímicos são moléculas vegetais que não são essenciais, mas podem reduzir o risco de determinados distúrbios.

Tabela 15.5 Principais minerais: fontes, funções e efeitos de deficiências ou excessos*

Mineral	Fontes Comuns	Principais Funções	Efeitos da Deficiência Crônica	Efeitos do Excesso Extremo
Cálcio	Laticínios, vegetais verde-escuros, legumes secos	Formação dos ossos e dentes; coagulação sanguínea; ação neural e muscular	Crescimento prejudicado; ossos frágeis; deterioração dos nervos; espasmos musculares	Absorção prejudicada de outros minerais; pedras nos rins em pessoas susceptíveis
Cloreto	Sal de cozinha (geralmente muito na dieta)	Formação de HCl no estômago; contribui para o equilíbrio ácido-base no corpo; ação neural	Câimbras musculares; crescimento prejudicado; apetite ruim	Contribui para a pressão alta do sangue em algumas pessoas
Cobre	Nozes, legumes, frutos do mar, água potável	Usado na síntese de melanina, hemoglobina e alguns componentes da cadeia de transporte	Anemia; mudanças nos ossos e vasos sanguíneos	Náusea; danos ao fígado
Flúor	Água fluoretada, chá, frutos do mar	Manutenção dos ossos, dentes	Cáries dentárias	Distúrbios digestórios; dentes manchados e esqueleto deformado em casos crônicos
Iodo	Peixes marinhos, mariscos, sal iodado, laticínios	Formação do hormônio da tireoide	Tireoide aumentada (bócio) com distúrbios metabólicos	Bócio tóxico
Ferro	Grãos integrais, vegetais folhosos verdes, legumes, nozes, ovos, carne magra, melaço, frutas secas, mariscos	Formação de hemoglobina e citocromo (componente da cadeia de transporte)	Anemia por deficiência de ferro; função imunológica prejudicada	Danos ao fígado; choque; insuficiência cardíaca
Magnésio	Grãos integrais, legumes, nozes, laticínios	Papel da coenzima no ciclo ATP-ADP; papéis na função muscular e nervosa	Músculos fracos, doloridos; função neural prejudicada	Função neural prejudicada
Fósforo	Grãos integrais, aves, carne vermelha	Componente dos ossos, dentes, ácidos nucleicos, ATP, fosfolipídeos	Fraqueza muscular; perda de minerais nos ossos	Absorção prejudicada dos minerais no osso
Potássio	Somente a dieta fornece quantidades grandes	Função muscular e neural; papéis na síntese de proteína e equilíbrio ácido-base do corpo	Fraqueza muscular	Fraqueza muscular; paralisia; insuficiência cardíaca
Sódio	Sal de cozinha; a dieta fornece quantidades grandes e até excessivas	Papel importante no equilíbrio sal-água do corpo; papéis na função muscular e neural	Câimbras musculares	Pressão alta em pessoas susceptíveis
Enxofre	Proteínas na dieta	Componente de proteínas do corpo	Nenhum reportado	Provavelmente nenhum
Zinco	Grãos integrais, legumes, nozes, carnes, frutos do mar	Componente de enzimas digestórias; papéis no crescimento normal, cura de feridas, formação de espermatozoides, atua no paladar e olfato	Crescimento prejudicado; pele escamosa; função imunológica prejudicada	Náusea, vômito, diarreia; função imunológica prejudicada e anemia

* *Diretrizes para ingestão diária adequada estão sendo preparadas pela* Food and Drug Administration.

15.10 Perguntas de peso, respostas perturbadoras

- As células de gordura não aumentam em número após o nascimento. O ganho de peso simplesmente significa que as células de gordura existentes se enchem com mais gordura.

Peso e saúde O sobrepeso causa um efeito negativo sobre a saúde. Entre outras coisas, aumenta o risco de diabetes tipo 2, pressão alta, doença do coração, câncer de mama e colo, artrite e cálculos biliares.

Por que o excesso de peso tem esses efeitos? Porque os triglicerídeos em células de gordura são a principal forma de armazenamento de energia do corpo. As células de gordura das pessoas que estão em um peso saudável mantêm uma quantidade moderada de triglicerídeos e funcionam normalmente. Já nas pessoas obesas, um excesso dessas moléculas expande as células de gordura e prejudica seu funcionamento. Como ocorre nas células danificadas através de outros mecanismos, as células de gordura inchadas respondem enviando sinais que convocam uma resposta inflamatória. A inflamação crônica resultante prejudica órgãos em todo o corpo e aumenta o risco de câncer.

As células de gordura inchadas além do normal também aumentam a secreção de sinais que interferem na ação da insulina. Lembre-se que este hormônio incentiva as células a absorver açúcar do sangue. Quando a insulina é ineficiente, o resultado é o diabetes tipo 2.

Armados com conhecimento sobre como o peso prejudica a saúde, os pesquisadores estão procurando maneiras para diminuir ou compensar sinais prejudiciais secretados por células de gordura. Um dia, poderá ser possível evitar que as células de gordura causem inflamação ou interfiram no funcionamento da insulina. Mas no momento, o único modo de prevenir esses efeitos é perdendo o excesso de peso.

Qual é o peso corporal "certo"? A Figura 15.14 mostra uma das diretrizes de peso amplamente aceita para mulheres e homens. O índice de massa corporal (IMC) é outra diretriz. É uma medida projetada para ajudar a avaliar o risco aumentado associado ao ganho de peso. Você pode calcular seu índice de massa corporal através da fórmula peso dividido por altura ao quadrado:

$$\text{IMC} = \frac{\text{peso}}{\text{altura}^2}$$

Geralmente, indivíduos com IMC de 25 a 29,9 são considerados com sobrepeso. Um resultado 30, ou maior, indica **obesidade**: uma superabundância de gordura em tecido adiposo que pode levar a graves problemas de saúde. Como a gordura é distribuída ao longo do corpo também ajuda a predizer os riscos. Depósitos de gordura bem acima do cinto, como uma "barriga da cerveja", são associados ao maior risco de problemas do coração. Depósitos de gordura bem abaixo da pele dos braços e das pernas, comumente chamados "celulite", têm menos efeito sobre o coração.

Se seu IMC é muito alto, somente a dieta provavelmente não irá reduzi-lo a um nível saudável. Quando você simplesmente come menos que o normal, seu corpo diminui a sua taxa metabólica para conservar energia. Então como você perde peso? Você deve diminuir sua ingestão calórica e aumentar sua saída de energia. Para a maioria das pes-

Diretrizes de peso para mulheres

A partir de um peso ideal de 45,35 kg para uma mulher com 1,52 m de altura, adicione 2,26 Kg adicionais para cada 25,4 mm adicional de altura. Exemplos:

Altura	Peso
1,58 m	49,9 kg
1,61 m	52,16 kg
1,64 m	54,43 kg
1,67 m	56,69 kg
1,70 m	58,96 kg
1,73 m	61,23 kg
1,76 m	63,50 kg
1,79 m	65,77 kg
1,82 m	72,57 kg

Diretrizes de peso para homens

A partir de um peso ideal de 48 Kg para um homem com 1,52 m e altura, adicione 2,26 Kg adicionais para cada 25,4 mm adicional de altura. Exemplos:

Altura	Peso
1,58 m	53,52 kg
1,61 m	56,24 kg
1,64 m	58,96 kg
1,67 m	61,69 kg
1,70 m	64,86 kg
1,73 m	67,13 kg
1,76 m	69,85 kg
1,79 m	72,57 kg
1,82 m	80,74 kg

Figura 15.14 Como estimar o peso "ideal" para adultos. Os valores mostrados são consistentes com um estudo realizado em longo prazo em Harvard sobre o vínculo entre o excesso de peso e o risco de distúrbios cardiovasculares. O "ideal" varia. É influenciado por fatores específicos como estrutura esquelética pequena, média ou grande.

soas, isso significa comer porções razoáveis de alimentos nutritivos com baixas calorias e exercitar-se regularmente.

A energia armazenada nos alimentos é expressa como quilocalorias ou Calorias (com C maiúsculo). Uma quilocaloria é igual a mil calorias, que são unidades de energia calórica.

Genes, hormônios e obesidade Diversos estudos têm explorado o papel que a genética desempenha na obesidade. Como exemplo, Claude Bouchard estudou alimentação excessiva experimental em doze pares de gêmeos. Todos eram homens jovens magros na faixa dos 20 anos. Por 100 dias eles não se exercitaram e aderiram a uma dieta que fornecia 6 mil calorias a mais por semana do que o habitual.

Todos eles ganharam peso, mas alguns ganharam três vezes mais que os outros. Membros de cada conjunto de gêmeos tinham a tendência de ganhar uma quantidade semelhante, o que sugere que os genes afetam a resposta à alimentação em excesso. Por outro teste, Bouchard colocou conjuntos de gêmeos obesos em uma dieta de baixas calorias. Mais uma vez, cada conjunto de gêmeos perdeu uma quantidade semelhante.

Conforme indicado na introdução do capítulo, estamos aprendendo mais sobre como os genes que codificam hormônios contribuem para a obesidade. A Figura 15.15 detalha como os pesquisadores descobriram o papel do hormônio supressor do apetite leptina em ratos. Os pesquisadores também identificaram o gene da leptina em humanos; ele está presente no cromossomo 7.

A deficiência de leptina do tipo visto em ratos é extremamente rara em seres humanos. Porém, descobriu-se que três primos em uma família turca são completamente deficientes em leptina. Todos os três eram muito obesos. Quando pesquisadores da UCLA administraram injeções diárias de leptina, os homens deficientes em leptina perderam, em média, 50% de seu peso corporal mesmo sem dieta. As injeções aparentemente causaram mudanças no cérebro. Escaneamentos mostraram aumentos na massa cinzenta do giro cingulado, uma porção do sistema límbico conhecida a partir de outra pesquisa para a parte que afeta os desejos.

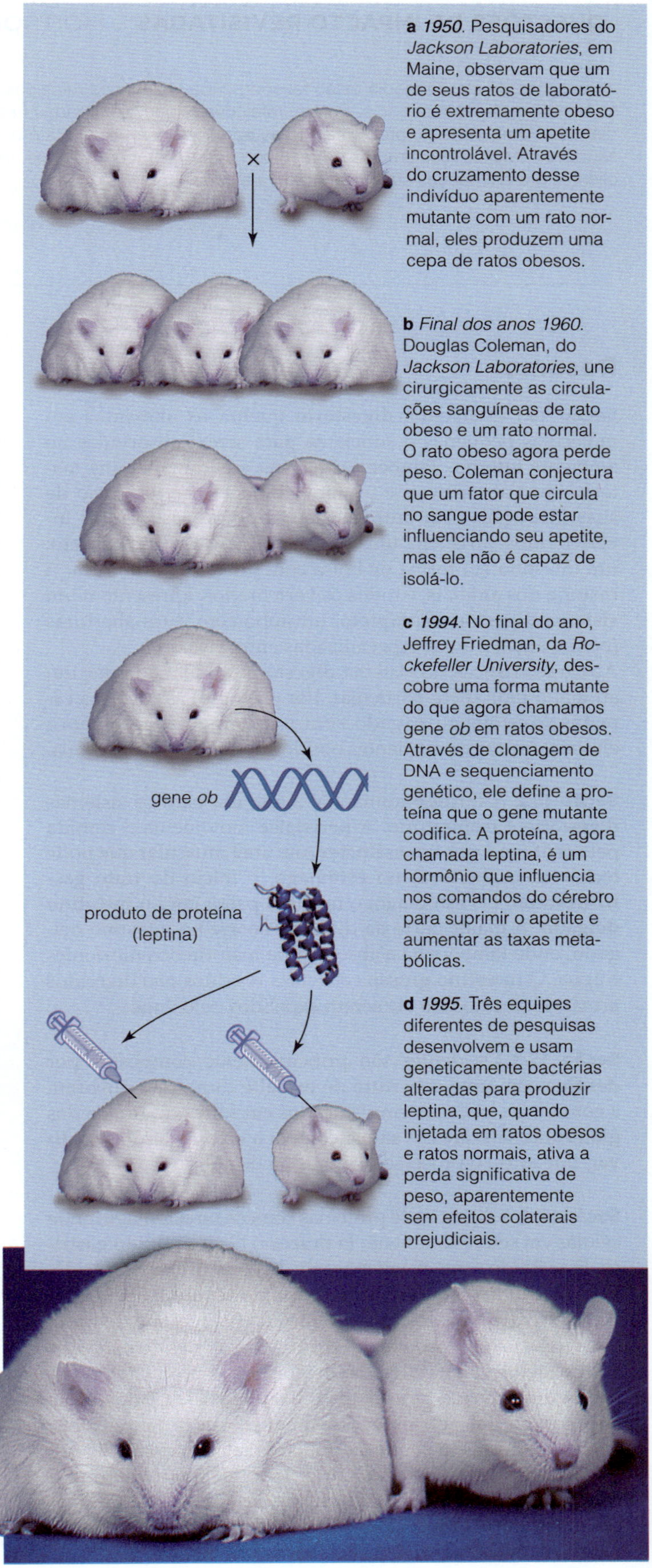

a *1950.* Pesquisadores do *Jackson Laboratories*, em Maine, observam que um de seus ratos de laboratório é extremamente obeso e apresenta um apetite incontrolável. Através do cruzamento desse indivíduo aparentemente mutante com um rato normal, eles produzem uma cepa de ratos obesos.

b *Final dos anos 1960.* Douglas Coleman, do *Jackson Laboratories*, une cirurgicamente as circulações sanguíneas de rato obeso e um rato normal. O rato obeso agora perde peso. Coleman conjectura que um fator que circula no sangue pode estar influenciando seu apetite, mas ele não é capaz de isolá-lo.

c *1994.* No final do ano, Jeffrey Friedman, da *Rockefeller University*, descobre uma forma mutante do que agora chamamos gene *ob* em ratos obesos. Através de clonagem de DNA e sequenciamento genético, ele define a proteína que o gene mutante codifica. A proteína, agora chamada leptina, é um hormônio que influencia nos comandos do cérebro para suprimir o apetite e aumentar as taxas metabólicas.

d *1995.* Três equipes diferentes de pesquisas desenvolvem e usam geneticamente bactérias alteradas para produzir leptina, que, quando injetada em ratos obesos e ratos normais, ativa a perda significativa de peso, aparentemente sem efeitos colaterais prejudiciais.

Figura 15.15 Cronologia dos desenvolvimentos em pesquisa que identificou a leptina como fator hereditário que afeta o peso corporal.

QUESTÕES DE IMPACTO REVISITADAS | Hormônios e Fome

As pessoas de classe média estão fazendo cada vez menos refeições em casa. Uma vasta gama de lojas de *fast-food* se beneficia dessa tendência. Porém, refeições rápidas, realizadas frequentemente, aumentam o risco de obesidade e diabetes. Uma parte do problema são as porções enormes. Outra é que as pessoas simplesmente não fazem escolhas saudáveis. Muitos restaurantes de *fast-food* agora oferecem saladas ou hambúrgueres vegetarianos, mas a maioria dos clientes prefere opções com mais gordura e calorias.

Resumo

Seção 15.1 O **sistema digestório** quebra os alimentos em moléculas pequenas o suficiente para serem absorvidas no ambiente interno. Também armazena e elimina alguns materiais não absorvíveis e promove homeostase por meio de suas interações com outros sistemas de órgãos. Alguns invertebrados possuem um **sistema digestório incompleto**: um intestino em forma de bolsa com uma abertura única. A maioria dos animais, e todos os vertebrados, apresentam um **sistema digestório completo**: um tubo com duas aberturas (boca e ânus) e áreas especializadas entre eles.

As características do sistema digestório podem adaptar um animal a uma dieta particular. Por exemplo, as diversas câmaras do estômago do gado e outros **ruminantes** permitem a eles maximizar os nutrientes obtidos dos alimentos vegetais.

Seção 15.2 A **faringe** humana é a entrada para os sistemas digestório e respiratório. A **peristalse** movimenta a comida pelo **esôfago** e por um **esfíncter** (um anel muscular que pode fechar uma abertura) no **estômago**, o início do **trato gastrintestinal**. Do estômago, o material passa para o **intestino delgado**. A maior parte da digestão ocorre no intestino delgado, onde também há a absorção da maioria dos nutrientes e água. O **intestino grosso** concentra resíduos não digeridos armazenados no **reto** até serem expelidos pelo **ânus**.

Seção 15.3 Os dentes são principalmente compostos por **dentina** com uma cobertura de **esmalte** duro. Eles quebram a comida em pedaços emulsificados em saliva originada das **glândulas salivares**. A saliva contém a enzima **amilase salivar**, que inicia o processo de digestão de amidos.

Seção 15.4 A digestão de proteínas começa no estômago, onde células em seu revestimento (a **mucosa**) liberam **fluido gástrico**. Esse fluido contém enzimas que digerem proteínas e ácido. Ele se mistura à comida e forma o **quimo** semilíquido.

A maior parte da digestão é completada no intestino delgado, que recebe uma variedade de enzimas digestórias do pâncreas. A **bile**, que ajuda na digestão de gordura, é produzida no fígado e armazenada na **vesícula biliar**. O fornecimento de bile ao intestino delgado provoca a **emulsificação** de gorduras, decompondo-as em pequenas gotículas mais fáceis de digerir.

Os sistemas nervoso e endócrino respondem ao volume e à composição da comida no intestino. Eles provocam mudanças na atividade muscular e na taxa de secreção de hormônios e enzimas.

Seção 15.5 O revestimento do intestino delgado é altamente dobrado. Existem estruturas multicelulares absortivas em cada dobra chamadas **vilosidades**. A maioria das células na superfície de cada vilosidade são **células ciliadas** que têm **microvilosidades** em sua superfície. As células ciliadas funcionam na digestão e absorção. Suas muitas proteínas de membrana transportam sais, açúcares simples e aminoácidos do lúmen intestinal para o interior da vilosidade. Um vaso sanguíneo dentro de cada vilosidade absorve açúcares e aminoácidos absorvidos.

Monoglicerídeos e ácidos graxos se difundem em uma célula ciliada, onde se combinam com proteínas. O resultado são lipoproteínas que se movimentam por exocitose no fluido intersticial, depois entram nos vasos linfáticos que as fornecem ao sangue.

Seção 15.6 O intestino grosso absorve água e íons, comprimindo os resíduos sólidos não digeridos na forma de **fezes**. O **apêndice** é uma extensão fina da primeira parte do intestino grosso.

Seção 15.7 Os pequenos compostos orgânicos absorvidos no intestino são armazenados, usados em biossíntese ou como fonte de energia, ou secretados por outros sistemas de órgãos. O sangue que flui pelo intestino delgado viaja perto do **fígado**, que elimina as toxinas ingeridas e armazena um pouco da glicose em excesso na forma de glicogênio.

Seções 15.8, 15.9 A comida deve fornecer energia e matérias-primas, inclusive **aminoácidos essenciais** e **ácidos graxos essenciais**. Deve também incluir dois tipos adicionais de compostos necessários ao metabolismo: **vitaminas**, orgânicas, e **minerais**, inorgânicos. Os **fitoquímicos** são moléculas vegetais que não são essenciais, mas podem melhorar a saúde ou prevenir determinados distúrbios.

Seção 15.10 Uma superabundância insalubre de gordura, ou **obesidade**, exerce sobrecarga nas células de gordura e aumenta o risco de muitos problemas. Para manter seu peso corporal, a ingestão de energia (calórica) deve ser equilibrada com o gasto de energia. Fatores genéticos influenciam na dificuldade de uma pessoa em alcançar e manter um peso saudável. Os hormônios podem influenciar tanto o apetite como as taxas metabólicas.

Exercício de análise de dados

O gene humano *AMY-1* codifica a amilase salivar, uma enzima que quebra amido. O número de cópias desse gene varia e as pessoas que têm mais cópias geralmente produzem mais enzima. Além disso, o número de cópias de *AMY-1* difere entre os grupos culturais.

George Perry e seus colegas conjecturaram que as duplicações do gene *AMY-1* confeririam uma vantagem seletiva em culturas em que o amido fosse parte grande da dieta. Para testar essa hipótese, os cientistas compararam o número de cópias do gene *AMY-1* entre membros de sete grupos culturais que diferiam em suas dietas tradicionais. A Figura 15.16 mostra seus resultados.

1. Os tubérculos que contém amido são o alimento principal dos caçadores coletores Hadza na África, considerando que a pesca sustenta os Yakut da Sibéria. Quase 60% dos Yakut têm menos de 5 cópias do *gene AMY1*. Qual porcentagem dos Hadza tem menos de 5 cópias?

2. Nenhum dos Mbuti (caçadores coletores da floresta tropical) tinha mais de 10 cópias do *AMY-1*. Algum dos americanos europeus tinha?

3. Estes dados sustentam a hipótese de que uma dieta rica em amidos favorece o gene *AMY-1*?

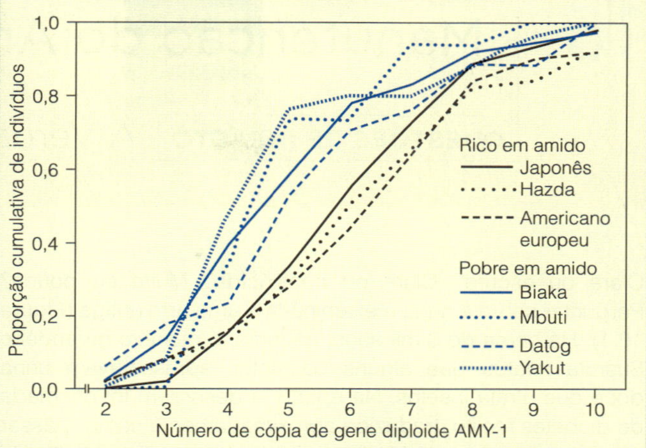

Figura 15.16 Número de cópias do gene AMY-1 entre membros de culturas com dietas tradicionais ricas e pobres em amido. Os Hazda, Biaka, Mbuti e Datog são tribos na África. Os Yakut vivem na Sibéria.

Questões

Respostas no Apêndice II

1. Um sistema digestório funciona na_________________.

a. secreção de enzimas
b. absorção de compostos
c. eliminação de resíduos
d. todas as anteriores

2. A digestão de proteínas começa no(a)_______________.

a. boca
b. estômago
c. intestino delgado
d. colo

3. A maioria dos nutrientes é absorvida no(a)____________.

a. boca
b. estômago
c. intestino delgado
d. colo

4. A bile desempenha papéis na digestão e absorção de______.

a. carboidratos
b. gorduras
c. proteínas
d. aminoácidos

5. Monossacarídeos e aminoácidos absorvidos no intestino delgado entram em______________.

a. vasos sanguíneos
b. vasos linfáticos
c. gotículas de gordura
d. intestino grosso

6. O maior número de bactéria prospera no________________.

a. estômago
b. intestino delgado
c. intestino grosso
d. esôfago

7. O pH é mais baixo no__________________.

a. estômago
b. intestino delgado
c. intestino grosso
d. esôfago

8. A maior parte da água que entra no intestino é absorvida através do revestimento do__________________.

a. estômago
b. intestino delgado
c. intestino grosso
d. esôfago

9. _______________são substâncias inorgânicas com papéis metabólicos essenciais que nenhuma outra substância pode realizar.

a. Fitonutrientes
b. Minerais
c. Vitaminas
d. a e c

10. Verdadeiro ou falso? Sangue rico em glicose flui do intestino delgado para o fígado, que armazena glicose como glicogênio.

11. A amônia é um produto tóxico da digestão de __________.

a. gorduras b. proteínas c. carboidratos d. vitaminas

12. A amônia é convertida em ureia menos tóxica pelo(a) ______________________.

a. fígado b. estômago c. vesícula biliar d. reto

13. Os ácidos graxos essenciais são _____________________.

a. gorduras *trans*
b. gorduras saturadas
c. gorduras poli-insaturadas
d. lisina e metionina

14. Ligue cada órgão a uma função digestória.

___ vesícula biliar — a. produz bile
___ intestino grosso — b. compacta resíduos não digeridos
___ fígado — c. secreta a maioria das enzimas digestórias
___ intestino delgado — d. absorve a maioria dos nutrientes
___ estômago — e. secreta fluido gástrico
___ pâncreas — f. armazena, secreta bile

Raciocínio crítico

1. A anorexia nervosa é um transtorno alimentar em que a pessoa, mais frequentemente mulher, passa fome. Embora o nome signifique "perda nervosa de apetite", a maioria das pessoas afetadas é obcecada por comida e está sempre com fome. A anorexia nervosa apresenta causas complexas, incluindo alguns fatores genéticos recém-descobertos. A incidência reportada de anorexia tem subido rapidamente nos últimos 20 anos. É provável que um aumento na frequência de alelos que colocam as pessoas sob risco de anorexia tenha causado esse aumento nos casos reportados?

2. Amido e açúcar têm o mesmo número de calorias por grama. Porém, nem todos os legumes são igualmente calóricos. Por exemplo, uma porção de batata doce fervida fornece aproximadamente 1,2 caloria por grama, enquanto uma porção de couve rende apenas 0,3 caloria por grama. O que poderia ser responsável pela diferença nas calorias que seu corpo obtém desses dois alimentos?

16 Manutenção do Ambiente Interno

QUESTÕES DE IMPACTO A Verdade em um Tubo de Ensaio

Clara ou escura? Clara ou translúcida? Muita ou pouca? Perguntar sobre a urina e examiná-la é uma arte antiga (Figura 16.1). Há cerca de 3 mil anos, na Índia, o pioneiro curandeiro Susruta relatou que alguns pacientes apresentavam urina doce que atraía insetos. Na época, a desordem foi chamada de diabetes melito, traduzida aproximadamente como "passar água doce como mel". Médicos ainda a diagnosticam testando o nível de açúcar da urina, embora tenham substituído o teste de sabor pela análise química.

Atualmente, os médicos verificam rotineiramente o pH e as concentrações de soluto de urina para monitorar a saúde do paciente. Urina ácida sugere problemas metabólicos. Urina alcalina pode indicar uma infecção, enquanto rins danificados produzirão urina rica em proteínas. Uma abundância de alguns sais pode ser resultado de desidratação ou problemas com os hormônios que controlam a função renal. Exames especiais de urina podem detectar substâncias químicas produzidas por cânceres de rins, bexiga e próstata.

Exames de urina caseiros são populares. Se uma mulher espera estar grávida, pode usar um teste para acompanhar a quantidade de hormônio luteinizante (LH) na urina. Aproximadamente na metade de um ciclo menstrual, o LH ativa a ovulação, que consiste na liberação de um óvulo do ovário. Outro exame de urina de farmácia pode revelar se ela ficou grávida. Outros testes ajudam mulheres com mais idade a verificar o declínio dos níveis de hormônio na urina, um sinal de que estão entrando na menopausa.

Nem todos estão ávidos para testar sua urina. Atletas olímpicos podem perder suas medalhas quando exames de urina obrigatórios revelam que utilizaram drogas proibidas. Jogadores da Major League Baseball só aceitaram fazer exame de urina depois de várias alegações de que alguns craques do beisebol tomavam esteroides proibidos. A National Collegiate Athletic Association (NCAA) testa amostras de urina de cerca de 3.300 atletas estudantes por ano, para qualquer substância que melhore o desempenho, bem como as "drogas de rua".

Se você usa maconha, cocaína, ecstasy ou outro tipo de droga psicoativa, sua urina irá detectá-lo. Depois que o princípio ativo da maconha entra no sangue, o fígado o converte em outro composto. À medida que o sangue é filtrado nos rins, o composto é incorporado à urina recém-formada. Pode levar até dez dias para as moléculas do composto serem totalmente metabolizadas e removidas do organismo. Até que isso aconteça, testes de urina podem detectá-lo.

O fato de a urina ser um indicador tão notável do estado de saúde, da condição hormonal e do uso de drogas é um tributo ao sistema urinário. A cada dia, um par de rins do tamanho de um punho filtra todo o sangue do corpo de um humano adulto, e faz isso mais de 40 vezes. Quando tudo vai bem, os rins eliminam do corpo o excesso de água e de solutos danosos, incluindo diversos metabolitos, toxinas, hormônios e drogas.

Até o momento nesta unidade, você considerou vários sistemas de órgãos que trabalham para manter as células supridas com oxigênio, nutrientes, água e outras substâncias. Agora, veja os tipos que mantêm a composição, o volume e até a temperatura do ambiente interno.

Figura 16.1 *Nesta página*, um médico do século passado examinando uma amostra de urina. A consistência, a cor, o odor e – pelo menos no passado – o gosto fornecem evidências para o estado de saúde. A urina se forma dentro dos rins e fornece pistas para mudanças anormais no volume e na composição do sangue e do fluido intersticial. *Na outra página*, teste para presença de drogas nas amostras de urina.

Conceitos-chave

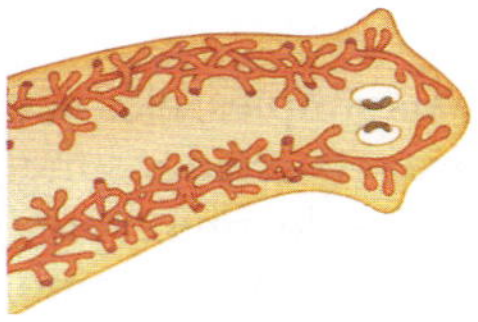

Manutenção do fluido extracelular

Animais produzem continuamente resíduos metabólicos. Eles ganham e perdem água e solutos continuamente. Mesmo assim, a composição geral e o volume de fluido extracelular devem ser mantidos dentro de uma faixa estreita. A maioria dos animais possui órgãos que realizam tal tarefa. **Seções 16.1–16.3**

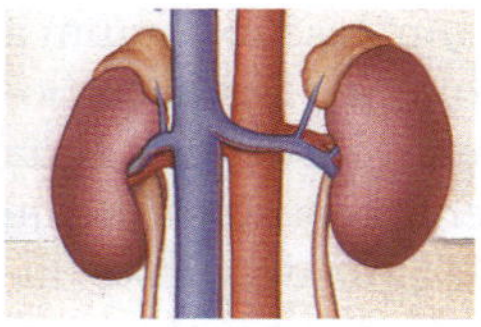

Sistema urinário humano

O sistema urinário humano é composto por dois rins, dois ureteres, uma bexiga e uma uretra. Dentro de um rim, milhões de néfrons filtram água e solutos do sangue. A maior parte desse filtrado volta para o sangue. Água e solutos não devolvidos saem do corpo como urina. **Seção 16.4**

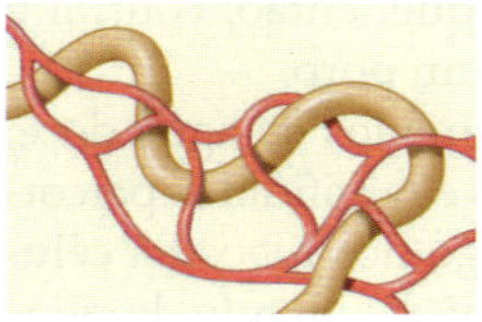

O que os rins fazem

A urina se forma por filtração, reabsorção e secreção. Seu conteúdo é ajustado continuamente por reações hormonais e comportamentais a mudanças no ambiente interno. Os hormônios, além dos mecanismos da sede, influenciam se a urina será concentrada ou diluída. **Seções 16.5–16.8**

Ajuste da temperatura central

Perdas ou ganho de calor para o ambiente e de atividade metabólica determinam a temperatura corporal de um animal. Adaptações na forma corporal e no comportamento ajudam a manter a temperatura central dentro de uma faixa tolerável. **Seções 16.9, 16.10**

Neste capítulo

- Neste capítulo, você verá como a osmose afeta o ganho e a perda de água nos corpos de animais e aprenderá sobre um grupo animal que apresenta vacúolos contráteis. Você também aprenderá mais sobre os eficientes rins de amniotos.
- Será importante aprender que a respiração aeróbica produz água, e o metabolismo de proteína produz amônia, e é por isso que uma dieta rica em proteína pode tensionar os rins.
- Seu conhecimento sobre pH e sistemas tampão o ajudará a entender o equilíbrio ácido-base no corpo.
- Você aprenderá os papéis de osmorreceptores, do hipotálamo, da hipófise, das glândulas adrenais e do sistema nervoso autônomo, na regulagem de fluidos corporais. Você também aprenderá sobre outro reflexo espinhal.
- A discussão sobre temperatura corporal fará referência às propriedades da água, formas de energia, controles de retroalimentação, doença por calor, glândulas sudoríparas e febre.

Qual sua opinião? Às vezes, candidatos a um emprego são testados quanto ao uso de álcool e drogas através de um exame de urina. Um empregador deveria ter permissão para exigir um exame de urina antes de contratar alguém ou tais exames são uma invasão de privacidade? Conheça a opinião de seus colegas e apresente seus argumentos a eles.

16.1 Manutenção do fluido extracelular

- Todos os animais adquirem e perdem constantemente água e solutos, mas devem manter o volume e a composição de seu ambiente externo – o fluido extracelular – estável.

Pelo peso, todos os organismos consistem majoritariamente de água, com sais dissolvidos e outros solutos. O fluido fora das células – o fluido extracelular (FEC) – funciona como o ambiente interno do corpo. Nos humanos e em outros vertebrados, o fluido extracelular consiste majoritariamente de fluido intersticial, que preenche os espaços entre as células e o plasma, a parte fluida do sangue (Figura 16.2).

Manter a composição de solutos e o volume do fluido extracelular dentro da faixa que as células vivas conseguem tolerar é o aspecto principal da homeostase. Ganhos de água e soluto precisam ser equilibrados pelas perdas de água e soluto. Um animal pode perder água e solutos nas fezes e na urina, em exalações e em secreções. O animal ganha água comendo e bebendo. Em animais aquáticos, água também entra ou sai do corpo através da osmose na superfície corporal.

Em todos os animais, reações metabólicas colocam água e solutos dentro do FEC. As moléculas mais abundantes de resíduo metabólico são dióxido de carbono e amônia. A respiração aeróbica produz dióxido de carbono e água. Amônia se forma quando aminoácidos ou ácidos nucleicos são decompostos. Dióxido de carbono se difunde para fora – pela superfície corporal – ou sai com a ajuda de órgãos respiratórios. Na maioria dos animais, órgãos excretores eliminam do corpo amônia e outros solutos indesejados, bem como excesso de água.

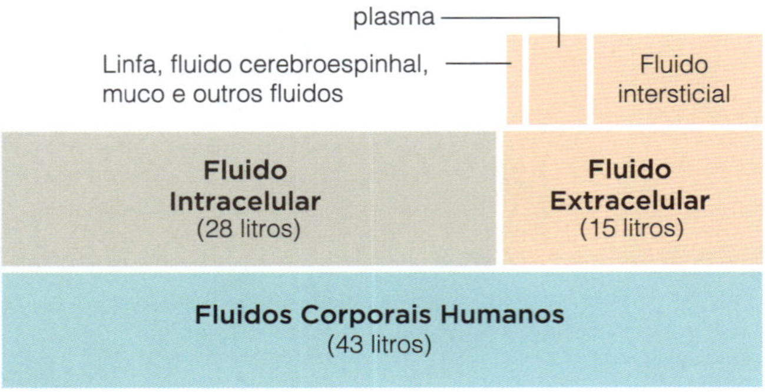

Figura 16.2 Distribuição de fluidos no corpo humano.

Para pensar

Qual é a função dos órgãos excretores?

- Órgãos excretores ajudam a manter o volume e a composição do fluido celular ao se livrar de água e alguns solutos.

16.2 Como os invertebrados mantêm o equilíbrio de fluidos?

- A maioria dos invertebrados regula o volume e a composição de seu fluido corporal através da ação de órgãos excretores.

Esponjas estão entre os vertebrados mais simples; elas não têm tecidos ou órgãos. Uma esponja excreta resíduos metabólicos em nível celular. Todas as células de uma esponja estão localizadas perto da superfície corporal; portanto, resíduos metabólicos podem simplesmente se difundir daquela superfície para a água ao redor.

Esponjas de água doce enfrentam um desafio comum a todos os animais de ambiente dulcícola. Seu fluido corporal contém uma concentração maior de solutos que a água ao redor e, como resultado, a água entra constantemente no corpo por osmose. Em esponjas de água doce, este fluxo para dentro é compensado pela ação de **vacúolos contráteis** semelhantes aos de protistas de água doce. Fluido se acumula dentro dessa organela, que, então, contrai e expele o fluido para fora através de um poro.

Nas planárias, um grupo de platelmintos de água doce, um par de órgãos excretores tubulares e ramificados percorre todo o corpo (Figura 16.3). Ao longo dos tubos há **células flama**, chamadas assim porque contêm um tufo de cílios que se parece com uma chama flamejante quando visto no microscópio. O movimento dos cílios estimula a entrada de fluido intersticial para os tubos, impulsiona-o e o força para fora do corpo através dos poros na superfície corporal.

Uma minhoca é um anelídeo segmentado com uma cavidade corporal repleta de fluido (celoma) e um sistema circulatório fechado. A maioria dos segmentos corporais

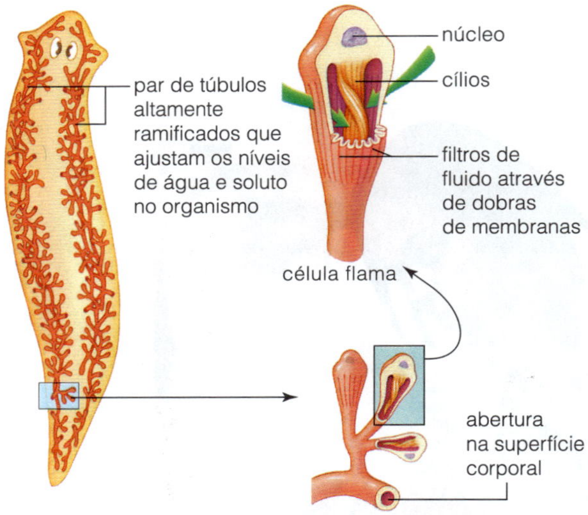

Figura 16.3 Órgãos excretores da planária. A ação dos cílios nas células flama leva o fluxo de fluido intersticial para dentro de tubos ramificados, e depois para fora do corpo através de poros na superfície corporal.

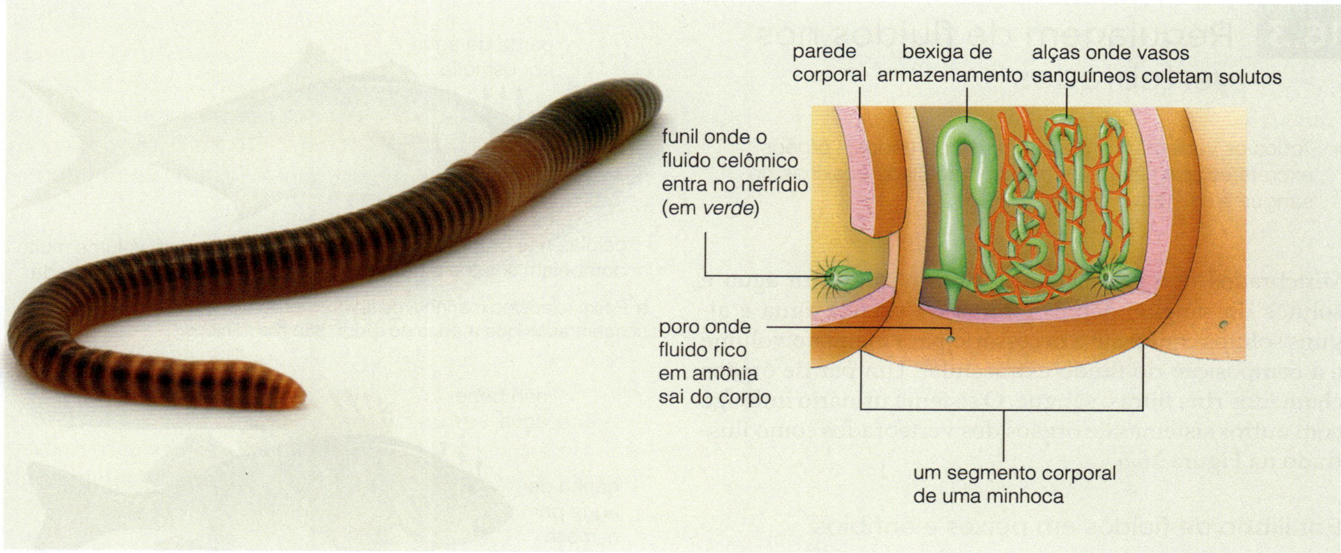

Figura 16.4 Sistema excretor de uma minhoca. A maioria dos segmentos corporais tem um par de nefrídios. Um nefrídio é mostrado no diagrama em *verde*. O fluido celômico entra em um nefrídio através de um funil ciliado no segmento logo anterior a ele. À medida que o fluido percorre o nefrídio, solutos essenciais saem desse tubo e entram nos vasos sanguíneos adjacentes (mostrados em *vermelho*). Esse processo produz fluido rico em amônia, que sai do corpo através de um poro.

tem um par de órgãos tubulares excretores chamados **nefrídios**.

A extremidade anterior de cada nefrídio é um funil ciliado que coleta fluido celômico do segmento adjacente (Figura 16.4). À medida que o fluido passa pela parte tubular do nefrídio, solutos essenciais e água saem dos tubos e são reabsorvidos por vasos sanguíneos adjacentes, mas resíduos permanecem no túbulo. O fluido rico em amônia que se forma através desse processo é armazenado em um órgão semelhante a uma bexiga antes de sair do corpo através de um poro.

Artrópodes terrestres, como insetos, aranhas e centopeias, não excretam amônia. Em vez disso, algumas enzimas no sangue convertem amônia em **ácido úrico**. Ácido úrico e outros solutos são ativamente transportados para dentro de **túbulos de Malpighi**. Esses túbulos são órgãos excretores longos e finos que se conectam a e esvaziam dentro de uma região do intestino (Figura 16.5). Solutos são bombeados do sangue para os túbulos de Malpighi, depois a água segue por osmose. Água e solutos atravessam os túbulos e entram no intestino.

Diferentemente da amônia, o ácido úrico não precisa ser dissolvido em uma grande quantidade de água para ser excretado do corpo. Assim, quase toda a água coletada pelos túbulos de Malpighi pode ser reabsorvida no sangue pela parede do reto. O ácido úrico é, então, excretado do reto na forma de cristais misturados com um pouco de água para formar uma pasta espessa.

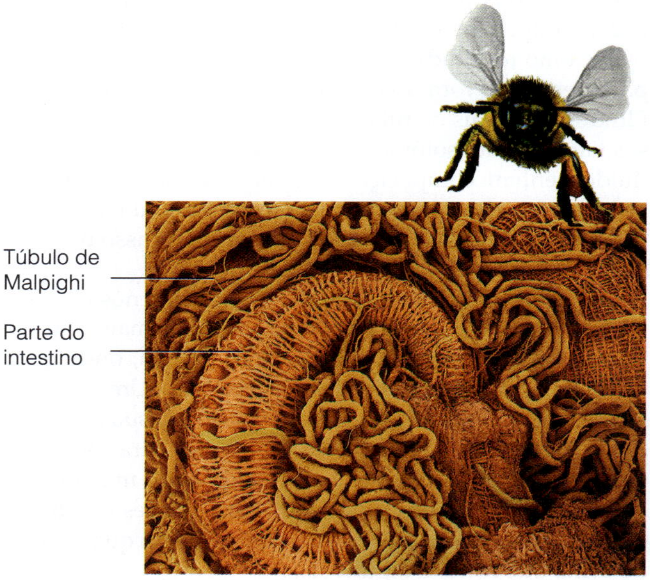

Figura 16.5 Imagem colorizada de microscópio eletrônico de varredura dos túbulos de Malpighi (*dourado*) em uma abelha. Os túbulos são bolsas fora do intestino (*rosa*). Elas são banhadas pelo sangue da abelha e coletam substâncias dele.

Para pensar

Como invertebrados regulam o volume e a composição de seu fluido corporal?

- Esponjas são animais simples sem órgãos excretores. Resíduos se difundem para fora pela parede corporal e o excesso de água é expelido por vacúolos contráteis.
- Platelmintos e minhocas têm órgãos excretores tubulares que fornecem fluido com amônia dissolvida a um poro na superfície corporal.
- Insetos convertem amônia em ácido úrico, que os túbulos de Malpighi transportam para o intestino. No intestino, parte da água é reabsorvida. Excretar ácido úrico em vez de amônia reduz a perda de água.

16.3 Regulagem de fluidos nos vertebrados

- Todos os vertebrados possuem rins pareados – órgãos excretores que filtram resíduos metabólicos e toxinas do sangue e ajustam o nível de solutos.

Vertebrados têm um **sistema urinário** que filtra água e solutos do sangue, depois retoma ou excreta água e alguns solutos conforme o necessário para manter o volume e a composição do fluido extracelular. Um par de órgãos chamados **rins** filtra o sangue. O sistema urinário interage com outros sistemas de órgãos dos vertebrados como ilustrado na Figura 16.6.

Equilíbrio de fluidos em peixes e anfíbios

A maioria dos invertebrados marinhos tem fluidos corporais com a mesma concentração de solutos da água do mar. Como resultado, não há movimento líquido de água para dentro ou fora do corpo como resultado da osmose. Fluidos corporais de tubarões e outros peixes cartilaginosos também são isotônicos com a água do mar, embora os fluidos tenham composições diferentes de solutos. Os peixes mantêm alta concentração interna de solutos ao reter grandes quantidades de ureia, um soluto escasso na água salgada.

Peixes teleósteos têm fluidos corporais menos concentrados (hipotônico) que a água do mar, mas mais concentrados (hipertônico) que a água doce. Assim, onde quer que vivam, enfrentam um desafio osmótico. Um peixe teleósteo marinho perde água por osmose em suas superfícies corporais, especialmente as brânquias. Para substituir essa água perdida, o peixe consome água do mar, depois bombeia os sais indesejados para fora através das brânquias (Figura 16.7*a*). Ele produz uma pequena quantidade de urina que contém alguns sais.

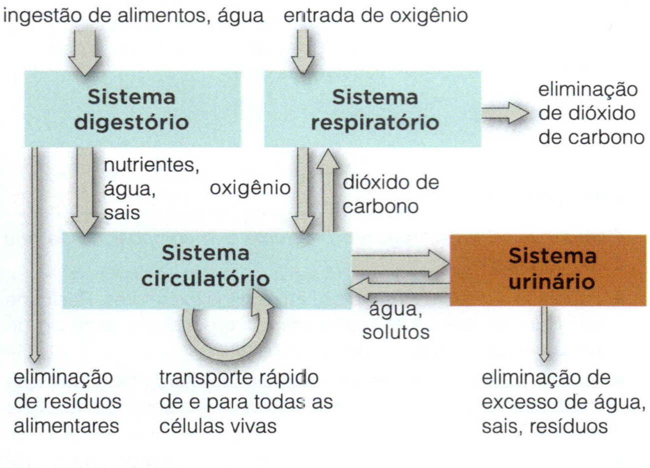

Figura 16.6 Elos funcionais entre os sistemas urinário, digestório, respiratório e circulatório. Guiados pelos sistemas nervoso e endócrino, esses sistemas ajudam a manter a homeostase.

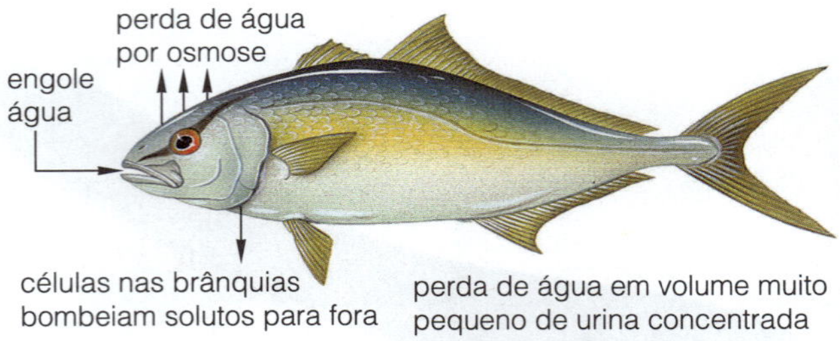

a Peixe teleósteo marinho; os fluidos corporais são menos concentrados que a água ao redor; são hipotônicos.

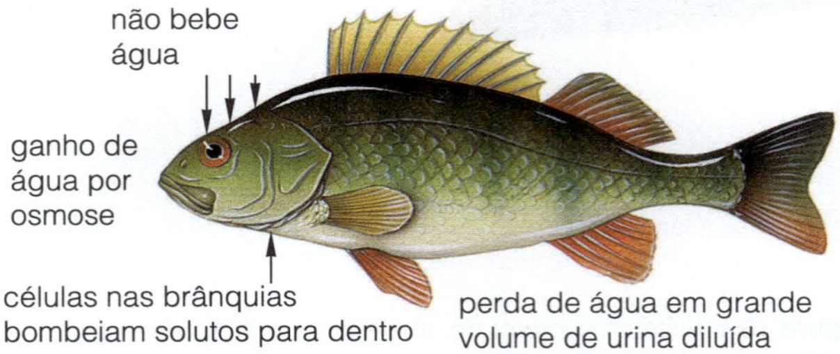

b Peixe teleósteo de água doce; os fluidos corporais são mais concentrados que a água ao redor; são hipertônicos.

Figura 16.7 Equilíbrio de fluido e solutos nos peixes teleósteos.

Por sua vez, um peixe teleósteo de água doce ganha água continuamente. Ele não ingere água e ainda produz um grande volume de urina diluída. Solutos perdidos na urina são compensados por solutos absorvidos do intestino e por íons sódio bombeados para dentro através das brânquias.

Quando na água, anfíbios enfrentam o mesmo desafio de teleósteos de água doce. A água entra pela pele. A maioria evita que seu fluido corporal fique diluído demais bombeando íons para dentro da pele. Na terra, os anfíbios tendem a perder água quando ela evapora através da pele. A maioria dos anfíbios excreta amônia ou ureia quando adultos, mas alguns que passam muito tempo em *habitats* secos excretam ácido úrico. A conversão de ureia em ácido úrico exige energia, mas esse custo é compensado pelo benefício de reduzir a quantidade de água exigida para excreção.

Equilíbrio de fluidos em répteis, aves e mamíferos

A pele impermeável e um par de rins altamente eficientes estão entre as características que adaptam os amniotos – répteis, aves e mamíferos – à vida no ambiente terrestre. Répteis e aves convertem amônia em ácido úrico, enquanto os mamíferos a convertem em **ureia**. São necessárias de 20 a 30 vezes mais água para excretar 1 grama de ureia do que para excretar 1 grama de ácido úrico. Assim, um mamífero típico exige mais água do que uma ave ou um réptil de tamanho semelhante. Mesmo assim, alguns mamíferos têm adaptações que lhes permitem viver com pouquíssima água.

	Rato-canguru	Humano
Ganho diário de água (mililitros):	60 ml	2.600 ml
Ao ingerir sólidos	10%	33%
Ao ingerir líquidos	0%	54%
Pelo metabolismo	90%	13%
Perda diária de água (mililitros):	60 ml	2.600 ml
Na urina	23%	58%
Nas fezes	4%	8%
Por evaporação	73%	34%

Figura 16.8 Ganhos e perdas de água em dois mamíferos, um rato-canguru e um humano. Em ambos, a ingestão de água deve equilibrar as perdas.

Resolva: Que espécie perde maior porcentagem de sua água pela evaporação?

Resposta: Rato-canguru

Por exemplo, o rato-canguru (*Dipodomys deserti*) é um pequeno mamífero que vive no deserto do Novo México, onde a água é escassa, exceto durante uma breve temporada de chuvas. O rato conserva água se abrigando em seu ninho durante o período de calor, depois procurando durante a noite sementes secas e pedaços de plantas.

O rato-canguru pula rapidamente e longe enquanto procura sementes e foge de predadores. Toda essa atividade exige gasto de energia sob a forma de ATP. A respiração aeróbica de compostos no alimento fornece energia e produz dióxido de carbono e água. A cada dia, a "água metabólica" derivada dessa e de outras reações compõe 90% da ingestão de água de um rato-canguru. Por sua vez, a água metabólica é responsável por 13% do ganho diário de água de um humano (Figura 16.8).

Um rato-canguru conserva e recicla água quando repousa em seu ninho frio, umedecendo e aquecendo o ar que inala. Quando exala, a água se condensa em seu nariz mais frio e uma parte se difunde de volta para o corpo. As sementes armazenadas em bolsas presentes na bochecha absorvem a água que pinga do nariz. Assim, o rato-canguru recupera parte da água quando come as sementes umedecidas.

Um rato-canguru não tem glândulas sudoríparas e suas fezes contêm apenas metade da água das fezes humanas. Como um humano, o rato-canguru deve eliminar resíduos metabólicos na urina, mas seus rins altamente eficientes minimizam a perda de água pela urina. Um rato-canguru produz urina que pode ser de três a cinco vezes mais concentrada que a humana.

Outro exemplo de como os rins dos mamíferos auxiliam um animal a se adaptar a um *habitat* incomum ocorre nas baleias e nos golfinhos. Esses mamíferos marinhos tinham ancestrais que viviam em terra; portanto, as concentrações de soluto em seu sangue são parecidas com a de outros mamíferos terrestres. Mesmo assim, baleias e golfinhos comem alimentos muito salgados e não bebem água doce. Como eliminam os sais ingeridos de seu corpo e obtêm a água necessária para manter a concentração adequada de solutos no fluido corporal?

Os rins de mamíferos marinhos tendem a ser maiores que os de mamíferos terrestres de tamanho semelhante, e são divididos em muitos lóbulos pequenos que aumentam sua área superficial. Ter rins grandes e altamente eficientes permite que baleias e golfinhos formem e excretem urina mais salgada que a água do mar. Quanto a atender a suas necessidades de água, como os ratos-cangurus, baleias e golfinhos conservam quase toda a água liberada pela digestão e pelo metabolismo de seus alimentos.

Para pensar

Como vertebrados regulam o volume e a composição de seu fluido corporal?

- Todos os vertebrados têm um sistema urinário com dois rins que filtram o sangue e ajustam sua concentração de soluto.
- Peixes e anfíbios também ajustam sua concentração interna ao bombear solutos pelas brânquias ou pela pele.
- Répteis e aves excretam ácido úrico, mas os mamíferos excretam ureia, que exige mais água para ser eliminada.
- Alguns mamíferos possuem rins altamente eficientes e outras adaptações que lhes permitem viver em *habitats* onde a água doce é escassa.

16.4 Sistema urinário humano

- O sistema urinário humano forma urina, armazena e, depois, a excreta do organismo.

Componentes do sistema urinário

Como em todos os outros vertebrados, o sistema urinário humano inclui dois rins, dois ureteres, uma bexiga e uma uretra (Figura 16.9*a*). Os rins filtram sangue e formam urina. Os outros órgãos coletam e armazenam urina e a canalizam para a superfície corporal para excreção.

Cada rim humano é um órgão em formato de feijão do tamanho do punho de um adulto. Os rins estão localizados na parte dorsal da cavidade abdominal, com um de cada lado da espinha dorsal (Figura 16.9*a,b*). Rins ficam sob o peritônio – o tecido que reveste a cavidade abdominal. A camada mais externa de um rim é denominada cápsula renal, composta de tecido conectivo fibroso (Figura 16.9*c*).

Em latim, *renal* quer dizer "relativo aos rins". A grande parte do tecido dentro da cápsula renal se divide em duas áreas: o **córtex renal** externo e a **medula renal** interna. Uma artéria renal leva sangue para cada rim e uma veia renal transporta sangue para longe dele.

A urina é coletada na pélvis renal, uma cavidade central dentro de cada rim. Um **ureter** tubular transporta o fluido de um rim para a **bexiga**. Este órgão muscular armazena urina até que um esfíncter em sua extremidade inferior se abra e a urina flua para a **uretra**.

À medida que a bexiga se enche de urina, estica e uma ação reflexa ocorre. Receptores de estiramento na bexiga sinalizam os neurônios na medula espinhal. Esses neurônios, então, mandam informação para o músculo liso na parede da bexiga se contrair. À medida que a bexiga se contrai, esfíncteres que envolvem a uretra relaxam, para que a urina possa sair do corpo. Depois de dois ou três anos, o cérebro cancela este reflexo espinhal e evita que a urina flua pela uretra em momentos inconvenientes.

Nos homens, a uretra percorre o pênis. Urina e sêmen fluem através dela, mas um esfíncter corta o fluxo de urina durante as ereções. Nas mulheres, a uretra se abre para a superfície corporal entre a vagina e o clitóris. A uretra de uma mulher é um tubo relativamente curto (cerca de 4 cm); portanto, organismos patógenos a atravessam mais facilmente até a bexiga. Este é um dos motivos pelo qual as mulheres têm infecções na bexiga mais frequentemente do que os homens.

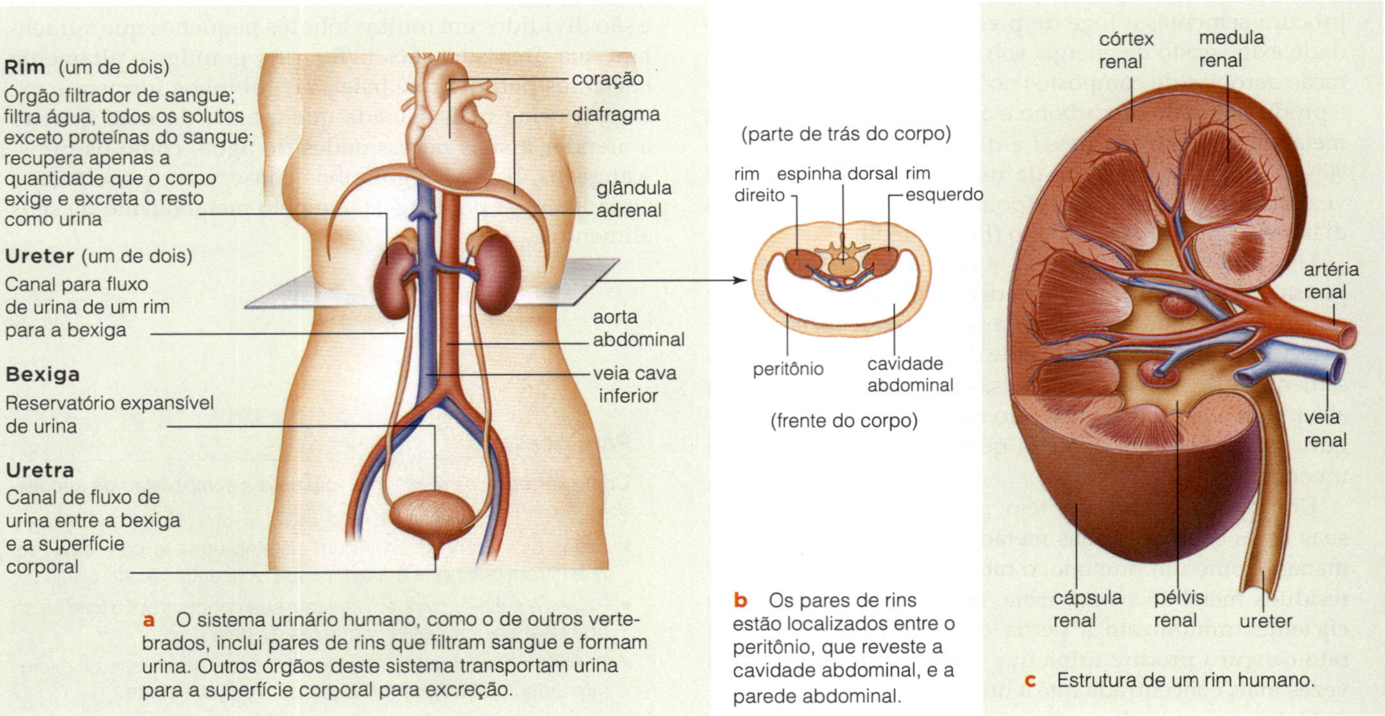

Rim (um de dois)
Órgão filtrador de sangue; filtra água, todos os solutos exceto proteínas do sangue; recupera apenas a quantidade que o corpo exige e excreta o resto como urina
Ureter (um de dois)
Canal para fluxo de urina de um rim para a bexiga
Bexiga
Reservatório expansível de urina
Uretra
Canal de fluxo de urina entre a bexiga e a superfície corporal
coração
diafragma
glândula adrenal
aorta abdominal
veia cava inferior
(parte de trás do corpo)
rim direito
espinha dorsal
rim esquerdo
peritônio
cavidade abdominal
(frente do corpo)
córtex renal
medula renal
artéria renal
veia renal
cápsula renal
pélvis renal
ureter

a O sistema urinário humano, como o de outros vertebrados, inclui pares de rins que filtram sangue e formam urina. Outros órgãos deste sistema transportam urina para a superfície corporal para excreção.

b Os pares de rins estão localizados entre o peritônio, que reveste a cavidade abdominal, e a parede abdominal.

c Estrutura de um rim humano.

Figura 16.9 Sistema urinário humano.

Figura 16.10 (a) Estrutura de um néfron. Néfrons são unidades funcionais de um rim. Eles interagem com vasos sanguíneos vizinhos para formar urina. (b) Arteríolas e capilares sanguíneos associados a cada néfron. Grandes espaços entre células nas paredes de capilares glomerulares tornam os capilares cerca de 100 vezes mais permeáveis que outros no corpo. Apenas uma fina membrana basal separa cada parede capilar das células da camada mais interna da cápsula de Bowman. Células desta camada interna têm longas extensões que se entrelaçam como dedos. O fluido atravessa as fendas estreitas entre essas extensões.

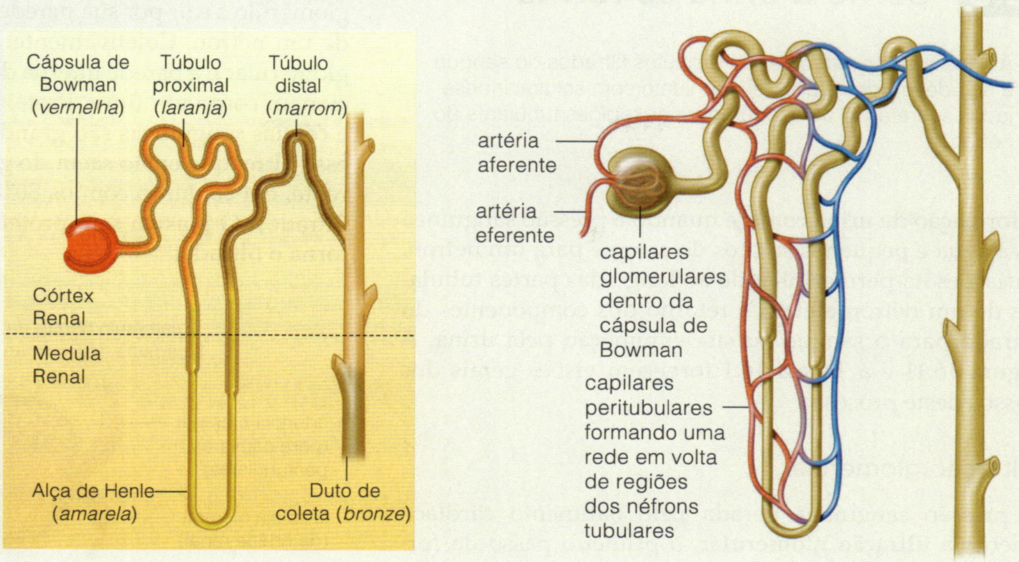

a Cápsula de Bowman e regiões tubulares de um néfron, vistas em corte

b Arteríolas e os dois conjuntos de capilares sanguíneos associados ao néfron

Néfrons – as unidades funcionais do rim

Na próxima seção, você verá três processos que eliminam excesso de água e solutos do corpo na forma de urina. Rastrear os passos dos processos será mais simples se você se familiarizar com as estruturas que executam essas funções.

Visão geral da estrutura do néfron Um rim tem mais de 1 milhão de **néfrons** – tubos microscopicamente pequenos com uma parede de apenas uma célula de espessura. Cada néfron tem seu início no córtex renal, onde sua parede dilata para fora e se dobra sobre si mesma para formar uma **cápsula de Bowman** em formato de xícara (Figura 16.10*a*). Depois da cápsula, o néfron se torce um pouco e se endireita como um **túbulo proximal** (a parte mais próxima do início do néfron). Depois de se estender até a medula renal, o néfron faz uma volta, a **alça de Henle**. Ele entra novamente no córtex e se torce de novo, como o **túbulo distal** (o mais longe do início do néfron), que drena em um **duto de coleta**. Até oito néfrons drenam em cada duto. Muitos dutos coletores se estendem pela medula renal e se abrem para a pélvis renal.

Vasos sanguíneos ao redor dos néfrons Dentro de cada rim, a artéria renal se ramifica em muitas arteríolas aferentes. Cada arteríola se ramifica em um **glomérulo**, um leito capilar dentro da cápsula de Bowman (Figura 16.10*b*). Como a próxima seção explicará, esses capilares interagem com a cápsula de Bowman como uma unidade filtradora de sangue.

À medida que o sangue atravessa o glomérulo, uma parte dele é filtrada dentro da cápsula de Bowman. O restante entra em uma arteríola aferente. Essa arteríola se ramifica rapidamente para se tornar **capilares peritubulares**, que formam uma rede em volta do néfron (*peri–*, ao redor de). O sangue dentro desses capilares continua para as vênulas e, depois, por uma veia que sai do rim.

A urina se forma por três processos fisiológicos que envolvem todos os néfrons, capilares glomerulares e capilares peritubulares. Os processos consistem na filtração glomerular, reabsorção tubular e secreção tubular. Eles são o tópico da próxima seção.

A cada minuto, néfrons dos dois rins filtram coletivamente perto de 125 mL (1/2 xícara) de fluido do sangue, o que totaliza 180 litros por dia. A esta taxa de fluxo, os rins filtram todo o volume do sangue cerca de 40 vezes por dia!

Para pensar

Como os componentes do sistema urinário humano funcionam?

- Rins filtram água e solutos do sangue. O corpo recupera a maior parte do fluido filtrado. O restante flui como urina pelos ureteres para dentro de uma bexiga que a armazena. A urina sai do corpo pela uretra.
- A unidade funcional dos rins humanos é o néfron, um tubo microscópico que interage com dois sistemas de capilares para filtrar o sangue e formar a urina.

16.5 Como a urina se forma

- A urina é composta de água e solutos filtrados do sangue – e não devolvidos a ele – em conjunto com solutos indesejados secretados do sangue para as regiões tubulares do néfron.

A formação de urina começa quando a pressão sanguínea leva água e pequenos solutos do sangue para um néfron. Variações na permeabilidade ao longo das partes tubulares de um néfron afetam o retorno dos componentes do filtrado para o sangue ou sua eliminação pela urina. A Figura 16.11 e a Tabela 16.1 fornecem visões gerais dos passos deste processo.

Filtração glomerular

A pressão sanguínea gerada pelo batimento cardíaco orienta a **filtração glomerular**, o primeiro passo da formação de urina.

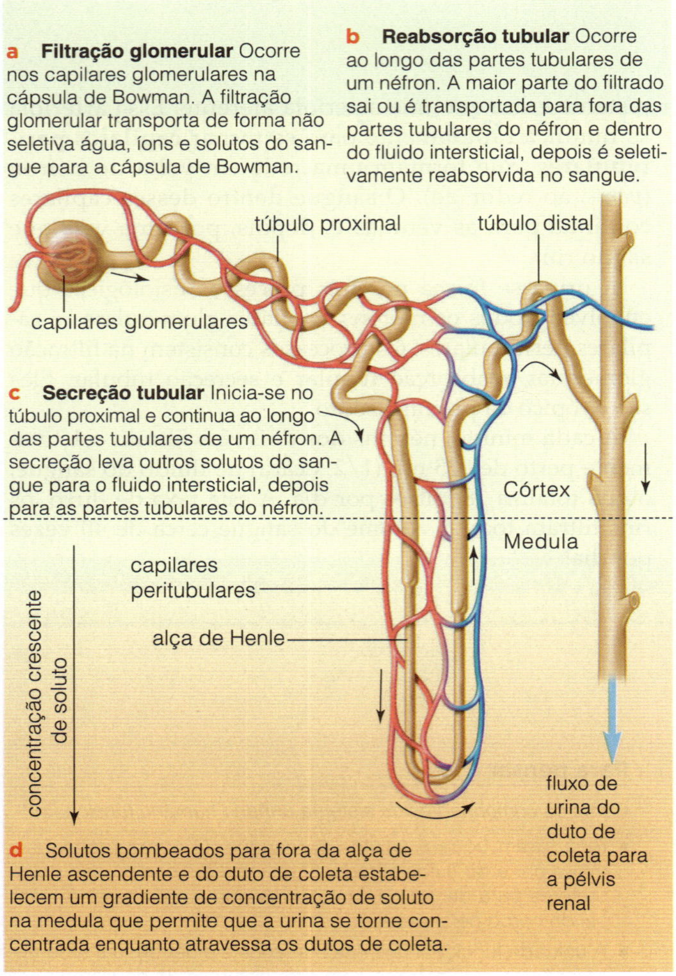

a Filtração glomerular Ocorre nos capilares glomerulares na cápsula de Bowman. A filtração glomerular transporta de forma não seletiva água, íons e solutos do sangue para a cápsula de Bowman.
b Reabsorção tubular Ocorre ao longo das partes tubulares de um néfron. A maior parte do filtrado sai ou é transportada para fora das partes tubulares do néfron e dentro do fluido intersticial, depois é seletivamente reabsorvida no sangue.
túbulo proximal
túbulo distal
capilares glomerulares
c Secreção tubular Inicia-se no túbulo proximal e continua ao longo das partes tubulares de um néfron. A secreção leva outros solutos do sangue para o fluido intersticial, depois para as partes tubulares do néfron.
Córtex
Medula
capilares peritubulares
alça de Henle
concentração crescente de soluto
fluxo de urina do duto de coleta para a pélvis renal
d Solutos bombeados para fora da alça de Henle ascendente e do duto de coleta estabelecem um gradiente de concentração de soluto na medula que permite que a urina se torne concentrada enquanto atravessa os dutos de coleta.

Figura 16.11 Como a urina se forma e fica concentrada. A figura fornece um olhar mais próximo em cada um dos processos, designados por uma letra neste diagrama.

A pressão força cerca de 20% do fluido que entra no glomérulo a sair por sua parede e entrar na primeira parte de um néfron. Coletivamente, as paredes de um capilar glomerular e a parede interna da cápsula de Bowman funcionam como um filtro. Proteínas plasmáticas, plaquetas e células sanguíneas são grandes demais para atravessar esse filtro, que então saem do glomérulo via arteríola aferente, em conjunto com os 80% do fluido que não foram filtrados. O plasma sem proteína que entra no néfron se torna o filtrado:

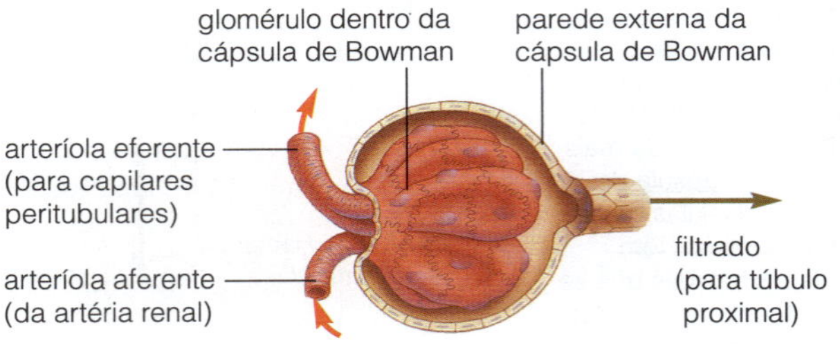

a Filtração glomerular Orientados pela pressão do batimento cardíaco, água e solutos são forçados a sair pela parede dos capilares glomerulares e entrar na cápsula de Bowman.

Reabsorção tubular

Apenas uma pequena parte do filtrado será excretada. A maior parte da água e dos solutos é recuperada durante a **reabsorção tubular**. Por este processo, proteínas de transporte movem íons sódio (Na^+), íons cloreto (Cl^-), bicarbonato, glicose e outras substâncias pela parede tubular e para dentro dos capilares peritubulares. O movimento desses solutos faz a água seguir por osmose:

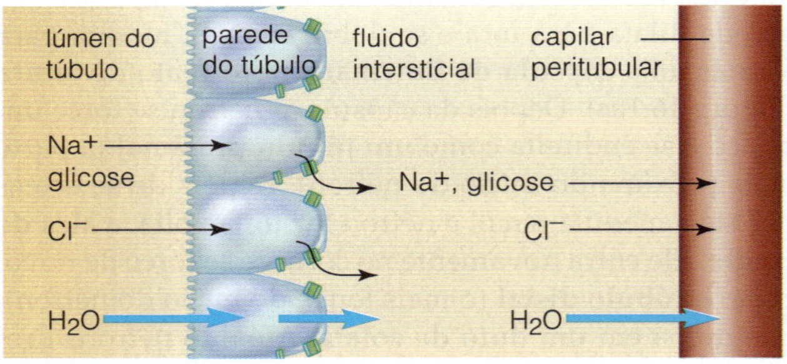

b Reabsorção tubular À medida que o filtrado atravessa o túbulo proximal, íons e nutrientes são transportados ativa e passivamente do filtrado para o fluido intersticial. A água segue por osmose. Células dos capilares peritubulares transportam íons e nutrientes para o sangue. A água segue novamente por osmose.

A reabsorção tubular devolve quase 99% da água que entra em um néfron para o sangue. Ela também devolve toda a glicose e aminoácidos, a maior parte de Na^+ e bicarbonato e cerca de metade da ureia.

Secreção tubular

Um acúmulo de excesso de íons hidrogênio (H^+), íons potássio (K^+) ou detritos, como a ureia, pode prejudicar o corpo. Pela **secreção tubular**, proteínas de transporte nas paredes de capilares peritubulares transportam ativamente ureia e excesso de íons para o fluido intersticial. Então, proteínas de transporte ativo na parede de um néfron bombeiam ureia e íons para o filtrado, para que possam ser excretados na urina:

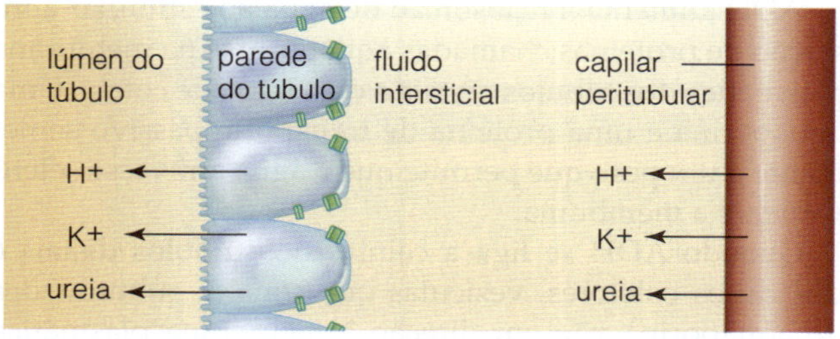

c **Secreção tubular** Proteínas de transporte transportam ativamente H^+, K^+ e ureia para fora dos capilares peritubulares e dentro do filtrado.

Como a Seção 16.7 explica, a secreção de H^+ é essencial para a manutenção do equilíbrio ácido-base do corpo.

Concentração da urina

Tome água o dia todo e sua urina será diluída; durma oito horas e ela ficará concentrada. A urina frequentemente tem muito mais solutos que o plasma ou a maioria do fluido intersticial. O que concentra a urina? A urina fica concentrada quando a água sai de um néfron por osmose. Para que a urina fique concentrada, o fluido intersticial que cerca o néfron deve ser mais salgado que o filtrado dentro dele. Apenas na medula renal um gradiente de concentração de soluto voltado para fora se forma, com o fluido intersticial mais salgado dentro da medula. Este gradiente de concentração é estabelecido à medida que o filtrado atravessa a alça de Henle que se estende até a medula. Os dois braços da alça são próximos e diferem em permeabilidade.

O filtrado fica concentrado enquanto atravessa a parte descendente da alça de Henle e perde água por osmose. Então, fica menos concentrado quando o sal é transportado ativamente para fora na parte ascendente da alça. Como resultado, o filtrado que entra no túbulo distal é menos concentrado que o fluido corporal normal.

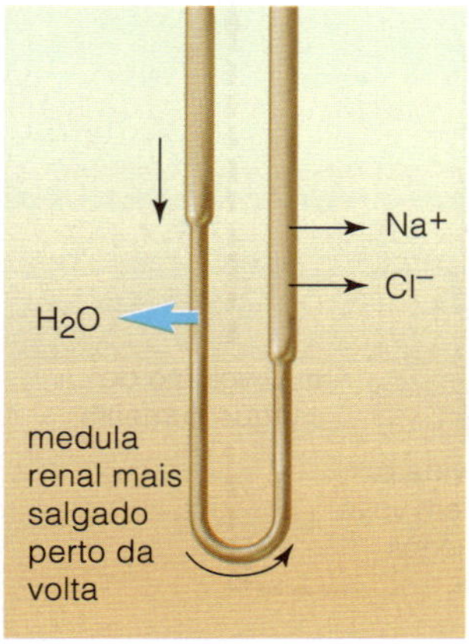

d O trecho ascendente da alça de Henle bombeia ativamente sal, mas não é permeável à água. Bombear sal para fora cria um gradiente de concentração, com o fluido intersticial mais salgado na parte mais profunda da medula.
A parte descendente da alça é permeável à água, mas não ao sal. À medida que o filtrado atravessa a alça, perde primeiro água por osmose, depois perde sal por transporte ativo.

O túbulo distal fornece filtrado para o duto de coleta, que – como a alça de Henle descendente – vai até a medula. Na parte mais profunda da medula, a ureia é bombeada para fora do duto de coleta, tornando o fluido intersticial próximo ainda mais salgado. Enquanto a urina atravessa o duto de coleta, o fluido intersticial em volta dele fica cada vez mais salgado, favorecendo assim o fluxo de água para fora do duto por osmose.

O corpo pode ajustar a quantidade de água que é reabsorvida nos túbulos distais e nos dutos de coleta. Quando precisam conservar água, os túbulos distais e os dutos de coleta ficam mais permeáveis à água, portanto, menor a quantidade que sai na urina. Quando o corpo precisa se livrar do excesso de água, o túbulo distal e os dutos coletores ficam menos permeáveis à água, e a urina continua diluída.

Como a próxima seção explicará, hormônios ajustam a permeabilidade do túbulo distal e do duto coletor.

Tabela 16.1 Processos de formação de urina

Processo	Características
Filtração glomerular	Pressão gerada pelo batimento cardíaco leva água e solutos pequenos (não proteínas) para fora dos capilares glomerulares permeáveis e dentro da cápsula de Bowman, a entrada para o néfron.
Reabsorção tubular	A maior parte da água e dos solutos no filtrado vai das partes tubulares de um néfron para dentro do fluido intersticial, em volta dele, e para o sangue, dentro dos capilares peritubulares.
Secreção tubular	Ureia, H^+ e alguns outros solutos saem dos capilares peritubulares, entram no fluido intersticial e depois no filtrado dentro do néfron para excreção na urina.

Para pensar

Como a urina se forma e fica concentrada?

- A força do batimento cardíaco leva plasma sem proteína para fora dos capilares glomerulares e dentro da parte tubular do néfron como filtrado.
- Quase toda a água e os solutos que saem do sangue como filtrado depois saem do túbulo e voltam para o sangue nos capilares peritubulares.
- Água e solutos que continuam no túbulo e solutos secretados no túbulo, ao longo de seu comprimento, são convertidos em urina.
- A concentração de urina enquanto flui pela alça de Henle estabelece um gradiente de concentração de soluto no fluido intersticial ao redor da medula renal. A existência desse gradiente permite que a urina fique concentrada enquanto atravessa o duto coletor para a pélvis renal.

16.6 Regulação da entrada de água e formação de urina

- A urina é composta de água e solutos filtrados do sangue e não devolvidos a ele, em conjunto com solutos secretados do sangue para o néfron.

Regulação da sede

Quando você não bebe fluido suficiente para compensar perdas normais de líquido, a concentração de sódio e de outros solutos no sangue aumenta. Você fabrica menos saliva e sua boca seca estimula terminações nervosas que sinalizam o **centro da sede**, uma região do hipotálamo.

Ao mesmo tempo, o centro da sede recebe impulso de osmorreceptores que detectam o nível de solutos dentro do cérebro e o centro de sede reage notificando o córtex cerebral, que, por sua vez, leva você a beber líquido.

Enquanto os mecanismos de sede pedem o consumo de água, controles hormonais atuam para preservar a água já dentro do corpo. Os hormônios exercem seus efeitos principalmente em túbulos distais e dutos de coleta.

Efeitos do hormônio antidiurético

Quando os níveis internos de sódio aumentam, o hipotálamo estimula a hipófise a secretar **hormônio antidiurético** (ADH). O ADH se liga a células de túbulos distais e dutos de coleta e faz com que se tornem mais permeáveis à água. Como resultado, a água sai do filtrado mais livremente, os capilares peritubulares reabsorvem mais dela, e menos sai na urina (Figura 16.12). Com o tempo, os níveis de soluto caem porque o volume de fluido extracelular aumenta e a secreção de ADH desacelera.

Outros fatores também estimulam a secreção de ADH. Com perda intensa de sangue, receptores nos átrios sentem uma queda na pressão sanguínea e pedem mais ADH. Estresse, exercícios intensos ou vômito também causam mudanças internas que ativam um aumento na produção de ADH.

ADH aumenta a reabsorção de água ao estimular a inserção de proteínas chamadas aquaporinas na membrana plasmática dos túbulos distais e dos dutos de coleta. Uma aquaporina é uma proteína de transporte passivo semelhante a um poro que permite que a água atravesse seletivamente a membrana.

Quando ADH se liga a células dos túbulos distais e dos dutos coletores, vesículas que contêm subunidades de aquaporina vão em direção à membrana plasmática das células. À medida que essas vesículas se fundem com a membrana plasmática, as subunidades se montam em aquaporinas funcionais. Quando no lugar, as aquaporinas facilitam o fluxo rápido de água para fora do filtrado e de volta ao fluido intersticial.

Efeitos da aldosterona

Qualquer queda no volume de fluido extracelular também ativa algumas células nas arteríolas que fornecem sangue para os néfrons. Tais células liberam renina, uma enzima que aciona uma cadeia complexa de reações.

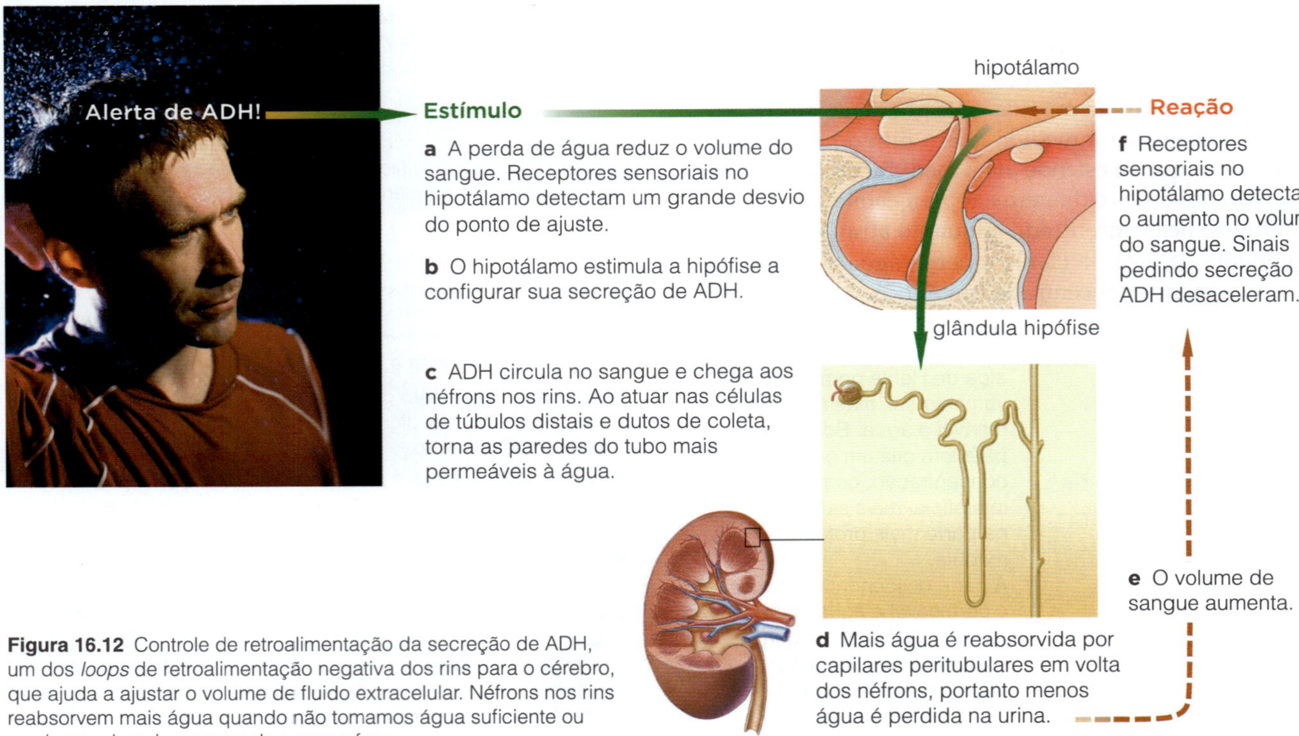

Alerta de ADH!
Estímulo
a A perda de água reduz o volume do sangue. Receptores sensoriais no hipotálamo detectam um grande desvio do ponto de ajuste.
b O hipotálamo estimula a hipófise a configurar sua secreção de ADH.
c ADH circula no sangue e chega aos néfrons nos rins. Ao atuar nas células de túbulos distais e dutos de coleta, torna as paredes do tubo mais permeáveis à água.
hipotálamo
glândula hipófise
d Mais água é reabsorvida por capilares peritubulares em volta dos néfrons, portanto menos água é perdida na urina.
e O volume de sangue aumenta.
Reação
f Receptores sensoriais no hipotálamo detectam o aumento no volume do sangue. Sinais pedindo secreção de ADH desaceleram.

Figura 16.12 Controle de retroalimentação da secreção de ADH, um dos *loops* de retroalimentação negativa dos rins para o cérebro, que ajuda a ajustar o volume de fluido extracelular. Néfrons nos rins reabsorvem mais água quando não tomamos água suficiente ou perdemos demais, como pelo suor profuso.

A renina converte angiotensinogênio, uma proteína secretada pelo fígado no sangue, em angiotensina I, que é convertida em angiotensina II (através de outra enzima), que atua no córtex adrenal. O córtex é a parte externa da glândula adrenal que fica no topo do rim. O córtex adrenal reage à angiotensina II secretando o hormônio **aldosterona** no sangue. A aldosterona atua nos dutos coletores do rim, aumentando a atividade de bombas de sódio-potássio para que mais sódio seja reabsorvido. Água segue o sódio por osmose e a urina fica mais concentrada. Assim, ADH e aldosterona fazem a urina ficar mais concentrada, embora por mecanismos diferentes.

O **peptídeo natriurético atrial** (ANP) é um hormônio que deixa a urina mais diluída. Células musculares nos átrios do coração liberam ANP quando o alto volume de sangue faz as paredes atriais esticarem. ANP inibe diretamente a secreção de aldosterona ao atuar sobre o córtex adrenal. Ele também atua indiretamente inibindo a liberação de renina. Além disso, o ANP aumenta a taxa de filtração glomerular, portanto mais fluido entra nos túbulos renais.

Desordens hormonais e equilíbrio de fluidos

A desordem metabólica *diabetes insípido* surge quando a hipófise secreta pouquíssimo ADH, se receptores de ADH não reagem, ou se aquaporinas estiverem prejudicadas ou ausentes. Um grande volume de urina altamente diluída e sede incontrolável são sintomas da desordem.

Alguns cânceres, infecções e medicamentos como antidepressivos estimulam a secreção excessiva de ADH. Com um excesso de ADH, os rins retêm água demais. Concentrações de soluto no fluido intersticial reduzem, o que é ruim, especialmente para células cerebrais – elas são altamente sensíveis a concentrações de soluto. Se não tratada, a secreção excessiva de ADH pode ser fatal.

Um tumor na glândula adrenal pode causar secreção excessiva de aldosterona, ou hiperaldosteronismo. O excesso de aldosterona causa retenção de líquidos, o que pode aumentar a pressão sanguínea até níveis perigosos.

Para pensar

Como os hormônios afetam a concentração de urina?

- O hormônio antidiurético liberado pela hipófise causa um aumento na reabsorção de água. Isso concentra a urina.
- A aldosterona liberada pelo córtex adrenal aumenta a reabsorção de sal e a água segue. Isso concentra a urina.
- O peptídeo natriurético atrial liberado pelo coração desestimula a secreção de aldosterona, aumenta a taxa de filtração glomerular e, assim, torna a urina mais diluída.

16.7 Equilíbrio ácido-base

- Os rins ajudam a manter o pH de fluidos corporais. Eles são os únicos órgãos que podem eliminar seletivamente do corpo íons H^+.

Reações metabólicas como a quebra de proteínas e a fermentação de lactato adicionam H^+ ao fluido extracelular.

Apesar dessas adições contínuas, um corpo saudável pode manter sua concentração de H^+ dentro de uma faixa estreita, um estado conhecido como **equilíbrio ácido-base**. Sistemas tampão e ajustes à atividade dos sistemas respiratório e urinário são essenciais para esse equilíbrio. Um **sistema tampão** envolve substâncias que ligam reversivelmente e liberam H^+ ou OH^-. Esse sistema minimiza mudanças de pH à medida que moléculas ácidas ou básicas entram ou saem de uma solução.

O pH do fluido extracelular humano normalmente fica entre 7,35 e 7,45. Na ausência de qualquer tampão, adicionar ácidos ao FEC pode fazer seu pH cair. Entretanto, íons hidrogênio em excesso reagem com tampões, incluindo o sistema tampão bicarbonato-ácido carbônico:

$$\underset{}{H^+} + \underset{\text{Bicarbonato}}{HCO_3^-} \rightleftharpoons \underset{\text{Ácido carbônico}}{H_2CO_3} \rightleftharpoons CO_2 + H_2O$$

Ajustes na frequência e na profundidade da respiração ajudam a compensar alterações no pH. Quando o pH do sangue diminui, a respiração fica mais rápida e profunda, portanto o CO_2 é expelido mais rápido do que é formado. Como dá para perceber na equação anterior, menos CO_2 significa que menos ácido carbônico pode se formar; portanto, o pH aumenta. Respiração mais lenta e superficial permite que CO_2 se acumule; portanto, mais ácido carbônico pode se formar.

O controle da reabsorção de bicarbonato e a secreção de H^+ podem ajustar o pH dentro dos rins. O bicarbonato reabsorvido entra nos capilares peritubulares, onde tampona o excesso de ácido. H^+ secretado nas células do túbulo se combina com íons fosfato ou amônia e formam compostos excretados na urina.

Quando a secreção de H^+ pelos rins falha, ou excesso de H^+ é formado por reações metabólicas, ou bicarbonato insuficiente é reabsorvido, o pH dos fluidos corporais pode cair para abaixo de 7,1, uma condição chamada de acidose.

Para pensar

Que mecanismos mantêm o pH do fluido extracelular?

- Os rins, os sistemas de tamponamento e o sistema respiratório trabalham em conjunto para controlar firmemente o equilíbrio ácido-base do fluido extracelular.
- Por reações reversíveis, um sistema de tampão bicarbonato-ácido carbônico neutraliza o excesso de H^+. Mudanças na taxa e na profundidade da respiração afetam esse sistema tampão e, assim, podem alterar o pH do sangue.
- Os rins também podem alterar o pH do sangue quando ajustam a reabsorção de bicarbonato e a secreção de H^+.

16.8 Quando os rins falham

- A insuficiência renal pode ser tratada com diálise, mas apenas um transplante de rins pode restaurar totalmente suas funções.

Causas da insuficiência renal A grande maioria dos problemas renais ocorre como complicação da diabetes melito ou da pressão alta. Essas desordens danificam pequenos vasos sanguíneos, incluindo os capilares que interagem com os néfrons. Algumas pessoas são predispostas geneticamente a infecções ou condições que danificam os rins. Os rins também falham depois de filtrar chumbo, arsênio, pesticidas ou outras toxinas do sangue. Ocasionalmente, altas e repetidas doses de aspirina, ou outros medicamentos, danificam irreversivelmente os rins.

Dietas ricas em proteína forçam os rins a trabalhar mais para descartar os produtos da decomposição que são ricos em nitrogênio e também aumentam o risco de cálculos renais. Esses depósitos endurecidos se formam quando ácido úrico, cálcio e outros resíduos se sedimentam na urina e se acumulam na pélvis renal. A maioria das pedras nos rins é eliminada na urina, mas às vezes alguma delas fica alojada no ureter ou na uretra e causa dor intensa. Qualquer pedra que bloqueie o fluxo de urina aumenta o risco de infecções e dano renal permanente.

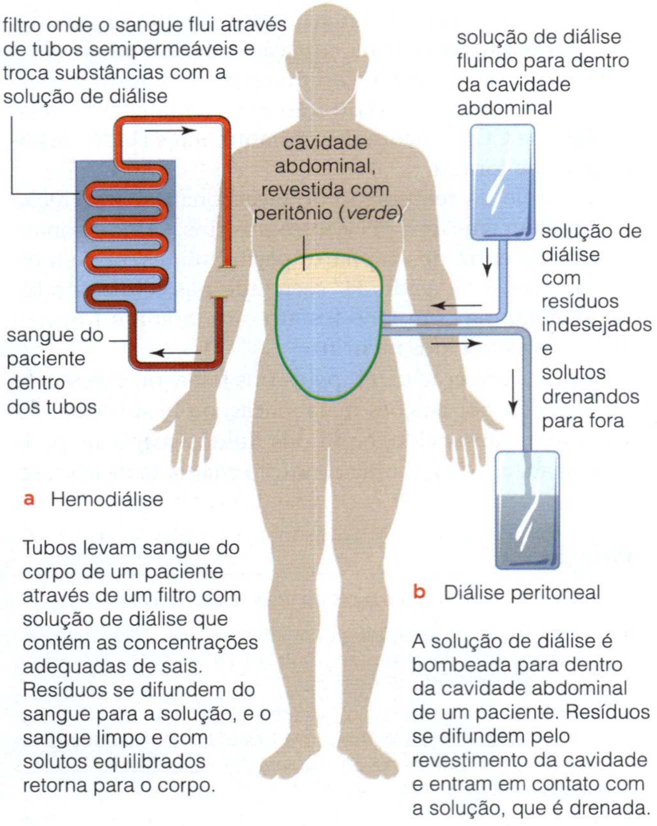
filtro onde o sangue flui através de tubos semipermeáveis e troca substâncias com a solução de diálise
sangue do paciente dentro dos tubos
cavidade abdominal, revestida com peritônio (*verde*)
solução de diálise fluindo para dentro da cavidade abdominal
solução de diálise com resíduos indesejados e solutos drenandos para fora
a Hemodiálise
Tubos levam sangue do corpo de um paciente através de um filtro com solução de diálise que contém as concentrações adequadas de sais. Resíduos se difundem do sangue para a solução, e o sangue limpo e com solutos equilibrados retorna para o corpo.
b Diálise peritoneal
A solução de diálise é bombeada para dentro da cavidade abdominal de um paciente. Resíduos se difundem pelo revestimento da cavidade e entram em contato com a solução, que é drenada.

Figura 16.13 Dois tipos de diálise renal.

Normalmente medimos a função renal em termos de taxa de filtração através de capilares glomerulares. A insuficiência renal ocorre quando a taxa de filtração cai pela metade, independentemente de ser causada pelo baixo fluxo de sangue aos rins ou por túbulos ou vasos sanguíneos danificados. A insuficiência renal pode ser fatal. Resíduos se acumulam no sangue e no fluido intersticial. O pH aumenta e mudanças na concentração de outros íons, mais notavelmente Na^+ e K^+, interferem no metabolismo.

Diálise renal A diálise renal é utilizada para restaurar os equilíbrios adequados de solutos em uma pessoa com insuficiência renal. "Diálise" se refere a trocas de solutos por uma membrana semipermeável entre duas soluções.

Com a hemodiálise, um aparelho de diálise é conectado ao vaso sanguíneo de um paciente (Figura 16.13*a*). O aparelho bombeia o sangue de um paciente através de tubos semipermeáveis submersos em uma solução quente de sais, glicose e outras substâncias. À medida que o sangue flui pelos tubos, resíduos dissolvidos no sangue se difundem para fora e as concentrações de soluto retornam a níveis normais. O sangue sem impurezas e com solutos equilibrados volta para o corpo do paciente. Tipicamente, uma pessoa faz hemodiálise três vezes por semana em um centro de diálise. Cada tratamento leva várias horas.

A diálise peritoneal pode ser feita em casa. Toda noite, solução de diálise é bombeada para dentro da cavidade abdominal de um paciente (Figura 16.13*b*). Resíduos se difundem pelo revestimento peritoneal e entram no fluido, que é drenado na manhã seguinte. Assim, este revestimento corporal serve de membrana de diálise.

A diálise renal pode manter uma pessoa viva durante um episódio de insuficiência renal temporária. Quando o dano renal é permanente, a diálise deve continuar pelo resto da vida ou até um doador de rins ser disponibilizado para o transplante.

Transplantes de rim Anualmente, no mundo, milhares de pessoas recebem transplante de rim. Mesmo assim, milhares continuam em uma lista de espera, porque há falta de rins para doação. A National Kidney Foundation dos EUA estima que, diariamente, 17 pessoas morrem de insuficiência renal enquanto aguardam um transplante.

A maioria dos rins utilizados para transplantes vem de pessoas que haviam declarado em vida ser doadoras de órgãos após morrerem. Entretanto, um número crescente de rins é removido de um doador vivo, mais frequentemente de um parente. Um transplante de rim de doador vivo tem mais chance de sucesso do que o de um falecido. Um rim é adequado para manter a boa saúde; portanto, os riscos para um doador vivo se relacionam principalmente à cirurgia – exceto se o rim restante do doador falhar.

Os benefícios de órgãos de doadores vivos, a falta de órgãos doados e os altos custos de diálise levaram alguns a sugerir que as pessoas deveriam ter permissão para vender um rim. Críticos argumentam que não é ético instigar as pessoas a arriscar a saúde por dinheiro. Um dia, porcos geneticamente modificados podem se tornar fábricas de órgãos.

16.9 Perdas e ganhos de calor

- A manutenção da temperatura central do corpo é outro aspecto da homeostase. Alguns animais gastam mais energia que outros para manter o corpo quente.

Figura 16.14 (a) Cobra do deserto, um ectotermo. (b) Pintarroxo de bico, um endotermo, usando penas emplumadas como isolamento contra o frio do inverno.

Como a temperatura central pode mudar

Reações metabólicas liberam calor; portanto, o calor gerado pelo metabolismo afeta a temperatura interna de um animal. Animais também ganham e perdem calor do ambiente. A temperatura interna de um animal só é estável quando o calor metabólico produzido e o calor recebido do ambiente equilibram qualquer perda de calor para o meio ambiente:

$$\text{mudança no calor corporal} = \text{calor produzido} + \text{calor ganho} - \text{calor perdido}$$

Calor é ganho ou perdido em superfícies corporais por radiação, condução, convecção e evaporação.

Radiação térmica é a emissão de calor de um objeto quente para o espaço em volta dele. Assim como o Sol radia energia térmica para o espaço, um animal radia calor produzido metabolicamente. Um humano típico em repouso cede aproximadamente tanto calor quanto uma lâmpada de 100 watts.

Na **condução**, o calor é transferido dentro de um objeto ou entre objetos em contato um com o outro. Um animal perde calor quando entra em contato com um objeto mais frio e ganha quando entra em contato com um mais quente.

Na **convecção**, o calor é transferido pelo movimento de ar ou água aquecidos para longe da fonte de calor.

Na **evaporação**, a energia térmica converte um líquido em gás, um processo que resfria qualquer líquido restante. Quando esse líquido é água e está em uma superfície corporal, esse resfriamento ajuda a diminuir a temperatura do corpo. O resfriamento evaporativo é mais eficaz com ar seco e brisa; a alta umidade e o ar parado o desaceleram.

Endotermos, ectotermos e heterotermos

Peixes, anfíbios e répteis são **ectotermos**, o que significa que são "aquecidos de fora para dentro"; sua temperatura corporal flutua com a temperatura do ambiente. Ectotermos tipicamente apresentam baixa taxa metabólica e pouco isolamento térmico – não são cobertos por pelos ou penas. Eles regulam sua temperatura interna alterando sua posição em relação a fontes de calor, em vez de seu metabolismo.

Uma cascavel (Figura 16.14*a*) é um exemplo. Quando seu corpo está frio, a cobra fica no sol. Quando ela fica quente demais, migra para a sombra.

A maioria das aves e dos mamíferos é **endoterma**, o que significa "aquecida por dentro". Em comparação com ectotermos, endotermos têm taxas metabólicas relativamente altas. Por exemplo, um rato usa 30 vezes mais energia que um lagarto do mesmo peso corporal. A capacidade de produzir uma grande quantidade de calor metabólico ajuda os animais endotermos a continuar ativos em uma gama maior de temperaturas do que os ectodermos. Pelos ou penas isolam os endotermos e minimizam transferências de calor (Figura 16.14*b*).

Algumas aves e mamíferos são **heterotermos**. Eles podem manter uma temperatura central relativamente constante durante algum tempo, mas permitem que ela mude algumas vezes. Por exemplo, beija-flores apresentam uma taxa metabólica muito alta quando procuram néctar durante o dia. À noite, a atividade metabólica diminui tanto que o corpo da ave pode ficar quase tão frio quanto os arredores.

Climas quentes favorecem ectotermos, que não precisam gastar tanta energia quanto os endotermos para manter a temperatura central. Assim, em regiões tropicais, répteis excedem os mamíferos em número e em diversidade. Em todas as regiões frias ou frescas, no entanto, a maioria dos vertebrados tende a ser de endotermos. Cerca de 130 espécies de mamíferos e 280 espécies de aves vivem no Ártico, mas menos de cinco espécies de répteis são nativas dessa região.

Para pensar

Como os animais regulam sua temperatura corporal?

- Animais podem ganhar ou perder calor do/para o ambiente. Eles também podem gerar calor por reações metabólicas.
- Peixes, anfíbios e répteis são ectotermos, que se aquecem principalmente pelo calor ganho do ambiente.
- Aves e mamíferos são endotermos, que mantêm a temperatura corporal com seu próprio calor metabólico.

16.10 Regulagem de temperatura nos mamíferos

- Diversos mecanismos ajudam os mamíferos a evitar que sua temperatura corporal alterne de acordo com a do ambiente.

O hipotálamo é o principal centro regulador para controle da temperatura corporal dos mamíferos. Esta região cerebral recebe sinais de termorreceptores na pele, além de outros localizados dentro do corpo. Quando a temperatura se desvia de um ponto de ajuste, o hipotálamo integra as respostas dos músculos esqueléticos, do músculo liso das arteríolas na pele e das glândulas sudoríparas. *Loops* de feedback negativo de volta ao hipotálamo inibem as respostas quando a temperatura interna volta ao ponto de ajuste.

A maioria dos mamíferos mantém a temperatura corporal dentro de um limite. Dromedários são uma exceção – podem mudar seu ponto de ajuste do hipotálamo (Figura 16.15). Ao longo de um dia, sua temperatura corporal pode variar de 34 °C a 16,7 °C.

Respostas ao estresse por calor

Quando um mamífero fica quente demais, os centros de controle de temperatura no hipotálamo emitem comandos que aumentam o diâmetro dos vasos sanguíneos na pele. O maior fluxo sanguíneo para a pele fornece mais calor metabólico para a superfície corporal, onde pode ser cedido por radiação para os arredores (Tabela 16.2).

Outra resposta ao estresse por calor é a perda de calor através da evaporação, que ocorre em superfícies respiratórias úmidas e na pele. Animais que transpiram perdem alguma água desta forma. Por exemplo, humanos e alguns outros mamíferos têm glândulas sudoríparas que liberam calor e solutos através de poros na superfície da pele. Um adulto humano médio tem mais de 2 milhões de glândulas sudoríparas.

Figura 16.15 Adaptação de curto prazo ao estresse por calor no deserto. Dromedários deixam sua temperatura interna subir durante as horas mais quentes do dia. Um mecanismo do hipotálamo ajusta seu termostato interno, por assim dizer. Ao permitir que seu ponto de ajuste de temperatura aumente, eles minimizam a produção de suor e, assim, podem preservar água.

Para cada litro de suor produzido, o corpo perde cerca de 600 quilocalorias de energia térmica pelo resfriamento evaporativo. Durante exercícios extenuantes, o suor ajuda o corpo a eliminar o calor extra produzido pela atividade metabólica dos músculos esqueléticos.

O suor que pinga da pele dissipa pouco calor. O corpo resfria bastante quando o suor evapora. Em dias úmidos, o alto conteúdo de água do ar desacelera a evaporação; portanto, o suor é menos eficaz no resfriamento do corpo.

Nem todos os mamíferos transpiram. Muitos babam, lambem os pelos ou ofegam para acelerar o resfriamento. "Ofegar" se refere à respiração rápida e superficial, que auxilia a perda de água evaporativa pelo trato respiratório, cavidade nasal, boca e língua.

Às vezes, o fluxo de sangue periférico e a perda de calor evaporativa não conseguem combater o estresse por calor; portanto, a temperatura central do corpo aumenta para acima do normal, uma condição chamada de hipertermia. Nos humanos, um aumento na temperatura corporal acima de 40,6 °C é perigosa.

Febre é um aumento na temperatura corporal que mais frequentemente ocorre como uma reação à infecção. Substâncias químicas liberadas por um agente infeccioso ou por leucócitos que detectam a infecção influenciam o hipotálamo. Em resposta a essas substâncias, o hipotálamo permite que a temperatura central aumente um pouco acima do ponto de ajuste normal. A maior temperatura torna o corpo menos hospitaleiro a patógenos e estimula reações imunológicas. Geralmente, o hipotálamo não deixa a temperatura corporal subir acima de 41,5 °C. Quando uma febre excede esse ponto ou dura mais de alguns dias, a condição que a causa é perigosa e avaliação médica é essencial.

Respostas ao estresse por frio

Um mamífero reage ao frio redistribuindo seu fluxo sanguíneo, afofando seu pelo e tremendo.

Tabela 16.2 Comparação entre estresse por frio e calor

Estímulo	Principais Reações	Resultado
Estresse por calor	Alargamento dos vasos sanguíneos na pele; ajustes comportamentais; em algumas espécies, suor, respiração ofegante	Dissipação de calor do corpo
	Menor ação muscular	A produção de calor diminui
Estresse por frio	Estreitamento de vasos sanguíneos na pele; ajustes comportamentais (ex.: minimização das partes superficiais expostas)	Conservação do calor corporal
	Maior ação muscular; tremor; produção metabólica de calor	A produção de calor aumenta

Figura 16.16 Ursos polares (*Ursus maritimus*). Um urso polar é ativo mesmo durante os invernos severos do Ártico. Ele não fica com frio demais depois de nadar porque seus pelos protetores grossos e ocos eliminam água rapidamente. Pelos subjacentes grossos e macios prendem calor. Uma camada isolante de tecido adiposo com aproximadamente 11,5 cm de espessura ajuda a gerar calor metabólico.

Termorreceptores na pele sinalizam o hipotálamo quando as condições ficam geladas. O hipotálamo, então, faz o músculo liso nas arteríolas que fornecem sangue para a pele contrair. Por exemplo, quando seus dedos das mãos ou dos pés estão gelados, 99% do sangue que normalmente fluiria para a pele é desviado para outras regiões do corpo. A contração das arteríolas que alimentam a pele reduz o movimento de calor metabólico para a superfície corporal, onde seria perdido para os arredores.

Como outra reação ao frio, contrações reflexas dos músculos lisos na pele fazem o pelo (ou o cabelo) "ficar em pé". Essa reação cria uma camada de ar parado perto da pele, reduzindo, assim, a perda de calor por convecção e radiação térmica. A minimização das superfícies corporais expostas também pode evitar a perda de calor, como quando filhotes de urso polar se encolhem e ficam agarrados à mãe (Figura 16.16).

Com a exposição prolongada ao frio, o hipotálamo manda os músculos esqueléticos se contraírem de 10 a 20 vezes por segundo. Embora essa **reação de tremor** aumente a produção de calor, tem alto custo energético.

A exposição ao frio prolongado ou severo também leva a um aumento na atividade da tireoide, que aumenta a taxa de metabolismo. O hormônio da tireoide se liga a células do tecido adiposo marrom, causando **produção metabólica de calor**. Por este processo, mitocôndrias nas células de tecido adiposo marrom executam reações que liberam energia como calor em vez de armazená-la no ATP.

O tecido adiposo marrom ocorre em mamíferos que vivem em regiões frias e nos filhotes de muitas espécies. Em bebês humanos, este tecido compõe cerca de 5% do peso corporal. Exceto se a exposição ao frio for contínua, o tecido desaparece com o fim da infância. A falha na proteção contra o frio causa hipotermia, uma condição na qual a temperatura central cai. Nos humanos, uma queda para 35 °C altera as funções cerebrais. Diz-se que "tropeçar, murmurar e cair" são sintomas do início da hipotermia. A hipotermia grave causa perda de consciência, interrompe o ritmo cardíaco e pode ser fatal (Tabela 16.3).

Tabela 16.3 Impacto dos aumentos no estresse por frio

Temperatura central	Reações fisiológicas
36°–34 °C	Reação de tremor; respiração mais rápida; produção de calor metabólico Vasoconstrição periférica, mais sangue mais profundamente no corpo. Tontura, náusea.
33°–32 °C	A reação de tremor termina. A produção de calor metabólico cai.
31°–30 °C	A capacidade de movimentação voluntária é perdida. Reflexos de olhos e tendões inibidos. Perda de consciência. A ação do músculo cardíaco se torna irregular
26°–24 °C	A fibrilação ventricular se instaura. A morte vem em seguida.

Para pensar

Como os mamíferos mantêm sua temperatura corporal?

- Mudanças de temperatura são detectadas por termorreceptores que enviam sinais para um centro de integração no hipotálamo. Este centro serve de termostato do corpo e pede ajustes que mantêm a temperatura central.
- Mamíferos reagem ao frio com menor fluxo de sangue para a pele, pelos afofados, aumento na atividade muscular, tremor e produção de calor metabólico.
- Mamíferos combatem o estresse por calor ao aumentar o fluxo de sangue para a pele, suar e ofegar, e ao reduzir seu nível de atividade.

QUESTÕES DE IMPACTO REVISITADAS | A Verdade em um Tubo de Ensaio

Solutos e nutrientes de que o corpo precisa são reabsorvidos do filtrado que entra nos túbulos renais. Medicamentos e toxinas solúveis em água geralmente não são reabsorvidos; portanto, acabam na urina. A rapidez com que os rins depuram uma substância do sangue depende, em parte, da eficiência deles, que pode variar com a idade e com a saúde. Uma pessoa saudável de 35 anos elimina medicamentos do corpo quase duas vezes mais rapidamente que um idoso saudável de 85 anos.

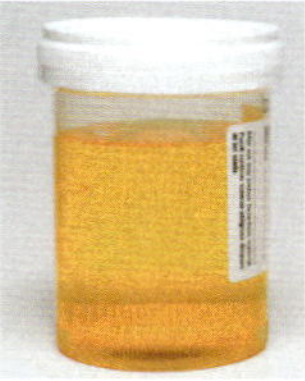

Resumo

Seções 16.1 Plasma e fluido intersticial são os principais componentes do fluido extracelular. A manutenção do volume e da composição do fluido extracelular é um aspecto essencial da homeostase. Todos os organismos equilibram ganhos e perdas de soluto e fluido, e todos eliminam resíduos metabólicos. A maioria tem órgãos excretores que eliminam amônia e outros solutos indesejados do corpo.

Seções 16.2 Esponjas são animais simples nos quais a excreção ocorre em nível celular. Em esponjas de água doce e outros animais do tipo, a água flui para dentro do corpo por osmose. Como alguns protistas, as células das esponjas eliminam o excesso de água utilizando organelas chamadas **vacúolos contráteis**.

Nos platelmintos, a ação de **células flama**, que são ciliadas, atrai o fluido intersticial para dentro de um sistema de tubos que o fornece para a superfície corporal. Minhocas têm órgãos excretores chamados **nefrídios**, que coletam fluido celômico e fornecem resíduos para um poro na superfície corporal.

Nos insetos, os **túbulos de Malpighi** coletam fluido, ácido úrico e solutos do sangue e os canalizam para o intestino, onde a água é absorvida. Ácido úrico é formado a partir de amônia, mas exige menos água para ser excretado.

Seções 16.3 Vertebrados possuem um **sistema urinário** que interage com outros sistemas de órgãos na homeostase. Um par de **rins** filtra água e solutos de seu sangue.

Peixes cartilaginosos retêm ureia no corpo, portanto, não perdem nem ganham água por osmose. Peixes teleósteos marinhos ganham água constantemente por osmose, enquanto os que vivem em água doce perdem água por osmose.

No ambiente terrestre, o principal desafio é evitar a desidratação. Aves e répteis economizam água ao eliminar resíduos ricos em nitrogênio como cristais de ácido úrico. Mamíferos excretam **ureia**, que deve ser dissolvida em muita água.

Seções 16.4 O sistema urinário humano consiste de dois rins, um par de **ureteres**, uma **bexiga** e a **uretra**. Os **néfrons** dos rins são pequenas estruturas tubulares que interagem com capilares próximos para formar urina.

Cada néfron começa na **cápsula de Bowman** na região externa de um rim, ou **córtex renal**. O néfron continua como um **túbulo proximal**, uma **alça de Henle** que desce e ascende da **medula renal** e um **túbulo distal** que drena em um **duto de coleta**.

A cápsula de Bowman e os capilares do **glomérulo** que ela envolve servem de unidade filtradora de sangue. A maior parte do filtrado que entra na cápsula de Bowman é reabsorvida nos **capilares peritubulares** em volta do néfron. A parte do filtrado não retornada para o sangue é excretada como urina.

Seções 16.5, 16.6 A pressão sanguínea orienta a **filtração glomerular**, que coloca plasma sem proteína nos túbulos renais. A maior parte da água e de solutos retorna desses túbulos para o sangue por **reabsorção tubular**. Substâncias vão do sangue para os túbulos por **secreção tubular**. Uma parte do hipotálamo serve de **centro da sede**.

O hipotálamo sinaliza a hipófise para liberar **hormônio antidiurético**, que aumenta a reabsorção de água. **Aldosterona**, um hormônio secretado pelo córtex adrenal, aumenta a reabsorção de sódio. O hormônio antidiurético e a aldosterona concentram a urina. O **peptídeo natriurético atrial**, um hormônio fabricado pelo coração, desacelera a secreção de aldosterona e torna a urina mais diluída.

Seções 16.7 O sistema urinário ajuda a regular o **equilíbrio ácido-base** ao eliminar H^+ na urina e reabsorver bicarbonato, que tem um papel no principal **sistema de tampão**.

Seções 16.8 Quando há falha nos rins, a diálise frequente ou um transplante de rins é necessário para sustentar a vida.

Seções 16.9 Animais produzem calor metabólico. Eles também ganham ou perdem calor por **radiação térmica**, **condução** e **convecção** e o perdem por **evaporação**. **Ectotermos** como répteis controlam a temperatura central principalmente pelo comportamento. **Endotermos** (maioria dos mamíferos e aves) regulam a temperatura principalmente controlando a produção e a perda de calor metabólico. **Heterotermos** controlam a temperatura central apenas parte do tempo.

Seções 16.10 Nos mamíferos, o hipotálamo é o principal centro de controle da temperatura. Uma **febre** é a elevação da temperatura corporal como reação defensiva à infecção. O alargamento de vasos sanguíneos na pele, o suor e a respiração ofegante são reações ao calor. Só os mamíferos conseguem suar, mas nem todos têm essa habilidade.

A exposição ao frio causa a constrição de vasos sanguíneos na pele, faz os pelos eriçarem e causa uma **reação de tremor**. A exposição prolongada ao frio pode alterar o metabolismo e estimular a **produção de calor metabólico**, na qual o tecido adiposo marrom produz calor.

Exercício de análise de dados

Produtos rotulados como "orgânicos" ocupam cada vez mais espaço nas prateleiras dos supermercados. O que esse rótulo significa? Um alimento com o selo de orgânico deve ser produzido sem pesticidas como malation e clorpirifós, que fazendeiros convencionais usam em frutas, verduras e muitos grãos. Comer alimentos orgânicos afeta significativamente o nível de resíduos de pesticidas no corpo de uma criança? Chensheng Lu, da Emory University, utilizou exames de urina para descobrir (Figura 16.17). Durante 15 dias, a urina de 23 crianças (de 3 a 11 anos) foi monitorada para os produtos de decomposição de pesticidas. Durante os primeiros cinco dias, crianças comeram sua dieta padrão, não orgânica. Nos cinco dias seguintes, ingeriram versões orgânicas dos mesmos tipos de alimentos e bebidas. Então, nos últimos cinco dias, retornaram a sua dieta não orgânica.

		Metabolito de Malation		Metabolito de Clorpirifós	
Fase do Estudo	Número de amostra	Média (μg/litro)	Máximo (μg/litro)	Média (μg/litro)	Máximo (μg/litro)
1. Não orgânica	87	2,9	96,5	7,2	31,1
2. Orgânica	116	0,3	7,4	1,7	17,1
3. Não orgânica	156	4,4	263,1	5,8	25,3

Figura 16.17 *Acima*, níveis de metabolitos (produtos de decomposição) de malation e clorpirifós detectados, em microgramas por litro, na urina de crianças que participaram de um estudo sobre os efeitos de uma dieta orgânica. A diferença no nível médio de metabolitos nas fases orgânica e inorgânica do estudo foi estatisticamente considerável. *À direita*, rótulo de alimento orgânico do USDA.

1. Durante qual fase do experimento a urina das crianças continha o menor nível do metabolito malation?
2. Durante qual fase do experimento o nível máximo do metabolito clorpirifós foi detectado?
3. A mudança para uma dieta orgânica reduziu a quantidade de resíduos de pesticidas excretada pelas crianças?
4. Até nas fases não orgânicas deste experimento, os níveis mais altos de metabolito de pesticida detectados estavam muito abaixo dos conhecidos como danosos. Com esses dados, você gastaria mais para comprar alimentos orgânicos?

Questões

Respostas no Apêndice II

1. Os ____ de um inseto fornecem resíduos de nitrogênio para seu intestino.
a. nefrídios
b. néfrons
c. túbulos de Malpighi
d. vacúolos contráteis

2. Fluidos corporais de um peixe teleósteo marinho têm uma concentração de soluto ____ seus arredores.
a. mais alta que
b. menor que
c. igual a de

3. A cápsula de Bowman, o início da parte tubular de um néfron, está localizada no(a) _____.
a. córtex renal
b. medula renal
c. pélvis renal
d. artéria renal

4. Fluido que entra na cápsula de Bowman entra diretamente na(o) _____.
a. artéria renal
b. túbulo proximal
c. túbulo distal
d. alça de Henle

5. A pressão sanguínea força a água e pequenos solutos para dentro da cápsula de Bowman durante a _____.
a. filtração glomerular
b. reabsorção tubular
c. secreção tubular
d. respostas a e c

6. Os rins devolvem a maior parte da água e solutos pequenos para o sangue através de _____.
a. filtração glomerular
b. reabsorção tubular
c. secreção tubular
d. respostas a e b

7. ADH se liga a receptores nos túbulos distais e dutos de coleta, tornando-os ___ permeáveis a ___.
a. mais; água
b. menos; água
c. mais; sódio
d. menos; sódio

8. A maior reabsorção de sódio ___.
a. tornará a urina mais concentrada
b. tornará a urina mais diluída
c. é estimulada pela aldosterona
d. respostas a e c

9. Verdadeiro ou falso? A maior secreção de H+ nos túbulos renais ajuda a reduzir o pH do sangue.

10. Una cada estrutura a uma função.
___ ureter — a. início do néfron
___ cápsula de Bowman — b. fornece urina para a superfície corporal
___ uretra — c. leva urina do rim para a bexiga
___ duto de coleta — d. secreta ADH
___ hipófise — e. alvo da aldosterona

11. O principal centro de controle para manter a temperatura do corpo do mamífero fica na(o) ___.
a. hipófise anterior
b. córtex renal
c. glândula adrenal
d. hipotálamo

12. Um animal com baixo metabolismo que mantém sua temperatura principalmente ajustando seu comportamento é ___.
a. um endotermo
b. um ectotermo

13. Verdadeiro ou falso? A exposição ao frio aumenta o fluxo de sangue para a pele, aquecendo-a.

Raciocínio crítico

1. O rim do rato-canguru excreta de forma eficiente um volume muito pequeno de urina (Seção 16.3). Em comparação com um humano, seus néfrons têm uma alça de Henle proporcionalmente muito mais longa. Explique como uma alça longa ajuda o rato a preservar água.

2. Em *habitats* frios, ectotermos são poucos e os endotermos frequentemente mostram adaptações a este ambiente. Em comparação com espécies próximas que vivem em áreas mais quentes, eles tendem a ter apêndices menores. Além disso, animais adaptados a climas frios tendem a ser maiores que os parentes em lugares mais quentes. O maior urso é o polar e o maior pinguim é o pinguim imperador da Antártica. Pense nas transferências de calor entre animais e seu *habitat* e explique por que apêndices menores e tamanho corporal maior são vantajosos em climas muito frios.

17 Sistemas Reprodutores dos Animais

QUESTÕES DE IMPACTO Machos ou Fêmeas? Corpo ou Genes?

A atleta Santhi Soundarajan nasceu em uma área rural na Índia em 1981. Ela superou a pobreza e a desnutrição para se tornar uma corredora de competição, e em 2006 ela representou seu país nos Jogos Pan-Asiáticos. Ela ganhou uma medalha de prata, mas seu triunfo durou pouco. Alguns dias depois do fechamento dos jogos, o Conselho Olímpico da Ásia anunciou que Soundarajan tinha perdido a medalha. Embora tenha sido criada como mulher, ela tem um cromossomo Y em lugar de dois cromossomos X típicos da mulher.

O Comitê Olímpico Internacional (COI) começou um programa de teste de sexo em 1968. Primeiro, eles exigiram que as atletas "provassem" sua feminilidade através de um exame físico. No início dos anos 1970, o comitê passou a utilizar outros métodos. Os peritos examinaram algumas células da atleta sob um microscópio para evidenciar os dois cromossomos X. Em 1992, o comitê aprimorou seus métodos novamente, dessa vez para um teste que detecta o gene *SRY*, um gene no cromossomo Y que provoca o desenvolvimento de testículos no embrião XY humano.

O programa de testes Olímpico não detectou qualquer homem fingindo deliberadamente ser uma mulher. Descobriu atletas que tinham sido educadas como mulheres e que se pensava serem mulheres, mas tinham um cromossomo Y. Nas Olimpíadas de verão de 1996, 8 das 3.387 atletas mulheres foram positivas para um gene *SRY*. Testes adicionais revelaram que cada uma delas tinha algum tipo de anormalidade genética. Como essas condições genéticas evitam que a testosterona exerça efeitos sobre os músculos, as mulheres não foram consideradas como tendo qualquer vantagem injusta e tiveram permissão para competir.

O COI e a maioria dos outros grupos que regem eventos atléticos competitivos proibiram a prova de sexo. Eles assim o fizeram em apoio aos geneticistas e médicos que foram contra a prática. Esses profissionais argumentavam que a desqualificação de atletas com base nesses testes é uma forma de discriminação que pode trazer grande sofrimento aos atletas com anormalidades genéticas.

Geralmente, quando uma criança nasce, uma rápida olhada nos órgãos genitais (órgãos sexuais externos) revela seu sexo. Os machos têm um pênis; as fêmeas, uma vagina. O sexo cromossômico (XX ou XY) determina quais gônadas (ovários ou testículos) se formarão. Os hormônios secretados pelas gônadas então formam os órgãos genitais e outros aspectos fenotípicos do sexo (os caracteres sexuais secundários). Porém, mutações podem ocorrer em órgãos genitais ambíguos. Um menino pode nascer com um pênis minúsculo e testículos inseridos dentro de seu abdômen ou uma menina pode ter um clitóris grande e nenhuma abertura para vagina. Em outros casos, uma criança que tem órgãos genitais femininos típicos pode ser na verdade um macho genético cujo corpo não produz ou não responde ao hormônio sexual testosterona. Essa "menina" não tem ovários e útero, então ela não menstruará, mas em termos de formato do corpo e força, ela é tipicamente fêmea.

Essas condições intersexuais desafiam nossa compreensão sobre o que significa ser homem ou mulher. As crianças com órgãos genitais incomuns são tradicionalmente operadas em seu primeiro ano de vida para fazer com que pareçam o mais normais possíveis. Às vezes, o melhor resultado estético é obtido atribuindo-se a uma criança o sexo genético oposto. Alguns médicos e alguns indivíduos intersexuais que sofreram a cirurgia genital quando crianças agora argumentam contra a cirurgia precoce. Eles defendem a aceitação da aparência incomum da criança e adiar qualquer cirurgia até depois da puberdade. Adiar a cirurgia até esse momento permite aos indivíduos intersexuais tomarem sua própria decisão sobre que tipo de cirurgia, se é que querem alguma.

Neste capítulo e no próximo, nós consideraremos a estrutura dos sistemas reprodutores e suas funções. Diferentemente dos outros sistemas de órgãos, o sistema reprodutor não é necessário para a sobrevivência de um indivíduo. Porém, é a chave para a transferência de genes e a garantia da sobrevivência de sua linhagem. Em seres humanos, também é um componente importante de nossa própria identidade.

Conceitos-chave

Modos de reprodução animal

Alguns animais se reproduzem assexuadamente, mas a reprodução sexuada predomina na maioria dos animais. Alguns reprodutores sexuados produzem tanto óvulos como espermatozoides, mas a maioria é macho ou fêmea. A evolução para o ambiente terrestre favoreceu a fertilização de óvulos dentro do corpo feminino. **Seção 17.1**

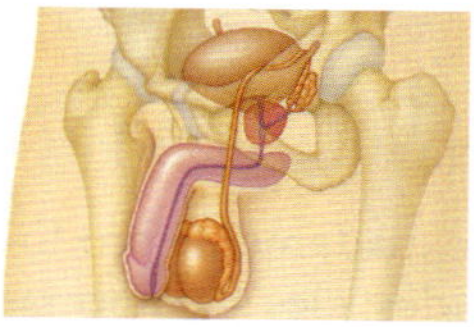

Função reprodutiva masculina

Um macho humano apresenta um par de testículos que produzem espermatozoides e secretam o hormônio sexual testosterona. Os espermatozoides se misturam às secreções de outras glândulas e deixam o corpo através de dutos. **Seção 17.2, 17.3**

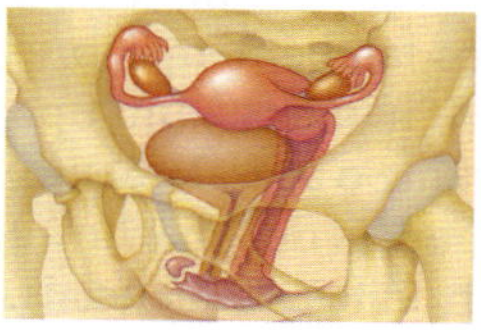

Função reprodutiva feminina

Uma fêmea humana tem um par de ovários que produzem óvulos e hormônios sexuais. Um ciclo hormonal aproximadamente mensal provoca a liberação de óvulos. Os dutos levam os óvulos em direção ao útero, onde a prole se desenvolve. A vagina recebe os espermatozoides e é o canal de nascimento. **Seção 17.4–17.7**

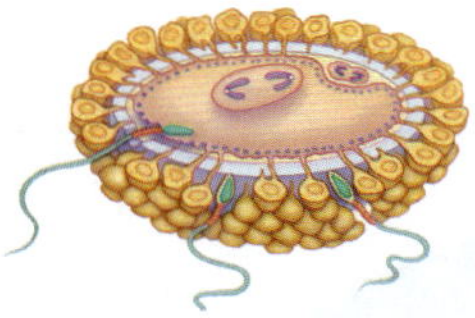

Relação sexual e fertilização

A relação sexual exige coordenação dos sinais nervosos e hormonais. Pode levar à gravidez, para a qual os seres humanos usam uma variedade de métodos de prevenção ou de promoção. **Seção 17.8, 17.9**

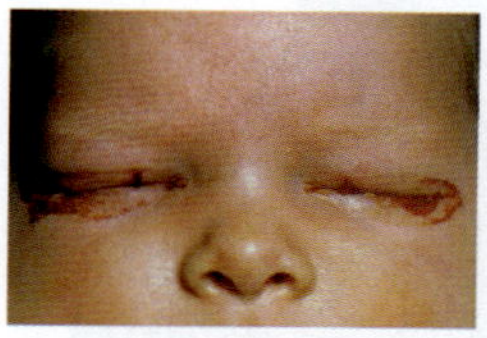

Doenças sexualmente transmissíveis

Uma variedade de patógenos faz do trato reprodutor humano seu local de desenvolvimento. Eles são transmitidos entre companheiros por interações sexuais e podem ser passados à prole durante o parto. Os efeitos de doenças sexualmente transmissíveis variam de sintomas leves como o desconforto até a morte. **Seção 17.10**

Neste capítulo

- Neste capítulo, serão abordados os conceitos de reprodução sexuada e assexuada. A formação de gametas também será explicada com detalhes.
- Este capítulo utilizará seu conhecimento sobre a determinação do sexo humano e trará o assunto do diagnóstico pré-natal.
- Você aprenderá sobre como o hipotálamo e a hipófise afetam os órgãos sexuais e sobre os hormônios sexuais. Você também verá como a divisão autônoma do sistema nervoso afeta a relação sexual.
- Ao considerarmos a saúde reprodutiva, abordaremos os tumores e efeitos das prostaglandinas. Terminamos o capítulo com uma visão das doenças infecciosas sexualmente transmitidas, incluindo a AIDS.

Qual sua opinião? As crianças nascidas com distúrbios intersexuais tradicionalmente passaram por cirurgia precocemente. Algumas pessoas acham que essa cirurgia deveria ser postergada para até depois da puberdade, assim a criança pode escolher ou rejeitá-la. Você postergaria a cirurgia se sua criança fosse afetada desse modo? Conheça a opinião de seus colegas e apresente seus argumentos a eles.

17.1 Modos de reprodução animal

- A reprodução sexuada domina o ciclo de vida da maioria dos animais, incluindo muitos que também podem se reproduzir assexuadamente.

Reprodução assexuada em animais

Na **reprodução assexuada**, um único indivíduo produz descendentes que são geneticamente idênticos a ele, assim o indivíduo parental tem todos os seus genes representados em cada descendente. A reprodução assexuada pode ser vantajosa em um ambiente estável. As combinações de genes que tornam os pais bem-sucedidos podem ser esperadas na descendência.

Muitos invertebrados se reproduzem assexuadamente. Alguns podem se reproduzir por fragmentação – um pedaço se separa e cresce gerando um novo indivíduo. Novas hidras brotam das já existentes (Figura 17.1*a*). Alguns insetos e rotíferas produzem descendentes a partir de óvulos não fertilizados, um processo chamado partenogênese. A maioria dos animais que se reproduzem assexuadamente também pode passar para reprodução sexuada.

Entre os vertebrados, alguns peixes, anfíbios e lagartos podem formar descendência a partir de óvulos não fertilizados. Porém, nenhum mamífero se reproduz assexuadamente.

Custos e benefícios da reprodução sexuada

Na **reprodução sexuada**, dois pais produzem gametas que se combinam na fertilização para produzir descendentes com combinações de genes provenientes de ambos os pais.

Os animais que se reproduzem sexualmente incorrem em custos genéticos e enérgicos mais altos que os reprodutores assexuados. Em média, somente metade dos genes de um pai reprodutor sexuado acaba em cada descendente. Produzir gametas e encontrar e cortejar um companheiro apropriado também tem custos energéticos. Que benefícios compensam esses custos? A maioria dos animais vive onde os recursos e as ameaças mudam com o passar do tempo. Nesses ambientes, a produção de descendentes que diferem de ambos os pais e uns dos outros pode ser vantajosa. Ao se reproduzir sexuadamente, um pai aumenta a probabilidade de que alguns de seus descendentes terão uma combinação genética que os adapte ao seu novo ambiente.

Variações na reprodução sexuada

Alguns animais que se reproduzem sexuadamente produzem tanto óvulos como espermatozoides; eles são **hermafroditas**. Tênias e alguns nematódeos são hermafroditas simultâneos. Eles produzem óvulos e espermatozoides ao mesmo tempo e podem fertilizar a si mesmos. Minhocas e lesmas são hermafroditas simultâneos também, mas precisam de um parceiro, assim como os "hamlets", um tipo de peixe marinho (Figura 17.1*b*). Durante o acasalamento, os parceiros do hamlet alternam os papéis de "macho" e "fêmea". Outros peixes são hermafroditas sequenciais. Eles passam de um sexo a outro durante o curso de toda vida. Mais tipicamente, os vertebrados têm sexos separados que permanecem fixos por toda vida; um indivíduo é macho ou fêmea.

Figura 17.1 Exemplos de reprodução animal. (**a**) Uma hidra se reproduzindo assexuadamente por brotamento. (**b**) "Hamlets" acasalando. Esses peixes são hermafroditas que fertilizam ovos externamente. Durante o acasalamento, cada peixe alterna entre botar ovos e fertilizar os ovos do seu companheiro. (**c**) Um elefante inserindo seu pênis em sua parceira. Os óvulos serão fertilizados e a descendência se desenvolverá dentro do corpo da mãe, alimentada por nutrientes fornecidos pela circulação sanguínea materna.

Figura 17.2 Um olhar sobre alguns embriões invertebrados e vertebrados. Onde se desenvolvem, como são nutridos e como os pais os protegem.
(**a**) A maioria dos caracóis põe ovos e os abandona. (**b**) Os ovos de aranha se desenvolvem em um casulo de seda. As fêmeas de certas espécies morrem logo após fazerem a bolsa, mas algumas espécies guardam essa bolsa, transportando as jovens aranhas por alguns dias enquanto as alimentam.
(**c**) Em cangurus e outros marsupiais, os embriões nascem "incompletos". Eles completam o desenvolvimento embrionário dentro de uma bolsa na superfície ventral da mãe. (**d**) Os filhotes continuam a ser nutridos com leite secretado por glândulas mamárias dentro da bolsa.
Uma fêmea humana (**e**) retém um óvulo fertilizado dentro do útero. Seus próprios tecidos nutrem o organismo em desenvolvimento até o nascimento.

A maioria dos invertebrados aquáticos, peixes e anfíbios lançam gametas na água, onde eles se combinam durante a **fertilização externa**. A maioria dos animais terrestres realiza **fertilização interna**; o espermatozoide e o óvulo se encontram dentro do corpo da fêmea. Um órgão especializado é normalmente usado para fornecer o espermatozoide. Nos mamíferos, o pênis do macho serve a este propósito (Figura 17.1*c*).

Os óvulos internamente fertilizados podem ser colocados fora do corpo e abandonados (Figura 17.2*a*) ou um dos pais pode proteger os ovos e, posteriormente, os filhotes (Figura 17.2*b*). Em outros animais, os descendentes se desenvolvem a partir de ovos mantidos dentro do corpo da mãe (Figura 17.2*c–e*).

A maioria dos animais fêmea produz o vitelo (**gema**), um fluido espesso rico em proteínas e lipídeos que nutre o indivíduo em desenvolvimento. A quantidade de vitelo varia entre as espécies. Os ouriços-do-mar lançam ovos minúsculos que contêm uma gema pequena. Não é necessária muita gema, pois um ovo fertilizado de ouriço-do-mar se torna uma larva que nada e se alimenta de forma autônoma em menos de um dia. Em contraste, os pássaros produzem ovos com uma quantidade grande de gema. A gema ou vitelo é a única nutrição do embrião durante o tempo que passa na casca do ovo. Os pássaros kiwi têm o maior tempo de incubação, mais ou menos 11 semanas, e seus ovos têm uma quantidade muito grande de gema. Um ovo do pássaro é formado aproximadamente por um terço de gema, enquanto o ovo do kiwi é formado por dois terços de gema.

Uma mãe humana nutre seu descendente por nove meses de desenvolvimento a partir de um óvulo fertilizado quase sem vitelo. Nutrientes no sangue da mãe se difundem pelo sangue do descendente e sustentam seu desenvolvimento.

Para pensar

Como os sistemas reprodutores dos animais variam?

- Muitos invertebrados e alguns vertebrados podem se reproduzir assexuadamente. A maior parte dessas espécies também pode se reproduzir sexuadamente.
- Os animais que se reproduzem sexuadamente têm descendência geneticamente variável. Reprodutores sexuados podem produzir óvulos e espermatozoides ao mesmo tempo, produzir ambos em momentos diferentes de sua vida ou sempre produzir apenas um ou outro.
- A fertilização pode acontecer no corpo da mãe ou fora dele. Os óvulos fertilizados internamente podem ser colocados no ambiente ou se desenvolver no corpo da mãe.

17.2 Sistema reprodutor dos machos humanos

- O sistema reprodutor de um macho humano produz hormônios e espermatozoides, que são colocados no trato reprodutor da fêmea durante a relação sexual.

Gônadas masculinas

Os gametas humanos se formam nos órgãos reprodutores primários, ou **gônadas**. Os machos têm um par de gônadas chamadas **testículos** que produzem os espermatozoides. Os testículos também produzem e secretam o hormônio sexual masculino: a **testosterona**. Além das gônadas, o sistema reprodutor masculino inclui um sistema de dutos e glândulas acessórias (Tabela 17.1 e Figura 17.3).

Os testículos se formam na parede da cavidade abdominal do embrião XY. Antes do nascimento, os testículos descem para o escroto, uma bolsa de pele solta suspensa abaixo da cintura pélvica. Dentro dessa bolsa, o músculo liso envolve os testículos. A contração e o relaxamento desse músculo em resposta às ameaças ou à temperatura ajustam a posição dos testículos. Quando um homem sente frio ou medo, as contrações fazem o músculo reflexivo retrair os testículos junto ao corpo. Quando ele sente calor, o relaxamento do músculo no escroto permite que seus testículos fiquem soltos, assim as células produtoras de espermatozoides não aquecem demais. Essas células funcionam melhor quando estão um pouco abaixo da temperatura corporal normal.

Tabela 17.1 Sistema reprodutor do macho humano

Órgãos reprodutores	
Testículos (2)	Produção de espermatozoides, hormônio sexual
Epidídimos (2)	Local de maturação do espermatozoide e armazenamento subsequente
Dutos espermáticos (2)	Transporte rápido de espermatozoides
Dutos ejaculatórios (2)	Condução do espermatozoide ao pênis
Pênis	Órgão da relação sexual
Glândulas acessórias	
Vesículas seminais (2)	Secretam a maior parte do fluido no sêmen
Glândula da próstata	Secreta um pouco de fluido no sêmen
Glândulas bulbouretral	Secreta um muco lubrificante

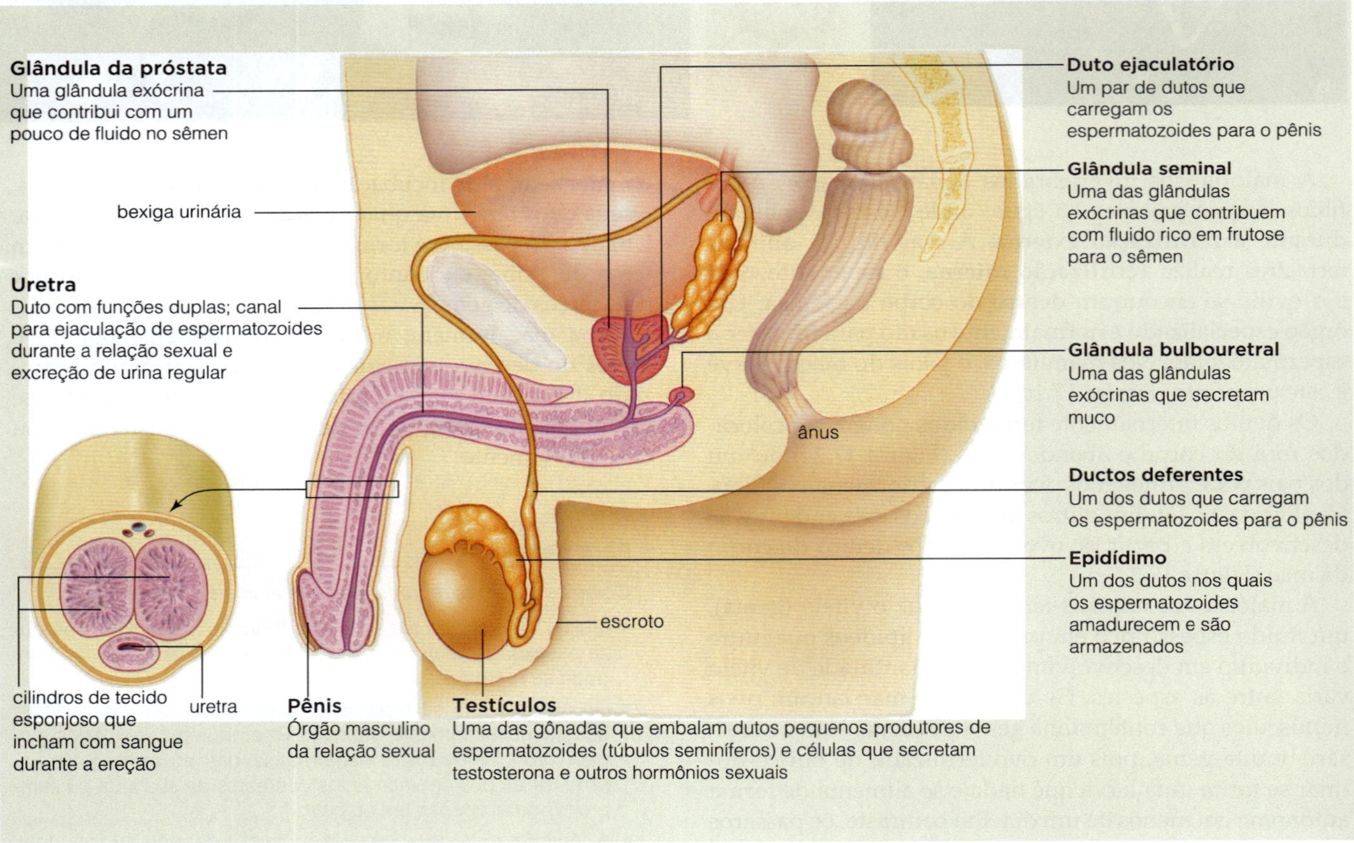
Glândula da próstata
Uma glândula exócrina que contribui com um pouco de fluido no sêmen
bexiga urinária
Uretra
Duto com funções duplas; canal para ejaculação de espermatozoides durante a relação sexual e excreção de urina regular
cilindros de tecido esponjoso que incham com sangue durante a ereção
uretra
Pênis
Órgão masculino da relação sexual
Testículos
Uma das gônadas que embalam dutos pequenos produtores de espermatozoides (túbulos seminíferos) e células que secretam testosterona e outros hormônios sexuais
escroto
ânus
Duto ejaculatório
Um par de dutos que carregam os espermatozoides para o pênis
Glândula seminal
Uma das glândulas exócrinas que contribuem com fluido rico em frutose para o sêmen
Glândula bulbouretral
Uma das glândulas exócrinas que secretam muco
Ductos deferentes
Um dos dutos que carregam os espermatozoides para o pênis
Epidídimo
Um dos dutos nos quais os espermatozoides amadurecem e são armazenados

Figura 17.3 Componentes do sistema reprodutor masculino e suas funções.

Um macho entra na **puberdade** – a fase de desenvolvimento em que os órgãos reprodutores amadurecem – em um momento entre as idades de 11 e 16 anos. Os testículos aumentam e começa a produção de espermatozoides. A secreção de testosterona aumenta e leva ao desenvolvimento de características sexuais secundárias: as pregas vocais espessadas que engrossam a voz; crescimento aumentado de pelos no rosto, no tórax, nas axilas e nas regiões púbicas; e uma distribuição específica de gordura e músculo.

Dutos reprodutores e glândulas acessórias

Os espermatozoides se formam por meiose nos testículos, um processo que discutiremos na próxima seção. Aqui consideramos o caminho que os espermatozoides viajam até a superfície do corpo. A jornada começa quando os espermatozoides não maduros e imóveis são empurrados pela ação dos cílios dos testículos no epidídimo, um tubo enrolado assentado em um testículo. A palavra grega *epi-* significa *em*, e *didymos* significa *gêmeos*. Nesse contexto, os "gêmeos" se referem aos dois testículos. As secreções da parede do epidídimo nutrem o espermatozoide e os ajudam a amadurecer.

A última região de cada epidídimo armazena espermatozoides maduros e é contínua à primeira porção de um duto espermático (*vas deferens*) (plural, *vasa deferentia*). Em latim, *vas* quer dizer *vaso*, e *deferens, levar para longe*. Um *vas deferens* é um duto que leva os espermatozoides a partir de um epidídimo para um pequeno duto ejaculatório. Os tubos ejaculatórios entregam os espermatozoides à uretra, o tubo que se estende pelo pênis do macho e que se abre na superfície do corpo.

O **pênis** é o órgão de relação sexual e também desempenha um papel na micção. Embaixo de sua camada externa de pele, o tecido conjuntivo inclui três cilindros alongados de tecido esponjoso. Quando um macho fica sexualmente excitado, os sinais nervosos fazem com que o sangue flua para o tecido esponjoso mais rápido do que para fora. Quando a pressão do fluido aumenta, o pênis normalmente flácido fica ereto.

Os espermatozoides ficam armazenados nos epidídimos e na primeira parte dos dutos espermáticos. Somente quando o macho alcança o ápice de excitação sexual e ejacula, os espermatozoides são lançados para a superfície do corpo. Durante a ejaculação, o músculo liso nas paredes dos epidídimos e dutos espermáticos sofre contrações rítmicas que impulsionam os espermatozoides e as secreções das glândulas acessórias para fora do corpo como um fluido espesso e branco chamado **sêmen**.

O sêmen é uma mistura complexa de espermatozoides, proteínas, nutrientes, íons e moléculas de sinalização. Os espermatozoides constituem menos de 5% do volume do sêmen; a maior parte é formada por secreções das glândulas acessórias. As vesículas seminais, glândulas exócrinas próximas à base da bexiga, secretam fluido rico em frutose nos dutos espermáticos. Os espermatozoides usam a frutose (um açúcar) como sua fonte de energia. A próstata, que cerca a uretra, é o outro contribuinte importante para o volume de sêmen. Suas secreções ajudam a aumentar o pH do trato reprodutor feminino, assim os espermatozoides conseguem nadar com mais eficiência. As glândulas seminais e a próstata também secretam prostaglandinas, que são moléculas de sinalização local.

As duas glândulas bulbouretrais do tamanho de uma ervilha secretam um muco lubrificante na uretra. Esse muco ajuda a limpar a uretra da urina antes da ejaculação.

Problemas testiculares e de próstata

Em um homem jovem e saudável, a próstata é do tamanho de uma noz. Porém, a inflamação ou a idade podem fazer essa glândula aumentar. Como a uretra atravessa a próstata, até mesmo o aumento benigno da próstata pode estreitar esse tubo e causar dificuldade para urinar. Medicamentos, tratamentos a *laser* e cirurgias são usados para aliviar os sintomas.

O aumento da próstata pode ser um sintoma de câncer de próstata. Esse câncer é a causa principal de morte entre homens, ultrapassado apenas pelos cânceres de pulmão. No mundo, centenas de milhares de homens são diagnosticados com câncer de próstata todo ano. Destes, dezenas de milhares morrem. Muitos cânceres de próstata crescem lentamente, mas alguns crescem rápido e se espalham para outras partes do corpo. Os fatores de risco para o câncer de próstata incluem idade avançada, dieta rica em gorduras animais, tabagismo e um estilo de vida sedentário. Os genes também desempenham um papel nesse caso. Se um homem tem um pai ou irmão afetado, seu próprio risco de câncer de próstata dobra.

Os médicos podem diagnosticar o câncer de próstata por testes sanguíneos que detectam aumentos no antígeno específico da próstata (PSA) e por exame físico. Cirurgia e terapia de radiação podem curar cânceres que são detectados precocemente.

O câncer testicular é relativamente raro. Mesmo assim, é o câncer mais comum entre homens entre 15 e 34 anos de idade. Uma vez ao mês, depois de um banho quente, o homem deve examinar seus testículos quanto à existência de grumos, aumentos ou endurecimentos. O tratamento de câncer testicular é normalmente bem-sucedido se detectado no início, antes que se espalhe.

Para pensar

Quais são as funções dos órgãos reprodutores masculinos?

- Um par de testículos, os órgãos reprodutores primários em machos humanos, produz espermatozoides. Eles também produzem e secretam o hormônio sexual masculino testosterona.
- Os espermatozoides e as secreções das glândulas acessórias formam o sêmen. Durante o clímax sexual (orgasmo), o sêmen é impulsionado por uma série de dutos e sai do corpo por uma abertura no pênis.
- Uma glândula acessória, a próstata, muitas vezes aumenta com a idade. Também é um local comum para cânceres.

17.3 Formação dos espermatozoides

- Em seus anos reprodutivos, o homem produz continuamente novas células germinativas, que sofrem meiose para produzir espermatozoides.
- A formação de espermatozoides é controlada por hormônios.

Das células germinativas ao espermatozoide maduro

Embora menor que uma bola de golfe, um testículo contém túbulos seminíferos enrolados que se estenderiam por 125 metros (mais longo que um campo de futebol) se esticados (Figura 17.4*a*). As células de Leydig que se agrupam entre estes túbulos secretam o hormônio testosterona (Figura 17.4*b*).

As células germinativas masculinas, ou espermatogônias, revestem a parede interna de cada túbulo seminífero. Em um macho sexualmente maduro, estas células diploides sofrem mitose novamente. A cada divisão, os descendentes mais jovens forçam os mais velhos pelo interior do túbulo. As células mais velhas deslocadas são espermatócitos primários. As células de Sertoli, outro tipo de célula dentro dos túbulos, fornecem suporte metabólico aos espermatócitos.

Os espermatócitos primários entram em meiose enquanto estão sendo deslocados – mas seu citoplasma quase não se divide. Pontes citoplasmáticas finas os mantêm conectados durante as divisões nucleares. Moléculas de sinalização cruzam as pontes livremente e as induzem a amadurecer na mesma taxa.

A conclusão da meiose I rende dois espermatócitos secundários (Figura 17.4*c*). Estas são células haploides com cromossomos duplicados. As cromátides irmãs de cada cromossomo se separarão durante a meiose II, que produz espermatozoides não maduros ou espermátides. À medida que as espermátides amadurecem em espermatozoides, as pontes de citoplasma entre elas quebram.

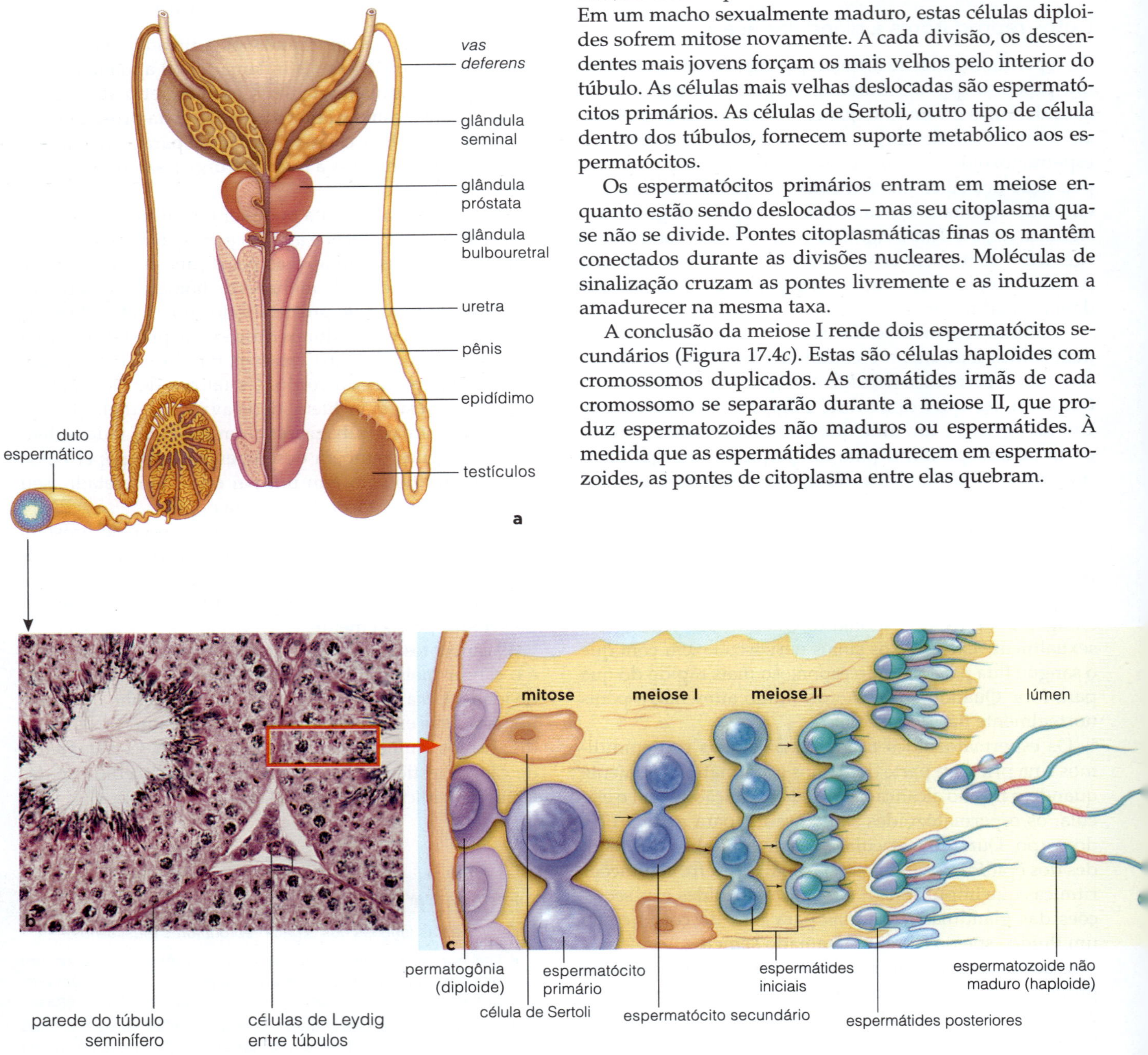

Figura 17.4 Onde e como se formam os espermatozoides. (**a**) Trato reprodutor masculino, visão posterior. (**b**) Micrografia de luz das células nos três túbulos seminíferos adjacentes, corte transversal. As células de Leydig secretoras de testosterona ocupam os espaços entre os túbulos. (**c**) Células germinativas diploides (espermatogônias) revestem um túbulo seminífero. Estas células sofrem mitose para formar espermatócitos primários que sofrem meiose para formar espermátides. As espermátides amadurecem em espermatozoides.

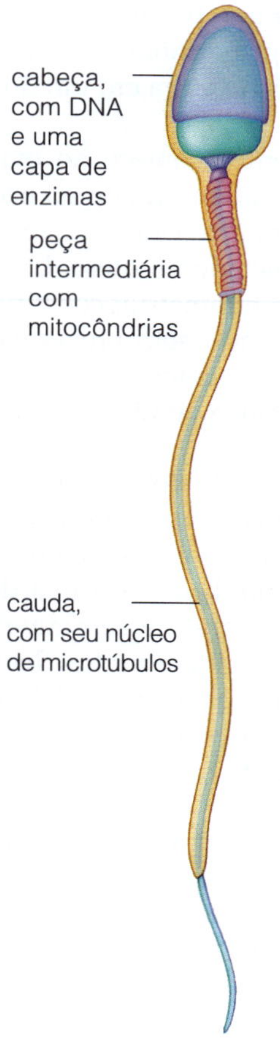
cabeça, com DNA e uma capa de enzimas
peça intermediária com mitocôndrias
cauda, com seu núcleo de microtúbulos

Figura 17.5 Estrutura de um espermatozoide maduro, um gameta.

Um espermatozoide é uma célula haploide flagelada (Figura 17.5). Ele usa seu flagelo ou "cauda" para nadar em direção a um óvulo. Mitocôndrias na peça intermediária adjacente fornece a energia necessária para o movimento flagelar. A "cabeça" do espermatozoide é cheia de DNA e possui uma capa de enzima na ponta. As enzimas podem ajudar o espermatozoide a penetrar em um oócito digerindo parcialmente sua camada externa.

A formação de espermatozoides leva cerca de 100 dias, do começo ao fim. Um homem adulto produz espermatozoides continuamente, assim, muitos milhões de células estão em diferentes fases de desenvolvimento no dia.

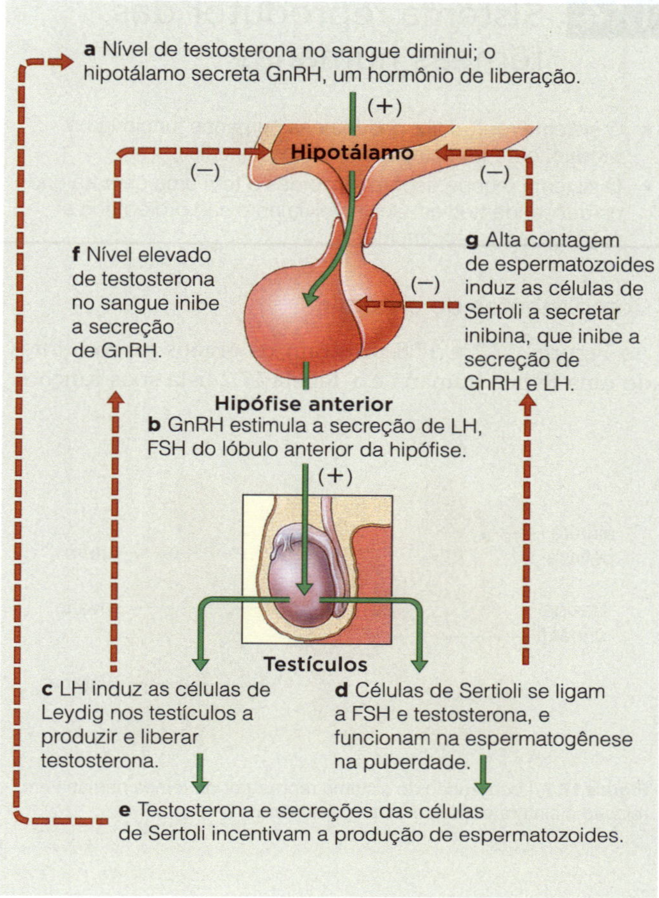
a Nível de testosterona no sangue diminui; o hipotálamo secreta GnRH, um hormônio de liberação.
(+)
Hipotálamo
(−)
(−)
f Nível elevado de testosterona no sangue inibe a secreção de GnRH.
g Alta contagem de espermatozoides induz as células de Sertoli a secretar inibina, que inibe a secreção de GnRH e LH.
(−)
Hipófise anterior
b GnRH estimula a secreção de LH, FSH do lóbulo anterior da hipófise.
(+)
Testículos
c LH induz as células de Leydig nos testículos a produzir e liberar testosterona.
d Células de Sertioli se ligam a FSH e testosterona, e funcionam na espermatogênese na puberdade.
e Testosterona e secreções das células de Sertoli incentivam a produção de espermatozoides.

Figura 17.6 Vias de sinalização na formação de espermatozoides. Os círculos de resposta negativa controlam as secreções hormonais do hipotálamo, o lóbulo anterior da glândula hipófise e os testículos.

Controle hormonal sobre a formação de espermatozoides

Quatro hormônios – GnRH, LH, FSH e testosterona – são parte das vias de sinalização que controlam a formação de espermatozoides (Figura 17.6).

O **hormônio liberador de gonadotropina** (**GnRH**) é um dos hormônios do hipotálamo cujo alvo é a glândula hipófise (Figura 17.6*a*). O GnRH estimula as células da hipófise anterior a secretar **hormônio luteinizante** (**LH**) e **hormônio foliculestimulante** (**FSH**) (Figura 17.6*b*). Como você aprenderá, estes dois hormônios desempenham um papel importante tanto na função reprodutora masculina como feminina.

Nos homens, tanto o hormônio LH como o FSH têm por alvo células dentro dos testículos. O LH se liga às células de Leydig que ficam entre os túbulos seminíferos, estimulando-as a secretar testosterona (Figura 17.6*c*). O FSH tem por alvo as células de Sertoli dentro dos túbulos seminíferos. O FSH em combinação com a testosterona induz as células de Sertoli a produzir fatores de crescimento e outros sinais moleculares (Figura 17.6*d*). Estas substâncias banham as células germinativas vizinhas e incentivam o desenvolvimento e maturação de espermatozoides (Figura 17.6*e*).

Um círculo de resposta negativa regula a secreção de testosterona e a formação de espermatozoides. Uma alta concentração de testosterona no sangue reduz a secreção de GnRH pelo hipotálamo (Figura 17.6*f*). A diminuição do GnRH então baixa a produção de LH e FSH pelos testículos. Além disso, uma alta contagem de espermatozoides incentiva as células de Sertoli a liberar o hormônio inibina (Figura 17.6*g*). Como a testosterona, a inibina exige uma desaceleração na secreção de GnRH e FSH.

Para pensar

Como se formam os espermatozoides e qual o papel dos hormônios?

- A meiose em células germinativas nos túbulos seminíferos dos testículos produz espermatozoides – os gametas masculinos haploides.
- O controle hormonal do processo começa com GnRH do hipotálamo. O GnRH provoca a secreção dos hormônios FSH e LH pela glândula hipófise.
- O FSH e o LH agem nos testículos, onde estimulam a liberação de testosterona e outros fatores necessários à formação e ao desenvolvimento de espermatozoides.

17.4 Sistema reprodutor das fêmeas humanas

- O sistema reprodutor das fêmeas humanas funciona na produção de gametas e hormônios sexuais.
- O sistema recebe espermatozoides e tem uma câmara onde os descendentes em desenvolvimento são protegidos e nutridos até o nascimento.

Componentes do sistema

As Figuras 17.7 e 17.8 mostram os órgãos reprodutores de uma fêmea humana e a Tabela 17.2 lista suas funções.

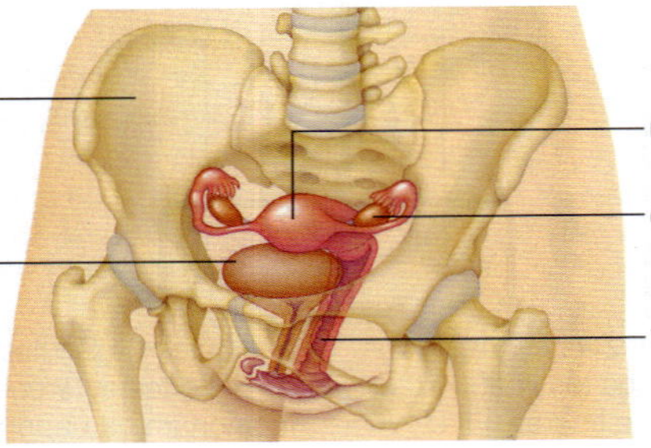

cintura pélvica
bexiga urinária
útero
ovário
vagina

Figura 17.7 Localização do sistema reprodutor da fêmea humana em relação à cintura pélvica e à bexiga urinária.

As gônadas são um par de **ovários** que produzem oócitos (óvulos não maduros) e secretam hormônios sexuais ciclicamente. Quando liberado, o oócito entra em um dos **ovidutos** ou tuba uterina.

A fertilização mais frequentemente acontece no oviduto. O óvulo fertilizado vai para o **útero**, um órgão oco em forma de pera acima da bexiga urinária. Um embrião se forma e o desenvolvimento é completado no útero. Uma camada espessa de músculo liso, o miométrio, constitui a maior parte da parede uterina. O endométrio reveste o útero e consiste em epitélio glandular, tecidos conjuntivos e vasos sanguíneos. A porção mais baixa do útero é a cérvix, que abre na vagina.

A **vagina**, um tubo muscular revestido por mucosa, se estende da cérvix até a superfície do corpo. É lubrificada por suas próprias secreções mucosas e funciona como o órgão da relação sexual. A vagina também é o canal de nascimento no parto. Dois pares de dobras de pele envolvem as aberturas de superfície da vagina e uretra. Tecido adiposo preenche o par de dobras externas (os lábios maiores da vulva). Dobras internas finas (lábios menores da vulva) têm um suprimento rico de sangue e incham durante o estímulo sexual.

A ponta do clitóris, um órgão sexual altamente sensível, é posicionada entre as duas dobras internas, bem em frente à uretra. O clitóris e o pênis se desenvolvem a partir do mesmo tecido embrionário. Ambos são abun-

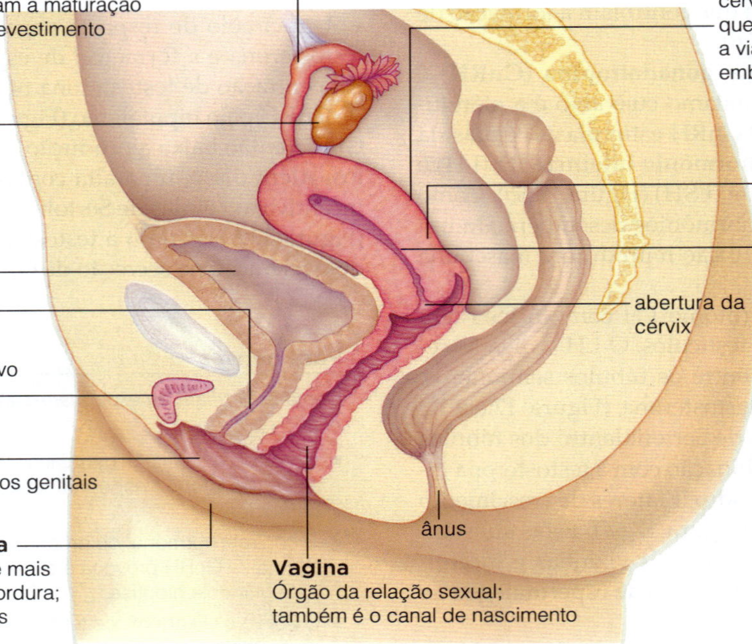

Ovário
Uma das gônadas que produzem oócitos e hormônios sexuais; durante o curso de um ciclo mensal, libera hormônios que estimulam a maturação do oócito e prepara o revestimento do útero para uma potencial gravidez
Oviduto
Um dos canais ciliados por onde os oócitos são impulsionados de um ovário para o útero; local habitual de fertilização
Útero
Câmara onde o embrião se desenvolve; sua porção estreitada, a cérvix, secreta muco que ajuda o espermatozoide a viajar no útero e defende o embrião contra muitas bactérias
Miométrio
Camadas de músculo espesso do útero; estica muito durante a gravidez
Endométrio
Revestimento interno do útero onde um blastocisto se implanta; fica mais espesso e tem suprimento de sangue aumentado durante a gravidez; dá origem à placenta, um órgão que sustenta metabolicamente o desenvolvimento embrionário e fetal
Bexiga urinária
Uretra
abertura da cérvix
Clitóris
Órgão pequeno responsivo à excitação sexual
Lábio menor da vulva
Uma das dobras de pele mais internas; parte dos órgãos genitais
ânus
Lábio maior da vulva
Uma das dobras de pele mais externas, formada por gordura; parte dos órgãos genitais
Vagina
Órgão da relação sexual; também é o canal de nascimento

Figura 17.8 Componentes do sistema reprodutor da fêmea humana e suas funções.

Tabela 17.2 Órgãos reprodutores femininos

Ovários (2)	Produção e maturação de oócitos, produção de hormônio sexual
Ovidutos (2)	Tubos entre os ovários e o útero; a fertilização normalmente ocorre aqui
Útero	Câmara onde o novo indivíduo se desenvolve
Cérvix	Entrada para o útero; secreta muco que melhora a viagem do espermatozoide no útero e reduz o risco de infecção do embrião
Vagina	Órgão da relação sexual; canal de nascimento

dantes em receptores altamente sensíveis ao toque e ambos incham com sangue e ficam eretos durante a excitação sexual.

Visão geral do ciclo menstrual

As fêmeas da maioria das espécies mamíferas seguem um ciclo estral, o que significa que elas são férteis (sexualmente receptivas aos machos) somente em determinados momentos. Fêmeas de humanos e alguns outros primatas seguem um **ciclo menstrual**. Seus períodos férteis são cíclicos, intermitentes e não conectados à receptividade sexual. Em outras palavras, elas podem ficar grávidas somente durante certos períodos no ciclo, mas podem ser receptivas ao sexo a qualquer hora.

As fêmeas humanas geralmente começam a menstruar por volta dos doze anos de idade. A Seção 17.6 descreve o ciclo menstrual em detalhes, mas aqui vai uma visão geral: a cada 28 dias ou mais, um oócito amadurece em um ovário e é liberado. Durante um intervalo de duas semanas, o útero é preparado para a gravidez. Se o oócito não for fertilizado, sangue e pedaços de endométrio fluem pela vagina. Esse fluxo menstrual indica o começo de um novo ciclo.

Uma mulher passa por esses ciclos mensais até alcançar o final dos quarenta ou início dos cinquenta anos de idade, quando sua produção de hormônio sexual diminui. A redução nas secreções de hormônio está correlacionada ao início da **menopausa**, o crepúsculo da fertilidade feminina.

Para pensar

Quais são os principais órgãos reprodutores femininos?

- Os ovários são gônadas; eles produzem óvulos e secretam hormônios sexuais.
- Os óvulos viajam por ovidutos até o útero, a câmara onde os descendentes se desenvolvem.
- A vagina recebe o espermatozoide e serve como o canal de nascimento.

17.5 Problemas femininos

- Mudanças hormonais causam os sintomas pré-menstruais, dor menstrual e ondas de calor.

TPM Muitas mulheres experimentam regularmente desconforto aproximadamente uma semana antes de menstruar. Os tecidos do corpo incham devido às mudanças pré-menstruais que influenciam a secreção de aldosterona. Esse hormônio da glândula adrenal estimula a reabsorção de sódio e, indiretamente, água. As mamas podem ficar sensíveis por causa dos hormônios que fazem os dutos mamários aumentarem. Mudanças induzidas pelo ciclo também causam depressão, irritabilidade ou ansiedade. Enxaquecas e distúrbios do sono são comuns.

A repetição regular destes sintomas é conhecida como síndrome pré-menstrual (TPM). Uma dieta balanceada e exercícios regulares tornam a ocorrência da TPM menos provável e menos severa. Os contraceptivos orais minimizam as alterações hormonais e, assim, a TPM. Em alguns casos, fármacos que suprimem completamente a secreção de hormônios sexuais podem ajudar.

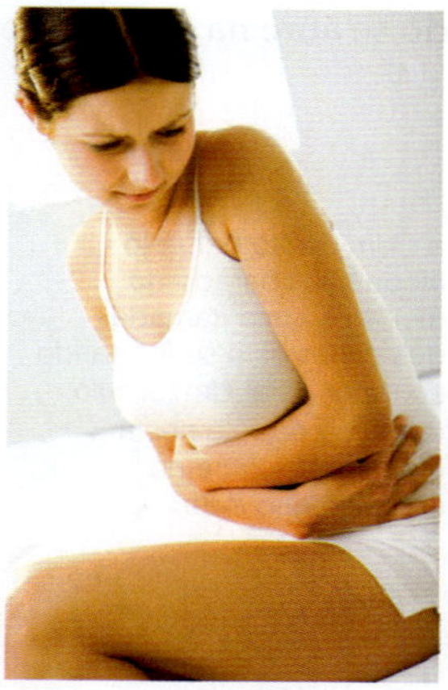

Dor menstrual As prostaglandinas secretadas durante a menstruação estimulam as contrações do músculo liso na parede uterina. Muitas mulheres não notam as contrações, mas outras experimentam uma dor crônica ou aguda. Mulheres que secretam níveis altos de prostaglandinas têm mais probabilidade de sentir desconforto ao menstruar.

A endometriose, o crescimento do tecido endometrial em regiões impróprias da pélvis, afeta mais ou menos 15% das mulheres e pode causar dor durante a menstruação. Os hormônios fazem com que o excesso de tecido sangre, depois cure, formando cicatrizes que podem ser dolorosas. Métodos de supressão de hormônio ajudam, mas somente a cirurgia pode fornecer uma cura. Mais de um terço das mulheres acima dos 30 anos apresenta tumores uterinos benignos chamados fibroides. A maioria dos fibroides não causa nenhum sintoma, mas alguns resultam em dor, longos períodos menstruais e hemorragia. Uma mulher que precisa trocar o absorvente ou tampão de hora em hora deveria discutir essa condição com seu médico. A remoção cirúrgica de fibroides interrompe a hemorragia e a dor.

Ondas de calor, suores noturnos Três quartos das mulheres que estão entrando na menopausa sentem ondas de calor. Elas sentem calores abruptos e desconfortáveis, ficam coradas e suam à medida que o sangue irriga a pele. Quando ocorrem episódios à noite, elas acordam. A terapia de reposição hormonal pode aliviar estes sintomas, mas a terapia aumenta o risco de câncer de mama e derrame, especialmente se continuada por anos. Exercícios, evitar álcool e ingerir produtos à base de soja também podem ajudar a reduzir os sintomas.

17.6 Preparações para gravidez

- Uma mulher fértil sofre mudanças hormonais e libera óvulos em um ciclo mensal.

Ciclo ovariano

Ao nascer, uma menina tem aproximadamente 2 milhões de **oócitos primários**, óvulos não maduros que entraram em meiose, mas pararam na prófase I. A partir do seu primeiro ciclo menstrual, estes oócitos amadurecem, geralmente um de cada vez, em um ciclo de aproximadamente 28 dias. A Figura 17.9 representa os eventos deste ciclo em um ovário.

Um oócito primário e as células que o cercam constituem um folículo ovariano (Figura 17.9*a*). Na primeira parte do ciclo ovariano – a fase folicular – as células ao redor do oócito se dividem repetidamente, enquanto o oócito aumenta e secreta glicoproteínas. Estas glicoproteínas secretadas formam uma camada não celular conhecida como **zona pelúcida** (Figura 17.9*b*). Conforme o folículo amadurece, uma cavidade cheia de líquido se abre na camada celular ao redor do oócito (Figura 17.9*c*). Muitas vezes, mais de um folículo começa a amadurecer durante a fase folicular, mas tipicamente apenas um se desenvolve e se torna completamente maduro.

O amadurecimento folicular requer aproximadamente 14 dias e fica sob controle hormonal. Conforme a fase folicular se inicia, o hipotálamo secreta GnRH. Este hormônio estimula as células na hipófise anterior a aumentar sua secreção de FSH e LH (Figura 17.10*a*). O aumento dos níveis de FSH e LH no sangue permite o amadurecimento do folículo e estimula células foliculares a secretar **estrogênio**, um tipo de hormônio sexual. (Figura 17.10*b*,*c*).

A hipófise detecta o nível crescente de estrogênios no corpo e responde com uma expansão de LH. O aumento de LH incentiva o oócito primário a completar a meiose I e passar pela divisão citoplasmática. Uma das células haploides resultantes, o **oócito secundário**, ocupa a maior parte do citoplasma. A outra célula haploide é o primeiro corpúsculo polar, uma célula que irá se degenerar (Figura 17.9*d*). O aumento de LH também provoca inchaço do folículo e depois seu rompimento.

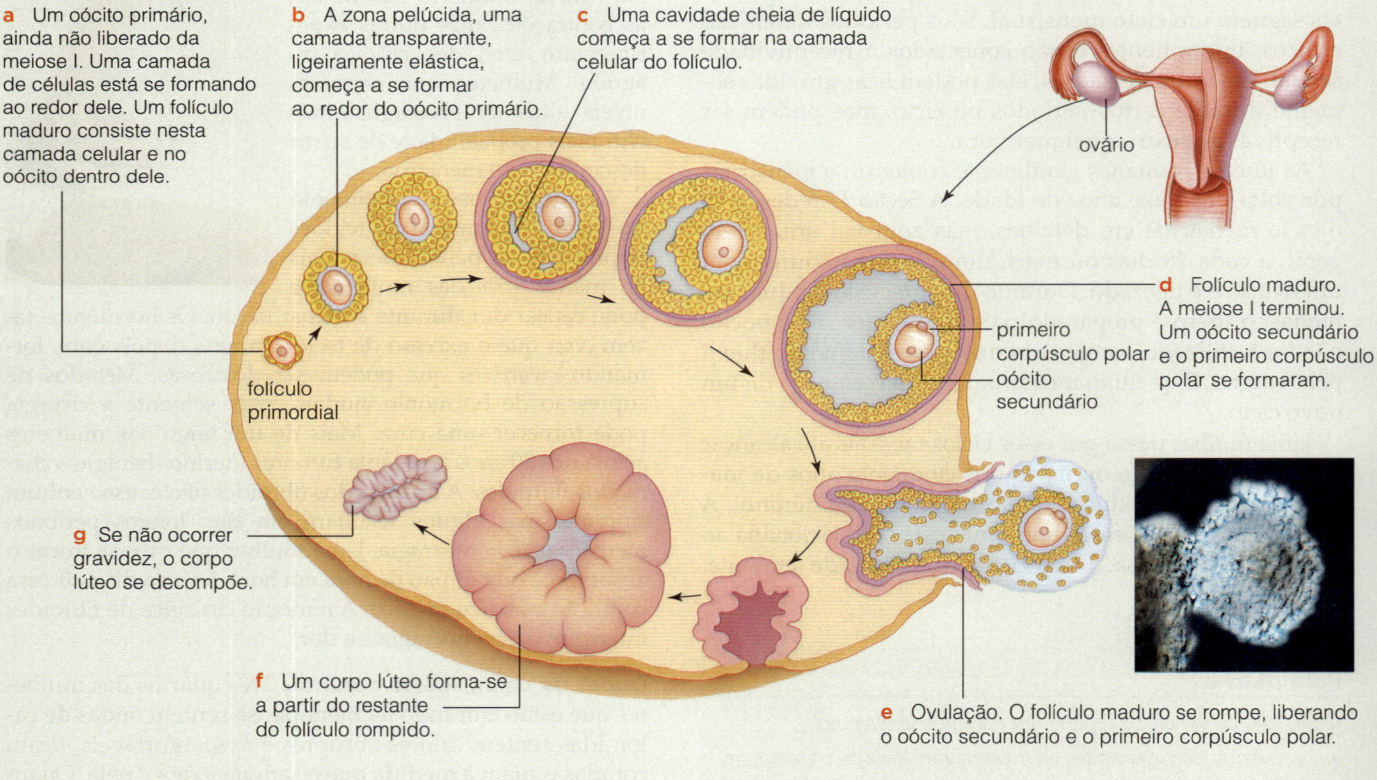

a Um oócito primário, ainda não liberado da meiose I. Uma camada de células está se formando ao redor dele. Um folículo maduro consiste nesta camada celular e no oócito dentro dele.
b A zona pelúcida, uma camada transparente, ligeiramente elástica, começa a se formar ao redor do oócito primário.
c Uma cavidade cheia de líquido começa a se formar na camada celular do folículo.
ovário
folículo primordial
d Folículo maduro. A meiose I terminou. Um oócito secundário e o primeiro corpúsculo polar se formaram.
primeiro corpúsculo polar
oócito secundário
e Ovulação. O folículo maduro se rompe, liberando o oócito secundário e o primeiro corpúsculo polar.
f Um corpo lúteo forma-se a partir do restante do folículo rompido.
g Se não ocorrer gravidez, o corpo lúteo se decompõe.

Figura 17.9 Eventos cíclicos em um ovário humano, seção cruzada. O folículo não se "move" como neste diagrama, que mostra simplesmente a *sequência* de eventos. Todas estas estruturas se formam no mesmo lugar durante um ciclo menstrual. Na primeira fase do ciclo, um folículo cresce e amadurece. Na ovulação, a segunda fase, o folículo maduro se rompe e libera um oócito secundário. Na terceira fase, um corpo lúteo se forma a partir dos resíduos do folículo.

O oócito secundário, ainda cercado pela zona pelúcida e algumas células foliculares, é lançado em um oviduto. Desse modo, a onda do ciclo mediano de LH é a desencadeadora da **ovulação**, a liberação de um oócito secundário a partir de um ovário (Figura 17.9*e*). A ovulação é seguida pela fase lútea do ciclo ovariano. Durante esta fase, o folículo rompido torna-se uma estrutura glandular amarelada conhecida como **corpo lúteo** (Figura 17.9*f*). Em latim, *corpus* significa corpo e *luteum* significa amarelo.

O corpo lúteo secreta uma grande quantidade do hormônio sexual progesterona e uma quantidade menor de estrogênio. O alto nível de progesterona alimenta o cérebro e reduz a secreção de LH e FSH, então um folículo novo não se desenvolve.

Se não ocorrer gravidez, o corpo lúteo não dura mais que 12 dias. Nos últimos dias da fase lútea, uma diminuição de LH provoca a ruptura (Figura 17.9*g*). Então uma nova fase folicular começa.

Eventos correlacionados no ovário e no útero

Menstruação, o fluxo de sangue e tecido endometrial fora do útero e através da vagina, coincide com o início da fase folicular no ovário (Figura 17.10*c,d*). A menstruação normalmente dura de 1 a 5 dias. Então, conforme a fase folicular passa, estrogênios secretados por um folículo que está amadurecendo fazem com que o revestimento uterino se reconstitua e se torne espesso.

Após a ovulação, na fase lútea, o estrogênio e a progesterona secretados pelo corpo lúteo agem no endométrio. Estes hormônios estimulam o crescimento dos vasos sanguíneos e das glândulas que secretam glicogênio. O útero agora está pronto para sustentar uma gravidez.

Se não ocorrer gravidez, o corpo lúteo se rompe e os níveis de progesterona e estrogênio aumentam. Os vasos sanguíneos fornecedores do endométrio atrofiam e o endométrio começa a se decompor. Na medida em que o tecido sanguíneo é descamado, uma nova fase folicular se inicia.

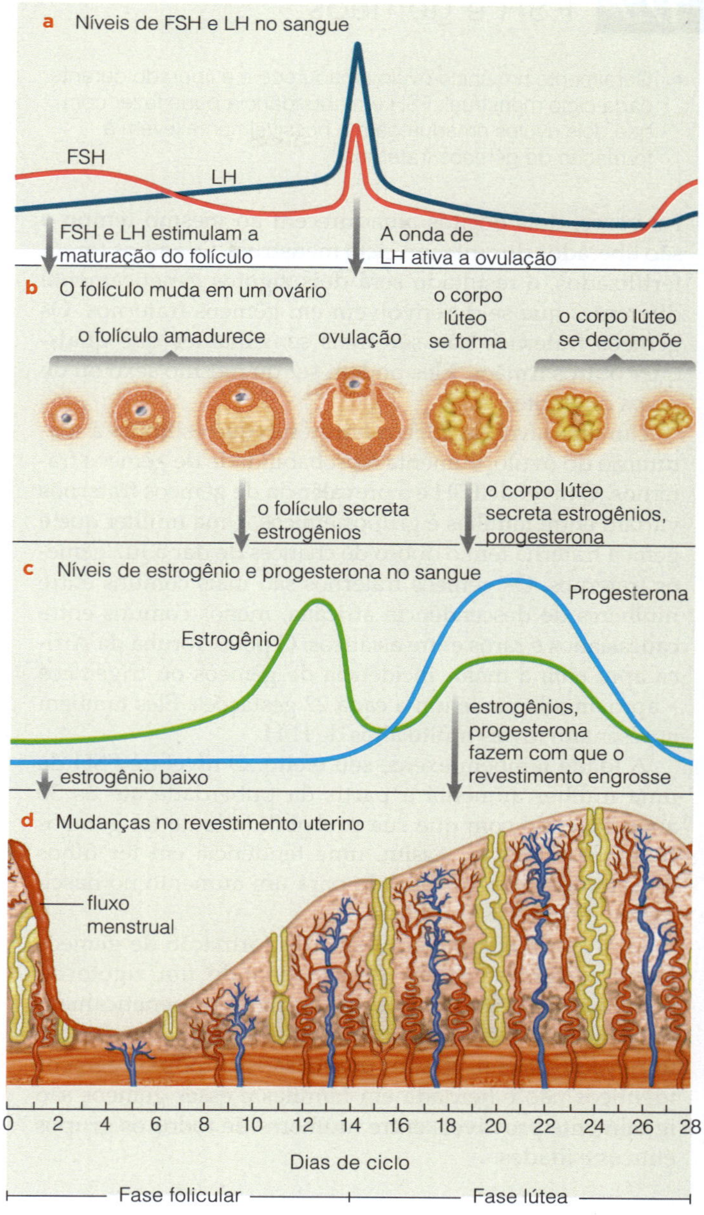

Figura 17.10 Mudanças em um ovário e útero humanos correlacionados aos níveis hormonais variáveis. Começamos com o início do fluxo menstrual no primeiro dia de um ciclo menstrual de 28 dias.
(**a**,**b**) Iniciado por GnRH do hipotálamo, a hipófise anterior secreta FSH e LH, que estimulam um folículo a crescer e um oócito a amadurecer em um ovário. Uma onda do ciclo mediano de LH ativa a ovulação e a formação de um corpo lúteo. Uma redução no FSH depois de ovulação interrompe a maturação de mais folículos.
(**c**,**d**) No início, o estrogênio de um folículo em amadurecimento exige reparo e reconstrução do endométrio. Depois da ovulação, o corpo lúteo secreta um pouco de estrogênio e mais progesterona que prepara o útero para gravidez. Se ocorrer gravidez, o corpo lúteo persistirá e suas secreções estimularão a manutenção do revestimento uterino.

Para pensar

Que mudanças cíclicas ocorrem no ovário e no útero?

- A cada 28 dias ou mais, FSH e LH estimulam o amadurecimento de um folículo ovariano.
- Uma onda do ciclo mediano de LH ativa a ovulação – a liberação de um oócito secundário em um oviduto.
- O estrogênio secretado por um folículo que está amadurecendo provoca espessamento do endométrio. Após a ovulação, a progesterona secretada pelo corpo lúteo incentiva a secreção pelas glândulas endometriais.
- Se não ocorrer gravidez, o corpo lúteo se rompe, os níveis de hormônio diminuem, o revestimento endometrial se descama e o ciclo começa novamente.

17.7 FSH e gêmeos

- Geralmente um único óvulo amadurece e é liberado durante cada ciclo menstrual. FSH em abundância pode fazer com que dois óvulos amadureçam e possivelmente levem à formação de gêmeos fraternos.

Às vezes, dois oócitos amadurecem ao mesmo tempo e são liberados durante um ciclo menstrual. Se ambos forem fertilizados, o resultado será dois zigotos geneticamente diferentes que se desenvolvem em gêmeos fraternos. Os gêmeos fraternos não são mais semelhantes que quaisquer outros irmãos. Eles podem ser do mesmo sexo ou de sexos diferentes.

Um alto nível de FSH, o hormônio que estimula a maturação do óvulo, aumenta a probabilidade de gêmeos fraternos. O nível de FSH e a prevalência de gêmeos fraternos variam entre famílias e grupos étnicos. Uma mulher que é gêmea fraterna tem o dobro de chances de dar à luz gêmeos fraternos. Os gêmeos fraternos são mais comuns entre mulheres de descendência africana, menos comuns entre caucasianos e raros entre asiáticos. O povo Yorubá da África apresenta a maior incidência de gêmeos ou trigêmeos – aproximadamente um a cada 22 gestações. Eles também apresentam níveis muito altos de FSH.

A idade também exerce seu efeito. O nível de FSH de uma mulher aumenta a partir da puberdade até os 30 anos, fazendo com que sua probabilidade de ter gêmeos fraternos aumente. Assim, uma tendência em ter filhos mais tarde está contribuindo para um aumento no nascimento de gêmeos fraternos.

O nível de FSH não influencia a formação de gêmeos idênticos. Esses gêmeos surgem quando um zigoto ou embrião inicial se divide e dois indivíduos geneticamente idênticos se desenvolvem. Uma divisão desse tipo é um evento casual. Assim, propensão a produzir gêmeos idênticos não é herdada em famílias e esses gêmeos são igualmente prováveis entre mulheres de todos os grupos étnicos e idades.

Para pensar

O que acontece durante a relação sexual e a fertilização?

- O estímulo sexual envolve sinais nervosos e hormonais.
- A ejaculação lança milhões de espermatozoides na vagina. O espermatozoide viaja pelo útero em direção aos ovidutos, o local onde a fertilização ocorre mais frequentemente.
- A penetração de um oócito secundário (óvulo) por um único espermatozoide faz com que o oócito complete a meiose II e evita que outros espermatozoides entrem.
- As organelas do espermatozoide se desintegram. O DNA do espermatozoide, com o do oócito, se torna o material genético do zigoto.

17.8 Quando os gametas se encontram

- A fertilização interna envolve mudanças coordenadas na fisiologia de dois indivíduos e interações adicionais posteriores entre seus gametas. Tudo isso começa com a relação sexual ou coito, ou cópula.

Relação sexual

Fisiologia do sexo Para os machos, a relação sexual exige uma ereção. Os cilindros longos de tecido esponjoso compõem a maior parte do pênis (Figura 17.3). Quando um macho não está sexualmente excitado, seu pênis permanece flácido, porque os grandes vasos sanguíneos que transportam sangue para o tecido esponjoso ficam contraídos. Quando um macho é excitado, os sinais parassimpáticos induzem os vasos que abastecem o tecido esponjoso a alargar. O fluxo de sangue para dentro do tecido esponjoso agora excede o fluxo para fora e o aumento na pressão do fluido expande as câmaras internas. Como resultado, o pênis aumenta e endurece, e pode ser inserido na vagina da fêmea.

Durante a relação sexual, o movimento pélvico estimula os mecanorreceptores no pênis do macho e no clitóris da fêmea. A parede vaginal, lábios e clitóris da fêmea incham com sangue.

Em ambos os companheiros, as taxas de batimentos cardíacos e respiração aumentam. A hipófise posterior aumenta sua secreção de ocitocina, que inibe os sinais do centro do cérebro que inibem o medo e a ansiedade. Quando a excitação é contínua, os níveis de ocitocina aumentam e levam ao orgasmo.

No orgasmo, a ocitocina causa contrações rítmicas do músculo liso do trato reprodutor. Ao mesmo tempo, a liberação de endorfina no cérebro evoca sentimentos de prazer. Em um macho, o orgasmo é normalmente acompanhado por ejaculação, onde os músculos em contração forçam o sêmen para fora do pênis. Você pode ter ouvido que uma fêmea não ficará grávida se ela não alcançar o orgasmo. Não acredite nisso.

Com relação ao viagra A capacidade de chegar a uma ereção e sustentá-la alcança seu auge durante o final da adolescência. À medida que o homem fica mais velho, ele pode ter episódios de disfunção erétil. Nesse distúrbio, o pênis não enrijece o suficiente para a relação sexual. Homens com problemas circulatórios são afetados com maior frequência. O tabagismo também aumenta esse risco. Os Institutos Nacionais de Saúde estimam que milhões de homens sejam afetados. O Viagra e drogas semelhantes, prescritas para disfunção erétil, fazem com que os vasos sanguíneos – que carregam o sangue no pênis – alarguem e forneçam mais sangue. Essas drogas podem causar dor de cabeça e perda súbita de audição (raramente). Elas também podem interagir com outras drogas e nunca devem ser tomadas sem receita médica.

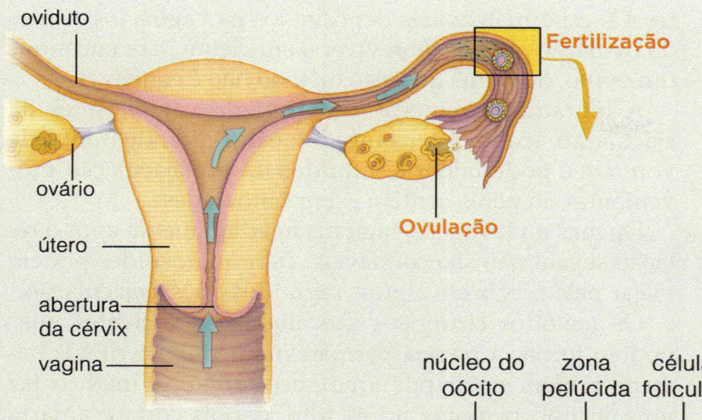

a A fertilização ocorre mais frequentemente em um oviduto. Muitos espermatozoides humanos viajam rapidamente pelo canal vaginal nos ovidutos (*setas azuis*).

Dentro de um oviduto, o espermatozoide cerca um oócito secundário que foi liberado por ovulação.

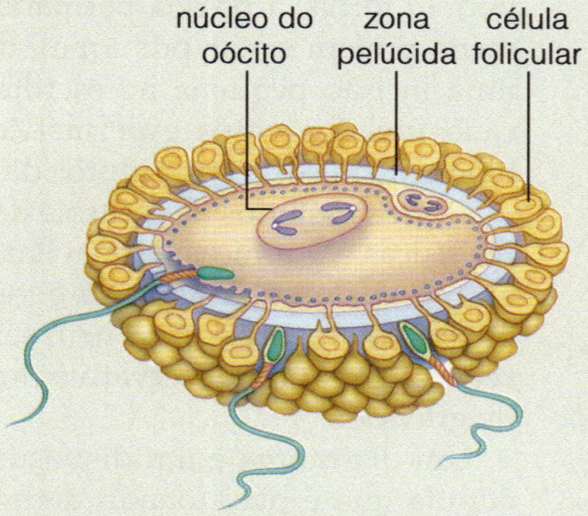

b Enzimas liberadas a partir da capa de cada espermatozoide limpam uma via pela zona pelúcida. A penetração do oócito secundário por um espermatozoide faz com que o oócito libere substâncias que endurecem a zona pelúcida e evita que outro espermatozoide se prenda.

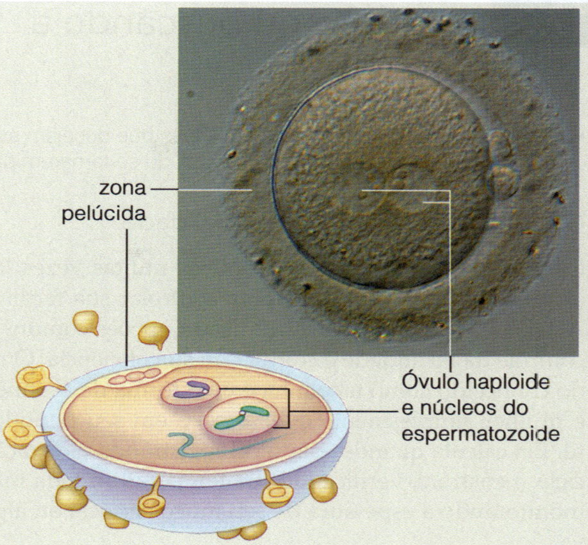

c O núcleo do oócito completa meiose II, formando um núcleo com um genoma materno haploide. A cauda do espermatozoide e outras organelas se degeneram. Seu DNA é envolto por uma membrana, formando um núcleo haploide com genes paternos.

Mais tarde, as duas membranas nucleares se rompem e os cromossomos paternos e maternos se organizarão em um fuso bipolar na preparação para a primeira divisão mitótica.

Figura 17.11 Eventos na fertilização humana. A micrografia de luz mostra um oócito humano fertilizado.

Resolva: Na micrografia, o que são as células pequenas à direita, bem abaixo da zona pelúcida?

Resposta: Os corpúsculos polares

Fertilização

Em média, uma ejaculação pode colocar de 150 a 350 milhões de espermatozoides na vagina. Menos de trinta minutos depois, centenas deles alcançam os ovidutos. Os espermatozoides nadam em direção aos ovários. Enquanto viajam, os espermatozoides sofrem mudanças que os preparam para se ligar e penetrar no óvulo.

A fertilização ocorre com mais frequência em um oviduto (Figura 17.11*a*). Os espermatozoides se ligam à zona pelúcida do óvulo e essa ligação ativa a liberação de enzimas acrossômicas da capa da cabeça do espermatozoide. As enzimas digerem a zona pelúcida, limpando a passagem até a membrana plasmática do óvulo (Figura 17.11*b*). Geralmente, somente um espermatozoide entra no óvulo. Sua cauda e outras organelas se decompõem.

A penetração de um espermatozoide no óvulo tem dois efeitos importantes. Primeiro, a penetração causa mudanças no óvulo que evitam que outros espermatozoides entrem. Segundo, a penetração faz com que o óvulo complete meiose II e se divida (Figura 17.11*c*). Essa divisão produz um ovo maduro e um corpúsculo polar. Esse corpúsculo polar, com outro formado anteriormente por meiose I, se degenerará.

Na maioria dos animais, os núcleos do óvulo e espermatozoide se fundem para formar um núcleo diploide no zigoto, a primeira célula de um novo indivíduo. Em seres humanos e outros mamíferos, os núcleos não se fundem. Em vez disso, as membranas nucleares do óvulo e do espermatozoide se rompem. Os cromossomos materno e paterno, então, são orientados em um fuso mitótico para a primeira divisão celular. Essa divisão é o primeiro passo no desenvolvimento.

17.9 Evitando ou buscando a gravidez

- Existem muitas opções para as pessoas que desejam evitar a reprodução ou melhorar suas chances de se tornarem pais.

Opções para controle da natalidade

Os fatores emocionais e econômicos muitas vezes levam as pessoas a buscar modos para controlar sua fertilidade. A Tabela 17.3 e a Figura 17.12 listam opções comuns para controle da fertilidade e comparam sua eficiência. O método conhecido como tabelinha é uma forma de abstinência; a mulher simplesmente evita o sexo em seu período fértil. Ela calcula quando está fértil registrando a duração do ciclo menstrual, verificando sua temperatura toda manhã, monitorando a espessura de seu muco cervical ou alguma combinação destes métodos. Erros de cálculo são frequentes. Os espermatozoides depositados na vagina logo antes da ovulação podem sobreviver o suficiente para encontrar um óvulo, de forma que este método não é confiável.

A retirada ou remoção do pênis da vagina antes da ejaculação (coito interrompido) exige grande força de vontade e pode falhar. Os fluidos da pré-ejaculação provenientes do pênis contêm espermatozoides.

Duchas ou lavagens vaginais imediatamente após a relação sexual não são confiáveis. Espermatozoides podem viajar pela cérvix em alguns segundos após a ejaculação.

Os métodos cirúrgicos são altamente eficientes, mas podem tornar a pessoa permanentemente estéril. Os homens podem optar por uma vasectomia. O médico faz uma incisão pequena no escroto, depois corta e amarra cada um dos vasos espermáticos. Uma ligação tubária bloqueia ou corta os ovidutos da mulher.

Outros métodos de controle da fertilidade usam barreiras físicas e químicas para evitar que os espermatozoides alcancem o óvulo. Espuma e geleia espermicida matam os espermatozoides. Elas nem sempre são confiáveis, mas seu uso com um preservativo ou diafragma reduz o risco de gravidez.

Um diafragma é um dispositivo flexível em forma de cúpula que é posicionado dentro da vagina de forma a cobrir a cérvix. Um diafragma é relativamente eficiente se for primeiro encaixado por um médico e usado corretamente com um espermicida. Uma capa cervical é um dispositivo semelhante, mas menor.

Os preservativos são invólucros finos e ajustados sobre o pênis durante a relação sexual. Boas marcas podem chegar a 95% de eficácia quando usadas corretamente com um espermicida. Somente preservativos feitos de látex oferecem proteção contra doenças sexualmente transmissíveis (DSTs). Porém, até mesmo os melhores podem rasgar ou vazar.

Um dispositivo intrauterino, ou DIU, é inserido no útero por um médico. Alguns DIUs levam o muco cervical a ficar mais espesso de forma a evitar que o espermatozoide consiga nadar nele. Outros irradiam cobre, que interfere na implantação.

A pílula de controle de natalidade é o método de controle de fertilidade mais comum em países desenvolvidos. "A Pílula" é uma mistura de estrogênios sintéticos e hormônios semelhantes à progesterona que evita a maturação de oócitos e a ovulação. Quando usada corretamente, a pílula é pelo menos 94% eficiente. Pode reduzir as cólicas menstruais, mas às vezes causa náusea, enxaquecas e ganho de peso. Seu uso reduz o risco de câncer ovariano e uterino, mas aumenta o risco de câncer de mama, cervical e de fígado.

Um adesivo para controle de natalidade é uma estrutura pequena e achatada, aplicada sobre a pele. O adesivo fornece a mesma mistura de hormônios que um contraceptivo oral e bloqueia a ovulação do mesmo modo. Como as

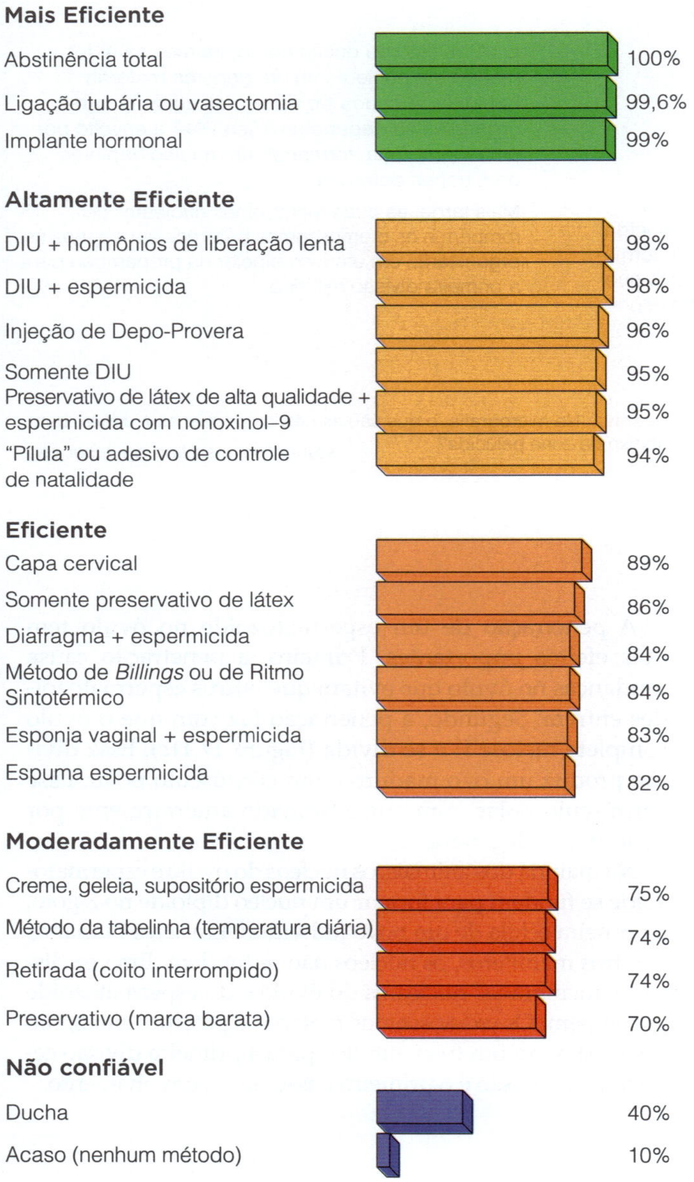

Figura 17.12 Comparação da efetividade de alguns métodos contraceptivos. Estas porcentagens também indicam o número de gestações não planejadas por 100 casais que usam somente aquele método de controle de natalidade por um ano. Por exemplo, "94% de eficácia" para contraceptivos orais significa que 6 das 100 mulheres ainda ficarão grávidas, em média.

pílulas de controle de natalidade, não servem para todas as mulheres. Algumas, especialmente aquelas que fumam, podem desenvolver coágulos de sangue perigosos e outros transtornos cardiovasculares graves em função do adesivo.

As injeções de hormônio ou implantes previnem a ovulação. As injeções agem por vários meses, ao passo que o implante dura três anos. Ambos os métodos são bastante eficientes, mas podem causar hemorragia esporádica.

Algumas mulheres adotam a contracepção de emergência depois que um preservativo se rompe ou depois de sexo consensual sem proteção ou estupro. Essas "pílulas do dia seguinte" estão atualmente disponíveis sem prescrição para mulheres acima de 18 anos de idade. Elas evitam a ovulação. Caso a mulher já tenha ovulado, ela altera a secreção vaginal, agindo no muco cervical e no endométrio, tornando o ambiente hostil. A pílula de emergência possui uma alta dose de hormônios, da classe das progesteronas, e funcionam melhor se tomadas imediatamente depois da relação sexual. Porém, elas podem ser eficientes até três dias mais tarde. Essas pílulas não se destinam a ser usadas regularmente. Náusea, vômitos, dor abdominal, enxaqueca e vertigem são efeitos colaterais.

Sobre o aborto

Aproximadamente 10% das gestações detectadas terminam em aborto espontâneo ou voluntário. Muitas outras gestações terminam sem nem sequer terem sido descobertas. De acordo com algumas estimativas, cerca de 50% de todas as gestações são encurtadas por algum problema genético. O risco de aborto aumenta de acordo com a idade materna.

O aborto induzido é o desalojamento deliberado e remoção de um embrião ou feto do útero. Em muitos países desenvolvidos, pais que descobrem através de testes genéticos que um embrião tem uma anormalidade genética podem decidir terminar a gravidez. Nos Estados Unidos, por exemplo, aproximadamente 80% dos embriões diagnosticados com síndrome de Down são abortados.

Do ponto de vista clínico, o aborto é um procedimento normalmente rápido, especialmente durante o primeiro trimestre de gestação. Mifepristona (RU-486) e drogas semelhantes podem induzir ao aborto durante as primeiras nove semanas. Elas interferem em como o revestimento uterino sustenta a gravidez. O uso de um dispositivo de sucção põe fim à gravidez de até quatorze semanas. Abortos tardios exigem procedimentos cirúrgicos mais complicados.

Tecnologia reprodutiva assistida

Quando um casal produz espermatozoides e oócitos (óvulos) normais, mas não consegue conceber naturalmente, eles podem fazer uso da tecnologia para obter auxílio. Na fertilização *in vitro*, o médico combina óvulos e espermatozoides fora do corpo (Figura 17.13). Os zigotos resultantes podem se dividir e assim um ou mais agrupamentos de células são transferidas para o útero da mulher para se desenvolver. As tentativas de reprodução assistida são caras e a maioria falha. Em mulheres de 30 anos de idade, cerca de um terço das tentativas *in vitro* resulta em nascimento. Em mulheres de 40 anos de idade, somente uma em seis tentativas tem êxito.

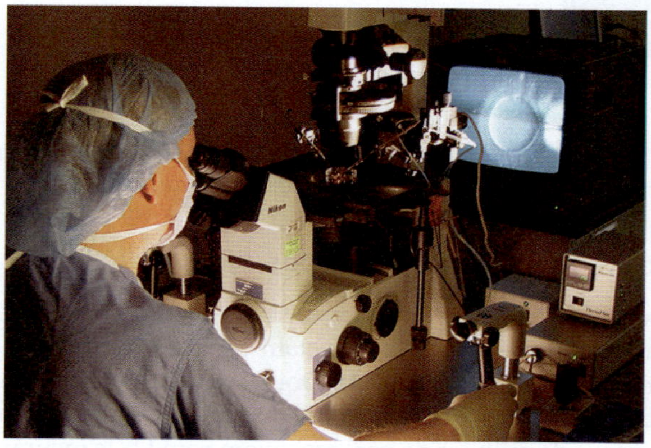

Figura 17.13 Fertilização *in vitro*. Um especialista em fertilidade usa um micromanipulador para inserir um espermatozoide humano em um oócito. A tela de vídeo mostra a visão pelo microscópio.

Para pensar

Quais os métodos usados pelos seres humanos para controlar sua fertilidade?

- As barreiras físicas e tratamentos hormonais podem prevenir a gravidez.
- Aborto espontâneo ou induzido dá fim a uma gravidez existente.
- A tecnologia da reprodução assistida ajuda alguns casais que estão tendo dificuldade em conceber.

Tabela 17.3 Métodos contraceptivos comuns

Método	Descrição
Abstinência	Evitar completamente relações sexuais
Método da tabelinha de ritmo	Evitar relações sexuais no período fértil da mulher
Retirada	Interromper a relação sexual antes que o homem ejacule
Ducha	Lavar o sêmen da vagina depois da relação sexual
Vasectomia	Cortar ou fechar os dutos espermáticos do homem
Ligação tubária	Cortar ou fechar os ovidutos da mulher
Preservativo	Envolve o pênis, bloqueia a entrada de espermatozoides na vagina
Diafragma, barreira cervical	Cobre a cérvix, bloqueia a entrada de espermatozoides no útero
Espermicidas	Matam os espermatozoides
Dispositivo intrauterino	Evita a entrada de espermatozoides no útero ou evita a implantação do embrião
Contraceptivos orais	Evitam a ovulação
Adesivos hormonais, implantes ou injeções	Evitam a ovulação
Pílula contraceptiva de emergência	Evita a ovulação

17.10 Doenças sexualmente transmissíveis

- O ato sexual transfere fluidos corporais nos quais patógenos humanos viajam de um hospedeiro a outro.

Consequências de infecções

Todo ano, os patógenos que causam doenças sexualmente transmissíveis, ou DSTs, infectam milhões de pessoas em todo o mundo (Tabela 17.4). Dois terços das pessoas infectadas têm menos de 25 anos, sendo um quarto adolescentes. Dezenas de milhões de pessoas vivem com DSTs incuráveis. O tratamento dessas doenças e suas complicações chegam a custar cerca de 8,4 bilhões de dólares por ano, em média.

As consequências sociais das DSTs são alarmantes. Mulheres são infectadas mais facilmente que os homens e desenvolvem mais complicações. Todo ano, mais de 1 milhão de mulheres desenvolve a doença inflamatória pélvica (DIP), uma complicação de algumas DSTs bacterianas. A DIP causa cicatrizes no trato reprodutor, pode causar dor e infertilidade crônica, além de aumentar o risco de uma gravidez tubária (Figura 17.14*a*).

A mãe pode transmitir uma DST ao seu filho. O vírus herpes simplex tipo 2 mata cerca de 50% dos embriões infectados e causa defeitos neurais em muitos sobreviventes. A exposição à *Chlamydia* durante o parto pode levar a uma infecção da garganta ou olhos do recém-nascido (Figura 17.14*b*).

Tabela 17.4 Novos casos de DST anuais

DST	Casos nos EUA	Casos globais
Infecção por HPV	6.200.000	400.000.000
Tricomoníase	5.000.000	174.000.000
Clamídia	3.000.000	92.000.000
Herpes genital	1.000.000	20.000.000*
Gonorreia	650.000	62.000.000
Sífilis	70.000	12.000.000
AIDS	40.000	4.900.000

* Dados globais sobre herpes genital compilados pela última vez em 1997.

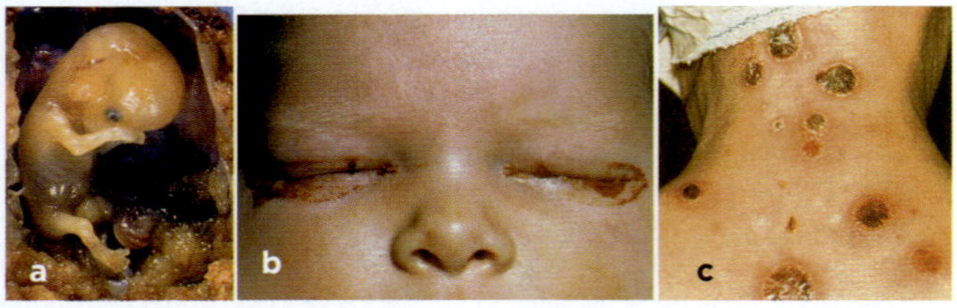

Figura 17.14 O lados ruim do sexo sem proteção. (**a**) Risco aumentado de gravidez tubária. Cicatrizes causadas por DSTs podem fazer com que o embrião se implante no oviduto, em vez do útero. Gestações tubárias sem tratamento podem romper um oviduto e causar hemorragia, infecção e morte. (**b**) Uma criança com olhos infectados por clamídia. A mãe da criança passou o patógeno bacteriano durante o processo de nascimento. (**c**) Cancros (feridas abertas) causada por sífilis.

Principais agentes das doenças sexualmente transmissíveis

HPV A infecção por papilomavírus humano (HPV) é a DST mais difundida. Dezenas de milhões de pessoas já foram infectadas. Algumas das 100 ou mais cepas de HPV podem provocar verrugas genitais: protuberâncias ásperas nos órgãos genitais externos e na área em torno do ânus. Algumas cepas de HPV são a causa principal de câncer cervical. Mulheres sexualmente ativas devem fazer um exame papanicolau anual para verificar se há alterações cervicais. Uma vacina pode prevenir a infecção por HPV se administrada antes da exposição ao vírus.

Tricomoníase O protista flagelado *Trichomonas vaginalis* causa a doença tricomoníase. Em mulheres, os sintomas tipicamente incluem dor vaginal, coceira e um corrimento amarelado. Homens infectados muitas vezes não apresentam nenhum sintoma. As infecções não tratadas danificam o trato urinário, causam infertilidade e são um convite à infecção por HIV. Uma única dose de uma droga antiprotozoária cura rapidamente uma infecção. Ambos os parceiros sexuais devem ser tratados.

Clamídia A infecção por clamídia é uma doença que ocorre principalmente em jovens. 40% das pessoas infectadas têm entre 15 e 19 anos de idade; uma em cada 10 adolescentes sexualmente ativas é infetada. A *Chlamydia trachomatis* causa a doença. Antibióticos podem matar rapidamente essa bactéria. A maioria das mulheres infectadas permanece sem diagnóstico; elas não apresentam sintomas. Entre 10% e 40% daquelas sem tratamento desenvolverão doença inflamatória pélvica. Metade dos homens infectados apresenta sintomas, como corrimento anormal do pênis e micção dolorosa. Os homens não tratados estão sob risco de inflamação do trato reprodutor e infertilidade.

Herpes genital Causada pelo vírus herpes simplex tipo 2. A transmissão para novos anfitriões exige contato direto com os herpes-vírus ativos ou com feridas que os contenham. As membranas mucosas da boca e órgãos genitais são mais vulneráveis. Os sintomas iniciais são frequentemente leves ou inexistem. Pequenas bolhas dolorosas podem se formar nos órgãos genitais. Dentro de três semanas, o vírus entra em latência. As bolhas aparecem e saram, mas as partículas virais permanecem escondidas no corpo.

A reativação esporádica do herpes-vírus tipicamente provoca bolhas dolorosas no local ou próximo ao local da infecção original. Relações sexuais, menstruação, estresse emocional ou outros tipos de infecção acionam episódios súbitos. Uma droga antiviral reduz o tempo dos sintomas e da dor, mas a herpes genital é incurável.

Gonorreia A DST gonorreia é causada por *Neisseria gonorrhoeae*. Esta bactéria pode atravessar as membranas mucosas da uretra, cérvix ou canal anal durante a relação sexual. Uma mulher infectada pode notar um corrimento vaginal ou sensação de queimação ao urinar. Se a bactéria entrar em seus ovidutos, pode provocar cólica, febre, vômito e cicatrizes que podem levar à esterilidade. Menos de uma semana depois que o homem é infectado, pus amarelo escorre do pênis. A micção fica mais frequente e também pode se tornar dolorosa.

O tratamento imediato com antibióticos cura rapidamente a doença, que é galopante. Muitos ignoram os primeiros sintomas ou acredita erroneamente que a infecção confere imunidade. Uma pessoa pode contrair gonorreia repetidamente, provavelmente porque existem atualmente pelo menos 16 cepas de *N. gonorrhoeae*.

Sífilis A bactéria espiroqueta *Treponema pallidum* causa a sífilis, uma DST perigosa. Durante o sexo com um parceiro infectado, essa bactéria fica nos órgãos genitais ou na cérvix, vagina ou cavidade oral. Depois, ela desliza pelo corpo através de cortes minúsculos. De uma a oito semanas mais tarde, muitas células de *T. pallidum* estão se contorcendo em um cancro indolor, uma úlcera localizada.

O cancro é um sinal da fase primária da sífilis. Normalmente sara, mas os treponemas se multiplicam dentro da medula espinhal, do cérebro, dos olhos, dos ossos, das articulações e das membranas mucosas. Na fase secundária infecciosa, uma erupção cutânea se desenvolve e se formam mais cancros (Figura 17.14*c*). Em aproximadamente metade dos casos, as respostas imunológicas obtêm sucesso e os sintomas diminuem ou desaparecem. Nos casos restantes, lesões e cicatrizes aparecem na pele e no fígado, nos ossos e em outros órgãos. Poucos treponemas se formam durante esta fase terciária, mas o sistema imunológico do anfitrião é hipersensível a eles. Reações imunológicas crônicas podem danificar o cérebro e a medula espinhal e causar paralisia.

Possivelmente porque os sintomas são tão alarmantes, mais pessoas buscam o tratamento precoce para sífilis em comparação à gonorreia. As fases mais tardias exigem tratamento prolongado.

AIDS Infecção por HIV, vírus da imunodeficiência humana, pode levar à AIDS – síndrome da imunodeficiência adquirida. Primeiro, a pessoa pode não saber se está infectada ou não. Com o passar do tempo, o vírus começa a destruir o sistema imunológico e o conjunto de distúrbios crônicos que caracteriza a AIDS se desenvolve. Algumas bactérias normalmente inofensivas que já vivem no corpo são as primeiras a tirar vantagem da resistência reduzida. Essa infecção pode abrir a porta para outros patógenos mais perigosos. Com o passar do tempo, estes agentes podem subjugar o sistema imunológico comprometido e causar a morte.

Com mais frequência, o HIV se espalha por relação anal, vaginal e oral e pelo uso de drogas intravenosas. As partículas virais no sangue, sêmen, urina ou secreções vaginais entram em um novo hospedeiro por cortes e microlesões do pênis, da vagina, do reto ou da boca. O sexo oral tem menos probabilidade de causar infecção. O sexo anal é 5 vezes mais perigoso que o vaginal e 50 vezes mais perigoso que o sexo oral.

A maioria dos profissionais da saúde defende o sexo seguro, embora haja confusão sobre o que significa "seguro". O uso de preservativos de látex de alta qualidade com um espermicida nonoxinol-9 ajuda a prevenir a transmissão viral. Porém, como mencionado anteriormente, esta prática ainda tem um risco leve. O beijo com a boca aberta em um indivíduo HIV positivo é arriscado. Carícias não são, desde que não exista nenhuma lesão ou corte por onde os fluidos corporais carregados de HIV possam entrar no corpo. Lesões na pele causadas por qualquer outra doença sexualmente transmissível podem servir de pontos de entrada para o vírus.

Testes confidenciais para exposição ao HIV são atualmente amplamente disponibilizados, e o diagnóstico precoce pode salvar vidas. Eles evitam que uma pessoa infecte outras sem saber e permite que o tratamento seja iniciado quando for mais efetivo. Uma infecção por HIV não pode ser curada, mas terapias com drogas podem estender a vida das pessoas infectadas. Quando o diagnóstico precoce e tratamento são seguidos por cuidados médicos contínuos, uma pessoa HIV positiva pode ter uma vida quase normal.

Porém, uma vez infectada, a pessoa sempre poderá infectar outras. Além disso, as drogas que mantêm os pacientes vivos muitas vezes apresentam efeitos colaterais desagradáveis, incluindo náusea, fadiga, diarreia e perda óssea. Estes efeitos colaterais fazem com que muitos HIV positivos arrisquem suas vidas interrompendo o tratamento ou tomando menos medicação do que a quantidade recomendada.

Resumo

Seção 17.1 A **reprodução assexuada** produz cópias genéticas do pai. A **reprodução sexuada** é energicamente mais onerosa e um pai não tem tantos dos seus genes representados na prole. Porém, a reprodução sexuada produz descendência variável, que pode ser vantajosa em ambientes onde as condições flutuam de uma geração para outra.

A maioria dos animais se reproduz sexuadamente e tem sexos separados, mas alguns são **hermafroditas** que produzem tanto óvulos como espermatozoides. Na **fertilização externa**, os gametas são lançados na água. A maioria dos animais terrestres tem **fertilização interna**; os gametas se encontram no corpo da fêmea. A prole pode se desenvolver dentro ou fora do corpo materno. A **gema** ajuda a nutrir o filhote em desenvolvimento.

Seções 17.2, 17.3 O sistema reprodutor humano consiste em órgãos reprodutores primários ou **gônadas** e órgãos acessórios e dutos. Gônadas masculinas são **testículos** que produzem espermatozoide e o hormônio sexual **testosterona**. A testosterona influencia a reprodução, bem como o desenvolvimento de características sexuais secundárias específicas do sexo que emergem quando os órgãos sexuais amadurecerem na **puberdade**.

O **hormônio liberador de gonadotropina** (**GnRH**) liberado pelo hipotálamo faz com que a glândula hipófise secrete **hormônio luteinizante** (**LH**) e **hormônio foliculestimulante** (**FSH**). Estes hormônios afetam a formação de gametas tanto em homens como em mulheres. Os espermatozoides se formam em uma série de dutos. As glândulas que terminam nestes dutos fornecem componentes do **sêmen**. O **pênis** é o órgão masculino da relação sexual.

QUESTÕES DE IMPACTO REVISITADAS | Machos ou Fêmeas? Corpo ou Genes?

Os pais que têm um filho com órgãos genitais ambíguos enfrentam uma escolha difícil. A cirurgia pode fazer seu filho parecer mais normal, mas isso pode prejudicar os nervos e a função sexual. O melhor resultado estético pode até exigir realocação sexual, como quando um menino com um micropênis é cirurgicamente alterado e criado como uma menina. Por outro lado, pais que optam por evitar a cirurgia se preocupam com o trauma psicológico que um corpo incomum pode causar.

Seções 17.4-17.7 **Ovários**, as gônadas femininas, produzem óvulos e secretam **progesterona** e **estrogênios**. Os óvulos são liberados em **ovidutos** que se conectam ao **útero**, a câmara onde a prole se desenvolve. A **vagina** serve como órgão da relação sexual e como canal de nascimento.

Um **ciclo menstrual** é um ciclo aproximadamente mensal de fertilidade. Circuitos de resposta dos ovários para o hipotálamo e a glândula hipófise anterior o controlam. Na fase folicular do ciclo, o FSH estimula a maturação de um **oócito primário** e células que o cercam. Mulheres com altos níveis de FSH têm maior probabilidade de liberação de mais de um óvulo por vez e ter gêmeos fraternos. O FSH e o LH também fazem com que os ovários secretem estrogênios que causam o espessamento do revestimento do útero. Uma onda de ciclo mediano no LH ativa a **ovulação**, a liberação de um **oócito secundário (óvulo)** de um ovário. Durante a fase lútea, um **corpo lúteo** se forma a partir das células que cercavam o óvulo. Suas secreções hormonais, principalmente a progesterona, fazem com que a parede uterina engrosse. Se não ocorrer a fertilização, o corpo lúteo se degenera e o fluido menstrual flui pela vagina à medida que o ciclo começa novamente. Os ciclos menstruais continuam até que a fertilidade da mulher termine na **menopausa**.

Seções 17.8-17.10 Hormônios e nervos regem as mudanças fisiológicas que acontecem durante a excitação e relação sexual. Milhões de espermatozoides são ejaculados, mas normalmente somente um penetra no oócito secundário. A fertilização forma um zigoto, que se desenvolverá em um novo indivíduo.

Os seres humanos previnem a gravidez com abstinência, cirurgia, barreiras físicas ou químicas e por influência dos hormônios sexuais femininos. Sexo sem proteção e outros comportamentos promovem a expansão de patógenos que causam **doenças sexualmente transmissíveis** ou DSTs.

Questões

Respostas no Apêndice II

1. A reprodução sexuada____________________.
 a. exige fertilização interna
 b. produz descendentes que variam em suas características
 c. é mais eficiente que a reprodução assexuada
 d. coloca todos os genes do pai em cada descendente

2. Testosterona é secretada pelo(a)(s)________________.
 a. testículos c. próstata
 b. hipotálamo d. todas as anteriores

3. O sêmen contém secreções da____________________.
 a. glândula suprarrenal c. próstata
 b. glândula hipófise d. todas as anteriores

4. A células germinativas masculinas sofrem meiose no(a)(s) ________________.
 a. uretra c. próstata
 b. túbulos seminíferos d. dutos espermáticos

5. A(O) _____________ feminina(o) é derivada(o) do mesmo tecido embrionário que o pênis.
 a. cérvix b. clitóris c. vagina d. oviduto

6. A cérvix é a entrada para o(a)(s)________________.
 a. ovidutos b. vagina c. útero d. clitóris

7. Durante um ciclo menstrual, uma onda de ciclo mediano de____________aciona a ovulação.
 a. estrogênios b. progesterona c. LH d. FSH

8. O corpo lúteo se desenvolve a partir de____________ e secreta os hormônios que fazem o revestimento do útero engrossar.
 a. células foliculares c. um oócito primário
 b. corpúsculos polares d. um oócito secundário

9. Um homem tem uma ereção quando________________.
 a. os músculos que percorrem o comprimento do pênis se contraem
 b. as células de Leydig lançam uma onda de testosterona
 c. a hipófise posterior libera oxitocina
 d. tecido esponjoso dentro do pênis se enche com sangue

10. As pílulas de controle de natalidade fornecem ________________sintéticos.
 a. estrogênios e progesterona
 b. LH e FSH
 c. testosterona
 d. oxitocina e prostaglandinas

11. Ligue cada hormônio à sua fonte.
 ___ FSH e LH a. glândula hipófise
 ___ GnRH b. ovários
 ___ estrogênios c. hipotálamo
 ___ testosterona d. testículos

12. Ligue cada doença com o tipo de agente que a causa. As escolhas podem ser usadas mais de uma vez.
 ___ infecção por clamídia a. bactérias
 ___ AIDS b. protista
 ___ sífilis c. vírus
 ___ verrugas genitais
 ___ gonorreia
 ___ herpes genital
 ___ tricomoníase

13. Ligue cada estrutura à sua descrição.
 ___ testículos a. carregam os espermatozoides para fora do corpo
 ___ epidídimo b. secreta componentes do sêmen

Exercício de análise de dados

As glândulas suprarrenais normalmente produzem um pouco de testosterona, mas uma mutação no gene para a enzima 21-hidroxilase provoca o excesso deste hormônio. Uma criança que tem uma deficiência de 21-hidroxilase está exposta a níveis anormalmente altos de testosterona durante o desenvolvimento. Esse hormônio pode aumentar seu clitóris e fazer com que seus lábios se unam, dando aos seus órgãos genitais uma aparência masculina.

A droga dexametasona diminui a produção de testosterona das glândulas suprarrenais. A Figura 17.15 mostra dados de um estudo onde os médicos deram esta droga a mulheres grávidas de meninas com deficiência de 21-hidroxilase. Dezesseis destas mulheres já haviam dado à luz a uma menina com deficiência de 21-hidroxilase. Essas meninas (irmãs de recém-nascidas tratadas) serviram como ponto de comparação.

1. Quantas meninas produzidas por gestações tratadas com dexametasona tinham órgãos genitais normais?
2. Quantas meninas fenotipicamente normais foram produzidas pelas mulheres tratadas anteriormente?
3. Quantas mulheres que já tiveram meninas com nível 4 ou 5 de masculinização observaram melhoria com o tratamento?
4. Os dados sustentam a hipótese de que a administração da droga dexametasona para uma mulher grávida pode reduzir os efeitos da deficiência de 21-hidroxilase da sua filha em desenvolvimento?

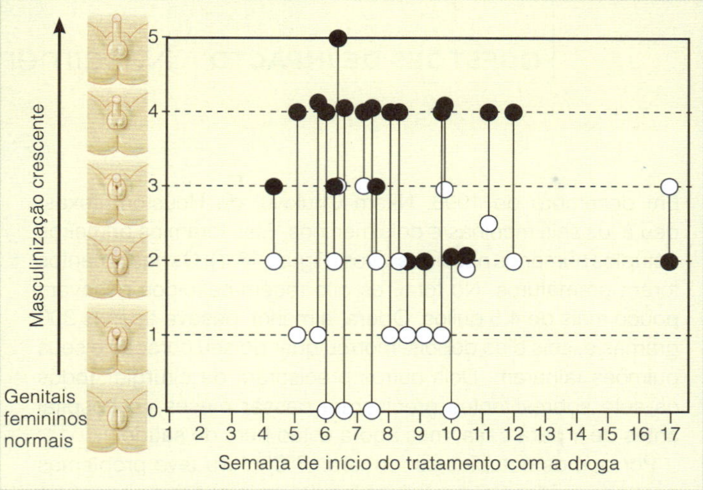

Figura 17.15 Grau de masculinização de meninas deficientes em 21-hidroxilase expostas à dexametasona no útero (*círculos abertos*), comparado ao de irmãs mais velhas afetadas que não foram tratadas durante o desenvolvimento (*círculos escuros*). Os gráficos ao lado descrevem a aparência do trato genital do recém-nascido.

___ lábio maior da vulva	c. armazena espermatozoides
___ uretra	d. produz testosterona
___ vagina	e. produz estrogênios e progesterona
___ ovário	f. local habitual de fertilização
___ oviduto	g. revestimento do útero
___ glândula da próstata	h. dobras de pele revestidas com gordura
___ endométrio	i. canal do nascimento

Raciocínio crítico

1. As drogas que inibem sinais dos neurônios simpáticos podem ser prescritas para homens que têm pressão alta. Como essas drogas poderiam interferir no desempenho sexual?

2. Na maioria dos grupos de pássaros, os machos não têm um pênis. Tanto machos como fêmeas têm uma abertura única chamada cloaca, por onde os resíduos saem do corpo. O espermatozoide do macho também sai por essa abertura. Durante o acasalamento, o macho se empoleira nas costas da fêmea e curva seu abdômen, então sua cloaca cobre a dela. Esta ação é chamada "beijo cloacal". Alguns pássaros executam este feito até mesmo no ar. Pássaros que não voam, como avestruzes e kiwis, têm um pênis. O ancestral réptil comum de todos os pássaros tinha um pênis? Que tipos de informações ajudariam você a responder esta pergunta?

3. Algumas mitocôndrias espermáticas entram em um óvulo durante a fertilização, mas não persistem. Como espermatozoides maduros, suas mitocôndrias são marcadas com uma proteína (ubiquitina) que sinaliza ao óvulo para destruí-las. Que organela está envolvida neste processo de destruição?

18 Desenvolvimento dos Animais

QUESTÕES DE IMPACTO Nascimentos Espantosos

Em dezembro de 1998, Nkem Chukwu, de Houston, Texas, deu à luz seis meninas e dois meninos. Eles foram os primeiros óctuplos humanos nascidos vivos (Figura 18.1). Os nascimentos foram prematuros. No total, os oito recém-nascidos pesavam pouco mais de 4,5 quilos. Odera, a menor, pesava apenas 300 gramas e, seis dias depois, morreu quando seu coração e seus pulmões falharam. Dois outros precisaram de cirurgia. Todos os sete sobreviventes precisaram passar meses no hospital antes de ir para casa, mas agora estão bem de saúde.

Por que os óctuplos se formaram? Chukwu teve problemas para engravidar. Seus médicos lhe deram injeções de hormônio que fizeram muitos de seus óvulos amadurecerem e serem liberados ao mesmo tempo. Quando os médicos perceberam que ela estava gestando muitos embriões, sugeriram reduzir o número. Em vez disso, Chukwu decidiu tentar ter todos.

Seu primeiro filho nasceu 13 semanas prematuro. Os outros nasceram de cesariana duas semanas depois.

Nas últimas duas décadas, a incidência de nascimentos múltiplos aumentou em quase 60%. Há quatro vezes mais nascimentos múltiplos de ordem superior – trigêmeos ou mais. O que está acontecendo? A fertilidade de uma mulher atinge o pico por volta dos 25 anos. Aos 39, sua chance de conceber naturalmente cai pela metade. Mesmo assim, o número de mães de primeira viagem acima dos 40 anos dobrou na última década. Muitas recorreram à intervenção reprodutiva, incluindo medicamentos de fertilidade e fertilização *in vitro*.

Pondere os riscos e as recompensas. Carregar mais de um embrião aumenta o risco de aborto espontâneo, parto prematuro ou morte do bebê. Recém-nascidos múltiplos pesam menos que o normal e têm mais chance de sofrer defeitos congênitos, como lábio leporino, más-formações cardíacas e desordens nas quais a bexiga ou a medula espinhal ficam expostas na superfície do corpo.

Com esse exemplo, veremos uma das histórias mais impressionantes da vida – o desenvolvimento de animais complexos. Como um único ovo fertilizado de um humano – ou sapo ou ave ou qualquer outro animal – origina tantos tipos especializados de células? Como o desenvolvimento produz um adulto com todos os tecidos complexos e órgãos discutidos ao longo desta unidade?

As respostas a essas perguntas surgirão à medida que considerarmos os processos de desenvolvimento comuns a todos os animais. Você verá como experimentos ajudaram os cientistas a abordar essas questões e como tais estudos experimentais levaram à nossa compreensão atual sobre processos de desenvolvimento.

Também continuaremos a história da reprodução humana e o ciclo de vida humano, que iniciamos no capítulo anterior. Veremos como os humanos se desenvolvem a partir de uma única célula embrionária para um corpo adulto com trilhões de células diferenciadas.

Figura 18.1 Testemunho da potência de drogas para fertilidade – sete sobreviventes de óctuplos. Além de manipular tantos outros aspectos da natureza, os humanos agora manipulam sua própria reprodução.

Conceitos-chave

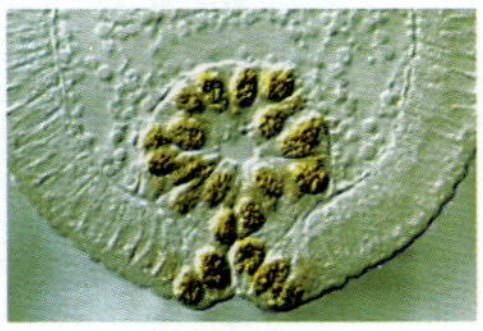

Princípios da embriologia animal

Animais se desenvolvem através de clivagens, gastrulação, formação de órgãos e, depois, crescimento e especialização de tecidos. As clivagens dividem os materiais armazenados em partes diferentes do citoplasma do ovo em células diferentes, iniciando, assim, o processo de diferenciação celular. **Seções 18.1-18.5**

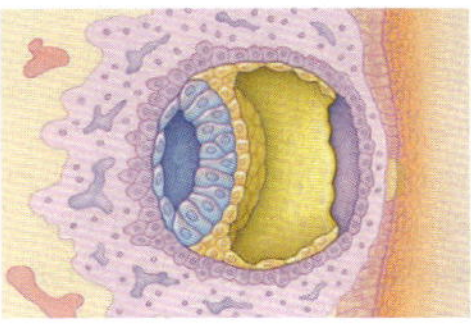

O desenvolvimento humano começa

Uma gravidez começa com a fertilização e a implantação de um blastocisto no útero. Depois da implantação, um embrião de três camadas de tecido se forma e o desenvolvimento dos órgãos começa. Todos os órgãos se formarão até o final da oitava semana. **Seções 18.6-18.8**

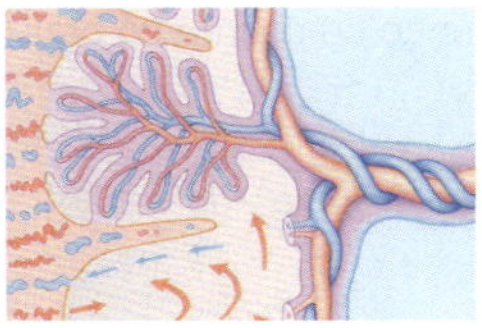

Função da placenta

A placenta permite que substâncias se difundam entre as correntes sanguíneas da mãe e do bebê em desenvolvimento. Ela também produz hormônios que ajudam a sustentar a gravidez. **Seção 18.9**

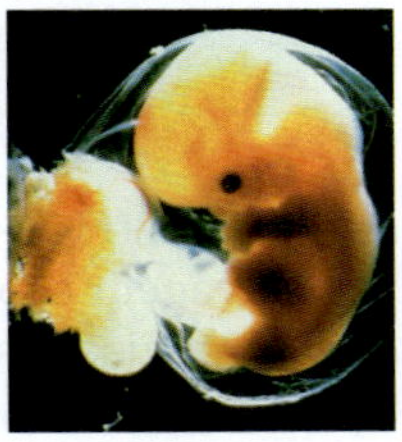

Desenvolvimento humano posterior

No momento em que o período fetal começa, o indivíduo em desenvolvimento parece distintamente humano. Substâncias nocivas que entram no sangue da mãe podem atravessar a placenta e causar defeitos congênitos no embrião ou feto em desenvolvimento. **Seções 18.10, 18.11**

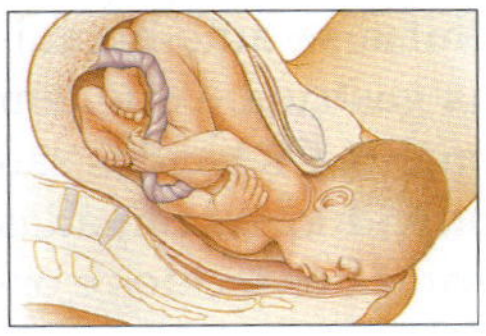

Nascimento e lactação

O controle de feedback positivo é importante no processo de trabalho de parto, ou nascimento. Após o parto, o recém-nascido é alimentado com leite secretado pelas glândulas mamárias. **Seção 18.12**

Neste capítulo

- Você aprenderá mais sobre as camadas de tecido primário dos embriões e verá mais exemplos de controles de retroalimentação e sinalização celular.
- Você se baseará em sua compreensão da evolução dos planos corporais de vertebrados e das duas linhagens animais principais.
- Os efeitos do hormônio da tireoide e do monóxido de carbono sobre um embrião serão discutidos, assim como o efeito protetor de anticorpos maternos.

Qual sua opinião? Medicamentos para fertilidade amadurecem muitos óvulos ao mesmo tempo e aumentam a chance de gestações múltiplas. O uso de tais medicamentos deveria ser desestimulado para reduzir o número de gestações de alto risco? Conheça a opinião de seus colegas e apresente seus argumentos a eles.

18.1 Estágios de reprodução e desenvolvimento

- Animais tão diferentes quanto estrelas-do-mar e lontras marinhas atravessam os mesmos estágios em sua jornada de desenvolvimento de um único ovo fertilizado a um adulto pluricelular.

A Figura 18.2 mostra seis processos sequenciais que ocorrem na reprodução e no desenvolvimento de todos os animais com tecidos e órgãos. Esse grupo inclui a maioria dos invertebrados e todos os vertebrados. No primeiro processo, formação de gametas, ovos ou espermatozoides surgem de células germinativas no corpo dos pais. Durante a fertilização, a primeira célula de um novo organismo – o zigoto – se forma depois que um espermatozoide penetra em um ovo maduro.

A **clivagem** marca o zigoto por divisões celulares mitóticas repetidas. O número de células aumenta, mas o volume original do zigoto, não.

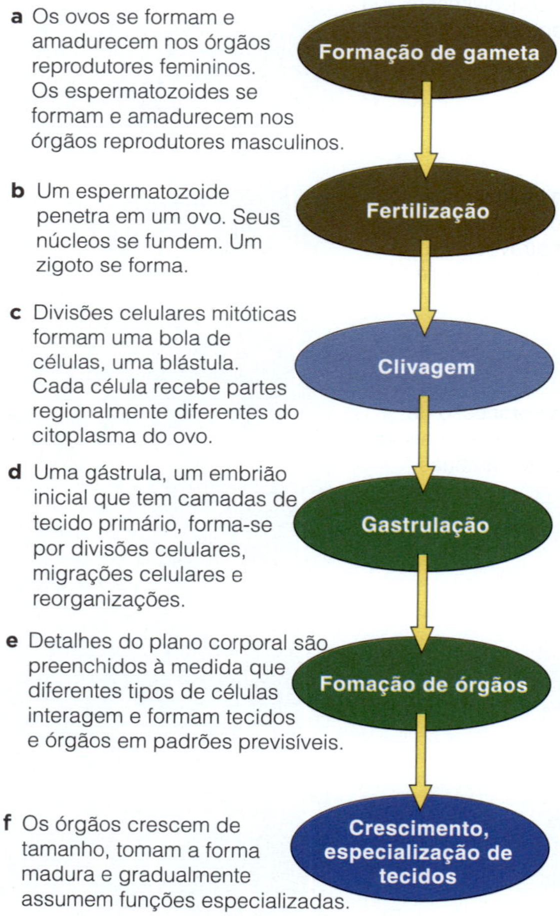

a Os ovos se formam e amadurecem nos órgãos reprodutores femininos. Os espermatozoides se formam e amadurecem nos órgãos reprodutores masculinos.
Formação de gameta
b Um espermatozoide penetra em um ovo. Seus núcleos se fundem. Um zigoto se forma.
Fertilização
c Divisões celulares mitóticas formam uma bola de células, uma blástula. Cada célula recebe partes regionalmente diferentes do citoplasma do ovo.
Clivagem
d Uma gástrula, um embrião inicial que tem camadas de tecido primário, forma-se por divisões celulares, migrações celulares e reorganizações.
Gastrulação
e Detalhes do plano corporal são preenchidos à medida que diferentes tipos de células interagem e formam tecidos e órgãos em padrões previsíveis.
Fomação de órgãos
f Os órgãos crescem de tamanho, tomam a forma madura e gradualmente assumem funções especializadas.
Crescimento, especialização de tecidos

Figura 18.2 Visão geral dos processos reprodutivos e de desenvolvimento que ocorrem nos animais com tecidos e órgãos.

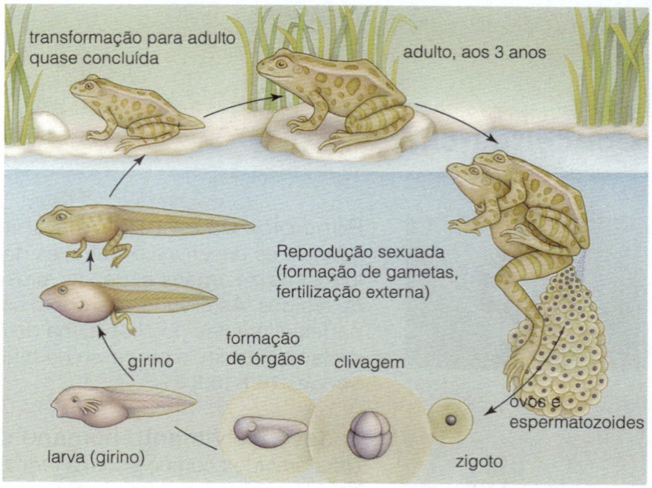

a Demos um *zoom* no ciclo da vida enquanto uma fêmea libera seus ovos na água e um macho libera espermatozoides sobre os ovos. O zigoto de uma rã se forma na fertilização. Cerca de uma hora após a fertilização, uma característica superficial chamada de crescente cinzento aparece neste tipo de embrião. Ele estabelece o eixo da cabeça à cauda da rã. A gastrulação começará no crescente cinzento.

Figura 18.3 Reprodução e desenvolvimento no ciclo de vida da rã-leopardo, *Rana pipiens*.

As células ficam mais numerosas, mas menores (Figura 18.3*b*,*c*). As células formadas durante a clivagem são chamadas blastômeros. Elas tipicamente são organizadas como uma **blástula**: uma bola de células que envolve uma cavidade (blastocele) cheia de suas próprias secreções. No quarto estágio, a **gastrulação**, as células se auto-organizam como um embrião inicial – uma **gástrula** – que tem duas ou três camadas de tecido primário. Os tecidos são as **camadas germinativas** do novo indivíduo. As camadas germinativas, lembre, são as precursoras dos tecidos e órgãos do animal adulto.

Durante a formação de órgãos, os tecidos são organizados em órgãos. Muitos órgãos incorporam tecidos derivados de mais de uma camada germinativa.

O crescimento e a especialização de tecidos é o processo final do desenvolvimento animal. Os tecidos e órgãos continuam crescendo e lentamente assumem os tamanhos, formatos, proporções e funções finais. O crescimento e a especialização de tecidos continuarão até a vida adulta.

A Figura 18.3 mostra exemplos dos estágios para um vertebrado, a rã-leopardo (*Rana pipiens*). Uma fêmea libera os ovos na água e um macho libera espermatozoides sobre eles. A fertilização é externa. O zigoto formado pela fertilização sofre clivagem (Figura 18.3*b*). As divisões mi-

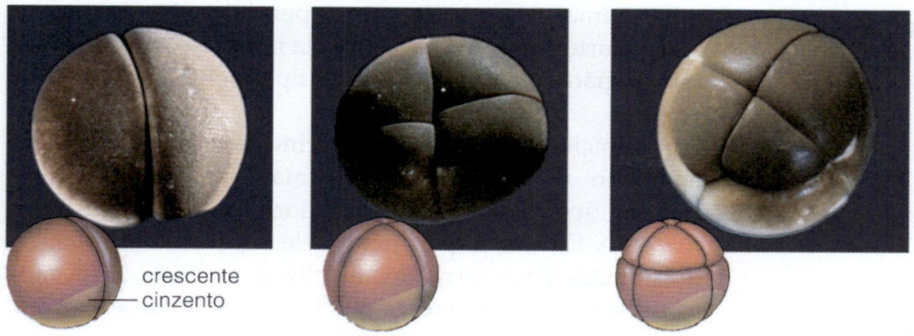

b Aqui, mostramos as primeiras três divisões da clivagem, um processo que molda o citoplasma do zigoto. Nessa espécie, a clivagem resulta em uma blástula, uma bola de células com uma cavidade cheia de fluido.

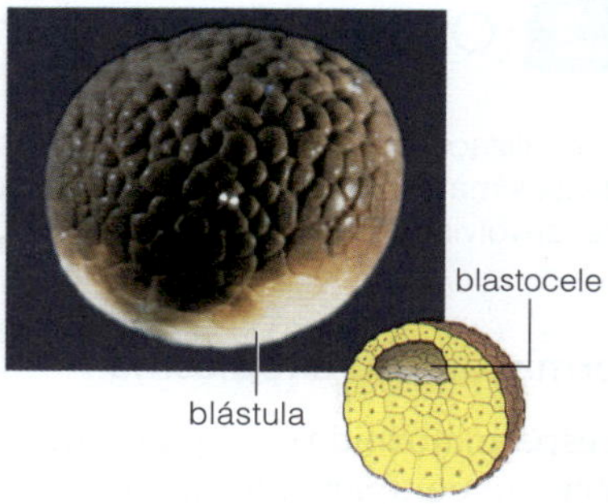

c A clivagem termina quando a blástula se forma.

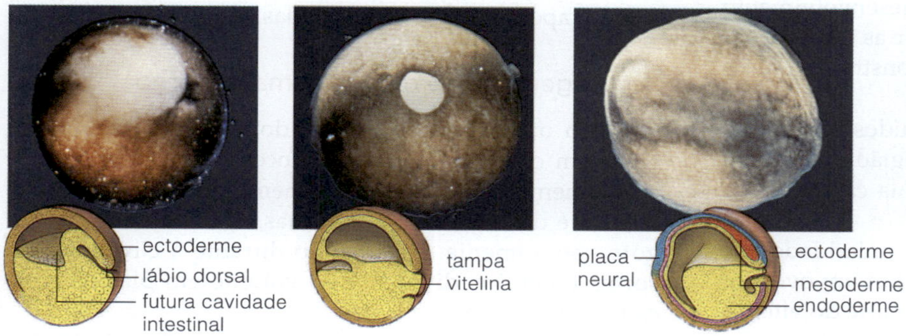

d A blástula se torna uma gástrula de três camadas – um processo chamado gastrulação. No lábio dorsal, uma dobra de ectoderme acima da primeira abertura que aparece na blástula, as células migram para dentro e começam a se reorganizar.

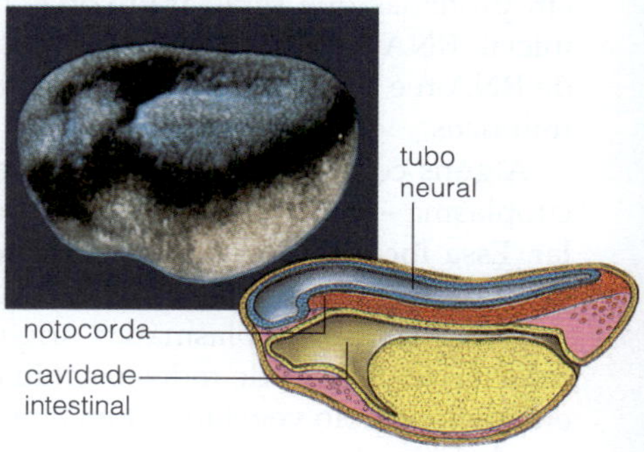

e Os órgãos começam a se formar enquanto uma cavidade intestinal primitiva se abre. Um tubo neural, depois uma notocorda e outros órgãos se formam a partir das camadas de tecido primário.

Girino, uma larva nadadora com músculos segmentados e uma notocorda que se estende até uma cauda.

Os membros crescem e a cauda é absorvida durante a metamorfose para a forma adulta.

Rã-leopardo adulta de quatro patas e sexualmente madura.

f O formato do corpo da rã muda enquanto ela cresce e seus tecidos se especializam. O embrião se torna um girino, que sofre metamorfose para um adulto.

tóticas repetidas formam uma blástula composta de vários milhares de células (Figura 18.3*c*).

A blástula sofre gastrulação, que forma as três camadas germinativas (Figura 18.3*d*). Depois que os três tecidos primários se formaram, a especialização dos tecidos e a formação de órgãos começam. O tubo neural e a notocorda de um vertebrado típico se formam (Figura 18.3*e*). Nas rãs, como em alguns outros animais, uma larva (neste caso, um girino) sofre metamorfose, o remodelamento dos tecidos na forma adulta (Figura 18.3*f*).

Cada estágio no processo de desenvolvimento é construído sobre o anterior.

Para pensar

Quais são os estágios na reprodução e no desenvolvimento em um animal típico?

- Os ciclos de vida da maioria dos animais começam com a formação de gametas e a fertilização. O desenvolvimento envolve clivagem, gastrulação, formação de órgãos e, depois, crescimento e especialização de tecidos.

18.2 Ordens de marcha iniciais

- A localização dos materiais em um ovo e a distribuição desses materiais para as células descendentes afetam o desenvolvimento inicial.

Informações no citoplasma

Um espermatozoide é composto pelo DNA paterno e uma espécie de equipamento que o ajuda a nadar e penetrar em um ovo. Um ovócito (óvulo ou ovo imaturo) tem bem mais citoplasma. Seu citoplasma tem proteínas vitelinas que nutrirão um novo embrião, transcrições de RNAm em proteínas que serão traduzidas no desenvolvimento inicial, RNAts e ribossomos para traduzir as transcrições de RNAm e proteínas necessárias para construir os fusos mitóticos.

Alguns componentes não são distribuídos por todo o citoplasma – ficam localizados em uma região em particular. Essa **localização citoplasmática** é uma característica de todos os ovócitos.

A localização citoplasmática origina a polaridade que caracteriza os ovos de todos os animais. Em um ovo rico em vitelo, o polo vegetativo tem a maior parte do vitelo e o polo animal, pouco. Nos ovos de alguns anfíbios, moléculas de pigmento escuro se acumulam no córtex celular, uma região citoplasmática logo abaixo da membrana plasmática. O pigmento fica mais concentrado perto do polo animal. Depois que um espermatozoide fertiliza o ovo, o córtex gira. A rotação revela um crescente cinzento, uma região do córtex celular com pigmento claro (Figura 18.4*a*).

No início do século XX, experimentos feitos por Hans Spemann mostraram que algumas substâncias essenciais ao desenvolvimento estão localizadas no crescente cinzento. Em um experimento, ele separou os primeiros dois blastômeros formados na clivagem. Cada blastômero tinha metade do crescente cinzento e se desenvolveu em um embrião (Figura 18.4*b*). No experimento seguinte, Spemann alterou o plano de clivagem (Figura 18.4*c*). Um blastômero recebeu todo o crescente cinzento e se desenvolveu normalmente. O outro, sem crescente cinzento, formou apenas uma bola de células.

A clivagem divide o citoplasma materno

Quando um ovócito é fertilizado, o zigoto resultante entra em clivagem. Por este processo, um anel de microfilamentos logo abaixo da membrana plasmática se contrai e divide a célula em duas. O citoplasma do zigoto não aumenta de tamanho durante a clivagem; os cortes repetidos dividem seu volume em blastômeros cada vez menores.

Simplesmente por causa de onde os cortes são feitos, diferentes blastômeros recebem diferentes partes do citoplasma materno.

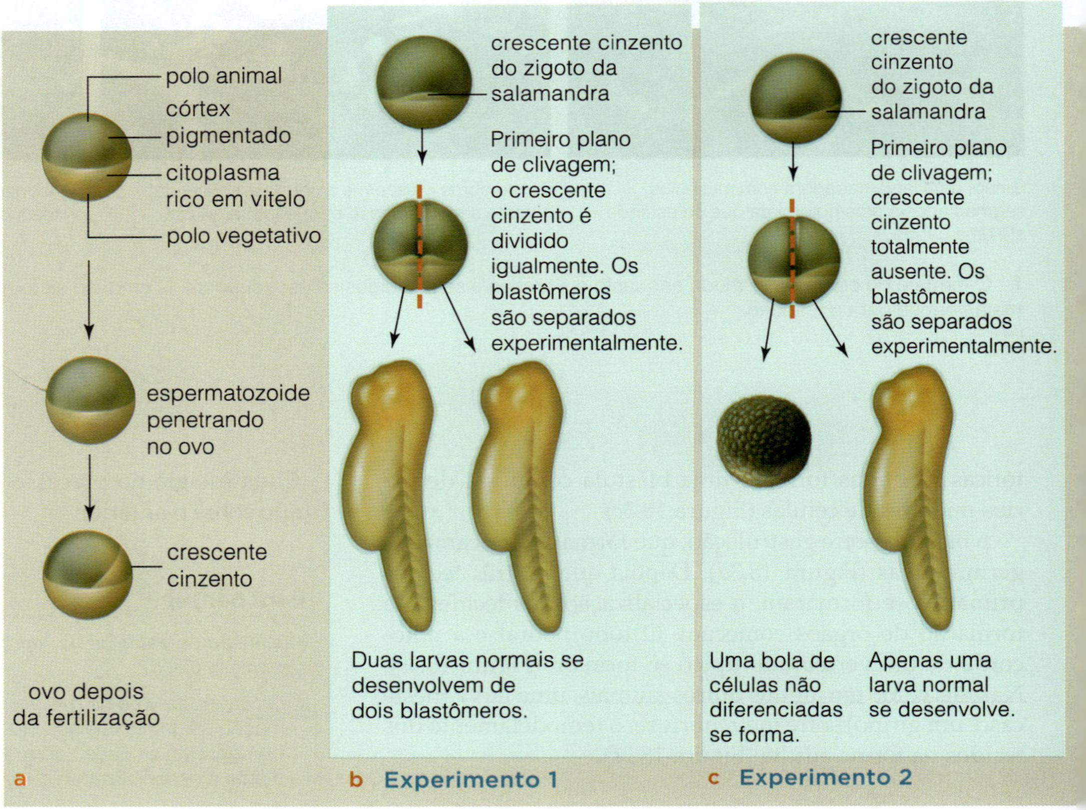

polo animal
córtex pigmentado
citoplasma rico em vitelo
polo vegetativo
espermatozoide penetrando no ovo
crescente cinzento
ovo depois da fertilização
a
crescente cinzento do zigoto da salamandra
Primeiro plano de clivagem; o crescente cinzento é dividido igualmente. Os blastômeros são separados experimentalmente.
Duas larvas normais se desenvolvem de dois blastômeros.
b Experimento 1
crescente cinzento do zigoto da salamandra
Primeiro plano de clivagem; crescente cinzento totalmente ausente. Os blastômeros são separados experimentalmente.
Uma bola de células não diferenciadas se forma.
Apenas uma larva normal se desenvolve.
c Experimento 2

Figura 18.4 Evidências experimentais de localização citoplasmática em um ovócito anfíbio.
(**a**) Os ovos de muitos anfíbios têm pigmento escuro concentrado no citoplasma perto do polo animal. Na fertilização, o citoplasma muda sua forma e expõe uma região cinzenta em formato de crescente, do lado oposto ao do ponto de entrada do espermatozoide. Com a primeira clivagem, cada célula resultante recebe metade do crescente cinzento.
(**b**) Em um experimento, as primeiras duas células formadas por clivagem foram fisicamente separadas uma da outra. Cada uma se desenvolveu em uma larva normal.
(**c**) Em outro experimento, um zigoto foi manipulado de forma que o primeiro plano de clivagem ficasse sem o crescente cinzento. Apenas uma das células descendentes recebeu material do crescente cinzento, e somente esta se desenvolveu normalmente.

Resolva: A região do crescente cinzento é necessária para o desenvolvimento normal de anfíbios?

Resposta: Sim

a Embrião inicial de protostômio. Suas quatro células sofrem clivagem em espiral, oblíqua ao eixo anterior-posterior:

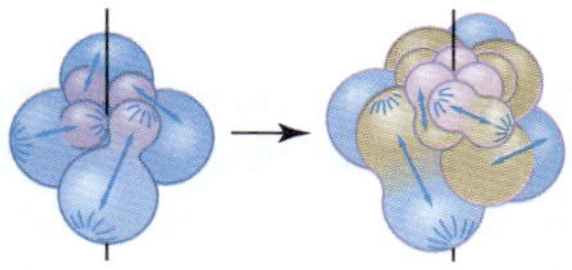

b Embrião inicial de deuterostômio. Suas quatro células sofrem clivagem radial, *paralela e perpendicular ao* eixo anterior-posterior:

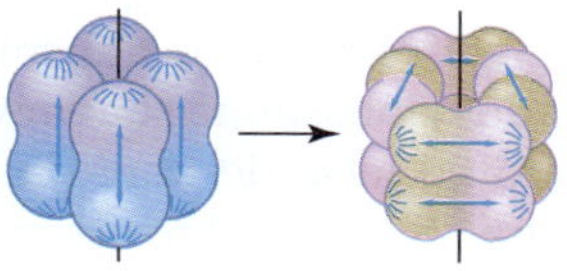

Figura 18.5 Exemplos dos dois padrões de clivagem mais comuns nas duas principais linhagens de animais bilaterais.

a Ovo de ouriço-do-mar, com pouco vitelo. A clivagem é holoblástica. As primeiras células formadas têm tamanhos iguais.

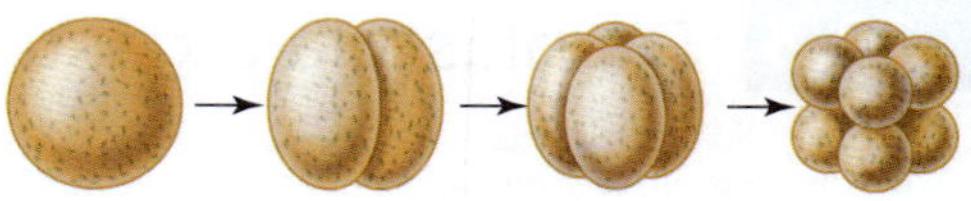

b Ovo de rã, com quantidade moderada de vitelo. O vitelo desacelera a clivagem, portanto menos células são maiores.

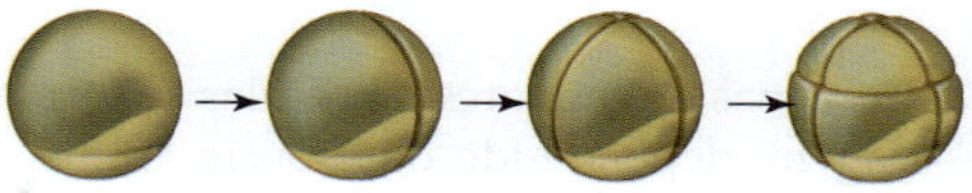

c Ovo de peixe, com grande quantidade de vitelo. A clivagem é restringida à camada de citoplasma no topo do vitelo, ou seja, meroblástica.

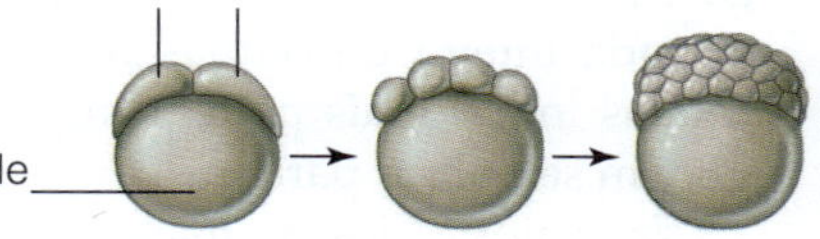

Figura 18.6 Comparação entre padrões de clivagem de deuterostômios com quantidades diferentes de vitelo nos ovos. Grande quantidade de vitelo diminui a divisão celular.

A orientação das divisões celulares não é aleatória e tem grandes implicações no desenvolvimento futuro. O padrão de clivagem determina quanto e que parte do citoplasma materno um blastômero receberá. Como resultado da localização citoplasmática de material dentro do ovo, a clivagem distribui diferentes tipos e quantidades de materiais em blastômeros diferentes. Por exemplo, a clivagem pode colocar um RNAm materno específico em um blastômero, mas não nos outros.

Assim, a clivagem cria linhagens celulares que diferem no conteúdo de seu citoplasma. Posteriormente, ter materiais maternos diferentes fará linhagens celulares diferentes expressarem genes diferentes, formando tecidos diferenciados.

Variações nos padrões de clivagem

Os detalhes da clivagem variam entre as espécies. As diferenças começam com a primeira divisão, que determina se as primeiras duas células serão de tamanhos iguais ou diferentes e que parte do citoplasma do ovo recebem. Há duas linhagens animais principais, protostômios e deuterostômios, e elas divergem no padrão de clivagem. A maioria dos invertebrados bilaterais é de protostômios, que sofrem clivagem holoblástica espiral (Figura 18.5*a*). Os equinodermos e todos os vertebrados são deuterostômios e tipicamente sofrem clivagem holoblástica radial (Figura 18.5*b*). Entretanto, os mamíferos têm um padrão um tanto diferente chamado clivagem holoblástica rotacional. A primeira clivagem divide o zigoto ao longo de um plano que vai de cima para baixo. Em seguida, uma célula se divide da mesma forma, e a outra se divide na metade do equador celular.

A quantidade de vitelo armazenado dentro de um ovo também afeta os padrões de clivagem. Quando há pouco vitelo, a clivagem é completa (holoblástica); o primeiro corte divide todo o citoplasma. Uma abundância de vitelo impedirá as divisões, portanto a clivagem é incompleta (meroblástica). Os ovos de ouriço-do-mar têm pouco vitelo, então sua clivagem é holoblástica e todos os blastômeros têm tamanho semelhante (Figura 18.6*a*). O mesmo é verdadeiro para ovos quase sem vitelo dos mamíferos.

Rãs e outros anfíbios também sofrem clivagem completa, mas ela ocorre mais lentamente no polo vegetal rico em vitelo do que no polo animal sem vitelo. Essa clivagem é chamada holoblástica desigual. Como resultado, as células variam um pouco de tamanho (Figura 18.6*b*). Ovos de répteis, aves e da maioria dos peixes têm tanta gema que os cortes são incrivelmente lentos ou bloqueados inteiramente, exceto na pequena região em forma de disco que tem menos vitelo (Figura 18.6*c*).

Estrutura da blástula

Coletivamente, as células produzidas por clivagem constituem a blástula. Junções comunicantes mantêm o grupo de células unido. A estrutura da blástula varia com o padrão de clivagem de uma espécie. Nos ouriços-do-mar, a clivagem completa produz uma blástula que é uma bola oca de células. Em animais com ovos ricos em vitelo, como aves e muitos peixes, um grupo em formato de disco de células, chamado blastodisco, forma-se no topo da gema. Não há espaço grande repleto de fluido. A blástula de um mamífero é um **blastocisto**, com células externas que secretam fluido na cavidade da esfera e outras agrupadas em uma massa contra a parede da cavidade. As células internas se desenvolverão no embrião.

Para pensar

Quais são os efeitos da localização citoplasmática e da clivagem?

- Em um ovo não fertilizado, muitas enzimas, RNAms, vitelo e outros materiais estão localizados em partes específicas do citoplasma. Essa localização citoplasmática ajuda a guiar o desenvolvimento.
- A clivagem divide um ovo fertilizado em várias células pequenas, mas não aumenta seu volume original. As células (blastômeros) herdam partes diferentes do citoplasma que a farão se comportar diferentemente mais tarde no desenvolvimento.

18.3 De blástula a gástrula

- Os primeiros tecidos do corpo de um animal se formam durante a gastrulação, quando células da blástula se reorganizam.

Centenas de milhares de células se formam durante a clivagem, dependendo da espécie. Começando com a gastrulação, as células começam a migrar e se reorganizar. A Figura 18.7 mostra um exemplo. Os mecanismos da gastrulação variam entre as espécies. Por exemplo, uma camada inteira de células pode se dobrar para dentro, células individuais podem migrar ou fileiras de células podem se dobrar para trás.

Na maioria dos animais, a gastrulação produz uma gástrula com três camadas de tecido primário: uma camada mais externa de **ectoderme**, uma camada intermediária de **mesoderme** e uma camada interna de **endoderme**.

O que inicia a gastrulação? Hilde Mangold, aluna de Spemann, descobriu a resposta. Ela sabia que, durante a gastrulação, algumas células da blástula de uma salamandra se movem para dentro através de uma abertura na superfície.

Figura 18.7 Gastrulação em uma mosca-da-fruta (*Drosophila*). Nesses insetos, a clivagem é restringida à região mais externa do citoplasma, pois o interior é repleto de vitelo. A série de fotos, todas seções transversais, mostra 16 células (pintadas de *dourado*) migrando para dentro. A abertura pela qual as células se movem para dentro se tornará a boca da mosca. Descendentes das células pintadas formarão a mesoderme. Os movimentos mostrados nas fotos ocorrem durante um período de menos de 20 minutos.

Células no lábio dorsal (superior) da abertura descendem de células no crescente cinzento de um zigoto. Mangold elaborou uma hipótese de que sinais das células do lábio dorsal causavam a gastrulação. Ela previu que um transplante de material do lábio dorsal de um embrião para outro causaria a gastrulação no local receptor. Mangold realizou muitos transplantes (Figura 18.8*a*), e os resultados embasaram sua previsão. Células migraram para dentro no local de transplante e também no local usual (Figura 18.8*b*). Desenvolveu-se a larva de uma salamandra com dois conjuntos unidos de partes corporais (Figura 18.8*c*). Aparentemente, sinais das células transplantadas tinham feito suas novas céulas vizinhas se desenvolverem de uma nova maneira.

Este experimento também explicou os resultados mostrados na Figura 18.4*c*. Sem nenhum citoplasma do crescente cinzento, um embrião não tem células que normalmente se tornariam o lábio dorsal. Na ausência de sinais produzidos por essas células, o desenvolvimento é interrompido.

O efeito das células da região do lábio dorsal da gástrula de uma salamandra é um exemplo de **indução embrionária**. Por este processo, o destino de um grupo de células embrionárias é afetado por sua proximidade com outro grupo de células. Neste caso, as células do lábio dorsal alteram o comportamento de suas vizinhas.

Para pensar

O que é gastrulação e como é controlada?

- Gastrulação é o processo de desenvolvimento durante o qual as células se reorganizam em camadas de tecido primário.
- A gastrulação ocorre quando algumas células da blástula formam e liberam sinais de curto alcance que fazem as células vizinhas se movimentarem, sozinhas ou como um grupo coeso. Este processo é um exemplo de indução embrionária.

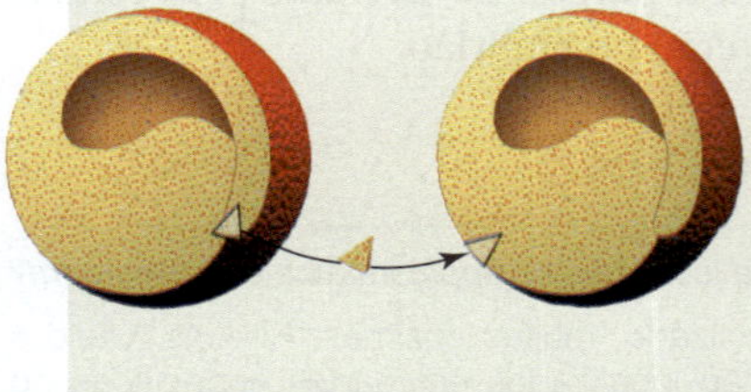

a Lábio dorsal retirado do embrião doador e enxertado no novo local em outro embrião.

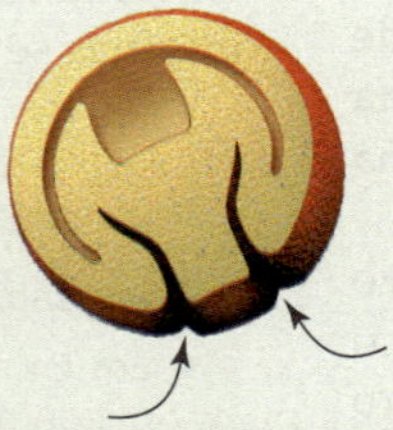

b O enxerto induz um segundo local de migração para dentro.

c O embrião se desenvolve em uma larva "dupla", com duas cabeças, duas caudas e dois corpos unidos na barriga.

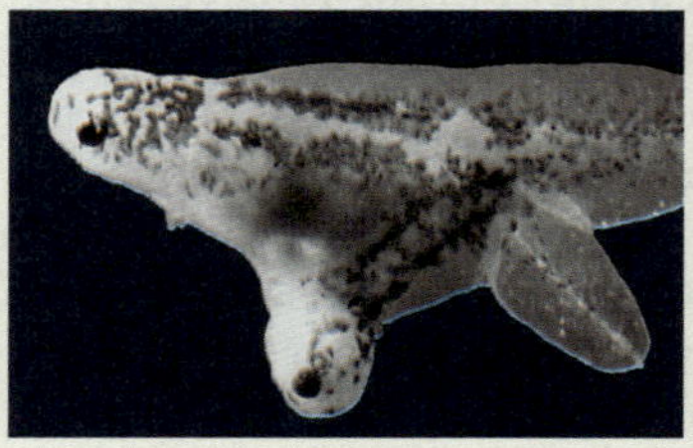

Figura 18.8 Evidências experimentais mostram que os sinais mandados pelas células do lábio dorsal iniciam a gastrulação dos anfíbios. A região do lábio dorsal de um embrião de salamandra foi transplantada para um local diferente em outro embrião. Um segundo conjunto de partes do corpo começou a se formar.

18.4 Tecidos e órgãos especializados se formam

- A diferenciação celular estabelece o pano de fundo para a formação de tecidos e órgãos especializados.

Diferenciação celular

Da gastrulação em diante, a expressão genética seletiva ocorre: linhagens celulares diferentes expressam genes diferentes. Este é o início da **diferenciação celular**, o processo pelo qual linhagens celulares se tornam especializadas. Sinais intercelulares podem estimular a diferenciação, como durante a indução. Além disso, **morfógenos**, moléculas de sinalização codificadas por genes principais, difundem-se de sua origem e formam um gradiente de concentração no embrião. Morfógenos são substâncias químicas que agem na diferenciação celular no embrião de acordo com o gradiente de concentração; ou seja, diferentes concentrações de morfógeno e suas ações combinadas com a de outros morfógenos vão originar diferentes tipos celulares. Os efeitos de um morfógeno sobre células-alvo dependem de sua concentração. As células que se localizam perto de um morfógeno são expostas a uma alta concentração e ativam genes diferentes das células distantes, que são expostas a uma concentração menor de morfógeno.

Morfogênese e formação de padrões

Sinais celulares ajudam a causar a **morfogênese**, o processo pelo qual os tecidos e órgãos se formam. Durante a morfogênese, algumas células migram para novos locais. Por exemplo, neurônios no centro do cérebro em desenvolvimento percorrem extensões de células da glia ou axônios de outros neurônios até atingir sua posição final. Camadas de células mudam de formato, formando órgãos como o tubo neural, precursor do cérebro e da medula espinhal dos vertebrados (Figura 18.9). Algumas células até morrem quando solicitadas. Pelo processo de **apoptose** (morte programada), sinais de células fazem outras se autodestruírem. A apoptose esculpe dedos humanos a partir de uma parte do corpo parecida com uma pá, ou seja, há morte das células que formavam uma membrana interdigital.

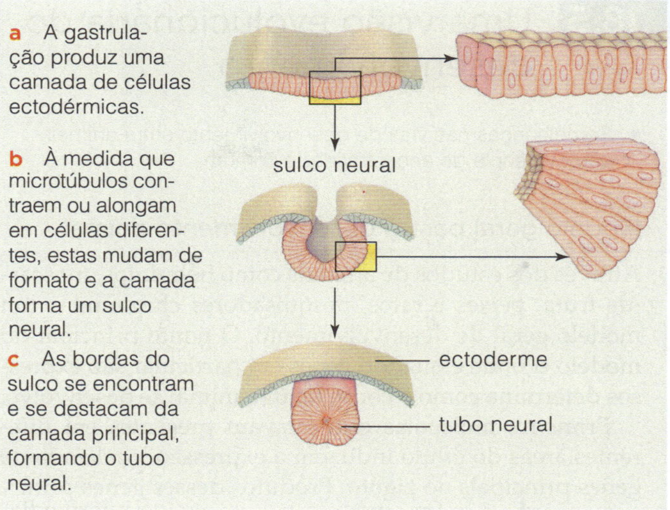

a A gastrulação produz uma camada de células ectodérmicas.
b À medida que microtúbulos contraem ou alongam em células diferentes, estas mudam de formato e a camada forma um sulco neural.
c As bordas do sulco se encontram e se destacam da camada principal, formando o tubo neural.
sulco neural
ectoderme
tubo neural

Figura 18.9 Formação do tubo neural. Mudanças no microtúbulo alteram o formato da célula, fazendo a camada de ectoderme se dobrar em um formato tubular.

Por que uma mão se forma na extremidade de um braço? Por que não um pé? A **formação de padrões** é o processo pelo qual partes do corpo se formam em um local específico. Por exemplo, um tecido chamado AER (crista ectodérmica apical) se forma nas pontas dos brotos de membros de uma galinha e induz a mesoderme abaixo dele a se desenvolver como um membro (Figura 18.10*a*). A formação de uma asa ou uma perna depende de informações de posição definidas no início do desenvolvimento (Figura 18.10*b*).

Para pensar

Que processos produzem células, tecidos e órgãos especializados?

- A expressão genética seletiva é a base da diferenciação celular. Moléculas de sinalização contribuem para a diferenciação. Morfógenos se difundem através de um embrião e têm efeitos diferentes dependendo de sua concentração em cada região.
- Órgãos assumem formato à medida que as células migram, dobram como folhas e morrem quando solicitadas.

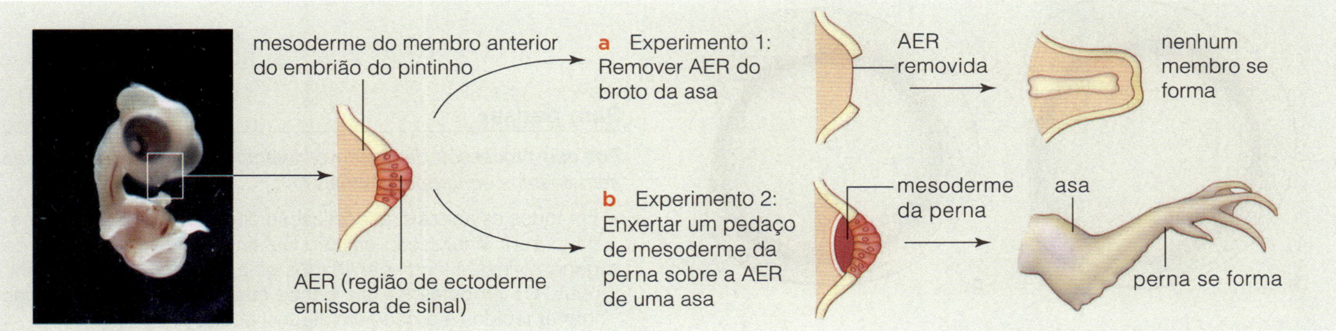

Figura 18.10 Controle da formação de membro em um pintinho. (**a**) Células na ponta do broto de um membro sinalizam para a mesoderme formar um membro. Remova essas células AER e nenhum membro se forma. (**b**) A transformação do membro em uma asa ou uma perna depende dos sinais de posicionamento que a mesoderme recebeu anteriormente.

18.5 Uma visão evolucionária do desenvolvimento

- Semelhanças nas vias de desenvolvimento entre animais são evidência de ancestralidade comum.

Modelo geral para o desenvolvimento animal

Através dos estudos de animais como helmintos, moscas-da-fruta, peixes e ratos, pesquisadores chegaram a um modelo geral de desenvolvimento. O ponto principal do modelo é: onde e quando genes em particular são expressos determina como o corpo de um animal se desenvolve.

Primeiro, moléculas que estavam presentes em diferentes áreas do óvulo induzem a expressão localizada de genes principais no zigoto. Produtos desses genes principais se difundem. Gradientes de concentração para esses produtos se formam ao longo dos eixos anterior-posterior e dorsal-ventral do embrião em desenvolvimento.

Segundo, dependendo de onde estão em relação a esses gradientes de concentração, células do embrião ativam ou suprimem outros genes principais. Os produtos de tais genes são distribuídos em gradientes, que afetam outros genes, e assim por diante.

Terceiro, esta informação posicional afeta a expressão de **genes homeóticos**, genes que regulam o desenvolvimento de partes específicas do corpo. Todos os animais têm genes homeóticos semelhantes. Por exemplo, um gene específico de um rato orienta o desenvolvimento de seus olhos. Introduza a versão deste gene do rato em uma mosca-de-fruta e os olhos se formarão em tecidos onde o gene introduzido é expresso.

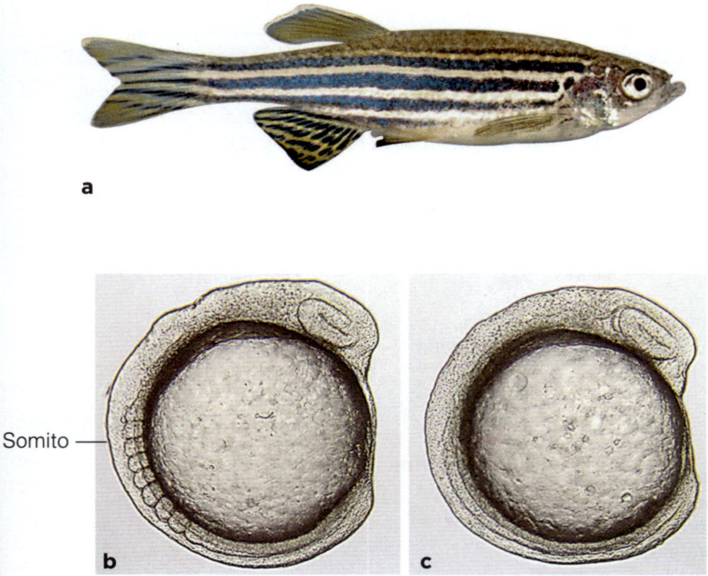

Figura 18.11 (**a**) Um paulistinha adulto. (**b**) Embrião normal de paulistinha com somitos que originam ossos e músculos. (**c**) Embrião mutante que não pode formar somitos. Ele morrerá no início do desenvolvimento.

Restrições e modificações no desenvolvimento

O modelo de desenvolvimento descrito anteriormente ajuda a explicar por que só vemos alguns tipos de planos corporais nos animais. Sabemos que os planos corporais são influenciados por restrições físicas como a proporção entre superfície e volume.

Um animal não pode evoluir para um tamanho grande se não tiver mecanismos circulatórios e respiratórios para atender às células corporais que residem longe da superfície corporal.

Também há restrições quanto à arquitetura corporal. Há restrições impostas pela estrutura corporal existente. Por exemplo, os primeiros vertebrados em terra tinham um plano corporal com quatro patas. A evolução das asas nas aves e nos morcegos ocorreu através da modificação de membros anteriores existentes, não pelo surgimento de novos membros. Embora possa ser vantajoso ter asas e braços, nenhum vertebrado com ambos foi descoberto.

Finalmente, há restrições de filo aos planos corporais. Tais restrições são impostas por interações entre genes que regulam o desenvolvimento em uma linhagem. Quando os genes principais evoluíram, suas interações determinaram o formato corporal básico. Mutações que alteram drasticamente os efeitos desses genes principais frequentemente são letais.

Por exemplo, vertebrados têm pares de ossos e músculos esqueléticos ao longo do eixo da cabeça à cauda (anterior-posterior). Esse padrão surge no início do desenvolvimento, quando a mesoderme nos dois lados do tubo neural do embrião é dividida em blocos de células chamadas **somitos** (Figura 18.11). Os somitos mais tarde se desenvolverão em ossos e músculos esqueléticos. Uma via complexa envolvendo muitos genes rege a formação dos somitos. Qualquer mutação que interrompa essa via é letal durante o desenvolvimento. Assim, não encontramos vertebrados com um plano corporal não segmentado, embora o número de somitos varie entre as espécies.

Em resumo, mutações que afetam o desenvolvimento levaram a uma variedade de formas entre linhagens animais. Tais mutações causaram alterações morfológicas através de modificações das vias de desenvolvimento existentes, em vez de abrir caminhos genéticos totalmente novos. Em outras palavras, a evolução é conservadora.

Para pensar

Por que processos de desenvolvimento e planos corporais são semelhantes em grupos animais?

- Em todos os animais, a localização citoplasmática define o cenário para sinalização celular. Os sinais ativam conjuntos de genes principais compartilhados pela maioria dos grupos animais. Os produtos de tais genes fazem células embrionárias formar tecidos e órgãos em alguns locais.
- Quando uma via de desenvolvimento evolui, mudanças drásticas nos genes que regem essa rota geralmente não são favorecidas.

18.6 Visão geral do desenvolvimento humano

- Como todos os animais, os humanos começam a vida como uma única célula embrionária e atravessam uma série de estágios de desenvolvimento.

O Capítulo 17 introduziu a estrutura e a função dos órgãos reprodutores humanos e explicou como um óvulo e um espermatozoide se encontram na fertilização para formar um zigoto. As seções restantes deste capítulo continuarão essa história, com uma olhada profunda no desenvolvimento humano. Nesta seção, damos um panorama do processo e definimos os estágios que discutiremos. Os estágios pré-natais (antes do nascimento) e pós-natais (depois do nascimento) estão listados na Tabela 18.1.

São necessárias cerca de cinco trilhões de divisões mitóticas para formar da única célula de um zigoto as aproximadamente dez trilhões de células de um adulto humano. O processo se inicia durante uma gravidez que tipicamente dura, em média, 38 semanas a partir do momento da fertilização.

A primeira clivagem ocorre de 12 a 24 horas depois da fertilização. Leva cerca de uma semana para um blastocisto se formar. Novamente, um blastocisto é a blástula mamífera. Nos humanos e em outros mamíferos placentários, um blastocisto se afixa no útero da mãe. À medida que a cria se desenvolve, nutrientes que se difundem da corrente sanguínea materna para a placenta a sustentam.

Todos os principais órgãos, incluindo os sexuais, são formados durante o período embrionário, que termina depois de oito semanas. Os ossos do esqueleto em desenvolvimento são montados como modelos de cartilagem, que, depois, são invadidos por células ósseas que transformam a cartilagem em osso.

Ao final do período embrionário, o indivíduo em desenvolvimento é chamado **feto**. No período fetal, do início da nona semana até o nascimento, órgãos crescem e se tornam especializados.

Dividimos o período pré-natal em três trimestres.

O primeiro trimestre inclui os meses um a três; o segundo, os meses quatro a seis; e o terceiro, os meses sete a nove. Nascimentos antes de 37 semanas são considerados prematuros. Um feto nascido antes das 22 semanas raramente sobrevive porque seus pulmões ainda não estão totalmente amadurecidos. Cerca de metade dos nascimentos ocorridos antes das 26 semanas resulta em algum tipo de problema a longo prazo.

Após o nascimento, o corpo humano continua crescendo e suas partes continuam mudando proporcionalmente. A Figura 18.12 mostra as alterações proporcionais durante o desenvolvimento. O crescimento pós-natal é mais rápido entre os 13 e os 19 anos. O amadurecimento sexual ocorre na puberdade e os ossos param de crescer pouco depois. O cérebro é o último órgão a amadurecer totalmente: partes dele continuam se desenvolvendo até que o indivíduo tenha de 19 a 22 anos.

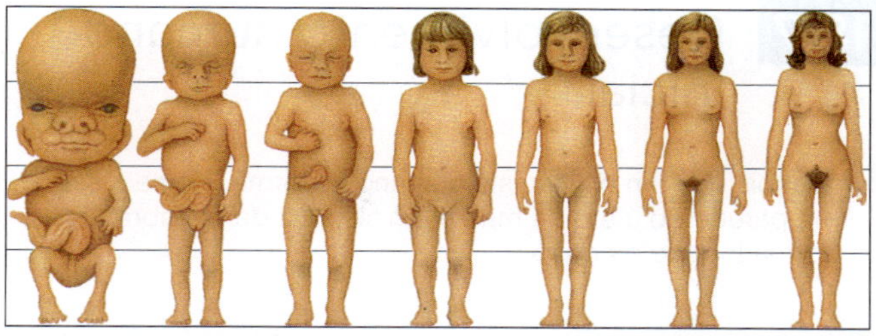

Figura 18.12 Mudanças observáveis e proporcionais nos períodos pré e pós-natais do desenvolvimento humano. Alterações na aparência física geral são lentas, mas notáveis, até a adolescência.

Tabela 18.1 Estágios do desenvolvimento humano

Período pré-natal	
Zigoto	Única célula resultante da fusão do núcleo do espermatozoide com o do óvulo na fertilização.
Blastocisto (blástula)	Bola de células com camada superficial, cavidade cheia de fluido e massa celular interna.
Embrião	Todos os estágios de desenvolvimento da segunda semana após a fertilização até o final da oitava semana.
Feto	Todos os estágios de desenvolvimento da nona semana até o nascimento (aproximadamente 38 semanas após a fertilização).
Período pós-natal	
Recém-nascido	Indivíduo durante as primeiras duas semanas após o nascimento.
Bebê	Indivíduo de duas semanas a 15 meses.
Criança	Indivíduo da infância até os 10 ou 12 anos.
Púbere	Indivíduo na puberdade; os traços sexuais secundários se desenvolvem. Meninas, entre 10 e 15 anos; meninos, entre 11 e 16 anos.
Adolescente	Indivíduo da puberdade até cerca de 3 ou 4 anos depois; amadurecimento físico, mental e emocional.
Adulto	Início da vida adulta (entre 18 e 25 anos); fim da formação e do crescimento dos ossos. As mudanças ocorrem lentamente depois disso.
Velhice	Processos de envelhecimento resultam em deterioração esperada dos tecidos.

Para pensar

Como o desenvolvimento humano ocorre?

- Os humanos são mamíferos placentários, portanto, os descendentes se desenvolvem no útero da mãe.
- Ao final da segunda semana, o blastocisto está afixado no útero.
- Ao final da oitava semana, o embrião possui todos os órgãos humanos típicos.
- A maior parte de uma gestação é ocupada pelo período fetal, durante o qual os órgãos crescem e assumem funções diferenciadas.

18.7 Desenvolvimento humano inicial

- Depois que um blastocisto humano se forma, ele se afixa na parede do útero da mãe e um sistema de membranas se forma fora do embrião.

Clivagem e implantação

A fertilização de um óvulo humano tipicamente ocorre em uma das tubas uterinas. A clivagem ocorre cerca de um dia ou dois após a fertilização, enquanto o zigoto percorre a tuba uterina em direção ao útero (Figura 18.13*a,b*). No momento em que chega ao útero, o zigoto se tornou um agrupamento de 16 células chamado mórula (Figura 18.13*c*).

Um blastocisto com centenas de células se forma no quinto dia. Ele consiste em uma camada externa de células, uma cavidade repleta com suas secreções (um blastocele) e uma massa celular interna (Figura 18.13*d*). O embrião se desenvolve a partir da massa celular interna. As células externas ajudarão a formar membranas que cercam o embrião em desenvolvimento.

Aproximadamente seis dias depois da fertilização, o blastocisto normalmente está no útero. Agora, ele se expande por divisões celulares e coleta de fluido. Este aumento de tamanho rompe a zona pelúcida não celular, permitindo que o blastocisto saia desta camada envolvente. A **implantação** começa quando o blastocisto se prende ao endométrio e se fixa nele. Durante a implantação, a massa celular interna se desenvolve em duas camadas achatadas de células chamadas disco embrionário (Figura 18.13*e, f*).

Em uma gravidez ectópica, o blastocisto se implanta em um tecido diferente do útero – mais comumente uma tuba uterina. Tal gestação não pode ser levada a termo e deve ser interrompida cirurgicamente para proteger a vida da mãe. O uso de pílulas anticoncepcionais, um histórico de doenças sexualmente transmissíveis e algumas desordens inflamatórias aumentam o risco de gravidez ectópica.

Membranas extraembrionárias

As membranas começam a se formar fora do embrião durante a implantação (Tabela 18.2).

Uma cavidade amniótica repleta de fluido se abre entre o disco embrionário e parte da superfície do blastocisto (Figura 18.13*f*).

Muitas células migram em volta da parede da cavidade e formam o **âmnio**, uma membrana que envolverá o embrião. Fluido na cavidade funcionará como um "berço flutuante" no qual o embrião pode crescer, movimentar-se livremente e ser protegido de mudanças repentinas de temperatura e quaisquer impactos potencialmente perturbadores.

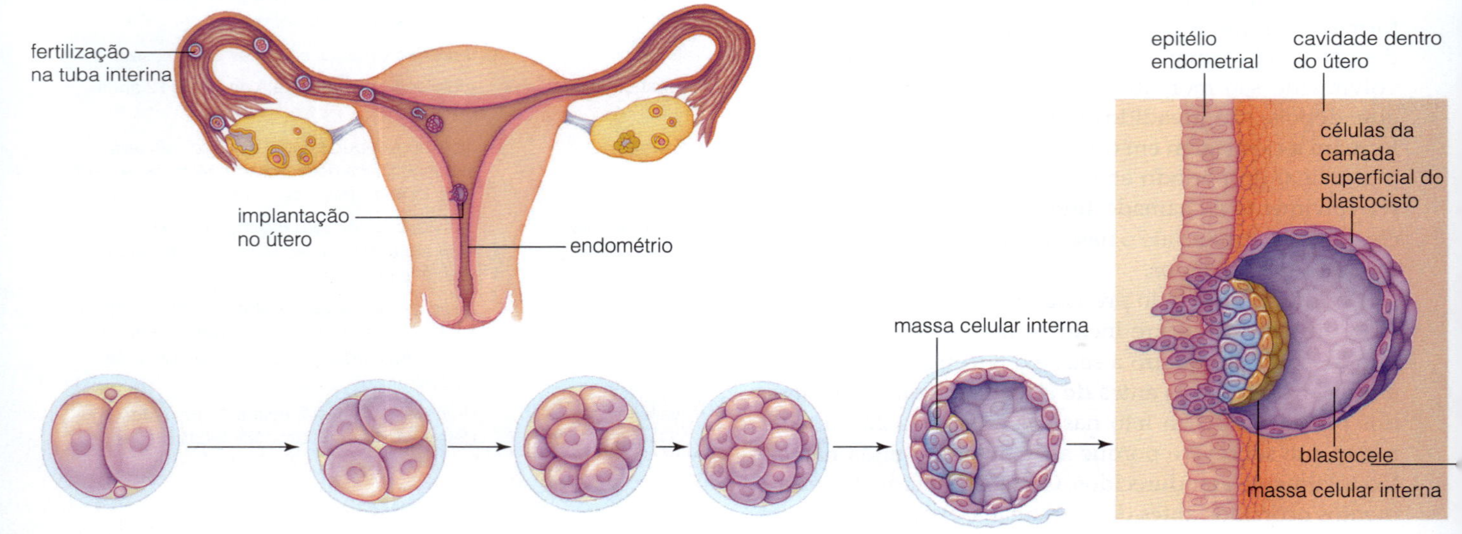

a DIAS 1–2. O primeiro sulco de clivagem se estende entre os dois corpos polares. Cortes posteriores são angulosos, portanto, as células se tornam simetricamente organizadas. Até o estágio de oito células se formar, elas são levemente organizadas, com espaço entre elas.

b DIAS 3. Depois da terceira clivagem, as células repentinamente se agrupam em uma bola compactada, que junções firmes entre as células externas estabilizam. Junções comunicantes formadas ao longo das células internas aumentam a comunicação intercelular.

c DIAS 4. Em 96 horas, há uma bola de 16 a 32 células em formato de amora. É uma mórula (do latim *morum*, amora). Células da camada superficial funcionarão na implantação e originarão uma membrana, o córion.

d DIAS 5. Um blastocele (cavidade repleta de fluido) se forma na mórula como resultado de secreções celulares superficiais. No estágio de 32 células, a diferenciação ocorre em uma massa celular interna que originará o embrião. Este estágio embrionário é o blastocisto.

e DIAS 6–7. Algumas células da superfície do blastocisto se alojam no endométrio e começam a se fixar nele. A implantação começou.

tamanho real

À medida que o âmnio se forma, outras células migram em torno da parede interna do blastocisto e formam um revestimento que se torna o saco vitelino.

Em répteis e aves, este saco contém vitelo. Em humanos, células do saco vitelino originam as células sanguíneas e as células germinativas do embrião. Antes de um blastocisto ser totalmente implantado, espaços que se abrem no tecido materno ficam cheios de sangue provenientes dos capilares rompidos. No blastocisto, uma nova cavidade se abre em volta do âmnio e do saco vitelino.

O revestimento desta cavidade se torna o **córion**, uma membrana dobrada em muitas projeções semelhantes a dedos que se estende para os tecidos maternos cheios de sangue. Ele se tornará parte da placenta. A **placenta** é um órgão que funciona nas trocas de materiais entre as correntes sanguíneas da mãe e de seu bebê em desenvolvimento.

Depois que o blastocisto é implantado, uma protuberância do saco vitelino se tornará a quarta membrana extraembrionária – a **alantoide**. Ela origina a bexiga e os vasos sanguíneos da placenta.

Produção inicial de hormônios

Uma vez implantada, uma blástula libera **gonadotrofina coriônica humana (HCG)**. Este hormônio faz o corpo lúteo continuar secretando progesterona e estrogênios. Tais hormônios evitam a menstruação e mantêm o revestimento uterino. Depois de cerca de três meses, a placenta assume a secreção de HCG.

Tabela 18.2 Membranas extraembrionárias humanas

Âmnio	Envolve e protege o embrião em uma cavidade flutuante repleta de fluido
Saco vitelino	Torna-se lugar de formação de hemácias; fonte de células germinativas
Córion	Reveste o âmnio e o saco vitelino; torna-se parte da placenta
Alantoide	Origem da bexiga e de vasos sanguíneos para a placenta

HCG pode ser detectado na urina da mãe a partir da terceira semana de gestação. Testes caseiros de gravidez incluem um dispositivo que muda de cor quando exposto à urina que contém HCG.

Para pensar

O que ocorre durante as primeiras duas semanas do desenvolvimento humano?

- A clivagem produz uma mórula e, depois, um blastócito, que sai da zona pelúcida e se implanta no endométrio, o revestimento do útero.
- Durante a implantação, projeções do blastócito crescem nos tecidos maternos. As conexões que apoiarão o embrião em desenvolvimento começam a se formar.
- A massa celular interna do blastócito se tornará o embrião. Outras partes do blastócito originam quatro membranas externas. A mais externa delas é o âmnio, que envolve e protege o embrião em uma cavidade repleta de fluido.

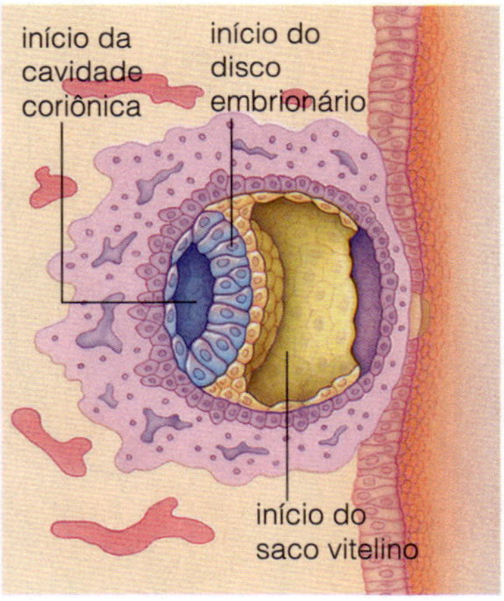

f DIAS 10–11. O saco vitelino, o disco embrionário e a cavidade amniótica começaram a se formar a partir de partes do blastocisto.

tamanho real

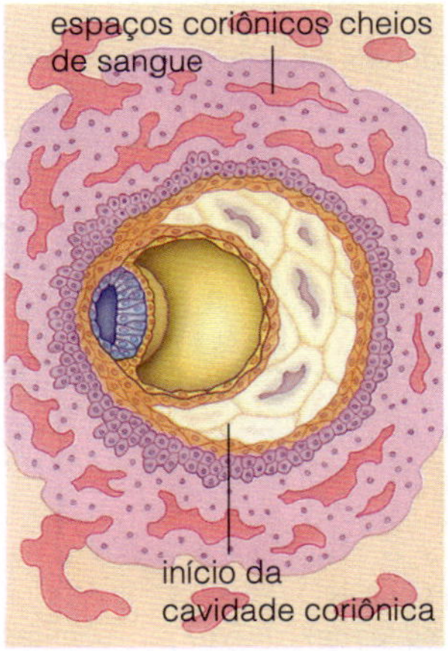

g DIAS 12. Espaços cheios de sangue se formam no tecido materno. A cavidade coriônica começa a se formar.

tamanho real

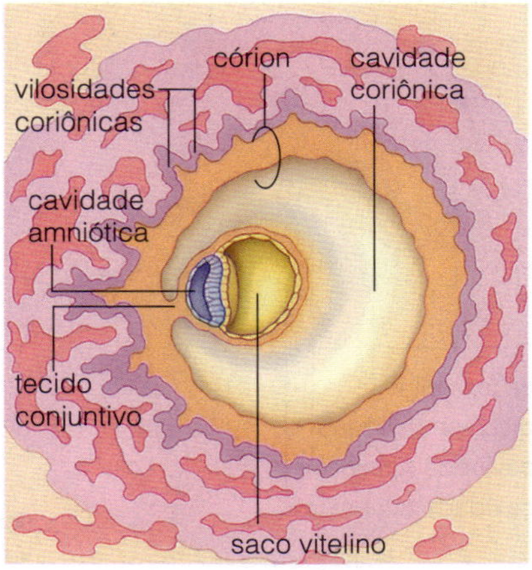

h DIAS 14. Um talo conector se formou entre o disco embrionário e o córion. Vilosidades coriônicas, que serão características de uma placenta, começam a se formar.

tamanho real

Figura 18.13 Da fertilização à implantação. Um blastocisto se forma e sua massa celular interna se torna um disco embrionário de duas células de espessura. Posteriormente, ele se tornará o embrião. Três membranas extraembrionárias (o âmnio, o córion e o saco vitelino) começam a se formar. Uma quarta membrana (alantoide) se forma após o fim da implantação.

18.8 Surgimento do plano corporal dos vertebrados

- A gastrulação ocorre na terceira semana enquanto o embrião percorre a rota do desenvolvimento típico dos vertebrados.

Cerca de duas semanas após a fertilização, a massa celular interna de um blastocisto é um disco embrionário de duas camadas celulares. Durante a gastrulação na terceira semana, as células migram para dentro ao longo de uma depressão, a linha primitiva, que se forma na superfície do disco (Figura 18.14*a*). As três camadas germinativas resultantes da gástrula são as precursoras de todos os tecidos (Tabela 18.3). A localização da linha primitiva estabelece o eixo corporal da cabeça à cauda.

Tabela 18.3 Derivados das camadas germinativas humanas

Ectoderme (camada externa)	Camada externa (epiderme) de pele; tecido nervoso
Mesoderme (camada intermediária)	Tecido conjuntivo da pele; músculo esquelético, cardíaco e liso; osso; cartilagem; vasos sanguíneos; sistema urinário; órgãos do intestino; peritônio (revestimento do celoma); trato reprodutivo
Endoderme (camada interna)	Revestimento do intestino e do trato respiratório e órgãos derivados desses revestimentos

Muitos genes principais agora estão sendo expressos e os tecidos e órgãos estão começando a tomar forma. Por exemplo, no décimo oitavo dia depois da fertilização, o disco embrionário tem duas dobras que se fundirão em um tubo neural, que se desenvolverá na medula espinhal e cérebro (Figura 18.14*b*).

A dobra mesodérmica também forma a notocorda, que atua como modelo estrutural para os segmentos ósseos da coluna vertebral.

A espinha bífida é um defeito congênito no qual o tubo neural e uma ou mais vértebras não se formam como deveriam. Como resultado, a medula espinhal se ressalta da coluna vertebral no nascimento.

Ao final da terceira semana, somitos se formam. Esses segmentos pareados de mesoderme se desenvolverão em ossos, músculos esqueléticos da cabeça e tronco e derme sobreposta da pele. Os arcos faríngeos (Figura 18.14*c*) que começam a se formar nesse momento mais tarde contribuirão para a faringe, laringe, rosto, pescoço, boca e nariz. Pequenos espaços começam a se abrir em algumas partes da mesoderme; tais espaços eventualmente se conectarão como uma cavidade celômica.

Para pensar

O que acontece durante as semanas três e quatro de uma gravidez?

- A gastrulação ocorre, produzindo um embrião de três camadas.
- O tubo neural e a notocorda se formam.
- Somitos aparecem nos dois lados do tubo neural.

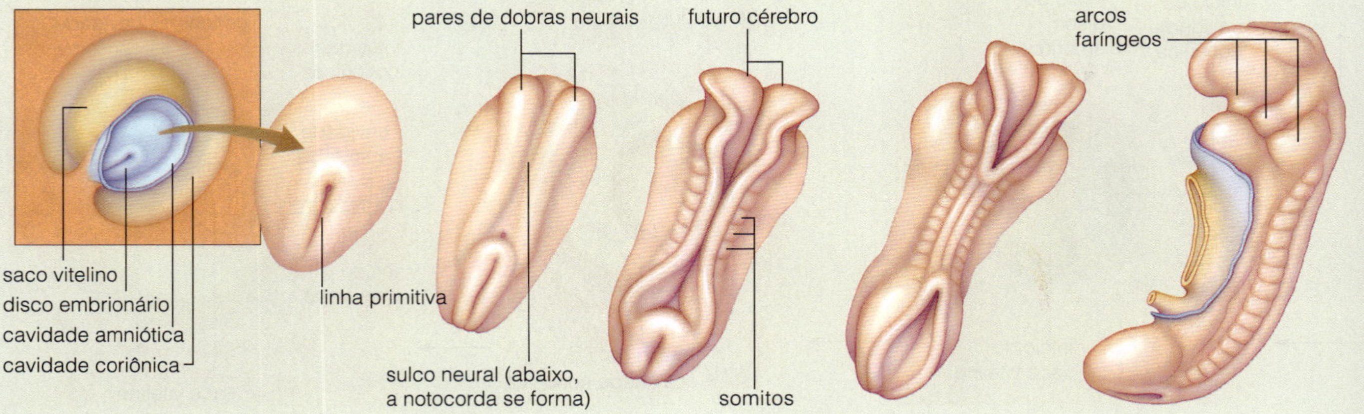

a DIA 15. Uma faixa fina aparece em torno de uma depressão ao longo do eixo do disco embrionário. Esta faixa é a linha primitiva e marca o início da gastrulação em embriões vertebrados.

b DIA 18–23. Órgãos começam a se formar através de divisões celulares, migrações celulares, dobras de tecidos e outros eventos da morfogênese. Dobras neurais se fundirão para formar o tubo neural. Somitos (ressaltos de mesoderme) aparecem perto da superfície dorsal do embrião. Eles originarão a maior parte axial do esqueleto, músculos esqueléticos e uma boa parte da derme.

c DIA 24–25. Até agora, algumas células embrionárias originaram os arcos faríngeos. Eles contribuirão para a formação do rosto, pescoço, boca, cavidades nasais, laringe e faringe.

Figura 18.14 Marcos do período embrionário dos humanos e outros vertebrados. Uma linha primitiva e, depois, a notocorda se formam. Dobras neurais, somitos e arcos faríngeos se formam posteriormente. (**a**, **b**) Vistas dorsais das costas do embrião. (**c**) Vista lateral.

18.9 Função da placenta

- A placenta permite a transferência de substâncias entre a mãe e seu bebê em desenvolvimento sem a mistura sanguínea.

Toda troca de materiais entre um embrião e sua mãe ocorre através da placenta, um órgão cheio de sangue em formato de esfera achatada que consiste em revestimento uterino e membranas extraembrionárias. A termo completo, a placenta cobre cerca de um quarto da superfície interna do útero (Figura 18.15).

A placenta começa a se formar no início da gravidez. Na terceira semana, o sangue materno começou a se agrupar em espaços no tecido endometrial. Vilosidades coriônicas – minúsculas projeções semelhantes a dedos do córion – estendem-se em grupos de sangue materno.

Vasos sanguíneos embrionários se estendem para fora através do cordão umbilical até a placenta e, então, para as vilosidades coriônicas. O sangue embrionário troca substâncias com o sangue materno, mas as duas correntes sanguíneas não se misturam. Se isso ocorresse, alguns anticorpos maternos poderiam atacar o embrião. Oxigênio e nutrientes se difundem do sangue materno para os vasos sanguíneos embrionários nas vilosidades. Resíduos se difundem para o outro lado e o corpo da mãe os descarta.

Depois do terceiro mês, a placenta produz grandes quantidades de HCG, progesterona e estrogênios. Tais hormônios estimulam a manutenção contínua do revestimento uterino.

Para pensar

Qual é a função da placenta?

- Vasos do sistema circulatório do embrião se estendem pelo cordão umbilical até a placenta, onde percorrem poças de sangue materno.
- O sangue materno e embrionário não se misturam; substâncias se difundem entre as correntes sanguíneas materna e embrionária.

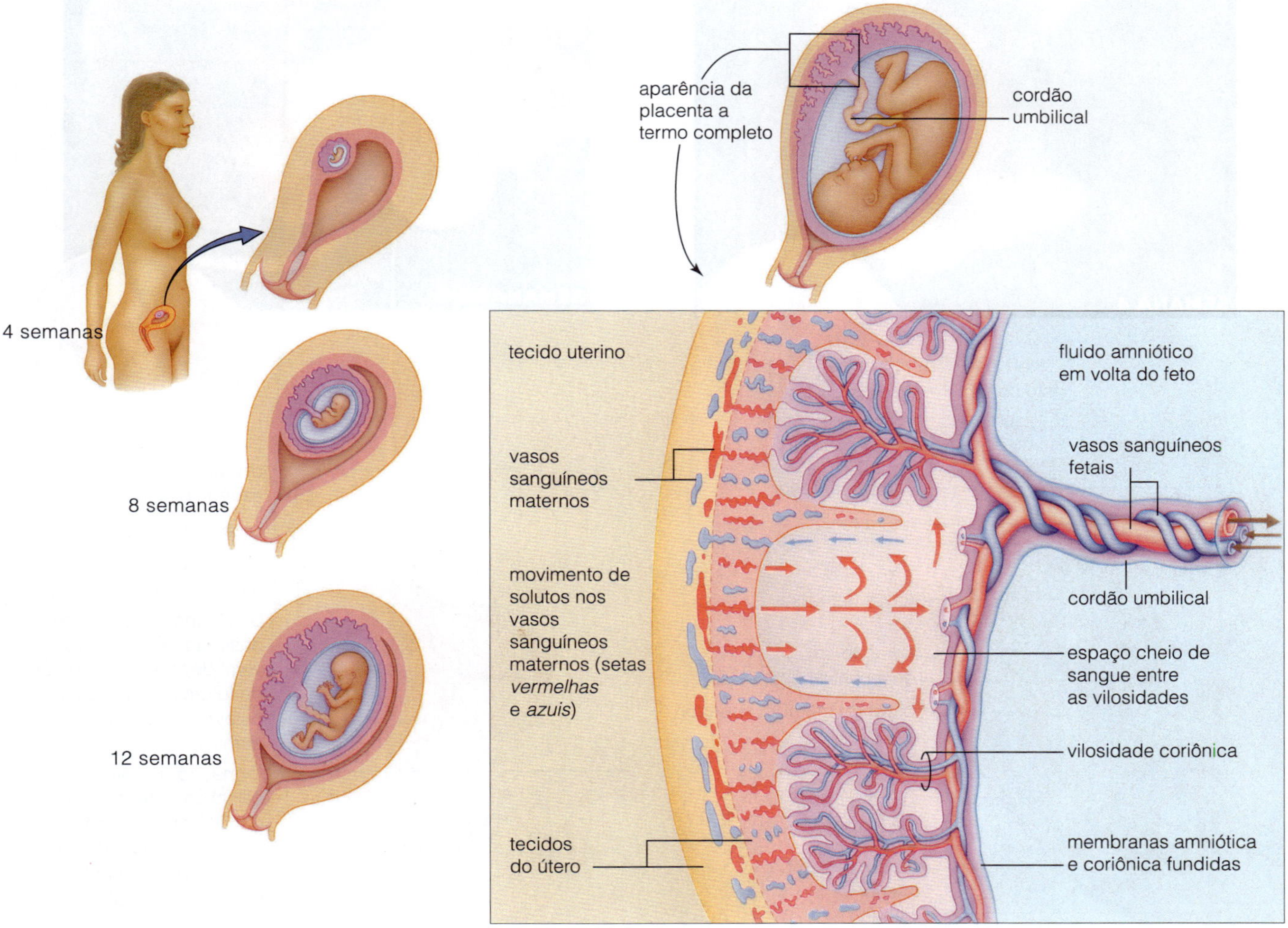

Figura 18.15 Relação entre circulação sanguínea fetal e materna na placenta. Vasos sanguíneos se estendem do feto pelo cordão umbilical até as vilosidades coriônicas. O sangue materno flui para espaços entre as vilosidades. Entretanto, as duas correntes sanguíneas não se misturam. Oxigênio, dióxido de carbono e outros pequenos solutos se difundem pela superfície da membrana da placenta.

18.10 Surgimento de características distintamente humanas

- A cauda e os arcos faríngeos de um embrião humano o distinguem como um cordado. Essas características desaparecem durante o desenvolvimento fetal.

Quando a quarta semana termina, o embrião está 500 vezes maior que um zigoto, mas ainda tem menos de 1 centímetro de comprimento. O crescimento diminui à medida que detalhes dos órgãos começam a surgir. Membros se formam; massas celulares são esculpidas, formando os dedos das mãos e dos pés. O cordão umbilical e o sistema circulatório se desenvolvem. O crescimento da cabeça agora ultrapassa o de todas as outras regiões (Figura 18.16). Órgãos reprodutivos começam a se formar. Ao final da oitava semana, todos os sistemas de órgãos se formaram e definimos o indivíduo como um feto humano.

No segundo trimestre, movimentos reflexos começam à medida que nervos e músculos em desenvolvimento se conectam. Pernas chutam, braços balançam e dedos agar-

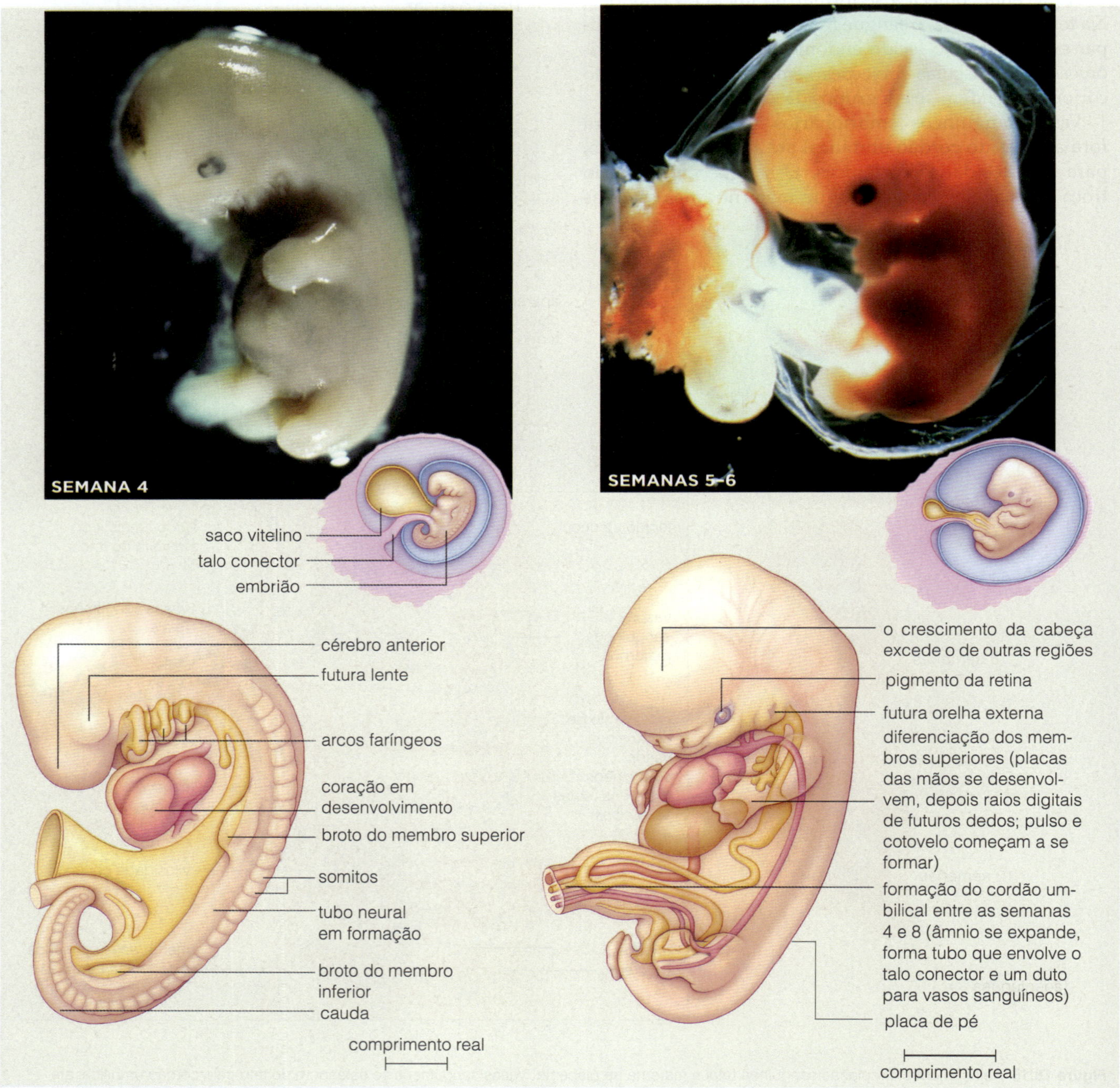

Figura 18.16 Embrião humano em estágios sucessivos de desenvolvimento.

ram. O feto faz careta, espreme os olhos, aperta os lábios, suga e soluça.

Quando o feto tem cinco meses, seu batimento cardíaco pode ser ouvido claramente através de um estetoscópio posicionado no abdômen da mãe. A mãe pode sentir movimentos de braços e pernas do feto.

Agora, pelo fetal macio (lanugem) cobre a pele; a maior parte será eliminada antes do nascimento. Uma cobertura espessa e gordurosa (vérnix) protege a pele de abrasão. No sexto mês, pestanas e cílios se formam. Olhos abrem durante o sétimo mês, o início do último trimestre. A essa altura, todas as partes do cérebro se formaram e começaram a funcionar.

Para pensar

O que ocorre durante os períodos embrionário final e fetal?

- O embrião assume sua aparência humana aproximadamente na oitava semana, mas continua minúsculo. Durante o período fetal, órgãos começam a funcionar e o crescimento é rápido.

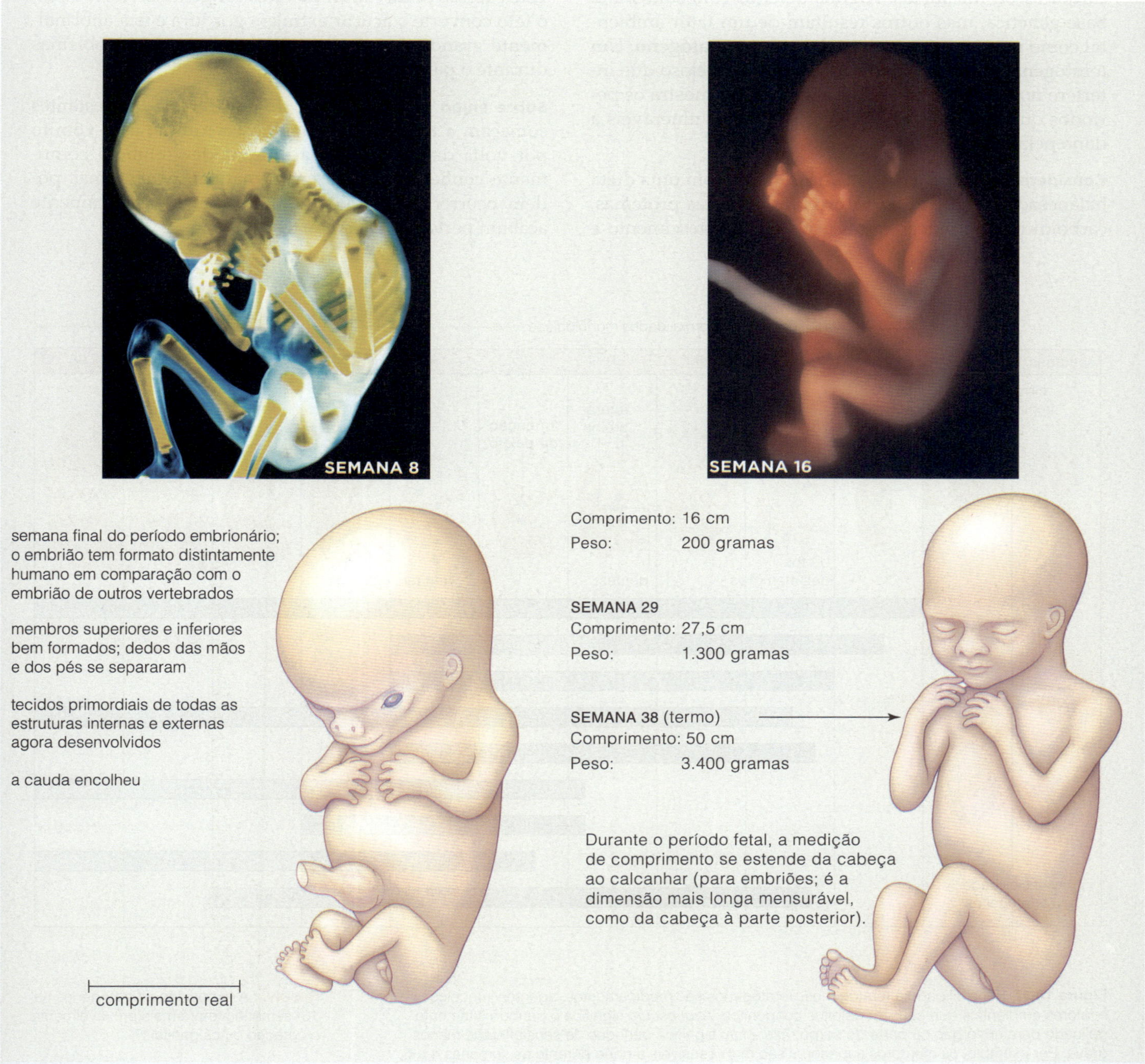
SEMANA 8
SEMANA 16
semana final do período embrionário; o embrião tem formato distintamente humano em comparação com o embrião de outros vertebrados
membros superiores e inferiores bem formados; dedos das mãos e dos pés se separaram
tecidos primordiais de todas as estruturas internas e externas agora desenvolvidos
a cauda encolheu
comprimento real
Comprimento: 16 cm
Peso: 200 gramas
SEMANA 29
Comprimento: 27,5 cm
Peso: 1.300 gramas
SEMANA 38 (termo)
Comprimento: 50 cm
Peso: 3.400 gramas
Durante o período fetal, a medição de comprimento se estende da cabeça ao calcanhar (para embriões; é a dimensão mais longa mensurável, como da cabeça à parte posterior).

18.11 A mãe como provedora e protetora

- Um embrião depende de sua mãe para fornecer nutrientes e está sujeito a toxinas ou patógenos aos quais ela se expõe.

De acordo com o Center for Disease Control, cerca de 3% das crianças nascidas nos Estados Unidos apresentam algum tipo de defeito congênito. No Brasil, os dados são escassos, mas a proporção deve ser semelhante. Os defeitos incluem problemas visíveis como lábio leporino ou pé torto, além de problemas internos como más-formações cardíacas ou intestinais. Alguns defeitos congênitos têm base genética, mas outros resultam de um fator ambiental como má nutrição ou exposição a um **teratógeno**. Um teratógeno é uma toxina ou um agente infeccioso que interfere no desenvolvimento. A Figura 18.17 mostra os períodos quando órgãos específicos são mais vulneráveis a dano pela exposição a teratógenos.

Considerações nutricionais Uma gestante com uma dieta balanceada fornece a seu futuro filho todas as proteínas, carboidratos e lipídeos necessários para o crescimento e desenvolvimento. Suas próprias necessidades de vitaminas e minerais aumentam, mas ambos são absorvidos preferencialmente pela placenta e coletados pelo embrião. Tomar vitaminas do complexo B no início da gestação reduz o risco de defeitos do tubo neural do embrião. Folato (ácido fólico) é crucial neste ponto.

Deficiências alimentares afetam muitos órgãos em desenvolvimento. Por exemplo, se a mãe não ingere iodo suficiente, o recém-nascido pode ser afetado pelo cretinismo, uma desordem que afeta a função cerebral e a coordenação motora.

Uma diabética que não controla bem seu açúcar no sangue durante a gravidez fornece açúcar em excesso ao feto. Este excesso pode causar defeitos congênitos. Além disso, o feto converte o açúcar extra em gordura e fica anormalmente grande. Um feto grande pode causar problemas durante o parto.

Sobre enjoo matinal Cerca de dois terços das gestantes começam a ter episódios de náusea com ou sem vômito por volta da sexta semana de gravidez. Embora comumente conhecidos como enjoo matinal, os sintomas podem ocorrer a qualquer hora do dia. Eles tipicamente acabam perto da 12ª semana.

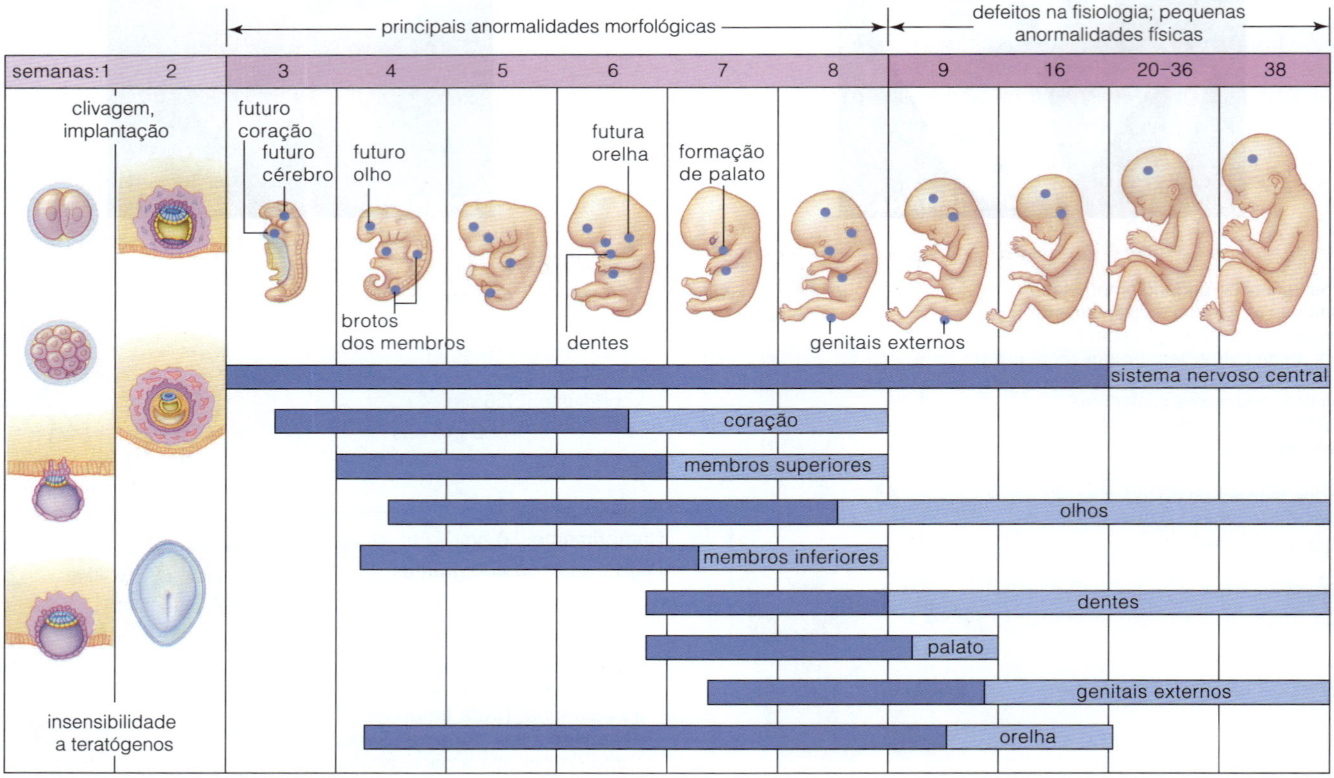

Figura 18.17 Sensibilidade a teratógenos. Teratógenos são medicamentos, agentes infecciosos e fatores ambientais que causam defeitos congênitos. *Azul-escuro* significa o período altamente delicado para um órgão ou parte do corpo; *azul-claro* significa períodos de sensibilidade menos grave. Por exemplo, os membros superiores são mais sensíveis a dano durante as semanas 4 a 6, e um tanto sensíveis nas semanas 7 e 8.

Resolva: A exposição a teratógenos na 16ª semana afetará mais provavelmente o coração ou os genitais?

Resposta: Genitais

Agentes infecciosos Alguns anticorpos no sangue de uma gestante atravessam a placenta e protegem um embrião ou feto contra infecções bacterianas. Entretanto, algumas doenças finais podem ser perigosas nas primeiras semanas depois da fertilização. A rubéola é um exemplo. Uma mulher pode escapar do risco de passar o vírus da rubéola ao se vacinar antes de engravidar.

Um parente do protista que causa a malária às vezes se esconde em solos de jardins, fezes de gatos e carne malcozida. Ele causa toxoplasmose. A doença frequentemente não causa sintomas, portanto, uma gestante pode ser infectada e não perceber. Se o parasita atravessar a placenta, poderá afetar o bebê e levar a problemas no nascimento, aborto espontâneo ou óbito fetal. Para diminuir o risco, gestantes devem comer carne bem cozida.

Álcool e cafeína O álcool atravessa a placenta, portanto, quando uma grávida bebe, seu embrião ou feto sente os efeitos. A exposição ao álcool pode causar a síndrome alcoólica fetal, ou SAF. Cabeça e cérebro pequenos, anormalidades faciais, crescimento lento, prejuízo mental, problemas cardíacos e má coordenação caracterizam os bebês afetados (Figura 18.18). O dano é permanente. Crianças afetadas pela SAF nunca se normalizarão física ou mentalmente.

A maioria dos médicos agora aconselha as mulheres grávidas ou que estão tentando engravidar a evitar totalmente o álcool. Antes mesmo de uma mulher saber que está grávida, tecidos do sistema nervoso embrionário começaram a se formar e o álcool pode danificá-los. Até beber moderadamente durante a gravidez aumenta o risco de aborto espontâneo e óbito fetal.

Figura 18.18 Criança com síndrome alcoólica fetal – SAF. Os sintomas óbvios são orelhas baixas e proeminentes, bochechas formadas incorretamente e um lábio superior anormalmente largo e liso. Complicações relacionadas ao crescimento, problemas cardíacos e anormalidades do sistema nervoso também são comuns.

Estudos em laboratório demonstraram que a cafeína interfere no desenvolvimento do sistema nervoso em animais, e os médicos suspeitam que ela também possa afetar embriões humanos. Um estudo recente comprova esta hipótese. O estudo demonstrou que mulheres que ingeriam 200 miligramas de cafeína por dia (o equivalente a uma xícara e meia de café) sofriam duas vezes mais abortos espontâneos do que as que a evitaram. Os autores do estudo aconselham gestantes a escolher bebidas sem cafeína.

Tabagismo Fumar ou se expor a fumo passivo aumenta o risco de aborto espontâneo e afeta negativamente o crescimento e o desenvolvimento fetais. O monóxido de carbono na fumaça pode roubar do oxigênio os sítios de ligação na hemoglobina, portanto, o embrião ou o feto de uma fumante recebe menos oxigênio do que o de uma não fumante. Além disso, níveis do estimulante viciante nicotina no fluido amniótico podem ser maiores que os no sangue da mãe.

Os efeitos do tabagismo materno persistem muito depois do nascimento. Um estudo britânico acompanhou um grupo de crianças nascidas na mesma semana ao longo de sete anos. Mais filhos de fumantes morreram de complicações pós-parto, e os sobreviventes eram menores, com duas vezes mais defeitos cardíacos. Quando o estudo terminou, os filhos de fumantes estavam quase seis meses atrasados na idade normal de leitura.

Medicamentos receitados Alguns medicamentos causam defeitos congênitos. Por exemplo, a talidomida era comumente receitada para tratar enjoo matinal nos anos 1960 na Europa. Bebês de algumas mulheres que a usaram no primeiro trimestre tinham braços e pernas gravemente deformados ou inexistentes. A FDA nunca aprovou o uso de talidomida para gestantes nos Estados Unidos.

A isotretinoína (Accutane) é amplamente utilizada nos EUA e em outros países. Este tratamento altamente eficaz para acne grave frequentemente é receitado para jovens. Se tomado no início de uma gravidez, pode causar problemas cardíacos ou deformidades faciais ou cranianas no embrião. Alguns antidepressivos aumentam o risco de defeitos congênitos. A paroxetina (Paxil) e medicamentos relacionados inibem a recaptação da serotonina. O uso desses medicamentos no início da gravidez aumenta a probabilidade de más-formações cardíacas. Tomá-los no final da gravidez aumenta o risco de um bebê ter desordens cardíacas e pulmonares fatais.

18.12 Nascimento e lactação

- Como em outros mamíferos placentários, fetos humanos nascem vivos e são alimentados com leite nutritivo secretado pelas glândulas mamárias da mãe. Mudanças nos níveis de hormônio ajudam a controlar esses processos.

Dar à luz

O corpo da mãe muda quando a gestação se aproxima do final, aproximadamente 38 semanas após a fertilização. Até as últimas semanas, seu colo cervical firme ajudou a evitar que o feto saísse do útero prematuramente. Agora, o tecido conjuntivo cervical fica mais fino, macio e flexível. Tais mudanças permitirão que o colo do útero se estire o suficiente para permitir a saída do feto do corpo.

O processo de nascimento é conhecido como **trabalho de parto**. Tipicamente, o âmnio se rompe logo antes do nascimento, então fluido amniótico escapa pela vagina. O canal cervical se dilata. Contrações fortes impulsionam o feto através dele, depois através da vagina (Figura 18.19).

Um mecanismo de feedback positivo opera durante o trabalho de parto. Quando o feto está perto do termo, tipicamente muda de posição para que sua cabeça pressione o colo do útero da mãe. Receptores dentro do colo do útero sentem a pressão e sinalizam o hipotálamo, que sinaliza o lobo posterior da hipófise para secretar **ocitocina**. Em uma alça de feedback positivo, a ocitocina se liga ao músculo liso do útero, causando contrações uterinas que empurram o feto contra o colo do útero. A maior pressão aciona mais secreção de ocitocina, o que causa mais contrações e mais dilatação cervical. Contrações fortes uterinas continuam até que o feto seja forçado através do colo do útero e saia do corpo da mãe.

Contrações musculares fortes também soltam e expelem a placenta do útero como o "pós-parto". O cordão umbilical que conecta o recém-nascido a esta massa de tecido expelido é grampeado, cortado e amarrado. O toco de cordão deixado no lugar seca e cai. O umbigo marca o antigo local de ligação.

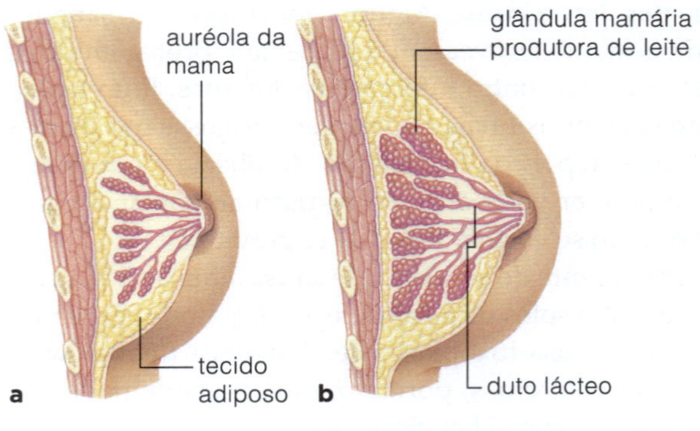

Figura 18.20 Vistas em corte de (**a**) mama de uma mulher que não está grávida e (**b**) mama de uma lactante.

Nutrição do recém-nascido

Antes da gravidez, o tecido mamário de uma mulher é formado principalmente por tecido adiposo. Dutos lácteos e glândulas mamárias são pequenos e inativos (Figura 18.20). Durante a gravidez, essas estruturas aumentam em preparação para a **lactação**, ou produção de leite. A **prolactina**, um hormônio secretado pela hipófise anterior da mãe, ativa a síntese do leite.

Após o nascimento, uma queda na progesterona e nos estrogênios faz a produção de leite entrar em rotação máxima. O estímulo da sucção de um recém-nascido causa a liberação de ocitocina. O hormônio estimula os músculos em volta das glândulas mamárias a contrair e forçar leite para dentro dos dutos.

Além de ser rico em nutrientes, o leite materno tem anticorpos que protegem um recém-nascido contra alguns vírus e bactérias. Lactantes devem se lembrar de que medicamentos, álcool e outras toxinas acabam fazendo parte da composição do leite.

Para pensar

Que papéis os hormônios desempenham no parto e na lactação?

- Durante o parto, o hormônio ocitocina estimula contrações musculares que forçam um feto para fora do corpo da mãe.
- A prolactina estimula a produção de leite e a ocitocina causa secreção de leite por dutos lácteos.

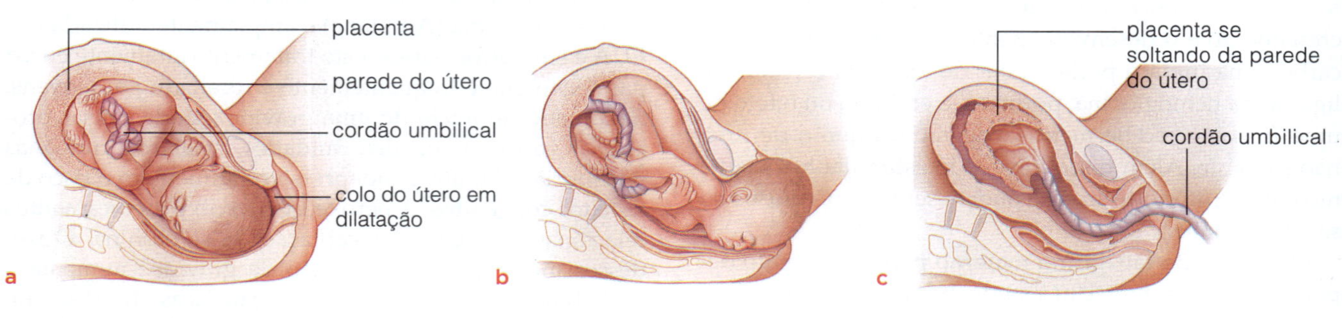

Figura 18.19 Expulsão de (**a**,**b**) um feto humano e (**c**) pós-parto durante o trabalho de parto. O pós-parto consiste em placenta, fluidos de tecidos e sangue.

QUESTÕES DE IMPACTO REVISITADAS Nascimentos Espantosos

Nascimentos múltiplos resultantes do uso de medicamentos para fertilidade colocam não apenas os bebês em risco, mas também ameaçam a saúde da mãe. Entre outras coisas, carregar dois ou mais fetos exige maior volume de sangue, o que aumenta o esforço para o coração da mãe e aumenta o risco de hipertensão. Além disso, tais gestações exigem mais área para placenta, aumentando o risco de perda de sangue quando a placenta se solta após o parto.

Resumo

Seção 18.1 Os ciclos de vida da maioria dos animais têm seis estágios de desenvolvimento. Gametas se formam e a fertilização ocorre. A **clivagem** produz uma **blástula**. A **gastrulação** resulta em um embrião inicial (uma **gástrula**), que tem duas ou três camadas de tecido primário, ou **camadas germinativas**. Finalmente, órgãos se formam e tecidos e órgãos se tornam especializados.

Seções 18.2, 18.3 A **localização citoplasmática**, o armazenamento de diferentes substâncias em diferentes partes do citoplasma, é uma característica de todos os ovócitos. A clivagem distribui diferentes partes do citoplasma do ovo a diferentes células. Os padrões de clivagem variam entre linhagens animais. A clivagem termina com a formação de uma blástula. A blástula mamífera é um **blastocisto**, que tem uma cavidade repleta de fluido e uma massa celular interna, que se tornará o embrião.

Durante a gastrulação, a reorganização celular produz camadas de tecido. Mais frequentemente, três camadas de tecido se formam: **ectoderme** externa, **endoderme** interna e **mesoderme** entre a ectoderme e a endoderme. A gastrulação é controlada por células emissoras de sinais que causam o movimento de células vizinhas. Este tipo de interação de sinalização é um exemplo de **indução embrionária**.

Seções 18.4, 18.5 A expressão genética seletiva leva à **diferenciação celular**: células se tornam especializadas ao ativar subconjuntos diferentes de seu genoma. **Morfógenos**, produtos de genes principais, atuam como sinais de longo alcance que se difundem de uma origem e formam um gradiente de concentração. A **morfogênese**, a formação de tecidos e órgãos, ocorre à medida que as células migram, mudam de formato e sofrem morte celular programada (**apoptose**). O desenvolvimento de órgãos e membros em lugares em particular é uma **formação de padrão**. Evidências sobre a posição desempenham um papel na formação de padrões.

Um modelo geral para desenvolvimento animal se baseia em estudos comparativos. Por este modelo, a localização citoplasmática em um ovócito causa a expressão localizada de genes principais no zigoto. A difusão de morfógenos – produtos dos genes principais – cria gradientes que causam a expressão diferencial de outros genes, como **genes homeóticos**, que regem a formação de partes específicas do corpo.

Os genes principais são semelhantes em todos os principais grupos animais. Mudanças de desenvolvimento são restritas por interações entre genes principais, bem como por fatores físicos e arquitetônicos. Por exemplo, em todos os vertebrados, pares de blocos de mesoderme chamados **somitos** se formam e originam pares de músculos esqueléticos e ossos.

Seção 18.6 O desenvolvimento pré-natal humano demora nove meses. Órgãos tomam forma durante o período embrionário, que termina ao final da oitava semana. No restante da gravidez, o **feto** cresce e órgãos assumem seus papéis especializados. O crescimento e o desenvolvimento continuam após o nascimento (no período pós-natal).

Seções 18.7–18.11 A fertilização humana normalmente ocorre dentro de uma tuba uterina. A clivagem produz uma **mórula**, depois um blastocisto. Durante a **implantação**, um blastocisto se enterra na parede uterina. Membranas se formam fora do blastocisto e apoiam seu desenvolvimento. O **âmnio** envolve e protege o embrião em um saco repleto de fluido. O **córion** e o **alantoide** se tornam parte da **placenta**, o órgão que permite a troca de substâncias entre as correntes sanguíneas materna e fetal. Uma blástula implantada forma **gonadotrofina coriônica humana**, um hormônio que evita a menstruação e, assim, mantém a gravidez.

A gastrulação ocorre após a implantação. O primeiro órgão a se formar, o tubo neural, mais tarde se torna o cérebro e a medula espinhal. Somitos se formam nos dois lados do tubo neural. Ao final da oitava semana, o embrião perde sua cauda e arcos faríngeos e tem uma aparência distintamente humana. Ele continua crescendo e seus órgãos continuam amadurecendo durante o período fetal. Nutrientes e anticorpos atravessam a placenta da mãe para o feto, assim como **teratógenos**, que podem causar defeitos congênitos.

Seção 18.12 Hormônios tipicamente induzem o **trabalho de parto** aproximadamente na 38ª semana. O feedback positivo controla a secreção de **ocitocina**, um hormônio que causa contrações que expulsam o feto e, depois, o pós-parto. A **prolactina** regula o amadurecimento das glândulas mamárias e, depois, a ocitocina causa a **lactação**.

Exercício de análise de dados

Pessoas que consideram tratamentos para fertilidade devem estar cientes de que eles aumentam o risco de nascimentos múltiplos e de que gestações múltiplas estão associadas ao maior risco de alguns defeitos congênitos.

A Figura 18.21 mostra os resultados do estudo feito por Yiwei Tang com defeitos congênitos. Tang comparou a incidência de vários defeitos entre nascimentos simples e múltiplos e calculou o risco relativo para cada tipo de defeito com base no tipo de nascimento e corrigiu quanto a outras diferenças que pudessem aumentar o risco. Um risco relativo inferior a um significa que nascimentos múltiplos apresentam menos riscos que tal defeito ocorra. Um risco relativo superior a um significa que múltiplos mais provavelmente terão um defeito.

1. Qual foi o tipo mais comum de defeito congênito no grupo de partos simples?
2. Qual foi o tipo de defeito entre recém-nascidos de partos múltiplos e partos simples mais ou menos comum?
3. Tang descobriu que múltiplos têm mais que o dobro de risco de sofrer um tipo de defeito do que nascimentos simples. Que tipo?
4. Uma gravidez de múltiplos aumenta o risco relativo de defeitos cromossômicos nos descendentes?

	Prevalência do Defeito		Risco
	Múltiplos	Simples	Relativo
Total de defeitos congênitos	358,50	250,54	1,46
Defeitos do sistema nervoso central	40,75	18,89	2,23
Defeitos cromossômicos	15,51	14,20	0,93
Defeitos gastrointestinais	28,13	23,44	1,27
Defeitos genitais/urinários	72,85	58,16	1,31
Defeitos cardíacos	189,71	113,89	1,65
Defeitos musculo-esqueléticos	20,92	25,87	0,92
Síndrome alcoólica fetal	4,33	3,63	1,03
Defeitos orais	19,84	15,48	1,29

Figura 18.21 O risco relativo para cada defeito é dado depois que pesquisadores ajustaram quanto à idade da mãe, raça, experiência adversa de gestação anterior, educação, participação do convênio médico durante a gravidez, bem como sexo do bebê e número de irmãos.

Questões

Respostas no Apêndice II

1. O produto final típico de uma clivagem é um(a) ___.
a. zigoto c. gástrula
b. blástula d. gameta

2. Esta afirmação é verdadeira ou falsa? Materiais são aleatoriamente distribuídos no citoplasma do ovo, portanto, a clivagem distribui o mesmo tipo de componentes citoplasmáticos para todas as células.

3. As células se diferenciam como resultados de ___.
a. expressão genética seletiva c. gastrulação
b. morfogênese d. todas as anteriores

4. ___ ajuda(m) a causar a morfogênese.
a. Migrações celulares c. Suicídio celular
b. Mudanças no formato da célula d. todas as anteriores

5. Una cada termo à descrição mais adequada.

___ apoptose	a. blastômeros se formam
___ indução embrionária	b. reorganizações celulares formam tecidos primários
___ clivagem	c. células morrem quando solicitadas
___ gastrulação	d. células influenciam as vizinhas
___ formação de padrão	e. tecidos, órgãos surgem nos lugares corretos

6. Um(a) ___ se implanta no revestimento do útero humano.
a. zigoto b. gástrula c. blastocisto d. feto

7. O ___, um saco repleto de fluido, cerca e protege um embrião e evita seu ressecamento.
a. âmnio b. alantoide c. saco vitelino d. córion

8. A termo completo, uma placenta ___.
a. é composta somente por membranas extraembrionárias
b. conecta diretamente vasos sanguíneos maternos e fetais
c. mantém vasos sanguíneos maternos e fetais separados

9. Durante o segundo trimestre da gravidez, ___.
a. a gastrulação termina b. olhos abrem c. batimentos cardíacos começam

10. ___ estimula a síntese de leite nas glândulas mamárias.
a. HCG c. Testosterona
b. Prolactina d. Ocitocina

11. Numere estes eventos do desenvolvimento humano na ordem correta.
___ gastrulação ocorre ___ zigoto se forma
___ blastocisto se forma ___ tubo neural se forma
___ mórula se forma ___ arcos faríngeos se formam

12. ___ origina músculos esqueléticos e ossos.
a. Mesoderme c. Ectoderme
b. Endoderme d. todas as anteriores

Raciocínio crítico

1. De acordo com estimativas da Unicef, a cada ano 110 mil pessoas nascem com defeitos congênitos como resultado de infecções pré-natais por rubéola. Surdez e cegueira ocorrem apenas se a mãe é infectada durante o primeiro trimestre da gravidez. Por quê?

2. Os tumores ovarianos mais comuns em jovens são teratomas ovarianos. O nome vem da palavra grega *teraton*, que significa "monstro". O que torna esses tumores "monstruosos" é a presença de tecidos bem diferenciados, mais comumente ossos, dentes, gordura e pelos. Diferentemente de todos os outros tumores, teratomas surgem de células germinativas. Explique por que um tumor derivado de uma célula germinativa pode produzir mais tipos de células diferenciadas do que um derivado de uma célula somática.

Apêndice I. Sistema de classificação

Este sistema de classificação revisado é uma composição de vários esquemas que microbiólogos, botânicos e zoologistas utilizam. Os principais agrupamentos são aceitos; porém, nem sempre existe acordo sobre o nome de um agrupamento em particular ou onde ele poderia se encaixar dentro da hierarquia global. Existem várias razões pelas quais não é possível chegar a um consenso geral neste momento.

Em primeiro lugar, o registro fóssil varia em sua composição e qualidade. Portanto, a relação filogenética de um grupo com outros grupos às vezes fica aberta à interpretação. Atualmente, estudos comparativos em nível molecular estão clareando e organizando o cenário, mas o trabalho ainda está em curso. Além disso, comparações moleculares nem sempre fornecem respostas definitivas a perguntas sobre filogenia. Comparações baseadas em um conjunto de genes podem conflitar com aquelas que comparam uma parte diferente do genoma. Ou, ainda, comparações com um membro de um grupo podem conflitar com comparações baseadas em outros membros do grupo.

Em segundo lugar, desde o tempo de Linnaeus, os sistemas de classificação têm se baseado nas semelhanças e diferenças morfológicas observadas entre organismos. Embora algumas interpretações originais estejam agora abertas ao questionamento, estamos tão acostumados a pensar em termos morfológicos, que a reclassificação em outras bases muitas vezes ocorre de forma lenta.

Alguns exemplos: tradicionalmente, pássaros e répteis eram agrupados em classes separadas (Reptilia e Aves); ainda existem argumentos persuasivos para agruparmos lagartos e serpentes em um grupo e os crocodilianos, dinossauros e pássaros em outro. Muitos biólogos ainda são a favor de um sistema de seis reinos de classificação (arqueas, bactérias, protistas, plantas, fungos e animais). Outros defendem uma troca para o sistema de domínio triplo proposto mais recentemente (Archaea, Bacteria e Eukarya).

Em terceiro lugar, pesquisadores em microbiologia, micologia, botânica, zoologia e outros campos de investigação herdaram uma literatura rica baseada em sistemas de classificação desenvolvidos com o passar do tempo em cada campo de investigação. Muitos estão relutantes em desistir da terminologia estabelecida, que oferece acesso ao passado.

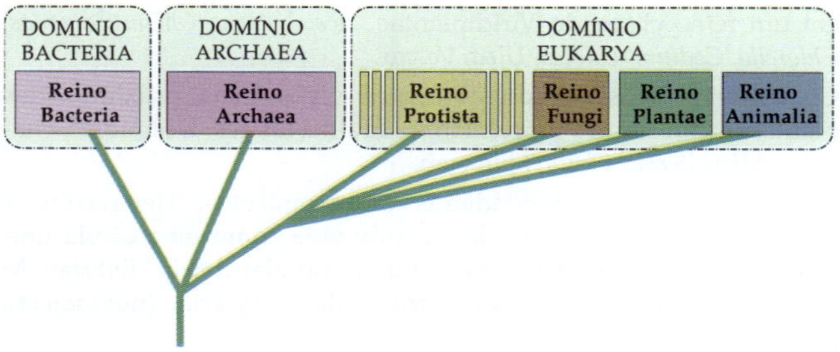

Por exemplo, botânicos e microbiólogos muitas vezes usam *divisão*, enquanto zoologistas, *filo*, para tachar os que são equivalentes em hierarquias de classificação.

Por que se preocupar com esquemas de classificação se nós sabemos que eles refletem de forma imperfeita a história evolucionária da vida? Nós fazemos isso pelas mesmas razões que um escritor poderia ter para desdobrar a história de uma civilização em vários volumes, cada um com vários capítulos. Ambos são esforços para dar estrutura a um corpo enorme de conhecimento e facilitar a recuperação de informações. Nesse contexto, a classificação pode servir para organizar o conhecimento. Mais importante, à medida que os esquemas de classificação moderna refletem com precisão as relações evolucionárias, elas fornecem a base para estudos biológicos comparativos, que ligam todos os campos da biologia.

Não se esqueça de que incluímos este apêndice somente para fins de referência. Além de estar aberto à revisão, não pretende ser completo. Os nomes mostrados entre aspas são grupos polifiléticos ou parafiléticos que estão passando por revisão. Por exemplo, "répteis" abrangem pelo menos três e possivelmente mais linhagens.

As espécies mais recentemente descobertas, a partir de uma província no meio do oceano, não estão listadas. Muitas espécies existentes e extintas dos filos mais obscuros também não estão representadas. Nossa estratégia é enfocar principalmente os organismos mencionados no texto ou familiares para a maioria dos alunos. Por exemplo, enfocamos mais profundamente as plantas que florescem do que as briófitas, e mais os cordatos do que os anelídeos.

Procariontes e eucariontes comparados

Como estrutura geral de referência, note que quase todas as bactérias e arqueas são microscópicas em tamanho. Seu DNA é concentrado em um nucleoide (uma região do citoplasma) em vez de um núcleo mediado por membrana. Todas são células únicas ou associações simples de células. Elas se reproduzem por fissão procariótica ou brotamento; elas transferem genes por conjugação bacteriana.

Para os procariontes autotróficos e heterotróficos, a referência oficial é o *Manual de Bacteriologia Sistemática* de Bergey, que se refere aos grupos principalmente por taxonomia numérica em vez de filogenia. Nosso sistema de classificação reflete evidências de relações evolucionárias para, pelo menos, alguns grupos bacterianos. Devemos ressaltar que os termos Procariontes e Procariotos são sinônimos. O mesmo ocorre com os termos Eucariontes e Eucariotos.

As primeiras formas de vida eram procarióticas. Semelhanças entre Bacteria e Archaea têm origens muito mais antigas do que as características de eucariontes.

Diferentemente dos procariontes, todas as células eucarióticas começam sua vida com um núcleo que envolve o DNA e outras organelas mediadas por membrana. Seus cromossomos têm muitas histonas e outras proteínas presas. Eles incluem espécies unicelulares e multicelulares espetacularmente diversas, que podem se reproduzir por meiose, mitose ou ambos.

DOMÍNIO DAS BACTÉRIAS

REINO DAS BACTÉRIAS

O maior e mais diverso grupo de células procarióticas. Inclui autotróficos fotossintéticos, autotróficos quimiossintéticos e heterotróficos. Todos os patógenos procarióticos de vertebrados são bactérias.

FILO AQUIFACAE O ramo mais antigo da árvore bacteriana. Gram-negativo, a maioria quimioautrotófica aeróbica, principalmente de fontes quentes vulcânicas. *Aquifex.*

FILO DEINOCOCCUS-THERMUS Gram-positivo, quimioautotróficos amantes do calor. *Deinococcus* é o organismo mais resistente à radiação conhecido. *Thermus* ocorre em fontes quentes e próximo às aberturas hidrotérmicas.

FILO CHLOROFLEXI Bactérias não sulfurosas verdes. Bactérias gram-negativo de fontes quentes, lagos de água doce e *habitats* marinhos. Agem como fotoautotróficas não produtoras de oxigênio ou quimioautotróficas aeróbicas. *Chloroflexus.*

FILO ACTINOBACTERIA Gram-positivo, a maioria heterotrófica aeróbica no solo, *habitat* de água doce e marinhos, e na pele dos mamíferos. *Propionibacterium, Actinomyces, Streptomyces.*

FILO CYANOBACTERIA Gram-negativo, fotoautotróficos liberadores de oxigênio principalmente em *habitats* aquáticos. Eles têm clorofila *a* e fotossistema I. Inclui muitos gêneros fixadores de nitrogênio. *Anabaena, Nostoc, Oscillatoria.*

FILO CHLOROBIUM Bactérias sulfurosas verdes. Fotossintetizadoras gram-negativo não produtoras de oxigênio, principalmente em sedimentos de água doce. *Chlorobium.*

FILO FIRMICUTES Células com parede gram-positivo e os micoplasmas sem parede celular. Todos são heterotróficos. Alguns sobrevivem no solo, fontes quentes, lagos ou oceanos. Outros vivem de ou em animais. *Bacillus, Clostridium, Heliobacterium, Lactobacillus, Listeria, Mycobacterium, Mycoplasma, Streptococcus.*

FILO CHLAMYDIAE Parasitas intracelulares gram-negativo de pássaros e mamíferos. *Chlamydia.*

FILO SPIROCHETES Bactérias de vida livre, parasitárias e mutualistas gram-negativo em forma de mola. *Borelia, Pillotina, Spirillum, Treponema.*

FILO PROTEOBACTERIA O maior grupo bacteriano. Inclui fotoautotróficos, quimioautotróficos e heterotróficos; grupos que vivem livre, parasitários e coloniais. Todos são gram-negativo.

Classe Alphaproteobacteria. *Agrobacterium, Azospirillum, Nitrobacter, Rickettsia, Rhizobium.*

Classe Betaproteobacteria. *Neisseria.*

Classe Gammaproteobacteria. *Chromatium, Escherichia, Haemopilius, Pseudomonas, Salmonella, Shigella, Thiomargarita, Vibrio, Yersinia.*

Classe Deltaproteobacteria. *Azotobacter, Myxococcus.*

Classe Epsilonproteobacteria. *Campylobacter, Helicobacter.*

DOMÍNIO DAS ARQUEAS

REINO DAS ARQUEAS

Procariotos que estão evolucionariamente entre células eucarióticas e bactérias. A maioria é anaeróbica. Nenhum é fotossintético. Originalmente descobertos em *habitats* extremos, agora eles são conhecidos por serem extensamente dispersos. Comparadas às bactérias, as arqueas têm uma estrutura de parede celular distintiva e lipídeos de membrana única, ribossomos e sequência de RNA. Algumas são simbióticas com animais, mas nenhuma é conhecida por ser patógeno animal.

FILO EURYARCHAEOTA Maior grupo arquea. Inclui termófilos, halófilos e metanógenos extremos. Outros são abundantes nas águas superiores do oceano e em outros *habitats* mais moderados. *Methanocaldococcus, Nanoarchaeum.*

FILO CRENARCHAEOTA Inclui termófilos extremos, bem como espécies que sobrevivem nas águas da Antártica e em *habitats* mais moderados. *Sulfolobus, Ignicoccus.*

FILO KORARCHAEOTA Conhecido somente pelo DNA isolado das piscinas hidrotérmicas. Até esta edição, nenhum havia sido cultivado e nenhuma espécie havia sido nomeada.

DOMÍNIO DOS EUCARIONTES

REINO PROTISTA

Uma coleção de linhagens unicelulares e multicelulares, que não constitui um grupo monofilético. Alguns biólogos consideram os grupos listados abaixo como reinos independentes, outros classificam esses grupos como filos.

PARABASALIA Parabasalídeos. Heterotróficos anaeróbicos flagelados unicelulares com "coluna vertebral" citoesquelética que atravessa o comprimento da célula. Não existem mitocôndrias, mas um hidrogenossomo que desempenha uma função semelhante. *Trichomonas, Trichonympha.*

DIPLOMONADIDA Diplomonados. Heterotróficos unicelulares anaeróbicos flagelados que não têm mitocôndrias ou complexos de Golgi e não formam um fuso bipolar na mitose. Podem ser uma das linhagens mais antigas. *Giardia.*

EUGLENOZOA Euglenoides e cinetoplastídeos. Flagelados de vida livre e parasitários. Todos com uma ou mais mitocôndrias. Alguns euglenoides fotossintéticos com cloroplastos, outros heterotróficos. *Euglena, Trypanosoma, Leishmania.*

RHIZARIA Foraminíferos e radiolários. Células ameboides heterotróficas de vida livre envoltas em carapaça. A maioria vive nas águas ou em sedimentos oceânicos. *Pterocorys, Stylosphaera.*

ALVEOLATA Unicelulares com um arranjo singular de bolsas mediadas por membrana (alvéolos) logo abaixo da membrana plasmática. Ciliados. Protozoários ciliados. Protistas heterotróficos com muitos cílios. *Paramecium, Didinium.*

Dinoflagelados. Diversos heterotróficos e células flageladas fotossintéticas que depositam celulose em seus alvéolos. *Gonyaulax, Gymnodinium, Karenia, Noctiluca.*

Apicomplexos. Parasitas unicelulares de animais. Um dispositivo microtubular único é usado para se prender e penetrar em uma célula hospedeira. *Plasmodium.*

STRAMENOPHILA Estramenófilos. Formas unicelulares e multicelulares; flagelos com filamentos.

Oomicotas. Oomicetos. Heterotróficos. Decompositores, alguns parasitas. *Saprolegnia, Phytophthora, Plasmopara.*

Crisófitas. Algas douradas, algas verdes amareladas, diatomáceas, cocolitoforídeos. Fotossintéticas. *Emiliania, Mischococcus.*

Faeófitas. Algas pardas. Fotossintéticas; quase todas vivem nas águas marinhas temperadas. Todas são multicelulares. *Macrocystis, Laminaria, Sargassum, Postelsia.*

RHODOPHYTA Algas vermelhas. Principalmente fotossintéticas, algumas parasitárias. Quase todas marinhas, algumas em *habitats* de água doce. A maioria multicelular. *Porphyra, Antithamion.*

CHLOROPHYTA Algas verdes. A maioria fotossintética, algumas parasitárias. A maioria vive em água doce, algumas são marinhas ou terrestres. Formas unicelulares, coloniais e multicelulares. Alguns biólogos colocam as clorófitas e carófitas com as plantas terrestres em um reino chamado Viridiplantae. *Acetabularia, Chlamydomonas, Chlorella, Codium, Udotea, Ulva, Volvox.*

CHAROPHYTA Fotossintéticas. Parentes vivos mais próximos das plantas. Inclui formas unicelulares e multicelulares. Desmídias, charales. *Micrasterias, Chara, Spirogyra.*

AMOEBOZOA Amebas verdadeiras e mixomicetos. Heterotróficos que passam todo ou parte do ciclo de vida como uma célula única que usa pseudópodes para capturar comida. *Ameba, Entoamoeba* (amebas), *Dictyostelium* (mixomiceto celular), *Physarum* (mixomiceto plasmodial).

REINO FUNGI

Quase todas as espécies eucarióticas multicelulares com paredes celulares contendo quitina. Heterotróficos, a maioria decompositores sapróbios, alguns parasitas. Nutrição baseada na digestão extracelular de matéria orgânica e absorção de nutrientes por células individuais. Espécies multicelulares formam micélio absortivo e estruturas reprodutivas que produzem esporos assexuais (e às vezes esporos sexuais).

FILO CHYTRIDIOMYCOTA Quitrídeos. Principalmente aquáticos; decompositores sapóbrios ou parasitas que produzem esporos flagelados. *Chytridium*.

FILO ZYGOMYCOTA Zigomicetos. Produtores de zigosporos (zigotos dentro de uma parede espessa) por meio de reprodução sexual. Mofos de pão, formas relacionada. *Rhizopus, Philobolus*.

FILO ASCOMYCOTA Ascomicetos. Fungos com asco. Células em forma de bolsa formam esporos sexuais (ascósporos). A maioria são leveduras, mofos e trufas. *Saccharomycetes, Morchella, Neurospora, Claviceps, Candida, Aspergillus, Penicillium*.

FILO BASIDIOMYCOTA Basidiomicetos. Grupo mais diverso. Produz basidiósporos dentro de estruturas em forma de bastão. Cogumelos, fungos de prateleira, cogumelos-falale. *Agaricus, Amanita, Craterellus, Gymnophilus, Puccinia, Ustilago*.

"FUNGOS IMPERFEITOS" Esporos sexuais ausentes ou não detectados. O grupo não tem nenhum *status* taxinômico formal. Quando mais bem conhecidas, algumas espécies poderão ser agrupadas aos fungos com asco ou basídios. *Arthobotrys, Histoplasma, Microsporum, Verticillium*.

"LIQUENS" Interações mutualistas entre espécies fúngicas e uma cianobactéria, alga verde, ou ambos. *Lobaria, Usnea*.

REINO PLANTAE

A maioria fotossintética com clorofilas *a* e *b*. Algumas parasitárias. Quase todas vivem em terra. A reprodução sexuada predomina.

BRIÓFITAS (PLANTAS NÃO VASCULARES)

Pequenas gametófitas haploides achatadas dominam o ciclo de vida; esporófitas permanecem presas a elas. Os espermatozoides são flagelados; exigem água para nadar até os óvulos para fertilização.

FILO HEPATOPHYTA Hepáticas. *Marchantia*.

FILO ANTHOCEROPHYTA Antoceros.

FILO BRYOPHYTA Musgos. *Polytrichum, Sphagnum*.

PLANTAS VASCULARES SEM SEMENTES

Esporófitas diploides dominam, gametófitas livres, espermatozoides flagelados exigem água para fertilização.

FILO LYCOPHYTA Licófitas, musgos. Folhas pequenas com veia única, rizomas ramificados. *Lycopodium, Selaginella*.

FILO MONILOPHYTA

Subfilo Psilophyta. Samambaias. Nenhuma raiz óbvia ou folhas em esporófitas, muito reduzida. *Psilotum*.

Subfilo Sphenophyta. Cavalinha. Folhas reduzidas como escamas. Alguns caules fotossintéticos, outras produtoras de esporos. *Calamites* (extinta), *Equisetum*.

Subfilo Pterophyta. Samambaias. Folhas grandes, normalmente com estruturas reprodutivas. Maior grupo de plantas vasculares sem sementes (12.000 espécies), principalmente em *habitats* tropicais e temperados. *Pteris, Trichomanes, Cyathea* (samambaias de árvore), *Polystichum*.

PLANTAS VASCULARES COM SEMENTES

FILO CYCADOPHYTA Cicadáceas. Grupo de gimnospermas (vascular, contêm sementes "nuas"). Tropicais, subtropicais. Folhas compostas, cones simples em plantas machos e fêmeas. Plantas normalmente semelhantes às palmas. Espermatozoides móveis. *Zamia, Cycas*.

FILO GINKGOPHYTA Ginkgo (árvore avenca). Tipo de gimnosperma. Espermatozoides móveis. Sementes com camada carnosa. *Ginkgo*.

FILO GNETOPHYTA Gnetófitas. Somente gimnospermas com vasos no xilema e fertilização dupla (porém, não se forma endosperma). *Ephedra, Welwitchia, Gnetum*.

FILO CONIFEROPHYTA Coníferas. Gimnospermas mais comuns e familiares. Geralmente, espécies portadoras de cones com folhas em forma de agulha ou escamas. Inclui pinheiros (*Pinus*), sequoias canadenses (*Sequoia*), teixos (*Taxus*).

FILO ANTHOPHYTA Angiospermas (plantas com flores). Grupo maior e mais diverso de plantas vasculares portadoras de sementes. Somente organismos que produzem flores, frutas. Algumas famílias de várias ordens representativas estão listadas:

FAMÍLIAS BASAIS

Família Amborellaceae. *Amborella*.
Família Nymphaeaceae. Lírios-d'água.
Família Illiciaceae. Anis-estrelado.

MAGNOLIÍDEAS

Família Magnoliaceae. Magnólias.
Família Lauraceae. Canela, sassafrás, abacates.
Família Piperaceae. Pimenta-preta, pimenta-branca.

EUDICOTILEDÔNEAS

Família Papaveraceae. Papoulas.
Família Cactaceae. Cactos.
Família Euphorbiaceae. Eufórbio, poinsettia.
Família Salicaceae. Salgueiros, álamos.
Família Fabaceae. Ervilhas, feijões, lupinos, algarobeiras.
Família Rosaceae. Rosas, maçãs, amêndoas, morangos.
Família Moraceae. Figos, amoras.
Família Cucurbitaceae. Abóboras, melões, pepinos.
Família Fagaceae. Carvalhos, castanheiras, faias.
Família Brassicaceae. Mostardas, repolhos, rabanetes.
Família Malvaceae. Malva, quiabo, algodão, hibisco, cacau.
Família Sapindaceae. Saponáceas, lichia, bordo.
Família Ericaceae. Urzais, mirtilos, azaleias.
Família Rubiaceae. Café.
Família Lamiaceae. Hortelãs.
Família Solanaceae. Batatas, berinjela, petúnias.
Família Apiaceae. Salsas, cenouras, cicuta.
Família Asteraceae. Compostos. Crisântemos, girassóis, alfaces, dentes-de-leão.

MONOCOTILEDÔNEAS

Família Araceae. Antúrios, copo-de-leite, filodendros.
Família Liliaceae. Lírios, tulipas.
Família Alliaceae. Cebola, alho.
Família Iridaceae. Íris, gladíolos, açafrões.
Família Orchidaceae. Orquídeas.
Família Arecaceae. Palmeiras de tâmaras, coqueiros.
Família Bromeliaceae. Bromélias, abacaxis.
Família Cyperaceae. Caniços.
Família Poaceae. Grama, bambus, milho, trigo, cana-de-açúcar.
Família Zingiberaceae. Gengibres.

REINO ANIMALIA

Heterotróficos multicelulares, quase todos com tecidos e órgãos e sistemas de órgãos, que são móveis durante parte do seu ciclo de vida. A reprodução sexuada ocorre na maioria, mas alguns também se reproduzem assexuadamente. Os embriões se desenvolvem em uma série de estágios.

Filo Porifera Esponjas. Nenhuma simetria, tecidos.

Filo Placozoa Marinhos. Animais conhecidos mais simples. Duas camadas de célula, sem boca, nenhum órgão. *Trichoplax.*

Filo Cnidaria Simetria radial, tecidos, cnidócitos, nematocistos.

Classe Hydrozoa. Hidrozoários. *Hydra, Obelia, Physalia, Prya.*

Classe Scyphozoa. Águas-vivas. *Aurelia.*

Classe Anthozoa. Anêmonas-do-mar, corais. *Telesto.*

Filo Platyhelminthes Platelmintos. Bilateral, cefalizado; animais mais simples com sistemas de órgãos. Intestino incompleto em forma de bolsa.

Classe Turbellaria. Tricládidos (planárias), policládidos. *Dugesia.*

Classe Trematoda. Fascíolas. *Clonorchis, Schistosoma, Fasciola.*

Classe Cestoda. Tênias. *Diphyllobothrium, Taenia.*

Filo Rotifera Rotíferos. *Asplancha, Philodina.*

Filo Mollusca Moluscos

Classe Polyplacophora. Quítons. *Cryptochiton, Tonicella.*

Classe Gastropoda. Caracóis, lesmas-do-mar, lesmas terrestres. *Aplysia, Ariolimax, Cypraea, Haliotis, Helix, Liguus, Limax, Littorina.*

Classe Bivalvia. Bivalves, mexilhões mariscos, ostras, teredos. *Ensis, Chlamys, Mytelus, Patinopectin.*

Classe Cephalopoda. Lulas, polvos, sépias, nautiloides. *Dosidiscus, Loligo, Nautilus, Polvo, Sepia.*

Filo Annelida Vermes segmentados.

Classe Polychaeta. Principalmente vermes marinhos. *Eunice, Neanthes.*

Classe Oligochaeta. Principalmente vermes de água doce e terrestres, muitos marinhos. *Lumbricus* (minhocas), *Tubifex.*

Classe Hirudinea. Sanguessugas. *Hirudo, Placobdella.*

Filo Nematoda Nematódeos. *Ascaris, Caenorhabditis elegans, Necator* (ancilóstomos), *Trichinella.*

Filo Arthropoda

Subfilo Chelicerata. Quelicerados. Límulos, aranhas, escorpiões, carrapatos, ácaros.

Subfilo Crustacea. Camarões, lagostins, lagostas, caranguejos, cracas, copépodes, isópodes (cochinilhas).

Subfilo Myriapoda. Centopeia (Chilopoda), piolho-de-cobra (Diplopoda).

Subfilo Hexapoda. Insetos e collembolos.

Filo Echinodermata Equinodermos.

Classe Asteroidea. Estrelas-do-mar. *Asterias.*

Classe Ophiuroidea. Ofiúros.

Classe Echinoidea. Ouriços-do-mar, bolachas-do-mar.

Classe Holothuroidea. Pepino-do-mar.

Classe Crinoidea. Crinoides, lírios-do-mar.

Classe Concentricycloidea. Margaridas-do-mar.

Filo Chordata Cordatos.

Subfilo Urochordata. Tunicados, formas relacionadas.

Subfilo Cephalochordata. Anfioxos.

Craniados

Classe Myxina. Enguias.

Vertebrados (subgrupo de craniados)

Classe Cephalaspidomorphi. Lampreias.

Classe Chondrichthyes. Peixes cartilaginosos (tubarões, arraias, quimeras).

Classe "Osteichthyes". Peixes ósseos. Não monofiléticos (esturjões, poliodontídeos, arenques, carpas, bacalhaus, trutas, cavalos marinhos, atuns, peixes pulmonados e celacantos).

Tetrapódes (subgrupo de vertebrados)

Classe Amphibia. Anfíbios. Precisam de água para se reproduzir.

Ordem Caudata. Salamandras e tritões.

Ordem Anura. Rãs, sapos.

Ordem Apoda. Ápodes (cobras-cega).

Amniontes (subgrupo de tetrápodes)

Classe "Reptilia". Pele com escamas, embrião protegido e nutricionalmente sustentado por membranas extraembrionárias.

Subclasse Anapsida. Tartarugas, cágados.

Subclasse Lepidosaura. *Sphenodon*, lagartos, serpentes.

Subclasse Archosaura. Crocodilos, jacarés.

Classe Aves. Pássaros. Em algumas classificações, os pássaros são agrupados nos arcossauros.

Ordem Struthioniformes. Avestruzes.

Ordem Sphenisciformes. Pinguins.

Ordem Procellariiformes. Albatrozes, petréis.

Ordem Ciconiiformes. Garças, cegonhas, flamingos.

Ordem Anseriformes. Cisnes, gansos, patos.

Ordem Falconiformes. Águias, abutres, falcões.

Ordem Galliformes. Perdizes, perus, aves domésticas.

Ordem Columbiformes. Pombos, pombas.

Ordem Strigiformes. Corujas.

Ordem Apodiformes. Andorinhão, colibris.

Ordem Passeriformes. Pardais, gaios, tentilhões, corvos, estorninhos, carriças.

Ordem Piciformes. Pica-paus, tucanos.

Ordem Psittaciformes. Papagaios, cacatuas, arara.

Classe Mammalia. Pele com pelo; os filhotes são nutridos pelas glândulas mamárias excretoras de leite do adulto.

Subclasse Prototheria. Mamíferos que põem ovos (monotremados; ornitorrincos, tamanduás espinhosos).

Subclasse Metatheria. Mamíferos ou marsupiais providos de bolsa (gambás, cangurus, fascólomos, diabos da Tasmânia).

Subclasse Eutheria. Mamíferos placentários.

Ordem Edentata. Tamanduás, bichos-preguiça, tatus.

Ordem Insectivora. Musaranhos, topeiras, ouriços.

Ordem Chiroptera. Morcegos.

Ordem Scandentia. Musaranhos insetívoros.

Ordem Primatas.

Subordem Strepsirhini (prossímios). Lêmures, lóris.

Subordem Haplorhini (tarsioides e antropoides).

Infraordem Tarsiformes. Tarsioides.

Infraordem Platyrrhini (macacos do Novo Mundo).

Família Cebidae. Macacos-aranha, macacos-uivadores, capuchinos.

Infraordem Catarrhini (Macacos do Velho Mundo e hominoides).

Superfamília Cercopithecoidea. Babuínos, macacos, langures.

Superfamília Hominoidea. Macacos e humanos.

Família Hylobatidae. Gibão.

Família Pongidae. Chimpanzés, gorilas, orangotangos.

Família Hominidae. Espécies humanas existentes e extintas (*Homo*) e espécies semelhantes ao ser humano, incluindo os australopitecos.

Ordem Lagomorpha. Coelhos, lebres, pikas.

Ordem Rodentia. A maioria dos animais roedores (esquilos, ratos, camundongos, cobaias, porcos-espinhos, castores etc.).

Ordem Carnivora. Carnívoros (lobos, gatos, ursos etc.).

Ordem Pinnipedia. Focas, morsas, leões-do-mar.

Ordem Proboscidea. Elefantes, mamutes (extintos).

Ordem Sirenia. Peixe-boi (manatis, dugongos).

Ordem Perissodactyla. Ungulados de cascos ímpares (cavalos, antas, rinocerontes).

Ordem Tubulidentata. Porco-da-terra africano.

Ordem Artiodactyla. Ungulados de casco pares (camelo, cervo, bisão, ovelha, cabra, antílope, girafa etc.).

Ordem Cetacea. Baleias.

Apêndice II. Respostas das questões e problemas genéticos

Os números em itálico se referem aos números de seções relevantes.

CAPÍTULO 1

1. b *1.1*
2. oxigênio *1.1*
3. b *1.1*
4. c *1.2*
5. a *1.2*
6. ribozima *1.2*
7. a *1.3*
8. c *1.3*
9. b *1.4*
10. d *1.4*
11. endossimbiose *1.4*
12. estromatólito *1.3*
13. c *1.3*
14. b *1.6*
15. f *1.1*
    c *1.2*
    d *1.5*
    a *1.5*
    b *1.5*
    e *1.5*

CAPÍTULO 2

1. c *2.1*
2. b *2.3*
3. d *2.2*
4. RNA *2.2*
5. d *2.5*
6. c *2.5*
7. c *2.6*
8. d *2.6*
9. b *2.6*
10. c *2.6*
11. c *2.5*
12. DNA *2.5*
13. b *2.8*
14. pandemia *2.8*
15. d *2.5*
    e *2.5*
    b *2.1*
    f *2.5*
    g *2.7*
    a *2.3*
    c *2.5*

CAPÍTULO 3

1. Verdadeiro *3.1*
2. mitocôndrias *3.2*
3. Sílica *3.3, 3.7*
4. c *3.5*
5. b *3.7*
6. cianobactérias *3.1, 3.9*
7. vermelho *3.1*
8. alternação de gerações *3.7*
9. a *3.4*
10. c *3.11*
11. c *3.10*
12. d *3.2*
    g *3.6*
    a *3.5*
    b *3.7*
    f *3.7*
    h *3.10*
    e *3.9*
    c *3.11*

CAPÍTULO 4

1. c *4.1*
2. a *4.2*
3. a *4.2*
4. Falso *4.4*
5. a *4.3*
6. b *4.3*
7. c *4.4*
8. a *4.5*
9. d *4.3, 4.4*
10. b *4.6*
11. Verdadeiro *4.6*
12. b *4.8*
13. d *4.3*
    c *4.4*
    a *4.7*
    b *4.8*
14. c *4.6*
    h *4.2*
    a *4.2*
    b *4.2*
    e *4.8*
    f *4.9*
    d *4.4*
    g *4.4*

CAPÍTULO 5

1. c *5.1*
2. a *5.1*
3. b *5.3*
4. c *5.4*
5. d *5.5*
6. c *5.5*
7. c *5.5*
8. c *5.4*
9. a *5.6*
10. mutualismo *5.6*
11. b *5.3*
12. Falso *5.6*
13. d *5.7*
14. c *5.4*
15. b *5.2*
    a *5.4*
    f *5.6*
    d *5.5*
    e *5.3*
    g *5.6*
    c *5.3*

CAPÍTULO 6

1. Verdadeiro *6.1*
2. celoma *6.1*
3. Coanoflagelados *6.2*
4. a *6.4*
5. a *6.5*
6. a *6.6*
7. c *6.6, 6.7*
8. c *6.12*
9. b *6.8*
10. c *6.4*
11. c *6.12, 6.17*
12. equinodermes 6.18
13. b *6.2*
    j *6.3*
    d *6.4*
    i *6.5*
    c *6.6*
    a *6.11*
    g *6.7*
    e *6.12*
    f *6.8*
    h *6.18*

CAPÍTULO 7

1. notocórdio, cordão nervoso dorsal, faringe branquial, cauda estendendo-se além do ânus *7.1*
2. Todos eles *7.1*
3. a *7.2*
4. c *7.3, 7.4*
5. peixes de nadadeira em lóbulo *7.4*
6. c *7.7*
7. f *7.7*
8. a *7.9*
9. c *7.10*
10. f *7.14*
11. b *7.1*
    h *7.4*
    g *7.5*
    f *7.9*
    c *7.10*
    d *7.11*
    a *7.11*
    e *7.13*

CAPÍTULO 8

1. a 8.1
2. c 8.3
3. d 8.3
4. Falso 8.4
5. a 8.5
6. a 8.5
7. c 8.6, 8.7
8. c 8.8
9. b 8.8
10. c 8.9
11. a 8.8, 8.13
12. Verdadeiro 8.13
13. f 8.9
    d 8.6
    g 8.11
    b 8.10, 8.12
    h 8.11
    a 8.10
    e 8.13
    i 8.9
    c 8.10

CAPÍTULO 9

1. a 9.1
2. c 9.1
3. c 9.2
4. e 9.3
5. a 9.2
6. b 9.4
7. b 9.5
8. a 9.5
9. b 9.9
10. a 9.8
11. b 9.8
12. Ver Figura 9.17 9.17
13. d 9.9
    g 9.5
    f 9.7
    a 9.5
    c 9.9
    e 9.3
    b 9.4
    h 9.2

CAPÍTULO 10

1. a 10.1
2. a 10.2
3. c, b, a, d 10.3
4. a 10.3
5. a 10.4
6. b 10.6
7. b 10.6
8. b 10.8
9. b 10.8
10. d 10.10
11. b 10.12
12. Verdadeiro 10.5
13. Falso 10.12
14. Falso 10.13
15. d 10.10
    f 10.6
    c 10.3
    e 10.8
    a 10.12
    b 10.1

CAPÍTULO 11

1. a 11.1
2. d 11.3
3. b 11.6
4. a 11.4
5. a 11.3
6. c 11.2
7. b 11.7
8. b 11.7
9. d 11.7
10. d 11.9
11. a 11.11
12. d 11.10
13. e 11.3
    f 11.10
    g 11.10
    h 11.4
    j 11.7
    c 11.3
    b 11.2
    i 11.7
    d 11.10
    k 11.2
    a 11.8

CAPÍTULO 12

1. b 12.1
2. b 12.1
3. d 12.2
4. b 12.4
5. d 12.2
6. b 12.6
7. b 12.6
8. d 12.2
9. c 12.6
10. a 12.7
11. c 12.7
12. d 12.8
13. d 12.10
14. f 12.1, 12.8
    a 12.10
    e 12.2
    g 12.6
    b 12.6
    c 12.7
    d 12.5

CAPÍTULO 13

1. f 13.2
2. d 13.4
3. d 13.1
4. fixo, geral, imediato, limitado a cerca de 1000 antígenos 13.4
5. reconhecimento próprio/não próprio, especificidade, diversidade e memória 13.5
6. d 13.6
7. b 13.9
8. b 13.7
9. e 13.8
10. b 13.8
11. b 13.9
12. g 13.8
    b 13.7
    a 13.1
    e 13.7
    d 13.10
    f 13.6
    c 13.4

CAPÍTULO 14

1. a 14.1
2. d 14.1
3. a 14.3
4. a 14.4
5. c 14.5
6. d 14.6
7. a 14.6
8. Verdadeiro 14.6
9. a 14.7
10. c 14.9
11. b 14.1, 14.9
12. Falso 14.7
13. d 14.5
    h 14.5
    f 14.5
    e 14.1
    g 14.5
    c 14.5
    b 14.5
    a 14.5

CAPÍTULO 15

1. d 15.1
2. b 15.4
3. c 15.5
4. b 15.5
5. a 15.5
6. c 15.6
7. a 15.4
8. b 15.5
9. b 15.9
10. Verdadeiro 15.7
11. b 15.7
12. a 15.7
13. c 15.8
14. f 15.4
    b 15.6
    a 15.4
    d 15.4
    e 15.4
    c 15.4

CAPÍTULO 16

1. c	*16.2*
2. b	*16.3*
3. a	*16.4*
4. b	*16.4*
5. a	*16.5*
6. b	*16.5*
7. a	*16.6*
8. d	*16.6*
9. Falso	*16.7*
10. c	*16.4*
a	*16.4*
b	*16.4*
e	*16.4*
d	*16.6*
11. d	*16.10*
12. b	*16.9*
13. Falso	*16.10*

CAPÍTULO 17

1. b	*17.1*
2. a	*17.2*
3. c	*17.2*
4. b	*17.3*
5. b	*17.4*
6. c	*17.4*
7. c	*17.5*
8. a	*17.5*
9. d	*17.8*
10. a	*17.9*
11. a	*17.3*
c	*17.3*
b	*17.4*
d	*17.2*
12. a, c, a, c, a, c, b	*17.10*
13. d	*17.2*
c	*17.2*
h	*17.2*
a	*17.2*
i	*17.4*
e	*17.4*
f	*17.8*
b	*17.2*
g	*17.4*

CAPÍTULO 18

1. b	*18.1*
2. Falsa	*18.2*
3. a	*18.4*
4. d	*18.4*
5. c	*18.4*
d	*18.3*
a	*18.1*
b	*18.1*
e	*18.4*
6. c	*18.7*
7. a	*18.7*
8. c	*18.9*
9. c	*18.10*
10. b	*18.12*
11. 4	*18.8*
3	*18.7*
2	*18.7*
1	*18.7*
5	*18.8*
6	*18.8*
12. a	*18.8*

Glossário de Termos Biológicos

ácido desoxirribonucleico - *Veja* DNA.

ácido graxo essencial - Qualquer ácido graxo que um organismo não consegue sintetizar sozinho e, portanto, deve obter dos alimentos.

aclimatação - Ajuste do organismo a um novo ambiente, por exemplo, após ir do nível do mar a um *habitat* em alta altitude.

acomodação visual - Ajustes na posição ou forma de uma lente que concentram raios de luz na retina.

actina - Proteína globular; atua no formato da célula, na mobilidade celular e na contração muscular.

adaptação sensorial - Depois de um tempo, os neurônios sensoriais param de reagir a um estímulo contínuo.

aglutinação - Agrupamento de células estranhas, como hemácias, depois que os anticorpos se vinculam a antígenos em sua superfície.

AIDS - Síndrome da imunodeficiência adquirida. Um grupo de doenças que se desenvolve após um vírus (HIV) enfraquecer o sistema imunológico.

alantoide - Membrana extraembrionária dos amniotos. Em répteis, aves e alguns mamíferos, troca gases e armazena impurezas; nos humanos, ajuda a formar a placenta.

alça de Henle - Parte tubular, em forma de alça, de um néfron onde água e solutos são reabsorvidos.

aldosterona - Hormônio secretado pelo córtex adrenal; atua nos rins para promover a reabsorção de sódio; concentra a urina.

alérgeno - Uma substância normalmente inofensiva que provoca uma resposta imunológica em algumas pessoas.

alergia - Sensibilidade a um alérgeno.

alga parda - Uma estramenopila; um autótrofo marinho pluricelular com abundância do pigmento fucoxantina; ex.: kelps.

alga vermelha - Um protista autotrófico aquático, normalmente pluricelular, com abundância de ficobilinas.

algas carófitas - Linhagem de algas verdes mais proximamente relacionada a plantas terrestres.

alternância de gerações - Alternância de fases pluricelulares haploides (produtoras de gametas) e diploides (produtoras de esporos) no ciclo de vida de um organismo.

alveolado - Um tipo de eucarioto unicelular com muitos sacos minúsculos vinculados à membrana logo abaixo da membrana plasmática; ex.: ciliados, apicomplexas ou dinoflagelados.

alvéolo - No pulmão de um vertebrado, um dos muitos sacos minúsculos de parede fina onde o ar troca gases com o sangue.

ameba - Protista ameboide solitário que se move por pseudópodes. Todos são predadores ou parasitas.

amilase salivar - Uma enzima na saliva que hidrolisa amido, decompondo-o em dissacarídeos.

aminoácido essencial - Qualquer aminoácido que um organismo não consegue sintetizar sozinho e, portanto, deve obter dos alimentos.

âmnio - Membrana extraembrionária de amniotos; camada externa de um saco repleto de fluidos dentro do qual o embrião se desenvolve.

amnioto - Membro de uma linhagem de vertebrados que produz ovos com quatro membranas extraembrionárias (córion, alantoide, saco vitelino e âmnio). Grupos modernos são répteis, aves e mamíferos.

anelídeo - Invertebrado bilateral e celomado com corpo altamente segmentado; os principais grupos são poliquetas, oligoquetos e sanguessugas (segmentação reduzida).

anfíbio - Vertebrado de pele fina que vive em ambiente terrestre, mas deposita ovos na água; ex.: rã, sapo, salamandra.

anfioxo - Cordado invertebrado, um pequeno animal filtrador com formato de peixe.

angiosperma - Plantas que produzem flores; formam sementes dentro de um ovário floral, que se desenvolve em um fruto.

anidrase carbônica - Enzima, nas hemácias, que acelera a conversão de CO_2 e água em bicarbonato.

animal - Um heterótrofo pluricelular com ausência de parede celular. Ele se desenvolve através de uma série de estágios embrionários e é móvel durante parte ou todo o ciclo de vida.

antenas - Em alguns artrópodes, apêndices sensoriais em pares na cabeça que atuam no tato, olfato, paladar e na detecção de vibrações e temperatura.

anticorpo - Proteína receptora de antígeno em forma de Y produzida apenas por células (linfócitos) B.

antígeno - Uma molécula ou partícula que o sistema imunológico reconhece como não própria (estranha); dispara uma resposta imunológica.

ânus - Abertura terminal excretora de um sistema digestório completo.

aorta - Principal artéria da circulação sistêmica humana; recebe sangue do ventrículo esquerdo.

apicomplexa - Um protista alveolado parasita que penetra na célula hospedeira utilizando uma estrutura microtubular exclusiva; ex.: espécies de *Plasmódio* causadoras de malária.

apoptose - Morte celular programada. Uma célula comete suicídio em resposta a sinais moleculares; parte de um programa de desenvolvimento e manutenção de um organismo animal.

artéria - Vaso muscular de paredes grossas que transporta sangue para longe do coração.

arteríola - Vaso sanguíneo que leva sangue de uma artéria para um leito capilar.

articulação - Área de contato entre ossos.

artrópode - Tipo de invertebrado com exoesqueleto rígido e segmentos especializados com apêndices articulados; ex.: milípedes, aranhas, lagostas, insetos.

ascomycota - Fungo que produz esporos sexuais em células em forma de saco.

astrobiologia - Campo de estudo relativo às origens, à evolução e persistência da vida na Terra e como ela se relaciona à vida no universo.

átrio - Uma das duas câmaras superiores no coração que recebem sangue das veias.

audição - Percepção do som.

australopiteco - Membro de uma das muitas agora extintas espécies classificadas como hominídeos, mas não como membros do gênero *Homo*.

ave - Um amnioto endotérmico, revestido de penas, descendente dos dinossauros.

axônio - Zona condutora de sinais de um neurônio; os potenciais de ação tipicamente se autopropagam para longe do corpo celular.

baço - O maior órgão linfoide, com leucócitos fagocíticos e células B; filtra antígenos e plaquetas usadas e hemácias desgastadas ou mortas. Somente nos embriões, é o local de formação de hemácias.

bacteriófago - Tipo de vírus que infecta bactérias.

barreira hematoencefálica - Capilares sanguíneos que protegem o cérebro e a medula espinhal ao exercer controle rígido sobre quais solutos entram no fluido cerebroespinhal.

basidiomiceto - Fungo que produz esporos sexuais em uma célula em forma de bastão (basídio); os cogumelos são os mais comuns.

basófilo - Leucócito que circula no sangue; papel na inflamação.

bexiga natatória - Saco de flutuação ajustável de alguns peixes ósseos.

bile - Mistura de sais, colesterol e pigmentos, feita no fígado, armazenada pela vesícula biliar e utilizada na digestão de gordura.

bípede - Animal habitualmente apoiado em duas pernas.

bivalve - Membro de um subgrupo de moluscos, que tem um corpo sem cabeça protegido por uma concha articulada em duas partes.

blastocisto - Estágio de desenvolvimento da blástula constituído de uma camada superficial de blastômeros, uma cavidade preenchida com suas secreções e uma massa celular interna que se desenvolve dentro do embrião.

blástula - Um grupo circular de células distribuídas ao redor de uma cavidade preenchida com suas próprias secreções; resultante da fase de clivagem do desenvolvimento animal.

brânquia - Órgão respiratório. Nos vertebrados, normalmente formada de um par de dobras finas, ricamente alimentada por sangue que troca gases com a água ao redor.

briófita - Planta terrestre não vascular. O estágio haploide domina seu ciclo de vida, e seu gameta masculino exige meio aquoso para alcançar os gametas femininos; ex.: musgo, hepática ou antócero.

brônquio - Via aérea que leva ar da traqueia para o pulmão.

bronquíolo - Uma das muitas minúsculas vias aéreas que levam ar para os alvéolos em um pulmão.

bulbo raquidiano - Região do cérebro posterior. Seus centros de reflexo controlam a respiração e outras tarefas básicas; coordena as respostas motoras com reflexos complexos, como a tosse.

bursa - Saco repleto de fluidos que funciona como amortecedor entre partes em muitas articulações.

camada de mielina - Envoltórios ricos em lipídeo em volta dos axônios de alguns neurônios; acelera a propagação do potencial de ação.

camada germinativa - Uma das camadas de tecido primário em um embrião (endoderme, ectoderme ou mesoderme).

capacidade vital - Volume máximo de ar que entra e sai dos pulmões (com inalação e exalação forçadas).

capilar sanguíneo - *Veja* capilar, sangue.

capilar, sangue - Vaso sanguíneo com o menor diâmetro; o sangue troca substâncias com o fluido intersticial através de sua parede, que tem apenas uma célula de espessura.

capilares peritubulares - Conjunto de capilares sanguíneos que cerca as partes tubulares de um néfron renal.

cápsula de Bowman - Primeira parte de um néfron, em forma de xícara; água e solutos filtrados dos capilares glomerulares entram nela.

carvão - Uma fonte de energia não renovável formada há mais de 280 milhões de anos de restos de plantas submergidas, não decompostos e lentamente compactados.

cefalização - Durante a evolução da maioria dos tipos de animais, concentração crescente de estruturas sensoriais e células nervosas na extremidade anterior do corpo.

cefalópode - Molusco com sistema circulatório fechado. Movimenta-se por propulsão de jato de água de um sifão; ex.: lulas, polvos, nautilus.

celoma - Em muitos animais, é uma cavidade revestida por tecido que fica entre o intestino e a parede do organismo.

célula ciliada - Mecanorreceptor semelhante a um pelo; dispara quando suficientemente dobrada ou inclinada.

célula cônica (cone) - Um fotorreceptor dos vertebrados que responde à luz intensa e contribui para a visão aguçada e a percepção de cores.

célula de bastonete - Fotorreceptor dos vertebrados que detecta luz muito fraca; contribui para a percepção aproximada de movimento.

célula de borda em escova - Tipo de célula especializada para absorção; encontrada nas laterais e nas pontas das vilosidades do intestino delgado.

célula de memória - Célula B ou T sensibilizada por antígeno que se forma em uma resposta imunológica primária, mas não age imediatamente. Participa de uma resposta secundária se o mesmo antígeno entra novamente no organismo mais tarde.

célula dendrítica - Leucócito fagocítico que patrulha fluidos do tecido; apresenta antígeno às células T.

célula efetora - Célula B ou célula T sensibilizada por antígeno; ativa na imunidade adaptativa.

célula flama - Célula excretora ciliada, característica dos platelmintos, como a planária; contêm um tufo de cílios que se parece com uma chama flamejante no microscópio.

célula *natural killer* (célula NK) - Tipo de linfócito; mata células infectadas ou cancerosas que podem escapar de outros linfócitos.

célula procariótica - *Veja* Procarioto.

centro da sede - Parte do hipotálamo que promove comportamento de buscar água quando osmorreceptores no cérebro detectam um aumento no nível de sódio no sangue.

cepa - Um subgrupo dentro de uma espécie procariótica que pode ser caracterizada por alguma ou algumas características identificáveis.

cerebelo - Região do cérebro posterior com centros de reflexo que mantêm a postura e suavizam os movimentos dos membros.

cianobactéria - Um tipo de procarioto fotoautotrófico; executa a fotossíntese pela via não cíclica e, assim, libera oxigênio.

cicadácea - Um gimnosperma de *habitats* subtropicais ou tropicais; muitas se parecem com palmeiras.

ciclo cardíaco - Uma sequência recorrente de contração e relaxamento do músculo cardíaco que corresponde a um batimento cardíaco.

ciclo lisogênico - Modo de replicação viral na qual genes virais são integrados ao cromossomo hospedeiro e podem estar inativos ao longo de muitas divisões celulares do hospedeiro antes de serem replicados.

ciclo menstrual - Ciclo aproximadamente mensal nas mulheres em idade reprodutiva. Mudanças hormonais levam à maturação e liberação de ovócitos e preparam o revestimento uterino para a gravidez. Se a gravidez não ocorrer, esse revestimento é eliminado e o ciclo começa novamente.

ciclo respiratório - Uma inalação e uma exalação.

ciliado - Protista alveolado heterotrófico com cílios em sua superfície; também conhecido como protozoário ciliado; ex.: *Paramécio*.

circuito pulmonar - Trajeto cardiovascular no qual o sangue pobre em oxigênio flui do coração para os pulmões, é oxigenado e flui de volta para o coração.

circuito sistêmico - Trajeto cardiovascular no qual o sangue oxigenado flui do coração para o resto do corpo, onde cede oxigênio e recebe dióxido de carbono, depois volta para o coração.

cisto - De muitos micróbios, um estágio protegido de dormência.

citocinas - Moléculas de sinalização com papéis importantes na imunidade dos vertebrados.

clima - Tempo predominante de uma região, como temperatura, nebulosidade, velocidade dos ventos, chuvas e umidade.

clivagem - Estágio inicial do desenvolvimento em animais. As divisões celulares mitóticas dividem um ovo fertilizado em muitas células menores (blastômeros); o volume original do citoplasma do ovo não aumenta.

cloaca - Nos peixes, anfíbios, répteis e aves, abertura através da qual impurezas digestivas e urinárias saem do corpo; pode funcionar também na reprodução.

clorófita - Membro da linhagem mais diversa de algas verdes.

cnidário - Um tipo de invertebrado radialmente simétrico que possui cnidócitos e nematocistos; tem dois tipos de tecidos epiteliais e uma cavidade gastrovascular semelhante a um saco; ex.: anêmonas-do-mar, água-viva, coral.

coanoflagelados - Protistas que são os parentes protistas vivos mais próximos conhecidos dos animais; parecem células de esponjas.

cóclea - Uma estrutura em espiral cheia de fluido na orelha interna; transduz ondas de pressão em potenciais de ação.

coenzima - Um cofator orgânico.

coevolução - Evolução em conjunto de duas espécies estreitamente relacionadas; cada espécie é um agente seletivo que muda a faixa de variação na outra.

colo - *Veja* intestino grosso.

coluna vertebral - Espinha dorsal, uma característica comum a todos os vertebrados.

complemento - Um conjunto de proteínas que circulam em forma inativa no sangue como parte da imunidade inata. Quando ativadas, destroem invasores ou os marcam para fagocitose.

condução - De calor: transferência de calor entre dois objetos em contato um com o outro.

conífera - Um tipo de gimnosperma adaptado para preservar água durante secas e invernos frios. Árvores lenhosas produtoras de cones ou arbustos com folhas semelhantes a agulhas ou escamas com cutículas espessas.

conjugação - Entre os procariotos, transferência de um plasmídeo de uma célula para outra.

conjuntiva - Membrana mucosa que reveste a superfície interna das pálpebras e se dobra para trás para cobrir a esclera do olho.

contagem celular - Número de células de um determinado tipo presentes em um microlitro de sangue.

convecção - Transferência de calor ao mover moléculas de ar ou água.

coração - Bomba muscular; suas contrações fazem o sangue circular.

cordado - Animal com embrião que tem uma notocorda, um cordão nervoso dorsal oco, brânquias na parede da faringe e uma cauda que se estende após o ânus. Alguns, nenhum ou todos esses traços persistem nos adultos.

cordão nervoso - Em animais bilaterais, uma linha de comunicação paralela ao eixo anterior-posterior. Nos vertebrados, desenvolve-se como um tubo neural oco que origina a medula espinhal e o cérebro.

córion - Uma membrana extraembrionária de amniotos; nos mamíferos, torna-se parte da placenta. Vilosidades se formam em sua superfície e facilitam a troca de substâncias entre o embrião e a mãe.

córnea - De um olho humano, a camada clara mais externa através da qual a luz passa a caminho da pupila.

coroide - Uma camada rica em vasos sanguíneos do olho médio, escurecida pelo pigmento amarronzado melanina e que evita dispersão de luz.

corpo caloso - Faixa grossa de tratos nervosos que une os hemisférios cerebrais de mamíferos superiores, incluindo humanos.

corpo lúteo - Estrutura glandular que se forma a partir de células de um folículo rompido após a ovulação; as secreções de progesterona e estrogênio ajudam a engrossar o endométrio em preparação para a gravidez.

córtex adrenal - Zona externa de uma glândula adrenal; secreta hormônios esteroides, incluindo aldosterona e cortisol.

córtex cerebral - Camada superficial do encéfalo; recebe, integra e armazena informações sensoriais e coordena as respostas.

córtex renal - Parte mais externa do rim, logo abaixo da cápsula renal, onde os néfrons começam.

córtex somatossensorial - Parte do córtex cerebral que recebe informações sensoriais de nervos somáticos.

cortisol - Hormônio esteroide secretado pelo córtex adrenal; ajuda a manter o nível de glicose no sangue entre as refeições; seu nível aumenta quando o organismo está estressado.

craniado - Um cordado que tem seu cérebro dentro de um crânio (caixa cerebral); qualquer peixe, anfíbio, réptil, ave ou mamífero.

crescimento - De espécies pluricelulares, aumentos no número, tamanho e volume de células. De procariotos unicelulares, aumentos no número de células.

cromossomo procariótico - Molécula circular de filamentos duplos de DNA em conjunto com algumas proteínas acopladas.

crustáceo - Um dos artrópodes majoritariamente marinhos com dois pares de antenas; ex.: copépodo, cirrípede, caranguejo ou lagosta.

cultura - Soma de padrões comportamentais de um grupo social passados entre gerações por aprendizado e comportamento simbólico.

cutícula - De plantas, uma camada de ceras e cutina na parede externa das células da epiderme. Dos anelídeos, uma camada secretada fina e flexível. Dos artrópodes, um exoesqueleto leve endurecido com quitina.

dendrito - Em um neurônio, uma das extensões curtas e ramificadas que aceita sinais e os conduz para o corpo celular.

dentina - Material rico em cálcio que compõe a principal massa dos dentes, semelhante ao tecido ósseo, porém mais duro e mais denso.

deuterostômio - Um animal bilateral pertencente a uma linhagem na qual a segunda abertura (blastóporo) que aparece na superfície do embrião se torna a boca; ex.: equinodermo ou cordado.

diafragma - Camada ampla de músculo liso abaixo dos pulmões; divide o celoma em uma cavidade torácica e uma cavidade abdominal.

diatomácea - Um estramenópilo fotossintético (protista) que vive como uma única célula dentro de uma concha de sílica bipartida.

diferenciação - Processo pelo qual as células se tornam especializadas; ocorre enquanto diferentes linhagens celulares começam a expressar subconjuntos diferentes de seus genes.

diferenciação celular - *Veja* diferenciação.

dinoflagelado - Protista alveolado tipicamente com dois flagelos; deposita celulose nos alvéolos. Heterótrofos e fotoautótrofos; alguns causam marés vermelhas.

dinossauro - Grupo de répteis que surgiram no Triássico e foram vertebrados terrestres dominantes por 125 milhões de anos.

disco intervertebral - Disco de cartilagem que fica entre vértebras adjacentes; atua como um ponto de flexão e amortecedor.

divisão autônoma do sistema nervoso - Parte do sistema periférico que leva sinais relacionados ao músculo liso, músculo cardíaco e às glândulas das vísceras.

DNA - Ácido desoxirribonucleico. Ácido nucleico de filamento duplo em forma de hélice; material hereditário para todos os organismos vivos e muitos vírus. As informações em sua sequência de bases constituem a base da forma e função de um organismo.

doença - Condição que surge quando as defesas do organismo não conseguem superar a infecção e as atividades de um patógeno interferem nas funções corporais normais.

doença sexualmente transmissível (DST) - O agente da doença é transferido entre indivíduos por contato sexual; ex.: sífilis, AIDS.

dor - Percepção de ferimento.

dor referida - Dor vivenciada quando o cérebro enganosamente interpreta sinais sobre um problema visceral como se eles viessem da pele ou das articulações.

duto de coleta - No rim, um pequeno tubo dentro do qual muitos túbulos distais drenam e que, por sua vez, drena dentro da pélvis renal. Local onde a concentração final de urina é determinada.

ecdisona - Hormônio de insetos com funções na metamorfose, troca da proteção externa (exoesqueleto).

ectoderme - Camada de tecido primário externo de embriões animais.

ectotermo - Um animal que pode se manter aquecido principalmente ao absorver o calor ambiental, ao tomar banho de sol, por exemplo. Não há regulação interna da temperatura.

embriófito - Membro do clado das plantas terrestres; seus ovos e embriões se desenvolvem em uma estrutura reprodutiva pluricelular.

emulsificação - No intestino delgado, o revestimento de gotas de gordura com sais de bile de forma que gorduras fiquem suspensas no quimo.

encéfalo - Região do cérebro anterior responsável pelo impulso olfativo e respostas motoras. Nos mamíferos, evoluiu para um centro complexo de integração.

endoderme - Camada de tecido primário mais interno de embriões animais.

endoesqueleto - Nos cordados, uma estrutura interna que consiste em cartilagem, osso ou ambos; funciona com o músculo esquelético para posicionar, suportar e mover o corpo.

endosperma - Tecido nutritivo nas sementes das plantas com flores.

endósporo - De algumas bactérias, uma estrutura dormente que abriga um pedaço de citoplasma e o DNA; resiste ao calor, à irradiação, à seca, aos ácidos, desinfetantes e água fervente. Quando as condições favorecem o crescimento, germina e uma bactéria emerge dele.

endossimbiose - Uma interação ecológica íntima e permanente na qual uma espécie vive e se reproduz no corpo de outra para o benefício de uma ou ambas.

endotermo - Um animal aquecido principalmente por seu próprio calor, gerado metabolicamente. Ocorre regulação interna da temperatura.

eosinófilo - Um leucócito especializado em combater parasitas.

epiderme - Camada de tecido mais externa das plantas e quase todos os animais.

epífita - Uma planta que cresce no tronco ou ramo de outra planta, mas não tira nutrientes dela.

epiglote - Estrutura semelhante a uma aba entre a faringe e a laringe; suas mudanças de posição direcionam o ar para a traqueia ou o alimento para o esôfago.

equilíbrio ácido-base - Resultado do controle sobre concentrações de soluto; o fluido extracelular tem a mesma concentração de ácidos e bases.

equinodermo - Um invertebrado radial com algumas características bilaterais e espinhos ou placas calcificadas na parede do corpo; ex.: estrela-do-mar.

eritropoietina - Hormônio renal; induz as células-tronco na medula óssea a originar hemácias.

escama - Uma de muitas estruturas semelhantes a placas na superfície corporal de peixes e répteis.

esclera - Uma camada densa, fibrosa e branca do bulbo do olho que cobre a maior parte da superfície externa do olho.

esclerênquima - Tecido vegetal simples; morto na maturidade, suas paredes celulares reforçadas por lignina suportam estruturalmente partes da planta.

esfíncter - Um anel de músculos que se contrai e relaxa alternadamente, o que fecha e abre uma passagem entre dois órgãos.

esmalte - O material mais duro do organismo, que cobre a coroa exposta do dente e reduz o desgaste.

esôfago - Um tubo muscular entre a faringe (garganta) e o estômago.

esponja - Invertebrado aquático que se alimenta por filtragem sem simetria, nem tecidos.

esporângio - Estrutura pluricelular formadora de esporos que protege esporos em desenvolvimento e facilita sua dispersão.

esporófito - Corpo diploide produtor de esporos de uma planta ou alga pluricelular.

esqueleto apendicular - Estrutura óssea que consiste em cintura escapular (ombro), cintura pélvica (quadril) e membros (ou nadadeiras ósseas) acoplados a eles.

esqueleto axial - Crânio, espinha dorsal, costela e osso do peito (esterno).

esqueleto hidrostático - Uma cavidade repleta de fluidos na qual as contrações musculares atuam.

estímulo - Uma forma específica de energia que ativa um receptor sensorial capaz de detectá-la; ex.: pressão.

estômago - Saco muscular e esticável; mistura e armazena alimentos ingeridos e ajuda a decompô-los mecânica e quimicamente.

estômato - Espaço que se abre entre duas células guarda; deixa vapor de água e gases se difundirem pela epiderme de uma folha ou tronco primário.

estramenopila - Um protista unicelular ou pluricelular de um grupo unido por estudos de DNA; alguns têm células com filamentos em um ou dois flagelos; ex.: diatoma, alga marrom ou mofo.

estróbilo - De algumas plantas sem flores, como cavalinhas e cicadáceas, um agrupamento de estruturas produtoras de esporos.

estrogênio - Principal hormônio sexual das fêmeas. Ajuda os ovócitos a amadurecer e prepara o endométrio para a gravidez; afeta o crescimento, o desenvolvimento e características sexuais secundárias. Nos machos, uma pequena quantidade desempenha uma função na produção de espermatozoides.

estromatólito - Grupos fossilizados em forma de cúpula de bactérias fotoautotróficas aquáticas.

estruturas análogas - Estruturas semelhantes que evoluíram separadamente em linhagens diferentes; ex.: superfícies de voo nas asas de morcegos e de moscas.

estruturas homólogas - Partes do corpo semelhantes entre linhagens; refletem a ancestralidade compartilhada.

euglenoide - Um protista flagelado com muitas mitocôndrias. A maioria é de heterótrofos; alguns são fotoautótrofos.

evaporação - Transição de um líquido para um gás; exige entrada de energia.

exoesqueleto - Um esqueleto externo; ex.: a cutícula endurecida de artrópodes.

fadiga muscular - Declínio na tensão muscular quando a contração tetânica é contínua.

faringe - canal musculo-membranoso comum aos sistemas digestório e respiratório. Em vertebrados terrestres, é a entrada para o esôfago e a traqueia.

fasciculação muscular - Uma sequência de contração e relaxamento muscular em resposta a um breve estímulo.

febre - Um aumento induzido internamente na temperatura corporal central acima do ponto de ajuste normal como resposta a uma infecção.

feromônio - Molécula sinalizadora secretada por um indivíduo que afeta outro da mesma espécie; desempenha papéis no comportamento social.

fertilização externa - Liberação de gametas na água, onde se combinam; ocorre na maioria dos invertebrados aquáticos, peixes e anfíbios.

fertilização interna - União do espermatozoide com o óvulo dentro do corpo da fêmea.

feto - No desenvolvimento dos mamíferos, o estágio depois que todos os principais sistemas de órgãos se formaram (nona semana) até o nascimento.

fezes - Detrito digestivo que foi concentrado pela ação do colo.

fibra muscular - Célula longa e com múltiplos núcleos em um músculo esquelético.

fígado - Grande órgão que armazena glicose como glicogênio e o libera conforme necessário. Também produz bile e desintoxica algumas substâncias danosas, como álcool.

filogenia - História evolucionária de uma espécie ou grupo de espécies.

filtração glomerular - Primeiro passo na formação de urina; a pressão sanguínea força água e solutos para fora dos capilares glomerulares e para dentro da cápsula de Bowman.

fissão binária - Modo reprodutivo assexuado de alguns protistas.

fissão procariótica - Mecanismo de reprodução celular das células procarióticas.

fitocromo - Um pigmento sensível à luz que ajuda a definir os ritmos circadianos das plantas com base na duração da noite.

fitoquímicos - Moléculas vegetais que não são parte essencial da dieta humana, mas podem reduzir o risco de alguns transtornos; ex.: luteína, isoflavonas.

fixação do nitrogênio - Conversão de nitrogênio gasoso em amônia.

flagelo - Estrutura celular longa e esguia utilizada para mobilidade. Flagelos eucarióticos se movem de lado a lado; flagelos procarióticos giram como um propulsor.

flagelos eucarióticos - *Veja* flagelo.

flor - Estrutura reprodutiva especializada de uma angiosperma.

fluido cerebroespinhal - Fluido extracelular claro que banha e protege o cérebro e a medula espinhal; contido em um sistema de canais e câmaras.

fluido extracelular (ECF) - Fluidos corporais fora das células; ex.: plasma, fluido intersticial.

fluido gástrico - Mistura extremamente ácida de secreções do revestimento estomacal.

fluido intersticial - Fluido entre as células e tecidos de um organismo pluricelular.

fonte hidrotermal - Fissura subaquática onde a água rica em minerais e superaquecida é forçada para fora sob pressão.

forame magno - Abertura no crânio na qual a medula espinhal e o cérebro dos vertebrados se conectam. Sua posição nas espécies bípedes é diferente da nas espécies que andam com as quatro patas.

foraminífera - Protista heterotrófico unicelular que estende seus pseudópodes através de uma "teca" perfurada de carbonato de cálcio ou sílica. A maioria vive no leito dos oceanos.

formação de padrão - Processo pelo qual um organismo complexo se forma a partir de processos locais durante o desenvolvimento embrionário.

fotorreceptor - Um receptor sensorial sensível à luz de invertebrados e vertebrados.

fóvea - Área da retina mais rica em fotorreceptores.

fruto - Ovário maduro, frequentemente com as partes acessórias, de uma planta com flores.

fungos endofíticos - Um dos fungos que vive como um simbionte dentro de folhas e troncos de plantas.

gametófito - Uma estrutura haploide pluricelular na qual gametas se formam durante o ciclo de vida de plantas e algumas algas.

gânglios - Grupo de corpos celulares dos neurônios; pode funcionar como centro de integração para sinais.

gastrópode - Membro do grupo mais diversificado de moluscos. Tem uma cabeça distinta e um amplo pé muscular que compõe a maior parte da massa corporal inferior.

gástrula - Embrião animal inicial com duas ou três camadas de tecido primário.

gastrulação - Estágio do desenvolvimento animal; as células embrionárias formadas pela clivagem se organizam em duas ou três camadas de tecido primário em uma gástrula.

gema - Substância rica em proteína e lipídeos de muitos ovos; serve de primeira fonte de alimento para um embrião em desenvolvimento.

gimnosperma - Planta com sementes nuas, sem fruto e sem flores; forma suas sementes em superfícies expostas de estruturas denominadas estróbilos; ex.: cicadácea, ginkgo ou conífera.

ginkgo - Um gimnosperma; a única espécie sobrevivente é uma árvore decídua com folhas em forma de leque.

glândula adrenal - Glândula endócrina localizada sobre o rim; tem papel importante na resposta ao estresse; afeta o metabolismo da glicose.

glândula exócrina - Estrutura glandular que secreta uma substância através de um duto em uma superfície epitelial livre; ex.: glândula sudorípara, glândula mamária.

glândula paratireoide - Uma de quatro pequenas glândulas na parte posterior da glândula tireoide; regula o nível de cálcio no sangue.

glândula pineal - Glândula endócrina sensível à luz e secretora de melatonina no cérebro.

glândula timo - Órgão linfoide localizado abaixo do esterno; células T formadas na medula óssea vão para ela e amadurecem sob influência de suas secreções hormonais.

glândula tireoide - Glândula endócrina localizada na base do pescoço; seus hormônios influenciam o crescimento, o desenvolvimento e a taxa metabólica.

glóbulo branco - Leucócito. Tipo de célula que funciona em respostas imunológicas; ex.: macrófago, célula dendrítica, eosinófilo, neutrófilo, basófilo, célula T, célula B.

glomeromycota - Membro de um grupo de fungos que forma micorrizas nos quais hifas se ramificam dentro de células vegetais.

glomérulo - Em um néfron renal, um agrupamento de capilares de onde o fluido é filtrado para a cápsula de Bowman.

glote - Abertura entre as pregas vocais.

glucagon - Hormônio pancreático; estimula a conversão de glicogênio e aminoácidos em glicose quando a glicose no sangue está baixa.

gnetófita - Uma gimnosperma lenhosa, arbustiva.

gônada - Órgão reprodutivo primário nos animais; produz gametas.

gonadotrofina coriônica humana (HCG) - Hormônio secretado inicialmente pelo blastócito e depois pela placenta; ajuda a manter o revestimento uterino durante a gravidez.

habituação - Um animal aprende por experiência a não reagir a um estímulo que não apresenta efeitos negativos nem positivos.

halófilo extremo - Organismo adaptado a um *habitat* altamente salgado; ex.: um arqueano que vive em lagos de sal.

hemácia - Eritrócito; célula sanguínea que contém hemoglobina; transporta oxigênio.

hemoglobina - Proteína respiratória que contém ferro. Nos humanos, ocorre nas hemácias e transporta a maior parte do oxigênio.

hemostasia - Processo que interrompe a perda de sangue de um vaso danificado por coagulação, espasmo e outros mecanismos.

hermafrodita - Indivíduo com órgãos reprodutivos masculino e feminino.

heterotermo - Animal que mantém sua temperatura central ao controlar a atividade metabólica em uma parte do tempo e permitir que ela aumente ou caia em outros momentos.

hifa - De um fungo pluricelular, um filamento com paredes reforçadas com quitina; componente de um micélio.

hipófise - Glândula endócrina dos vertebrados localizada dentro do cérebro; interage com o hipotálamo para controlar funções fisiológicas, incluindo a atividade de muitas outras glândulas. Seu lobo posterior armazena e secreta hormônios do hipotálamo; o lobo anterior produz e secreta seus hormônios.

hipotálamo - Região do cérebro anterior; um centro de controle homeostático do ambiente interno (ex.: equilíbrio sal--água, temperatura central); influencia fome, sede, sexo, outros comportamentos relativos às vísceras e emoções.

hipótese de impacto do asteroide K–T - Ideia de que o impacto de um asteroide foi a causa da extinção em massa que marca a divisão entre os períodos Cretáceo e Terciário, há 65 milhões de anos.

homeostase - Conjunto de processos pelo qual as condições no ambiente interno de um organismo pluricelular são mantidas dentro de faixas toleráveis.

hominídeo - Espécie humana e todas as espécies semelhantes.

hormônio - *Veja* hormônio animal.

hormônio adrenocorticotrófico (ACTH) - Hormônio da hipófise anterior; estimula a liberação de cortisol pelas glândulas adrenais.

hormônio animal - Molécula de comunicação intercelular secretada por uma glândula ou célula endócrina. É distribuído por todo o corpo através do sangue.

hormônio antidiurético (ADH) - Hormônio liberado pela hipófise posterior; induz a reabsorção de água pelos rins.

hormônio do crescimento (GH) - Hormônio da hipófise que promove o crescimento dos ossos e tecidos moles nos jovens; influencia o metabolismo nos adultos.

hormônio estimulante da tireoide (TSH) - Um hormônio da hipófise que regula a secreção do hormônio da tireoide.

hormônio foliculoestimulante (FSH) - Hormônio da hipófise que atua sobre as gônadas; estimula a maturação dos folículos nas fêmeas e atua sobre as células de Sertoli nos homens.

hormônio liberador de gonadotrofina (GnRH) - Um hormônio do hipotálamo que induz a hipófise a liberar hormônios (LH e FSH) que atuam sobre as gônadas.

hormônio luteinizante (LH) - Hormônio da hipófise anterior que atua sobre as gônadas; estimula a ovulação nas fêmeas e a produção de testosterona nos machos.

humano - Membro do gênero *Homo*.

implantação - Na gestação de mamíferos, um blastocisto se fixa no revestimento uterino.

imunidade - Capacidade de o organismo resistir e combater infecções.

imunidade adaptativa - Conjunto de respostas imunes dos vertebrados caracterizadas por reconhecimento de substâncias estranhas ao organismo, especificidade de antígenos, diversidade de receptores de antígenos e memória imunológica. Inclui respostas mediadas por anticorpos e por células.

imunidade inata - Nos vertebrados, um conjunto de defesas gerais contra a infecção; o reconhecimento de padrões moleculares associados a patógenos ativa a fagocitose, inflamação e ativação de complementos.

imunização - Um processo desenhado para promover a imunidade contra uma doença; ex.: vacinação.

lactação - Produção e secreção de leite pelas glândulas mamárias. É regulada por hormônios.

laringe - Via aérea tubular que leva aos pulmões; tem pregas vocais em alguns animais.

larva - Um estágio imaturo de vida livre entre o embrião e o adulto no ciclo de vida de muitos animais.

lente - Nos olhos; um corpo transparente que dobra os raios de luz para que eles possam convergir adequadamente nos fotorreceptores.

liberador - Molécula sinalizadora do hipotálamo que aumenta a secreção de um hormônio pela hipófise anterior.

ligamento - Uma tira de tecido conjuntivo denso que une uma articulação esquelética.

linfa - Fluido intersticial que circula nos vasos do sistema linfático.

linfócito B - Célula B. Tipo de leucócito que produz anticorpos.

linfócito T - Célula T. Leucócito que coordena respostas adaptativas dos vertebrados; as células T citotóxicas executam respostas mediadas por células.

linfonodo - Órgão linfoide que é o principal local de respostas imunológicas.

líquen - Associação simbiótica entre um fungo e um fotoautótrofo - uma alga ou cianobactéria.

lisozima - Enzima antibacteriana; ocorre em secreções corporais como o muco.

localização citoplasmática - Acúmulo de diferentes materiais em regiões específicas do citoplasma de uma célula.

lombriga - Invertebrado bilateral com um falso celoma e sistema digestório completo em um corpo não segmentado. A maioria é de decompositores; alguns são parasitas.

macrófago - Leucócito fagocítico que patrulha fluidos do tecido; apresenta antígeno às células T.

mamífero - Único amnioto que possui pelos e alimenta os descendentes com leite produzido nas glândulas mamárias da fêmea.

mamífero placentário - Membro do maior subgrupo de mamíferos, o único grupo no qual um órgão (placenta) se forma e permite que materiais se difundam entre as correntes sanguíneas de uma mãe e do embrião que se desenvolve dentro de seu útero.

mandíbula - Estrutura alimentar, pareada e articulada, cartilaginosa ou óssea na maioria dos cordados.

manobra de Heimlich - Procedimento que pode remover um objeto da traqueia de uma pessoa que está engasgada. Golpes direcionados para cima sob o diafragma forçam o ar para fora dos pulmões e dentro da traqueia.

manto - Dos moluscos, um tecido dobrado sobre a massa visceral.

marcador MHC - Proteína de autorreconhecimento na superfície de células corporais. Ativa a resposta imunológica adaptativa quando unida a fragmentos de antígenos.

marca-passo cardíaco - Nó sinoatrial (SA); um agrupamento de células autoexcitatórias do músculo cardíaco que definem a frequência cardíaca normal.

marsupial - Mamífero com bolsa (marsúpio).

massa branca - Parte do cérebro e da medula espinhal que inclui axônios mielinados.

massa cinzenta - Parte do cérebro e da medula espinhal que inclui corpos celulares e dendritos.

mastócito - Leucócito no tecido conjuntivo; fator na inflamação.

mecanorreceptor - Célula sensorial que detecta a energia mecânica (uma alteração na pressão, posição ou aceleração).

medula adrenal - Zona mais interna de uma glândula adrenal; secreta epinefrina e norepinefrina.

medula amarela - Na maioria dos ossos maduros, um tecido gorduroso que preenche cavidades internas; pode se transformar em medula vermelha produtora de sangue se necessário.

medula espinhal - Parte central do sistema nervoso dentro de um canal vertebral.

medula renal - Parte mais interna do rim, dentro da qual a alça de Henle e o duto de coleta do néfron se estendem.

medula vermelha - Local de formação de células sanguíneas no tecido esponjoso de muitos ossos.

melatonina - Hormônio da glândula pineal que possui papel no relógio biológico.

membrana respiratória - Epitélios de capilares sanguíneos e alveolares fundidos juntos e a membrana basal entre eles; a superfície respiratória em um pulmão humano.

membrana timpânica - Membrana fina que vibra em resposta a ondas de pressão (sons), transmitindo, assim, vibrações aos ossículos da audição.

meninges - Três membranas que envolvem e protegem o cérebro e a medula espinhal.

menopausa - Fase na qual a fertilidade de uma mulher termina; a menstruação para e a secreção de hormônios sexuais cai.

mesoderme - Camada intermediária de tecido primário (entre a endoderme e a ectoderme) da maioria dos embriões animais.

metamorfose - O crescimento e a reorganização de tecidos, induzidos por hormônio, transformam larva na forma adulta.

metanógeno - Qualquer bactéria ou arqueano que produz gás metano.

micélio - Malha de minúsculos filamentos ramificados (hifas) de fungos pluricelulares.

micorriza - Um mutualismo entre um fungo e raízes de plantas.

microbiota normal - Microrganismos que tipicamente vivem em superfícies humanas, incluindo os tubos internos e cavidades dos tratos digestório e respiratório.

microsporídia - Parasita fúngico intracelular de *habitats* aquáticos; único grupo de fungos que forma esporos flagelados.

micrósporo - Esporo haploide (masculino), com paredes, de plantas com sementes (espermatófitas); origina grãos de pólen.

microvilosidade - Extensão alongada da superfície livre de algumas células, como células de borda em escova no intestino delgado; aumenta a área superficial.

mineral - Em nutrição, uma substância inorgânica essencial para a sobrevivência e o crescimento do organismo.

miofibrila - Em uma fibra muscular, uma das muitas estruturas longas e finas paralelas ao longo eixo de uma fibra muscular; composta de sarcômeros organizados de ponta a ponta.

mioglobina - Proteína armazenadora de oxigênio mais abundante no músculo.

miosina - Uma proteína motora acionada por ATP que move os componentes celulares sobre "trilhos" do citoesqueleto. Interage com a actina no músculo para causar contração.

miriápode - Artrópode terrestre com duas antenas e um corpo alongado com muitos segmentos e muitas patas; ex.: centopeia ou milípede.

mixomiceto - Um protozoário ameboide; células semelhantes à ameba que se agrupam em uma massa, diferenciam-se e formam estruturas reprodutivas.

modelo de filamento deslizante - Modelo para como os sarcômeros das fibras musculares se contraem. As cabeças de miosina ativada por ATP ligam repetidamente filamentos de actina (acoplados a linhas Z) e se dobram em golpes curtos que deslizam a actina em direção ao centro do sarcômero.

modelo de substituição - Ideia de que os humanos modernos surgiram de uma única população de *Homo erectus* na região subsaariana da África nos últimos 200 mil anos, depois se espalharam e substituíram os hominídeos.

modelo do *Big Bang* - Modelo que descreve a origem do universo como uma distribuição quase instantânea de toda a matéria e energia pelo espaço.

modelo multirregional - Ideia de que os humanos modernos evoluíram gradualmente de muitas populações diferentes de *Homo erectus* que viveram em partes diferentes do mundo.

molécula sinalizadora local - Sinal químico secretado no fluido intersticial. Apresenta possíveis efeitos sobre as células vizinhas, mas é desativada rapidamente; ex.: prostaglandinas.

molusco - Único invertebrado com um manto dobrado sobre uma massa visceral mole e carnuda; a maioria tem uma concha interna ou externa; ex.: gastrópodes, bivalves, cefalópodes.

monotremado - Mamífero que deposita ovos.

monóxido de carbono (CO) - Gás incolor e inodoro liberado pela queima de combustíveis fósseis.

morfogênese - Processo pelo qual os tecidos e órgãos se formam.

morfógeno - Produto do gene principal; difunde-se através dos tecidos embrionários; o gradiente resultante causa a transcrição de diferentes genes em diferentes partes do embrião.

mórula - Um agrupamento de 16 células formadas por divisões celulares repetidas de um zigoto.

mucosa - Um epitélio secretor de muco; ex.: revestimento interno da parede do intestino.

mundo do RNA - Época hipotética antes da evolução do DNA na qual moléculas de RNA armazenavam informações genéticas e catalisavam a síntese proteica.

músculo cardíaco - Tecido muscular do coração.

músculo ciliar - Um músculo do olho, em forma de anel, que envolve a lente e se acopla a ela por fibras curtas.

músculos intercostais - Os músculos esqueléticos entre as costelas; ajudam a alterar o volume da cavidade torácica durante a respiração.

mutualismo - Uma interação interespecífica que beneficia ambos os participantes.

nadadeira - Um apêndice que ajuda a estabilizar e impulsionar a maioria dos peixes na água.

nefrídio - Dos anelídeos e alguns outros invertebrados, uma das muitas unidades de excreção e regulação osmótica que ajudam a controlar o conteúdo e o volume dos fluidos nos tecidos.

néfron - Unidade funcional do rim; filtra água e solutos do sangue, depois reabsorve quantidades ajustadas de ambos.

nervo - Feixes de axônios envolvidos em uma camada de tecido conjuntivo.

neuróglia (célula da glia) - Formada de células não neuronais do sistema nervoso que suportam estrutural e metabolicamente os neurônios.

neuromodulador - Qualquer molécula de sinalização que reduz ou amplia a influência de um neurotransmissor em células-alvo.

neurônio - Um tipo de célula excitável; unidade funcional do sistema nervoso.

neurônio motor - Neurônio que transmite sinais do cérebro ou medula espinhal às células de músculos ou glândulas.

neurônio parassimpático - Um neurônio da divisão autônoma do sistema nervoso. Sinaliza atividades gerais lentas e desvia energia para tarefas básicas; funciona também em oposição aos neurônios simpáticos para fazer pequenos ajustes contínuos nas atividades dos órgãos internos que ambos inervam.

neurônio sensorial - Tipo de neurônio que detecta um estímulo e transmite informações sobre ele em direção a um centro de integração.

neurônio simpático - Um neurônio da divisão autônoma do sistema nervoso. Seus sinais causam aumentos nas atividades gerais em momentos de estresse ou maior conscientização. Também funciona em oposição aos neurônios parassimpáticos para fazer pequenos ajustes contínuos em atividades de órgãos internos que ambos inervam.

neurotransmissor - Uma molécula sinalizadora intercelular secretada pelas terminações do axônio de um neurônio.

neutrófilo - Leucócito fagocítico em circulação.

nucleoide - De uma célula procariótica, região do citoplasma onde o DNA está concentrado.

obesidade - Excesso de gordura acumulada no tecido adiposo. Perigosa para a saúde.

ocitocina (OT) - Hormônio da hipófise com papéis no trabalho de parto e na lactação. Em alguns mamíferos, também afeta o comportamento social; ex.: união em pares.

olfato - Sentido do cheiro.

olho - Órgão sensorial que incorpora uma densa gama de fotorreceptores.

olho composto - Olho de crustáceos ou insetos com múltiplas unidades (omatídeos); cada uma faz uma amostra de parte do campo visual.

olho de câmera - Olho no qual a luz entra através de uma pequena abertura e é focada por uma lente em uma retina rica em fotorreceptores. Evoluiu de forma independente nos cefalópodes e nos vertebrados.

Oomycota - É uma classe de organismos filamentosos unicelulares que se assemelham morfologicamente a fungos.

órgão de Corti - Um órgão acústico na cóclea que transforma energia mecânica de ondas de pressão em potenciais de ação.

órgão de equilíbrio - Órgão que monitora a posição e o movimento de um corpo; ex.: sistema vestibular humano.

órgão vomeronasal - Em muitos vertebrados, um agrupamento de neurônios sensoriais na cavidade nasal que reage a feromônios.

osmorreceptor - Receptor sensorial que detecta mudanças nas concentrações de solutos.

osteoblasto - Célula formadora de osso; secreta a matriz que é mineralizada.

osteócito - Uma célula óssea madura; o osteoblasto que ficou cercado por suas próprias secreções.

osteoclasto - Célula digestora de osso; secreta enzimas que digerem a matriz do osso.

ouvido externo - Pavilhão, uma aba de cartilagem coberta de pele que se projeta da lateral da cabeça, coleta ondas sonoras e as direciona para dentro do meato acústico externo.

ouvido interno - Dos vertebrados, órgão principal de equilíbrio e audição; inclui o aparelho vestibular e a cóclea.

ouvido médio - Membrana tímpanica e ossículos da audição que transmitem ondas de ar para a orelha interna.

ovário - Nos animais, uma gônada feminina. Em plantas com flores, a base alargada de um carpelo, dentro da qual um ou mais óvulos se formam e os ovos são fertilizados.

ovócito - *Veja* ovócito primário, ovócito secundário.

ovócito primário - Um ovo imaturo que não completou a prófase I.

ovócito secundário - Uma célula haploide produzida pela primeira divisão meiótica de um ovócito primário; liberado na ovulação.

ovulação - Liberação de um ovócito secundário de um ovário.

óvulo - Em uma planta com sementes, estrutura na qual um gametófito haploide feminino produtor de ovos se forma; depois da fertilização, amadurece em uma semente.

oxi-hemoglobina - Somente em hemácias, a hemoglobina com oxigênio vinculado.

pâncreas - Órgão glandular que secreta enzimas e bicarbonato no intestino delgado; secreta os hormônios insulina e glucagon no sangue.

parede celular - Em muitas células (exceto células animais), uma estrutura permeável semirrígida em volta da membrana plasmática.

parte central do sistema nervoso - Dos vertebrados, o cérebro e medula espinhal.

parte periférica do sistema nervoso - Nervos espinhais e cranianos, cujas ramificações se estendem por todo o corpo.

patógeno - Agente causador de doença.

peixes cartilaginosos - Peixes com mandíbulas que têm esqueleto cartilaginoso; ex.: tubarões.

peixes teleósteos - Peixes com endoesqueleto composto majoritariamente de tecido ósseo. Por exemplo, peixes pulmonados, sarcopterígeos ou actinopterígeos.

película - Uma cobertura fina, flexível e rica em proteína presente em alguns eucariotos unicelulares, como euglenoides.

pênis - Órgão masculino de reprodução; também tem papel na micção.

peptídeo natriurético atrial - Hormônio secretado pelo coração em resposta ao alto volume de sangue; seus efeitos tornam a urina mais diluída.

peristaltismo - Ondas recorrentes de contração do músculo liso que movem material através de um órgão tubular.

pilus, plural ***pili*** - Um filamento proteico que se projeta da superfície de algumas células bacterianas.

placa - Nos dentes, um biofilme espesso composto de bactérias, seus produtos extracelulares e glicoproteínas da saliva.

placenta - Em um mamífero placentário, órgão que se forma durante a gravidez a partir do tecido materno e de membranas extraembrionárias. Permite que uma mãe troque substâncias com o feto, mas mantém seu sangue separado.

placozoa - Animal mais simples conhecido, sem simetria e com apenas duas camadas de células.

plâncton - Autótrofos e heterótrofos majoritariamente microscópicos de *habitats* aquáticos.

plaqueta - Fragmento celular que circula no sangue e funciona na coagulação.

plasma - Parte líquida do sangue; principalmente água com proteínas, açúcares e outros solutos e gases dissolvidos.

plasmídeo - Uma pequena molécula circular de DNA nas bactérias, replicada independentemente do cromossomo.

polinização - Chegada de pólen em um estigma receptivo de uma flor.

polinizador - Um vetor vivo de polinização; ex.: uma abelha.

poliplacóforo - Molusco marinho com concha dorsal feita de oito placas.

ponte - Centro de tráfego do cérebro posterior para sinais entre o cerebelo e o cérebro anterior.

ponto cego - Pequena área na parte posterior da retina onde o nervo óptico sai do olho e não há fotorreceptores.

potencial de ação - Uma reversão breve e autopropagadora na diferença de voltagem ao longo da membrana de uma célula neural ou muscular.

potencial de limiar - De um neurônio, o potencial de membrana no qual canais de sódio regulados se abrem e iniciam um potencial de ação.

potencial de membrana em repouso - Diferença de voltagem na membrana plasmática de um neurônio ou outra célula excitável que não recebe estimulação externa.

pressão parcial - Contribuição de um gás para a pressão total de uma mistura de gases.

pressão sanguínea - Pressão de fluidos gerada pelos batimentos cardíacos; necessária para que haja a circulação do sangue.

primata - Tipo de mamífero; um prossímio ou antropoide.

príon - Tipo de proteína encontrado nos sistemas nervosos de vertebrados; torna-se infeccioso quando seu formato muda.

procarioto - Organismo unicelular no qual o DNA não está contido em um núcleo; ex.: bactéria ou arqueano.

produção metabólica de calor - Em resposta ao frio, as mitocôndrias das células do tecido adiposo marrom liberam energia na forma de calor, em vez de armazená-la em ATP.

progesterona - Hormônio sexual secretado pelos ovários e o corpo lúteo.

proglote - Uma das muitas unidades corporais de tênias que brotam atrás do escólex.

prolactina (PRL) - Hormônio que induz a síntese de enzimas utilizadas na produção de leite.

proliferação de algas - Grande aumento no tamanho da população de protistas fotossintéticos unicelulares como resultado do enriquecimento de nutrientes do corpo d'água.

proteína respiratória - Uma proteína com um ou mais íons de metal que vincula O_2 nos tecidos animais ricos em oxigênio e o cede onde os níveis de O_2 são mais baixos; ex.: hemoglobina.

protistas - Nome informal para eucariotos que não são plantas, fungos nem animais.

protocélula - Um saco envolto por membrana de moléculas que captura energia, participa do metabolismo, concentra materiais e se replica. Estágio presumido da evolução química que precedeu as células vivas.

protostômio - Um animal bilateral pertencente a uma linhagem caracterizada parcialmente por o primeiro entalhe formado na superfície inicial do embrião se tornar a boca; ex.: moluscos, anelídeos, artrópodes.

protozoário flagelado - Um dos protistas heterotróficos unicelulares com um ou mais flagelos; ex.: um diplomonadida.

pseudoceloma - Falso celoma; uma cavidade corporal principal revestida de forma incompleta com tecido derivado da mesoderme.

puberdade - Para humanos, o estágio pós-embrionário no qual os gametas começam a amadurecer e as características sexuais secundárias emergem.

pulmão - Órgão respiratório interno de todas as aves, répteis, mamíferos, maioria dos anfíbios e alguns peixes.

pulmão foliáceo - Órgão respiratório de algumas aranhas; ar e sangue trocam gases por folhas finas de tecido, parecidas com páginas.

pupila - Uma abertura no centro da íris através da qual a luz entra no olho.

quelicerado - Artrópode com quatro pares de patas; cabeça com olhos, mas sem antenas. Por exemplo, o caranguejo ferradura ou um aracnídeo.

quimiorreceptor - Receptor sensorial; detecta íons ou moléculas dissolvidos no fluido.

quimo - Comida semidigerida no intestino.

quitridiomiceto - Um tipo de fungo; o único grupo de fungos com estágio flagelado.

radiação térmica - Emissão de calor de qualquer objeto.

radiolário - Protista predador unicelular com pseudópodes que se projetam através de sua concha de sílica perfurada. A maioria flutua nas águas oceânicas abertas superiores.

rádula - De muitos moluscos, um órgão semelhante a uma língua endurecido com quitina; utilizado para alimentação.

reabsorção capilar - Processo pelo qual a água se move por osmose do fluido intersticial para o plasma rico em proteína na extremidade venosa de um leito capilar.

reabsorção tubular - Processo pelo qual capilares peritubulares recuperam água e solutos que vazam ou são bombeados para fora das regiões tubulares de um néfron.

reação de tremor - Tremores rítmicos em resposta ao frio.

receptor - Uma molécula ou estrutura que pode reagir a uma forma de estimulação, como energia luminosa, ou se vincular a uma molécula sinalizadora, como um hormônio.

receptor de célula T (TCRs) - Receptor de ligação a antígenos na superfície de células T; também reconhece marcadores MHC.

receptor de células B - Anticorpo IgM ou IgD vinculado à membrana em uma célula B.

receptor de dor - Um receptor sensorial que detecta dano ao tecido.

receptor gustatório - Um quimiorreceptor que detecta solutos no fluido que o banha.

receptor olfativo - Quimiorreceptor para uma substância solúvel em água ou volátil.

rede nervosa difusa - Sistema nervoso de cnidários e alguns outros invertebrados; malha assimétrica de neurônios.

reflexo - Movimento simples e estereotipado em resposta a um estímulo; neurônios sensoriais fazem sinapse nos neurônios motores nos arcos reflexos mais simples.

reprodução assexuada - Qualquer modo reprodutivo pelo qual as crias se originam de um pai e herdam os genes apenas dele; ex.: fissão procariótica, fissão transversal, germinação, propagação vegetativa.

reprodução sexuada - Produção de descendentes geneticamente variáveis pela formação e fertilização de gametas.

respiração - Soma dos processos fisiológicos que movem O_2 dos arredores para tecidos metabolicamente ativos no organismo e CO_2 dos tecidos para a parte externa.

resposta autoimune - Resposta imunológica direcionada aos próprios tecidos de um indivíduo.

resposta imunológica mediada por anticorpos - Um dos dois ramos da imunidade adaptativa no qual anticorpos são produzidos em resposta a um antígeno específico.

resposta imunológica mediada por célula - Resposta imunológica que envolve células T citotóxicas e células NK que destroem células corporais infectadas ou cancerosas.

resposta "lutar ou fugir" - Resposta ao perigo ou à excitação. O impulso parassimpático cai, os sinais simpáticos aumentam e as glândulas adrenais secretam epinefrina. Isso prepara o organismo para lutar ou fugir.

retículo endoplasmático - RE especializado que forma câmaras achatadas ligadas a membranas em volta de fibras musculares; coleta, armazena e libera íons de cálcio.

retina - Nos olhos de vertebrados e muitos invertebrados, um tecido repleto de fotorreceptores e entrelaçado com células sensoriais.

reto - Última parte do intestino mamífero que armazena fezes antes de sua expulsão.

ribozima - Um RNA catalítico.

rins - Órgãos dos vertebrados que filtram sangue, removem impurezas e ajudam a manter o ambiente interno equilibrado.

rizoide - Uma estrutura absorvente semelhante a uma raiz de algumas briófitas.

rizoma - Um tronco que cresce horizontalmente no subsolo.

rotífero - Minúsculo animal bilateral celomado com cabeça ciliada; ocorre majoritariamente em água doce ou ambientes úmidos.

ruminante - Mamífero com cascos e herbívoro que tem várias câmaras estomacais.

sangue - Tecido conjuntivo fluido que é o meio de transporte dos sistemas circulatórios. Nos vertebrados, composto de plasma, células sanguíneas e plaquetas.

sapróbio - Heterótrofo que extrai energia e carbono de matéria orgânica não viva e, assim, causa sua decomposição.

sarcômero - Uma de muitas unidades básicas de contração ao longo de uma fibra muscular. Ele encurta por interações orientadas por ATP entre seus grupos paralelos de actina e componentes de miosina.

sarcopterígeo - Único peixe ósseo com nadadeiras ventrais carnosas suportadas por elementos esqueléticos internos.

secreção tubular - Transporte de H^+, ureia, outros solutos para fora dos capilares peritubulares e dentro dos néfrons para excreção.

segregação independente - Teoria de que os alelos de um gene são distribuídos em gametas independentemente dos alelos de todos os outros genes durante a meiose.

segundo mensageiro - Molécula produzida por uma célula em resposta à vinculação de um hormônio na membrana plasmática; transmite um sinal para um sinal de célula; ex.: AMP cíclico.

sêmen - Fluido expelido pelo pênis durante a ejaculação; consiste em um pequeno volume de espermatozoides misturado com secreções dos dutos acessórios do sistema reprodutor masculino.

senescência - De organismos pluricelulares, fase em um ciclo de vida da maturidade à morte; também se aplica à morte de partes, como folhas das plantas.

sensação somática - Uma sensação facilmente localizada, como calor ou toque, que surge quando receptores na pele, músculo ou articulações são estimulados.

sensação visceral - Sensação que surge de receptores sensoriais em órgãos internos; difícil de localizar.

simetria bilateral - Plano corporal no qual muitos apêndices e órgãos estão em pares, um em cada lado do principal eixo corporal.

simetria radial - Organismo animal com partes organizadas em um eixo central como os aros de uma roda.

sinapse - Região onde os terminais de axônios de um neurônio são separados por um minúsculo vão da célula que o neurônio sinaliza.

sistema ambulacral - Em equinodermos, um sistema de

pés tubulares conectados a canais; funciona no movimento, manuseio de alimento.

sistema circulatório - Sistema que transporta rapidamente substâncias de e para as células; consiste tipicamente em coração, vasos sanguíneos e sangue. Ajuda a estabilizar a temperatura corporal e o pH em alguns animais.

sistema circulatório aberto - Um sistema no qual o sangue se move pelo coração e grandes vasos, mas também se mistura com o fluido intersticial.

sistema circulatório fechado - Sistema circulatório no qual o sangue flui continuamente dentro de vasos sanguíneos e não entra em contato direto com os fluidos dos tecidos.

sistema de condução cardíaca - Células especializadas do músculo cardíaco que iniciam e enviam sinais que fazem as outras células do músculo cardíaco se contraírem. Nó SA (sinoatrial), nó AV (atrioventricular) e fibras de junção que os unem.

sistema de tamponamento - Conjunto de substâncias químicas que podem manter o pH de uma solução estável ao doar e aceitar alternadamente íons que contribuem para o pH.

sistema digestório - Saco ou tubo corporal onde o alimento é digerido e absorvido, e qualquer resíduo não digerido é expelido. Sistemas incompletos têm uma abertura; os completos têm duas (boca e ânus).

sistema digestório completo - Um sistema digestório tubular; tem uma boca em uma extremidade e o ânus em outra.

sistema digestório incompleto - Intestino com apenas uma abertura; o alimento entra e as excretas saem através da mesma abertura.

sistema endócrino - Sistema de controle das células, tecidos e órgãos que interage intimamente com o sistema nervoso; secreta hormônios e outras moléculas de sinalização.

sistema límbico - Centros no cérebro que regem as emoções; funções na memória.

sistema nervoso - Sistema de órgãos que detecta estímulos internos e externos, integra informações e coordena respostas.

sistema nervoso somático - Parte periférica do sistema nervoso que leva mensagens para os músculos esqueléticos e transmite informações sobre a pele e as articulações.

sistema traqueal - Em insetos e alguns outros artrópodes terrestres, tubos ramificados que começam na superfície corporal e terminam perto das células; função na troca de gases.

sistema urinário - Sistema de órgãos dos vertebrados que ajusta o volume e a composição do sangue; elimina resíduos metabólicos do organismo.

sistema vascular linfático - Parte do sistema linfático que coleta e conduz o excesso de fluido dos tecidos, transportando também gorduras absorvidas e solutos recuperáveis para o sangue.

sistema vestibular - Nos vertebrados, um órgão de equilíbrio na orelha interna.

somito - Um de muitos segmentos pareados em um embrião vertebrado que origina a maioria dos ossos, músculos esqueléticos da cabeça, do tronco e da derme.

soro - Agrupamento de câmaras formadoras de esporos no lado inferior da folhagem de uma samambaia.

superfície respiratória - Qualquer superfície corporal fina e úmida que funciona na troca de gases.

tálamo - Região do cérebro anterior; um centro de coordenação para impulso sensorial e uma estação de transmissão para sinais ao encéfalo.

tardígrado - Um minúsculo animal celomado de *habitats* úmidos e aquáticos; tem quatro pares de pernas; seu estágio dormente ressecado pode sobreviver a condições extremamente adversas.

tecido muscular cardíaco - Um tecido contrátil (contração involuntária) presente apenas na parede cardíaca.

tecido vascular - Em plantas vasculares, xilema que distribui água e íons de mineral e floema que distribui açúcares feitos em células fotossintéticas.

tendão - Um cordão ou tira de tecido conjuntivo denso que acopla um músculo ao osso.

tensão muscular - Força mecânica exercida por um músculo em contração.

teratógeno - Uma toxina ou agente infeccioso que interfere no desenvolvimento embrionário e causa defeitos congênitos.

termófilo extremo - Organismo adaptado a um *habitat* quente; ex.: arqueano que vive em uma terma quente ou um respiradouro hidrotermal.

termorreceptor - Tipo de célula sensorial que detecta uma mudança na temperatura.

testículo - Um par de gônadas masculinas onde os espermatozoides se formam por meiose; secreta o hormônio testosterona.

testosterona - Um hormônio sexual necessário para o desenvolvimento e o funcionamento do sistema reprodutivo masculino.

tétano - Resposta da unidade motora à estimulação repetida; uma contração forte e prolongada. Além disso, uma doença causada por bactérias na qual os músculos permanecem contraídos.

tetrápode - Vertebrado que anda com as quatro patas ou é descendente de um.

timo - Glândula endócrina abaixo do esterno que secreta timosinas e é o local de maturação das células T.

tipagem sanguínea ABO - Método de identificação de determinadas glicoproteínas (A ou B) nas hemácias de um indivíduo; a ausência dessas proteínas define o tipo O.

tipagem sanguínea por Rh - Método para determinar se o Rh^+, um tipo de proteína de reconhecimento superficial, está presente nas hemácias de um indivíduo; se ausente, a célula é Rh^-.

torção - Giro do corpo que ocorre à medida que moluscos gastrópodes se desenvolvem.

trabalho de parto - Processo do nascimento.

transcriptase reversa - Uma enzima viral que catalisa a montagem de nucleotídeos em DNA, utilizando o RNA como gabarito.

transdução - Movimento de DNA de um organismo para outro por um vírus.

transferência genética horizontal - Processo pelo qual uma célula viva adquire genes de outra célula de uma ou de diferentes espécies; ex.: por conjugação bacteriana.

transformação - Nos procariotos, tipo de transferência genética horizontal na qual o DNA é coletado do ambiente.

traqueia - Passagem de ar; via aérea que conecta a faringe (garganta) aos brônquios que levam aos pulmões.

trato gastrointestinal - Começa no estômago e se estende pelos intestinos até a abertura terminal do tubo.

troca - Eliminação periódica de estruturas corporais desgastadas ou pequenas demais.

troca contracorrente - Troca de substâncias por fluidos que vão em direções opostas e são separados por uma membrana semipermeável.

troca tegumentar (respiração cutânea) - Em alguns animais, a troca de gases pela pele fina e umedecida ou alguma outra superfície corporal externa.

tronco cerebral - Tecido nervoso evolucionariamente mais antigo em um cérebro de vertebrado.

tuba uterina - Duto ciliado entre o ovário e o útero; onde a fertilização ocorre mais frequentemente. Também chamada de trompa de Falópio.

túbulo de Malpighi - Um de muitos pequenos tubos que ajudam insetos e aranhas a excretar resíduos sem perder água.

túbulo distal - Em um néfron renal, tubo que transporta filtrado da alça de Henle para um duto de coleta.

túbulo proximal - Parte tubular de um néfron mais próxima à cápsula de Bowman.

tunicado - Cordado invertebrado, alimentado por filtragem, envolvido em uma cobertura secretada como uma bolsa quando adulto.

ultrafiltração - Em um leito capilar, a pressão gerada pelo batimento cardíaco força uma parte do plasma sem proteínas para fora de um capilar sanguíneo e dentro do fluido intersticial.

unidade motora - Um neurônio motor e as fibras musculares que ele controla.

ureia - Impureza que contém nitrogênio excretada na urina; forma-se no fígado quando a amônia se combina com CO_2.

ureter - Um tubo condutor de urina de cada rim até a bexiga.

uretra - Tubo que drena a bexiga; abre-se na superfície corporal.

urina - Fluido que consiste em excesso de água, impurezas e solutos; forma-se no rim por filtração, reabsorção e secreção.

útero - Em uma mamífera placentária, um órgão muscular em forma de pera no qual embriões são abrigados e nutridos durante a gravidez.

vacina - Uma preparação introduzida no organismo para provocar imunidade a um antígeno.

vacúolo contrátil - Em protistas de água doce, uma organela que coleta e, depois, expulsa qualquer excesso de água que entra na célula por osmose.

vagina - Nas mamíferas, o órgão que recebe espermatozoides, forma parte do canal de nascimento e canaliza o fluxo menstrual.

veia - Em plantas, um feixe vascular em um tronco ou folha. Em animais, um vaso de grande diâmetro que leva sangue em direção ao coração.

ventrículo - Uma câmara do coração que recebe sangue de um átrio e o bombeia para as artérias.

vênula - Pequeno vaso sanguíneo que conecta vários capilares a uma veia.

verme achatado - Membro de um grupo de invertebrados não segmentados, bilateralmente simétricos, com sistemas de órgãos derivados de três camadas de tecido primário, mas sem celoma; ex.: planária, tênia ou trematódios (*Schistosoma*).

vértebra - Uma de uma série de ossos duros que protege a medula espinhal e forma a espinha dorsal.

vertebrado - Animal com espinha dorsal.

vesícula biliar - Órgão que armazena bile do fígado; secreta bile através de um duto no intestino delgado.

vetor - Um inseto ou algum outro animal que leva um patógeno entre hospedeiros; ex.: um mosquito que transmite malária. *Veja também* vetor de clonagem.

vetor de clonagem - Uma molécula de DNA que pode aceitar DNA estrangeiro, ser transferida para uma célula hospedeira e ser replicada nela.

vetor de polinização - Qualquer agente que leva grãos de pólen de uma planta para outra; ex.: vento, polinizadores.

via lítica - Um ciclo rápido de replicação viral. Genes virais orientam a célula hospedeira a formar novas partículas de vírus que são liberadas quando a célula hospedeira morre.

vício em drogas - Dependência de uma droga que assume um papel "essencial"; segue a habituação e a tolerância.

vilosidade - Uma de muitas projeções pluricelulares semelhantes a dedos que aumentam a área superficial de alguns tecidos no organismo animal; ex.: vilosidades do intestino delgado.

viroide - Molécula de RNA infecciosa; a maioria infecta plantas.

vírus - Partícula infecciosa não celular que consiste de DNA ou RNA, uma camada de proteína e, em alguns tipos, um envelope lipídico; pode ser replicado apenas depois que seu material genético entra em uma célula hospedeira e subverte o maquinário metabólico da hospedeira.

visão - Percepção de estímulos visuais com base em luz concentrada em uma retina e formação de imagens no cérebro.

vitamina - Qualquer substância orgânica de que um organismo precisa em quantidades muito pequenas, mas geralmente não consegue produzir.

volume corrente - Volume de ar que flui para dentro e fora dos pulmões durante uma inalação e exalação normais.

zigomicetos - Grupo de fungos; os esporos sexuais são produzidos em um zigósporo que se forma depois que hifas de tipos de parceiros opostos se encontram e fundem; ex.: bolor preto.

zona pelúcida - Uma camada não celular que se forma em volta de um ovócito primário.

Créditos das imagens

Página iii Biólogo/fotógrafo Tim Laman tirou essas fotos of mutualismo na Indonésia.

SUMÁRIO **Página v** Susan Montgomery/ Shutterstock; Lisa Starr. **Página vi** Ilustração da malária de Drew Berry, The Walter and Eliza Hall Institute of Medical Research; Cortesia the Allen W. H. B and David A. Caron; National Park Services, MArtein Hutten; Andrew Syred/ Photo Researchers, Inc. **Página vii** Cortesia the Ken Nemuras; John Hodgin; Callum Roberts, University of York. **Página viii** Eric Isselée/Photos.com; Ncmir/Science Photo Library/Latinstock. **Página ix** Tim Quade/Photos.com; Ondrej Hajek/ Photos.com. **Página x** Herve Chaumeton/ Agence Nature; Linda Pitkin/Planet EArteh Pictures; Lester V. Bergman/ Corbis; National Cancer Institute/ Photo Researchers. **Página xi** National Cancer Institute; CDC; CNRI/SPL/Photo Researchers; Aydin –rstan. **Página xii** Tomo Jesenicnik/Photos.com; Ralph Pleasant / FPG/Getty Images; Jupiterimages/Photos.com; Tom Brakefield/Photos.com. **Página xiii** Matjaz Kuntner; Dr. Maria Leptin, Institute of Genetics, University of Koln, Germany.

CAPÍTULO 1 **Página 2 Figura 1.1** Susan Montgomery/Shutterstock; Cortesia de Agriculture Canada. **Página 3** Lisa Starr; From Hanczyc, Fujikawa, and Szostak, Experimental Models of Primitive Cellular CompArtements: Encapsulation, Growth, and Division; www.sciencemag.org Science 24 October 2003; 302;529, Figura 2, page 619. Reimpresso com permissão dos autores e de AAAS; Monica Johansen/ Shutterstock; Foto of Julio Betancourt/ U.S. Geological Survey. **Página 4 Figura 1.2** Jeff Hester and Paul Scowen, Arizona State University, and NASA. **Página 5 Figura 1.3 a** Pintura de William K. Hartemann; **b** Lisa Starr; **Figura 1.4** Lisa Starr. **Página 6 Figura 1.5 a** Terence Mendoza/Photos.com; **b** Foto of Julio Betancourt/ U.S. Geological Survey; **c** Jeff Hester and Paul Scowen, Arizona State University, and NASA. **Página 7 Figura 1.6 a** Sidney W. Fox; **b** From Hanczyc, Fujikawa, and Szostak, Experimental Models of Primitive Cellular Compartements: Encapsulation, Growth, and Division;www.sciencemag.org Science 24 October 2003; 302;529, Figure 2, page 619. Reimpresso com permissão dos autores e de AAAS; **c** Lisa Starr. **Página 8 Figura 1.7 a** Stanley M. Awramik; **b** University of California, Museum of Paleontology; **c** University of California, Museum of Paleontology; **d** Monica Johansen/Shutterstock; **e** Cortesia de Departement of Industry and Resources, Western Australia. **Página 9 Figura 1.8 a** Bruce Runnegar, NASA Astrobiology Institute; **b** Bruce Runnegar, NASA Astrobiology Institute; c N.J. Butterfield, University of Cambridge. **Página 10 Figura 1.9** Lisa Starr; Lisa Starr. **Página 11 Figura 1.10 a** Cortesia the Isao Inouye, Institute of Biological Sciences, University of Tsukuba; **b** Jerome Pickett-Heaps//Photoresearchers/Latinstock. **Páginas 12-13 Figura 1.11** Lisa Starr. **Página 14 Figura 1.12** Foto of Julio Betancourt/ U.S. Geological Survey. **Página 15** Philippa Uwins/ The University of Queensland. **Página 16 Figura 1.13** Lisa Starr. **Página 17** Bob Ainsworth/Photos.com.

CAPÍTULO 2 **Página 18 Figura 2.1** NIBSC/ Photo Researchers; Lowell Tindell. **Página 19** Dr. Richard Feldmann/ National Cancer Institute; Lisa Starr; Photo Researchers/Getty Images; Savannah River Ecology Laboratory; Camr, Barry Dowsett/ Science Photo Library/Latinstock. **Página 20 Figura 2.2 a** Conforme Stephen L. Wolfe; **b** Lisa Starr, **c** Dr. Richard Feldmann/ National Cancer Institute; **d** CAMR/ A. B. Dowsett/ SPL/ Photo Researchers; **e** Dr. Linda Stannard, UCT/ SPL/ Photo Researchers (topo); Russell Knightly/ Photo Researchers (abaixo). **Página 21 Figura 2.3 a** Kenneth M. Corbett; **b** Kenneth M. Corbett. **Página 23 Figura 2.4** Lisa Starr; **Figura 2.5** NIBSC/ Photo Researchers (foto); Lisa Starr. **Página 24 Figura 2.6 a** Barry Fitzgerald, Cortesia the USDA; **b** Peggy Greb, Cortesia de USDA; **Figura 2.7** APHIS Foto of DR. Al Jenny; PDB ID: 1QLX; Zahn, R., Liu, A., Luhrs, T., Riek, R., Von Schroetter, C., Garcia, F.L., Billeter, M., Calzolai, L., Wider, G., Wuthrich, K.: NMR Solution Structure of the Human Prion Protein, Proc. Nat. Acad. Sci. USA 97 pp. 145 (2000). **Página 25** Lisa Starr. **Página 26 Figura 2.8 a** Lisa Starr; **b** Lisa Starr; **Figura 2.9** CNRI/ Photo Researchers. **Página 27 Figura 2.10** Lisa Starr; **Figura 2.11** Lisa Starr. **Página 28 Figura 2.12** P. W. Johnson and J. MeN. Sieburth, Univ. Rhode Island/ BPS. **Página 29 Figura 2.13 a** P. Hawtin, University of Southampton/ SPL/ Photo Researchers, Inc.; **b** Dr. Richard Frankel; **c** Cortesia the Dr. Rolf Miller and Dr. Klaus Gerth; **Figura 2.14 a** Photo Researchers/ Getty Images; **b** Dr. Terry J. Beveridge, DepArtement of Microbiology, University of Guelph, Ontario, Canada; **Figura 2.15** Stem Jems/Photoresearchers/Latinstock. **Página 30 Figura 2.16 a** Cortesia Jack Jones, Archives of Microbiology, Vol. 136, 1983, pp. 254-261. Reimpresso com permissão de Springer-Verlag; **b** Maria Wachala/Photos.com. **Página 31 Figura 2.17 a** Roger Of Marfa/Photos.com; **b** Dr. Harald Huber, Dr. Michael Hohn, Prof. Dr. K.O.Stetter, University of Regensburg, Germany; **c** Savannah River Ecology Laboratory; **d** Jupiter Images/Photos.com. **Página 32 figura 2.18** WHO, Pierre--Michel Virot, fotógrafo. **Página 33 Figura 2.19 a** Frederick Murphy/CDC; **b** Camr, Barry Dowsett/Science Photo Library/ Latinstock. **Página 35 Figura 2.20** Lisa Starr; Photodisc/ Getty Images.

CAPÍTULO 3 **Página 36 Figura 3.1** Ilustração da malária of Drew Berry, The Walter and Eliza Hall Institute of Medical Research; AP Images. **Página 37** D. P. Wilson/ Eric & David Hosking; Dr. Dennis Kunkel/Visuals Unlimited/Corbis/ Latinstock; Frank Borges Llosa/ www.frankley.com; Jupiter Images/Photos.com; Cortesia the Microbial Culture Collection, National Institute for Environmental Studies, Japan; Cortesia the Hidden Forest. **Página 38 Figura 3.2 a** Dr. David Phillips/ Visuals Unlimited; **b** Science Museum of Minnesota; **c** D. P. Wilson/ Eric & David Hosking; **d** Steven C. Wilson/ Entheos; **e** Criado por Thomson/Cengage. **Página 39 Figura 3.3** Criado por Thomson/ Cengage. **Página 40 Figura 3.4 a** Dr. Stan Erlandsen, University of Minnesota; **b** Dr. Stan Erlandsen, University of Minnesota; **Figura 3.5 a** Conforme Prescott et al., Microbiology, third edition; **b** Eye of Science/Science Photo Library/Latinstock. **Página 41 Figura 3.6** P. L. Walne and J. H. Arnott, Planta, 77:325-354, 1967; Criado por Thomson/Cengage. **Página 42 Figura 3.7 a** Cortesia de Allen W. H. B e David A. Caron; **b** Wim van Egmond/ Visuals Unlimited; **Figura 3.8** Mark Bond/Photos.com. **Página 43 Figura 3.9** Gary W. Grimes and Steven L'Hernault; **Figura 3.10 a** Nancy Nehring/Photos.com; **b-c** Criado por Thomson/Cengage. **Página 44 Figura 3.11** Dr. David Phillips/ Visuals Unlimited; **Figura 3.12** (esquerda) Frank Borges Llosa/ www.frankley.com; (direita) Wim van Egmond/ Micropolitan Museum. **Página 45 Figura 3.13** (ciclo) Criado por Thomson/ Cengage; (mosquito) Henrik Larsson/ Photos.com; (SEM esporozoito) London School of Hygiene & Tropical Medicine/ Photo Researchers, Inc.; (gametócito em uma hemácia) Micrograph Steven L'Hernault; **Figura 3.14** Homer, Fotografia de Gary Head. **Página 46** (ilustração) Criado por Thomson/Cengage; **Figura 3.15 a** Greta Fryxell, University of Texas, Austin; **b** Wim van Egmond/ Visuals Unlimited; **Figura 3.16** Jupiter Images/Photos.com; From T. Garrison, Oceanography: An Invitation to Marine Science, Brooks/ Cole, 1993; **Figura 3.17** Garo/ Photo Researchers. **Página 47 Figura 3.18** Heather

Angel; **Figura 3.19 a** Susan Frankel, USDA-FS; **b** Dr. Pavel Svihra. **Página 48 Figura 3.20** (ciclo) Criado por Thomson/ Cengage; Cortesia the Professeur Michel Cavalla. **Página 49 Figura 3.12 a** Cortesia Professor Astrid Saugestad; **b** Montery Bay Aquarium; **Figura 3.22** Cortesia Microbial Culture Collection, National Institute for Environmental Studies, Japan. **Página 50 a** Lisa Starr; **b** PhotoDisc/ Getty Images. **Página 51 Figura 3.24 a** M I Walker/ Photo Researchers; **b** Edward S. Ross; **c** Cortesia the www.hiddenforest.co.nz; **Figura 3.25** (ciclo) Lisa Starr; Carolina Biological Supply Company; Carolina Biological Supply Company; Carolina Biological Supply Company. **Página 52** Foto de James Gathany, Centers for Disease Control. **Página 53 Figura 3.26** Lisa Starr.

CAPÍTULO 4 **Página 54 Figura 4.1 a** Karen Carr Studio; **b** Karen Carr Studio. **Página 55** Cortesia the Professor T. Mansfield; National Park Services, Paul Stehr-Green; Foto de Scott Bauer/ USDA. **Página 56** Criado por Thomson/Cengage; **Figura 4.2 a** Criado por Thomson/Cengage; **b** (todas) Cortesia de Christine Evers. **Página 57 Figura 4.3** (linha do tempo) Criado por Thomson/Cengage; (mapas) Christopher Scotese, PALEOMAP Project; **Figura 4.4 a** Reimpresso com permissão de Elsevier; Patricia G. Gensel. **Página 58 Figura 4.5 a** Criado por Thomson/Cengage; **b** Conforme E.O. Dodson and P. Dodson, Evolution: Process and Product, Third Ed., p. 401, PWS. **Página 59 Figura 4.6 a** Michael Clayton/ University of Wisconsin, Departement of Botany; **b** Cortesia the Professor T. Mansfield; **Figura 4.7 a** Andrew Syred/ Photo Researchers, Inc.; **b** M.I. Walker/ Wellcome Images; **Figura 4.8 a** Cortesia the Christine Evers; **b** Gary Head. **Página 60** University of Wisconsin-Madison, DepArtement of Biology, Anthoceros CD; **Figura 4.9 a** Wayne P. Armstrong, Professor of Biology and Botany, Palomar College, San Marcos, California; **b** Wayne P. Armstrong, Professor of Biology and Botany, Palomar College, San Marcos, California; **c** National Park Services, Martein Hutten; **d** National Park Services, Paul Stehr-Green. **Página 61 Figura 4.10** (ciclo) Artee, Raychel Ciemma; (foto no ciclo) Jane Burton/ Bruce Coleman Ltd.; **Figura 4.11** Michael St. Maur Sheil/ Corbis/Latinstock; David Cavagnaro/ Corbis/Latinstock. **Página 62 Figura 4.12 a** Gerald D. Carr; **b** Colin Bates/Coastal Imageworks; **c** Cortesia de Christine Evers. **Página 63 Figura 4.13** (ciclo) Arte, Raychel Ciemma; (foto) A. & E. Bomford/ Ardea, London; **Figura 4.14 a** S. Navie; **b** Stéphane Bidouze/Shutterstock; **c** Paul Colgrave/ Photos.com. **Página 64 Figura 4.15** (árvore) Lisa Starr; PaleoDirect.com; **Figura 4.16** (maior) Field Museum of Natural History, Chicago (Neg. #7500C); (menor) Brian Parker/ Tom Stack & Associates. **Página 65** George J. Wilder/ Visuals Unlimited; **Figura 4.17 a** Photo by Scott Bauer/ USDA; **b** Photo USDA; **c** George Loun/ Visuals Unlimited; **d** Cortesia the Water Research Commission, South Africa. **Página 66 Figura 4.18 a** Andrzej Gibasiewicz/Photos.com; **b** E. Webber/ Visuals Unlimited; **c** HSVR/Photos.com; **d** Cortesia the Wayside Gardens; **e** Gerald & Buff Corsi/Corbis/ Latinstock; Welwitschia/Photos.com. **Página 67 Figura 4.19** (ciclo) Arte, Raychel Ciemma; Robert Potts, California Academy of Sciences; Dmitri Melnik/Photos.com; R. J. Erwin/ Photo Researchers, Inc. **Página 68 Figura 4.20 a** Lisa Starr; **b** Lisa Starr; Ed Reschke; Lee Casebere; Dmitri Melnik/ Photos.com; **Figura 4.21** Lisa Starr. **Página 69 Figura 4.22 a-b** Cortesia de Christine Evers; **c** Tom Brakefield/Photos.com; **d** Jupiter Images/Photos.com; **e** Huiping Zhu/Photos.com; **f** Foto concedida por DLN/Permissão de Dr. Daniel L. Nickrent; **g** Criado por Thomson/Cengage. **Página 70 Figura 4.23** Arte, Raychel Ciemma. **Página 71 Figura 4.24** Dan Fairbanks. **Página 72 Figura 4.25** Criado por Thomson/Cengage. **Página 73 Figura 4.26** (figura) Criado por Thomson/Cengage; (foto) Ivanov Valeriy/ Photos.com.

CAPÍTULO 5 **Página 74 Figura 5.1** (maior) Cape Verde National Institute of Meteorology and Geophysics and the U.S. Geological Survey; (menor) David M. Geiser, Penn State University. **Página 75** Micro Discovery/Corbis/Latinstock; Eye of Science/ Photo Researchers, Inc.; Yusuf Anil Akduygu/Photos.com; Dr. P. Marazzi/ Photo Researchers, Inc. **Página 76** Criado por Thomson/Cengage; **Figura 5.2 a** Photo by Scott Bauer/ USDA; **b** Jana Jirak/Corbis/Latinstock; Micro Discovery/ Corbis/Latinstock. **Página 77 Figura 5.3** Cortesia de Ken Nemuras; CDC. **Página 78 Figura 5.4** (ciclo) Criado por Thomson/ Cengage; (micrografias) Micrograph Ed Reschke; Gregory G Dimijian/Photo Researchers/Getty Images. **Página 79 Figura 5.5** John Hodgin; **Figura 5.6** DPDx Parasite Image Library; **Figura 5.7** Dr. Mark Brundrett, The University of Western Australia. **Página 80 Figura 5.8** Criado por Thomson/Cengage; **Figura 5.9 a** Michael Wood/ mykob.com; (detalhe) North Carolina State University, Departement of Plant Pathology; **b** Bill Beatty/ Visuals Unlimited; **c** Agefotostock/ SuperStock. **Página 81 Figura 5.10 a** Dr. Dennis Kunkel/ Visuals Unlimited; **b** Dennis Kunkel Microscopy; **Figura 5.11** N. Allin and G. L. Barron. **Página 82 figura 5.12** (ciclo) Conforme T. Rost, et al., Botany, Wiley 1979; (esquerda) Micrograph Garry T. Cole, University of Texas, Austin/ BPS; (direita) Eye of Science/ Photo Researchers. **Página 83 Figura 5.13 a** Photo by Yue Jin/ USDA; **b** Dr. J. O'Brien, USDA Forest Service; **c** Ruud of Man/Photos.com; **d** Chris Worden. **Página 84 Figura 5.14 a** Gary Head; **b** Hemera Technologies/ Photos.com; **c** Conforme Raven, Evert, and Eichhorn, Biology of Plants, 4th ed., Worth Publishers, New York, 1986. **Página 85 Figura 5.15** F. B. Reeves; **Figura 5.16 a** Dr. P. Marazzi/ SPL/ Photo Researchers, Inc.; **b** Harry Regin. **Página 86** Cortesia de D. G. Schmale III. **Página 87 Figura 5.17** Criado por Thomson/Cengage.

CAPÍTULO 6 **Página 88 Figura 6.1 a** K.S. Matz; **b** Callum Roberts, University of York. **Página 89** Dr. Chip Clark; Wim van Egmond/ Micropolitan Museum; CDC/ Harvard University, Dr. Gary Alpert; Herve Chaumeton/ Agence Nature. **Página 90 Figura 6.2** Criado por Thomson/Cengage. **Página 91 Figura 6.3 a-b** Criado por Thomson/Cengage; **Figura 6.4** Criado por Thomson/Cengage. **Página 92 Figura 6.5 a-b** David Patterson, Cortesia micro*scope/http://microscope.mbl.edu; **c** Criado por Thomson/Cengage. **Figura 6.6** Dr. Chip Clark. **Página 93 Figura 6.7 a-b** Criado por Thomson/Cengage. **Página 95 Figura 6.8 a** Dennis Sabo/Photos.com; **b** Kenneth M. Highfill/Photo Researchers; **Figura 6.9** Conforme Eugene Kozloff. **Página 96 Figura 6.10 a-b** Criado por Thomson/Cengage; **Figura 6.11** Criado por Thomson/Cengage. **Página 97 Figura 6.12** (ciclo) Conforme T. Storer, et al., General Zoology, Sixth Edition; Wim van Egmond/ Micropolitan Museum; **Figura 6.13 a** Jupiterimages/Photos.com; **b** Jonathan Milnes/Photos.com; **c** Cortesia the Dr. William H. Hamner; **d** Stephen Frink/ Getty Images. **Página 98 Figura 6.14 a-d** Criado por Thomson/Cengage. **Página 99 Figura 6.15** (ciclo) Lisa Starr; (foto) Marcel Braendli/Photos.com; **Figura 99** (ciclo) Lisa Starr; Dr. Richard Kessel & Dr. Gene Shih/Getty Images. **Página 100 Figura 6.17 a** Ken Lucas/Visuals Unlimited/Corbis; Criado por Thomson/Cengage; **b** Borut Furlan/Getty Images. **Página 101 Figura 5.18** (Ilustração) Arte, from Solomon, 8th edition, p. 624, figure 29-4; (foto) Cortesia de Christine Evers; **Figura 6.19** Criado por Thomson/Cengage. **Página 102** Danielle C. Zacherl with John McNulty; **Figura 6.20 a** B. Borrell Casals/Corbis/Latinstock; **b** Dave Fleetham/Tom Stack & Associates; **Figura 6.21** Criado por Thomson/Cengage. **Página 103 Figura 6.22 a** Maksim Chaikou/ Photos.com; **b** Cortesia de Christine Evers; **c** Natalie Jean/Shutterstock; **Figura 6.23** Criado por Thomson/Cengage. **Página 104 Figura 6.24 a** Ilustração de Zdenek Burian, Jeri Hochman and Martein Hochman; **b** Rodho/Photos.com; **c** Criado por Thomson/Cengage; **d** J. Grossauer/ ZEFA. **Página 105 Figura 6.25 a-b** Criado por Thomson/Cengage; **Figura 6.26 a** Frank Romano, Jacksonville State University; **b** Dr. Dennis Kunkel/ Visuals Unlimited. **Página 106 Figura 6.27** Criado por Thomson/Cengage; Micrograph, J. Sulston, MRC Laboratory of Molecular Biology; **Figura 6.28 a** L.

Jensen/ Visuals Unlimited; **b** Sinclair Stammers/ SPL/ Photo Researchers; **c** Cortesia de Emily Howard Staub and The Carteer Center. **Página 107 Figura 6.29 a** NOAA; **b** Cortesia de Christine Evers; **c** Foto de Peggy Greb/ USDA. **Página 108 Figura 6.30 a** Douglas Craig/Photos.com; **b** Sebastian Duda/Photos.com; **c** Joe Warfel/ Eighth-Eye Photography; **d** D. Suzio/ Photo Researchers, Inc.; Alena Dvorakova/ Photos.com; **Figura 6.31** Redesenhado de Living Invertebrates, V. & J. Pearse / M. & R. Buchsbaum, The Boxwood Press, 1987. Usado com permissão. **Página 109 Figura 6.32 a** Cortesia de Christine Evers; **b** Pawel Burgiel/Photos.com; **Figura 6.33** Conforme D.H. Milne, Marine Life and the Sea, Wadsworth, 1995.; **Figura 6.34** Lisa Starr. **Página 110 Figura 6.35** Jupiter Images/ Photos.com; **Figura 6.36** CDC/ Piotr Naskrecki. **Página 111 Figura 6.37 a-d** Lisa Starr; **Figura 6.38 a-c** Lisa Starr. **Página 113 Figura 6.39 a** Cortesia de Christine Evers; **b** Sergey Katsapin/Photos.com; **c** Andrea Wheeler/Photos.com; **d** Joseph L. Spencer; **e** John Alcock, Arizona State University; **f** D. A. Rintoul; **g** Photo by Scott Bauer/ USDA; **h** Liliia Rudchenko/Photos.com; **i** Nicola Destefano/Photos.com; **j** CDC/ Harvard University, Dr. Gary Alpert; **k** Cortesia de Karen Swain, North Carolina Museum of Natural Sciences. **Página 114 Figura 6.40 a-b** Lisa Starr; (foto) Herve Chaumeton/ Agence Nature. **Página 115 Figura 6.41 a** George Perina/Sea Pix; **b** Liquidlibrary/Photos.com; **c** Jan Haaga, Kodiak Lab, AFSC/NMFS. **Página 116** Konstantin Novikov/Shutterstock. **Página 117 Figura 6.44** Lisa Starr; (foto) Intek/ Photos.com.

CAPÍTULO 7 **Página 118 Figura 7.1 a** Bob Ainsworth/Photos.com; **b** Karen Carr Studio. **Página 119** Peter Parks/ Oxford Scientific Films/Animals Animals; John McNamara/Paleo Direct; Stephen Bonk/ Photos.com; Jupiter Images/Photos. com; Jean Paul Tibbles. **Página 120 Figura 7.2** (foto) Runk & Schoenberger/ Grant Heilman; (ilustração) Lisa Starr. **Página 121 Figura 7.3 a, c** Redesenhado de Living Invertebrates, V. & J. Pearse and M. & R. Buchsbaum. The Boxwood Press, 1987. Usado com permissão; **b** Peter Parks/ Oxford Scientific Films/ Animals Animals; **d** California Academy of Sciences. **Página 122 Figura 7.4** (árvore genealógica) Lisa Starr; (homem com esqueleto) John McNamara/Paleo Direct. **Página 123** Adaptado de A.S. Romer and T.S. Parsons, The Vertebrate Body, Sixth Edition, Saunders, 1986; Lisa Starr. **Página 124 Figura 7.6** Heather Angel; **Figura 7.7 a** Gido Braase/Deep Blue Productions; **b** Jonathan Bird/Oceanic Research Group; **c** Ron & Valerie Taylor/Bruce Coleman. **Página 125 Figura 7.8 a** de E. Solomon, L. Berg, and D.W. Martein, Biology, Seventh Edition, Thomson Brooks/ Cole; **b** Scott Cartewright/Photos.com; **c** Jupiter Images/Photos.com; **d** Vilmos Varga/ Shutterstock; **Figura 7.9** Wernher Krutein/ Photovalet. **Página 126 Figura 7.10 a** Alfred Kamajian; **b-d** P. E. Ahlberg; **Figura 7.11** Kevin Snair/Photos.com. **Página** 127 **7.12** Stephen Dalton/ Photo Researchers; **Figura 7.13 a** Pieter Johnson; **b** Stanley Sessions/ Hartewick College. **Página 128 Figura 7.14 a** Donna Braginetz/ Quail Studios PaleoGraphics; **b** Jupiter Images/ Photos.com; **c** Lisa Starr. **Página 129 Figura 7.15** Karen Carr Studio. **Página 130** S. Blair Hedges, Pennsylvania State University; **Figura 7.16** Criado por Thomson/ Cengage. **Página 131 a** Nancy Nehring/ Photos.com; **b** Criado por Thomson/ Cengage; **c** Jupiter Images/Photos.com; **d** Jupiter Images/Photos.com; **e** Norma Cornes/Photos.com; **f** (ilustração) Criado por Thomson/Cengage; Stephen Dalton/ Photo Researchers; **g** Eric Isselée/Photos. com. **Página 132 Figura 7.18 a** Edward Westmacott/Photos.com; **b** Jupiter Images/Photos.com; **Figura 7.19** Lisa Starr. **Página 133 Figura 7.20 a** Malte Damerau/Photos.com; **b** Lisa Starr. **Página 134 Figura 7.21 a** George Doyle/ Photos.com; **b** Conforme M. Weiss and A. Mann, Human Biology and Behavior, 5th Edition, HarperCollins, 1990. **Figura 7.22 a-d** Lisa Starr. **Página 135 Figura 7.23** Painting Field Museum of Natural History, Chicago. Arteist, Charles R. Knight; **Figura 7.24 a** Pam Osborn/Photos.com; **b** Tom Brakefield /Photos.com. **Página 136 Figura 7.25** Jean Phillipe Varin/Jacana/ Photo Researchers; **Figura 7.26 a** Corbis Images/ PictureQuest; **b** Mike Jagoe/ Talune Wildlife Park, Tasmania, Australia; **c** Jack Dermid. **Página 137 Figura 7.27 a** Lisa Starr; **b** Dale Walsh/Photos.com; **c** Jupiter Images/Photos.com; **d** David Parker/SPL/Photo Researchers; **e** Bryan and Cherry Alexander Photography; **f** Stephen Dalton/Photo Researchers; **g** Eduard Kyslynskyy/Photos.com; **h** Alan and Sandy Carey. **Página 138 Figura 7.28 a** Ronald Fernandez/Photos.com; **b** sem crédito; **c** Dallas Zoo, Robert Cabello; **d** Allen Gathman, Biology departement, Southeast Missouri State University; **e** Bone Clones; **f** Gary Head. **Página 139 Figura 7.29 a-b** Lisa Starr; (mãos) Lisa Starr; **Figura 7.30 a** Rod Williams; **b-d** Lisa Starr; (linha do tempo) Lisa Starr. **Página 140 Figura 7.31 a** Fanelie Rosier/ Photos.com; **b** Kenneth Garrett/ National Geographic Image Collection. **Página 141 Figura 7.32** Jean Paul Tibbles. **Página 142 Figura 7.33** Heiko Potthoff/Photos. com; **Figura 7.34 a-b** Lisa Starr. **Página 143 Figura 7.35 a-b** Christopher Scotese, PALEOMAP Project. **Página 144 Bob Ainsworth/**Photos.com; **Figura 7.36** Lisa Starr. **Página 145 Figura 7.37** Lisa Starr.

CAPÍTULO 8 **Página 146 Figura 8.1** (jovem) EMPICS; Manni Mason's Pictures; (pista of dança) Robert Kohlhuber/Photos. com. **Página 147** Lisa Starr; Thomas Deerinck, Ncmir/Science Photo Library/ Latinstock; Lisa Starr; Marcus Raichle, Washington Univ. School of Medicine. **Página 148 a** Cortesia Dr. William J. Tietjen, Bellarmine University; **b-e** Lisa Starr. **Página 149** Lisa Starr. **Página 150 Figura 8.5** Thomas Deerinck, Ncmir/Science Photo Library/Latinstock; Lisa Starr; **Figura 8.6 a-c** Lisa Starr. **Página 151** Lisa Starr; **Página 152** Lisa Starr. **Página 153** Lisa Starr. **Página 154** Lisa Starr; (micrografia) Don Fawcett, Bloom and Fawcett, 11th edition, Conforme J. Desaki and Y. Uehara/ Photo Researchers, Inc. **Página 155** Lisa Starr. **Página 156 Figura 8.13 a** De Neuro Via Clinicall Research Program, Minneapolis VA Medical Center; **b** De Neuro Via Clinicall Research Program, Minneapolis VA Medical Center. **Página 157 Figura 8.14 a-b** PET scans from E. D. London, et al., Archives of General Psychiatry, 47:567-574, 1990. **Página 158** Lisa Starr. **Página 159** Lisa Starr. **Página 160** Departement of Anatomy and Neurobiology/Washington University. **Página 161** Lisa Starr. **Página 162** Lisa Starr. **Página 163 a** Lisa Starr; (foto) Colin Chumbley/Science Source/Photo Researchers; **b** C. Yokochi and J. Rohen, Photographic Anatomy of the Human Body, 2nd Ed., Igaku-Shoin, Ltd., 1979. **Página 164 Figura 8.21** Colin Chumbley/ Science Source/Photo Researchers; **Figura 8.22 a** Lisa Starr; **b** Conforme Penfield and Rasmussen, The Cerebral Cortex of Man, 1950 Macmillan Library Reference. Renewed 1978 by Theodore Rasmussen; **Figura 8.23** Marcus Raichle, Washington Univ. School of Medicine. **Página 165** Lisa Starr. **Página 166** Lisa Starr. **Página 168** Cordelia Molloy/Photo Researchers. **Página 169** Lisa Starr.

CAPÍTULO 9 **Página 170** Markr Higgins/Shutterstock. **Página 171** Eduard Kyslynskyy/Photos.com; Lisa Starr; Lisa Starr; Micrografia de Dr. Thomas R. Van Of Water, University of Miami Ear Institute; sem crédito. **Página 172 Figura 9.2 a** Eduard Kyslynskyy/Photos.com; **b** Tim Quade/Photos.com; **Figura 9.3 a-b** Cordelia Molloy/Science Photo Library/ Latinstock. **Página 173 Figura 9.4 a** Galina Barskaya/Photos.com; **b** From Hensel and Bowman, Journal of Physiology, 23:564-568, 1960. **Página 174** Conforme Penfield and Rasmussen, The Cerebral Cortex of Man, 1950 Macmillan Library Reference. Renewed 1978 by Theodore Rasmussen; Colin Chumbley/Science Source/Photo Researchers, Inc. **Página 175 Figura 9.6** Lisa Starr; **Figura 9.7** Lisa Starr. **Página 176 Figura 9.8** Lisa Starr; **Figura 9.9** Lisa Starr. **Página 177** Gennadiy Poznyakov/ Photos.com; **Figura 9.10** Criado por Thomson/Cengage. **Página 178-179** Criado por Thomson/Cengage; **Figura 9.12**

a-b (ilustrações) Criado por Thomson/Cengage; **a** (foto) Olga Anourina/Photos.com; **c-e** (ilustrações) Medtronic Xomed; (micrografia) Micrografia de Dr. Thomas R. Van Of Water, University of Miami Ear Institute. **Página 180 Figura 9.13** Robert E. Preston, Cortesia Joseph E. Hawkins, Kresge Hearing Research Institute, University of Michigan Medical School; **Figura 9.14** Conforme M. Gardiner, The Biology of Vertebrates, McGraw-Hill, 1972. **Página 181 Figura 9.15** (foto) John Anderson/Photos.com; (ilustração) Criado por Thomson/Cengage. **Figura 9.16** Jadimages/Shutterstock. **Página 182** Lisa Starr. **Página 183 Figura 9.18** Computer enhanced by Lisa Starr; **Figura 9.19** Alila Sao Mai/Shutterstock. **Página 184 Figura 9.20 a** Leah-Anne Thompson/Photos.com; **b** Steve Allen /Getty Images; **Figura 9.21** Sem crédito; **Figura 9.22** Criado por Thomson/Cengage. **Página 185 Figura 9.23** Lisa Starr; **Figura 9.24** Lisa Starr. **Página 186** Lisa Starr. **Página 187 Figura 9.26 a-c** National Eye Institute, U.S. National Institute of Health. **Página 188** Phillip Colla/Ocean Light. **Página 189 Figura 9.27** Criado por Thomson/Cengage; Lisa Starr.

CAPÍTULO 10 **Página 190 Figura 10.1** Ondrej Hajek/Photos.com; Catherine Ledner. **Página 191** Lisa Starr; Cortesia de G. Baumann, MD, Northwestern University; Gary Head; Marevision/Age Fotostock/Easypix. **Página 193** Lisa Starr. **Página 195** Lisa Starr. **Página 196** Lisa Starr. **Página 197 Figura 10.5** Lisa Starr; **Figura 10.6** Lisa Starr. **Página 198 Figura 10.7 a** Cortesia de Dr. Erica Eugster; **b** Cortesia de Dr. William H. Daughaday, Washington University School of Medicine, from A. I. Mendelhoff and D. E. Smith, eds., American Journal of Medicine, 1956, 20:133; **c** Cortesia the G. Baumann, MD, Northwestern University. **Página 200 Figura 10.8** Lisa Starr; **Figura 10.9** Gary Head; **Figura 10.10** Biophoto Associates/SPL/Photo Researchers. **Página 201** The Stover Group/D. J. Fort. **Página 202 Figura 10.12 a-j** Lisa Starr. **Página 203 Figura 10.13** Ralph Pleasant/FPG/Images; Stockbyte/Photos.com. **Página 204 Figura 10.14** Lisa Starr. **Página 205 Figura 10.15** Ablestock/Photos.com. **Página 206 Figura 10.16** Lisa Starr; **Figura 10.17** Criado por Thomson/Cengage. **Página 207 Figura 10.18** Marevision/Getty Images. **Figura 10.19 a-b** Criado por Thomson/Cengage. **Página 208** Kevin Snair/Photos.com. **Página 209 Figura 10.20** Criado por Thomson/Cengage.

CAPÍTULO 11 **Página 211 Figura 11.1** Alice Ceker/Photos.com; Ed Reschke. **Página 212** Lisa Starr; Lisa Starr; Raychel Ciemma; Lisa Starr. **Página 213 Figura 11.2 a** Raychel Ciemma; **b** Linda Pitkin/Planet Earteh Pictures. **Página 214 Figura 11.3** Lisa Starr; **Figura 11.4** David Acosta Allely/Photos.com; **a-b** Criado por Thomson/Cengage; **Figura 11.5** Lisa Starr; **Figura 11.6** Herve Chaumeton/Agence Nature. **Página 215 Figura 11.7 a-b** Lisa Starr. **Página 216 Figura 11.8** Raychel Ciemma. **Página 217 Figura 11.9 a** Joel Ito; (micrografia) Ed Reschke; **b** Joel Ito. **Página 218 Figura 11.10** K. Kasnot; **Figura 11.11 a** P. Motta/University La Sapienza, Rome/SPL/Latinstock; **b** Tony Brain/Science Photo Library/Latinstock. **Página 219 Figura 11.12 a** Raychel Ciemma; **b** ScEYEnce Studios. **Página 220 Figura 11.3** JupiterImages. **Página 221 Figura 11.14 a-b** Robert Demerest. **Página 222 Figura 11.15 a-b** Raychel Ciemma. **Página 223 Figura 11.16 a** (foto) Dance Theatre of Harlem, by Frank Capri; (ilustração) Criado por Thomson/Cengage; **b** Innerspace Imaging/Science Photo Library/Latinstock; **c-e** Criado por Thomson/Cengage. **Página 224 Figura 11.17 a-f** Lisa Starr. **Página 225 Figura 11.18 a-c** Lisa Starr. **Página 226 Figura 11.19 a-f** Lisa Starr; **Figura 11.20** Lisa Starr. **Página 227 Figura 11.21 a-c** Lisa Starr; **Figura 11.22 a-b** Lisa Starr. **Página 228 Figura 11.23 a-b** Cortesia de Departement of Pathology, The University of Melbourne; **Figura 11.24** Pintura de Sir Charles Bell, 1809, Cortesia de Royal College of Surgeons, Edinburgh. **Página 229** Steve Cole/PhotoDisc Green/Getty Images. **Página 230** Cortesia da família de Tiffany Manning; **Figura 11.25** Criado por Thomson/Cengage.

CAPÍTULO 12 **Página 231 Figura 12.1 a** Cortesia da família de Matt Nadar; **b** Cortesia the ZOLL Medical Corporation. **Página 232** Lisa Starr; National Cancer Institute/Photo Researchers; Lisa Starr; Lester V. Bergman/Corbis; Lisa Starr; Lisa Starr. **Página 233** (gafanhoto) Vladislav Ageshin/Photos.com; **a** Lisa Starr; **b** Lisa Starr; (minhoca) Anatolii Tsekhmister/Photos.com. **Página 234 Figura 12.3 a-d** Lisa Starr. **Página 235 Figura 12.4** National Cancer Institute/Photo Researchers; (tubo de ensaio) Lisa Starr. **Página 236 Figura 12.5** Lisa Starr Conforme Bloodline Image Atlas, University of Nebraska-Omaha, and Sherri Wicks, Human Physiology and Anatomy, University of Wisconsin Web Education System, and others. **Página 237 Figura 12.6** Photograph, Professor P. Motta/ DepArtement of Anatomy/University La Sapienca, Rome/ SPL/Photo Researchers. **Página 238 Figura 12.7** Lisa Starr; **Figura 12.8 a-b** Conforme G. J. Tortora and N. Anagnostakos, Principles of Anatomy and Physiology, 6th ed. © 1990 by Biological Sciences Textbooks, Inc., A&P Textbooks, Inc., and Ellia-SpArtea, Inc. Reimpresso com permissão de John Wiley & Sons, Inc. **Página 239 Figura 12.9 a-b** Lisa Starr. **Página 240 Figura 12.10** e **Figura 12.11** Lisa Starr. **Página 241 Figura 12.12 a-c** C. Yokochi and J. Rohen, Photographic Anatomy of the Human Body, 2nd Ed., Igaku-Shoin, Ltd., 1979. **Página 242 Figura 12.13** Lisa Starr; **Figura 12.14** Lisa Starr; **Figura 12.15** Lisa Starr. **Página 243 Figura 12.16** Lisa Starr; **Figura 12.17** Lisa Starr. **Página 244 Figura 12.18** Lisa Starr; **Figura 12.19** Sheila Terry/Photo Researchers; Cortesia the Oregon Scientific. **Página 245 Figura 12.20** Lisa Starr. **Página 246 Figura 12.21** Lisa Starr, using Photodisc/Getty Images photograph; **a** Dr. John D. Cunningham/Visuals Unlimited; **b-c** Lisa Starr. **Página 247 Figura 12.22 a** Ed Reschke; **b** Biophoto Associates/Photo Researchers. **Página 248 Figura 12.23** Lester V. Bergman/Corbis; **Figura 12.24 a-d** Lisa Starr. **Página 249 Figura 12.25** Lisa Starr. **Página 251** Stockbyte/Photos.com.

CAPÍTULO 13 **Página 253 Figura 13.1** In memory of Frankie McCullough; National Cancer Institute; CDC. **Página 254** Sem crédito; Dr. Richard Kessel and Dr. Randy Kardon/Tissues & Organs/Visuals Unlimited; Lisa Starr; Lisa Starr; James Hicks, Centers for Disease Control and Prevention. **Página 255 Figura 13.2** Dr. Richard Kessel and Dr. Randy Kardon/ Tissues & Organs/Visuals Unlimited. **Página 256 Figura 13.3** Lisa Starr Conforme Bloodline Image Atlas, University of Nebraska-Omaha, and Sherri Wicks, Human Physiology and Anatomy, University of Wisconsin Web Education System, and others. **Página 257 Figura 13.4** Juergen Berger/Science Photo Library/Latinstock. **Página 258 Figura 13.5** John D. Cunningham/Visuals Unlimited; **Figura 13.6** www.zahnarzt-stuttgarte.com. **Página 259 Figura 13.7** Lisa Starr; (micrografia) Robert R. Dourmashkin, Cortesia the Clinical Research Centre, Harrow, England. **Página 260 Figura 13.8** Lisa Starr. **Página 261** Lisa Starr; **Figura 13.9** Lisa Starr. **Página 262 Figura 13.10** Lisa Starr; **Figura 13.11** Lisa Starr. **Página 263 Figura 13.12 a-b** Lisa Starr. **Página 264 Figura 13.13** Lisa Starr. **Página 265 Figura 13.14** Lisa Starr. **Página 266 Figura 13.15** Lisa Starr; **Figura 13.16** Lisa Starr. **Página 267 Figura 13.17** Lisa Starr. **Página 268 Figura 13.18 a** Lisa Starr; **b** Dr. A. Liepins/SPL/Photo Researchers; **Figura 13.19 a** Jason Stitt/Photos.com; **b** David Scharf/ Peter Arnold, Inc.; **c** Hayley Witherell. **Página 269 Figura 13.20** James Hicks, Centers for Disease Control and Prevention. **Página 270 Figura 13.21** Greg Ruffing. **Página 271 Figura 13.22 a** NIBSC/Photo Researchers; **b** Dept. of Medical Photography, St Stephen's Hospital, London/Science Photo Libraryo/Latinstock. **Página 272 Figura 13.23** James Gathany/ CDC. **Página 273** CDC. **Página 274 Figura 13.24** Lisa Starr.

CAPÍTULO 14 **Página 276 Figura 14.1** Kevin Russ/Photos.com. **Página 277** Temelko Temelkov/Photos.com; D. E. Hill; Jupiterimages/Photos.com; Bambuh/Shutterstock; Francois Gohier/Photo Researchers. **Página 278 Figura 14.2** Temelko Temelkov/Photos.com; Lisa Starr;

Figura 14.3 Lisa Starr. **Página 279 Figura 14.4** C. C. Lockwood. **Página 280 Figura 14.5 a** Douglas Faulkner/Sally Faulkner Collection; **b** Jupiterimages/Photos.com; **c** (ilustração) Precisions Graphics; (foto) John Glowczwski/ University of Texas Medical Branch. **Página 281 Figura 14.6** Aydin –rstan; **Figura 14.7** (ilustração) Redesenhado por Living Invertebrates, V & J Pearse/M & R Buchsbaum, The Boxwood Press, 1987; (micrografia) Micrograph Ed Reschke; **Figura 14.8** (foto topo) D. E. Hill; (foto baixo) Florida Conservation Commission/ Fish and Wildlife Research Institute; (ilustração) Redrawn from Living Invertebrates, V & J Pearse/M & R Buchsbaum, The Boxwood Press, 1987. **Página 282 Figura 14.9 a** Jupiterimages/Photos.com; **b-c** Lisa Starr; **Figura 14.10 a-c** Lisa Starr. **Página 283 Figura 14.11 a-d** Lisa Starr; **Figura 14.12 a-d** Lisa Starr; (micrografia) Micrograph H. R. Duncker, Justus-Liebig University, Giessen, Germany. **Página 284 Figura 14.13 a-c** Lisa Starr. **Página 285 Figura 14.14** (ilustração) Lisa Starr; (fotos) Cortesia de Kay Elemetrics Corporation. **Página 286 Figura 14.15** (ilustrações) Lisa Starr; (fotos) **a-b** Charles McRae, MD/Visuals Unlimited. **Página 287 Figura 14.17 a-b** Lisa Starr; **Figura 14.18** Matthias Haas/ Photos.com. **Página 288 Figura 14.19 a** R. Kessel /Visuals Unlimited; **b-c** Lisa Starr. Página **289 Figura 14.20 a-b** Lisa Starr; **Figura 14.21** Lisa Starr. **Página 290 Figura 14.22 a** Bambuh/Shutterstock; **b** CNRI/ SPL/Photo Researchers. **Página 292 Figura 14.23** Francois Gohier/Photo Researchers. **Página 293 Figura 14.24 a** Fanny Reno/ Shutterstock; **b** Tom Brakefield/Photos. com. **Página 294** Cortesia the Dr. Joe Losos.

CAPÍTULO 15 **Página 296 Figura 15.1 a** Cortesia de Dr. Jeffrey M. Friedman, Rockefeller University; **b** Cortesia the Lisa Hyche. **Página 297** Jupiterimages/Photos. com; Microslide Cortesia Mark Nielsen, University of Utah; Ralph Pleasant / FPG / Getty Images; Dr. Douglas Coleman, The Jackson Laboratory. **Página 298 Figura 15.2** Lisa Starr; **Figura 15.3 a-c** Lisa Starr. **Página 299 Figura 15.4** (ilustrações) **a-b** Lisa Starr. Adaptado de A. Romer and T. Parsons, The Vertebrate Body, Sixth Edition, Saunders Publishing Company, 1986; (foto) Jupiterimages/Photos.com. **Página 300 Figura 15.5** Lisa Starr. **Página 301 Figura 15.6 a-b** Lisa Starr. **Página 302 Figura 15.7** Conforme A. Vander et al., Human Physiology: Mechanisms of Body Function, Fifth Edition, McGraw-Hill, 1990. **Página 303 Figura 15.8 a** Microslide Cortesia Mark Nielsen, University of Utah; (ilustração) Lisa Starr; **b** Lisa Starr. **Página 304 Figura 15.9 a-d** Lisa Starr. Conforme Sherwood and others; D. W. Fawcett/ Photo Researchers, Inc. **Página 305 Figura 15.10** Lisa Starr. **Página 306 Figura 15.11 a-b** National Cancer Institute. **Página 307 Figura 15.12** Lisa Starr. **Página 308 Figura 15.13** USDA, United States DepArteament of Agriculture. **Página 309** Tomo Jesenicnik/Photos.com; PhotoDisc/ Getty Images; Ralph Pleasant /FPG/ Getty Images; Jupiterimages/Photos.com; PhotoDisc/ Getty Images. **Página 312 Figura 15.14** Gary Head. **Página 313 Figura 15.15** Dr. Douglas Coleman, The Jackson Laboratory. **Página 314** Simon Law, flickr. com/people/sfllaw. **Página 315 Figura 15.16** Lisa Starr.

Capítulo 16 **Página 316 Figura 16.1** Jupiterimages/Photos.com. **Página 317** Criado por Thomson/Cengage; Criado por Thomson/Cengage; Criado por Thomson/ Cengage; David Parker/SPL/Photo Researchers; MR/Photos.com. **Página 318 Figura 16.2** Criado por Thomson/Cengage; **Figura 16.3** Lisa Starr. **Página 319 Figura 16.4** Anatolii Tsekhmister/Photos.com; Lisa Starr; **Figura 16.5** Stephen Dalton/ Photo Researchers; Susumu Nishinaga/ Photo Researchers. **Página 320 Figura 16.6** Criado por Thomson/Cengage; **Figura 16.7 a-b** Criado por Thomson/Cengage. **Página 321 Figura 16.8** Gary Head; Tom McHugh/ Photo Researchers. **Página 322 Figura 16.9 a-c** Criado por Thomson/Cengage. **Página 323 Figura 16.10 a-b** Criado por Thomson/ Cengage. **Página 324 Figura 16.11** Criado por Thomson/Cengage; **a-b** Criado por Thomson/Cengage. **Página 325 c-d** Criado por Thomson/Cengage; **Tabela 16.1** Criado por Thomson/Cengage. **Página 326 Figura 16.12** (foto) Daniel Hurst/Photos.com; (ilustrações) Lisa Starr. **Página 328 Figura 16.13** Criado por Thomson/Cengage. **Página 329 Figura 16.14 a** Jupiterimages/ Photos.com; **b** S. J. Krasemann/Photo Researchers. **Página 330 Figura 16.15** David Parker/SPL/Photo Researchers. **Página 331 Figura 16.16** Tom Brakefield/ Photos.com. **Página 332** Robert Byron/ Photos.com. **Página 333** USDA, United States Departeament of Agriculture; **Figura 16.17** Criado por Thomson/Cengage.

Capítulo 17 **Página 335** Rodger Klein/ Peter Arnold; Lisa Starr; Lisa Starr; Lisa Starr; Western Ophthalmic Hospital/ Photo Researchers. **Página 336 Figura 17.1 a** Biophoto Associates/Photo Researchers; **b** Rodger Klein/Peter Arnold; Tom Brakefield/Photos.com. **Página 337 Figura 17.2 a** Chr. Lederer/Interfoto/Latinstock; **b** Matjaz Kuntner; **c** Carolina Biological Supply Company; **d** Mark Higgins/Photos. com; **e** Gary Head. **Página 338 Figura 17.3** Lisa Starr. **Página 340 Figura 17.4 a** Lisa Starr; **b** Ed Reschke; **c** Lisa Starr. **Página 341 Figura 17.5** Lisa Starr; **Figura 17.6** Lisa Starr. **Página 342 Figura 17.7** Lisa Starr; **Figura 17.8** Lisa Starr. **Página 343** Jupiterimages/Photos.com. **Página 344 Figura 17.9** Lisa Starr; (foto) LennArte Nilsson/Bonnierforlagen AB. **Página 345 Figura 17.10 a-d** Lisa Starr. **Página 347 Figura 17.11 a-c** Lisa Starr; (foto) Cortesia de Elizabeth Sanders, Women's Specialty Center, Jackson, MS. **Página 348** Criado por Thomson/Cengage. **Página 349 Figura 17.13** Heidi Specht, West Virginia University. **Página 350 Figura 17.14 a** Dr. E. Walker/Photo Researchers; **b** Western Ophthalmic Hospital/Photo Researchers; **c** CNRI/Photo Researchers. **Página 352** Ekaterina Staats/Photos.com. **Página 353 Figura 17.15** Lisa Starr.

Capítulo 18 **Página 354 Figura 18.1** Ambassador/Corbis/Latinstock. **Página 355** Dr. Maria Leptin, Institute of Genetics, University of Koln, Germany; Lisa Starr; Lisa Starr; CNRI/Science Photo Library/ Latinstock; Lisa Starr. **Página 356 Figura 18.2** Lisa Starr; **Figura 18.3 a** Lisa Starr. **Página 357 Figura 18.3 b-e** Carolina Biological Supply Company; **f** David M. Dennis/Tom Stack & Associates; David M. Dennis/Tom Stack & Associates; John Shaw/Tom Stack & Associates. **Página 358 Figura 18.4 a-c** Lisa Starr. **Página 359 Figura 18.5** Lisa Starr; **Figura 18.6** Lisa Starr. **Página 360 Figura 18.7** Carolina Biological Supply Company; (gastrulação) Dr. Maria Leptin, Institute of Genetics, University of Koln, Germany; **Figura 18.8 a-b** Lisa Starr; **c** Professor Jonathon Slack. **Página 361 Figura 18.9** Conforme B. Burnside, Developmental Biology, 1971, 26:416-441. Usado com permissão de Academic Press; **Figura 18.10** Carolina Biological/Corbis/Latinstock; Lisa Starr. **Página 362 Figura 18.11 a** David M. Parichy; **b-c** Dr. Sharon Amacher. **Página 363 Figura 18.12** Adaptado de L.B. Arey, Developmental Anatomy, Philadelphia, W.B. Saunders Co., 1965. **Página 364-365 Figura 18. 13** Lisa Starr. **Página 366 Figura 18.14** Lisa Starr. **Página 367 Figura 18.15** Lisa Starr. **Página 368 Figura 18.16** (esquerda cima) Tissuepix/ Science Photo Library/Latinstock; (direita cima) Edelmann/Science Photo Library/ Latinstock; (esquerda baixo) Lisa Starr; (direita baixo) Lisa Starr. **Página 370 Figura 18.16** (esquerda cima) CNRI/Science Photo Library/Latinstock; (direita cima) Neil Bromhall/Genesis Films/Science Photo Library/Latinstock; (esquerda baixo) Lisa Starr; (direita baixo) Lisa Starr. **Página 370 Figura 18.17** Modificado de K.L. Moore, The Developing Human: Clinically Oriented Embryology, Fourth Edition, Philadelphia: W.B. Saunders Co., 1988. **Página 371 Figura 18.18** (bebida) Richard Cote/Photos.com; (criança) Rick's Photography/Shutterstock. **Página 372 Figura 18.19** Lisa Starr; **Figura 18.20** Lisa Starr. **Página 373** Ambassador/ Corbis/Latinstock. **Página 374 Figura 18.23** Sem crédito.

Índice remissivo

Números de página seguidos por *f* ou *t* indicam figuras e tabelas. ■ indica aplicações. Termos em negrito indicam assuntos mais importantes.

A

ABA. *Ver* Ácido abscísico
Abelhas assassinas. *Ver* Abelhas africanas
Abelhas, órgãos excretores, 319*f*
Aberturas hidrotérmicas
  e a origem da vida, 6*f*, 8
  vida adaptada às, 2, 28, 31*f*
■ Aborto
  espontâneo, 349, 371
    fatores de risco, 371
  induzido, 349
Absorção, de nutrientes e água
  micorriza e, 85*f*
  pelo sistema digestório, 299, 304-305, 304*f*, 305*f*
  por fungos, 76
■ Abstinência, como método anticoncepcional, 348*f*, 349*t*
■ **Abuso de drogas**
  e amamentação, 372
  Ecstasy, 146*f*
  sinais de vício, 157*t*
  teste de urina, 316, 317
  tipos e efeitos das drogas, 157*f*, 157*t*
  tolerância, 157*t*
Acanthostega, 126*f*
Ácaro de poeira, 108*f*
Ácaro, 108*f*
Accutane (isotretinoína), 371
Acetilcolina (ACh)
  funções, 156*t*, 159
  na contração muscular, 161, 225*f*, 228
  nicotina e, 157
  quebra, 155
Acetilcolinesterase, 155
ACh. *Ver* Acetilcolina
Ácido alfa-linoleico, 308
Ácido ascórbico. *Ver* Vitamina C
Ácido clorídrico (HCl), 302
Ácido desoxirribonucleico. *Ver* DNA
Ácido fólico. *Ver* Folato
Ácido gama-aminobutírico. *Ver* GABA
Ácido láctico, 258
Ácido linoleico, 308
Ácido lisérgico dietilamida. *Ver* LSD
Ácido oleico, 308-309
Ácido pantotênico
  efeitos da deficiência/excesso, 310*t*
  fontes, 310*t*
  funções, 310*t*
Ácido ribonucleico. *Ver* RNA
■ Acidose, 327
Ácidos graxos
  absorção no intestino delgado, 305*f*
  ■ essenciais, 308
Ácidos graxos essenciais, 308
Ácidos graxos ômega-3, 308, 309*t*
Ácidos graxos ômega-6, 308, 309*t*
Ácidos nucleicos
  digestão de, 302*t*
  origem de, 12*f*-13*f*
Ácido úrico, 220, 319, 320
■ Aclimatação, à altitude, 292
■ Acne, 257
■ Acromegalia, 198*f*
ACTH. *Ver* Hormônio adrenocorticotrópico
Actina, na contração muscular, 223-224, 223*f*, 224*f*, 225*f*
Açúcares, simples. *Ver* Monossacarídeos
ADA. *Ver* Adenosina deaminase
Adaptação, evolucionária
  a ambientes extremos, 2*f*, (*Ver também* Halófilos extremos; Termófilos extremos)
  ao habitat, 126
  em pássaros
    bico, 299
    para o voo, 132-133*f*
  relacionada à alimentação, 299*f*
Adaptação sensorial, 173
Adaptações para conservação da água
  amniotas, 128
  anfíbios, 126
  animais, 321*f*, 325, 326, 330*f*
  aracnídeos, 280
  artrópodes, 107, 111
  caracóis e lesmas, 280
  insetos, 280
  plantas, 58, 59*f*, 65
  vertebrados, 123
Adenina (A), 5
Adenosina, 157
■ Adenosina deaminase (ADA) deficiência, 270*f*
Adenosina monofosfato. *Ver* AMP
Adenosina monofosfato cíclica. *Ver* AMPc
Adenosina trifosfato. *Ver* ATP
Adenovírus, estrutura, 20*f*, 21
Aderência, preênsil, evolução da, 138-139*f*
ADH. *Ver* álcool desidrogenase; Hormônio antidiurético
■ Administração de Alimentos e Drogas dos Estados Unidos, 211
ADP (adenosina difosfato)
  na contração muscular, 224*f*
  na síntese de ATP, 226*f*
Adrenalina, 156. *Ver também* Epinefrina; Norepinefrina
Adulto, definição, 363*t*
Aegyptopithecus, 139*f*
Afídeos, 112
África
  ■ AIDS na, 18, 33, 271*t*
  ■ desertificação e tempestades de poeira, 74
  ■ doenças emergentes na, 33, 36*f*, 41
  origem humana na, 140*f*, 141*f*, 143*f*
■ Agar, 50
Agaricus bisporus, 82
■ Agência de Proteção Ambiental (APA), 190*f*
Aglutinação, 237, 238*f*
■ **Agricultura**. *Ver também* Fertilizantes; Pesticidas
  e capacidade de transporte, 54
  substâncias químicas, efeitos ambientais, 190*f*, 191, 208, 209 210*f*
Água
  absorção no intestino delgado, 304-305
  em Marte, 14
  evaporação, e temperatura homeostática, 329
Água-viva, 96-97, 96*f*, 97*f*

camadas de tecido, 90
mecanorreceptores, 172
Água-viva (Vespa-do-mar), 97*f*
▪ **AIDS (Síndrome da Imunodeficiência Adquirida)**, 271-272
como pandemia, 32
e gravidez, 35*f*, 272
impacto humano, 18*f*, 351*f*
incidência, 271*t*
infecções oportunistas na, 45, 79, 351
mortes por ano, 32*t*
na África, 18, 271*t*
transmissão entre mãe e filho, 35*f*
tratamento e prevenção, 18, 272, 351
Alantoide, 132*f*, 365*t*
Albatroz de laysan, 133*f*
Albatroz, 133*f*
Albumina, 132*f*
Alça de Henle, 323*f*, 325*f*
▪ **Álcool (etanol)**
barbituratos e, 157
barreira hematoencefálica e, 163
e amamentação, 372
e densidade óssea, 218
e fígado, 157, 307
e gota, 220
na gravidez, 371*f*
Álcool etílico. *Ver* Álcool (etanol)
Aldeias, 336*f*
Aldosterona, 193*f*, 194*t*, 199*t*, 204, 326-327, 343
Alelo(s), características recessivas associadas a X, 186
Alelos recessivos, características recessivas associadas a X, 186
Alérgeno, definição, 268
▪ Alergias, 268*f*
Alface do mar (*Ulva*), 49*f*
Alfa-globina, 289*f*
Algas. *Ver também* Algas pardas; Algas verdes; Algas vermelhas
em ambientes extremos, 2
florescimento de, 44*f*, 279
primeiras espécies, 9*f*
reprodução, 48*f*, 50*f*
▪ usos comerciais, 47, 50*f*
Algas carófitas, 48, 49*f*, 56
Algas clorófitas, 38*f*, 48-49*f*, 56
Algas pardas, 46-47, 46*f*
características, 39*t*
classificação, 38*f*
Algas residuais (*fucus versiculosis*), 46*f*
Algas verdes, 48-49
características, 39*t*
ciclo de vida, 48*f*, 58*f*
classificação de, 38*f*
cloroplastos, 38
em liquens, 84
evolução, 50
primeiras espécies, 9
Algas vermelhas, 50*f*
características, 39*t*
ciclo de vida, 50*f*
classificação, 38*f*, 56
cloroplastos, 38
evolução das, 44, 50
halófilas, 31*f*
primeiras espécies, 9*f*
▪ usos comerciais, 50*f*
▪ **Alimentação**. *Ver também* Alimento; Nutrição
adaptações relacionadas a, 299*f*
deficiência de zinco, 295
e câncer, 189, 309
e diabetes, 203, 308
e enfisema, 218
e hipertensão, 248
e transtornos visuais, 186
gorduras
alta proteína e rins, 328
fibra, 306, 308
▪ recomendações de, 308-309*t*
na gravidez, 370
prevenção da osteoporose, 218
recomendações de ingestão de calorias, 312-313
Alimentaçãos pobres em carboidratos e ricas em proteína, 309
▪ Alimentação vegetariana, 309
▪ **Alimento**. *Ver também* Alimentação; Nutrição
algas, como
algas pardas, 47
algas verdes, 48, 49
algas vermelhas, 50
colheitas
espécies, número de, 65*f*
geneticamente modificadas, 186
fungos como, 74, 80*f*, 81, 83*f*
orgânicos, benefícios dos, 332*f*
▪ Alimentos orgânicos, 332*f*
Ali, Muhammad, 156*f*
Alprazolam (Xanax), 156
Alta altitude
▪ aclimatação à, 292
▪ enjoo de altitude, 292
▪ respiração em, 292*f*
Alternância de gerações
em protistas, 39
nas plantas terrestres, 58
Altitude
▪ mal de altitude, 292
respiração e, 292*f*
Altura
definição, 178*f*
detecção de, 179
▪ Alucinógenos, 157
Alvarez, Luis, 129
Alvarez, Walter, 129
Alveolados, 38*f*, 39*t*, 43, 44, 45
Alvéolo (alvéolos)
em alveolados, 43*f*
no pulmão, 284*f*, 285, 286, 288, 289-291
▪ Amamentação, 372
Amanita phalloides (cicuta verde), 83*f*
Ambiente interno, homeostase, 233. *Ver também* Homeostase
Ambientes extremos, adaptação a, 2*f*. *Ver também* Halófilos extremos; Termófilos extremos
Amborella, 69*f*
AMD. *Ver* Degeneração macular relacionada à idade
Amebas, 11, 38*f*, 39*f*, 51*f*
Amido, digestão de, 301
Amígdala, 165*f*
Amígdalas, funções, 249*f*, 250
Amilase salivar, 301, 302*t*, 315*f*
Aminoácido(s)
absorção no intestino delgado, 305*f*
essenciais, 309
no espaço, 5
origem dos, 5
Aminoácidos essenciais, 309
Âmnio (âmnion), 132*f*, 364, 365*t*
Amniotas
características, 128
cavidade amniótica, 364*f*-365*f*, 366*f*
evolução dos, 122*f*, 128-129, 128*f*
homeostasia, equilíbrio fluídico, 320-321
reprodução, 128
sistema respiratório, 283
Amoebozoários, 39*t*, 38*f* , 51*f*, 92*f*
Amônia (NH3)
como produto da quebra de aminoácidos, 307*f*, 309
como resíduo metabólico, 318-319, 320
Amor-perfeito (*Viola*), 69*f*
AMPc (adenosina monofosfato cíclica), 194, 195*f*
AMP cíclico, 51
Anabaena (cianobactérias), 28*f*

▪ Analgésicos, 157, 175
Ancilóstomo, 106
Andorinha ártica, 133
Andro. *Ver* Androstenediona
Andrógeno(s), 193*f*, 194*t*, 199*t*
Androstenediona (andro), 211
Anelídeos (Annelida), 100-101, 100*f*, 101*f*
características, 90*t*
classificação, 93*f*
esqueleto hidrostático, 213
proteínas respiratórias, 279
sistema circulatório, 233
sistema nervoso, 149
▪ Anemia falciforme
causa, 247
e malária, 36
▪ Anemia por deficiência de ferro, 247
▪ Anemias hemolíticas, 247
▪ Anemias hemorrágicas, 247
Anemia, tipos e características, 247
Anêmonas do mar, 96, 97*f*
esqueleto hidrostático, 213*f*
evolução das, 207
músculos, 213
▪ Anfetaminas, 146, 157, 168, 169*f*
Anfíbio(s), 126-127
adaptações ao ambiente terrestre, 126
ameaçadas e em extinção, 127*f*
características, 126
cérebro, 162, 163*f*
desenvolvimento
▪ agentes interferentes hormonais e, 190*f*, 201*f*, 208
espécies
número de, 120*t*
evolução de, 122*f*, 126*f*
óvulos, 358*f*
parasitas de, 77*f*
reprodução
assexuada, 336
sexuada, 123, 126, 127, 337
sistema circulatório, 234*f*
sistema respiratório, 282-283
subgrupos, 126-127
Anfioxos (Cefalocordatos), características, 120-121, 120*f*, 120*t*, 122*f*, 123
▪ Angioplastia, 248
▪ a laser, 248
▪ com balão, 248
Angiosperma(s), 68-69
características, 68
classificação de, 383f
coevolução com polinizadores, 68, 69*f*
Angiotensina, 327
Anidrase carbônica, 289, 295
Animais celomados, 93*f*
▪ Animais de estimação, impactos ecológicos do comércio de, 77
Animal(is)
classificação, 90*t*, 93*f*
definição, 90
desenvolvimento. *Ver* Desenvolvimento, animal
estruturas corporais, 90-91*f*
evolução de, 9, 12*f*-13*f*, 51, 92, 93*f*, 362
origens, 92*f*
reprodução assexuada em, 94, 95, 336*f*
reprodução sexuada em, 356-357, 356*f*-357*f*
Aniz estrelado, 69*f*
▪ **Anomalias genéticas**
aborto de embriões com, 349
daltonismo, 186
discriminação contra pessoas com, 334
▪ Anorexia nervosa, 315
Antenas, 100*f*, 107, 109*f*
Anthocertophyta, 60
espécies, número de, 56*f*
evolução de, 56
▪ **Antibióticos**
e perda de audição, 179
fungo como fonte de, 81
resistência a, 33, 257*f*
Anticorpo(s)
classes, 263-264, 263*t*
em aglutinação, 237
e resposta autoimune, 270
estrutura e função, 263-264, 263*f*
maternos, atravessando a placenta, 263, 371
monoclonais, 274
no leite, 134, 372
resposta imunológica mediada por anticorpo, 262-266, 265*f*
Anticorpos monoclonais, 274
▪ Antidepressivos e gravidez, 371
Antígeno prostático específico (PSA), 339
Antígeno(s). *Ver também* Sistema imunológico
características dos, 255
definição, 255
processamento de, 261-262, 261*f*
reconhecimento de, 255*t*, 256, 261-262
▪ Anti-histamínicos, 268
Antílope, dentes, 299*f*
Antílopes, 299*f*
Antithamnion plumula (alga vermelha), 50*f*
Antitripsina, 290-291
Antozoários, 96, 97*f*
▪ Antraz, 29
Antropoides, 138, 139, 138*f*
Ânus
anfioxo, 120*f*
aranha, 108*f*
funções, 301
gastrópode, 102*f*
humano, 300*f*
lula, 104*f*
minhoca, 101*f*
nematódeo, 106*f*
rotífera, 105*f*
Aorta, 239*f*, 240*f*, 244, 248*f*, 287
Aparato vestibular, 177*f*, 178*f*-179*f*
Apatosaurus, 118*f*
Apêndice, 175*f*, 250, 306*f*
▪ Apendicite, 306
Aperto preênsil, evolução do, 138-139*f*
▪ Apetite, regulação hormonal do, 296*f*, 313*f*
Apicomplexos (esporozoários), 38*f*, 39*t*, 45*f*
▪ "A Pílula", 348*f*, 349*t*
▪ Apneia do sono, 290
Apoptose, 361
Aquaporina, 326
Aquifex, 28
Aracnídeos, 108*f*, 280-281
Aranhas, 108*f*
aranhas saltadoras, 108*f*, 214*f*
exoesqueleto, 214
movimento das pernas, 214*f*
reprodução, 337*f*
sistema respiratório, 280-281*f*
Aranhas saltadoras, 108*f*, 214*f*
Araruta. *Ver* Taro
Archaea. *Ver também* Procariontes
características, 30-31, 30*f*, 31*f*
descoberta do, 2, 30
estrutura, 30
evolução do, 8, 12*f*-13*f*, 25
parede celular, 26
transferências de genes, 27
Archaefructus sinensis, 68*f*
Archaeopteryx, 118*f*, 132*f*, 144
Arco branquial, 282*f*
Arcos faríngeos, 366*f*, 368*f*-369*f*

Arcossauro, evolução do, 128*f*
Ardipithecus ramidus, 140
Área de Broca, 164*f*, 166
Área de Wernicke, 164-165*f*, 166
Armillaria ostoyae (cogumelo do mel), 82, 87
Aromatase, 208
Arritmias, 248*f*
Arroz (*Oryza sativa*)
  engenharia genética do, 186
  na alimentação vegetariana, 309
Artéria femoral, 240*f*
Artéria(s)
  estrutura, 243*f*
  fluxo sanguíneo nas, 243
  função, 243
  humanas, importantes, 240*f*
  pressão sanguínea nas, 243*f*
Artérias
  carótidas, 240*f*, 244, 287
  coronárias, 240*f*, 248*f*
  ilíacas, 240*f*
  pulmonares, 240*f*, 289*f*
  renais, 240*f*, 322*f*
Arteríolas
  distribuição do fluxo sanguíneo nas, 243-244*f*
  estrutura, 243*f*
  função, 243
  pressão sanguínea nas, 243*f*
Arthrobotrys (fungo predatório) 81*f*
Arthropoda. *Ver* Artrópode
Articulação
  cartilaginosa, 219*f*
  fibrosa, 219*f*
Articulação(ões), 219*f*
  ▪ artificiais/protéticas, 220
  ▪ artrite, 220
  bursite, 220
  definição, 219
  ▪ lesões, comuns, 220
  tipos, 219*f*
Articulação sinovial, 219*f*, 220
Articulação tipo esfera em taça, 219*f*
▪ Articulações artificiais, 220
▪ Articulações protéticas, 220
Artrite, 220, 270, 308, 312
▪ Artrite reumática, 220, 270, 308
Artrópode(s) (Arthropoda), 107-113, 107*f*
  características, 90*t*, 107
  desenvolvimento, 107
  exoesqueleto, 214
  muda, 207*f*
  órgãos excretores, 319*f*
  origem, 92*f*
  sistema circulatório, 233
  sistema nervoso, 148*f*, 149
  sistema respiratório, 280
Árvore bronquial, 284*f*
Árvore de eucalipto, 68
Árvore(s)
  ▪ doenças, 47*f*, 87
Árvores de carvalho, doenças, 47
Asa(s)
  inseto
    e sucesso evolucionário, 112
    evolução das, 107
  mosca (díptero), 107*f*
  pássaro, 132-133*f*
Ascaris lumbricoides (nematódeo parasitário), 106*f*
Asco (ascos), 80*f*
Ascocarpo, 80*f*
Ascomicetos. *Ver* Fungos com asco
Ascósporos, 80
Ásia
  ▪ AIDS na, 271*t*
  ▪ povoamento da, 143
▪ Asma, 74
Aspergillus, 80, 81, 74*f*
▪ Aspirina, 175
▪ Associação Atlética National Colegiada (NCAA), teste de urina, 316
▪ Astigmatismo, 186
Astrobiologia, 14*f*
Astrócito, 167*f*
▪ **Ataque cardíaco**
  causas, 247
  dor associada, 175*f*
  fatores de risco, 290
  tratamento, 231*f*
▪ Aterosclerose, 247-248, 247*f*, 248*f*, 258
Atmosfera. *Ver também* Poluição do ar
  camada de ozônio
    desenvolvimento da, 9, 56
    e vida, desenvolvimento da, 9, 14, 56
  composição
    evolução da, 4, 8-9, 12*f*-13*f*, 54, 56, 92
    mudanças com o decorrer do tempo, 16*f*
    presente, 278
  dióxido de carbono na, 42, 278
  origem da, 4
ATP (adenosina trifosfato)
  ação hormonal, 194, 195*f*
  contração muscular, 224*f*, 226*f*, 227
  transporte através de membrana, 151
Atrazina, 190*f*, 208
Átrio, 241*f*, 242*f*
Audição
  centros cerebrais, 164*f*
  em baleias, 170, 172
  mecanorreceptores, 172
  ▪ perda de, 179, 180*f*, 189*f*
Austrália
  ▪ AIDS na, 271*t*
  flora, 63*f*
  fósseis, humanos, 142-143
  primeiros procariontes, 8*f*
Australopiteco, 140*f*, 141*f*
Australopithecus, 140, 144*f*
Autosacrifício. *Ver* Comportamento altruístico
Avestruz, 133
Axônio(s), 149, 150*f*, 154-155*f*, 158*f*
Aygot, 82*f*
Azeite de oliva, 308-309
▪ Azia, 301
▪ AZT, 22, 272

B

Babuíno(s) 205*f*
Babuínos verde-oliva (*Papio anubis*), 205
Bacillus, 2, 26*f*, 29
Baço, 249*f*, 250, 262*f*, 267
Bactéria (bactérias). *Ver também* Cianobactérias; Procariontes
  aeróbicas, nos lagos, 279
  como endossimbiontes, 10, 11
  corpo frutificante, 28, 29*f*
  em ambientes extremos, 2*f*
  endósporos, 29*f*
  evolução das, 8, 12*f*-13*f*, 25
  fixadoras de nitrogênio, 28*f*, 60, 63
  fotossintéticas. *Ver* Cianobactérias
  gram-negativo, 28
  gram-positivo, 28-29*f*
  grupos, principais, 28-29
  heterotróficas, evolução das, 12*f*-13*f*
  magnetotáticas, 28, 29*f*
  no intestino, 29, 306
  parede celular, 26
  patogênicas, 28, 29
  resistência a antibióticos, 33, 257*f*
  sucesso das, 25
  termófilas, 2*f*, 12*f*-13*f*, 28
  transferências de gene, 27*f*
Bactérias fotossintéticas. *Ver* Cianobactérias

Bactérias
gram-negativo, 28
gram-positivo, 28-29*f*
Bactérias magnetotáticas, 28, 29*f*
Bacteriófago
efeitos benéficos do, 21
estrutura, 20*f*, 21
replicação, 22, 23*f*
transdução, 27
Bacteriorodopsina, 31
Bainha de mielina, 158*f*, 167, 270
Balantidium coli, 43
Baleia azul, 137*f*
Baleia-jubarte. 170
Baleia sem dentes, 170
Baleias, 137*f*
audição, 170, 172
corcunda, 170
navegação, 170*f*
rins, 321
Bambuzais. *Ver* Equisetáceas
Bangiomorpha pubescens, 9*f*
Barba de velho (*Usnea*), 84
Barbatana peitoral, 123*f*
Barbatana, peixe, evolução da, 123
Barbatana pélvica, 123*f*
▪ Barbituratos, 157
Barreira hematoencefálica, 162-163, 245
Basidiocarpos, 82*f*, 83*f*
Basidiomicetos. *Ver* Basídios
Basídios (Basidiomicetos), 82-83*f*
ciclo de vida, 82*f*
classificação, 77*t*
número de espécies, 77*t*
patogênicos, 87
simbiontes, 85
Basófilos
na resposta imunológica, 235*f*, 236, 256*f*, 260, 264, 268
número de, 235*f*
origem, 236*f*
Bayliss, W., 192
▪ Bebidas de cola, e densidade óssea, 218
Beija-flor abelha, 133
Beija-flor, 69*f*, 133, 329*f*, 337*f*
Beija-flor rubí, 337*f*
▪ Beisebol, profissional, uso de esteroides, 211, 316
"Bends". *Ver* Doença da descompressão
Besouro (coleóptero), 112, 113*f*
Besouro de Staghorn, 113*f*
Beta globina, 693f
Beta-talassemias, 247
Bexiga. *Ver* Bexiga urinária
Bexiga natatória, 122*f*, 125*f*
Simbiose, em fungos, 58, 76, 79, 84-85, 84*f*, 85*f*. *Ver também* Endossimbiose
Bexiga urinária, 291*f*, 322, 322*f*, 338*f*, 342*f*
Bicarbonato (HCO3-)
como tampão, 327
na digestão, 303
na troca de gases, 288-289
reabsorção e secreção, 324, 327
Bíceps, 221*f*
Bico, pássaro, 132*f*, 298*f*
adaptações no, 299
estrutura, 132
Bigode(s), 134
Bílis, 303, 307*f*
Biodiversidade, animais aquáticos, conteúdo de oxigênio dissolvido na água e, 279
Bioluminescência, 44*f*
Biosfera, desmatamento, 54*f*
Bipedalismo, 138*f*, 139*f*, 140, 215
Bivalves, 102*f*, 103*f*, 213-214
Blastoceloma, 356*f*-357*f*, 364*f*-365*f*
Blastocisto, 359, 363*t*, 364*f*-365*f*
Blastodisco, 359
Blastômero, 356, 358-359
Blástula, 356*f*-357*f*, 357, 359
Boca (cavidade oral)
arqueias na, 31
▪ câncer, tabagismo e, 291*f*
digestão na, 301, 302*t*
▪ doença na gengiva, 258
funções, 284*f*, 300*f*, 301
microbiota normal, 258
pH da, 301
Bolsa de esporos, 78*f*, 79*f*
Bolsa de gema, 132*f*, 364-365, 364*f*-365*f*, 365*t*, 366*f*
Bolsa de pólen
angiospermas, 70*f*
gimnospermas, 67*f*
Bolsa de tinta, sépia, 104*f*
Bombas de cálcio, 154-155, 225*f*
Bombas de sódio-potássio, 151-153, 151*f*, 152*f*-153*f*
Bonifacio, Alejandro, 71*f*
Bonobo, 138*f*, 141
Borboleta, 113*f*
apêndices, 111*f*
movimento de probóscide, 214
Borboleta monarca, 107*f*
Borboleta-rabo-de-andorinha, 113*f*
Botões gustativos, 301
▪ Botulismo, 29, 228
Bouchard, Claude, 313*f*
Bradicardia, 248*f*
▪ Braille, 165
Branqueamento de coral, 96
Brânquia(s)
artrópode, 280
cefalópode, 104
definição, 123, 280
evolução de, 123, 280
função, 234, 282*f*
invertebrado, 280*f*
lesma-do-mar, 280*f*
molusco, 102*f*
molusco, 103*f*
peixe
estrutura, 282*f*
função, 282*f*
Briófita (s), 60-61, 60*f*
ciclo de vida, 58*f*, 60-61*f*
espécies, número de, 56*f*
evolução das, 56*f*, 57*f*, 72*f*
reprodução, 59, 60-61, 60*f*, 61*f*
Brock, Thomas, 2*f*
Brônquio (brônquios), 285
Bronquíolo, 284*f*, 285
▪ Bronquite, crônica, 21, 290, 291*f*
Bronquite crônica, 290, 291*f*
Broto axilar. *Ver* Broto lateral (axilar)
Brundtland, G. H., 291
Bulbo de Krause, 174, 581f
Bulbo olfatório, 176*f*
Bursa, 220, 222*f*
Bursite, 220

C

Cabeça, inseto, 110*f*
Cabelo, como característica mamífera, 134
▪ Caça às bruxas, ergotismo e, 85
Caenorhabditis elegans, 106*f*
Cafeína
▪ barreira hematoencefálica e, 163
▪ efeitos, 157
▪ na gravidez, 371
Cágado de Galápagos, 131*f*
Cágado, 130, 131*f*
Caiman, 131*f*
Caixa craniana, 215
Caixa de voz. *Ver* Laringe
Caixa torácica, 215*f*, 216*f*, 285, 286*f*
Cálcio
e liberação do neurotransmissor, 154-155, 154*f*
na função muscular, 224*f*, 225*f*

níveis no sangue, regulagem de, 193*f*, 199*t*, 201, 218
no osso, 217, 218
nutricional
efeitos da deficiência/excesso, 311*t*
fontes, 311*t*
funções, 311*t*
Calcitonina
ação, 199*t*, 200, 218
como hormônio peptídico, 194*t*
fonte, 193*f*, 199*t*, 200
Calcitriol, 201
Calor, 343
Caloria(s), 308, 312
Calvatia (puffballs), 83*f*
Calvin, Melvin, 48
Camada de limo, procariótico, 26
Camada de ozônio
desenvolvimento da, 9, 56
e vida, desenvolvimento da, 9, 14, 56
Camadas de tecido. *Ver* Camadas germinativas
Camadas de tecido primário. *Ver* Camadas germinativas
Camadas germinativas. *Ver também* Ectoderme; Endoderme; Mesoderme
animal, 90*f*, 356*f*-357*f*, 357, 360
cnidários, 96*f*
ser humano, 366*t*
Camaleão, 130
Camarão, 109
Camelo(s), dromedário, 330*f*
Camelos dromedários, 330*f*
Campo magnético, da Terra, capacidade do animal em sentir, 189
Camptosaurus, 118
Camuflagem, 130
Camundongo (camundongos)
controle de apetite em, 296*f*, 313*f*
em pesquisa genética, 362
Cana-de-açúcar (*Saccharum officinarum*), 65*f*
Canais ativados por voltagem, 151*f*, 152*f*-153*f*
Canais de cálcio, 154-155, 175
Canais de sódio, 158*f*
Canais semicirculares, 177*f*
Canal auditivo, 178*f*-179*f*
Canal(is), orelha, 177*f*
▪ **Câncer**. *Ver também* Câncer de mama; Câncer de cólon; Câncer de pulmão; Tumor(es)
alimentação e, 189, 309
células, exibição de antígeno, 267
cervical, 253*f*, 274 275*f*, 350
fatores de risco, 312
leucemias, 247
linfomas, 247
na AIDS, 271*f*
obesidade e, 296
próstata, 339
tabagismo e, 276
telefones celulares e, 167
testicular, 339
▪ Câncer cervical, 253*f*, 274 275*f*, 350
▪ Câncer de cólon, 189, 306, 312
▪ Câncer de mama
fatores de risco, 210, 312
tabagismo e, 276
▪ Câncer de pulmão
radônio e, 295*f*
tabagismo e, 276, 291*f*
taxa de sobrevivência, 276
Candida, 81*f*, 85
Canguru, 136, 337*f*
Cannabis. *Ver* Maconha
Cansaço ocular, 183
Cão de caça, 176
Capacidade vital, 286
Capilares linfáticos, 249-250, 249*f*
Capilares peritubulares, 323*f*, 324*f*, 326*f*, 327
Capilares pulmonares, 284*f*, 285, 288
Capilares sistêmicos, pressões parciais nos, 289*f*
Capilar glomerular, 324*f*
Cápsula do Bowman, 323*f*, 324*f*
Cápsula renal, 322*f*
Caracóis, 102*f*
com brânquias, 279
reprodução, 337*f*
sistema respiratório, 280, 281*f*
Caracol, 279
Caracol da terra (*Helix aspersa*), 281*f*
Caramujo (*Conus*), 88*f*, 175
Caranguejo aranha, 109
Caranguejo azul, 207*f*
Caranguejo de concha mole, 207*f*
Caranguejo ferradura do Atlântico (*Limulus polyphemus*), 117
Caranguejo-ferradura (*Limulus*), 108*f*, 117, 281*f*
Caranguejo(s)
características, 107*f*, 109
ciclo de vida, 109*f*
"concha mole", 207*f*
exoesqueleto, 214
muda, 207*f*
respiração, 280
Caravela (*Physalia*), 97*f*
Carbaminohemoglobina ($HbCO_2$), 288
Carboidratos. *Ver também* Monossacarídeos; Oligossacarídeos; Polissacarídeos
conversão em gordura, 307
digestão de, 302*t*
origem, 12*f*-13*f*
recomendações dietéticas, 308, 309
Carboidratos complexos. *Ver* Polissacarídeos
Carboidratos de cadeia curta. *Ver* Oligossacarídeos
Cardeal, 132*f*
▪ Carne
proteínas na, 309
recomendações nutricionais, 308, 309
Carpelo, 68*f*
Carpo, 279
Carragena, 50
Carrapatos
características, 108*f*
▪ como vetores de doença, 29*f*, 108
Cartilagem, esqueleto do embrião vertebrado, 217
Carvão, formação de, 64
Cascavel, 130, 131*f*, 329*f*
Catapora (Varicela), 21, 269*f*
Catarata, 186, 187*f*
Cauda, cordato, 120
Cavalinho-do-mar (*fucus versiculosis*), 46*f*
Cavalos marinhos, 125*f*
Cavidade coriônica, 364*f*-365*f*, 366*f*
Cavidade corporal, 93*f*
animal, 91*f*
Cavidade do manto, 102*f*
Cavidade nasal, funções, 284*f*, 285
Cavidade oral. *Ver* Boca
Cavidade sinovial, 222*f*
Caxumba, 21, 269*f*
CCK. *Ver* Colecistocinina
CCR (ressuscitação cardiocerebral), 251
CEA (crista ectodérmica apical), 361*f*
Ceciliano, 126, 127
Ceco, 306*f*
Cefalização, 90, 91*f*, 148
Cefalópodes, 102*f*, 103, 104*f*, 181*f*
Cefalosporina, 81
Cegueira, causas da, 186
▪ Cegueira dos rios (oncocercose), 186
▪ Cegueira nutricional, 186
Celacantos (*Latimeria*), 125*f*

Celoma, 91*f*, 366
  anelídeo, 100
  minhoca, 100, 101*f*
Célula alvo, de hormônio, 194
Célula amácrina, 184*f*, 185
Célula B. *Ver* linfócitos B
Célula bastão, 184*f*, 185
Célula bipolar, 184*f*, 185
Célula cone, 184*f*, 185
Célula ependimária, 167
Célula flama, 98*f*, 318*f*
Célula horizontal, 184*f*, 185
Célula pós-sináptica, 154-155*f*
Célula pré-sináptica, 154-155*f*
Célula(s). *Ver também* Células animais; Núcleo, celular; Célula(s) vegetal(is)
  origem, 6-7, 6*f*, 7*f*
  procarióticas
    estrutura e componentes, 26*f*
    tamanho e forma, 26*f*
Células capilares, 177*f*, 178*f*-179*f*, 179, 180*f*, 189
Células ciliadas, 304*f*
Células de goblet, 255*f*
Células de Leydig, 340*f*, 341*f*
Células de memória, 262
Células dendríticas
  HIV e, 271
  na resposta imunológica, 256*f*, 259, 261*f*, 262*f*, 264, 265*f*, 267*f*
Células de Schwann, 158*f*, 167
Células de Sertoli, 340*f*, 341*f*
Células efetoras, em resposta imunológica, 261-262*f*
  células B efetoras, 261-262*f*, 265*f*, 266*f*
  célula T efetoras, 261-262*f*, 265*f*, 267-268, 267*f*
Células fotossintéticas. *Ver* Cloroplasto(s)
Células germinativas, macho, 340
Células musculares
  contração das, 155
  controle nervoso, 225*f*
  energia para, 226*f*, 227
  fadiga muscular, 227
  fisgada muscular, 227*f*
  modelo de filamento deslizante, 224*f*, 241
  rompimento por doença ou toxina, 228*f*
  troponina e tropomiosinas em, 225, 226*f*
Células *natural killers* (células NK), 256*f*, 262, 264, 268
Células NK. *Ver* Células *natural killer*
Células procarióticas
  estrutura e componentes, 26*f*
  fissão procariótica, 26-27, 26*f*, 27*f*
  tamanho e forma, 26*f*
Células que apresentam antígeno, 261, 267*f*
Células sanguíneas brancas (leucócitos)
  distúrbios, 247
  funções, 235*f*, 236
  HIV e, 18
  na esclerose múltipla, 167
  na resposta imunológica, 256*f*
  número de, 235*f*
  tipos e funções, 256*f*
  vertebrado, 123
Células T auxiliares, 256*f*, 262*f*, 265, 266, 267-268, 267*f*, 271
Células T citotóxicas, 256*f*, 262*f*, 267-268, 267*f*, 268*f*, 271
Células T de memória, 261, 262*f*, 265*f*, 266, 267-268, 267*f*
Células-tronco
  definição, 235
  medula óssea, componentes do sangue e, 235, 236*f*
Células virgens, 261, 262*f*, 264
Célula T. *Ver* Linfócitos T
Celulose, digestão de, 299
Centopeia, 107*f*, 110*f*
Centro Nacional para HIV/AIDS, 272*f*
Cepa, definição, 25
Cerebelo, 162*f*, 163*f*
Cérebro
  anatomia, 163*f*
  animal, processamento de dados sensoriais, 173*f*
  aranha, 108*f*
  barreira hematoencefálica, 162-163, 245
  córtex somatossensorial, 174*f*
  crocodilo, 130*f*
  drogas psicoativas e, 157
  evolução do, 141
  experiências de "split brain", 166*f*
  fluxo sanguíneo para o, 244*f*
  fonte de energia, 307
  formação do, 366, 369
  humano, 149*f* (*Ver também* Cérebro)
  lesão/infecção, resposta do sistema imunológico, 167
  minhoca, 101*f*
  peixe, 125*f*
  planária, 98*f*
  primata, evolução do, 139
  proteínas, evolução das, 141
  regulagem hormonal, 199*t*
  réptil, 128
  rotífera, 105*f*
  tumores, 167
  vertebrado, 149, 162*f*, 163*f*
Cérebro anterior
  peixe, 163*f*
  vertebrado, 162*f*
Cérebro, 162*f*, 164*f*, 165
  estrutura e função, 164-165, 164*f*
  hemisférios, 163*f*, 166*f*
  sistema límbico e, 165*f*
▪ Cerveja, fermentação da, 81
Cervix, humano, 342*f*, 343*t*, 372*f*
Cestoide. *Ver* Tênia
▪ Cetoacidose, 203
Cetona(s)
  ▪ alimentação rica em gordura e, 309
  ▪ cetoacidose, 203
CFCs. *Ver* Clorofluorocarbonetos
Champignon, 82
Chara, (alga carófita) 49*f*
Charales (tipo de alga), 49*f*
Cheiro. *Ver* Olfato
Chicotes do mar, 74
Chile, Deserto do Atacama, 14*f*
Chimpanzé(s)
  classificação, 138
  desenvolvimento, 145*f*
  uso de ferramentas, 141
China
  ▪ doença, 32*f*, 33
  ▪ planos de reflorestamento, 73
  ▪ povoamento da, 143*f*
Chironex (tipo de água-viva), 97*f*
Chladophora (alga verde), 49
Chlamydia, 29, 186, 350*f*, 351
Chlamydomonas (alga verde), 48*f*
Chlorella, 48
▪ Choque anafilático, 268*f*
▪ Choque de insulina, 203
Chordata. *Ver* Cordados
Chukwa, Nikem, 354
Cianobactérias
  características, 28*f*
  evolução de, 8*f*, 12*f*-13*f*
  fixação de nitrogênio, 28*f*, 60, 63
  nos liquens, 84
Cicadáceas, 66*f*
  espécies, número de, 56*f*
  evolução de, 54, 57*f*, 59, 65
Ciclo cardíaco, 241, 242*f*
Ciclo de carbono

diatomáceas e, 46
diόxido de carbono atmosférico e, 42
foraminíferos e, 42
Ciclo do ácido cítrico. *Ver* ciclo de Krebs
Ciclo menstrual, 343
▪ dor/desconforto no, 343
Ciclo ovariano, humano, 344-345, 344*f*, 345*f*
Ciclos biogeoquímicos, ciclo de carbono, 42, 46
Ciclos de vida
angiospermas, 58*f*, 70*f*
apicomplexos, 45*f*
bacteriófago, 22, 23*f*
briófitas, 58*f*
fascíola do sangue (*Schistosoma*), 99*f*
▪ Ciclosporina, 81
Cifozoários, 96, 97
Cigarra, 112
Cigarra, 112, 113*f*
Ciliados, 38*f*, 39*t*, 43*f*
Cílio (**Cílios**)
de células capilares, 177*f*
no sistema imunológico, 255*f*, 258
Cinetoplastídeos, 39*t*, 40*f*, 41
Cinturão peitoral
pássaro, 133*f*
ser humano, 215, 216*f*
vertebrado, 215*f*
Cinturão pélvico
articulações, 219
pássaro, 133*f*
ser humano, 215, 216*f*
vertebrado, 215*f*
Circuito pulmonar, 234, 239*f*, 243
Circuito sistêmico, 234, 239*f*, 243*f*
▪ Cirurgia de ponte de safena, 247-248*f*
▪ Cirurgia ocular a laser (LASIK), 186
Cisteína, 309
Cisto, protista, 39, 40, 45
Citocinas, 255*t*, 256*f*, 259, 260, 261, 264, 265*f*, 266, 267-268
▪ Civilização Inca, 71
CJD. *Ver* Doença de Creutzfeldt-Jakob
Classificação. *Ver* Taxonomia
Claviceps purpurea, 85*f*
Clavícula, 215, 216*f*
Clima. *Ver* Aquecimento global
Clitelo, 101*f*
Clitóris, 342-343, 342*f*, 346
Clivagem
em desenvolvimento animal
em desenvolvimento humano, 363, 364*f*-365*f*
padrões, 359*f*
processo, 356-357, 356*f*-357*f*, 358-359*f*
Cloaca
pássaro, 298*f*, 299, 353
peixe, 125*f*
réptil, 130*f*
▪ Cloreto de sódio (NaCl; Sal de cozinha), e hipertensão, 248. *Ver também* Salinidade
Clorofilas, em cianobactérias, 28
Cloroplasto(**s**)
algas verdes, 48
algas vermelhas, 50
euglenoides, 41
evolução de, 10-11, 12*f*-13*f*, 28
origem, 10-11, 12*f*-13*f*
Clostridium, 29, 228, 257
Cnidaria. *Ver* Cnidários
Cnidários (**Cnidaria**), 96-97*f*
características, 90*t*, 96
ciclo de vida, 96-97*f*
classificação, 93*f*
diversidade, 96
esqueleto hidrostático, 213
rede nervosa, 148*f*
respiração, 280
Coagulação. *Ver* Coagulação do sangue
Coala (*Phascolarctos cinereus*), 136*f*
Coanoflagelados
classificação de, 38*f*
coloniais, e origem animal, 92*f*
Cobalamina. *Ver* Vitamina B12
Cobertura branquial, 282*f*
Cobras, 130, 131*f*
evolução das, 128*f*, 129, 130
▪ Introdução nas ilhas havaianas
reprodução, 337*f*
termorreceptores, 172*f*
▪ Cocaína, 157*f*
Coccidioides, 85
▪ Coccidioidomicose (febre do vale), 74, 85
Cóclea, 178*f*-179*f*, 180*f*, 189
Coco, 26*f*
▪ Codeína, 157
Codium fragilis (Dedo-de-defunto, Alga verde), 49*f*
Coevolução
angiospermas, 68, 69*f*
definição, 68
de polinizador e planta, 68, 69*f*
patógeno e hospedeiro, 32-33
Cogumelo Chanterelle, 83*f*
Cogumelo chapéu-da-morte (*Amanita phalloides*), 83*f*
Cogumelo do mel (*Armillaria ostoyae*), 82, 87
Cogumelo escarlate (*Hygrophorus*), 76*f*
Cogumelos, 80*f*, 81, 82*f*, 85
venenosos, 83*f*
▪ Coito interrompido, como método anticoncepcional, 348*f*, 349*t*
Colágeno
formação, 218
mutação genética, 230
no osso, 217
Coleman, Douglas, 313*f*
Coleóptero. *Ver* Besouro
▪ Cólera, 26*f*, 28
Colesterol
▪ e aterosclerose, 247*f*, 248
funções, 247
HDL (lipoproteína de alta densidade), 247, 276
LDL (lipoproteína de baixa densidade), 247, 276
níveis no sangue
regulagem de, 307*f*
▪ tabagismo e, 276
Colheita, pássaro, 298*f*, 299
Colo descendente, 306*f*
Cólon. *Ver* Intestino grosso
▪ Colonoscopia, 306
Coloração de Gram, 28
Colo transversal, 306*f*
Columbina (*Aquilegia*), 69*f*
Coluna vertebral, 122, 130*f*, 215*f*, 216*f*
Cometa Shoemaker-Levy, 129
Complemento, 255*t*, 259*f*, 260*f*, 262*f*, 263, 265*f*
Complexo de Golgi
euglenoides, 41*f*
origem dos, 10
Complexos antígeno-MHC, 256*f*, 261-262, 261*f*, 265*f*, 267*f*
Comportamento de namoro. *Ver* Comportamento de acasalamento
Comportamento, *Ver também* Comportamento no acasalamento
ser humano
plasticidade de, 143
Comunicação. *Ver também* Idioma; Sistema nervoso; Tecido nervoso
Concha(**s**). *Ver também* Exoesqueleto
molusco, 102*f*, 103*f*, 104*f*
ovo, amniota, 132*f*
tartaruga, 130, 131*f*

Condução, e temperatura
homeostática, 329
Confuciusornis sanctus (primeiro
pássaro), 132*f*
Conídia (conidiosporos), 81*f*
Conidiosporos. *Ver* Conídia
Conífera(s), 66
ciclo de vida, 67*f*
e seleção natural, 68*f*
espécies, número de, 56*f*
evolução de, 54, 57*f*, 59
Conjugação, 26-27*f*
Conjuntiva, 182, 186
▪ Conjuntivite, 182
Conotoxinas, 88*f*
Consciência, natureza de, 166
▪ Constipação, 306, 308
Contagem de células, 236
Conteúdo de oxigênio dissolvido na
água (DO), e animais aquáticos,
279*f*
▪ **Contracepção**
emergencial, como método
anticoncepcional, 349*f*
oral, 343
tipos e efetividade, 348-349, 348*f*,
349*t*
Contraceptivos orais, 343
▪ Controle de natalidade, 348-349,
348*f*, 349*t*, 364
Conus (caracóis de cone), 88*f*
Convecção e temperatura
homeostática, 329
Convergência morfológica, 181
Cooksonia (primeira planta vascular),
56-57*f*
Copépodos, 109*f*
▪ Coqueluche (pertussis), 32*t*, 269*f*
Coração
anfíbio, 234*f*
aranha, 108*f*
crocodilo, 130*f*
▪ defeitos e distúrbios, 231*f*
▪ diabetes e, 203*t*
estrutura, 234, 241*f*
função, 234*f*, 241-242*f*
localização, 241*f*
marca-passo, cardíaco, 231, 242*f*,
248
gafanhoto, 233*f*
gastrópode, 102*f*
mamífero, 134, 234*f*, 239
minhoca, 100, 101*f*, 233*f*
murmúrio, 252
papel no sistema circulatório, 233
pássaro, 132, 234*f*
peixe, 123, 125*f*, 234*f*
produção de hormônio, 199
réptil, 130*f*, 131
sépia, 104*f*
ser humano
aparência, 241*f*
arritmias, 248*f*
batimento do, 241-242*f*
ciclo cardíaco, 241, 242*f*
sistema de condução cardíaca,
242*f*
som "lub-dub", 242*f*
vertebrado, 123
Coral, 96, 97*f*
endossimbiose, 44
Cordados (Chordata)
características, 90*t*, 120
classificação, 93*f*
evolução dos, 122*f*
invertebrados, 120-121, 120*t*
sistema nervoso, 149
vertebrados, 120*t*
Cordão nervoso
cordato, 120*f*
minhoca, 101*f*
peixe, 125*f*
planária, 98*f*, 148*f*
vertebrado, 122
Cordão umbilical, 368*f*-369*f*, 372*f*
Cordas vocais, 285*f*, 301
Córion, 132*f*, 364*f*-365*f*, 365*t*
Córnea, 182*f*, 186
Coroide, 182*f*
Coronavírus, 32*f*
Corpo caloso, 163*f*, 166*f*, 185*f*
Corpo ciliar, 182*f*
Corpo frutificante
bactérias, 28, 29*f*
fungos, 80*f*, 82*f*
mixomicetos, 51*f*
Corpo lúteo, 344*f*, 345*f*, 365
Corpo polar
primeiro, 344*f*
segundo, 347*f*
Corpos de Barr
na pesquisa sobre evolução, 143
órgão X, 207*f*
Corpúsculos de Meissner, 174, 175*f*
Corpúsculos pacinianos, 174, 175*f*
Córtex
adrenal, 204*f*
celular, 358*f*
motor, 164*f*
motor primário, 164*f*
pré-motor, 164
renal, 322*f*, 323*f*
somatossensorial, 164*f*, 174*f*
somatossensorial primário, 164*f*,
174*f*
visual, 166*f*, 185*f*
visual primário, 164*f*, 165
Cortisol
ação, 199*t*, 204, 218
como esteroide, 194*t*
fonte, 193*f*, 199*t*, 204
nível no sangue
anormal, 205
regulagem de, 204*f*
▪ Cortisona, 205
Corujas, olhos, 181*f*
Corynebacterium diphtheriae, 257
Costela(s), 215, 216*f*
Cotiledôneas (folhas-semente), 69
Cotovelo, articulação, 219*f*
Craca, 109*f*
Craniados
definição, 121
evolução de, 122*f*
Crânio, 122. *Ver também* Craniados
inicial, 142*f*
pássaro, 133*f*
primata, inicial, 139*f*
ser humano, 215, 216*f*
Cratera de Chicxulub, 129
Creatina, 211, 226*f*
Creatina fosfato, na síntese de ATP,
226*f*
Crescente cinza, de anfíbios 358*f*, 360
Crescimento
animal, 356*f*-357*f*
estresse e, 205
ser humano, 363*f*, 363*t*
▪ Cretinismo, 370
CRH. *Ver* Hormônio liberador de
corticotropina
Criança (filho), definição, 363*t*
Crick, Francis, 7
Crista ectodérmica apical (CEA), 361*f*
▪ Cristal meth, 157
Crocodilianos, 130*f*, 131*f*
características, 131
evolução de, 128*f*, 129
Cromossomo(s) procarióticos, 26
Cromossomo X
Cromossomo Y
na pesquisa sobre evolução, 143
órgão Y, 207*f*
Crustáceos, 107*t*, 109*f*
muda, 207
proteínas respiratórias, 279

sistema nervoso, 148*f*
Cubozoários, 96, 97*f*
Cultura
definição, 139
e sobrevivência humana, 143
origem de, 139
▪ **Culturas (alimentos)**
concorrência com insetos por, 112
espécies, número de, 65*f*
geneticamente modificados, 186
Cupins (*Nasutitermes*)
características, 112, 113*f*
digestão, 38
Cutícula
artrópode, 207
minhoca, 100
nematódeo, 106
planta, 58, 59*f*
Cutshwall, Cindy, 270*f*
Cyanophora paradoxa, 11*f*
Cycas armstrongii, 66*f*

D

DAE. *Ver* Desfibrilador automatizado externo
▪ Daltonismo, 186
Damselfly (tipo de inseto), 112, 113*f*
▪ Datação radiométrica, 118
▪ DDT (difenil-tricloroetano)
ação, 190
e controle de malária, 36, 37, 52
Decápodes, 109
Decibel, 180
Decompositores
fungos como, 82
sapróbios como, 25
Dedo polegar opositivo, 139
Dedo(s)
controle cerebral dos, 164*f*
ossos, 215, 216*f*
percepção de sentido, 174*f*
▪ Defeitos congênitos, 370-371*f*
Defesa(s). *Ver também* Concha
camuflagem e subterfúgio, 130
espinhos e ferrões, 94, 96-97, 115
secreções e ejaculações, 115, 121
venenos, 88*f*, 108*f*, 124, 130, 131*f*, 136*f*, 175
Deficiências imunológicas primárias, 270
Deficiências imunológicas secundárias, 270
▪ Degeneração macular, 186, 187*f*, 311
Dendrito, 150*f*
▪ Dengue, 21
Dente (dentes)
▪ cáries, 258
crocodilianos, 130*f*, 131*f*
estrutura dos, 301*f*
humanos, 141, 301*f*
mamíferos, 134*f*, 299*f*
na digestão mecânica, 301
▪ placa, 258*f*
primata, 139
Dentes caninos, 134*f*, 301*f*
Dentina, em estruturas animais, 125, 301*f*
▪ Departamento Norte-Americano de Agricultura (USDA)
▪ recomendações nutricionais, 308*f*
▪ rótulos orgânicos, critérios para, 332*f*
Depósitos de hidrato de metano, 30*f*
▪ Depressivos, tipos e efeitos, 157
▪ Derrame
alimentação e, 309
causa, 247
e vertigem, 177
fatores de risco, 252*f*, 290
lesão cerebral causada por, 247
Descendente com modificação. *Ver* Evolução
Desenvolvimento. *Ver também* Puberdade
anfíbios
▪ interferentes hormonais e, 190*f*, 201*f*, 208
normal, 282, 360*f*
animal
clivagem, 358-359*f*
diferenciação, 361
formação de padrão, 361
gastrulação, 360*f*
localização citoplasmática, 358
modelo geral, 362
morfogênese, 361
processos em, 356-357, 356*f*-357*f*
artrópode, 107
chimpanzé, 145*f*
deuterostômios, 91
Drosophila melanogaster (mosca-das-frutas), 360*f*
gastrópodes, 102*f*, 103
inseto, 111*f*, 112
marsupiais, 337*f*
pássaro, 359, 361*f*
peixes
interferentes endócrinos e, 190
normal, 359*f*
protostômio, 91
réptil, 359
sapo
interferentes hormonais e, 190*f*, 201*f*, 208
normal, 356-357, 356*f*-357*f*, 359*f*
ser humano
características humanas, aparecimento do, 368-369, 368*f*, 369*f*
estágios pré-natais, 363*t*
estrutura corporal, aparência do, 366*f*
inicial, 364-365, 364*f*-365*f*
tireoide e, 200
visão geral, 337*f*, 363*f*, 363*t*
sistema nervoso, tireoide e, 200
visão evolucionária, 362
Deserto do Atacama, 14*f*
▪ Desfibrilador, 231*f*, 248
▪ Desfibrilador automatizado externo (DAE), 231*f*, 248
▪ Desidratação e constipação, 306
▪ Desintoxicação, fígado e, 307*f*
▪ Desmatamento, 54*f*
Desmídias, 49*f*
▪ Desvio gástrico, 296*f*
Deuterostômios, 114
classificação, 93*f*
desenvolvimento, 91
embrião, clivagem em, 359*f*
Dexametasona, 353
Diabetes com início juvenil, 203
▪ Diabetes insípido, 327
▪ **Diabetes melito**, 203
complicações do, 186, 203*t*, 248
e alimentação, 203, 712
e insuficiência renal, 328
fatores de risco, 296, 312
gravidez e, 370
pesquisa sobre, 316
tipos, 203
Diabo da Tasmânia, 136*f*
▪ Diafragma (método anticoncepcional), 348*f*, 349*t*
Diafragma (músculo), 284*f*, 285, 286*f*, 287*f*
Diálise peritoneal, 328*f*
▪ Diarreia, 32*t*, 258, 306
Diástole, 241, 242*f*
Diatomácea(s), 38*f*, 46*f*
características, 39*t*
ciclo de vida, 39
habitat, 2
▪ Diazepam (Valium), 156
Dicotiledônea, definição, 69
Dictyostelium discoideum (mixomiceto celular), 51*f*

Didinium (ciliado), 43*f*
Diener, Theodor, 24
Diferenciação
de linfócitos T, 250
no desenvolvimento animal, 361
▪ Difteria, 257, 269*f*
Difusão facilitada. *Ver* Transporte passivo
Difusão, taxa, fatores que afetam, 278-279
Digestão
ácidos nucleicos, 302*t*
animal, diversidade na, 90*t*
carboidratos, 302*t*
como função do sistema digestório, 298-299
gorduras, 303, 305*f*
lipídios, 302*t*
proteínas, 302*t*
ser humano
absorção de nutrientes, 299, 304-305, 304*f*, 305*f*
boca, 301, 302*t*
controle de, 303
estômago, 302*t*, 303*t*
intestino delgado, 302*t*, 303*f*, 303*t*, 304-305, 304*f*, 305*f*
metabolismo de compostos orgânicos, 307*f*
Digestão extracelular e absorção,
fungos, 76
homeostase, 318
ser humano, 318*f*, 327
Digestão mecânica, em seres humanos, 301, 302
Digestão química, 301-303, 302*t*
Dinoflagelados, 38*f*, 39*t*, 44*f*, 96
Dinossauros
características, 129
evolução de, 122*f*, 129, 132
extinção de, 129
reprodução, 128*f*
tetrápode, 128*f*
Dióxido de carbono
atmosférico, 42, 278
como resíduo metabólico, 318, 321
na troca de gases respiratórios, 288
níveis no sangue
regulagem dos, 327
respiração e, 287*f*
transporte, 288-289
Diplomonados, 38*f*, 39*t*, 40*f*
Disco embrionário, 364*f*-365*f*, 366*f*
Disco intervertebral, 215, 216*f*
Disco óptico, 182*f*
Discos intercalculados, 242*f*
▪ Disenteria amebiana, 51
▪ Disfunção erétil, 346-347
▪ Dispositivo intrauterino (DIU), como método anticoncepcional, 348*f*, 349*t*
▪ Distrofia muscular de Duchenne (DMD), 228
Distrofia muscular miotônica, 228
▪ Distrofias musculares, 228*f*
▪ Distúrbio afetivo sazonal ("melancolia de inverno"), 206
▪ **Distúrbios genéticos**. *Ver também* Anemia falciforme; distúrbios associados a X
aborto de embriões com, 349
anemia falciforme, 247
associado a X, 228
distrofia muscular de Duchenne, 228
distrofias musculares, 228*f*
hemofilia, 237, 247
SCIDs, 270
síndrome de Down (Trisomia 21), 349
síndrome de insensibilidade andrógena, 194
terapia genética, 270*f*
DIU. *Ver* Dispositivo intrauterino
Diversidade. *Ver* Biodiversidade; Diversidade genética
Divisão citoplasmática. *Ver* Citocinese
DNA (ácido desoxirribonucleico). *Ver também* Cromossomo
estrutura
radiação UV e, 9, 56
transcrição. *Ver* Transcrição
viral, 20-22, 23*f*
mitocondrial
na pesquisa da evolução, 143
semelhança com o DNA bacteriano, 11
origem do, 7*f*
procariontes, 26*f*
DNA complementar. *Ver* DNAc
DNA em
enzimas em, 7
na ação de hormônio, 194, 195*f*
origem da, 7*f*
DO. *Ver* Conteúdo de oxigênio dissolvido na água
Dobras neurais, 366*f*
▪ Doença. *Ver também nomes de doenças específicas*.
planta
fúngica, 83*f*, 85*f*, 87
moldes de água, 47*f*
viral, 20-21*f*
viroide, 24*f*
ser humano
bacteriana, 28, 29
fúngica, 74, 78, 79, 80, 85*f*
principais causas de morte, 32*t*
príon, 24*f*
protista, 36, 40-41, 43, 45
sexualmente transmissível, 40-41, 349-350
viral, 21
sistema de alerta internacional, 33
visão evolucionária de, 32
▪ **Doença cardiovascular**
alimentação e, 308-309
aterosclerose, 247-248, 247*f*, 248*f*, 258
distúrbios na coagulação, 247
estresse e, 205
fatores de risco, 248
hipertensão. *Ver* Hipertensão
mortes por, 248
ruído ambiental e, 180
tabagismo e, 291*f*
uso de andro e, 211
▪ Doença da descompressão ("bends"), 292
▪ Doença da gengiva, 31, 258
▪ Doença das artérias coronárias, 258
Doença da vaca louca. *Ver* Encefalopatia espongiforme bovina (EEB)
▪ Doença de Addison (Hipocortisolismo), 205
▪ Doença de Chagas, 41, 112-113
▪ Doença de Creutzfeldt-Jakob (CJD), 24*f*
▪ Doença de Graves, 201, 270
▪ Doença de Lyme, 29, 108
▪ Doença de Parkinson, 156*f*
▪ **Doença do coração**
alimentação e, 309*t*, 311
e ataque cardíaco, 231
fatores de risco, 296, 312
Doença do Lou Gehrig. *Ver* Esclerose amiotrófica lateral
▪ Doença do refluxo gastroesofágico (DRGE), 301
▪ Doença do sono (tripanosomíase africana), 41, 112
▪ Doença do tubérculo afilado da batata, 24*f*
▪ Doença pélvica inflamatória (DPI), 350*f*, 351*f*
Doenças endêmicas, 32

■ **Doenças sexualmente transmissíveis (DSTs)**, 350-351, 350*f*, 351*f*. *Ver também* AIDS
e risco de gravidez ectópica, 364
incidência, 350*t*
prevenção de, 348
■ Doença variante de Creutzfeldt--Jakob (VCJD), 24*f*
Dopamina, 156*t*, 157
Dor
■ analgésicos, 157
associada, 175*f*
percepção de
neuromoduladores, 156, 175
receptores sensoriais, 174-175*f*
visceral, 174, 175*f*
■ Dor associada, 175*f*
Dormência, em rotíferas e tardigrados, 105
■ Dor visceral
definição, 174
dor associada, 175*f*
Dragão de Komodo, 130
DRGE. *Ver* Doença de refluxo gastroesofágico
■ Drogas antirretrovirais, 35*f*
■ Drogas da fertilidade, 354, 355, 373, 374*f*
■ **Droga(s), prescrição**
e amamentação, 372
e gravidez, 371
■ Drogas psicoativas, 157*t*, 157*f*
Drosophila melanogaster
desenvolvimento, 360*f*
em pesquisa genética, 362
DSTs. *Ver* Doenças sexualmente transmissíveis
Duodeno, 302*f*
Duto coclear, 178*f*-179*f*
Dutos de leite, 372*f*
Dutos ejaculatórios, 338*f*, 338*t*, 339
Dutos linfáticos, 249*f*
Dutos reprodutivos, homem, 338*t*, 339
Duto timpânico, 178*f*-179*f*
Duto torácico, funções, 249*f*
Duto vestibular, 178*f*-179*f*

E

E. coli O157:H7, 25
ergotismo, 85
intoxicação neurotóxica por moluscos, 44
EB. *Ver* Epidermólise bolhosa
Ecdisona, 207
Ecdysozoa, classificação, 93*f*
Ecolocalização, 170
Ecossistemas aquáticos
■ conteúdo de oxigênio, 279*f*
■ Ecstasy (MDMA), 146*f*, 157, 168, 169*f*
Ectoderme
cnidários, 96*f*
formação de, 90*f*, 357*f*, 360
na formação do tubo neural, 361*f*
ser humano, 192, 366*t*
Ectotérmicos, 130, 329*f*
Ediacaranos, 92
EEB. *Veja* Encefalopatia espongiforme bovina
Efêmera (mosca), 279
Eixo bipolar, 347*f*
Ejaculação, 339, 346, 347
ELA. *Ver* Esclerose lateral amiotrófica
Elefante marinho do sul (*Mirounga leonina*), 293*f*
Elefantes, acasalamento, 336*f*
Elefantíase. *Ver* Filaríase linfática
Elemento(s) , origem dos, 4. *Ver também* Tabela periódica
ciclos de, em ecossistemas. *Ver* Ciclos biogeoquímicos
Eletroforese em gel. *Ver* Eletroforese
Eliminação, como função do sistema digestório, 299
Elo perdido, 118
EM. *Ver* Esclerose múltipla
Êmbolo, 247
■ "Embriaguez das profundezas" (narcose por nitrogênio), 292
Embrião
animal
camadas de tecido, 90*f*, 93*f*
cordato, 120
equinodermo, 115
ovo amniótico, 132*f*
planta
angiosperma, 70*f*
com semente, 65
gimnosperma, 54, 67*f*
ser humano
como período de desenvolvimento, 363*t*
desenvolvimento, 364*f*-365*f*, 368*f*-369*f*
membranas extraembrionária, 364-365*t*
vertebrado, esqueleto, 217
Embriófitas, 56
Emoção
e memória, 165
sistema límbico e, 165
Emulsificação, por sais biliares, 303
Encefalinas, 156, 175
■ Encefalite do Nilo Ocidental, 21
■ Encefalopatia espongiforme bovina (EEB), 24*f*
Endocitose, 265*f*
Endoderme
animal, 90*f*, 357*f*, 360
cnidários, 96*f*
humana, 366*t*
Endoesqueleto, 122
equinodermo, 214*f*
vertebrado, 215-216, 215*f*, 216*f*
Endófitos, 84
Endométrio, 342*f*, 345, 364*f*-365*f*
■ Endometriose, 343
Endorfinas, 156, 157, 175, 346
Endosperma, 70*f*
Endósporos, 29*f*
Endossimbiose, 10, 12*f*-13*f*
dinoflagelados e corais, 44
evidência, 11*f*
primária, 38
secundária, 38, 44
Endossimbiose primária, 38
Endossimbiose secundária, 38, 44
Endotélio, 241*f*, 245
Endotérmicos, 132, 134, 329*f*
■ Enfisema, 290-291*f*
Engelmann, Theodor, 49
■ **Engenharia genética**. *Ver também* Organismos modificados geneticamente
fábricas de órgãos, 328.
Englenoides, 2
Enguia-do-lodo, 120*t*, 121*f*, 122*f*
■ Enjoo de movimento, 177
■ Enjoo matutino, 370-371
Entamoeba histolytica (ameba parasitária), 51
Enterocytozoon bieneusi (Microsporídio), 79
■ Entorse tornozelo, 220
Entropia. *Ver* Segunda lei da termodinâmica
■ **Envelhecimento**
desaceleração do, com hormônio do crescimento, 198
e doença cardiovasculares, 248
e músculos, 227
e osteoporose, 218*f*
e tendões, 227
e transtornos visuais, 186, 187*f*
Envelope nuclear
evolução do, 10*f*

■ Envenenamento por monóxido de carbono, 289
Enxofre, nutricional, 311*t*
Eoceno, 17*f*
clima, 17*f*
e dispersão humana, inicial, 143*f*
erupção vulcânica e, 143
evolução, animal, 17*f*, 139
período Ordoviciano, 54
período Permiano, 57
Eosinófilos
funções, 235*f*, 236
na resposta imunológica, 256*f*
número de, 235*f*
origem, 236*f*
Ephedra, 66*f*
■ Epidemia, 32
Epiderme
animal no sistema imunológico, 258*f*
Epidídimos, 338*f*, 338*t*, 339, 340*f*
Epífitos, 63
Epiglote, 284*f*, 285*f*, 301
■ Epilepsia, 166
Epinefrina
ação, 156*t*, 165, 199*t*, 204, 205
como hormônio amina, 194*t*
fonte, 156, 193*f*, 199*t*, 204
Epitélio. *Ver* Tecido epitelial
Epitélio capilar, 288*f*
Equação. *Ver* Equação química
Equilíbrio ácido-base, 327
Equilíbrio, órgãos de, 177*f*
■ Equilíbrio, senso de, 177*f*
Equinodermo (Equinodermoata), 114-115*f*
características, 90*t*
classificação, 93*f*
como deuterostomos, 359
endoesqueleto, 214*f*
estrutura, 114*f*
Equisetácea gigante (*Calamites*), 64*f*
Equisetáceas (*Equisetum*), 62*f*
espécies, número de, 56*f*, 62
evolução das, 57*f*
no período Carbonífero, 64
Era Arqueia, origem e evolução da vida, 12*f*-13*f*
Era das Cicadáceas, 65
Era dos Dinossauros, 65
Era Mesozoica, evolução na
animais, 128*f*
plantas, 68*f*
Era Paleozoica, 128*f*
■ Ergotismo, 85
Eritrócitos. *Ver* Hemácias
Eritropoietina, 199, 292
Escalopes, 102*f*, 103
exoesqueleto, 213-214
natação, 214
Escamas
peixes, 124
répteis, 128, 130
Escápula (omoplata), 215, 216*f*, 219
■ Escassez de batatas na Irlanda, 47
Escherichia coli
cepas patogênicas, 25
habitat, 28
reprodução, 26*f*
■ Esclerose lateral amiotrópica (ELA; doença do Lou Gehrig), 228
Esclerose múltipla (EM), 167, 270
Esclerótica, 182*f*
Escólex, tênia, 99*f*
Escorpião, 108*f*
Escroto, 338*f*
Esfíncter
no sistema digestório, 301, 302*f*, 306
no sistema urinário, 322
Esfíncter pilórico, 302*f*
Esmalte, dente, 301*f*
Esôfago
■ câncer de, tabagismo e, 291*f*
crocodilo, 130*f*
funções, 300*f*, 301
humano, 300*f*, 302*f*
pássaro, 298
Especiação, alopátrica, 92
Especiação alopátrica, 92
Esperma de baleia (*Physeter macrocephalus*), 293*f*
Espermatídeos, 340*f*
Espermatócito primário, 340*f*
Espermatócitos
primários, 340*f*
secundários, 340*f*
Espermatócito secundário, 340*f*
Espermatogônio (espermatogônios), 340*f*
Espermatozoide
angiosperma, 70*f*
animal, 356*f*
briófita, 60, 61*f*
caminho percorrido pelo, 339
cnidário, 97*f*
contagem de espermatozoides, interferentes endócrino e, 190, 209 210*f*
estrutura, 341
formação, 340-341, 340*f*, 341*f*
gimnosperma, 66, 67*f*
na fertilização, 347*f*
plantas com sementes, 65
plantas vasculares, 59, 62
plantas vasculares sem sementes, 63*f*
produção, 338*f*
■ Espermicidas, 348*f*, 349*t*
Espícula, 94*f*
Espináculo, 123*f*, 281*f*
Espinha dorsal. *Ver* Coluna vertebral
Espinhos e ferrões, como defesa, 94, 96-97, 115
Espirilo, 26*f*
Espiroquetas, 29*f*
Esponjas (Porifera), 94-95*f*
características, 90*t*, 94
classificação, 93*f*
estrutura, 94*f*
homeostase, equilíbrio de fluidos, 318
reconhecimento próprio em, 95
reprodução, 95*f*
sistema respiratório, 280
Esponja "Venus flower basket" (*Euplectelia*), 95
Esporângio
plantas com sementes, 65
plantas terrestres, 58
plantas vasculares sem sementes, 62*f*
Esporófitas
algas, 50*f*
angiosperma, 58, 70*f*
briófita, 60*f*, 61*f*
kelp, 46*f*, 47
planta com sementes, 59*f*, 65
plantas terrestres, 58*f*
plantas vasculares sem sementes, 63*f*
Esporo(s). *Ver também* Megasporos; Microsporos
algas, 48*f*, 50*f*
briófita, 61*f*, 65
fungo, 74*f*, 76, 78-79, 78*f*, 79*f*, 82*f*
plantas com sementes, 65
plantas vasculares sem sementes, 62, 63*f*
Esporozoários. *Ver* Apicomplexos
Esporozoítas, 45*f*
Esqueleto apendicular, 215
Esqueleto axial, 215
Esqueleto hidrostático, 96, 101, 213*f*
Esqueleto(s). *Ver também* Endoesqueleto; Exoesqueleto; Esqueleto hidrostático; Sistema musculoesquelético

apendicular, 215
articulações. *Ver* Articulação(ões)
axial, 215
gorila, 138*f*
invertebrado, 213-214, 213*f*, 214*f*
macaco, 138*f*
pássaro, 132, 133*f*
ser humano
análise comparativa, 138*f*
estrutura, 215-216*f*
vertebrado
estrutura, 215-216, 215*f*, 216*f*, 217
evolução do, 122-123, 215
Esquilos voadores, 137*f*
Esquistossomíase, 99*f*
▪ Esquizofrenia, sistema límbico e, 165
Estados Unidos
▪ AIDS nos, 35*f*
▪ desmatamento nos, 54
▪ incidência DST, 350*t*
▪ obesidade no, 296
▪ tabagismo, prevalência, 294
Estágio dicariótico, no ciclo de vida do fungo, 76, 77*t*, 80*f*, 82*f*
Estágio folicular, do ciclo ovariano, 345*f*
Estame, 68*f*, 70
Estatólitos, 172
Esterno (osso do peito), pássaro, 133*f*
Esteroides anabolizantes, 211
Esteroide(s) e cataratas, 186
▪ Estimulantes, tipos e efeitos, 157
Estômago
crocodilo, 130*f*
equinodermo, 114-115, 114*f*
estrutura, 302*f*
funções, 301
gastrópode, 102*f*
humano
digestão no, 302*t*, 303*t*
funções, 300*f*
peixe, 125*f*
rotífera, 105*f*
sapo, 298*f*
▪ úlceras, 28, 29*f*, 302
Estoma(s), 58, 59*f*
Estramenópilas, 38*f*, 46*f*, 47*f*
características das, 39*t*
Estrelas do mar, 114*f*, 115*f*
endoesqueleto, 214*f*
▪ Estresse
e constipação, 306
e digestão, 303
efeitos sobre a saúde do, 205
▪ Estresse por calor, resposta do mamífero ao, 330*t*
Estresse por frio, resposta do mamífero ao, 330-331*f*, 331*t*
▪ Estresse social, relacionado a status, 205*f*
Estribo, 178*f*-179*f*
Estróbilo
gimnospermas, 66
plantas vasculares sem semenetes, 62*f*
Estrogênio(s)
ação, 199*t*, 218, 345*f*, 365, 367
como esteroide, 194*t*
▪ como poluente ambiental, 190
conversão em testosterona, 208
em machos
efeitos do, 211
▪ uso de andro e, 211
e sistema imunológico, 270
fonte, 193*f*, 199*t*, 206, 344, 365, 367
Estromatólitos, 8-9, 8*f*
Etanol. *Ver* Álcool (etanol)
Eucariontes
características, 52*t*
em ambientes extremos, 2
origem dos, 9*f*, 10, 12*f*-13*f*
Eucharya, como domínio. *Ver* Eucariontes
Eudicotiledôneas
espécies, número de, 56*f*, 69
evolução de, 69*f*
Euglenoides, 38*f*, 39*t*, 41*f*
Europa
▪ AIDS na, 271*t*
fósseis, primeiros humanos, 143
povoamento da, 143*f*
Europa (lua de Júpiter), vida em, busca por, 14
Evaporação, e temperatura homeostática, 329
Evolução. *Ver também* Adaptação; Radiação adaptativa; Seleção natural
algas
verdes, 50
vermelhas, 44, 50
amebas, 38*f*
anfíbios, 122*f*, 126*f*
angiospermas, 54*f*, 56*f*, 57*f*, 59, 65, 68*f*, 69*f*, 72*f*
animais, 9, 12*f*-13*f*, 51, 92, 93*f*, 362
arqueias, 8, 12*f*-13*f*, 25
bactérias, 8, 12*f*-13*f*, 25
brânquias, 280
briófitas, 56*f*, 57*f*, 72*f*
cianobactérias, 8*f*, 12*f*-13*f*
cicadáceas, 54, 57*f*, 59, 65
cloroplastos, 10-11, 12*f*-13*f*, 28
cobras, 128*f*, 129, 130
coevolução
angiospermas, 68, 69*f*
definição, 68
de polinizador e planta, 68, 69*f*
patógeno e hospedeiro, 32-33
coníferas, 54, 57*f*, 59
convergente, 135*f*
da reprodução sexuada, 9
dinossauros, 122*f*, 129, 132
do sistema imunológico, 255
e desenvolvimento animal, 362
era proterozoica, 9
eucariontes, 9*f*, 10, 12*f*-13*f*
evidência
de fósseis, 118*f* (*Ver também* Fóssil(eis))
elos perdidos, 118
fotossíntese, 8, 12*f*-13*f*
fungos, 12*f*-13*f*, 51, 76
gimnospermas, 54, 56*f*, 57, 59, 65, 72*f*
ginkgos, 54, 57*f*, 59
habitantes terrestres, vantagens seletivas dos, 126
hormônios, 207
insetos, 107, 126
linha cronológica, 12*f*-13*f*
mamíferos, 122*f*, 134-135
mitocôndrias, 10-11*f*, 12*f*-13*f*, 28
núcleo, 10*f*, 12*f*-13*f*
organelas, 10-11, 10*f*
pássaros, 122*f*, 128*f*, 129, 131, 132*f*
peixes, 104, 122-123, 122*f*, 123*f*
placas tectônicas e, 134-135
plantas, 9, 12*f*-13*f*, 54*f*
portadoras de sementes, 56*f*, 57*f*, 65
terrestres, 54-59, 72*f*
vasculares, 56*f*, 62
vasculares sem sementes, 56-57, 56*f*, 57*f*, 62, 72*f*
primeiras espécies, 8-9, 8*f*, 9*f*
procariontes, 8*f*, 25, 27
protistas, 12*f*-13*f*
pulmões, 122*f*, 123, 234, 282-283
répteis, 122*f*, 128*f*
respiração aeróbica, 9, 12*f*-13*f*
seres humanos, 138-143, 139*f*, 140*f*
simetria bilateral, 148
sistema de endomembranas, 12*f*-13*f*
sistema nervoso, 148-149, 148*f*
tecido, 90

tetrápodes, 122*f*, 126*f*
vertebrados, 9, 122-123, 122*f*, 123*f*
vias de sinalização, 51
vírus, 21
Evolução convergente, 135*f*
Exalação, 286*f*
■ **Exercício**
aeróbico, benefícios do, 227
e constipação, 306
e densidade óssea, 218
e digestão, 303
e músculo, 227
e perda de peso, 312
e pressão venosa, 246
mudanças na respiração durante o, 287*f*
neuromoduladores e, 156
■ Exercício aeróbico, 227
Exocitose, 154*f*, 155
Exoesqueleto, 213-214
artrópode, 107
moluscos, 213-214
Exotérmicos, 329*f*
■ Expectativa de vida, tabagismo e, 291*f*
Experiência(s). *Ver* Pesquisa científica
Experiências "split-brain", 166*f*
Expressão de gene, em desenvolvimento, 361, 362
Extinção(ões)
desmatamento e, 54
impactos de asteroides e, 129
limite C-T (Cretáceo-Terciário), 129

F

FAD (flavina adenina dinucleotídeo), funções, 310*t*
■ Fadiga de viagem, 206
Fagócitos. *Ver também* Macrófagos
aglutinação e, 237
na resposta imunológica, 236, 255, 259, 260*f*, 261, 262, 263, 265
Fairbanks, Daniel, 71
Faixa I, 223*f*
Faixas Z, 223-224, 223*f*, 224*f*
Fala
célula para célula
passos, 194
sistema endócrino, 192, 194
centros cerebrais da, 164-165, 164*f*, 166*f*
sistema respiratório na, 284, 285*f*
Falange (falanges), humana, 215, 216*f*
Faringe
anfioxo, 120*f*
funções, 284*f*, 300*f*, 301
nematódeo, 106*f*
planária, 98*f*
poliqueto, 100*f*
sapo, 298*f*
ser humano, 300*f*
tunicado, 121*f*
Fascíola do sangue (*Schistosoma*), 98-99*f*
Fascíolas (trematódeos), 98-99, 127*f*
Fase de medusa, 96-97*f*
Fase haplóide, do ciclo de vida da planta terrestre, 58*f*
Fase lútea, do ciclo ovariano, 345*f*
■ *fast food*, e nutrição, 297, 314
Fator de crescimento, definição, 167
Fator de crescimento nervoso, 167
Fatores de necrose tumoral (FNTs), 256
Fator X, 237*f*
FDA. *Ver* Administração de Alimentos e Drogas dos Estados Unidos
Febre
como resposta imunológica, 259, 260
e homeostase, 330
■ tratamento da, 260
■ Febre aftosa, 21
■ Febre amarela, 21
■ Febre do vale (coccidioidomicose), 74, 85
■ Febre maculosa das montanhas rochosas, 28
FEC. *Ver* fluido extracelular
Fêmur, humano, 216*f*
articulações, 219*f*
estrutura, 217*f*
tamanho, 217
Fendas branquiais, 282
anfioxo, 120*f*
cordato, 120
enguia-do-lodo, 121*f*
evolução da estrutura de suporte, 123*f*
tunicado, 121*f*
Fenda sináptica, 154*f*, 155
Fendas neurais, 366*f*
Fenilalanina, 309
■ Fentanil, 157
Fermentação
lactato, 226*f*
leveduras, 81
Fermentação alcoólica, 81
Fermentação de lactato, 226*f*
Feromônios
definição, 176
no sistema endócrino, 192
■ Ferramentas, adoção humana de, 141*f*
Ferro nutricional, 307*f*, 310, 311*t*
Ferrugem de caule do trigo, 83*f*
Ferrugens, 83*f*
Fertilização
angiosperma, 70*f*
animal, 356*f*
dupla, 70*f*
em angiospermas, 70*f*
em seres humanos, 347*f*, 364
externa, 337
interna, 337
planta com sementes, 65
Fertilização dupla em, 70*f*
ciclo de vida, 58*f*, 70*f*
espécies
diversidade de, 68-69
esporófito, 58
número de, 56*f*, 68*f*
evolução de, 54*f*, 56*f*, 57*f*, 59, 65, 68*f*, 69*f*, 72*f*
fertilização, 70*f*
polinização. *Ver* Polinização
reprodução sexuada, 70*f*
Fertilização externa, 337
Fertilização interna, 337
■ Fertilização *in vitro*, 349*f*, 354
■ Fertilizantes, como contaminante, 279
Fescuta alta, 84
Feto
humano
como fase de desenvolvimento, 363*t*
desenvolvimento, 368*f*-369*f*, 370-371, 370*f*
sistema imunológico e, 263, 371
Fezes, 306
Fiandeira, aranha, 108*f*
Fibra muscular, 221, 223-224, 223*f*
■ Fibra nutricional, 306, 308
■ Fibrilação atrial, 248
■ Fibrilação ventricular, 248*f*
Fibrina, 237*f*
Fibrinogênio, 237*f*
Fíbula, 216*f*, 219*f*
Ficobilinas, 50
Fígado
crocodilo, 130*f*
fluxo de sangue para o, 244*f*
funções, 202*f*, 239, 247, 300-301, 300*f*, 307*f*, 309
peixe, 125*f*
regulagem de, 199*t*, 202*f*, 204

sapo, 298*f*
ser humano, 300*f*
sistema circulatório e, 239*f*
▪ uso de andro e, 211
Filamento branquial, 282*f*
▪ Filariose linfática (elefantíase), 106*f*
Filtragem glomerular, 323, 324*f*, 325*t*
Fisgada muscular, 227*f*
Fissão binária, 40
Fitonutrientes (fitoquímicos), 311
Fitoquímicos (fitonutrientes), 311
Fixação de carbono em cianobactérias, 28
Fixação de nitrogênio, bactérias fixadoras, 28*f*, 60, 63
Flagelados anaeróbicos, 40-41, 40*f*
Flagelo (flagelos)
anaeróbicos, 40-41, 40*f*
coanoflagelados, 92*f*
dinoflagelados, 44*f*
esponjas, 94*f*
estramenópilas, 46*f*
euglenoides, 41*f*
procariontes, 26*f*
quitrídios, 77
▪ Flashbacks, LSD e, 157
Flavina adenina dinucleotídeo. *Ver* FAD
Floema, 58, 62
Flora, normal, 257*f*
Flor(es)
como característica de angiosperma, 59*f*
e seleção natural, 68, 69*f*
estrutura, 68*f*
polinizadores. *Ver* Polinizador(es)
Flores, Indonésia, 142
Floresta(s)
▪ desmatamento, 54*f*
quantidade global, 73*f*
Fluido cerebroespinhal, 160, 162-163
Fluido gástrico, 258, 302
Fluido intersticial
sistema endócrino e, 192
trocas do sistema circulatório, 233, 245-246, 245*f*
Fluido sinovial, 219
Flúor
▪ nutricional
▪ efeitos da deficiência/excesso, 311*t*
▪ fontes, 311*t*
▪ funções, 311*t*
▪ Fluoxetina (Prozac), 156
FNTs. *Ver* Fatores de necrose tumoral
Foca-de-weddell (*Leptonychotes weddelli*), 293*f*
Foca-harpa, 137*f*
Focas, mergulho profundo das, 293*f*
▪ Foco, visual, transtornos, 186*f*
Folato (ácido folato)
▪ e defeitos do tubo neural, 370
▪ efeitos da deficiência/excesso, 310*t*
▪ fontes, 310*t*
▪ funções, 310*t*
Folha de chá (*Camélia sinensis*), 65*f*
Folha (folhas)
evolução das, 59
gimnosperma, 66
Folhagem, samambaia, 63
Folhas-semente. *Ver* Cotiledôneas
Folículo ovariano, 344-345, 344*f*
Forame magno, 138, 139*f*, 215, 216*f*
Foraminíferos, 38*f*, 39*t*, 42*f*
Forma. *Ver* Morfologia
Formação de padrão, 361
Formação do Rio Verde, 17*f*
Formiga(s), 107*t*, 110
Fosfoglicerado. *Ver* PGA
Fosfogliceraldeído. *Ver* PGAL
Fóssil(eis)
anfíbios, 126*f*
animais, 92*f*
como evidência da evolução, 118*f*
▪ datação radiométrica de, 118
eucariontes, iniciais, 9*f*
hominídeos, 140*f*, 141
pássaros, 17*f*
plantas, 56, 57*f*
primata, bipedalismo, identificação de, 138, 139*f*
procariontes, iniciais, 8*f*
▪ propriedade particular de, 119, 144
seres humanos, 142-143
Fotoautotróficos, procarióticos, 25*t*
Fotoheterotróficos, 25*t*
Fotorreceptores, 173, 180*f*, 182*f*
degeneração macular e, 186
estrutura, 184*f*
função, 185*f*
tipos, 184
Fotossíntese
evolução da, 8, 12*f*-13*f*
oxigênio gerado em difusão de, atmosfera inicial e, 8-9, 54, 56
reações dependentes de luz em
via cíclica, 8, 12*f*-13*f*
via não-cíclica, 8, 12*f*-13*f*, 54
Fóvea, 182*f*, 184*f*, 186
Fox, Michael J., 156*f*
Fragmentação, 336
Fraser, Claire, 16
Frequência
como propriedade sonora, 178
detecção de, 179
Friedman, Jeffrey, 313*f*
Frutos
como característica do angiosperma, 59*f*, 68
e seleção natural, 68, 70
no ciclo de vida do angiosperma, 70
recomendações nutricionais, 308*f*
FSH. *Ver* Hormônio folículo estimulante
Fucoxantina, 46*f*
Fucus versiculosis (fuco negro; bodelha), 46*f*
Fuligem, 83
▪ Fumante passivo, 276, 291*f*
Fungo dermatofítico, 87
Fungo (fungos)
características, 76
ciclo de vida, 76
classificação, 38*f*, 92*f*
como decompositor, 82
como herbicida/pesticida, 75, 81, 86
dermatofíticos, 87
dispersão de, 74*f*, 76, 79
ecologia, 76
endófitas, 84
evolução dos, 12*f*-13*f*, 51, 76
grupos, principais, 76-83, 77*t*
micorriza, 85*f*
nutrição, 76*f*
patogênicos, 76, 83*f*, 85*f*, 86, 87
predatórias, 81*f*
reprodução assexuada em, 78*f*, 81*f*, 83
reprodução sexuada em, 78*f*, 80*f*, 82*f*
simbiontes, 58, 84-85, 84*f*, 85*f*
▪ utilizações humanas, 74
Fungos com asco (ascomicetos), 77*t*, 80-81
ciclo de vida, 80*f*
dispersão de, 86
espécies, número de, 77*t*, 80
patogênicos, 85
reprodução, 80*f*, 81*f*
simbiontes, 84
utilizações humanas dos, 81
Fungos flagelados, 77*f*
Fungo taça escarlate (*Sarcoscypha coccinea*), 80*f*

Fungo-zigoto (zigomicetos), 76*t*, 78-79, 78*f*, 79*f*
fusarium, 86

G

GABA (ácido gama-aminobutírico), 156*t*, 157
Gafanhoto(s), 112, 113*f*
apêndices, 111*f*
sistema circulatório, 233*f*
sistema nervoso, 148*f*
sistema respiratório, 281
Gambá, 136*f*
Gametângio, 60, 61*f*, 78*f*
Gametas
algas, 48*f*, 50*f*
animal, 356*f*
apicomplexo, 45*f*
cnidários, 96
planta, 58*f*
produção, regulagem de, 197
Gametócitos, apicomplexos, 45*f*
Gametófito
algas, 50*f*
angiosperma, 70*f*
briófita, 60, 61*f*, 65
gimnosperma, 67*f*
plantas terrestres, 58*f*
plantas vasculares sem sementes, 62, 63*f*
Gânglio, 148
anelídeos, 149
artrópodes, 149
definição, 148
minhoca, 101*f*, 148*f*
planária, 98*f*, 148*f*
Ganso (gansos), 163*f*
Gardasil (vacina de HPV), 253, 273
Gar de nariz longo, 125*f*
Garganta. *Ver* Faringe
Garoupa, 125*f*
Garrison, Ginger, 74*f*
▪ Gás nervoso, 155
Gastrina, 302, 303*t*, 306
Gastrópode, 102-103, 102*f*
Gastrulação, 356*f*-357*f*, 357, 360*f*, 361*f*, 366*f*
Gástrula, 356*f*-357*f*, 360
Gatos, e toxoplasmose, 45, 53, 371
Gema, 337, 358*f*, 359*f*
Gemas, hepáticas, 60*f*
▪ Gêmeos
fraternos, 346
idênticos, 346
Gêmeos fraternos, 346
Gêmulas, esponja, 95
Gene *Ob*, 313*f*
Genes do RNA ribossômico, como marcador da evolução, 30
Genes homeóticos, 362
Gene(s), material genético, origem de, 7*f*
mestre. *Ver* Genes-mestre
mutação. *Ver* Mutação(ões)
Genes mestre, 361, 362, 366
homeóticos, 362
Gene *SRY*, 334
Gengiva, 301*f*
Genoma(s), animal, menor, 94
GH. *Ver* Hormônio do crescimento
Giardia lamblia, 40*f*
▪ Giardíase, 40*f*
Gibões, 145*f*
▪ Gigantismo, 198*f*
▪ Gigantismo hipofisário, 198*f*
Gimnospermas, 66-67, 66*f*
ciclo de vida, 58*f*, 67*f*
e seleção natural, 68*f*
espécies, número de, 56*f*
evolução dos, 54, 56*f*, 57, 59, 65, 72*f*
Ginkgo biloba, 66*f*
Ginkgo(s), 66*f*
espécies, número de, 56*f*
evolução dos, 54, 57*f*, 59
Girinos, 127*f*
Giro cingulado
funções, 313
no sistema límbico, 165*f*
Giz, origem, 42*f*
Glândula da próstata, 338*f*, 338*t*, 339, 340*f*
▪ aumento da, 339
▪ câncer de, 339
Glândula da tireoide
▪ distúrbios, 270
hormônios, 193*f*, 196*t*, 199*t*, 200-201, 200*f*, 218 (*Ver também* Hormônio da tireoide)
localização, 200*f*
regulagem da, 197, 200*f*
Glândula digestória, gastrópode, 102*f*
Glândula do timo
funções, 249*f*, 250
hormônios, 193*f*, 199*t*, 206, 250
no sistema imunológico, 264
Glândula endócrina, 162
Glândula mamária, 134*f*
e lactação, 372*f*
hormônios, 196*t*
regulagem de hormônios, 197, 199*t*
Glândula paratireoide
hormônios, 193*f*, 199*t*, 201, 218
localização, 200*f*, 201
tumores, 201
Glândula pineal, 162*f*, 163*f*
distúrbios da, 206
hormônios, 193*f*, 199*t*, 206
Glândulas acessórias reprodutivas, homem, 338*t*, 339
Glândulas adrenais
dano e doença, 205
hormônios, 193*f*, 196*t*, 199*t*, 204*f*, 352
local, 204*f*
medula adrenal, 193*f*, 199*t*, 204*f*
regulagem de, 197
tumores, 327
Glândula salivar
enzimas, 301, 302*t*
funções, 300-301, 300*f*, 301
humana, 300*f*
Glândulas bulbouretrais, 338*f*, 338*t*, 339, 340*f*
Glândula sebácea, 257
Glândula sudorípara, 330
Glaucófitas, 11
Glaucoma, 186
Glicoproteínas, como secreção do oócito, 344
Glicose, níveis de sangue
controle de, 307*f*
distúrbios, 203*f*. (*Ver também* Diabetes mellitus)
medição de, 203*f*
regulagem de, 193*f*, 194, 195*f*, 199*t*, 202*f*, 307*f*
Glicosímetro, 203*f*
Gliese, 175, 14
▪ Glioma, 167
Glomeromicetos, 76*t*, 79
Glomérulo, 323, 324
Glote, 285*f*
Glucagon
ação, 194, 195*f*, 199*t*, 202*f*
como hormônio peptídeo, 194*t*
fonte, 193*f*, 199*t*, 202
Glucocorticoides
ação, 199*t*
fonte, 199*t*
Glutamato monossódico. *Ver* MSG
Gnetófitas, 56*f*, 66*f*
GnRH. *Ver* hormônio liberador de gonadotropina
Golfinho nariz-de-garrafa (*Tursiops truncatus*), 293*f*
Golfinhos, 293*f*, 321
Gônada(s)

crocodilo, 130*f*
equinodermo, 114*f*, 115
funções, 206
hormônios, 199*t*, 206
nematódeo, 106*f*
ser humano
fêmea, 342*f*
macho, 338*f*
Gonadotropina coriônica humana (HCG), 365, 367
Gondwana, 56, 57*f*
▪ Gonorreia, 350-351*f*
Gordura(s)
absorção no intestino delgado, 305*f*
armazenamento, em tecido adiposo, 307
conversão de carboidrato em, 307
digestão, 303, 305*f*
gorduras *trans*, 309*t*
insaturada, 308
monoinsaturadas, 308-309*t*
poliinsaturadas, 308, 309*t*
▪ recomendações de, 308-309*t*
saturadas, 309
Gorduras insaturadas, 308
Gorduras monoinsaturadas, 308-309*t*
Gorduras poliinsaturadas, 308, 309*t*
Gorduras saturadas, 309
Gorduras *trans*, 309*t*
Gorilas, 138*f*
postura, 138*f*
▪ Gota, 220
Gowero, Chedo, 18*f*
Gradiente de pressão
ciclo respiratório e, 286
e taxa de difusão, 278
Grande Barreia de Recifes
▪ povoamento da, 143*f*
Grande Lago Salgado, Utah, 31*f*
Grande piolho-dos-patos, 113*f*
Grandes lábios, 342*f*
▪ Grandes Lagos, infestação de lampreias, 124
Granulócitos, 236
Grão de pólen, 59, 65
▪ alergias e, 268*f*
angiosperma, 70*f*
e seleção natural, 68, 69*f*
gimnosperma, 66
▪ **Gravidez**. *Ver também* Nascimento(s); Contracepção
alimentação na, 370, 371
doenças infecciosas e, 371
duração da, 139, 363
ectópica, 364
enjoo matutino, 370-371
HIV/AIDS e, 35*f*, 272
tabagismo e, 291*f*, 371
tecnologia reprodutiva assistida, 349*f*, 354 (*Ver também* Drogas da fertilidade)
testes de urina para, 316, 365
tipo de sangue Rh e, 238*f*
toxoplasmose e, 45, 53, 371
trimestres, 363
uso de drogas e álcool na, 371
▪ Gravidez ectópica, 364
Grelina, 296
Griffith, Frederick, 27
▪ Gripe. *Ver também* Gripe aviária
como infecção viral, 21
pandemia de 1918, 33
▪ Gripe aviária, 33
Grypania spiralis (fossil eucarionte), 9*f*

H

Habitat, adaptação ao, 126
interações de espécies em. *Ver* Espécies, interação
Haemophilus influenzae, 269*f*
Halófilos extremos, 30-31*f*
Hammond, Rosemarie, 24*f*
Hawking, Stephen, 228
Haye, Tyrone, 190*f*
$HbCO_2$. *Ver* Carbaminohemoglobina
HbO_2. *Ver* Oxihemoglobina
HCG. *Ver* Gonadotropina coriônica humana
HDL. *Ver* Lipoproteína de alta densidade
Helicobacter pylori, 28, 29*f*, 302
Hemácias (eritrócitos)
▪ distúrbios, 247 (*Ver também* Anemia falciforme)
em vasos capilares, 245
enzima anidrase carbônica, 289
estrutura, 235-236, 288
funções, 235*f*
número de, 235*f*, 236, 288
origem, 236*f*, 292
Heme
função, 288, 289*f*
síntese, anemia por deficiência de ferro, 247
Hemeritrina, 279
Hemocianina, 279, 281*f*
▪ Hemodiálise, 328*f*
▪ Hemofilia, 237, 247
Hemoglobina
animais com, 279
da minhoca tubifex (*tubifex*), 279
estrutura, 288, 289*f*
lhama, 292*f*
e monóxido de carbono, 289
e transporte de dióxido de carbono, 288-289
síntese, distúrbios, 247
transporte de oxigênio, 235-236, 288
▪ Hemorroidas, causas, 246
Hemostase, 237*f*
Hepáticas, 60*f*
ciclo de vida, 60*f*
espécies, número de, 56*f*, 60
evolução das, 56
▪ Hepatite, 21, 24, 269*f*
Herbicidas
fungo como, 75, 81, 86
▪ interferentes endócrinos, 190*f*
Hermafroditas, 336*f*
cracas, 109
esponjas, 95
gastrópodes, 102
minhocas, 101
planárias, 98
tênias, 99
▪ Heroína, 157
▪ Herpes genital, 21, 22, 350
▪ Herpes labial, 21
▪ Herpes simplex, tipo 2, 350
▪ Herpesvírus
estrutura, 20*f*, 21
replicação, 22
▪ tipo 1 (HSV-1), 22
▪ tipo 2 (HSV-2), 22
Heterotérmicos, 329
Heterotróficos
bacterianos, evolução dos, 12*f*-13*f*
protistas, evolução dos, 12*f*-13*f*
HH. *Ver* Hemocromatose hereditária
▪ Hidrofobia (raiva), 21
Hidrogenossomas, 40
21-hidroxilases, 353, 352 353*f*
Hidrozoários, 96
Hifa(s), 76-77, 76*f*, 77*t*, 78*f*, 79, 80*f*, 82*f*, 85, 87
Hilobatídeos, 138*f*
Himenópteros, 112, 113*f*
▪ Hiperaldosteronismo, 327
Hipercortisolismo. *Ver* Doença de Addison; Síndrome do Cushing
▪ Hipermetropia, 186*f*
▪ **Hipertensão (pressão alta)**
causas e efeitos, 248
e doenças cardiovasculares, 248
e falência renal, 328
e fluxo sanguíneo nos capilares, 246

e transtornos visuais, 186
fatores de risco, 312
▪ Hipertermia, 330
Hipocampo, no sistema límbico, 165*f*
Hipófise, 162*f*
controles de resposta, 197
função, 206, 209
hipotálamo e, 193*f*, 196-197*f*
hormônios, 193*f*, 196*t*, 197, 198, 204
lóbulo anterior, 193*f*, 196*f*, 196*t*, 197, 198, 200, 204, 205, 206, 341*f*, 372
lóbulo posterior, 193*f*, 196*f*, 196*t*, 346, 372
localização, 196*f*
na formação de espermatozoides, 341*f*
na lactação, 372
na relação sexual, 346
no parto, 372
sistema urinário e, 326*f*
tireoide e, 200
▪ tumores de, 198
▪ Hipoglicemia, 203
Hipotálamo, 162*f*, 163*f*
controles de resposta, 197
febre e, 260
função, 196, 206, 209
hipófise e, 193*f*, 196-197*f*
hormônios, 193*f*, 196, 197, 204
localização, 196*f*
na formação de espermatozoides, 341*f*
na temperatura homeostática, 330
no controle do ciclo ovariano, 344*f*, 345*f*
no parto, 372
no sistema límbico, 165*f*
sistema endócrino e, 192
sistema nervoso e, 192
sistema urinário e, 326*f*
tireoide e, 200
▪ Hipotermia, 331*f*
Hipótese do impacto do asteroide K-T, 129
▪ Hipotiroidismo, 200, 201
▪ Hipoxia, 292
Histaminas, 260, 264, 268
Histonas, 30
Histoplasma capsulatum, 85
▪ Histoplasmose, 85
HIV-1, 18
HIV-2, 18
estrutura do, 271*f*
origem, 18, 33
prevalência, 18
replicação, 22-23*f*
testa para, 34, 272, 351
transmissão do, 18, 35*f*, 272, 351
tratamento, 22-23
vacina para, 272
▪ **HIV (Vírus da Imunodeficiência Humana)**
cepas resistentes à droga, 33
como retrovírus, 21
efeitos do, 271
Homens
▪ capacidade pulmonar, 286
▪ contagem de hemácias, 236
▪ daltonismo e, 186
▪ e doenças cardiovasculares, 248
▪ e osteoporose, 218
▪ peso corporal, favorável, 312*f*
▪ resposta imunológica, 270
▪ risco de AVC, 252*f*
▪ sistema reprodutivo, 338-341, 338*f*, 338*t*
▪ uretra, 322
▪ uso de esteroides anabolizantes, 211
Homeostase, 276
centro cerebral para, 162
em ectotérmicos, 329*f*
em endotérmicos, 329*f*
equilíbrio de fluidos
invertebrados, 318-319, 318*f*, 319*f*
vertebrados, 320-321, 320*f*, 321*f*
fluido extracelular, 318
mamíferos
equilíbrio de fluidos, 320-321
temperatura, 330-331, 330*f*, 330*t*, 331*f*, 331*t*
mamíferos, 330-331, 330*f*, 330*t*, 331*f*, 331*t*
regulagem de pH, 284
sangue e, 235
sistema circulatório e, 233, 239, 240*f*
sistema digestório e, 298
sistema respiratório e, 284
temperatura, 146, 235, 284
temperatura central, fatores que afetam, 329
Homeostase de fluidos
invertebrados, 318-319, 318*f*, 319*f*
vertebrados, 320-321, 320*f*, 321*f*
Hominídeos
classificação dos, 138*f*
evolução de, 139, 140, 144*f*
Hominoides, 138*f*, 139
Homo erectus, 140*f*, 141, 142, 144*f*
Homo ergaster, 141
Homo floresiensis, 142*f*, 144*f*
Homo habilis, 140*f*, 141*f*, 144*f*
Homo neanderthalensis, 142*f*, 144*f*
Homo rudolfensis, 144*f*
Homo sapiens, 142. *Ver também* Ser(es) humano(s)
evolução do, 138-143, 139*f*, 140*f*, 144*f*
origem, 142-143, 142*f*
Hormônio adrenocorticotrópico (ACTH)
ação, 196*t*, 197, 205
fonte, 193*f*, 196*t*
Hormônio antidiurético (ADH; vasopressinas)
ação, 195, 196*t*, 326*f*
como hormônio peptídico, 194*t*
fonte, 193*f*, 196*t*, 197*f*
Hormônio da tireoide
ação, 199*t*
como hormônio amina, 194*t*
fonte, 193*f*, 199*t*, 311
interferentes, 201*f*
sintético, 201
Hormônio de crescimento humano, sintético, 198
▪ Hormônio de crescimento recombinante humano (rhGH), 198
Hormônio de proteína, 194*t*
Hormônio do crescimento (GH; somatotropina)
ação, 196*t*, 197, 199
como hormônio de proteína, 194*t*
distúrbios, 198*f*
fonte, 193*f*, 196*t*
função, 198
sintético, 198
Hormônio estimulante da tireóide
receptores, evolução dos, 207
Hormônio estimulante da tireoide (TSH)
ação, 196*t*, 197, 200
fonte, 193*f*, 196*t*
Hormônio folículo estimulante (FSH), 345*f*
ação, 196*t*, 197, 206*f*, 341*f*, 344, 346
como hormônio de proteína, 194*t*
fonte, 193*f*, 196*t*
Hormônio liberador de corticotropina (CRH), 204
Hormônio liberador de gonadotropina (GnRH)
ação, 206*f*, 341*f*, 344, 345*f*
fonte, 206*f*
Hormônio luteinizante (LH)
ação, 193*f*, 196*t*, 197, 206*f*, 209, 341*f*, 344
como hormônio de proteína, 194*t*

fonte, 193*f*, 196*t*, 345*f*
testes de urina para, 316
Hormônio paratireoide (PTH)
ação, 199*t*, 201, 218
como hormônio peptídeo, 194*t*
fonte, 193*f*, 199*t*, 201
Hormônio peptídeo
ação, 194
estrutura de, 194
exemplos de, 194*t*
Hormônios amina, 194, 255*t*
Hormônio(s), animal, 196*t*
ação, 192, 194-195*f*
controle digestório, 303*t*
controle do ciclo ovariano, 197, 344*f*
controles de resposta, 197
evolução de, 207
fontes de, 193*f*, 194
glândula paratireoide, 193*f*, 199*t*, 201, 218
glândula pineal, 193*f*, 199*t*, 206
glândulas adrenais, 193*f*, 196*t*, 199*t*, 204*f*, 352
glândula timo, 182*f*, 199*t*, 206, 250
glândula tireoide, 200-201, 200*f*, 218
gônadas, 199*t*, 206
hipófise, 193*f*, 196*t*, 197, 198, 204
hipotálamo, 193*f*, 196, 197, 204
interferentes, e desenvolvimento, 190*f*, 201*f*, 208
invertebrados, 207*f*
na formação de espermatozoides, 341*f*
no crescimento e remodelagem dos ossos, 218
ovários, 193*f*, 196*t*, 199*t*, 206
pâncreas, 193*f*, 199*t*, 202*f*
pesquisa sobre, 192
puberdade e, 206
receptores
evolução dos, 207
função e diversidade, 194-195
intracelular, 194
mutação dos, 194-195
na membrana plasmática, 194, 195*f*
regulagem de apetite, 296*f*, 313*f*
regulagem do sistema urinário, 326-327, 326*f*, 327*f*
remoção do sangue, 307*f*
rim, 196*t*, 199, 292
secreção, controle de, 162
testículos, 193*f*, 196*t*, 199*t*, 206
vertebrado, 199*t*
Hormônios esteroides
ação, 194, 195*f*
estrutura dos, 194
exemplos de, 194*t*
Hormônios, 193*f*, 199*t*, 204
Hormônio(s), humanos
▪ distúrbios, 198*f*
no desenvolvimento inicial, 365
▪ Hormônio sintético da tireoide, 201
Hormônios sexuais
fonte, 204, 206
glândulas adrenais e, 193*f*
humanos, 342*f*, 343, 344, 345
macho, em formação de espermatozoides, 341*f*
pilus sexuais, 27*f*
regulagem de, 197, 206, 209
HPV. *Ver* Papilomavírus humano
Hubble, Edwin, 4*f*
Hubel, David, 185*f*
Hughes, Sarah, 177
Humor aquoso, 182*f*, 186
Hydra, 91*f*, 96, 97*f*, 148*f*, 336*f*

I

IAA. *Ver* Ácido 3-indol-acético
IC. *Ver* Índice de calor
Ichthyostega, 126*f*
Ictiossauro, 128*f*, 129*f*
IgA, 263-264, 263*t*, 265*f*, 266
IgD, 263*t*, 264
IgE, 263*t*, 264, 265*f*, 266, 268
IgG, 263*t*, 265*f*, 266, 271-272, 275
IgM, 263*t*, 264
Ignicoccus, 31*f*
Iguanas, 130
Ilhotas pancreáticas, hormônios, 199*t*, 202
IMC. *Ver* Índice de massa corporal
Impacto de asteroides e, 129
período Cambriano, 92
Impactos de asteroides
e extinções, 129
tendência em número de, 16
▪ Impetigo, 32
Implantação, em humanos, 364*f*-365*f*
Imunidade adaptativa
estrutura e função do anticorpo, 263-264, 263*f*
mediada por anticorpo, 262-266, 265*f*
mediada por célula, 262*f*, 267-268, 267*f*, 268*f*
reconhecimento próprio e não-próprio, 255, 261, 270
visão geral, 255*t*, 261-262, 261*f*, 262*f*
Imunidade, definição, 255
Imunidade inata, 255-256, 255*t*, 259-260, 259*f*, 260*f*. *Ver também* Febre; Resposta inflamatória
▪ Imunização. *Ver também* Vacinas
▪ cronograma, recomendado, 269*t*
▪ processo, 269
Imunização ativa, 269
Imunização passiva, 269
Imunodeficiência, 270
▪ Imunodeficiências severas combinadas (SCIDs), 270
Inalação, 286*f*
▪ Inatividade, e doença cardiovascular, 248
Incisivo, 134*f*, 301*f*
Índia
antiga, medicina na, 316
povoamento da, 143
▪ Índice de massa corporal (IMC), 312*f*
Indricotherium, 135*f*
Indução embrionária, 360*f*
Infância
definição, 363*t*
primata, comprimento da, 139, 145*f*
▪ Infecções fúngicas, 85
humana, 342*f*, 343*t*
na relação sexual, 346
sistema imunológico e, 258
▪ Infecções respiratórias, agudas, mortes por ano, 32*t*
▪ Inibidores de integrase, no tratamento de HIV, 22
▪ Inibidores de protease, 22, 272
Inibidores de transcriptase reversa, 272
Inibidor, 193*f*
Inibidor, hipotalâmico, 193*f*, 197
Inibina, 341*f*
▪ Injeções/implantes de hormônio, como método anticoncepcional, 348*f*, 349*t*
Inseticidas. *Ver* Pesticidas
Inseto(s), 110-111. *Ver também* Mosquito
asas
e sucesso evolucionário, 112
evolução das, 107
características, 110-111
classificação, 107
como alimento, 112
como polinizadores, 68, 69*f*, 112
como vetor de doença, 36, 41, 45*f*, 52, 106, 112-113
competição pelas colheitas humanas, 112

desenvolvimento, 111*f*, 112
diversidade, 112, 113*f*
doenças virais, 21
estrutura, 110-111, 110*f*
evolução dos, 107, 126
exoesqueleto, 214
muda, 207
número de espécies, 107*t*, 110-111
origem, 111
percepção da dor, 189
reprodução assexuada em, 336
reprodução sexuada em, 111
sistema respiratório, 110, 280-281
visão, 172*f*, 173, 180*f*, 181
Institutos Nacionais de Saúde (NIH), para deficiência erétil orgânica, 346
Insulina
ação, 199*t*, 202*f*, 203
como hormônio de proteína, 194*t*
fonte, 193*f*, 199*t*, 202
▪ indivíduos obesos e, 312
▪ injeções, em diabetes, 203
Integração sináptica, 155*f*
Interferons, 255*t*, 256
Interleucina(s), 255*t*, 256
Interneurônios, 148, 150*f*, 163
Intestino. *Ver também* intestino grosso; Intestino delgado
arqueias no, 30, 31
bactérias no, 29, 306
crocodilo, 130*f*
enzimas no, 302*t*
fungos, 77, 79
nematódeos, 106*f*
pássaro, comedor de sementes, 298*f*, 299
peixes, 125*f*
protistas, 51
rotíferas, 105*f*
Intestino. *Ver* Trato gastrointestinal
Intestino delgado
absorção no, 304-305, 304*f*, 305*f*
estrutura, 304*f*
funções, 300*f*, 301
humano
digestão no, 302*t*, 303*f*, 303*t*
dor associada, 175*f*
estrutura, 303*f*
funções, 300*f*
sapo, 298*f*
secreção de hormônio, 199
sistema circulatório e, 239*f*
sistema linfático e, 250
Intestino grosso (cólon). *Ver também* Câncer de cólon
distúrbios, 306
estrutura, 306*f*
função, 301, 306
funções, 300*f*
sapo, 298*f*
ser humano, 300*f*
▪ Intoxicação alimentar botulismo, 29, 228
Invertebrado(s)
aquáticos, reprodução, 337
bilaterais, como protostômios, 359
cordatos invertebrados, 120-121, 120*t*
esqueleto, 213-214, 213*f*, 214*f*
fotorreceptores, 180
homeostase, equilíbrio de fluidos, 318-319, 318*f*, 319*f*
hormônios, 207*f*
reprodução assexuada em, 336*f*
sistema digestório, 298
sistemas respiratórios, 280-281, 280*f*, 281*f*
visão geral, 88
▪ Iodo, nutricional
efeitos da deficiência/excesso, 311*t*
fontes, 311*t*
funções, 310-311*t*, 370
metabolismo, 201
tireoide e, 200*f*
▪ Iogurte, 29*f*
Íon de sódio, e potencial de membrana neural, 151-152, 151*f*, 152*f*-153*f*, 155
Íris, 182*f*
Isoflavonas, 311
Isoleucina, 309
Isotretinoína (Accutane), 371

J

Jacaré, 131, 163*f*
Jackson Laboratories, 313*f*
Janela
oval, 178-179, 178*f*-179*f*
redonda, 178-179, 178*f*-179*f*
Jenner, Edward, 269
Jeon, Kwang, 11
Joaninha, 113*f*
João-de-barro, 180
Joelho, humano, 216*f*, 219*f*
▪ lesão ao, 220*f*
▪ substituição do, 220
Johnson, Magic, 351*f*
Junção neuromuscular
em contração muscular, 225*f*
transferência de informações em, 154-155*f*
Junco. *Ver* Equisetáceas
Junções aderentes, 242*f*
Junções de lacunas, 192, 242*f*

K

Karenia brevis, 44*f*
Keller, Gerta, 129
Kelp, gigante, 46-47, 46*f*
Kelps gigante, 46-47, 46*f*
Kennedy, John F., 205
Kepone, 190
Khan, Michelle, 274
Kinney, Hannah, 290
Kiwi, 337
Koella, Jacob, 53
Krill (eufausídeos), 109*f*
Kuru, 24

L

Lacrainha, 112, 113*f*
Lactação, 372*f*
Lactobacillus acidophilus, 29
Lactobacillus, 29*f*, 258
Laetiporus (*shelf fungi* ou fungo de prateleira), 83*f*
Lagartos
características dos, 130
espécies, número de, 130
evolução dos, 128*f*, 129
reprodução assexuada em, 336
reprodução, 337*f*
Lago Berkeley Pit, 2
Lagosta espinhosa, 189
Lagosta (*Homarus americanus*), 91*f*, 109*f*, 280
Lagostim, 109, 148*f*
Lágrima(s), 182
Lampreias, características, 120*t*, 122*f*, 124*f*
Lanugo, 369
Laringe (caixa de voz), 285*f*
▪ câncer, tabagismo e, 291*f*
funções, 284*f*, 301
▪ Laringite, 285
Larva(s)
anfíbios, 126, 127
borboleta, 107*f*
caranguejo, 109*f*
cnidários, 96, 97*f*
equinodermo, 115
esponja, 95
inseto, 111*f*, 112
lampreia, 124
platelminto, 99*f*
tunicado, 121*f*

▪ Laticínios, recomendações nutricionais, 309
LDL. *Ver* Lipoproteína de baixa densidade
Leakey, Mary, 140*f*
Lebres do mar (*Aplysia*), 207*f*
Legumes, recomendações nutricionais, 308
▪ Legume (s), recomendações nutricionais, 308*f*, 311
Leite
  anticorpos no, 134, 372
  como característica mamífera, 134*f*
  humano, 372
  monotremados, 136
  ▪ recomendações nutricionais, 308*f*
Leito capilar
  fluxo sanguíneo pelo, 245-246, 245*f*
  função, 233*f*, 234*f*
  sistema cardiovascular humano, 239*f*
  sistema linfático vascular e, 249-250, 249*f*
Lêmure, 138*f*, 145*f*
Lente, de olho
  ▪ catarata, 186, 187*f*
  estrutura e função, 180-181, 180*f*, 181*f*, 182*f*, 183*f*
Lentilha-de-água, 68
Lepidodendron, 64*f*
Leptina, 313*f*
  ação, 296*f*
  fonte, 199
Lesão
  articulação, comum, 220
  neuromoduladores e, 156
  resposta do sistema endócrino, 192
Lesma, 102
  reprodução, 336
  sistema respiratório, 280
Lesma-do-mar, 280*f*
Lesmas-da-banana, 102*f*
Lesmas do mar, 103, 207*f*, 280*f*
▪ Leucemia(s), 247
Leucina, 309
Leucócitos. *Ver* Células sanguíneas brancas
Levedura
  classificação, 76, 80
  ▪ fermento de pão (*Saccharomyces cerevisiae*), 81
  ▪ infecções, na AIDS, 271
  reprodução, 81
LH. *Ver* Hormônio luteinizante
Lhamas
  peixes com barbatanas lobulares, 122*f*, 125*f*, 126*f*
  sistema respiratório, 292*f*
Libélula, 112
Liberador, hipotalâmico, 193*f*, 197, 200*f*
Licófitas, 62
  espécies, número de, 56*f*, 62
  evolução das, 57*f*
  no período Carbonífero, 64*f*
Licopódios (*Lycopodium*), 62*f*
Ligação(ões). *Ver* Ligações químicas
▪ Ligação tubária, como método anticoncepcional, 348*f*, 349*t*
Ligamento, função, 219*f*
  ▪ lesão ao, 220
Ligamentos cruzados, 220
▪ Major League de Beisebol, uso de esteroides, 211, 316
Lignina
  decomposição de, 82
  em estruturas vegetais, 58, 59*f*, 62
Limite Cretáceo-Terciário (C-T), 129
Limite K-T (Cretáceo-Terciário). *Ver* Limite Cretáceo-Terciário (K-T)
Linfa, 249, 250, 305
Linfócitos. *Ver também* Linfócitos B; Linfócitos T
  funções, 235*f*, 256*f*
  número de, 235*f*
  origem, 236*f*
  tipos, 236, 256*f*, 261-262*f*
Linfócitos B (células B)
  anticorpos, 263*f*
  efetor, 261-262*f*, 265*f*, 266*f*
  infecções virais, 247
  linfomas, 247
  memória, 261, 262*f*, 265*f*, 266*f*
  na resposta imunológica, 256*f*, 261-262, 261*f*, 262*f*, 265-266, 265*f*, 266*f*
  origem, 236*f*
  receptores de antígeno, 261, 264*f*
  sistema linfático e, 250
Linfócitos T, 262*f*, 271*f*
  células auxiliares, 256*f*, 262*f*, 265, 266, 267-268, 267*f*
  células de memória, 261, 262*f*, 265*f*, 266, 267-268, 267*f*
  células efetoras, 261-262*f*, 265*f*, 267-268, 267*f*
  citotóxicos, 256*f*, 262*f*, 267-268, 267*f*, 268*f*, 271
  diferenciação de, 250
  linfomas, 247
  maturação, controle hormonal, 206
  na resposta imunológica, 256*f*, 261-262*f*, 265-266, 265*f*, 267-268, 267*f*
  origem, 236*f*
  receptores de antígeno, 261, 264
  regulagem de hormônio, 199*t*
  sistema linfático e, 250
Linfomas, 247
Linfonodos
  estrutura, 249*f*
  funções, 249*f*, 250
  no sistema imunológico, 262*f*
  sistema linfático vascular, 249-250, 249*f*
  tumores, 247
Língua
  controle cerebral da, 164*f*
  funções, 301
  papilas, 176*f*
  receptores do paladar, 176*f*, 189, 301
Linguagem, centros cerebrais de, 164-165, 164*f*, 166*f*
Linha primitiva, 366*f*
Lipídio(s). *Ver também* Gordura(s); Fosfolipídios; Esteroide(s); Ceras
  absorção no intestino delgado, 305*f*
  digestão de, 302*t*
  origem, 12*f*-13*f*
  ▪ recomendações nutricionais, 308-309*t*
Lipoproteína de alta densidade (HDL), 247, 276
Lipoproteína de baixa densidade (LDL), 247, 276
Lipoproteína(s)
  absorção no intestino delgado, 305*f*
  alta densidade (HDL), 247, 276
  baixa densidade (LDL), 247, 276
Lipton, Jack, 169
Liquens, 84*f*
  fungos em, 76, 80, 84*f*
Lírio aquático (*Nymphaea*), 69*f*
Lírio (*Lillum*), ciclo de vida, 70*f*
Lírios-do-mar, 100
Lise
  definição, 22
  na reprodução viral, 22, 23*f*
Lisina, 309
Lisossomo(s), funções, 261
Lisozima, 258, 304
LMC. *Ver* Leucemia mielógena crônica
Lóbulo frontal, 164*f*
Lóbulo occipital, 164*f*
Lóbulo olfatório, 162*f*
  crocodilo, 130*f*
  peixe, 163*f*
  sistema límbico e, 165

Lóbulo parietal, 164*f*
Lóbulo temporal, 164*f*
Locais alostéricos
  fabricação de hormônio, 194
  na digestão, 301, 302-303, 302*t*, 304, 305*f*
  na síntese de proteínas, 7
  RNA como, 7
Locais de ligação de antígenos, 263*f*
Localização citoplasmática, 358*f*
Localização, potencial avaliado, 152
Loewi, Otto, 156
Lofotrocozoa, 93*f*
▪ LSD (ácido lisérgico dietilamida), 157
Lu, Chensheng, 332
Luciferase, 44
Lucy (fóssil), 140*f*
Lulas, 102*f*, 103, 104*f*, 181
Lúmen, estreitamento do, 247*f*
Luteína, 311
Luz. *Ver também* Luz solar
  bioluminescência, 44*f*
Lystrosaurus, 128

M

Maathai, Wangari, 72
Macaco aranha, 138*f*
Macaco do novo mundo, 138*f*
Macaco do velho mundo, 138*f*
Macaco(s), 138*f*, 139
  classificação de, 138*f*
  novo mundo, 138*f*
  postura, 138*f*
  velho mundo, 138*f*
Maçã (*Malus domestica*), 65*f*
Macaque, 145*f*
Maconha (*Cannabis*), 157
  ▪ efeitos sobre a saúde, 291
Macrocyclops albidus (copépoda), 109*f*
Macrocystis (kelp), 46-47
Macrófagos
  HIV e, 271
  na resposta imunológica, 235*f*, 256*f*, 259, 260*f*, 261*f*, 262*f*, 264
  número de, 235*f*
  origem, 236
Macronúcleo, em *Paramecium*, 43*f*
Mácula, 186
Magnolidae, evolução, 69*f*
Maheshwari, Hiralal, 198
Malária
  ▪ anemia falciforme e, 36
  ▪ controle da, 36, 37, 52
  ▪ mortes por, 32*t*, 36, 45
  ▪ sintomas, 36, 45
  ▪ teste, 36*f*
  ▪ transmissão de, 36, 45*f*, 53*f*, 112
Malathion, 332*f*
▪ Mal de Alzheimer, 156
Mama
  humana, 372*f*
Mamífero placentário
  características do, 136, 137*f*
  evolução do, 134-135, 134*f*
Mamífero(s)
  características, 134*f*
  cérebro, 163*f*
  coração, 134, 234*f*, 239
  dentes, adaptações, 299*f*
  diversidade, 136*f*, 137*f*
  embrião, padrão de clivagem, 359
  estresse causado pelo calor e, 330*t*
  estresse causado pelo frio e, 330-331, 330*t*, 331*f*, 331*t*
  evolução dos, 122*f*, 134-135, 134*f*, 135*f*
  fertilização em, 337, 347
  homeostase
    equilíbrio de fluidos, 320-321
    temperatura, 330-331, 330*f*, 330*t*, 331*f*, 331*t*
  necessidade de água, 320-321*f*
  número de espécies, 120*t*
  olho, 183
  órgão vomeronasal, 176
  placentários
    características de, 136, 137*f*
    evolução de, 134-135, 134*f*
  reprodução, 123
  sangue, 235-236, 235*f*, 236*f* (*Ver também* Sangue)
  sistema circulatório, 234*f*
  sistema respiratório, 283
Mandíbula(s)
  definição, 122
  evolução das, 122-123, 122*f*, 123*f*
  hominídeos, 139
  primatas, 139
Mangold, Hilde, 360
▪ Manobra Heimlich, 286, 287*f*
Manto
  molusco, 102*f*, 103*f*
  sépia, 104*f*
Mão
  diabetes e, 203*t*
  evolução da, 138-139*f*
Marcadores MHC, 261*f*, 265*f*, 267*f*, 268
Marca-passo cardíaco, 231, 242*f*, 248
Marchantia, 60*f*
Marés vermelhas, 44
Margulis, Lynn, 10
Mariposas, movimento da probóscide, 214
Mar Morto, 31
Mar Sargasso, 47
Marsupiais, 134-135, 134*f*, 136, 337*f*
Martelo, 178*f*-179*f*
Marte, vida em, 3, 14, 15
Massa cinzenta, 160*f*
Mastócitos, 256*f*, 260*f*, 264, 268
Matanças de peixes, 279*f*
Matéria branca, 160*f*
McCullough, Frankie, 253*f*
McGwire, Mark, 211
McNulty, Amanda, 272*f*
MCP. *Ver* 1-metilciclopropeno
MDMA, 146, 168, 169*f*
Mecanismos de resposta
  na regulagem da tireoide, 200*f*
  na secreção de hormônios, 197
  nível de cortisol no sangue, 204*f*
  potencial de ação, 152*f*-153*f*
  secreção de hormônios, 197
Mecanismos de resposta negativa
  na regulagem da tireoide, 200*f*
  nível de cortisol no sangue, 204*f*
  secreção de hormônio, 197
Mecanismos de resposta positiva
  potencial de ação, 152*f*-153*f*
  secreção de hormônios, 197
Mecanorreceptores, 172*f*, 177*f*
▪ Medo, resposta do sistema nervoso, 159
Medula amarela, 217*f*
Medula espinhal
  anatomia, 159*f*
  barreira hematoencefálica e, 163
  crocodilo, 130*f*
  formação, 366*f*
  humana, 149*f*
  ▪ lesão à, 160
Medula oblonga, 162*f*, 163*f*
  na regulagem da pressão sanguínea, 244
  na respiração, 287, 290
Medula óssea, 217*f*
  ▪ câncer na, 247
  funções, 249*f*
Medula renal, 322*f*, 323*f*, 325*f*
Medula vermelha, 217
Megacariócitos
  função, 236
  origem, 236*f*
Megasporos, 65

angiosperma, 68*f*, 70*f*
gimnosperma, 67*f*
Meiose
meiose II, 347*f*
na formação de espermatozoides, 340*f*
Melancolia de inverno. *Ver* Distúrbio afetivo sazonal
Melaninas, e cor de olho, 182
Melatonina
ação, 199*t*, 206, 209
como hormônio amina, 194*t*
fonte, 193*f*, 199*t*, 206
Melosh, Jay, 129
Membrana basilar, 178*f*-179*f*, 179
Membrana peridental, 301*f*
Membrana plasmática. *Ver também* Envelope nuclear
células procarióticas, 26*f*
invaginação, em procariontes, 10*f*, 26
origem da, 6-7*f*
proteínas plasmáticas, 235*f*
receptores de hormônio, 194, 195*f*
Membrana pleural, 284*f*, 285
Membrana respiratória, 288*f*
Membranas extraembriônicas, 364-365*t*
Membrana tectorial, 178*f*-179*f*, 179
Membrana timpânica, 178. *Ver também* Tímpano
Membro(s)
animal, desenvolvimento, 361*f*
evolução de, 126*f*
Memória
▪ abuso de drogas e, 157
▪ abuso de MDMA e, 146
de curto prazo, 165*f*
de longo prazo, 165*f*
▪ doença da Alzheimer e, 156
formação da, 165*f*
sistema límbico e, 165
tipos de, 165
Meninges, 160*f*, 167
▪ Meningite, 32*t*
Menisco, 219*f*, 220
Menstruação, 345, 365
Mercúrio, barreira hematoencefálica e, 163
Mergulho no fundo do mar, 292-293*f*
Merozoítas, 45*f*
Mescalina, 157
Mesencéfalo
peixe, 163*f*
ser humano, 163*f*
vertebrado, 162*f*
Mesoderme
animal, 90*f*, 357*f*, 360, 361*f*, 362
humana, 366*t*
Mesoglea, 96*f*
Metabolismo. *Ver também* Respiração aeróbica; Síntese de ATP; Digestão; Cadeia de transferência de elétrons; Fermentação; Glicólise; Fotossíntese; Síntese de proteína
de compostos orgânicos, 307*f*
e temperatura homeostática, 329
vias metabólicas, origem das, 6
Metabolismo de ácido crassulaceano. *Ver* plantas CAM
Metamorfose, 107*f*
completa, 111*f*
incompleta, 111*f*, 113*f*
inseto, 111*f*, 112
peixe, 124
sapo, 357*f*
tunicado, 121*f*
Metanógenos
arqueias, 30-31, 30*f*
características, 30
Metano, produção arqueia de, 30-31, 30*f*
Metencéfalo
peixes, 163*f*
vertebrados, 162*f*
Methanococcus jannaschii, 30*f*
Metionina (met), 309
▪ Método de ritmo, de contracepção, 348*f*, 349*t*
Mexilhões, 103
Miastenia grave, 156
Micelas, 305*f*
Micélio, 76*f*, 78*f*, 82*f*
Micorriza(s), 85*f*
Micose, definição, 78
Microfilamentos, 358
Micróglia, 167
Micronúcleo, em *Paramecium*, 43*f*
Microsporídios, 79*f*
Micrósporos, 65
angiosperma, 68*f*, 70*f*
gimnosperma, 67*f*
Microsporum, 87
Microvilosidade
coanoflagelado, 92*f*
das células ciliadas, 304*f*
▪ Mifepristona (RU-486), 349
Migração
campo geomagnético como guia na, 189
pássaros, 133
Míldio, 47
Milho. *Ver* Milho
Milípede, 110*f*
Miller, Stanley, 5*f*
Mineral(is)
na gravidez, 370
necessidades nutricionais, 310-311*f*
suplementos dietéticos, 311
Mineralocorticoides
ação, 199*t*
fonte, 199*t*
Minhocas
atribuições, 101
esqueleto hidrostático, 213, 214*f*
estrutura, 100-101*f*
fotorreceptores, 180
movimento, 213, 214*f*
músculos, 213, 214*f*
órgãos excretores, 318-319*f*
reprodução, 101, 336
sistema circulatório, 233*f*
sistema nervoso, 148*f*
sistema respiratório, 280
Mioceno, evolução
primatas, 141
Miocérdio, 241*f*
Miofibrila, 223-224, 223*f*
Mioglobina
em criaturas do fundo do mar, 293
estrutura, 288, 289*f*
Miométrio, 342*f*
▪ Miopia, 186*f*
Miosina
na contração muscular, 223*f*, 224*f*, 225*f*
síntese de, 227
Miostatina, 229
Miriápode, 107*t*, 110*f*
Mitocôndria (**mitocôndrias**)
DNA
na pesquisa sobre evolução, 143
semelhança ao DNA bacteriano, 11
euglenoides, 41*f*
no tecido muscular, 227
origem, 10-11*f*, 12*f*-13*f*, 28
Mitose
em reprodução animal e desenvolvimento, 356, 357, 363
plantas terrestres, 58*f*
Mixobactérias, 28, 29*f*
Mixomicetos celulares, 51*f*
Mixomicetos, 51*f*
características, 39*t*
classificação de, 38*f*
Mixomicetos plasmodiais, 51*f*

Mixotróficos, 38
Modelo de filamento deslizante, 224*f*, 241
Modelo de substituição da origem humana, 142-143, 142*f*
Modelo do Big Bang, 4*f*
Modelo humano multirregional origem, 142*f*
Moela, 298*f*, 299
Mofo preto de pão (*Rhizopus stolonifer*), ciclo de vida, 78*f*
Mofo vermelho de pão (*Neurospora crassa*), 80*f*
Molar, 134*f*, 301*f*
Moldes da água (oomicotas), 38*f*, 39*t*, 47*f*
Molde verde (*Penicillium digitatum*), 76*f*
Moléculas de sinalização local, 192
Moléculas orgânicas, origem das, 4, 5*f*, 6
Mollusca. *Ver* Moluscos
Moluscos, 103*f*, 213-214
Moluscos (Mollusca), 102-103, 102*f*, 103*f*
  características, 90*t*, 102
  classificação, 93*f*
  diversidade, 102-103, 102*f*
  exoesqueleto, 213-214
  olho, 181
  predatórios, 88*f*
  proteínas respiratórias, 279
  sistema circulatório, 233
  sistema respiratório, 280
Monilófitas, 62
Monócitos
  funções, 235*f*, 236
  número de, 235*f*
  origem, 236*f*
Monocotiledôneas
  definição, 69
  espécies, número de, 56*f*, 69
  evolução das, 69*f*
Monoglicerídeos, absorção no intestino delgado, 305*f*
▪ Mononucleose, 21, 247
Monossacarídeos, 305*f*
Monotremados, 134-135, 134*f*, 135*f*, 136*f*
Monte Toba, 143
Morcego nariz de porco de Kitti, 137*f*
Morcego(s), 137*f*
  como vetores de doenças, 33
  morcego-nariz-de-porco-de-Kitti, 137*f*
Morchella esculenta, 80*f*
Moreias (*Morchella esculenta*), 80*f*, 81
Morfina, 157, 175
Morfogênese, 361, 366*f*
Morfogênios, 361
▪ Morte súbita do carvalho, 47
Mórula, 364*f*-365*f*
Mosca-das-frutas. *Ver Drosophila melanogaster*
Mosca-das-frutas mediterrânea, 112, 113*f*
Mosca (dípteros), 113*f*. *Ver também Drosophila melanogaster*
  apêndices, 111*f*
  asas, 107*f*
  espécies, número de, 112
  receptores de paladar, 176
Mosca do cervo, 180*f*
Mosca tsé-tsé, 41
Mosquito
  apêndices, 111*f*
  como vetor de doença, 36, 45*f*, 52, 106, 112
Mosquito *Anopheles*, 45*f*
▪ Movimento do Cinturão Verde, 72
Movimento reflexivo, desenvolvimento, no feto humano, 368-369
▪ MRSA, 257*f*
MSG (glutamato monossódico), 176
Muco
  anticorpos no, 263
  digestão e, 302, 304
  no sistema imunológico, 255*f*, 258
Mucosa, 302*f*, 303*f*, 304*f*, 305*f*
Muda
  artrópodes, 107, 207*f*
  crustáceos, 109
  e classificação animal, 93
  insetos, 111*f*
  nematódeos, 106
  tardigrados, 105
▪ **Mulheres**. *Ver também* Gravidez
  ▪ artrite, 220
  ▪ capacidade pulmonar, 286
  ▪ ciclo menstrual, 343
  ▪ ciclo ovariano, 344-345, 344*f*, 345*f*
  ▪ contagem de hemácias, 236
  ▪ cromossomo sexual
    ▪ tabagismo, efeitos sobre a saúde, 276
  ▪ e osteoporose, 218
  ▪ infecçõs da bexiga, 322
  ▪ lesão à articulação, 220*f*
  ▪ menopausa, 343
  ▪ peso corporal, favorável, 312*f*
  ▪ resposta imunológica, 270
  ▪ risco de derrame, 252*f*
  ▪ sistema reprodutivo, 342-346, 342*f*, 343*t*
  ▪ trato reprodutor, pH do, 339
  ▪ uretra, 322
Musaranho de árvore, 139*f*
Musaranho do sudeste asiático (*tupaia*), 139*f*
Músculo cardíaco, 244*f*, 288
  armazenamento de oxigênio, 288
  fluxo sanguíneo para o, 244*f*
Músculo ciliar, 183*f*
Músculo da perna. *Ver* Bíceps femoral
Músculo esquelético. *Ver também* Sistema musculoesquelético
  aparência, 211*f*, 223*f*
  armazenamento de oxigênio, 288
  contração, 155
  controle nervoso, 225*f*
  energia para, 226*f*, 227
  envelhecimento e, 227
  estrutura, 221, 223-224, 223*f*
  ▪ exercícios e, 227
  fadiga muscular, 227
  fisgada muscular, 227*f*
  fluxo sanguíneo para, 244*f*
  golfinho nariz de garrafa, 293
  modelo de filamento deslizante, 224*f*
  rompimento por doença ou toxina, 228*f*
  tensão muscular, 227
  troponina e tropomiosina no, 225, 226*f*
  unidades motoras, 227
Músculo liso, no sistema digestório, 302*f*, 303*f*, 306*f*
Músculo(s)
  anêmona do mar, 213
  crescimento, controle de, 229
  minhoca, 101*f*, 213, 214*f*
  neurotransmissores, 156
  pareamento de, 221*f*
  receptores sensoriais, 173*f*, 174
  sistema respiratório, humano, 285
Músculos intercostais, 285
  funções, 284*f*
  na respiração, 286*f*, 287*f*
Musgos, 60-61
  ciclo de vida, 60-61*f*
  espécies, número de, 56*f*
  evolução de, 56
  no período Carbonífero, 64
Mutação(ões). *Veja também* Radiação adaptativa; Anomalias genéticas; Distúrbios genéticos

condições interssexuais, 334, 335, 351-353 353*f*
e desenvolvimento, evolução de, 362
e evolução, 362
gene de colágeno, 230
gene miostatina, 229
genoma teleósteo, 125
receptores de hormônio, 194
Mutualismo
liquens, 84
micorrizas, 85*f*
Mycobacterium tuberculosis, 33*f*, 290. *Ver também* Tuberculose
Mycoplasma genitalium, 16

N

Nações Unidas, Organização para Agricultura e Alimentação (UNFAO), 73
NAD+ (nicotinamida adenina dinucleotídeo), origem, 310*t*
Nader, Matt, 231*f*
▪ Nanismo hipofisário, 198*f*
Nanoarchaeum equitans (arqueia), 31*f*
Nanóbios, 15
▪ Narcose por nitrogênio ("embriaguez das profundezas"), 292
▪ NASA, busca por vida extraterrestre, 14
Nascimento(s)
idade da mãe, aumento na, 354
múltiplos, 354*f*, 373
ocitocina no, 197
prematuros, 363
tipo sanguíneo e, 238*f*
trabalho de parto, 372*f*
Náutilo-com-câmaras, 104*f*
Náutilo, 104*f*
Nautiloides, 104*f*
NCAA. *Ver* Associação Atlética National Colegiada. *Ver Homo neanderthalensis*
Nebulosa de Eagle, 4*f*
Nefrídio, minhoca. 101*f*, 318-319*f*
Néfrons, 323*f*, 324
Neisseria gonorrhoeae, 350, 351*f*
Nematocistos, 96*f*
Nematódeo (Platyhelminthes), 98-99, 98*f*
camadas de tecido, 90
ciclo de vida, 98-99*f*
estrutura, 98*f*
evolução do, 93*f*
intestino, 91
sistema digestório, 298*f*
sistema nervoso, 148*f*
sistema respiratório, 280
Nematódeos, 106*f*
características, 90*t*
classificação, 93*f*
▪ doenças causadas por, 186, 246
reprodução, 336
Nereis. *Ver* Poliquetos
Nervo
ciático, 149*f*
craniano, 149*f*, 158
espinhal, 158
lombar, 149*f*, 159*f*
óptico, 163*f*, 184*f*, 185*f*
parassimpático, 149*f*, 158-159*f*
pélvico, 159*f*
sacro, 149*f*, 159*f*
simpático, 149*f*, 158-159*f*
torácico, 149*f*, 159*f*
ulnar, 149*f*
Neuróglia, 148, 158, 167*f*
Neuromoduladores, 156, 175*f*
Neurônio parassimpático, 159
Neurônios
estrutura, 150*f*
função, 148
integração sináptica, 155*f*
período refratário, 153
potencial de ação, 151-153, 151*f*
como pulso tudo ou nada, 152, 153*f*
em contração muscular, 225*f*
potencial de limiar, 151-153, 151*f*
propagação, 153*f*, 154*f*, 158*f*
potencial de membrana em descanso, 151, 153*f*
sinapses, 154-155*f*
tipos, 148, 150*f*
Neurônio simpático, 159
Neurônios motores
▪ distúrbios, 228
estrutura, 150*f*
▪ função, 148, 150
na contração muscular, 225*f*
no sistema nervoso periférico, 158
nos nervos espinhais, 160
unidades motoras, 227
Neurônios sensoriais, 150*f*, 158, 160. *Ver também* Receptores sensoriais
função, 148
tipos, 172-173*f*
vias sensoriais, visão geral, 172-173
Neuropeptídeos, como neuromoduladores, 156
Neurospora, ciclo de vida, 80*f*
Neurospora crassa (mofo vermelho de pão), 80*f*
Neurospora, 80*f*
algas vermelhas, 50*f*
procariontes, 26-27*f*
protistas, 39*f*
tênia, 99*f*
vírus, 20, 22-23, 22*t*, 23*f*
Neurotransmissor(es)
definição, 154
descoberta de, 156
eliminação de, 155
liberação de, 154-155, 154*f*
neuromoduladores, 156
no sistema endócrino, 192
principais, 156*t*
Neutrófilos
na resposta imunológica, 235*f*, 236, 256*f*, 259, 260*f*
número de, 235*f*
origem, 236*f*
Niacina. *Ver* Vitamina B3
Nicotina
▪ ação, 157
▪ barreira hematoencefálica e, 163
▪ efeitos, 276
Nicotinamida adenina dinucleotídeo. *Ver* NAD+
NIH. *Ver* Institutos Nacionais de Saúde
Ninfa, 111*f*
Ninfa mosca de pedra, 279
Nitrobacter, 10*f*
Nitrogênio, na atmosfera da Terra, 278
NOAA. *Ver* Administração Nacional Oceanográfica e Atmosférica
Nociceptores. *Ver* Receptores da dor
Noctiluca scintillans, 44*f*
Nodo atrioventricular (AV), 242*f*
Nodo AV. *Ver* Nodo atrioventricular (AV)
Nódulo SA. *Ver* Nódulo sinoatrial (SA)
Nódulo sinoatrial (SA), 242*f*, 248
Norepinefrina
ação, 156*t*, 199*t*, 204, 205
bloqueadores, 157
fonte, 156, 193*f*, 199*t*, 204
Notocórdio
animal, 357*f*
cordato, 120
humano, 366
invertebrado, 121*f*
vertebrado, 122
Núcleo celular, origem do, 10*f*, 12*f*-13*f*
Núcleo geniculado lateral, 185*f*

Nucleoide, 26*f*
Nudibrânquio "dançarino espanhol" *flabellina iodinea*), 103*f*
▪ **Nutrição, humana**. *Ver também* Alimentação; entradas como Vitamina; Alimentos
alimentação pobre em carboidratos e rica em proteína, 309
alimentação vegetariana e, 309
carboidratos, 308
definição, 296
fast food, 297, 314
fitoquímicos, 311
lipídios, 308-309*t*
na gravidez, 370
necessidades minerais, 310-311*f*
proteínas, 309
quinoa, 71*f*, 309
recomendações do USDA, 308*f*
vitaminas, essenciais, 310*f*
vitaminas e suplementos minerais, 311
Nutriente(s)
absorção
micorrizas e, 85*f*
por fungos, 76
sistema digestório, 299, 304-305, 304*f*, 305*f*
micorrizas e, 85*f*

O

Obelia, 96, 97*f*
▪ **Obesidade**
definição, 312
e diabetes, 203
e doenças cardiovasculares, 248
efeitos sobre a saúde, 296, 312
e gota, 220
e transtornos visuais, 186
fatores genéticos na, 313*f*
prevalência, 296
Oceano(s)
depósitos de hidrato de metano, 30*f*
e origem da vida, 4, 8-9, 8*f*
estromatólitos, 8-9, 8*f*
mergulho em águas profundas, 292-293*f*
origem dos, 4
pH dos, 42
Ocelo
anfioxo, 120*f*
equinodermo, 114*f*
euglenoide, 41*f*
rotífera, 105*f*
Ocitocina (OT)
ação, 193*f*, 196*t*, 197, 346, 372
como hormônio peptídeo, 194*t*
fonte, 193*f*, 196*t*, 197*f*, 372
Ofiúro, 115*f*
OGMs. *Ver* Organismos geneticamente modificados
OI. *Ver* Osteogenese imperfeita
Olduvai Gorge, 141*f*
Olfato (**cheiro**)
centros cerebrais de, 164, 165
quimiorreceptores, 176*f*
sistema respiratório e, 284
Olho composto, 110, 111*f*, 180*f*, 181
Olho(**s**). *Ver também* Visão
acomodação visual, 183*f*
anatomia, 180*f*, 181*f*
anfíbio, 126
aranha, 108*f*
arenícola, 100*f*
artrópode, 107
cansaço ocular, 183
cefalópode, 104
composto, de inseto, 110, 111*f*, 180*f*, 181
diabetes e, 203*t*
estrutura da retina, 184*f*
humano
anatomia, 182-183, 182*f*
mecanismos de foco, 183*f*
inseto, 110, 111*f*, 180*f*, 181
lente
catarata, 186, 187*f*
estrutura e função, 180-181, 180*f*, 181*f*, 182*f*, 183*f*
posicionamento do, 181
primata, evolução do, 138
tipo câmera, 181*f*
vertebrado, 122
Olho tipo câmera, 181*f*
Oligoceno, animais, 135*f*, 139*f*
Oligodendrócitos, 167
Oligoquetos, 100-101*f*
▪ Olimpíadas
carregadores de tocha, 351*f*
▪ prova de sexo, 334*f*
Omatídio, 180*f*, 181
Ombro, 219*f*. *Ver também* Cinturão peitoral
Omoplata (escápula), 215, 216*f*, 219
▪ Oncocercose (cegueira dos rios), 186
▪ Ondas de calor, 343
Oócito(s), 357*f*
citoplasma
conteúdo, 358
localização citoplasmática, 358*f*
humanos, 342*f*, 347*f*, 364
primários, 344*f*
secundários, 344-345, 344*f*, 347*f*
Oomicetos. *Ver* Mofos de água
Opérculo, 125
Operons, 30
▪ Opiatos
natural, 175
sintético, 175
Opsina, 185
Órbita, ocular, 182
Orelha
anfíbio, 126
baleia, 170
equilíbrio, órgãos de, 177*f*
humano 177*f*, 178*f*-179*f*
vertebrado, 122
Orelha externa, 178*f*-179*f*
Orelha interna, 177, 178*f*-179*f*
Orelha média, 178*f*-179*f*
Organelas, origem das, 10-11, 10*f*
▪ **Organismos geneticamente modificados** (**OGMs**), colheitas de alimentos, 186
Organização Mundial da Saúde, 32
Órgão de Corti, 178*f*-179*f*, 179
Órgão(s)
controle neural, 159*f*
definição, 98
formação
em animais, 356*f*-357*f*, 357, 361
em seres humanos, 363, 366*f*
receptores sensoriais, 173
Órgãos de equilíbrio, 177*f*
Órgãos excretores
artrópodes, 319*f*
minhocas, 318-319*f*
planárias, 318*f*
Órgão vomeronasal, 176
Orgasmo, 156, 346
Orgel, Leslie, 7
Ornitorrinco, 136*f*
Orquídea, infecção viral em, 20, 21*f*
Orrorin tugenensis (hominídio fóssil), 140
Oscilação continental. *Ver* Teoria das placas tectônicas
Osmorreceptor, 172
Osso
anatomia, 217*f*
células, 217
desenvolvimento do, 363
▪ doença, 230
efeitos hormonais no, 199*t*, 200, 201, 218
fluxo sanguíneo para o, 244*f*
funções, 217*t*

pássaro, 132, 133*f*
remodelagem, 218
tipos, 217
Osso da coxa. *Ver* Fêmur
Osso do peito. *Veja* Esterno
Ossos carpais, 215, 216*f*
Ossos cranianos, 215, 216*f*
Ossos malares, 215, 216*f*
Ossos metacarpianos, 215, 216*f*
Ossos metatarsianos, 216*f*
Ossos tarsianos, 216*f*
▪ Osteoartrite, 220
Osteoblasto, 217, 218
Osteócito, 217
Osteoclasto, 201, 217, 218
▪ Osteogenese imperfeita (OI), 230
▪ Osteoporose, 218*f*
Ostra, 103
OT. *Veja* Ocitocina
Ouriços do mar, 115*f*
desenvolvimento, 359*f*
endoesqueleto, 214
reprodução, 337
▪ uso de ova como alimento, 115
Ovário(s)
angiosperma, 68*f*, 70*f*
aranha, 108*f*
dor associada, 175*f*
hormônios, 193*f*, 196*t*, 199*t*, 206
humano, 206*f*, 342*f*, 343*t*
peixe, 125*f*
planária, 98*f*
regulagem de hormônio, 197, 344*f*
teratomas em, 374
Ovelha, fungo prateleira (*Laetiporus*), 83*f*
Ovidutos
planária, 98*f*
ser humano (trompas de Falópio), 342*f*, 343*t*
Ovo (ovos)
animal, 356*f*
amniotas, 128*f*
cnidários, 97*f*
formação, controle de hormônios, 206
gema, 337, 358*f*, 359*f*
inseto, 111
monotremado, 136
nematódeo, 106*f*
pássaro, 132*f*
platelminto, 99*f*
polaridade, 358*f*
tênia, 99
humano, 347*f*
características do, 337
planta
angiosperma, 70*f*
briófita, 60, 61*f*
gimnosperma, 67*f*
plantas terrestres, 58*f*
plantas vasculares, 62
plantas vasculares sem sementes, 63*f*
produção e cuidados, variações em, 336-337*f*
Ovulação, 316, 344*f*, 345
Óvulo. *Ver* Ovo (ova)
Óvulo(s)
angiosperma, 68*f*, 70*f*
gimnosperma, 67*f*
planta com sementes, 65
Oxicodona, 157
Oxigênio
armazenamento muscular de, 288
armazenamento nas criaturas do fundo do mar, 293
e origem da vida, 4, 9
na atmosfera da Terra
atmosfera atual, 278
atmosfera inicial, 4, 8-9, 12*f*-13*f*, 54, 56
na fotossíntese, 8-9, 28
na troca de gás respiratório, 288
níveis no sangue, regulagem de, 199
pressão parcial
na atmosfera, 278
no sistema respiratório, 288-289*f*
transporte, 288, 289*f* (*Ver também* Hemoglobina; Proteínas respiratórias)
Oxihemoglobina (HbO2), 288, 289*f*
▪ Oxiúro (*Enterobius vermicularis*), 106

P

Padrões moleculares associados a patógenos (PAMPs), 255
Paleoceno, animais, 135*f*
Palma de sago, 66
Palma, humano, ossos, 215, 216*f*
Palpo
inseto, 111*f*
molusco, 103*f*
poliqueto, 100*f*
PAMPs. *Ver* Padrões moleculares associados a patógenos
Pâncreas
▪ câncer, tabagismo e, 291*f*
dor associada, 175*f*
enzimas, 302*t*, 303, 305*f*
funções, 300-301, 300*f*
hormônios, 193*f*, 199*t*, 202*f*
localização, 202*f*
no sistema digestório, 192, 300*f*
sapo, 298*f*
secreções, 192
ser humano
células alfa, 202*f*
células beta, 202*f*, 203
Pandemias, 32
Pangea
formação e colapso de, 57*f*, 134-135, 134*f*
registro fóssil e, 118
▪ Papanicolau, 253, 274, 350
Papila, 176*f*
Papilomavírus humano (HPV), 253, 273, 274 275*f*, 350
▪ Papo, 200*f*, 201
Parabasalídeos, 38*f*, 39*t*, 40*f*
Parada cardíaca. *Ver* Ataque cardíaco
Paramecium, estrutura, 43*f*
Paramecium, 43*f*
do tecido respiratório, 255*f*, 276, 285, 290*f*
Paranthropus aethiopicus, 144*f*
Paranthropus boisei, 140*f*, 144*f*
Paranthropus, 140*f*
Paranthropus robustus, 144*f*
Parápode(ia), 100*f*
Parasitas e parasitismo
apicomplexos, 45
ciliados, 43
copépodas, 109
euglenoides, 41
fascíolas, 127*f*
fungos, 76, 77*f*, 79, 87
hospedeiro, comportamento mutante do, 36, 53
intracelular, 10, 11
moldes de água, 47*f*
nematódeo, 106*f*
peixe, 124*f*
planta, 68, 69*f*
platelmintos, 98-99*f*
quelicerados, 108
tripanossomas, 40*f*, 41
Parede celular
arqueias, 26
bactérias, 26
procariontes, 26*f*
Paredes cruzadas (septos), 76-77*t*, 78, 80
▪ Paroxetina (Paxil), 371
Parque Nacional de Yellowstone, 2*f*, 31*f*

Partenogênese, 105, 336
Partículas semelhantes vírus (VLPs), 273
Parto. *Ver* Nascimento
Parto, 372*f*
Pássaro(s)
adaptações ao voo, 132-133*f*
bico, 298, 299
características, 132-133
cérebro, 163*f*
como polinizadores, 68, 69*f*
desenvolvimento, 359, 361*f*
diversidade, 120*t*, 133
evolução dos, 122*f*, 128*f*, 129, 131, 132*f*
impactos humanos sobre os, 180
migração 133
nidificação 133
nutrição, 112, 117
olho, 183
ovos, 337*f*
regulagem de temperatura, 132, 329*f*
reprodução, 123, 132
sistema circulatório, 234*f*
sistema digestório, 298*f*, 299
sistema respiratório, 283*f*
sistema urinário, 320
Pássaros cantores, nutrição, 112
Patela, humana, 216*f*, 219*f*
Patógeno(s). *Ver também* entradas em face de Infecção
coevolução de, 32-33
definição, 20
vírus como, 20
▪ Paxil (paroxetina), 371
▪ PCP (fenciclidina), 157
PCR. *Ver* Reação em cadeia de polimerase
▪ Pé-de-atleta, 85*f*
Pedipalpo, 108*f*
Pedra calcária, origem, 42
Pedras biliares, 303, 312
Peixe-agulha, nariz longo, 125*f*
Peixe-boi, 137*f*
Peixe com barbatana em raio, 122*f*, 125*f*
Peixe prateado, 111*f*, 112, 113*f*
Peixes
barbatana em raia, 122*f*, 125*f*
blindados, 122-123, 122*f*
cartilaginosos (Chondrichthyes), 122*f*, 124-125, 124*f*
esqueleto, 215*f*
fendas branquiais, 282
homeostase, equilíbrio de fluidos, 320
número de espécies, 120*t*
cérebro, 162, 163*f*
com barbatanas em lóbulo, 122*f*, 125*f*, 126*f*
com mandíbulas, 122*f*, 123*f*
características, 124
diversidade, 124-125, 124*f*, 125*f*
evolução dos, 104
número de espécies, 120*t*
conteúdo de oxigênio dissolvido na água e, 279
desenvolvimento
interferentes endócrinos e, 190
normal, 359*f*
evolução dos, 104, 122-123, 122*f*, 123*f*
na alimentação humana, recomendações, 308
navegação, 170
olho, 183
orelha, 178
ósseos (Osteichthyes), 124-125*f*
homeostase, equilíbrio de fluidos, 320*f*
número de espécies, 120*t*
sistema respiratório, 282*f*
reprodução assexuada em, 336
reprodução sexuada, 123, 337
sem mandíbulas, 122*f*, 123*f*, 124*f*
enguias-do-lodo, 120*t*, 121*f*
fendas branquiais, 282
lampreias, 122
sistema circulatório, 234*f*
Peixes cartilaginosos (Chondrichthyes), 122*f*, 124-125, 124*f*
esqueleto, 215*f*
fendas branquiais, 282
homeostase, equilíbrio de fluidos, 320
número de espécie, 120*t*
Peixes com mandíbulas, 122*f*, 123*f*
características, 124
diversidade, 124-125, 124*f*, 125*f*
evolução dos, 104
número de espécies, 120*t*
Peixes ósseos (Osteichthyes), 124-125*f*
homeostase, equilíbrio de fluidos, 320*f*
número de espécies, 120*t*
sistema respiratório, 282*f*
Peixes pulmonados, 125*f*
características dos, 122*f*
Peixes sem mandíbulas, 122*f*, 123*f*, 124*f*
enguia-do-lodo, 120*t*, 121*f*
fendas branquiais, 282
lampreias, 122
Pele. *Ver também* Sistema tegumentário
▪ diabetes e, 203*t*
fluxo sanguíneo para, 244*f*
micro-organismos na, 257*f*
no sistema imunológico, 257-258, 257*f*, 257*t*, 258*f*
receptores sensoriais, 174, 175*f*
Película, 40, 41*f*, 43*f*
Pelo, como característica dos mamíferos, 134
Pélvis renal, 322*f*
Pena, 132*f*
Penicilina
descoberta da, 81
▪ resistência à, 33
Penicillium chrysogenum, 81
Penicillium roquefortii, 81
Pênis
funções, 337, 339, 346
ser humano, 338*f*, 338*t*, 340*f*
Pé (pés)
bivalves, 103*f*
caracol, 102*f*
ser humano
diabetes e, 203*t*
ossos, 216*f*
Pepinos do mar, 115*f*
Pepsinas, 302*t*
Pepsinogênios, 302
Peptídeo natriurético atrial (PNA), 199, 327
Peptidoglicano, 26
Pequenos lábios, 342*f*
Percebe, 109*f*
Percepção, definição, 173. *Ver também* Percepção sensorial
Percepção de profundidade, 138, 181
Percevejos (*Cimex lectularius*), 110, 111*f*, 113
▪ Perclorados, 201
▪ Perda de peso, métodos, 312
Perforina, 268
Pericárdio, 241*f*
Período Cambriano
animais, 92*f*
radiação adaptativa no, 9, 92
Período Carbonífero
evolução
na flora, 64*f*
nas plantas, 57*f*
nos animais, 122*f*, 128*f*
Período Cretáceo
eventos importantes, 129

evolução no
animais, 122*f*, 128*f*, 134*f*
plantas, 57*f*, 65
Período de Devoniano
animais, 122*f*, 123, 126*f*
evolução no
peixes, 124*f*
plantas, 57*f*, 65
Período Jurássico
animais, 118*f*, 132*f*
eventos importantes, 129
evolução em
animais, 122*f*, 128*f*, 129, 134*f*
plantas, 57*f*
▪ Periodontite, 258
Período Ordoviciano, 104*f*
evolução em
animais, 122*f*
plantas, 54, 57*f*
Período Permiano, evolução em
animal, 122*f*, 128*f*
planta, 57*f*
Período Piloceno, 134*f*
Período Proterozoico
evolução no, 9
mudanças ambientais no, 8-9
Período refratário, de neurônio, 153
Período Siluriano, evolução em
animais, 122*f*
plantas, 57*f*
Período terciário
evolução em
animais, 122*f*
plantas, 57*f*
Período Triássico
animais, 130
evolução em
animais, 122*f*, 128*f*
plantas, 57*f*
Peristalse, 301
Perna, ser humano, ossos, 216*f*
Perry, George, 315
▪ Pertussis (coqueluche), 269*f*
▪ Peso corporal, 312*f*
Pesquisa. *Ver* Pesquisa científica
▪ **Pesquisa científica**. *Ver também* Pesquisa genética
▪ atmosfera, condições iniciais, 4
▪ material genético, origem do, 7
▪ moléculas orgânicas, origem das, 5*f*
▪ nutrição, 71
▪ sobre células, origem das, 6-7, 6*f*, 7*f*
▪ sobre diabetes, 316
▪ sobre hormônios, 192
▪ sobre proteínas, origem das, 6
Pesquisa genética
Drosophila melanogaster em, 362
ratos em, 362
▪ Peste bubônica, 113
▪ **Pesticidas**
bloqueadores de espináculos, 281
fungos como, 81
resíduo, no alimento humano, 332*f*
Pétalas, flor, 68*f*
Ph
do fluido extracelular, humano, 327
dos oceanos, 42
fluido gástrico, 302
homeostase, 284
humano
boca, 301
fluido extracelular, 327
intestino grosso, 306
Physarum, 51*f*
Phytophthora, 47, 84
Pigmento(s)
no ovo, animal, 358*f*
nos fotorreceptores, 180*f*
Pilobus, 78-79*f*
▪ "Pílulas do dia seguinte", 349
Pilus (pili)
estrutura e função, 26*f*
sexo, 27*f*
Pinguim imperador (*Aptenodytes forsteri*), 293*f*
Pinheiro bristlecone (*Pinus longaeva*), 66*f*
Pinho da terra. *Ver* Licopódios
Pinho de Ponderosa, 67*f*
Pinho (*Pinus*), cones, 67*f*
Pinna, 178*f*-179*f*
Pintarroxo-de-bico-grosso, 329*f*
Piolho-de-madeira, 109*f*
Piolho (piolhos), 112, 113*f*
Piolhos. *Ver* Piolho
Pistilo. *Ver* Carpelo
Píton, 172*f*
PKU. *Ver* Fenilcetonuria
▪ Placa, aterosclerótica, 247*f*, 258
▪ Placa, dental, 258*f*
▪ Placa dental, 258*f*
Placenta, 134, 137*f*, 363, 365, 367*f*, 372*f*
Placodermo, 122*f*, 123*f*
Placozoa. *Ver* Placozoários
Placozoários (Placozoa), 94*f*
características, 90*t*
classificação, 93*f*
Planárias
estrutura, 98*f*
órgãos excretores, 318*f*
sistema nervoso, 148*f*
Plâncton, radiolários, 42*f*. *Ver também* Diatomácea(s); Foraminíferos
Plano estrutural da medusa, 96*f*
Planta de ervilha. *Ver* Ervilha de jardim
Planta de tabaco (*Nicotiana tabacum*), pesquisa sobre, 20
Planta de tomate (*Lycopersicon esculentum*), vírus de mosaico do tabaco e, 20
Planta(s). *Ver também tipos específicos*
água e, adaptações que conservam água, 58, 59*f*, 65
coevolução com polinizadores, 68, 69*f*
endófitas fúngicas, 84
evolução, 9, 12*f*-13*f*, 54*f*
portadoras de sementes, 56*f*, 57*f*, 65
terrestre, 54-59, 72*f*
vasculares, 56*f*, 62
vasculares sem sementes, 56-57, 56*f*, 57*f*, 62, 72*f*
nutrientes, micorrizas e, 85*f*
proteínas em, 309
Plantas portadoras de sementes, 65*f*
evolução das, 56*f*, 57*f*, 65
utilizações humanas, 65*f*
Plantas que florescem. *Ver* Angiosperma(s)
Plantas que ressuscitam. *Ver* Selaginelas
Plantas terrestres. *Ver também* Angiosperma(s); Briófita(s); Gimnospermas; Planta com sementes; Plantas vasculares sem sementes
adaptações que conservam água, 58, 59*f*, 65
características, 54
ciclo de vida, 58*f*
classificação das, 56
evolução das, 54-59, 72*f*
Plantas vasculares. *Ver também* Plantas vasculares sem sementes
estrutura, 58, 59*f*
evolução das, 56*f*, 62
reprodução, 59, 63*f*
sucesso das, 58-59
Plantas vasculares sem sementes, 62-63, 62*f*, 63*f*
espécies, número de, 56*f*
evolução das, 56-57, 56*f*, 57*f*, 62, 72*f*
no período Carbonífero, 64*f*

Plânula, 96, 97*f*
Plaquetas
funções, 235*f*, 236, 237*f*
número de, 235*f*
origem, 236*f*
Plasma, sangue
composição do, 235*f*
funções, 235*f*
Plasmídeo(s)
definição, 27
transferência entre células procarióticas, 27*f*
Plasmodium
ciclo de vida, 36*f*, 39, 45*f*, 52
comportamento do hospedeiro, alteração de, 36, 53*f*
e seleção naturais, 36
resistência à droga, 36
Platelmintos, características, 90*t*
Plesiadapis (primeiro primata), 139*f*
Plesiossauro, 128*f*
PNA. *Ver* Peptídeo natriurético atrial
Pneumocystis carinii, 271
▪ Pneumonia, 271, 290
Poleiro, 125*f*
Pólen de tasna, 268*f*
Policitemia, 247
Polinização
angiospermas, 70*f*
gimnospermas, 67*f*
Polinizador(es), 68, 69*f*
coevolução com plantas, 68, 69*f*
insetos como, 68, 69*f*, 112
visão, 172*f*, 173
▪ Pólio, 21, 228, 269*f*
Pólipo, cnidário, 96*f*, 97*f*
▪ Pólipo, colo, 306*f*
▪ Pólipo de cólon, 306*f*
Poliquetos, 100*f*
Poliquetos (*Nereis*), 100*f*
Polo animal, 358*f*
Polo vegetal, 358*f*
▪ Poluentes ambientais e, 190
evolução dos, 207
▪ **Poluição**. *Ver também* Poluição do ar; Poluição da água
interferentes hormonais, 190*f*, 201*f*
poluição sonora
em oceanos, 170*f*
na terra, 180
substâncias químicas agrícolas, 190*f*, 191, 208, 209 210*f*
▪ **Poluição da água**
e conteúdo de oxigênio dissolvido na água, 279
interferentes hormonais, 190*f*, 201*f*
▪ **Poluição do ar**
e enfisema, 218
e liquens, 84
▪ **Poluição sonora**
▪ na terra, 180
▪ no oceano, 170*f*
Polvo, 104*f*
olho, 181*f*
receptores de paladar, 176
Pombos, sistema digestório, 298*f*, 299
Pomo de Adão, 285
Pongídeo, 138*f*
Ponta do broto. *Ver* Broto terminal
Ponte, 162*f*, 163*f*
Pontes cruzadas, na contração muscular, 224*f*, 225, 226*f*
Ponto cego, 182*f*, 185
Porco-da-terra, 135*f*
Porífera. *Ver* Esponjas
Poro genital, planária, 98*f*
Porphyra tenera (nori), 50*f*
Porphyromonas gingivalis, 258
Postura vertical
coluna vertebral humana e, 215
evolução da, 138*f*, 140
identificação de, em fósseis, 138, 139*f*
Potássio. *Ver também* Bombas de sódio-potássio
e potencial de membrana neural, 151-152, 151*f*, 152*f*-153*f*
▪ nutricional, 311*t*
Potencial de ação, 151-153, 151*f*
na contração muscular, 225*f*
propagação, 153*f*, 154*f*, 158*f*
pulso tudo ou nada, 152, 153*f*
Potencial de limiar, 152
Potencial de membrana em descanso, 151, 153*f*
Potencial de membrana, 151*f*
como pulso tudo ou nada, 152, 153*f*
descanso, 151, 153*f*
medição de, 152, 153*f*
potencial de ação, 151-153, 151*f*
potencial de limiar, 151-153, 151*f*
propagação, 153*f*, 154*f*, 158*f*
Povo Yorubá, 346*f*
Predadores e depredação
cnidários, 96
e evolução, 123
moluscos, 88*f*
posicionamento do olho, 181*f*
Prêmio Nobel, 24, 72
Pré-molares, 134*f*, 301*f*
Pressão alta. *Ver* Hipertensão
Pressão atmosférica, 278*f*, 292
Pressão diastólica, 243*f*, 244
Pressão parcial
atmosférica, de oxigênio, 278
através da membrana respiratória, 288-289*f*
Pressão, receptores sensoriais, 174
Pressão sanguínea, 243. *Ver também* Hipertensão
▪ medição da, 244*f*
mudanças na, no circuito sistêmico, 243*f*
regulagem da, 244
Pressão sistólica, 243*f*, 244
Primata(s)
cérebro, 162
ciclo menstrual, 343
espécies, número de, 138
evolução dos, 139
origem, 139
taxonomia, 138*f*
visão, 138, 181
Príons, 24
PRL. *Ver* Prolactina
Procariontes
características de, 52*t*
ciclos de vida, 26-27*f*
classificação, 25, 27
cromossomo, 26
diversidade metabólica, 25*t*
em ambientes extremos, 2*f*
espécies, número de, 25
estrutura, 25
evolução, 8*f*, 25, 27
membrana plasmática, invaginação de, 10*f*
reprodução, 26-27*f*
sucesso evolucionário de, 25
Processamento visual, 185*f*
Produção de calor sem tremor, 331
Progesterona
ação, 199*t*, 345, 365, 367
como esteroide, 194*t*
fonte, 193*f*, 199*t*, 206, 365, 367
Proglótides, 99*f*
Programa de AIDS global, 272*f*
Prolactina (PRL), 193*f*
ação, 196, 197, 372
como hormônio de proteína, 194*t*
fonte, 196, 372
Promotor(es), 194
Propionibacterium acnes, 257*f*
Prossímios, 138
classificação de, 138*f*
evolução de, 139
Prostaglandinas, 175, 192, 260, 339, 343

Proteína de Rh, 238
Proteína(s). *Ver também* Enzima(s); Síntese de proteína
absorção no intestino delgado, 305*f*
cérebro, evolução do, 141
conversão em gordura, 307
de transporte, células ciliadas, 305
digestão de, 302*t*
origem das, 6*f*, 12*f*-13*f*
▪ recomendações nutricionais, 309
respiratórias, 279
revestimento viral, 20*f*, 21, 23*f*
Proteínas de transporte, células ciliadas, 305
Proteínas mucina, 301
Proteínas receptoras do neurotransmissor, 154*f*
Proteínas respiratórias, 279
Proteobactérias, 28, 29*f*
Protistas, 36-51
características dos, 39*t*
ciclo de vida, 39*f*
cistos, 39, 40, 45
classificação, 38*f*
e afloramentos de algas, 279
estrutura, 38*f*
evolução dos, 12*f*-13*f*
linhagens, 40-51
nutrição, 38, 39*t*
organelas, origem de, 11
origem colonial, e animal, 92*f*
Protocélula
definição, 6
nanóbios como, 15
origem da, 6-7*f*
Protonefrídio, rotífera, 105*f*
Protostomados, 114
classificação, 93*f*
desenvolvimento, 91
embrião, clivagem em, 359*f*
Protozoários
características dos, 39*t*
flagelados, 38*f*, 40-41, 40*f*
Protozoários flagelados, 38*f*, 39*t*, 40-41, 40*f*
Protrombina, 237
▪ Prozac (fluoxetina), 156
Prusiner, Stanley, 24
PSA. *Ver* Antígeno prostático específico
Pseudocelomado, classificação, 93*f*
Pseudoceloma, 91*f*, 105
Psilocibina, 157
Psilophyton, 57*f*
Pterossauro, 128*f*
PTH. *Ver* Hormônio paratireoide
PTSD. *Ver* Transtorno de estresse pós-traumático
Puberdade, 206, 257, 339, 363*t*
"Puffballs" (*Calvatia*), 83*f*
Pulga, 113
Pulmão folhoso, 108*f*, 281*f*
Pulmão(s). *Ver também* Pulmão folhoso
crocodilo, 130*f*
▪ doença do, 290-291
estrutura, 280, 284*f*, 285
evolução do, 122*f*, 123, 234, 282-283
pulmão folhoso, 108*f*, 281*f*
réptil, 128
ser humano
dor associada, 175*f*
funções, 284*f*
membrana respiratória, 288*f*
troca de gases, 288*f*
▪ tabagismo e, 291*f*
capacidade vital, 286
estrutura, 284*f*, 285
volume tidal, 286-287, 286*f*
tecido, 283*f*, 291*f*
Pulso, 215, 216*f*, 219
Pupa, inseto, 111*f*
Pupila, 182*f*

Q

Quadril. *Ver também* cintura pélvica
articulações, 219*f*
substituição de, 220
Quelicerado, 107*t*, 108*f*
Quelicera, 108*f*
Queratina, 128, 130, 132, 258*f*
▪ Questões éticas
campanhas governamentais antifumo, 277, 294
DDT e malária, 37, 52
destruição de *habitat*, 89, 116
distúrbios interssexuais, 334, 335, 351-353 353*f*
drogas para fertilidade, 355, 373, 374*f*
etiquetas de advertência para *fast food*, 297, 314
fungos como herbicidas/pesticidas, 75
padrões de ensaios clínicos, 254, 273
patentes de drogas, 19, 34
poluição sonora, marinha, 171, 188
programas de reabilitação em drogas, 147, 168
propriedade particular de fósseis, 119
reciclagem, 55, 72
regulagem de suplemento nutricional, 212, 229
substâncias químicas agrícolas, 191, 208
teste de droga por parte dos empregadores, 317, 332
treinamento obrigatório em RCP, 232, 251
vida extraterrestre
implicações de, 14
riscos de estudo, 3, 15
Quetamina, 157
Quiasma óptico, 185*f*
Quilocaloria, 312
Quimioautotróficos, 25*t*, 30
Quimioheterotróficos, 25*t*
Quimiorreceptores
funções, 172
no sistema respiratório, 287*f*
olfativos, 176*f*
receptores do paladar, 176*f*, 301
Quimiotripsina, 302*t*
Quimo, 302, 303
Quinoa (*Chenopodium quinoa*), 71*f*, 309
Quitão, 102-103, 102*f*
Quitina
em estruturas animais, 100, 102, 281
em estruturas vegetais, 76
Quitrídios, 76*t*, 77*f*

R

Radiação adaptativa
peixes, com mandíbulas, 104
período Cambriano, 9, 92
Radiação térmica, e temperatura homeostática, 329
Radiação ultravioleta. *Ver* Radiação UV (ultravioleta)
Radiação UV (ultravioleta)
▪ e cataratas, 186
e desenvolvimento da vida, 9, 14, 56
visão do polinizador e, 172*f*, 173
Radiolários, 38*f*, 39*t*, 42*f*
▪ Radônio, e câncer de pulmão, 295*f*
Rádula, 102*f*, 104*f*
Raia de manta, 124*f*, 125
Raia-lixa, 125
Raio
pássaro, 133*f*
ser humano, 215, 216*f*, 219
Raio (peixe), 124*f*, 125
Raizes, evolução das, 58
Ramaria (fungos coral), 83*f*
Raposa, 137*f*

Raposa vermelha, 137*f*
▪ Raquitismo, 200*f*, 201, 310*t*
Rãs-de-unhas-africanas (*Xenopus laevis*), 190, 201*f*
Rato-canguru deserto, 321*f*
espécies, número de, 136
Ratos
▪ como vetor de doença, 113
Razão superfície/volume, e respiração, 279
▪ RCP (ressuscitação cardiopulmonar)
alternativas à, 251
treinamento em, 231, 232, 251
Reabsorção capilar, 245*f*, 246
Reabsorção tubular, 323, 324*f*, 325*t*
▪ Reação à transfusão, 237
Reação em cadeia de polimerase (PCR), 2, 28
Reações dependente de luz, em fotossíntese
via cíclica, 8, 12*f*-13*f*
via não-cíclica, 8, 12*f*-13*f*, 54
Recém-nascido, definição, 363*t*
Recepção. *Ver* Recepção de sinal
Receptor(es)
hormônios
evolução dos, 207
função e diversidade, 194-195
intracelulares, 194
mutação dos, 194-195
na membrana plasmática, 194, 195*f*
receptores de antígeno, 261, 263*f*, 264*f*, 265*f*
receptores de célula B, 264, 265*f*, 266
receptores de célula T (TCRs), 261, 264, 265, 267*f*, 268*f*
receptores de estrogênio, 190, 207
sensoriais (*Ver também* Fotorreceptores; Neurônios sensoriais; Percepção sensorial)
processamento de sinais a partir dos, 173*f*
receptores do paladar, 176*f*, 189, 301
receptores do tato, 174, 175*f*
receptores olfativos, 176*f*
receptores somáticos, 172-173, 172*f*
tipos de, visão geral, 172-173*f*
Receptores da dor (nociceptores), 172
Receptores de estiramento, 173
Receptores de hormônio folículo estimulante, evolução dos, 207
Receptores de hormônio luteinizante evolução dos, 207
Receptores de olfato, 176*f*
Receptores de serotonina, em vítimas de SIDS, 290
Receptores do paladar, 176*f*, 189, 301
Receptores MHC, 264
Receptores sensoriais. *Ver também* Neurônios sensoriais
degeneração macular e, 186
estrutura, 184*f*
fotorreceptores, 173, 180*f*, 182*f*
função, 185*f*
processamento de sinais provenientes dos, 173*f*
receptores do paladar, 176*f*, 189, 301
receptores do tato, 174, 175*f*
receptores olfativos, 176*f*
receptores somáticos, 172-173, 172*f*
tipos, 184
tipos de, 172-173*f*
Reconhecimento próprio e não-próprio
em esponjas, 95
sistema imunológico e, 255, 261, 270
Rede nervosa, 96, 148*f*
Reflexo da defecação, 306
Reflexo de deglutição, 301
Reflexo de estiramento, 160-161*f*, 172
Reflexo de retirada, 161
Reflexo do puxão de joelho, 161
Reflexo(s)
definição, 160
vias, 160-161*f*
Regeneração, em equinodermos, 115
▪ **Relação sexual**, 346-347
e transmissão de HIV, 272
orgasmo, 156, 346
sexo seguro, 351
Relógio biológico, 133, 206
Renina, 326-327
Reprodução assexuada
algas, 48*f*, 50*f*
anfíbios, 336
animais, 94, 95, 336*f*
apicomplexos, 45*f*
bacteriófago, 22, 23*f*
briófitas, 60*f*
cnidários, 96
fungos, 78*f*, 81*f*, 83
insetos, 336
invertebrados, 336*f*
lagartos, 336
liquens, 84
peixes, 336
planárias, 98
procariontes, 26, 27*f*
protistas, 39*f*
protozoários flagelados, 40
rotíferas, 336
Reprodução sexuada. *Ver também* Humano(s), sistema reprodutivo; Relação sexual
algas, 48*f*, 50*f*
anfíbios, 123, 126, 127, 337
angiospermas, 70*f*
ciclo de vida, 58*f*, 70*f*
fertilização, 70*f*
animal, processos em, 356-357, 356*f*-357*f*
briófitas, 59, 60-61, 60*f*, 61*f*
coníferas, 67*f*
custos e benefícios, 336
em insetos, 111
equinodermo, 115
esponjas, 95*f*
evolução de, 9
fungos, 78*f*, 80*f*, 82*f*
minhoca, 101, 336
pássaros, 123, 132
plantas vasculares sem sementes, 59, 63*f*
protistas, 39*f*
répteis, 123, 130
variações em, 336-337, 336*f*
vertebrados, 123
Réptil(eis). *Ver também* Dinossauros
características, 130
coração, 130*f*, 131
definição, 128
desenvolvimento, 359
espécies, número de, 130
estrutura corporal, 130*f*
evolução dos, 122*f*, 128*f*
grupos, principais, 130-131
homeostase, equilíbrio de fluidos, 320
membrana timpânica, 178
número de espécies, 120*t*
olho, 183
órgão vomeronasal, 176
reprodução, 123, 130
sistema respiratório, 283
▪ Resfriado, comum, 21
Respiração. *Ver também* Sistema respiratório
ciclo respiratório, 286*f*
definição, 278
em altitude alta, 292*f*
▪ exercícios e, 287*f*
humana, controle da, 287*f*, 290
troca de gases
base da, 278

em seres humanos, 288*f*
taxa de difusão, fatores que afetam, 278-279
troca de gases, 288*f*
Respiração aeróbica, evolução da, 9, 12*f*-13*f*
Respiração rápida, 330
Resposta autoimune, 270*f*
na artrite reumática, 220, 270, 308
no diabetes tipo 1, 203
no hipocortisolismo (doença de Addison), 205
nos distúrbios da tiroide, 200-201
Resposta imunológica mediada por célula, 262*f*, 267-268, 267*f*, 268*f*
Resposta imunológica secundária, 266*f*, 268
Resposta inflamatória, 259*f*, 260*f*, 264
na artrite, 220
regulagem da, 204
Resposta lutar ou fugir, 159
Ressuscitação cardiocerebral. *Ver* CCR
Ressuscitação cardiopulmonar. *Ver* RCP
Retículo endoplasmático (RE)
euglenoides, 41*f*
origem do, 10*f*
Retículo sarcoplasmático, 225*f*
Retina, 181*f*, 182*f*
estrutura, 184*f*
Retínico, 185, 186
Reto
funções, 300*f*, 301, 306
humano, 300*f*
Retrovírus, 22-23*f*
Revestimento da semente, 65, 67*f*, 70*f*
rhGH. *Ver* Hormônio de crescimento humano recombinante
Rhizobium, 28
Rhizopus oryzae, 78
Rhizopus stolonifer (mofo preto de pão), ciclo de vida, 78*f*
Ribeiroia (trematódeo), 127*f*
Riboflavina. *Ver* Vitamina B2
Ribossomos
células procarióticas, 26*f*
rRHA em, 7
Ribozimas, 7
Rickétsias, 11, 28
Rim(ns)
adaptações no(s), 321
amniotas, 128
concentração de urina, 324*f*, 325*f*, 326-327, 326*f*
creatina e, 211
crocodilo, 130*f*
diabetes e, 203*t*
eliminação de toxinas, 332
fluxo sanguíneo para os, 244*f*
formação de urina, 323, 324-325, 324*f*, 325*t*
funções, 316, 320
hormônios, 196*t*, 199, 292
néfrons, 323*f*, 324
peixes, 125*f*
regulagem de pressão sanguínea, 244
regulagem de, 199*t*, 201, 204
ser humano
▪ alimentaçãos ricas/pobres em proteína e, 309
▪ diálise, 328*f*
estrutura, 322*f*
▪ falhas, causas e tratamento, 328
localização, 322*f*
néfrons, 323*f*, 324
▪ pedras, 328
▪ transplantes, 328
vertebrado, 123
Rizoides, 60
Rizomas, 62, 63*f*
RNA (ácido ribonucleico)
como enzima, 7
origem do, 7*f*
síntese. *Ver* Transcrição
viral, 20-22, 23*f*
viroide, 24
RNA polimerase
mundo do RNA, 7
na resposta hormonal, 194
RNA X, características recessivas associadas a X, daltonismo, 186
Rodopsina, 185
Roedores, espécies, número de, 136
Rosto
controle cerebral do, 164*f*
ossos, 215, 216*f*
percepção de sentido, 174*f*
▪ Rotavírus, cronograma de imunização, 269*f*
Rotífera. *Ver* Rotíferas
Rotíferas (Rotífera), 105*f*
características, 90*t*
classificação, 93*f*
reprodução assexuada em, 336
Rótula. *Ver* Patela
▪ Rubéola, 21, 269*f*, 371
▪ RU-486 (Mifepristona), 349
Ruminantes, sistema digestório, 299*f*

S

Sabor
centros cerebrais, 165
tipos de, 176
Saccharomyces cerevisiae, 81, 273
Sáculo, 177*f*
SAF. *Ver* Síndrome alcoólica fetal
Sahelanthropus tchadensis, 140*f*
Sais biliares, 258, 303, 305*f*
Salamandras, 126-127, 126*f*, 189
desenvolvimento em, 360
Salamandra (tritão), 126
Saliva, 301
Salmão, 279
Salpa, 121
Samambaia flutuante (*Azolla pinnata*), 63*f*
Samambaia ninho-de-passarinho (*Asplenium nidus*), 63
Samambaias de árvore (*Cyathea*), 63*f*
Samambaias, 63*f*
ciclo de vida, 58*f*, 63*f*
classificação, 62
diversidade, 63*f*
espécies, número de, 56*f*
evolução das, 57*f*
reprodução, 59
Samambaias psilófitas (*Psilotum*), 56*f*, 62*f*
Samambaia (*Woodwardia*), ciclo de vida, 377f
Samambaia (*Woodwardia*), 63*f*
algas verdes, 48*f*, 58*f*
basídios, 82*f*
caranguejos, 109*f*
cnidários, 96-97*f*
coníferas, 67*f*
diatomáceas, 39
fungos, 76
fungos com asco, 80*f*
fungo-zigoto, 78*f*
gimnospermas, 58*f*, 67*f*
hepáticas, 60*f*
lírio (*Lillum*), 70*f*
musgos, 60-61*f*
plantas terrestres, 58*f*
platelmintos, 98-99*f*
samambaias, 58*f*
sapo leopardo (*Rana pipiens*), 356-357, 356*f*-357*f*
Sangue. *Ver também* Hemácias; Células sanguíneas brancas
coagulação
derrame e, 247
formação do coágulo, 237*f*

plaquetas e, 237
transtornos, 247 (*Ver também* Anemia falciforme)
componentes do, 235-236, 235*f*, 236*f*
distribuição de fluxo, 243-244*f*
funções, 233, 235
níveis de cálcio, regulagem dos, 193*f*, 199*t*, 201, 218
níveis de colesterol, 276, 307*f*
níveis de cortisol, regulagem de, 204*f*
níveis de dióxido de carbono, 287*f*, 327
níveis de glicose, 193*f*, 194, 195*f*, 199*t*, 202*f*, 203*f*, 307*f*
níveis de oxigênio, 199
proteínas respiratórias no, 279
▪ tipificação, 237, 238*f*
Sanguessuga, 100*f*, 279
Sanguessugas, 100
▪ Sapatos de salto alto, efeitos sobre a saúde, 220*f*
Sapo arlequim, 77*f*
Sapo de pernas vermelhas da Califórnia (*Rana aurora*), 127*f*
Sapo leopardo (*Rana pipiens*), 190, 356-357, 356*f*-357*f*
Sapolsky, Robert, 205
Sapos, 126, 127, 127*f*
características, 126, 127
cérebro, 163*f*
ciclo de vida, 356-357, 356*f*-357*f*
desenvolvimento
interferentes hormonais e, 190*f*, 201*f*, 208
normal, 356-357, 356*f*-357*f*, 359*f*
doença, 77*f*, 127*f*
larva, 127*f*
sistema digestório, 298*f*
sistema respiratório, 283*f*
Sapróbios, 25, 76, 78
Saprolegnia, 47*f*
▪ Sarampo, 21, 32*t*, 269*f*
Sarcoma de Kaposi, 271*f*
Sarcômeros, 223-224, 223*f*, 242
Sarcoscypha coccinea (fungo taça escarlate), 80*f*
Sargassum, 47
▪ Sarina, 155
▪ SARS (Síndrome respiratória aguda severa), 32*f*, 33
Saurophaganax (dinossauro), 118
Schmate, David, 86
SCIDs. *Ver* Imunodeficiências severas combinadas
SCNT. *Ver* Transferência nuclear de célula somática
Sebo, 257
Secreção tubular, 323, 324*f*, 325*t*
Secreções, 327
Secretina, 192, 199
Sede, 326
Segmentação
em animais, 91
em artrópodes, 107
Segundo mensageiro, na ação hormonal, 194, 195*f*
Selaginelas (*Selaginella*), 62
Seleção. *Ver* Seleção artificial; Seleção natural
Seleção clonal, de linfócitos, 265, 266*f*
Seleção natural, radiação adaptativa e, 92. *Ver também* Seleção sexual
Sêmen, 339
Semente(s)
desnuda, 66
formação, 59*f*
gimnosperma, 66, 67*f*
vantagens de, 59
Sensação somática. *Ver também* Dor
córtex somatossensorial, 164*f*, 174*f*
receptores sensoriais, 172-173, 172*f*
Sensação visceral, 164*f*, 173, 174
Sépala, 68*f*
Sépia, 104*f*
Septo(s) (paredes transversais), 76-77*t*, 78, 80
Sequoias canadenses, 54, 66
Ser(es) humano(s)
asma, esporos de fungos e, 74
boca
arqueias na, 31
câncer, tabagismo e, 291*f*
digestão na, 301, 302*t*
doença na gengiva, 258
flora normal, 258
funções, 284*f*, 300*f*, 301
pH da, 301
cérebro, 149*f* (*Ver também* Cérebro)
anatomia, 163*f*
córtex somatossensorial, 174*f*
drogas psicoativas e, 157
evolução do, 141
experiências "split-brain", 166*f*
formação do, 366, 369
tumores, 167
ciclo ovariano, 344-345, 344*f*, 345*f*
classificação de, 138*f*
comportamento, plasticidade do, 143
coração
aparência, 241*f*
arritmias, 248*f*
batimento do, 241-242*f*
ciclo cardíaco, 241, 242*f*
▪ defeitos e distúrbios, 231*f*
▪ diabetes e, 203*t*
estrutura, 234, 241*f*
função, 234*f*, 241-242*f*
localização, 241*f*
marca-passo, cardíaco, 231, 242*f*, 248
sistema de condução cardíaca, 242*f*
crescimento. *Ver* Crescimento
dedos
controle cerebral dos, 164*f*
ossos, 215, 216*f*
percepção de sentidos, 174*f*
definição de, 141
dentes, 301*f*
desenvolvimento. *Ver* Desenvolvimento, humano
digestão
absorção de nutrientes, 304-305, 304*f*, 305*f*
boca, 301, 302*t*
controle de, 303
estômago, 302*t*, 303*t*
intestino delgado, 302*t*, 303*f*, 303*t*, 304-305, 304*f*, 305*f*
metabolismo de compostos orgânicos, 307*f*
dispersão, inicial, 143*f*
embrião
como período de desenvolvimento, 363*t*
desenvolvimento, 364*f*-365*f*, 368*f*-369*f*
membranas extraembriônicas, 364-365*t*
espermatozoides
caminho percorrido pelos, 339
estrutura, 341
formação, 340-341, 340*f*, 341*f*
na fertilização, 347*f*
produção, 338*f*
esqueleto, 215-216*f*
estômago
digestão no, 302*t*, 303*t*
funções, 300*f*
evolução do, 138-143, 139*f*, 140*f*
fala
centros cerebrais da, 164-165, 164*f*, 166*f*
sistema respiratório na, 284, 285*f*
fêmea. *Veja* Mulheres

feto
como fase de desenvolvimento, 363*t*
desenvolvimento, 368*f*-369*f*, 370-371, 370*f*
fluido extracelular, 318*f*, 327
glândulas acessórias reprodutivas, masculinas, 338*t*, 339
gônadas
femininas, 342*f*
masculinas, 338*f*
hipertermia no, 330
hormônios sexuais, 342*f*. 343. 344, 345
impacto na biosfera. *Ver* Biosfera, impacto humano na
infância
comprimento do, 145*f*
tecido adiposo marrom, 331
inicial, características do, 141*f*
linguagem, centros cerebrais de, 164-165, 164*f*, 166*f*
masculina. *Ver* Homens
nascimento. *Ver* Nascimento(s)
nutrição. *Ver* Nutrição
olho
anatomia, 182-183, 182*f*
mecanismos de foco, 183*f*
orelha
anatomia, 177*f*, 178*f*-179*f*
audição e, 177-178
origem, 140*f*, 141*f*, 142-143, 142*f*, 143*f*
ossos
esqueleto, 215-216*f*
limite de tamanho dos, 217
ovários, 206*f*, 342*f*, 343*t*
óvulo, 347*f*
características do, 337
pâncreas
▪ câncer, tabagismo e, 291*f*
células alfa, 202*f*
células beta, 202*f*, 203
localização, 202*f*
no sistema digestório, 192, 300*f*
pele
▪ diabetes e, 203*t*
micro-organismos na, 257*f*
percepção dos sentidos. *Ver* Percepção sensorial; Receptores sensoriais
pH
boca, 301
fluido extracelular, 327
intestino grosso, 306
placenta, 137*f*
população e demografia
agricultura e, 54
colapsos da, 54
pulmão
capacidade vital, 286
estrutura, 284*f*, 285
funções, 284*f*
membrana respiratória, 288*f*
tabagismo e, 291*f*
troca de gases, 288*f*
volume tidal, 286-287, 286*f*
relação sexual, 346-347
e transmissão de HIV, 272
sexo seguro, 351
respiração
controle da, 287*f*, 290
em altitude alta, 292*f*
▪ exercício e, 287*f*
troca de gases, 288*f*
rim. *Ver* Rim, ser humano
sangue. *Ver* Sangue
sistema cardiovascular, visão geral, 239*f*
sistema digestório
apetite, controle, 296*f*, 313*f*
componentes do, 300-301, 300*f*
músculo liso no, 302*f*
visão geral, 300-301
sistema endócrino, componentes do, 193*f*
sistema imunológico, 264
sistema musculoesquelético, 221, 222*f*
sistema nervoso, 149*f*
abuso de drogas e, 146
medula espinhal, 160-161, 160*f*
neuróglias, 167
neurotransmissores, 156
periférico, 158-159*f*
vias de reflexo, 160-161*f*
sistema reprodutivo
feminino, 342-346, 342*f*, 343*t*
masculino, 338-341, 338*f*, 338*t*
sistema respiratório, 284-285, 284*f*
ciclo respiratório, 286*f*
componentes, 284*f*
controle da, 287*f*, 290
e fala, 284, 285*f*
funções, 284
músculos, 285
troca de gases e transporte, 288-289, 288*f*, 289*f*
vias respiratórias, 285
volumes respiratórios, 286-287*f*
sistema urinário, 322-328 (*Ver também* Rim, ser humano)
componentes, 322*f*
e equilíbrio ácido-base, 327
regulagem do, 326-327, 326*f*, 327*f*
testículos
funções, 338*f*, 338*t*, 339, 340
localização, 206*f*, 340*f*
tubos reprodutivos, masculinos, 338*t*, 339
vasos sanguíneos
estrutura, 243*f*
funções, 243*f*
homeostase, 237*f*
principais, 240*f*
Seringas do mar, 121
Serotonina, 156*t*, 157
▪ Ecstasy e, 146
níveis no sangue, efeitos sobre a saúde, 146
Serpente oriental com nariz de porco, 128*f*
▪ Serviço Geológico dos Estados Unidos (USGS), 74*f*
Sexo
condições interssexuais, 334, 335, 351-353 353*f*
cromossômico, 334
Sexo seguro, 351
▪ Sídrome de Cushing, 205
SIDS. *Ver* Síndrome Infantil da Defunção Súbita
SIDS e, 290
Sifão
bivalve, 103*f*
cefalópode, 104
gastrópode, 102-103, 102*f*
lesma do mar, 280*f*
sépia, 104*f*
▪ Sífilis, 32*t*, 186, 350*f*, 351*f*
Simetria. *Ver* Simetria do corpo
Simetria bilateral, 90, 91*f*, 148
Simetria do corpo, 90-91, 90*t*, 91*f*
Simetria radial, 90, 91*f*
Sinapses, 154-155*f*, 167
Sinapsídeos, evolução dos, 128
▪ Síndrome alcoólica fetal (SAF), 371*f*
Síndrome da Imunodeficiência Adquirida. *Ver* AIDS
▪ Síndrome da insensibilidade ao andrógeno, 194
▪ Síndrome de Down (Trisomia 21), 349
▪ Síndrome Infantil da Defunção Súbita (SIDS), 290
▪ Síndrome pós-pólio, 228
Síndrome respiratória aguda severa. *Ver* SARS

Singh, Charlene, 24*f*
Sinosauropteryx prima, 132*f*
Síntese de ATP
desfosforilação de creatina fosfato, 226*f*
na fermentação de lactato, 226*f*
na respiração aeróbica, 226*f*
nas arqueias, 30-31
no músculo, 226*f*
nos flagelados anaeróbicos, 40
nos quimioautotróficos, 30
vias, 226*f*
Síntese de proteína. *Ver também* Transcrição; Tradução
Sistema cardiovascular. *Ver* Vasos sanguíneos; Sistema circulatório; Coração
Sistema circulatório. *Ver também* Vasos sanguíneos; Coração
aberto, 91, 233*f*
anfíbio, 234*f*
circuito duplo, 123, 126, 130*f*, 134
circuito pulmonar, 234, 239*f*, 243
circuito sistêmico, 234, 239*f*, 243*f*
em homeostase, 233, 239, 240*f*
fechado, 91, 233*f*
função, 233
ligações funcionais com outros sistemas de órgãos, 240*f*, 278*f*, 298*f*, 320*f*
mamífero, 234*f*
minhoca, 100
pássaro, 234*f*
peixe, 234*f*
ser humano, 239*f*
sistema linfático vascular, conexões com o, 249-250, 249*f*
trocas com o fluido intersticial, 233, 245-246, 245*f*
Sistema circulatório aberto, 91, 233*f*
Sistema circulatório fechado, 91, 233*f*
Sistema de condução cardíaca, 242*f*
Sistema de endomembranas, 12*f*-13*f*
Sistema de linha lateral, 170
Sistema de tamponamento, 327
Sistema digestório. *Ver também* Digestão
anfíbio, 298*f*
artrópode, 107
completo *vs.* incompleto, 91, 298-299, 298*f*, 300
cordato, 120
desenvolvimento de, 91
funções, 298-299
inseto, 111
minhoca, 101
molusco, 102
nematódeo, 106
pássaro, 298*f*, 299
planária, 98*f*, 298
rotífera, 105
ser humano, 300-301, 300*f*
tardigrado 105
Sistema digestório completo, 91, 298-299, 298*f*, 300
Sistema digestório incompleto, 91, 298*f*
Sistema endócrino. *Ver também* Hormônio(s), animal; *componentes específicos*
componentes do, 193*f*
definição, 192
digestão, controle de, 303*t*
fluxo sanguíneo e, 244
interações do sistema nervoso, 192
▪ interferentes endócrinos, 190*f*, 201*f*
moléculas de sinalização, tipos, 192
visão geral, vertebrados, 192
Sistema imunológico
▪ AIDS e, 271-272, 271*f*, 272*f*
▪ alergias, 268*f*
barreiras físicas e mecânicas, 255*f*, 256, 257-258, 257*f*, 257*t*, 258*f*
▪ cronograma, recomendado, 269*t*
defesas químicas, 255*t*, 257*t*, 258
▪ estresse e, 205
evolução do, 255
imunidade adaptativa
estrutura de anticorpo e função, 263-264, 263*f*
mediado por anticorpo, 262-266, 265*f*
mediado por célula, 262*f*, 267-268, 267*f*, 268*f*
imunidade inata, 255-256, 255*t*, 259-260, 259*f*, 260*f* (*Ver também* Febre; Resposta inflamatória)
▪ imunização (*Ver também* Vacinas)
imunodeficiência, 18, 33, 270 (*Ver também* AIDS)
leite e, 134, 372
▪ lesão/infecção cerebral, 167
leucócitos na, 256*f*
▪ processo, 269
proteção fetal, 263, 371
reconhecimento de antígeno, 255*t*, 256, 261-262
reconhecimento próprio e não-próprio, 255, 261, 270
regulagem de, hormônios, 204
resposta autoimune, 270*f*
artrite reumática, 220, 270, 308
ataques da glândula suprarrenal, 205
diabetes tipo 1, 203
resposta imunológica secundária, 266*f*, 268
revestimento aéreo, 284
▪ tabagismo e, 291*f*
timo e, 206
vertebrados, 123, 259, 261-262
visão geral, 261-262, 261*f*, 262*f*
Sistema límbico, 162*f*, 165*f*
cheiro e, 176*f*
Sistema linfático
componentes, 249*f*, 250
sistema linfático vascular, 249-250, 249*f*
Sistema musculoesquelético
função, 221*f*
humano, 221, 222*f*
Sistema nervoso
abuso de drogas e, 146
autonômico, 149*f*, 158-159*f*, 244
desenvolvimento, tireoide e, 200
digestão, controle de, 303
evolução do, 148-149, 148*f*
humano, 149*f*
interações do sistema endócrino, 192
medula espinhal, 160-161, 160*f*
na contração muscular, 225*f*
neuróglia, 167
neurotransmissores, 156
periférico, 158-159*f*
periférico, 149*f*, 158-159, 158*f*, 159*f*
planária, 98*f*
redes nervosas, 96, 148*f*
somático, 149*f*, 158
vertebrado, 148-167, 149*f*
vias de reflexo, 160-161*f*
Sistema nervoso autônomo, 149*f*, 158-159*f*, 244
Sistema nervoso central, 149*f*.
Sistema nervoso periférico, 149*f*, 158-159, 158*f*, 159*f*
Sistema nervoso simpático, controle digestório, 303
Sistema nervoso somático, 149*f*, 158
Sistema reprodutivo
condições interssexuais, 334, 335, 351-353, 353*f*
e identidade própria, 334
planária, 98*f*
ser humano
feminino, 342-346, 342*f*, 343*t*
masculino, 338-341, 338*f*, 338*t*
Sistemas de órgãos, vertebrados, visão geral, 123

Sistemas respiratórios. *Ver também* Brânquia(s); Pulmão(ões); Respiração
ciclo respiratório, 286*f*
componentes, 284*f*
controle de, 287*f*, 290
▪ doenças e distúrbios, 290-291
e equilíbrio ácido-base, 327
e fala, 284, 285*f*
funções, 278
funções, 284
inseto, 110, 280-281
invertebrados, 280-281, 280*f*, 281*f*
ligações funcionais com outros sistemas de órgãos, 240*f*, 278*f*, 298*f*, 320*f*
músculos, 285
pássaro, 132
ser humano, 284-285, 284*f*
transporte de oxigênio, 288, 289*f*
troca e transporte de gases, 288-289, 288*f*, 289*f*
vertebrados, 123, 282-283, 282*f*, 283*f*
vias respiratórias, 285
volumes respiratórios, 286-287*f*
Sistema tegumentário. *Ver* Visão geral da pele
Sistema traqueano, 281*f*
Sistema urinário
componentes, 322*f*
e equilíbrio ácido-base, 327
humano, 322-328 (*Ver também* Rim, humano)
ligações funcionais com outros sistemas de órgãos, 240*f*, 278*f*, 298*f*, 320*f*
regulagem do, 326-327, 326*f*, 327*f*
sistema imunológico e, 258
vertebrados, 320-321, 320*f*-321*f*
Sistema vascular de água, equinodermo, 114*f*
Sístole, 241, 242*f*
▪ SIV (Vírus da imunodeficiência em símios), 18, 33
▪ Sobrepeso, 312. *Ver também* Obesidade
Sódio nutricional, 311*t*
Sol
idade do, 4
origem do, 4
Somatostatina
ação, 199*t*
fonte, 199*t*
Somatotropina. *Ver* Hormônio do crescimento
Som, propriedades do, 178*f*
▪ Sonar, e navegação das baleias, 170*f*
Sorus (sori), 63*f*
Soundarajan, Santhi, 334*f*
Speaker, Andrew, 33
Spemann, Hans, 358*f*, 360
Sperry, Roger, 166
▪ Spina bifida, 366
Spinks, Lorna, 146*f*
Spirogyra, 49
Spriggina, 92*f*
Staphylococcus, 257*f*, 258, 265
Starling, E., 192
Stegosaurus, 118
▪ Stent, pós-angioplastia, 248
Stoneworts (tipo de alga). *Ver* Charales
Streptococcus, 33, 258*f*
Submucosa, 303*f*
Substância P, 156, 175
▪ Sufocação, 286, 287*f*
Sulfolobus, 31
Suor
como característica mamífera, 134
efeitos refrigerantes do, 330
▪ Suores noturnos, na menopausa, 343
Super bactéria, 257*f*
Superfície respiratória
definição, 278
fatores que afetam a difusão pela, 279
▪ Suplementos alimentícios
creatina, 211, 226
esteroides anabolizantes, 211
▪ Surdez, 179, 180*f*
Susruta, 316
Swann, Shanna, 209

T

▪ Tabagismo
e densidade óssea, 218
e doenças cardiovasculares, 248
efeitos sobre a saúde, 276, 291*f*, 295*f*
e transtornos visuais, 186
fumantes passivos, efeitos sobre a saúde, 276, 291
gases na fumaça do tabaco, 289
gravidez e, 291*f*, 371
mortes por, 291
taxa
nas nações em desenvolvimento, 294
nos Estados Unidos, 294
Tabagismo (tabaco). *Ver* Tabagismo
Taenia saginata (Tênia de carne de boi), 99*f*
Tálamo, 162*f*, 163*f*, 165*f*
▪ Talidomida, 371
Talo, 60*f*
Tamanduá espinhoso, 135*f*
Tamanduá gigante, 135*f*
Tamanduás, 135f
Tang, Yiwei, 374
▪ Taquicardia, 248*f*
Tardigrada. *Ver* Tardigrados
Tardigrados (**Tardigrada**), 105*f*
características, 90*t*
classificação, 93*f*
Tarsioide, 138*f*
Tartaruga de couro (*Dermochelys coriacea*), 293*f*
Tartarugas do mar, 130, 131*f*, 189
Tartarugas, 128*f*, 129, 130, 131*f*
Tato, receptores sensoriais, 174
Tatu bola, 109*f*
Tatuzinho, 109*f*
tawuia, 9*f*
Taxonomia. *Ver também* Filogenia
animais, 90*t*, 93*f*
cepas, definição, 25
plantas que florescem, 69
plantas terrestres, 56
primatas, 138*f*
procariontes, 25, 27
protistas, 38*f*
sistema de três domínios, 30
TCE. *Ver* Tricloroetileno
TCRs. *Ver* Receptores de célula T
Tecido adenoide, 250
Tecido adiposo
adolescente, definição, 363*t*
armazenamento de gordura, 307, 312
hormônios e, 199*t*, 204
marrom, 331
Tecido adiposo marrom, 331
Tecido conjuntivo
no músculo esquelético, 221
no osso, 217*f*
Tecido dérmico animal, no sistema imunológico, 258*f*
Tecido do músculo esquelético
ação hormonal, 204
neurotransmissores, 155
receptores de hormônio, 199
Tecido epitelial, 258*f*
mucosa intestinal, 304*f*
Tecido muscular cardíaco
aparência, 242
contração, 241-242*f*
Tecido muscular, hormônios e, 199*t*

Tecido ósseo compacto, 217*f*
Tecido ósseo esponjoso, 217*f*
Tecido(s)
evolução de, 90
formação de, 361
Tecido vascular, planta, 58, 59*f*. (*Ver também* Floema; Xilema)
▪ Tecnologia reprodutiva assistida, 349*f*, 354. *Ver também* Drogas para fertilidade
Tegumento, 65
Teleósteo, 125
Telescópio espacial Hubble, 4*f*
Telson, 108*f*
Temnodontosaurus, 129*f*
Temperatura
em ectotérmicos, 329*f*
em endotérmicos, 329*f*
homeostase, 146, 235, 263
mamíferos, 330-331, 330*f*, 330*t*, 331*f*, 331*t*
receptores sensoriais, 174
temperatura nuclear, fatores que afetam, 329
Tendão de Aquiles, 221, 222*f*
Tendões
▪ envelhecmento e, 227
estrutura e função, 221, 222*f*
Tênia de carne bovina (*taenia saginata*), 99*f*
Tênias (cestoide), 98-99
ciclo de vida, 99*f*
reprodução, 336
Tensão muscular, 227
▪ Tensão pré-menstrual (TPM), 343
Tentáculo(s)
enguia-do-lodo, 121*f*
poliqueto, 100*f*
Teoria colonial de origem animal, 92*f*
Teoria das placas tectônicas, e evolução, 134-135
▪ Terapia genética, 270*f*
Terapsídeos, evolução dos, 128*f*
▪ Teratogênicos, 370-371, 370*f*, 371*f*
▪ Teratomas, 374
Terminações de Ruffini, 174, 175*f*
Terminações nervosas livres, na pele, 174, 175*f*
Termófilos extremos, 2*f*, 12*f*-13*f*, 28, 30-31*f*
Termorreceptores, 172, 330, 331
Terra. *Ver também* impactos de asteroides; Atmosfera
campo magnético, habilidade do animal para sentir, 189
condições iniciais, 4, 5*f*, 8-9
formação da, 4, 5*f*
planetas semelhantes à, 14
Terra diatomácea, 46
Terra, vantagens seletivas da vida na, 126
Testículo(s)
▪ câncer de, 339
hormônios, 193*f*, 196*t*, 199*t*, 206
humanos
funções, 338*f*, 338*t*, 339, 340
localização, 206*f*, 340*f*
planária, 98*f*
regulagem hormonal, 197
Testosterona
ação, 194, 199*t*, 206, 211, 218, 339, 341*f*
como esteroide, 194*t*
conversão em estrogênio, 208
derivados sintéticos, 211
excessiva, em mulheres, 352 353*f*
fonte, 193*f*, 199*t*, 206, 338, 340
▪ Tétano (trismo), 29, 32*t*, 227*f*, 228*f*, 257, 269*f*
Tetrahidrocanabinol (THC), 157
Tetrápode, evolução de, 122*f*, 126*f*
TF. *Ver* Tetralogia de Fallot
TFR. *Ver* Taxa de fertilidade total
THC. *Veja* Tetrahidrocanabinol
thermus aquaticus, 2*f*, 28
thiomargarita namibiensis, 28, 29*f*
Tiamina. *Ver* Vitamina B1
Tíbia, 216*f*, 219*f*
▪ Tifo, 11*f*, 28, 113
Timbre, definição, 178
Timosinas, 193*f*, 199*t*, 206
Tímpano, 178*f*-179*f*
Tinhas, 87
▪ Tipificação sanguínea ABO, 237, 238*f*
▪ Tipificação sanguínea Rh, 238*f*
Trichoplax adhaerens, 94*f*
Tirosina, 156*t*
Tiroxina, 200. *Ver também* Hormônio da tireoide
▪ Titanic, afundamento do, 331*f*
▪ Tolerência, das drogas psicoativas, 157*t*
Tomografia por emissão de pósitrons. *Ver* PET
Tórax, inseto, 110*f*
Torção, 103
Torção, em desenvolvimento de gastrópodes, 102*f*, 103
Tornozelo, 216*f*, 219, 220
▪ Toxoplasmose, 45, 53, 371
TPM. *Ver* Tensão Pré-Menstrual
Traça da seda, 176
▪ Tracoma, 186
Transcriptase reversa, 22, 23*f*, 271
Transdução (de sinal). *Ver* Recepção de sinal
Transdução (processo genético), 27
Transferência de elétrons. *Ver* Reações de oxidação-redução (redox)
Transferência de gene, 26-27*f*, 347
Transferência de gene horizontal, 26-27*f*, 33
▪ Transferência nuclear de célula somática (SCNT), 250-251
Transformação, em procariontes, 27
▪ Transtorno de estresse pós-traumático (PTSD), 169
▪ Transtorno do pânico, 165
Traqueia, 200*f*, 284*f*, 285*f*
Traqueófitas. *Ver* Plantas vasculares sem sementes
Trato óptico, 181*f*
Trematódeo. *Ver* Fascíola
Tremor epizoótico, 24
Tremor (resposta), 331
Treonina, 309
Trepadeiras. *Ver* Estolões
Treponema pallidum, 351*f*
Tríceps, 221*f*, 222*f*
Trichinella spiralis, 106*f*
Trichoderma, 81
Trichophyton, 87
Tricocistos, 43*f*
▪ Tricomoníase, 40*f*, 350
Triglicerídeos, absorção no intestino delgado, 305*f*
Trigo (*triticum*), 65*f*
Triiodotoronina, 200. *Ver também* Hormônio da tireoide
Trilobitas, 92*f*, 104*f*, 107, 108*f*
Tripanossomas, 38*f*, 40*f*, 41
Tripsina, 302*t*
Triptofano, 309
▪ Triquinose, 106
Trismo. *Ver* Tétano
Troca de gases
base da, 278
em seres humanos, 288*f*
taxa de difusão, fatores que afetam, 278-279
Troca tegumentária, 280
Trombina, 237*f*
Trombo, 247
Trompas de falópio. *Ver* Ovidutos
Tronco encefálico, 162
Tropomiosina, 225, 226*f*
Troponina, 225, 226*f*

Trufas, 80*f*, 81, 85
Truta, 279
Trypanosoma brucei, 40*f*, 41
Trypanosoma cruzi, 41
TSH. *Ver* Hormônio estimulante da tireoide
Tuatara, 128*f*, 129, 130, 131*f*
Tubarão baleia, 124*f*
Tubarão de Galápagos, 124*f*
Tubarão, esqueleto, 215
Tubarão-limão, 337*f*
Tubarão(ões), 122*f*, 123*f*, 124*f*, 125, 337*f*
▪ Tuberculose
  ▪ como doença endêmica, 32
  ▪ dano à glândula supra renal, 205
  ▪ prevalência, 33*f*, 290
  ▪ sintomas, 290
  ▪ taxa de mortalidade, 32*t*, 33*f*
  ▪ tratamento, 290
Tubifex (*tubifex*), 279
Tubo coletor, 323*f*, 326*f*
Tubo de pólen
  angiospermas, 70*f*
  gimnospermas, 67*f*
Tubo neural
  defeitos, alimentação materna e, 370
  em embrião humano, 368*f*-369*f*
  formação, 357*f*, 361*f*, 366*f*
Tubo polar, 79*f*
Tubos traqueanos, 281*f*
Túbulo distal, 323*f*, 325*f*, 326*f*
Túbulo proximal, 323*f*
Túbulos malpigianos, 108*f*, 111, 319*f*
Túbulos seminíferos, 340*f*
Túbulos T, 225*f*
Tulipas, infecção viral em, 20-21*f*
Tumor(es)
  cérebro, 167
  excretores de insulina, 203
  glândula paratireoide, 201
  glândula supra renal, 205
  hipofisária, 198
  linfonodos, 247
  teratomas, 374
Tunicados (Urochordata), 120*t*, 121*f*, 122*f*, 123
Turbelários, 98
Turfa de musgo (*Sphagnum*), 60-61*f*
Turfeira, 61*f*
Tutano. *Ver* Medula óssea
Twain, Mark, 127

U

▪ Úlceras, estômago, 28, 29*f*, 302
Ulna
  pássaro, 133*f*
  ser humano, 215, 216*f*
Ultrafiltragem, 245*f*, 246
Ulva (alface do mar), 49*f*
Umami, como tipo de paladar, 176
Umbigo, humano, 372
Úmero
  pássaro, 133*f*
  ser humano, 215, 216*f*, 219*f*
UNFAO. *Ver* Nações Unidas, Organização para Agricultura e Alimentação
Unidade motora, 227
Universo, origem do, 4
Ureia, 5, 307*f*, 309, 320
Ureter humano, 322*f*
Uretra, 322*f*, 339, 340*f*, 342*f*
Urina
  ▪ abuso de drogas, 316, 317
  coleta no rim, 322
  ▪ como indicadora de saúde, 316*f*
  concentração de, 324*f*, 325*f*, 326-327, 326*f*
  expulsão do corpo, 322
  formação, 323, 324-325, 324*f*, 325*t*
  ▪ gravidez, 316, 365
  vertebrados, 320-321
Urso da água. *Ver* Tardigrado
Urso polar (*Ursus maritimus*), 331*f*
USDA. *Ver* Departamento Norte-Americano de Agricultura
USGA. *Ver* Serviço Geológico dos Estados Unidos
Usnea (líquen barba-de-velho), 84
Útero
  hormônios, 196*t*, 199*t*
  humano, 342*f*, 343*t*, 372*f*
  implantação no, 364*f*-365*f*
  ▪ tumores, benignos (fibroides), 343
Utrículo, 177*f*

V

▪ **Vacinas**
  definição, 269
  imunização e, 269
  para HIV, 272
  para papilomavirus humano, 273
  para pólio, 228
  para tétano, 228
Vacúolos contráteis, 41*f*, 43*f*, 318*f*
Vacúolos, 41*f*
Vagina
  arqueias na, 31
  bactérias, 29
Valina, 309
▪ Valium (Diazapam), 156
Válvula atrioventricular (AV), 241*f*, 242*f*
Válvula AV. *Ver* Válvula atrioventricular (AV)
Válvula semilunar, 241*f*, 242*f*
Variação genética, ser humano, modelos de, 142
Varicela. *Ver* Catapora
▪ Varíola bovina, 269
▪ Varíola, 269*f*
▪ Varizes, 246
▪ Vasectomia, 348*f*, 349*t*
Vasopressina. *Ver* Hormônio antidiurético
Vaso(s) capilar(es)
  estrutura, 243*f*, 245
  fluxo sanguíneo nos, 233*f*, 234*f*
  função, 243, 245-246, 245*f*
  pressão sanguínea nos, 243*f*
Vasos espermáticos, 338*f*, 338*t*, 339, 340*f*
Vasos linfáticos
  funções, 249*f*, 250, 265, 305
  no intestino delgado, 304*f*
Vasos sanguíneos. *Ver também* Artéria(s)
VCJD. *Ver* Doença variante de Creutzfeldt-Jakob
Veia cava, 240*f*
Veia cava inferior, 240*f*
Veia cava superior, 240*f*
Veia de portal hepático, 239, 307
Veia femoral, 240*f*
Veia hepática, 240*f*
Veia jugular, 240*f*
Veia renal, 240*f*, 322*f*
Veia(s)
Veia(s)
  estrutura, 243*f*
  estrutura, 243*f*
  função, 243
  humanas, principais, 240*f*
  pressão sanguínea nas, 243*f*
  pressão venosa, 246
  ser humano, principais, 240*f*
  válvulas, 246*f*
Veias ilíacas, 240*f*
Veias pulmonares, 240*f*, 289*f*
Veias sistêmicas, pressões parciais nas, 289*f*
Velhice, como fase do crescimento humano, 363*t*. *Ver também* Envelhecimento

Veneno
aranha, 108*f*
cascavel, 130, 131*f*
como defesa, 88*f*, 108*f*, 124, 130, 131*f*, 136*f*, 175
conídeos, 88*f*, 175
▪ intoxicação pela neurotoxina de bivalves, 44
ornitorrinto, 136*f*
raia-lixa, 124
Venter, Craig, 16
Ventilação, da superfície respiratória, 279
Ventrículo
cérebro, 163
coração, 241*f*, 242*f*
Vênula
estrutura, 243*f*
função, 243, 246
pressão sanguínea na, 243*f*
Verme "feather-duster" (*Eydistylia*), 100*f*
Vermis, 369
▪ Verrugas, 21, 253
▪ Verrugas genitais, 350
Ver *também* Cérebro; Medula espinhal
Vertebrado(s)
características de, 122
cérebro, anatomia, 149, 162*f*, 163*f*
como deuterostômios, 359
embrião, esqueleto, 217
esqueleto
estrutura, 215-216, 215*f*, 216*f*, 217
evolução do, 122-123, 215
estrutura, 123
evolução de, 9, 122-123, 122*f*, 123*f*
hormônios, 199*t*
olho, 181
orelha, 178-179, 178*f*-179*f*
reprodução assexuada, 336
reprodução sexuada, 123
sangue, consistência do, 235
sistema circulatório
como sistema fechado, 233
evolução dos, 233-234
visão geral, 123
sistema endócrino, 192
sistema imunológico, 255
sistema nervoso, 148-167, 149*f*
sistema respiratório, 123, 282-283, 282*f*, 283*f*
sistema urinário, 320-321, 320*f*-321*f*
Vértebra(s), 122, 215, 216*f*
▪ Vertigem, 177
Vesícula biliar
funções, 300-301, 300*f*, 303
sapo, 298*f*
ser humano, 300*f*
Vesículas seminais, 338*f*, 338*t*, 339, 340*f*
Vespa gigante, 113*f*
Vespas, 112, 113*f*
Vespula maculata, 113*f*
Vetor(es)
definição, 29
doença, 29, 36, 41, 45*f*, 52, 106, 112-113
Via cíclica, em fotossíntese, 12*f*-13*f*
▪ Viagra, 346-347
Via lisogênica, 22, 23*f*
Via lítica, 22, 23*f*
Via não-cíclica, em fotossíntese, 12*f*-13*f*, 54
Vias de sinalização, evolução de, 51
Vias metabólicas, origem das, 6
Vibrio cholerae, 28, 29*f*
▪ Vício, 157*t*
Vida. *Ver também* Moléculas orgânicas
busca por, em outros planetas, 3, 14*f*, 15
características que definem a, 15, 16
definição da, 15
diversidade da. *Ver* Biodiversidade
idade da, na Terra, 8
origem e desenvolvimento, 4, 6*f*, 8-9, 8*f* (*Ver também* Evolução)
células, 6-7, 6*f*, 7*f*
compostos orgânicos, 4, 5*f*, 6
linha do tempo, 12*f*-13*f*
material genético, 7*f*
mundo do RNA, 7
primeiras formas, 8-9, 8*f*, 9*f*
Vilosidades coriônicas (vilosidades), 365*f*, 367*f*
Vilosidade (vilosidades), 304*f*, 305
▪ Vinho, fermentação de, 81
Viroide(s), 24*f*
Vírus
benéficos, 21
características, 20
definição, 20
descoberta, 20
desnudo, 21
envelopados, 20*f*, 21
estrutura, 20*f*
evolução, 21
▪ impacto humano, 21
origem, 21
patogênico. *Ver* Infecção, agente viral
proteínas de, 21
replicação, 20*f*, 22-23, 22*t*, 23*f*
Vírus da gripe
estrutura, 20*f*, 21
▪ imunização, 269*f*
Vírus da Imunodeficiência Humana. *Ver* HIV
Vírus de Epstein-Barr, 247
Vírus de mosaico do tabaco, 20*f*
Vírus desnudo, 21
▪ Vírus ebola, 33*f*
Vírus envelopado, 20*f*, 21
Visão. *Ver também* Olho
acomodação visual, 183*f*
centros cerebrais da, 164*f*, 165, 166*f*
▪ daltonismo, 186
definição, 180
percepção de profundidade, 138, 181
requisitos para, 180
rotação da cabeça e, 177
tipos, 180-181, 180*f*, 283*f*
▪ transtornos de, 186*f*, 187*f*
Visco-anão (*Arceuthobium*), 69*f*
▪ **Vitamina** (s)
armazenamento, 307*f*, 308
definição, 310
efeitos, 200*f*, 201, 623
essenciais, na nutrição humana, 310*f*
lipossolúveis, 310*t*
necessidades nutricionais, na gravidez, 370
solúveis em água, 310*t*
suplementos dietéticos, 311
Vitaminas do complexo B, 370
Viúva negra (*Latrodectus*), 108*f*
VLPs. *Ver* Partículas semelhantes a vírus
Volume tidal, 286-287, 286*f*
Volvox, 48-49*f*
Voo, adaptações dos pássaros ao, 132-133*f*

W

Welwitschia (gnetófita), 66*f*
Wiesel, Torsten, 185*f*
Woese, Carl, 30
Wuchereria bancrofti (nematódeo), 106*f*

X

Xanax (Alprazolam), 156
Xilema, 58, 59*f*, 62

Z

Zeaxantina, 311
Zhao, Yan, 24*f*

Ziconotida, 88, 175
Zigomicetos. *Ver* Fungo-zigoto
Zigomicose, 78
Zigóosporo, fungo, 78*f*
Zigoto(s)
algas, 48*f*, 50*f*
animal, 356*f*
briófita, 61*f*
clivagem. *Ver* Clivagem
esponja, 95
fungo, 80*f*, 82*f*
gimnosperma, 67*f*
humano, 363*t*
plantas terrestres, 58*f*
plantas vasculares sem sementes, 63*f*
Zimbábue, AIDS no, 18*f*
Zinco
- efeitos da deficiência/excesso, 295, 311*t*
- fontes, 311*t*
- funções, 311*t*
- nutricional
Zona de ativação, de neurônio, 150*f*, 151, 152, 155
Zona de condução, de neurônio, 150*f*, 151
Zona de entrada, de neurônio, 150*f*, 152, 155
Zona de saída, de neurônio, 150*f*
Zona H, 223*f*
Zona pelúcida, 344*f*, 345, 347*f*, 364